2017
天津科技年鉴

天津市科学技术委员会主办
天津市科技史志编修办公室编

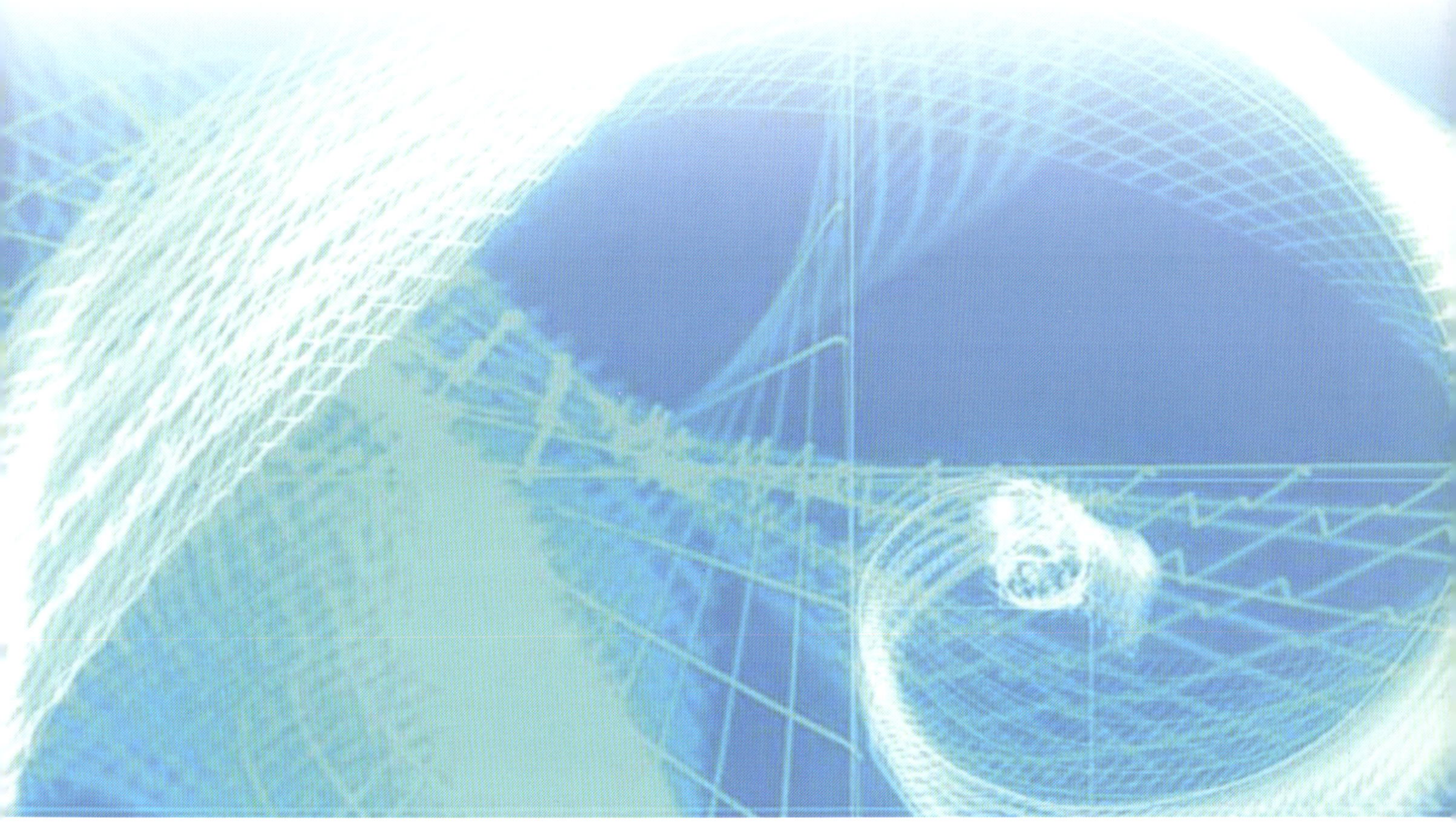

方志出版社
Publishing House of Local Records

图书在版编目（C I P）数据

天津科技年鉴. 2017 / 天津市科技史志编修办公室编. -- 北京 : 方志出版社，2017.12
ISBN 978-7-5144-2721-9

Ⅰ. ①天… Ⅱ. ①天… Ⅲ. ①科学研究事业—天津—2017—年鉴 Ⅳ. ①G322.721-54

中国版本图书馆CIP数据核字(2017)第288217号

天津科技年鉴（2017）

编　　者：天津市科技史志编修办公室
责任编辑：李 静
出 版 人：冀祥德
出 版 者：方志出版社
地址　北京市朝阳区潘家园东里9号(国家方志馆4层)
邮编　100021
网址　http://www.fzph.org
发　　行：方志出版社发行中心
电话（010）67110500
经　　销：各地新华书店
印　　刷：天津中铁物资印业有限公司
开　　本：889×1194　　1/16
印　　张：32.75
字　　数：1011千字
版　　次：2017年12月第1版　　2017年12月第1次印刷
印　　数：0001～1000册
ISBN 978-7-5144-2721-9　　定价：280.00元

部分重大科技成果选介

天津大学王树新等完成的“混合驱动水下航行器关键技术与应用”项目，获2016年度国家技术发明奖二等奖

供稿单位：天津大学

由天津大学等单位承担、刘铁根等完成的“混合式光纤传感技术及其在工程安全监测领域中的应用”项目，获2016年度国家技术发明奖二等奖

供稿单位：天津大学

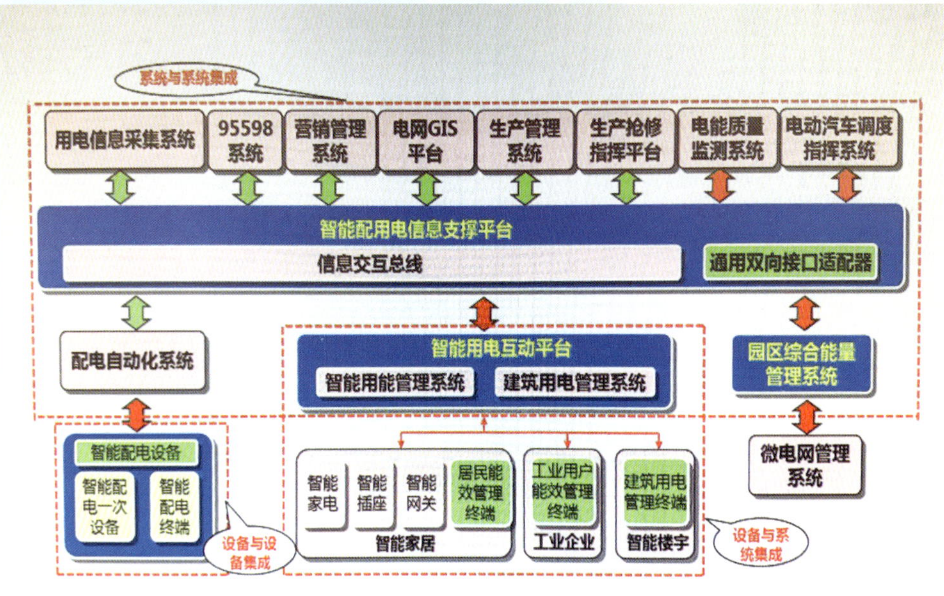

智能配用电园区设备与系统综合集成架构

由国网天津市电力公司等单位承担、王成山等完成的“配电网高可靠性供电关键技术及工程应用”项目，获 2016 年度国家科技进步奖二等奖

供稿单位：国网天津市电力公司

南开大学陈军等完成的“微纳结构与电化学能源器件”项目，获 2016 年度天津市自然科学一等奖

供稿单位：南开大学

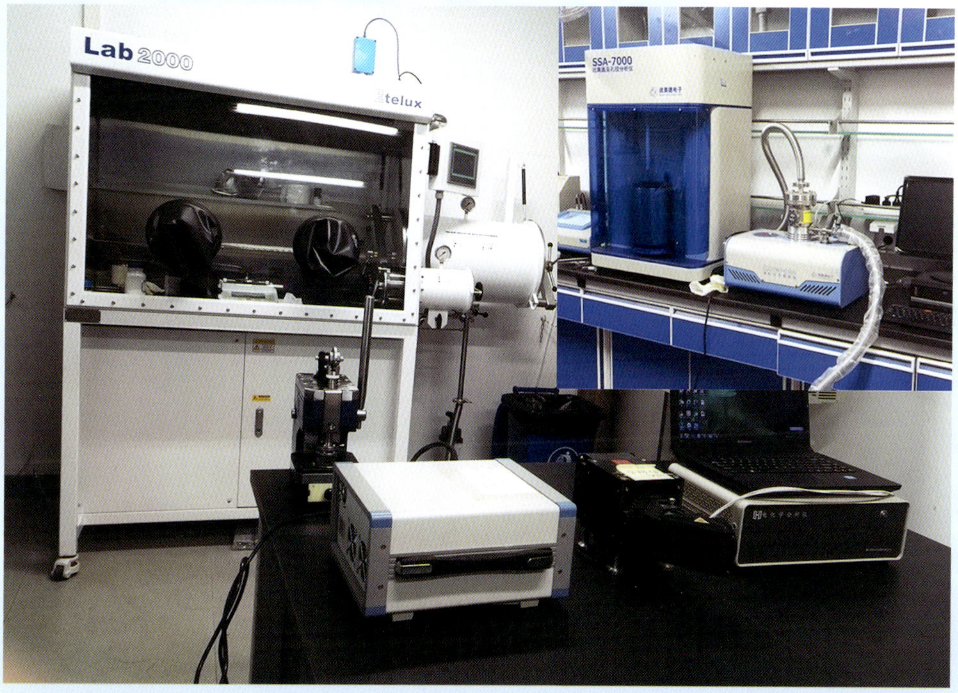

天津大学范晓彬等完成的“石墨烯的绿色合成及其多相催化应用”项目，获2016年度天津市自然科学一等奖

供稿单位：天津大学

由南开大学等单位承担、刘伟伟等完成的“超快激光与物质相互作用机制、调控及应用研究”项目，获2016年度天津市自然科学一等奖

供稿单位：南开大学

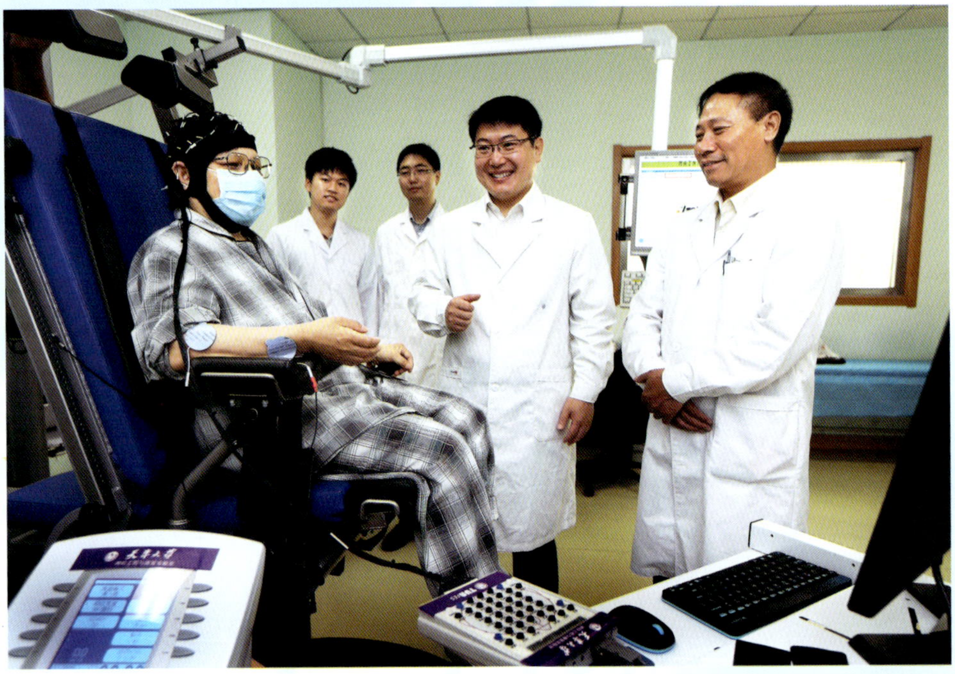

由天津大学、大天医学工程（天津）有限公司、天津市人民医院等单位承担、明东等完成的“人工神经康复机器人系统及其关键技术”，获 2016 年度天津市技术发明一等奖

供稿单位：天津大学

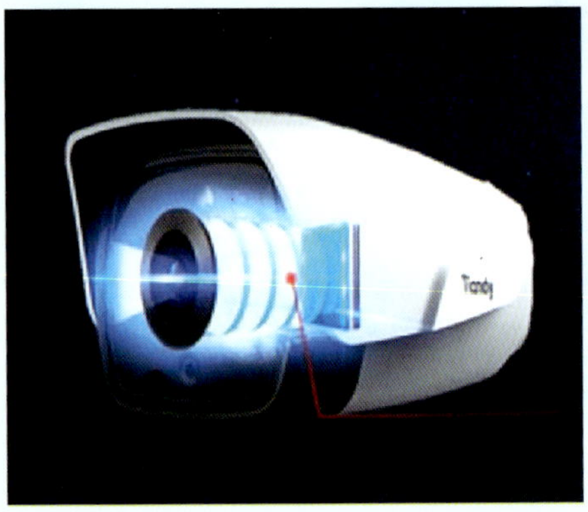

由天津大学、天津天地伟业数码科技有限公司承担、刘铁根等完成的“事件识别光电信息融合感知关键技术”，获 2016 年度天津市技术发明一等奖

供稿单位：天津大学

由天津大学等单位承担、尧命发等完成的“重型柴油机欧Ⅵ关键技术及产业化”项目，获 2016 年度天津市技术发明一等奖

供稿单位：天津大学

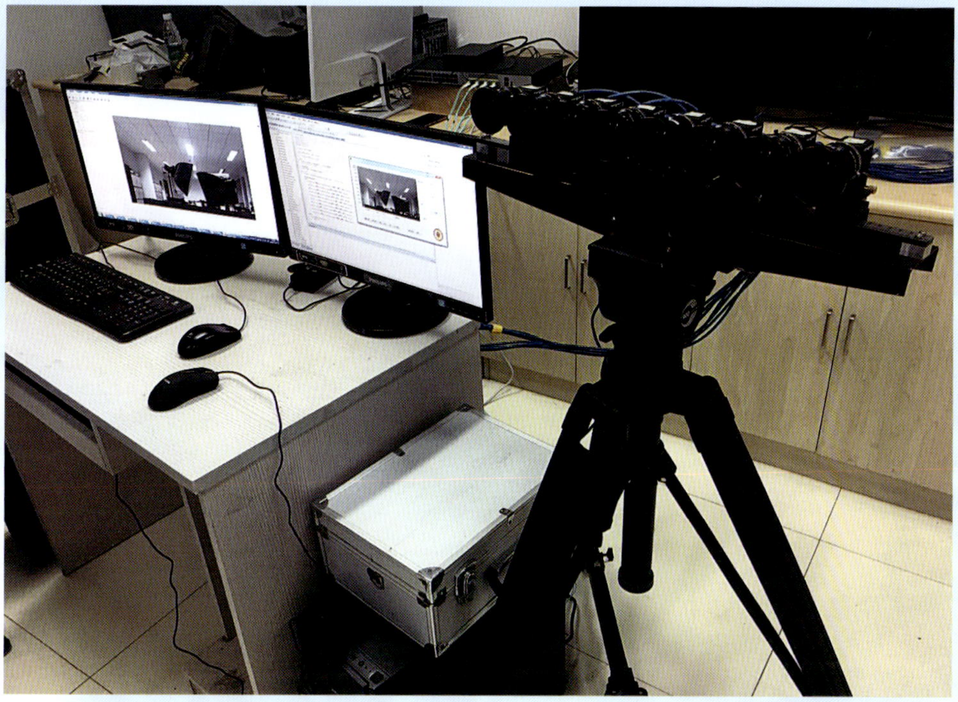

由天津大学等单位承担、侯春萍等完成的“基于深度计算的舒适立体显示技术与应用”项目，获 2016 年度天津市技术发明一等奖

供稿单位：天津大学

中铁隧道勘测设计院有限公司等单位承担、贺维国等完成的“浅覆不均匀地层大直径盾构水下隧道关键技术及应用”项目，获 2016 年度天津市技术发明二等奖

供稿单位：中铁隧道勘测设计院有限公司

南开大学刘景泰等完成的“三维真彩色喷绘机器人”项目，获 2016 年度天津市技术发明二等奖

供稿单位：南开大学

天津科技大学、天津长芦海晶集团有限公司、天津长芦汉沽盐场有限责任公司承担、唐娜等完成的“海水淡化浓海水制盐及制溴产业化关键技术”，获2016年度天津市科技进步一等奖

供稿单位：天津科技大学

由中铁隧道勘测设计院有限公司等单位承担、张存等完成的“高水压砂层中大直径盾构隧道控沉与防水关键技术”，获2016年度天津市科技进步一等奖

供稿单位：中铁隧道勘测设计院有限公司

智能变电站的理论、方法及工程应用

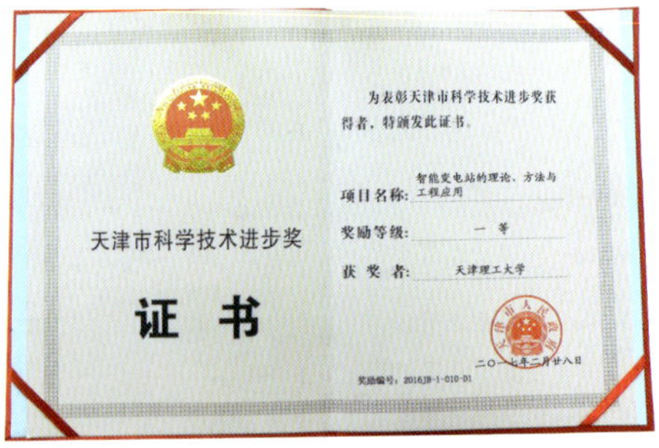

由天津理工大学、天津市海天量子科技发展有限公司、天津瑞能电气有限公司等单位承担、周雪松等完成的“智能变电站的理论、方法与工程应用”项目，获 2016 年度天津市科技进步一等奖。

一、所属领域：该项目将计算机技术与自动控制技术相融合，涵盖了自动控制、计算机、电气工程等相关专业，属于典型的学科交叉应用，其根本出发点是提高电力系统的可靠性。

二、主要研究内容：变电站作为配电网的重要环节，对供电可靠性有很大影响。随着不稳定的风、光等可再生能源大量接入电网，对配电网可靠性提出了更大的挑战。该项目主要将云计算技术，大数据技术和智能监控技术运用到传统变电站的智能化改造中，主要目标包括（1）实现了变电站的无人值守，使变电站运行更加安全；（2）通过用户侧的能量管理系统，可为企业制定科学的用电方案，节能降耗，从而产生大的经济效益；（3）对电气设备的运行，可以准确地提前预测故障，避免了设备突发性损坏引起的停电事故，社会效益明显。项目的总体思路是先构建云空间，包括用户云、控制云和调度云，来实现每个用户拥有多个变电站供电；通过智能监控收集数据，利用大数据技术进行数据的深层次挖掘，通过数学模型和规则进行故障预测，以此来避免停电事故的发生，从而达到提高电力系统可靠性的目的。

三、创新点：1、基于新能源接入的云计算系统的分层结构；2、多代理智能协调控制技术；3、基于 CIM 数据模型的异构系统互操作性技术。三个创新点相辅相成，对整个系统可靠性的提高奠定了坚实的基础。

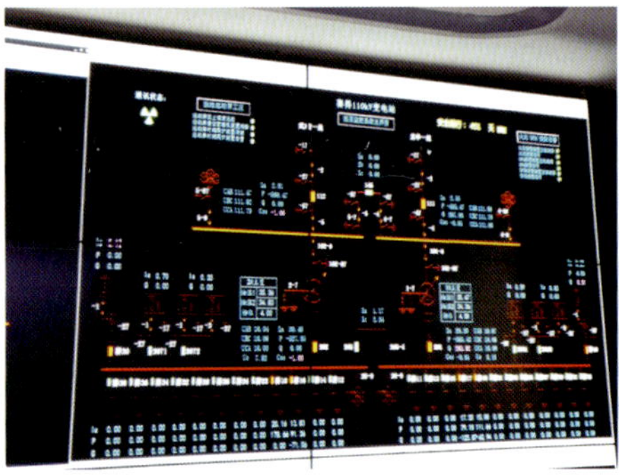

赛得 110KV 变电站

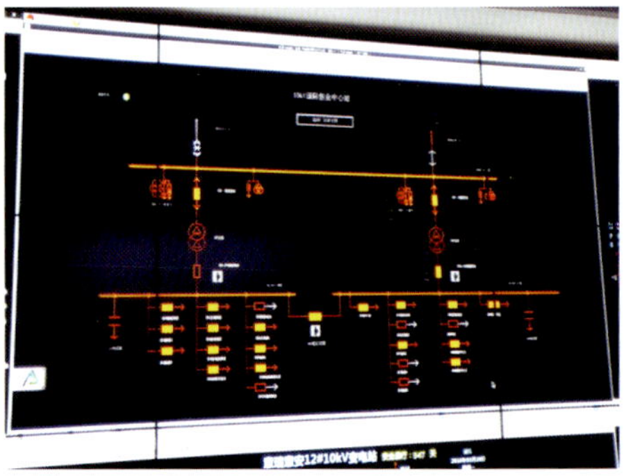

10KV 国际创业中心站

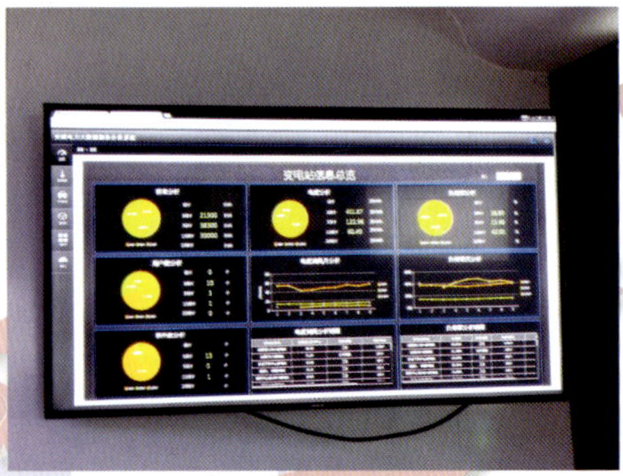

变电站信息总览

总集控室

四、主要成果：经过十余年的研究，该项目也取得较多重大成果。其中学术研究方面主要包括：申请发明专利 10 项，发表 SCI 论文八篇，EI 论文 41 篇，培养博士研究生五名，硕士研究生 20 名。在应用推广方面，目前已有用户天津石化公司、天津瑞能公司、天津海天量子公司、天津清能公司、北京德兰普科公司等知名企业，已建成智能变电站 121 座，应用效果得到用户广泛好评。在应用过程中产生了巨大经济效益，其中直接经济效益高达 34 亿元，新增利税为 2.5 亿元；间接经济效效益为 2.6 亿元。

《天津科技年鉴》编辑委员会

《天津科技年鉴》编辑人员

编辑说明

一、《天津科技年鉴》是天津市科学技术委员会主办、天津市科技史志编修办公室编纂的专业年鉴。2004年,《天津科技年鉴》出版“创始卷”,其后每年出版一卷,公开发行。

二、编辑科技年鉴,坚持马列主义、毛泽东思想、邓小平理论和“三个代表”重要思想,用科学发展观统领全书,以习近平新时代中国特色社会主义思想为指导,坚持辩证唯物主义和历史唯物主义方法,科学地分析研究天津科技进步的发展规律和特点,为开展自主创新提供参考依据。

三、每卷新版年鉴,力求全面反映上年度天津科技发展的新面貌、新变化,系统介绍从基础研究到高新技术的新进展、新成果,记载科技促进天津经济社会发展的主要成就和一年的科技大事、要事。有些重要科技事项记述的时限向前延伸,以保持天津科技资料的完整性。年鉴力求突出科技在天津经济社会发展中的第一生产力作用,体现科学发展、和谐发展、率先发展的要求。

四、年鉴采用分类编辑法,以类目为纲,类目下设分目,分目下设条目,以条目为主体。此外还设有“特载”“大事记”和“附录”。记述使用规范的语体文,文中涉及的计量单位、数字等均按国家相关标准和规范使用。

五、为便于读者使用,年鉴卷首设目录,卷末附单位名称和人名索引。根据目录,读者可按学科、技术类别查找到相关条目。索引按汉语拼音音序排列,索引后的数字表示该内容所在的页码。

目　录

特　载

中央领导和天津市领导谈科技工作

重要科技活动

专　文

科技政策法规

基础研究与前沿技术研究

环境科学

机械学与制造科学

海洋科学

农业科学

高新技术及产业化

新材料技术

新能源技术　节能技术

环境技术

现代工程技术

制造业科技

概　况

电子信息

农业科技

卫生健康科技

疾病预防

中医中药研究

城建与交通科技

概　况

市政工程

建筑工程

公用事业

国土资源与房屋管理

水务

电力

港口

航道与水运

轨道交通

现代服务业科技

概　况

信息技术服务

质量技术监督

检验检疫技术

科技创新创业

科技队伍与人才

科技管理与服务

科技成果管理与奖励

软科学

知识产权

科学普及

科技社团活动

滨海新区科技

概况

滨海新区科委工作

滨海高新技术产业开发区

各区科技

2016年科技大事记

附　录

文件辑录

重要报道

2016年天津市科委领导成员及机构名录

2016年天津滨海新区科委、各区科委领导名单

索引

CONTENTS

Special Publications

Sci.&Tech. Policy and Regulation

Basic Science Research and Frontier Technology Research

High Technology and Industry

Sci.&Tech. Manufacturing Industry

Sci.&Tech. in Agriculture

Sci.&Tech. Health Undertaking

Sci.&Tech. in Urban Construction and Traffic

Sci.&Tech. Modern Service Industry

Sci.&Tech. Innovation and Entrepreneurship

Sci.&Tech. Team and Professionals

Sci.&Tech. Administration and Service

Sci.&Tech. in Tianjin Binhai New Area

Sci.&Tech. in Districts

Chronicle of Sci.&Tech. Events

Appendix

Index

特　载

中央领导和天津市领导谈科技工作

中共中央总书记习近平在全国科技创新大会、两院院士大会、中国科协第九次全国代表大会上的讲话
——为建设世界科技强国而奋斗
（2016年5月30日）

各位院士，同志们，朋友们：

今天，我们在这里召开全国科技创新大会、两院院士大会、中国科协第九次全国代表大会。4000名代表齐聚一堂，群英荟萃，少长咸集，共商国家科技创新大计。这是共和国历史上的又一次科技盛会。

1956年1月，毛泽东同志等党和国家领导人以及1300多名领导干部，在中南海怀仁堂听取中国科学院4位学部主任关于国内外科技发展的报告，党中央向全党全国发出“向科学进军”的号召。其后10年，在各方共同努力下，我国建立了学科齐全的科学研究体系、工业技术体系、国防科技体系、地方科技体系，取得了以“两弹一星”为标志的一批重大科技成果。

1978年，党中央召开全国科学大会，邓小平同志在大会上作出科学技术是生产力的重要论断，我国迎来“科学的春天”。1995年，党中央、国务院召开全国科学技术大会，江泽民同志发表重要讲话，号召大力实施科教兴国战略，形成实施科教兴国战略热潮。2006年，党中央、国务院再次召开全国科学技术大会，胡锦涛同志发表重要讲话，部署实施《国家中长期科学和技术发展规划纲要（2006—2020年）》，动员全党全社会为建设创新型国家而努力奋斗。2012年，党中央、国务院召开全国科技创新大会，号召我国科技界奋力创新、为全面建成小康社会提供有力科技支撑。

今天，我们在这里召开这个盛会，就是要在我国发展新的历史起点上，把科技创新摆在更加重要位置，吹响建设世界科技强国的号角。

我国现代化建设的目标是，到我们党成立100年时建成惠及十几亿人口的更高水平的小康社会，到新中国成立100年时基本实现现代化，建成富强民主文明和谐的社会主义现代化国家。党中央今年颁布的《国家创新驱动发展战略纲要》明确，我国科技事业发展的目标是，到2020年时使我国进入创新型国家行列，到2030年时使我国进入创新型国家前列，到新中国成立100年时使我国成为世界科技强国。

两院院士和广大科技工作者是国家的财富、人民的骄傲、民族的光荣，大家责任重大、使命重大，应该努力为建成创新型国家、建成世界科技强国作出新的更大的贡献！

各位院士，同志们、朋友们！

历史经验表明，科技革命总是能够深刻改变世界发展格局。16、17世纪的科学革命标志着人类知识增长的重大转折。18世纪出现了蒸汽机等重大发明，成就了第一次工业革命，开启了人类社会现代化历程。19世纪，科学技术突飞猛进，催生了由机械化转向电气化的第二次工业革命。20世纪前期，量子论、相对论的诞生形成了第二次科学革命，继而发生了信息科学、生命科学变革，基于新科学知识的重大技术突破层出不穷，引发了以航空、电子技术、核能、航天、计算机、互联网等为里程碑的技术革

命，极大提高了人类认识自然、利用自然的能力和社会生产力水平。一些国家抓住科技革命的难得机遇，实现了经济实力、科技实力、国防实力迅速增强，综合国力快速提升。

在绵延5000多年的文明发展进程中，中华民族创造了闻名于世的科技成果。我们的先人在农、医、天、算等方面形成了系统化的知识体系，取得了以四大发明为代表的一大批发明创造。马克思说："火药、指南针、印刷术——这是预告资产阶级社会到来的三大发明。火药把骑士阶层炸得粉碎，指南针打开了世界市场并建立了殖民地，而印刷术则变成新教的工具，总的来说变成科学复兴的手段，变成对精神发展创造必要前提的最强大的杠杆。"

近代以后，由于国内外各种原因，我国屡次与科技革命失之交臂，从世界强国变为任人欺凌的半殖民地半封建国家，我们的民族经历了一个多世纪列强侵略、战乱不止、社会动荡、人民流离失所的深重苦难。在那个国家积贫积弱的年代，多少怀抱科学救国、教育救国理想的人们报国无门，留下了深深的遗憾。

经过新中国成立以来特别是改革开放以来不懈努力，我国科技发展取得举世瞩目的伟大成就，科技整体能力持续提升，一些重要领域方向跻身世界先进行列，某些前沿方向开始进入并行、领跑阶段，正处于从量的积累向质的飞跃、点的突破向系统能力提升的重要时期。

多复变函数论、陆相成油理论、人工合成牛胰岛素等成就，高温超导、中微子物理、量子反常霍尔效应、纳米科技、干细胞研究、肿瘤早期诊断标志物、人类基因组测序等基础科学突破，"两弹一星"、超级杂交水稻、汉字激光照排、高性能计算机、三峡工程、载人航天、探月工程、移动通信、量子通讯、北斗导航、载人深潜、高速铁路、航空母舰等工程技术成果，为我国成为一个有世界影响的大国奠定了重要基础。从总体上看，我国在主要科技领域和方向上实现了邓小平同志提出的"占有一席之地"的战略目标，正处在跨越发展的关键时期。

现在，我们比历史上任何时期都更接近实现中华民族伟大复兴的目标，比历史上任何时期都更有信心、更有能力实现这个目标。我们要抓住这一历史机遇，同时我们要牢记，中华民族伟大复兴绝不是轻轻松松就能实现的。科技兴则民族兴，科技强则国家强。实现"两个一百年"奋斗目标，实现中华民族伟大复兴的中国梦，必须坚持走中国特色自主创新道路，面向世界科技前沿、面向经济主战场、面向国家重大需求，加快各领域科技创新，掌握全球科技竞争先机。这是我们提出建设世界科技强国的出发点。

各位院士，同志们、朋友们!

纵观人类发展历史，创新始终是一个国家、一个民族发展的重要力量，也始终是推动人类社会进步的重要力量。不创新不行，创新慢了也不行。如果我们不识变、不应变、不求变，就可能陷入战略被动，错失发展机遇，甚至错过整整一个时代。实施创新驱动发展战略，是应对发展环境变化、把握发展自主权、提高核心竞争力的必然选择，是加快转变经济发展方式、破解经济发展深层次矛盾和问题的必然选择，是更好引领我国经济发展新常态、保持我国经济持续健康发展的必然选择。

科技是国之利器，国家赖之以强，企业赖之以赢，人民生活赖之以好。中国要强，中国人民生活要好，必须有强大科技。新时期、新形势、新任务，要求我们在科技创新方面有新理念、新设计、新战略。我们要深入贯彻新发展理念，深入实施科教兴国战略和人才强国战略，深入实施创新驱动发展战略，统筹谋划，加强组织，优化我国科技事业发展总体布局。

第一，夯实科技基础，在重要科技领域跻身世界领先行列。推动科技发展，必须准确判断科技突破方向。判断准了就能抓住先机。"虽有智慧，不如乘势。"历史经验表明，那些抓住科技革命机遇走向现代化的国家，都是科学基础雄厚的国家；那些抓住科技革命机遇成为世界强国的国家，都是在重要科技领域处于领先行列的国家。

综合判断，我国已经成为具有重要影响力的科技大国，科技创新对经济社会发展的支撑和引领作用日益增强。同时，必须认识到，同建设世界科技强国的目标相比，我国发展还面临重大科技瓶颈，关键领域核心技术受制于人的格局没有从根本上改变，科技基础仍然薄弱，科技创新能力特别是原创能力还有很大差距。

科学技术是世界性、时代性的，发展科学技术必须具有全球视野、把握时代脉搏。当今世界，新一轮科技革命蓄势待发，物质结构、宇宙演化、生命起源、意识本质等一些重大科学问题的原创性突破正在开辟新前沿新方向，一些重大颠覆性技术创新正在创造新产业新业态，信息技术、生物技术、制造技术、新材料技术、新能源技术广泛渗透到几乎所有领域，带动了以绿色、智能、泛在为特征的群体性重大技术变革，大数据、云计算、移动互联网等新一代信息技术同机器人和智能制造技术相互融合步伐加快，科技创新链条更加灵巧，技术更新和成果转化更加快捷，产业更新换代不断加快，使社会生产和消费从工业化向自动化、智能化转变，社会生产力将再次大提高，劳动生产率将再次大飞跃。

抓科技创新，不能等待观望，不可亦步亦趋，当有只争朝夕的劲头。时不我待，我们必须增强紧迫感，及时确立发展战略，全面增强自主创新能力。我国科技界要坚定创新自信，坚定敢为天下先的志向，在独创独有上下功夫，勇于挑战最前沿的科学问题，提出更多原创理论，作出更多原创发现，力争在重要科技领域实现跨越发展，跟上甚至引领世界科技发展新方向，掌握新一轮全球科技竞争的战略主动。

第二，强化战略导向，破解创新发展科技难题。科技创新的战略导向十分紧要，必须抓准，以此带动科技难题的突破。当前，国家对战略科技支撑的需求比以往任何时期都更加迫切。这里，我举几个例子。从理论上讲，地球内部可利用的成矿空间分布在从地表到地下1万米，目前世界先进水平勘探开采深度已达2500米至4000米，而我国大多小于500米，向地球深部进军是我们必须解决的战略科技问题。材料是制造业的基础，目前我国在先进高端材料研发和生产方面差距甚大，关键高端材料远未实现自主供给。我国很多重要专利药物市场绝大多数被国外公司占据，高端医疗装备主要依赖进口，成为看病贵的主要原因之一，而创新药物研发集中体现了生命科学和生物技术领域前沿新成就和新突破，先进医疗设备研发体现了多学科交叉融合与系统集成。脑连接图谱研究是认知脑功能并进而探讨意识本质的科学前沿，这方面探索不仅有重要科学意义，而且对脑疾病防治、智能技术发展也具有引导作用。深海蕴藏着地球上远未认知和开发的宝藏，但要得到这些宝藏，就必须在深海进入、深海探测、深海开发方面掌握关键技术。空间技术深刻改变了人类对宇宙的认知，为人类社会进步提供了重要动力，同时浩瀚的空天还有许多未知的奥秘有待探索，必须推动空间科学、空间技术、空间应用全面发展。这样的领域还有很多。党中央已经确定了我国科技面向2030年的长远战略，决定实施一批重大科技项目和工程，要加快推进，围绕国家重大战略需求，着力攻破关键核心技术，抢占事关长远和全局的科技战略制高点。

成为世界科技强国，成为世界主要科学中心和创新高地，必须拥有一批世界一流科研机构、研究型大学、创新型企业，能够持续涌现一批重大原创性科学成果。党的十八届五中全会提出，要在重大创新领域组建一批国家实验室。这是一项对我国科技创新具有战略意义的举措。要以国家实验室建设为抓手，强化国家战略科技力量，在明确国家目标和紧迫战略需求的重大领域，在有望引领未来发展的战略制高点，以重大科技任务攻关和国家大型科技基础设施为主线，依托最有优势的创新单元，整合全国创新资源，建立目标导向、绩效管理、协同攻关、开放共享的新型运行机制，建设突破型、引领型、平台型一体的国家实验室。这样的国家实验室，应该成为攻坚克难、引领发展的战略科技力量，同其他各类科研机构、大学、企业研发机构形成功能互补、良性互动的协同创新新格局。

第三，加强科技供给，服务经济社会发展主战场。“穷理以致其知，反躬以践其实。”科学研究既要追求知识和真理，也要服务于经济社会发展和广大人民群众。广大科技工作者要把论文写在祖国的大地上，把科技成果应用在实现现代化的伟大事业中。

经过改革开放30多年努力，我国经济总量已经居世界第二。同时，我国经济发展不少领域大而不强、大而不优。新形势下，长期以来主要依靠资源、资本、劳动力等要素投入支撑经济增长和规模扩张的方式已不可持续，我国发展正面临着动力转换、方式转变、结构调整的繁重任务。现在，我国低成本资源和要素投入形成的驱动力明显减弱，需要依靠更多更好的科技创新为经济发展注入新动力；社会发展面临人口老龄化、消除贫困、保障人民健康等多方面挑战，需要依靠更多更好的科技创新实现经济社会协调发展；生态文明发展面临日益严峻的环境污染，需要依靠更多更好的科技创新建设天蓝、地绿、水清的美丽中国；能源安全、粮食安全、网络安全、生态安全、生物安全、国防安全等风险压力不断增加，需要依靠更多更好的科技创新保障国家安全。所以说，科技创新是核心，抓住了科技创新就抓住了牵动我国发展全局的牛鼻子。

推动我国经济社会持续健康发展，推进供给侧结构性改革，落实好"三去一降一补"任务，必须在推动发展的内生动力和活力上来一个根本性转变，塑造更多依靠创新驱动、更多发挥先发优势的引领性发展。要深入研究和解决经济和产业发展亟需的科技问题，围绕促进转方式调结构、建设现代产业体系、培育战略性新兴产业、发展现代服务业等方面需求，推动科技成果转移转化，推动产业和产品向价值链中高端跃升。

发展不协调是我国长期存在的突出问题，集中表现在区域、城乡、经济和社会、物质文明和精神文明、经济建设和国防建设等关系上。我们要立足于科技创新，释放创新驱动的原动力，让创新成为发展基点，拓展发展新空间，创造发展新机遇，打造发展新引擎，促进新型工业化、信息化、城镇化、农业现代化同步发展，提升发展整体效能，在新的发展水平上实现协调发展。

绿色发展是生态文明建设的必然要求，代表了当今科技和产业变革方向，是最有前途的发展领域。人类发展活动必须尊重自然、顺应自然、保护自然，否则就会受到大自然的报复。这个规律谁也无法抗拒。要加深对自然规律的认识，自觉以对规律的认识指导行动。不仅要研究生态恢复治理防护的措施，而且要加深对生物多样性等科学规律的认识；不仅要从政策上加强管理和保护，而且要从全球变化、碳循环机理等方面加深认识，依靠科技创新破解绿色发展难题，形成人与自然和谐发展新格局。

国际经济合作和竞争局面正在发生深刻变化，全球经济治理体系和规则正在面临重大调整。经济全球化表面上看是商品、资本、信息等在全球广泛流动，但本质上主导这种流动的力量是人才、是科技创新能力。要增强我们引领商品、资本、信息等全球流动的能力，推动形成对外开放新格局，增强参与全球经济、金融、贸易规则制订的实力和能力，在更高水平上开展国际经济和科技创新合作，在更广泛的利益共同体范围内参与全球治理，实现共同发展。

人民的需要和呼唤，是科技进步和创新的时代声音。随着经济社会不断发展，我国13亿多人民过上美好生活的新期待日益上升，提高社会发展水平、改善人民生活、增强人民健康素质对科技创新提出了更高要求。要想人民之所想、急人民之所急，聚焦重大疾病防控、食品药品安全、人口老龄化等重大民生问题，大幅增加公共科技供给，让人民享有更宜居的生活环境、更好的医疗卫生服务、更放心的食品药品。要依靠科技创新建设低成本、广覆盖、高质量的公共服务体系。要加强普惠和公共科技供给，发展低成本疾病防控和远程医疗技术，实现优质医疗卫生资源普惠共享。要发展信息网络技术，消除不同收入人群、不同地区间的数字鸿沟，努力实现优质文化教育资源均等化。

第四，深化改革创新，形成充满活力的科技管理和运行机制。创新是一个系统工程，创新链、产业链、资金链、政策链相互交织、相互支撑，改革只在一个环节或几个环节搞是不够的，必须全面部署，并坚定不移推进。科技创新、制度创新要协同发挥作用，两个轮子一起转。

我们最大的优势是我国社会主义制度能够集中力量办大事。这是我们成就事业的重要法宝。过去我们取得重大科技突破依靠这一法宝，今天我们推进科技创新跨越也要依靠这一法宝，形成社会主义市场经济条件下集中力量办大事的新机制。

要以推动科技创新为核心，引领科技体制及其相关体制深刻变革。要加快建立科技咨询支撑行政决策的科技决策机制，加强科技决策咨询系统，建设高水平科技智库。要加快推进重大科技决策制度化，解决好实际存在的部门领导拍脑袋、科技专家看眼色行事等问题。要完善符合科技创新规律的资源配置方式，解决简单套用行政预算和财务管理方法管理科技资源等问题，优化基础研究、战略高技术研究、社会公益类研究的支持方式，力求科技创新活动效率最大化。要着力改革和创新科研经费使用和管理方式，让经费为人的创造性活动服务，而不能让人的创造性活动为经费服务。要改革科技评价制度，建立以科技创新质量、贡献、绩效为导向的分类评价体系，正确评价科技创新成果的科学价值、技术价值、经济价值、社会价值、文化价值。

企业是科技和经济紧密结合的重要力量，应该成为技术创新决策、研发投入、科研组织、成果转化的主体。要制定和落实鼓励企业技术创新各项政策，强化企业创新倒逼机制，加强对中小企业技术创新支持力度，推动流通环节改革和反垄断反不正当竞争，引导企业加快发展研发力量。要加快完善科技成果使用、处置、收益管理制度，发挥市场在资源配置中的决定性作用，让机构、人才、装置、资金、项目都充分活跃起来，形成推动科技创新强大合力。要调整现有行业和地方的科研机构，充实企业研发力量，支持依托企业建设国家技术创新中心，培育有国际影响力的行业领军企业。

科研院所和研究型大学是我国科技发展的主要基础所在，也是科技创新人才的摇篮。要优化科研院所和研究型大学科研布局。科研院所要根据世界科技发展态势，优化自身科技布局，厚实学科基础，培育新兴交叉学科生长点，重点加强共性、公益、可持续发展相关研究，增加公共科技供给。研究型大学要加强学科建设，重点开展自由探索的基础研究。要加强科研院所和高校合作，使目标导向研究和自由探索相互衔接、优势互补，形成教研相长、协同育人新模式，打牢我国科技创新的科学和人才基础。

发挥各地在创新发展中的积极性和主动性，对形成国家科技创新合力十分重要。要围绕“一带一路”建设、长江经济带发展、京津冀协同发展等重大规划，尊重科技创新的区域集聚规律，因地制宜探索差异化的创新发展路径，加快打造具有全球影响力的科技创新中心，建设若干具有强大带动力的创新型城市和区域创新中心。

第五，弘扬创新精神，培育符合创新发展要求的人才队伍。“功以才成，业由才广。”科学技术是人类的伟大创造性活动。一切科技创新活动都是人做出来的。我国要建设世界科技强国，关键是要建设一支规模宏大、结构合理、素质优良的创新人才队伍，激发各类人才创新活力和潜力。要极大调动和充分尊重广大科技人员的创造精神，激励他们争当创新的推动者和实践者，使谋划创新、推动创新、落实创新成为自觉行动。

我国科技队伍规模是世界上最大的，这是产生世界级科技大师、领军人才、尖子人才的重要基础。科技人才培育和成长有其规律，要大兴识才爱才敬才用才之风，为科技人才发展提供良好环境，在创新实践中发现人才、在创新活动中培育人才、在创新事业中凝聚人才，聚天下英才而用之，让更多千里马竞相奔腾。要改革人才培养、引进、使用等机制，努力造就一大批能够把握世界科技大势、研判科技发展方向的战略科技人才，培养一大批善于凝聚力量、统筹协调的科技领军人才，培养一大批勇于创新、善于创新的企业家和高技能人才。要完善创新人才培养模式，强化科学精神和创造性思维培养，加强科教融合、校企联合等模式，培养造就一大批熟悉市场运作、具备科技背景的创新创业人才，培养造就一大批青年科技人才。要营造良好学术环境，弘扬学术道德和科研伦理，在全社会营造鼓励创新、宽容失败的氛围。要加强知识产权保护，积极实行以增加知识价值为导向的分配政策，包括提高科研人员成果转化收益分享比例，探索对创新人才实行股权、期权、分红等激励措施，让他们各得其所。

在基础研究领域，包括一些应用科技领域，要尊重科学研究灵感瞬间性、方式随意性、路径不确定性的特点，允许科学家自由畅想、大胆假设、认真求证。不要以出成果的名义干涉科学家的研究，不要用死板的制度约束科学家的研究活动。很多科学研究要着眼长远，不能急功近利，欲速则不达。要让领衔科技专家有职有权，有更大的技术路线决策权、更大的经费支配权、更大的资源调动权，防止瞎指挥、乱指挥。要建立相应责任制和问责制度，切实解决不同程度存在的一哄而起、搞大拼盘等问题。政府科技管理部门要抓战略、抓规划、抓政策、抓服务，发挥国家战略科技力量建制化优势。

科技创新、科学普及是实现创新发展的两翼，要把科学普及放在与科技创新同等重要的位置。没有全民科学素质普遍提高，就难以建立起宏大的高素质创新大军，难以实现科技成果快速转化。希望广大科技工作者以提高全民科学素质为己任，把普及科学知识、弘扬科学精神、传播科学思想、倡导科学方法作为义不容辞的责任，在全社会推动形成讲科学、爱科学、学科学、用科学的良好氛围，使蕴藏在亿万人民中间的创新智慧充分释放、创新力量充分涌流。

中国科学院、中国工程院是我国科技大师荟萃之地，要发挥好国家高端科技智库功能，组织广大院士围绕事关科技创新发展全局和长远问题，善于把握世界科技发展大势、研判世界科技革命新方向，为国家科技决策提供准确、前瞻、及时的建议。要发挥好最高学术机构学术引领作用，把握好世界科技发展大势，敏锐抓住科技革命新方向。“桐花万里丹山路，雏凤清于老凤声。”科技创新，贵在接力。希望广大院士发挥好科技领军作用，团结带领全国科技界特别是广大青年科技人才为建设世界科技强国建功立业。

中国科协各级组织要坚持为科技工作者服务、为创新驱动发展服务、为提高全民科学素质服务、为党和政府科学决策服务的职责定位，推动开放型、枢纽型、平台型科协组织建设，接长手臂，扎根基层，团结引领广大科技工作者积极进军科技创新，组织开展创新争先行动，促进科技繁荣发展，促进科学普及和推广，真正成为党领导下团结联系广大科技工作者的人民团体，成为科技创新的重要力量。

各级党委和政府要肩负起领导和组织创新发展的责任，善于调动各方面创新要素，善于发挥各类人才积极性，共同为建设创新型国家、建设世界科技强国凝心聚力。

各位院士，同志们、朋友们！

中国实现现代化，是人类历史上前所未有的大变革。中国实现了现代化，意味着比现在所有发达国家人口总和还要多的中国人民将进入现代化行列。从现在起到新中国成立100年只有30多年时间，我们的前景十分光明，我们的任务十分繁重。

有多大担当才能干多大事业，尽多大责任才能有多大成就。两院院士和广大科技工作者要发扬我国科技界追求真理、服务国家、造福人民的优良传统，勇担重任，勇攀高峰，当好建设世界科技强国的排头兵。

让我们扬起13亿多中国人民对美好生活憧憬的风帆，发动科技创新的强大引擎，让中国这艘航船，向着世界科技强国不断前进，向着中华民族伟大复兴不断前进，向着人类更加美好的未来不断前进！

中共中央政治局常委、国务院总理李克强在国家科学技术奖励大会上的讲话
（2016年1月8日）

同志们，朋友们：

今天，我们隆重召开国家科学技术奖励大会，表彰为我国科技事业作出突出贡献的科技工作者。刚才，习近平总书记和其他党和国家领导同志，向获奖代表颁了奖。在此，我代表党中央、国务院，向全体获奖人员表示热烈祝贺！向全国广大科技工作者致以崇高敬意和诚挚问候！向参与和支持中国科技事业的外国专家表示衷心感谢！

刚刚过去的一年，是我国发展克服多重困难和挑战、取得重大成就的一年，也是科技界喜报频传的一年。国家科学技术奖展示了一批标志性重大科技成果，一批自主创新成果达到国际先进水平，C919大

型客机总装下线，“多自由度量子隐形传态”研究成果列国际物理学领域十大“年度突破”榜首，我国多名科学家在国际科技大奖中折桂，因对青蒿素研究成果有重大贡献，曾获国家重大科技成果奖、国家发明奖、全国十大科技成就奖等多个奖项的屠呦呦成为我国首位获得诺贝尔奖的科学家。中国科学家为人类科学事业作出了卓越贡献。创新驱动发展战略不断深化，大众创业、万众创新激发了社会的创新潜能。中国科技创新成就令世界瞩目，全国人民倍感振奋和自豪！

创新是引领发展的第一动力。当前，全面建成小康社会进入决胜阶段，经济结构性改革处在关键时期。要使我国发展从过度依赖自然资源转向更多依靠人力资源，不断提高全要素生产率，保持经济中高速增长、迈向中高端水平，必须把创新摆在国家发展全局的核心位置，紧紧依靠结构性改革和科技创新，推动新动能加快成长、化蛹成蝶，促进传统动能改造提升、凤凰涅槃，用创新的翅膀使中国经济飞向新高度！

我们要培育发展新动能，改造提升传统动能。一个国家自主创新能力越强、掌握的核心关键技术越多，未来的发展后劲和空间就越大。我们要深入实施创新驱动发展战略，瞄准新一轮世界科技革命和产业变革，适应我国经济社会发展需要，在战略必争领域前瞻部署，强化原始创新、集成创新和引进消化吸收再创新，加速基础研究和应用研究的衔接融合，形成全链条、一体化的创新布局。为此，要实施一批新的重大科技项目，建设一批国家重大科技基础设施、实验室和产业技术创新中心，培育一批具有国际竞争力的创新型企业，打造一批大众创业、万众创新示范基地，力争取得重大颠覆性创新和群体性技术突破，推动新技术、新产业、新业态加速成长，塑造更多依靠创新驱动的引领型发展。同时，要更多利用市场机制化解过剩产能，在传统产业广泛开展“互联网+”行动，推动制造业增强核心竞争力，引导企业创新品种、提升品质、打造品牌，让“老产业”焕发出“新活力”。

我们要用好用活科技人才，释放创新潜能。才以用而日生，思以引而不竭。只有把广大科技人员的积极性充分调动起来，创新成果才会源源不断涌现。要加快改革科技成果产权制度、收益分配制度和转化机制，激发科技人员持久的创新动力。要加快改革科研项目管理机制，砍掉繁文缛节，让科技人员把更多精力用到研究上。要加快改革科研评价机制和人才评价机制，让更多优秀人才脱颖而出、一展身手。要扩大高校和科研院所自主权，赋予领军人才更大的科研决策权。我国拥有世界最大规模的科技队伍，应该也能够创造更多更好的科技成果，走在世界创新前列。

我们要强化企业创新主体地位，夯实创新基础。企业是经济发展的主体，也应成为创新的主体。要加快构建企业主导的创新机制，打破企业和高校、科研机构的界限，建立跨界创新联盟，促进产学研用贯通，推进产业链、创新链融合，加快使创新成果转化为现实生产力。鼓励大企业增加研发投入、设立创新平台。要通过财税金融政策、种子基金、风险投资等方式，支持创新型小微企业加快成长。千千万万企业致力创新，大企业“龙头”带动、中小微企业“特尖专精”，就能支撑起我国创新发展的新天地。

我们要汇聚众智众力，扩大创新供给。创新的深厚伟力在于民众之中。13亿多中国人民蕴藏着无穷的智慧，1亿多受过高等教育和有专业技能的人才是我们最大的创新资源和优势。近几年，依托互联网的众创、众包、众扶、众筹迅速兴起，大大拓展了科技创新空间，大幅增加了科技创新主体。创新是供给侧结构性改革的重要内容。我们要破除束缚创新的桎梏，促进创新要素流动，打造大中小企业和高校、科研机构“五方协同”的众创平台，形成各类创新主体互促、民间草根与科技精英并肩、线上与线下互动的生动局面。各级政府要以敬民之心行简政之道，满腔热情地为创新提供支持和服务，积极清障搭台、融资减负。要培育尊重知识、崇尚创造、追求卓越的创新文化，营造人人皆可创新、创新惠及人人的社会氛围，织牢让创新者无后顾之忧的社会保障安全网，让更多有意愿有能力的创新者梦想成真，让一棵棵创新的幼苗长成一望无际的“森林”，为经济发展注入澎湃动力。

我们要推进开放合作，打造创新高地。面对科技资源跨国流动、创新要素全球配置的大趋势，我们要统筹用好国内国际两种创新资源，主动融入全球创新网络，进一步加强国际合作，积极提出并牵头组织国际大科学计划和大科学工程，加快建设一批国际联合研究中心和技术转移中心。要围绕“一带一路”建设和国际产能合作，通过共同开发第三方市场等方式，积极推动我国先进适用技术和产品走出去，积极打造中国标准和中国品牌。要深化政府间创新对话机制，搭建创新合作平台，吸引更多的海外技术、人才和资本到中国创新创业，构建优势互补、互利共赢的利益共同体，形成全球创新的集聚地。

同志们，朋友们！加快科技进步、实现创新发展，关系国家前途和民族未来。让我们紧密团结在以习近平同志为总书记的党中央周围，深入实施创新驱动发展战略，推动大众创业、万众创新，加快建设创新型国家步伐，为全面建成小康社会、实现中华民族伟大复兴的中国梦作出更大贡献！

天津市副市长何树山在2016年全市科技及知识产权工作会议上的讲话
（2016年2月3日）

同志们：

刚才，市科委和专利局的同志分别总结了“十二五”和去年全市科技和知识产权工作，对抓好“十三五”开局，做好2016年重点工作进行了安排和部署,我都赞同。各区县递交了科技型中小企业发展年度目标责任书，希望大家咬定目标，接续努力，确保完成各项目标任务。下面我再讲三点意见。

一、“十二五”以来，在市委、市政府的正确领导下，全市科技和知识产权工作取得了来之不易的显著成就，为全市经济社会发展作出突出贡献。

过去五年，全市科技战线全面贯彻落实市委、市政府系列部署要求，大力实施创新驱动发展战略，不断加快科技重点领域改革步伐，在国家自主创新示范区建设、科技型中小企业发展、自主创新能力提升等各个方面都取得了长足的进步，为“十二五”的顺利收官画上了圆满句号。成绩主要体现在六个方面。

第一，科技型中小企业实现“五年两跨越”。2010年市委提出加快发展科技型中小企业以来，我们将这项工作作为转变发展方式、提升创新能力的关键一招，全力推动各项工作开展。“十二五”期间，全市科技型中小企业总数由1.25万家增加到7.32万家，增长了4.8倍，科技“小巨人”企业由726家增加到3453家，增长了3.7倍，仅去年一年，就分别增长了1.38万家和510家，科技型中小企业占全市企业总数的比重从2010年的9%提高到22%，一大批“小巨人”企业异军突起、加速成长，逐步成长为全市经济发展的“顶梁柱”和“生力军”。对此，党中央、国务院给予了充分肯定。一是推动经济增长。截至去年前三季度，在下行压力持续加大的背景下，工业“小巨人”主营业务收入、利润、税收等指标分别高出全市规模以上工业7个、24个和18个百分点，有力弥补了传统产业的减量，确保了“十二五”期间全市年均12.4%和去年9.3%的增幅；二是促进产业升级。70%的科技型中小企业、85%的“小巨人”集中在战略性新兴产业领域，“小巨人”产值占规模以上工业总产值由2010年的16%提高到48%；三是增强创新创业活力。科技型中小企业中95%是民营企业，在R&D投入、专利申请和拥有量、“杀手锏”产品开发等各个方面都取得长足进步；四是扩大就业增加收入。科技型中小企业吸纳了全市1/4的就业，从业人员年均收入高出全市企业职工平均工资近30%，培育出35万个资产超过二百万的“小老板”。可以说，历经五年探索实践，我们摸索出了一条符合天津实际、富有天津特色的科技与产业相结合、科技与经济相融合的新路子，科技型中小企业成为了代表天津形象、体现天津活力、彰显天津精神的城市新名片。

第二，国家自主创新示范区建设迈出新步伐。2014年末自创区获批以来，我们立即启动规划纲要和相关配套文件的编制工作。市委、市政府在2015年春节后，立即召开全市动员大会，出台了《加快建设天津国家自主创新示范区的若干意见》，成立了以市领导为组长、33个委办局为成员的领导小组，设立了10亿元发展专项资金，各区县也分别成立组织机构，进一步完善工作机制。在各个部门、区县共同努力下，仅用半年时间就起草了《规划纲要》，7月份通过部际领导小组会议审议，经14个国家部委会签同意后，12月底获得科技部正式批复，国家自主创新示范区正式覆盖到全市“一区二十一园”。同时，各分园也分别制定了空间布局规划和产业发展规划。一年多来，自创区建设呈现核心区引领带动、分园竞相发展的良好局面。核心区积极发挥示范作用，大力推动制度创新和政策落地，率先出台《创新创业通票管理办法》，取得良好反响；在此基础上，启动研究“津领七条”原创政策，成立了“新三板”同盟会，组建了“百家机构金融服务中心”，积极探索支持创新创业的新模式。21个分园围绕产业定位，加快建设一批科技招商展示中心、技术研发孵化基地、科技金融对接服务平台等基础设施，不断加强产学研合作对接，切实推动分园特色化、高端化发展。

第三，自主创新能力再上新台阶。大力加强基础研发，着力实施160项自主创新产业化等重大项目，建设一批新型科技创新平台，不断完善创新生态系统，原始创新、技术创新能力显著增强。五年来，我们巩固提升了微分几何、组合数学等基础领域在全国的领先优势，拓展强化了甲型肝炎全病毒三维结构、光学自由曲面制造、分布式发电微网等前沿领域国际影响力，开发了混合动力汽车控制系统等大批共性、关键、核心技术与产品。去年，我们研制的FT-1500A系列CPU处理器可实现对英特尔中高端服务器芯片的替代，成功试飞的轻型航空发动机有望打断国外垄断，开发的GBase 8t通用性数据库更是使我国在这个领域向前推进10年。全市自主创新呈现基础研究强化、创新转化加速、应用开发突破的良性发展态势，R&D占GDP的比重预计达到3%，综合科技进步水平始终保持全国前列。

第四，创新创业氛围更加活跃。积极落实党中央、国务院部署要求，狠抓众创空间载体建设、不断优化创新服务，助推大众创业、万众创新。去年5月出台《发展众创空间推进大众创新创业的政策措施》后，实施了服务专员、政府流动服务站、创业导师等一系列创新制度，半年多的时间就在全市各高校、区县和滨海新区功能区认定了106家市级众创空间，提前、超额完成“2年100家”的目标。特别是，20个众创空间首批获科技部批准备案，纳入首批国家级科技企业孵化器管理服务体系和支持范围，9个众创空间获得国家火炬计划等国家级支持。建设与运营过程中，坚持市场化原则，大多数由企业负责运营管理，为各类创新人才提供专业化服务。截至目前，各区县众创空间注册成立的企业累计达到463家，聚集创客5400多名、创业团队1200多个。众创空间不仅成为展示创新创业的重要窗口，集聚创新创业人才和服务创新创业的重要载体，同时更成为盘活闲置资源的重要手段，有近1/4的众创空间由老旧厂房、闲置楼宇提升改造而成。在2015年全市创新创业大赛中，天津的参赛项目、晋级项目都位列全国第二位，创历届大赛最好成绩，得到市领导的肯定。

第五，重点领域专项工作取得新成效。在新能源汽车推广应用方面，截至去年底，累计推广新能源汽车13738辆，超额完成向国家承诺的1.2万辆目标。2000多辆新能源公交车、50辆出租车、224辆环卫车、600余辆邮政快递车上路运行，实现了出租、环卫两大领域零突破，邮政领域取得全国第一的好成绩，切实发挥了良好的示范带动效应。建成的遍布所有区县和京沪、津蓟等7条高速公路的充换电设施，研究推出的新能源汽车免摇号、不限行、纯电动客车地方补贴、充电服务费价格等13项政策措施，为推广工作提供了有力支撑。培育10家整车生产企业，本地产车辆公告累计达到52项，实现客车、乘用车、专用车的生产全覆盖，电池产业规模、水平全国领先。国家级高企认定管理方面，深入落实市领导指示要求，研究推出《加快高新技术企业发展的实施意见》和《市级认定管理办法》，制定了企业成长路线图，着力推动政策落地，不断强化评审培训。2015年底，全市有效高新技术企业达到2309家，较2014年底的1688家净增600家以上，超额近一倍完成去年制定的净增312家目标，全国排名前进一位，超过湖南，位居第11。此外，我们在加强京津冀协同创新、科技金融、科技惠民、科技帮扶等多个方面，都取得了显著的成效。

第六，在科技工作取得突出成绩的同时，全市知识产权激励创新、保护创新的作用也进一步发挥。2015年，全市专利申请量接近8万件，同比增长26.1%，有效专利拥有量突破10万件，同比增长24.1%，全市发明专利、专利授权、百万人发明专利拥有量、专利消零企业数量等都比2014年有明显提高，知识产权综合指数位居全国第6，知识产权综合能力保持全国先进水平。特别是，我们主动服务自贸区、自创区建设，开展了一系列知识产权制度创新。研究制定了《自创区“一区二十一园”知识产权强区建设方案》，在自贸区探索设立滨海新区知识产权保护服务中心，初步形成行政调处、法院判决、仲裁、人民调解“四位一体”的知识产权保护运行模式。此外，还积极推动将“拥有有效发明专利”指标列入《天津市居住证管理办法》居住证积分指标，进一步明确专利人才引进的政策导向。

“十二五”成绩的取得，得益于市委、市政府的正确领导，得益于各个部门的大力支持，更得益于全市科技和知识产权系统干部职工的拼搏进取，攻坚克难。总结经验，可以说是“有为才有位，功到自然成”。借此机会,我代表市政府，向全市科技与知识产权战线的同志们，致以崇高的敬意和衷心的感谢!

二、“十三五”时期，面对更加复杂多变的内外部环境，科技和知识产权系统必须以更加积极的姿态，承担使命、主动作为，以创新驱动引领全市加快转型发展。

过去五年，国际的政治经济形势持续发生深刻变化，全球经济的低迷走势短期内难以扭转，而引领各国经济走出困境的唯一出路，就是加快科技创新。之所以这样讲，主要是基于三点考虑。

一是从世界经济增长的趋势看，低迷形势仍将持续。近一个月，联合国和世界银行先后发布了2016年世界经济增长的预期，结果都是增长2.9%，比世界银行去年6月的预测调低了0.4个百分点，其中，美国和欧盟的涨幅分别为2.7%和1.7%，均低于之前的预期0.1个百分点；中国的增长预期是6.7%，低于2015年的6.9%，反映出当前世界经济的总体严峻形势。特别是，继2014年停止QE后，美联储又在去年底宣布加息。从历史规律看，美国20世纪90年代以来的历次加息，尽管在短期内都一定程度上遏制了国内的经济风险，但也在全球相继引发了一连串的连锁负效应，比如，1994年加息4年后，亚洲爆发金融危机；2004~2006年的加息后不足1年内，次贷危机席卷全球，至今未能走出低谷；在本次加息之后的不长时间里，包括人民币在内的世界各国货币汇率剧烈波动、大幅贬值，石油等大宗商品价格持续走低，巴西、阿根廷、俄罗斯等新兴经济体经济陷入疲软，同时，这也进一步加剧了国际利益纷争，去年底以来，中东、叙利亚等局部地区的军事武装冲突愈演愈烈，世界范围内的政治安全形势日趋紧张，对已经举步维艰的世界经济来讲，无疑更是雪上加霜。

二是从我国近年来的产业变动趋势看，传统与新兴产业间的分化格局更加显著。改革开放以来的相当长的一段时期内，较快的投资增速和人口红利、资源红利、环境红利支撑了中国经济的高速增长，“三驾马车”中，投资和出口的拉动作用显著。而当前，中国所处的内外部环境都已经与改革开放初期发生了根本性变化，劳动力、资源、环境等成本的上升，劳动密集型的来料加工型产业拼成本、拼资源、拼环境的模式也越来越难以为继，十二五期间，中国的平均工资上升了50%，部分地区大规模出现“倒闭潮”、“撤资潮”；与此同时，钢铁、石化等资源性产业产能过剩的情况愈加严重，5年间，原油、铁矿石价格跌幅分别接近70%和80%，传统支柱产业的拉动作用在减弱。与之相反的是，以新技术、新工艺、新模式为代表的新兴产业方兴未艾，显示出蓬勃生机，替代人力的工业机器人的使用数量从2010年的全球12.1万台上升到22.9万台，增长近一倍；同属大宗商品，但广泛应用于新能源、新材料领域的锂矿石价格不降反升，5年间涨幅接近30%。总的看，中国经济内部传统动能优势逐渐丧失，外部发展又面临经济周期的波谷，难以“借势”、“搭便车”，GDP增速自2009年二季度以来首次“破7”，去年三季度回落至6.9%，滑入“中等收入陷阱”的风险在加大。从东南亚和拉美一些国家的经历看，能否平稳度过“中等收入陷阱”，关键在于能否紧紧把握新兴产业发展机遇，加快科技创新，实现动能转换，在国际产业分工中晋位升级。

三是从近年来的中国的宏观调控措施调整趋势看，供给侧改革对加快创新提出了更高的要求。应当看到，近年来货币政策、财政政策对经济增长的刺激调控作用越来越不明显，动辄使用利率杠杆，也容易产生一系列“副作用”和“后遗症”，我们沿用了几十年的凯恩斯主义经济学理论正面临严峻挑战。从长期看，“供给侧改革”的提出，就是要扭转“需求决定供给”单向思维，从供给端、生产端入手，通过创新产品供给，提高生产效率和产品市场竞争力，主动开辟新市场，创造新需求，引领消费升级，推动经济持续稳定增长。比如，2015年上半年，中国进出口同比下降6.9%，而跨境电商的进出口总额突破2万亿，同比增长42.8%；去年的“双11”天猫商城一天内创造了912亿的销售记录，相当于北京西单大悦城25年的销售总和，这些例子，无一不反映出“以创新撬动消费”的巨大动力和无穷潜力。国家赋予天津的定位是先进制造研发基地，我们的科技工作必须主动承担起这份历史使命，大力开发应用新技术、新产品、新模式、新组织、新业态，创造“人无我有”的新供给，提升“人有我优”、“人优我特”的产品品质，才能真正起到创新的引领驱动作用，使先进制造研发基地更加名副其实。

三、引领新常态、把握新机遇、创造新动力，推动全市科技创新工作再上新水平。

2016年是“十三五”规划的开局之年，五中全会将创新置于五大发展理念之首，体现了国家对科技创新的高度重视与殷切期望。全市的科技和知识产权工作，要自觉从引领新常态、支撑全局发展的高度出发，坚决贯彻党中央、国务院和市委、市政府系列部署要求，以更强烈的使命感、责任感，扎实进取、迎难而上，为全市经济社会发展做出新贡献。今年重点抓好六项工作。

第一，要明确重心，坚决打好小巨人“升级版”攻坚战。打造小巨人“升级版”是贯穿“十三五”科技工作全局的一项硬要求、硬任务，各区县、部门要围绕小巨人能力升级、规模升级、服务升级，切实抓好六大工程、优化四项服务。元旦后，我们在小巨人联席会上对今年的目标进行了分解，全市今年要新增科技型中小企业10000家、科技小巨人企业300家；国家高新技术企业达到3000家；认定和培育科技领军企业100家；并购国内外企业50家；完成股份制改造160家；新建和支持企业创新平台和研发机构100家；认定和培育“杀手锏”产品100项；新增上市挂牌60家。各区县都要认真落实各自分解指标，确保全市目标实现。重点抓好四项任务。一是干部帮扶。前不久，我们对1350名干部“一对一”帮扶工作进行了部署动员。下一步，要抓紧建立帮扶台账和考核管理系统，及时加强培训辅导，使每名干部在帮扶过程中都能有目标、有方案、有动态评价，做到任务明确、措施具体、考评科学。二是高企认定。1月13日，克强总理主持召开国务院常务会研究修订了《高新技术企业认定管理办法》，与现行的《办法》相比，这次修订进一步放宽了准入条件、简化了审批流程、扩充了支持范围。总的看，加大了向科技型中小企业的政策倾斜，这对我们而言十分有利。下一步，要抓住本次修订的机遇，紧扣新的认定标准，加快修订市级高企认定办法，针对性调整创新、专利、人才等支持政策，理顺认定流程，及时增补备选库。特别是，要加快政策兑现，在国家级高企享受税收优惠方面，由市科委将新认定的企业名单直接通报财税部门，避免二次审批，缩短流程、降低成本。三是并购股改和上市融资。要加强科技金融知识宣传培训，进一步增强各类主体的金融意识。要利用好并购重组等市场化手段，整合优质资源，推动企业优势互补、强强联合，迅速扩张。四是提高“杀手锏”产品竞争力。一方面要苦练“内功”，积极支持重大技术研发，培育出更多能够“创造新需求”的产品；另一方面要借助好“外力”，依托“互联网+”，鼓励企业通过“制造+服务”、互联网融合等商业模式创新，不断做优、做特、做强。

第二，要开拓思路，推动自主创新示范区建设迈出实质性步伐。目前，全国获批的自创区达到11家，可以说，天津自创区面临着政策趋同以及“前有标兵、后有追兵”的激烈竞争态势。作为全市五大战略之一，“自创区”的建设不能止步于“牌子到手”、“规划获批”，而必须持续在创新招法上下功夫，在源源不断的科技成果转化中见实效。一要着力推进体制机制创新。紧紧围绕“小巨人”升级版重点任务，立足于产业创新中心的定位，在融资并购、知识产权、商业模式、高企认定、人才引进、成果转化奖励、创新创业氛围营造等方面先行先试一批新政策，争取一批国家级试点，成熟后尽快向“一区二十一园”和全市推广。加快条例立法工作，进一步加强示范区建设法制保障。二要进一步完善工作机制。自创区办公室、市有关部门、核心区和21个分园区要深入谋划“十三五”目标任务和重点工作，进一步明确各自分工，强化协同配合，形成齐抓共促的工作合力。三要加强统计考核。健全示范区企事业目录库，及时掌握各个园区平台载体、政策落实、企业入驻发展等情况，形成完善的分园、片区工作统计和季报、年报制度。进一步发挥自创区在聚集创新资源、服务创新人才、引领创新潮流等方面的示范带动作用，为全市创新发展试验制度、积累经验。

第三，要精准发力，更好发挥财政资金和社会资本的支持作用。各有关部门和区县要做好每年50亿元的小巨人专项资金预算安排，使用过程中，要围绕各类创新主体的实际需求，重点支持企业研发平台建设、“杀手锏”产品开发、股改上市、并购重组等，切实将“好钢”用在“刀刃”上。领导小组办公室要定期通报资金拨付和使用情况，使财政资金能够及时拨付到位，尽早发挥效用，确保不发生问题。同时，要鼓励支持各类主体利用现代金融工具解决融资难题，特别是鼓励企业通过融资租赁等方式，降低融资成本，助推企业发展。要加快筹建多支基金，发挥好政策性担保基金、海内外并购基金、众创空间种子引导基金、天使投资引导基金、创业投资引导基金等基金的引导和杠杆作用，撬动更多社会资本参与。要提高科技金融机构服务水平。进一步完善网络平台服务对接机制，抓好科技金融专营机构服务能力提升，完善区县科技金融对接平台功能，加强科技型企业与金融机构的供需对接。

第四，要因势利导，创造更有利于创新要素聚集的平台和环境。要坚持“生孩子”和“抱孩子”两条腿走路。一方面，要围绕引进创新资源，加快京津冀协同创新。加强与北京中关村的合作，不断搭建新平台、探索新机制、推出新政策，为人才、技术、知识、资金等创新要素的跨区域流动扫清障碍。另一方面，要立足于培育孵化，进一步营造创新创业氛围。在去年工作的基础上，今年要按照“质量双提升”的要求，加强已认定众创空间的绩效考评管理，组织专家对众创空间运营团队进行专题培训辅导，提升运营服务水平。实施众创空间示范工程建设，组织投资机构、培训机构和创新机构与众创空间开展对接交流，丰富载体功能，力争今年在区县再新认定20个众创空间。

第五，要以人为本，积极发挥科技创新在惠民利民中的先导作用。一要主动服务于美丽天津建设，支持环境治理、节能减排、清洁生产等环保领域的重大技术攻关和示范应用，把科技成果转化为实实在在的环保助推力。二要有效提升科技惠民水平，继续做好困难村科技帮扶、科普教育基地建设等工作，利用好科技周、重点科普日契机，策划一批面向广大市民喜闻乐见的科普宣传活动，提升全民科学文化素质。三要加强重点技术产品示范推广，重点要继续抓好新能源汽车示范城市建设，近期要集中力量抓好纯电动出租车示范运行，确保完成一季度更新不少于2000辆，上半年5000辆的目标。同时，要不断细化完善配套政策、加快基础设施建设、探索“多赢”的示范模式，使天津的新能源汽车推广工作继续走在全国前列。

第六，要进一步发挥好知识产权制度在保护和激励创新中的重要作用。一要大力实施知识产权战略，科学研究制定《知识产权“十三五”规划》，深入实施科技小巨人升级版知识产权提升工程，不断提高全市知识产权创造能力。二要提升运用水平，加快华北知识产权运营中心建设，不断拓宽专利权质押融资等融资渠道，进一步激发知识产权市场活力。三要增强保护能力。加大知识产权“双打”整治力度，完善跨地区联合执法机制，加强行政执法与司法保护的紧密衔接，加大对“走出去”小巨人企业的知识产权保护力度，提高调处海外专利纠纷应对能力。四要深化重点领域改革。在落实好自创区、自贸区知识产权政策措施的同时，进一步完善部市会商机制，积极探索制度创新，为科技型企业发展营造更好的营商环境。

同志们，“十三五”规划蓝图已经绘就，做好未来五年的科技和知识产权工作，责任重大、任务艰巨，使命光荣。我们要在市委、市政府的正确领导下，团结一心、抢抓机遇、迎难而上，全力开创新常态下科技工作的新局面，为建设美丽天津，落实中央定位、全面建成高质量小康社会做出新的更大贡献！

重要科技活动

2016年天津市科学技术奖励大会召开

2016年3月28日上午，天津市科学技术奖励大会在天津礼堂召开。市委书记李鸿忠出席会议并讲话。市委副书记、市长王东峰主持，市委副书记怀进鹏，市委常委、市委教育工委书记陈浙闽，副市长何树山出席。

会议宣读了《天津市人民政府关于颁布2016年度天津市科学技术奖的决定》，授予“微纳结构与电化学能源器件”等4项成果自然科学奖，“人工神经康复机器人系统及其关键技术”等8项成果技术发明奖，“生物降解药物涂层冠脉支架系统开发及产业化”等177项成果科学技术进步奖。会上，市领导为获奖代表颁发获奖证书。天津大学教授明东、赛诺医疗科技有限公司创始人孙箭华作了发言。

李鸿忠在讲话中充分肯定天津市科技事业取得的成绩，高度评价广大科技工作者作出的重要贡献。他指出，中共十八大以来，以习近平同志为核心的党中央高度重视科技创新。去年5月，党中央隆重召开全国“科技三会”，习近平总书记发表重要讲话，围绕实施创新驱动发展战略、加快推进以科技创新为核心的全面创新，提出了一系列新思想新观点新论断，吹响了建设世界科技强国的时代号角，是马克思主义的纲领性文献，极大丰富和发展了中国特色社会主义理论宝库。我们要深刻把握科技创新的战略目标、战略部署和战略途径，确保习近平总书记科技创新重要思想和党中央的决策部署落到实处、见到实效。

李鸿忠强调，坚持以新应新、创新赢新，建设科技创新强市，要在观念上革故鼎新，准确把握新一轮科技产业变革的规律和趋势，构建全新的产业体系和创新体系；在行动上抢占先机，紧紧抓住京津冀协同发展重大机遇，深化部市、院市、校市合作，聚集高端科技资源；在体制上率先突破，坚决清除各种有形无形枷锁，建立有利于激发积极性的科研经费管理制度，加速科技成果转化，让创新要素充分活跃起来。要突出“民、实、用”三个字，着力提高科技创新有效供给能力，推动科技创新和经济社会发展深度融合。“民”就是以人民为中心，满足群众的生产生活需求，促进民生领域新科技应用；“实”就是从实际出发，更好地促进发展、引领发展，用高新技术改造提升传统产业，推动创新成果向各行业各领域覆盖融合；“用”就是坚持以用立业，在研发方向、资源配置、经费使用、项目评审、成果评价、推广应用等环节，让市场说话。要最大限度激发创新创业活力，着力优化创新创业环境，推进政府职能从研发管理向创新服务转变；着力打造创新创业平台，鼓励发展专业化众创空间；着力会聚创新创业人才，实现“天下才天津用”，以人才高峰支撑起科技创新的高地。

李鸿忠强调，各级党委要以全面从严治党为科技创新提供坚强保障，强化对科技工作的组织推动和服务。要加强科协基层组织建设，真正成为科技工作者之家。希望广大科技工作者坚决拥护中国共产党的领导，增强“四个意识”，坚定“四个自信”，把祖国和人民放在心中最高位置，再接再厉，通过科研实践，更好地为改革开放和社会主义现代化建设服务，以优异成绩迎接中共十九大胜利召开。

中科院市政府合作领导小组工作会议召开

2016年1月26日，中科院、天津市政府合作领导小组会议在天津召开，天津市副市长何树山在天津迎宾馆会见中国科学院党组成员、北京分院院长何岩一行。市科委主任陆文龙、市科委副主任李宝纯、中科院北京分院副院长李静以及东丽区副区长白凤祥、中科院光电研究院院长王宇、中科院自动化研究所副所长杨一平等相关单位负责同志20余人参加会议。

会上，中科院北京分院副院长李静代表院市双方，对2015年院市合作工作进展与成效进行总结，提出2016年院市合作工作的思路。在院市领导的高度关注下，2015年的院市合作工作成效显著：50个项目达成合作，涵盖生物医药、电子信息、节能环保、先进制造等重点领域；共建了5个院市创新平台；4家高新技术企业来津落户发展，人员交流和成果对接不断加强。下一步，院市双方将继续努力，根据双方工作重点，增加合作的契合度，按照双方领导的指示精神，在夯实工作基础、加强协同创新、支撑科技小巨人升级版、美丽天津建设、吸引创新力量等方面加强合作，调动各方面积极性、主动性、创造性，使院市合作工作在新的一年取得更大成效。副区长白凤祥对东丽区引进大院大所提升区域创新能力的功能定位做了介绍，汇报了东丽区引进中科院平台取得的成效，他表示今后东丽区将一如既往地支持中科院创新平台在东丽区的建设工作，做到“建设好、服务好、发展好”。中科院光电院、自动化所负责同志也代表落户天津的平台单位对近年的工作进行汇报，并感谢天津市科委等部门长期以来的大力支持。

2016年天津市科技和知识产权工作会议召开

2016年2月3日上午，“2016年天津市科技和知识产权工作会议”在天津礼堂召开。会议全面总结“十二五”科技和知识产权工作，部署“十三五”和2016年重点工作。会上，各区县政府负责同志向市政府递交了2016年科技型中小企业目标责任书。市科委党委书记、主任陆文龙和市知识产权局局长齐成喜分别作了科技工作报告和知识产权工作报告。副市长何树山出席会议并讲话。

市科技教育领导小组、人才工作领导小组和知识产权战略领导小组成员单位，各区县政府及滨海新区相关功能区，天津国家自主创新示范区一区二十一园负责同志，有关高等院校、科研院所，以及部分市属集团、科技型中小企业、金融机构等单位主要负责人等350人参加会议。

何树山高度肯定“十二五”全市科技和知识产权工作取得的显著成绩。强调，“十二五”以来，在市委、市政府的正确领导下，全市科技和知识产权工作取得了来之不易的显著成就，科技型中小企业实现“五年两跨越”，国家自主创新示范区建设迈出新步伐，自主创新能力再上新台阶，创新创业氛围更加活跃，重点领域专项工作取得新成效，知识产权激励创新、保护创新的作用进一步发挥，为全市经济社会发展作出突出贡献。指出，“十三五”时期世界经济增长的低迷形势仍将持续，我国传统与新兴产业间的分化格局更加显著，供给侧改革对加快创新提出了更高的要求，面对更加复杂多变的内外部环境，科技和知识产权系统必须以更加积极的姿态，承担使命、主动作为，以创新驱动引领全市转型发展。要求，2016年全市科技和知识产权工作要重点抓好六项工作：一是打好小巨人“升级版”攻坚战，切实加强干部帮扶、高企认定、并购股改和上市融资，进一步提高“杀手锏”产品竞争力；二是推动自主创新示范区建设迈出实质性步伐，切实推进体制机制创新，完善工作机制，加强统计考核；三是更好发挥财政资金和社会资本支持作用；四是创造更有利于创新要素聚集的平台和环境，加快京津冀协同创新，积极营造创新创业氛围；五是发挥科技创新在惠民利民中的先导作用；六是进一步发挥好知识产权制度在保护和激励创新中的重要作用。

空港经济区规模过亿元科技型企业参加市科委武汉考察活动

近日，副市长何树山亲自带队，市科委组织全市各区县、科技小巨人企业相关负责人180余人赴武汉考察当地优秀企业，学习企业发展经验。空港经济区未来电视、松正电动等7家企业负责人及科技局相关同志全程参与考察活动。

考察活动为期2天，与会人员参观武汉光谷展示中心、华工激光、人福医药、锐科光纤、烽火科技、马应龙药业等创新型企业和机构，实地考察企业在产业聚集、技术创新、转型升级、人才引进、资本运作与海外并购等方面的成功做法，与武汉企业就加快创新发展进行深入交流。

在考察活动中，空港经济区科技局组织参加活动的企业负责人进行交流座谈，了解企业发展情况和遇到的问题，鼓励不同企业相互交流，发掘合作机会。

天津市科技成果转化交易市场启动仪式暨2016国际技术转移推介洽谈会成功举办

2016年4月12日，由市科委和滨海新区政府联合主办的“天津市科技成果转化交易市场启动仪式暨2016国际技术转移推介洽谈会”，在天津迎宾馆举行。天津市副市长何树山出席并会见与会代表，科技部火炬中心主任张志宏、天津市科学技术委员会主任陆文龙、滨海新区副区长夏青林、中关村管委会国际化业务总监曾晓东、欧盟驻华使团公使衔科技参赞薄思睿、德国马格德堡市副市长尼采分别在启动仪式上致辞。来自美国、加拿大、英国、德国、瑞典、葡萄牙、以色列、斯洛文尼亚、新西兰、韩国等十余个国家的26家机构出席，包括国外政府部门、机构、大学以及驻华使领馆、跨国公司、商会等代表，来自北京、河北、陕西、湖北、浙江、广东的技术转移机构代表以及本市各区县科技主管部门、科研机构、高校院所及科技型企业代表200余人参加活动。

活动期间，市科委与德国马格德堡市市政府签署《关于深化科技创新合作的谅解备忘录》，北方技术交易市场分别与14家入驻“交易市场”的国外机构和8家国内合作机构签订入驻合约和合作协议。副市长何树山、张志宏与薄思睿公参等中外领导、嘉宾共同启动“天津市科技成果转化交易市场”。启动仪式后，西门子（中国）有限公司副总裁及中国区战略部总监柯马赫先生进行主题演讲。

天津夏季达沃斯论坛举行青年科学家活动

2016年6月28日，夏季达沃斯论坛青年科学家活动在天津市举行。来自15个国家的50位杰出青年科学家参加科技考察、2016新领军者年会中外青年科学家交流会和文化之夜等活动。天津市副市长曹小红，世界经济论坛执行董事李・豪威尔，世界经济论坛全球议程负责人塞巴斯蒂安出席在天津理工大学举办的文化之夜活动并致辞,文化之夜活动由市科委主任陆文龙主持,市有关部门、部分高校负责人及80余位青年科学家、企业家参加。

当天下午,在2016年夏季达沃斯论坛圆满落幕后,各国青年科学家根据不同学科领域被分为两组,从梅江会展中心出发,分别到C92东方嘉诚文化产业园、天地伟业数码科技有限公司、曙光信息产业股份有限公司，以及天津九安医疗电子股份有限公司、智慧山科技文化创意产业基地、天津天堰科技股份有限公司进行了实地考察。考察结束后，科学家们来到天津理工大学，分别召开了主题为“生命科学领域的创新与发展”以及“电子信息和互联网+创新创业”的专题研讨会，由伦斯勒理工学院辛西娅・柯林斯副教授和苏黎世联邦理工学院加布里埃拉副教授作了主题演讲，并与到会嘉宾进行了交流讨论。

傍晚，天津理工大学校图书馆流光溢彩、胜友如云，来自海内外的青年科学家们相聚在一起共度

"2016新领军者年会中外青年科学家文化之夜"。曹小红在致辞中代表市委、市政府到天津各国青年科学家表示热烈欢迎。她说，近年来，天津抢抓五大国家发展战略叠加的机遇期，大力实施科教兴市和人才强市战略，将创新驱动作为经济发展的必由之路，正加快转变经济发展方式。与会各位青年才俊都是各领域世界知名拔尖人才，也是科技发展希望之所在。希望通过此次活动，各国青年科学家进一步增进相互了解，密切交流合作，更加关注天津、支持天津，积极与天津有关方面开展协同创新，共同谱写科技事业发展新篇章。

第十三届中国制造业管理国际论坛在津召开

2016年9月27—29日，第十三届中国制造业管理国际论坛成功在津召开，论坛由天津市科委、制造业国际联盟主办，天津市滨海新区政府特别支持，天津爱波瑞科技发展有限公司、天津市科技服务业协会承办。论坛主题为"构建制造业新生态——创新智能价值"，按五大智能制造分议题展开讨论，总场次接近20场，研讨在全球智能制造和国家实施创新驱动发展战略的大背景下，传统制造业如何通过技术创新、模式创新、管理创新进行智能化改造，提升制造业在整个经济体系中的重要价值。

国内外1500多位制造业企业领袖、专家学者、政府政要参与论坛。天津市政府副秘书长周键出席论坛。中国机械工业联合会副会长兼中国机械工业企业管理协会理事长孙伯淮、中国汽车工程学会理事长付于武、中国航天科技集团公司总工程师杨海成、中车集团副总裁王军、东北工业集团董事长于中赤、吉利汽车董事长李书福、原福特全球VPJohn Fleming等世界企业高管、学术组织专家、知名大学教授等国内外著名专家出席论坛并作主旨报告。

论坛期间，天津市科委组织"科技企业牵手智能制造"专场，中国航天科技集团总工程师、国家"十三五"先进制造领域总体专家组组长杨海成出席并作主旨报告，德国弗劳恩霍夫协会Thomas Knothe及天津市清华大学天津高端装备研究院、天大精益公司、宜科公司作产业报告，同时组织国内外智能制造、机器人、3D打印等一批国际领先技术与近百家科技企业进行对接。

专 文

天津科技进步综述

2016年是“十三五”开局年，是科技事业发展具有里程碑意义的重要一年。中央召开全国科技创新大会，发布《国家创新驱动发展战略纲要》，吹响“三步走”建设世界科技强国的号角。市委、市政府制定出台《中共天津市委、天津市人民政府关于贯彻落实〈国家创新驱动发展战略纲要〉的实施意见》，提出“三步走”全面建成全球一流创新型城市、世界重要产业创新中心的宏伟目标，科技创新迎来又一个“春天”。一年来，在市委、市政府的正确领导下，科技战线紧紧围绕习近平总书记“三个着力”重要要求，抢抓历史性窗口期，勇于创新、攻坚克难、狠抓落实，有力推动科技工作迈上新台阶，接续开创创新驱动发展的新格局。预计全市R&D支出占GDP比重超过3.1%，连续9年位居全国第三；综合科技进步水平指数首次突破80%，达到81.43%，是全国三个超过80%的地区之一，连续14年位居全国第三，其中科技进步环境指数跃居全国第一，高新技术产业化指数继续领跑全国。中央和部委领导对天津市科技工作给予充分肯定，中央媒体聚焦京津冀协同创新、科技“小巨人”、“双创”等热点刊登播发系列重要报道，在2016年9月国务院第三次大督查和11月国务院督察组督查中，创新创业工作均被列为反馈“亮点”。科技工作呈现六大特点：

（一）落实国家重大战略布局取得新突破

把落实京津冀协同发展、国家自主创新示范区、“一带一路”等国家重大战略，作为全面深入推进创新驱动发展战略的关键着力点，在对接战略布局、落实战略任务等方面取得突破性进展。

一是京津冀科技协同创新深入推进。积极完善科技协同创新顶层设计，出台《天津市贯彻落实〈京津冀协同发展科技创新专项规划〉的实施方案》。全力落实市政府与中科院“十三五”《全面科技合作协议》，推动院市合作项目70项，设立中科院北京分院天津创新产业园区，共建中科院天津物联网技术研究院、中科院电工所天津先进电气技术研究院等5个平台。全面深化与中关村战略合作，支持滨海-中关村科技园、宝坻未来科技城等创新平台引进中关村创新资源。主动对接国家级大院大所和高校，组织相关区、园区、企业与北京理工大学、北京交通大学等高校院所开展科技合作，新引进清华大学电子信息研究院等20家高水平研发机构。积极与京冀在基础研究、大气污染防治、钢铁节能减排、大型仪器开放共享等重点领域开展合作，共建钢铁联盟（迁安）协同创新研究院，实施11个钢铁行业节能减排示范工程，在科技部支持下加快组建国投京津冀科技成果转化创业投资基金。京津冀科技优势互补、协同创新的良好局面加快形成。

二是国家自主创新示范区引领支撑功能显著提升。建立完善示范区工作指导和统计监测体系，加快推进示范区条例立法进程，编制发布示范区产业发展规划。积极引导核心区在政策创新、要素集聚、产业发展等方面作示范，加快培育新能源汽车、新一代信息技术等高端产业集群；大力支持分园打造智能制造、医疗器械、创新创业等特色园区。示范区新增注册企业近2万家，总数超过8万家；新增科技型企业达到6100家，总量达到2.7万家，占全市比重达到31%；新增科技“小巨人”企业265家，总量达到1536家，占全市比重39%；新增国家高新技术企业540家，总量达到1800家，占全市比重达到55%。聚集清华大学天津高端装备研究院等近30家新型研发机构，引进两院院士、国家“千人计划”等高层次人才300人。预计示范区全年总收入达到2.1万亿元，同比增长16%。示范区发展整体呈现创新主体茁壮成长、创新要素集中集聚、创新功能逐步完善的好态势。

三是“一带一路”科技开放合作广泛深入。贯彻国家“一带一路”战略规划，积极完善科技国际合作顶层设计，在全国率先出台《天津市推进“一带一路”建设科技创新合作专项规划》并设立专项，建立企业国际合作数据库，进一步畅通英国、德国等20多个国家和地区、40多个官方及民间合作渠道，示范推广参股并购、共建研发中心等“走出去”新模式。一年来，支持20多家科技型企业与沿线国家开展合作，建立海外技术推广中心11个。新增35家市级国际科技合作基地，累计达到110家，其中国家级国际合作基地达到18家。新引进瑞士中心等一批外国创新服务机构，支持建设中俄海洋智能科技联合研发中心等一批国际合作高端研发平台。

（二）科技融入经济建设主战场取得新成效

把大力发展科技型企业，作为统筹推进创新驱动发展战略，推动科技深入经济主战场的总抓手。全力推进科技型企业发展行动计划，积极培育科技服务业等战略新兴产业，发挥“一对一”干部帮扶作用，进一步促进科技与产业、科技与经济深度融合。

一是科技型企业助转型、促增长能力稳步增强。全市新增科技型企业近1.5万家，超额完成任务近50%，总数达到8.8万家；新增科技“小巨人”企业450家，超额完成任务50%，总量达到3900家；新认定国家高新技术企业1075家，净增957家，完成目标任务的190%以上，总量达到3265家；新认定和支持“杀手锏”产品121项，超额21%完成任务，“杀手锏”总数达到309项；新认定市级重点新产品181项，超额81%完成任务，总数达到584项。新增科技型企业、科技“小巨人”企业主要集中于战略新兴领域，近四分之三集中在电子与信息、光机电一体化、新材料三大领域。前三季度，科技“小巨人”企业主营业务收入、利润、税金增速分别高于全市平均3.9个、27.4个和11.5个百分点。工业科技“小巨人”总产值占规模以上工业比重达到51.5%。

二是科技型企业创新主体地位加快提升。按照市领导批示要求，制定出台《打造百家领军企业产学研用创新联盟实施方案》和实施细则，大力支持科技领军企业牵头高校、院所以及上下游企业，组建产学研用创新联盟，进一步整合创新资源、打通创新链条。已支持建成首批30家产学研用创新联盟，联盟在引领技术创新、带动产业集群发展等方面的积极作用加快显现。其中，海天量子牵头组建的中国通用设备安全节能创新战略联盟，汇集倪光南院士等一批顶尖专家，成员涵盖国内外近20家知名企业和12家高校院所及行业协会，有望引领通用设备服务模式变革。落实李克强总理重要指示，出台《关于支持科技型企业裂变促进小创企业发展的实施意见》，计划到2020年支持1000家科技“小巨人”裂变发展，培育3000家科技小创企业。

三是战略性新兴产业增长点加速形成。制定《天津市科技服务业行动计划（2017—2020年）》，加快培育科技服务新技术、新产品、新模式、新业态，全市科技服务业规模以上企业超过1500家，形成工程设计、检验检测、软件和信息技术服务等优势领域，预计全年科技服务业规模以上营业收入达到2100亿元，增长10%以上。坚持以新能源汽车推广应用带动产业发展，全市新增新能源汽车上牌2.46万辆，完成目标任务的256%，累计达到3.85万辆；当年新上牌车辆折合标准车3.7万辆，超过国家“3万辆标准车”奖补门槛。截至11月底，全市推广量在全国省市排名位列第7，比去年提高3位。

四是“一对一”干部帮扶成为创新发展重要支撑。把推动“一对一”干部帮扶作为助推科技“小巨人”企业创新发展的重要手段。开发建立帮扶台账系统，积极开展帮扶培训，畅通帮扶干部信息交流渠道，制度化推进考核督查，切实引导帮扶干部扎实工作、创新招法、力求实效。前三季度，重点帮扶1350家科技“小巨人”企业主营业务收入、工业总产值、利润、税金同比增幅，高出科技型企业平均水平0.9个、0.6个、4.2个和0.4个百分点。

（三）开创科技与“双创”协同创新新格局

积极发挥科技创新在大众创业、万众创新中的引领带动作用，深入挖掘“双创”对科技创新的重要助推作用，加快构建科技创新与“双创”协同创新、联动创新的新格局。

一是基础研究能力稳步提升。全市22个专项的38个项目获得国家重点研发计划8.19亿元经费支持，位列全国各省市第7位。1007个项目获得国家自然基金项目立项。应用基础研究在三维石墨烯体相材料制备、工业催化技术、水下航行器等领域实现新突破，首次发明新型三价碘氧化剂，填补含氮杂环分子研究重要空白；首次实现小鼠造血干细胞发育全程单细胞水平深度解析；首次建立飞机座舱内多种污染物浓度及目标污染物清单；新增国际三大检索系统收录科技论文21988篇，高水平论文数量增长20%以上，一批成果在*Nature*、*Science*、*Chemical Reviews*等国际高端刊物发表。

二是技术创新取得突破性成效。智能制造、新材料等12个重大专项与工程支持立项190项，支持金额1.43亿元，带动企业投入近11.5亿元，增长22%以上。积极申报大型地震工程模拟研究设施、国家合成生物技术创新中心等国家重大创新平台，加快建设纳米颗粒与纳米系统、碳材料等产业研究中心，新增21个企业重点实验室、23个工程中心、12个科技企业孵化器、10个生产力促进中心，总数分别达到177个、255个、158个和170个。全市12项科技成果获国家科学技术奖励，津产长征五号、长征七号火箭发射升空，世界首套在轨脑机交互及脑力负荷测试系统应用于“天宫二号”，自主研发主动反射面液压促进器成为“中国天眼”射电望远镜核心部件，高响应复杂曲面七轴长臂喷涂机器人、高精度智能传感器、高铁轨道板等一批创新成果打破国际技术垄断、填补国内技术空白。天津创造为国家重大技术突破做出重要贡献。

三是创新人才体系不断完善。新增市级“千人计划”人才177人，同比提高18%，累计达到711人；新增“创新人才推进计划”人才125人，累计达到366人；新遴选“新型企业家”153人，累计入选737人。新增国家“千人计划”人才21人，累计达到161人；新增科技部“创新推进计划”人才18人，累计达到71人；新增国家杰出青年科学基金获得者5人，累计达到80人；新增1家国家创新人才培养基地，累计达到4家。高层次科技创新人才队伍进一步壮大。

四是“双创”为科技创新注入新活力。全市众创空间总数达到139家，超额完成目标任务，近90%的众创空间设立种子基金，超过50%的众创空间经科技部备案，其中TjAb众创空间成为首批17个国家专业化众创空间之一;九安智慧健康众创空间作为唯一科技“小巨人”企业、唯一众创空间，全国两家典型企业之一，代表天津市在2017年全国科技工作会议上作经验交流。众创空间入驻创业团队超过4000个，注册初创企业2300多家。区县众创空间研发技术成果、申请知识产权均超过1000项（件）。2016年天津市创新创业大赛参赛项目近2000项，46家企业和13个团队参加全国总决赛，参赛项目规模、水平位居全国前列。

（四）科技体制机制改革取得新成果

坚持科技创新与体制创新“双轮”驱动，积极完善改革顶层设计，不断加大改革力度，有力推动重点领域突破创新，进一步激发科技创新活力。

一是改革顶层设计不断完善。发布《天津市科技创新“十三五”规划》，修订完善《天津市促进科技进步条例》《天津市科技计划管理办法》等一批文件，研究制定《天津国家自主创新示范区条例》《天津市科技决策咨询制度实施办法（暂行）》《天津市众创空间备案制管理办法》等条例办法，出台实施《天津市杰出青年科学基金管理办法》《天津市财政科研项目资金管理办法》等管理办法，不断加强改革的制度支撑和方向引导。

二是科技成果加快转移转化。全年推动12家国家重点实验室转化科技成果485项。支持11所高校出台新的成果转化收益管理办法，引导天津大学、天津工业大学等高校探索成果转移转化新机制，有力推动一批科技成果转移转化。新选派737名科技特派员，入驻636家企业，特派员累计达到1620名，入驻服务企业1483家，协助开发新产品654项，推动高校成果转化233项。全年技术合同交易额再上百亿新台阶，总额突破600亿元，实现两位数增长，位列全国各省市第7位。

三是科技与金融加快结合。把金融作为助推科技创新的重要力量。创新出台政策性担保资金管理暂行办法、产业并购引导基金管理办法等文件，大力支持科技型企业开展股份制改造、上市挂牌，切实发挥财政资金杠杆作用，有力引导金融机构、社会资本支持科技创新。全年支持248家科技型企业完成股份制改造，超额完成任务65%以上，累计达到504家；推动212家科技型企业上市挂牌，其中上市3家、新三板挂牌72家，超额完成全年60家任务；参股设立天使、创业投资等子基金16支，参股资金6.68亿元，基金总规模达到30亿元。

四是创新服务机制更加完善。大力推广科技创新券制度，共计吸纳226家高校、科研院所及科技服务机构1152项服务产品，累计为173家科技型企业兑现创新券600多万元，带动企业研发投入1800多万元，杠杆效应达3倍多。深入推进大型科研仪器开放共享，修订完善实施细则，781台套入网仪器累计服务企业1515家，服务合同、协议超1万项，检测样品超9万个。积极落实国家高新技术企业税收减免、研发费用加计扣除等政策，全年预计为科技型企业减免税收45亿元左右。

（五）科技服务民生建设取得新进展

把科技为民作为根本宗旨，推动科技广泛深入服务“健康天津”、“美丽天津”、“美丽乡村”、社会文化等民生重点领域建设。

一是科技有力支撑“健康天津”建设。重视发挥科技在治疗“未病之病”方面的积极作用。大力推进中高端医疗器械、互联网医疗健康等重大专项和示范工程，加快推动健康领域科技创新平台和机构建设,突破出生缺陷基因筛查、肿瘤早期筛查及用药指导等重大疾病防控与诊疗关键技术，开发脑胶质母细胞瘤治疗药物、移动平板云CT等重大自主创新产品，为“健康天津”建设作出新贡献。

二是科技有力支撑“美丽天津”建设。继续全力推进“美丽天津”示范工程，大力实施安全天津、科技惠民及可持续发展实验区建设和互联网环保服务科技专项，累计在大气、水环境生态治理、科技惠民、公共安全等领域建成示范点48个，推广先进适用技术超过1000项。

三是科技有力支撑“美丽乡村”建设。建立覆盖困难村的科技帮扶网络，在菜、肉等10个重点农业产业领域，累计组建科技帮扶团队52支，农业科技特派员达到730名，支持建设创新示范基地67个，累计帮扶农户近2.9万户，培训农民3万余人，带动农民就业超过1.2万人。瑞普生物智创谷等首批6家“星创天地”获科技部批准备案。

四是科学普及持续深入推进。始终把科学普及放在与科技创新同等重要位置。发布《天津市科普“十三五”规划》，组织科普移动新媒体大赛、科普微视频大赛、科普讲解大赛等重大活动，建成科普移动新媒体创新联盟。科技周期间，87家科普基地组织重点活动125场。全年共举办科普讲座、展览、竞赛达到6.3万场，公众参与量达到1094万人次。

（六）党风廉政建设迈出新步伐

扎实开展“两学一做”学习教育，牢固树立和自觉践行“四个意识”，逐项落实整改“回头看”反馈意见，深入开展圈子文化、好人主义专项整治。严格落实党风廉政建设责任制，履行主体责任和“一岗双责”，认真落实《关于新形势下党内政治生活的若干准则》、《中国共产党党内监督条例》和中央八项规定精神及廉政各项规定，推动党风廉政建设和反腐败斗争向纵深发展。

回顾过去一年，科技事业主动谋划、积极作为，不断适应新形势、新要求，再上新台阶，主要得益于六个方面：

一是得益于习近平总书记科技创新思想和理论的指引。中共“十八大”以来，以习近平同志为核心的党中央始终把创新摆在国家发展全局的核心位置，提出一系列治国理政新理念新思想新战略，形成了指导新时期科技工作的行动纲领。作为治国理政思想的重要组成部分，习近平总书记科技创新思想和理论，对加快实施创新驱动发展战略、建设世界科技强国、实现中华民族伟大复兴的“中国梦”具有十分重要的意义，为天津深化科技改革发展指明方向。

二是得益于市委、市政府的正确领导。市委、市政府坚决贯彻落实中央决策部署，出台《中共天津市委、天津市人民政府关于贯彻落实〈国家创新驱动发展战略纲要〉的实施意见》等系列文件，全力推动创新驱动发展。市领导多次深入调研科技工作并作出重要批示，统筹推进，为科技工作抢抓国家重大战略机遇取得新突破提供有力指导。

三是得益于市人大、市政协以及民主党派的大力支持。市人大、市政协领导多次调研指导科技工作。市人大积极支持推动《天津市促进科技进步条例》、《天津国家自主创新示范区条例》等重要条例的立法工作。市政协举办京津冀政协主席联席会，经常性组织科技专题座谈会积极指导科技工作。广大人大代表、政协委员以及民盟、九三学社等民主党派成员积极建言献策，提出了一系列富有建设性、针对性的政策建议。

四是得益于市各有关部门的真抓实干。市各有关部门把推动科技创新作为重中之重，出台政策、落实任务，全力支持科技事业发展。特别是，围绕落实《〈中共天津市委、天津市人民政府关于贯彻落实〈国家创新驱动发展战略纲要〉的实施意见〉任务分工方案》，市委组织部、市委宣传部、市发展改革委、市工业和信息化委、市商务委、市教委、市财政局、市人力社保局、市审计局、市市场监管委、市国资委、市知识产权局、市金融局、市审批办、市国税局、市科协等牵头部门负总责，各配合单位全力支持，围绕重点任务制定落实方案、出台配套政策、细化节点任务，有力确保各项工作短时间内取得实质性成效。

五是得益于各区的全力推动落实。各区高度重视科技创新工作，区委、区政府主要领导亲自抓、亲自部署，大力出实招、出新招、见实效。各区紧紧围绕科技型企业发展行动计划目标责任书要求，全力抓推动、抓落实，确保全市新增科技型企业、科技“小巨人”企业、国家高新技术企业、科技型企业股份制改造、科技型企业上市挂牌等五大任务全部超额完成目标。同时，各区立足实际、突出特色，在融入京津冀协同发展等国家重大战略、培育战略新兴产业等方面大胆探索实践，取得一系列新经验、新成效，有力推动创新驱动发展战略的落地生根、开花结果。

六是得益于全面从严治党。把全面从严治党与全面科技创新紧密结合，从严从实抓党风廉政和反腐败工作，营造了科技事业发展的正风、正气、正能量，进一步牢固树立“四个意识”，确保科技工作始终以习近平总书记科技创新思想和理论为统领，以落实习近平总书记“三个着力”重要要求为主攻方向，切实把中央和市委、市政府决策部署落实到科技改革发展的方方面面，持续转化为创新驱动发展的自觉实践，有力确保科技事业沿着正确方向不断前进。

在总结成绩的同时，也存在短板和不足。主要是：思想还需要进一步解放，开拓创新意识不强；在京津冀协同发展中主动谋划不够，与北京全国科技创新中心全方位对接不足；科技型企业创新引领能力不强，缺乏世界级领军企业；高校院所源头有效供给能力不强，科技成果供需对接不畅，科技成果转移转化率偏低；科技体制机制改革有待深化；科技支撑重大民生建设潜力有待进一步挖掘等。围绕重点问题，将集中发力，全力以赴，力争尽快取得实质性突破。

科技政策法规

国家科技政策概况

【国家科技政策概况】 2016年是“十三五”开局之年，是深入实施创新驱动发展战略、全面深化科技体制改革的关键时点。围绕科技体制改革过程中的实际问题，2016年国家层面新出台一系列针对性高、操作性强的政策措施，主要聚焦在以下几方面。

第一，第十二届全国人大常委会第十六次会议审议通过了《促进科技成果转化法（修正案）》，标志着我国科技成果转化应用进入了一个新阶段。为保障政策落实，2016年，国务院出台了《实施中华人民共和国促进科技成果转化法若干规定》。该规定强调，要打通科技与经济结合的通道，鼓励研究开发机构、高等院校通过转让、许可或者作价投资等方式，向企业或者其他组织转移科技成果。随后，科技部、教育部等相关机构也出台政策措施，促进科技成果转化、加速推进科技成果形成新的生产力。

第二，自20世纪80年代以来，国家层面历次重大科技体制改革均伴随着国家科技计划管理改革的推进。2016年，中共中央办公厅、国务院办公厅出台《关于进一步完善中央财政科研项目资金管理等政策的若干意见》，标志着国家最高层面以科技计划项目管理为突破口，推进科技体制改革继续全面深入。文件明确指出要改进中央财政科研项目资金管理，调动科研人员积极性和创造性；要完善高校、科研院所科研仪器设备采购管理，适应科研活动实际需要；要改进服务，切实为科研人员潜心研究营造良好环境。围绕这一纲领性政策，科技部密集出台了多个专项措施，切实推进政策落实执行，促进形成充满活力的科技管理和运行机制。

第三，良好的科技金融生态和成熟的科技金融政策环境是创新驱动发展战略的重要支撑。在科技金融方面，为深入贯彻落实中共十八大和十八届三中、四中、五中全会精神，努力探索符合中国国情、适合科创企业发展的金融服务模式，推动银行业金融机构基于科创企业成长周期前移金融服务，为种子期、初创期、成长期的科创企业提供资金支持，优化金融供给结构，探索推动银行业金融机构业务创新发展，科技部会同相关部委和金融机构，出台了《关于支持银行业金融机构加大创新力度开展科创企业投贷联动试点的指导意见》，对于解决银行科创企业信贷收益无法弥补信贷风险，种子期、初创期科创企业金融服务可获得性比较低，科创企业金融服务需求未得到有效满足等问题具有重要意义。

第四，促进科技企业健康发展方面，按照国务院“将中关村等国家自主创新示范区先行先试政策推向全国”的要求，财政部、科技部、国资委联合制定下发了《国有科技型企业股权和分红激励暂行办法》，旨在通过建立利益共享、风险共担的中长期激励机制，采取股权出售、股权奖励、股权期权等股权激励方式，或项目收益分红、岗位分红等分红激励方式，对企业重要技术人员和经营管理人员实施激励，以进一步激发广大技术人员和经营管理人员的积极性和创造性，推动高新技术产业化和科技成果转化，促进国有科技型企业健康可持续发展。该办法的出台，是贯彻落实中共十八届五中全会精神和国家创新驱动发展战略的重要举措，为企业技术人员和经营管理人员创新创业提供了制度保障。

2016年国家科技创新政策汇总

表1

类型	文件名称	文件编号	签发单位
科技成果转化	实施中华人民共和国促进科技成果转化法若干规定	国发〔2016〕16号	国务院
	中国科学院关于新时期加快促进科技成果转移转化指导意见	科发促字〔2016〕97号	中国科学院、科学技术部
	关于加强高等学校科技成果转移转化工作的若干意见	教技〔2016〕3号	教育部、科技部
科技计划项目管理改革	关于进一步完善中央财政科研项目资金管理等政策的若干意见	中办发〔2016〕50号	中共中央办公厅、国务院办公厅
	科技部落实国家科技计划管理监督主体责任实施方案	国科办政〔2016〕49号	科技部
	中央财政科技计划（专项、基金等）项目管理专业机构管理暂行规定	国科发创〔2016〕70号	科技部
	国家科技计划项目评审专家选取和使用实施细则（试行）	国科办创〔2016〕2号	科技部
	科技评估工作规定（试行）	国科发政〔2016〕382号	科技部、财政部、发展改革委
	国家科技计划（专项、基金等）严重失信行为记录暂行规定	国科发政〔2016〕97号	科技部、国家发展改革委、教育部等
科技金融	中央引导地方科技发展专项资金管理办法	财教〔2016〕81号	财政部、科技部
	关于支持银行业金融机构加大创新力度开展科创企业投贷联动试点的指导意见	银监发〔2016〕14号	中国银监会、科技部、中国人民银行
科技企业发展	国有科技型企业股权和分红激励暂行办法	财资〔2016〕4号	财政部、科技部、国资委
	高新技术企业认定管理办法	国科发火〔2016〕32号	科技部、财政部、国家税务总局
	关于科技企业孵化器税收政策的通知	财税〔2016〕89号	财政部、国家税务总局
	关于国家大学科技园税收政策的通知	财税〔2016〕98号	财政部、国家税务总局

（贾贝妮）

天津市科技政策概况

【天津市科技政策概况】 2016年，天津市新出台15条科技创新政策，政策数量基本与往年持平。政策内容方面，一是紧跟国家战略，着重加强国家层面政策的本地化和执行落实；二是结合天津市需求，继续推进创新生态环境建设不断进步。重点聚焦在以下几方面。

第一，着力加强创新生态环境建设。市委市政府出台了《关于贯彻落实〈国家创新驱动发展战略纲要〉的实施意见》，明确提出要以科技创新为核心带动全面创新，以产业创新为重点推进优化升级，以人才建设为支撑构筑竞争优势，以体制机制创新为保障激发社会活力，开创全市科技创新新局面。市科委、市财政局出台了《天津国家自主创新示范区创新生态系统建设项目实施方案》，明确了天津示范区创新生态系统建设项目支持方式、支持对象以及支持额度，以及项目组织实施的流程。

第二，继续推进创新载体平台建设。2016年，围绕创新平台建设，市科委出台三项政策，吸引集聚创新要素，不断完善科技创新平台体系建设，推进形成以产业技术研究院建设为龙头、企业研发机构为主体、高校技术转移中心为辅助、科技公共服务平台为支撑的科技平台体系，努力提高本市自主创新活力与水平。

第三，全面开展科技计划项目管理改革。根据国家科技计划管理改革精神，贯彻落实国发11号文和64号文两个重要文件，立足本市科技创新发展的特点和需求，市政府、市科委、市财政局、市教委等单位出台了《天津市市级财政专项资金管理暂行办法》《天津市财政科研项目资金管理办法》等四条政策措施，以提高科技资源配置效率与科技计划项目管理效益为目标，进一步规范了科技计划的管理流程，突出科技计划目标导向，对于调动全社会创新积极性、提升政府服务能力和水平起到了积极的推进作用。

第四，不断完善科技金融政策工具。良好的科技金融生态和成熟的科技金融政策环境是实施创新驱动发展战略的重要支撑。2016年，天津市连续出台多项政策措施，旨在提高金融机构收益或降低金融机构风险、拓宽企业融资渠道或降低企业融资成本、消除银企信息不对称，政策模式涵盖了供给侧路径、需求侧路径和联结型路径，进一步完善了天津市科技金融政策体系。

2016年天津市新出台科技创新政策列表

表2

类别	文件名称	文件编号	签发单位
创新生态环境建设	中共天津市委天津市人民政府关于贯彻落实《国家创新驱动发展战略纲要》的实施意见	津党发〔2016〕19号	中共天津市委、天津市人民政府
	天津国家自主创新示范区创新生态系统建设项目实施方案	津科示〔2016〕168号	天津市科学技术委员会、天津市财政局
创新载体平台建设	天津市企业重点实验室管理办法	津科基〔2016〕21号	天津市科学技术委员会
	市科委关于支持国家级科研院所来津发展政策的实施细则	津科体〔2016〕69号	天津市科学技术委员会
	天津市大型科学仪器开放共享实施细则	津科财〔2016〕154号	天津市科学技术委员会、天津市财政局
科技计划项目管理	天津市市级财政专项资金管理暂行办法	津政办发〔2016〕63号	天津市人民政府办公厅、天津市财政局
	天津市财政科研项目资金管理办法	津财教〔2016〕71号	天津市财政局、天津市科学技术委员会、天津市教育委员会
	天津市自然科学基金管理办法	津科基〔2016〕139号	天津市科学技术委员会
	天津市杰出青年科学基金项目管理办法	津科基〔2016〕150号	天津市科学技术委员会
科技金融支持	天津市科技型企业政策性担保资金管理暂行办法	津科金(2016)111号	天津市科学技术委员会、天津市财政局
	天津市科技金融对接服务平台认定及考核补贴办法	津科金〔2016〕151号	天津市科学技术委员会、天津市财政局
	科技型企业股份制改造补贴资金管理办法	津科金〔2016〕152号	天津市科学技术委员会、天津市财政局
	天津市创新创业大赛打包贷款补贴实施细则	津科金〔2016〕153号	天津市科学技术委员会、天津市财政局
促进科技成果转化	关于促进科技成果转移转化的行动方案	津科成〔2016〕183号	天津市科学技术委员会
科普	天津市“十三五”时期科学技术普及发展规划		天津市科学技术委员会

（贾贝妮）

基础研究与前沿技术研究

概　况

【天津市基础研究与前沿技术研究年度工作概况】 2016年度，天津市基础研究新增国家和天津市基础研究类项目共1452项，其中国家重点研究计划项目3项，国家自然科学基金项目1007项，天津市自然科学基金项目442项。2016年度新增天津市企业重点实验室11个，新增天津市筹建企业重点实验室21个。天津市拥有各类重点实验室345个，其中国家重点实验室7个，省部共建国家重点实验室1个，企业国家重点实验室4个，科技部省部共建国家重点实验室培育基地1个，国家部委级重点实验室48个，依托于高校和科研机构的市级重点实验室107个，认定市级企业重点实验室111个，筹建市级企业重点实验室66个。2015年度被国际三大检索系统收录科技论文21988篇，其中被SCI收录11048篇，被EI收录8598篇，被CPCI收录2342篇，SCI-E科技论文在影响因子10以上的刊物上共发表论文314篇。2016年度天津自然科学基金资助完成的项目，以论文形式在国际、国内学术刊物上发表研究成果1553篇，其中国际论文824篇，国内论文596篇，被SCI、EI、ISTP三大检索系统收录论文507篇。申请专利481项，其中申请发明专利390项，授权发明专利229项。培养人才832人，其中培养博士198人，硕士634人。"973"计划项目"大型客机座舱内空气环境控制的关键科学问题研究"在国际上首次建立座舱内多种污染物浓度范围及目标污染物清单；国家重大研究计划项目"光场调控及与微结构相互作用研究"发展完善调控光场的新途径，提升光场调控在相关领域的应用价值，首次在Ag（111）上成功实现单原子层硼烯生长，突破这一凝聚态物理和材料科学领域的公开难题。得到国家自然科学基金项目资助的血液病医院袁卫平团队在Nature发表文章，首次发现小鼠造血干细胞发育全程单细胞水平的深度解析。新增朱守非、赵斌、张拥军、贾宏杰、陈悦等5人获国家杰出青年科学基金资助，新增邹长亮、师唯、焦丽芳、丁丹、陈凌懿、仰大勇、刘海涛、李明超、李炳志、焦魁、谷建强、李兵辉、范祥等13人获得优秀青年基金资助。（郭　彤）

【南开大学年度科技工作简况】 2016年，南开大学新增国家创新人才推进计划之创新人才培养示范基地1个，高等学校学科创新引智计划1项，示范型国家国际科技合作基地2个，天津市重点实验室1个，天津市国际科技合作基地9个。入选中组部第二批国家"万人计划"领军人才1人；科技部创新人才推进计划创新人才领军人才4人；5人入选天津市中青年科技创新领军人才，6人入选青年科技优秀人才，2团队入选重点领域创新团队。获天津市科学技术奖励11项，以第一完成单位获天津市科学技术奖励4项，其中自然科学一等奖2项；1人获评中国青年女科学家奖。2015年度南开大学科技论文情况为：SCI收录论文1463篇，EI收录论文922篇，CPCI-S收录会议论文65篇，2006年～2015年累计篇均被引用14.84次；"表现不俗"论文共680篇，占SCI收录论文总数46.48%。2016年提交专利申请360项（发明专利342项，实用新型18项）；取得授权专利170项（发明专利161项，实用新型9项）。计算机软件著作权登记申请19项，国际专利申请7项。获2016年度中国专利优秀奖1项，天津市专利优秀奖1项。该校作为天津市唯一入选高校继续开展中学生科技创新后备人才培养计划（简称"中学生英才计划"），同时承办"2016年青少年高校科学营"活动，获2项全国优秀奖。（孙嘉欣）

【天津大学科技工作年度简况】 2016年，天津大学以提高科技工作质量与水平为主线，以大成果好成果为目标，注重战略谋划布局和科研组织工作，从基础研究到关键技术突破再到产业示范应用进行链条式布局，整体提升自主创新能力和社会服务能力：①项目、经费方面：科技总经费25.05亿元。获批重点研发计划16项，全国高校排名第八，其中千万元以上项目14项，全国高校排名第四；合计国拨经费3.97亿元，全国高校排名第七。获资助国家自然科学基金316项，直接经费21462.25万元，资助率30.92%。包括青年基金96项，面上基金162项，重点项目11项，联合基金重点4项，重大研究计划重点1项等。②产学研工作：青岛海洋工程研究院通过发挥天津大学海洋工程学科优势，2016年度组织申报科技项目21项，获批各类经费近亿元；武清前沿技术研究院服务京津冀一体化国家战略，2016年度承担科研项目45项；津南创新研究院建设进入实质阶段，研究院实验室内部装修改造工作完成，校内团队启动入驻工作；技术转移中心梳理整合可推广技术130余项，可转化技术30项，促成签订技术合同21项。③人才建设：1人获国家杰出青年科学基金项目资助，6人获国家优秀青年科学基金项目资助，创新研究群体新获资助1项，滚动支持1项，23人入选"北洋青年学者"计划，58人入选"北洋学者·青年骨干教师"计划。④科研基地建设：新增1个国家工程实验室：城市轨道交通数字化建设与测评技术国家工程实验室（参建）；新增4个天津市工程中心。⑤科技成果：作为第一完成单位获国家科学技术发明奖二等奖2项；4项成果获高等学校科学研究优秀成果奖；巩金龙获高等学校科学研究优秀成果奖青年科学奖；14项获天津市科学技术奖，其中9项一等奖；2项发明专利获第十八届中国专利优秀奖；2项发明专利获2016年度天津市专利金奖。收录Article和Review论文2835篇，全国高校排名中列第15位。比较2014年SCI论文增长15.7%，名次上升1位。EI收录期刊论文3359篇，比较2014年EI论文增长34.6%，全国高校排名中列第5位。⑥知识产权：申请专利2406项，其中发明专利1983项；授权国内专利1081项，其中发明专利808项。

（天津大学）

【天津城建大学年度科技工作简况】 2016年，天津城建大学科研工作取得成效。①获批国家级项目22项，国家自然基金17项，国家社科基金项目1项；国家重点研发计划合作研究课题2项，全国教育科学"十三五"规划项目2项；获批省部级项目73项。②获天津市科技进步奖6项，其他省部级科技奖励1项，天津市人文社科优秀成果奖4项。③申请国家专利215项，授权47项。申请国家发明专利128项，授权17项；申请实用新型专利84项，授权29项。④获批组建天津市土木建筑结构防护与加固重点实验室、天津市燃气高效利用技术工程中心，城市绿色发展研究中心获批为首批天津市高校智库。天津市软土特性与工程环境重点实验室、天津市水质科学与技术重点实验室、天津市绿色住区建设技术工程中心通过验收。⑦参加第六届建筑类高校科研管理工作研讨会。组织青年博士学术论坛系列活动，举办"博士科研启动基金项目申报及结题验收交流会""科学研究与项目申报交流会""人文社科高水平论文撰写交流会"和"国家自然科学基金申报启动及辅导会"等活动；举办天津市社会科学界第十二届（2016）学术年会天津城建大学分会场会议。⑧出台《天津城建大学科研经费管理办法》《天津城建大学科研项目管理办法》《天津城建大学"双肩挑"干部申请科研项目管理办法》《天津城建大学科技成果转化奖励项目专项资金管理办法》等制度文件。⑨出版学报6期，刊发论文87篇，刊登国家级项目论文27篇，刊登省部级项目论文61篇（次）。申请获批DOI（数字对象唯一标识）编码。

（韩庚君）

【天津市"高被引"领域分布及机构分布】 论文被引次数是现代科研体系中，用以评价科研成果的最重要的指标之一，论文引用频次反映科学家或研究者的研究成果被同行认同的程度，反映一个国家科研绩效和科研人才的制高点。以爱思唯尔（Elsevier公司）发布的2016年中国高被引学者（Most Cited Chinese Researchers）榜单为数据来源，2016年，天津市共有44人入选"高被引科学家"，在全国各省市中排第9名，占全部入选人数的2.5%。44人涉及16个学科领域，其中入选人数较多的领域有化学（9人）、化学工程（7人）、计算机科学（5人）、生化、遗传和分子生物学（4人）

等，在材料力学、工业和制造工程等11个领域都只有1～2人入选。

天津市高被引科学家的领域分布情况

表3

排名	领域	人数	占全国比重(%)
1	化学	9	6.6
2	化学工程	7	7.8
3	计算机科学	5	3.3
4	生化,遗传和分子生物学	4	4.1
5	能源	3	4.1
6	材料力学	2	2.3
7	工业和制造工程	2	2.5
8	环境科学	2	8.7
9	农业和生物科学	2	9.1
10	机械工程	1	0.9
11	建设和建造	1	1.2
12	经济,经济计量学和金融	1	2.9
13	决策科学	1	4.8
14	免疫和微生物学	1	4.8
15	数学	1	6.3
16	医学	1	8.3

从机构分布看，南开大学入选人数最多，有19人，在全国排第17位；其次是天津大学，入选17人，在全国排第22位；另外，天津工业大学入选3人，天津医科大学和天津师范大学分别入选2人，天津科技大学入选1人。

天津市高被引科学家的单位分布情况

表4

排名	单位	人数	占全市比重(%)
1	南开大学	19	43.2
2	天津大学	17	38.6
3	天津工业大学	3	6.8
4	天津医科大学	2	4.5
5	天津师范大学	2	4.5
6	天津科技大学	1	2.3

天津市高被引科学家名单

表5

姓名	单位	领域	姓名	单位	领域
秦庆华	天津大学	材料力学	黄田	天津大学	机械工程
陈旭	天津大学	材料力学	高铁杠	南开大学	计算机科学
房丰洲	天津大学	工业和制造工程	程明明	南开大学	计算机科学

续表5

姓名	单位	领域	姓名	单位	领域
宫虎	天津大学	工业和制造工程	胡清华	天津大学	计算机科学
陈永胜	南开大学	化学	庞彦伟	天津大学	计算机科学
程鹏	南开大学	化学	马书根	天津大学	计算机科学
严秀平	南开大学	化学	陈清焰	天津大学	建设和建造
刘育	南开大学	化学	张中祥	天津大学	经济,经济计量学和金融
高学平	南开大学	化学	邹长亮	南开大学	决策科学
周震	南开大学	化学	尹芝南	南开大学	免疫和微生物学
卜显和	南开大学	化学	程方益	南开大学	能源
陈军	南开大学	化学	袁华堂	南开大学	能源
杜淼	天津师范大学	化学	王成山	天津大学	能源
何良年	南开大学	化学工程	王硕	天津科技大学	农业和生物科学
姜忠义	天津大学	化学工程	刘东华	天津师范大学	农业和生物科学
刘昌俊	天津大学	化学工程	王磊	南开大学	生化,遗传和分子生物学
李永丹	天津大学	化学工程	刘林	南开大学	生化,遗传和分子生物学
孟明	天津大学	化学工程	孙彦	天津大学	生化,遗传和分子生物学
马新宾	天津大学	化学工程	尚永丰	天津医科大学	生化,遗传和分子生物学
谭小耀	天津工业大学	化学工程	姚永红	天津工业大学	数学
周启星	南开大学	环境科学	祁锋	天津工业大学	数学
周明华	南开大学	环境科学	张逊	天津医科大学	医学

（李小芬）

数学　物理　化学

【南开大学数学科学学院年度科研工作简况】 2016年，南开大学数学科学学院科研工作进展如下：①共开题纵向项目18项，总计经费920.66万元，其中主承担15项，孙文昌获国家杰出青年基金；在研项目总计56项，合计经费2295.66万元，其中主承担52项；国家自然基金35项，总计1857.46万元，教育部项目5项，总计26万元。结题29项，新申请国家自然科学基金6项，青年科学基金1项，发表学术论文55篇，其中SCI、EI54篇，国内核心1篇。③专家作学术报告共56人次，其中“姜立夫学术讲座”5次。数学学院杰青、孙文昌组织“非线性分析青年研讨会”。数学学院教师年度内到美国、澳大利亚、德国、瑞士、韩国等大学进行学术交流访问8人次。数学学

院教师年度内参加各类学术会议17人次。④数学学院赵志勇获天津市普通高校大学数学竞赛优秀指导教师奖。（李建新）

【南开大学统计研究院年度科研工作简况】 2016年，南开大学统计研究院科研工作进展如下：①人才建设：研究院教师共发表SCI论文20余篇。邹长亮获国家优秀青年科学基金、国家重点项目、长江学者青年项目，张巧真获国家自然科学基金青年项目，刘民千获科技部中青年科技创新领军人才。王思鉴（美国威斯康辛大学麦迪逊分校）依托统计研究院成功申报天津市“千人计划（短期项目）”，依托统计研究院成功申报天津市“外专千人计划”短期项目。②科研项目：新增科研项目4项，总经费410万元。其中，国家自然科学基金重大项目“大数据的统计学基础与分析方法”子课题1项、国家自然科学基金优秀青年基金1项、国家自然科学基金青年科学基金项目1项。在研项目21项，总经费864.75万元。其中，国防“973”项目子课题1项、国家科技支撑计划子课题1项、国际自然科学基金重点项目1项。2016年7月20日，深圳市心讯科技有限公司与统计研究院签订组建大数据金融联合实验室产学研合作协议以及给予该院30万元的捐赠协议。③学术讲座与短期课程：邀请国内外统计学专家学者到院访问交流，开展学术讲座六十余场。包括宾州州立大学讲座教授、教育部长江讲座教授、美国密歇根大学教授、美国加州大学河滨分校统计系教授等。④学术会议：4月16日～17日，举办第二届“南开统计论坛——青年学者会议”，推动统计学领域青年学者科研活动。11月11日～13日，举办“南开统计论坛——前沿课题研讨会”，邀请国内高校及研究机构的40多位统计学青年专家学者研讨。⑤外出交流与交叉学科研究：李忠华在美国佛罗里达大学交流学习。杨建峰申请美国UCLA青年教师研修项目，在美国加州大学洛杉矶分校进行访问。院内教师多次受邀赴境外参加国际学术会议并做邀请报告，包括第十届ICSA国际会议、第四届IMS-APRM会议、Stu Hunter会议和JSM会议等。设置交叉学科办公室，拓展与金融、环境、计算机、医药、生物等学科深入交叉，开展大数据方面的理论研究和实践应用，培养大数据统计分析人才。（周晓英）

【南开大学组合数学中心年度科研工作简况】 2016年，南开大学组合数学中心被国内外学术杂志录用发表科研论文44篇，包括*Adv. Math.*，*Adv. Appl.Math*，*MATC——J.Comput.Biol.* 等；出版专著1部，为李学良与毛亚平合作撰写的专著Generalized Connectivity of Graphs，是SpringerBriefs in Mathematics这一数学系列专著中的一部；编著3部，分别为：Ivan Gutman与李学良合编的Energies of Graphs-Theory and Applications，李学良与史永堂等合编的Graph Polynomials、Mathematical Foundations and Applications of Graph Entropy。承担科研项目十余项，包括参加“973”课题1项，主持国家自然科学基金委重点项目1项（陈永川，组合数学中的代数方法），参加国家自然科学基金委重点项目1项（李学良，网络设计中的图论方法）。由陈永川、季青与臧经涛共同完成的论文“Andrews-Dyson-Rhoades猜想的证明”入选南开大学2015年度十大科技进展；史永堂入选第三批天津市创新人才推进计划之“青年科技优秀人才”。举办五次学术会议，分别为第12届国际数学化学科学院年会暨2016年数学化学国际学术会议、2016 Workshop on Extremal and Random Phenomenon in Discrete Mathematics、第三届图论与组合优化研讨会、群作用及组合结构研讨会、符号计算与组合数学研讨会。会议总计安排报告150余个，参会学者440余人。报告人包括SIAM Journal on Discrete Mathematics前主编、美国南卡罗莱纳大学Jerrold R.Griggs，Advances in Applied Mathematics主编、美国德州农工大学颜华菲，国家自然科学基金海外杰出青年基金获得者、美国佐治亚理工学院郁星星，Discrete Mathematics主编Douglas B.West，浙江师范大学朱绪鼎（国家千人计划专家），南方科技大学李才恒（国家千人计划专家），中国科学院数学与系统科学研究院陈旭瑾（优青），浙江师范大学张昭（优青）等。（任晓艳）

【南开大学陈省身数学研究所年度科研工作简况】 2016年，南开大学陈省身数学研究所科研工作如下：①国内外发表学术论文、编辑学术论文集共44篇册。博士后发表论文2篇，研究生发表论文16篇，其中6篇与导师合作。主要承担在研究的课题来源包括国家自然科学基金委员会、教育部、科技部等部门，共计22项。新增科研课题1项，结题9项。②完成十五场国际国内学术会议的主办任务，参会人员共约1042人次，其中境外人员约284人次。共有来自世界各地的访问学者108人次，举办学术报告54场。③2016年5月，白承铭入选科技部创新人才推进计划中青年科技创新领军人才；曾崇纯入选2015年度天津市“千人计划”创新人才项目；赵磊入选2015年度天津市“千人计划”青年千人计划项目，获中国工业与应用数学学会青年学者奖。2016年7月，该所获南开大学2015年度科技工作表现突出荣誉证书。2016年全职引进尤建功、唐梓洲二位教育部长江学者特聘教授，以及吕勇、常亮两位特聘副研究员。

（冯国苹）

【微纳结构与电化学能源器件】 南开大学陈军、程方益、陶占良、张天然、韩晓鹏、马华、朱智强、梁衍亮、张小龙、梁静完成，属于固体化学、纳米材料化学、电化学和能源化学的前沿交叉学科领域，获2016年度天津市自然科学奖一等奖。取得如下研究成果：①研究锰基氧化物微纳结构的可控制备与电催化性能。提出“还原—转晶”新方法，实现锰系尖晶石微纳材料的室温快速可控制备，揭示锰氧化物电催化氧还原/氧析出是氧缺陷诱导的电荷转移过程，阐明晶型、价态、化学计量比与电催化性能的关联规律，构建可充金属空气电池，为廉价高效尖晶石微纳材料替代Pt电极及其在电池应用提供新策略。②研究微纳结构电极材料的设计制备与电化学储锂/镁性能。构建$LiMn_2O_4$和$LiNi0.5Mn1.5O_4$多孔纳米棒、CuV_2O_6纳米线、MoS_2纳米片、多孔碳负载Sn纳米颗粒、Mg纳米颗粒等微纳电极材料，明确电化学可逆脱嵌锂/镁反应和电荷转移行为，阐述微纳结构对提高电极性能的关键作用，为构筑新型Li/Mg二次电池，为高比容量、大倍率、长寿命锂/镁电池研制提供新思路。项目发表SCI论文128篇，论文26篇，包括2篇Nat. Chem.，4篇Angew. Chem. Int. Ed，4篇Adv. Mater，1篇J. Am. Chem. Soc.，3篇Nano Lett.，2篇Energy Environ. Sci.等；SCI他引4937次，单篇最高他引482次；8篇代表论文SCI他引898次，单篇最高他引258次；26篇入选ESI高被引论文；被Science、Nat. Chem.、Chem. Rev.等期刊正面引用和高度评价。获发明专利授权4项，撰写专著7本（章），作大会和邀请报告56次。

（南开大学）

【石墨烯的绿色合成及其多相催化应用】 天津大学范晓彬、张凤宝、张国亮、李阳、彭文朝等完成，获2016年度天津市自然科学奖一等奖，是国家自然科学基金项目。创新性成果如下：①发现氧化石墨烯在强碱性条件下的脱氧规律，首次提出“石墨烯绿色化制备”研究理念。采用氢氧化钠等代替剧毒性水合肼等还原剂实现氧化石墨烯脱氧，提出石墨烯的绿色化与低成本制备新路线，单篇论文被Nat.Chem.等他引801次；②提出石墨烯固体酸研究理念，开辟石墨烯负载小分子催化剂的研究方向。开发系列基于石墨烯的有机酸/碱催化剂及金属配合物催化剂，解决常规负载型小分子催化剂由于缓慢的非均相扩散过程而导致其反应速率低下世界难题；③开发石墨烯负载的系列新型、高效贵金属纳米催化剂，实现系列单金属、双金属纳米催化剂在石墨烯上的可控负载及其智能催化，大幅提升相关催化反应的速率及其产物选择性。与企业联合开展相关催化剂的产业化应用探索，单篇论文被Nat.Mater.等他引133次。项目在Adv.Mater.等期刊发表SCI论文20篇，SCI他引1260次，8篇代表作被他引1120次，2篇入选ESI高引论文。有关氧化石墨烯碱性脱氧及石墨烯固体酸研究工作被《自然—亚洲材料》及《自然—中国》选为研究亮点。受邀为Chem. Soc.Rev. 撰写综述论文1篇（Multiple roles of graphene in heterogeneous catalysis，2015，44: 3023）。

（天津大学）

【光场调控及与微结构相互作用研究】 根据“量子调控研究”重点支持方向“光场与微结构的耦合效应及调控”指南和现有工作基础，以“光场调控及与微结构相互作用”开展深入探索和研究。其中以偏振态、位相和振幅以及多参量联合的空域调控，创建新型空间结构光场为主线；以其新颖特性及其与微结构相互作用以及与电子态耦合为重点；以探索超分辨成像等应用为突破。拟解决的关键科学问题：空间结构光场的调控机理及其新颖性质；具有新颖性质的空间结构光场与微结构相互作用的新机理和新效应；具有新颖性质的空间结构光场与微结构中电子态耦合的量子效应和现象。研究队伍由南开大学、中山大学、西北工业大学、中国科学技术大学、华南理工大学和中国科学院西安光学精密机械研究所组成，南开大学王慧田教授为项目负责人。设置四个课题：空间结构光场的调控机理、生成技术和新颖性质；空间结构光场与微结构的线性和非线性耦合效应；新颖动量和角动量光场与微结构相互作用的量子效应；极小空间尺度光场与微结构耦合及其超分辨成像应用。随着对激光研究的不断深入和各种需求的驱动，标量光场已显现出局限性。对光场的偏振态、位相和振幅以及多参量联合进行有效的空域调控，创建具有奇特性质的新型空间结构光场，必将为操控光传播行为和调控量子态提供新的思路。开展光场调控，及其与微结构相互作用以及与电子态耦合等相关研究，必将发现新效应和新现象、提出新概念和新原理、催生新技术和新应用，不仅对进一步深刻理解“光”和挖掘激光潜能等具有重大科学意义，而且符合国家重大需求、具有前瞻性和迫切性。项目主要成果有：①主要涉及基于偏振态、位相和振幅以及多参量联合的空域调控，空间结构光场生成的新原理和新技术、基本物理问题、时空演化规律、新颖动量和角动量、纵向场特性等；

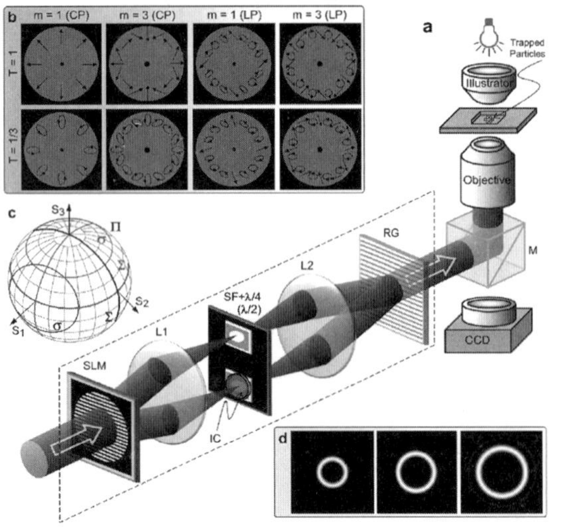

光场调控及与微结构相互作用示图

多奇点和对称破缺空间结构光场的调控新原理和新技术及其奇特性质等。②重点涉及具有新颖动量和角动量、纵向场的空间结构光场与微结构线性和非线性相互作用的新效应、新现象和新机理；具有新颖动量和角动量、纵向场的新型空间结构光场与微结构相互作用所致的量子效应。③基于携带新颖动量和角动量的强纵向场与微结构和小量子体系相互作用的新机理，远场极小空间尺度光场生成和表征技术及其在超分辨成像应用。项目四个课题合计发表论文303篇，申请发明专利38项，出版专著4本，培养博士生58人、硕士生59人。

【具有强电子受体连接的桥联环糊精的合成及其分子选择键合行为研究】 国家自然科学基金项目，由南开大学陈湧承担，于2016年12月结题。课题从含有6～8个葡萄糖单元的环糊精和富勒烯、二萘嵌苯、苯二酰亚胺、萘二酰亚胺、蒽醌、紫精等强电子受体出发，设计和合成一系列强电子受体连接的桥联环糊精。选择一系列具有给电子能力的药物和生物分子，如大环内酯类药物、b-内酰胺类药物、喹诺酮类药物、磺胺类药物、卟啉类药物、肽及蛋白质等作为客体分子，通过光谱和量热滴定手段研究桥联环糊精在固相和溶液中的结构，以及它们选择键合客体分子的键合模式、键合能力和分子选择性，探索桥联环糊精选择键合的热力学起源。通过这些研究，从拓扑学和热力学的角度阐明桥联环糊精分子键合行为的控制因素，特别是桥联环糊精双重空腔和强电子受体桥链的协同效应对分子多重识别行为的影响，揭示该类桥联环糊精结构与性能的依赖关系，利用环糊精双重疏水空腔和给体—受体相互作用的协同贡献达到改善药物和生物分子理化性质及其生物功能的目的。发表SCI论文24篇，申请专利8项，授权4项。

（陈　湧）

【石墨烯的离子束功能化修饰对其细胞和血液相容性的调控】 国家自然科学基金项目，由天津师范大学李德军等完成，于2016年12月结题。利用离子束技术实现在石墨烯上诱导形成富含氮和氧等功能基团，通过与纯石墨烯和同种工艺的功能化碳纳米管比较，理解功能基团在石墨烯上的离子束诱导构建机制，实现离子束改善和控制石墨烯对不同接触细胞和血液蛋白的构象和吸引排斥、细胞黏附与生长、细胞毒性、抑制血小板聚集，抗凝血能力等，获不同功能基团对细胞和蛋白的识别、构象、黏附与生长的调控效果，改善细胞和血液相容性。通过实验并结合基于密度泛函的第一性原理以及生化理论，获功能基团成分、含量、键合状态等与自由能、亲水性、电荷性质以及生物相容性之间的相互关系；根据功能基团的末端原子与接触细胞或蛋白分子中的原子在界面可能形成的化学键模型、空间群、电势等，计算模拟它们之间的相互作用，获功能基团对细胞或蛋白的调控机理。

（天津师范大学）

【无机固态电解质薄膜的合成与其锂离子输运机理】 天津师范大学物理与电子信息学院李德军教授主持承担。项目以无机固态电解质薄膜的合成与其锂离子输运机理为项目研究核心内容，重点开展薄膜锂离子电池关键材料，以锂磷氧氮（LiPON）为无机固态电解质材料的离子束辅助PVD沉积合成及其相关结构与其力学、电化学性质，氮离子轰击对其锂离子电导率的影响及其锂离子输运特性；研究以LiPON作为电解质的可构成全固态薄膜锂离子电池的正负极材料锂离子输运特性，扩展电极体系对电解质结构与结构及电化学特性的研究，以及正负极材料的结构及其电化学特性改性。主要发现和创新有：①以离子束辅助溅射，通过氮化物靶材离子束或磁控溅射直接N^{+}掺杂的方式，联合制备纳米多层超晶格结构的LiPON复合固态电解质薄膜。该结构体系在纳米多层结构的硬质涂层上已有过诸多应用，结果显示结构的优化，提升该电解质的应用价值，从微结构形成、抗水解氧化、机械性能改善以及生长规律是该项目的特色。②利用离子束技术在Si_3N_4作为过渡基底合成稳定性更高的电解质薄膜。溅射沉积过程中，Si_3N_4容易产生非晶，实现非晶态的LiPON中掺杂元素含量的改变，同时Si_3N_4良好的电子绝缘性，不会提升电解质薄膜的电子导电率，从而引起离子电导率降低。实验结果得到电解质薄膜的离子电导率为6.8×10^{-6}S/cm。此方法获得在空气中更稳定的LiSiPON薄膜电解质，其力学机械性能显著提升。③利用离子束辅助沉积方法获得的Ag/LiPON/Ag体系中，电极和电解质在同腔室进行合成避免长时间暴露空气而引起电解质及电极氧化。④采用化学合成法直接研究相关的$LiMn_2O_4$和$Li_4Ti_5O_{12}$以及其他相关正负极材料。其中对尖晶石结构钛酸锂$Li_4Ti_5O_{12}$负极材料进行的改性研究表明，碳热还原导致$Li_4Ti_5O_{12}$提升电子和离子导电性。因此，该体系具有较强的循环稳定性，较高的放电容量和库仑效率。项目发表论文20篇，19篇被SCI收录，其中1篇作为封面发表在著名杂志期刊*Journal of Materials Chemistry A*，影响因子8.26；取得国家发明专利两项。项目培养硕士研究生6人，青年教师2人，获天津市应用基础与前沿技术研究计划（自然科学基金）青年项目等项目支持。

专利证书及论文

【AAO纳米结构光栅对薄膜硅太阳能电池光吸收及转换效率的提高研究】 国家自然科学基金项目，由天津工业大学张海明等完成，于2016年12月结题。该项目提出将AAO纳米光栅引入薄膜硅太阳能电池顶部和底部，从仿真和实验两个角度分析AAO对薄膜硅太阳能电池光电性能的影响，设计四种新型薄膜硅太阳能电池结构。项目利用FDTD研究AAO结构参数（厚度、周期、孔径、占空比）对薄膜硅太阳能电池光电性能的影响，得到表面和底部AAO纳米光栅的最佳参数；通过二次阳极氧化技术，合理控制扩孔时间、电解液温度等制备条件，得到孔径从30nm ~ 400nm，深度200nm ~ 300nm的超薄AAO；探索利用物理吸附方法，在薄膜硅太阳能电池顶部和底部引入AAO纳米光栅的工艺，发展在太阳能电池表面和底部引入纳米光栅的新技术；通过PECVD技术，实验制备表面和底部带有AAO纳米光栅的薄膜硅太阳能电池，系统测试分析有无AAO纳米光栅对薄膜硅太阳能电池光电性能的影响。实验结果表明，在传统多晶硅太阳能电池表面移植AAO纳米光栅后，光电转换效率由10.3%提高到11.52%，减反效果明显，底部AAO纳米光栅作为背反射光栅，延长长波长光子的光程，促进600nm ~ 1000nm波段的光吸收，对薄膜硅太阳能电池电学性能提高不明显，原因是AAO不导电，不利于载流子的分离。

（郭建辉）

【腈水合酶交联酶聚集体-氧化硅催化剂的制备与催化性能】 河北工业大学化工学院高静承担。项目利用交联酶聚集体（CLEAs）技术，采用葡聚糖醛作为交联剂，对腈水合酶进行固定化，制备腈水合酶CLEAs；利用球化酶技术制备蛋清蛋白微球，并用葡聚糖醛将酶交联在蛋白球外部，制备球化腈水合酶CLEAs，实现球形CLEAs的可控制备；利用仿生硅化技术，以正硅酸甲酯为前驱体，聚二甲基二烯丙基氯化铵为催化剂，葡聚糖醛为交联剂，制备固定化腈水合酶CLEAs-氧化硅杂化生物催化剂；三种固定化酶均展示了很好的稳定性和重复使用性，将其用于催化合成丙烯酰胺的反应中也展示了很好的催化性能，解决了现有工艺中酶稳定性差等问题。主要发现和创新有：①利用CLEAs与乳化技术结合制备了球形腈水合酶CLEAs，实现了球形CLEAs微粒的可控制备。②将CLEAs与仿生硅化过程相结合，制备CLEAs-氧化硅杂化生物催化剂，提高CLEAs固定化酶的机械强度和稳定性。项目研究成果共发表和录用标注基金号的SCI论文9篇；申请中国发明专利2项，其中1项已获授权；培养博士研究生1名，硕士研究生共3名；项目组2名成员职称获得晋升，一名由副教授晋升为教授，一名由讲师晋升为副教授。项目负责人后期获国家自然科学基金面上项目的支持。

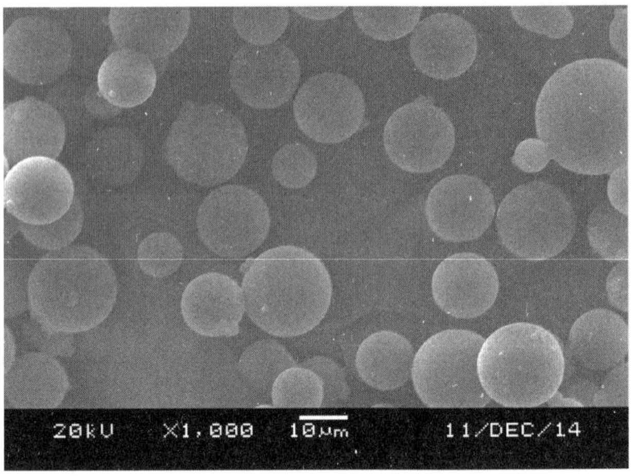

球化酶CLEAs的扫描电镜图

【Andrews-Dyson-Rhoades猜想的证明】 分拆理论是数论的一个重要分支，也与组合方法有密切的联系。华罗庚在经典著作《数论导引》有一章专门介绍分拆理论。用p（n）表示n的分拆的个数，也称p（n）为分拆函数。印度传奇数学家拉马努金（Srinivasa Ramanujan）发现分拆函数p（5n+4）被5整除，p（7n+5）被7整除，p（11n+6）被11整除。"分拆秩"的概念由著名物理学家、沃尔夫奖获得者、美国科学院院士、普林斯顿高等研究院Freeman Dyson教授于1944年提出。Dyson猜测该概念可以用于组合解释p（n）的上述三个同余式。相关猜测相继被Arthur Atkin、Peter Swinnerton-Dyer（英国皇家学会会员、Sylvester奖获得者）、George Andrews（美国数学会原会长、美国科学院院士）等人证实。2014年，Andrews、Dyson和美国斯坦福大学青年数学家Robert Rhoades提出关于spt-crank的单峰性的猜想。他们发现该猜想当m为0的特殊情况被KaavyaJayram于2011年提出。利用数论中的圆法，Andrews、Dyson和Rhoades证明他们的猜想在n趋于无穷大的时候是成立的，但他们的方法无法确定一个正整数N使得该猜想对大于N的整数成立。该项工作通过组合构造的方法证明这个猜想对所有正整数n成立。解决用代数和分析工具目前还不能解决的问题。

Dyson称这是一项“令人惊叹的工作”（This is a formidable piece of work），“向前迈进一大步”（This is a big step forward）。由陈永川、季青、臧静涛完成的相关论文“Proof of the Andrews-Dyson-Rhoades conjecture on the spt-crank”发表于Adv. Math.审稿专家认为该文“解决了一个困难的问题”（resolves a difficult problem），是“分拆理论中的一个重大突破，定将对今后的工作产生影响。”（This is a big breakthrough and should will certainly be influential to future works）。

（任晓艳）

【配位聚合物领域研究获得新进展】 天津师范大学化学学院李程鹏、杜淼等在德国Wiley出版社期刊ChemPlusChem（2016，81，857-863，IF=2.836，专刊约稿）和英国皇家化学会（RSC）期刊Chemical Communications（2016，52，11060-11063，IF=6.567）上分别以内封面及内封底形式发表两篇研究论文，内容为配位聚合物对金属离子与硝基苯类爆炸物的荧光探针检测以及首例阴离子诱导的配位聚合物骨架的互穿结构转化，对于进一步拓展配位聚合物在分子离子探针方面的应用及其复杂网络结构的调控提供新思路和方法。其中，Chemical Communications为化学领域国际知名期刊，是Nature Index收录的68本主流刊物之一；该课题组致力于配位聚合物的结构性能调控及功能化方面的研究，前期工作在*J.Am.Chem.Soc.*，*Coord.Chem.Rev.*，*Chem.Eur.J.*，*Chem.Commun.*等国际知名期刊发表多篇研究论文，SCI引用超过10000次。

（天津师范大学）

【谱序列与球谱的同伦群】 国家自然科学基金项目，由天津师范大学王玉玉等完成，于2016年12月结题。球面稳定同伦群的研究是同伦论的中心问题之一，以Adams谱序列、Adams-Novikov谱序列为工具发掘出球面稳定同伦群中的许多非零元素。该课题研究以下四个方面：①在Adams谱序列中，利用希腊字母类元素，得到乘积元素族的收敛性。但这些结果要求下标小于素数p，拟打破这一限制，得到更广范围的希腊字母类乘积元素族在Adams谱序列中的收敛性；②发掘新的a-0相关元素，以此作为几何输入寻求球面稳定同伦群新元素族；③利用Ravenel谱，球谱的Bousfield局部化的同伦群逼近球面稳定同伦群；④探讨h-0h-n（n<5）元素在Adams谱序列中的收敛性。

（天津师范大学）

地球科学

【基于分离式二维压缩感知的自适应成像系统研究】 国家自然科学基金项目，由天津师范大学张宝菊主持完成，于2016年12月结题。压缩感知理论是对信号进行数据采集以及编解码的一种新的采样方法，突破奈奎斯特采样定理对信号频率的限制，在图像压缩领域有应用价值。该研究围绕分离式二维压缩感知的基础理论，进行以下研究：提出一种基于量子粒子群算法（QPSO）算法的压缩感知重构算法。对比正交匹配追踪（OMP）算法，该算法提高重构图像的平均峰值信噪比，同时减少内积计算；具有收敛性和鲁棒性。将提出的基于QPSO算法的压缩感知重构算法应用于分布式视频编码中，实验结果表明该算法具有更优表现。在对量子粒子群算法研究的基础上，提出在粒子寻优迭代过程中，加入早熟判断语句和粒子激活语句构成的自适应粒子激活机制的QPSO算法，实验结果表明，重构效果优于改进前的标QPSO算法，且保留QPSO算法计算量小、易于实际应用的优点。结合基于自适应粒子激活机制的QPSO算法，提出基于改进的QPSO算法的视频信号帧间差分压缩感知方案。在综合分析各测量矩阵构造过程和表现能力优劣的基础上，构造基于正交基Kronecker积的测量矩阵，仿真显示，该矩阵具有构造时间短和重构图像精度高的优点。在此基础上设计电路实现线阵图像的压缩采集，完成基于压缩感知理论的线阵图像采集过程。

（天津师范大学）

【天津排污河溶存氧化亚氮产生机制模拟研究及其排放通量估算】 国家自然科学基金项目，由天津师范大学胡蓓蓓主持完成，于2016年12月结题。以天津市排污河为主要研究对象，运用静态顶空气相色谱法和双层模型分析法计算河流水体溶存温室气体浓度、饱和度及水—气界面和沉积物—水界面排放通量，通过Pearson相关分析探究人类活动干扰下环境因子对温室气体溶存浓度及排放的影响，选取乙炔抑制培养法测定反硝化速率。结果表明：天津排污河水体溶存CO_2、CH_4和N_2O浓度均值分别为38.14±8.57μmol/L、1.35±1.16μmol/L和47.88±24.36nmol/L，依次为自然河的1.17倍、5.64倍和1.30倍；各自季节变化特征表现为春季>冬季>秋季>夏季、春季>夏季>冬季>秋季和夏季>春季>冬季>秋季；空间变化特征皆表现为综合污染河流点位较高、轻度污染河流点位较低。排污河水体三种温室气体排放通量均值分别为830.92±418.08μmol·m^{-2}·h^{-1}、70.48±67.36μmol·m^{-2}·h^{-1}和1860.32±1635.91nmol·m^{-2}·h^{-1}，分别是自然河的1.57倍、6.12倍和1.58倍；时间变化特征分别表现为春季>夏季>秋季>冬季、春季>夏季>冬季>秋季和夏季>春季>秋季>冬季；空间变化特征均表现为排污河排放通量大于自然河，其中CH_4空间差异最大。天津河流水—气界面CO_2排放通量与NH_4^+-N、水温和气温呈显著正相关，CH_4与NH_4^+-N呈显著正相关，N_2O与水温和气温呈显著正相关；三者均与DO呈显著负相关。研究期间天津河网水体三种温室气体年排放总量分别约为219.33kt、4.31kt和493.63t。河流成为大气中温室气体的重要来源，其中排污河流为主要排放源。天津排污河沉积物反硝化速率均值为2.09±0.98mg-N·m^{-2}·h^{-1}，自然河为1.98±1.29mg-N·m^{-2}·h^{1}；季节变化特征表现为夏季>春季>冬季>秋季；空间分布规律表现为周边环境较恶劣、排污类型复杂的河流样点反硝化速率较高，周边环境条件较理想、河道宽阔、水流流速较快的河流样点反硝化速率均值较低。天津排污河沉积物—水界面三种温室气体排放通量均值分别为自然河的1.22倍、4.37倍和134.5倍。天津河流沉积物—水界面CO_2和N_2O排放通量均与水温呈显著正相关关系，而CH_4与NH_4^+-N呈显著正相关关系。总体上沉积物是河流CO_2的汇，是CH_4和N_2O的源。

（天津师范大学）

信息科学

【南开大学计算机与控制工程学院年度科研工作简况】 2016年，南开大学计控学院科研工作进展如下：组织申报国家基金、天津市基金、天津市科技领军人才项目以及天津市绿色通道项目，建设新校区科研实验室，申报国家基金27项，其中重点项目1项（方勇纯），面上项目13项（贾春福、孙青林、卫金茂、张瀚、李涛、刘哲理、张海威、刘杰、孙凤池、李旭东），青年基金8项（许昱玮、宫晓利、张春燕、张建磊、郭宪、李雨森、任博、王艳会），优青1项（程明明），联合基金2项（杨征路、段峰），外青2项（段峰）。2016年度，有4项基金获得资助，李雨森承担的天津市绿色通道项目获批；方勇纯入选天津市科技领军人才候选人；张雪波通过天津市青年科技创新人才初评。2015~2016年度，划拨纵向经费1925.504万元计控，软件111.4万元；横向计控887.663万元，软件234.4万元；累计3158.967万元。2016年，申请专利49项，获批6项，软件登记14项。（孟　晋）

【超快激光与物质相互作用机制、调控及应用研究】 南开大学、中国科学院上海光学精密机械研究所，刘伟伟、翟宏琛、程亚、徐圣奇、王晓雷、孙晓东、张逸竹、赵佳宇完成，获2016年度天津市自然科学奖一等奖。研究超快激光与物质相互作用的物理机制和非线性动力学过程，建立有效抑制调制不稳定性的相干调控原理，探索突破时空尺度极限的创新性应用。该项目的主要特点在于：①超高光强（~10^{14} W/cm^2，~太阳光强的10^{15}倍）、飞秒尺度（10^{-15}秒）和超宽电磁波波长范围（0.3微米~0.3厘米）极端实验条件下研究激光与物质相互作用非线性动力学机制，为实验研究和调控方法发展提供理论指导。②相干调控原理研究紧密围绕远程应用需求，成果实现百米量级超快过程、超高光强调控，为推动远程大气污染激光探测技术、远程激光通讯等实际应用提供物理基础。③创新应用探索凸显超快时间尺度和空间超分辨能力并举的调控能力，取得曝光时间短至50飞秒的超分辨显微成像以及太赫兹波超分辨显微成像（分辨率达到四十分之一波长）等成果。项目发表论文51篇，被SCI收录47篇，SCI他引213次；8篇代表作SCI他引87次，单篇最高他引次数为27；被Nat. Photon.，Annu. Rev. Phys. Chem.，PRL，OE，APL等学科顶尖期刊他引63次。项目组在国际学术会议上作大会报告、特邀报告30余次，其中境外18次。（南开大学）

【三维真彩色喷绘机器人】 南开大学刘景泰、陈新伟、孙雷、许林、王鸿鹏完成，属自动化技术领域，获2016年度天津市技术发明二等奖。该项目创新性成果如下：①在国内首次研制完成具有大幅面加工能力的、集高精度三维模型加工和真彩色三维喷绘于一身的工程样机，加工幅面2500mm × 1200mm × 550mm，分辨率185dpi～370dpi，最大幅面喷绘时间小于4小时。解决颜色数据从二维到三维的转换、四色喷头协同控制方法、喷墨头在复杂模型喷绘过程中的位姿调整等关键技术，形成完整的核心技术解决方案，实现大幅面、高保真的彩色三维地形模型的工程化应用。②针对真彩色实景地理模型和立体照片模型等工程需求，提出基于小波变换的多分辨率简化的雕刻路径规划方法，建立地理模型优化算法和利用图像亮度变化补偿模型细节丢失的算法，解决地理模型复杂引起的喷绘距离偏大的难题。③提出基于高斯曲率的三维半色调处理算法和基于单组喷头的Multi-Pass喷绘轨迹优化算法，解决在喷绘过程中由于机械误差和喷头老化、堵塞等情况引起的三种规律性干涉条纹。该项目获国家发明专利2项，软件著作权登记2项，发表论文13篇，EI收录5篇。三维喷绘机器人工程样机在福建索利普科技发展有限公司进行推广和试用，将该成果运用于大型国防沙盘制作、浮雕设计制作、装饰背景墙等领域。（南开大学）

【移动计算环境下嵌入式实时数据库故障恢复关键技术研究】 天津理工大学肖迎元、申艳、张德干、王晓晔、戴敏完成，获2016年度天津市科技进步三等奖。该项目属计算机科学与技术领域，研制适合嵌入式移动实时数据库的主动、高效、低开销、支持边服务边恢复的动态恢复策略与关键技术。完成以下研究工作：①设计支持边服务边恢复的动态恢复模型与体系结构；②提出适合嵌入式移动实时数据库的故障恢复正确性准则；③基于分类恢复思想，设计集成分区日志、短暂日志特性的实时日志，提出支持边服务边恢复的系统故障恢复算法；④针对复杂事务模型，提出面向嵌套事务模型的实时故障处理策略与实时处理算法；⑤提出基于灰理论的预测恢复技术与系统框架；⑥提出一种结合多元线性回归与灰模型的受损数据预测恢复方法，该方法通过为受损数据生成预测值来确保在这些受损数据被恢复前数据库系统仍然能够提供正常的服务；⑦开发嵌入式实时数据库故障恢复系统。该项目特点及应用推广情况：嵌入式、移动、实时计算对人们使用信息的模式、概念、方式和方法带来全新的变革，嵌入式移动实时数据库在民用和军事领域都具有广泛的应用和市场前景。嵌入式移动实时数据库受应用环境和应用特征的影响，其发生故障的概率大于基于高端数据库服务器的传统数据库系统。（天津理工大学）

【基于大数据的网络安全事件审计】 汉柏科技有限公司杨连群、刘树发、温晋英、司云修、廖延安完成，获2016年度天津市科技进步三等奖。主要内容及特点：①数据采集存储：采集边界安全设备、网络设备、虚拟化等设备的安全日志，通过数据关联的确定方法将异构数据进行聚类存储，提高聚类结果质量和处理速度。系统在20台服务器规模达到40TB存储容量（3份拷贝）和20000EPS处理能力，可通过增加服务器的方式弹性扩展至1PB以上日志存储能力和100000EPS处理能力。②数据检索和分析：系统提供全量安全日志的全文检索功能，支持预定义和关键字两种检索模式。提升LCS运算能力，缩短运算时间，检索性能在1亿条日志的情况下小于1秒。系统内建日志降噪专利算法，可以将海量类似日志自动归并，便于迅速发现被噪音淹没的孤立事件。③安全事件上下文展现：系统采用独创的图数据库技术组织安全事件的关系，直观展现安全事件相关信息，描述影响边界，对漏报的资产提示采取相应保护措施。该项目利用一种基于改进的MCL的异常检测算法对图进行预处理，使用AMI指标衡量两个时间周期图分割结果的相似度，进行异常检测。该研究成果在天津市滨海新区公安局进行应用，解决海量非结构化数据实时人工分析难题，降低技术人员对不同安全设备、IT系统信息的分析复杂度，有效地实现对内网行为的监控。

（汉柏科技有限公司）

【基于多光谱成像的水果品质检测理论与应用研究】 国家自然科学基金项目，由天津工业大学李恩邦等完成，于2016年12月结题。该项目以扩散方程为基础，结合外延边界条件，建立水果组织内的光传输理论模型。以该理论模型为基础，研究蒙特卡罗法应用于水果品质光学检测数值分析的计算方法，自行编写具有高计算精度和效率的数值模拟分析程序。针对不同形式的入射光以及水果组织内部营养物质含量变化对水果组织内部光场的影响进行数值分析与研究，获取水果表面后向散射光斑强度分布及其变化规律。利用数字图像技术对水果组织内部光场分布进行实验研究，研究用于多光谱成像的特征波长优化选取办法，确定最佳的波长组合。研制基于多光谱成像的水果内部和外部品质检测系统，实现糖含量和表面缺陷的无损检测。对后向散射光斑图像中可用来建模检测水果内部品质的多种参数及其建模效果进行研究。（郭建辉）

【基于Tm，Ho共掺固体激光器的可控光学双稳态及光开关研究】 国家自然科学基金项目，由天津工业大学张新陆等完成，于2016年12月结题。围绕2μm Tm-Ho共掺激光器的光学双稳态、光学双稳光开关等关键问题展开研究。①分析Tm，Ho激光系统粒子跃迁过程和泵浦光传输特性，建立Tm，Ho激光器的光学双稳稳态速率方程理论模型，研究激光器的稳态双稳输出特性，探讨能量传递上转换以及Tm，Ho激光器参数对跳变阈值、跳变功率和双稳区宽度的影响，阐明Tm，Ho激光器光学双稳态的物理机制，给出调节双稳区宽度的有效方法；②建立Tm，Ho激光器的动态光学双稳速率方程理论模型，研究激光器的动态双稳输出特性，分析泵浦光正负脉冲的幅度和宽度以及预泵浦持续时间对双稳激光器开关时间以及延迟时间的影响，给出实现双稳光开关的条件；③对Tm，Ho:LLF激光器的光学双稳输出特性开展详细的实验研究，实现由抽运光控制的2μm波段可控双稳光开关；④通过腔内插入固体标准具，实现Tm，Ho:LLF激光器单纵模光学双稳激光输出，并通过控制标准具的倾角，实现2μm激光的偏振及波长的切换，Tm，Ho:LLF激光器光学双稳态的可控光开关，分析影响双稳光开关的各种因素。

（郭建辉）

【基于量子阱/量子点共振能量转移机制的高效率白光LED的研究】 国家自然科学基金项目，由天津工业大学李晓云等完成，于2016年12月结题。随着节能意识和需求的提高，白光LED固态照明得到关注和发展，基于荧光粉转化的白光LED存在着易老化、转化效率低、色温偏低等诸多缺点。采用量子点替代荧光粉作为下转换材料具有转换效率高、稳定性和显色性好等优点。该项目通过在蓝光LED芯片表面直接涂覆量子点和硅胶混合物的方式，研究多种颜色的量子点配比对白光LED发光效果的影响，在绿色：黄色：红色CdSe/ZnS量子点质量配比为5：2：1的条件下制备量子点白光LED。设计纳米孔阵列型量子点白光LED的器件结构及工艺路线，采用Lloyd干涉曝光技术和ICP干法刻蚀技术在GaN基蓝光LED外延片表面制备孔径和周期均为250nm，且穿透p-GaN直到量子阱有源层的纳米孔阵列，在纳米孔阵中旋涂不同浓度和配比的CdSe/ZnS量子点制得纳米孔阵列型量子点白光LED。结果表明，当量子点比例为最佳配比时，得到显色指数91.7的白光LED，色温4203K，接近自然光。这种白光LED的显色指数达到91.7的最高值，高于普通的荧光粉白光LED（显色指数小于75），达到优良级别，为量子点白光LED在显示屏背光源领域的应用提供有力的推动并将促进量子点作为荧光转换材料在白光LED中应用。（郭建辉）

【矿用输送带纵向撕裂故障在线监测及系统关键问题的研究】 是国家自然科学基金项目，由天津工业大学苗长云等完成，于2016年12月结题。带式输送机是煤矿生产中主要运输方式，其使用的矿用输送带经常产生纵向撕裂等表面故障，造成重大断带或纵向撕裂安全事故。对矿用输送带纵向撕裂故障在线监测及系统关键问题进行研究，提出基于单个线阵CCD摄像机和线性LED光源的矿用输送带表面故障在线监测方法，实现表面故障的在线监测的准确性、可靠性和实时性；提出矿用输送带表面图像的快速处理算法，实现对输送带运行图像的实时处理；提出送带纵向撕裂故障图像的特征提取和识别与定位算法，实现对纵向撕裂的自动识别和定位；提出基于机器视觉的矿用输送带跑偏的特征提取和识别检测方法，实现对输送带跑偏故障的检测；提出基于机器视觉的矿用输送带表面破损特征提取和故障识别算法，实现对表面损伤进行检测；研制出单个线阵CCD摄像机的矿用输送带纵向撕裂故障在线监测系统，实现对表面图像远程传输、实时处理；搭建实验平台，验证算法、方法的正确性和有效性。项目成果能在线监测输送带状态，自动识别纵向撕裂等表面故障，及时报警，给出停机信号，避免安全事故的发生，应用于煤炭、矿山、电力、港口和化工等领域。

（郭建辉）

【大规模分布网络中基于纠删编码的存储机制及其优化】 天津理工大学智能计算及软件新技术天津市重点实验室徐光平副教授承担。项目在认识大规模分布式网络特性的基础上，研究适应网络异构特性的纠删编码存储机制，解决多种约束条件下的编码分片的数据编码构造、布局以及维护等关键问题，提出相应的优化算法，保证数据存储的高可靠、数据维护的低消耗和编码数据传输的高性能。主要发现和创新有：①提出一种新的支持在线连续扩展的纠删编码，在保证数据存储双容错前提下，支持对存储系统的连续扩展，基于图论最短圈理论进一步优化该类编码的容错能力。②在对关联故障的内在连接特性分析的基础上，研究二元纠删编码的存在性，给出算法证明，并且提出一种低密度的编码构造方法。③利用交换图模型研究优化复制编码，将存储开销优化问题形式化抽象为装箱问题，并利用二部图模型描述，提出基于禁忌搜索的优化算法。④利用整数拆分理论提出一种优化数据布局算法，建立异构可靠存储模型，对编码存储数据块优化分布，结果表明能够显著增强数据存储的可靠性。⑤针对大规模存储系统扩容问题，构建数据空间管理的框架模型，分别提出数据空间收集和分配的优化算法，实验结果表明比已有的算法具有显著的优势。项目在电子学报英文版*Chinese Journal of Electronics*、信号处理Signal Processing、国际通信大会ICC、国际计算机通信与性能IPCCC，以及国际并行算法会议ICA3PP等发表论文10篇（SCI/EI检索），申请发明专利1项和软件著作权2项，培养硕士研究生3人；负责人为天津市131人才培养工程第二层次人选，后续研究获2017年天津市自然科学基金项目支持。

一种可扩展编码的几何描述（a）和构造方法（b）

【基于双稳随机共振系统的反馈自适应微弱信号提取理论及技术】 国家自然基金项目，由天津工业大学付卫红等完成，于2016年12月结题。该项目提出基于双稳态系统参数自适应随机共振理论及技术，用于智能化检测微弱信号。融合自适应理论与随机共振理论，设计随机共振弱信号自动检测系统。着重于整个系统的自适应理论与设计，特别是系统参数的自适应配合以前置滤波器的自适应。前者可以针对被测信号自动调整参数建立通道，后者实现信号处理前的前置过滤，形成完整反馈。研究建立系统参数的自动寻优理论和随机共振系统参数自适应模型，实现接收信号后，系统参数的自动调节，自动优化输出高质量信号。将自适应理论及技术应用于多信号级联随机共振系统中，提高系统信号处理效率，实现含噪声随机信号的自适应降噪处理。基于双稳随机共振系统及滤波器的不同特性，将两者结合起来检测微弱周期信号，发现此时的输出信号中待测信号频谱幅度得到提高，且周围的干扰信号也得到削弱，这对强噪声背景下的信号检测有实用性。研究前置滤波器在多路信号的随机共振系统输出，发现输入信号幅值、频率以及噪声强度等都对系统输出信噪比有着不同的作用。对输入信号和噪声优化参数，通过实验发现在多路信号随机共振系统中带通滤波器比低通滤波器效果增强，对于混叠信号，信噪比增益79.8%。

（郭建辉）

【阅读和眼动的普遍性：来自三语的证据】 2016年2月1日，由天津师范大学心理学研究人员参与完成的一项跨国联合研究成果“阅读和眼动的普遍性：来自三语的证据”（Universality in eye movements and reading: A trilingual investigation）发表于国际著名杂志《认知》（Cognition）。是英国的南安普顿大学（Simon P. Liversedge， Denis Drieghe）、中国的天津师范大学（李馨、闫国利、白学军）和芬兰的土尔库大学（Jukka Hyönä）心理学研究者开展的一项跨国联合研究。研究发现，来自不同国家的读者在阅读和加工不同语言时所需要的时间没有差异。例如，中国读者在阅读和理解中文、英国读者在阅读和理解英文、芬兰读者在阅读和理解芬兰文时需要同样的时间。南安普顿大学实验心理学教授Simon Liversedge在接受采访时说：“长期以来，有些语言学家认为所有语言具有共同的或普遍的规则，但很难找到有力的实验证据来支持这一论点。在阅读过程中人们加工语言的方式存在普遍性。这表明在传达意义过程中一种语言不会比另外一种语言更有效。”该研究对比来自中国、英国和芬兰的三组读者在阅读其母语文字过程中的眼动行为。每一组有25名被试参加实验，每一组来自一个国家。每组被试阅读8篇短文，每篇短文都被精心地、严格地翻译成三种不同语言，保证每一篇短文在不同语言中具有很高的可比性。研究选择中文、英文和芬兰文，是因为这三种语言在书写形式上具有很大差异：有拼音文字与意音文字、词间有空格与无空格、黏着语与非黏着语等方面的差别。研究人员使用精密的眼动设备（三个国家的实验室采用完全相同的眼动设备），记录每一位读者在阅读每一个词、每一句话或每一篇短文过程中所花费的时间，记录他们在阅读过程中的眼动模式，评估每组被试在阅读中的认知加工过程。结果显示，三组被试在阅读过程中的眼动行为存在显著的差异，在阅读每一个词或短语时需要不同的时间。例如，芬兰被试在阅读某些词上比英国被试需要更长的时间。而每组被试在阅读完整的句子或语篇时所花费的时间是完全相同的。Simon Liversedge教授说：“尽管不同语言在书写形式上存在如此显著的差异，但在基本层面上，读者花费同样的时间来处理相等的信息。不管中国读者加工中文，英国读者加工英文，还是芬兰读者加工芬兰文，在理解语言的基本内容上，一种语言与另外一种语言一样好。”

（天津师范大学）

生命科学

【南开大学生命科学学院年度科研工作简况】 2016年，南开大学生命科学学院在任教职员工170人，拥有教授61人、研究员7人，副教授24人、副研究员8人，讲师11人，中国科学院院士1人、国务院学科评议组成员1人，国家“千人计划”入选者5人、教育部“长江学者奖励计划”入选者11人、国家杰出青年基金获得者9人、人力资源与社会保障部“新世纪百千万人才工程”国家级人选4人、教育部（跨）新世纪优秀人才计划入选者16人、国家优秀青年科学基金获得者5人，国家青年拔尖人才2人，天津市“千人计划”（青年项目）入选者9人，南开大学“百名青年学科带头人培养计划”入选者9人。马挺入选天津市创新人才推进计划“中青年科技领军人才”。获国家自然科学基金委面上项目18项，获资助率44.4%。获国家自然科学基金委青年科学基金项目2项、优秀青年基金2项（陈凌懿主持的“干细胞干性维持与自我更新”、丁丹主持的“荧光材料与分子探针”）。获天津市应用基础与前沿技术研究计划项目7项，其中青年项目1项，一般项目3项，重点项目3项（李国强主持的“可控结晶度细菌纤维素生产菌株的构建及小试生产研究”、韩际宏主持的“AMPKalpha选择性调控LXR不同亚型在抗动脉硬化中的功能”、王淑芳主持的“小口径人工血管的炎症反应与血管再生功能调控研究”）。申报应用基础与前沿技术研究计划项目25项，其中青年项目3项，一般项目10项，重点项目12项。全年到位经费3543万元。以第一或通讯作者身份发表SCI论文130余篇，其中影响因子大于5的近40篇，影像因子大于9的5篇。

（张　博）

【治疗心血管疾病有效方剂组分配伍规律研究】 天津中医药大学张伯礼校长主持完成针对中药标准组分组—效关系，提出“突出主效应、兼顾次效应、降低副效应”的效应配伍策略，并进行配伍配比优化设计，从组分间相互作用研究，探索组分体内过程、增效减毒作用及整合效应机制，以阐明方剂“君臣佐使”“七情和合”的配伍理论，诠释中药多组分、多通路、多靶点、多途径整合调节模式及组分配伍协同增效、拮抗减毒的科学内涵，为研发药效物质、作用机理相对清楚的现代中药提供理论基础和科技支撑。取得以下成果：①阐释中药多组分、多通路、多靶点、多途径整合调节模式及组分配伍协同增效、拮抗减毒的科学内涵。②创建基于药效及作用机制的组分配伍、配比优化设计的方法。③构建数字化中药化学组分库及药性相关数据库、方剂配伍信息综合挖掘系统、建立了基于组分配伍的组—效、时—效关系及多靶点整合调节作用的组分中药研制技术平台。④利用网络药理学、系统药理学等方法，结合中药药代动力学研究中药组分的效应特点，针对中药多成分药代动力学特点，提出药代Markers、多组分整合药代动力学及药代和谐等新理念和新方法。⑤基于药代动力学研究组分配伍配比的优化，建立基于整体观的组分研究方法、计算机虚拟筛选方法、基于代谢组学的中药组—效关系研究方法、多目标协同优化方法、基于“失和/求和”网络建模方法和基于含量加权网络建模法等，并在组分新药研制过程中得到应用。项目建立的“组分配伍”优化方法和理论，不仅为诠释中药“七情和合”配伍理论提供研究思路，开辟重要方向，为创新中药研制提供理论基础和技术支撑。项目验收结果为“优秀”，是中医药领域唯一一个“优秀”项目。

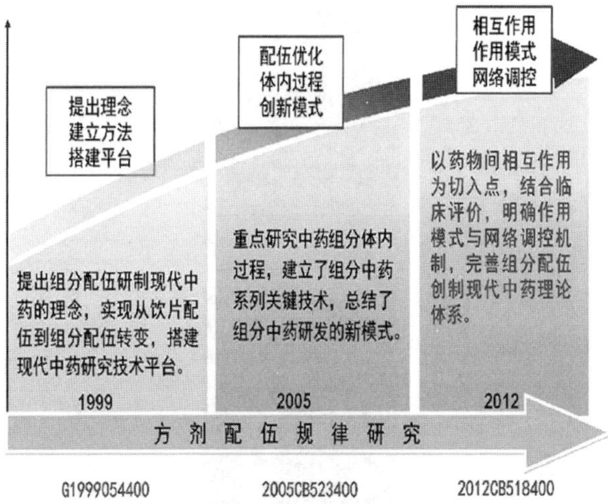

方剂组分配伍规律研究

【基于多组学数据整合的血流剪切力对内皮细胞功能调控的系统生物学研究】 动脉粥样硬化常见于发生湍流的动脉血管分叉或弯曲处，其分子机制尚未阐明。血流动力学研究揭示，层流具有内皮保护作用，而湍流造成内皮细胞功能障碍，血流方式造成基因表达的差异。以天津医科大学张栩副研究员为负责人的项目组前期工作发现，类二十烷酸代谢产物能响应血流剪切力的刺激，并调控内皮细胞的功能，这暗示类二十烷酸和基因之间存在复杂的调控网络。LncRNA能够调控基因的表达，但在血流剪切力刺激下lncRNA与基因、代谢产物之间的调控关系尚不清楚。项目旨在通过基于RNA-seq和代谢组学的多组学策略，研究不同血流剪切力作用下由基因、lncRNA和代谢产物组成的调控网络，分析上述网络中的关键靶点、靶点组合或通路；通过多时间点定量信息推断变量之间的关系，发现各变量对血管内皮细胞的调控模式。最后在细胞模型中验证、并研究关键靶点、靶点组合和通路对内皮细胞功能的调控机制，以期阐明血流动力学改变在内皮细胞激活和动脉粥样硬化发生中的作用。该项研究成果如下：①科学假说得到基本验证，发现不同血流剪切力作用下基因、lncRNA和类二十烷酸代谢组的变化。②通过系统生物学对整合组学数据的分析，揭示湍流导致内皮损伤和炎症反应以及层流对内皮的保护作用机制，发现动脉粥样硬化产生及发展过程中的若干重要因素。

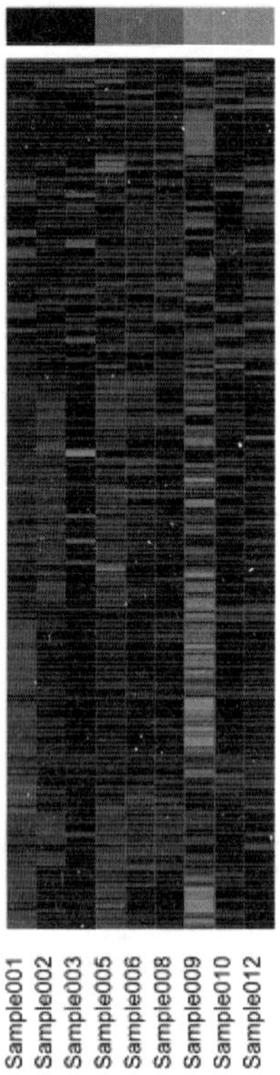

不同血流刺激下的脂质代谢谱

【基于磁性MOFs的食源性致病菌鉴别分型新技术新方法研究】 国家自然科学基金项目，由天津工业大学黄艳凤等完成，于2016年12月结题。围绕磁性金属—有机骨架复合材料的合成、功能化和应用，以及生物标志物蛋白质富集及检测展开。在无氢氟酸的条件下，通过水热法原位合成磁性固相萃取材料用于增强MALDI-TOF-MS菌株水平的鉴别能力。考察Fe_3O_4-COOH@MIL-101对BSA酶解多肽的高效富集能力和尺寸排阻效应后，对大肠杆菌O78：H11与O127：H6菌株进行对比研究，其生物标志物分别达到11和12个。对比传统MALDI-TOF-MS方法，菌株水平的生物标志物数量明显增加，能够在菌株水平对大肠杆菌进行鉴别。采用Ⅱ型糖尿病人的血清蛋白为样本，在微波辅助甲酸特异性裂解血清蛋白后，以Fe_3O_4/C@MIL-100作为萃取介质来选择富集甲酸水解多肽。所得的多肽通过MALDI-TOF-MS检测，共有46个血清蛋白被发现，其在血清中对应的蛋白浓度范围在0.5mg/L ~ 10^4mg/L，该方法对血清蛋白的检测限可达到与排除高丰度蛋白方法相同的效果，整个检测过程不超过60min，利用ClinProTools软件提取17个Ⅱ型糖尿病的蛋白生物标志物。基于磁性金属—有机骨架材料的预处理方法，结合MALDI-TOF-MS的快速与灵敏的特性，简化蛋白检测流程，提高质谱分析效能，为蛋白组学在细菌菌株水平鉴别与血清蛋白标志物的筛选提供方法与思路。（郭建辉）

【柔性变胞机构动力学设计理论与方法研究】 国家自然科学基金项目，由天津工业大学金国光等完成，于2016年12月结题。基于柔性变胞机构的变拓扑本质，研究柔性变胞机构的拓扑组成原理，提出运用含有拓扑组成元素的扩展型关联矩阵及其代数/逻辑运算对柔性变胞过程进行描述，建立以关联矩阵、休斯敦低序体阵列和通路矩阵为基础的三位一体式变胞机构描述理论与方法体系，与Lagrange方程相结合，提出并建立可实现任意构态间快速转换的柔性变胞机构全构态非线性动力学模型。根据变胞机构工作阶段的划分，对柔性变胞机构的动态性能指标进行分类研究；针对第一类性能指标，根据传统机构学理论与方法给出具体指标的求解模型；针对第二类性能指标，运用高斯定理对变胞机构的构态切换过程进行分析，确定构态切换前后的系统状态量；基于冲击运动的动力学普遍定理，推导出适用于柔性变胞机构构态切换的修正卡尔诺定理，研究能代表柔性变胞机构构态切换过程中系统动态性能的评价指标及其数学表达式，完成柔性变胞机构动态性能评价指标体系的建立。根据复杂工况环境下对机构性能的自适应要求，提出变权重系数和性能可优化度的概念，运用最小偏差法和评分法，建立柔性变胞机构性能机变原理的数学模型，阐明机构性能机变原理及其数学模型在柔性变胞机构优化设计中的运用。

（郭建辉）

【胁迫条件下酿酒酵母蛋白酶A胞外分泌机制研究】 国家自然科学基金项目，由天津科技大学陈叶福等完成，于2016年12月结题。对发酵胁迫条件下蛋白酶A胞外分泌引发机制进行探索，通过构建蛋白酶A前肽缺失突变株和其编码基因

（PEP4）缺失突变株，研究改变液泡分选信号的质（信号强度）和量（蛋白酶A表达量）对蛋白酶A胞外分泌的影响，确定蛋白酶A液泡分选信号的质量是引发蛋白酶A胞外分泌的重要因素。通过缺失和过表达液泡分选信号识别受体基因（VPS10、MRL1），研究胁迫条件下信号识别受体表达量变化对蛋白酶A液泡分选和胞外分泌的影响，确定分选受体的表达量直接影响蛋白酶A从高尔基体到液泡的分选效率，间接对蛋白酶A的外泌造成影响，确认Vps10的主导地位。确定蛋白酶A的表达相对过量（对于液泡分选受体表达量而言）是蛋白酶A胞外分泌的直接引发机制。通过构建各主要外泌环节结构蛋白因子（SEC4，SEC5，YPT31/32）缺失菌株，验证其对胞外分泌的影响，进一步确定蛋白酶A分泌所必经各个环节，确认组成型胞外分泌途径在蛋白酶A外泌中的作用，以及胁迫条件下PrA外泌途径的具体构成。研究细胞器以及细胞质中钙离子稳态对蛋白质的分选以及外泌的调节机制，通过构建调节钙稳态的相关基因（PMR1，PMC1，VCX1，YVC1）缺失突变株，初步确认维持钙稳态的相关钙通道蛋白对蛋白酶A胞外分泌起一定的调节作用。该项目确认蛋白酶A胞内运输和外泌的多个细节，为酿酒酵母蛋白酶A的外泌调控（低产/高产）找到多个有效靶点，为啤酒、黄酒、葡萄酒等发酵饮品的感官、风味、营养和安全质量控制提供理论支持，为钙相关的蛋白分泌机制的深入解析奠定基础。（李丽娜）

【乳清蛋白热变性及其与胶束键合蛋白形成共聚物的机理研究】 天津科技大学于景华等完成，于2016年12月结题。完成四个方面研究：①修正WPNI的测定方法，使其在测定未变性乳清蛋白含量上更准确；确定高效、快速定量未变性乳清蛋白的RP-HPLC方法体系，变性乳清蛋白聚合物SDS-PAGE分析方法，利用上述方法对市售液态奶受热程度进行比较分析。②研究乳清蛋白热变性机理；③研究不同加热程度乳粉对乳制品品质的影响，同时确定低热、低中热奶粉在这些产品中应用时的优化工艺参数。④应用确定的工艺参数，在生产线上对低热、中低热奶粉进行品质测试。研究得出：乳粉中的蛋白质在55℃～95℃受热处理后蛋白结构变化明显，其中巯基含量随受热程度的增加而减少，随着样品受热程度的增加其表面疏水性和无规则卷曲所占比例增大。高热奶粉中形成大量蛋白质聚合物，主要以β-乳球蛋白为主，同时有Ig、BSA、αs-酪蛋白、κ-酪蛋白和α-乳白蛋白通过二硫键结合参与聚合物的形成，而低热奶粉中聚合物主要为Ig蛋白。在奶粉生产的整个加热过程中β-乳球蛋白变性动态与总乳清蛋白变性率拟合度最好，可用β-乳球蛋白变性程度指示乳清总蛋白变性程度。建立α-La、β-Lg变性动力学方程。确定低热奶粉的优化工艺参数为：将牛乳40℃离心脱脂，得到含脂率0.1%脱脂乳，60℃ 10000r/min离心15min除菌，72℃灭菌10s～15s。（李丽娜）

【不同聚合度ε-聚赖氨酸抑菌差异性及其相关基础研究】 国家自然科学基金项目，由天津科技大学贾士儒等完成，于2016年12月结题。以真菌酿酒酵母、革兰氏阴性菌大肠杆菌和革兰氏阳性菌金黄色葡萄球菌为对象，进行不同聚合度ε-PL抑菌机理的研究。通过微生物细胞活性的测定，阐明ε-PL抑菌活性是否具有剂量依赖性；利用电镜等技术观察ε-PL对微生物细胞超微结构的影响、作用位点；通过测定ε-PL作用于微生物后其细胞膜及细胞壁关键组分的变化，解释ε-PL对微生物表面结构的作用机制；利用代谢组学、脂质组学、转录组学等组学技术与多元统计手段研究ε-PL作用下微生物的响应机制，确定ε-PL作用于微生物后，细胞内关键组分如核酸、蛋白及代谢物的变化规律，阐明不同聚合度ε-PL抑菌差异性的原因，构建不同聚合度ε-PL的抑菌模型。得出结论：①ε-PL抑菌活性具有剂量依赖性，即ε-PL浓度越高抑菌活性越强；②在针对酿酒酵母的研究中发现，ε-PL抑菌活性存在两段性，即ε-PL的抑菌机理和杀菌机理不同；③ε-PL处理微生物会使微生物发生相应的应激反应，如ε-PL处理后的大肠杆菌会分泌一种多糖物质进行自我保护。研究结果对于深入阐明ε-PL与微生物相互作用机理，解释微生物细胞对外界物质变化的应激反应与协调机制具有指导意义，同时为深入研究其他肽类物质与细胞相互作用提供可借鉴的依据。

（李丽娜）

【葡萄根癌病生防菌 Agrobacterium vitis E26 中双组分杂合组氨酸激酶 AvhS 的生防功能解析】 国家自然科学基金面上项目，由天津农学院王远宏、陈招荣、刘慧芹、常若葵、谷医林、苏婷、宋兰芳等完成，于2012年1月开始实施，2016年3月通过国家自然科学基金委员会验收，2016年8月进行成果登记。解释该激酶通过何种途径传递生物防治信号。Agrobacterium vitis E26是一株对葡萄根癌病有良好生物防治效果的生防菌株。研究发现双组分调控杂合组氨酸激酶 AvhS 与E26的生物防治能力相关。通过分子生物学手段揭示 AvhS 调控基因的种类，明确 AvhS 是通过何种模式传递信号，利用何种途径调控E26菌株的下游基因，进而解析 AvhS 的作用机制。研究以向日葵为指示植物，建立根癌病的快速检测体系，该体系可成倍提高根癌菌致病性检测，有利于提高检测和研究效率。初步探明 AvhS 可以影响群体感应信号，推测该激酶是借助调控群体感应双组份调控因子进而影响生防效果的。还筛选到1株新型防治葡萄根癌病的生防菌，经过形态、生理与分子鉴定，定名为解淀粉芽孢杆菌 LJ02。对 LJ02 生防因子进行解析，发现可以产生抗菌脂肽，噬铁素、细菌素、促生物质等，并可诱导抗病。针对诱导抗病性，建立一套高效诱抗剂筛选体系，该体系准确筛选出具有诱抗能力的活性物质或活体。利用该体系明确 LJ02 具有极强的诱导抗病性，对 LJ02 进行基因组测序，获得基因组完成图。植物根围促生细菌（Plant growth-Promoting rhizobacteria，PGPR）是诱导系统抗病性（ISR），证实生防细菌 LJ02 也可诱导产生系统诱导抗病性（SAR）。建立一套根癌病致病性快速鉴定体系，建立一套检测诱导抗病性的定性检测体系，并发现水杨酸（SA）信号分子可双向传导。（徐大为）

【Sr18 生物杀线制剂对植物根结线虫病害作用机理的研究】 国家自然科学基金项目，由天津师范大学徐建华等完成，于2016年结题。Sr18生防制剂是该课题组自主研发并经田间试验证实对黄瓜等根结线虫病害防效高、具有增产作用和环境友好特点的生防制剂。以南方根结线虫和黄瓜为对象，研究供试线虫和寄主植物在Sr18生防制剂作用下的超微结构、酶学以及代谢物组学变化等内容，分析作用机理。代谢物组学分析显示，Sr18生防制剂可改变根结线虫体内代谢物的含量，处理与对照组间差异显著的达54种，涉及三大代谢途径及膜结构组分，可导致细胞的损伤和细胞膜构建受阻。Sr18生防制剂引发的糖代谢通路受阻、糖异生、能量断供，以及氧化应激关键物下调应是线虫致死的因素。抗氧化保护酶系（CAT、SOD、POD）、应激反应和解毒酶（TChE，GST），以及ATP酶的测定结果提供酶学依据。超微结构的观察结果显示，Sr18生防制剂可造成线虫体内的组织细胞消解，经体表局部穿孔外溢而导致虫体皱缩干瘪而非体表崩解，表明其致死的机理是组织细胞的毒性所致，而非触杀性的腐蚀消解。对寄主植物黄瓜的研究结果显示，Sr18生防制剂对正常栽培的黄瓜植株有促进生长的作用；对线虫侵染的黄瓜植株则具有保护及提高抗性的作用。代谢物组学分析显示，该制剂可通过上调/下调相关代谢物来拮抗因线虫侵染导致的代谢物的上调/下调造成的伤害；酶学分析和超微结构观察的结果也显示出同样的趋势。（天津师范大学）

【中国革家人、摩梭人等9个族群的体质人类学研究】 天津师范大学郑连斌主持完成。中华民族体质资料库由于缺少革家人、夏尔巴人、摩梭人、凉山彝族、白马人、临高人、西双版纳州傣族、南疆维吾尔族、艾努人9个族群的体质资料未最终建成。该研究组在天津、西藏、海南、贵州、四川、云南等地，开展革家人、夏尔巴人、摩梭人、凉山彝族、白马人、临高人、西双版纳州傣族、南疆维吾尔族、黎族、贵州黄平苗族体质人类学指标研究，发表19篇学术论文。其中革家人、夏尔巴人、临高人、南疆维吾尔族、凉山彝族的体质数据是第一次采集并予以报道。原有的摩梭人、白马人、西双版纳州傣族、黎族体质数据资料陈旧、例数较少或指标不全。该研究组对摩梭人、白马人、西双版纳州傣族、黎族较大样本、项目齐全的体质测量工作获得4个族群最新的人体数据，研究这些族群的身体组成成分，搜集夏尔巴人、凉山彝族的遗传样本（血液或唾液）。利用这些数据分析族群体质形成的原因、族群的起源、族群间亲缘关系、族群与周边相关族群体质的差异等。该研究带有抢救性特点，项目的完成促进中华民族体质数据库的初步建成。

（天津师范大学）

【中国海洋红藻门松节藻科的分类学及其系统修订】 国家自然科学基金项目，由天津师范大学丁兰平等完成，于2016年结题。研究结果如下：①在中国沿海三大海区开展的大型海藻野外资源调查，收集样品600余份。②开展松节藻科不同属（如凹顶藻类、多管藻类和爬管藻属等）的形态分类学研究，涉及物种60余个，采集图片信息200余份，发现新物种2个，完成样品的形态学研究工作。③对部分野外调查的样品进行分子系统发育学研究，获得凹顶藻类、凋毛藻属、绢丝藻属、爬管藻属、新管藻属、多管藻属、鸭毛藻属、鹧鸪菜属、仙菜属、纵胞藻属等的分子序列。④结合形态特征的支序系统学及分子系统学分析，获部分数据的分析结果，提出多管藻类划分为三个组的建议，获得与分子信息相符合的对应形态特征，验证“表型与基因型融合的分子进化树反演形态特征”的项目设计思想。⑤发表中国大型海藻物种多样性的基线数据（1671种），物种数比历史报道分别增加579种（夏邦美，2009）和394种（作者本人等，2011）。⑥发表标注论文18篇，其中SCI论文3篇，其他相关研究结果将陆续整理发表。⑦发明专利申请和授权各1项，出版著作5部（含合著），获省部级等奖励3项。该研究理清中国该科部分物种的明确划分及其亲缘关系，调查国内松节科海藻资源状况，为松节藻科资源的保护、可持续利用提供数据。（天津师范大学）

【槐绿虎天牛性信息素化学成分及寄主植物引诱物质的研究】 国家自然科学基金项目，由天津师范大学刘强等完成，于2016年结题。研究内容包括：①槐绿虎天牛（Chlorophorus diadema）性信息素成分分析及生物活性研究。②槐绿虎天牛寄主植物植物挥发物成分及其对槐绿虎天牛引诱活性的研究。③红缘天牛（Asias halodendri）性信息素成分分析及生物活性研究。④槐绿虎天牛寄主植物植物挥发物成分及其对槐绿虎天牛引诱活性的研究。完成对槐绿虎天牛性信息素的化学成分和槐绿虎天牛寄主植物引诱物质的研究，调整增加对四合木造成严重危害的另一种天牛——红缘天牛性信息素以及寄主挥发物引诱物质和引诱活性的研究；增加发现的槐绿虎天牛的成虫喜欢在草本植物牛心朴子（Cynanchum komarovii）和一种小半灌木红沙（Reaumuria soongorica）补充营养和交尾，这两种植物挥发物成分的分析以及这两种植物中与其他寄主植物的挥发物不同的对槐绿虎天牛生物活性的研究。槐绿虎天牛和红缘天牛性信息素的分泌部位均在腹部。分析得到两种天牛可能的雌雄性信息素成分。初步了解性信息素感受器分布位置和感受距离。分析研究重要寄主植物四合木（Tetraena mongolica）在不同状态下挥发物成分，从槐绿虎天牛17种、红缘天牛24种寄主植物的挥发物中初步筛选出一些具有引诱活性的寄主挥发物。丰富天牛性信息素和寄主挥发物活性研究的内容，为利用性信息素和寄主植物挥发物对这两种天牛进行生物防治奠定基础。

（天津师范大学）

【高通量高分辨病理切片扫描仪】 由南开大学周文远教授承担。研究目标是高通量高分辨病理切片扫描仪，基于全新的傅里叶相干合成显微成像技术，并配合孔径优化和并行算法等关键技术，突破传统成像理论的分辨率极限，具有高通量高效率优势，可以全面提高整机性能。主要研究工作包括：①开展全面深入的理论模型分析和关键技术实验验证；在理论上深入分析样品折射率变化对最终结果的影响以及如何减小折射率变化对于最终测量结果的影响。搭建实验样机对理论模型进行了实验验证。②开展FPM图像重构算法研究，已经完全掌握了该算法，包括各种折射率分布下的图像迭代重构算法。结算结果表明，项目组的算法目前已经达到国外同行的水平。③开展LED光源的设计研究，这是该项目的关键前沿技术之一。因为该技术尚无成功方案可以借鉴，必须对所有可能方案进行综合分析和实验验证，不断改进方案，改进研制工艺，以及测试老化等，该项工作已经进入最终方案加工验证阶段。④开展原理样机的关键部件购置和测试。这部分工作获得南开大学的额外的资金支持，已经购置的关键部件包括：工业相机GT6600和GT3400各1套，高性能计算服务器1套，相机1套，精密XY显微台1套，显微成像物镜5个，1X光学镜头3个，1x-5x可变光学镜头，生物显微镜1套；搭建两套FPM实验验证系统，保障项目研究工作的全面开展。⑤开展FPGA并行计算总体方案论证，FPM原理在病理研究中的应用研究等工作。项目目前已发表论文3篇。

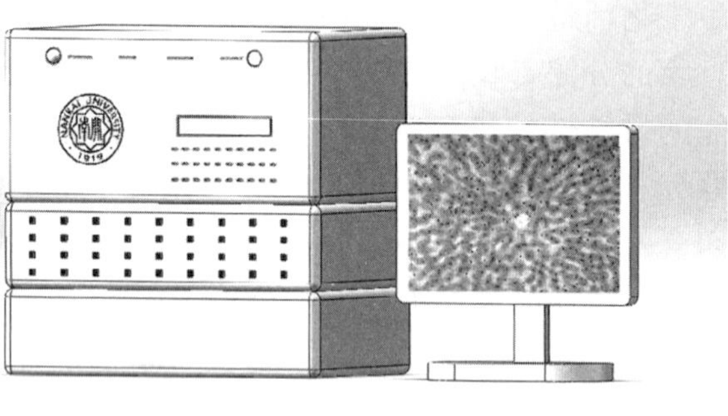

高通量高分辨病理切片扫描仪

【委陵菜黄酮衍生物的药效学评价和作用机制研究】 天津医科大学药学院乔卫教授承担。项目针对中国高发的、重大难治性疾病糖尿病，以研究创新型抗糖尿病新药为目的，完成委陵菜黄酮衍生物体内药效学和安全性评价研究，并以前期体外作用机制研究结果为依据，从糖代谢、胰岛素抵抗、脂质代谢、抗炎效应、抗氧化作用等相关方面多角度阐明作用机制。同时以AMPK通路为线索，拓展研究与之相关的糖代谢和脂代谢相关酶及蛋白表达，初步阐明分子作用机制和主要的作用靶蛋白。主要发现和创新有：①首次证明委陵菜黄酮衍生物Fla-CN能调控miR-27表达，并影响宿主基因或靶基因，抑制糖异生并纠正糖尿病小鼠糖脂代谢紊乱。②筛选出的Fla-CN与现有上市合成药物比较，具有基本结构骨架不同、结构类型差异大；起效剂量低、毒性极低、药效强等特点。项目研究相关成果已发表论文7篇，包括中文论文4篇，SCI收录英文论文3篇；授权发明专利3项，其中国内发明专利1项，国外发明专利2项。培养研究生4人，其中1人博士毕业，1人博士在学，2人硕士毕业；晋升职称3人。在项目研究成果的基础上，申请并获得国家自然科学基金面上项目1项，获得经费80万元。

European Journal of Pharmaceutical Sciences 82 (2016) 52–63

Contents lists available at ScienceDirect

European Journal of Pharmaceutical Sciences

journal homepage: www.elsevier.com/locate/ejps

Anti-obesity and anti-diabetic effects of flavonoid derivative (Fla-CN) via microRNA in high fat diet induced obesity mice

Nan Qin [a,b,1], Ying Chen [a,1], Mei-Na Jin [b], Chang Zhang [b], Wei Qiao [b], Xiao-Long Yue [b], Hong-Quan Duan [a,b,*], Wen-Yan Niu [c,**]

[a] Research Center of Basic Medical Sciences, Tianjin Medical University, Tianjin 300070, People's Republic of China
[b] Tianjin Key Laboratory on Technologies Enabling Development Clinical Therapeutics and Diagnostics (Theranostics), School of Pharmacy, Tianjin Medical University, Tianjin 300070, People's Republic of China
[c] Department of Immunology, Key Laboratory of Immune Microenvironment and Disease of the Educational Ministry of China, People's Republic of China

ARTICLE INFO

Article history:
Received 20 April 2015
Received in revised form 21 September 2015
Accepted 15 November 2015
Available online 18 November 2015

Keywords:
Flavonoid derivative
Anti-obesity
Anti-diabetes
miR-27
AMPK
Diet induced obesity

ABSTRACT

3-O-[(E)-4-(4-cyanophenyl)-2-oxobut-3-en-1-yl]kaempferol (Fla-CN), a semi-synthesized flavonoid derivative of tiliroside, reduces whole-body adiposity, ameliorates metabolic lipid disorder, improves insulin sensitivity and benefits other disorders characterized by insulin resistance in high fat diet induced obesity mice. The improvement of insulin sensitivity and the reduction of weight gain are correlated with the changes of leptin and adiponectin levels. As a result, Fla-CN treatment could increase the expressions of pAMPK and miR-27 in the liver and adipose tissues. Meanwhile, we discovered that the expressions of various adipogenesis genes were downregulated, which were target genes of miR-27. This is the first report for the action of miR-27 by flavonoid derivative in rodents. The action of Fla-CN might be through multiple approaches including AMPK activation and enhancement in miR-27 expression.

© 2015 Elsevier B.V. All rights reserved.

1. Introduction

The twentieth century has witnessed a pandemic expansion of obesity and its related metabolic disorders, including cardiovascular diseases and type 2 diabetes (T2D) in both developing and developed countries (Molavi et al., 2006). The abundance of inexpensive, energy-rich diets combined with the reduced energy costs required to procure food has led to the widespread thermodynamic imbalance of excessive caloric intake and reduced energy expenditure. It is evident that the development of obesity and T2D is caused by a disorder of lipid metabolism and glucose homeostasis. Thus, discovering and developing the novel drugs controlling energy balance will provide the potential tools to fight obesity and its associated diseases including type 2 diabetes.

microRNAs (miRNAs) are small (18–25 nucleotides in length), evolutionarily conserved, noncoding RNAs that have an important function in gene regulation, acting predominantly at the post-transcriptional level (Bartel, 2009). MicroRNAs typically control the expression of their target genes by imperfect base pairing to the 3'-untranslated regions of mRNAs, thereby inducing repression of their target mRNAs (Bartel, 2009). Recent studies demonstrated that miRNAs played significant roles in diverse aspects of both glucose homeostasis and lipid metabolism implicated in T2D (Dehwah et al., 2012). They are also involved in many functional aspects of adipocyte differentiation and potentially contribute to the pathogenesis of obesity and its related medical complications.

Tiliroside, a flavonoid isolated from *Potentilla chinensis*, exerted anti-hyperglycemic, anti-hyperlipidemic and antioxidant effects in vivo (Qiao et al., 2011). Furthermore, based on the structure and pharmacokinetics characteristic of tiliroside, we have designed and synthesized a series of novel tiliroside derivatives, one of which was 3-O-[(E)-4-(4-cyanophenyl)-2-oxobut-3-en-1-yl]kaempferol (Fla-CN). Previous investigations revealed significant effects of Fla-CN in enhancing glucose consumption in IR HepG2 cells compared with metformin, activating adenosine 5'-monophosphate (AMP)-activated protein kinase (AMPK) activity, and reducing acetyl-CoA carboxylase (ACC) activity in HepG2 cells (Qin et al., 2011). This suggested that Fla-CN might be a lead compound with potential anti-diabetic effect. In this paper, we focus on the anti-obesity and anti-diabetic effects of Fla-CN in high fat diet induced obesity (DIO) mice. Furthermore, we investigated its mechanism

Abbreviations: Fla-CN, 3-O-[(E)-4-(4-cyanophenyl)-2-oxobut-3-en-1-yl]kaempferol; miR, microRNA; C/EBP α, CCAAT-enhancer-binding protein α; SREBP-1c, sterol regulatory element-binding protein-1c; AMPK, 5' adenosine monophosphate-activated protein kinase; ACC, acetyl-CoA carboxylase; S6K1, ribosomal protein S6 kinase beta-1.
* Correspondence to: H.Q. Duan, Research Center of Basic Medical Sciences, Tianjin Medical University, Tianjin 300070, People's Republic of China.
** Corresponding author.
E-mail addresses: duanhq@tmu.edu.cn (H.-Q. Duan), wniu@tmu.edu.cn (W.-Y. Niu).
1 These authors contributed equally to this work.

http://dx.doi.org/10.1016/j.ejps.2015.11.013
0928-0987/© 2015 Elsevier B.V. All rights reserved.

项目研究成果展示

【采用合成生物学技术精简解淀粉芽孢杆菌LL3的代谢途径】 南开大学药物化学生物学国家重点实验室宋存江教授承担。利用生物信息学手段，分析发现该菌株具有273个必需基因、基因组岛约25个、复制起始位点位于3994731-3994423；建立用温敏质粒结合反向筛选标记大片段无痕删除的操作方法；在保证必需基因、复制原点侧翼基因和γ-聚谷氨酸合成关联基因的前提下开展了基因组的精简，完成373Kb DNA片段的无痕敲除，已敲除基因约占基因组的9.85%；利用RNAseq对B.amyloliquefaciens LL3ΔpgsBCA菌株和野生菌进行转录组测序，LL3ΔpgsBCA较LL3转录水平上调基因164、下调基因67个，为基因组的进一步精简奠定基础；对菌株进行代谢改造，构建γ-PGA高产菌株，其γ-PGA产量达20.3g/L；对B.amyloliquefaciens LL3细胞形态相关的骨架蛋白基因进行研究，初步探讨该菌株骨架蛋白与细胞分裂、细胞形态和合成产物之间的关系。主要发现和创新有：①通过微生物代谢途径的精简，试图解明小基因组菌株构建的基本原理。②解淀粉芽孢杆菌小基因组菌株将保留必需基因和聚谷氨酸合成酶系的相关基因，为工业生产菌株的改造探索新的方法。③采用细胞形体改造提高聚谷氨酸产量，为工业菌种改造提供新的思路。项目资助期间，共发表论文9篇，其中SCI收录论文9篇，申请专利1项，授权专利1项；培养博士毕业生4名，硕士毕业生5名。

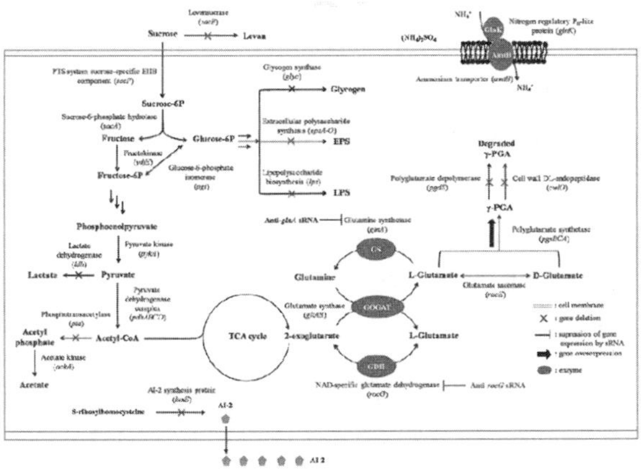

项目成果展示

【药物结晶过程中的胶凝机理及控制方法研究】天津大学天津市现代药物传递及功能高效化重点实验室鲍颖承担。针对药物溶析过程中的成胶现象，开展胶状物表征与分析、成胶过程分析、晶体生长过程研究、易成胶药物结晶方法研究等四方面研究。项目以头孢噻肟钠（CTX）、头孢喹肟（CFQ）两种典型易成胶药物为对象，开展成胶机理和晶体制备方法研究，创新点体现在：①判别胶状物归属。根据凝胶的三个特点推断溶析CTX过程中出现的胶状物为富含CTX的液体，成胶现象属于液液相分离，非胶凝。富CTX液相呈现剪切变稀特性，为假塑体型非牛顿流体，无特征周期结构。②揭示胶状物成因。证实TX在溶液中会形成胶束，但胶束并不稳定，与胶体转晶现象吻合。揭示在溶液极性逐渐减弱致使溶液过饱和度不断增加的过程中，析出的大量CTX纳米粒子通过与溶剂分子之间的极性作用和氢键作用包裹溶剂是成胶的根本原因。③提出易成胶药物晶体制备的两条途径：抑制成胶—结晶法和胶体转相结晶法，并开发出成胶控制方法和结晶新技术4项、新晶型和新产品2项。项目发表SCI论文4篇，其中JCR II区论文2篇，发表中文科技核心期刊论文1篇；参编专著1部，申请中国发明专利4项，其中2项授权。

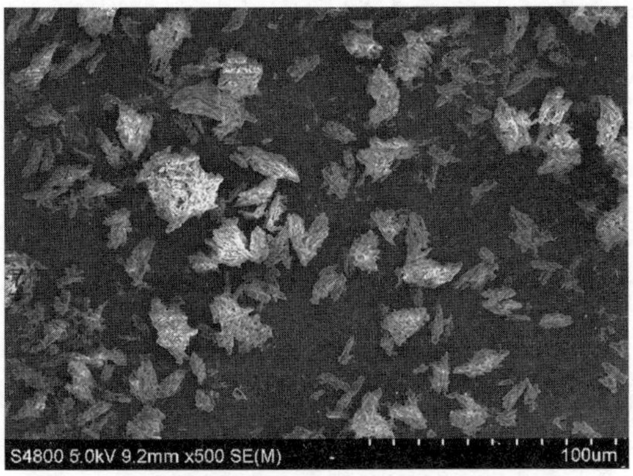

头孢噻肟钠结晶新工艺产品照片

【基于力反馈的脑血管介入手术辅助机器人导管系统的研究】 天津理工大学自动化学院郭健承担。提出一种利用磁流变液实现力反馈的新型主从式结构的脑血管介入手术辅助机器人系统，该机器人系统的主端和从端采用相同自由度的机械结构设计，符合临床脑外科医生操作导管进行介入手术的习惯，可有效的发挥医生原有的插管技巧，并建立全新的、介入手术辅助机器人系统中关键的力反馈控制理论。主要发现和创新有：①建立导管在血管中的运动学模型，并通过仿真、实验验证模型的有效性，为机器人辅助导管系统操作提供有价值参考。②设计基于磁流变液智能材料的血管介入手术机器人系统主端操作器，并建立全新的力反馈理论，提高介入手术操作过程中透明性。③结合人体工程学原理，设计模拟医生操作习惯的血管介入手术机器人系统从端操作器，通过多次实验确定夹具与导管间正确作用力范围，以便夹具夹紧导管的同时不至于损坏导管。④结合研发的力传感器阵列与力信息显示界面，测量导管与血管间作用力并实时反馈给操作医师，提高手术过程安全性。项目发表相关研究论文13篇，其中SCI检索3篇、EI检索10篇；申请中国发明专利5项（其中授权3项）、授权中国实用新型专利2项；登记中国软件著作权3项；晋升副高级职称1人；培养研究生7名（3名毕业、4名在读）；获国际会议最佳论文奖1项。

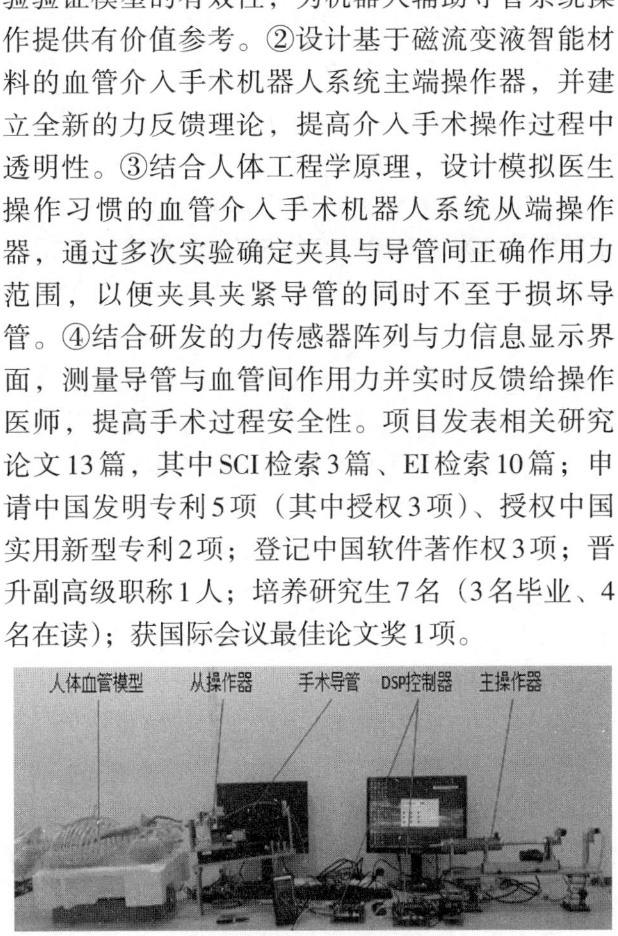

脑血管介入手术辅助系统

【苜蓿PGIP3基因的遗传变异、表达与功能研究】 国家自然科学基金青年科学家基金项目，由天津农学院桂枝、高建明、刘慧芹、新楠、张欣、臧凤艳等完成，于2013年1月开始实施，2016年3月通过国家自然科学基金委员会验收，2016年8月进行成果登记。分离出11个苜蓿PGIP基因的部分基因组编码序列，它们与豆科非苜蓿属植物PGIP基因间的遗传差异要大于其他豆科非苜蓿属植物PGIP基因间的差异；当加样混合液包括1×体积PCR产物、未标记引物大于0.4×体积、加样缓冲液在4～8×体积之间，Arc：Bis=29：1，电泳缓冲液为1×TBE时，PCR-SSCP分析的结果最佳。若同时采用引物荧光标记法，两条DNA单链可分别形成两张电泳图像，易于判定等位基因与个体基因型；选用8个苜蓿品种，分析其PGIP基因的遗传变异。结果表明MsPGIP1与MsPGIP3有10个连续的LRR重复基序，MsPGIP2与MsPGIP4有9个连续的LRR重复基序，且在MsPGIP2的第一个LRR重复基序中有一个9个氨基酸的插入；MsPGIP4的序列变异最大，其次为MsPGIP2，MsPGIP3的变异最小，且MsPGIP1和MsPGIP4的等位基因频率的变化范围明显大于MsPGIP2和MsPGIP3的变化范围；MsPGIP9序列高度保守，MsPGIP5和MsPGIP11的变异较大，而MsPGIP6与MsPGIP8的变异中等；来自MsPGIP2的S331a与抗病性的相关性达到显著水平且适宜做进一步的研究；MsPGIP2与苜蓿褐斑病抗性相关，作用较小，主要是限制病斑大小；筛选出的FSSCP标记S331a可用于分子标记L458的辅助选择；MsPGIP2基因的基因组序列长1126 bp，分为信号肽、内含子和LRR区3部分，共有46个变异位点（频率>0.02）。信号肽区没有变异位点；内含子区有5个SNP位点和2个InDel变异位点；LRR区有39个SNP位点，其中非同义突变占61.5%。结论认为MsPGIP2基因具有较大的变异，各等位基因间发生频繁的杂交，是一个为适应病原微生物PG的进化而快速进化的基因。

（徐大为）

【牛蛙凝集素受体及其药物靶向载体的初步研究】 国家国家自然科学基金青年科学基金项目，由天津农学院赵瑞利、马吉飞、刘燕霏、杨建德、胡烨、高静等完成，于2013年1月开始实施，2016年3月通过国家自然科学基金委员会验收，2016年8月进行成果登记。对牛蛙凝集素Catesbeianalectin的生物学活性及结构进行测定。牛蛙凝集素二级结构为聚脯氨酸2型（PPⅡ）螺旋，具有很强的红细胞凝集活性；牛蛙凝集素Catesbeianalectin的免疫原性检测，来评价牛蛙凝集素的免疫原性。当Catesbeianalectin、WGA、OVA包被浓度分别为80μg/mL、0.008μg/mL、0.25μg/mL时，其血清效价分别为：1：25、1：1600、1：200，说明Catesbeianalectin免疫原性较低；牛蛙凝集素Catesbeianalectin的特异性糖基配体筛选，利用表面等离子共振技术（SPRi）实时观察牛蛙凝集素与30种供试糖动态结合和解离的过程。当牛蛙凝集素浓度为0.4mg/mL，与半乳糖和含有半乳糖基的多糖作用（N-乙酰半乳糖胺）有明显的结合活性；牛蛙凝集素Catesbeianalectin的小鼠体内组织靶向性分布，标记产物125I-Catesbeianalectin标记率为97.3%，纯化后的标记物纯度99.3%，在小鼠血清中能稳定的存在至少6小时。采用灌胃和腹腔注射125I-Catesbeianalectin时，主要通过胃代谢。在尾静脉注射给药中，肝脏的放射性物质凝集量最高且在小鼠体内代谢速率快，是牛蛙凝集素Catesbeianalectin良好的给药途径；牛蛙凝集素Catesbeianalectin嵌合体的改造及对小鼠皮下移植瘤的靶向性分析。为提高Catesbeianalectin的靶向作用，将其与改造肽Temporin-K（E）G（I）进行偶联设计得到C-TeK（E）G（I）。对于小分子量凝集素，其在动物体内代谢检测一直是瓶颈问题，牛蛙凝集素Catesbeianalectin-抗菌肽嵌合体具有靶向抗肿瘤活性，进行小鼠皮下移植瘤的靶向抗肿瘤活性研究以及靶向抗肿瘤活性肽的筛选。对牛蛙凝集素Catesbeianalectin进行小鼠皮下移植瘤的靶向抗肿瘤分析。利用表面等离子共振技术（SPRi）分析牛蛙凝集素Catesbeianalectin特异性结合糖基。

（徐大为）

【转录因子RIN调控番茄果实软化的靶基因确定和分子机制研究】 国家国家自然科学基金青年科学基金项目，由天津农学院李玲、刘铁玲、井润贞、王晓光、张冲、董葆原等完成，于2013年1月开始实施，2016年3月通过国家自然科学基金委员会验收，2016年10月进行成果登记。将破色期AC和rin突变体番茄果使用不同浓度的外源乙烯和1-MCP处理，通过测定一系列相应的生理生化指标，确定100μL/L外源乙烯和1.0μL/L1-MCP分别促进和延缓AC番茄果实的软化进程，外源乙烯和1-MCP处理对rin突变体番茄果实没有显著影响。以突变体rin、野生型AC、100μL/L外源乙烯和1.0μL/L1-MCP处理的AC番茄果实为样本，采用高分辨率的双向电泳技术、质谱鉴定技术和生物信息学方法在蛋白质组学方面分析AC和rin突变体番茄果实中蛋白的表达差异，确定与果实软化相关的表达差异较大的蛋白是蛋白点3（ACO4）和蛋白点26（α-Gal）。根据基因芯片数据，选出表达差异较大的基因是PG、TBG4、LeMAN4和LeEXP1，通过实时定量PCR技术精确确定LeACO4、α-Gal、PG、TBG4、LeMAN4和LeEXP1基因的表达差异。应用凝胶阻滞实验和染色质免疫共沉淀技术，从番茄果实体外和体内确定转录因子RIN调控番茄果实软化的新的直接靶基因是LeACO4和α-Gal。这一结果为阐明转录因子RIN调控番茄果实软化的分子机制奠定理论基础。

（徐大为）

【牛骨骼肌卫星细胞成肌分化相关miRNAs的鉴定和功能研究】 国家自然科学基金青年科学基金项目，由天津农学院丁向彬、王轶敏、李吉霞、葛秀国、刘新峰、郝志明、凌培凤、杨斐斐等完成，于2013年1月开始实施，2016年3月通过国家自然科学基金委员会验收，2016年10月进行成果登记。建立牛肌卫星细胞体外成肌诱导分化模型；筛选出在肌卫星细胞成肌分化中差异表达的miRNAs15个；经综合分析后对其中5个进行功能研究，找到分化相关miRNAs对肌卫星细胞增殖和分化的调控作用，发现miRNAs在肌卫星细胞成肌分化中的功能和调控机制；构建促进成肌分化的miRNAs的真核表达载体；对其中两个miRNAs进行初步的体内功能验证。该成果对牛骨骼肌卫星细胞成肌分化相关miRNAs的筛选、鉴定和功能研究加深对肌肉发育和肌细胞增殖与分化分子机制的了解，相关研究结果可以为肌肉发育分化研究提供参考，该成果对肌肉发育分化过程中非编码RNA的调控机制方面取得的研究成果，可以为转基因新品种培育提供新的的材料来源。

（徐大为）

【Au25（SR）18荧光纳米团簇的肝靶向放射治疗】 中国医学科学院放射医学研究所张晓东承担。制备了Au-GSH、Au-BSA和Au-EGFR纳米团簇等，并进行一系列辐射增敏的研究；开展光学成像、小动物活体成像、X射线CT成像等一系列手段，研究Au在肿瘤组织中的分布；详细研究浓度依赖的、性别差异的、表面化学相关的Au纳米颗粒和团簇对小鼠体内毒性的影响，使用各种各样的体内和体外实验，验证Au纳米材料的体内外放射增敏作用，并揭示一系列的规律。主要发现和创新有：①构建高肿瘤特异性的分子团簇肿瘤CT造影剂，实现了高信噪比的肿瘤成像，实现高效肾清除和高效的放射增敏作用。②提出使用电催化的方法筛选放疗增敏和放疗防护生物材料的新方法，并且使用该方法筛选出高效的辐射防护剂。在项目资助期内，获得授权发明专利1项，发表论文19篇，其中，*Advanced Materials*（影响因子19）3篇，*ACS Nano*（影响因子13）1篇，*Adv.*

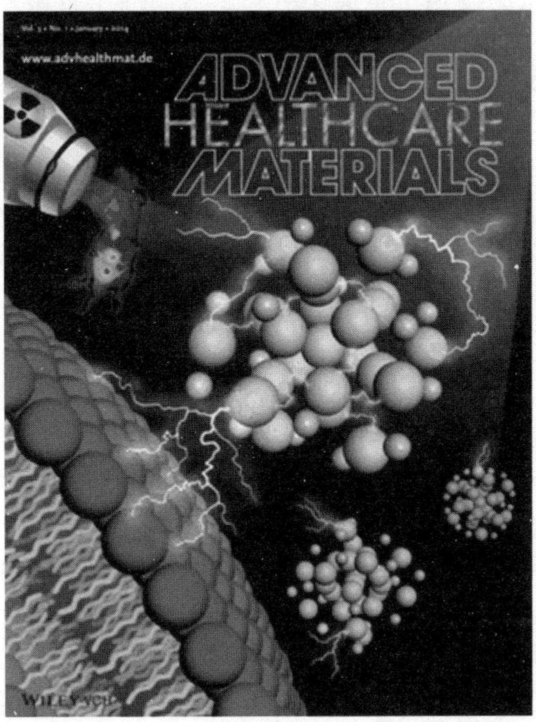

Au25（SR）18荧光纳米团簇的肝靶向放射治疗成果

Funct. Mater.（影响因子11）1篇，6篇论文入选ESI高被引，总引用次数2000次以上。项目负责人晋升研究员，并获天津大学北洋青年学者、天津市青年科学优秀人才、中国医学科学院协和新星等称号。

【中高能碳离子径迹上染色体缺失效应的定位及其应用】 国家自然科学基金项目，由天津科技大学李兴林等完成，于2016年12月结题。在中高能重离子束在注入生物材料时，有多种物理化学效应与分子之间进行互作。能量沉积效应呈现为Bragg曲线特征，即在尾部最集中，然后急剧下降。重离子诱变由此引起染色体的变异等多种生物学效应。以胞嘧啶脱氨酶基因为负向选择标记，分别截取重离子束径迹上不同区段材料在含5-FC的完全营养基中培养，以不含5-FC的培养基为对照，测定染色体缺失率，以确定其在径迹上的分布。结果表明，在Bragg前以及Bragg峰区出现两个染色体缺失高峰区（80MeV/u碳离子束注入，分别出现在约2.5cm与3.5cm-Bragg峰区等两处）。在甘草悬浮细胞、酿酒酵母与小球藻细胞的平行实验中，结果一致。分析多项指标表明，超氧阴离子自由基浓度分布与缺失率高度一致，初步认为高剂量重离子引起超氧阴离子自由基产生，削弱细胞内抗氧化应激反应，导致DNA修复障碍，引起染色体的大片段断裂。

（李丽娜）

【Ad-TRAIL-2A-HN的构建及对MD肿瘤细胞的抑制作用】 天津市应用基础及前沿技术研究计划重点项目，由天津农学院金天明、李留安、秦顺义、赵瑞利、张伟、孙颖、高静、魏延宏等完成，于2012年04月开始实施，2015年12月通过市科委验收，2016年4月进行成果登记。该研究将TRAIL对肿瘤细胞的靶向性、新城疫病毒HN基因的细胞凋亡作用和腺病毒高效表达外源基因的优势相结合，构建上述基因的重组腺病毒表达载体Ad-TRAIL-2A-HN，转染293细胞，包装获得高滴度的重组腺病毒后，通过不同的给药途径和剂量，探讨重组腺病毒诱导马立克氏病（MD）肿瘤细胞凋亡的生物学效应及基因治疗的临床应用前景。试验中首次将TRAIL对肿瘤细胞的靶向性、新城疫病毒HN基因的细胞凋亡作用和腺病毒高效稳定表达外源基因的特性相结合，通过优化目的基因序列、启动子、终止子和外源基因插入位点，使TRAIL和HN基因通过2A短肽串联，获共表达上述基因的重组腺病毒（Ad-TRAIL-2A-HN）。使TRAIL携带着具有细胞凋亡作用的HN基因靶向吸附在肿瘤细胞表面，构建出类似“激光制导导弹”性质的“肿瘤生物导弹”，实现诱导肿瘤细胞凋亡的目的。通过检测不同用药剂量和给药途径下重组腺病毒介导的外源基因在MD肿瘤动物模型体内不同组织中的表达规律，筛选出MD肿瘤动物模型的最佳用药剂量和给药途径。

（徐大为）

【那他霉素的高效生物制造】 天津市应用基础及前沿技术研究计划项目，由天津科技大学何希宏主持，于2014年10月～2016年7月完成。纳他霉素是一种高效、广谱、安全的多烯大环内酯类抗生素，能高效的抑制霉菌和酵母的生长，对哺乳动物细胞的毒性极低，被广泛应用于食品和医药领域中。构建pimE、pimM和vgb的过表达菌株和组合过表达菌株，取得以下成果：①以整合有红霉素启动子ermE*（Perm）的pIMEP为出发载体成功构建6个表达载体。通过接合转移的方法获得六种不同的转化菌株，通过抑菌圈实验和PCR验证等方法筛选、验证基因工程菌株。六种基因工程菌株在SS平板上传代培养7代后，菌株遗传性能稳定。②对六种基因工程菌株与出发菌株进行摇瓶发酵，与出发菌株相比，六种基因工程菌株的菌体生长曲线与出发菌株相似，但其纳他霉素产量各有不同，其中基因工程菌株S.gilvosporeus/pIMEP::pimE、S.gilvosporeus/pIMEP::pimM、S.gilvosporeus/pIMEP::vgb的纳他霉素产量较出发菌株提高的百分比最高值分别为19.56%、17.77%、24.08%；S.gilvosporeus/pIMEP::pimE::pimM、S.gilvosporeus/pIMEP::pimM::vgb的纳他霉素产量较出发菌株提高的百分比最高值分别为40.28%、43.66%；S.gilvosporeus/pIMEP::pimE::pimM::vgb的纳他霉素产量较出发菌株提高55.69%。③优化纳他霉素发酵生产工艺。通过在发酵过程中流加葡

成，于2016年12月结题。光催化氧化技术作为解决室内空气污染最有效的手段，其光催化剂表面修饰及其载体的选择成为该项技术进行室内空气净化的关键。光催化剂性能的充分发挥及其可再生性都有赖于具有较强吸附性能载体材料的支撑。炭材料对催化剂的光催化活性良好的协同效应，成为光催化氧化技术采用的主要载体。以木材液化物活性炭纤维为载体，金属—非金属共掺杂纳米TiO_2为光催化剂，溶胶凝胶—浸渍法制备出紫外—可见双光源下光催化复合材料。研究内容包括：木材液化物活性炭纤维的制备及结构性能；高比表面积介孔型木质活性炭纤维的制备与表征；Mn掺杂纳米TiO_2光催化剂的制备及其结构性能；Mn掺杂TiO_2负载木质活性炭纤维光催化复合材料；Mn、N共掺杂TiO_2负载木质活性炭纤维光催化复合材料；Mn掺杂纳米TiO_2负载木质活性炭纤维复合材料对甲醛动态吸附降解性；揭示Mn掺杂、Mn、N共掺杂纳米TiO_2负载木质活性炭纤维复合材料吸附—光催化活性机理。项目集合木材液化物技术、生物质活性炭纤维制备技术、光催化技术等多个的基础研究理论，获得具有较高甲醛净化功能的双光源生物质吸附—光催化复合材料，为功能化木质炭材料的研究以及生物质资源制备吸附—光催化复合材料方面提供强有力的理论基础和技术支撑。（李丽娜）

【杨木自水解过程中乙酸形成的调控机制及对后续化学机械制浆影响的研究】 国家自然科学基金项目，由天津科技大学侯庆喜等完成，于2016年12月结题。围绕杨木化学机械制浆前自水解预处理过程中乙酸的形成规律、乙酸对半纤维素在自水解过程中溶出行为的影响、自水解预处理对杨木化学组分的影响，以及自水解预处理对后续化学机械制浆及纸浆性能进行研究，通过对杨木自水解过程中乙酸形成的调控实现对杨木化学机械制浆前半纤维素的预提取效果与后续化学机械制浆质量的调控。研究结果表明：①自水解液中的乙酸含量随着预处理强度因子的增加而明显增加，且与预处理强度因子呈指数关系。②自水解液中半纤维素的溶出量随着自水解温度和保温时间的增加分别呈指数增加和直线增加，与乙酸的形成规律一致。③随着自水解预处理强度因子的增大，木片中的聚葡萄糖、聚木糖、乙酰基、木素含量均逐渐减小，与水解液中对应组分的溶出规律相一致。④利用自水解预处理后的木片进行化学机械法制浆，磨浆能耗降低，所得浆料的松厚度、白度和光散射系数随着预处理强度因子的增加呈下降趋势，而抗张指数、不透明度和光吸收系数增加；随自水解强度的增加，漂后浆料强度和光学性能的变化趋势均与漂前浆料一致，说明自水解预处理对浆料可漂性影响不大。该项目的实施为自水解预处理在高得率制浆中的应用提供理论基础和技术支持，有利于传统制浆造纸工业向“复合型森林生物质精炼工业”发展。

（李丽娜）

【木质纤维原料组分清洁高效分离及其机理的研究】 国家自然科学基金项目，由天津科技大学刘忠主持完成，于2016年12月结题。木质纤维原料组分分离意味着木质纤维原料的精制，不是把木质纤维原料仅作为纤维素资源看待，而是把它视为一种多组分物料，将木质纤维原料精制成为具有一定纯度的各种组分，并希望这些组分分别加工成有价值的产品，这也是全新的生物量全利用理念对于木质纤维原料组分分离提出的新要求。按照“过程清洁、高效分离”的指导原则，采用化学、物理（以及物理化学）等手段有机结合作为研究主线，根据利用汽爆和乙醇萃取法联合对麦草组分分离的研究结果，提出一条经济可行的木质纤维资源组分分离的工艺过程，认识汽爆分离过程中组分界面分离过程和官能团转化机制，进一步解决和完善木质纤维原料主要组分（纤维素、半纤维素和木素）清洁高效分离的难题，在此基础上加深对纤维素生物质在微观深层次的了解，对清洁高效分离机制的认识，为实现纤维素生物质全组分利用奠定基础。

（李丽娜）

【可见及近红外宽光谱响应的高效固态量子点敏化太阳能电池】 国家自然科学基金项目，由天津师范大学李德军等完成，于2016年12月结题。通过扩展量子点敏化太阳能电池的光谱响应范围到近红外区提高电池的光电转换效率，研究由此引起的存在于光生电子包括注入、输运、复合和量子点与空穴传输材料之间的光生空穴转移等多步动力学过程中的问题，通过对动力学过程机制的分析和调控探索，提高量子点敏化纳晶薄膜太阳能电池光电性能的途径。取得研究成果：根据控制量子点尺寸单分散的生长原理，首次提出制备量子点的两相溶液法，在纳晶薄膜上现场生长不同粒径的单分散硫化铅量子点；通过改变制备条件得到吸收峰从1500纳米到可见光区间一系列硫化铅量子点敏化纳晶薄膜，使其光响应区间从可见光扩展到近红外区间；制备二氧化锡和多种元素掺杂的二氧化钛纳晶薄膜，使掺杂二氧化钛纳晶薄膜的平带电位在本征位置的-45毫伏到200毫伏范围内可调，与不同粒径的硫化铅量子点的导带能级相匹配。系统研究并发展一系列量子点敏化纳晶薄膜的表面和界面修饰技术，达到有效调控光生电子在薄膜内的多步动力学过程。采用原位化学催化聚合和电化学聚合两种现场制备空穴传输层技术改善空穴传输层与量子点敏化纳晶薄膜界面性能，改善空穴转移过程，有效抑制光生电荷的复合。制备结构为导电玻璃/量子点敏化纳晶薄膜/空穴传输层/金属电极的固态量子点太阳能电池。在纳晶薄膜内部引入由在惰性气体内煅烧金属有机框架薄膜形成的多孔导电碳骨架，提高量子点敏化纳晶薄膜导电性，减小光生电子与空穴的复合，使其光电转换效率达到5.8%。

（天津师范大学）

【制备面向精密分子筛分纳米微孔膜的表面接枝化学】 国家自然基金项目，由天津工业大学孟建强等完成，于2016年12月结题。将高分子合成化学的最新进展应用于高分子复合膜的制备，针对主流高分子微孔膜，发展一系列简便、高效、可控的表面接枝方法，在膜表面引入官能团，改善现有高分子膜的性能，制备一系列包括纳滤膜、吸附膜、催化膜、油水分离膜在内的新型功能高分子复合膜，实现膜材料的多种结构和特定功能。提出能有效调控功能层的精细结构（包括接枝聚合物分布、接枝密度、接枝聚合物组成、拓扑结构和分子量）的方法并研究功能层的传质行为，在膜制备条件—功能层精细结构—膜性能之间建立关联的基础上，总结若干膜材料构效关系的内在规律，为进一步提升膜材料的性能提供理论基础。研究发现：①利用聚合物接枝调节膜孔径受制于初始膜材料的孔径和孔径分布。利用接枝反应调节膜孔的影响因素很多，接枝聚合物的分子量很多情况下不是主要决定因素。②原计划利用膜孔调节实现精密筛分，生物分子的膜分离基本在纳滤和紧密超滤（tight UF）范围。溶质和膜孔表面的相互作用远大于基于孔径大小的筛分作用。

（郭建辉）

【绿色热致相熔融纺丝工艺制备PVDF中空纤维膜成膜机理研究】 是国家自然基金项目，由天津工业大学刘振等完成，于2016年12月结题。使用离子液体替代有机溶剂作为稀释剂，采用热致相分离法制备PVDF膜，对热致相分离法制备PVDF膜成膜机理进行研究，探索制膜过程中膜微孔结构的设计、构建、重组及优化机制。采用中空纤维纳滤膜有效回收离子液体，提高使用效率。通过热重和电镜测试分析，从7种离子液体中选取1-丁基-1甲基吡咯烷四氟硼酸盐[BMPr][BF4]作为该研究的主要离子液体。以[BMPr][BF4]为绿色环保稀释剂通过热致相分离（TIPS）熔融工艺制备PVDF中空纤维膜。绘制PVDF/[BMPr]BF4混合物的相图，研究影响PVDF膜形态及性能的因素。对聚偏氟乙烯（PVDF）聚合物在稀释剂[BMPr][BF4]中的结晶演化过程进行研究，结果发现，膜孔隙率、纯水通量和断裂伸长率随着聚合物浓度的增加而减小，而膜的断裂强度则相应增加，空气浴中纯水通量在PVDF质量分数为30%最高达1892.8L/m^{2}h。通过差示扫描量热（DSC）和红外光谱分析（FTIR）等研究在不同PVDF浓度下的结晶行为，实验发现，在该体系中，离子液体对其没有影响。中空纤维纳滤膜可以对纺丝废水中的离子液体进行有效截留，回收的离子液体性质稳定，回收效果良好。

（郭建辉）

【废水处理用类荷叶表面微纳米结构超疏水微孔膜的制备及膜蒸馏机理研究】 国家自然基金项

目，由天津工业大学武春瑞等完成，于2016年12月结题。膜蒸馏可实现废水中易挥发组分提取和废水高度浓缩，是实现废水资源化、节水减排的重要技术。膜蒸馏用疏水膜存在疏水性不足、通量低、易污染和亲水化等问题，需要结合膜蒸馏特性开发高性能超疏水膜。该项目利用荷叶等天然生物表面具有超疏水性的微结构原理，通过聚合物稀溶液涂覆—相转化法，在疏水性聚偏氟乙烯微孔基膜表面构建具有类荷叶微结构（规则分布微、纳米结构微突）的超疏水复合膜。研究涂覆液组成、相转化制膜方法对复合膜表面微结构的影响规律，探索膜面微突的形成原理与成长规律，建立涂覆液组成及制膜工艺参数与复合膜表面微结构、膜性能（疏水性、膜蒸馏性能等）的关联关系，确立类荷叶微结构超疏水复合膜的制备及微结构控制方法、原则，研制出高性能的膜蒸馏用超疏水膜。结果表明，聚合物稀溶液在基膜表面的浸润时间、温度影响其在基膜表面的附着及后续相分离进程；聚合物稀溶液临近浊点（相分离点）组成时，其在基膜表面附着——相分离，聚合物分子链的预成形胶束更易在基膜表面形成均匀的双重微突结构，从而经相分离后形成超疏水结构。利用此法制备的复合膜，其表面纯水接触角达到160°以上；通过调节该稀溶液近浊点组成，降低复合层厚度及气体传输阻力，使该膜具备较佳的膜蒸馏传质速率，膜蒸馏通量可达50kg/m²h以上。（郭建辉）

【同质增强型高性能中空纤维膜结构设计与成形机理研究】 国家自然科学基金项目，由天津工业大学肖长发等完成，于2016年12月结题。根据热力学相容性理论和化学纤维皮/芯复合纺丝原理，以熔融纺丝—拉伸法聚偏氟乙烯（PVDF）中空纤维多孔膜和聚丙烯腈（PAN）编织管为增强体，分别调置PVDF及PAN铸膜液，采用溶液相转化法在线于多孔基膜及编织管表面复合表面分离层制备同质增强型PVDF及同质编织管增强型PAN中空纤维膜，研究铸膜液中聚合物浓度和纺丝工艺对同质增强型PVDF及同质编织管增强型PAN中空纤维膜结构与性能的影响，研究同质增强型PVDF及同质编织管增强型PAN中空纤维膜界面结合性能；选用碳素墨水、牛血清蛋白、活性污泥为过滤介质，对同质增强型PVDF中空纤维膜过滤性能及抗污染性能进行研究，分析同质增强型PVDF中空纤维膜的污染机理；利用表面偏析，以聚乙烯醇（PVA）为共混聚合物对同质增强型PVDF中空纤维膜的表面分离层亲水化改性；将制备的同质增强型PVDF中空纤维膜应用于膜生物反应器（MBR）系统，研究其抗污染情况以及膜污染物的组成等。成功制备同质增强聚氯乙烯（PVC）中空纤维膜及同质编织管增强型醋酸纤维素（CA）中空纤维膜。解决异质增强型中空纤维膜表面分离层与增强体之间界面结合状态不良等关键基础性问题。（郭建辉）

【气流原位复合纳米颗粒熔喷非织造材料的复合机理研究】 天津市应用基础及前沿技术研究计划重点项目，由天津工业大学钱晓明等完成，于2016年通过天津市科委验收。研究原位复合和牵伸成纤高聚物熔体的过程中纳米颗粒对熔体细流牵伸过程的影响，及其在纤维表面的附着与嵌入机理，构建合理气流流场，优化喷模头结构，探讨气流原位复合纳米颗粒熔喷非织造材料的制备技术。提出熔喷模头鸭嘴式狭缝牵伸装置，利用纳米颗粒气固二相流，在牵伸熔喷丝条的同时，将纳米颗粒原位复合到纤维表面，形成纳米颗粒复合熔喷非织造材料，能去除尘埃、花粉等细微的固体颗粒，具有滤去异味、分解有毒气体和抗菌等功能。（郭建辉）

【基于Friedel-Crafts酰化反应构建轻质高性能复合纤维】 天津市应用基础及前沿技术研究计划重点项目，由天津工业大学张兴祥等完成，于2016年通过天津市科委验收。采用原位观察法测试石墨烯的断裂韧性，获得准确的测试结果，采用条件温和的“付克酰化”法实现对碳纳米管和石墨烯的功能化，相对于强酸氧化法，可减少对碳纳米管和石墨烯的损伤，有利于提高杂化纤维的物理力学性能。分别研究多壁碳纳米管和石墨烯对聚酰胺的增强作用，采用多壁碳纳米管和石墨烯增强聚酰胺杂化纤维，改性效果明显优于单一增强改性；运用Hansen溶度参数理论，对功能化碳纳米管和功能化石墨烯在聚酰胺中的分散机理进行解释，计算出碳纳米管和石墨烯的溶度参数值。以3，3′-二氨基联苯胺（3，3′-Diaminobenzidine）与间苯二甲酸聚合，液晶纺丝制备出全芳香聚苯并咪唑纤维，其极限氧指数达到41%，具有良好的阻燃性能，研究结果发表*High Performance Polymer*。采用苯乙烯—马来酸酐共聚物分别表面改性石墨烯和羟基化多壁碳纳米管，得到的功能化石墨烯和碳纳米管在基体和溶剂中的分散性得到明显改善；采用功能化石墨烯和功能化碳纳米管协同增强聚酰胺6纤维，通过采用不同配比的石墨烯/碳纳米管制备得到不同组分的复合纤维，经过牵伸与热处理后得到的纤维强度比纯聚酰胺6纤维有大幅度提高，比单一添加石墨烯或碳纳米管时提高幅度更大，证实两者之间存在协同增强效应。

（郭建辉）

【面向植物甾醇酯绿色合成的催化膜制备及工艺集成技术】 天津市应用基础及前沿技术研究计划重点项目，由天津工业大学何本桥等完成，于2016年通过天津市科委验收。面向脱臭馏出物（DD油）深加工工业应用中脂肪酸酯化、植物甾醇提取以及植物甾醇酯化一体化工艺的绿色化需求，针对油脂中脂肪酸酯化和甾醇酯化两个重要工艺单元开展应用基础研究，研究适于植物甾醇酯合成的贯流型催化膜反应器及其集成工艺，探索磺化聚合物/非织造布复合催化膜制备及微结构调控方法；阐释复合膜微孔结构与高效催化的内在联系；建立膜反应器，采用响应面法优化酯化工艺及关键控制因素，阐释膜催化反应动力学；利用酯化反应中反应物氢离子的自催化原理，开发出具有自催化功能的植物甾醇酯合成工艺，开发出高产率、安全环保的植物甾醇酯。研究植物甾醇酯制备与产品分离集成工艺的关键技术。开发出高产率、安全环保的植物甾醇酯工艺。通过和商业样品对比分析，发现该项目集成工艺所得产物符合国家标准，而且理化性能优于市场上的商业植物甾醇酯样品。（郭建辉）

【磁流体定位填充多维微结构光纤的可调谐光电子器件研究】 天津理工大学天津市薄膜电子与通信器件重点实验室苗银萍承担。利用磁流体材料的磁光特性、折射率可调谐特性、双折射特性等，围绕磁场可调谐光电子器件，通过对微结构光纤进行定向填充磁流体，理论上深入研究其温度和磁场调谐特性，并分别将微结构光纤长周期光栅、倾斜光纤光栅、倾斜长周期光纤光栅等与磁流体有机结合，制备基于磁流体定位填充光纤光栅的磁场传感器，对其模式耦合机制进行分析，获得高灵敏度的磁场传感器，解决磁场测量时的温度干扰问题并实现磁场矢量的测量问题。基于填充磁流体的微结构光纤长周期光栅的模式耦合特性，设计多通道滤波器；并将微纳光纤与磁流体结合，实现低温敏感的高灵敏度磁场调谐器件。主要发现和创新：①建立基于填充磁流体的微结构光纤长周期光栅以及倾斜光纤光栅的模式耦合理论。②掌握流体折射率、双折射率特性的调谐技术，获得电场、磁场调谐对微结构光纤光栅及微纳光纤倏逝场等光学特性调谐技术。③实现基于微纳光纤的高灵敏度磁场传感器，灵敏度达44.57nm/Oe、磁场与温度同时测量的双参数传感器，以及磁流体填充微结构光纤光栅的多通道可调谐滤波器。项目研究过程中先后在国际光电子著名期刊和光纤传感国际会议共发表论文26篇；申请中国发明专利6项；培养硕士研究生4名；研究成员晋升正高级职称1名。2017年研究方向获天津市自然科学基金重点项目的资助。

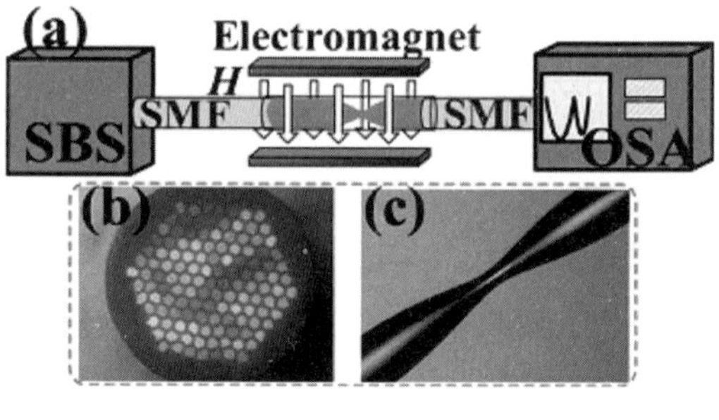

项目成果展示

【燃料电池高效氢源硼基氢化物储氢性能基础研究】 该项目由南开大学天津市能源材料化学重点实验室陈军承担。以金属有机框架化合物（MOFs）为前驱体制备Ni/C、以分级多孔碳为载体制备Ni/C、以Co（salen）为原料制备嵌入氮掺杂多孔碳的钴纳米催化剂、多孔碳为载体合成不同负载量的CuCo纳米颗粒、以碳纳米管（CNTs）负载不同质量的Mg（BH4）2制备复合物材料Mg（BH4）2- CNTs用于NH_3BH_3水解放氢、Mg

（BH4）2可逆吸放氢等方面开展系统的研究工作，获得具有分级纳米多孔结构的硼基氢化物储氢材料，揭示储氢性能与微观结构之间的内在联系，改善硼基氢化物材料的放氢动力学性能。主要发现和创新有：①采用金属有机框架化合物（MOFs）为前驱体，通过还原、煅烧及煅烧后还原的方法制备了三种碳负载的镍纳米颗粒。②以分级多孔碳为载体，在不添加表面活性剂的情况下，采用浸渍—化学还原法原位制备Ni/C纳米催化剂。③以Co（salen）为原料，采用高温煅烧法制备嵌入氮掺杂多孔碳的钴纳米催化剂。④以多孔碳为载体，采用浸润化学还原法合成不同负载量的CuCo纳米颗粒。⑤采用浸渍法制备碳纳米管（CNTs）负载不同质量的Mg（BH4）2复合物材料Mg（BH4）2-CNTs。通过该项研究，在*Nano Res.*，*Nanoscale*，*Catal. Sci. Technol.*，*J. Alloy Compd.*等期刊上发表论文5篇，申请发明专利6项，其中已获授权3项，培养博士后、博士与硕士研究生等16名（毕业9名），引进国家青年“千人计划”2人，为燃料电池高效氢源硼基氢化物储氢性能研究提供理论基础、技术支撑和人才积累。项目负责人入选中组部万人计划科技创新领军人才、英国皇家化学会会士，担任中国化学会电化学委员会主任、*Materials Horizons*副主编、*Nano Research*编委，获中国侨界贡献奖、宝钢优秀教师特等奖提名奖。

【PCCP供水管道安全预警技术研究】 天津大学精密测试技术及仪器国家重点实验室曾周末承担。基于分布式光纤传感技术和远场涡流技术的PCCP管道断丝检测系统，一方面，促进对检测精度更高的传感技术的研究，促进对光纤传感信号解调和识别技术的研究；另一方面，促进光纤传感技术在工业产业中的应用研究，填补国内PCCP管道断丝检测的空白，具有良好的应用前景。能够实时监测PCCP管的安全隐患并发出报警信号，而且能对存在的安全隐患作出准确的定位，从而避免PCCP爆管引发的灾难事故，可产生显著的经济效益和社会效益。主要发现和创新有：①针对分布式光纤传感器特点以及PCCP断丝信号特点，该项目提出一种基于图形学特征的信号识别手段，能够从背景噪声中准确识别出PCCP断丝信号。②项目提出并研制基于分布式光纤传感技术的PCCP管道安全预警系统，填补国内PCCP管道断丝检测技术的空白。③项目将分布式光纤传感技术与远场涡流技术相结合，使用分布式光纤传感器监测和检测PCCP管道断丝事件，提前预警可能出现的爆管事故以及其位置；使用远场涡流技术定性判断特定位置的PCCP管道已断丝情况，评估是否需要进行开挖施工，更换带伤管道。项目发表论文5篇，其中，SCI收录3篇、EI收录2篇，授权专利5项，其中发明专利2项。

【硅分布可控SAPO-34分子筛的合成与表征】 由南开大学天津市能源材料化学重点实验室李牛承担。研究发现模板剂是SAPO-34分子筛硅分布的主要因素，不同类型模板剂在合成的SAPO-34分子筛结构中形成的阳离子数不同，按照主客体电荷匹配原则，直接影响到因为引入硅而形成的骨架负电荷数。硅含量不影响SAPO-34结构中因为引入硅而产生的负电荷数，但影响硅分布。通过晶体结构解析，对合成SAPO-34的模板剂进行分类，并与硅含量控制结合，合成硅分布可控的SAPO-34分子筛。主要发现和创新有：①通过单晶结构解析将合成SAPO-34的多种模板剂按照可提供结构中笼内正电荷数加以分类，并以此确定SAPO-34的硅分布。②用SAPO-34分子筛骨架与包含模板剂阳离子电荷平衡的方法确定不同类型模板剂合成SAPO-34时的最低硅含量，得出不同类型模板剂有不同硅分布的结论，并确定高硅含量时候分子筛结构中为满足电荷平衡而形成“硅岛”的大小与分布形式。③合成满足最低硅分布条件的SAPO-34样品，其甲醇转化结反应果显示出比高硅含量SAPO-34高的稳定性。项目申请发明专利10项，已授权专利6项，发表论文8篇。

【三维交联网状稀土智能变色纤维的成形机理研究】 天津工业大学天津市中空纤维膜材料与膜过程重点实验室西鹏承担。围绕三维交联网状稀土智能变色纤维的分子结构设计与成形机理对稀土光致变色材料的分子设计与合成，表面富含微孔的三维交联网状纳微米纤维的制备等内容进行了重点研究。突出创新点在于：①以对位取代苯甲酸与乙醇酸反应制备的配体与稀土离子配位得到了可多紫外波长激发的有机稀土配合物。尤其是有机稀土配合物在399nm和466nm波长激发下仍能得到了荧光性能优异的稀土离子特征发射光谱。其研究成果对于推广有机稀土配合物的应用领域具有重要作用。②以对苯二甲酸乙醇酸酯为配体制备的有机稀土配合物不但具有较高的相对荧光强度和荧光寿命，而且在250nm～400nm波长范围内均可以激发发光。其研究成果在有机稀土配合物发光机理的研究上具有重要研究价值。③以设计合成的高分子变色材料与有机稀土配合物有机结合，通过静电纺丝技术制备出可四基色变色发光的纳微米纤维。研究成果对于推进服装面料的无染变色具有重要作用。项目研究成果已经发表SCI、EI收录学术论文11篇，出版专著1部；申请国家发明专利9项，授权3项。培养博士研究生2名，硕士研究生6名。相关研究成果获2015年纺织工程协会陈维稷优秀论文奖和恒逸基金二等奖。项目后期研究工作获国家自然科学基金项目支持。

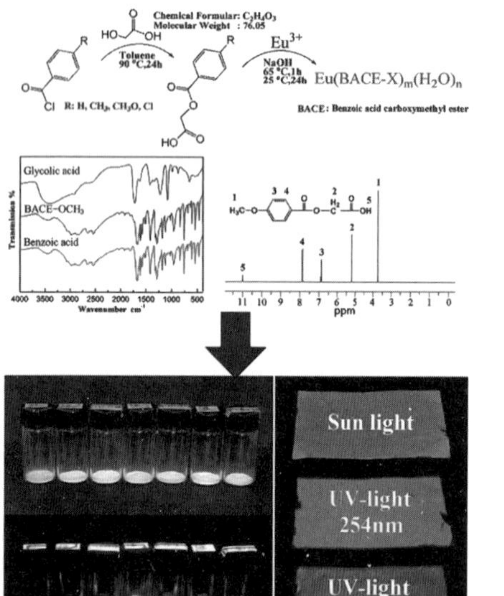

三维交联网状稀土智能变色纤维的成形机理

【新型有机羰基化合物作为锂二次电池电极材料的研究】 南开大学天津市能源材料化学重点实验室梁静承担。从共轭体系构筑和芳杂环结构修饰等方面，设计合成了H_2bhnq/CMK^{-3}、AQ/CMK^{-3}、$Li_4C_8H_2O_6$、Na_2DBQ等一系列新型有机羰基化合物材料，并系统考察了其电化学性能。理论与实验相结合，揭示材料微观结构与电化学性能之间的内在联系，改善材料的电化学性能。主要发现和创新有：①提出从全共轭体系构筑和芳杂环结构修饰等方面，设计合成羰基化合物，并研究其脱/嵌锂动力学，具有较好的原创性和前瞻性；②通过理论计算与实验相结合，理论模拟分子轨道图和能级能量，可应用于羰基利用率的预测和氧化还原电位的调节，指导定向合成；③通过材料学、电子显微学、化学等多学科交叉，进一步阐明这些羰基化合物的电化学及动力学性能、揭示其脱/嵌锂机理，是另一显著特色和重要创新之处。通过该项目研究，在Chem. Commun.，Inorg. Chem. Front. 等期刊上发表论文6篇，申请发明专利3项，其中已获授权3项，培养博士后、博士与硕士研究生等9名（已毕业5名）。

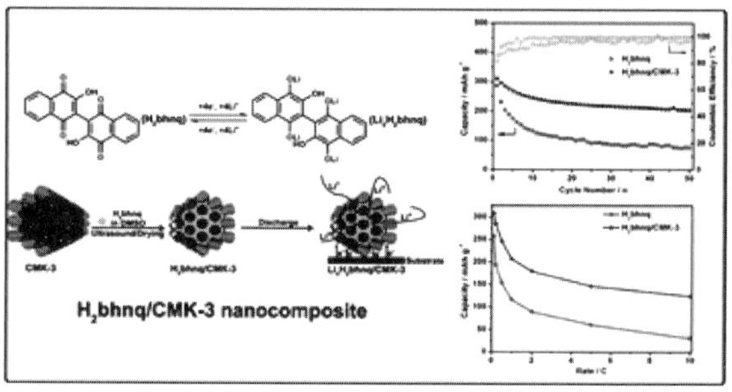

新型有机羰基化合物作为锂二次电池电极材料

【二氧化硅纤维负载金属催化剂的合成及其电化学性能研究】 中国民航大学理学院安冬敏承担。以棉纤维为模板合成二氧化硅纤维，并制备出二氧化硅纤维/金属复合催化剂，进行乙醇的电催化氧化研究；合成一系列常见金属氧化物半导体材料，进行有害气体检测研究。主要发现和创新有：①二氧化硅纤维负载金属催化剂对乙醇的电催化性能较差。②在较温和条件下，采用传统沉淀法制备多孔ZnO纳米材料，此材料与文献中已报道的ZnO材料相比，在光催化、酒敏检测等方面性能优异。③采用共沉淀法合成ZTO纳米粒子，且此纳米粒子直径在10nm～20nm，气敏测试表明，此ZTO材料对乙醇气体的最佳响应温度为180℃，此温度明显低于已报道文献中ZTO材料的响应温度和一些其他半导体氧化物或复合物的响应温度。此外，该材料对CH_4、CO、CH_3COCH_3等还原性气体也具有较高的灵敏度。这对实现ZTO

材料在气体检测领域的广普化应用拓宽思路。共公开发表高水平SCI学术论文10篇，申请中国发明专利3项。晋升副教授1人，晋升讲师1人，晋升实验师1人，一位成员获硕士学位。

【基于多尺度分形结构特征的羊毛织物热湿传导模型】 天津市应用基础及前沿技术研究计划青年项目，由天津工业大学范杰等完成，于2016年通过天津市科委验收。对羊毛微观结构进行分离，采用分形学研究方法建立羊毛纤维的热湿传导模型，对羊毛纤维的微纳米尺度分形结构进行分析。设计并织造具有良好保暖性能的分形结构的仿生织物，对织物的透湿保暖性能进行测试，采用有限元数值模拟法对仿生织物的导热性能进行数值模拟分析，实验结果表明依据织物保暖性测试结果得出的织物导热系数与数值模拟所得织物导热系数相吻合。建立织物的热湿传导模型，明晰织物分形结构对织物热湿舒适性的影响机制。采用物理与化学结合法对羊毛纤维的各级原纤进行逐级分离，实现完整羊毛皮质细胞和巨原纤结构的分离，观察到微原纤结构的分离。基于羊毛纤维的分形结构特征对其热湿传导性能进行理论研究，研究结果表明羊毛纤维内部多级原纤构成的分形网状结构使得纤维的传热倒是性能呈几何级数增长，这一结构是纤维的传热导湿性能的结构基础。依据纤维的分形结构自主设计并织造多种多层分形仿生羊毛机织物，该织物的轻纱系统形成贯穿织物底层至顶层的连续梳状分支结构，用以模拟羊毛纤维的内部多级分叉结构。

（郭建辉）

【钙钛矿复合氧化物中空微纳颗粒的控制合成与气敏性能研究】 国家自然科学基金项目，由天津工业大学赵永男等完成，于2016年12月结题。利用熟化作用及纳米尺度的Kirkendall效应，研究中空微纳颗粒的控制合成。根据胶体颗粒的聚沉过程受电解质浓度的影响，实现聚沉颗粒尺度的可调可控，并过水热条件下的熟化过程，实现$BaZrO_3$、$SrZrO_3$、$BaHfO_3$、$SrHfO_3$四种复合氧化物中空微纳颗粒的控制合成，粒径在50nm～200nm可调可控，推广至简单化合物SnO_2中空颗粒的合成，颗粒尺度在122nm～270nm间可调可控。水热熟化法制得CuO/Cu（OH）$_2CO_3$梭形复合中空微粒，高度弥散分布的两相颗粒增大CuO与气体的接触面积，提高CuO对乙醇和丙酮的气敏性能。以静电纺聚丙烯腈复合纤维为前驱体，通过碳化、氧化，制得含有氧化铁、氧化钴或氧化镍中空纳米颗粒的复合碳纳米纤维，以其为锂电负极材料表现出高容量和良好的倍率及循环稳定性。探索碳基纳米复合材料的制备及其电化学性能，以多孔芳香骨架纳米粒为硫载体，在75wt%的高载硫下充放电1000周，单周容量衰减仅为0.074%，循环稳定性优异。以葡萄糖为生物质碳源，尿素为氮源，制得高氮掺杂的碳镍复合材料，镍纳米颗粒仅为2.26nm，该材料作为乙醇燃料电池电极表现出优异性能。

（郭建辉）

环境科学

【南开大学环境科学与工程学院年度科研工作简况】 2016年，南开大学环境科学与工程学院到账科研经费总数8888万元，其中横向经费2677万元，纵向经费6211万元。2016年新立项纵向项目56项，总经费5283万元，其中2016年获批国家自然科学基金14项，其中面上项目7项，青年科学基金6项，国际（地区）合作与交流项目1项。获批天津市科技发展计划项目8项，其中科技支撑2项，面上项目3项，重点项目2项，青年项目1项。作为牵头单位主持国家重点研发计划重大项目1项（冯银厂，大气污染多组分在线源解析集成技术），作为课题负责人承担国家重点研发计划项目4项，国家科技重大专项1项。2016年新签订横向科技合同73项，合同总金额2335万元。2016年申请专利53项，获得授权24项。发表学术论文343篇，其中SCI收录210篇，EI10篇，CSSCI5篇，中文核心93篇，出版专著8部。罗义获得第十三届“中国青年女科学家奖”；周启星、王建友、郭晓燕等完成的“水处理组合工艺与生态高效低耗技术创新与研发”，获2015年度天津市科学技术奖技术发明一等奖；李维尊、鞠美庭课题组与天津市塘沽鑫宇环保科技有限公司合作研发的专利“一种生物质发酵反应装置及应用”获第十八届中国专利优秀奖；冯银厂作为第二完成人，与天津市环境监测中心共同完成的成果“北方特大型城市空气质量改善关键技术研究与综合示范”获天津市科技进步奖二等奖；张裕芬、吴建会、冯银厂与天津市气象科学研究所环天仪（天津）气象仪器有限公司合作，南开大学作为第二完成单位，共同完成的成果“天津雾霾天气立体观测与预报预警关键技术研究及应用”获得天津市科技进步奖二等奖；南开大学作为第一完成单位，刘茂作为第二完成人，与天津渤海化工集团有限责任公司劳动卫生研究所共同完成的成果“氯乙烯职业健康风险评价技术研究与应用”，获天津市科技进步奖三等奖；冯银厂领衔的“大气颗粒物污染防治创新团队”，获2016年度天津市创新人才推进计划重点领域创新团队；罗义获2016年天津市创新人才推进计划中青年科技创新领军人才；胡献刚获2016年天津市创新人才推进计划青年科技优秀人才。平台建设方面，孙红文牵头的“新型污染物环境过程与风险评估学科创新引智基地”获批2017年度“高等学校学科创新引智计划”；新获批四个天津市国际科技合作基地，分别是陈威领衔的环境修复与可持续发展国际联合研究中心、孙红文领衔的新型污染物暴露组学国际联合研究中心、黄津辉领衔的水与环境安全联合研发中心国际联合研究中心、周明华领衔的先进水处理技术国际联合研究中心。

（刘晓玲）

【大型客机座舱内空气环境控制的关键科学问题研究】 天津大学陈清焰教授主持承担，应对中国制造大型民航客机的重大需求，建立满足安全、健康和舒适要求的座舱动态环境动力学理论体系框架、高精度数值模拟仿真平台以及新型座舱环境多场耦合反向设计原理，为建立未来座舱环境适航标准提供科学依据，创立座舱环境研究基地并培养相应人才，发展具有自主知识产权的中国大型客机座舱环境控制系统的设计原理。研究成果包括：获得考虑热浮力影响的座舱复杂非定常流动的高效的求解方法，提高计算速度，对满足工程上快速进行大规模数值模拟具有重要意义。从大量飞机座舱内污染物实测出发，给出座舱内多种污染物浓度范围及目标污染物清单，提出基于因子分析的污染源解析方法，研究人体、化学反应、材料、引气等污染源的散发规律以及其对座舱环境的贡献，基于对健康风险的控制提出环境评价方法，有助于提高国产大飞机的国际竞争力。通过建立座舱内流动大视场PIV测量仿真实验平台和MD-82真实客机实验平台，从实验上验证座舱多尺度复杂空气非定常流动和生化污染物非线性输运扩散的机理。在50多条国内/国际航班上开展座舱空气品质与热舒适环境测试及乘客问卷调查，深入研究座舱热环境参数的均匀性、乘客局部热舒适、行为调节对热舒适的影响等关键问题，建立座舱环境空气品质与热舒适性指标体系。提出创新性的座舱空气环境反向求解方法，建立多目标及多参数反向设计模型，能够设计比现有客舱环境更舒适、空气品质更佳的舱内空气环境。提出优化座舱电动引气增压方案和新型分体四轮空气循环制冷系统方案，并集成原理样机，首次提出座舱排气回收的节能回功方法。发表Inverse Design Methods for the Built Environment专著1部、学术论文257篇（其中SCI收录论文163篇）。获得国家发明专利45项，制定行业标准1项，开发软件平台1套。团队骨干一名获得长江学者称号，一名获得优秀青年基金。培养博士研究生28名、硕士研究生90名、博士后8名。

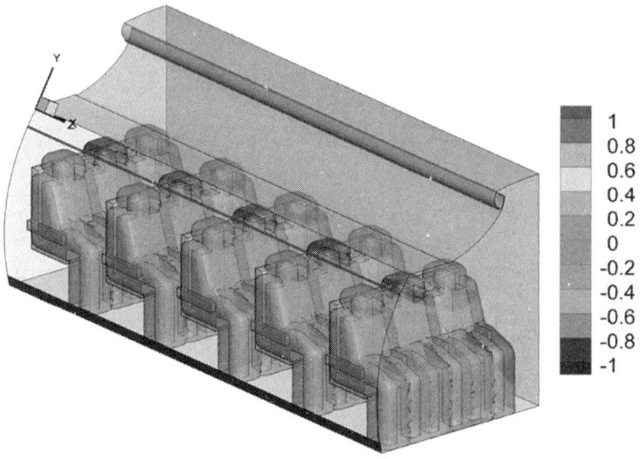

C919半个五排客舱旅客周围热舒适最优设计结果
（1暖，0中性，-1凉）

【中国北方岩溶地下水系统对人类活动和极端气候变化的响应研究】 国家自然科学基金项目，由天津师范大学郝永红等完成，于2016年12月结题。研究中国北方岩溶泉水流量对人类活动和极端气候变化的响应。①识别人类活动对泉流量衰减的作用和影响；②运用极值统计理论建立自然状态下（即没有人类干扰）泉水流量对降水量的关系模型、模拟不同极端气候变化情景下泉流量的响应；③将人类活动对泉流量衰减的贡献与单纯极端气候变化情景下的岩溶泉流量迭加，获得岩溶地下水系统对人类活动和极端气候变化的响应。根据岩溶地下水系统的特征，提出极值统计理论的多元模型，同时考虑输入与输出变量之间在时间上的滞后和输入变量的区间连续性，构建岩溶地下水系统对极端气候变化的响应模型。对山西省柳林泉水流量进行分阶段模拟分析，在研究泉水流量特征和开发利用背景的基础上，将柳泉水流量划分为自然阶段（1957年～1973年）、过渡阶段（1974年～1996年）和新平衡阶段（1997年～2009年），研究发现泉水流量的标准差在自然阶段为0.37，过渡阶段为0.65，新平衡阶段为0.36。说明地下水开发利用干扰地下水系统的原有流场，造成泉水流量的波动，经过相互协调，地下水的自然流场与人为开发利用流场达成新平衡，流场趋于平稳。运用灰色系统模型建立不同阶段的泉水流量模型，结果显示，降水对泉水流量的驱动系统由自然阶段的0.0122，下降为新平衡阶段的0.0078，说明在人类活动影响下柳林泉域地下水系统变弱。将广义极值统计模型进行改进，提出非平稳广义极值模型，将非平稳广义极值模型应用于模拟娘子关泉泉水流量的极小值。研究结果表明，在人类活动和气候变化的共同作用下，娘子关泉断流的机率随时间增加，于2022年、2025年和2030年断流的机率分别为1/100、1/27和1/19。

（天津师范大学）

【中草药小檗碱对铜绿微囊藻光合作用影响的研究】 国家自然科学基金项目，由天津农学院张树林等完成，于2012年1月开始实施，2016年3月通过国家自然科学基金委员会验收，2014年10月进行成果登记。采用叶绿素荧光技术、实时荧光定量PCR技术和RNA-seq技术等方法，对小檗碱作用下铜绿微囊藻光合作用主要元件及反应过程变化展开研究。研究结果表明小檗碱的抑藻效存在光活化（依赖）现象，黑暗条件下小檗碱对铜绿微囊藻无抑杀效应；光照条件下，小檗碱处理引起铜绿微囊藻细胞超微结构的破坏最早发生在类囊体上；小檗碱能够显著降低铜绿微囊藻光合色素含量并影响光合色素的组成，显著降低铜绿微囊藻光合作用相关基因表达，显著抑制铜绿微囊藻PSII反应中心活性，显著降低铜绿微囊藻全链光合电子传递活性和PSII光合电子传递活性。首次发现小檗碱是光合作用抑制型化感物质，在铜绿微囊藻上的作用靶点位于PSII光合电子传递链上，通过抑制PSII光合电子传递过程导致光系统能量过剩进而激发活性氧（ROS）大量产生，过量累积的ROS导致类囊体结构破坏，光合色素含量下降，光合色素组成改变，并抑制光合作用相关基因的表达，进而发挥抑藻效应。发表学术论文13篇，其中5篇被SCI检索，国内核心期刊论文6篇，培养硕士研究生3名。

（徐大为）

【全氟化合物支链/直链异构体在水体多界面分配行为与生物积累代谢差异研究】 国家自然科学基金项目，由南开大学祝凌燕、Jonathan W.Martin、单国强、张义峰、金航标、方淑红、魏明翠、楚小龙、蒋玮玮、陈欣维等完成，于2016年12月结题。研究内容如下：①通过野外调查和实验室工作，研究PFASs在水/沉积物/悬浮颗粒物的分配，发现直链异构体的分配系数大于支链异构体。②首次在自然环境水体中检测到PFBS的支链异构体，其含量占总PFBS的15%～27%；报道环境中存在大量长碳链全氟羧酸的支链异构体。③PFOS和长碳链全氟羧酸不仅能在水生生物体内显著富集，而且具有一定的食物链放大能力。直链异构体比支链异构体具有更强的生物富集和放大能力。④综合考虑水相和颗粒相中PFASs的异构体分配差异，建立运用PFASs异构体指纹特征进行水体中来源识别的方法，运用该方法探索辽河和太湖流域中PFASs的生产来源，发现这些水体中PFOS和PFOA主要来源于直接排放，同时存在部分前体物质的降解。全氟化合物作为一种新型的持久性有机污染物，其异构体物理化学性质的不同，会引起其分配行为，生物累积性等存在差异，其异构体的组成和环境行为差异的研究甚少。该项目研究不同异构体在水体多界面分配行为与生物积累代谢差异具有创新意义。发表SCI论文22篇，其中影响因子>4的论文16篇，包括5篇发表于*Environmental Science&Technology*，2篇发表于*Water Research*，3篇发表于*Environmental International*。培养博士生4名，硕士生4名，其中一名被推荐为天津市优秀博士论文，一名获南开大学优秀硕士论文。

（刘晓玲）

【基于生物配体模型解释及预测不同类型金属联合毒性作用的机制】 国家自然科学基金项目，由南开大学朱琳、冯剑丰、高永飞、杨光、周亚完成，2016年12月结题。借助生物配体模型（BLM）的理论，研究非必需金属Pb、Cd和稀土金属钐（Sm）、铕（Eu），以及必需金属Cu、Zn单一和混合暴露对单胞藻、大型溞和斑马鱼的生物学效应间的相互作用，及这些交互作用对总体毒性的影响。将BLM中的重要的物种特征参数，即金属与生物配体络合常数K_{MBL}，引入到金属生物积累—毒性动力学模型（TK-TD model）中。研究结果表明BLM可用于描述低浓度下Cd和Pb的竞争关系。莱茵衣藻对于钐（Sm）和铕（Eu）的单金属吸收速率也符合米门方程，且两种金属同时存在的条件下，呈现出典型的竞争关系，验证生物配体模型对浓度和竞争的假设。在络合实验中，络合作用并没有像BLM预测的那样有效地降低生物累积量。无论是Cd对Pb在幼鱼体内累积量的影响，或是Pb对Cd在斑马鱼幼鱼体内累积量的影响，都可以用单位结合位点竞争TK模型来解释及预测，表明这两种非必需元素是共用一种生物吸收通路。而必需元素Cu和非必需元素Cd或Pb之间生物积累的相互作用表明，在较高的Cu^{2+}浓度下，都可以用单位结合位点竞争TK模型来预测。而在低Cu^{2+}条件下，必需元素Cu的生物积累量与TK模型预测不相符。必需元素Cu与Zn之间相互竞争作用的TK模型能够预测Cu-Zn混合物暴露在幼鱼体内的积累量。修正后的TD模型能够较好的预测Cu-Cd和Cu-Pb混合物的毒性。修正后的TD模型在预测Cu-Zn混合物对幼鱼的毒性方面表现出良好的预测能力。发表论文8篇，其中SCI论文5篇；培养2名博士、2名硕士。（刘晓玲）

【复合污染下内分泌干扰物转运机制及生态修复技术研究】 天津市应用基础与前沿技术研究计划重点项目，由南开大学张承东、李尧、王凡凡、岳芳宁、庞然、李明珠、祁志冲完成，2016年3月结题。立足天津地区污染特征研究内分泌干扰物在复合污染物共存、复杂水化学条件下在天然水体中的迁移转化机制及关键影响因素。通过理解纳米材料理化特性与降解活性的构效关系、阐释植物—微生物协同去除复合污染物的分子机理，建立基于人工纳米材料的高级氧化—生物修复耦合的水体生态修复技术。①在迁移转化机制研究方面系统研究典型内分泌干扰物在水—土、针铁矿表面、黏土矿物等复杂环境介质上的吸附解吸行为，侧重复杂环境条件（如天然有机质）、复合污染（如氮磷肥、铜离子）存在对其吸附行为的影响。②在物理化学去除方面侧重合成廉价高效的生物碳吸附质、高效光降解纳米材料用于水中内分泌干扰的吸附、降解去除，阐释分子机制。③在生物去除方面系统研究碳纳米材料固定漆酶、白腐真菌及水生植物凤眼莲对内分泌干扰物双酚A的降解，侧重米颗粒促进降解酶活性、微生物降解过程的影响机制研究，建立基于新型纳米技术的多种水体生态修复技术。该研究创新点：①研究内分泌干扰物、新型污染物在典型复合污染条件下在多种环境介质上的吸附解吸行为，阐释影响污染物界面行为的分子机制及环境因素。②建立光解、吸附、酶促降解、微生物降解、水生植物降解等多种水体生态修复技术，形成综合修复评价体系。③注重对纳米材料环境应用的探索，在纳米颗粒物构效关系研究基础上合成高反应活性的多功能氮化石墨负载的碘氧铋纳米颗粒高效光解高浓度内分泌干扰物双酚A；并在系统研究纳米颗粒的生物效应基础上，运用纳米颗粒提高降解酶的活性，促进污染物的生物降解。完成论文13篇，其中中文核心3篇，SCI论文10篇。培养研究生5名，其中获得硕士学位3名，博士学位1名。

（刘晓玲）

【铁电气石类芬顿辅助微生物对土壤多溴联苯醚污染修复】 天津市应用基础与前沿技术研究计划项目，由南开大学环境科学与工程学院，王翠苹、张彦峰、卢媛、王宝琳、李静、王东、陈飞杨、周珍阳完成，2016年3月结题。开展实际PBDEs污染土壤的微生物生物降解影响因素研究，探讨不同剂量电气石与过氧化氢对土壤中PBDEs降解规律的影响，探讨吸附—脱附规律对目标污染物降解效率的影响，确定去除中目标污染物的最佳条件；加入不同营养元素和表面活性物质，增强电气石类Fenton辅助微生物修复目标污染物的影响因素研究，建立电气石类Fenton联合微生物修复技术；通过论证修复先后土壤pH、土壤有机质及土壤成分胡敏酸、腐殖酸结构的变化；借助PCR-DGGE评价土壤微生态系统的影响；借助GC-MS、HPLC-MS/MS技术鉴定分析修复过程中间和终点目标污染物代谢产物；建立电气石类芬顿联合微生物修复技术机理，通过在修复土壤种植食用农作物评价该技术的可靠性。申请发明专利1项；发表SCI英文论文12篇。

（刘晓玲）

【微污染源水预氯化对溴代消毒副产物的影响机理研究】 由南开大学张颖、翟利芳等完成，2016年12月结题。围绕微污染水预氯化对溴代消毒副产物的影响机理展开研究。通过分析预氯化前后水中有机物的组成、溴代消毒副产物与总卤代消毒副产物的浓度以及一些相关水质参数，了解预氯化对水质的改变。模拟水厂水处理工艺对预氯化后出水进行处理，研究预氯化后各工艺对水质的改善情况以及消毒副产物的变化情况。采用相关性分析方法得出溴代消毒副产物的影响因子，根据敏感性对其进行排序，得到优先控制因子。根据预氯化对溴代消毒副产物影响因子的改变，以及影响因子与溴代消毒副产物的相关性，分析得出预氯化对生成溴代消毒副产物的影响机理。研究结果表明：①TOC对DPBs的影响不大，起决定性作用的是加氯量，预氯化对于DPBs的生成有影响。②过滤单元去除由预氯化生成的DBPs，强化过滤单元是减少DBPs的重要途径。③THMs的主要前体物是分子量区间3-10kDa和<1kDa有机物，两者生成的三卤甲烷消毒副产物占总三卤甲烷的72.3%，HAAs的主要前体物也是分子量区间3-10kDa和<1kDa的有机物，占总卤乙酸生成势的31.0%和44.4%，溴更易与小分子有机物反应生成溴代消毒副产物。④溴结合因子在溴离子浓度从65μg/L升到500μg/L阶段增长速度最快，当从500μg/L进一步升到2000μg/L时，增长速度放缓，Br-THMs易先生成，随着溴浓度的增加，Br-HAAs生成速度超过Br-THMs，Br-HAAs生成量增多，Br-HAAs比重增加。发表论文6篇，其中SCI收录4篇，培养硕士研究生3人。

（刘晓玲）

【石墨烯在水体中的化学行为转变及其微观机理研究】 国家自然科学基金青年科学家基金项目，由南开大学胡献刚、王薇、张洪涛、陈翠红、李晓晶、石红蕾、张杏丽等完成，2016年12月结题。开展石墨烯在水环境中的化学行为转化及其微观机理研究，在光照、腐植酸和生物分泌物的变动作用下，通过分析石墨烯进入水体后发生纳米形貌、微观结构，水力学直径、团聚动力学等变化，以及腐植酸和生物分泌物与石墨烯的在光照下发生的电子传输、能量转化及形成复合体的形式，阐明上述环境因子对石墨烯在水体中发生的环境转化及其机理；利用电镜、光谱、能谱等技术分析石墨烯与环境中共存的污染物（抗生素、砷等）的相互作用，揭示石墨烯与这些污染物形成的复合体及其相互作用的机理；分析石墨烯环境转化对环境生物的生物毒性效应。在国内外期刊上发表学术论文25篇；培养研究生5名；参加国内外学术会议5次；授权国家发明专利2项。项目负责人胡献刚入选天津市创新人才推进计划青年科技优秀人才（天津市科学技术委员会，2016），获中国自然资源学会青年科技奖（中国自然资源学会，2015）。

（刘晓玲）

【核/双壳型埃洛石/Ni/Fe_3O_4一维催化剂光协同中温催化分解磷化氢机理研究】 国家自然科学基金青年科学家基金项目，由南开大学唐雪娇主持完成，2016年12月结题。采用纳米化学镀技术在埃洛石纳米管（HNTs）表面负载疏松的Ni单质镀层，采用共沉淀法，在Ni镀层上点缀式负载10nm ~ Fe_3O_4纳米颗粒，制备核/双壳型HNTs/Ni/Fe_3O_4一维纳米材料。研究不同催化剂催化分解PH_3的活性，实现99%的分解率；利用先进的材料表征手段，研究HNTs/Ni/Fe_3O_4物化结构与催化活性的关系；引入紫外光诱导，开发一种低成本、高效率、中温催化分解PH_3的技术。通过化学镀-共沉淀法得到的催化剂与传统浸渍法-H_2还原制备的催化剂进行对比研究，研发的催化剂制备方法及催化技术在保证实现一致的磷化氢的排放浓度的前提下，降低催化剂成本。探讨催化剂分解磷化氢的原理。研究发现催化剂TiO_2/Ni/Fe_3O_4具有更高的光协同催化分解磷化氢的优异性能，在365nm光照下，分解率可达99%，是一种低成本、高效率、具有应用推广前景的中温催化分解磷化氢的。在此基础上研制其他多种光催化剂，为高效低耗的PH_3分解技术的工业推广提供理论基础和科学依据。

（刘晓玲）

【静脉产业园区物质代谢与产业共生机制优化的实证研究】 国家自然科学基金青年科学家基金项目，由南开大学楚春礼、鞠美庭、邵超峰完成，2016年12月结题。静脉产业园区是静脉产业的实践形式，通过分解、再利用废弃物，促使“线性经济”转变为“循环经济”，能够有效缓解工业化过渡时期所面临的巨大资源压力。维持静脉产业园区高效运营，需要科学准入企业、优化物质代谢及提供共生环境支持。从静脉产业园区的物质代谢和产业共生的视角探讨园区稳定、高效运营的实现方法与管理策略；构建静脉产业园区物质流分析框架，形成静脉产业园区投入产出模型；基于生态平衡原理，建立静脉产业园区产业共生模式的稳定性分析与共生环境因素作用机制模型；综合物质代谢与产业共生的研究成果，开展基于园区稳定和效益目标的产业共生机制优化仿真化研究；进一步以天津子牙循环经济产业园为实践案例，验证并优化研究方案，同时为该园区的健康发展提供物质流动路径优化设计、企业准入及支撑环境构建的方案和管理建议。

（刘晓玲）

【松花江流域水生态功能一二级（三级、四级）分区研究】 南开大学周启星、于宏兵、李凤祥等完成，2016年结题。研究内容包括：①“十一五”期间，通过国外生态分区及其研究进展的深入了解，以及与中国生态功能分区进行比较研究，阐明松花江流域水生态系统的演变规律及其对水生态功能分区影响，揭示在中尺度河道栖息地环境影响下的成因、演变趋势和区域分异规律。②调查、分析流域不同时空尺度下水生生物、典型污染物以及水文、土壤、沉积物、植被、气候、地形地貌等环境要素特征，阐明松花江流域水生态系统健康及其驱动机制，揭示松花江流域水环境特征污染物与敏感种群的响应和关系。③揭示流域水生态功能差异的形成机理与驱动因子，构建水生态功能分区一、二级指标体系及基础数据库，绘制松花江流域的1∶25万的水生态一、二级分区方案图。④“十二五”期间，开展松花江流域不同时期的水体生境调查、水生生物和水环境取样调查，完成各类样品的测试分析与各类生物物种的鉴定，形成流域典型水生生物物种数据库和典型水生生物图谱。⑤建立松花江流域水生态功能三级、四级分区指标体系及综合数据库，完成松花江流域的水生态功能三级、四级分区。⑥提出中国典型寒温带松花江流域不同水生态功能区水生态系统保护目标。⑦对松花江流域水生态健康进行评估分析，构建流域水生态系统健康评估平台及信息共享与服务标准体系。

（刘晓玲）

【重点流域优控污染物沉积物基准与验证方法】 南开大学祝凌燕、张彦峰、钟文珏、杨丽萍、韩雨薇、沈兆爽完成，属国家水污染控制与治理科技重大专项子课题，于2016年结题。以辽河和太湖为研究区域，建立沉积物中特征污染物的识别方法，识别太湖湖区沉积物中主要的特征污染物；研究沉积物中污染物对底栖生物毒性效应测试的标准方法与技术；探讨沉积物的物理化学性质、污染物的生物有效性等对沉积物质量基准的影响，建立数字推导模型；建立积物中特征污染物对底栖生物的毒性效应数据库；开展优控污染物的沉积物质量基准推算工作，提出优控污染物沉积物质量基准建议值；开展沉积物质量基准验证的方法学研究，对提出的基准建议值进行验证。共参与编写专著2部，申请发明专利2项，完成软件著作权登记1项，发表论文19篇，SCI收录7篇。获得省部级奖励一等奖1项（第5完成人），获2014年度环境保护科学技术奖一等奖。

（刘晓玲）

【流域水环境多因子耦合生态学基准】 南开大学，中国海洋大学朱琳、冯剑丰、段梦、陈继淼、姚庆祯、苏荣国等完成，属国家水污染控制与治理科技重大专项子课题，于2016年结题。研究内容如下：①基于水生态分区的不同生态类型（河流、湖泊）环境水生态基准制定方法的完善。②不同生态类型环境多因子（温度、光照、pH）耦合控制下生态基准的建立方法。③研究示范流域（大辽河和太湖）优控复合污染物生态学基准值的计算方法。④生态学基准向标准转化方法。创新点、成果及影响：①在“十一五”研究成果基础上，进一步完善基于水生态功能分区的流域水生态基准与标准制定的理论与技术方法，进一步对水生态基准与标准技术体系进行完善研究。②强化水生态学基准指标体系的适用性，并通过实际验证。③应用已完善的水生态基准制定方法，针对典型流域特征污染物，获得一批具有水生态分区特性的水生态标准阈值，为建立一套适应国情的水生态标准提供技术支持。获国家环境保护科学技术一等奖（中国流域水环境基准技术方法体系，2014年12月，第三完成单位，第四完成人）。（刘晓玲）

【抗生素抗性基因的检测方法、污染现状与控制对策】 南开大学、中科院广州地球化学研究所、环保部南京环境研究所、哈工大深圳研究生院罗义、应光国、王娜、李继等完成，属国家环保部公益性行业科研专项，总经费657.4万元，于2016年完成结项。研究构建适用于国内不同环境介质（水、土壤、大气）以及生物体内抗性基因分析检测的标准方法技术体系，编制适用于不同环境介质（水、土、大气）《我国不同环境介质中抗性基因污染检测标准方法（草案）》三套。通过对养殖业、制药业、医院等抗性基因重点污染源系统科学的调研采样，获得国内不同区域、不同行业抗性基因的污染水平与特征，研究提交《我国典型抗生素抗性基因的空间和行业污染特征》报告，提出抗性基因污染实施分级、分区以及跨行业的控制策略，编制特征抗性基因污染的优控行业企业名录以及《我国抗性基因分级、分区以及跨行业控制对策（建议稿）》。提出“加强兽药环境管理，防止新型污染物的环境危害”政策建议和“关于加强抗生素类污染物环境管理与污染控制”致公党中央政协提案。为控制抗生素和抗性基因这类新兴污染物和防范环境风险提供重要基础数据和技术支撑。项目已申请专利3项，录用及发表研究论文43篇，SCI论文27篇，核心期刊论文16篇。（刘晓玲）

【小球藻CGF对细菌代谢产物胁迫的响应及天然抑制剂筛选】 天津市应用基础及前沿技术研究计划重点项目，由天津农学院周文礼、徐大为、窦勇、高金伟、陈瑞楠、辛伟涛等完成，于2013年4月开始实施，2016年9月通过市科委验收，2014年10月进行成果登记。在细胞和亚细胞水平、生理生化水平以及分子生物学水平等不同层次上研究藻际共栖异养异养细菌Pesudomonas sp的代谢产物AHLs对普通海水小球藻Chlorella vulgaris的影响。通过生物传感器确认细菌AHLs在菌—藻共培养系统中的存在，采用实验生态学研究方法，分析C.vulgaris的细胞密度、抗氧化酶系统、PSⅡ光化学活性、光合作用关键限速酶活性对AHLs胁迫的响应，在此基础上分离纯化小球藻生长因子CGF，探究CGF作为小球藻应对AHLs胁迫的天然抑制剂的可行性。首次在海洋真核微藻中发现群感效应的存在并分离得到群感效应信号分子AHLs，为藻菌关系研究提供新的思路和方法；把群感效应理论应用于藻菌关系的研究，从细菌群感效应信号分子角度系统研究受海洋微藻不同水平的响应机制；发现低浓度AHLs对小球藻光合作用的促进作用；优化小球藻生长因子CGF的分离提取流程，确认其生物活性。发表文章8篇，申请国家发明专利1件，培养硕士研究生2名。所分离的CGF可以作为天然抑菌剂应用在工业级别的小球藻规模化培养系统。

（徐大为）

【新型污染物复合体系的环境地球化学行为】 南开大学孙红文、汪磊、马小东、王翠苹、章涛、姚义鸣、张艳伟、干志伟、王菲、任心豪、赵立杰、张鹏、祝洪凯、李冰、曹风梅等完成，2016年12月结题。研究内容如下：①报道氟化合物在污染源及区域大气样品中的污染特征及相间分配规律，为全面理解其源汇机制及长距离传输提供科学证据。②发现普萘洛尔这一阳离子药物对不同结构有机污染物在不同类型生物炭上吸附的影响机理复杂多变。③报道典型人工甜味剂在水与土壤环境的降解规律，提出光致微生物降解的新途径。④研究六溴环十二烷在不同类型水生生物、植物、土壤动物的富集途径与能力、代谢及异构体转化、器官及亚细胞水平分布、异构体与对映体选择性等规律，为全面评价HBCDs这一新型阻燃剂的生态风险提供重要的支撑。⑤揭示全氟化合物、双酚系列、邻苯二甲酸酯等新型污染物在不同人群中净化排出规律及母婴传递规律。⑥阐明生物炭对不同类型有机污染物的吸附机理，解释土壤各组分及植物根系对生物炭吸附性能的影响机理，发现物炭可催化农药水解。发表期刊论文71篇，其中SCI64篇，影响因子>5.0的12篇；4.0 5.0的15篇；3.0 3.0的19篇，被他引500余次。出版专著《生物炭与环境》（化学工业出版社，2013年10月版）。1篇博士论文入选全国百篇优博提名奖。培养博士后2名，毕业博士生11名，硕士生18名。项目负责人孙红文入选教育部长江学者、百千万人才国家级人选，并获天津市教学名师、全国五一巾帼标兵、全国三八红旗手等称号。

（刘晓玲）

【七里海湿地芦苇群落和碱蓬群落分布格局的形成机理】 天津师范大学郭宏宇于2016年主持完成。通过温室控制实验和野外移栽实验探究土壤盐度、淹水深度和种间相互作用对七里海优势植物芦苇和碱蓬生长和分布的影响。研究结果表明：①随着土壤盐度的升高，芦苇的生长受到抑制；较深的淹水使芦苇地上生物量、株高、总叶面积、分株数、果实重、表观量子效率和光饱和点显著增加。②较高盐度使碱蓬地上生物量显著增加，果实生物量和叶绿素含量显著降低，但叶生物量显著增加；较深的淹水抑制碱蓬的生长。③种间相对相互作用强度指数（RII）分析表明：在较低盐度下，随着淹水深度的增加，芦苇所受到的来自碱蓬的竞争作用显著减弱，在较深淹水条件下，芦苇对碱蓬的竞争作用较强，芦苇在与碱蓬的竞争中占优势；而在较高盐度下，芦苇受到来自碱蓬的竞争作用较强；在较高盐度且排水的生境中，碱蓬受到来自芦苇的相互作用趋于中性，而芦苇受到来自碱蓬的竞争作用最强，碱蓬在与芦苇的竞争中占优势。分析影响七里海优势植物芦苇和碱蓬生长和分布的因素，为科学制定措施管控这些因素，有效维护七里海湿地植物群落的稳定和发展，保护和恢复整体湿地的生物多样性和生态功能提供理论依据。

（天津师范大学）

【天津港北疆港区生态环境监测】 天津农学院青年科技基金项目，由天津农学院张达娟等完成，于2014年9月开始实施，2016年8月通过天津农学院科技处验收，2016年11月进行成果登记。对天津近岸海域主要水质理化指标及浮游生物群落结构进行调查分析，利用富营养化指数、有机污染评价指数法、生物多样性指数法对该海域进行生态环境调查与评价分析。结果表明天津近岸海域主要水质物理指标符合近岸海域变化规律，化学指标中DIN、DIP及COD，2014年～2015年调查结果均值分别为0.463mg/L、0.029mg/L及3.392mg/L，其中DIN调查结果在海水等级划分中属于第四类环境功能区站位较多，个别站位超过上限值，DIP调查结果良好，整体表现处于第二类环境功能区，COD的调查结果属于第三类环境功能区，有机物含量处于较高水平。天津近岸海水水质受污染较为严重，受陆源污染、围填海等非自然因素影响较大。共鉴定出浮游植物51种，以硅藻门和甲藻门为主，硅藻门占72.5%，浮游植物优势种类以中肋骨条藻及夜光藻等赤潮、耐污种为主，多样性指数均值1.320，群落结构较单一，水质条件处于较差水平，浮游植物丰度及生物量分别为0.678×10^4个/L、$12.255mg/m^3$；浮游动物共28种，优势种类以原生动物及桡足类为主，多样性指数均值1.123，水质条件属于较差水平。其数量分布呈明显的季节分布与水平分布差异。浮游动物近岸海域多样性水平低于远岸，与浮游植物调查结果基本契合，表明近岸海域水质条件受到污染。

（徐大为）

机械学与制造科学

【复杂受限系统的分析、控制与应用】 天津大学左志强、王一晶完成，获2016年度天津市自然科学奖三等奖，是国家自然科学基金等项目。取得创新成果如下：①建立融合执行器故障与执行器饱和的奇异Lipschitz非线性系统结构框架，提出避免饱和与允许饱和两种容错控制方法，突破奇异Lipschitz非线性系统解的存在性与唯一性瓶颈。该工作进入ESI高被引论文。②创建凸多面体不确定时滞系统的非椭球估计理论，率先提出最大Lyapunov-Krasovskii泛函的思想，给出由多个椭球交集组成的可达集估计，开辟时滞系统可达集估计的新途径。③提出新型旋转变压器的设计方法，利用正余弦信号的性质，通过加减操作实现旋转变压器位置信息的高精度变换。在此基础上，进行跟踪雷达天线伺服控制系统的开发，研究成果应用于中国电子科技集团公司第54研究所高精度舰载跟踪雷达天线伺服系统的产品设计。解决复杂受限系统控制的一些核心科学问题，引发国内外同行运用其结果拓展和发展相关控制领域研究。在国内外控制理论与应用重要期刊上共发表SCI论文46篇，Google Scholar引用1046次，被SCI期刊论文引用501次（其中他引492次），单篇被引最高86次，申请发明专利2项。（天津大学）

【用于大型储罐声发射内检测的游弋式传感系统研究】 该项目由天津大学精密仪器与光电子工程学院李一博承担。项目研制可在大型石油储罐内自由游弋的传感节点，并以此传感节点搭载声发射检测系统，进入大型石油储罐内部，游弋到罐底腐蚀区域附近对金属腐蚀产生的声发射信号进行近距离的测量，消除噪声干扰问题；研究腐蚀声源定位方法，解决重定位、虚定位等问题；研究基于模式识别的腐蚀类型判定，以及基于聚类分析算法的腐蚀程度计算方法。主要发现和创新有：①原创性地提出石油储罐罐底腐蚀声发射内检测方法；通过进入罐内近距离测量的方式抑制环境噪声，提高信噪比，得到准确的测量结果；将声发射罐底腐蚀检测技术由现在的定性评估提高到定量准确测量的水平。②提出罐底腐蚀声源定位新方法，从根本上避免重定位与虚定位现象的发生。③提出适合于大型储罐的水声通讯新方法，达到1kbps的声通讯速率。④提出综合多种方法的罐底腐蚀信号识别方法，可以有效地在噪声环境下识别出腐蚀信号。项目发表论文10篇，其中，国外刊物4篇、国内刊物5篇；SCI、EI、ISTP收录9篇；他人引用24次。申请国内发明专利10项，授权5项。培养博士生2名，硕士生4名。

大型储罐声发射内检测的游弋式传感系统

【少自由度并联机构运动学性能传递机理及其评价指标研究】 天津大学内燃机燃烧学国家重点实验室孙涛副教授承担。密切结合机器人机构学基础理论的学术前沿和多种行业对并联装备的重大需求，系统研究了少自由度并联机构运动学性能传递机理及其评价指标。主要发现和创新有：①提出一种求解并联机构运动和约束的解析方法，该方法仅通过构造简单的辅助点、线和面等几何元素，可实现运动和约束的简洁代数计算和清晰几何表达。②通过将作用在输出刚体的力旋量与微小位移旋量的互易积视为一个线性泛函，提出一组无量纲、与坐标系选取无关，取值介于0和1之间，即可描述系统接近奇异位形程度，又可评价系统局部/全域运动学性能的指标。③借助混序积和外积概念，提出并联机构的奇异性能评价指标，该指标具有计算简便、物理意义清晰等优点，可快速辨识工作空间内机构的所有奇异位形。④通过将施加在刚体上的力旋量与微小变形旋量的互易积视为机构的瞬时能量，定义并联机构的静刚度性能评价指标，该指标即可反映机构的整体静刚度特性，又可评价机构沿/绕某一方向的静刚度性能。共发表期刊论文12篇，会议论文5篇，SCI收录6篇次，EI收录8篇次；授权国家发明专利10项；培养副教授1名、博士生导师1名、博士生3名、硕士生5名。

海洋科学

【黄、东海低营养层生态系统对自然环境变化响应的模拟与分析】 国家自然科学基金项目，由天津科技大学赵亮等完成，2016年12月结题。陆架海生态环境对全球气候变化的响应是当前国际研究的热点问题之一，气候变暖、季风减弱造成海域水温和环流结构变化，东海陆架黑潮入侵带来营养盐外源输入的年际变化，这些自然环境变化与人类活动同样都会引起黄、东海生态系统的动荡。认识近海生态系统对自然变化的响应规律，有助于区分自然和人文活动强迫的作用。通过收集整理温度、盐度、营养盐和叶绿素的历史资料，搭载973航次进行现场补充调查，利用数据分析黄东海叶绿素和营养盐的季节和年际变化特征；建立三维物理—物地球化学—悬浮物耦合的低营养层生态系统动力学模型，模拟和分析黄、东海温度、盐度、营养盐、溶解氧和叶绿素等理化因子的季节和年际变化规律；设计敏感性实验，探讨黄、东海营养盐浓度和结构、浮游植物生物量和种群结构对温度、层化、光照、季风、黑潮等物理过程长期变化的响应，甄别关键影响因子；分析悬浮物分布和输运对生物初级生产过程及营养盐循环和收支的影响；认识陆源输入和外海输入营养盐长期变化在黄、东海低营养层生态系统变异中的作用。为制定海洋生态环境变化应对策略提供科学依据。 （李丽娜）

【能源微藻光合作用及油脂积累的调控机制研究】 天津科技大学天津市海洋资源与化学重点实验室王广策教授承担。挖掘微藻叶绿体馨的膜蛋白，研究其在叶绿体生物发生以及光合固碳过程中生理功能；探索微藻油脂合成的途径与过程，阐明油脂生成与光合产物分配调控的分子机制，创制高产高油微藻藻株；研究微藻生长和油脂积累模式，阐明细胞内油脂积累阶段的变化规律以及在油脂积累代谢途径中关键酶的作用机制。主要发现和创新有：①获得海洋硅藻—骨条藻和三角褐指藻油脂积累的最佳条件。②获得高产油微藻4株，其油脂含量达干重的38%，超过研究既定目标15%的油脂含量。③阐明油脂生成和碳源的分配调控分子机制。④获得微藻油脂积累代谢过程中关键酶，如Rubisco，G6PDH，6PGDH，PPK和PGK在微藻生成和油脂积累过程中的作用。发表研究论文10篇，其中SCI论文6篇；申请专利2项；培养博士后1名，博士和硕士各两名；获得国家海洋局海洋科技二等奖1项。

农业科学

【作物气孔的抗逆机制及其在育种上的应用】 天津农学院、中国农业大学谢晓东、孙守钧、倪中福、彭惠茹、尤明山完成，获2016年度国家级技术发明一等奖。主要内容：①在国际上首次发明精密环控舱和气孔分析箱系统，结合光合仪和水势仪等设备，专用于作物气孔功能研究。结果发现小麦气孔对生理和气候因子的应答比拟南芥更灵敏；小麦气孔发育过程与拟南芥有显著不同。②首次鉴定小麦气孔信号转导元件基因TaPLDα。在干旱处理下，过表达TaPLDα拟南芥失水速率下降较慢、含水量较高、离子渗漏率较低、根系较长、逆境应答基因的表达量明显提高，因而抗逆性显著增强。③玉米ZmHK9基因过表达后，植株气孔变小、密度降低、气孔开度变小，该基因参与气孔发育的调控。④气孔发育在种子萌发阶段已经开始，对玉米中决定种子萌发特性的基因进行鉴定，发现15个赤霉素代谢基因活跃表达。⑤鉴定与气孔功能密切相关的高粱蜡质合成调控转录因子SbWIN1。过表达该基因的拟南芥叶表面有光泽，表面蜡质明显增加，抗旱性显著提高。⑥逆境是花期转换的重要诱导因子，高粱转录因子基因SbAGL6过表达SbAGL6的植株开花期提前，表明该基因参与开花期的调控。气孔的角度解析作物的抗逆机制，构建从理论研究到应用研究的完整技术体系。以应用基础研究的结果为指导，进行育种应用研究。在分子育种方面，构建水稻高效转化体系和向日葵幼胚转化体系，开展抗逆基因的小麦遗传转化，采用SSR分子标记对不同高粱材料进行基因型分析。在常规育种方面，对抗逆、高产和矮抗的小麦和高生物量、高含糖量的高粱材料，进行表型鉴定和组合配置，获得一系列优异育种材料，促进相关研究领域的理论和应用研究。

（天津农学院）

【基于二维相关谱掺伪牛奶检测方法研究】 国家自然科学基金青年科学基金项目，由天津农学院杨仁杰、张丽敏、张志勇、杨延荣、梁鹏、张雯、王文等完成，于2013年1月实施，2016年3月通过国家自然科学基金委员会验收，2016年10月进行成果登记。创新性提出将二维相关谱与化学计量学结合定性、定量分析掺杂牛奶的检测方法。提出揭示微弱特征峰的解析方法，依据同步二维相关谱交叉峰的正负，结合异步谱交叉峰的有无来实现掺杂物官能团来源的确认；发展表观统计二维相关谱参数化和多维主成分二维相关谱参量化方法，与模式识别结合实现掺杂牛奶判定；提出基于非线性核隐变量正交投影算法和二维相关谱结合判别掺杂牛奶的方法；构建基于同步—异步二维相关谱掺杂牛奶的判别模型，与同步和异步二维相关谱模型相比，该模型包含同步谱中“相似性”信息和异步谱中“差异性”信息，提高掺杂牛奶的判别正确率；发展基于异谱二维IR/NIR相关谱掺杂牛奶判别方法，该方法可放大和提取牛奶中掺杂物特征信息，具有预测能力；建立基于二维相关谱定量分析牛奶中掺杂物的多维偏最小二乘模型，提高掺杂牛奶的预测精度。该项目利用二维相关谱提取特征信息的能力，克服基于二维相关谱直接比对法判别掺杂牛奶的主观性。（徐大为）

【在克隆植物中探索光合色素在光能捕获和叶绿素荧光过程中的作用机理】 国家自然科学基金青年科学基金项目，由天津农学院孙小玲、王丽娟、杨霞、张巧利、范文静、宋兰芳等完成，于2013年1月开始实施，2016年3月通过国家自然科学基金委员会验收，2016年8月进行成果登记。研究异质性光对野牛草克隆分株的叶片解剖结构、光合能力、植株形态和生物量的影响。在同质高光处理下，野牛草未遮阴妹株的匍匐茎总长度和分株数为未遮阴姊株的2～3倍，这是野牛草作为侵占性非常强的游击型植物（guerilla type）的显著特征；在异质性光处理下，对妹株遮阴刺激姊株其他匍匐茎和子孙后代的生长，未遮阴姊株因为源库反馈机制光合能力及生物量得到提升，生长策略由游击型调整为密集型（phalanx type）；对姊株遮阴抑制未遮阴妹株的生长，妹株的解剖结构、光合能力、外部形态及生长速率均因受姊株给予的胁迫信号的影响而显著受损；异质性光条件下，遮阴分株会通过形态上缩减的可塑性改变，以及提高光合效率的方式提高存活机率。表明来自于北美大草原的野牛草，克隆整合虽然会帮助遮阴分株存活，并不会过多投资；对姊株遮阴会严重抑制未遮阴妹株的生长和蔓延；而对妹株遮阴则会促使姊株改变其生长习性，趋于密集型的生长。（徐大为）

【葡萄贮运期果实褐变机理及影响因子研究】 由天津市农产品采后生理与贮藏保鲜重点实验室，朱志强、张平、阎瑞香、陈存坤、高丕生等完成，于2016年12月结题。该项研究表明：①葡萄果实不同品种同部位、同品种不同部位的褐变差异性。马奶贮藏期果皮颜色变化为鲜绿色、微红色、褐色；果肉白绿色逐渐消失部分呈透明状，继续转变成浅黑色、红褐色，由外及里褐变；穗轴褐变变化为鲜绿色、黄绿色、褐色，并表现出分截性特征。白罗莎褐变在果肉和果皮中，果肉逐渐失去新鲜绿色，颜色变暗、变黑，由果肉里面向外褐变，穗轴。白罗莎里奥果实（CK和CT2处理）果皮、穗轴、果籽、果肉四个部位PPO酶活性呈增大趋势，穗轴和果皮组织较高，果肉相对较低，各部位组织与贮藏时间显著正相关，POD酶活性为果皮>绿轴>果肉>果籽，呈增大趋势；总酚含量为果籽>绿轴>果皮>果肉；果实相对电导率差异显著，褐皮>病轴>中间皮>绿皮>褐轴>中间轴>绿轴，果皮组织明显高于穗轴；叶绿素a不同部位差异显著，绿轴>中间轴>褐轴>病轴>绿皮>中间皮>褐皮，且穗轴明显高于果皮组织。②分析果实褐变影响因素的作用。黑曲霉、青霉和黄曲霉对果实组织褐变起到促进作用，果皮结合部位的青霉和穗轴结合部位的黄曲霉间接破坏组织完整性，加速褐变发生。2014和2015两个年份对褐变的影响分析果皮组织中PPO活性均呈现先下降后升高趋势，差别较小；褐轴PPO活性随贮藏时间延长逐渐增大，年份间差异显著（$P<0.05$）；POD酶活性2015年份大于2014年份；叶绿素a含量2015年份大于2014年份，褐轴中的含量呈减少状态。马奶果皮中PPO酶活性始终高于白罗莎，褐轴酶活性在贮藏中期以后高于白罗莎；两个品种果皮和褐轴的POD酶活性呈增大趋势。

（李丽秀）

高新技术及产业化

概　况

【2016年全市战略性新兴产业发展概况】　2016年，天津市战略性新兴产业呈现良好的发展态势，高技术产业（制造业）增加值占规模以上工业的比重达12.6%。产业发展呈现的特点是：新技术不断涌现——在三维石墨烯体相材料制备、脑机交互、水下航行器等基础领域实现新突破，开发出高响应复杂曲面七轴长臂喷涂机器人、主动反射面液压促进器等一批重大创新成果，为FAST望远镜、“天宫二号”等重大技术突破做出积极贡献。新产品产量不断增长——节能与新能源汽车产量达到4.79万辆，增长8.1倍；城市轨道车辆产量达到311辆；光纤、太阳能电池、光电子器件产量分别增长28.2%、23.1%、8.8%。新业态迅速壮大——网络消费保持高位增长，比重持续提高。全市网上零售额达到383.14亿元，同比增长44.6%。网购活跃带动快递业快速发展，完成业务量4.1亿件，增长60.0%。新模式不断涌现——“互联网+”快速发展，传统行业与互联网加快融合，推动网络约车、远程教育、在线医疗、智慧社区等新服务模式不断涌现，在适应居民消费需求升级、极大方便日常生活的同时，带动“互联网+”相关服务业较快增长。互联网和相关服务、软件和信息技术服务业营业收入分别增长77.8%和14.6%。

进行顶层设计，布局“十三五”开局之年。《中共天津市委、天津市人民政府关于贯彻落实〈国家创新驱动发展战略纲要〉的实施意见》经中共天津市委十届九次全会审议通过，确定全市建设创新型城市和产业创新中心“三步走”的战略目标。为保证实施意见落地，建立“统一管理、依托各方、各司其职、合力推进”的工作机制，将实施意见细化分解为100项工作任务明确到各责任部门，各个部门就落实实施意见制订具体实施方案和配套政策。《天津市战略性新兴产业发展“十三五”规划》作为市重点专项规划经市政府批复同意，聚焦8个重点领域，通过实施5项重点工程，打造2个“五千亿”级产业集群、5个“千亿级”产业集群，推动形成滨海新区、中心城区“两极衔接”，各区域“融合发展”，特色基地、产业园区“多点互动”的产业发展格局。为进一步做好“十三五”国家战略性新兴产业发展规划的承接工作，正在起草“天津市加快战略性新兴产业发展的实施方案。

推进体制机制改革。加快建设京津冀全面创新改革试验区，推动重大创新改革政策试验落地。建立风险补偿机制，明确包括知识产权质押贷款在内的风险补偿比例；设立天津金城银行，以民营企业与科技型中小企业为服务重点；出台开展中长期国际商业贷款管理办法，支持企业借用中长期国际商业贷款；“试点允许中外合作、中外合资企业设立自费出国留学中介机构”方面，天津自贸区出台相关认定与监管办法；在天津自由贸易试验区，外商投资人才中介机构股权比例可以实现不超过70%的控股。积极开展天津市特色试验，服务协同发展，扎实推进全市全面创新改革工作。编制完成《天津市系统推进全面创新改革试验工作方案》。

多举措综合施力培育战略性新兴产业。强化产业技术支撑——面向全市战略性新兴产业，围绕新一代信息技术、高端装备制造等重点领域，深入实施互联网跨界融合创新示范、新能源汽车、新材料、智能制造、机器人、新药创制、精准医疗等40余个科技重大专项与工程，开发出一批国内领先的基础研究与前沿技术。促进特色产业集聚——依托现有产业基础，优化创新资源布局，推动产业高端发展和特色集聚，通过实施物联网重大应用、云计算、新能源汽车、基因检测技术等应用示范工程，打造一批具有较强行业竞争力的特色产业集聚区和产业化基地，推动以高端装备制造、新能源、生物医药、节能环保、跨境电子商务等为代表的新兴业态快速发展。培育企业成为创新主体——推动科技型企业创新发展，组织实施领军企业培育重大项目，促进科技型企业裂变创新发展，积极推动科技型企业发展成为高新技术企业，加快推进领军企业创新联盟“511工程”，探索构建“领军企业+高校院所创新团队+科技型中小企业”模式。全市科技型企业累计达到8.8万家，规模超亿元科技型企业累计达到3900家，国家级高新技术企业累计达到3265家。规模超亿元的工业科技型企业产值占全市规模以上工业总产值的比重超过50%。搭建创新创业平台——与中科院签署“十三五”期间全面科技合作协议，清华大学高端装备研究院、中科智能识别技术研究院等在津设立协同创新平台，中科重离子科研中心、中科院电工所电气技术研究院等平台机构相继落户，在津国家级科研院所达到132家。打造京津冀协同创新共同体，天津滨海—中关村科技园、宝坻京津中关村科技城、未来科技城京津合作示范区等多个创新园区加快建设。聚焦专业化、高端化建设方向，打造众创空间升级版，全市建成并认定众创空间139个，孵化企业2000多家，带动就业6000多人，缴纳税收1600多万元。（李　晶）

信息技术

【电子信息领域年度科技进展简况】 2016年，天津市电子信息领域科技创新成绩突出。围绕集成电路、大数据与云计算、移动互联网等高技术和战略性新兴产业领域，通过重点研发计划、技术创新引导专项、创新平台等重大科技项目，促进天津市新一代信息技术产业创新能力不断增强。天津飞腾公司研制成功64位自主高性能CPU-FT2000芯片，可替代Intel服务器芯片。天津麒麟公司提供的“银河麒麟”国产操作系统，为长征七号首飞提供支撑。恒银金融公司研制的基于国密算法ATM核心模块让ATM机有了“中国芯”。唯捷创芯公司的射频芯片技术、天津国芯信息安全芯片均达到国际先进水平。2016年，曙光信息公司入选由国家九部委联合评选的首批创新企业百强工程试点企业（全国仅有9家），与台湾乔鼎资讯公司签订协议，双方在天津高新区共同开展存储产品的研发、销售与配套服务工作。58同城公司2016年销售收入近26亿元，比上年增长近225%。天地伟业数码公司进入2016年（第15届）中国软件业务收入前百家企业名单，形成以CPU为核心，操作系统、数据库、服务器配套发展，上下游应用为支撑的完整自主安全信息产业链，天津市成为全国第2个拥有完整自主安全信息产业链的城市。空间布局上，逐步形成以高新区、开发区为核心的产业聚集区，高新区重点聚焦核心硬件和基础软件，开发区侧重数据应用服务，聚集了超算中心、腾讯数据中心等一批数据应用服务企业。

（刘惠忠　华　强　李宏博）

【事件识别光电信息融合感知关键技术】 由天津大学、天津天地伟业数码科技有限公司联合完成，主要完成人：刘铁根、刘琨、戴林、江俊峰等，获2016年度天津市技术发明奖一等奖。在“973计划”、国家发改委和横向等项目资助下，开发事件识别光电信息融合感知关键技术，创新成果如下：①发明基于激光干涉相位调制和视频信号捕捉分析的事件定位融合感知技术，在光纤信号捕捉中，实现频域上一次性全程非线性相位补偿技术、空域上多点同时瑞利散射特征分析传感技术、时域上多算法融合优化偏振控制与先进定位技术、视频上高像素星光级采集技术，最长断点测试距离为170千米，事件感知定位误差为±20米，星光级视频采集最低照度达0.0021勒克斯。②发明基于干涉信号模式分析和星光级高清视频监控的事件识别融合感知技术，提出事件识别中的全相位神经网络模式分析技术、面向视频模式分析的高清视频高性能压缩算法和双向光流跟踪数字视频模式分析技术，动作模式平均识别率为85.75%。③发明基于光纤视频主动式混合的光电信息融合感知网络技术，提出光电信息融合中的主动式光纤视频混合联动传感网、可自愈异构拓扑光纤传感网设计、光纤传感网鲁棒性定量分析技术等关键技术。该项目获知识产权成果31项，其中授权国家发明专利22项，授权美国发明专利1项，登记软件著作权8项，发表相关论文28篇，其中SCI论文14篇。相关产品应用于克拉玛依市、西安市、福州市等城市的军用设施及平安城市、政法金融等工程项目建设。

(天津大学)

【基于深度计算的舒适立体显示技术与应用】 该项目由天津大学、郑州中原显示技术有限公司、宁波维真显示科技有限公司联合完成，主要完成人：侯春萍、雷建军、杨敬钰、李素梅、李超等，获2016年度天津市技术发明一等奖。立体显示在航空航天、军事国防、医疗教育等领域具有重大应用前景。因受双目视差显示原理的限制，现有设备存在立体视觉不舒适问题。在国家重大专项及“863计划”等项目的支持下，取得创新成果：①发现通过改变立体信息的像素排布方式高效合成立体信息的规律，发明一组能实现分辨率、视点和光栅倾斜角度自适应的立体信息显示处理方法和串扰消除方法，具有速度快、适应性强、应用面广的特点。②发明一组面向舒适立体显示的深度处理技术，揭示深度信息的自回归紧致表示机理，建立舒适度、零视差、深度范围的映射关系，实现边缘引导的渐进三边深度滤波，获得降质深度观测的高倍率深度重建，重建精度比斯坦福大学的技术提升达48%。③发明基于运动和结构相似性的编码技术，实现基于深度彩色联合聚类的深度视频帧内编码和基于像素级预测的深度视频帧间编码方法，提高了编码效率和传输速率，码率节省20%以上。④发明立体信息的多元非线性回归舒适度评价体系，实现双目图像的舒适度图匹配，揭示了主观被试数量的确定和异常数据剔除技术，获得符合人眼视觉特性的客观评价效果。该项目获授权国家发明专利33项，申请国际专利1项。牵头撰写并提交经国家标准委员会批准立项的国家标准草案2项。发表SCI论文10篇。项目成果在郑州中显、河南三阳、宁波维真等多家公司得到应用，截至2016年年底，创造直接经济效益1亿多元。 (天津大学)

【滨海新区高端制造数字化集成技术攻关应用】 由天津大学、天津汽车模具股份有限公司、北京理工大学、天津工业大学、天津市天发重型水电设备制造有限公司、天士力制药集团股份有限公司、天津市制造业信息化生产力促进中心、天津市亚安科技股份有限公司联合完成，主要完成人有郭伟、常世平、敬石开、李效革、常青等，获2016年度天津市科技进步二等奖。项目主要创新点：①提出定制化汽车模具数字化设计制造横-纵向集成技术体系，攻克面向整车设计的模具数字化设计同步工程技术、设计与工艺云服务技术，通过虚拟制造与过程监控及智能化补偿，实现模具生产过程无人化及产业链协同管理。②攻克面向水轮发电机的智能设计与制造服务集成关键技术，建立设计知识云服务平台，实现生产过程在线监测和质量追溯系统，构建水轮发电机生命周期制造服务管理平台。③构建具有特色的制造业信息化价值分析和技术方法体系，制订制造业信息化绩效评估国家标准，建立面向省市、行业、企业多层次制造业信息化数据知识服务平台。项目发表论文40篇，获软件著作权21项，申请专利39项，获授权专利8项，获批国家标准1项。示范企业（天津汽车模具股份有限公司、天发水电公司）累计新增销售收入45.16亿元，新增利润8.13亿元。项目完成新产品104项，商品化软件4项。服务企业2600家次，完成人才培训5.1万人次，拉动30家企业深化应用。

(天津大学)

【基于智能传感器的射频识别系统研制】 由中国人民解放军总后勤部军事交通运输研究所、北京烽火联拓科技有限公司、中国人民解放军军事交通学院合作完成，获2016年度天津市科技进步二等奖，主要完成人有罗五明、肖学福、谭振东、张革军、韩平阳等。研究有源射频标签及读写器系统集成智能传感器的核心技术及其在集装箱运输中的应用难题，开发具有自主知识产权的，集成感知温度、湿度、振动和防盗等功能的传感标签系统，填补国内射频识别与传感器集成融合的关键技术以及集装箱运输监控设备的空白，可满足集装箱运输状态监控、物资防盗及数据采集等多样性功能需求，提高集装箱运输服务质量和安全性。项目的主要特点为：①采用虚拟电子数据表对传感器基本属性进行自描述和机器识别，使标签中传感器类型、数量可随需而变，提高了传感标签系统中不同传感器即插即用和开环应用向后兼容的能力。②传感标签采用双控制器“U”型结构，解决将金属集装箱箱内状态数据无线外传的难题。③采用传感器配置模板，使单传感器可执行多个逻辑传感器功能，满足集装箱箱内数据采样的多样性需求。④研发的传感标签系统不仅能够实现有源射频识别标签的通用功能，而且还能够采样集装箱箱内物资的温湿度、振动等情况，监控箱门状态，并按照设定条件报警。北京烽火联拓科技有限公司近3年因该系统销售而直接产生的新增利润近300万元，新增税收90多万元。中邮科技北京终端设备分公司在邮政邮路货物运输管理系统中及志诚仁人（北京）科技有限公司在危险品运输管理系统中分别集成应用该传感标签系统，用于集装箱运输货物的状态监控/监管及箱内物资数据的快速采集。

（中国人民解放军总后勤部军事交通运输研究所）

【图形化编程的嵌入式实时工业控制系统通用开发平台】 由天津电气科学研究院有限公司完成，获2016年度天津市科技进步二等奖，主要完成人有许希、楚子林、杨建新等。其主要研究内容及特点：①基于具有国际先进水平的“运行前调度策略”的图形化软件集成开发环境TGCS，实现高效、便捷构建高性能实时工业控制系统，有效缩短并简化产品研发、设计的周期和流程。②研究并采用“运行前调度策略”，在业界首次将基于该策略的微处理器多任务实时操作系统内核技术应用于工业现场。③研发满足系统控制及生产工艺要求的500余种软件功能模块实现百余种专用控制算法，嵌入TGCS系统功能库，以图形化形式供用户调用。④研发高性能电控装置软硬件运行环境；硬件架构以DSP+FPGA+ARM为控制核心，实现高效实时控制；支持集中或分布式控制、远程监控与诊断、故障波形记录等功能。该项目填补国内在这一技术领域的空白，打破国外公司长期的技术封锁和市场垄断，成果具有完全自主知识产权，总体技术性能达到国际先进水平，是高端装备制造业研发、设计领域一项重要的共性关键技术项目，获得授权发明专利4项、实用新型专利6项、软件著作权3项，发表论文3篇。成果应用近3年，累计新增利润28474万元。

（天津电气科学研究院有限公司）

【针刺神经系统与反馈控制的电信号编码机制】 由天津大学完成，主要完成人有邓斌、王江、魏熙乐等，获2016年度高等学校科学研究优秀成果奖自然科学二等奖。主要成果为：①揭示针刺神经电信息的传导规律。设计针刺神经电生理实验，证明针刺神经电信号是具有典型非线性特征的混沌信号，可以用来区分不同手法，发现针刺作用降低全脑的同步性水平，增强人脑小世界网络特性。②建立针刺作用下神经元动态特性模型及具有生物物理特征的神经元网络模型，提出外界刺激调制神经元放电模式的非线性动力学研究方法，剖析神经元放电模式产生的本质特征，揭示针刺神经元放电的起始动力学机制和历史依存性特征及神经元网络的同步的针刺编码机制，实现针刺网络编码的预测。③将针刺信号等效为神经系统的外部刺激，研究其诱导的神经元和神经元网络的共振现象。对于施加弱低频信号的兴奋性神经系统而言，当神经元网络中存在适当强度的背景噪声（包括噪声和高频信号），会促使系统输出对输入信号的频率响应达到峰值，即产生随机共振现象或振动共振现象，从而揭示神经元网络的共振的针刺编码机制。④发现通过反馈控制改变神经元网络的编码机制。采用反馈控制思想研究刺激对神经系统的影响机制，实现神经元网络的同步和放电控制，推动针刺反馈通路的研究。采用外界找刺激和反馈控制等方法有效抑制神经元的同步化放电活动，且不改变神经元本身放电特征，不具有侵害性，适用于深度脑刺激技术。论文发表在*International Journal of Neural Systems*、*PloS One*、*Neurocomputing*等杂志，由多国学者在神经科学领域重要期刊上他引总次数为144次，该成果对于中医针刺和神经科学的发展具有重要的理论意义和应用价值。

（天津大学）

【信号汇聚设备SCS640】 该设备是一款用于光通信前级对SDH数据业务进行筛选汇聚的室内固定设备，由天津光电通信技术有限公司郝书宁、张晓峰、杨晓波等研制，获2016年度天津市科技进步三等奖。在专用领域实现对大量数据的监测，采用AdvancedTCA（ATCA）先进通讯计算机架构，能够为用户提供输入容量1.28太，输出容量320吉的SDH信号筛选。产品结构功能分为前级、中间级、后级三级，前级输入板可以满足VC4等级的交叉，中间级交叉板可以满足2.5吉通道的交叉，后级输出板可以满足VC4或VC12等级的交叉。通过这三级实现10吉、2.5吉、622兆、155兆、2兆粒度的筛选与重组。交叉交换系统架构采用T-S-T架构，基于FPGA实现SDH协议的解析，对于不同交叉容量需求就可以灵活配置，用户可以根据实际需求对接入容量及交叉容量进行定制。满足冲击振动、电磁兼容、环境温度、盐雾以及霉菌等方面的严酷要求，对用户的信息安全工作起到保障作用。信号汇聚设备SCS640在专业监控领域主要应用于SDH光传输网业务信号的分类与汇聚，主要实现从链路层筛选并汇聚输出SDH光网络中相同业务的信号。信号汇聚设备填补国内在三级交叉技术上的空白，能够满足专用用户的具体需求，成果转化程度高，具有国内先进水平。该设备获国家发明专利授权1项。

（张春覃）

【铁路危险化学品运输智能监控物联网系统】 由天津光电高斯通信工程技术股份有限公司、天津商业大学合作完成，获2016年度天津市科技进步三等奖，主要完成人有韩建枫、俞大海、张勇、尉斌等。针对轨道交通上高速运行的危险品车辆，综合采用"物联网技术""标定工艺""模式识别""报警模型"等技术手段，给出完整的监控解决方案。其主要内容是：①利用部署在铁轨两侧和轨道上的传感设备，动态采集车速5千米/小时～160千米/小时变速行驶的列车的基础信息，包括车号、车速、车种、车型、线阵高清图片、视频、车轮热像、音频、环境温度等数据。②利用专用的标定技术及工艺过程，对图片和视频进行定量标定，对于线阵CCD图像，精度可达2毫米/像素精度。沿列车运动方向误差小于2%，垂直列车运动方向误差小于0.5%。③针对采集的基础数据，运用模式识别技术和算法，自动执行图像优化、车盖判断、车门车窗判断、烟雾判断、热轮判断、尾管儿判断等。④根据发现的问题，依据铁路"报警"规则，进行自动"预警"和相应的处理作业。项目成果包括物联设备的建设方案、标定软件、模式识别和优化算法、MIS管理软件、企业级图像质量标准各一套。该系统在一系列重点线的100多个核心站（既有南北跨度，也有东西纵深）和区域交通节点站上安装部署。

（天津光电高斯通信工程技术股份有限公司）

【分布式传感器阵列同步采集与传输系统】 由天津中德应用技术大学完成，获2016年度天津市科技进步三等奖，主要完成人有张志利、张兴会、郭卉等。重点研究海洋地震勘探仪高分辨率信息采集技术、远程可控逐级上电系统、传感器节点时间同步技术、链式传输技术、高速信号远距离传输技术和传感器节点地址自动分配技术。其主要研究成果有：①系统采集容量大于等于960组传感器。②传感器分布及传输距离为12千米。③分段采集传输时，单段距离大于300米。④所有分段传可以互换，没有头板和尾板之分。⑤具备逐级可控上电功能。⑥采集同步误差小于100微秒（全系统，40个采集包状况下）。⑦采集板采样频率可选、采样分辨率为24位。⑧采集板具有自检功能，包括通道一致性、串扰、噪音、直流偏移、谐波畸变。⑨每个采集传输系统的电压、电流、温度和内部压力须上传至数据记录系统。项目成果应用于天津市远海声学仪器有限公司所承担的各类科研项目和自主生产的小型海洋地震勘探系统。该项目打破国外对中国的技术封锁，配合天津市远海声学仪器有限公司的拖缆制造技术，具备研制大型海洋地震勘探系统的条件。

（天津中德应用技术大学）

【基于北斗地基增强的天津市三维测绘基准体系研究与建设】 由天津市勘察院、星际空间（天津）科技发展有限公司合作完成，获2016年度天津市科技进步三等奖，主要完成人有黄恩兴、王珍、马强、丁乐乐等。在天津市域范围内建立与现代信息化测绘体系相适应的高精度、三维、动态、地心、实用的现代测绘基准体系。该系统主要研究工作是：①布设天津全市域海陆统一的高精度GPS控制网。②完善天津市高程控制网，布设形成环线均匀、密度适宜的二等水准网。③统一天津市坐标系统基准，确定天津市各坐标系统之间的转换参数。④建立1厘米级精度天津市似大地水准面模型。⑤采用北斗和GPS双系统并行方案建立天津市北斗地基增强系统，完全兼容中国北斗、美国GPS、俄罗斯GLONASS三大卫星系统。⑥研究开发天津卫星精密定位综合服务平台，能在有效监管的前提下为天津全市测绘地理信息用户提供优质的、人性化、精细化的现代测绘基准服务。基于北斗地基增强的天津市三维测绘基准体系面向需要厘米级高精度位置服务的国土、规划、城市管理等领域，也可以向交通运输车辆导航用户提供亚米级定位精度。项目应用于天津市农村宅基地确权登记发证项目和天津市高标准基本农田测绘项目等。

（天津市勘察院）

【智能终端安全通信服务软件研发及产业化】 由天津光电安辰信息技术有限公司完成，获2016年度天津市科技进步三等奖，主要完成人有吕前进、胡双喜、梁友仁等。将移动互联网、通信技术和密码学技术相结合，通过研究与验证关键安全技术，确保网络的可认证性、数据的完整性和保密性、通信的安全性，完成统一签名身份认证、安全访问控制和数据加解密功能，从而实现智能终端的端到服务器和端到端的安全通信，实现对于个人隐私和企业数据通信安全的有效保护。项目的主要特点：①采用软硬件结合与基于硬件的国密算法的机制，实现端到端的安全通信应用，提升移动数据通信安全等级。②用户无须更换智能终端即可实现语音通话、短信、通信记录存储、即时消息、电子邮件和云存储等加密功能。③采用PKI强身份认证和密文反馈机制，实现通信加密系统的安全、自主、可控的闭环。④可兼容主流智能终端操作系统，具有高安全、低耦合、易操作等特点。该成果面向运营商、企业、军队、公安等行业应用推广。与中国移动集团达成合作，支撑中国移动面向政企客户提供加密通信服务；与华为公司终端事业部和解决方案事业分别达成战略合作，共同拓展国内外市场；以中标军方某部加密项目，为军方定制开发加密XX系统；与公安部达成合作意向，正在进行通信加密安全产品测试，在两省公安进行推广试用。

（天津光电安辰信息技术有限公司）

【遥感集市云服务平台开发与应用】 由中科遥感科技集团有限公司完成，获2016年度天津市科技进步三等奖，主要完成人有黄瑶、严新宝、张彩霞等。将遥感空间信息技术与云计算技术有效结合，针对“多租户资源精确监控和效用分析”“面向多尺度多时相多模式数据的高效管理、资源共享和交互处理”“基于虚拟资源的数据、软件和计算资源按需调度、动态分配和平台服务”等关键技术问题展开研发，形成多租户资源精确监控和效用分析、面向空间数据的分布式云存储、基于websocket的远程会商和协同标会、基于移动端的信息实时发布和轨迹跟踪、虚拟化和动态资源调度等技术方案，并在技术突破的基础上形成遥感集市云服务平台和遥感云信、遥感云书、遥感云盒、遥感云屏、遥感云车等终端产品，形成产业化、大众化遥感空间信息应用推广基础。截至2016年年底，该项目累计注册用户上万人，遥感集市微信公众号关注量达12000人，平台聚集行业内提供数据、软件及数据处理服务的企业入驻超过20家，平台及终端产品服务客户20余家，平台获媒体专题报道10余次，网络及其他媒体转载98次。平台累计为企业创收8000万元。还通过平台线上资源，开展大学生创新创业项目支持，对接重点孵化项目7个。

（中科遥感科技集团有限公司）

【天津市集成电路行业年度简况】 截至2016年年底，天津市从事集成电路产业的企业达到109家，其中设计企业90家、芯片加工制造企业3家、封装测试企业9家、材料装备等企业7家。2016年，新增企业3家，全部为集成电路设计企业。2016年，天津市集成电路行业销售额为148.42亿元，同比增加11.05亿元。其中，集成电路三业为127.67亿元，同比增加10.13亿元。材料装备等支撑企业为25.00亿元，同比增加5.17亿元。天津市集成电路产业结构逐步走向智力密集型的设计业、资产和技术密集型的制造业、劳动技术密集型的封测业三业并举，支撑配套业和应用产业链共同发展相对完整的产业链格局。2016年天津市集成电路产业研发投入总额10.51万元，占天津市集成电路产业销售总额的7.08%。2016年，天津市集成电路行业从业人员总数9091人，其中本科以上人员占49.06%。滨海新区《天津市滨海新区加快发展集成电路设计产业的意见》政策兑现：2016年度唯捷创芯（天津）电子技术有限公司、恩智浦强芯（天津）集成电路设计有限公司等16家设计企业通过滨海新区集成电路企业认定，共计获得2428万元政策兑现。

（王瑞霞）

【飞腾FT-2000/64高端CPU】 天津飞腾信息技术有限公司是一家中国芯片设计企业，由中国电子信息产业集团和滨海新区政府联合投资成立，总部位于天津滨海高新技术产业开发区。飞腾公司主打产品是FT-1500A系列CPU芯片（包括4核和16核两种规格），主要应用于服务器、桌面终端等领域。2016年推出的新品飞腾FT-2000/64，属FT-2000系列CPU中面向高性能计算（HPC）和高端服务器应用的产品。它标志着中国全面掌握具有自主知识产权的高性能微处理器芯片设计的核心关键技术，中国国产高端芯片开始具备大批量产业化应用的能力，打破国外品牌几十年来对这一领域的垄断。该品在2016年的Hotchips-28大会上发布，它采用28纳米工艺流片，核心频率2.0吉赫兹，实测使用功耗100瓦。全芯片集成48亿晶体管，峰值浮点运算性能达到每秒5120亿次，性能上达到国际先进水平。国产操作系统和国产软件产品完成FT-2000/64平台上的全面适配工作。其在国内信息系统以及金融、电信、能源等关键行业应用系统中，可部分实现对英特尔“至强”芯片的替代，为国家信息安全提供保证。

（王瑞霞）

【双频Wi-Fi（2.4/5G）芯片ACC1340】 安普德（天津）科技股份有限公司是一家从事集成电路设计的高新技术企业，专注于流媒体播放、虚拟现实、无人机、运动相机、车联网、工业控制、智能家居等无线互联市场产品的开发，致力于打造中国自主生产的安全、可靠、可控、稳定的无线通信芯片。其客户遍及全球，合作伙伴包括思科、瑞萨、亚马逊、苹果、意法半导体等世界知名企业。公司自主研发的新品双频Wi-Fi（2.4/5G）芯片ACC1340（世界上仅有美国高通、博通等国际知名公司掌握该项技术）填补国内高速、低耗、双，频Wi-Fi芯片的空白，产品性能处于世界领先水平。2016年，该产品被天津市科学技术委员会认定为“天津市重点新产品”。

（王瑞霞）

自动化与精密测控技术

【混合式光纤传感技术及其在工程安全监测领域中的应用】 由天津大学和北京品傲光电科技有限公司联合完成，主要完成人：刘铁根、江俊峰、刘琨、孟凡勇等，获2016年度国家技术发明奖二等奖。在国家自然科学基金、“973计划”和“863计划”等项目支持下，取得创新成果有：①发明高精度、高稳定混合式光纤传感解调技术：提出波长非线性实时标定、波长—强度转化和色散补偿低相干干涉解调技术，解决解调方法单一、长期漂移和响应速度慢的难点问题，提高了解调稳定性，光程解调精度提高30%。②发明恶劣环境下高可靠性光纤多传感器封装技术：开发键合封装、表面金属化光纤CO_2激光焊接封装等高可靠性多种封装技术，研制混合式光纤传感器系列，解决光纤传感器交叉敏感和老化失效问题，满足工程适用性要求。③发明多波段混叠式光纤多气体传感技术：提出将气室和有源光纤混合集成为光纤行波谐振环腔增加气体有效吸收距离，提出波长复合调制解调方法和多增益波段混叠扩展方法，解决传感灵敏度低和多气体难于同时检测的难题。④发明混合式光纤传感组网融合技术：提出基于自愈拓扑结构和加权平均鲁棒性模型的混合式光纤传感组网融合技术，解决传感信号智能分析、判断和实时传输等多点组网监测问题，为电力、石化火灾预警等领域应用奠定基础。项目获授权发明专利56项，其中美国专利3项，获软件著作权10项。制定国家军用标准1项。获省部级一等奖2项，中国仪器仪表学会一等奖1项，中国发明专利优秀奖1项。获产品测试认证38项。该技术近10年应用到28项国家航空航天试验及重大关键基础设施工程安全监测上，在全国电力和石化行业分立式光纤传感国内市场占有率超过30%，近3年取得直接经济效益2.57亿元。对唐钢变电站开关柜等多起安全异常进行预警，成功解决航天领域真空热环境下的水升华器故障监测难题。

（天津大学）

【高转矩密度永磁电机系统设计与控制技术及其应用】 由天津工业大学、浙江大学、天津大学、天津华云自控股份有限公司合作完成，获2016年度天津市科技进步一等奖，主要完成人有夏长亮、沈建新、谷鑫、王斯贤、潘运军、黄进等。围绕国家重大需求，对永磁电机系统关键技术进行深入研究，提出具有自主知识产权的高转矩密度电机系统设计与控制技术。主要创新如下：①建立体积受限条件下含定子斜槽的永磁电机空间磁场解析模型，提出计及齿槽效应的电机多工作点定转子磁路结构优化设计方法，有效提升高转矩密度永磁电机的运行效率。②建立含非线性摩擦力矩的电机系统动态模型，构建弱磁过调制算法对电流谐波的影响机制，提出宽速域转速平滑控制方法，有效拓宽高转矩密度永磁电机系统的平滑调速范围。③建立非理想因素对系统性能的映射关系，构建变流器虚拟矢量对电机系统输出转矩和定子磁链的调控机制，提出动态转矩快速调节和转矩波动抑制方法，显著提升了高转矩密度永磁电机系统的转矩动态响应速度和稳态精度。该研究成果具有原创性，总体上处于国际先进水平，其中宽速域转速平滑控制方法、动态转矩快速调节与转矩波动抑制方法居国际领先水平。项目成果在石油开采、交通运输等领域得到广泛应用。获授权发明专利12项，实用新型专利18项；发表SCI/EI收录论文80篇；培养该领域“万人计划”科技创新领军人才、“973计划”首席科学家1人，英国工程技术学会会士（IET Fellow）2人，青年教师10人，博士生15人，硕士生30人。

（天津工业大学）

【智能变电站的理论、方法与工程应用】 由天津理工大学、天津市海天量子科技发展有限公司、天津瑞能电气有限公司完成，获2016年度天津市科技进步一等奖，主要完成人有周雪松、刘昆、马幼捷、侯立军、高志强等。主要研究内容：①云计算技术的理论和应用。通过对智能化设备的信息描述与访问及详细的定义和规范，形成标准的通信规约平台，实现设备之间的无缝链接，具有很强的互操作性，便于管理、维护和更新，减少投运时间，提高工作效率。②大数据技术的理论和应用。通过监控系统的数据，对变电站的运行情况进行分析，主要包括电量、电能质量、故障统计、有序用电分析等内容，从而确定变电站运行存在的问题，为用户提供优化的解决方案。③智能监控系统的理论和应用。通过先进的传感设备和智能仪表对变电站的数据进行采集，并通过网络通信技术将其传输到智能监控平台上，从而实现对变电站的实时监控。项目成果有用户121家，包括天津石化公司、天津瑞能公司、天津海天量子公司、天津清能公司、北京德兰普科公司等知名企业，得到广泛好评。截至2016年年底，直接经济效益超过32亿元。该项目获授权的发明专利15项，发表高水平论文12篇，其中SCI收录论文8篇、EI收录论文4篇。

（天津理工大学）

【燃煤电厂气力输送关键参数自动监测系统】 由天津大学、北京华电天仁电力控制技术有限公司、天津国电津能热电有限公司、国电电力大同发电有限责任公司联合完成，主要完成人：王超、崔自强、王化祥、廖路、杜岩等，获2016年度天津市科技进步二等奖。该项目突破炉前供粉和炉后排灰环节中关键参数测量的技术瓶颈，取得创新成果：①针对煤粉速度传感器易磨损和难以测量分布参数问题，首次研制基于多截面、圆弧/环形电极阵列静电传感器，提出相关测速参数的优选准则，保证测速精度，提出相关聚焦区域速度测量方法，实现颗粒速度分布的测量。测速精度达到1%，实现热态风粉调平，填补行业空白。②针对煤粉浓度难以可靠测量问题，首次发现静电波动信号经Hilbert-Huang变换后，IMF3对固相浓度具有显著的表征能力，并提出一种浓度测量方法；实现煤粉输送速度和相对浓度的同时

高新技术及产业化

测量，经天津市计量监督检测科学研究院检测，质量流量测量精度达到8%。③提出一种差分式ECT传感器和非线性滤波去噪的数字相敏解调方法，解决强噪声背景下电容信号准确提取问题，系统信噪比提高12分贝。研制气力输送参数可视化系统，填补了粉煤灰气力输送监测系统的国内外空白。该成果取得自主知识产权12项，其中，授权发明专利11项，软件著作权1项；SCI/EI收录论文77篇，出版学术专著1部。研制的系统在燃煤电厂应用284套，近3年为企业累计新增利润4324.8万元，为燃煤锅炉安全、高效运行提供技术支撑。（天津大学）

【电力变压器铁心磁致伸缩力与振动噪声问题研究】 由天津工业大学、河北工业大学、天津市特变电工变压器有限公司合作完成，完成人有杨庆新、祝丽花、闫荣格、陈杰、李永建等，获2016年度天津市科技进步二等奖。首次提出采用柔性高磁导率软磁复合材料填充变压器搭迭间隙的方法对电磁噪声进行降噪，即采用疏导的方法降低铁心磁致伸缩引起的振动噪声，为电力变压器产品提供了新的降噪方法，降噪效果显著；研究计算变压器主体结构的振动模态，为避开变压器激磁频率与各结构引起共振提供依据，减少振动能量向声能的转化，有利于变压器产品整体结构的设计和生产；研究交流电机考虑磁致伸缩效应时铁心的电磁振动磁—应力分布，磁致伸缩对交流电机铁心振动具有一定的影响，提出设计生产更低噪声电机产品需要考虑磁致伸缩效应并为降低电磁振动提供新的途径，进一步对叠片铁心的磁化特性和振动一体化测量系统进行开发应用。通过分析叠片铁心电磁振动的理论基础，为变压器的设计和降噪提供技术支撑。项目成果在天津、河北、北京、辽宁等多省区市推广应用，有效降低电力变压器振动噪声水平，有效解决考虑磁致伸缩电力变压器产品含复杂结构的电场、磁场、机械应力和声场的多物理耦合模拟问题。（郭建辉）

【车辆电动助力转向控制器关键技术及工程化开发】 由天津工业大学、天津德科汽车部件有限公司、天津清源电动车辆有限责任公司合作承担，完成人有汪剑鸣、袁臣虎、段晓杰、王豪、窦汝振等，获2016年度天津市科技进步二等奖。开发具有自主知识产权的车辆电动助力转向（简称EPS）关键技术，主要针对面向低端车辆的直流电机电动助力转向系统和面向中高端车辆的永磁同步电机电动助力转向系统的关键技术及工程化开发开展研究。内容主要包括：①整车动力学建模、转向系统建模、轮胎建模以及助力电机数学建模，利用建立的模型对EPS控制策略进行仿真。②研究适合于EPS的电机控制策略。③EPS控制策略，包括助力控制、回正控制等。④EPS控制器工程化设计，包括全防水结构设计、防震结构设计、高低温结构设计等。⑤完成EPS控制器的性能试验、可靠性及耐环境能力试验、跑车实验等。该项目对国内电动汽车产业乃至汽车工业的健康发展具有十分积极的意义，其研究成果在天津德科汽车部件有限责任公司、天津清源电动车辆有限责任公司等多家公司产品中应用，先后开发警用车的助力转向器、巡逻车的助力转向器等多种型号产品，远销美国、欧洲等多个国家。（郭建辉）

【新型海上测风塔设计与施工关键技术】 由天津大学前沿技术研究院、江苏道达海上风电工程科技有限公司合作完成，获2016年度天津市科技进步二等奖，主要完成人有张浦阳、丁红岩、王海军、李爱东等。该成果主要技术内容：①提出新型测风塔架—浮体结构—吸力式裙板基础结构为一体的海上测风塔组合结构体系，揭示该组合结构体系的传力特性及受力机理，建立测风周期内各种不利地基条件变化影响下的地基承载力和稳定性评价方法，完成工程应用的标准化产品设计。②提出一体化新型海上测风塔结构“浮运—下沉—调平”成套施工安装技术。基于不同海况、系缆点位置、拖缆长度、拖航速度等相关影响因素，提出浮运拖航过程安全性态调节模式；通过浮箱内部优化分舱结构，提出一体化测风塔结构馈控压载控制及自主下沉快速安装施工技术；在裙板基础优化分布设计的基础上，提出一体化测风塔整体结构调平控制技术及加固方法。

③提出一体化新型海上测风塔结构测风周期结束后“零残余”迁移回收技术。基于一体化新型海上测风塔整体结构体系海床起浮稳性变化控制，提出浮箱气水置换技术及稳性调节回收施工方法。新型海上测风塔设计与施工关键技术涵盖设计、建造、浮运、安装、回收等系列成套专有技术，拥有4项国家发明专利，国内外均未发现与该项目技术特征完全相同的文献报道。项目成果应用于江苏启东、大丰、灌云、如东、射阳、海南文昌等八个海上风电场的测风工程，测风塔运行效果良好，并实现了成功回收、重复利用。

（天津大学前沿技术研究院）

【低压断路器瞬动校验与试验设备的研发与应用】 由河北工业大学、天津市百利电气有限公司、苏州电器科学研究院股份有限公司合作完成，获2016年度天津市科技进步三等奖，主要完成人有杜太行、梁燕、孙曙光、王铁镰、江春冬等。通过对塑壳断路器瞬动校验技术的深入研究，开发研制计算机控制与检测的瞬动保护可靠性试验与校验设备，提高设备控制与检测精度，降低设备成本。其主要研究内容：①阐述分析校验电流误差机理、误差分解以及电流评价方法。②研究基于希尔伯特变换的选相合闸技术，提出希尔伯特变换计算周期信号初始相位，实现选项合闸的方法。③设计实现广义闭环的校验电流神经网络控制方法。④研制计算机控制与检测的塑壳断路器瞬动调试装置，提高设备的试验能力，增加设备的通用性，同时提高设备检测与控制精度。针对校验电流误差产生原因和分解方法，采用基于希尔伯特变换的选相合闸技术、广义闭环神经网络控制技术研制瞬动校验试验设备，是一项集应用基础研究、应用研究、成果转化为一体的科研项目。除完成单位外，项目成果在行业其他单位的应用中亦取得显著效益。

（河北工业大学）

【大电流热式单相断路器】 由天津航空机电有限公司完成，获2016年度天津市科技进步三等奖，主要完成人有王民强、郑树展、张彬等。该断路器采用双金属热脱扣原理，双金属是由高膨胀系数和低膨胀系数金属组成的，当双金属通过电流产生的热量使双金属变形，当达到阈值时产品脱扣，切断电路，实现产品的过载保护及短路保护的功能，达到自动保护的目的。它也可以采用手动接通和断开电路，实现控制电路的功能。产品能用于直流28伏和交流115伏，400赫兹的配电系统中。50安以上断路器由于发热量大而使产品稳定性下降，研制困难。通过合理选择双金属片材料，并结合使用分流结构，降低产品发热量，研制出稳定、可靠的大电流断路器。DDB-AA系列单相断路器的规格为50安~100安，DDB-AB系列单相断路器在DDB-AA系列单相断路器基础上增加分流通路结构，使电流规格扩大到125安~200安。该产品填补国内大电流热式单相断路器的空白，满足国内各类飞机的需求，成功用于国内多个型号的运输机、歼击机和预警机，运行稳定可靠，产品达到国内领先水平。

（天津航空机电有限公司）

【多波段混叠式内腔气体传感系统及传感方法】 由天津大学完成，主要发明人有刘琨、刘铁根、江俊峰等，2016年获第十八届中国专利优秀奖。其原创性体现在：①提出一种基于多波段混叠式结构的内腔气体传感系统，其特征在于该系统包括激光谐振内腔部分、气体传感部分和探测解调部分；通过增加光分束器及光合束器的端口数量、增益通路、光探测器以及数据采集模块的模拟输入端口的数量，能够有效实现系统扩展。实施结果表明，以掺铒光纤、掺镱光纤为例，该系统能有效实现多个波段的混叠，且系统覆盖波长范围恰好等于掺铒光纤和掺镱光纤增益波段之和。②提出基于多波段混叠式结构内腔气体传感系统进行气体种类和浓度传感的方法，利用光分束器实现两个波段气体吸收光谱的分别采集，利用气体的吸收波长确定气体种类，利用气体吸收光谱的光强衰减程度反演计算被测气体的浓度同时实现多种气体的区分识别与浓度传感。该技术在南京昕康科技有限公司、天津市磐石基业科技有限公司、天津视憬科技有限公司等多家企业进行成果转化，生产多款气体传感设备及系统。产品的性能与现有技术相比具有良好的精度，同一系统可测气体种类大幅提高，极大地扩展了系统的适用性。相关产品广泛应用于国防、天然气管道、家具、科研、教学仪器等诸多领域。专利实施以来，生产相关设备及系统711台（套），新增销售额16719万元，新增利润5612万元。基于该专利技术，制订国家军用标准一项并发布实施。

（天津大学）

【国产罗经鸟、声学鸟研究与应用】 由中海油田服务股份有限公司完成，获2016年度天津市科技进步三等奖，主要完成人有曾翔、阮福明、曹占全等。该系统包括拖缆定位与控制室内系统（鸟控系统）、罗经鸟（罗经鸟）、声学定位控制器（声学鸟）和拖缆水平控制器（水平鸟）。罗经鸟是利用内部安装的传感器对电缆深度、航向进行实时监测，然后通过微处理器控制水压膜平衡机构来实现深度自动调节的设备。声学鸟挂载于地震拖缆外部，受系统显控软件的配置管理、控制，完成测距任务。二者结合，形成一套拖缆定位与控制系统。"海燕"罗经鸟、声学鸟属于国内首创，具有自主知识产权，并打破国外设备的技术垄断，各项技术指标达到国际先进水平。其中作业深度达到100米以上，突破进口水鸟作业深度只有30米的限制，为各种勘探新方法的应用创造了条件。有200多只"海燕"罗经鸟、声学鸟应用于海上地震勘探作业中，近3年创造产值5300万元,新增利润500多万元,新增税收120多万元，节支700多万元。

（中海油田服务股份有限公司）

【新一代铁道控制板卡TD-LTE单元板卡】 由天津通广集团振通电子有限公司独立承担，于2016年完成功能样机研制，主要完成人有刘扬飏、杨洋等。TD-LTE单元板卡是铁路电台的配套产品，可适应多方面使用需求：①可满足铁路电台所处的恶劣环境需求，可靠性高，产品性能好。②搭载华为的专网模块，可以访问专有网络，提供强大的数据上传与下载和语音信息传输的通道。③搭载专业的声音信号编解码器，可以分别将微弱的声音信号编码成PCM码，或者将PCM语音码解码并放大至245毫伏，信号质量良好，信噪比高。④当搭载不同的模块时，可以访问不同的网络，适应性良好，满足不同用户的需求。⑤采用通用板型结构，满足现有需求，更能适应未来的扩展。⑥软件采用精简的安卓操作系统，启动速度快，可以引导指定App自动运行。该板卡具有较强的环境适应能力。可以满足较为恶劣的高低温工作环境，具有较大的储存空间和连接以太网的能力，方便用户使用的同时，也方便未来系统的远程升级。

（刘扬飏　杨　洋）

【新型国产自主可控节点管理器】 该项目是适应国家某部原节点管理设备国产化升级改造需要和使用要求，由天津通广集团振通电子有限公司、天津飞腾信息技术有限公司、天津麒麟信息技术有限公司等共同研制的，于2016年12月完成（其中天津通广集团振通电子有限公司为项目硬件平台和整机研制单位），主要完成人有杨旭东、史莅全、陈真等。人机交互主板采用标准CPCI结构板型，整机结构采用标准ART机箱形式。它基于国产多核处理器与国产操作系统研制，整机综合功能性能得到大幅提升，核心基础自主可控。它具有千兆网口、RS232串口、HDMI、VGA、USB、耳机和麦克等标准内外部接口和良好的功能扩展性。完成两套样机的研制，样机可满足车载、火箭、航空航天等特殊使用环境下节点管理、系统控制业务设备的国产化升级改造需求和使用要求，其应用广泛，开发灵活，市场潜力巨大。　（杨旭东　史莅全）

【车载供电系统智能控制终端】 由天津通广集团振通电子有限公司和大连华录智达科技有限公司共同完成，其中天津通广集团振通电子有限公司负责产品硬件平台和系统软件平台的研制工作。主要完成人有陈真、杨旭东等，2016年年底完成功能样机的研制。车载供电系统智能控制终端软硬件平台，可同时对8路车载供电线路进行实时的电流及电压检测，单路电流分辨率可低于2%。能够与车载机进行车载供电系统的运行状态进行通信，实时向车载机上报每路负载的电流与电压等耗电情况。可在负载发生短路情况时，能够快速的切断相应通路的电源输出，且不影响到其他通道负载，负载短路的响应时间小于1毫秒。单条通路最大允许电流可以软件动态配置。该硬件平台能够存储不少于200条的故障信息记录，包括故障类型、故障时间等，且车载机可通过通信接口查询故障信息。车载供电系统智能控制终端具有较强的环境适应能力，具有防水、防尘、防震等功能，适用于多种安装环境。其体积小、重量轻、响应速度快，可以快速及时地对车载供电系统进行控制，能够满足多种类型车辆对车载供电系统的控制。

（陈　真　杨旭东）

【新型电台控制单元改造设备】 由天津通广集团振通电子有限公司、天津七一二通信广播股份有限公司通信部设计所、北京华龙通科技有限公司等合作于2016年12月完成（其中天津通广集团振通电子有限公司为项目人机交互板研制单位），主要完成人有杨旭东、杨洋、刘扬飏等。基于原手持台设备进行共同研制，采用新型国产多核处理器，芯片整体分为AP、CP和顶层3个部分。其中AP为应用处理单元，CP为通信处理单元，顶层主要包括DDR子系统、音频处理子系统、COM-APB子系统和Debug子系统几部分。音频子系统中，采用一个独立的DSP，用于处理话音的运算，同时完成DDR相关控制等操作。采用安卓操作系统，具有3.2英寸显示屏，支持电容触摸和按键操作，使用便捷，能够完成电台面板控制功能，集成北斗双模模块，可加载北斗定位导航软件，支持安卓平台应用软件开发。用于部队指战员随身携带或车载设备，可统一承载数据、话音、视频、定位等综合业务，为作战指挥、态势显示等应用软件系统提供通用信息处理平台。该项目具有较强的环境适应能力和较高续航能力，适用于移动使用环境，应用广泛，开发灵活，市场潜力巨大。

（杨　洋　刘扬飏）

现代化工技术

【乙烯急冷系统大型化关键技术与应用】 由天津大学、中国石油化工股份有限公司镇海炼化分公司、中国石化工程建设有限公司、北洋国家精馏技术工程发展有限公司联合完成，主要完成人：李鑫钢、周纪军、张吕鸿、雷正香、杨娜等，获2016年度天津市科技进步奖一等奖。乙烯装置中的急冷系统进料组分复杂、处理量大并含有大量聚合物，同时大型化发展带来设备变形、气液分布不均、易堵塞等问题，常成为制约乙烯装置节能降耗以及长期稳定运转的瓶颈。针对这些问题，取得的创新成果：①建立基于二次油真组分的乙烯急冷系统热力学模型和计算方法，实现乙烯急冷系统流程的精准模拟。②建立计算流体力学、结构力学与三维可视化相结合的大型乙烯急冷系统设计新方法。③研发低液面梯度低压降组合固阀塔盘、导向固舌孔人字板、带防旋板的双切向斜切缩径气液固分布器等关键技术，实现大型塔器中气液均匀分布、低压降、抗堵塞和微变形控制，解决大型乙烯装置急冷系统的放大效应，实现设备的高效长周期运行。该项目申请10项中国专利，其中发明专利9项，获得授权发明专利7项，授权实用新型1项，发表论文10篇。研究成果成功应用于镇海炼化100万吨/年乙烯装置中，建成国内成功运行最大直径塔板型汽油分馏塔（直径13.2米），各项技术指标均达到或超过设计要求，节省中压蒸汽40吨/小时，急冷系统压差降低48%，提高了目的产品收率，取得1.3亿元/年的经济效益，形成具有自主知识产权的大型乙烯装置急冷系统国产化关键技术品牌。

（天津大学）

【一种室温无机相变材料的制备方法】 该专利由天津科技大学邓天龙、高道林、郭亚飞等研发，获2016年天津市专利优秀奖。通过建立浓电解质溶液化学模型指导相变材料筛选、过冷度的调控以及无机水合物相变材料的制备均具有原创性。专利中相平衡化学模型和相图理论可为挖掘其他优质无机盐相变材料提供理论借鉴，改性剂和成核剂体系的选取及其相变温度调控方法可为开发其他相变储能材料提供示范。主要创新成果：①在建立的浓电解质溶液化学模型基础上，推动水盐体系相图理论创新。2012年～2016年，发明人出版中文论著2部、英文著作2部，系统性发表创新性SCI论文。通过热力学模型预测出大量多温多组分熔盐水合物相图，再辅以必要的实验相图测试工作验证理论预测的正确性，成功预测计算和挖掘钙镁水合物相平衡与相变关系，为其他无机水合物相变材料研发提供理论依据和技术支撑。②无机相变材料主要具有较大的熔解热、良好的导热性而不断受到青睐，但其致命缺点是过冷度大，易于发生相分离。该专利针对六水氯化钙相变温度过高（29.9℃）、过冷度极大（达±20℃）的问题，结合理论预测筛选结果，通过晶体结构和相转化技术，引入水氯镁石的改性剂和少量无毒无害的氯化锶或硼砂成核剂，同时实现相变组成变化达到调节相变材料的相变温度，且过冷度≤1.5℃，优于该领域公认的相变温度波动≤3.0℃，可为解决相变过冷问题提供可借鉴的思路和技术支撑。

（天津科技大学）

【抗血栓药物硫酸氢氯吡格雷绿色关键技术及产业化】由天津大学、天津药物研究院有限公司、深圳信立泰药业股份有限公司联合完成，主要完成人为龚俊波、王静康、黄汉忠、叶澄海、谭端明等，获2016年度天津市科技进步一等奖。针对抗血栓药物硫酸氢氯吡格雷生产中存在的晶型不稳定、环境污染大、杂质含量高、制剂工艺复杂等共性难题，开展产学研合作。取得创新成果如下：①实现I晶型硫酸氢氯吡格雷的稳定规模化制备，解决结晶过程中易成胶、易转晶、制备条件苛刻等产业化难题，晶型纯度100%，结晶收率提高10%以上。②开发光催化溴代绿色合成工艺，反应时间缩短1/3，产物纯度超过99%；开发结晶诱导手性不对称转化技术，单程收率提高35%以上，手性杂质含量处于国内外同类产品最低水平。③首创I晶型硫酸氢氯吡格雷干法制粒技术，解决制剂过程杂质含量激增和晶型转化的国际难题；发明I晶型硫酸氢氯吡格雷球形结晶专利技术并首创球晶粉末直压制剂工艺，率先通过欧盟GMP认证，打入欧洲主流规范市场。与原工艺技术相比，该项目缩短生产周期1/3，单位产品能耗节约40%，物耗降低22%，“三废”减排30%。项目申请发明专利14项，其中国际专利2项，获授权7项，获中国专利金奖1项；主持制订国家标准2项，发表高水平论文14篇。项目产品“泰嘉”首创符合东亚人群的25毫克规格制剂，近3年累计销售收入71.30亿元，新增利润24.65亿元，新增税收8.42亿元，创收外汇236.99万美元。产品进入全国1万余家医院，以年均65%的国内销量市场占有率打破原研进口药对中国的垄断。（天津大学）

【光电催化氧化技术的工程化开发与应用】　由中海油天津化工研究设计院滕厚开、郑书忠、谢陈鑫等完成，获2016年度天津市科技进步三等奖。针对难降解有机废水和高含盐生活污水的光电催化技术及系列化工程装备开展研究，其中海上设施生活污水电催化氧化一体化设备取得中国船级社型式认证证书及移动、固定设施产品检验证书，技术成果达到国际先进水平。该项目创新点：①制备处理高盐废水的专有光电催化氧化催化剂和催化极板。②开发成电解/光电催化耦合反应器。③形成极板污染控制技术，实现设备的长周期稳定运行。该项目技术成果在炼化废水反渗透膜浓端水的处理、海上设施高盐生活污水的处理、含水处理化学品的循环水排污水的处理、脱盐废水的处理等多个领域推广应用，大大提高炼油、化工、海上采油等企业的节能减排效率和指标，可进一步推广应用于海上设施及船舶、炼化、煤化工等领域的难降解有机废水处理。该项目获专利授权4件，发表论文8篇。

（中海油天津化工研究设计院有限公司）

【绿色己内酰胺工艺技术开发】　由中国天辰工程有限公司、天津天辰绿色能源工程技术研发有限公司、山东海力化工股份有限公司、天津振博科技有限公司合作完成，获2016年度天津市科技进步二等奖，主要完成人有马国栋、刘新伟、李树华、赵斌、郑仁、李岩等。项目的主要内容：①开发适合苯选择加氢制环己烯的催化剂，开发适合催化剂的加氢反应系统。通过1000吨/年工业试验研究，找到催化剂和反应器的优化匹配方案，设计相应的反应器并成功进行工业应用。②研制环己烯水合催化剂，开发环己烯水合反应系统，实现环己醇的高转化率工业生产。③研制成功环己酮氨肟化催化剂，开发设计相应的反应器系统。采用双氧水氨肟化法生产己内酰胺，氨消耗低，催化剂费用比国外进口低50%。④优化分离提纯工艺，在保证产品质量的同时降低蒸汽耗量。⑤建立从苯至己内酰胺生产的模型，对全流程进行优化模拟，优化设计参数，进行物料、能量等的平衡匹配，降低装置消耗，实现全流程的开发并实现工业化应用。采用该技术建设的己内酰胺产能达到80万吨/年。该技术的迅速推广，大大提升了国家在该行业的竞争力。

（中国天辰工程有限公司）

【混合醇醛回收精制技术的开发及应用】 由天津渤化永利化工股份有限公司承担，2016年2月18日通过天津市高新技术成果转化中心鉴定。该项目的主要成果为：开发一套混合醇醛回收精制工艺，实现混合丁醛、混合丁醇、EPA、EHA、辛醇等组分的高效回收；通过与现有丁辛醇生产装置集成优化，采用回收组分生产出纯度≥99.5%的异丁醇、纯度≥99.7%的正丁醇以及纯度≥99.7%的辛醇，显著节省了丁辛醇装置丙烯、合成气等原料消耗；通过与丁辛醇装置集成优化设计，实现原混合醇醛残液中废水、丁酸等杂质的有效处理和回收精制过程的清洁生产。该装置系统通过1年的稳定运行，累计生产出1.3万多吨合格产品。该成果在行业内具有推广和示范意义。

（窦秀桂　李满枝）

【光气法制备酰氯新型催化体系的研制与产业化】 该项目由天津市敬业精细化工有限公司承担,2016年3月15日通过天津市高新技术成果转化中心鉴定。针对国内新癸酰氯、异壬酰氯产品质量差、生产成本高、三废多、产能小、远远不能满足市场需求的问题，开发光气法制备酰氯的新型催化剂及催化体系，显著提高酰氯的产品质量。开发出安全、稳定、高效、便于循环使用、易于与产物分离的光气法制备酰氯的催化剂体系，用于新癸酰氯批量生产，其中催化剂单耗降至0.1千克/吨，为原催化剂的1/300，光气使用量降逾30%；开发一种由光气及有机酸制备酰氯的新工艺,采用新型催化体系，较传统的催化剂具有用量少、易分离、环境污染小、产能高等优点，具有创新性及先进性；建成2000吨/年新癸酰氯生产线，实现新型催化体系在生产中的稳定应用，技术达到国际先进水平。该项目申请发明专利3项。

（王志东　殷伊琳）

【万吨级墨粉树脂新工艺及产业化】 由天津市合成材料工业研究所有限公司承担,2016年5月13日通过天津市科学技术评价中心鉴定。通过开展对1000升反应釜放大至6500升反应釜聚合反应工艺研究、配方优化和脱挥装置设计及脱挥工艺研究，建成一条包括反应装置、脱挥装置和后处理装置及自动化控制的万吨级专用墨粉树脂生产线，实现聚合反应工艺、脱挥工艺、环境保护等方面的创新。项目实施后，产品质量、产品工艺、自动化程度、产量、环保水平均达到国际先进水平，挥发份≤0.1%，溶剂排放量从18千克/吨减少到小于0.1千克/吨。该项目研发内容完整，技术难度大，创新程度高，实现树脂生产工艺和产品环保化，形成本行业清洁生产关键技术，对于高黏度聚合物生产行业的环保及节能减排起到引领示范作用,技术达到国际先进水平，具有广泛的市场应用前景。通过项目实施，实现由科研院所成功转型为科技型“小巨人”企业。

（王志东　殷伊琳）

【一种脱烯烃催化剂的制备方法】 该专利由中海油天津化工研究设计院于海斌等人发明，2016年获第十八届中国专利优秀奖。采用分子筛组合方法开发一种重整芳烃脱烯烃精制的新型催化剂制备工艺。首创原料精制绿色新工艺，以化学反应替代物理吸附，实现原理创新，精制剂寿命延长40倍，基本断绝固废排放。另外，根据不同的分子筛活性组分适合处理的油品范围不同，针对精制的油品组成选取相应的活性组分的含量，将廉价的Y型分子筛和丝光分子筛进行特殊的前处理，使两者的性能更加匹配，达到更深的精制效果和更长的运行周期，单程寿命是单一分子筛的两倍左右，达到白土的10倍，再生3次后，总寿命达到白土的40倍，远超国内外同类产品。该专利解决重整芳烃采用白土脱烯烃精制存在的更换频繁、环境污染严重等诸多问题，解决企业QHSE的管理风险，实现重整芳烃的高效、环保、绿色精制。该专利技术在中石化、中海油、中国兵器及地方炼厂12套装置成功运行，使用企业装置运行成本下降近50%，白土使用减少，剧毒芳烃排放减少。（中海油天津化工研究设计院有限公司）

生物技术

【生物医药领域年度科技进展简况】 2016年，天津市生物医药领域科技开发深入发展。天津尚德药缘科技股份有限公司开发的1.1类脑胶质母细胞瘤治疗药ACT001获得澳洲新药临床批件，在澳大利亚开展临床研究；天士力制药集团股份有限公司独家产品复方丹参滴丸全球多中心Ⅲ期临床试验完成全部工作；赛诺医疗科学技术有限公司的第二代冠脉药物支架系统开展国际多中心临床试验；天津微纳芯科技有限公司自主研发的全球最小便携式全自动生化分析仪上市销售；临床医学研究中心建设取得初步成果：7家临床医学研究中心新承担创新药物及医疗器械的临床试验75项，其中国际多中心临床试验18项；举办18次大型学术会议和论坛；开展常见恶性肿瘤的筛查策略的优化研究及早期诊断技术等50多项关键技术和诊疗的研究。（刘惠忠　华　强　李宏博）

【南开大学药学院2016年科研工作简况】 2016年，南开大学药学院科研工作顺利进行。获得国家自然基金项目9项，其中杰青项目1项、面上项目8项，资助经费共计804万元，中标率为47.4%，为学院历年新高，居全校第三。获得横向项目7项，经费208万元，到账经费1259.90万元。发表各类论文67篇，其中SCI收录54篇。提交专利申请24项，获得专利授权5项，其中杨诚课题组1项，尹正、白钢课题组各两项。王鹏课题组在顶级期刊《美国化学会志》（*Journal of the American Chemical Society*）发表研究成果“Two-step Chemoenzymatic DetectingN- Acetylneuraminic acid α(2-3)-galactose Glycans”。2016年全院举办高水平的学术报告5场，报告人均为国内外知名专家学者和著名医药企业的负责人。

（刘亚君）

【人工神经康复机器人系统及其关键技术】 由天津大学、大天医学工程（天津）有限公司、天津市人民医院联合完成，主要完成人：明东、陈龙、杜金刚、綦宏志、许敏鹏等，获2016年度天津市技术发明奖一等奖。在“863”计划、国家科技支撑计划和国家自然科学基金重大项目等课题支持下，开展人工神经康复机器人系统及其关键技术研究。主要创新点：①研究人工神经康复机器人脑—机环节中的特征提取、范式设计、应用控制等关键技术与方法，提出复合肢体运动想象、稳态视觉诱发电位阻断等一系列新范式、新方法，并应用于步行器等多维控制场景。②以神经肌骨动力学为基础，研发人工神经康复机器人机-肌环节中的步行器、电刺激协同精密控制系统及其运动参数标定、关键参数调控、控制策略优化等关键技术。③设计人工神经康复机器人脑-肌环节中的双源信号协同性分析及联合控制方案，提出自主动作、想象动作、功能性电刺激等模式下的脑-肌联合分析及基于同步似然的相关性分析方法，实现脑-肌交互信息在辅助运动状态中的神经反馈控制。项目获授权国家发明专利27项，软件著作权1项，形成一套完整的自主知识产权集群，被Science专刊和Discovery等报道，得到国际同行专家的高度评价。成果成功应用于临床康复、载人航天等多个领域，首次实现训练型脑—机接口（t-BCI）技术在卒中运动功能康复的临床应用，在天津、山东等地7家三甲医院完成2000余例测试，临床康复效果明显；开发的航天员脑—机接口测试技术及装置，为“天宫二号”空间实验任务提供关键的在轨人因试验平台，成功开展人类历史上首次太空脑机交互实验。

（天津大学）

【一种耐高温高碱木聚糖酶及其基因、工程菌和制备方法】 该专利由天津科技大学路福平、刘逸寒、郑宏臣等研发，获2016年度天津市专利优秀奖。其主要创新成果是：①在前期对木聚糖酶基因随机突变的基础上，基于计算机辅助设计结合计算生物学和统计学方法，解析木聚糖酶催化机制与空间结构的构效关系，以此为指导理性设计酶结构并集成定向分子改造技术，提高酶分子改造和进化效率，获得工业应用属性优化的新酶分子，为其他酶分子的进化提供理论依据和技术支撑。②通过功能基因组技术和转录组技术筛选高效功能调控元件，首次创造性地通过解析其对木聚糖酶基因转录、翻译、分泌效率的影响、作用关系及适配性，确定酶蛋白高效表达时调控元件的最优类型及组合，构建相应高效表达载体；利用基因组编辑技术，敲除巨大芽胞杆菌芽胞形成相关基因，构建获得适合酶蛋白表达的巨大芽胞杆菌芽胞形成缺陷宿主细胞，解决宿主菌株过早衰老的缺点，为其他微生物的表达系统构建与优化提供了可借鉴的思路和技术支撑，有效解决了工业微生物育种研究领域关键性和共性的技术难题。③基于对发酵过程中营养环境、菌株生长速率、酶蛋白合成的监测，对发酵过程进行全程控制实现低原料消耗下目标酶蛋白最高速率的合成与积累，为其他酶蛋白的微生物发酵提供理论指导和技术支撑。④通过对木聚糖酶基因进行分子进化获得新型耐高温高碱木聚糖酶基因并构建高效表达耐高温高碱木聚糖酶的生产菌株，实现耐高温高碱木聚糖酶的高水平生产，填补耐高温高碱木聚糖酶的国内空白，有效降低耐高温高碱木聚糖酶生产和使用成本，提高产品市场竞争力，促进耐高温高碱木聚糖酶的应用；通过绿色的生物催化技术，降低果蔬加工、功能糖制备、麻脱胶、饲料生产、纸张漂白等过程的能源消耗。

（天津科技大学）

【全局转录因子IrrE构建有机溶剂耐性的C1,2脱氢反应菌株】 天津科技大学骆健美主持的天津市应用基础及前沿技术研究计划项目，2016年9月完成。针对甾体等疏水性化合物生物转化过程中有机溶剂使用时对微生物普遍存在的毒害作用，以及单个基因操作在获得微生物耐受性表型改善时的局限性，以甾体化合物的C1,2脱氢反应为模型，采用全转录工程的菌种定向进化思路，将来源于耐辐射异常球菌（Deinococcus radiodurans）的全局转录因子IrrE导入工业上广泛使用的甾体C1,2脱氢反应菌株-简单节杆菌（Arthrobacter simplex）中，以期构建具有高有机溶剂耐受性和C1,2脱氢反应能力的重组工程菌，为有机介质生物催化技术中菌种的定向改造提供理论基础和方法指导，有利于突破疏水性底物难溶性问题对转化效率的制约瓶颈。取得的主要创新成果包括：①建立适合工业菌株简单节杆菌TCCC11037的遗传体系。②实现irrE基因在大肠杆菌中的表达并考察其对菌株特性的影响。③实现irrE基因在简单节杆菌中的表达并考察其对菌株特性的影响。④通过易错PCR技术对野生型IrrE进行定向进化，获得一株能够耐受10%乙醇的优良突变株M8。⑤考察IrrE突变体对简单节杆菌C1,2脱氢酶酶活和的影响。⑥考察IrrE突变体对简单节杆菌C1,2脱氢反应生产能力的影响。⑦通过抗逆相关代谢物的分析阐明IrrE突变体导入提高简单节杆菌有机溶剂耐受性的作用机制。

（李丽娜）

海洋技术

【混合驱动水下航行器关键技术与应用】 由天津大学完成，主要完成人为王树新、王延辉、张宏伟等，获2016年度国家技术发明奖二等奖。经过十余年的系统研究，形成具有自主知识产权的核心技术。主要创新性成果：①发明小型化大容量浮力精准调节装置，解决浮力调控、质心调节与水动升力动态耦合驱动难题，实现复杂海洋环境下大深度平稳滑翔运动，浮力调节能力与国际现有技术相比提升40%；最大工作深度超过1500米，与国外同类技术相比提高50%。②发明海洋温差能驱动装置，攻克弱温差（<10℃）环境能源的俘获技术，突破电池能源与环境能源复合利用技术瓶颈，实现水下滑翔机复合能源系统弱温差可靠驱动，温差能贡献率超过30%；南海海域单次连续航程超过1100千米；与国外技术相比，同等航程条件下负载能力提高25%。③发明螺旋桨与浮力调节混合驱动布局结构，提出混合驱动稳定控制模型与轨迹跟踪补偿算法，解决两种驱动模式融合下姿态失稳控制问题。混合推进最大速度达1.69米/秒，是国外同类技术水平的2倍；实现恶劣海况下高精度轨迹控制与稳定观测，南海1100千米全航程实测航点位置平均偏差小于2千米。项目列入中国海洋十大科技进展（2014年度），获天津市技术发明一等奖（2015年度）、中国专利优秀奖（十七届）。成果应用于国家“南水北调”水源地水质监测、南海动力环境观测、敏感海域探测等，在海洋关键技术与示范应用方面取得突破性进展，近三年合同经费7587万元。项目获授权中国发明专利21项、美国专利1项，发表论文68篇。美国*Popular Science*、*Armada International*等专题评

述："海燕滑翔机是中国第一台滑翔机"，"创造了中国的航程、深度和耐久性纪录，打破了中国进口的技术限制"。（天津大学）

【海洋大直径超长管桩沉桩全过程控制技术装备及承载力评估】 由天津大学、天津港航工程有限公司、天津大学前沿技术研究院、中交天津港湾工程研究院有限公司联合完成，主要完成人为刘润、张佩良、王建华、闫玥、李飒等，获2016年度天津市科技进步一等奖。为解决海洋大直径超长管桩沉桩全过程精准控制及承载力评估的前沿难题，在"863"计划与国家自然科学基金项目或课题的支持下，经过15年的长期研究，该项目取得以下主要创新成果：①提出打桩置锤瞬态压弯荷载耦合作用的屈曲失效判别方法，实现锤型选择与桩身贯入度的高效匹配，解决打桩置锤阶段桩基自由站立失稳控制的难题。②建立桩外侧阻力指数衰减模型与桩内侧阻力分段分布模型，发展了土塞闭塞效应评估方法，形成动力沉桩全过程模拟评价和打桩参数精准控制技术。③揭示连续打桩与停锤导致的桩周土体强度衰减与恢复提高机理，提出拒锤与溜桩发生位置或范围超前预判的方法，建立避免拒锤的桩基结构设计方法。④提出超大直径钢管桩潮间带精巧吊装、垂直度精准控制、振打联合沉桩成套施工技术与装备，形成专有工法。⑤发明拒锤与溜桩后桩基承载力评估技术，发展了液化土层桩基和群桩基础承载力的计算方法。该项目获授权专利8项、软件著作权2项，发表论文69篇、专著1部。成果成功应用于渤海曹妃甸、旅大、南堡，东海春晓、平北、绍兴，南海番禺、文昌、丽水、荔湾等油气田开发工程，江苏如东、福建平海湾、南日海上风电工程以及天津、珠海、海南港口等100余项大型工程，涵盖国内唯一的深水油气田工程，首个超大直径单桩海上风电工程，增收节支3.55亿元。

（天津大学）

【海洋石油装卸油单点靠泊装置技术研究】 由天津市海王星海上工程技术股份有限公司于2016年8月完成。针对装卸油单点靠泊装置关键技术进行研究，开发出一种通过钢臂连接的可漂浮在水面的靠泊浮筒、竖直设置的单锚腿的靠泊装置结构，该结构通过所具有的靠泊浮筒，既能作为装卸油的外输终端，又能用于临时或永久系靠泊，操作简单，便于搬迁和重复利用。能适应边际油田的短期开发。靠泊浮筒上设置靠船垫，避免受外力冲撞使装卸油单点靠泊装置的位置移动。靠泊浮筒产生浮力提高了装置的稳定性，在外输过程中无须增加拖轮以施加艉拖力，节省由此增加的投资。在外输过程中无须漂浮软管，不仅便于系靠泊和解脱，还能简化操作工序，减短操作时间，控制了成本。该项目申请专利9项，含3项PCT（国外）专利。（张　磊）

【海水淡化浓海水制盐及制溴产业化关键技术】 天津科技大学唐娜主持完成，获2016年天津市科技进步一等奖。项目主要创新内容为：①海水淡化浓海水生产日晒海盐关键技术。揭示自然蒸发条件和卤水条件对浓海水为原料日晒海盐产质量的影响规律；形成聚丙烯系列疏水微孔共混膜制备的核心方法，并实现浓海水真空膜蒸馏技术的工程应用；研创日晒海盐结晶池自动化塑膜苫盖、活碴、收盐等先进装备，解决日晒海盐行业生产效率低、工人劳动强度大等重大技术难题。②滩晒饱和卤真空制盐及高端药用盐生产关键技术。首次系统研究淡化浓海水为原料的滩晒饱和卤及苦卤在不同温度下的析盐规律并揭示成盐机理，阐明多效真空蒸发制盐的可行性，形成年产27万吨的真空蒸发制盐新工艺；研创膜法卤水精制、二效蒸发、粉盐回收、产品冷却除铁等高效的关键技术及装备，实现年产2.5万吨高端药用氯化钠的产业化。③中度卤水提溴及四溴双酚关键技术。阐明酸化、氧化、吸收以及溴氯分离过程对中度卤水提溴产质量的影响机制。研发适用于新型卤水资源综合利用的溴素精制新技术，建立低运行成本、高溴素产出率的空气吹出法提溴新工艺及规模化自动储运等新装备，实现年产万吨的溴素及四溴双酚A的产业化。项目成果在北方海盐区三家年产百万吨海盐生产企业推广转化。近3年来，天津长芦海晶集团有限公司、天津长芦汉沽盐场有限公司和大连盐化集团有限公司三家企业累计新增利润2.25亿元。项目取得鉴定成果2项，发表论文11篇，获授权国内发明专利21项（其中发明专利10项，实用新型专利11项）。

（天津科技大学）

【静态非黏结性耐热海洋复合软管技术研究】 由天津市海王星海上工程技术股份有限公司于2016年12月完成。海洋软管在海洋石油领域应用非常广泛，通过对海洋复合软管结构、材料设计研究、管体材料及整管实验研究、生产及试制工艺研究，实现产品适用200米水深，输送介质温度在60℃～90℃范围内，具有无骨架层结构、承压层及抗拉层采用高性能异型钢及扁钢、内压密封层采用交联聚乙烯等特点。经过数次反复设计，最终确定的软管截面为9层结构，包括内压密封层、抗拉抗压铠装层、耐磨层、塑带层和包覆层。为了增强管内流体密封性、抵抗外部海水侵入和机械破坏能力，截面设计采取双内压密封层和双外包覆。项目成果静态耐热复合软管通过中国船级社CCS认证。基于海洋软管显著的管体性能优势、成本价格优势以及适用范围优势，产品在涠洲、文昌及涠西南油气田的管道输送工程中得到应用。该项目申请专利7项。（张　磊）

【天津3万立方米LNG全容储罐工程技术创新与应用】 由海洋石油工程股份有限公司完成。主要创新点包括：①首次系统地完成国际首例3万立方米LNG全容储罐工程技术的研究和实践，打破国外公司在该技术领域的垄断和技术封锁，突破国内在LNG工程领域对国外技术的依赖，为天津市提供持续、可靠、充足的清洁能源提供了充足的保障，截至2016年，为天津市供气逾10亿立方米。②首次全面完成LNG储罐软土地基设计、低温混凝土结构设计复核、9%Ni钢内罐设计复核、深冷保温设计、低温管线应力分析和低温焊接等核心关键技术，一次性通过国际知名第三方公司审查认证，设计能力达到国际先进水平，成功实现低温储罐领域技术成果向工程应用的转化。③首次在天津港南疆港区成功完成2座3万立方米全容储罐工程示范应用，创造701天零伤害的安全管理新纪录。项目一次性顺利通过机械完工、一次性预冷试车成功，时隔1年所测的两次蒸发率均低于0.06%（合同性能指标要求0.08%），标志着该项目施工技术达到国际一流水准。④借鉴国际先进管理理念，形成一支集设计、建造、调试及项目管理于一体的“轻资产”科技创新型工程团队。该成果在天津和广西LNG项目中成功建成4座储罐，应用于天津LNG替代项目一座16万立方米储罐，为实现国内LNG工程产业化起到示范作用。该项目形成一套行业工法，获18项专利、3项软件著作权，发表论文26篇。

（岳　巧）

【新型光纤陀螺罗经系统研发与产业化】 由中国船舶重工集团公司七〇七研究所颜苗、赵娜、马林等于2016年11月完成。针对远洋商船、公务执法船舶、特种船舶和海洋工程装备等对船用罗经的应用需求，开展国际最新标准规范和世界光纤陀螺罗经先进技术对标研究。其主要研究任务包括：①新型光纤陀螺罗经系统总体技术研究。②三轴光纤陀螺仪技术研究。③动态快速启动对准、长时间误差抑制补偿等系统技术研究。④新型光纤陀螺罗经系统仿真检测及试验验证技术研究。主要技术指标：启动时间小于30分；动态航向精度（RMS）小于±0.4°×SecΦ；水平精度（RMS）小于±0.05°；工作温度范围-15℃～+55℃。项目实现产业化后，形成年产100套系统的生产能力。项目申报专利4项、软件著作权6项，发表论文6篇，制修订企业标准2项。产品通过挪威-德国劳氏（DNV-GL）船级社和中国渔业船舶检验局船用产品型式认可。（张　晓）

【基于北斗的综合PNT系统研究与开发】 由中国船舶重工集团公司七〇七研究所王夙歆、于浩、陈建萍等于2016年6月完成。立足环渤海区域海洋监测、海上交通运输和油气作业平台等海洋经济活动对于定位、导航与授时（PNT）应用的需求，集成天基北斗系统、陆基系统以及自主式PNT系统等多源PNT信息源。深入研究船舶综合PNT系统信息融合技术的理论和方法，提出以北斗系统为核心的综合PNT系统设计方案。为提高船舶综合PNT系统的滤波精度、算法的稳定性及实用性，研究PNT传感器的建模方法和基于分布式的自适应卡尔曼滤波算法。针对PNT设备和传感器信息融合的可靠性和容错性问题，研究系统的故障诊断和监测技术。为验证采取的理论和方法的有效性，建立系统仿真和测试平台，对信息融合算法性能、适用范围和可靠性进行仿真测试，完成船舶综合PNT系统样机研制。具体性能指标为：提供首次定位时间优于2秒；定位精度优于10米；授时精度优于50纳秒；PNT数据准确度达95%以上；PNT信息完整性达90%以上。项目成果可为天津港、渤海湾乃至环渤海地区的海洋监测、海上交通运输和油气作业平台等海洋经济活动提供综合PNT服务，提高船舶航线精确性和航行安全，促进海洋节能减排，为提升海洋综合管理水平提供有效的技术手段。项目申报专利2项、软件著作权4项，学术论文6篇。

（张　晓）

【智能化综合船桥系统及船用电子设备研发】　由中国船舶重工集团公司七〇七研究所、天津七〇七科技发展有限公司于浩、王夙歆、陈建萍、张瑞波等于2016年9月完成。为突破智能化综合船桥系统及船用电子设备关键核心技术，研发符合国际海事组织标准和规范的、具有自主知识产权的综合船桥系统及船用电子设备，构建更加完善的船用电子产品技术创新平台，打造智能化综合船桥系统及船用电子设备研发生产和集成供货能力，实现产业化发展。完成电子海图显示与信息系统底层数据库及接口技术、全船报警集中管理机制及接口技术、自动识别系统与自动雷达标绘设备信息融合技术、电子海图与雷达图像融合技术、航行态势监控与避碰辅助决策专家系统技术等技术研究。完成综合船桥系统信息交互和功能切换控制技术、多任务系统协同工作技术、多导航传感器信息融合与共享技术等多功能系统技术研究。开发出拥有自主知识产权的智能化综合船桥系统及船用电子设备。其技术性能为：①具有导航、驾控、避碰、报警管理和最佳航线设计、航行态势监控等功能。②单操控台实现电子海图、雷达和综合信息显示系统同步工作及动态备份功能。③符合标准规范的综合信息显示和报警集中管理功能。④航迹跟踪精度不大于100米。⑤船舶自动航行航向控制精度不大于1°。项目形成3项成果（智能化综合船桥系统关键核心技术，并拥有自主知识产权；形成系统及设备产品；搭建仿真与试验检测平台）；申请专利11项，申请其他知识产权8项，软件8项，申请标准8项（其中国家标准2项，行业标准2项，企业标准4项）；发表论文9篇。

（张　晓）

【浓海水太阳池制盐技术研究】　是国家海洋局天津海水淡化与综合利用研究所承担的天津市科技计划项目“浓海水综合利用新技术”子课题，于2016年7月通过天津市科委结题验收。项目实施过程中，先后攻克太阳池蓄热装置盐梯度层的分层灌注、热液汲取与补充过程中盐梯度层保持等关键技术，将太阳池蓄热技术和真空制盐技术相结合，形成太阳池制盐成套技术装备。以淡化后浓海水为工质，建立150平方米卤水太阳池蓄热装置，将太阳池蓄热技术和真空制盐技术相结合用于浓海水制盐研究。工程运行实践表明，研发的相关技术保证了太阳池集蓄热装置的稳定运行，通过太阳池的特殊结构，实现制盐过程中太阳能资源的高效利用，与传统制盐工艺相比可降低1/3的能耗。下对流层近饱和热液闪蒸制备的盐产品质量达到GB/T 5462-2003《工业盐》标准要求。相关技术在为中国传统制盐行业在节能降耗方面提供有益借鉴的同时，在中国内陆盐湖资源开发利用领域亦有着良好的产业化前景。

（高春娟）

【浓海水高效填料塔提溴技术研究】　是国家海洋局天津海水淡化与综合利用研究所承担的天津市科技兴海项目“浓海水高效填料塔提溴与粗溴提纯技术研究”子课题，于2016年9月通过天津市海洋局验收。研发的新型浓海水提溴成套技术装备，以高效填料在提溴吹出塔中的应用为手段，突破传统空气吹出法浓海水提溴过程收率低、能耗高的问题，搭建的“500立方米/天高效填料塔提溴示范装置”运行实践表明：采用改进的高效填料塔提溴技术装备，优化了气液两相流体在塔内的流动分布状况，提高了传质系数，减少了填料装填数量，使提溴过程收率提高5%以上、能耗降低10%。该成果的推广应用，在有效提升现有提溴企业经济效益的同时还可进一步拓展应用于海水提溴领域，有效拓宽中国溴资源来源，保障溴素供给安全，具有良好的市场应用前景。

（刘　伟）

【海水淡化后浓海水提取工业溴技术研究】　由天津长芦汉沽盐场有限责任公司完成，获2016年度天津市科技进步三等奖，主要完成人有刘立平、任杰、韩以群等。通过研究浓海水与中级卤水的不同点，研究适合海水淡化后浓海水提取工业溴的最佳工艺方法及参数；研究DCS在制溴生产中的应用，实现自动化生产；研究年产5000吨工业溴的主生产装置与结构，达到优化配置，建设年产5000吨工业溴生产线。其主要特点为：①利用浓海水的余温，通过保温手段，实现长年生产，并保持较好的提取率。②首次在制溴行业采用DCS控制系统，实现浓海水酸化、氧化的自动在线控制与调节；实现配氯、升温的自动连锁，使工艺控制参数优化。③通过使用吸收完成液对粗溴的两次洗涤取代原来的精馏工艺，使粗溴中的氯得到回收利用，并约精馏过程消耗的蒸汽。④建成浓海水吹溴的工业化生产装置，对淡化水排出的废水的有效利用与循环经济起到示范的作用。该项目实现了浓海水酸化、氧化的自动在线控制与调节；实现了配氯、升温的自动连锁，使工艺控制参数优化，溴提取率达到88%，远高于行业水平。该工艺产品年产值约8000万元，年利税4000余万元。

（天津长芦汉沽盐场有限责任公司）

新材料技术

【新材料领域年度科技进展简况】　2016年，天津市新材料领域科技工作呈现新局面。4月，天津利安隆新材料股份有限公司的创业板首发申请获得通过。5月，天津市科委面向全市征集新材料科技重大专项项目，包括先进碳材料、新型功能材料和高端金属材料三个方向，累计支持立项15项，财政拨款2000万元。8月，中芯国际采购天津华海清科机电科技有限公司首台化学机械抛光（CMP）设备，该设备是第一台国产12英寸化学机械抛光机，部分性能指标超同类产品。12月，中国电子科技集团公司53所联合国防科学技术大学高能激光技术团队成功研制出功率达到1.2万瓦的工业级光纤激光器。　（刘惠忠　华　强　李宏博）

【热镀Galfan钢丝的关键技术及产业化】　由河北工业大学、天津市工大镀锌设备有限公司合作完成，获2016年度天津市科技进步二等奖，主要完成人有马瑞娜、范永哲、杜安、赵树鹏等。该研究解决镀层合金与钢基表面的结合以及镀层表面质量等问题，实现成果转化。其主要技术内容是：①用新型无烟环保型助镀剂解决单镀工艺钢基体和镀层之间界面的结合问题，且其助镀剂的成分极为简单，产生的烟雾大大减少，溶剂成分易于控制。②对于双镀Galfan工艺，为了解决先镀锌后镀Galfan的界面结合问题，热镀锌后采用表面活化，该助镀采用弱有机酸活化液处理，解决镀锌层附着力差的问题。③钢丝前处理的方法采用环保无酸洗的方法，利用钢刷、喷丸等机械除锈，然后采用惰性气体保护气氛下的加热然后镀锌的工艺。④为了保证热镀Galfan镀层的表面质量，镀液表面采用一种无机覆盖剂对镀液进行保护，防止镀液氧化并确保不和镀液反应。⑤设计一种特殊结构的气刀抹拭装置，通过特殊结构的设计确保抹拭气体的模式效力。吹气的角度与水平夹角为90度，各角度出气大小均匀，同时通过控制N_2的纯度、温度以及流量去除镀锌钢丝表面的浮锌，使锌液适时凝固，控制镀层的厚度和镀层的表面质量。⑥采用层状复合管陶瓷内加热技术，提高加热器外套管材料的力学性能和耐锌液腐蚀性。实现陶瓷锌锅内加热方式并保证加热器的寿命。该技术可提高生产效率、节能降耗、改善生产环境、提高产品质量，对推动热镀锌工业进步具有重大意义。　（河北工业大学）

【溶液喷射纺微纳米纤维关键制备技术及其应用研究】　由天津工业大学、威程（天津）科技有限公司合作承担，完成人有庄旭品、宋俊、程博闻、康卫民等，获2016年度天津市科技进步二等奖。基于高速气流拉伸成形机理致力于新型微纳米纤维制备技术的研究，系统攻关。研发溶液喷射纺丝技术、增塑溶液喷射纺丝技术、溶液喷射纺纳米纤维纱线技术等3项具有自主知识产权的关键制备技术；解决传统微纳米纤维制备技术制备效率、难以工程化应用的技术不足，阐明高速气流场和纳米纤维成纤机理；发明溶液喷射纺规模化生产装置，建成年产量300万平方米的纳米纤维生产线；开发纤维素、PAN、PVDF等多种纳米纤维；开展纳米纤维的应用研究，形成高效空气过滤器、质子交换膜、吸音保暖材料、超级电容器电极等多种纤维制品，为国内环境治理、个体防护和新能源产业等领域提供了高性能材料。研发的静电纺丝技术实现产业化，开发的纳米纤维材料技术指标接近或超过国外同类产品水平，纤维直径主要分布在100纳米~300纳米可控，开发制品性能明显优于现有商品产品。该项目申请国家发明专利8项，其中3项获授权。（郭建辉）

【天然气燃烧排放系统用环保功能材料研制与应用开发】 由河北工业大学、天津环洁汽车能源有限公司合作完成，获2016年度天津市科技进步三等奖，主要完成人有薛刚、李钢、孟军平、段昕辉等。研究天然气燃烧排放系统用环保功能材料技术，包括净化天然气功能的无机矿物复合材料及高效吸附复合材料的研制与应用。其主要内容是：①材料的化学组分设计与性能优化技术：净化天然气功能的无机矿物复合材料的选材是将电气石矿物粉体材料与镧、铈等变价稀土元素的水溶性无机盐及氧化石墨烯按照一定组分配比，制得可以具有催化净化天然气功能的无机矿物复合材料；高效吸附复合材料的选材是选用核桃壳为原料，通过物理法用水蒸气与二氧化碳联合活化，在900℃下，经过微波作用制得比表面积超过1500米^2/克的高效活性炭，然后将此高效活性炭与正温度系数热敏电阻（PTC）自限温材料复合，制得高效吸附复合材料。②材料的优化制备工艺技术：通过优选稀土和过渡金属等组分、控制稀土加入方式、加入量、加入时间以及功能材料的粒径分布、材料的热工过程，调控稀土元素的分布状态、价态匹配。将无机矿物复合材料分散在浆料中，涂覆在抗热震性能良好的过滤器上，制得具有3年以上催化净化效果的催化净化器；将高效吸附复合材料置于密闭容器中，连接压力传感器、减压阀等，组装得到LNG防泄漏装置，将此装置应用于使用LNG气源的机动车及船舶上，防止甲烷气体外泄，提高运载工具的安全环保性能。③材料的应用技术：应用净化天然气功能的无机矿物复合材料、高效吸附复合材料，开发成功工业锅炉、天然气汽车、渔船用催化净化器和LNG防泄漏装置4个新产品，在天津、河北、山东等地建立示范工程，实现产业化应用。项目研究的一系列甲烷催化净化装置，达到节能9.2%、尾气中甲烷含量降低30%以上的效果，并且推广到重型卡车及船舶用LNG节能环保系统。

（河北工业大学）

【彩色复印机光导鼓及其光导材料关键技术开发】 为科技部转制科研院所创新能力专项资金项目，由天津复印技术研究所赵晓东主持、毛兆华等人完成，2016年10月通过天津市高新技术成果转化中心鉴定。研发成功彩色复印机光导鼓及光导材料，在电荷发生材料和电荷传输材料方面进行技术创新，光导发生层中采用Y型酞菁氧钛和无金属酞菁二种电荷发生材料（CGM），通过纳米分散技术把二种CGM混合来调整载流子产生效率及改善低电场下载流子的注入特性。传输层同时添加二种传输材料，通过配比技术及独特的配方工艺，降低传输材料与黏结树脂的配比，提高光导鼓的耐磨性，同时保证电荷的传输效率，降低残余电位。通过调整光导材料的配比，可适合不同速度、不同性能要求的彩色复印机。项目成果形式是1条彩色复印机光导鼓的小试生产线，并试制一批柯美C654e彩色复印机光导鼓和柯达高速彩色数码印刷机光导鼓，形成全套配方及工艺技术资料。研制的样品鼓，印品效果良好，质量达到进口同类产品水平。彩色复印机光导鼓性能指标和印品质量指标经国家办公设备及耗材质量监督检验中心检测符合国家及行业相关标准。该项目成果打破国外企业利用专有制造技术对中国彩色复印机光导材料及有机光导鼓制造技术和市场的垄断，提高了国家办公设备与耗材行业整体发展水平。（赵晓东）

新能源技术　节能技术

【新能源领域年度科技进展简况】 2016年，天津市新能源领域科技开发深入发展。①新能源汽车推广数量超额完成目标，全年新增上牌24639辆，折算标准车3.7万辆，超额23.3%完成国家奖补门槛“3万辆标准车”的任务目标。②基础设施建设同步推进，截至2016年年底，全市建社会公共充电桩3500余根，建成公交充换电站29座，高速快充站27座。③模式创新方面取得突破，市级机关分两批对50家党政机关布局新能源汽车分时租赁网点，北辰区、静海区纷纷投运分时租赁车辆，成为出行市场新增长点。④产业加速发展，全市10家新能源整车企业，累计产销达8000辆。比亚迪武清工厂实现3000辆纯电动公交产能，国能汽车获国家纯电动乘用车资质。天津力神电池股份有限公司实现年销售收入57亿元，同比增长43%。天津市松正电动汽车技术股份有限公司主营产品插电式深度混合动力系统累计销售超过16000套，市场占有率30%，公司实现年销售收入6.4亿元，同比增长18%。　（刘惠忠　华　强　李宏博）

【沥青混合料低碳减排技术及评价体系研究】　由天津市市政工程设计研究院王新岐、王朝辉、葛娟等于2014年6月至2016年2月完成，获2016年度天津市科技进步二等奖。针对沥青混合料低碳减排技术及其效果评价存在的问题，对沥青混合料热拌减排技术及混合料低碳减排效果评价指标与等级划分进行系统研究，形成具有自主知识产权的成套关键技术体系，取得一系列创新性研究成果，为沥青混合料低碳减排技术的推广应用奠定基础。主要成果是：①全面调查国内外50余个研究及应用单位沥青混合料低碳减排技术，系统分析并确定温拌技术、冷拌冷铺技术、沥青混合料拌和站设备改进技术的节能减排效果。②研发并制备WEAM、WES、WEP三种具有热拌减排功效的改性剂，全面评价改性剂类型、掺量对新型热拌减排沥青混合料高温性能、低温性能、水稳定性的影响规律。③开发一种室内污染气体排放量测试装置，提出室内沥青混合料污染气体测试方法，揭示沥青混合料污染气体排放量影响规律。④基于系统聚类及BAYES判别分析，采用5个评语组成的评语集，建立低碳减排沥青混合料污染气体减排效果分级标准，实现沥青混合料低碳减排效果的定量分级评价。⑤全面采集60余条公路沥青混合料施工阶段单位能耗量，建立沥青混合料施工机械能耗量节能减排分级标准，制订施工机械尾气排放节能减排分级标准，完善沥青混合料施工阶段节能减排评价体系。⑥建立完善的沥青混合料低碳减排评价指标体系，提出基于层次分析法与区间逼近法的评价方法，并采用该评价方法对天津市海河隧道温拌阻燃沥青混合料低碳减排效果进行评价。⑦开发沥青混合料低碳减排效果评价系统软件，实现青混合料低碳减排效果快速、准确可靠的评价。⑧提出热拌减排改性沥青混合料施工质量控制措施，铺筑试验路对WEAM改性沥青混合料的路用性能和热拌减排功效进行全面检测，验证热拌减排改性沥青混合料的性能与实际工程应用效果。　（葛　娟）

【复杂环境条件下新能源道路照明产品研发及应用】　由天津工大海宇半导体照明有限公司、天津工业大学合作完成，获2016年度天津市科技进步三等奖，主要完成人有田海涛、张建新、董晨名、付贤松等。通过天津市科技援藏项目“西藏昌都地区太阳能LED路灯系统节能示范工程”的实施，针对新能源道路照明系统在复杂环境条件中应用时涉及的光、电、热、结构等关键技术问题进行研究，提出高效、高可靠性新能源道路照明系统整体解决方案。项目主要技术工作包括：系统优化LED灯具结构和二次光学设计；控制电路设计中通过采用最大功率点跟踪（MPPT）结合三段式充电方法，有效提高了蓄电池的充电效率；优化恒流驱动器电路设计，有效提高系统在复杂环境中应用的可靠性；系统解析计算LED灯具散热模型，对LED散热器结构参数进行双目标综合优化；开发基于镁合金散热器的大功率LED灯具组件，为新能源路灯轻量化技术的应用提供实践经验。项目申请发明专利6项，发表科技论文6篇。项目实现产业化，相关产品应用于在西藏、华北、东北等多个地区。产品均保持无故障运行，照明效果和可靠性远高于市场同类产品，为新能源道路照明产品在复杂环境条件中的推广提供了实践经验。

（天津工大海宇半导体照明有限公司）

【三银节能低辐射膜玻璃】　由天津南玻节能玻璃有限公司完成，获2016年度天津市科技进步三等奖，主要完成人有王烁、曾小绵、王琦等。该项目的主要内容是：①首次设计出三银LOW-E产品膜结构，对比世界主流产品，在产品结构上有重大突破。②在工艺和装备上进行改进,实现靶材长方向的气体场均匀分布及磁场在微区内的精确调节，使膜层的物理厚度的均匀性控制在偏差小于1%，达到该领域最高控制精度。③实现电介质层材料的重大组合创新，其中包括：TiO_2、$ZnSnO_x$、SnO_2、ZnO、SiO_2、Ta_2O_5、BiO_2. Al_2O_3、ZnAl、Nb_2O_5、Si_3N_4、AZO。这些材料的组合使用，提高了产品的多项关键性能指标，其中U值夏季1.63、冬季1.67，遮阳系数0.27。产品的特点：①较低的遮阳系数，白天可限制太阳直接辐射进入室内。②较低的U值，它强调玻璃对太阳热辐射的遮蔽效果，同时具有较高的可见光透光率和较低的太阳能透过率的双重优点。③在可见光透过率相同的情况下，它比普通单银、双银Low-E玻璃具有更低的遮阳系数Sc，即它能最大限度地将太阳光过滤成为冷光源，该公司为市场提供的节能镀膜玻璃，经进一步加工成中空结构的节能窗后，主要应用在加拿大GTAP皇家骑警、澳大利亚CCT8、60车站大街、MXM（香港）HK、世界医药图书大厦、毕斯普大楼、哈尔滨农业科技创新中心等项目上。

（天津南玻节能玻璃有限公司）

【新型船舶节能装置研究及示范应用】 由天津新港船舶重工有限责任公司完成，2016年10月通过天津市海洋局验收。为满足新的规范（EEDI）、《国际防止船舶造成环境污染公约》的要求，开展水动力节能装置技术和海水冷却系统变频节能技术专题研究，形成整体设计方案，完成前置型固定鳍的制作与安装。利用变频控制技术自动调节海水泵的工作，并在40000吨散货船进行实船应用测试，实现油耗对比同类普通船舶降低25%，碳排放EEDI能效指数不低于20%，在船舶低能耗、低排放和高效方面取得新的突破。该项目节能装置建造技术处于国内领先水平。该项目的创新点为：①低阻力船型设计，通过对船体、动力系统进行能效分析、对艏、艉线型进行最佳优化，在选择最佳主尺度的基础上选择与船型相适应的最佳水动力节能装置方案，改善尾部流场，减少尾流选择损失以达到4%~6%节能效果。②对船舶电力平衡分析，开展中央冷却系统方案设计，开发出一种将系统压力、温度、流量等要素综合协调的控制技术，大大降低冷却海水泵的电能消耗。③采用新型船舶节能环保装置在灵便型散货船上的实船应用，最大程度地实现船舶低能耗、低排放、低污染、高效能、安全环保的功能目标。该技术获实用新型专利授权1件。

（张博洋）

环境技术

【环保科技领域年度科技进展简况】 2016年，天津市环保科技领域科技工作成绩显著。全市规模以上环保企业超过850家，总产值超过1000亿元。节能环保领域科技型中小企业数量超过4300家，其中科技小巨人企业350家，培育市政院、华北院、北玻玻璃、航天环境、泰达绿化等40家科技小巨人领军企业，开发废旧塑料资源再生环保材料、大口径超长度城镇供水管路、绿地养护节水抗旱集成化成套产品研制、污水热能采集应（利）用系统研发等“杀手锏”产品29项。60余所高等院校和科研单位、45余个国家级重点实验室和市级重点实验室、52个国家级和市级工程技术研究中心拥有环保各类科研技术人员5万余人。组建“天津市水环境产业技术创新联盟”“天津市大气污染防治创新联盟”“天津市绿色建筑材料产业技术创新联盟”3个领军企业创新联盟，加强在水污染防治、大气污染治理、绿色建筑材料等领域关键技术联合攻关。组织编制《天津市水污染防治技术指导目录》。实施“京津冀钢铁行业节能减排科技示范工程”，在空压机系统节能、加热炉节能、废酸和废水深度处理等方面成效显著，截至2016年年底，累计减排$SO_2$177吨，节约煤3417吨，节能减排效益约4000万元。启动实施“安全天津、科技惠民及可持续发展实验区建设”专项和“互联网+智慧城市”“互联网+环保”等科技专项，在公共安全，科技惠民，大气、水环境生态治理等领域建成工程示范点48个，推广先进适用技术超过1000项。在国家重点研发计划“绿色建筑与建筑工业化”等7个专项中，13个项目通过立项程序，争取国家财政经费2.3亿元。

（刘惠忠　华　强　李宏博）

【天津雾霾天气立体观测与预报预警关键技术研究及应用】 由天津市气象科学研究所、南开大学、中环天仪（天津）气象仪器有限公司合作完成，获2016年度天津市科技进步二等奖，主要完成人有韩素芹、张裕芬、边海、吴建会、蔡子颖等。围绕雾霾预报预警关键问题，综合利用气象和环境立体观测、实验室分析和数值模拟等手段和技术，研究雾霾发生的天气背景、边界层结构、大气污染特征以及大气污染对边界层结构的反馈影响机制，建立雾霾精细化的边界层预报指标。改进和完善边界层和气溶胶参数化方案，建立适合天津地区的气象化学双向耦合的雾霾数值预报模式，搭建集观测、数值模式、预报预警与评估于一体的综合业务系统。形成系列创新成果：①建立高分辨率的气象和环境综合立体观测体系，实现大气边界层特征参量垂直分辨率为10米~20米，时间分辨率为1分钟~10分钟连续在线观测。为揭示雾霾的边界层结构特征及演变规律，建立精细化边界层预报指标提供重要支撑。②建立气象化学双向耦合的雾霾数值预报集成模式。定量化研究气溶胶对边界层的反馈作用，修正完善边界层和气溶胶参数化方案，新建气象化学双向耦合的雾霾数值预报模式。增加霾中长期预报产品，雾霾短期预报时效从72小时提前至84小时，预报准确率提高10%，能见度小于200米的雾霾天气空漏报率降低50%。③研发雾霾预报预警与评估综合业务系统，为环境气象预报、重污染预警及APEC等重大活动期间空气质量保障提供重要的科学支撑。项目的核心技术被中国气象局认可，技术产品广泛用于天津市政府及港口、交通、民航、环保等部门。项目申请国家专利7项，其中获专利授权3项（发明专利2项），获软件著作权2项。发表论文49篇，其中SCI论文13篇，培养博硕士研究生8名、高级工程师4名、中国气象局青年英才1名。

（天津市气象科学研究所）

【作物秸秆高效炭化还田关键技术研究与应用】 由农业部环境保护科研监测所、天津德塔生态炭发展有限公司、商丘三利新能源有限公司 合作完成，获2016年度天津市科技进步二等奖，主要完成人有张贵龙、赵建宁、廉菲、李洁、赖欣等。针对作物秸秆转化利用率低、关键技术设备落后、方式粗放低值等问题，以“便捷高效、功能拓新、精化增值”为宗旨，发明作物秸秆内热式炭化炉及配套智能化操作系统，研发设计秸秆连续炭化工艺及配套设备，探索创新生物炭氮杂化及锰氧化物复合功能强化改性及利用技术，研究集成炭基缓释肥料制备与利用技术等。其关键技术具有如下特点：①适用性。技术旨在转化利用秸秆，潜在资源量大，覆盖广大农区。②可操作。研发的设备便捷，且配有智能化操作系统，集成的技术工艺在理论和方法上均采用通用模式。③先进性。技术应用有效减排农业源温室气体排放，增加农田碳库贮量。④创新性。研发的内热炭化炉、设计连续炭化工艺、合成氮杂化及锰复合生物炭材料、制备炭基缓释肥料等在理论和方法上是对传统的革新。⑤系统性。技术环节包括秸秆炭化设备、工艺、生物炭改性及炭基肥料制备过程，研发过程包括理论创新、机制探索与实践验证等。近3年建设秸秆炭化生产线5条、改性生物炭生产线1条、炭基缓释肥生产线1条，累计转化作物秸秆90余万吨，区域秸秆利用率达85%以上，减排二氧化碳125.1万吨，相关产品（炭基缓释肥、改性炭材料）在河南、山东、天津及湖南等地推广应用76.05万亩。该项目获国家发明专利4项、实用新型专利24项、软件著作权1项，发表研究论文30余篇（其中SCI收录3篇）。

（农业部环境保护科研监测所）

【北方特大型城市空气质量改善关键技术研究与综合示范】 由天津市环境监测中心、南开大学合作完成，获2016年度天津市科技进步二等奖，主要完成人有孙韧、冯银厂、关玉春、高翔等。针对北方特大型城市空气污染管控工作中存在的监测难、诊断难、决策难等技术瓶颈，开发集空气质量综合观测、污染源监控、污染成因诊断和精细化管理决策为一体的综合空气质量改善技术体系。项目主要内容是：①构建多目标协同空气质量综合观测网络点位优化方法及质量控制技术。建立满足趋势研判、预测预报、污染溯源等多需求的高密度观测网络布点方法和仪器适用性比选方法，开发基于“多重校准+动态修正”的监测数据质量控制技术。②开发多组分大气污染源排放监测及追踪网络构建技术。针对国内高湿烟气环境，研发固定源PM2.5、Hg特征污染物监测关键技术与设备。建立以“实时报警、动态追踪”为核心的固定源和扬尘源监控技术体系。③开发基于动态排放源清单和颗粒物来源精细解析交互技术的大气复合污染成因诊断技术。构建集固定源、扬尘源、移动源、开放源于一体的综合排放因子库和化学特征谱库，实现对污染来源的精准锁定，靶向防控。④开发城市大气复合污染动态调控与多目标决策技术。建立集成环境/气象观测、精细化预测预报、源动态管理、减排效果评估及决策支持于一体的综合管理平台。成果在市清新空气指挥部、市环保局以及河北、北京、济南等省市等11家单位应用，直接支撑《天津市清新空气行动方案》等多项重要环境管理措施的制订和实施。项目完成专著1部，申请发明2项，获实用新型专利8项，软件著作权12项，出台技术规范7项。（天津市环境监测中心）

【新型环境空气质量连续监测系统】 由天津同阳科技发展有限公司、天津大学、天津市津南区环境保护监测站、河北工业大学、北京圣通和科技有限公司合作完成，获2016年度天津市科技进步二等奖，主要完成人有陈文亮、魏永杰、付强、李晨曦、张增福、樊海春、吴军、侯艳霞等。针对环境保护和治理要求，为满足环境空气质量连续监测和应急预报开发新型环境空气质量连续监测系统。其主要内容是：①提出连续光谱散射式颗粒测量方法，获发明专利1项，开发颗粒物测量仪器，不经分割预采样实现空气颗粒物的测量；研发PM2.5自动换膜采样器，获实用新型专利1项，并取得中国环境保护产品认证证书。②基于差分吸收光谱技术原理，提出光纤收发一体式空气差分吸收光谱测量系统、开放式长光程的宽光谱气体测量系统，获发明专利2项，用于环境空气污染气体测量，研发两种环境空气质量连续监测系统，取得中国环境保护产品认证证书，实现规模生产。③建立环境空气自动监测系统的分布式立体网格化交叉监测网络，根据需要对不同用户分组开放和数据使用，在天津市环保局及有关部门的支持下，形成具有特色的空气质量在线监控网络和数据分析软件系统，做到监测无盲区。采用数据挖掘技术评估可能的环境风险，预测环境污染的变化趋势，对于潜在的环境风险进行早期预警，提供决策支持。该项目利用产学研结合优势，迅速实现产业化。

（天津同阳科技发展有限公司）

【水解氧化高效治理工业VOCs关键技术及装备的研发与示范】 由天津市环境保护科学研究院、天津力生制药股份有限公司、天津市联合环保工程设计有限公司合作完成，获2016年度天津市科技进步三等奖，主要完成人有马艳宁、刘晓亮、李云鹏、张金凤、刘哲等。针对挥发性有机废气来源广、成分复杂、工况不稳、处理效果不稳定等难点，自主研发提出水解氧化高效治理工业VOCs的湍流反应治理技术。其主要内容是：①提出利用流化高效湍流体新方法，构建气液两相流模型，实验拟合，形成流化布气技术及装备并示范。②基于液滴与载体之间聚并、迸裂及液膜吸附等作用机理，以两相流模型为指导，研究流化除雾效果，形成流化除雾技术及装备并示范。③水解氧化高效治理工业VOCs湍流技术及装备的研发。基于高效流化湍流新理念，开发高效降解工业VOCs的水解氧化湍流技术，通过对工业挥发性有机废气水解氧化高效治理技术及装备的研究和应用进行综合示范，最终形成高效水解氧化湍流反应技术。该技术优化废气流场分布，耐负荷能力强，污染物去除率高达99%以上，比传统反应效率高5%以上，且效果稳定。吸收VOCs的废液可实现资源再利用或回收，实现无二次污染。成果应用于天津东洋油墨有限公司废气治理工程等近10家企业中，每年VOCs消减量约2500吨，为企业节支总额约2500万元，废气经治理后均能稳定达标排放。该项目申请专利9项（其中发明专利3项）、获权专利5项，发表文章2篇，完成学术著作1部。（天津市环境保护科学研究院）

【微生物固定化—循环式活性污泥法处理海水养殖废水技术研究】 国家海洋局天津海水淡化与综合利用研究所自有项目，由国家海洋局天津海水淡化与综合利用研究所完成，2016年10月通过验收。结合天津滨海某海水养殖厂的生产实际，针对其水质特征，开发具有高效脱氮功能的耐盐净污菌，进行菌种鉴定，确定其生长条件和对底物地降解转化特性，测定相关代谢活性，进行菌种复配。采用生物陶粒和软性纤维填料微生物固定化技术，与CAST工艺相结合，形成高效、稳定的CAST-固定化微生物复合处理工艺。为海水养殖废水循环利用，降低生产成本，减少集约化海水养殖生产对周围海域生态环境的污染提供技术支持。项目研究过程中分离得到3株能够在贫营养条件下高效脱氮的耐盐好氧反硝化菌，并开发出微生物固定化-CAST海水养殖生物处理废水工艺及装置，能有效地去除水体中的有机物和氮化合物，提高海水养殖水体水质，降低生产成本，为现场修复治理提供优良菌种和处理工艺，有利于推动海水养殖产业的可持续发展。该项目在中文核心期刊发表论文4篇，申请发明专利1项。

（苗英霞）

【海洋厌氧氨氧化菌的富集、群落特征及脱氮控制策略研究】 国家海洋局天津海水淡化与综合利用研究所自有项目，2016年10月通过验收。采用来源于渤海湾天津塘沽海区，可以扩增出厌氧氨氧化反应特征条带的样品构建海水厌氧氨氧化反应器，反应温度35℃，进行完全遮光与厌氧处理，在水力停留时间由7天转为14天后，成功启动海水厌氧氨氧化反应。研究发现，厌氧氨氧化反应对环境因素要求较高，当氮负荷的改变在10%以内，盐度在3.5%～5%，温度保持在20℃～35℃，pH保持在6～7，水力停留时间保持在7天～21天范围，厌氧氨氧化反应可以保持较高效率，氨氮去除率均达到90%以上。在反应器启动后，自反应器泥样中扩增出厌氧氨氧化反应特征条带，通过变性梯度凝胶电泳(DGGE)检测发现，伴随厌氧氨氧化反应器启动，微生物群落发生变化，厌氧氨氧化菌开始占有主导地位。该项目的实施，将丰富厌氧氨氧化反应的研究，推动早日将这一反应应用于污海水以及含盐污水处理。该项目发表论文4篇，其中EI收录1篇。

（苗英霞）

现代工程技术

【大型桥隧快速检测损伤识别与全寿命风险控制技术及其应用】 由天津大学、天津市交通科学研究院、中铁十九局集团有限公司联合完成，主要完成人：朱劲松、余杨、肖汝诚、余建星、孙运国等，获2016年度天津市科技进步一等奖。在国家自然科学基金项目、天津市科技支撑计划重点项目等的支持下，系统开展大型桥隧快速检测损伤识别与全寿命风险控制技术研究及应用示范。创新成果如下：①开发适于不同车载平台的智能机械传动系统，研制桥梁与隧道快速检测成套装备，弥补国内外现有检测设备需中断交通、费时费力的不足，实现大型桥梁隧道的快速、经济、安全地检查检测。竖向检测范围是进口同类设备的8倍，造价是其1/3～1/4。②提出基于计算模型的桥梁损伤识别、基于压电波传播的混凝土内部缺陷与埋入式钢筋锈蚀损伤的主动监测方法，开发基于健康监测系统动态数据及准静态数据的桥梁损伤预警技术。损伤程度识别误差小于3%，精度远高于已有损伤指标；损伤趋势预警时效提高4～6倍，准确率提高6～8倍。③研发桥梁风险事故管理系统，实现对数据的快速统计分析；开发桥梁设计、施工与运营期风险源辨识、风险估测、评价与防控技术以及复杂地质及环境条件下铁路隧道开挖施工安全评价及风险控制技术，为降低大型桥隧结构全寿命风险损失提供了技术保障。项目获国家授权专利14项（其中发明专利5项），软件著作权1项，发表专著1部、论文28篇（SCI收录6篇、EI收录17篇）。成果成功运用于天津、上海、浙江、河北、辽宁、黑龙江与安徽等省市1400余座桥梁定期检查与检测，5座桥梁健康监测系统，12座大型桥梁风险评估及京沈高铁难度大风险高的3条隧道爆破施工风险控制中，近三年累计节支3.34亿元。 （天津大学）

【海洋土工程特性及地基稳定性评价控制技术】 由天津大学、天津大学前沿技术研究院、中交天津港湾工程研究院有限公司、中船重工船舶设计研究中心有限公司、中交天航港湾建设工程有限公司联合完成，主要完成人：刘润、王建华、练继建、周杨锐、闫澍旺等，获2016年度高等学校科学研究优秀成果奖科技进步一等奖。取得主要创新成果：①海洋土场地特性及参数测试评价新技术：建立海洋土土性剖面的空间随机场模型，发明海洋原状土样剪切波速测试新装置，创新海洋土层动力特性参数测试方法，大幅降低海洋土参数获取成本。②海洋土强度弱化定量评价与控制技术：建立循环荷载作用下软土应力应变响应的本构模型，形成防止海洋土弱化灾害的工程技术措施。③海洋深厚吹填软土固结特性及快速成陆技术：建立变系数的吹填软土固结模型，开发若干深厚吹填软土加快固结技术，发明吹填超软土地基充灌袋挤淤筑路方法，形成成套快速成陆技术。④海洋软土地基多维荷载空间稳定性评价技术：建立竖向—水平—弯矩荷载空间筒型基础筒—土协同地基承载模式与稳定性评价方法；发展竖向—水平—弯矩—扭矩四维荷载空间的深海防沉板地基稳定性评价方法；提出考虑锚链—锚—土体耦联和循环荷载作用的深海吸力锚承载力计算方法；提升复杂荷载环境海洋软土地基稳定性和承载力评价的可靠性。项目获授权发明专利12项、实用新型专利5项，软件著作权1项，发表SCI收录论文47篇，EI收录论文253篇，出版专著1部，部分成果编入行业技术规范，成果应用于国内渤海曹妃甸、旅大、南堡等，东海春晓、平北、丽水等，南海荔湾、流花等大型油气田，长江口导堤、天津港防波堤、天津江苏围海造陆及海上风电等近200项大型工程，涵盖95%以上的海洋平台工程地质勘察，累计增收节支7.28亿元。

（天津大学）

【大跨上承式劲性骨架混凝土铁路拱桥施工关键技术研究】 由中铁十八局集团有限公司、中铁十八局集团第二工程有限公司合作完成，获中国铁建股份有限公司科技进步特等奖，2016年4月23日，通过天津市高新技术成果转化中心鉴定，主要完成人有杨继明、樊秋林、林春姣、黄欣、于长彬等。依托新建铁路云桂线南盘江特大桥（世界客货共线铁路中跨度第一的上承式劲性骨架钢筋混凝土拱桥）工程展开研究，形成的主要研究成果为：①研发主拱劲性骨架2.4万立方米外包混凝土分环分段和斜拉扣挂组合浇筑技术，有效改善拱脚段控制截面应力，为实现更大跨度拱桥施工提供示范。②研发用于外包混凝土模板安拆的缆索吊二级提升平台，提高工效，减小高空作业安全风险，缩短施工工期，节约成本。③研发峡谷强风条件下的大跨度、大起重量缆索吊系统，实现钢管拱劲性骨架整节段吊装，为类似工程提供借鉴。④研发岩锚、桩基承台组合式扣锚索锚碇体系，有效减小施工成本。⑤采用真空压浆、混凝土配合比优化等综合技术，实现劲性骨架管内C80混凝土百米高差一次顶升压注成功，技术具有创新性。项目成果应用于时速200千米客货共线云桂铁路南盘江特大桥，保证了主拱的高精度合龙及全桥施工质量。该项目取得4项专利，获得国家级工法1项，省部级工法4项，公开发表学术论文12项。

（刘玉飞）

【大长细比空间斜跨钢拱桥施工关键技术研究】 由中铁十八局集团有限公司、中铁十八局集团建筑安装工程有限公司合作完成，2016年8月30日，通过天津市高新技术成果转化中心鉴定，获得中国铁建股份有限公司科技进步二等奖，主要完成人有周会军、黄玉萍、凌建军、韩森、王新妍等。主要依托于新疆阿勒泰市望湖街路桥工程，研究在极端天气条件下钢拱肋斜跨主梁的安装施工过程中各工序的优化和关键技术的革新、安全措施的改进等综合应用及技术集成。形成的主要创新成果为：①在极端大风条件下，对大长细比、空间斜跨钢拱肋进行临时固定，通过设置合理的临时固定措施，保证钢拱肋可以抵御12级大风。②采用索力控制方法，通过优化设计改进索力张拉过程，精确计算拆架前的索力张拉值，简化施工过程，缩短施工周期，减小在张拉过程中遭遇恶劣天气的概率。③在大温差地区，对半幅张拉的大长细比、空间斜跨拱肋进行温度变化响应分析，精准控制张拉时段及温差限制，减小不均匀温差造成的索力变化和结构变形。

（刘玉飞）

【大型多管分槽输水管道穿越铁路关键技术研究】 由中铁十八局集团有限公司、中铁十八局集团第四工程有限公司合作完成，2016年8月30日，通过天津市高新技术成果转化中心鉴定，获中国施工企业管理协会科学技术奖二等奖，主要完成人有钟兴兵、吴利民、李金锁、宋成贤、张鹏忠等。通过对全线9处穿越铁路工程进行全面的分析，以2处施工条件较为复杂的典型穿越工程为例，着重对穿越京哈线斜交顶进框构涵及辽开线就地现浇框构涵施工关键技术进行理论分析及应用研究。技术成果的主要创新点为：①通过优化的施工措施，将框构涵顶进中线偏差均匀控制在±100毫米以内，高程偏差均匀控制在±50毫米以内，实现顶进过程中偏差的均匀控制，确保安全行车。②将框构涵顶进过程划分为三个阶段，创新引入大角度斜交框构涵顶进顶力值和斜交力矩计算方法。③针对高路基框构涵工程，通过有限元建模分析，创新提出高路基组合式便桥工法。该课题成果在辽宁重点输水工程穿越铁路施工三处典型框构涵工程中成功应用，通过该创新技术使得穿越工程能够同时兼顾正常行车及工程建设按期实施，效果显著，为国内大型输水工程建设中类似工程提供技术支撑。

（刘玉飞）

【第三系粉质黏土地层隧道施工安全及大变形控制技术】 由中铁十八局集团有限公司、中铁十八局集团第五工程有限公司合作完成，获中国铁建股份有限公司科技进步三等奖，主要完成人有程志强、周海英、武宏斌、邹家鸿、罗世华。针对铁路隧道穿越第三系粉质黏土地层前期施工出现的多处喷射混凝土开裂、钢拱架扭曲、仰拱隆起和支护侵限等技术难题展开攻关。形成的主要创新成果为：①研发出隧道现场直剪流变试验方法及其装置，开展现场流变试验和微观分析，揭示土样含大量片状黏土矿物，具有扰动后易发生结构改变、残余强度低等特点，恒载作用下呈非稳定流变状态。②基于伯格斯黏塑性流变模型开展隧道施工过程黏弹塑性数值分析，揭示围岩和支护的力学变形机制：即该隧道开挖流变效应使得围岩变形时间延长，二衬仰拱弯矩普遍较大。③依据第三系粉质黏土地层的流变特性研究，提出乔家山隧道施工控制措施和结构优化方案，包括：提高初支和二衬强度，增大预留变形量，开挖方法修正为三台阶法，设置临时仰拱，增大仰拱曲率半径，增设仰拱锚杆支护等。该研究成果实用性强，在大西客运专线乔家山隧道工程得到成功应用，推广应用前景广阔。

（刘玉飞）

【特大断面瓦斯隧道水力压裂快速揭煤技术研究与应用】 由中铁十八局集团有限公司、中铁十八局集团隧道工程有限公司、重庆市能源投资集团科技有限责任公司和渝黔铁路责任有限公司合作完成，2016年8月30日，通过天津市高新技术成果转化中心鉴定，主要完成人有曹美俊、邹永红、李林林、王明慧、张尚斌等。依托渝黔铁路新凉风垭隧道工程展开研究，形成的主要研究成果为：①将“水力压裂增透技术”应用于铁路大断面瓦斯突出隧道揭煤，优化水力压裂压力、流量参数和封孔工艺，减小煤与瓦斯突出风险。②提出5步揭煤预测+水力压裂增透+金属骨架的“5+1+1”高效揭煤技术体系与方法，实现隧道快速安全经济揭煤的目标。③形成近距离煤层群集中压裂增透抽采、分层效果检验、逐层揭煤的隧道施工工艺，提高瓦斯抽排效果，缩短瓦斯抽排时间。④采用自主研制的溶剂式快速封孔器，有效解决近水平钻孔封孔难度大、抽排浓度低的难题。该项目成果成功应用于渝黔铁路新凉风垭隧道揭煤工程，有效防治煤层赋存条件下瓦斯隧道煤与瓦斯突出事故，实现瓦斯含量较高的超大断面铁路隧道的安全快速揭煤，推广应用价值大。

（刘玉飞）

制造业科技

概　况

【制造业科技年度概况】　2016年，全市工业企业深入落实创新驱动发展战略，围绕构建全国先进制造研发基地，积极推进企业技术创新。具体表现在：①培育企业创新载体，完善产业创新体系。海洋石油工程股份有限公司、中海油田服务股份有限公司、中国汽车技术研究中心、天津红日药业股份有限公司、天津港航工程有限公司等5家企业被认定为第23批国家企业技术中心，全市国家企业技术中心总数达到50家。新认定力神动力电池系统有限公司等54家企业为第23批天津市企业技术中心，总数达到576家。七一二通信广播股份有限公司、红日药业股份有限公司、天地伟业数码科技有限公司、银龙预应力材料股份有限公司、长荣印刷设备股份有限公司等5家企业被国家工信部认定为第6批国家技术创新示范企业，为天津市历年来通过认定数量排名第一，至此全市国家技术创新示范企业总数达到15家。②加快品牌质量建设，促进产业提质增效。汉柏科技、梦金园、渤化永利、红日药业、瑞普生物、凯发电气等6家企业被认定为品牌培育示范企业，截至2016年全市拥有19家国家品牌培育示范企业。科迈化工等20家单位成为全市第四批工业企业品牌培育试点企业，全市工业企业品牌培育试点企业达到116家。③提升知识产权运用，夯实产业技术基础。2016年，全市工业企业专利申请量达90446件，同比增长38.7%，创历史新高，占全市专利申请总量的84.9%；专利授权量达到32570件，同比增长16.6%，占全市授权总量的82%，有效专利达到89518件，同比增长11%，占全市有效专利总量的71.7%。赛象科技等11家企业被认定为首批天津市知识产权运用标杆。

（董锡泉）

电子信息

【天津中环电子信息集团科技工作年度简况】2016年，天津中环电子信息集团有限公司按照“调结构、促转型、增活力”的工作部署，聚焦“投入+平台”，努力提升企业创新能力，激发创新活力，国有经济全年实现科技投入8.5亿元，科技投入率5%以上，实现新产品销售收入71亿元。完成鉴定验收项目42个。获天津市科技进步奖4项，其中二等奖1项、三等奖3项，获天津市专利优秀奖3项，获天津市质量攻关项目一等奖2项。全年完成专利申请453项，其中发明专利179项，授权专利401项，科技成果登记22个。

积极培育发展市级、国家级创新平台。光电集团众创空间、中环智地孵化器等双创平台通过市级认定，中国机房、新艺电子通过市级技术中心认定，七一二通信广播服务有限公司被评为国家技术创新示范企业。新艺电子等8家企业通过2016国家级高新技术企业认定，集团公司高新技术企业累计达42家。

积极推进企业科技项目建设。通过重点科技项目实施，获得多项技术和市场突破，高效背钝化太阳能电池（PERC）技术开发及产业化项目，完成6条PERC产线的改造和量产，工艺达到国际领先水平。HF3无人机地面站对标北约STANAG4586标准，实现无人机链路数据接口的通用化，并完成首台样机交付客户。商用潜伏式AGV通过避障传感器与AGVS工作站逻辑避障功能相结合，实现系统安全避障功能，完成样车。全自动智能物料移载机器人集群的技术研发项目，采用激光雷达精确定位技术，对接过程实时分析特征点位置，实现对接精度±1毫米。（VOCs）在线监测系统DHT508M实现挥发性有机物中非甲烷总烃和三苯的测量，实时监测污染物排放，指标满足用户的需求。语音屏蔽器项目采用超声信号进行干扰和多频信号进行截断实现，完成产品的研发和小批量试制。航空航天用含氟聚合物绝缘电线电缆产品开发项目完成工艺摸索及试验验证并工艺固化。

（郑宝山）

【天津电子信息职业技术学院校企合作提升办学水平】 天津电子信息职业技术学院与育杰科技有限公司等多家企业开展深入合作，通过组建"订单班"、成立"工程师协会"和共同进行专业建设和课程资源建设等深度融合的形式，既为学生提供良好的实训实习环境，又有效提升办学水平。2015年4月成立"育杰科技互联网工程师订单班"，与企业合作制订订单班人才培养方案，合理进行课程与学分的置换，聘请企业相关技术人员针对网络工程师的岗位能力进行课程建设及教学授课。截至2016年年底，完成五期订单班教学培养，学生人数达到150人，全部学生成功走向工作岗位。2014年创办"育杰网络工程师协会"以来，学生在课余时间定时接受企业的文化交流与技术学习。企业带领学生在网络协会中开展分组的模拟项目课题，在做中学，以学巩固做，将企业实际的案例带到校内，让学生在未出校园即能感受到工作中的各种实用技能。校企合作领域从原来单纯的顶岗实习、实训基地共建逐步扩展到人才培养方案制订、课程开发、教材编写、师资培训、教学实施、人才评价、实习就业等人才培养的全过程。随着专业与企业合作不断深入，学院也在校企合作过程中，逐步扩充单一的教学功能，与合作企业一起开展员工培训、项目开发、工程实施等业务。根据企业岗位需求，校企共同研讨制订符合专业人才成长特点与职业岗位能力要求的人才培养方案，构建职业化的课程体系，研究课程改革及实训内容。开展国家级教学资源库《云计算及其应用》的课程教学资源建设，编写开发理论实践一体化教材和实训方案。完成14门专业课程建设，合作完成全部专业主干课程的教学资源上网工作，为学生提供多渠道、全方位的优良自主学习环境，人才培养效果突出。校企合作培养的学生获国家级奖项7个，其中国家级一等奖4项、国家级二等奖3项；获市级一等奖13项。专业就业率一直保持在95%以上，专业对口率85%以上。保送本科26人次，毕业生有7人进入北京神州绿盟信息安全科技股份有限公司、北京京东世纪贸易有限公司等知名公司工作。

（齐　虹）

【电动汽车刹车助力真空泵控制器】 天津市中环三峰电子有限公司开拓汽车新能源领域的新项目，由张军、田启孟、丁萍等于2016年10月完成。其真空度标定测试攻关项目获得2016年度天津市质量攻关成果三等奖。电动汽车刹车助力真空泵控制器是连接真空泵电机与电源的装置。控制器由芯片程序控制压力传感器，将真空泵真空罐40千帕~90千帕负压压力信号转换为5伏~0伏电压信号，驱动电机运行工作。该项目为电动汽车刹车助力真空泵厂家配套装置，从产品设计到组装生产工艺及关键数据检测标定各环节均按标操作，各项技术指标均达到有关标准的要求。其真空度测试标定环节采用双真空罐、双压力开关、双电磁阀的双通道测试装置，通过计算机测试程序控制，11秒自动完成一次标定，快速准确，出厂检测控制器负压误差±1千帕，大大低于汽车行业真空泵真空度±1.3千帕的误差要求。从立项到成品出库一年多时间，产品得到配套厂家认可，并达小批量量产，产值60万元。

（王春霞）

【七六四通信导航技术有限公司在军民两用技术应用大赛上获佳绩】 2016年，在工业和信息化部、国防科工局、全国工商联联合举办的中国军民两用技术创新应用大赛中，天津七六四通信导航技术有限公司取得好成绩。军地相关单位750个项目参赛，涉及电子信息、高端机床与机器人等7大领域，122个项目脱颖而出，最终决出产业化类项目金奖2个、银奖5个、铜奖9个，技术创新类项目金奖4个、银奖7个、铜奖15个。公司以排名第14的成绩取得铜牌，参赛项目"仪表着陆系统地面设备"（主要研制人员为王健，卢晨，张立福等）以技术创新类排名第25名的成绩取得铜牌。此外还有ADS-B、电力授时、北斗通信等三款设备参加产品样机展览。

（王　健）

【模具电极加工转换治具】 由天津市中环三峰电子有限公司闫丽丽、王懿、张振营等于2016年5月完成。项目治具为"L"型铁凹槽，短边长80毫米，长边长160毫米，宽50毫米，厚30毫米。短边一端由锁紧螺栓水平固定在原治具固定点上，原治具固定在距L长边顶端10毫米以下，其嵌件口水平放置，其底面中心由锁紧螺栓固定在立面上，同时其底面稳固镶嵌在圆吸盘上，吸盘嵌入尺寸误差在0.01毫米以内，保证加工中心铣件稳固自如。备铣电极水平插入嵌件口，加工中心由铣垂直电极转换成铣平行电极。加入该转换治具，加工中心可以直接找到切入点，不必考虑电极的深度尺寸，也不需考虑找点不准而冗余电极材料。该治具解决原有的二轴至二轴半加工中心不能铣深筋/深槽电极的问题，免去线切割进行二次加工的工序，电极用线切割加工易变形的质量难题也迎刃而解。该项目将电极加工精度从0.02毫米～0.03毫米降至0.01毫米以内，单个零件加工完成时间缩短一个小时，每件节省铜料30元～40元。该治具在加工中心铣深筋、深槽电极过程中广泛使用，也拓展到线切割铣小尺寸或不规范尺寸电极的过程中。该治具结构简单、巧妙、实用性强，有极高的推广使用价值。

（王春霞）

【210微米厚铜电源板项目开发】 苏州安伏为天津普林电路股份有限公司在2016年重点导入的客户，其产品主要应用于电子电气产品的电源，主要包括电源转换产品、整流器系统和逆变器等。业务范围涵盖电信、工业自动化和医疗技术等行业。由于特定的用途，其产品要求具有散热率好，较低的电阻值及耐高压。普林公司导入用于变压器上的8层210微米厚铜电源板。其产品结构为内、外层回路线圈，表面铜厚要求≥210微米，层间耐1000伏高压，电阻值≤108毫欧。针对此类产品的特点，普林公司的耿波、朱艳霞进行如下的研究设计与开发：①坯板设计设计为16×21英寸，避免坯板尺寸太大造成的搬运困难及板材涨缩的可控性。②压合采用PINLAM工艺，优化PINLAM靶标设计，防止由于层间半固化片多而导致的层间偏移问题。③半固化片专门采买胶流动性能极佳的台光半固化片，避免出现层间空洞问题。④优化电镀参数，使得铜厚满足≥210微米的客户要求。优化蚀刻参数，控制回路线圈的线宽，由此进行电阻值的控制。⑤阻焊采用2遍的印刷方式，确保表面耐压的合格。⑥产品成型后，进行耐压、电阻值、电感线圈的100%测试，避免不合格品的流出。该项目的产品被成功导入，客户端无性能反馈。（耿　波）

【HDI板嫁接项目导入】 福建联迪为天津普林电路股份有限公司批量HDI板的重点发展客户，其产品广泛应用于金融支付终端、移动支付终端、智能支付终端及自助终端等多个种类。主要为用于支付的移动的金融POS机主板，要求其具有极高的数据稳定性、极快的处理速度、耐用的按键盘。其产品设计线路细密、复杂，且含有树脂塞孔结构。因此，此类产品的合格率一直较低。由于客户产品的多拼版交货，不允许单废，1 pcs产品的缺陷即会造成整个交货板（6 pcs）的报废，不仅造成质量合格率的下降，更是造成产品成本的无端浪费。为此，普林公司耿波、吴云鹏、朱艳霞等对此客户产品进行嫁接技术的导入。即，通过特定的设备将整个交货板中的缺陷pcs铣下，将另一块交货板中的好的pcs移植进去。整个过程，主要控制移植产品的尺寸精度及对位精度，避免移植过程中，存在位移。产品移植嫁接之后，仍进行相应的通断测试、表观检验，合格后发给客户使用。此项目的导入不仅解决产品合格率的问题，更是极大地节约生产成本，并且此种方式也赢得客户的认可。截至2016年年底，经过核算，仅8个月的时间，即为企业挽回10余万元的损失。该项目完成标准化处理。

（耿　波）

【AVI检验技术在PCB外观检验中的应用研究】 随着客户对PCB表观的要求逐渐增高，要求PCB厂商对外观的检验要更加严格。但多数PCB厂商外观检验采用人工目检，尽管配以环形灯和放大镜等辅助工具，但检验效果仍不理想，用机器代替人眼的检验方式成为大势所趋。天津普林电路股份有限公司赵宇、张舰、郝宝军等于2016年10月开发成功AVI检验，较人工检验具有速度、精度和成本三大优势。①在测试速度上，AVI检验约每小时检测800片，人工检验每小时三个人可检测400片，AVI检测速度是后者的两倍。②在测试精度上，AVI检验是通过CCD镜头去捕捉缺陷，CCD的检测精度为一个像素，对于单CCD的设备而言，可检测出一个像素的缺陷为35微米，对于双CCD的设备而言，其检测精度更高，可检测出一个像素的缺陷为18微米，而人眼对这种微小缺陷识别能力有限，并且受外在因素和员工情绪影响，人工检验具有不稳定性。③在测试成本上，购买一台AVI设备需要几十万元，看似成本提升，但从长期考虑却是节约，两到三年时间就可比人工测试节省出一台AVI设备的费用。

（赵　宇）

【四端子微阻测试在PCB电性能测试中的应用研究】 由天津普林电路股份有限公司赵宇、张舰、郝宝军等于2016年3月完成。四端子微阻测试方式，其原理为开尔文连接方式，开尔文连接有两个要求：对于每个测试点都有一条激励线和一条检测线，二者严格分开，各自构成独立回路；同时要求检测线必须接到一个有极高输入电阻的测试回路上，使流过检测线的电流极小，近似为零。激励线即是电流供给回路，检测线即是电压测定回路，电流、电压两回路各自独立。电流供给回路两端子与电压测定回路两端子共计四端子，故称四端子测试，也叫四线测试。四端子微阻测试主要应用于少铜的缺陷的检测，比如孔内铜薄、孔铜微连、线细、线路缺口等，应用较广泛的是对孔铜微连接的检测。通常情况下，PCB的开短路测试中的导通电阻设为20欧，即线路阻值大于20欧时机器判断为开路，小于20欧时机器判断为合格，对于阻值小于20欧的线路则无法精确测试出其实际电阻值，因此20欧以下的线路成为测试盲区，而四线测试的精度可达毫欧级，不存在测试盲区，为四线测试所检测出的过孔和盲孔的微连接，为产品的可靠性提供保证。

（赵　宇）

【数字多功能机高精度激光成像部件关键技术开发】 科技部转制科研院所专项资金项目，由天津复印技术研究所王路主持，牛丽丽等人完成，2016年4月通过天津市高新技术成果转化中心鉴定。该项目开发成功一种专用于数字图像输出的单透镜激光成像单元，实现激光成像单元激光扫描的控制和成像，可用于数字多功能机、激光打印机、数码复印机和医疗数字X光机等。项目自主研制光成像单元激光调制控制器，开发出激光成像单元单透镜、激光扫描光学系统以及激光成像单元激光扫描F-THETA单透镜。这是数字多功能机、激光打印机以及现代数字医疗影像等设备必备的核心关键部件。激光成像单元的成功开发，打破国外的技术垄断和市场垄断，填补国内技术和市场空白。

（赵晓东）

石油、石油化工与化工

【渤海化工集团年度科技工作简况】 2016年，该集团明确科技创新总体布局，以重大项目和产学研为抓手，逐步做实集团科技工作，开创科技工作的新局面。①科技创新总体布局基本确立，召开集团科技创新大会，下发《科技创新三年行动计划》《支持创新创业意见》，初步形成分工明确、责权清晰、特色鲜明的“三层创新体系”。筹建集团技术研究总院，重点解决集团前瞻性、战略性重大技术难题。完善企业10大研发平台，重点解决现有产业短板和瓶颈问题。新增汉盐盐田藻类生物技术和大化树脂改性两个“市重点试验室”。建设集团创新创业基地，调动激发广大科技人员创新创业的主动性、积极性。基地建设于2016年11月启动建设，组建团队21个，其中2个团队先行在腾讯众创空间进行培训。②技术攻关取得积极进展，大化PVC用非汞触媒项目，催化剂寿命达到9600小时，高于含汞催化剂，具备产业化应用条件，正准备石化联合会鉴定。渤化永利丁辛醇铑/双磷配体催化剂攻关取得突破，圆满实现“国产化、增产能、提活性、提高正异构比”等攻关目标，达到世界一流水平。渤化石化PDH装置长周期稳定运行科技攻关项目，实现装置稳定运行110天，累计运行288天。③产学研合作加快推进，与中科院大连化物所、天大协同创新中心、西北农大等18家国家级科研院校，开展技术交流对接95次，签订19项产学研合同。特别是与大连化物所形成紧密合作关系，双方共建联合研究院、院士工作站和博士后工作站，首批确定合成气甲醇制乙醇等5个合作项目，实现“产学研”无缝对接，让拥有18名院士、千余名专业科研人员的大连化物所成为集团的外脑科研机构。④技术水平不断提升。劳卫所承担噪声职业病风险管理指南，获国家安监总局批准实施，成为集团首个安全行业标准。参与申报国家重点研发计划项目3项，其中渤化永利承担“基于余热利用的海水淡化技术研发及示范”项目获批准。申报天津市各类项目计划13项，其中合材所静电复印设备用低温定影墨粉树脂的研发、敬业光气法制备酰氯新型催化体系的研制等三个项目列入天津市科技支撑计划；海水淡化浓海水制盐及制溴产业化关键技术等4个项目获2016年天津市科技进步奖1项，三等奖3项；合材所墨粉用黏结树脂组合物及其制备方法等2项专利获天津市专利奖金奖1项，优秀奖1项。2016年，完成大口径科技投入12.045亿元，国有及国有控股企业科技投入率3.5%，新产品产值168.9亿元，申请专利175项，其中发明94项，专利授权65项，科技支撑引领作用进一步增强。

（王志东　殷伊琳）

【天津石化年度科技工作简况】　2016年，中国石油化工股份有限公司天津分公司加强科研管理，开展各类课题86项。强化立项管理，结合分公司主业发展需求，围绕优化增效、新产品开发、装置稳定运行和环保等方面开展科研立项工作，公司级新开项目16项，集团公司项目33项。22项科研课题完成计划任务，通过技术评审。全年累计生产聚烯烃新产品3.4万吨，完成全年计划的148%，主要牌号为DFDA-6010、PP-6012等。生产专用料8.5万吨，完成年度计划的98%，主要生产牌号为TJZS-2650、DFDA-9085及PPH-M12等，全年生产新产品专用料11.9万吨，超额完成化工事业部下达的11万吨生产任务。生产聚酯差别化产品9.9万吨，差别化率为52.71%，主要产品为1.33dtex半光高强棉型短丝和无纺布专用系列切片、高黏拉膜专用系列切片，超额完成总部下达35%的差别化率指标。全年申请23项专利、有15项专利获得授权，其中10项为发明专利，超额完成总部下达的19项申请、6项获授权的任务。“超疏水性介孔Ti/HMS绿色烯烃环氧化催化新材料”项目获2015年度中石化前瞻性基础性研究科学二等奖，“气液法流化床聚乙烯工艺成套技术开发”等项目分别获2015年度中国石化集团公司科技进步一等奖、三等奖各两项。

（梁会东）

【气液法流化床聚乙烯工艺成套技术开发】　中国石油化工股份有限公司天津分公司与浙江大学、中国石化工程建设有限公司、上海化工研究院、燕山树脂所共同承担的“气液法流化床聚乙烯工艺成套技术开发”科研项目是中石化科技攻关“十条龙”项目。该项目结合天津12万吨/年LLDPE装置的改造完成基础研究、专有设备研制、专用催化剂的研发、工艺包编制、工程设计、各类手册的编写、现场施工改造、工业化试验和应用、专有技术的形成和完善、新产品开发应用与市场推广、专利申请及知识产权分析等攻关工作。该课题的成果作为成套技术申请国内外发明专利37项，获国内授权专利14项，国外授权专利8项。2014年6月天津分公司12万吨/年LLDPE装置改造完成并实现一次开车成功，2015年8月～11月通过装置考核验收，攻关组完成各项攻关任务，全面实现攻关目标，获2016年度中国石化科技进步一等奖。

（梁会东）

【大港沿海地区油气勘探开发一体化与增储建产实践】　由大港油田公司袁淑琴、韩国猛、马建英等完成，获2016年度天津市科技进步二等奖。项目针对大港沿海地区，低油价情况下持续效益增储与稳产难题，创新技术方法，取得以下成果。①阐述断陷湖盆斜坡区不同构造部位控砂控藏机制的差异性，提出“多元耦合、匹配成藏、优势富集”的斜坡区高效成藏新模式。②形成“富油气凹陷内一个岩性变化带控制一个油气富集带”的勘探理念。首次在高勘探程度区开展以五级层序为单元的岩性变化带精细落实及综合立体评价，克服以往四级层序纵向评价单元过大，潜力不明确的技术瓶颈，评价精度提高4～5倍。③创新斜坡区优质储层预测技术新方法。该方法通过地质、测井、地震信息选择性约束，建立优质储层孔隙度和波阻抗线性关系定量预测模型，确定优质储层的地球物理参数，优质储层预测精度达90%以上。④创新预探、评价与建产协同研究与实施新模式。该模式突破原有分阶段运行机制，实现预探井、评价井与产能井协同研究，整体部署，滚动实施与动态方案优化，油藏发现与动用效率大幅度提高，总建设周期缩短2/3。⑤形成低油价下平台式、集约式钻井技术。采用井口槽式钻井方式，实现集约式设计，模块化管理，解决了沿海地区井场钻、采、注、输的工艺难题，降低了生产成本。该项目获得发明专利2项，发表论文6篇，出版专著1部；现场应用37口井获工业油流，其中16口高产，探井成功率77%，较中石油平均水平提高

27%；新增三级储量9984.9万吨，新建产能20万吨，新增利润30.68亿元，投入产出比1∶2.6。特别是5口百吨井的发现和板深37区块、刘官庄区块两个千万吨级高效建产区块的形成，闯出了一条低油价下有质量有效益开发老油田的发展之道。

（张景成）

【复杂岩性油田精细油藏描述方法研究与实施】 由大港油田公司芦凤明、孟庆龙、马文华等完成，获2016年度天津市科技进步二等奖。项目针对大港复杂岩性油藏构造破碎、岩性变化大，难以准确建模、量化剩余油的油藏描述技术难题，开展技术攻关。获得多项创新成果：①形成浅水长源辫状河三角洲砂体构型研究方法。采用“点线面体”多维互动方法刻画内部构型，认识“河在坝上走”的组合样式，从而解决该沉积类型构型研究的技术难题。②建立储层纵向裂缝分布规律的综合概率指数法和分形维数方法。将各种特征参数、曲线的分形维数依据反映裂缝的能力进行加权，得出反映裂缝及发育程度的综合指标，解决裂缝定量识别的技术难题。③创新“半梯形多因素变权法”量化层系重组方法。将不同数量级和单位制的因素，转化为具有正方向可比较0～1之间的值，综合因子相近组成一套层系，将定性分析转变成定量判断，实践证明方法科学合理。④创新形成复杂断块“断点引导控制断层”构造解释方法。相干数据体计算，沿层切片，将井断点平面投影到沿层切片上，在断点引导下，对地震属性异常去伪存真。该方法实现井震吻合率达到95%以上。⑤形成微构造解释、构型刻画、约束建模、剩余油描述、层系井网重组的配套技术。建立“研究内容标准化、研究手段平台化、地质模型精细化、方案设计定量化、成果应用数字化、技术进步自主化”工作方法，实现低油价下的高效稳健发展。⑥创建不同类型油藏提高水驱开发效果技术对策，解决复杂断块岩性油藏精细描述技术瓶颈。该项目在核心期刊发表论文10篇，获得软件著作权1项，编写了油藏描述开发方案编制企业标准。项目累计增油59.06万吨，实现新增利润10412.6万元。

（张景成）

【海上大型河流相稠油油田高含水期开发模式创新与实践】 由中海石油（中国）有限公司天津分公司完成，获2016年度天津市科技进步二等奖，主要完成人有廖新武、苏彦春、赵春明等。该项目针对以秦皇岛32-6为代表的海上河流相稠油油田进入高含水开发阶段，逐渐暴露出注采、层间、平面和层内矛盾突出，呈现采油速度低、自然递减率大和采收率低的问题，开展系统的高含水期开发模式研究和攻关，形成一套高含水期开发调整技术体系，取得重大创新：①基于三维矢量对比新技术与计算机数据库技术，提出基于储层构型单元精细表征的剩余油定量描述技术，提高海上河流相储层稀井网、多段合采条件下高含水期剩余油预测精度。②提出多层合采层间干扰定量表征技术方法，建立层间干扰系数理论计算公式，解决多层合采层间干扰定量表征的技术难题。③建立基于流管法的不同非均质模式下的水驱波及系数评价模型，提出水平井变流线注采井网加密技术理念，形成河流相储层高含水期剩余油挖潜技术模式。④在隔夹层精细描述的基础上，创新性地提出一套基于隔夹层的底水稠油油藏水平井优化设计技术，全面提高低幅底水稠油油藏开发效果。⑤提出海上河流相稠油油田“纵向上细分开发层系”“平面上完善注采井网”和“水平井挖潜剩余油”的高效开发模式。该成果应用于秦皇岛32-6、蓬莱19-3、歧口18-1油田高含水期开发调整，采油速度提高2.5倍，可采储量增加2566.7万方，采收率提高12.8%。该成果在渤海其他油田具有良好的推广应用前景。

（中海石油（中国）有限公司天津分公司）

【海上石油平台中控系统测试技术研究与应用】 由天津理工大学、中海油能源发展装备技术有限公司、中海石油（中国）有限公司天津分公司渤西作业公司合作完成，获2016年度天津市科技进步二等奖，主要完成人有高强、赵德权、许建军、冯胜、曲波等。该项目主要对海上石油平台中控系统进行实时在线测试，同时对中控系统运行数据进行分析，达到对中控系统性能进行测试与评价的目的，为国产中控系统首次替代国外中控系统在海上石油平台应用提供安全保障。其主要内容是：① 根据海上平台对中控系统特殊需求，在研究国内外标准及规范的基础上制订出一套符合海上石油平台中控系统性能评价标准。②基于半实物仿真技术，根据海上石油平台典型工艺流程，构建海上石油平台才有生产工艺系统和公共系统仿真测试模型，够为国产中控系统提供仿真测试环境。③提出一种DCS系统与计算机生产仿真模型之间异构信息处理方法，实现与多个厂家的中控系统实现通讯。④研制出一套国产中控系统应用测试系统，可以使国产中控系统在与实际工况相同仿真测试环境中运行，对其进行实时监控并给出性能评价。该测试系统首次应用于渤西歧口17-3海上平台中控系统改造项目，运行安全稳定。还应用于中海石油（中国）有限公司天津分公司渤西作业公司的岐口18-1平台、埕北火灾盘改造等诸多项目中，得到用户广泛认可。

（天津理工大学）

【渤海海上油田故障井快速治理新技术集成应用】 由中海石油（中国）有限公司天津分公司完成，获2016年度天津市科技进步二等奖，主要完成人有司念亭、龙江桥、高永华等。鉴于渤海油田开采的不断加剧，井筒内的复杂情况越来越多，使用传统的作业模式无法满足井筒复杂情况的快速处理的局面，研究以降低桶油成本、快速复产为目的的渤海海上油田故障井快速治理新系列技术。①建立井下管柱积木式打捞技术组合，首次提出积木式打捞的思路，形成配套的积木式打捞工具组合，开创井筒内管柱打捞的新思路。②建立快速恢复水平防砂失效井产能的分段开采工艺管柱技术，改变以往传统的水平井侧钻、打捞的模式，创新提出井下筛管精确找、精确堵的思路。③建立渤海油田LHD化学堵漏井下套管技术，首次运用适合渤海油田地质物性的配套化学堵剂，开创适合渤海油田海上平台小型修井设备配套的堵漏施工作业模式。④建立井下偏心过电缆封隔器快速打捞技术，首次提出不破坏鱼腔，快速引入鱼腔的打捞思路，形成配套的偏心类封隔器的打捞工具。⑤形成适合渤海油田油井电缆的高效密封技术，改变传统思路，形成适合渤海油田的特制胶铁密封及配套的快速连接工具组合。⑥形成井下封隔器的快速解封技术，形成适合渤海油田小型修井设备快速解封井下过电缆封隔器的技术系列组合。这些创新成果在渤海油田获得广泛应用，在绥中36-1、旅大油田、渤中油田群等多个油气田使用，截至2016年年底，累计使用井次600余口，直接节约作业费用约2.19亿元，为渤海油田稳产3000万吨并再上新台阶提供了可靠的技术保障，为同类海上油田开发开采提供重要的借鉴。

（中海石油（中国）有限公司天津分公司）

【油水井安全高效封堵工艺技术研究与应用】 由大港油田公司葛红江、雷齐玲、程静等完成，获2016年度天津市技术发明三等奖。该项目主要内容是：①发明强造壁高强度复合堵剂，其主要性能指标均优于同类堵剂，且成本接近同类堵剂，对填16毫米玻璃珠填砂管堵塞率大于95%，而同类堵剂<30%，解决了严重亏空漏失地层水窜大孔道封堵难题，提高了封堵成功率。②发明高强度自降解封隔材料，其封堵后突破压力梯度达到33兆帕/米以上，在75℃下48小时内可完全降解，解决了现有技术无法封堵套损井的难题，实现套损井、水平井安全有效封堵。③创新试验了平衡压力法注堵剂等多种施工工艺，提出水窜通道识别和堵剂用量设计新方法，开发水窜通道定量识别及封堵模拟软件、油水井封堵优化设计软件，可将水窜通道识别率由82.0%提高到87.5%以上，提高了油水井封堵设计及施工技术水平。④发明高温静态混合堵剂初凝时间检测装置，解决现有仪器不能检测温度100℃以上初凝时间的问题，保障了封堵施工安全。该项目成果对油田增产、稳产、安全环保具有重要的作用，其中油层平面和纵向的水窜通道被有效封堵后，能增加相应油井产油量；安全隐患井得到有效封堵后，可消除其对地面建筑、水源的安全环保风险。近3年在大港、冀东油田现场试验应用312井次，施工成功率大于96.79%，累计增产原油5.06万吨，新增利润14198.1万元，新增税收3201.4万元，支撑了老油田二次开发，稳定了相关油井产量，消除了所应用井安全隐患。该项目获授权发明专利3件，授权软件著作权3项，中国石油天然气集团公司自主创新重要产品认证1项。（张景成）

【油田开发中系列化保护油层技术研究与产业化应用】 由大港油田公司樊松林、董军、胡成亮等完成，获2016年度天津市科技进步三等奖。该项目围绕在油田生产作业中油层污染造成的减产问题，针对低压高渗、含硫低渗、高温高压等复杂油气储层，开展系统研究攻关。①研发低成本氮气微泡暂堵技术。利用自主研发的新型发泡、稳泡剂进行配制氮气微泡，密度最低至0.60克/立方厘米；采用普通搅拌设备替代氮气车组工艺，成本降低70%；结合3种可降解暂堵材料，解决了裂缝、枯竭高渗储层作业液漏失污染难题。②开发低碱度清洁除硫修井液。采用碱性缓冲、阻垢技术，pH值由14降到9.5并保持稳定，对H2S的吸收浓度提高了4倍达240毫克/升，解决了传统技术容易产生沉淀堵塞、碱敏损害等问题，消除了含硫油井修井作业的风险隐患。③研发系列低成本高密度压井液。利用晶格破坏、分散等化学协同作用，将极易结垢的高密度工业卤水改造成保护储层压井液，密度范围可控制在1.15克/立方厘米~1.65克/立方厘米之间，成本比常规体系降低40%~70%。④研制高温储层保护修井液。采取多种功能单体合成等方式，将油溶性暂堵剂的软化点提高30℃（达到140℃）；高密度体系抗温可达170℃。⑤形成油层保护液现场集中配制工艺。根据油田生产实际需求，建立3座集中配液站，配制能力可达5万立方米/年，可进行3大类9种保护液配制。该项目申报发明专利12项，制订行业标准、企业标准共8个，发表论文32篇。该成果在大港油田、青海油田、江苏刘庄储气库、北京华油储气库、海南福山油田、内蒙古等地区的油井应用1875井次，作业后平均油井产量恢复期由6天降至3天，平均产量恢复率由88%增至96%，累计增油12.7万吨，创效5.68亿元。

（张景成）

【勘探开发研究云平台建设与应用】 由大港油田公司陈哲、范德军、龙涛等完成，获2016年度天津市科技进步三等奖。该项目针对传统的分散部署研究模式带来的诸多问题，基于云计算技术，对传统大型石油软件进行集中部署，为用户提供高利用率的研究环境。同时，建立了满足研究人员从数据准备、数据交换到成果管理等业务需求的研究平台。主要包括以下内容：①设计部署满足大型石油软件的统一的云基础设施。基于虚拟化技术，建立满足石油专业软件的大规模双平台。（WINDOWS/LINUX）虚机集群（320台），实现地震、地质、油藏软件的快速部署、智能调度、弹性计算、故障迁移及许可监控。系统可靠性达到99.99%，硬件投入减少30%，运维工作量减少30%。②建立覆盖整个勘探开发领域的研究平台。结合研究云基础设施特点，完成18款主流专业软件的集中部署，涵盖叠前分析、地震综合解释、测井评价、储层反演、地质建模、数值模拟、钻井设计与地质绘图，软件资产价值1.2亿元。同时，深化研究云平台应用，提供项目数据快速生成、多学科数据交换、油藏成果多版本管理及成果图件快速编辑等多种效率工具，缩短研究周期20%，软件资产利用率提升30%~40%。③形成基于vGPU的三维地质模型远程应用技术。优化vGPU管理程序，实现三维地质模型的远程调用和GPU资源共享，GPU资源利用率提升30%以上，地质模型计算速度较传统GPU模式提升9.6%，该项技术首次应用到研究云领域。④自主开发多平台虚拟桌面软件。实现研究云中WINDOWS/LINUX不同平台用户一次登录、统一访问和授权软件的自动呈现。研究云平台在大港油田研究院、采油厂等10多家科研生产单位投入应用，涉及用户600个、研究工区800个，三年来累计创效6782万元。该项目取得软件著作权3项，正在申请专利2项。

（张景成）

【沿海油田分注工艺配套技术研究与应用】 由大港油田公司张宏伟、杨天成、刘扬等完成，获2016年度天津市科技进步三等奖。该项目针对大港沿海油田存在的层系复杂、层间差异大、高温高压、井斜大等造成分注技术适应性差的难题，开展了分注及配套技术研究攻关，取得多项技术创新成果。①开发新型桥式偏心分注系列技术及配套工具。研究适用于薄互层、厚油层、出砂、注聚井的分注技术，提升了中浅层分注技术综合配套水平。②研发桥式同心分注工艺及配套技术。开发桥式同心分注配套工具及测调工具，实现分注及测调技术升级，取得高温（155℃）高压（33.8兆帕）深斜井多级分注重大突破。③创新压电控制非接触分注技术，实现大斜度井多级细分注，创造了国内外油田大斜度井井下分注井深（4842.97米）、井斜（88.02°）新纪录。④创建智能配水分注技术。研发智能配水工具与地面控制系统，实现注水井远程无线自动监测、调配，为数字化油田建设提供生产数据支持，在国内外处于领先水平。⑤研发高效测调、在线验封同步联作技术。研究测调、电动验封一体化技术，开发高压井不泄压测调、验封系统，提高分注测调效率3倍，验封成功率达60%。该研究成果在大港沿海油田应用1028井次，成功率97.5%，分注率由57.6%提高到73.9%，累计增油18.68万吨，创效6.23亿元。在国内和国外油田应用302井次，也取得较好的效益。该项目获得授权专利12项，其中发明专利2项，制订标准11项，其中行业标准1项，在中文核心期刊等发表论文23篇。（张景成）

【高危弃置井修井作业工艺技术研究与应用】 由大港油田公司于永生、刘贺、张康卫等完成，获2016年度天津市科技进步三等奖。该项目针对不同油气藏储层特点、不同井型特点，特别是针对影响以储气库为代表的高危地区弃置井封堵效果的技术因素，研究开发系列堵剂及井筒处理作业修井工艺，取得创新成果。①研发一种新型多级粒径组合的防漏失高强度复合封堵剂。该堵剂与常用水泥浆类堵剂相比漏失量下降40%～50%，提高了浅层、极浅层低压易漏失疏松砂岩油藏高危弃置井储层封堵的均匀性和质量。②研制一种新型胶乳-超细颗粒材料高强度复合堵剂。该堵剂抗压强度、抗折强度是常用水泥类堵剂的2倍左右，具有良好的注入性和防气窜、防腐蚀能力，解决了储气库、海上等高危地区弃置井地层压力高、应力变化大及防气窜等封堵难题。③研究形成一种触变膨胀型高强度堵剂及配套封堵技术。该堵剂克服了常用水泥浆类堵剂易混相坍塌的问题，解决了沿海滩涂地区、南港工业区等高危地区水平井、大斜度井高强度封堵的难题。④研究出不同高危地区弃置井井筒处理修井工艺，进一步提高了高危弃置井处理措施的质量和安全性。该成果在大港储气库、滨海新区等高危地区弃置井作业措施中应用59井次，成功率100%。同时使板中北储气库年供气能力增加4.867亿立方米，新增利润9734万元，新增税收16547.8万元，保证了大港储气库安全运行和京津地区的平稳供气。该项目获得知识产权2件，编制企业标准4项。（张景成）

【复杂断块油田优快钻完井配套技术研究与实施】 由大港油田公司周宝义、齐月魁、冯强志等完成，获2016年度天津市科技进步三等奖。该项目主要针对勘探开发目的层埋藏深、岩石可钻性差、机械钻速低，油气层保护针对性不强、效果不理想，疏松砂岩及低渗透油藏完井作业周期长、成本高、油气层伤害大等技术难题，开展钻完井配套技术研究。其主要内容是：①开发纳米封堵降滤失剂、微纳米贴膜剂和润湿反转剂。该体系渗透率恢复值≥91%，API滤失量≤4毫升，抗温≥150℃，润滑系数≤0.06，解决了井壁失稳、储层损害大技术难题。②创新性地提出利用分析地层当量密度强度进行地层压力坍塌周期预测的新方法，把“三压力”预测精度提高到91.03%，有效指导工程设计优化和油气层保护。③研究形成复杂断块钻井提速配套技术，机械钻速提高37.70%，钻井周期缩短35.23%，实现钻井安全提速。④研发以射流元件为动力核心部件的振动减阻工具，提高工具的抗温性（可达180℃），解决了钻进托压问题，机械钻速提高到187.8%。⑤创新形成疏松砂岩油藏、低渗透油藏优快完井工艺技术，研发免钻分级箍、免钻盲板、大通径滑套等六种配套工具，减少了钻塞、刮削、钻除球座等环节，保持了井筒大通径和一次性投产，每口井缩短作业周期2～3天，减少后期作业时间8天～10天。其成果在现场规模化应用625余口井，机械钻速提高37.70%，钻井周期缩短35.23%，振动减阻工具耐温达180℃（国外耐温为150℃），累计增油26.6161万吨，新增产值7.8429亿元，新增利润4.368亿元，新增税收1.1398亿元，节约钻井成本1.946亿元，为歧口凹陷增储增产提供了钻完井工程技术保障。该项目获专利10项，其中发明专利4项，实用新型6项。（张景成）

【复杂构造薄互储层地震成像与储层预测方法研究及应用】 由大港油田公司翟桐立、曹宏涛、郭淑文等完成，获2016年度天津市科技进步三等奖。为满足勘探开发重点区复杂构造薄互储层目标对地震资料成像精度和砂体预测能力的需求，围绕成像精度、分辨率和储层预测能力等三个核心技术开展攻关。其主要内容是：①创新提出基于全波形反演的Q值计算补偿方法。该方法将Q值计算精度提高35%，可精确求取地层吸收衰减参数并在目标处理中予以消除，同时建立了基于近地表吸收补偿的地震资料目标处理工业化流程。②创新提出零值法砂体剥离预测方法。该方法通过三维模型正演发现地层切片与砂体形态之间的规律性，突破了地震分辨率四分之一波长的限制，能够精确预测单砂体形态，有效指导水平井轨迹优化设计。③形成多尺度相控储层预测方法。该方法根据分尺度古地形恢复一致原则，逐步聚焦于一个波长、半个波长范围内的等效地层，准确恢复微古地形，预测产层分布，提高钻探成功率。④研发出地震融合属性预测方法。通过模型正演开展振幅、频率对岩性与组合关系的敏感性分析，创建融合属性公式，准确预测沧东凹陷孔二段致密油岩相分布范围。⑤研究建立复杂构造薄互储层特征的“渤海湾—大港”模型。采用模型正演开展偏移方法、速度建模及分析精度研究，形成大港探区目标处理偏移策略和质控方法。其成果在重点勘探开发目标区推广应用获得显著成效，指导完成北大港、乌马营、歧北斜坡、板桥斜坡等地区三维地震资料目标处理1210平方千米储层预测钻井符合率提高到80%；为板桥斜坡、歧南—歧北低斜坡两个千万吨级勘探开发战场的突破提供了技术支撑，实现新增产值48582.8万元，新增利润37942.8万元。该项目获得授权发明专利1件，软件著作权2项，企业标准1项，发表论文24篇。

（张景成）

【高温高密度油基钻井液技术研究】 由中国石油集团渤海钻探工程有限公司泥浆技术服务分公司、中国石油大学(华东)合作完成，获2016年度天津市科技进步三等奖，主要完成人有王伟忠、黄达全、赵冲、郭剑梅等。该项目针对复杂地层深井超深井、复杂结构井和页岩气地层水平井钻井液技术难题，开展高温油基钻井液核心处理剂的研制，构建了列高温高密度油基钻井液体系和页岩气地层油基钻井液技术，进行现场工艺技术优化。研制成聚脂肪酸酰胺型主乳化剂和辅助乳化剂、脂肪酸咪唑啉型润湿剂、聚酯酰胺型流型调节剂及复合材料型降滤失剂等5种核心处理剂，最高抗温250℃，达到国外同类产品性能。构建全白油、白油包水、全柴油和柴油包水等系列完全自主的高温高密度油基钻井液体系，最高抗温250℃，最高密度2.40克/立方厘米。成功研发页岩气地层水平井油基钻井液技术，可实现页岩气地层的完全封堵，解决了页岩气地层井壁稳定等技术难题。该项目成果在塔里木油田、大港油田、委内瑞拉以及长宁页岩气市场成功应用24口井，其中应用井最大井深6944米，最大井斜98.11°，最长水平位移1903米，井径扩大率小于10%，很好地解决了委内瑞拉、塔里木以及长宁页岩气等市场的井壁稳定、悬浮、润滑、井眼净化和储层保护等技术难题。截至2016年年底，实现创收1.8亿元。该项目打破国外技术封锁，提升了公司的技术服务能力，保障了复杂深层和非常规油气资源的勘探开发。

（中国石油集团渤海钻探工程有限公司泥浆技术服务分公司）

制造业科技

【高温高压井封隔器分层压裂工艺研究及工具研制】 由中国石油集团渤海钻探工程有限公司井下技术服务分公司完成，获2016年度天津市科技进步三等奖，主要完成人有张世林、王林、张曙光等。该项目研制成耐高温封隔器和配套的井下工具，优选出高温高井防砂卡封隔器分层压裂管柱，形成高温高压分层配套工具及管柱。取得研究成果如下：①开发和研制成BH-YK344和BH-Y344两种类型封隔器，适用于分层压裂，工具耐温180℃，耐压70兆帕，内径大于54毫米。②研制出耐磨喷砂滑套，耐冲蚀能力强，孔眼扩大率10%以下，给封隔器可提供足够的坐封压差。③改进防砂水力锚，可有效避免细沙进入活塞处卡水力锚牙，水力锚外部改用燕尾槽压板结构扶正锚牙，避免水力锚出现小件落物而卡管柱。④研究形成的压裂管柱，能够进行不动管柱分层压裂，并可压后直接提出，管柱防砂卡能力强，管柱一次解封成功率97%。其主要创新点：①研制的分层压裂管柱，采用液压封隔器、防砂水力锚、耐磨喷砂滑套，只有顶部一个水力锚，管柱防卡性能优越。②改进常规水力锚，内部增加中心管结构设计，管柱内的砂子不与锚牙接触，大大提高了其防砂性能。③改进常规液压安全接头的结构，球随管柱带出，设计了排砂排液孔，阻止污物进入滑套与本体间隙，起管方便。该项技术在大港油田高温深井现场试验35口井，压裂成功率100%，管柱一次解封成功率97%。项目申请发明专利1件，获权实用新型专利6件。

（中国石油集团渤海钻探工程有限公司井下技术服务分公司）

【CJT系列抽油机节能拖动装置研制及应用】 由中国石油集团渤海石油装备制造有限公司完成，获2016年度天津市科技进步三等奖，主要完成人有葛利俊、赵立君、孙淑霞等。该项目研制成CJT-2、CJT-3、CJT-3.5、CJT-4、CJT-5、CJT-6和CJT-7型系列高、超高转差率电动机和控制系统，专门用于拖动游梁式抽油机等周期性交变载荷设备，防护型式为IP23和IP44两种，可覆盖油田在用各种型号游梁式抽油机。项目研究高、超高转差率电动机设计、加工工艺和与抽油机优化匹配应用等。开发高、超高转差率异步电动机专用电磁设计方法和程序。编制高、超高转差率电动机电磁设计软件。采用绕组温度监测、端盖润滑油注入新结构等电动机可靠性设计技术。形成大直径铝合金机壳铸造工艺，突破了特殊转子导条压铸技术瓶颈。掌握不同井况下电动机—系统节能优化匹配技术。该装置具有起动转矩大、起动电流小、运行平均效率高等特点，可以较普通电动机降低一个功率等级，克服大马拉小车现象。能够与抽油机特性合理匹配，可将减速箱最大净扭矩降低40%，损坏率降低10倍。可以降低光杆负荷，有效减少杆的断脱事故。能够增加产液量，提高泵效3%，提高了系统效率。项目产品在国内油田数百口井试验测试的数据表明，百米吨液电耗较国内普通异步电动机下降15%～30%，可以提高系统效率3%～5%左右，综合效益良好。产品在华北、吉林、冀东、大港、大庆和长庆等国内各主要油田进行大面积推广应用。该项目获实用新型专利5件、受理发明专利1件，技术秘密6件，软件登记1件，制订行业标准2项，发表论文5篇。

（中国石油集团渤海石油装备制造有限公司）

【新型噻吨酮大分子光引发剂的应用与转化】 由天津久日新材料股份有限公司完成，获2016年度天津市科技进步三等奖，主要完成人有赵国锋、张齐、毛桂红等。该项目是在小分子光引发剂的基础上开发出的高效、无毒、无污染的噻吨酮大分子光引发剂。通过聚合技术扩大中心噻吨酮光引发剂的分子量，在降低其挥发迁移性的同时，提高其引发活性。产品的气相挥发性活性炭吸附量和接触迁移量均小于0.05毫克/平方米，远远小于小分子光引发剂ITX的挥发性和迁移性，聚合后不会产生小分子碎片而迁移至包装表面，不会被萃取至包装物中，克服了小分子引发剂在使用过程中经常出现的难与反应物分离、不易回收或与体系互溶性不好、易于凝聚和析出等问题。项目结项时，产品的生产规模达到320吨/年，项目期内实现产值1.75亿元，累计销售收入1.59亿元，利润总额4357万元，出口创汇1402万美元。该产品具有溶解性好、光固化效果好、价格低廉以及环保等优点，深受客户好评。该项目还开发多个衍生产品，申请国内专利2项。该成果提升了光引发剂产品的市场竞争力，确立了公司在世界光引发剂行业的重要地位，打破国外垄断，带动国内固化技术和相关产业的发展。

（天津久日新材料股份有限公司）

【海上钻井平台结构状态动态评价及升级改造技术】 由中海油田服务股份有限公司、中国船级社海洋工程技术中心合作完成，获2016年度天津市科技进步三等奖，主要完成人有王建军、赵景芳、王冬石、宋林松等。为充分识别和管控海洋钻井平台结构的本质安全，开展该专题研究，并根据风险技术评估的结果升级改造部分平台结构。其主要内容包括：①将大数据技术和有限元仿真技术有效结合，动态评估平台结构状态和实际工作能力。建立平台建模规则，为平台板梁结构与有限元模型建立一一对应的关系。在平台作业和日常维护中检测板厚等参数，实时更新结构参数结构完整性评估技术。实施后可实现海洋钻井平台的全生命周期管理。②平台关键设备运行状态与结构状态分析，建立失效判别准则，配置实时监测装置。建立一整套自升式平台升降系统的检验和判废标准，编制升降装置检验、维护、评估的指导手册，掌握关键设备在线修复工艺，研制自升式平台插桩作业关键结构实时监测装置。③研究平台关键结构升级改造技术，建立钻井平台桩腿锁紧装置设计方法，在新建的4条200ft水深HYSY92系列平台及HYSY931平台应用。项目成果从渤海海域作业的南海1号开始应用，逐步推广到国内所有海上移动钻井平台。截至2016年年底，完成移动平台结构安全评估18座，应急响应支持11次，井位作业安全评估105次，产生直接经济收益约14.69亿元。该成果的推广应用，确保了海上移动平台的合规、安全营运，为整个行业节省了大量资金，降低了平台作业风险。该项目获发明专利5项、实用新型9项，发表论文20余篇。

（中海油田服务股份有限公司）

【海洋大气腐蚀环境下的炼化装置防腐涂料技术研究及应用】 由中国石油集团工程技术研究院、中国石油天然气股份有限公司大港石化分公司合作完成，获2016年度天津市科技进步三等奖，主要完成人有郭晓军、韩忠智、苗海滨、崔灿灿等。该项目通过将海洋大气腐蚀环境下炼化装置及配套设施分为炼化装置、配套储罐、附属钢结构三个部位，根据各部位遭受的腐蚀因素及特殊部位的功能防护，研发出适合不同部位、带有特种功能的防腐及防护涂料，并进行各种涂料的整体优化、配伍技术研究。项目内容包括：①针对炼化装置在海洋大气中的腐蚀问题，开发出高耐候环氧聚氨酯涂料。②针对炼化厂配套原油储罐及成品油罐浮舱移动产生静电的问题，开发出环保型环氧无溶剂导静电涂料。③针对炼化厂炼化装置支撑梁的防火要求，开发出环氧膨胀防火涂料。④针对炼油厂炼化装置镀锌铁皮保温管线防腐蚀保护，开发出氯醚树脂防腐涂料。⑤针对炼油厂原油储罐及污水罐罐底板内壁腐蚀严重的问题，开发出环氧柔性陶瓷涂料和无溶剂环氧涂料的复合涂层。该成果在多家公司成功应用，使用情况良好，满足实际工程要求。截至2016年年底，实现销售产值3866万元，实现利润1195万元，为企业节约2214万元。

（中国石油集团工程技术研究院）

【CP-300自升式钻井平台设计制造技术开发与应用】 由中国石油集团渤海石油装备制造有限公司完成，获2016年度天津市科技进步三等奖，主要完成人有樊岩松、张晓宇、高广俊等。项目从设计研发、生产建造及后期调试三方面进行研究，主要包括：平台总体布置优化、系统集成等系统工程设计研究，平台性能、结构等安全评估方法研，9000米海洋钻机模块、桩腿齿条单元等平台关键配套设备国产化研究，桩腿分段建造及高空接长、升降锁紧装置基座安装、悬臂梁整体滑移上平台、平台气囊下水等工艺技术研究，平台全船升降试验、倾斜试验等调试技术研究。项目主要完成：①国内首座拥有自主知识产权的300英尺水深的桁架桩腿自升式钻井平台设计建造，替代进口，提升了设备国产化率，国产设备配套率达到80%。②9000米海洋钻机自主研发，实现平台主体与钻机模块的一体化设计和建造。③桩腿单元自制，突破超厚（177.8毫米）、超高强度（690兆帕）齿条板共边切割与校形工艺，实现关键部件的自主研制。④首次实现升降锁紧基座倒序安装，解决传统模式的空间测量和精度控制问题，提高了作业效率和整体合拢精度。⑤首次实现自升式钻井平台气囊方式下水，降低了自升式平台建造的准入门槛。CP-300投产建造3座。1#平台交付船东，经德国GL船级社进行第三方检验，总体性能稳定，建造质量可靠。完成钻探油气井10余口，累计钻井深度超过50000米，试井5口。2#平台完成所有调试。3#平台完成建造，调试工作进入尾声。项目完成具有自主知识产权的设计图纸、报告及工艺文件8000余份，获授权专利36项，其中发明专利4项、实用新型专利32项。

（中国石油集团渤海石油装备制造有限公司）

【FHUDS系列低成本柴油加氢催化剂长周期生产国Ⅴ柴油】 中石化科技攻关“十条龙”项目，由中国石油化工股份有限公司抚顺石油化工研究院、中国石油化工股份有限公司金陵分公司、中国石油化工股份有限公司天津分公司等合作完成。该项目利用中国石化抚顺石油化工研究院开发的低成本柴油超深度催化剂，在天津石化200万吨/年柴油加氢装置长周期生产国Ⅴ柴油，应用结果表明：在氢分压5.0兆帕～6.0兆帕，体积空速1.0h～1.5h等条件下，加工直柴掺炼焦化汽柴油及催柴混合油连续稳定生产国Ⅴ柴油22个月。该技术有效控制炼厂催化剂成本，项目采用原料—反应产物缠绕式换热器及其他工程技术，实现零内漏目标，完成国Ⅴ柴油工程工艺设计及装置操作指导意见，建立催化剂失活动力模型，可为工业装置设计、操作及长周期稳定生产国Ⅴ柴油提供技术指导。该技术申请3项发明专利。

（梁会东）

冶 金

【电弧炉炼钢复合吹炼技术的研究及应用】 由天津钢管集团联合北京科技大学、北京荣诚京冶科技有限公司共同完成，获2016年度国家科技进步二等奖。国内外电弧炉炼钢普遍采用超高功率供电、高强度化学能输入等技术，但没有从根本上解决熔池搅拌强度不足的问题。项目组针对电弧炉炼钢的发展现状，提出电弧炉炼钢复合吹炼技术。以强化熔池搅拌为核心，从提高单元操作的功能入手，重点解决集束供氧的多功能化和底吹安全长寿问题。探明氧气射流、电磁场和底吹流股三者对熔池搅拌强度的多元耦合影响规律，完成多元炉料结构条件下的各单元操作技术集成。开发电弧炉炼钢温度和成分预报系统，形成操作软件包，满足复合吹炼的精确控制要求，最终实现电弧炉炼钢复合吹炼技术目标。项目成果在钢管集团成功研发应用后，推广到国内多家企业的50吨～150吨电弧炉。其中，集束供氧、长寿底吹和成本控制等单元技术出口至意大利、白俄罗斯、印度、印度尼西亚、越南、缅甸、伊朗、俄罗斯、韩国、马来西亚等国家和中国台湾地区。（田　琨　王　正）

【钢中温相变控制高强韧化技术及其应用】 由天津钢管集团联合天津理工大学、天津市立鑫晟精细铸造有限公司共同完成，获2016年度天津市科技进步一等奖。通过多年研究，项目组获得钢的晶体结构与碳原子分布均匀化奥氏体体系下形成纳米板条束状贝氏体组织的新认识，并提出钢的纳米板条束状贝氏体组织强韧化机制。突破传统的钢的强韧化技术模式，研发出以高温奥氏体化为核心，结合较低中温区相变形成纳米板条束状贝氏体为主要组织构成，保障高强韧化的技术。项目为低能耗、绿色加工高品质金属结构件提供一种新技术，并有效解决酸性环境用低碳低合金钢大口径厚壁无缝高强韧管的加工技术难题。对于小口径薄壁管，通过铸—轧—冷连续生产，产品成型与性能直接到位，不需要再进行热处理。而对于大口径厚壁管，通过高温奥氏体化+较低温区中温相变形成以纳米板条束状贝氏体为主的组织，保障获得高强韧性能。与国际上发展的加工技术相比，相近力学指标下，吨生产能耗降低可以达到15%，吨成本可以降低20%。完成天津市科技支撑重大项目"超低碳低合金热轧钢中温控制相变强韧化及其产业化"、企业委托技术开发项目"高强韧/高耐磨超高碳低合金材料的研究"以及自选项目"出口中东地区酸性环境用高强度无缝集输管关键生产技术与产业化"。加工出的大口径酸性环境用高钢级油气输运无缝管线管，强韧性指标满足ADCO用户技术标准，达到国际同类产品先进水平，产品出口中东地区累计供货13.26万吨，新增利税超过1.3亿元。该项目为天津市乃至国家在工程装备高端结构件、大口径高钢级油、气输运无缝管线管加工等领域形成国际竞争优势，为冶金、装备制造等行业科技进步提供了支持。（田　琨　王　正）

【高质量微合金化钢连铸板坯生产技术】 由天津钢铁集团有限公司、连铸技术国家工程研究中心李树庆、仇圣桃、侯葵、徐李军等完成，获2016年度天津市科技进步二等奖。项目以连铸坯的生产与热送组织衔接为目标，以天钢板坯连铸机设备及生产工艺为基础，针对铸坯中夹杂物总量、连铸板坯的表面质量、铸坯的凝固结构等共性技术难点，系统开发一系列微合金化钢连铸板坯的连铸生产工艺技术和热送工艺技术，包括：微合金化钢钢水质量保证技术、连铸关键工艺技术、板坯热送热装工艺技术等。实现四方面技术创新：①以铜板传热控制为基础的结晶器弱冷控制技术。②以连铸过程中微合金化元素第二相析出规律、高温力学性能研究为基础的微合金化钢铸坯角部裂纹控制技术。③以二冷弱冷控制为基础的铸坯高等轴晶率与低偏析度控制技术。④以温度场、相变规律及第二相析出固溶控制为基础的铸坯热送控制技术。项目实施后，提高了微化金化钢的成分和温度的命中率，有效控制钢中夹杂物总量及大小，连铸板坯中的夹杂物总量小于8毫克/10千克，且粒径小于140微米夹杂物所占比例的平均数为75.7%；微合金化系列钢板表面质量综合合格率达到98.2%，中心偏析级别不大于C类1.0的比例达到100%，消除了中间裂纹和中心疏松；微合金化钢的热送比达到76.5%、热送平均温度达到了650℃。研究成果成功应用于天钢微合金化钢的生产实际，各项生产技术指标达到国际先进水平，实现了微合金化钢连铸坯高品质、高效率和稳定化生产。

（张　懿）

【适用于高温高压高腐蚀环境的高合金TP-G2油管特殊扣的设计与开发】 该项目由天津钢管集团完成，获2016年度天津市科技进步二等奖。国内迫切需要高温高压高腐蚀蚀环境的高合金油管特殊扣，以满足油田的开采要求，代替进口产品，降低油田开发成本，而国内针对此类最高端产品的特殊扣设计和关键制造工艺开发此前完全属于空白。为适应这一需求，天津钢管集团2009年立项进行开发，系统地开展高合金材质的密封机理、精准上扣定位和过扭、表面处理技术、试验评价体系、螺纹加工精度控制等研究，自主研发成适用于"三高"环境的高合金TP-G2油管特殊扣。这是国内首个能够达到"4个100%"(拉伸、压缩、内压、外压)的产品。开发出4大类，4个强度级别、9个钢种、25个规格的高合金TP-G2油管特殊扣产品，形成最高端合金钢油管特殊扣的全品类覆盖。该项目取得发明专利3项、实用新型专利3项，技术诀窍5项。在近6年的时间里，高合金TP-G2油管特殊扣销售量2万余吨，销售收入约5.2亿元，实现利润总额超过1亿元，通过替代进口节省开支约5亿元。在元坝区块、川东北地区、胜利海上油田等成功下井，得到用户的广泛认可。 （田 琨 王 正）

【高品质高强度抗硫化氢应力腐蚀油井管制造关键技术开发与产业化】 由天津钢管集团完成，获2016年度冶金科技奖二等奖。高强度油井管在国内富含硫化氢酸性气体的西部油气田发生应力腐蚀，迫切需要升级换代为抗硫化氢应力腐蚀(SSC)油井管。但需求严重依赖和受制于产品价格高、交货周期长、实行产品技术垄断的国外少数先进管企。为改变这种不利局面，开展105ksi～125ksi级抗SSC油井管制造关键技术的开发及产品研制。项目在2002年～2012年的第一和第二个阶段，相继研制具有自主知识产权的高钢级系列抗SSC产品，实现批量生产和下井使用。项目在2012年～2015年的第三阶段，为了实现高强度抗SSC油井管产品的高品质化制造，进一步研究开发"低中C-低Mn-中Cr-高Mo-复合Nb/V-微量Ti/B合金系的高抗SSC材料""解决大型条状硫化物夹杂或链状钙铝酸盐夹杂恶化抗SSC性能问题的超高纯净钢集成工艺技术"等多项技术，并将其有机集成到系列高强度抗SSC油井管的制造过程，在天津钢管集团建成国内外产销量最大的高品质抗SSC油井管产线，取得居国际先进或国内领先水平的多项鉴定成果，实现了产业化应用。高强度抗SSC油井管产品在2003年～2015年生产供货近80万吨，总销售额近百亿元，广泛应用于国内重点油气田开采工程，长期保持安全服役。该项目的成功实施，率先实现高强度抗SSC油井管产品的国产化，彻底打破了国外管企对国内市场的长期垄断，使同类产品价格下降35%～50%，每年节约管材采购成本近20亿元，大大缩短了供货周期，降低了对国外公司的依赖，保证了国家能源用重要高端管材的战略安全。

（田 琨 王 正）

【LNG工程用耐低温预应力钢绞线的研制】 由天津冶金集团中兴盛达钢业有限公司完成，获2016年度天津市科技进步三等奖，主要完成人有王文喜、毛爱菊、王鸿利等。该项目以prEN10138-3标准和ETAG 013-2002技术规定为研制依据，开展创新研究：①与宝钢公司合作研究耐低温预应力钢绞线专用盘条。②研究钢绞线成型参数，使钢绞线结构紧密，增加钢绞线与锚具的锚固性能。③研究耐低温钢绞线稳定化处理等生产工艺，确保钢绞线在(-196±5)℃低温条件下仍具有良好的塑性，实现与国产化锚具在低温下的成功匹配。④设计采用无焊接点生产工艺，避免由于盘条焊接点存在应力集中而导致低温脆性断裂隐患。该创新产品具有高强度、高延伸、低松弛以及耐腐蚀、耐疲劳等良好综合性能，并且产品在低温条件下具有良好塑性和良好低温静载锚固性能，作为LNG储气罐预应力混凝土结构主筋，具有极高承载能力，可抵御液化天然气膨胀压力，保证罐体不开裂，气体不外泄，提高了储气罐的安全防护性能。产品常规力学性能满足prEN10138-3标准要求，低温静载锚固性能符合ETAG 013-2002标准要求。产品成功应用于中石化天津液化天然气项目一期储罐区工程，产品性能稳定、可靠。该产品已申请国家发明专利。

（天津冶金集团中兴盛达钢业有限公司）

【高炉炉缸留有残留物快速开炉技术开发与应用】 由天津天铁冶金集团有限公司、重庆科技学院合作完成，获2016年度天津市科技进步三等奖，主要完成人有张文东、谢文飞、万新、刘瑞东等。该技术的原理是上透下活，在较短时间内恢复炉况到正常水平。上透即送风前扒出炉缸以上炉料，组织新装开炉料，提高炉缸以上料柱的透气性，利于提高高炉风压，确保下料顺畅，减少炉况波动。下活是增加炉缸渣铁的流动性，利于炉缸渣铁物及时排出炉缸，有利于快速熔化炉缸残留物，增大炉缸空间，为快速捅开风口，接受更高的风压，进一步提高炉缸蓄热能力，熔化炉缸残留物，在较短时间内活跃炉缸打下基础。为确保安全，考虑到在恢复炉况初期炉缸空间小、炉缸区域为凝渣铁、渣铁渗透能力差，控制风压、风量，减少渣铁量的生成，防止烧穿二套。随着渣铁物的产生，及时排出炉缸，第一炉铁尽快缩短开铁口时间，以防时间过长，风口前会大量涌渣，易出现冷却设备损坏，甚至风口、二套烧出事故。为了确保炉缸活跃，随着炉缸蓄热能力增强，炉温的快速提高，熔化更多的炉缸残留物，炉缸空间逐步扩大，高炉及时捅开风口，提高风压，高炉炉缸活跃程度大大增强，为高炉重负荷料的逐步到达、炉况的稳定顺行提供条件。该技术要求开炉前扒高炉炉料到炉缸、铁口安装预埋管，确定开炉炉料结构，采取铁口两侧集中风口送风，根据渣铁排量物理热，从铁口两侧依次逐步捅开风口，在恢复过场中根据风压、炉温和渣铁成分及时采取调整炉料结构等措施。

（天津天铁冶金集团有限公司）

【09CrCuSb耐硫酸露点腐蚀圆钢】 由天津钢铁集团有限公司刘桂华、任茂勇、王成建等完成，获2016年度天津市科技进步三等奖。09CrCuSb是一种优良的耐硫酸露点腐蚀圆钢，对圆钢的冶炼、连铸、轧制等提出了苛刻的要求，铸坯和圆钢的表面质量更是整个质量控制的难点。传统生产方式存在合金投入大、成材率低下、生产成本昂贵、造成大量资源浪费等问题。该项目通过控制冶炼过程中非金属夹杂物的水平，尤其是硫化物夹杂和硅酸盐夹杂，降低钢材腐蚀源点，提高钢材的耐腐蚀性能；通过连铸低过热度、低拉速、弱比水量等关键工艺有效地抑制“Cu”元素晶间偏聚，消除铸坯表面裂纹；通过轧材表面质量控制集成技术，解决圆钢表面褶皱、划伤、龟裂等质量问题，最终成功开发出不含“Ni”元素09CrCuSb耐硫酸露点腐蚀圆钢，经过耐酸性试验，09CrCuSb腐蚀速率达到36.13克/平方米·时。通过不加镍腐蚀钢减量化控制技术，控制铸坯“Cu”偏聚，消除铸坯表面裂纹，节约合金成本200元/吨；通过轧材表面质量控制集成技术，消除圆钢表面龟裂、褶皱、划伤等缺陷，实现热轧材代替光亮材的突破，提高圆钢成材率5%。该项目实现低成本、减量化生产需求，达到增效目的。（张　慈）

【经济型低铬抗腐蚀油井管制造关键技术开发与产业化】 由天津钢管集团完成，获2016年度天津市科技进步三等奖。腐蚀是油气工业中一种常见现象，由CO_2、H_2S、Cl^-引起的腐蚀已成为困扰油气工业发展的一个重要因素。经济有效地控制腐蚀是石油工业亟待解决的问题。该项目开发出国内外急需的低产出油气田开采所用的经济型低铬抗腐蚀油井管成套关键制造技术及其产品系列。自2001年开始进行经济型低铬钢抗腐蚀油井管的开发，2003年实现国内首次3Cr油套管下井，截至2015年年底完整开发出3Cr（抗CO_2）和3CrS（抗CO_2+H_2S）双系列5个钢级几十种规格的将抗腐蚀用油套管产品。经济型低铬钢抗腐蚀产品在生产成本上升20%的情况下将腐蚀性能提升了3倍，而且其余各项指标均达到设计要求，产品实物质量达到国内领先水平，技术指标与国外同类产品相当。该产品广泛应用于塔里木油田、大庆油田、中海油等企业。近3年供货3.8万吨，利润2041万元。

（田　琨　王　正）

【抗硫化氢腐蚀钢管产品的评价体系平台及应用】 由天津钢管集团完成，获2016年度中国钢结构协会科学技术二等奖。为了进一步提高抗腐蚀钢管产品的开发效率，缩短开发周期，适当降低研发成本，利用设备资源优势，在一整套完备的硫化氢腐蚀试验安全体系保证下，结合相关腐蚀评价标准、产品标准以及用户提供的特殊服役要求，开发成抗腐蚀钢管产品的评价体系平台。近年来，该集团运用这个体系平台开发了高钢级油套管，其各项指标均达到用户和国内外抗硫化氢腐蚀油井管、管线管的标准要求。此外，应用试验体系平台还对2205双相钢硫化氢腐蚀机理进行研究，对于双相钢管的研发具有借鉴意义。依托该平台，高钢级（105ksi钢级及以上）耐硫化氢应力腐蚀开裂油井管陆续开发出SS105、TP110S、TP110SS、TP110TS、TP110TSS、C110、TP125S及TP125TS等8个钢级几十种规格的抗硫化物应力腐蚀油井管产品。抗硫化氢腐蚀管线管涵盖主要为B级、X42、X52、X60、X65、X70等6个钢级产品。（田　琨　王　正）

【天钢三种产品获冶金行业品质卓越奖】 天津钢铁集团有限公司生产的三种产品获2016年冶金行业品质卓越产品称号。①高压锅炉管用连铸圆管坯(20G)。该产品特点是化学成分控制范围较窄，内控率达到90%以上。连铸坯结晶组织为细小的等轴晶带、柱状晶带和中心等轴晶带，中心等轴晶率≥50%。内部质量稳定表面光洁，无压痕、划伤、结疤、麻面、小裂纹等，尺寸、外形、重量及允许偏差达到GB 5310-2008标准要求。②钢筋混凝土用可焊接钢筋(直条)(B500B)。该产品特点是产品成分控制范围窄，纯净度高。③预应力混凝土用钢绞线(1860MPa)。该产品采用天钢自产的高速线材作为稳定的原料，从炼铁—炼钢—线材到钢绞线生产的一体化质量控制体系，保证了最终产品钢绞线具有稳定的高性能。（张　慈）

【高强度抗腐蚀集输无缝管线管研制与国内外推广】 由天津钢管集团完成，获2016年度中国钢铁工业产品开发市场开拓奖。高强度抗腐蚀集输无缝管线管研制是根据国内外各大石油公司对于酸性环境用高强度(钢级X52QS及以上，强度大于360兆帕)抗硫化氢腐蚀集输无缝管线管的需求而进行的。设计开发的高强度抗腐蚀集输无缝管线管为国家专利产品，从其各项性能指标设计、钢种设计到具体制造技术都是独立完成的，而且能批量生产与供货，形成成熟的设计理念与制造技术。钢管集团参与国家十二五重大专项《大口径抗腐蚀L360QS集输管研制》项目，并设置《超3区集输用抗H2S管线管的研制开发与应用》子项目对国内高强度抗腐蚀集输无缝管线管进行研制与推广。国内推广到均含有硫化氢的四川油田、西北油田等，使其摆脱一直依赖进口(周期长、价格高)的局面。国外中东地区是主要区域，沙特国家石油公司作为中东地区主要代表，每年对于高强度管线管有大量的需求。阿布扎比陆上石油公司(ADCO)与阿布扎比海洋石油公司ADMA和ZADCO油田公司，三家主要石油公司产油量占阿产油总量的96%以上。ADCO公司采用标准是要严于APISPEC 5L，其中Ca/S比、管端内径、高水压值、NDT、全环试验等要求是难点。为实现突破，从管线管生产的材料设计、工艺流程改进，设备装备完善上以ADCO的产品标准为目标，设立《出口中东地区酸性环境用高强度无缝集输管关键生产技术与产业化》项目，以打破国际垄断，进军中东地区，巩固管线管产品在中东地区的市场份额。（田　琨　王　正）

【钛合金油井管产品开发】 由天津钢管集团完成，获2016年度天津市滨海新区技术发明一等奖。国内使用的镍基合金油管存在悬重大、铁污染腐蚀风险和交货期长及价格高等问题，急需寻找更高性价比的替代产品。2011年开始，该项目把钛合金材料与高效无缝钢管生产技术结合，实现生产工艺的创新，形成系列技术诀窍。完成钛合金油井管的钢种创新、坯料制备、高效轧制、组织性能调控、特殊螺纹设计及评价等发明创新。项目成果不仅填补了国内外苛刻腐蚀环境用钛合金油井管的市场空白，也为钛合金材料开拓了新的制造工艺模式与应用领域。取得如下创新成果：①针对油井管对高耐蚀及高强韧性的要求，开发钛合金成分设计体系，形成高纯均质化铸锭工艺技术、多维细晶中温管坯锻造技术。②针对钛合金热加工温度窗口范围窄、制造过程精细化程度高，开发高耐蚀高强韧钛合金无缝管材的“钢—钛”结合低成本工业化制造成套技术；在完成工艺创新的同时有效降低工艺成本。③针对高强钛合金冲击功较低，开发钛合金韧性遗传控制技术及复相组织强韧匹配调控技术。④开发抗大应变的钛合金油井管特殊螺纹接头及工程评价成套技术。创新开发的钛合金油井管通过了第三方实验室评价，指标达到设计及工程要求，得到中石化专家组的认可。在中石化元坝区块实现全球首次全井使用6324米，服役状况良好，业界给予高度评价。产品创新性强，附加值高。项目获得7项专利授权，其中5项为发明专利，另有3项发明专利在申请中。（田　琨　王　正）

【全尺寸石油管材模拟评价试验平台的开发及应用】 由天津钢管集团完成，获2016年度天津市滨海新区科技进步三等奖。国内整管评价试验的发展仍处于发展阶段，该项目开发之前，国内只具备ISO 13679：2002版本试验的能力，而较高版本的ISO 13679：2011及热采井评价试验技术一直被国外试验室所垄断。通过对试验设备的设计开发、试验方法研究及关键试验技术的攻关，最终形成具有自主知识产权的成套模拟评价试验平台。利用试验平台成功开发出多个特殊扣新品并成功应用于国内外各大油田。该平台先后通过道达尔、壳牌等国际石油公司的认证，公司的评价试验体系得到了用户的认可。随着特殊扣新品开发项目的增多，接头评价试验任务近年来逐年递增，与外委试验相比，每年为公司节省检测费用约1500万元。通过过该项目的攻关，提升了高附加值产品的开发能力，提升了集团的综合竞争力和品牌价值。另外，试验平台的成功开发，彻底打破了美国应力工程试验室对ISO13679：2011标准中180℃超高外压加载技术和加拿大C-Fer试验室对ISO12835:2013热采井套管评价试验技术的垄断，使钢管集团的管材性能评价能力处于世界领先水平。为钢管集团高钢级、特殊扣、热采井等高端产品的开发和推广提供了强有力的支撑，也为国内石油管材的发展奠定坚实的基础。

（田　琨　王　正）

【天钢成功轧制7毫米超宽薄钢板】 天津钢铁集团有限公司中厚板常规生产规格最低为8毫米，要轧制7毫米厚钢板，由于钢板目标厚度太薄，轧制温降太大，低温轧制会产生更大的变形抗力，易导致钢板波浪的产生，根据现有设备情况，具备较大的技术难度。另外，2900毫米宽钢板的轧制毛宽需满足热态3020毫米以上，超宽钢板在轧制中由于两侧轧制力、辊缝的轻微差异易发生甩弯现象，而辊道宽度仅为3500毫米，存在钢板甩出辊道的危险，进一步增加了轧制难度。为解决这些问题，一是高温加热保证钢板温度，制订专门的加热工艺，优化各段加热温度；二是严格配辊保证轧辊辊型，对每套精轧工作辊辊型曲线进行把控；三是精轧道次分配锁定保证钢板板形，控制中间坯厚度。同时，各个环节层层把控，确保工艺严格执行，最终成功实现了7毫米超宽钢板的批量生产，吨钢售价比基础价格高600元，为进一步赢得品种钢超宽薄板市场打下坚实基础。该项目2016年5月完成。

（张　慈）

机械装备

【装备制造领域年度科技进展简况】 2016年，天津市装备制造领域科技创新获新进展。继续实施天津市智能制造科技重大专项，投入科技经费19252万元（其中财政投入1000万元），支持"轻量型模块化中空串联机器人本体开发与关键技术研究"等16项智能制造技术攻关。推动成立天津轨道交通产业技术创新联盟等6家领军企业产学研用创新联盟。2016年9月27日～29日，天津市科委与中国制造业国际联盟联合主办"构建制造业新生态——创新 智能 价值"第十三届中国制造业国际论坛。国内外1500余名代表参加会议。2016年11月，博迈科海洋工程股份有限公司登陆资本市场，完成沪市首次公开发行，博迈科公司专注于海洋油气开发、矿业开采、天然气液化三大行业。2016年12月，天津凯发电气股份有限公司全资收购德国RPS和RPS Signal两家企业，凯发和RPS将互相转化技术与产品，延伸业务领域，实现全球范围资源有效配置。2016年12月，天发水电流体机械开发与试验中心水力机械试验平台项目建设完成。

（刘惠忠　华　强　李宏博）

【ZS-THP29-6300汽车纵梁数控生产线】 由天津市天锻压力机有限公司完成，获2016年度天津市科技进步二等奖。该装备是国内首条由主机、辅机及多种规格模具组成的全自动重型特种载重汽车纵梁数控生产线。它能够实现对国内外重型特种载重车所急需的车体纵梁制件的上料、输送、推料、压制及下料等一系列工序，主要用于国内外重型载重汽车纵梁的压制及纵梁封板对大型钢板成型类零件的冲压和拉伸，如：2801012左/右纵梁、2801451纵梁左/右封板、3730-2801013纵梁左/右封板、2801012左/右纵梁、2801011/12J5左/右纵梁、2801011/12左/右纵梁等产品制件。通过该生产线所压制的汽车纵梁具有高强度、高性能，经济方便等优势。该装备的研制成功，使国内外重型载货车、天然气重型载重车、自卸车、航空器材载重车、消防车等重型特种载重汽车所急需的纵梁及纵梁封板对大型钢板成型类零件的冲压和拉伸等工艺成为现实，可突破国内高性能、高强度材料加工制造的瓶颈，对汽车工业乃至整个装备制造业意义重大。该成果规格性能具有国际先进水平，对国内重型特种载重汽车的发展起到积极促进作用。

（周　正）

【全贯流潜水轴流泵的开发与应用】 由天津甘泉集团有限公司完成，获2016年度天津市科技进步二等奖，主要完成人马恩成、邓悌康、耿少杰等。该项目发明与传统潜水轴流泵是在原理和结构上有本质区别的新产品，其主轴不传递转矩，定子绕组直接浸泡在水中，电机和水泵充分合一，体积和重量减小40%~50%。发现的全贯流潜水轴流泵标幺值计算公式，为降低全贯流潜水轴流泵水摩损耗指明结构设计优化的方向。大幅度提高全贯流电机的效率，攻克效率低的瓶颈，为全贯流潜水轴流泵在水利工程推广应用上打下基础。其技术创新程度很高，是电机及水泵设计制造两个学科交叉结合产生的一种新型产品典型。为了进一步推广应用湿式全贯流潜水轴流泵及关键技术，采取如下措施：①进一步开展湿式全贯流潜水轴泵有关技术的研究工作，尤其重要的是研制水泵的水力模型，提高水泵效率。②提高对湿式全贯流潜水泵站的认知，加大对潜水泵站的成功建设经验及效益等的宣传力度。③加大推广力度，建立大型潜水泵站示范工程，以项目实体为样板，更直接地推广先进技术。

（天津甘泉集团有限公司）

【ZS-JYT27-1000+800+630×2高速复合传动压力机智能化冲压线】 由天津市天锻压力机有限公司完成，获2016年度天津市科技进步三等奖。该冲压线集汽车车身覆盖件成型、机械制造、检测与控制等多学科先进技术为一体，具有程序自行管理和控制加工的数字化、智能化功能，是国内首条采用高精度低阻尼复合式伺服油缸驱动对称连杆增力机构的全自动化冲压线。该冲压线克服单一传动的机械压力机、液压机的不足，可用于国内外高强度金属薄板汽车覆盖件及汽车零部件的冲压成型，对高强度薄板冲压成型1制件具有全自动一系列工艺，填补国内制造汽车车身覆盖件及关键零部件机械、液压相结合冲压成型压力机成套（成线）全自动化技术的空白。该装备主要用于压制高档跑车、家用汽车的车身覆盖件等薄板零部件，如：56001011-H6、6101027-H6、6101037-H6等8种规格的汽车外围和侧围工件以及高档家用汽车后保险杠。该自动化生产线具有加工效率快、定位精度高、适应性强等特点，是国际先进的汽车车身覆盖件生产装备，能满足当代国际高档跑车、家用轿车对冲压成型加工装备提出的数控化、智能化的新要求。对国内汽车行业发展起到积极促进作用，具有广泛的应用前景。

（周　正）

【大变形焊管制造关键技术研究与应用】 由中国石油集团渤海石油装备制造有限公司完成，获2016年度天津市科技进步三等奖，主要完成人有陈小伟、付彦宏、杨玮玮等。项目开发的产品，除了满足普通焊管的所有要求外，还对钢管纵向拉伸性能提出了新的、严格的要求。其主要研创新成果是：①提出铁素体+贝氏体组织及比例控制要求并将其列入钢板技术条件。开发出适合大变形钢的成型、扩径及焊接工艺技术，成功开发出X70、X80大变形直缝埋弧焊管。②开发多丝埋弧焊接温度场测定及数值模拟技术、大变形钢焊接的低热输入焊接工艺技术，解决大变形钢焊接后热区软化和脆化的难题，X80大变形钢管焊接热影响区冲击功平均达到216焦耳，焊缝冲击功平均达到177焦耳，热影响区强度比传统工艺提高了27兆帕。③阐明铁素体+贝氏体双相组织大变形钢关键拉伸性能指标之间的关系规律：钢板屈服强度Rt0.5与均匀延伸率Uel的关系；屈服强度与应力比之间关系；钢管屈服强度和均匀延伸率之间的关系。为大变形钢组织性能优化和更高钢级大变形钢的开发奠定基础。截至2016年年底，该项目为中缅管线、西气东输三线等工程供货2.98万吨，实现销售收入3.33亿元，利润2008万元。

（中国石油集团渤海石油装备制造有限公司）

【高压大排量双螺杆泵加工制造关键技术及应用】 由天津君宇科技股份有限公司、天津职业技术师范大学合作完成，获2016年度天津市科技进步三等奖，主要完成人有张艳君、王仲民、张涛、李宁等。项目针对高压大排量双螺杆泵在制造和应用过程中存在的问题，以新型螺旋型线设计及制造、双螺杆泵远程监控、长寿命运行、高压大排量焊接泵体工艺优化等关键内容为重点进行广泛而深入的研究。采用新型型线的螺旋套和优化后的焊接泵体，提高传递过程的高压差和大排量；采用的双螺杆泵远程监控技术，可以检测双螺杆泵机组运行过程，实现机组运行的无人值守；接触传动部件采用纳米耐磨涂层技术，延长整机寿命，减小后期维护工作量，节约运行成本。研制成果打破了高压大排量双螺杆泵长期被国外垄断的局面，且项目本身具有较强的技术辐射能力，研究所涉及的众多技术创新将对其产业化发展以及进一步开拓国际市场产生深远影响。该成果应用于胜利、大庆、西北等油田，并出口欧洲、中东、东南亚等国家。

（天津君宇科技股份有限公司）

【自然工质二氧化碳跨临界热泵系统关键技术研究】 由天津城建大学、天津商业大学合作完成，获2016年度天津市科技进步三等奖，主要完成人有杨俊兰、刘圣春、代乾、胡静等。该项目主要研究内容：建立CO_2润滑油混合物的热物性计算模型；实验测试润滑油含量等不同参数对沸腾换热和压降的影响；建立CO_2润滑油沸腾换热和压降计算模型；得到CO_2池沸腾换热关联式，实验测试CO_2水平光管和强化管管外沸腾换热性能；用当量分析法分析CO_2跨临界循环和常规制冷循环的性能；建立CO_2气体冷却器和蒸发器优化模型；建立CO_2跨临界制冷系统优化模型，提出优化目标函数。项目主要成果：①运用混合物计算模型，计算CO_2润滑油的热物性，可为换热性能的研究提供依据。②测试得到不同参数对CO_2润滑油沸腾换热和压降影响规律。③得到CO_2润滑油混合物沸腾换热和压降模型，为CO_2蒸发器的优化设计提供依据。④得到CO_2池沸腾换热关联式，实验测试CO_2水平光管和强化管管外沸腾换热性能，得出提高换热设备效率的管外强化换热措施。⑤运用当量温度计算方法，比较CO_2跨临界循环和常规制冷循环的性能，为CO_2跨临界循环系统优化提供依据。根据实验测试数据，验证了当量温度理论分析结果。⑥运用CO_2气体冷却器和蒸发器优化模型，可对两个CO_2换热器的结构参数进行优化。⑦运用CO_2跨临界热泵系统优化模型，根据优化目标函数，对整个系统的性能进行优化。研究成果在天津恒利光谷激光技术有限公司、天津鼎拓科技有限公司应用，开发了以CO_2为工质的冷水机组和热泵热水器。为CO_2气体冷却器和蒸发器的开发和优化设计提供指导，为提高CO_2热泵系统的效率提出解决方案，达到节能降排的目的。项目获授权发明专利2项、实用新型专利4项。发表论文19篇，其中SCI检索1篇，EI检索5篇。培养硕士研究生6名。

（天津城建大学）

【智能砌块劈裂机关键技术及成套设备研发】 由天津职业技术师范大学、天津市新实丰液压机械有限公司合作完成，获2016年度天津市科技进步三等奖，主要完成人有闫利文、杨振峰、杨志涛、赵小超等。项目主要内容：该制砖机设计中部升降平台，在砌块劈裂过程中，中平台与刀具动作协调一致，砼砌块既能在劈裂台面做平移运动，又可使四个受力面承受刀具对齐劈裂，并且保持整台设备的稳定运作，设计的机械结构满足功能要求和足够的稳定性要求。设计链轮推杆机构，劈裂机的劈裂频率和砼砌块自身的进给速度之间的协调作用，通过机械结构与传感器的巧妙配合加以实现，顾及传感器的工作环境，并能保证其有足够的精度，使机械结构运转时能始终保持正确的运动规律。开发智能化贝叶斯集散控制系统，具有显示、操作、管理、集中，控制相对分散，灵活配置，组态方便的优点。控制系统主要由上位PC机、工业触摸屏、PLC控制器、变频器、接近开关、光电开关、电磁换向阀及异步电机组成。主要技术指标为：研制的SF-3智能砌块劈裂机成型周期为20秒，生产能力为5立方米/小时，配用不同刀具可生产各种形状、规格的劈裂砌块。控制系统实现智能化监控。系统压力7兆帕，劈裂砖块尺寸：长200毫米～420毫米，宽150毫米～240毫米，高190毫米～300毫米。块设备外形尺寸9085×4876×4145毫米，设备重量约6300千克，装机总功率34.5千瓦。该制砖机每年为天津市新实丰液压机械有限公司新增利润6000万元以上，还分别在天津、鞍山、山东乐陵、吉林市等地200多家企业应用，每年为各企业新增利润1000万元以上。

（天津职业技术师范大学）

【辅助微创外科手术的机器人本体系统】 由天津大学完成，主要发明人为王树新、李建民、张林安等，2016年获第十八届中国专利优秀奖。专利技术原创性主要体现：①该专利机器人采用主动移动关节带动多个随动转动关节的结构实现机械臂的轴向移动，通过丝传动实现动力传递，提高了刚度，并在末端串联可伸缩的手术工具，实现机器人在运动过程中手术工具的轴线始终通过切入点的约束要求，达到减少驱动装置、简化传动机构，体积小、重量轻、便于控制、精准度高的效果，同时具有从胸腹腔微创手术向其他领域如耳鼻喉等手术的拓展潜力。②该专利装置通过一个较长的梁状结构携带手术工具从远处探入到病人身体上方进行微创手术操作，这种结构可以大大节省机器人占用病人身体上方的空间，为医生能够快速接近病人提供了便利；可快速更换多种配套的手术工具，充分满足微创手术操作多样性的要求。应用该发明专利的"妙手"系列手术机器人解决了现有手术机器人存在的驱动装置多、传动复杂、体积庞大、刚度低、术前调整时间较长的技术问题，也克服国外手术机器人操作难度大、培训时间长的缺点，部分性能指标超越国外产品。以该专利技术为依托，与解放军二炮总医院签订合同，开发完成便携式微创手术机器人系统样机，该样机完成多例动物试验，效果良好。与中南大学湘雅三医院签订合同，完成腔镜手术机器人辅助系统开发，该系统在国内率先完成人体临床试验，包括胃穿孔修补术、阑尾切除术及结肠癌根治等五例；与威高集团有限公司签订4000万元合同。

（天津大学）

【多缸液压系统的应变速率控制和多点调平控制方法】 该发明专利由天锻压力机有限公司王世东完成，获2016年度天津市专利优秀奖。该发明专利具有较高的新颖性和创造性，所采用的多缸协同调节应变速率和多点调平的方法可以使滑块以平稳的姿态进行压制，从而解决滑块偏载问题。它不需要对液压机加强结构处理，减轻设备重量，设备成本低；而且由于滑块以平稳的姿态进行压制又大大提高制件的精度，提高了工件的压制水平和合格率。该发明具有广阔的应用市场。

（王学凤）

【工业燃气锅炉脉动燃烧节能减排新技术及应用示范】 天津科技大学吴中华主持完成的天津市科技支撑计划项目，于2016年9月完成。该项目在前期小型脉动燃烧装置基础上，攻克多脉动燃烧并联运行关键技术，研制出具有高效节能环保特点的大型脉动燃烧装置；将大型脉动燃烧装置应用于工业锅炉，强化锅炉的燃烧和传热过程；优化脉动燃烧锅炉结构，研发锅炉运行控制系统，在此基础实施工业锅炉脉动燃烧节能减排示范工程。取得的具体成果：①掌握脉动燃烧过程火焰结构变化规律，频率跳变和振熄、脉动强化传热机理、绘制了脉动燃烧稳定性图谱、发现火焰漂移、功率突变等新现象，成功地将里克型脉动燃烧器从0.1千瓦放大设计100千瓦，解决了行业存在的一大技术难题。②建立脉动燃烧过程计算流体力学CFD模型，为脉动燃烧NOx和噪声产生机理、燃烧器结构优化提供新的研究手段；提出并研究两款仿生脉动燃烧器结构概念设计。③掌握燃烧器低长径比的变截面设计、复合多脉动燃烧并联运行技术、多尾管强化传热技术、以及脉动燃烧喷雾、焚烧技术。④研制大功率脉动燃烧装置、脉动燃烧热水锅炉样机，以及运行控制系统，积累了原始运行数据。该项目发表学术论文17篇，获授权国家专利6项，培养研究生5人、青年教师1人。（李丽娜）

【一种航空制件板材充液成型数控生产线】 S-THP63-2000+800/1300航空制件板材充液成型数控生产线，由天津市天锻压力机有限公司自主研制，2016年9月通过科技成果鉴定。这种集航空航天零部件的充液成型、机械制造、液压、检测与控制等多学科先进技术为一体的成套工艺装备是传统冲压成型工艺的技术升级。天锻压力机有限公司率先在国内航空航天钣金成型领域采用该技术，将先进的成型工艺技术与柔性成形模具相匹配，成功解决新型航空材料塑性差、成型性低、型面复杂等阻碍航空零件成型的棘手问题，设备达到国际水平，且制件成本只有进口件的1/5。该技术打破国外对该领域的技术封锁，填补国内在该领域的空白，对国家航空航天领域的发展有大的促进和推动作用。

（周　正）

【一种高速复合传动多工位压力机冲压线】 ZS-JYT27G-2000高速复合传动多工位压力机冲压线由天津市天锻压力机有限公司自主研制，2016年5月通过科技成果鉴定。该生产线攻克国内汽车对车身覆盖件制件高刚度、高生产节拍、全自动化生产的难题，是国内首条由单台主机（包括传动拉伸成型工艺、落料工艺、切边工艺、冲孔工艺）、辅机及多种规格模具组成的具有国际先进技术水平的全自动多工位汽车板材类制品冲压线。该冲压线克服单一传动的机械压力机和液压机的某些不足，并将其优点相结合，采用复合式伺服油缸驱动对称连杆增力机构可以实现滑块快速下降，具有慢速加压、持压及快速回程等技术特点。它主要适用于国内外中、小型货车、家用轿车、高档跑车等汽车所急需的前保险杠、后保险杠、车门保险杠及车身覆盖类制件的压制、落料、拉伸成型、冲孔、整形、切边等全自动工艺的需求，并具有一定的故障自诊断功能。

（周　正）

【光伏发电用一体化机房】　由天津市特变电工变压器有限公司自主研制，2016年08月通过科技成果鉴定。该成果的创新点：①提出光伏发电用一体化机房的整体解决方案，研制出一种用于防止铁心位移的新型装置，有效防止铁心发生位移；箱体外壳采用集装箱或双层钢板加岩棉的隔热层结构，实现防尘、防潮、防凝露；设计可拆卸式集装箱箱体顶盖，方便内装设备从上部吊装。②逆变器柜室与变压器室分别设置专用的通风散热通道，保证散热效果，使两室的发热互不影响；高压柜与变压器、变压器与逆变器、逆变器与直流配电柜等电气主回路均采用新型的连接结构，取消变压器低压侧保护重复的交流柜，提高系统整体可靠性。③研制出一种智能测控装置，实现光伏发电用一体化机房内电气设备及环境的运行状态参数的采集、处理、保护及综合管理等“四遥”功能。应用该成果生产的产品解决从光伏发电逆变器直流输入到35千伏交流并网输出之间的设备调配方案。内部集成逆变器柜、升压变压器、高压开关柜等一、二次设备，具有成本低、体积小、占地面积小、现场施工简单、功能高度集成等特点。

（马广娟）

【IMC系列智能型阀门电动装置】　由天津百利二通机械有限公司自主研制，2016年5月通过科技成果鉴定。该成果的主要创新点：①转矩控制采用采集电动机电流值及其相位、电动机转速、供电电压等运行变量，通过预先建立的动态函数模型，利用模糊算法确定输出转矩并控制。②行程控制采用动态自动检测系统惯性结合自适应算法实时检测控制。③采用微处理器的NW技术及零功耗唤醒技术，在无电源供应状态下长期显示阀门的阀位等信息并显示手动后的新的阀门位置。④独立的工业控制总线腔，在检修和更换电动装置时不影响总线运行。应用该成果生产的产品在国内数个电厂、水厂项目工程应用，有效提高管道控制设备的控制工艺水平，满足市场需求，替代进口产品。　（郑廼志）

汽车　船舶　航空

【航空航天领域年度科技进展简况】　2016年，天津市航空航天领域科技事业成绩突出。长征七号运载火箭是由天津航天长征火箭制造有限公司生产和总装的，它是中国为载人航天工程发射货运飞船而全新研制的新一代无毒无污染运载火箭。2016年6月25日，箭长征七号在海南文昌卫星发射中心发射成功。2016年9月，世界上最大的航天器总装、集成、测试中心（简称AIT中心）在天津高新区未来科技城建成，中国空间站计划的部分总装测试工作在该中心进行。天津AIT中心将作为未来中国新一代大型航天器完成总装、集成、测试的主阵地，空间站等大型航天器都将在这里诞生。2016年11月3日，由天津航天长征火箭制造有限公司制造的中国新一代运载火箭长征五号在海南文昌发射中心首飞成功。长征五号是中国研制的起飞规模最大、技术跨度最大、运载能力最大的新一代最大直径、最大推力运载火箭。　（刘惠忠　华　强　李宏博）

【重型柴油机欧VI关键技术及产业化】　由天津大学和广西玉柴机器股份有限公司联合完成，主要完成人为尧命发、郑尊清、沈捷、林铁坚、刘海峰等，获2016年度天津市技术发明奖一等奖。项目完成欧VI重型柴油机整机开发并实现产业化应用。主要技术内容及发明点：①提出基于中等EGR控制的低温燃烧欧VI技术路线，提出该技术路线的空气系统方案，发明基于两级增压和复合EGR的空气系统，提出EGR与空燃比、增压器效率的优化策略，实现重型柴油机性能和排放的优化。②发明柴油机均质压燃与传统燃烧联合运行方法和通过控制排温实现重型柴油机低排放的方法及实施装置，提出欧VI新型燃烧系统、先进燃烧技术和全工况高效清洁低温燃烧及与后处理系统耦合控制策略，减少了对后处理器的依赖。③发明重型柴油机新结构及工艺，包括气缸体、气缸体冷却系统、气缸盖以及涡轮增压器保护装置，并开发产品一致性控制技术，开发成功具有自主知识产权的YC6L-60欧VI重型柴油机。该项目获授权国家发明专利8项、实用新型专利3项，发表论文25篇。在2015年YC6L-60作为唯一中标的国产欧VI柴油机搭载于48辆公交车在北京投入运营后，2016年YC6L-60再次获得301台订单（占总中标份额的66.7%）；该项目关键技术在YC6L国4和国5重型柴油机上得到大规模应用。该成果在节能减排方面发挥了重要作用。　（天津大学）

【大型远洋船舶智能化综合船桥系统及设备研发与产业化】　由中国船舶重工集团公司第七0七研究所、大连海事大学于浩、王夙歆、郑荣才、张瑞波等完成，获2016年度天津市科技进步一等奖。项目针对国内造船“空心化”，综合船桥系统几乎全部依赖进口，严重阻碍了国家船舶工业的创新发展的突出问题，开展自主创新研究。取得如下创新成果：①突破电子海图基础数据跨平台关键技术，创造性地解决了海洋地理信息融合应用与共享难题，研制出国内唯一具有完全自主知识产权的多源异构海图基础平台。②首次提出基于专家知识和操舵控制人员成熟经验的仿人控制算法，成功解决复杂海域、海况航迹航向控制难题，研制出国内唯一通过C类（最高标准）航迹控制系统认证产品，性能达到国际先进水平。③采用先进的信息多总线采集传输与分层处理、分发、应用的体系架构，有效地解决了船桥海量数据的传输共享问题，创新设计多任务应用协同处理引擎，国内率先研制完成多功能系统。④在国内首次创新性地完成新型船桥矩阵式结构设计，满足国际领先的一人驾控设计理念和要求。项目成果填补了国内空白，总体性能达到国际先进水平。42套综合船桥系统及668套设备在中船黄浦船厂、武昌船厂、大连渔轮公司等广泛应用，截至2016年年底，实现销售收入累计2.7亿元，创造经济效益7115万元，为中国由造船大国向造船强国战略转型提供了技术支撑。项目申请专利24项（其中发明专利11项），完成软件著作权12项，发表学术论文15篇，制修订国家标准3项、行业标准2项、企业标准4项，11型产品通过中国船级社和挪威-德国劳氏船级社认证，获中国设计“红星奖”和第三届中国创新创业大赛军转民大赛三等奖。　（张　晓）

【军事交通学院智能车团队获中国智能车未来挑战赛冠亚军】　2016年11月10日至13日，在国家自然科学基金委员会举办的第八届“中国智能车未来挑战赛”上，军事交通学院智能车团队取得“三连冠”佳绩。这届比赛包括真实综合道路环境测试和认知能力离线测试两部分，其中道路环境测试分为真实高架快速道路测试（约22千米）和城区道路测试（约6千米），主要考察无人驾驶车辆在遵守道路交通法规、避免交通事故前提下的交通场景识别能力以及不同道路环境的适应性和正常行驶4S能力（即安全性、舒适性、敏捷性和智能性），也是首次提供真实高架快速道路、城区道路的测试环境与条件。在参赛的27支车队中，军事交通学院智能车团队的“军交猛狮”2号、1号车队分别获综合排名第一、第二名。这个团队是由人工智能、信息技术、电子电气、机械工程等领域24名专家骨干组成的稳定研究团队，为天津市首批重点领域创新团队。团队人员先后研制7代无人驾驶车辆平台，并系统掌握环境感知、智能决策、自主控制、车辆线控和机电改造等软硬件关键技术，获得国家多项重大研究项目的资助，与国内多家汽车厂商开展项目合作。7年以来，团队连续参加7届“中国智能车未来挑战赛”，先后四次夺冠。在参加陆军装备部组织的“跨越险阻2016”地面无人系统挑战赛中，同时获得“野外战场侦察”和“编队

行军”两个组别冠军。团队承担的科研项目先后获军队科技进步奖等奖励7项。（叶　鹏）

【汽车内分型保险杠精密注塑模具开发及产业化】　由天津银宝山新科技有限公司、天津职业技术师范大学合作完成，获2016年度天津市科技进步三等奖，主要完成人有王权、蔡玉俊、李杰、吴正环等。该项目内容是：①基于Moldflow的汽车保险杠模具分析。设计汽车保险杠制品，采用Moldflow软件对聚合物熔体在型腔中的流动进行充填、翘曲、冷却分析，优化模具浇注系统及冷却系统的设计。②产品工艺分析。首先做产品工艺分析，进而制订模具的设计方案。根据产品的外形大小及主要装配位置，确定前期设计方案。③模具设计与制造。对进浇系统、冷却系统、抽芯系统、顶出系统、开模控制系统一一进行合理布置分析设计制造。通过注塑模拟分析，合理设置进胶点和冷却水孔，保证充胶平衡、减小变形、使气纹和熔接痕不明显；模具型腔部分高度落差很大，最深位置695毫米；模具采用10个滑块，23个大斜顶/顶块，4组内分型斜顶及变路径导轨完成脱倒扣，4组扣机保证开模与顶出平稳同步进行，利用2组共计8个油缸完成三级顶出动作。项目完成后，年产汽车塑胶模具150套，产能提高20%，模具生产周期缩短20%，模具制造成本降低10%，高端大型复杂模具出口比例将提高10%以上。项目技术成果弥补国内尤其是北方地区，高端大型汽车注塑模具设计能力差、加工周期长的问题，对提高全国模具的整体水平起到引领和标杆作用，同时为开发美洲、亚洲、非洲市场奠定技术基础，为成为全球专业模具生产企业奠定技术和生产基础。

（天津银宝山新科技有限公司）

【柴油车颗粒物排放控制关键技术研究与应用】2007年1月～2016年9月，中国汽车技术研究中心围绕DPF（柴油颗粒物捕集器）的性能评价标准、在车辆颗粒物排放治理上的适应性应用、效果评价与监管等方面关键技术开展系统性研究，取得多项突破：①DPF性能指标及测试评价程序的研究与应用。开展DPF的整车和发动机台架验证试验，测试DPF前后的颗粒物排放特性，对捕集（过滤）、压降和再生等进行试验研究，总结出DPF的性能要求和评价方法及规程，制订HJ451《环境保护产品技术要求 柴油车排气后处理装置》，并形成相应试验评价能力。该标准为国内汽车行业内唯一的DPF产品试验评价标准。②DPF系统技术路线及适应性研究与应用。在天津组织两批车队，对三种技术路线、33套DPF在用柴油车实际运行及测试评价，研究在不同车型、不同运行工况和不同硫含量燃油的等实际环境下DPF关键指标，提出并适配适应性广的主动再生型产品、经济性较好的被主动混合型和安全性好的被动再生型等三种DPF技术路线产品。开发并发布“在用柴油车排放治理装置（DPF）匹配查询系统”，在天津等多个地区的柴油车颗粒物排放治理中应用。③DPF运行状态在线监控技术的研究与应用。制订DPF电子控制系统的通讯协议，利用CAN+GPRS在线监控车辆和DPF系统工作参数。研究排气温度、背压与碳加载量关系，开发基于排气温度和背压的自动告警系统，通过对发动机转速、DPF排气温度和背压的实时分析，监视DPF正常工作、并在DPF失效时及时告警，为DPF的安全使用、效益评估以及产品不断优化改进提供技术支撑，并在南京、北京、天津等多个地域在用柴油车DPF改造监管中得到应用。项目出版《汽车排放污染控制系统简明教程》，获授权发明专利2项、实用新型专利2项、软件著作权1项，发表论文14篇，其中SCI2篇、EI7篇。该研究成果在国内DPF改造中起到巨大的技术支持作用。（赵志成）

【纯电动汽车高性能整车控制平台研发及产业化】　由中国汽车技术研究中心于2016年10月完成。项目针对纯电动新能源汽车高性能整车控制平台关键技术进行研究开发，主要创新点为：①针对高性能整车控制器采集信号复杂、被控对象多、控制算法复杂的特点，提出基于专为纯电动新能源汽车控制的新一代32位高性能单片机模块化开发整车控制器的解决方案。②提出一种参考AUTOSAR架构的整车控制器软件架构。该软件架构参照AUTOSRA的核心理念“架构、方法、接口”，将整车控制器的软件实现划分成应用层、实时环境和基础软件，并定义各层之间的信息流通规则。③针对未来纯电动新能源汽车控制量多、控制算法复杂、控制实时性要求高的特点，提出一种软硬件架构并行协调的控制系统解决方案。④针对纯电动新能源汽车驱动力矩的影响因素多、控制复杂的问题，提出一种基于多信息融合的驱动力矩建模方法。开发的整车控制器（AERI-VCU）与国内市面上常见的基于16位单片机开发的整车控制器相比，具有平台起点高，具备标准化的匹配标定、诊断、程序升级接口，支持实现复杂的应用层控制策略等特点，居于国内领先，国际一流水平。与国外一流大公司研发的整车控制器相比，具备更高的性价比，更加贴合国内纯电动新能源汽车的设计研发需求，并具备程序远程升级功能。AERI-VCU的成功开发带动了国内企业对新能源汽车控制系统关键技术的掌握，提升了国内新能源汽车整车设计开发水平，并获得国际同行的认可。项目发表的论文被北美汽车工程师协会（SAE）收录，并应邀在SAE2015World Congress上做大会报告。AERI-VCU投入市场后成功匹配国内多家新能源汽车主机厂，均获得高度好评。从2014年10月至2016年年底，累计给国内主机厂供货15000余套，给中国汽车研究中心汽车工程研究院带来直接产值收入3000余万元，创造利润2000万元。

（赵志成）

【中国汽车生态设计理论体系与应用研究】　2012年6月～2016年，中国汽车技术研究中心基于完善的数据体系、标准以及雄厚的检测服务能力，将生态设计理念引入到汽车行业，开展中国汽车生态设计理论体系的研究与应用工作，项目主要内容：①建立适用于中国汽车行业的先进生态设计研发理论体系。在充分研究生态设计战略论理论体系的基础上，结合中国汽车行业的实际情况，全面量化汽车产品全生命周期过程对环境产生的影响和能源消耗。②中国汽车生命周期评价基础能力建设。开发中国汽车生命周期数据库(CALCD)和中国汽车生命周期评价工具(CALCA)，为企业提供全面、权威、准确、便捷的生命周期评价基础数据和工具支撑。③基于“领跑者”理念的中国生态汽车评价指标体系研究。采用均权方式，对健康、节能、环保等关键性指标进行分级构建，真正做到优中选优。④中国生态汽车评价规则（C-ECAP）研究。中国生态汽车评价按照全生命周期的理念，致力于从源头减少污染，考虑汽车产品在全生命周期过程可能对环境造成的影响，从而推动汽车企业生产健康、节能、环保的汽车产品。该体系主要创新点：①引入国际先进“生态设计战略论”理论体系，用以构建汽车生态性能评价指标体系，开创生态设计应用到汽车产品的先河。②引入生命周期评价（LCA）方法，在国内率先将LCA方法引入汽车生态性能评价，促进了LCA方法在其他相关政策中的应用。③认证模式的创新。将全生命周期思想与优中选优思想有效融合，能够系统全面地体现产品的全生命周期的生态性能。④国内第一个本土化的汽车生命周期数据库CALCD的建立。⑤国内第一个汽车生命周期评价工具的开发。CALCA是提供高效的LCA建模分析工具。⑥指标实现汽车产品全生命周期的覆盖。⑦大幅度提高消费者对汽车生态性能的可读性。⑧评价体系的发展性设计：本着发展性原则建立汽车产品生态设计评价指标体系，从而为后续阶段做好铺垫工作。

（赵志成）

【基于中国车辆特征的侧面碰撞测试与评价方法研究】　2014年4月～2016年，中国汽车技术研究中心开展了“基于中国车辆特征的侧面碰撞测试与评价方法研究”。项目主要研究内容：①运用“加权统计法”统计乘用车重量分布以及相关外观尺寸，确定国内车型“平均车重以及平均前端几何尺寸”，通过R分析法，分析对车体结构影响最为显著的MDB规格，在上述工作基础上获取可变形移动壁障（MDB）参考车重以及可变性壁障几何外廓。②运用“Load cell”测力法，获取典型车辆前端碰撞构件力学特性，通过构建车辆前端刚度模型，掌握车辆前端刚度抽取方法。依据已有壁障吸能刚度，进行二者之间的耦合性研究。③基于平均车重，围绕台车质心分布，制动系统及加工工艺等关键技术研究设计开发可移动台车，并根据车辆几何高度以及前端刚度特征，研制相应的侧面移动壁障（MDB），二者结合，形成符合基于中国车辆特征的侧面碰撞移动壁障台车。④通过采用WorldSID假人替代现有的ES-2假人。对该假人的静态标定以及动态响应分析，并提出新的乘员损伤的测评方法。⑤通过辅助测试设备的开发，在试验室内精确地复现了车对车侧面对撞的事故形态。运用刚度因子分析法，以车对车碰撞形态下车体响应特性为基准，进行测评方法关键参数的边界条件设计和验证。通过该课题的研究,形成一套完整的能客观反映中国乘用车特征的侧面碰撞安全性能的测评方法。项目的研究成果,为行业的技术进步提供了更高的技术门槛。项目申请发明专利5项,实用新型专利3项,并为10余家汽车企业的车辆安全开发提供了设计输入与评价依据。两年来,为企业累计新增利润4000余万元,节支1098万元,对于促进企业提高车辆的安全性能起到积极的推动作用。

(赵志成)

【港船重工滚装船建造技术研发】 天津新港船舶重工有限责任公司针对"8000车汽车滚装船"开展滚装船建造技术研发。该船是全球最先进的高效、节能、环保型、装车量最多的超巴拿马高效汽车滚装船。其总长约200米,宽36.5米,高52米,设计航速20节,汽车甲板面积66000平方米。全船14层甲板,其中包含8层固定甲板,5层活动甲板用于装载各类汽车,居住甲板在最上层。该船的汽车滚装系统是世界首装最先进、最高效的滚装系统,升降坡道对船体建造精度要求误差在2毫米以内;单层30多块活动甲板依靠立柱提升2个高度都必须保持操作快捷、连接平整;350吨液压折叠艉门,对精度密性要求严格;船体和甲板全为薄板,对分段甲板建造精度及变形控制要求极严。截至2016年10月,该公司先后立项课题36项,攻克了8000 PCTC船立柱制作焊接、8000 PCTC船精度策划和控制、船舶薄板分段工艺研发等10项关键建造技术,同时取得"倾斜船底船舶漂浮精确定位的装置"等6件国家专利。该船船体建造、汽车滚装系统及艉门试验获得船东及船级社检验认可,设备调试交验进入最后阶段,即将试航,标志着新港船舶重工研制的8000车汽车滚装船关键技术取得突破性进展。该船的成功建造为承接大型客滚船及豪华邮轮奠定了基础。

(张博洋)

【国内首艘远洋渔业资源调查船"淞航"号】 国内首艘远洋渔业资源调查船"淞航"号由天津新港船舶重工有限责任公司研发建造,2016年交付使用。该船总长87米、垂线间长78米、船宽14米、型深7.6米、设计吃水4.8米、满载排水量2800吨,具备拖网、金枪鱼延绳钓、灯光鱿鱼钓三种渔业作业方式,具有水文生化、气象、地质和生物多种科考调查功能,配备CTD取样、海洋生物取样、水声探测多种调查手段,是国家农业部第一艘服务于渔业调查功能的科考船,是中国渔业调查功能最强、吨位最大的科考船。该公司针对"淞航"号工期短、任务重、船体主体结构全部为高材质钢、科考设备和渔探设备为首次接触、施工难度大、要求高等特点,在技术上和施工上做好充分准备,制订了详细的安装工艺,规范建造工艺流程、顺序和质量要求,根据全船分段划分,对分段无余量制造、无余量搭载进行策划,制订施工要领,确保了向船东交付一艘高质量的船舶。

(张博洋)

【医院船模拟搭载实施工艺技术】 由天津新港船舶重工有限责任公司完成,2016年11月通过天津科委科技支撑计划项目技术审查。公司在建的一艘高技术、高附加值的医院船为世界最大的非官方医院船,根据该型船开展相关的无余量搭载的精度控制技术,其设计、建造具有如下特点:①全船采用薄板制成,在总组、搭载阶段如出现大量的结构切割调整必然会对薄板带来严重损伤。②该船对外观要求非常高,排除设计、工艺要求以外,其他任何原因对外板进行挖补处理都是不可接受的。③该船对空船重量要求非常严格,而船舶主尺度是影响空船重量的主要因素之一。④本船内舾装工程量大,要求高,并且具有大量的医疗设备需要安装于船上,故船体精度控制在合理范围之内是保证内舾装等后续工程顺利完成的重要基础。⑤该船采用全电力推进系统,电力负荷高、电气设备多,精度控制对设备安装、船舶降噪、舒适度等意义重大。为此,该公司制订了医院船的精度控制过程方案,通过预先了解分段搭载精度偏差并在电脑上进行模拟分析,指导现场工作,实现分段无余量搭载。通过无余量搭载,使分段、总段无余量搭载率达到85%以上,并且平均切调率由14.3%减小到8%以内。平均吊车占钩时间由5.2小时减小到4小时以内,从而减小船舶建造周期,提高船舶产品质量,降低建造成本。研究成果包括"模拟搭载实施工艺""新式精度测量表"1套。

(张博洋)

【亚马尔LNG组块装船出海】 天津修船技术研究

所设计承接的亚马尔LNG组块加工设计项目，历时24个月，4个模块分别完成陆地建造，2016年11月装船出海。该项目是位于俄罗斯亚马尔半岛北极圈内极寒地区的陆地天然气工厂项目，是世界上最大的模块化陆地LNG项目，每年可生产1650万吨液化天然气以及100万吨凝析油。其中两个模块尺寸大，总吨位高，管线延米长1.2万米，电气电缆长10万多米，仪表电缆长7.5万多米，舾装板和百叶窗共计5700平方米。设计工程中克服了项目要求苛刻、工期紧张、多国联合工作沟通不便等问题，在甲方各方面要求多且质量要求高的情况下圆满完成设计和施工配合任务。亚马尔LNG组块的顺利出海，标志着该所拥有了国际上最大模块化建造LNG项目能力，积累了国外项目的管理和设计技术及经验。

（王　鑫）

【旋转体静平衡仪无轴对中装置】 2016年8月，天津修船技术研究所设计研发成功旋转体静平衡仪无轴对中装置。该装置特点：相对有轴平衡仪结构更简单，减少了制作中心轴和上锥块的费用。操作更方便，巧妙利用旋转体自身重力，只需将旋转体放置于承重平台后就可完成对中工作，大幅减少吊装等危险作业。去掉对中结构中心轴，设备可靠性进一步加强。减少了机械配合间隙，提高了被检测物的检测精度。

（赵振杰）

现代制药

【化学药物晶型关键技术体系的建立与应用】 天津药物研究院药业有限公司汤立达为主完成的“化学药物晶型关键技术体系的建立与应用”获2016年度国家科技进步二等奖。作为国内早期布局的医药科研单位，天津药物研究院多年前就开始从事药物的改良性创新研究工作。“阿德福韦酯（代丁）”是该院从晶型突破原研专利限制，作为1.1类新药在全球首家上市，是造福国内患者降低患者用药费用的典型，也是关键技术在药物创新中的应用，尤其是化学药物晶型关键技术应用的代表案例。天津药物研究院还承担了“十一五”重大专项“公斤级手性和多晶型药物制备中试技术平台”等重大平台项目，形成“阿戈美拉汀”新晶型国际PCT专利等系列成果。

（张彩霞）

【生物降解药物涂层冠脉支架系统开发及产业化】 由赛诺医疗科学技术有限公司完成，获2016年度天津市科技进步一等奖，主要完成人有孙箭华、李天竹、康小然等。该项目首次应用电子接枝技术攻克现有支架涂层技术难题，为首个由中国自主研发并拥有完整全球知识产权的冠脉药物洗脱支架产品，于2015年被国家卫计委列为医药卫生重大科技成果，产品达到国际领先水平。项目产品获5项发明专利授权，支架系统采用全新双膜结构设计，在支架表面经专利涂层技术建立仅100纳米～200纳米厚度的电子接枝涂层，涂层与支架间通过化学键连接，在该基层上涂覆含药可降解高分子涂层，解决现有产品药物残留、内皮愈合差等安全性问题。项目产品获国家药监局的三类医疗器械注册证并成功完成产业化建设，在国内率先形成全部组件生产能力。产品上市后进行多项随机对照“头对头”临床研究，证明比国内外产品具有快速内皮愈合的显著性安全优势，产品支架血栓发生率显著降低。该项目打破传统研究思路，采用创新双膜涂层设计并首次在支架上应用专利电子接枝技术，为产品带来安全性优势。该项目有重大理论突破，在国际上首次提出血管创伤愈合存在“窗口期”，即支架术后两至三个月为血管内皮修复的时间机会窗口，该理论有望为血管类含药植入物发展指明新的技术方向。该产品比进口产品具有价格优势，降低病人高出血风险并大幅节约用药开支（每年至少为每位患者节约7000元的服药费用）。截至2016年年底，产品进入医院使用逾800家，累计植入逾20万套，营业收入近6亿元，纳税近亿元。产品应用数量实现超过30%的年均复合增长，产品手术即时操作性能及长期安全性获得临床高度认可。

（赛诺医疗科学技术有限公司）

【“9羟AD”项目带动多产品产业化生产】 天津天药药业股份有限公司、天津药业研究院有限公司在国内率先（2013年启动）开展“9-羟基AD生产皮质激素类药物产业化新工艺”项目研究，并国内独家生产，获2016年度科技进步二等奖。该工艺创新点如下：①创建了以9-羟基AD为起始物合成5ST及氯化物为重要中间体生产皮质激素的新工艺路线，申请发明专利5项。②新路线较原工艺缩短了工艺步骤，有效避免或降低了副反应。特别是17-氰基引入方式的创新，有效地避免了4,5-加成副产物。改进并优化9,11-双键生成11β-羟基的工艺，工艺收率提高5%。③在氯化物制备皮质激素类药物工艺路线反应中，醋酸氟轻松及去炎松的中间体脱水物，以及醋酸氟轻松的中间体6-氟物、双氟物、氧化物均为新化合物，具有新颖性。氢化可的松一步法直接生物脱氢生产泼尼松龙具有创新性。④工艺设计中不涉及高危反应，易于实现工业化，通过还原工艺及后处理工艺的改进，减少了重金属试剂的使用，使新工艺不存在高污染反应，属于环境友好型工艺。该工艺的应用，改变了中国甾体原料药长期依赖薯蓣皂素的局面，实现甾体激素药物植物原料来源的多样化。降低生产成本，减少从原料源头和化学合成制药过程对环境的污染，实现资源的再利用。通过项目建设，氢化可的松、氟轻松、曲安奈德和地塞米松系列产品相继完成新工艺的产业升级，延伸了9羟AD技术产业链。采用新工艺实现皮质激素产量达23吨，新增销售收入1.31亿元。该技术也可应用于倍他米松、泼尼松龙等系列产品的产业化生产。（张滢滢）

【数字化专用超声诊断探头及系统研发】 由天津迈达医学科技股份有限公司、中国医学科学院生物医学工程研究所、天津医科大学总医院合作完成，获2016年度天津市科技进步二等奖，主要完成人有王延群、计建军、杨军、张建宁、王晓春等。该项目的核心是研发专用超声探头与系统并实现设备的数字化，是针对高发病、常见病人群广泛使用的技术，在眼科、泌尿科、皮肤科临床中有着巨大的应用需求。项目内容包括：①数字化眼科A/B型超声诊断仪：主要研究全数字B型超声诊断仪中的动态滤波器、眼科诊断远程传输、数字化图像重建算法系统与新型探头、编码发射/解码接收、自适应时间—增益控制。撰写国家行业标准《眼科B型超声诊断仪通用技术条件》及《眼科A型超声测量仪》，获得国家批准并颁布实施。②数字化眼科超声生物显微镜：突破国内外使用扇形扫描的单一模式，设计研发线性扫描探头，提高图像的分辨力和清晰度；实现射频信号的早期数字化，并引入了编码激励与解码压缩技术；射频信号早期数字化。撰写国家行业标准《眼科高频超声诊断仪》，获得国家批准并颁布实施。③数字化膀胱超声影像与三维测容系统：研究完成三维超声探头的设计与制造；实现超声成像与三维测容算法研究；膀胱定位技术的设计与实现。撰写国家行业标准《膀胱超声测容仪》获国家批准。④ 数字化甚高频超声皮肤影像诊断仪：完成50MHz线性扫描超声探头设计与制造；完成软件与算法及临床方案；射频信号早期数字化。产品填补国内空白。⑤数字化眼科白内障超声乳化仪：白内障晶体硬度测量系统研究；超声乳化针头功率保持和前房稳定技术。撰写国家行业标准《眼科晶状体超声摘除和玻璃体切除设备》，获得国家批准并颁布实施。成果拥有自主知识产权，替代国外同类进口产品，实现在国内各级医院推广使用，并进入国际市场。

（天津迈达医学科技股份有限公司）

【甚高频超声皮肤影像技术的应用研究】 由中国医学科学院生物医学工程研究所、天津迈达医学科技股份有限公司合作完成，获2016年度天津市科技进步三等奖，主要完成人有杨军、宋学东、计建军、王延群等。该项目涉及应用于皮肤疾病诊断的超声影像技术，旨在结合临床研制出适合皮肤疾病诊断的50兆赫兹超声成像设备。主要研究内容为：①皮肤超声专用的50兆赫兹线性扫描探头的研究与制作。②50兆赫兹高增益、低噪声的高频放大通道的研究。③嵌入式控制系统及USB接口技术的研究。④PC平台的皮肤影像工作站系统的研制。⑤正常皮肤组织超声影像与各种皮肤疾病的超声影像特征的研究，获得皮肤超声影像特征。项目研制出国内首台皮肤超声诊断系统，使图像的分辨率达到50微米，能够清晰观察皮肤的表皮、真皮、皮下结缔组织、血管及毛囊等结构。有利于皮肤癌、银屑病、角化病、结节性红斑等的早期诊断以及皮肤特征的评价，还能够更准确地获取皮肤肿瘤的深度、轮廓等信息。通过超声波获取的解剖信息有助于显著提升手术准确性以及确定手术切口的位置与大小。术前确认病变部位深度可为手术或放射治疗等提供重要依据。项目的研究成果在天津迈达医学科技股份有限公司进行转化，形成的产品MD-300SⅡ皮肤超声诊断系统通过天津市医疗器械质量监督检验中心的检测，获得CFDA的医疗器械产品注册证，并推向市场，从而打破欧美在这一领域的垄断地位。产品在北京协和医院、北京同仁医院、北京大学第一附属医院、北京儿童医院等临床应用表明，其高频皮肤超声诊断系统可清晰观察表皮、真皮、皮下结缔组织，可用于观察脂肪瘤、银屑病、瘢痕、痣、基底细胞癌等，还可用于药物及物理治疗过程的客观监测。对皮肤疾病的诊断、手术及治疗方案的制订，以及美容行业具有重要的价值。

（中国医学科学院生物医学工程研究所）

【金耀集团多项专利获得国家、天津市奖项】 金耀集团一直重视专利工作，每年申报专利40件左右，先后被批准成为天津市专利试点企业、第四批全国企事业知识产权试点、国家知识产权优势企业。2016年，金耀集团"新型甲泼尼龙片剂及晶型与制备方法"获第十八届中国专利优秀奖，在571项中排名195位，排名在天津市企业中位居第一。该发明和集团的"地塞米松磷酸钠的晶型及其结晶制备方法"2件专利获2015年度天津市专利金奖。这是天津市皮质激素药物领域和金耀集团首次获得国家专利奖和天津市专利金奖。专利"两种甲泼尼龙琥珀酸钠冻干粉针剂及其制备方法"被评为2015年度天津市专利优秀奖。 （孙　亮）

【化药1.1类新药"泰格列净"进入临床研究阶段】 2016年，天津药物研究院有限公司研制的化药1.1类新药"泰格列净"，经国家食品药品监督管理总局审批获得临床批件。该品种是新型钠—葡萄糖共转运体2(SGLT2)抑制剂，适应证为Ⅱ型糖尿病，具有安全性好、药效强等特点，该品种中对靶标作用较强，具有良好的创新性。历时6年的临床前研发，发表与构效关系研究、合成工艺研究、晶型研究等相关的研究论文30多篇。项目采取立体、严密的知识产权保护策略，核心专利由化合物专利1项、工艺专利1项和晶型专利3项组成，另有外围防御性专利20余项。所有核心专利在中国均获授权，对应的PCT专利在美国和日获授权。晶型A专利获2016年度中国专利优秀奖，该项目当年实现技术转移。

（吕英翔）

【海马补肾丸质量攻关】 天津中新药业集团股份有限公司乐仁堂制药厂海马补肾丸临床安慰剂制作工艺研究的项目获天津市2016年质量攻关优秀成果一等奖和质量攻关最佳发表奖。该厂技术中心通过摸索安慰剂制丸过程中的辅料、黏合剂、色素，配方组成成分比例等四个方面，确定优化工艺方案。通过制订有效的对策，对工艺参数及中试放大生产的考察，生产出与海马补肾丸相似度整体达到92.8%的安慰剂，完成海马补肾丸安慰剂的工艺研究，保证了海马补肾丸治疗慢性疲劳综合症临床试验的进行。 （丁鑫一）

【盐酸多西环素抗肺纤维化的新药开发】 由南开大学药学院杨诚课题组牵头，联合天津武警学院附属医院魏路清以及天津国际生物医药联合研究院和开封制药(集团)有限公司共同完成，2016年，通过国家食品药品监督管理总局(CFDA)审核，获得由CFDA颁发的药物临床试验批件，实现了南开大学在新药临床获准方面零的突破，同时也是国内第一个抗生素非抗菌活性的新适应证拓展。该项目研究表明上皮间充质转变(Epithelial-to-Mesenchymal Transition，EMT)是恶性肿瘤侵袭转移的关键步骤，同时也是肺纤维化病理过程中肌成纤维细胞的转变和活化的关键环节。课题组利用病理机制平移和高通量分子药物筛选的方法，筛选并发现了盐酸多西环素这一传统抗生素，可通过抑制气道、肺泡上皮细胞发生EMT样转变，从而抑制其向肌成纤维细胞的转变和活化，阻止细胞外基质重塑，最终抑制肺纤维化的发生和进展。肺纤维化是一种严重的肺间质性疾病，其死亡率高于大多数肿瘤，被称为一种"类肿瘤疾病"。市场上药物中有效治疗肺纤维化的品种十分匮乏，且治疗成本高，治愈率低。课题组的临床前研究数据显示，多西环素可有效治疗肺纤维化，特别是对百草枯中毒及继发性肺纤维化有显著疗效，有望提高患者的存活几率，并成为第一个治疗百草枯中毒的特效药物。

（周红刚）

【苯妥英银纳米纤维应用于外伤创面愈合治疗】 2016年，南开大学药学院杨诚课题组联合药物化学生物学国家重点实验室和天津国际生物医药联合研究院，在"老药再开发"领域取得新的成果，将苯妥英银纳米纤维应用于外伤创面愈合治疗，同时实现广谱抗菌和减少肉芽肿及瘢痕的形成，在多领域表现出重要应用价值。苯妥英银的前身是苯妥英钠，是一种古老的抗癫痫和心律失常药物。该课题巧妙地利用其通过作用于靶点gp130而促进伤口愈合的功效，以保留药效、降低毒副作用为导向，获得兼具抗菌特性的自组装纳米纤维——苯妥英银。该药具有广谱抗菌活性，规避了同类药物会引发异物性肉芽肿的副作用，同时可以减少瘢痕的产生。这些优点使得该药能够在伤口愈合、糖尿病足、外科手术、战伤处理等多领域取得良好应用价值。相关成果已申请专利及PCT，并有多家药企希望合作转化该项目。介绍该成果的论文发表于国际期刊《治疗诊断学》(*Theranostics*)。

（周红刚）

【地塞米松磷酸钠新工艺实现产业化】 天津天药药业股份有限公司在国内率先开展“地塞米松磷酸钠新工艺”项目研究，并国内独家生产，完成在欧美高端市场的法规注册，2016年通过天津市科委验收。该工艺从影响产品质量的未知杂质产生原因入手，有针对性的实施工艺改进，使产品质量大大提高，达到欧美现行最高质量标准。该工艺的应用可有效降低磷酸酯工艺中有毒原料的消耗，既可使原料成本下降，又减少对员工的伤害，降低生产成本，减少化学合成制药过程对环境的污染。由于产品所有未知杂质控制在0.1%以下，质量大幅提高，大大提升公司在国内外市场的销售份额，2014年~2016年，地塞米松磷酸钠（新工艺）产品实现销售收入11803万元，利税合计2273万元，并完成出口创汇704万美元。（任茂宾）

【甾体类化合物的生物转化技术】 以天津药业集团有限公司为主承担单位，联合江南大学、天津工业生物技术研究所、天津科技大学、浙江仙居君业药业及郑州利伟生物等5家单位共同承担的国家“863”计划课题，2016年9月底通过国家科技部验收。项目围绕甾体化合物中间体4-雄烯二酮(4AD)、三羟基雄甾烯酮、7-去氢胆固醇及其相关下游产品，开展生物转化技术研究与产业化应用。主要内容包括：微生物菌种的改造优化；新型发酵工艺的研究；工艺放大和建立示范装置。项目开发出以植物甾醇为底物一步生物转化4AD的关键技术，取得以去氢表雄酮为底物生物转化重要甾体中间体3β、7α、15α-三羟基-雄甾-5-烯-17-酮（三羟基雄甾烯酮）关键技术的重大突破，开创以此为中间体生物化学法合成甾体药物屈螺酮的新方法以及以胆固醇为底物生物转化获得7-去氢胆固醇和4-胆甾烯-3-酮的工艺路线，并通过逐级放大获得成熟应用于生产的工艺，建成年产百吨级甾体化合物示范生产线。该项目解决了长期以来甾体类药物及其中间体均依靠化学合成工艺生产，存在的反应路线长、反应条件苛刻、污染排放大、收率低等行业技术难题。（孟宪娣　吴　晨）

【通脉养心丸获多项专利授权】 天津中新药业集团股份有限公司自2010年起开展通脉养心丸的专利战略研究，并通过申请组合专利方式加以保护，从方法（制剂、工艺、标准）、组方、用途、外观等几方面申请专利，从而对通脉养心丸形成一个严密的专利保护网。截至2016年，乐仁堂制药厂通脉养心丸专利战略项目申请专利27项，其中6项获得授权。其中三项是：①“一种含有黄连的中药组合物”。该发明公开了通脉养心丸的处方及其制备方法和用途。它具有养心补血、通脉止痛的功效，临床可用于治疗胸痹心痛、心悸怔忡等病症。该发明专利的授权，有效确保通脉养心丸处方、制法、用途的权利限定，防止仿制，确保和巩固了通脉养心丸的独家品种地位。②“一种通脉养心丸的质量控制方法”。该发明公开了一种通脉养心丸的质量控制方法。该方法测定5种指标成分的含量，包括：甘草苷、何首乌苷、芒柄花苷、五味子醇甲、甘草酸。该项发明采用高效液相色谱法测定，具有简单快速、专属性强、精密度高、重现性好的特点，可以更有效地对通脉养心丸进行质量控制，从而保证通脉养心丸临床疗效。③“确定中药中具有心肌保护和抗炎作用的活性成分的方法”。该发明公开了通脉养心丸具有有心肌保护和抗炎作用的活性成分的确定方法。通过制备液相色谱获得目标中药各分离组分，再进行心肌细胞抗氧化模型试验确定具有心肌保护作用的活性成分，进一步确定其含量以达到对通脉养心丸的质量控制，保证其临床疗效。

（李靖云）

【通脉养心丸被评为市级“杀手锏”产品】 2016年，天津中新药业集团股份有限公司乐仁堂制药厂的通脉养心丸被评为天津市科委“杀手锏”产品。同时，“通脉养心丸产品优化研究”项目申请天津市科委技术创新引导专项——“杀手锏”产品研发项目获得批准，获得财政拨款支持100万元。项目拟通过开展通脉养心丸工艺优化研究，降低产品服用剂量，全面提高产品质量；同时进一步开展药理研究，明确产品治疗特点及优势，更加合理指导临床用药，提高产品技术含量，促进学术推广，增强市场竞争力。

（杨　瑾）

【六中药两品种延长“保质期”】 天津中新药业集团股份有限公司第六中药厂多年来针对提升产品稳定性，延长药品的有效期开展试验研究。该厂向天津市市场和质量监督管理委员会报送的延长舒脑欣滴丸和治咳川贝枇杷滴丸两个产品有效期的补充申请，2016年得到批复。2015年年底完成试验研究，结果显示治咳川贝枇杷滴丸和舒脑欣滴丸在不影响产品质量的情况下，两个品种产品有效期可延长至36个月。舒脑欣滴丸有效期变更完成过渡，正式投入生产，治咳川贝枇杷滴丸也即将完成有效期变更。这项工作的完成，为企业生产计划的灵活性和市场供货的及时性提供更加充裕的条件，更好地满足市场和顾客的需求。 （杨　萍）

【紫龙金片免疫功能研究】 天津中新药业集团股份有限公司隆顺榕制药厂的紫龙金片于2016年完成免疫功能药理研究。研究结果表明，紫龙金与化疗药环磷酰胺联用具有很好的协同效应，对多种免疫细胞、B细胞的成熟和活化、调节性T细胞以及细胞因子的平衡较单用药物具有更好的调节作用，表现为具有更高的抑瘤率。 （吕　萌）

【舒脑欣滴丸中保续保临床研究】 2016年，评价天津中新药业集团股份有限公司第六中药厂的舒脑欣滴丸治疗偏头痛（血虚血瘀证）有效性和安全性的中保续保临床研究项目结题。该项目采取随机、双盲双模拟、平行对照、多中心的临床试验方法，进一步评价舒脑欣滴丸治疗偏头痛（血瘀血虚证）的有效性和安全性。项目历时两年，有6家研究单位进行了240例病例的临床研究。最终得出“舒脑欣滴丸治疗偏头痛效果优于对照药”的结论，进一步明确舒脑欣滴丸治疗偏头痛的临床作用优势，为临床治疗路径的选择提供更确切的证据，同时为该品种申请中保续保打下基础。 （王金磊）

【达仁堂清宫寿桃丸临床试验研究病例入组】 2016年，天津中新药业集团股份有限公司达仁堂制药厂清宫寿桃丸治疗轻度认知功能障碍的临床研究项目，完成研究单位全部临床病例入组工作（入组患者整体依从性较好），获得产品二次开发研究新进展。该项目作为天津市科委科技创新项目，由中国中医科学院心血管病研究所心血管病实验室主要承担，以治疗轻度认知功能障碍为研究目标，力求研究方案符合老年性痴呆中药新药有效性研究和评价要求。该临床试验以银杏叶提取物片/安慰剂为对照，通过随机、双盲、双模拟、平行对照的多中心的方式，评价清宫寿桃丸对遗忘性轻度认知损害（肾虚证）症状及其转归影响和轻度阿尔茨海默症的改善效果。为保障临床研究项目的进度和效能，企业科研人员组成稽查小组对项目开展过程中的问题及时沟通并有效解决，确保该临床项目的开展。此次临床试验项目的进展，有利促进清宫寿桃丸临床再研究工作的深入推进，为加快其研究成果的实现产生积极影响。

（孟亚飞）

【达仁堂应用EDC系统开展补肺颗粒Ⅱ期临床试验】 2016年，天津中新药业集团股份有限公司达仁堂制药厂应用临床试验远程数据采集系统（EDC系统），开展补肺颗粒Ⅱ期临床试验。该系统可使临床试验的准确性、科学性及真实性远远优于现有国内传统GRF纸质病例报告表的采集方式，避免纸质病例报告表在收集临床数据方面存在的采集周期长、中间环节多且无法保证数据的可靠性和安全性的不足。补肺颗粒Ⅱ期临床试验在北京、天津、吉林、浙江等10个省市展开，存在着区域跨度大，试验周期长等困难，试验难度较大。采用EDC系统后，可有效解决因地域产生的一系列沟通及稽查出现的问题，同时可将在线数据有效结合，及时电子归档、在线答疑、电子留痕，使试验数据能被准确、及时、规范地采集，可以尽早地开展数据分析、报告与提交，从而显著提高临床试验的质量，加快新药研发。同时，相对减少企业科研成本，缩短药物上市时间，延长药物的专利保护期。因此，应用EDC系统可为促进企业新品研发起到有利作用。

（王婉婷）

【胃肠安丸中西医结合临床研究项目】 由北京儿童医院牵头，全国19家三甲医院参与的胃肠安丸治疗小儿阿奇霉素（天津中新药业集团股份有限公司乐仁堂制药生产）引起的消化系统不适的中西医结合临床研究于2016年完成全部研究工作。这次研究的目的是通过明确胃肠安丸的治疗作用，为市场推广和合理指导临床用药提供科研依据。这次研究入组480例，研究结果表明：①治疗后试验组胃肠道症状消失率为73.4%，总显效率为83.4%，总有效率为95.9%。对照组治疗后胃肠道症状消失率为43.8%，总显效率为69.4%，总有效率为91.9%。两组比较差异有统计学意义($P<0.05$)。②治疗后恶心呕吐、腹痛、腹胀、食欲减退单项症状，消失率比较差异有统计学意义($P<0.05$)。③试验期间未发生不良反应和严重不良事件。通过本次试验研究，确认胃肠安丸可有效防治小儿使用阿奇霉素引起的胃肠道不适，改善恶心呕吐、腹痛、腹胀、食欲减退等症状，进一步扩大胃肠安丸的适用人群，同时再次证明胃肠安丸用药的安全性。

（杨　瑾）

【速效救心丸与舒脑欣滴丸抗高原反应临床研究】 速效救心丸和舒脑欣滴丸作为天津中新药业集团股份有限公司第六中药厂重点产品，临床应用范围广泛，深受广大医患的信赖。为进一步扩大产品的适应证和适用人群，增加产品的科技内涵，该厂对这两个产品的抗高原反应开展临床研究，2016年完成全部工作。该项研究纳入病例240例，通过分组、分层研究，深入考察速效救心丸和舒脑欣滴丸抗高原反应的临床疗效和安全性。试验结果表明，速效救心丸、舒脑欣滴丸治疗急性高原反应疗效优于常规治疗对照组，在改善患者头痛症状方面疗效尤为显著，并且对改善患者头昏、胸闷、口唇紫绀亦有疗效。使用3天后可改善血氧饱和度和心率，临床使用安全，无不良事件发生。项目研究成果填补了两个产品该方面学术推广的空白，同时也为产品增加适应证打下基础。

（王金磊）

【化药1.1类新药“知非沙班”进入临床研究阶段】 天津药物研究院有限公司研制的化药1.1类新药“知非沙班”，2016年，经国家食品药品监督管理总局审批获得临床批件，这意味着该院自主研发的第一个口服的活化Xa因子抑制剂药物即将进入临床研究阶段。Xa因子近年来被认为新型抗凝药物的最佳靶点，口服Xa因子抑制剂是静脉血栓性疾病首选药物，可用于预防关节置换手术后静脉血栓形成、治疗成人静脉血栓、肺栓塞和预防非瓣膜性房颤引起的全身性栓塞，还在扩展用于动脉血栓性适应证的治疗，在血栓性疾病治疗中具有重要作用。研究团队从化合物发现、筛选直至完成临床前研究，历时5年，申请6项国家发明专利，其中5项获得授权。知非沙班临床研究的获批是国内在抗凝药物领域的一项突破，有望打破国际垄断，成为第一个上市的国产Xa因子抑制剂药物。

（吕英翔）

【隆顺榕紫龙金片真实世界研究的临床评价】 2014年～2016年，天津中新药业集团股份有限公司隆顺榕制药厂完成紫龙金片真实世界研究的临床评价项目。该项目采集12万余病案，1.6万个病例，结果证实：紫龙金片能显著延长肺癌患者生存期；联合靶向药物治疗对延长肿瘤患者生存期起积极作用；对肺癌的各病理分型及各临床分期阶段的生存期显著延长。（吕　萌）

【中药6.1类新药“益肾化浊颗粒”进入临床研究阶段】 2016年，天津药物研究院有限公司研制的中药6.1类新药益肾化浊颗粒，经国家食品药品监督管理总局审批获得临床批件。益肾化浊颗粒是该公司根据国医大师用于治疗慢性肾炎的名方，借助现代科技手段研制的中药新药。该方具有长期的临床应用基础，在临床治疗研究中效果良好。临床前研究表明，益肾化浊颗粒具有起效快、作用明确、药味少、成本低、工艺简单、易产业化等特点。

该项目转让给贵州百灵企业集团制药股份有限公司，标的额2000万元。（吕英翔）

【新一代β3受体激动剂米拉贝隆】 由天津市医药集团技术发展有限公司自主立项研发。米拉贝隆（是日本安斯泰来制药公司研发的新一代治疗膀胱过动症的β3受体激动剂，可与琥珀酸索利那新联合应用，是安斯泰来制药公司继琥珀酸索利那新后治疗膀胱过动症的又一产品）为特殊剂型—缓释片，研发难度大。该公司与江苏德源药业有限公司合作，严格按照《药品注册管理办法》要求开展临床前研发及申报临床工作。于2015年8月完成该药原料及片剂临床前研究工作，按化学药3+3类新药向国家药品审评中心申请临床研究并获得受理号，2016年9月获得临床批件。该药的申报使公司在膀胱过动症治疗领域与琥珀酸索利那新形成系列产品，增强该治疗领域的竞争力。

（王亚江）

【医用透明质酸钠凝胶通过器械检验中心的检验】 2016年，天津新丰制药有限公司的医用透明质酸钠凝胶通过国家食品药品监督管理总局（CFDA）济南医疗器械质量监督检验中心的全项检验，所有项目符合国家医疗器械规定。全部检验包括：栏医用透明质酸钠凝胶细胞毒性试验、皮内反应试验、迟发型超敏反应、急性全身毒性试验、Ames试验、染色体畸变试验、小鼠淋巴瘤试验、皮下植入试验。结果表明该品的安全性有保证，这表明天津新丰产品质量和安全性均优于市场同品种。

（张梦云）

【天津药物研究院通过知识产权管理体系认证】 2016年7月天津药物研究院通过知识产权管理体系认证。天津药物研究院是国家创新型企业、全国企事业知识产权示范单位，拥有发明专利近千件，有较好的知识产权工作基础。2015年5月开始，该院开展《企业知识产权管理规范》（国家标准GB/T29490-2013）贯彻实施工作，构建了一套科学系统、高效合理，符合自身发展需要的知识产权管理体系。2016年6月中知（北京）认证有限公司外审专家到该院开展为期两天的现场审核工作，对该院知识产权管理体系的构建运行和全体员工的优良素质给予了充分的肯定。该院是高新区第一家、天津市第五家通过知识产权管理体系认证的企业。

（魏　巍）

【乐仁堂制药厂通过知识产权贯标认证】 2016年，天津中新药业集团股份有限公司乐仁堂制药厂通过知识产权贯标认证，标志着企业的知识产权工作不断向国家标准靠拢，达到较高水平。为通过该认证，企业专门成立知识产权部，并与质量技术部、技术中心、人力资源部、厂长办公室、党委办公室、生产供应部、动力部、销售公司共同制订详细的计划和相关的管理规程。从药材的采购，合同的制订，药品开发研究，核心技术专利保护和销售过程等方面进行严密的监控，维护企业的知识产权。经过半年多的实践，企业的知识产权管理水平和知识产权意识都有所提高，逐步形成知识产权保护体系。通过实施这一管理规范，使企业知识产权意识、创新意识和创新能力获得大幅度提高。

（李靖云）

【地塞米松产品获欧洲COS证书】 2016年9月，天药天药药业股份有限公司的地塞米松原料药产品获得由欧洲药品质量管理委员会（简称EDQM）颁发的COS（适用性）证书。地塞米松产品注册项目自2015年5月启动，历时近18个月获COS证书（一般申请后平均2到3年才能获得此证），使天药股份公司跻身为全球第四家持有该产品COS证书的企业，为地塞米松产品早日进入欧洲法规市场提供法规注册支持。至此，天药股份公司一共有8个原料药产品获得COS证书。（李伟志）

【天津药物研究院成立仿制药一致性评价综合研究中心】 国家食品药品监督管理局发布的《关于开展仿制药质量和疗效一致性评价的意见》（以下简称《意见》）提出：对已经批准上市的仿制药，凡没有按照与原研药质量和疗效一致的原则审批的，均需开展一致性评价。根据《意见》，天津药物研究院2016年成立“仿制药一致性评价综合研究中心”。研究中心由国内药代动力学创始人、中国工程院院士刘昌孝领衔的专家团队指导工作，集中了药学研究、药代动力学研究、临床前评价及临床研究的精

制造业科技

英，具备提供一站式高质量服务的能力和水平。中心秉承“客户第一、严谨高效”的服务理念，集六十年药物研发的心得与感悟，以国际视野及标准理解一致性评价的深刻内涵，为国家医药产业升级提供有力的技术支撑。（张彩霞）

【天津药业集团建设美国药物制剂研发中心】 天津药业集团有限公司致力于甾体类原料药及其药物制剂的研发与生产，是全球最大的甾体激素原料药生产厂家，甾体原料药在欧美高端市场上占据举足轻重的地位，研发水平及市场规模均处于国内领先水平。但因欧美药物制剂研发注册的门槛极高，中国的药物制剂“走出去”一直是困扰中国制药行业的难题。药业集团在现有原料药研发和生产优势的基础上，为进一步提高高端激素口服固体制剂药物的研发水平，掌握国际先进的甾体药物制剂的核心技术，实现甾体制剂药物的国际化，与美国SunGen Pharma公司合资在美国建立海外研发中心—GeneYork Pharmaceuticals Group公司，建立高端甾体药物制剂的研发平台。借助美国SunGen公司现有核心技术、人员、国际注册等各项优势，整合双方优势资源，通过GeneYork研发中心这一平台，开展国际先进的甾体药物制剂的研发。药业集团美国药物制剂研发中心，正在就美国技术和市场前沿药物制剂品种产品进行前期研发。并将根据项目研发进展不断完善研发中心基础设施建设，提高研发水平，逐步引进国外先进技术。组织开展项目产品在美国的ANDA注册申报，通过产品国际化研发平台，逐步将药业集团制剂产品输送至美国高端市场，从而实现企业制剂国际化的战略发展格局。（孟宪娣）

轻　工

【天津市自行车电动车行业科技创新年度简况】 2016年，天津自行车电动车行业以“轻、精、巧、高”产品创新战略为指针，全面推进提质增效、调整升级，行业经济呈现出稳中求进的良好态势。全年自行车产量为4225.13万辆，同比上升4.83%，其中出口为2428.8万辆，同比上升8.48%；电动自行车产量为1655.13万辆，同比上升2.63%，其中锂电车为95.96万辆，同比上升14.91%。天津自行车电动车行业协会评选出年度行业科技创新成果奖39项，行业科技带头人12名。该行业年度科技创新主要特点是：①实力型企业稳步发展，软硬件设施日臻完善，自主创新能力的显著增强。全行业企业厂房、生产设备、检测手段不断完备，技术研发水平、生产经营管理水平显著提升，产业的集约化发展达到一个新的高度。实力型企业陆续建成区级、市级乃至国家级技术中心、检测中心，部分企业通过韩国KS质量体系认证、日本SG认证、美国ICTI认证和ISO9001质量体系认证。富士达集团几个厂区建设投入2亿多元，技术研发投入超过3000万元。在静海建设的高端自行车生产研发基地一期工程330亩建成投产。相继组建的四个国际贸易公司与集团技术中心互联互补，研发适销对路的新产品，2016年出口销售千元以上的自行车约116万台。爱赛克公司产品质量、档次、产量和产品附加值明显提升。军粮城厂区融入了许多自动化、智能化的科技成果，成为名副其实的最强自行车OEM和ODM生产研发基地。金轮、科林、爱玛、雅迪、新日、小鸟、小刀、凯兰德等龙头企业的技术改造、技术研发投入也十分巨大，效益良好。②“机器换人”成为提质增效的重要手段。越来越多的生产工序开始使用机器人和自动设备，氩弧焊焊接机器人和钎焊自动焊接设备及车圈编锁生产线等在行业内进入到推广普及阶段。真空轮胎自动上胎机、涂装机器人、组装线送料机器人等也开始出现。万华公司自主设计研制的辐条、条母自动生产线和东亚链条公司自主设计研制的链条自动生产线都显著提高了经济效益。③企业出口“ODM”产品所占比重稳步提高。富士达、金轮、爱赛克、科林自行车以及爱玛、雅迪电动车等很多实力型企业，有越来越多的出口产品实现从以往按外商设计要求生产，向外商用企业的自主研发创新成果来生产的重要转变。一些出口企业从以前向亚、非、拉市场出口逐步转向欧美市场出口，产品档次从原来的中低端转变为中高端产品。④坚持绿色环保理念，稳步推进清洁生产建设。各企业注重对涂装工艺及装备的改进，多家实力型企业底漆涂装大部分由溶剂型油漆改为水性漆，一些企业的面漆也部分的使用水性漆。水性漆工艺技术存在的问题正在逐步得到解决。科林、赛克自行车、富士达自行车、雅迪、新日、小鸟、小刀等企业投入巨资上马涂装废水废气环保治理设备，大大降低了VOCs气体排放。⑤密切关注2016年各地中大型城市出现的公共租赁共享单车发展动态，积极采取应对措施。⑥9月28日，成功举办中欧(天津)高峰论坛。200多名代表介绍本国自行车、电动车的发展历程，对国际市场发展趋势进行分析、预测和展望，交流各自在自行车设计理念和用户体验等方面的体会，对正在实施的ISO4210自行车安全标准对产品的质量保证体系进行论证和交流。论坛期间，天津市兴轮生产力促进中心与北欧科技园及瑞典自行车协会就在津共建北欧科技园自行车设计中心签署合作协议。自行车电动车协会分别与墨西哥贸易署、印尼驻东爪哇交流中心签署了合作备忘录。部分企业与国外著名高校、设计机构、企业进行了合作意向签约。这次高峰论坛为天津市自行车电动车行业企业"走出去"开展国际合作研发、成果转化、人才培养和国际化经营打下了基础。

(张瑞华)

【天津食品集团科技创新工作年度简况】 2016年，天津食品集团有限公司科技创新工作稳步发展。①科技项目管理方面。全年申报科技项目40项，批复立项18项，批复资金663万元，完成项目结题33项，截至2016年年底，在研项目总数48项。②科技投入及产出方面。全年完成科技投入1.28亿元，完成高蛋白特优酸奶、优选多菌型黄豆酱、新型裹粉粉和煎炸粉等新产品研发133项，实现新产品产值3.11亿元，新产品销售收入3.05亿元。③知识产权保护方面。发表科技论文31篇，牵头/参与制订标准5项，申请专利127件，专利授权62件，全系统有效专利拥有量累计达到200件。④人才培养方面。中央农广校卫星远程接收站总数达到6个，组织开展新型农工远程教育培训活动，全年培训优秀青年科技人才和生产一线的实用人才900多人次。组织举办"食品集团企业申报国家高新技术企业培训班"，邀请专家对高企认定条件、流程和注意事项等内容进行讲解。⑤企业技术创新机构方面。研究出台《天津食品集团企业技术创新机构管理办法》，规范和推进集团对企业技术创新机构的管理工作。截至2016年年底，集团拥有市级以上企业技术创新机构11家，其中企业技术中心5家，工程中心3家，企业重点实验室3家。⑥产学研合作方面。与高等院校和科研院所的合作不断深化，嘉立荷畜牧公司、利民公司分别与中国农业大学、天津科技大学合作共建天津市企业重点实验室；渤海农业集团与天津农学院合作，开展《废弃蔬菜生物转化技术在观赏鱼养殖业中应用》项目研究和优质高产高抗水稻新品种的培育；立达海水公司与中科院黄海所合作，开展《凡纳滨对虾新品种引进保种及规模化扩繁技术体系的应用》项目研究。

(诸葛丽芝　韩占伟)

【天津海鸥表业集团年度科技工作简况】 2016年，天津海鸥表业集团有限公司充分发挥文化、技术和人才积淀作用，进一步完善技术创新体系，技术中心、工业设计中心和全体企业开展自主创新和产业升级，从国内市场到技术、人才、品牌国际化，走出一条符合产业发展规律的道路。企业被天津市工信委评为首批"天津市工业企业知识产权运用标杆"，全年科技工作稳步发展。①完成科技项目方面。完成新产品设计及老产品升级改造项目11项，雕花镂空机心产品10项。②在科技人才培养方面。企业拥有国务院特贴专家5人，中国钟表大师4人，天津市"131创新型人才培养工程"第一层次2人、第二层次2人、第三层次10人。集团技术骨干赵国望获"第二届杰出工程师鼓励奖"，高级技师李家琦入选首批"津门工匠"。③科技项目获奖方面。机械手表"润世"获2016年度中华老字号十大创意产品奖，入选北京国际设计周《2016当代国际水墨设计展》、2016中国优秀工业设计奖入围奖。专利项目累计获奖19项，全年新增天津市专利金奖1项、第十八届中国专利奖外观设计优秀奖1项。④产学研合作方面。海鸥集团与天津大学就"海鸥腕表设计与品牌文化研究"继续开展深入合作；集团与清华大学多系互相参观交流，建立良好关系，在时尚型表款上有新的创意；集团与天津市润世工业设计合伙企业合作开展腕表设计开发，多款产品成功上市。⑤知识产权建设方面。不断加强知识产权质量管控，当年完成专利申请79项，其中发明专利10项、实用新型专利15项、外观设计54项，境外专利申请1项。新增获权专利54项，其中发明专利5

项，实用新型16项。截至2016年年底，集团累计申报国家专利961项，申请境外专利19项。累计获授权专利843项。专利实施转化率达到70%。2016年9月，通过符合国家标准《CB/T29490—2013企业知识产权管理规范》要求的知识产权管理体系监督审核工作。⑥标准制订方面。截至2016年，近4年累计主持和参与标准制订20项，其中国家标准10项，行业标准10项。（张　明）

【机械手表的万年历结构功能改进】 由天津海鸥表业集团有限公司赵国望、孙丙霞、王晨完成，获2016年度天津市专利金奖。万年历手表结构复杂，关键零部件的精度要求相对较高。万年历结构中的关键零部件是换日部分，自动换日即无论大小月、平年或闰年都不用手动调节的结构。项目主要创新点：①关键性零部件不需每日拨动，而是每月拨动一次，大幅降低结构磨损，且在没有启动命令杠杆部件的时间里，大大降低了机芯的负载，减小机芯力矩消耗，对机芯摆幅影响小，从而保证了机芯的走时质量，延长产品使用寿命。②实现一个按钮调校多个显示功能，解决了万年历调节的一大难题。③万年历结构复杂，联动件多，结构中所有拨头都被设计成弹性结构，从而避免了拨头回位过程中指针发生抖动的现象。大多数万年历手表都禁止倒拨针，而该结构可以允许机芯倒拨针，且不影响整个机构的运行。零部件加工工艺简单，装配简易，通用性强。项目结构应用于“海鸥”具有万年历功能的超复杂机械手表产品中，成功填补国内空白，已投放市场，并且接受个人定制。此外，还可用于怀表、机械钟表、精密计时仪器中，以及具备装饰性与时间显示的放大版摆件中。该机械手表的万年历结构相较以往万年历结构更加智能化，解决了钟表行业关键性、共性的难题。该项目的实施，进一步提高了“海鸥”超复杂机械手表走时精度，提升国内精密机械手表水平，使中国手表行业具备与世界名牌手表同台竞技的实力。该项目实施以来，累计实现销售收入298.12万元，利润178.6万元。（张秀红）

【机械表表头（超薄款）获中国专利优秀奖】 由天津海鸥表业集团有限公司马宁、刘勇等完成，获2016年度中国专利奖外观设计优秀奖。机械表表头（超薄款）是公司机械腕表产品中“设计师系列”的重要组成部分。该产品机芯设计创新在于采用海鸥超薄款系列机芯——ST18机芯，机芯厚度3.91毫米，具有高度稳定性和精度，质量可靠，可与瑞士著名机芯ETA2892媲美。ST18机械机芯，无须电池，自动上弦，利用机芯内部的摆锤左右摆动而产生动能，随手臂的摆动完成自动上弦，从而推动走时。6点位为窗口日历，大三针（时针、分针和秒针）显示位于表盘中央位置，金色的指针和金色的字块在黑色的表盘上，能够清晰地显示出时间。秒针尾部的“海鸥”标跟随秒针在表盘转动，形似海鸥围绕“中国心”不停飞翔，寓意深远，动感美观。外观设计创意灵感缘由悉尼海港大桥，细节处沿袭海港大桥的纯粹技术和力量美感，将手表与人类建筑完美结合。该项目是海鸥“设计师系列”表款中的代表作，广泛应用于ST18系列、ST21系列等机械表产品上，还可搭载陀飞轮机芯应用在“海鸥”高端产品中，具有极好的通用性。围绕该项目，企业开展国内及境外专利布局，包括境外发明专利申请3项，境外外观设计注册3项，国内发明专利1项，实用新型5项，外观设计11项。项目实施以来，累计实现销售收入2274.72万元。（李慧娴）

【渤轻集团新产品研发取得新成果】 2016年，渤轻集团紧紧围绕“创新驱动发展”这一核心，大力实施产品结构调整、产业升级和产品换代，有效提升创新能力和水平，集团内一批新产品的研发转化取得新的突破，涌现出一批具有技术先进性强、产品性能广、市场前景好的产品，引领集团产品的发展方向。海鸥手表技术公司研制生产的“海鸥牌ST21系列全自动多功能机械手表”、天女集团天宁公司研制生产的“天宁牌胶印亮光油墨用环保无酚树脂”被认定为天津市“杀手锏”产品。天塑科技集团研制生产的“多层共挤抗菌阻隔阻燃复合膜J2100”、塑料研究所研制生产的“心脏外科手术用系列插管”被认定为天津市重点新产品。（杜　懿）

【摆轮偏重测量及激光平衡仪的研发与应用】 为天津市科委支撑重点计划项目，由天津海鸥表业集团有限公司承担，2016年年底基本完成。海鸥集团在国内先行与瑞士同步，研发新的摆轮平衡工艺，确保生产出偏重精度在3微克/厘米以下并样式美观的摆轮部件，该项目的实施进一步提升高档机芯走时精度及减少位差到来的影响。项目依托海鸥国家级企业技术中心、博士后科研工作站人才优势，利用企业拥有的专业恒温实验室和国内外先进设备及科研测量仪器，完成对摆轮偏重测量部分的支架研发、仪器电路设计研发、激光平衡部分的摆轮转动固定平台研发和试制。针对最新研发的薄型陀飞轮机芯摆轮进行了应用测试。项目创新点在于:①无卡度摆轮偏重测量技术。其优势在于同时测量偏重量值与偏重角度,为下一步激光精确平衡摆轮提供先决条件。②激光平衡摆轮模式先进。其效率高,非接触式加工,可避免产生机械挤压式机械应力所造成的损伤,平衡精确,可以实现一些常规方法无法实现的工艺样式。③对摆轮平衡原理及瓶颈进行了深入研究,充分利用激光加工的优越性平衡出任意样式刀痕的摆轮。该成果使海鸥具备激光摆轮平衡技术,有效提升海鸥机械手表产品走时质量。它填补国内精密机械手表激光加工制造领域的空白,使产品具备与世界名牌手表同台竞技的实力。该项目技术可应用于游丝调整、调速机构调整等其他机械计时领域。有1项发明专利在申请中。

(范 琚)

【同轴陀飞轮机械表】 天津市科委"杀手锏"产品研发项目,由天津海鸥表业集团有限公司承担,2016年10月完成。该项目在偏心式陀飞轮基础上成功研发出倾斜同轴系列陀飞轮、ST8240无卡度同轴陀飞轮。以同轴式陀飞轮为基础研发经典式、飞行式结构的基础款陀飞轮机械表,并进一步完善其夹板和表盘外形等细节,通过新技术新材料相结合途径,应用MEMS技术制作的硅游丝,使陀飞轮机芯优于行标陀飞轮手表优等水平。在硅游丝成功应用于ST8232无卡度同轴陀飞轮基础上,继续研发在同轴系列产品中应用。该项目创新点在于:①同轴陀飞轮从平面升级到立体运动,整体框架设计为开放式结构减小框架厚度;选用锥形齿轮完成立体空间陀飞框架旋转运动。②应用MEMS技术制作的硅材料游丝,替代现有容易被磁化的金属擒纵轮。③将倾斜同轴陀飞轮机芯摆频从21600秒/时提高到28800秒/时。④ST8240无卡度同轴陀飞轮下夹板采用三块分离技术。对前阀部分技术改造提高上弦效率,对摆夹板、棘爪机构、上下夹板、盖片夹板进行重新设计。项目申请发明专利1项、实用新型专利3项。

(范 琚)

【海鸥腕表设计与品牌文化研究】 2016年,天津海鸥表业集团有限公司与天津大学工业设计专业合作开展"海鸥腕表设计与品牌文化研究"项目研究,项目以工业设计与腕表设计的融合为方向进行广泛合作,实现双赢式共同发展。双方建立"天津大学 天津海鸥表业集团设计研发基地""天津大学工业设计专业实习基地"以及以学生为主由"海鸥"工程师及天大教师共同指导的腕表设计沙龙,利用企业设备等优势快速将高校学生优秀的设计、创意转化为产品,最大限度地提高学生的创新设计意识及能力,为企业带来了新的设计理念,减少研发周期过长带来的资源浪费,实现效益最大化。产学研合作为"海鸥"提供了优秀的设计作品,为"海鸥"品牌注入新时代大学生的创意与激情,双方联合申请专利7项,其中外观设计专利5项、发明专利1项,实用新型专利1项。通过产学研合作完成的以"润世""斗转星移""鹊桥会""解放桥"为代表的一系列表款登上瑞士巴塞尔国际珠宝钟表展、香港钟表展、深圳钟表展等国内外展会的舞台,其中,"润世"及"斗转星移"的设计分别获"第二届中国(恒丽蓝光杯)钟表设计大赛"银奖及铜奖。产学研合作推动了企业技术创新,确立了海鸥在转型升级新时期的品牌文化,为提升企业核心竞争力助一臂之力。

(张文杨)

【葡萄酒灌装线机电一体化应用技术】 天津食品集团有限公司科技计划项目,由中法合营王朝葡萄酿酒有限公司王忠、陈兴忠、周晓芳等完成,2016年12月通过天津食品集团验收。该项目利用物理学和程序设计原理,调查分析制约葡萄酒灌装线生产效率的主要因素,通过相应的实验研究,总结出葡萄酒铜版纸标签贴标质量技术、自动码垛机改造技术、臭氧混水技术以及PLC、变频器、光电装置等在灌装生产中的应用技术,可保证灌装线的顺畅运行。项目执行期间,获权专利12项,发表论文7篇,新增经济效益1041.7万元。 (张 军)

【果蔬物流绿色节能保鲜技术的研究与示范】 为天津市重点科技支撑项目,由国家农产品保鲜工程技术研究中心阎瑞香主持研究,2016年通过天津市科技评价中心鉴定。通过项目研究、实施,明确了采后不同颜色果蔬对不同光质的敏感性异同,发现红色果蔬对黄红光敏感,绿色果蔬对红蓝光敏感;筛选出光质纯、最大发射波长稳定、半峰宽窄单色光源,在此基础上,研制出一种可调光参数果蔬保鲜试验装置,对西兰花、樱桃番茄、香芹等具有明显效果。 (李丽秀)

【自动缓释新型长效葡萄保鲜剂生产与示范】 该项目为国家成果转化资金项目，由国家农产品保鲜工程技术研究中心朱志强主持研究，2016年，通过国家科技部验收。葡萄保鲜剂是国内外鲜食葡萄长期贮运过程必不可少的保鲜材料，省工时、省力化等节约生产成本的操作是葡萄果实工业化贮运过程中必须解决的问题，长效稳定缓释是葡萄保鲜剂保证果实达到安全贮运的必要技术措施。该项目的核心内容是自主研发具有自动缓释功能的长效葡萄保鲜剂，生产过程简单，实际操作方便，有效成分持续释放时间可达6个月，达国际先进水平。

（李丽秀）

【果蔬CO_2高传导性保鲜膜/袋的生产中试与示范】 由天津绿达保鲜工程技术有限公司李家政、马骏、张平等于2016年完成。项目执行期建成CO_2高传导性保鲜膜/袋中试生产线1条，生产保鲜袋600万条，实现利税141万元。保鲜果蔬6万吨，创社会效益6000万元。建立CO_2高传导性保鲜袋销售网络，建成示范基地10个，示范点15个，开展技术培训会10次，技术培训500人次，新增就业50人。

（李丽秀）

纺　织

【天津纺织集团年度科技创新简况】 2016年，天津纺织集团（控股）有限公司按照“创新提升年”总基调和实施全面提升的总体思路，深化结构调整、推进改革创新、加快转型升级、着力提质增效，较好完成全年目标任务。在以下几个方面取得新进展：①生产经营与科技创新指标稳中有升。2016年实现销售收入407亿元，同比增长4.9%；年全系统完成新产品试制238项，新产品投产148项，实现新产品销售收入4.14亿元；全年完成技术创新项目57项，全年“五高”（高技术含量、高档次、高品位、高附加值、高效益）产品产值2.5亿元；完成专利申请197项，其中发明专利58项。②科技支撑作用进一步加强。抓住关键环节展开科技创新工作。一是用好用足科技扶持政策，推动科技中小企业发展，5家企业通过国家级高新技术企业认定，完成4家专利试点企业和多家科技平台项目申报，制造业板块发展型企业80%以上认定为中小科技企业，专利申请年增10%。二是发展“专精特新”产品，完成新产品试制238项，新产品投产148项，57个技术创新项目有序推进。三是经长丝在棉型产品上的开发与运用项目获2016年度天津市科技进步三等奖。③科技创新取得新进展。有效推进电子商务，实施“互联网+”行动计划，“自贸通”上线运营发展态势强劲；天津服装进出口公司的MooMin品牌童装网上跨境销售交易额同比增73%；天津纺织工业供销有限公司在华创迅采网建立天津纺织原材料频道，自建大宗电子商务交易网站；天津天纺投资控股有限公司加入中国纱线网、全球纺织网；天纺标检测科技有限公司、天津飞天纺饰针棉有限公司、天津飞天孚泽科技有限公司、天津纺织工程研究院有限公司在电子商务上都有创新业绩。“双创平台”起步较高，天津飞天纺饰针棉有限公司“天纺E创园”成为具有培训、品牌与电子商务孵化、创业服务等多功能基地。滨海工业旅游集散中心与天津纺织博物馆对接，开发出“手工扎染”“无人机”“VR虚拟现实”等体验项目。④科技服务平台初步形成。以天纺标检测科技有限公司为龙头，以天津纺织工程研究院有限公司、天津天纺生产力促进有限公司等为骨干的科技服务业集群，依托各科技服务载体，积极扩大现代科技服务型业务，尝试面向制造业企业为主的科技咨询、设计、检测服务、实训、标准、专利编写等技术性业务能力服务并进一步延伸。

（王　泓）

【经长丝在棉型产品上的开发与运用】 由天津天纺投资控股有限公司完成，获2016年度天津市科技进步三等奖，主要完成人有王梅、孙晶、徐长安等。这是该公司自主研发创新项目，主要研究如何将丝绸行业的长丝原料应用到棉纺织产品上，开发具有融合两种行业特点的新型面料。在设计上采用经向以纯棉或棉型短纤纱为主体、长丝为嵌条方式点缀在织物中，满足人们对天然纤维舒适性的需求。嵌入的长丝，增加了面料的花色效果，尤其一些锦纶长丝、涤纶长丝，具有闪光效果的长丝因其特有的性能，使棉纺织面料既具有异色条格效果、又具有华丽闪光的格调、还具有若隐若现的微闪光风采，丰富了棉型产品的外观风格，远远超出单一棉纺、丝绸产品能达到的效果。项目将棉纺工艺与丝绸工艺集成，通过丝绸的浆丝工艺与棉纺的浆纱工艺复合，统一操作方法和调整上机工艺等手段，实现棉与丝绸交叉、跨界产品的研制开发。由于经纱既有棉型纱也有长丝纱，对于丝绸行业和棉纺行业的生产都具有难度，产品在一定程度上具有不易模仿的技术性和独特风格，在市场上具有一定的竞争优势。产品主要应用于服装面料，受到客户的欢迎。截至2016年年底，累计生产销售150万米，销售收入2475万元，获得利税445.5万元。

（天津天纺投资控股有限公司）

【棉黏交织双层超柔软面料】 天津纺织集团（控股）有限公司企业技术创新项目，由天津天纺投资控股有限公司于2016年10月完成。该项目利用原料的变化和组织的变化达到超柔软、透气的效果。双层织物结构可使等质量的织物变得丰满柔软、散湿透气、保暖隔热，再配以不同的原料，产生不同的功能和不同的外观效果。该产品在设计上应用双层组织，原料上采用纯棉和黏胶两种纱线，按照1:1的比例排列，形成织物表层是纯棉、里层是黏胶纤维的面料。由于两种纤维在收缩上的差异，印染后，两层面料呈现微绉效果，且面料质地丰满蓬松。该项目克服经纱采用纯棉和黏胶两种不同的纱线，原料性能差异大的技术难点，总结出生产该产品在纺纱、整经、浆纱、织造、印染等工艺，具有自主知识产权和核心技术。申请发明专利1项，实用新型专利1项。（王　泓）

【甲壳素纤维产品的开发与运用】 天津纺织集团（控股）有限公司技术创新项目，由天津天纺投资控股有限公司自主开发，完成人有葛晓华、孙晶、马敬等，2016年通过市科委的科技成果评价。该项目摸索小比例混纺工艺，采用小比例甲壳素纤维与棉或者天丝等纤维进行混纺，保证产品成本竞争优势。通过特殊的加工流程设计、工艺技术创新，克服甲壳素纤维强力低、纤度大、可纺性差等生产技术难点，实现项目的产业化。项目采用甲壳素纤维与棉型黏胶基甲壳素纤维进行系列化的产品设计与开发，拓宽了甲壳素类纤维在纺织面料上的应用范围。其产品具有绿色环保性和实用性，产品在一定程度上具有不易模仿的技术性和风格，在市场上具有一定的竞争优势，市场前景广阔。2016年实现销售收入440万元。该项目具有自主知识产权和核心技术，申请发明专利1项，实用新型专利1项。

（王　泓）

【纤维素纤维与涤纶复合纱产品的开发】 天津纺织集团（控股）有限公司技术创新项目，由天津天纺投资控股有限公司自主开发，孙晶、葛晓华、王梅等完成，2016年通过市科委的科技成果评价。该项目采用新型纺纱工艺，并在原料使用和功能性上进行大胆创新。它以纤维素纤维为外包纤维，内芯采用功能性涤纶纱及涤纶长丝，创新使用功能性纱线为芯纱，使包芯纱的原料使用得到扩展，并以此为基础开发系列面料，产品应用价值得到提高。项目通过优选纤维原料、优化纺纱工艺，利用赛络纺形式纺制包芯纱，提高包覆效果的严密性，纱线质量和面料手感得到改善。项目系统地设计开发纤维素纤维与涤纶包芯复合纱面料，产品具有舒适、挺阔的服用性能，面料整洁、光泽柔和、档次高，符合人们追求自然舒适的需求。实现纤维素纤维与涤纶复合纱产品开发与运用，对于包芯技术在棉纺织产品上的开发使用具有突出的贡献。产品在市场上具有一定的竞争优势，市场前景广阔。2016年实现销售收入320万元。该项目具有自主知识产权和核心技术，申请发明专利3项，实用新型专利1项。

（王　泓）

【基于灰度共生矩阵模型的羊毛羊绒纤维识别法】 天津纺织集团（控股）有限公司技术创新项目，由天纺标检测科技有限公司于2016年12月完成。羊毛与羊绒都属于天然的蛋白质纤维，其结构和形态都非常接近，准确的进行纤维种类的判断是非常困难的。常用的纤维鉴别方法是人工显微镜观测法，这种方式主观性大，测量的一致性也较差。该项目首先利用显微镜与CCD对羊绒羊毛进行数字化的图像采集，再利用对羊绒羊毛图像进行不同尺度下的小波卷积提取特征，通过计算羊绒羊毛灰度图像得到它的共生矩阵，然后透过计算这个共生矩阵得到矩阵的部分特征值，分别代表不同纤维的纹理特征。将该特征输入一个三层的人工神经网络进行羊绒羊毛纤维的分类识别，进行纤维种类判断，测量结果客观，是一种智能的全自动的羊绒羊毛识别方法。该成果具有自主知识产权和核心技术，申请发明专利1项。（王　泓）

建筑材料

【混凝土高性能化成套技术及关键材料】 由天津冶建特种材料有限公司完成，获2016年度天津市科技进步三等奖，主要完成人有郝挺宇、曹擎宇、吴志刚等。项目的主要研究内容：①研制新型聚羧酸减水剂在常温（0℃～25℃）选用不同的引发体系下的合成技术,制备出的聚羧酸减水剂性能与原有高温合成下几乎相同。②以某高速铁路和高速公路建设为例,考虑耐久性、工作性、抗裂性、经济型等因素,对既有C30和C50混凝土配合比进行优化设计,产品耐久性能良好,成本低。③研究冲击弹性波技术在混凝土结构强度和缺陷检测中的应用,探索不同骨料制备的混凝土之间弹性波速、动弹性模量、静弹性模量、抗压强度之间的关系。④基于高速铁路疲劳荷载与环境因素耦合作用下耐久性损伤劣化,建立疲劳荷载和环境因素耦合作用下高速铁路钢筋混凝土结构服役寿命预测模型。在项目执行过程中,该公司通过与河北国蓬建材有限公司的租赁与并购,建立聚醚—减水剂—混凝土全生产链的整合;通过与中国水电集团的合作,为在巴基斯坦和印度承担5个电站项目承担聚羧酸减水剂供应工作;为承揽京沈、津保、合福、沪昆等高速铁路,百靖、清东陵、承赤等高速公路,以及天津地铁等项目提供技术服务、检测等工作。

(天津冶建特种材料有限公司)

【环保型无机建筑保温材料关键技术研究】 由天津城建大学、天津裕丰源环保科技有限公司合作完成,获2016年度天津市科技进步三等奖,主要完成人有李军伟、刘志锋、倪文萍、李婧等。该项目针对现有泡沫混凝土建筑保温材料存在的问题,研制一种具有环保节能、成本低的泡沫混凝土保温材料。该技术采用环保型的活性污泥蛋白作为发泡剂,通过对其进行改性提高其稳定性,并选用工业固体废弃物粉煤灰等为原料,制备泡沫混凝土产品。考察发泡剂稳定性和加入量、粉煤灰加入比例、粉煤灰激发体系、水泥性能、水胶比等因素对泡沫混凝土性能的影响,得到参考配方和制备工艺条件,指导实际生产。该技术提高了活性污泥蛋白的泡沫稳定性和作为泡沫混凝土用发泡剂的适用性,制备的干密度为400千克/立方米～700千克/立方米的轻质泡沫混凝土砌块,具有轻质、高强、低导热、隔声等特点,性能达到国家标准,属绿色环保的节能产品,可广泛用于屋面的保温隔热层、外墙的保温墙体、内墙的防火隔音、隔热层等领域,国内北方地区可大面积推广应用。该产品在天津裕丰源环保科技有限公司实现生产、销售和施工,截至2016年年底,累计销售施工2.91万立方米。该项目申请发明专利6项、获授权发明专利2项,发表论文7篇,培养研究生2名、本科生12名。 (天津城建大学)

【垃圾焚烧飞灰熔融/烧结制备生态建材技术及应用】 由天津城建大学、天津壹鸣环境科技股份有限公司合作完成,获2016年度天津市科技进步三等奖,主要完成人有刘汉桥、魏国侠、张曙光、张蕊等。项目通过高温处理(熔融/烧结)实现飞灰中二恶英分解和重金属固化/回收,进一步将飞灰资源化利用。取得如下创新成果:①系统研发电弧炉熔融处理垃圾焚烧飞灰技术,完全分解飞灰中二恶英及其他有机污染物,安全有效地实现飞灰的无害化处理;成功将冶金行业的电弧炉工艺设备引入到环保领域,推动了飞灰熔融处理技术在国内的应用。②将垃圾焚烧飞灰熔融技术“嫁接”玻璃陶瓷制备工艺,开发电弧炉熔渣制备玻璃陶瓷技术,构建渣析晶模型,确定了熔渣制备玻璃陶瓷的配方、成型参数及热处理最佳工艺,制成的玻璃陶瓷产品性能达到或优于大理石、花岗岩,有效降低了飞灰熔融处理成本。③提出垃圾焚烧飞灰与疏浚污染底泥混合烧制多孔陶粒技术,确定最佳配比及陶粒生产工艺,开发垃圾焚烧飞灰烧结无害化、资源化处理系统,制成的陶粒性能达到相同级别的粉煤灰陶粒、黏土陶粒及页岩陶粒,使该技术处理成本低于飞灰安全填埋的处置费用。④开发炭浆法及电渗析法回收熔融二次飞尘中Pb和Zn的新工艺,研发铁浆法回收二次飞尘中Pb的新工艺,回收的重金属可作为原矿利用,为焚烧飞灰中重金属固化及资源化利用提供技术支撑。成果申请发明专利10项,其中5项获授权,发表论文16篇,其中EI检索6篇,制订3项企业标准。截至2016年年底,相关技术成果在天津三家公司得到应用,处理垃圾焚烧飞灰15.7万吨,处理污染底泥6万立方米,生产玻璃陶瓷板18.8万平方米,生产陶粒7.6万立方米,为企业节约成本1420万元。 (天津城建大学)

【水泥窑协同处置工业废物设计规范】 2016年10月14日,天津水泥工业设计研究院有限公司牵头主编的GB50634-2010《水泥窑协同处置工业废物设计规范》获得中国标准创新贡献奖三等奖。对于如何充分利用水泥窑的处置优势和能力,达到废弃物稳定化、减量化、无害化、资源化和低成本运行的目的,国内并没有明确的设计标准可以依据,加上中国地域辽阔,不同地区的自然环境、人文环境、产业结构和经济发展水平都不同,如何因地制宜确定废弃物处置规模,并选取经济适用的废弃物处置技术,没有标准做技术支撑。该规范为设计单位及水泥企业处置废弃物提供有关废弃物预处理工艺的选择、环保节能要求等技术依据，对新技术、新装备的应用提供一定支撑作用。同时规范的应用使环境影响评价有章可循，能促进项目审批，有助于提高水泥窑协同处置废弃物项目的综合效益，对指导及优化废弃物处置设计以达到废弃物的最终无害化处置起到指导作用。 （赵艳妍）

【建筑垃圾零排放资源化综合利用技术研究】 由天津市建筑材料科学研究院、天津天盈新型建材有限公司和天津市建筑材料产品质量监督检测中心张鹏宇、刘栋、刘彤、张超、李桂燕等人完成，经过2年的技术研发和转化应用，于2016年通过科技成果鉴定。项目的主要内容：①建筑垃圾分选、破碎、分级工艺，制备出高品质再生骨料，解决因建筑垃圾中再生骨料微粉含量过高，限制再生骨料大量使用的问题，提高再生骨料利用价值。②发明一种基于建筑垃圾中再生微粉的活性激发方法，获得一种基于建筑垃圾中微粉的活化技术，将微粉得到合理再利用。③采用高品质再生骨料和活性再生微粉，成功用于混凝土及蒸养砖制备，且性能指标合格，实现建筑垃圾的零排放。项目不仅解决建筑垃圾对环境污染和土地占用，而且降低了因天然砂石骨料价格不断上涨带来的原料成本上升。将建筑垃圾变废为宝，形成再生微粉和再生骨料，不仅利用废弃材料，减少废弃物排放，并且对节约天然资源、保护环境具有积极意义。该项目依靠建筑垃圾为原料，每吨约可节约150元～250元，节约成本远超过处理每吨垃圾增加的电费，再生骨料生产的预拌混凝土、蒸养砖售价与现有产品持平。

（刘　栋）

【智能型可控采光节能玻璃的应用研究】 由天津市建筑材料科学研究院、天津师范大学物理与材料科学学院张鹏宇、黄美东、徐凯、闫达等于2016年6月完成。以二氧化钒（VO_2）作为镀膜材料，利用其光学特性变化调节进入室内的太阳辐射，可以达到节能的目的。项目创新性体现在：①利用自主设计的恒温样品箱对VO_2镀膜的热致变色温度进行测试，通过W、Mo的共掺杂以及氧分压、溅射时间的调节，大幅降低样品的热致变色温度。②制备出的VO_2镀膜在不同温度下光学性能变化显著，能够起到冬夏两季自动调节的作用。相变前后太阳光透过率有明显降低。③与普通白玻、热反射玻璃、低辐射玻璃的性能进行比较，探讨工程化应用的技术方案及需要解决的问题。VO_2镀膜在天津市使用应进一步改善可见光透过率、遮阳系数指标性能，满足节能设计要求。热致变色温度应进一步降低至天津市夏季平均最高温度以下。该项目成果实现一种能够同时满足夏冬两季建筑对玻璃节能需求的绿色建材产品，降低建筑能耗，实现节能减排。

（刘　栋）

【钢渣立磨系统技术装备的研制】 天津市科技支撑项目，由中材装备集团有限公司柴星腾、聂文海、刘箴等人完成，2016年4月通过天津市科委鉴定。该项目采用多种钢渣为原料，采用料床粉磨原理，在实验室试验的基础上，获得工业立磨粉磨钢渣的基本参数，采用计算机模拟分析进行半工业化试验，以计算机数值模拟优化立磨设计，最终开发出钢渣立磨，成功地进行工业应用。通过对钢渣原料特性、预处理工艺技术到钢渣粉磨等进行系统研究，项目开发出磨内除铁排铁技术、外循环除铁技术、高压力少磨辊研磨技术、钢渣预处理技术等多项技术，在保证钢渣预处理的同时有效回收金属铁，且粉磨能耗大大降低，使得钢渣资源化具有明显的经济效益。 （赵艳妍）

【日产5000吨熟料生产线生料辊压机终粉磨系统】 由中材装备集团有限公司、天津水泥工业设计研究院有限公司石国平、边汉民、柴星腾等人完成，2016年4月通过天津市科委鉴定。该项目属于水泥行业中水泥生料粉磨系统及主机装备技术开发及应用，研究与水泥生料辊压机终粉磨系统相关的各个关键技术，开发设计用于水泥生料粉磨大规格的辊压机，满足日产5000吨熟料生产线配套单套生料终粉磨系统的要求，以简化系统工艺，节省投资，降低维护费用，大幅度降低电耗。该TVSu型立式选粉机选粉机采用新的密封结构，可以更加方便有效地控制成品细度，大大减少粗颗粒进入成品中的几率，从而改善生料的易烧性。通过计算机模拟分析，使得选粉机内的流场分布更加均匀，选粉效率进一步提高。开发的生料辊压机终粉磨系统，在某水泥厂5000吨/天生产线上投入运行，系统运转稳定，各技术指标都达到或者超过设计要求。

（赵艳妍）

制造业科技

农业科技

概　况

【农业与农村科技概况】　2016年，天津市农业与农村科技工作围绕着力提高发展质量和效益、着力保障和改善民生、着力加强和改善党的领导"三个着力"的重要要求，在科技帮扶、科技型企业、科技专项等重点工作领域开创农村科技工作新思路。2016年，科技帮扶工作重点实施特色种养殖帮扶、特派员创新创业帮扶，实现农业产业从大宗农作物向附加值高的特色种养殖发展、由一产向一二三产融合方向发展，重点补充特色农业产业帮扶板块，支持特派员、农民、大学生创新创业，带动困难村经济发展。通过建立QQ群、微信群、帮扶信息管理平台，快速开展工作布置、交流、监督检查，形成高效有序、组织严密的管理体系。在10个重点农业产业领域，新认定科技特派员119名，新增科技帮扶团队10个、农业创新示范基地14个（农业科技特派员总数达730名，科技帮扶团队总数达52支，创新示范基地总数达67个），形成覆盖全市困难村的帮扶网络。累计帮扶村庄2095个，帮扶农户28875户，解决技术问题15556个，示范新品种306项，新技术278项，组织501场培训观摩会，培训农民30997人。发放技术资料35094份，带动农民就业12376人，增加农民收入8602万元。以农村处为主的市科委结对帮扶静海县4个困难村工作，加强困难村基层组织和服务能力建设，规范、制定各项制度19项，加强村级综合服务站硬件建设，新流转土地1100亩，修建大棚212.5亩，建立100亩高标准种植园，产生效益320万元，胡辛庄每250亩配有300米深水井一眼，水、电、通信设施齐全，拥有旋耕机、播种机、950型拖拉机等耕作机械设备5台（套），实现机械化耕作生产，配备8台净水装置。新开挖600米河道，植树3000棵，架设3座桥梁，硬化路面26100平方米，修建活动场所4820平方米，新建LED灯121盏。农业领域新增科技型企业480家，亿元以上科技企业5家。完成2家领军企业和品牌培育认定工作。确定6家领军企业实施重大创新项目；确定4项"杀手锏"产品；认定重点新产品7项。推荐天津科技大学、雷沃动力、保鲜中心、工业微生物研究所等单位申报11个项目，获国家科技经费支持1.38亿元。完成第三批国家级农业科技园区—天津滨海国家农业科技园区验收工作。种业重大专项确定立项支持22个项目，推动瑞普生物、梦得集团、大禹节水、芦阳化肥等领军企业发起建立农牧业、农机装备、奶业、化肥、生态景观及立体绿化、节水装备、棕榈油等9个领军企业联盟；2个企业重点实验室、6家工程中心获批组建。完成国家粳稻技术工程中心验收工作；组织完成40项2014年度国家农业成果转化项目的验收工作。　（杨　淼）

【京津冀农业科技协同发展工作】　2016年，河北省农林科学院农业资源与环境研究所、河北省农林科学院滨海农业研究所、天津市农业资源与环境研究所三家单位共同签订资源环境科研成果合作框架协议。天津市农业科学院与北京市农林科学院、河北省农林科学院共同成立了京津冀区域农业科技协同创新联盟。京津冀三院首批联合成立"京津冀果蔬有害生物绿色防控技术协同创新实验室""京津冀农业资源环境技术协同创新实验室""京津冀农产品质量安全技术协同创新实验室"3个农业科技协同创新实验室；在河北崇礼召开京津冀农业科技创新联盟协调会。

（刘志英）

农业规划与发展战略研究

【基于技术与需求耦合驱动的农产品流通协同创新研究】　天津市科技发展战略研究计划项目，由天津农学院张晓林、刘刚、刘兵等完成，2015年

12月通过市科委验收，2016年1月进行成果登记。

在深入调研农产品流通现状的基础上，分析农产品流通的创新模式，构建基于技术与需求耦合驱动的农产品流通协同创新体系与创新路径，为政府及有关部门制定农业产业政策提供具有参考价值的对策建议。研究表明：①中国农产品生产与消费规模巨大，消费结构不断优化升级，但目前农产品流通还存在小生产与大市场不能高效衔接，流通环节多、制度性成本高，流通基础设施和技术装备落后，产后加工率低、产业链条短等一系列矛盾与问题，应加快农产品流通创新。②技术与市场需求是促进农产品流通创新的主要源动力，消费需求升级、城镇化的快速发展，信息和互联网技术、物流技术、物联网和大数据技术将引领和促进农产品流通不断创新发展。③农产品流通协同创新是创新主体的协同创新，创新要素的融合创新，创新模式的整合创新，是以需求、技术、制度为驱动，流通企业、合作社、农户、政府、高校及科研机构等为协同创新主体，实现理念创新、组织创新、技术手段创新、体制机制创新、渠道模式创新、流通业态创新等融合创新的拥有特定功能的创新体系。④技术与需求驱动与催生的新型农产品流通模式主要有：电商智能零售终端模式、“产地+平台+消费者”的B2B2C模式、移动农产品交易平台等农产品电子商务模式，农产品城市配送模式，农产品连锁经营模式，农产品产消联盟模式，农餐对接、农校对接等产消组织对接模式，农旅联动的休闲健康农业模式等。⑤应通过完善农产品流通创新环境，夯实农产品流通协同创新基础，强化典型示范引领作用，并以大力培育现代流通主力军、加快农产品标准化建设、健全质量追溯与监管体系、完善物流配送体系等措施来完善农产品流通创新发展的支撑体系，完善流通人才培育服务体系等举措与实施路径促进农产品流通协同创新和发展。（徐大为）

【国际协同创新支撑天津现代都市型农业发展战略研究】 由天津农学院程宝乐、崔晶、刘洪银等完成的天津市科技发展战略研究计划项目，2016年7月通过市科委验收，进行成果登记。科研人员以农业国际化为背景，开展农业科技国际合作战略研究，旨在打造国际农业科技合作交流平台和协同创新高地，促进创新资源和要素有效汇聚，为服务都市型农业提供智力支撑。①以农业国际科技协同创新支撑现代都市型农业发展为研究对象，选题具有一定新颖性；②将理论研究与实证研究相结合，构建现代都市农业科技协同创新理论模型,解决战略认识问题；③研究现代都市农业科技国际协同创新机制，加强人才队伍建设调动参加者积极性，解决战略性可持续合作问题，对天津市政府现代都市农业科技合作交流决策提供建议。项目成果的应用可为天津市农业科技国际合作构筑全新模式，提供平台和窗口；加速国际人才流动，提高高层次人才及高水平科技应用效率，带动区域高校国际协同创新实践。（徐大为）

蔬　菜

【花椰菜种质资源创新及新品种选育】 由天津科润农业科技股份有限公司菜花研究室单晓政、刘莉莉、文正华等完成，获2016年度天津市科技进步三等奖。通过创建规模化、标准化和实用化的松菜花游离小孢子培养技术体系，将流式细胞技术与根尖染色体计数技术率先应用于松菜花、花椰菜育种材料的倍性鉴定，加快育种材料的选育进程，全面提升国内花椰菜的育种水平，缩短与国外先进种业的技术差距，选育出耐低温材料花椰菜育种材料和耐热的松菜花材料，丰富国内的育种资源库，为培育更多性状优良的花椰菜新品种奠定基础。选育出的“春雪1号”和“春雪30”和松菜花新品种“津松65”，由于适应性强、产量高、整齐度好、商品性佳，受到全国种植者的好评，花椰菜新品种自2013年开始推广，2014年大面积应用于生产，2015年累计应用面积3.67万亩，新增经济效益1101余万元。

（肖　瑜）

【设施蔬菜园区废弃物处理技术示范】 由天津市农业资源与环境研究所何宗均、梁海恬、李峰等完成的天津市农业科技成果转化与推广项目，获

2016年度天津市科技进步三等奖。随着天津市设施蔬菜种植面积的增加，蔬菜废弃物也日益增多，这些废弃物往往都是被随意丢弃，既污染环境，也造成资源浪费，已经成为设施农业发展和农村生态环境的问题之一。以具有自主知识产权的高效专用腐熟菌剂和发酵工艺等技术实现蔬菜废弃物处理的快速化、资源化与无害化，并进行大范围的推广示范。由6个科技研究成果支撑形成1种针对农村有机废弃物的资源循环生物处理系统，实现蔬菜废弃物、秸秆、畜禽粪便、有机垃圾等的减量化、无害化、资源化、产业化。首次调查天津市蔬菜废弃物年生产量、养分及安全指标，以快速化、资源化与无害化3大类11种指标建立资源化评价体系。利用蔬菜废弃物等研制蔬菜土壤改良肥、优质蔬菜专用有机肥、生物有机肥、育苗基质和天然绿色有机肥料5种资源化产品。发明1个快速发酵的有机废弃物中温（48℃~52℃）发酵工艺和1个控压发酵装置；发明具有分解木质素、纤维素和蛋白质，除臭、抗病和解磷钾多功能的4类有机废弃物专用腐熟菌剂和1种农用微生物菌剂。（田　阳）

【林下食用菌生产配套关键技术示范与应用】 由天津市林业果树研究所张志军、周永斌、王孟文等完成，获2016年度天津市科技进步三等奖。通过引进筛选适宜林下栽培、具有较高经济价值的珍稀品种，优选出网脉木耳Au-9、高温香菇-1、灵芝G9、广温平菇175四个菌株，并将网脉木耳大面积成功应用于林地食用菌栽培中，填补网脉木耳林地夏季栽培的空白，实现周年生产。针对林地栽培生产的特殊性，研制出陶粒菌种、菌种保护剂及存储方法、食用菌简易接种室等多项发明专利；陶粒菌种作原种，透气性好、价格低廉，原种制作周期缩短10天，成本降低6%；菌种存储方法简单，保护剂配方成分易得，适合普通菇农户的操作，菌株的存活力在95%以上；简易接种室能进行空气净化、便携、易拆装，接种成功率达96%以上。开展不同大小、材质的拱棚对林地食用菌生长影响的研究，国内首个开发出林下食用菌反季节专用钢管制大棚，大棚使用年限延长至15年，劳动力成本降低20%以上，并在静海、宝坻、蓟县等林地建设2000余亩该大棚。选择不同温型的食用菌，构建4种林下食用菌周年化生产新模式，相比传统季节生产模式提高效益11%以上，延长林地食用菌栽培生产时间，实现林地食用菌的周年上市，在天津林区推广650亩，带动农民增收。采取物理诱杀飞虫、生物防治、菌糠粉碎沤肥等手段创建菌林同生共长的循环式生态产业链；对栽培基料进行多层次利用，废菌糠制作肥料、饲料、粉碎再利用率达98%以上。该项目集成林下食用菌关键技术，形成菌林同生共长的循环式生态栽培体系，综合效益提高35%以上。累计示范面积1210亩，辐射面积7540亩，带动农民实现产值30875万元，利润4322.5万元，推广单位获直接经济效益423.66万元；获成果登记3项，授权专利3项，制定地方标准2项，出版专著5部，论文6篇。（天津市林业果树研究所）

【花椰菜良种转化技术集成及新品种示范】 由天津科润农业科技股份有限公司蔬菜研究所刘莉莉、孙德岭、姚星伟等完成，2016年12月通过结题验收。以4个花椰菜品种“春雪30”“津品67”“津松1号”“领秀一号”为核心，建立安全、稳定的原原种和原种繁育基地80亩，扩建和完善云南露地制种与华北保护地制种基地3个，良种繁育基地面积152亩。2016年生产新品种杂交种子4560千克，执行期内累计生产新品种种子8600千克，累计获技术性收入1519.59万元。建成成果示范基地30个，新品种年示范辐射应用面积21万亩，累计示范应用面积36万亩；单位面积新增效益1100元/亩，2016年新增社会效益2.31亿元。项目执行期间累计增加社会经济效益3.96亿元；举办培训班36次，培训制种人员1500人次，新增制种和服务从业人员560人。针对新老基地的气候和土壤特点，对花椰菜制种技术进行归纳和集成，制定出《华北保护地花椰菜雄性不育制种技术规程》《云南露地花椰菜雄性不育制种技术规程》，并在基地实施。（肖　瑜）

【工艺葫芦标准园建设与产业化示范】 由天津科润农业科技股份有限公司蔬菜研究所焦定亮、高素燕、商纪鹏等完成，2016年3月通过结题验收。

科研人员引进示范工艺葫芦新品种35个；建立工艺葫芦标准化示范园1个，占地面积103亩，年产工艺葫芦7万个，年产值130万元；制《工艺葫芦露地栽培技术规程》；在天津静海、河北秦皇岛、河北廊坊等地推广应用工艺葫芦栽培技术3项，建立示范基地7个，示范面积560亩，病害降低15%，使商品葫芦产量提高40%，亩增收3000元以上；研发出新一代工艺葫芦激光雕刻机，在天津静海及河北秦皇岛示范工艺葫芦采后处理及雕刻技术3项，产品价格提高2~3倍，建立加工示范基地2个，面积2950平方米；增加工艺葫芦种植面积2200亩，年产工艺葫芦140余万个，增加就业150人；人员培训1100人次，就业培训1600人次。 （肖 瑜）

【早熟绿荚豇豆新品系的选育】 由天津科润农业科技股份有限公司蔬菜研究所于海龙、古瑜、韩启厚等完成，2016年12月通过结题验收。科研人员明确豇豆杂交授粉花蕾最佳去雄时间，选择次日早晨开放的花蕾在下午4时去雄，翌日授粉为宜，杂交授粉成功率58.33%。选育出3个早熟绿荚豇豆新品种，即“津豇绿秀”“津豇碧柳”“津豇绿源”。新品种纯度达到95%以上；始花节位为第6节，较对照低1个节位，始花期较对照提前6天；平均荚长80厘米左右，嫩荚绿色、商品性好，无鼓粒和鼠尾现象；前期产量较对照分别提高23.32%、57.85%、21.08%，亩产均在2000千克以上。项目组探索豇豆始花节位遗传规律，结果表明豇豆始花节位是多基因控制的数量性状；始花节位可以通过杂交后代选择，且易受环境因素的影响。项目执行期间在核心期刊发表论文3篇。

（肖 瑜）

【甜瓜双抗材料筛选与创新】 由天津科润农业科技股份有限公司蔬菜研究所甜瓜课题张若纬、李秀秀、彭冬秀等完成，2016年12月14日通过结题验收。科研人员对甜瓜枯萎病、白粉病苗期室内接种方法、时期、浓度进行研究，总结出甜瓜枯萎病、白粉病鉴定技术各1套。利用这两种鉴定技术对种质材料进行抗性鉴定，相比田间自然抗性鉴定，鉴定效率提高40%，且结果稳定可靠。项目执行期间，筛选出抗枯萎病和白粉病甜瓜材料各2份，材料KR-23、KR-51对白粉病的抗性达高抗（HR）水平，发病率降低25%；材料KR-34、KR-55对枯萎病抗性为高抗（HR），发病率降低22%；创新甜瓜抗枯萎病、白粉病双抗材料2份（材料编号为KB-1、KB-2），抗性水平为中抗（MR），坐果性好，含糖量16%以上，果肉脆，口感佳；发表论文2篇，申请发明专利1项。

（肖 瑜）

【茄子小孢子培养技术引进利用及新品种示范推广】 由天津科润农业科技股份有限公司蔬菜研究所王利英主持完成，2016年12月通过结题验收。科研人员利用引进的单倍体体诱技术，研究并总结出一套高效茄子单倍体诱导成苗体系，创新育种材料17份，长茄8份，紫圆茄5份，绿茄4份。选育出茄子新品种3个：耐弱光、适合长季节采收的中熟紫圆茄“圆丰园”；适宜早春抢早栽培的早熟紫圆茄“圆丰二号”；早熟绿茄新品种“青秀二号”。项目执行期间，累计建立示范户175户，其中天津地区示范户101户，建立50亩以上规模示范点10个，核心示范场5个；应用面积1万亩，辐射带动面积3万余亩，新增产值3000万元；研究出一套基于单粒种子DNA提取技术的分子标记杂交种快速纯度鉴定法，使茄子杂交种纯度鉴定时间由原来的3个月左右缩短至1~2天；申请专利2项，核心期刊发表文章5篇。

（肖 瑜）

【菜花、大白菜新品种选育及良种产业升级】 由天津科润农业科技股份有限公司蔬菜研究所张斌、闻凤英、刘莉莉等完成，2016年2月通过结题验收。科研人员通过对育种新技术突破、完善和应用，构建大白菜、菜花商业化育种技术体系。育成菜花类新品种6个：“春雪1号”“春雪30”“津品56”“津品66”“津松60”和“津松65”；优质抗病设施专用型白菜类新品种8个：“津研快绿1号”“津研快菜1号”“CR天白15”“津娃娃1号”“速俊018”“速俊028”“速俊208”和“速俊718”。项目执行期间，建立杂交制种基地面积2300亩，年生产杂交种子16万千克；在全国菜花、大白菜共建立18个示范站、62个示范点，示范辐射面积2400亩；完善和构建新品种销售及售后服务体系，良种年销售量11.34万千克，年应用面积90.4万亩；实现年销售收入2560万元，累计产值8340万元，累计新增社会经济效益11.02亿元；申请植物新品种9项，1项获得授权；发表论文7篇；晋升职称3人，培养硕士研究生3人。

（肖　瑜）

【设施甜瓜高效产业模式的技术集成与示范】 由天津科润农业科技股份有限公司蔬菜研究所李秀秀、张若纬、彭冬秀等完成，2016年1月通过结题验收。建立甜瓜设施生产标准示范园2个：天津市静海大邱庄生宝谷物蔬菜种植标准园和天津长兴园蔬菜种植标准园；建立高效转化示范点10个，科技示范户300户，实现示范户平均增收30%；新品种示范面积达500亩，新品种应用面积5万亩。项目构建了“集中供苗+基地安全生产+质量无损安全监测+品牌销售”的产业模式，基地注册“萌香”和“韵香”2个果品商标。按照品种类型编撰《厚皮甜瓜栽培技术及新品种简介》《薄皮甜瓜栽培技术及新品种简介》标准化操作规程课件2套；制作“花雷保护地高产栽培”“丰雷栽培技术”“越瓜保护地高产栽培”和“甜瓜嫁接技术”4套视频科普片，培训农民1000人次。研究应用设施复种高产制种技术体系，良种单位面积产量提高22%。项目执行期内，累计生产良种5800千克，累计销售收入1750万元，新增社会经济效益2.0亿元；获得中华农科科技二等奖1项、品种登记4项；申请发明专利1项，授权发明专利1项；制作项目实施过程影像资料光盘1套。

（肖　瑜）

【芹菜CMS杂交育种技术体系构建及其应用】 由天津科润农业科技股份有限公司蔬菜研究所芹菜课题高国训、王武台、吴锋等完成，2016年2月通过结题验收，并进行成果鉴定。科研人员发明一套芹菜杂交组配装置和配套方法，构建芹菜CMS杂交育种技术体系；创新获得包括西芹类型、实芹类型和空心芹菜类型在内的20套不同类型CMS不育系及相应保持系，并应用于杂交育种；育成速生小芹菜杂交一代专用新品种“快嫩60”，杂种优势显著，生长速度快，丰产优质，每亩平均产量可达5300千克以上，比对照品种“四季西芹”高17.3%。新品种“快嫩60”在天津、山东、浙江、江苏、上海及其周边地区示范应用，面积超过3200亩，新增效益累计超过220万元，农民平均每亩增收700元以上。

（肖　瑜）

【多主棒孢毒素cassiicolin对黄瓜致病机制的研究】 天津市植物保护研究所高苇、郝永娟、刘春艳等完成的天津市科委青年基金项目，2016年6月结题验收。科研人员近3年调研发现黄瓜棒孢叶斑病在天津地区发生较为普遍，并分离保存12株代表性的黄瓜多主棒孢病原菌；研究不同培养条件对黄瓜多主棒孢产毒活性的影响，明确黄瓜多主棒孢最适产毒培养基为改良Czapek培养基，最适产毒培养条件为25℃～28℃，120转/分钟振荡黑暗培养21天；建立以多主棒孢粗毒素滤液为接种体的黄瓜棒孢叶斑病离体抗性材料快速鉴定方法，筛选出“津优38号”“津优305号”2个高抗品种，可在田间推广应用；通过毒素作用下黄瓜叶片细胞损伤率、叶绿素测定及其与作用下寄主细胞结构的显微观察，推测该病原真菌毒素的作用位点主要是在寄主的细胞质膜、线粒体、叶绿体等细胞结构上，毒素破坏细胞的膜体系，影响植物生长代谢过程及能量传递的改变，对寄主蛋白、核酸、酶等引起一系列不良反应，导致生理失调至细胞死亡；通过毒素对寄主防御酶活性变化测定结果，发现该毒素可以影响黄瓜叶片细胞内保护性酶活性的变化，导致活性氧清除系统酶系受损，推测其作用位点可能在质膜上；成功克隆黄瓜棒孢叶斑病病原多主棒孢毒素cassiicolin基因全长序列，建立的多主棒孢病原的actin基因、EF1α基因及其cassiicolin毒素基因的PCR检测体系，以actin和EF1α基因定量靶标，通过相对定量的方法检测侵染黄瓜寄主的病原菌其毒素基因表达情况，发现随着侵染时间的延长毒素基因的表达量在不断增加，从第3d其随着多主棒孢侵染的加强毒素基因表达量显著升高，第7d的时候达到峰值，而actin和EF1α基因表达量差异并不显著；

对抗病和感病品种不同时期的毒素接种叶片进行毒素前体基因的PCR和RT-PCR检测，发现抗病品种上的抗病基因对毒素基因的表达具有一定的抑制作用，毒素基因是多主棒孢菌侵染致病的主要因子。　　（刘晓琳）

【设施菜田水肥高效增产与污染综合控制技术集成与示范】　由天津农学院卢树昌、田秀萍、陈子学等完成的天津市科技支撑计划重点项目，2016年6月通过市科委验收及鉴定，2016年7月进行成果登记。科研人员针对土壤碳氮失衡、氮磷面源污染重、环境及生物学质量下降的设施菜田区域，以设施土壤、水肥与蔬菜作物为研究对象，通过土壤性状调控技术、根层土壤养分调节技术、水肥耦合技术等单项试验与综合实施结合，开展研究与示范。

创建设施菜田精准水肥碳的高效管理技术模式，与传统措施相比，滴灌节水率56%，节肥36%，氮、磷、钾肥料利用率均提高1倍以上，番茄、黄瓜分别增产幅度为15%和30%以上，水肥药投入和人工成本分别降低40%、15%以上；建立“日光温室消毒+穴盘育苗+调控剂灌施+优化水肥”综合技术防控模式，土传病害发生率降低50%以上；提出生物炭与填闲糯玉米相结合控制土壤氮磷污染的模式，降低土壤氮磷淋失，0.5%生物炭水平与糯玉米结合，对土壤氮素降低贡献率达到30%以上；开展3次大型技术培训指导，累计培训指导菜农和技术骨干上千人次，分发相关材料1800份，累积推广示范面积208亩，实现净利润额230万元。项目执行期间，发表国内重要核心期刊论文8篇，出版著作1部，授权国家发明专利1项，阶段成果获得天津市“挑战杯”科技作品竞赛一、二等奖各1项。　　（徐大为）

【优质、耐裂粉果番茄自交系选育】　该项目为天津市农科院院长基金项目，由郝志愚、吉立柱、杨迎霞完成。2016年7月结题验收并进行科技成果登记。①从国内外收集各种番茄种质资源148分，筛选出106份优质耐裂种质资源，其中粉果资源70份，红果资源36份。②通过杂交、定向筛选、自交纯化、测交等多种育种手段培育出耐裂优质粉果番茄自交系4个：“126-3-2-1”“126-20-2-1”“127-9-1-1”“127-15-1-1”。这4个自交系均表现果实较硬、果实圆正、果脐小、耐裂性好，与金鹏1号相比，成熟果实裂果率分别降低27.4%、26%、25.4%、24.9%；单果重分别为208.4克、202.5克、176.4克、160.8克，折合亩产分别为5320千克、5011千克、5058千克。项目执行期间，发表相关论文2篇，其中核心期刊1篇。

（郝志愚）

【津杂211和朝研299番茄新品种示范】　为天津市农业科技成果转化与推广项目，由天津市农业生物技术研究中心金凤媚、郭希学、薛俊等完成。2015年4月29日进行现场验收，2016年7月进行结题验收和成果登记。“津杂211”为天津市农业生物技术研究中心最新选育的杂交一代新品种，属于先生长型早熟番茄，田间表现为植株生长强势，果实大红色，果形周正，硬度强，耐运贮，单果重在200克以上，田间无病害发生。“朝研299”为粉果中早熟品种，耐低温性好，在低温条件下，开花早，坐果率高，果实膨大快。果实圆形，整齐度好，精品率高，品种高产，潜力大，符合天津地区市场需求。两个新品种与当地对照品种相比长势强、高产、品质好，市场前景好。项目执行期间，示范推广番茄新品种面积0.9万亩，平均亩产12000千克，比项目实施前增产17%；项目开展新品种的配套栽培技术和制种技术相关研究和试验，总结制定出新品种优质高产栽培与制种技术规范；建立新品种试验示范基地3个，面积70亩；建立原种繁育基地10亩，良种繁育基地100亩，制种产量比项目实施前提高20%以上；生产种子451千克，销售收入468万元，新增社会经济效益2000万元；建立新品种示范户31户，开展科技培训510人次。

（金凤媚）

【黄瓜棒孢叶斑病菌分化及优势小种抗性基因精细定位研究】　由天津科润农业科技股份有限公司李淑菊、王惠哲、杨瑞环等承担，2016年完成。科研人员从天津、辽宁、山东、河北、河南、山西、四川等地收集黄瓜棒孢叶斑病菌，鉴定出菌株35个，划分为7个生理小种；获得用于黄瓜棒孢叶斑病菌生理分化研究的鉴别寄主1套；利用优势菌株012-2-1进行抗、感病材料构建包含13个SSR标记的遗传连锁图谱，将抗黄瓜棒孢叶斑病基因精细定位于chr6的0.85Mb基因组区域内，获得103个基因的注释信息；获得1个非同义突变SNP，6对与黄瓜棒孢叶斑病抗性SNP位点相关引物，获得1个与抗病基因连锁距离为0.7cm的SSR标记SSR02385；获得高抗黄瓜棒孢叶斑病病菌育种材料5份，具有水平抗性的材料4份。

（李　静）

粮食作物

【抗白粉病近等基因系BJ在基因功能研究及育种中的应用】　由天津师范大学 王振英等完成，获得2016年度天津市科技进步二等奖。栽培小麦Brock既抗白粉病又抗小麦锈病，是一个优良的抗病育种资源。然而，对Brock抗病机理缺乏系统研究，生长周期较长，与国内大多数小麦花期不遇，影响其在育种中的应用。①用Brock作为抗病供体亲本，通过杂交、回交再自交的方法，配制抗白粉病近等基因系Brock×京4117（简称BJ），田间表现为高抗。BJ兼具供体和轮回亲本的双重优良特性，用其配制杂交组合，避免Brock与其他小麦花期不遇和生长周期长的缺点。②利用获得的近等基因系，在基因组、转录组和蛋白质组三方面针对Brock中抗病基因展开系统研究，获得与抗病基因紧密连锁的分子标记4个；鉴定并克隆抗白粉病相关基因4个：Ta-TCTP、Ta-SEC14、Ta-WRKY和Ta-Rpg5，其中Ta-Rpg5在一个转录本中同时存在NBS-LRR-STPK 3个结构域，为抗白粉病新基因。③以近等基因系作为桥梁品种与其他感病品种杂交，获得抗病优良品系BJ-1和BN408-1，实现Brock抗病基因的转育。通过创制近等基因系转育Brock抗病基因，克服杂交障碍，为克隆Brock中抗白粉病基因、分析抗病信号途径提供重要遗传材料。繁育抗白粉病优良品系种子45万千克。

（天津师范大学）

【高膳食纤维的浓缩红薯清汁生产方法】　该专利由天津科技大学、国投中鲁果汁股份有限公司、天津农科食品生物科技有限公司王思新、李喜宏、张继明、冷传祝、刘霞等完成，获2016年度天津市专利优秀奖。基于多元复合生物酶、膜超滤、超高温瞬时杀菌和护色、酶解等高膳食纤维浓缩红薯清汁加工技术，最大程度地保留红薯营养和风味。首创红薯皮和薯渣等果蔬汁皮渣膳食纤维迭代分离提取共性关键技术体系，攻克浓缩红薯汁回味苦涩、褐变难题，特别是超声协同复合酶解技术，辅以高速剪切乳化和醇沉的迭代方法，最大程度获得皮渣中果胶、葡聚糖等水溶性膳食纤维和纤维素、半纤维素、木质素和抗性淀粉等非水溶性膳食纤维，产品膳食纤维含量最高可达95%。以该专利技术为核心，研制出国内第一条浓缩红薯清汁工业化生产线，生产能力3000吨/月，解决浓缩红薯清汁褐变、失味、难过滤和后浑浊4大科技难题。一是多元复合生物酶防褐变新技术，使淀粉、果胶、纤维等降解速度提高3倍，减少酶促褐变底物—单宁、羟基氨基酸等积累，阻断酪氨酸等多酚类物质氧化成醌，集聚形成黑色素。二是120℃~125℃超高温瞬时热解防失味新技术，削弱红薯淀粉糖化形成的羰基糖蛋白长时间加热时的美拉德反应，提高俗称红薯保健“黄金”的糖蛋白含量，保持红薯特有醇甘风味。三是酸介平衡点调控降黏度新技术，克服红薯果胶/多糖/纤维团聚形成高黏稠度多聚体。四是膜超滤—后澄清防后浑浊技术，解决特征定义组份的长链/支链淀粉、羰基糖蛋白、多肽-X-氨基酸等浓缩时，二次聚合产生絮状后浑浊问题。

（天津科技大学）

【水稻新品种津育粳18】　由天津市农作物研究所、天津市国瑞谷物科技发展有限公司孙海波，邹美智，杨勇，任洪岩等承担，2016年4月完成。该品种全生育期170天左右，株高103厘米左右，根系发达株型紧凑，抗倒伏性强，秧苗及发育前期以发根及分蘖生长为主，分蘖力强，剑叶偏直立，叶色绿，半直立穗，穗长16厘米左右，平均每穗140粒左右，感光性强，抽穗快、穗层整齐，灌浆速度快、后期转色顺调，结实率90%，千粒重26克左右，粒型椭圆，籽粒饱满，颖壳黄白色，偶有短顶芒，糙米率及整精米率高，腹白少，米饭口感好，不回生，有香味。中抗条纹叶枯病、稻瘟病，感恶苗病。一般亩产650千克左右，高产田块可达800千克，适合京津唐一季春稻区机械化栽培。（李素敏）

【春小麦新品种津强10号】 由天津市农作物研究所、天津市国瑞谷物科技发展有限公司冯刚、梁丹、王从磊、王建贺等承担，2016年5月完成。该品种春性，全生育期75天，比对照品种辽春17号早熟2天。幼苗直立，株高73厘米。穗纺锤形，长芒，白壳，红粒，籽粒角质、饱满。亩穗数41.5万穗，穗粒数31.3粒，千粒重36.3克。抗病性鉴定，中抗秆锈病，中抗叶锈病，高感白粉病。品质检测，籽粒容重791克/升，蛋白质含量16.27%，湿面筋含量33.4%，沉降值49.8毫升，吸水率60.0%，稳定时间15.7分钟，最大拉伸阻力682E.U.，延伸性174毫米，拉伸面积156平方厘米。2012年参加东北春麦早熟组品种区域试验，平均亩产360.0千克，比对照品种“辽春17号”增产6.7%；2013年，续试平均亩产304.5千克，比“辽春17号”增产4.7%。2014年，生产试验平均亩产388.3千克，比“辽春17号”增产5.9%。春播以顶凌播种为宜，每亩适宜基本苗40万~42万。注意防治蚜虫和白粉病等病虫害。该品种适宜东北春麦区的辽宁、吉林、天津及内蒙古赤峰、通辽地区、河北张家口坝下种植。

（李素敏）

【加工型鲜食糯玉米新品种选育】 是天津市科委下达的种业专项项目，由天津市农作物研究所付从贵、赵晓雷、彭勃等完成，2016年2月通过结题验收。选育出中早熟白粒糯玉米新品种“星糯808”（甘审玉2011012）和晚熟白粒鲜食糯玉米新品种“星糯918”（甘审玉2013014）。“星糯808”出苗至采收76天，亩产鲜穗1068千克，比对照“垦粘1号”增产11.1%。“星糯918”出苗至采收90天，亩产鲜穗1276千克，比对照“京科糯2000”增产12.8%。上述品种穗型粒形一致，果穗长度20厘米~22厘米，籽粒饱满、排列整齐紧密，色泽鲜亮一致，鲜花丝浅绿色，成熟时无色或透明，容易去除，零秃尖，外观、蒸煮品质达部颁二级标准。项目执行期内，制定2个新品种优质高产栽培技术规范各1套。累计示范推广面积1.5万亩，实现营业收入45万元，技术性转让收入30万元，净利润额42万元。申请植物新品种保护权2项，在中文核心期刊发表论文3篇，晋升中高级职称各1人。（李素敏）

【优质高产多抗水稻新品种金粳28和津稻263良种繁育与示范】 国家农转资金项目，由天津市农作物研究所苏京平、张宪民、马忠友等完成，2016年12月通过结题验收。建立“原原种—原种—良种”三级繁育技术，生产的“津稻263”和“金粳28”原种纯度均达到99.99%，良种纯度均达到99.9%。建立新品种配套栽培技术，实现良种良法配套。百亩示范片亩产713.2千克，千亩示范片亩产671.1千克，万亩示范片亩产606.5千克。建立津牌水稻产业联盟，累计安排良种繁育面积8500亩，繁育良种384.26万千克，示范推广61.8万亩。实现技术服务收入100万元，销售收入1384.76万元，利税358.51万元。

（李素敏）

【强筋高产冬小麦新品种津农6号良种繁育与示范】 为国家农转资金项目，由天津市农作物研究所冯刚、梁丹、王从磊等完成，2016年12月通过结题验收。构建以株行圃和株系圃为基础的四级良繁体系，建立良繁基地17160亩，其中原原种田60亩、原种田1100亩、良种田16000亩。建立“津农6号”强筋高产栽培技术模式；建立示范点65个，示范基地面积40000亩，平均单产537千克/亩；推广面积累计80万亩；通过品种转让及种子销售累计获得净利润485万元；建立科技示范户130个，培训农民种植户及相关从业人员4150人次；发表论文3篇。（李素敏）

【小麦-簇毛麦T6VS·6AL在不同麦谷蛋白背景下的品质效应研究及抗病优质种质资源创新】 天津市青年基金项目，由天津市农作物研究所王从磊、时晓伟、冯刚等完成，2016年10月通过结题验收。根据RIL群体各家系HMW-GS组成的异同，构建3对混合分离群体（BSA），第1对群体为亚基1 vs N，第2对群体为亚基7+8 vs 7+9，第3对群体为亚基5+10 vs 5+12。对3对混合分析群体进行两年两点的品质分析，探明T6VS · 6AL易位系在（1，7+8，5+10）、（1，7+9，5+10）、（1，7+8，5+12）、（1，7+9，5+12）、（N，7+8，5+10）、（N，7+9，5+10）、（N，7+8，5+12）、（N，7+9，5+12）等8种不同高分子量麦谷蛋白背景下对小麦品质的影响。将T6VS · 6AL易位系与天津麦区主栽品种“轮选987”和“津强5号”配制杂交组合，筛选出中抗白粉病资源14份，抗条锈病资源3份，优质资源3份；在国内期刊发表论文4篇，其中在核心期刊发表论文3篇。

（李素敏）

【强筋专用春小麦津强6号栽培技术示范】 国家星火计划项目，由天津市农作物研究所王从磊、冯刚、时晓伟等完成，2016年12月通过结题验收。项目组建1支由武清区农业技术服务中心、宝坻区农业技术服务中心和蓟县农业局种子、农技、土肥和植保专业等22名科技人员组成的“津强6号”栽培技术团队，并在上述3个区县培养技术带头人6个、种植大户50户、科技示范户600户，技术覆盖蓟县、宝坻、武清3个区（县）的20个乡镇。项目建立示范点11个，其中蓟县6个，宝坻区4个，武清区1个，平均亩产量为361.67千克/亩，品质指标达国标强筋一级水平；建成百亩高标准示范田6个，其中蓟县4个，宝坻区2个，平均亩产量为406.9千克/亩，品质指标达国标强筋一级水平，在国内核心期刊上发表论文1篇。

（李素敏）

【水稻新品种津稻565】 由天津市水稻研究所刘学军、闫双勇、孙林静等完成，2016年通过品种审定。该品种是粳型常规水稻品种，黄淮粳稻区种植全生育期平均157.8天，比对照徐稻3号早熟0.4天。株高103.8厘米，穗长17.2厘米，每穗总粒数177.8粒，结实率81.9%，千粒重24.1克。抗性：稻瘟病综合抗性指数分别为3.4和5.0，穗颈瘟损失率最高级5级，条纹叶枯病抗性等级3级。米质：整精米率64%，垩白粒率53%，垩白度5.3%，直链淀粉含量16.3%，胶稠度80毫米。2013年参加国家黄淮粳稻组区试，平均亩产659.36千克，比对照“徐稻3号”增产6.32%，达极显著水平；2014年，续试平均亩产650.92千克，比对照“徐稻3号”增产7.47%，达极显著水平；两年区域试验平均亩产654.72千克，比对照“徐稻3号”增产6.95%，增产点比例95%。2015年，生产试验平均亩产660.92千克，较对照“徐稻3号”增产5.64%，增产点比例100%。该品种适宜在河南沿黄、信阳地区、山东南部、江苏淮北、安徽沿淮及淮北地区种植。

（李素敏）

【骨干恢复系C418产量优势QTL的定位与优势父本群的研究】 天津科技大学华泽田主持完成的国家自然科学基金项目，2016年12月结题。以粳型骨干恢复系C418配组的强优势杂交粳稻组合（辽优5218）与母本回交一次的重组自交系（BC1F6，167个株系）以及该群体与其母本测交的群体（测交F1）为定位群体，通过对测交F1产量性状相关性分析及测交F1各性状优势分析，结果表明F1产量主要受分蘖数、每穗实粒数影响。而且F1各性状值随着父本的变化而改变，在母本一定的情况下F1有效穗数、每穗总粒数、每穗实粒数、结实率、千粒重、穴重与父本成正比。测交F1群体各性状超亲优势、中亲优势、竞争优势均有正向超亲优势和负向超亲优势，而且与其父本（重组自交系）变化趋势无明显相关性，充分说明测交F1各性状的优势表现除了加性效应的作用外，主要是显性效应和超显性效应作用的结果。C418杂种优势相关QTLs定位：基于RAD-seqseqseq技术，对172份（包含对照）水稻样本进行测序，检测群体间变异位点获取标记数据，构建遗传图谱，并结合基因型和表数据进行QTL定位分析。结果表明与株高优势相关的QTLs一共有3个，与穗长优势相关的QTLs有两个，实粒数相关QTLs有两个，与千粒重相关的QTLs一共有4个，与分蘖相关的QTLs有3个，与穴重相关的QTLs有4个。没有定位到与总粒数、结实率优势显著相关的QTLs。粳稻资源优势群分类研究：以重组自交系中的强优势株系与不同类型的粳稻资源作为研究材料，基于RAD-seq技术，对202份水稻样本进行测序。将200余份材料划分为9个群。辽优5218回交重组系主要分布在第5群和第9群，为优势父本系。并进一步提出配组模式可以从三个方面划分，一是遗传背景的籼粳互作优势群；二是生态反应的感温与感光互作优势群；三是产量构成因素、形态结构穗粒组成互作优势群。

（李丽娜）

【基于电场诱导自组装玉米醇溶蛋白膜的亲水/疏水性调控原理及性质、结构表征】 天津科技大学陈野主持完成的国家自然科学基金项目，2016年12月结题。利用导电玻璃（ITO）制成自组装用亲水和疏水电极，利用电场诱导玉米醇溶蛋白分子在电极之间自组装具有特定分子取向排列的蛋白膜，得到玉米醇溶蛋白溶液特征与电场强度的关系，通过电场强度可以调控玉米醇溶蛋白形成亲水/疏水凝胶的自组装行为，同时利用激光共聚焦显微镜观察到蛋白凝聚态结构结构形成的动态过程。从理论上研究以膜接触角作为判定亲水/疏水性的指标，通过测量蛋白凝聚态凝胶干燥后成型膜的接触角，得到膜自组装亲水/疏水有序排列结构与电场强度及蛋白溶液各参数间的关系，建立自组装亲水/疏水性玉米醇溶蛋白凝胶形成的有效调控，同时对其结构、形貌和性质进行表征。该项目为今后应用玉米醇溶蛋白制备具有高耐水性食品保鲜膜，制造生物细胞医学组织支架，制备亲水/疏水性生物传感器以及电纺生产纳米纤维方面提供基础理论。（李丽娜）

【津稻291新品种设计与技术开发】 由天津农学院王松文教授主持完成的天津市科技支撑计划重点项目，2015年11月通过市科委验收及鉴定，2016年1月进行成果登记。率先提出“水稻模块育种”并在“津稻291”新品种设计与技术开发项目期内创立育种程序，进行分子育种实践。以“津稻291”“津川1号”等为出发品种，以300个标记为框架，建立优质食味水稻重要农艺性状基因模块，确立遗传背景品种，进而组、调、加、换重要农艺性状基因，实现定向育种，主效基因和QTL定位、作用机理基础上进行品种设计和分子育种，建立品种设计与分子育种计算机模型，培育优质食味品种，并进行计算机模拟和田间试验，建立定制改良育种程序，培育2~3个优质食味品种。课题组以不同染色体上的单倍型为基础，结合育种实践，建立200个模块、150个模块、80个模块、30个模块，并实施模块育种，培育出“津稻102”“津优291”“津广3号”等多个新品种。

（徐大为）

【高产优质广适糖饲两用高粱新材料的创制】 由天津农学院孙守钧主持完成的天津市科技支撑计划重点项目，2016年3月通过市科委验收。2016年4月进行成果登记。筛选耐盐、高糖、高蛋白、高消化率且抗蚜的新材料，并进行喂饲试验及乙醇发酵试验，建立在盐碱滩涂上的高产高糖高蛋白栽培技术，适应天津市沿海滩涂的生态环境和对畜牧业饲料以及乙醇燃料的需求。对自选高粱品系进行全株蛋白质分析，并建立1套高粱粗蛋白近红外分析模型；进行含糖量性状的SRAP分子标记研究，得到与高粱含糖量性状相关的分子标记；用RT-PCR的方法对高粱开花诱导基因SbAGL6在高粱中的表达位置进行分析；进行表皮蜡粉基因筛选和基因克隆，结果表明SbCER6和SbCER7参与蜡质的合成，SbWIN1转录因子参与蜡质合成的调控；通过在盐碱地种植及利用盐池（设置不同盐分梯度），筛选出耐盐的高粱新材料；进行高粱抗蚜性遗传及分析标记研究。通过高产与品质性状、抗性性状的聚合育种创制出不同优势和用途的高粱新材料6个，其技术指标如下：①生物产量达5.5吨/亩，耐盐达5‰的新材料。②生物产量达4.5吨/亩，糖锤度达17%，全株蛋白含量达6%，抗蚜的新材料。③生物产量达6吨/亩，全株蛋白含量达8%，含糖达8%，抗蚜、无蜡粉、高消化率的新材料。④全株蛋白含量达4%、含糖达12%，耐盐达4‰，抗蚜、高消化率的不育系新材料。⑤在天津以北地区，生物产量达7吨/亩，全株蛋白含量达6%，含糖达19%，抗蚜的新材料。⑥生物产量达10吨/亩，全株蛋白含量达8%，含糖达8%，抗蚜、无蜡粉、高消化率的新材料。项目执行期间，制定高产优质广适糖饲两用栽培技

术方案2个，申请专利2件，授权专利3件，发表科研论文14篇。（徐大为）

【拟南芥气孔信号转导途径新元件的鉴定】 由天津农学院陈帅君主持完成的天津市高等学校科技发展基金项目，2016年10月通过市教委验收。研究植株对逆境胁迫的抗性，为培育抵抗逆境胁迫的作物品种提供新的思路和途径。以拟南芥作为实验材料，利用红外热像技术监测叶片表面的温度变化并进行数据分析，对SALK T-DNA突变群体进行筛选和鉴定，使用实验室自主研发的精密环控舱实时监控叶片周围环境参数，对拟南芥植株分别进行高浓度CO_2浓度、低湿度和高低温处理，筛选出对高温变化敏感的气孔突变体htm1；提取突变体基因组DNA，使用交错式热不对称PCR（TAIL-PCR）方法，选择性扩增基因片段，得到基因序列，从而确定T-DNA插入位点及相应的突变基因；使用生物分析箱，分析该突变体在不同浓度梯度胁迫处理下气孔的应答反应。该研究筛选出在高温条件下表现敏感的新拟南芥气孔突变体，并找到相应的基因，对分析基因的功能，为植株的抗逆机理研究提供理论依据，为作物的抗逆遗传改良提供优异基因资源；确立远红外成像技术筛选拟南芥气孔突变体的方法，确定筛选最适宜条件；胁迫处理下植物气孔进行应答反应,筛选得到与高温胁迫相关的突变体。通过遗传学方法获得突变体基因,在胁迫条件下参与生物学过程新元件,解析其调控网络，从理论上对气孔关闭过程中信号机制提供新的实验证据。

（徐大为）

【有机水稻碳水化合物运转对品质和食味的影响研究】 是由天津农学院边嘉宾主持完成的天津市高等学校科技发展基金项目，2016年10月通过市教委验收。2016年11月进行成果登记。从华北地区主栽水稻品种中筛选出3个食味优良的水稻品种，通过在天津水稻主栽地区进行4年有机栽培处理试验，制定出配套的栽培技术规程；利用国际公认的先进的仪器设备进行水稻食味相关理化指标的分析评价，包括直链淀粉、蛋白质含量、脂肪含量、RVA等分析测定；包括外观、黏度、硬度、味觉和气味等评价。项目执行期间，分别从水稻最高分蘖期、抽穗期、成熟期进行取样，测定不同品种、不同处理的伤流强度和水稻不同部位还原性糖含量的情况，进而分析水稻在不同时期碳水化合物的运转情况。通过有机栽培，采用不同优良食味水稻品种材料，进行长期定位试验。研究该品种材料的碳水化合物运转与产量、品质和食味关系，通过这些机理性研究，提高氮素利用率，为水肥高效利用和提高水稻的品质、食味特性提供必要的理论依据。该项目在天津宝坻区进行了多年的试验，与普通栽培方式相比，在保证一定产量基础上，在品质和食味的某些方面有一定的提升，主栽品种及其配套栽培技术适用于天津及其周边地区进行推广。

（徐大为）

畜牧业

【天津市畜牧兽医从业人员教育培训】 2016年，天津市畜牧兽医局贯彻落实中央农村工作会议、全国农业工作会议及市农村农业工作会议精神，树立“创新、协调、绿色、开放、共享”发展理念，以科学发展观为指导，以提高畜牧兽医从业人员素质为目标，围绕设施畜牧业提升工程、重大动物疫病防控、畜产品质量安全以及动物卫生、屠宰管理法律法规和检疫检验规范技术等主要内容，开展畜牧兽医从业人员实用技术普及培训，官方兽医、执业兽医和乡村兽医专业技术培训，及新型职业农民资格教育培训，为现代都市型畜牧业建设提供科技支撑。全年开展培训82期，培训人员4431人次。其中针对畜禽养殖、加工等经营者开展畜牧生产、疫病防治、健康养殖技术等实用技术培训37期，培训人员2585人次；针对畜牧兽医管理系统内部官方兽医、职业兽医、乡村兽医等开展畜牧兽医专业技术培训64期，培训人员2938人次。同时,指导各区县畜牧兽医管理部门对养殖大场大户、农民专业合作组织和社会化服务组织人员，围绕现代畜牧业生产、畜禽养殖小区建设、畜禽疫病综合防治等内容，开展新型职业农民职业资格证书培训。

（刘子芝）

【天津市畜牧兽医科技下乡服务活动】 2016年，天津市畜牧兽医局以“科技进场入户、科学增产增效”为内容，开展天津市畜牧兽医科技下乡服务活动，建立联系点，开展“一对一”“面对面”技术服务，共组建技术服务小分队17个，技术人员55人，建立联系点100个。累计进场入户服务达512次，电话咨询216余次。

根据天津市农村工作委员会《关于进一步深化技术帮扶工作的通知》要求，以技术帮扶500个困难村为依托，开展技术服务。组织技术帮扶专家深入困难村，围绕生猪、奶牛、蛋鸡和家禽4个畜牧业重点产业，面向500个困难村开展调研，征集技术需求，摸清奶牛繁殖、牧草青贮、生猪标准化、智能化养殖、家禽规范化饲养、疫病防控、控源减排粪污治理等情况和存在的问题。并按照天津市科委科技帮扶工作实施方案要求，组织实施“蛋鸡安全生产关键技术的集成与示范”“生猪健康养殖关键技术集成与应用”“标准化生猪养殖技术集成与应用”“奶牛健康养殖及粗饲料高效利用技术集成与应用”和“家禽健康养殖和病源清除关键技术集成与应用”5个科技帮扶项目。

2016年，以“创新引领 共享发展”为主题，组织开展“第30届科技周”活动，通过现场科普宣传、举办技术培训班、科技下乡、科技赶集等多种形式开展活动，共举办咨询服务1318次，1860人参加；举办培训班25次，培训人员1652人；组织义诊咨询2次，接待120人；举办实用技术推动会7场，434人参加；组织技术比武5场，参加人数150人；组织科技人员下乡115次，参加科技人员210人；发放科普资料50种，共计5万余份。

（刘子芝）

【瑞普生物新兽药创新平台建设】 天津瑞普生物技术股份有限公司承担的天津市农业科技成果转化与推广项目，2016年12月通过结题验收并进行科技成果登记。该项目总投资8468.26万元，其中财政资金支持200万元，完成位于天津空港经济区中心大道与东九道交口处的天津瑞普生物技术股份有限公司研发试验大楼建设并投入使用，总建筑面积为9844.54平方米；新增购置梯度荧光定量PCR仪、液相色谱仪、酶标仪、生物反应器等先进仪器设备102台套，仪器设备到位率达到100%，提高新型兽药的研究开发能力；形成集新产品研发、系统集成与工程化验证、产学研合作与成果转化、专业人才培养、咨询与公共服务、行业信息交流、动物疫病诊断7大平台为一体的技术创新体系，并向社会开放运行。项目实施期间，共获得新兽药注册证书7项，发明专利6项，兽药生产批准文号12件，培训与交流15场次，开展合作项目19项，对外开展诊断检测服务数量52239份，获得科技奖励8项；项目引进和培养5名学科带头人，并以其为核心，形成132人组成的高水平工程化研究创新团队；建立并完善“新兽药创新平台”组织机构、规章制度及各项机制，包括项目管理制度、人才引进机制、竞争和激励机制等，形成一体化项目管理体系、质量管理体系、标准化体系及知识产权管理体系。

（刘子芝）

【天津市养猪业细菌性传染病的监测及防控技术推广】 由天津农学院、天津市津南区畜牧水产业发展服务中心、天津市美农动物科技有限公司金天明、王金萍、谷禹、徐继鹏、史炳奎等完成，获2016年度天津市科技进步三等奖。对危害天津市养猪业17种主要细菌性和病毒性传染病建立快捷和准确的分子生物学检测方法，使细菌性传染病的检测准确率提高30%；首次建立天津市11种主要细菌性传染病的耐药谱，使治疗成本降低44%；对危害严重的主要细菌性传染病制定2套针对性的防治方案，为养殖户增加收入和提高天津市养猪业的整体竞争力提供技术支持；首次对危害天津市养猪业的胸膜肺炎放线杆菌病、副猪嗜血杆菌病、大肠杆菌病、巴氏杆菌病进行流行病学调查；对天津市区县各级兽医站和规模化养猪场技术人员进行培训和技术推广。项目执行期间，建立猪病防控示范基地和示范户100余个，每年受益生猪67万头；3年新增利润3163万元，节支总额783万元，累计增加经济效益3946万元；共授权3项国家发明专利；发表核心研究论文9篇，其中，SCI和ISTP论文3篇。指导研究生6人；与项目相关的2项科技成果获天津市科委的成果登记。

（天津农学院）

【非常规饲料资源开发关键技术研究与应用】 由天津市畜牧兽医研究所范寰主持完成，获2016年度天津市科技进步三等奖。在非常规饲料难消化物质降解菌株和功能基因的筛选方面，用化学和电融合法成功构建17株糙皮侧耳和酿酒酵母原生质体门间杂交菌株，其中1株菌的木质素降解率达到33%，比糙皮侧耳提高10倍，为高纤维饲料发酵改造提供有效的工具；用核磁共振证明褐腐菌Postia placenta漆酶催化氢醌产生活性氧切割酯键的木质素降解途径；从霉变葡萄黑曲霉中发现单宁酶新基因，构建大肠杆菌单宁酶重组菌，为生产高效单宁酶开辟新资源。在非常规饲料资源评价与高效利用方面，首次以水溶物含量为标志物创建干玉米酒精糟（DDGS）赖氨酸真消化率的评估方法，评估模型：y=2.4231x+0.2586（R2=0.7601），突破传统动物试验的低效、费时费力等制约，实现快速批量化操作，大幅度降低试验成本；系统研究乳酸菌发酵饲料特性，优化发酵参数，建立发酵工艺，发明以DDGS为主要蛋白质原料的大猪全发酵饲料，使粗纤维减少29.8%，显著地改善大猪饲料的营养价值；发明黑曲霉固态发酵酱油渣的新方法，半纤维素、纤维素和木质素降解率分别达到84.28%、23.86%和9.43%，育肥猪采食量提高9.2%，日增重提高14.1%，饲料成本降低11%。为酱油渣饲料资源化利用提供科学依据；阐明奶牛日粮中整粒棉籽的安全添加量，为棉籽的安全高效利用提供科学依据。项目执行期间，成果在天津及周边地区得到大规模的转化应用，取得良好的经济和社会效益，推广规模8.29万吨，取得经济效益3304.979万元；获得授权发明专利3项，发表论文31篇（SCI收录2篇），培养硕士研究生6人。（刘兰兰）

【优质肥羔工厂化高效繁殖生产配套技术研究】 由天津市畜牧兽医研究所张效生等承担完成，获2016年度天津市科技进步三等奖。国内首次以医用硅橡胶为药物载体材料，研制一种药效稳定、使用安全、同期发情率高，具有自主知识产权的新型羊发情栓剂，填补国内空白；栓剂药物体外缓释HPLC检测，孕激素回收率达91.61%，羊同期发情率达95.8%；国内首创腹腔内窥镜高效、低剂量、一次盲输法，研制出首例压杆式羊子宫角输精器，突破传统肉羊人工授精技术瓶颈，探索出腹腔内窥镜输精最佳输精时间、输精部位和最低有效输精剂量，输精后全群受孕率达77.7%，发情受孕率达86.3%，工作效率是传统输精的26倍；创建同期发情和营养调控相结合的繁殖调控新模式，与单一同期发情相比，发情率提高4.4%，48h内同期率提高8.6%；优化出B超早期妊娠诊断最佳检测参数，检测准确度达98%，节约空怀损失60元/只以上；确立羔羊60日龄最佳断奶时间及早期断奶方法，加快繁殖速度，将原有的两年三产提高到三年五产；确立以杜泊羊为终端杂交父本的优势基因杂交组合，其后代3月龄羔羊日增重提高27.3%，6月龄肥羔屠宰率提高4.1%，酮体重提高19.9%，显著提高肥羔生产性能；率先在天津建立优质肥羔工厂化高效繁殖生产配套技术体系，应用后母羊繁殖效率提高20%以上，缩短非生产天数达23.7天，新增经济效益345.2元/只，实现优质肥羔专业化、工厂化生产。项目执行期间，授权发明专利1项，实用新型专利2项；发表论文9篇，其中，SCI收录1篇，出版专著2部；培养硕士研究生4人；在天津、河北、内蒙古、山西、黑龙江、新疆等省区市区进行较大面积示范推广，示范繁殖母羊51557只次，建立肉羊繁育创新基地3个，为规模化养殖场培训专业技术人员21人，获间接经济效益1980.3万元，直接经济效益227.1万元。（刘兰兰）

【优秀种公牛早期选育技术集成与应用】 由天津市奶牛发展中心马毅、陈丽丽、姚强等完成，2016年通过鉴定。检测奶牛主要基因在后备种公牛中的分布，确定携带高产基因的个体和隐性遗传缺陷的个体；在天津市首次建立分子标记辅助选择及隐性遗传基因诊断的种公牛选育技术，并应用于种公牛培育，填补天津市奶牛分子育种领域的实际应用空白；制订天津种公牛站管理规范；开展体型鉴定研究，淘汰发育异常个体；集成常规与分子育种技术，建立种公牛早期综合选育技术，突出高产选育方向，提高选育准确性，降低选育成本。项目执行期间，筛选奶牛泌乳性状具有显著效应的分子标记4个；培育优秀种公牛20头，生产优秀冷冻精液82万剂，改良母牛14.6

万头，使奶牛胎次产奶量提高400千克以上；申请专利1项，发表论文3篇；实现销售收入1230万元，产生社会经济效益5000余万元。

（姚　强）

【荷斯坦奶牛体外性控胚胎生产关键技术研究、集成和示范应用】 由天津市奶牛发展中心张春善、马毅、李志国等完成，2016年通过鉴定。科研人员对荷斯坦奶牛体外性控胚胎生产的关键技术进行系统研究，获得生产关键技术的相关参数，建立胚胎规模化生产体系，并制定技术标准1个。项目执行期间，生产性控胚胎500枚，囊胚率达到60%以上，冷冻胚胎受孕率达到50%以上，流产率小于10%，产犊率高于40%，胚胎性别鉴定准确率达到100%，实现产值100万元；申请发明专利1项，发表论文2篇。（姚　强）

【芦荟多糖调节断奶仔猪免疫的机理研究】 天津市科委应用基础及前沿技术研究计划面上项目，由天津市畜牧兽医研究所乔家运主持完成，2016年1月通过天津市科委结项验收。通过生长试验，研究芦荟多糖对断奶仔猪生长、小肠发育、微生物区系和免疫机能的影响；通过屠宰试验测定致病性大肠杆菌攻毒断奶仔猪后主要免疫器官Toll样受体变化，并测定主要免疫器官中大肠杆菌数量、血清细胞因子水平和外周血巨噬细胞产生细胞因子能力，研究芦荟多糖对Toll样受体表达和对断奶仔猪抗病力的影响。断奶仔猪日粮中添加不同剂量的芦荟多糖，根据断奶仔猪生长性能、消化生理、免疫等指标的反映，研究芦荟多糖在断奶仔猪日粮中的最适添加剂量；研究芦荟多糖对断奶仔猪Toll样受体表达的影响，及断奶仔猪对原菌感染抵抗能力的影响，探索芦荟多糖调节断奶仔猪免疫机能的可能机制。该课题为进一步开发芦荟饲料资源提供理论依据，也为开展中草药多糖的深入研究提供新的思路。

（刘兰兰）

【鸡主要病毒性免疫抑制病分子检测技术集成与应用】 天津市农业科技合作项目，由天津市畜牧兽医研究所李秀丽主持完成，2016年4月通过市农委结题验收。科研人员引进鸡传染性法氏囊病病毒VP3蛋白抗体、鸡传染性贫血病病毒VP1蛋白抗体和J亚群禽白血病病毒gp85蛋白抗体ELISA检测方法，3~4小时可完成检测，与美国IDEXX公司试剂盒符合率为96%~97%，可替代进口同类产品；总结制定出适合于天津地区推广应用的《鸡传染性法氏囊病免疫抗体ELISA评价方法》《鸡传染性贫血病ELISA监测和控制技术方案》和《J亚群禽白血病ELISA监测和控制技术方案》，为以上3种疾病的诊断、监测、免疫效果评价和疫病净化提供技术手段和解决方案。项目实施期间，示范场鸡传染性法氏囊病、鸡新城疫和禽流感抗体免疫合格率达到90%以上；建立科技示范户53个，示范规模达218.76万羽，示范户免疫抑制病发病率下降10%，病死率减少4%，实现社会经济效益365.7万元；项目技术培训526人次。

（刘兰兰）

【非常规饲料资源开发利用技术集成与示范推广】 天津市农业科技合作项目，由天津市畜牧兽医研究所夏树立主持完成。2016年5月通过市农委结题验收。科研人员采集非常规饲料样品300个，采样点覆盖主产区45%以上；完成3种非常规饲料资源状况调研报告；分析样品的常规养分、氨基酸、矿物质含量等数据12000个；完成饲料数据库数据表7个，构建非常规饲料原料数据库及技术开发体系。研究开发奶牛、肉牛、肉羊含酱油渣或醋渣饲料的配制技术各1套；研究开发奶牛、肉牛、肉羊、猪、家禽含DDGS的饲料配制技术各1套，降低饲料成本13%；研究开发出4种非常规饲料原料和4种生态型配合饲料产品，部分达到具备工业化生产的技术条件；配合饲料中非常规原料可用比例达到20%；饲用效果不低于常规饲料。项目执行期间，建立8个科技示范点，利用非常规饲料原料生产畜禽饲料，累计推广2.4万吨，新增经济效益607.7万元。（刘兰兰）

【国家饲料工程技术研究中心天津分中心建设】 天津市农业科技合作项目，由天津市畜牧兽医研究所王文杰主持完成。2016年5月通过市农委结题验收。依托天津市农业科学院饲料工程技术研究中心为基础，升级拓建国家饲料工程技术研究中心天津分中心，组建4个研究室，完善饲料品质分析实验室，更新关键仪器设备，建成一座动物实验室；与中国农业大学、中国农业科学院合作完成科技项目7项，获得发明专利授权6项，开发出各类畜禽饲料28种，开发饲料配方软件1套，出版专著2部，发表论文17篇，培养硕士生8名；建成2300平方米的科技成果转化中试基地，饲料中试生产能力达每年6000吨，其中非常规饲料年生产能力达1000吨；建成科技成果转化基地4个，新技术示范基地11个，养殖示范基地23个，累计建设饲料新技术、健康养殖等示范基地和示范点100个，技术推广工作覆盖全市及周边地区；开展多种形式的科技服务，累计培训人数1500人，发放资料1876份。项目实施期间，科技成果转化、技术推广创造的经济效益累计达到6亿元。

（刘兰兰）

【猪产肉性状多基因聚合育种研究】 天津市应用基础及前沿技术研究计划项目,由天津市畜牧兽医研究所李千军主持，2016年7月结项验收。通过对1000头种猪的血液采集、DNA提取，混池进行基因SNP位点初步分析以及对猪场表型信息的搜集，筛选出与生长相关的基因12个，共设计引物145对，发现有79个点位可能存在SNP位点。通过对与猪产肉性能相关的BMP7，HSL,GRB2，PASE3等基因在不同品种时期的转录水平的表达情况，以及TGFB1，SMAD7，SFRP2，GSK等基因在不同品种的组织中表达数量，初步确定各基因效应发挥的时间、品种及组织的差异性。采用PorcineSNP60KV02芯片对培育品种猪进行基因检测，发现与猪初生重、100KG体重日龄、校正背膘等重要经济性状的位点23个。以MSTN-HSL-PSME为父系组合，对丹系长白猪群体进行三个基因的聚合育种工作，通过2个世代的选育，实现最适宜的基因聚合模式（MSTH基因为AA型，HSL基因为AA型，PSME3基因为BB型），通过二世代性能测定，体重100千克日龄152天，料肉比2.98,100千克体重屠宰时胴体平均背膘厚10.8毫米、肌内脂肪2.5%，肉色评分3.1。项目执行期间，发表论文3篇，申请专利1项。 （刘兰兰）

【新型木质素降解菌构建和降解木质素机理研究】 天津市科委应用基础及前沿技术研究计划面上项目，由天津市畜牧兽医研究所范寰主持，2016年11月结项验收。通过正交试验筛选到糙皮侧耳和酿酒酵母最佳的化学融合方法为浓度35% PEG 4000与0.06 mol/L Ca^{2+}的混合溶液（pH11）作为促融剂，在30℃条件下融合20 min，融合率达到2.609×10^{-3}，比合同指标提高10倍；经颉颃鉴定试验、菌丝形态学比较和随机扩增多态性DNA（RAPD）分子鉴定，从225个再生菌株中得到17个融合酰胺、株，分别为A、B、C、D、G、I、L、M、N、O、P、X、Y、Z，S、T、G5。通过生长速度和木质素降解能的比较试验，筛选出D、G5、C、M、A菌株生长速度比亲本糙皮侧耳提高1.44-33.33%，木质素降解能力提高1.76-10.56倍；用代谢物组学的研究手段揭示新菌株是将发酵液中丙酸、乙醇、2-已醇、对二甲苯、甲硅烷、腺苷、苯甲醛、2-（4-甲酰基-苯氧基）-乙酰胺、十三烷、3-吡啶甲十六烷、甲氧基乙酸、2-甲基二十六烷、十六烷酸、十四烷、双（十三烷基）邻苯二甲酸酯、邻苯二甲酸酐、苯酚等物质逐步降解为乙烷、泛内酯戊糖、异已基氢糠基酯、2-丙酮、1,3-二乙酰-环戊烷、亚硫酸、高草香酸、α，α-二羟基-间二异丙苯、二十七烷、檀香醇、糠醇、甲基二十八烷等代谢物从而进行木质素降解的机理。发表中文核心期刊研究论文5篇，1篇SCI论文，中国发明专利1项。

（刘兰兰）

【绵羊老化卵子内活性氧对孤雌胚发育的新分子机制】 天津市科委应用基础及前沿技术研究计划面上项目，由天津市畜牧兽医研究所崔茂盛主持完成，2016年11月结项验收。探明在绵羊卵子老化过程中组蛋白H4K12乙酰化水平逐渐增加，而且H4K12乙酰化的增加，降低绵羊孤雌胚体外发育潜力；探明ROS与组蛋白乙酰化呈负相关。随着胞内ROS含量增加，去乙酰化酶HHDAC2基因mRNA表达进一步下降，而同时组蛋白H4K12乙酰化强度也进一步增强；随着胞内ROS含量的降低，延缓去乙酰化酶HHDAC2基因mRNA下降速度，组蛋白H4K12乙酰化强度也随之降低；首次从组蛋白乙酰化变化角度清楚阐述：胞内ROS是通过调控去乙酰化酶HDAC2基因mRNA的表达，增加组蛋白H4k12乙酰化水平，而H4k12乙酰化水平的升高，可降低绵羊孤雌胚体外发育潜力。在国内外学术刊物发表研究论文2篇，其中中文核心期刊1篇；SCI文章1篇；培养研究生2名。

（刘兰兰）

【猪圆环病毒2型的致病机制研究】 天津市农业科学院院长基金项目，由天津市畜牧兽医研究所李海花主持完成。2016年11月15日天津市农业科学院组织专家进行结题验收。课题组将PCV2天津株Cap全基因成功构建到表达载体pET32a，获得1株能够表达PCV2 Cap蛋白的重组大肠杆菌工程菌；优化大肠杆菌诱导表达条件，建立PCV2 Cap重组蛋白的制备工艺，获得具有生物学活性的重组蛋白；通过研究PCV2对巨噬细胞功能的影响，表明PCV2和Cap能够促进TLR2和TLR4的表达，但是对巨噬细胞吞噬和清除大肠杆菌的能力没有影响；从巨噬细胞免疫效应分子变化的角度初步揭示PCV2的致病机制。发表研究论文4篇，其中SCI论文1篇，核心期刊论文3篇。

（刘兰兰）

【生猪饲料饲养及健康保障关键技术集成示范与推广】 由天津市畜牧兽医研究所李千军主持完成，获2016年度农业部丰收奖二等奖。为系统解决影响养猪生产效益的关键技术问题，集成应用提高仔猪抗病促生长综合饲料营养技术、提高母猪繁殖性能饲料饲养关键技术、猪重要疫病快速诊断与检测技术等自主研发的成果，充分整合科研、技术推广和龙头企业科技资源，发挥科研单位科技创新能力强的优势，结合现有技术推广体系，创建新的示范推广模式。通过派科技人员长期驻场（村、户）技术指导，组织专家为示范企业开展技术咨询和技术培训等多种形式，为养猪产业提供有效的技术支持。通过大规模技术推广，使示范推广区域内每头母猪年提供断奶仔猪数达21.76头，仔猪断奶成活率达92%，饲料转化率提高5%，生长肥育猪达110千克体重日龄160天。项目执行期间，建立示范基地28个，示范户1500户，举办培训班45次，培训4100人次，发放技术图书3000册，发送养猪技术信息50000余条，推广规模达到母猪39.7万头、肥育猪793万头，取得经济效益6.18亿元。

（刘兰兰）

【都市型奶牛产业升级关键技术集成应用】 由天津市奶牛发展中心、天津海河乳业有限公司、天津嘉立荷牧业有限公司、天津市畜牧兽医研究所、天津市今日健康乳业有限公司、天津市神泽农业开发有限公司马毅、李德林、刘景喜、于静、孙广义、冯永等完成，2016年结项验收。集成奶牛品种登记、DHI测定、能量负平衡调控、奶牛高产高效综合配套规范等技术，建立高产育种核心群，完善天津市奶牛良种繁育体系，开发应用高产奶牛专用功能性饲料，完成信息化奶牛精细养殖牧场建设，实现信息化管理，引进国外先进经验和技术成果，实现乳用犊公牛的开发利用，开发功能性乳制品等。通过开展DHI测定，完成全市奶牛的良种登记，登记率100%。在天津等7个省市区推广应用高产奶牛专用饲料6种，规模4.14万吨；推广应用奶牛信息化管理等高产奶牛精细化养殖技术5项，构建奶牛的标准化体系，年均单产超过11000千克，乳蛋白率达到3.1%，乳脂率达到3.5%；形成乳用犊公牛饲养、加工及品质控制体系，建立乳用犊公牛育肥基地1个，年出栏6000头；完成苦荞麦牛奶等4种功能性乳制品的开发，年产量620吨；示范新品种6个，建立新工艺6条、生产线6条，推广技术数量23个；建立示范基地74个，示范基地面积5743亩，覆盖乡镇174个，新增就业2555人，培训农户10721人次；新增产值46655.6万元，新增经济效益9166.25万元，新增税收118万元。 （姚 强）

【奶牛乳房健康管理体系的建立】 天津市北辰区科委农业与社会发展科技计划项目，由天津嘉立荷畜牧有限公司仇普斌等完成，2016年12月通过天津市高新技术成果转化中心组织的专家验收。科研人员结合奶牛场体细胞和奶牛乳房炎的评定数据，利用基因芯片技术提高奶牛乳房炎的检测效率，针对性地建立奶牛乳房健康评估体系，为降低乳房炎发病率提供保障，根据评估结果，建立预防治疗方案，并推广应用。该项目开展1年以来，乳房炎病原菌的检测时间由原来的24h~72h缩短到1h，致病微生物检出种类由3~4种提高到16种，并针对常见引起奶牛乳房炎的16种致病微生物建立3套治疗和预防方案，嘉立荷下属的14个奶牛场乳房炎的发病率降低到1%左右，共减少经济损失1242万元。　　（周　雪）

【肉用驴规模化养殖技术集成示范】 由天津农学院郭宏、洪中山、张玉海等完成的天津市农业科技成果转化与推广项目，2016年4月通过市农委验收，2016年6月进行成果登记。构建良种肉驴繁育体系；开发优质肉驴饲料饲养综合技术、蛋白质补充料及青粗饲料加工处理技术，实现肉驴专用添加剂产业化；建立肉驴饲养规范和免疫程序；编制优质肉驴产业化生产技术规程。项目执行期间，建设优质肉驴养殖示范场1个，良种肉驴存栏量达到2800头，良种母驴600头；筛选出2个优质肉驴杂交组合；肉驴全程死亡率降低到1.8%，繁殖群成活率达到92%；形成肉驴蛋白补充料及青粗饲料加工处理技术规范、完善的规模养殖技术体系、免疫程序、饲养规范和肉驴产业化生产技术规程各一套；制作项目实施过程实用操作技术光盘。该技术体系成熟，适用于天津周边乃至全国肉驴业规模化健康养殖。　　（徐大为）

【优质饲草高效收获青贮技术示范推广】 天津市饲草饲料工作站承担的天津市财政农业技术推广与服务补助资金项目，2016年4月通过结题验收并进行科技成果登记。重点解决天津市奶牛优质饲草青贮收获技术装备落后，生产效率低，优质饲草生产损失率高、质量差，奶牛饲喂转化效率低等草畜产业发展关键问题。项目实施期间，通过引进优质饲草现代高效收获青贮技术和装备，在大港、武清、北辰3个区开展青贮高效生产技术、装备示范推广，示范推广面积25500亩；生产苜蓿青贮饲料17600吨，示范基地苜蓿生产平均每亩减少损失35%，青贮玉米每亩降低收获损失525千克，苜蓿、青贮玉米等奶牛优质饲草质量显著改善，奶牛采食率平均提高15%，日平均产奶量增加1.2千克，累计增加种养业经济效益3463万元。　　（刘子芝）

【生猪生产环境控制与控源减排技术示范推广】 天津市畜牧总站承担的天津市财政农业技术推广与服务补助资金项目，2016年3月通过结题验收并进行科技成果登记。针对天津市规模生猪养殖场多采取“末端治理”方式控制粪污污染问题的现状，通过示范低排放型饲粮配制技术、生猪养殖工艺改进技术、粪污综合利用技术，开展生猪饲养对比试验。集成一套低氮、低磷、低金属、低有害气体排放日粮配制技术，实现养殖污染源“产前、产中、产后”全程控制。投入品源头减量控制、养殖用水的过程减量、粪便污水的末端治理和农牧结合的综合利用，缓解猪场粪污完全依赖后期处理的压力，降低生产成本，减少环境污染，最终获得清洁生产的“控源、节能、减排、降耗、增效”。项目实施期间在蓟县、宁河、宝坻、西青等4个区县核心示范基地示范出栏生猪38921头，节约饲料成本124.94万元、节省水费4.24万，生产有机肥增收节支17.33万元，累计实现经济效益146.51万元。　　（刘子芝）

【奶牛结核病净化集成技术示范推广】 由天津市动物疫病预防控制中心承担的天津市农业科技成果转化与推广项目，2016年3月通过结题验收并进行科技成果登记。引进先进的牛结核分枝杆菌γ-干扰素检测技术，集成配套技术规范，在全市范围内开展技术示范。①引进牛结核分枝杆菌γ-干扰素检测技术，作为牛型结核分枝杆菌（PPD）变态反应的试验技术，弥补常规PPD变态反应方法耗时费力、特异性低、不敏感等缺点。②开展牛型结核分枝杆菌（PPD）变态反应试验方法的技术创新，将尾根注射结核菌素法、电推剪毛法和数显游标卡尺测皮厚度法应用到PPD变态试验中，显著提高奶牛结核病监测工作效率。③示范推广电击式大动物扑杀器扑杀阳性牛，操作便捷，安全可靠，既提高扑杀效率，又避免因放血引起二次污染的问题。④集成奶牛结核病监测、检疫、扑杀、消毒、无害化处理和生物安全管理技术。⑤制定6项技术规范，其中《奶牛结核病净化技术规范》获得天津市地方标准（DB12/T527—2014）。⑥创建分区净化、分类指导、分步实施的奶牛结核病净化示范模式，建立105个核心示范场

(户)，实现全市奶牛养殖场(户)全覆盖，全市有农业的区县奶牛结核病净化达标率100%。

项目实施期间，降低奶牛结核病发病率、增加产奶量、节省疫病防控经费等，共创造经济效益2830万元。奶牛结核病净化可以从源头上减少人群结核病的感染率，天津市2014年、2015年连续两年结核病疫情位居全国最低，年报告发病率仅为全国平均水平的1/3,呈现平稳下降趋势。

(刘子芝)

【畜禽衣原体流行病学调查和防控技术示范】天津市畜牧业发展服务中心承担的天津市农业科技合作项目，合作单位为中国农业大学，2016年12月通过结题验收并进行科技成果登记。课题组引进中国农业大学"畜禽衣原体综合防治技术与应用研究"技术成果，依托天津市动物疫病预防控制中心技术平台，在全市生猪、奶牛、家禽养殖场进行转化与应用，开展衣原体流行病学调查，建立数据库；从垂直和水平传播途径两个层次对生猪、奶牛、家禽衣原体病的传播进行阻断，在2个猪场、2个牛场和3个禽场示范应用，取得良好的效果；项目执行期间，在10个区县采集并检测血清学及病原学样品26979份，涉及164个养殖场户，其中生猪4632头份、奶牛2157头份、家禽20190羽份；培训人员1086人次；减少养殖场经济损失2084.72万元。(刘子芝)

【犊牛健康饲养配套体系的转化与示范】　天津市惠泽牧业有限公司承担的国家农业科技成果转化资金项目，技术合作单位是天津市畜牧兽医研究所，2016年12月受科技部、财政部委托，天津市科委、天津市财政局组织专家对项目进行验收评审。课题组通过开展犊牛健康饲养技术的研究，将犊牛阶段饲料配给、饮水供应及精细饲养管理工艺集成，建立犊牛酸化奶小群饲养模式；引进国外智能化犊牛饲喂技术–犊牛饲喂站，转化相关技术，实现犊牛小群饲养的精细化和信息化管理，为犊牛健康养殖提供新模式。项目执行期间，该技术在天津、河北、山东、山西等省市示范应用，建立20个示范基地，累计推广应用10028头犊牛，犊牛成活率达到96.5%，日增重达到815克，6月龄平均体重184千克，整齐度达94%，犊牛培育成本节约411.36万元，提高成活率增加效益140万元；头胎牛投产后年单产增加282千克，间接增加经济效益733.2万元。

(刘子芝)

【低温冷鲜动物源性食品生物危害物消减与控制技术】　天津市畜牧业发展服务中心承担的863计划课题，由天津市畜牧业发展服务中心、武汉工业学院、中国检验检疫科学研究院、山东农业大学、内蒙古蒙牛乳业(集团)股份有限公司、北京三元食品股份有限公司合作完成，2016年4月，通过科技部863现代农业领域办组织的结题验收。

以低温冷鲜动物源性食品中的乳类(原料乳、乳制品)、肉类(牛肉、猪肉和鸭肉)为研究对象，以生物危害物的检测、消减与控制技术为研究重点，在乳品和肉品的生产、加工、贮藏等环节开展有害微生物的快速检测新技术、分子分型与溯源技术等研究工作。在主要有害微生物的快速检测、分子分型与溯源、生长/存活动力学模型以及消减与控制技术方面取得较好进展。

课题组经4年的研究，开发动物源性食品有害微生物的富集及检测新方法22个；建立动物源性食品有害微生物消减与综合控制技术以及生长/存活动力学预测模型12个；形成标准草案12项；申报发明专利19项，其中获得发明专利3项；培养硕士博士研究生14名，青年科技骨干10名；发表学术论文46篇，其中，SCI收录11篇，EI收录4篇；完成科技成果鉴定2项。

(刘子芝)

林业　果树

【林木主要蛀干害虫信息诱引技术及非化学防控示范】　由天津市植物保护研究所、天津市森林病虫防治检疫站和南开大学化学学院谷希树、白义川、张素芬、范志金、刘宝生等共同完成，2016年1月通过成果鉴定。课题组历经几年研究，确定六星黑点豹蠹蛾、国槐小卷蛾等天津市林木16种主要蛀干害虫；建立蛀干害虫天敌资源库，剖解主要蛀干害虫的蛀食轨迹，为隐蔽性危害种类识别、诊断及科学防控提供了重要的理论依据。系统研究六星黑点豹蠹蛾性信息素的提取方法及组成，及国槐小卷蛾、白杨透翅蛾对寄主林木的选择性，并在常规信息素中添加植物源浸提液等非杀虫活性物，提高防治效果。项目执行期间，制定《白蜡树主要蛀干害虫综合防控技术规范》《基于信息干扰的杨树白杨透翅蛾综合防控技术规范》，提出以生物源信息诱引、干扰调控技术为主，辅以施放昆虫病原线虫、中华甲虫蒲螨和球孢白僵菌等非化学防控措施，操作简便，实用性强。该研究成果在武清区高王路沿线、静海县王口镇西岳庄、蓟县杨津庄等林地应用28800亩，虫蛀率下降至4.9%以下，防控成本下降45%，每亩总减防治成本348元。

（刘晓琳）

【观赏草新优品种引进及繁育】 由天津市花卉产业中心、天津市园林绿化研究所刘焕新、谢宏山、周小蕾、马玉明等完成，2016年8月结题验收。项目组引进观赏草新品种30个，筛选出拂子茅、细叶芒等18个适合天津及周边地区应用的新优观赏草种（品种）；在园林绿化研究所建立观赏草种质资源圃，面积2000平方米；在园林绿化研究所及武清基地（曹子里）建立观赏草新优品种示范繁育基地10亩；制定观赏草新优品种规模化生产技术规范；在河东区桥园、生态城、天津大道、海泰园区等公园及道路建立观赏草新优品种示范区8个，面积6000平方米；在天津港、北辰郊野公园等绿化项目推广观赏草共计8.5万墩，实现经济效益12万元。（天津市林业局）

【美国白蛾生物防治技术推广】 国家林业局林业科技推广示范项目，由天津市森林病虫害防治检疫站承担完成，2016年3月通过天津市林业局组织的结题验收。科研人员采取喷洒生物农药3.6%烟碱苦参碱药剂治理技术、病毒控制技术、诱杀技术等综合治理技术措施，降低美国白蛾的危害程度。防治区内无公害防治率达100%，叶片保存率达90%，减少有毒农药用量12吨，不仅实现降低美国白蛾虫口密度和危害程度、减少损失的目的，而且减少环境污染、不杀伤天敌，促进林木正常生长，降低材积损失，提高林木防风固沙、净化空气的能力，从而起到改善生态环境的作用。

（天津市林业局）

【猴头菇工厂化栽培的关键技术示范】 天津市农业科技成果转化与推广项目，由天津市林业果树研究所张志军主持完成，2016年12月通过结题验收。采用食用菌工厂化生产模式进行猴头菇的生产栽培，丰富天津市食用菌的品种资源；解决猴头菇生长发育过程存在的问题，提高优质产品所占比例，提高产品附加值；二次出菇技术解决食用菌工厂化生产与直接带动农户相矛盾的问题，促进农民增收；猴头菇产前、产中、产后的全产业链模式，解决目前国内猴头产业的瓶颈难题。选育出2个优质猴头菇菌株——华中特猴和刺长猴头，2个菌株出菇整齐，抗性强，华中特猴菌株培育的子实体个头大，菇圆整，适合鲜食；刺长菌株培育的子实体毛刺长，药用价值较高；制定地方标准《猴头菇工厂化栽培技术规范》《猴头菇大棚栽培技术规范》，填补国内猴头菇工厂化栽培标准的空白；猴头菇栽培新模式“菌棒工厂化栽培出菇＋废菌棒大棚出菇”的提出解决食用菌工厂化生产生物学效率低的问题，提高菌棒利用率。项目执行期间，建立天寿食用菌公司和绿洲庄园示范基地，日生产能力2吨，累计生产鲜菇905余吨，实现增收1060万元，净利润612万元，工厂化栽培经济效益比传统模式提高30%；在静海县、东丽区、西青区等地进行技术示范，建立科技示范户30户，猴头菇废菌棒再次出菇示范59亩，辐射带动230亩；培训菇农200多人次，带动周边大批的农户；制作项目实施过程纪实光盘和项目实用技术光盘各1套；获授权专利1项。

（苗博瑛）

【天津有机苹果生产技术推广与示范】 天津市农业科技成果转化项目，由天津市林业果树研究所贾爱军主持完成，2016年通过结题验收。立足于蓟县山区现有苹果生产基地，坚持“以科技为依托，以示范区建设为载体，以龙头企业为支撑，大力推广先进实用技术，建立专业化合作组织，培育优势产业”的原则，抓好示范区建设，通过山区果园节水灌溉、果实套袋、有机肥施用、果园生草覆草、杀虫灯、黄板、性诱剂等技术措施的应用，有效地提高有机果品的品质。通过行政+科技+企业+农户相结合模式的应用，建立有机果品产、贮、运、供、销体系，为有机苹果生产奠定基础。项目执行期间，建立6个示范点，示范面积1360亩，示范户159户；通过标准化生产使优质果率达85%以上，建立有机苹果认证基地150亩，基地累计新增总产值1477万元；编制《有机苹果生产技术规程》1个；录制项目技术及实施过程的影像资料光盘2套；培训技术骨干2000余人次；扶持“天津市蓟县山香果品产销专业合作社”等2个农民专业合作社；辐射带动有机苹果生产基地1万亩。（苗博瑛）

【优质梨产业化关键技术转化与应用】 国家农业科技成果转化资金项目，由天津市林业果树研究所承担，王芝学主持完成，2016年通过结题验收。为适应人们对优质农产品的需求，引进梨新品种，采用现代农业生产技术进行梨标准化栽培，实施从品种选择、栽培生产、贮藏加工到流通保鲜全过程的安全控制，实现规模化、标准化、产业化生产和均衡上市，提高优质梨的生产能力和市场供应量，有效满足市场对优质农产品日益增长的多样化消费需求。以科技特派员为载体，以适应静海区生产条件的优质梨产业化关键技术为转化主体，围绕示范推广过程中遇到的实际问题，因地制宜，通过试验示范提出具体解决方案并进一步熟化、推广。通过项目实施将陈官屯镇胡辛庄村（市级困难村）建设成为优质梨产业示范区，示范带动全镇乃至龙海果树带的发展。

项目执行期间，引进红香酥、玉露香、津香蜜、早酥梨、红巴梨、早酥红等11个品种，通过高接换优，在胡辛庄村建立核心示范园100亩，嫁接成活率98%；依托胡辛庄千亩梨园集成示范梨品种改造、整形修剪、花果管理、配方施肥、病虫害安全防控、果药间作等关键技术；通过培训、观摩、指导，辐射带动龙海果树带1万亩梨树的标准化生产。示范园两年累计新增经济效益445万元，带动静海区果树产业、休闲农业的发展。

（苗博瑛）

【非洲紫罗兰新品种的引进及培育技术的研究】 由天津农学院孙宁、陈小强、孙永健等完成的天津市科技支撑计划重点项目，2016年3月通过市科委验收。

非洲紫罗兰（Saintpaulia ionantha）又名非洲堇、圣包罗花，为苦苣苔科非洲堇属多年生草本常绿宿根花卉。非洲紫罗兰在一般的人工栽培条件下，其授粉率和结实率极低，不易得到种子，即使得到也不易萌发，故极少用种子繁殖，常规采用扦插繁殖，包括茎插、叶插，受繁殖材料及场地的限制，其繁殖速度较慢，很难进行批量生产。科研人员采用组织培养方法对非洲紫罗兰进行快繁，引进非洲紫罗兰优良品种（系）70种，通过品种比较，筛选并确定具有极高观赏价值的主栽品种15种，利用杂交和诱变技术培育新品种（系）4个。研究不同激素对组培苗成芽和生根的影响，筛选出最佳培养基，研究不同环境条件对组培苗快繁效果的影响，建立非洲紫罗兰组织培养及体外叶插快繁技术体系。建立非洲紫罗兰繁育基地，确定工厂化生产技术体系，实现4个主栽品种工厂化生产，花卉企业实现年均生产非洲紫罗兰8万株，实现销售收入205万元，获得经济效益145万元。项目从细胞分子生物学层面对非洲紫罗兰进行核型、DNA甲基化及花色机理进行研究，为国内非洲紫罗兰遗传学研究奠定基础。项目执行期间，发表非洲紫罗兰快繁、核型研究、花色研究等相关科研论文11篇，申请国家发明专利1件。（徐大为）

【大果型甜樱桃新品种设施栽培技术推广】 由天津农学院梁发辉、杨静慧、刘艳军等完成的国家级星火计划项目，2016年11月通过市科委验收。近年来城市对大樱桃的需求量越来越大，往往供不应求。由于大樱桃不耐贮存和运输，只能就近供应。但是北方露地栽培的大樱桃，冬季植株因干旱寒冷容易抽条和冻害，春季容易受到倒春寒及霜冻的影响，产量和品质不稳定。项目组一方面进一步完善大樱桃繁殖体系，建立大樱桃新品种的嫁接繁殖体系，获得充足的入地苗木，以满足设施栽培技术的推广应用。另一方面在配套的大樱桃栽培技术基础上，建立适合天津市温室大棚生产的大樱桃栽培技术体系，扩大设施栽培种植面积。利用日光温室、塑料大棚等设施，人为地为果树创造特殊可控的小区环境，以达到果品生产目标的人工控制。目前设施栽培果树可以成功的调控果实的成熟期，调整果品供应期，为果树提供理想的生长环境，扩大果树的种植范围，不受地域限制。同时能控制病虫害传播，技术安全可靠。 （徐大为）

水产养殖

【重要水产病害快速诊断技术及产品的开发与应用】 由天津市水生动物疫病预防控制中心、天津市水产技术推广站孙金生、徐晓丽、薛淑霞、李贺密等完成，获2016年度天津市科技进步二等奖。开展水产养殖动物重要病害流行病学调查，阐明致病病因、病原，建立主要致病病原库和疾病档案；进行致病病原的分离纯化和病原生物学分析，阐明主要病原的生物学特征和致病因子分子构造解析，开发基于分子生物学、免疫学技术原理的快速、敏感检测技术；集成开发用于实验室的敏感检测技术产品和用于现场的快速检测技术产品；开展快速检测技术产品生产应用示范，控制重要病害的发生和流行，减少化学药物和抗生素的使用。① 首次系统开展并阐明重要病害腹水病、溃烂病、巴斯德氏菌病、病毒性神经坏死病、对虾白斑病、鲤春病毒血症和观赏鱼细菌性疾病的致病病因及发生规律，开发出针对12种病原的19项检测技术和产品，满足对致病病原的早期敏感检测和现场病害监测。②针对致病病原致病因子开发的LAMP等分子检测技术和产品11项，检测灵敏度和检测周期明显优于现有技术，分别为10个病毒粒子和2小时~8小时检测周期，实现对重要病害潜在威胁进行监控和预警。③针对致病病原生物学特征和抗原性开发的免疫检测技术和胶体金检测试纸条产品8项，检测灵敏度达到102cfu/ml，检测周期只有5分钟~10分钟，实现可视化现场检测和有效的现场病害监控。

项目执行期间，获得授权发明专利8项，在国内外相关领域发表文章15篇，其中SCI收录文章3篇；建立示范基地20个，池塘养殖面积8万亩，海水工厂化养殖面积10万平方米，观赏鱼养殖面积30.39万平方米；培训检测技术人员300名，推广应用疾病检测技术，降低疾病发病死亡率20%以上，实现新增利润9287.2万元。

（天津市水生动物疫病预防控制中心）

【大宗淡水鱼新品种繁育及高效生态养殖技术研究与示范】 由天津市水产研究所缴建华、张韦、吴会民等完成，获2016年度天津市科技进步三等奖。引进大宗淡水鱼新品种4个，开展2个新品种的规模化繁育技术研究与示范，建立大宗淡水鱼新品种规模化繁育技术体系；运用多营养层次综合水产养殖理论，研究建立3种滨海型盐碱地池塘大宗淡水鱼高效生态养殖模式并示范应用；开展滨海型盐碱地池塘水质及底质理化因子变化特征研究，总结分析池塘水质及底质主要理化因子变化规律及相关性，提出有针对性的改良措施；基于生态基和生物絮团技术原理，开展滨海型盐碱地池塘水质调控技术研究，建立滨海型盐碱地池塘水质调控技术体系。

该项目特点，①解决天津市滨海型盐碱地养殖存在的关键问题，带动盐碱地渔业的发展。② 引进繁育的新品种具有耐盐碱、生长快、抗病力强等优良性状，适宜在天津滨海型盐碱地养殖。③ 创立3种养殖模式，规范放养结构，充分利用池塘水体空间，提高饲料利用率，具有显著的高产、优质、高效、环保的特征。④ 创立的水质调控技术体系，具有促进池塘生态系统能量流动、降解有毒有害物质效率高、对鱼虾应激影响小、水质净化效果好等特点。项目执行期间，繁育乌仔苗种33280万尾，在西青、武清等5个项目示范区和北辰、津南等区县及北京、河北、山东等省市引进养殖，均取得良好效果；研发的3种养殖模式在西青、武清等5个区县应用238005亩，新增利润5240.7132万元；培训渔技人员2168人次，发表论文2篇。 （天津市水产研究所）

【津新乌鲫】 由天津市换新水产良种场金万昆、朱振秀、杨建新等完成，获2016年度天津市科技进步三等奖。鲫鱼是中国主要养殖鱼类，但生长慢，产量低，提高鲫鱼生长速度一直是育种研究重点。科研人员从2001年开始以育成的新品种墨龙鲤为父本、白鲫为母本进行杂交试验，发现杂种F1中有黑体色个体，并深入研究其出现的黑体色个体频率；从中选出黑体色个体的F1进行自交，发现产生的F2全部为黑体色个体且都为雄性，通过对体细胞染色体研究，在F2中有多种倍性，从中选出四倍体个体；为获得黑体色鲫鱼，用二倍体红鲫雌鱼与F2四倍体雄鱼进行杂交，发现其杂种子代全部为黑体色三倍体个体，通过生长试验，发现该三倍体杂种比一般鲫鱼生长快，且含有保健功能的二肽，从而找到中国第一个生产黑体色鲫鱼新品种的产业化组合及生产技术。该品种体色乌黑，组合遗传稳定，连续8年试验证明，子代100%个体均属乌黑；生长快，易饲养，不发病，营养价值高，鱼体中含有黑色素细胞和二肽，肌肉中蛋白含量18.8%，氨基酸含量17.7%，不饱和脂肪酸含量17.9%，还含有丰富的矿物质元素，食用、观赏、保健、垂钓兼用，三倍体不育，有利于保护水生生态平衡。项目执行期间，累计生产津新乌鲫苗种8.419亿尾，实现销售收入1094.47万元，新增利润332.76万元；推广到天津、河北、辽宁、江苏、浙江、江西、山东、四川、湖北等14个省市区，推广养殖面积21.47万亩，新增社会效益35.17亿元。

（天津市换新水产良种场）

【杂交青虾“太湖一号”引种及养殖示范】 是由天津市水产研究所冯守明、姜巨峰、孙志景等完成的国家农业科技成果转化项目。2016年,通过结题验收。开展土池人工育苗技术优化并示范应用，提出亲虾长途运输技术，引进杂交青虾“太湖一号”500千克，人工繁育虾苗27200万尾，单产787.06万尾/亩。开展杂交青虾“太湖一号”成虾人工养殖技术优化与示范应用，提出杂交青虾“太湖1号”池塘精养、池塘套养和虾稻立体种养三种养殖模式，并在天津地区示范应用，撰写《杂交青虾“太湖一号”池塘养殖操作规程》和《杂交青虾“太湖1号”稻田立体种养操作规程》。项目实施期间，青虾成虾示范养殖规模10196亩，生产青虾97544千克，实现产值390.176万元，利润384.423万元。其中，虾稻立体种养模式在天津市宝坻区进行示范，示范规模9500亩，平均亩产青虾8.43千克，实现产值320.26万元，利润320.26万元。项目执行期间，在天津市水产研究所和大港海通养殖公司进行技术培训4次，共培训648人次，建立杂交青虾“太湖1号”养殖示范户20个，发表论文4篇。 （杨　华）

【斜带髭鲷人工繁育技术研究】 由天津市水产研究所夏苏东、谢刚、李玉生承担的天津市水产局科技项目，2016年6月完成。科研人员通过调节水质、控制光照、筛选适宜的亲鱼饵料，确定斜带髭鲷亲鱼适宜的催产激素组合，摸索出催产剂量和催产方法，总结斜带髭鲷亲鱼培育及催产方法；摸索斜带髭鲷受精卵适宜的繁育条件，总结受精卵孵化技术；选择适宜的饵料，开展斜带髭鲷幼苗培育，总结幼苗培育技术，形成完善的斜带髭鲷人工繁育技术，制定斜带髭鲷繁育技术手册，为全面进行斜带髭鲷繁育技术的研究及斜带髭鲷引进推广的研究提供参考依据。经过一年多的试验研究，培育斜带髭鲷亲鱼30尾，掌握斜带髭鲷亲鱼培育适宜的环境条件与培育方法；亲鱼共产卵大约20万粒卵，培育初孵仔鱼2万余尾，养殖7厘米斜带髭鲷幼苗6500多尾，摸索斜带髭鲷产卵行为学特征，掌握受精卵孵化的方法，斜带髭鲷幼体阶段培育规律，总结出斜带髭鲷人工繁育技术要点，为该品种的产业化养殖提供技术支持。 （杨　华）

【鲆鲽类幼苗不明死症流行病学调查研究】 由天津市水产研究所姜巨峰、张振国、冯守明等承担的天津市水产局科技项目，2016年6月完成。开展对鲆鲽类幼苗不明死症的流行病学进行调查，利用常规细菌分离法从患病牙鲆幼鱼体内分离到2株细菌，分别命名为YP-1和YP-2；采用全自动细菌鉴定仪和16S rDNA分子鉴定方法对2株细菌（YP-1和YP-2）进行鉴定，鉴定结果：YP-1为迟缓爱德华氏菌，YP-2为斯氏普罗威登斯菌；选用19种药敏纸片进行药物敏感性试验，并进行回感试验，结果显示19种药敏纸片中有10种对YP-1和YP-2均敏感，链霉素、卡那霉素和庆大霉素3种药物能够有效抑制迟缓爱德华氏菌和普罗威登斯菌；YP-1感染时死亡率为40%，YP-2感染时死亡率为30%，联合感染时死亡率为100%，证实牙鲆幼鱼不明死亡原因为迟缓爱德华氏菌和普罗威登斯菌联合感染导致。提出地下水节水养殖牙鲆防病害实用技术，发表学术论文《养殖牙鲆幼鱼大规模死亡原因的初步研究》《地下水节水养殖牙鲆防病害实用技术》。（杨　华）

【高盐水体中生物絮团形成机理及在卤虫养殖中的应用研究】 由天津科技大学隋丽英主持的天津市应用基础及前沿技术研究计划项目，2016年3月完成。首次在国内提出将生物絮团技术应用于高盐条件下的卤虫增养殖；利用在盐田卤水中分离的嗜盐细菌和古菌，将其投加到养殖水体，提高高盐环境中微生物的丰度，促进生物絮团的形成理念创新。研究分析：①生物絮团对饵料的节约效应。②碳氮比（C/N）对生物絮团形成和卤虫生物量的影响。③盐度对生物絮团形成和卤虫生物量的影响。④充气搅拌强度对生物絮团形成和卤虫生物量的影响。⑤碳源对生物絮团形成和卤虫生物量的影响。⑥微生物调控对生物絮团形成和卤虫生物量的影响。⑦室外高密度卤虫养殖实验。明确添加碳源、调控C/N、充气搅拌强度和微生物调控对高盐条件下生物絮团的形成、水质和卤虫产量的促进作用。同时生物絮团作为水质调控和饵料，对卤虫营养组成有一定影响。添加糖蜜对于提高细菌群落结构稳定性与菌群多样性有明显作用。随着盐度升高，微生物多样性逐渐减少，细菌分布均匀度降低。适当充气对于微生物多样性增加有促进作用。微生物调控对卤虫养殖体系中生物絮团内细菌群落结构有明显影响，向系统中添加细菌、古菌和盐田富集混合菌都会增强群落结构稳定性，提高微生物多样性，其中添加古菌的增强效果更为明显。上述研究成果丰富了高盐条件下生物絮团的形成机制理论，为生物絮团技术在规模化卤虫养殖中的应用提供数据支撑。项目执行期间，发表期刊论文10篇，其中SCI收录论文5篇，中文核心期刊5篇，申请发明专利1项，培养研究生2名，本科生3名。

（李丽娜）

【养殖水体有害蓝藻防控技术的集成与转化】 由天津农学院、天津津南区畜牧水产业发展服务中心、天津市宁河区畜牧水产业发展服务中心、天津市宝坻区畜牧水产业发展服务中心张树林，张达娟，毕相东，戴伟，孙学亮，孔庆霞等完成的天津市农业科技成果转化与推广项目，2016年9月通过市农委验收。发明并应用简便、高效、精准的微囊藻群体细胞计数方法，为防控池塘微囊藻提供准确的参考；首次提出并实施从源头抑制微囊藻复苏技术即养殖前去除底泥、药物清塘和合理施肥抑制微囊藻复苏等措施；研制并应用高效环保速溶小檗碱制剂（国家发明专利），大幅度提高抑藻效果；发明小檗碱·青蒿素复合抑藻剂（国家发明专利），广泛应用于池塘微囊藻水华爆发的应急处置。制定系统综合防控池塘微囊藻水华的技术要点。强调从源头抑制微囊藻的复苏，在定期微囊藻监测基础上，科学组合应用生物防控技术，结合高效环保复合抑藻剂防控微囊藻水华，应急杀灭微囊藻后及时使用解毒剂消除毒素的影响，利用微生态制剂等生物制剂调节水质并培养有益藻类恢复水质平衡，有效地防控养殖池塘微囊藻水华的爆发。（徐大为）

【集约化水产养殖风光互补供电增氧系统的研究】 天津科技大学游国栋主持的天津市科技支撑计划项目，2016年3月完成。利用风能-太阳能清洁能源作为动力，提供给集约化水产养殖增氧系统持续的电能，力求集约化水产养殖的电力消耗和二氧化碳排放均为零，节约电能，为绿色、生态水产养殖的增氧方式提供一种新思路及方法；对水产养殖水体水环境因子进行实时检测、调节，使得溶解氧、温度、pH值和亚硝酸盐等水环境因子变化稳定、均匀，长期稳定在适宜鱼类生长的条件下，提高成活率，增加产量，经济效益也得到明显提高。取得的主要创新成果：建立一个改进的多元结构部分遮挡光伏系统数学模型；提出一种基于多目标粒子群优化（multi-objective particle swarm optimization，MO-PSO）模糊算法，对最大功率点（maximum power point，MPP）进行追踪控制；提出一种基于反步滑模控制的光伏逆变器控制策略；提出一种光伏LCL型并网逆变器的积分滑模容错控制策略；提出一个水产养殖中水环境因子多输入单输出的模糊控制模型；设计以单片机为核心控制单元的风光互补增氧装置。（李丽娜）

【渔用低氮环保饲料的研究与应用】 由天津农学院乔秀亭、程镇燕、孙金辉等完成的天津市科技支撑计划重点项目，2016年4月通过市科委验收。基于饲料糖和脂肪对蛋白质的节约作用，在饲料中添加适量的糖和脂肪，减少部分蛋白质，另外，添加铬离子以减少血糖水平的急速升高，该配方有效降低水体中氮排放，降低饲料成本；首次研制出鲤鱼靶向预混料，具有提高糖利用率及节约饲料蛋白的效果；运用分子生物学手段开发出一种标定鱼类血糖水平的新方法，灵敏度优于常规方法；开发研制出高糖低氮环保饲料，饲料中蛋白质含量较同类产品降低6%~9%，鱼的生长速度提高5%，向水环境中释放的氮减少10%。项目执行期间，依据项目组提供的配方分别在天祥水产有限公司和晨辉饲料有限公司生产鲤鱼人工配合饲料6.5万吨，获得经济效益5105万元，新增经济效益3940万元；推广使用面积达到5万亩；养殖1吨鱼饲料成本降低702元，鲤鱼生长速度较普通商品料提高5%，按鲤鱼出塘价10元/千克计算，5万亩池塘收入可增加3500万元。

（徐大为）

【优质锦鲤引进、繁育及养殖技术集成】 由天津农学院、天津蓝科水产养殖有限公司杨广、董少杰、刘金兰、齐红莉等完成的天津市科技支撑计划种业专项项目，2015年12月通过市科委验收，锦鲤作为重要淡水养殖观赏鱼类之一，深受消费者喜爱。为了有效提高锦鲤品质，开展优质锦鲤的养殖技术研究集成：①改进锦鲤苗种人工繁育技术，对锦鲤的人工繁殖技术进行优化，调整雌雄比例、催产剂的使用方法，筛选授精和孵化方法。②优质锦鲤幼鱼的筛选试验，比较不同时间挑选锦鲤幼鱼后的鱼体颜色与色素分布特点，总结出幼鱼挑选的适宜时间。③锦鲤的增色试验，比较在人工饲料中添加红酵母、虾青素、螺旋藻、玉米蛋白粉等增色原料后锦鲤红色素的变化，以及不同pH值和硬度水体环境对锦鲤体色的影响，获得增强锦鲤体色的方法。④开展锦鲤养殖池水质变化和处理效果的研究，检测分析室内封闭养殖池及室外锦鲤养殖水体中氨氮及亚硝酸盐含量的变化，及影响氨氮及亚硝酸盐含量变化的主要因素，试验微生态制剂及物理过滤装置的使用效果。⑤开展锦鲤细菌性疾病的病原生物学与药物防治方法的研究，研究锦鲤常见细菌病病原生物学及其对抗生素和常用消毒剂的敏感性，结合锦鲤对药物的耐受性，总结常用药物在锦鲤细菌性疾病防治中的使用方法。⑥开展锦鲤的免疫功能研究，研究两组中草药配方对锦鲤非特异性免疫功能的影响，探索传统经典中草药配方在锦鲤疾病防治中的应用效果。同时，研究口服爱德华氏菌和嗜水气单胞菌两种灭活疫苗对锦鲤幼鱼非特异性免疫功能的影响，获得口服免疫增强锦鲤幼鱼非特异性免疫功能的重要依据。⑦开展锦鲤对常用消毒剂敏感性及耐盐性研究，为科学合理使用消毒剂提供依据。（徐大为）

设施农业与农机

【农机化科技工作简况】 2016年，天津市农业机械局系统，围绕天津市农业产业结构调整，组织开展农业植保、现代物理农业、经济作物生产、蔬菜生产、设施林果、粮食烘干、农作物秸秆综合利用、农业残膜回收等农机化新技术试验示范推广，积极探索农机农艺融合技术推广新模式，充分发挥农机科技支撑引领作用，推动农业供给侧结构改革,促进天津都市型农业发展。全年累计组织实施各类科技项目21项，投入科技人员300人次，投入科技经费467.7余万元。完成科技项目结题验收4项，试制样机1台（套），申报专利4项（取得技术专利1项），登记软件著作权2项，引进农机化新技术14项，新机具装备200余（套）。组织召开技术宣传培训活动30余次，培训农民和技术人员2800余人次；建立试验基地45个、科技示范户280户；试验示范推广面积14余万亩、畜禽养殖规模50余万只；累计实现经济效益1000余万元。5名技术帮扶专家开展技术帮扶，深入26个困难村技术指导180余次，解决技术难题26项次，帮助引进农业优良品种6项、推广新技术20项、引进配套技术装备29台（套），组织农业技术和农民技能培训4期，培训农民240人次，发展项目科技示范户20余户。指导静海7个困难村建成蔬菜冷棚，在静海区良王庄乡李家楼村建立精品山药种植基地，在静海区中旺镇港里村建立红薯加工厂，推进“一村一品”建设。（沈孝均）

【农机化科技下乡】 2016年，天津市农业机械局系统，围绕设施蔬菜、水产、畜牧、林果和经济作物等产业，以满足天津市农业结构调整对农业机械技术装备需求为目的，以“专题活动+科技入户”的技术服务模式，开展农机化科技下乡服务。重点开展“主要粮经作物生产全程机械化技术展示演示活动”“水产养殖机械化技术展示会”等17项农机化技术演示、展示、宣传、培训、咨询服务等专题活动，搭建农机科研、推广、管理、生产企业及农机使用者之间的交流平台，为农民提供新的机械化技术及装备，对助力农业结构优化调整，优化农机化供给侧改革，促进天津市都市型现代农业发展起到积极作用。全年共宣传推广自走式粮食烘干、青饲打捆、精旋土壤火焰杀虫机、自走多功能开沟施肥机等农机化新技术39项，发放技术资料7921份，展示机具209台（套），推广机具624台（套），科技入户228次，农机合作社社员、种养殖大户、园区企业代表、农机推广科技人员参与人数达到1571人次，受益农民5107人次（其中培训帮扶困难村农民170人次），参与企业达到83家，现场赠送6家农机服务组织6台等离子种子处理机。天津电视台和各区县电视台、日报、晚报、北方网、区县联盟广播电台及农业机械杂志等媒体对农机化科技下乡活动进行广泛宣传报道。

（沈孝均）

【农机化人才培养】 2016年，依据天津市百万技能人才培训福利计划培训人员范围广、培训周期长、工种专业多的特点，市农机系统总结推广3种高效、实用、可操作的培训模式：一是以滨海新区为代表，农机中心+乡镇+农机合作社三位一体模式；二是以静海、蓟州、武清、宁河为代表，农机化学校+农机合作社模式；三是以宝坻为代表，农机化学校+乡镇成人学校模式。同时，天津市各区农机化学校加大投资力度，购置先进适用的现代化教学设备，教学能力得到一定的提升。全年培训拖拉驾驶员、联合收割机、农机修理工、农机操作工等四个工种共7442人，6904人通过鉴定；培训新型职业农民2160人。举办天津市第二届农机职业技能竞赛暨2016“勇猛·铁牛”杯农机修理工竞赛，天津电视台、中国农业机械化信息网、北方网、天津日报和农机化导报等各大媒体对竞赛活动进行宣传报道。（沈孝均）

【农机化调研服务】 2016年，天津市农机系统为了掌握天津市农业生产中新型、适用的农机化技术，针对农业生产新需求展开调研，并寻求解决途径，做好技术储备。一是为摸清完善农机合作社土地流转和集中规模经营情况，天津市农业机械研究所开展天津市农机合作社土地流转承包经营现状调研，采取实地调研和问卷调查的方式，对武清、宝坻、静海、蓟州、西青、大港等区的重点农机合作社流转土地规模、流转方式、土地流转对农民增收的作用、政策扶持和解放农村劳动力情况等进行调研，通过分析总结，形成《天津市农机合作社土地流转承包经营现状研究》调研报告。二是针对天津市秸秆综合利用情况，天津市农业机械研究所开展天津市秸秆综合利用典型模式调研。采取实地调研和问卷调查的方式对武清、宝坻、静海、蓟州、西青、大港等区的重点农机合作社，调研秸秆综合利用成本、秸秆还田、秸秆肥料化、秸秆饲料化、秸秆燃料化等处理方式的现状，和秸秆综合利用的经济效益、资金情况、农机装备、流转土地规模等问题，通过分析总结，形成《天津市秸秆综合利用典型模式调研》报告。三是为更好地掌握天津市林果种植机械化程度、果农需求等实际情况，天津市农业机械试验鉴定站通过会议研讨、发放问卷、实地考察等多种方式开展调研。召开“林果机械化技术座谈会”，制定天津市林果机械化作业技术及设备调研方案，走访蓟州区东施古镇韩家筏村智农发展农业中心的双层日光温室草莓、火龙果、百香果种植情况，蓟州区林业局高速公路沿线林下油用牡丹的种植情况和机械的使用情况。北辰区大张镇下殷庄村鼎牛农业园区的、油桃、草莓、无花果、樱桃等多各路果树种植情况。参观果园植保、除草机械及果园专用运输平台等的生产车间。掌握天津市内各区县林果种植机械化现状、问题和需求情况，形成《天津市林果机械化作业技术及设备研究》调研报告。四是天津市农业机械推广总站关注玉米收获机械化发展新进展，积极开展新技术新机具调研，寻找切入点；开展设施农业环境控制、蔬菜育苗移栽、畜禽健康养殖防疫机械化技术等调研，为大面积推广应用做好基础工作。

（沈孝均）

【农机化学术交流】 2016年，天津市农机系统先后组织和承办各类学术研讨活动11次，参与科技人员1100人次。天津市农委农机办主办、天津市农业机械推广总站承办的"天津市主要粮经作物生产全程机械化技术研讨暨演示会"，天津市农机系统及相关企业等300多人参加研讨会，会上农机行业的专家针对天津主要粮经作物全程机械化技术需求及关键环节的新技术与新装备进行主题讲座并与参会代表互动交流。天津市农委农机办主办、市农业机械推广总站承办的"天津市水产健康养殖机械化技术研讨展示会"，全国知名的13家水产养殖相关企业参会，现场展示演示30余种水产养殖机械。天津市农委农机办主办、市农业机械推广总站承办的"天津市农用无人飞机发展（演示）研讨会"，天津市科协、市农机系统技术人员90多人参加，全国知名的5家农用无人飞机企业参展，现场演示具有国内先进水平的多旋翼电动无人机作业情况，让农民近距离了解无人植保机机械，通过与会专家及企业代表的研讨交流，对提升天津市无人机植保机械化技术水平，加快先进适用的农机装备推广应用起到积极作用。天津市农业机械与农业工程学会与天津市滨海新区科学技术协会在滨海新区联合举办"天津（2016）现代智慧农业及智能化装备发展论坛"，天津市农机系统科技人员、天津市农业机械与农业工程学会会员单位、市农业机械创新联盟成员单位约100人参加会议。中国农业机械科学研究院、国家（北京）农业信息化工程技术研究中心、北京市农业机械研究所的专家分别作"智能化植物工厂发展现状与产业化展望""智能农业技术助力农业现代化""农业装备自动化与智能化技术进展"等专题报告。（沈孝均）

【设施农业悬挂式高效喷施机引进示范】 天津市农业机械推广总站薄克明、房骏、张铁等承担的天津市农业科技成果转化与推广项目，2016年3月通过天津市农委组织的结题验收。课题组在天津市北辰、塘沽、静海及宁河等区建立试验示范点4个，科技示范户102户，引进示范各类技术设备9台套，开展棚架悬挂式高效喷施技术、地面移动悬挂喷施技术以及日光温室悬挂喷施技术的示范应用，完成示范面积320亩，辐射面积1320亩，进行技术应用效果对比试验，与传统机具作业方式相比，新机具喷施作业效率平均提高10倍以上，节省水肥药20%。该喷施技术高效、安全，可在天津市不同类型设施内推广应用。项目执行期间，发放技术宣传材料500份，培训技术人员及农民350人次；制定出3项相关设备技术作业规范，制作技术应用光盘2套。（沈孝均）

【日光温室太阳能地温加热设备研究】 天津市农业机械试验鉴定站贾军、陈芳、邓大仁等承担的科技支撑计划项目，2016年4月通过天津市科委组织的结题验收。课题组提出冬季日光温室太阳能地温加热技术模式及配套设备方案，解决冬季日光温室不能生产果类蔬菜的技术难题。采用该技术可使冬季日光温室地温提高至150℃以上，满足果类蔬菜冬季正常生产要求，提高日光温室的冬季生产能力。项目执行期间，研制温室太阳能地温加热设备1套，可满足1栋日光温室的地温加热需求（面积≥1亩），热效率高，运行费用低；制订日光温室太阳能地温加热技术规范和操作规程；申请并授权专利1项，发表论文1篇。

（沈孝均）

【农机作业质量监测与管理系统关键技术研究及装备开发】 天津市农业机械研究所庞俊杰、苑严伟、吴才聪等承担的天津市科技支撑计划项目，2016年7月通过天津市科委组织的结题验收。研究开发农机作业质量监测管理系统及装备。该系统和装备主要含机械仿形式、姿态传感式深松深度监测装备以及深松作业监管调度平台两部分，能够实时监测深松作业情况，准确显示和记录深松深度，获取机组位置信息，查看机组任意时刻的历史轨迹，基于地图显示农田深松作业进度，核算深松作业面积与深松合格率。经权威部门鉴定检测，开发的深耕在线检测系统耕深测量误差≤3%。使用的深松深度传感器GPS/BD定位误差≤3m，系统容量≥10万台。项目执行期间，试制样机1台套，申请专利1项，申请软件著作权2项，发表论文3篇，培养研究生2人，晋升职称5人。

（沈孝均）

【高秆作物植保机械化技术引进示范】 天津市农业机械推广总站张宝乾、李伟、韩海滨等承担的天津市农业科技成果转化与推广项目，2016年11月通过天津市农委组织的结题验收。课题组引进中国农业机械化科学研究院研制的3WZG-650型自走式高秆作物喷杆喷雾机6台，喷杆升降范围0.5米～1.5米，喷杆可折叠，工作幅宽12米，喷雾压力0.3Mpa～0.5Mpa，田间适用性强，喷雾均匀，作业效率高；制定适合天津市玉米、棉花应用的《3WZG-650型自走式高秆作物喷杆喷雾机技术规范》，确定适宜玉米、棉花喷雾平均行走速度为5.59km/h；农药平均有效利用率51.77%，节约药量20%。项目执行期间，在静海、宝坻、武清、宁河区建立核心示范区4个，累计示范面积34000亩，其中试验示范玉米6000亩、棉花2000亩；辐射示范玉米23000亩、棉花3000亩；发放技术宣传资料2200份，培训农民技术员450人次，制作项目资料光盘3张；累计取得经济效益217.6万元；建立科技示范户80个，其中困难村57户。

（沈孝均）

【设施农业重金属污染预警与防控技术的研究与应用】 由天津市农业质量标准与检测技术研究所、中国农业科学院农业资源与农业区划研究所程奕、李菊梅、陈秋生、马义兵等承担，2016年1月完成。近年来，天津市设施农业得到迅速发展。但设施农业的高强度种植模式，导致设施土壤重金属累积快速增加，严重威胁土壤生态和农产品质量安全。天津市设施蔬菜产地土壤重金属累积状况和风险水平如何，主要风险因子是什么，目前还没有相关研究，缺乏相应的防控措施。科研人员从设施农业产地环境监测入手，通过基础调研、取样验证、风险预警到末端重金属原位钝化技术的应用，全程控制农产品质量安全，具有重要的理论意义和实用价值。

（陈秋生）

【农村生活污水处理示范村建设】 由天津农学院邢克智、张伟玉、李书环等完成的天津市农业科技成果转化与推广项目，2016年9月通过市农委验收。课题组基于天津市农村生活污水水质、水量特点及气候特征，在天津市静海县的良王庄乡十里堡村、良王庄乡白杨树村、台头镇南坝台村、梁头镇谷庄子村、双塘镇东双塘村等6个村庄建立日处理能力100吨的农村生活污水处理示范工程，各污水处理系统的建筑质量及运行状况良好，处理效果明显，出水水质达到城镇污水处理厂污染物排放标准（GB18918-2002）一级B标准，吨水处理成本≤0.35元；利用GPRS（General packet radio service）无线网络通信技术及互联网技术对污水处理系统的污水量、主要设备工作情况及污水处理效果进行监控。建立的6种适合天津地区农村生活污水处理及资源化利用的模式，在天津市农村水环境治理中得到应用。

（徐大为）

【温室二氧化碳气体环境智能化调控系统的推广示范】 由天津农学院赵辉、王双喜、单慧勇等完成的天津市农业科技成果转化与推广项目，2016年10月通过市农委验收。在分析温室内气肥调控环境特点的基础上，开发智能化的温室气肥环境调控系统。系统气肥发生器采用加热碳酸氢铵的方式制取二氧化碳，峰值功率800W，最大产气量可达12g/min，出口二氧化碳气体浓度大于5000ppm，氨气浓度小于1ppm。发生器配套PLC控制系统，实现自动换水，自动化程度高；气肥发生器采用特殊专利技术，控制反应器工作在负压状态，结合二级过滤，最大程度避免氨气泄漏，提高设备使用的安全性。项目组开发完成配套气肥环境智能调控决策系统，其中主控制器采用arduino 2560，实现温室内温度、湿度、光照、二氧化碳、地温等环境参数的实时在线监测与海量存贮；总结作物生长不同时期二氧化碳对作物产量的影响，提出基于模糊数学的温室气肥环境调控决策算法，实现温室气肥调控决策目标的动态优化。项目执行期间，在天津滨海中新生态农业发展有限公司、天津市静海区团泊镇光合谷蔬菜基地、天津市名洋湖蔬菜种植有限公司等地进行示范应用，与对照区比较，增施二氧化碳后有明显的增产与抗病效果，其中茄果类增产率10%以上，叶菜类增产率15%以上，黄瓜霜霉病的发病率降低10%，番茄病毒病发病率降低15%；获授权专利5项，发表相关研究论文8篇。

（徐大为）

【集约化农田畜禽粪便安全高效消纳技术示范与推广】 由天津市农业环境保护管理监测站、农业部环境保护科研监测所程子林、韩建华、张贵龙、赵建宁等完成，获2016年度天津市科技进步三等奖。针对天津市农村畜禽粪便面源污染不断加剧，高度集约化农业生产引起的生态环境恶化、农产品污染等突出问题，集成一套适合天津市集约化农业发展特征的畜禽粪便农田消纳技术体系，建立核心技术示范基地、规范操作规程，推广和普及畜禽粪便快腐反应堆、除臭灭菌复合无害化技术，借鉴区域农田养分资源推荐管理技术，科学定量农田7种农作物土壤承载畜禽粪便的安全阈值，对适合天津地区农业特点的7种农作物的畜禽粪便安全高效消纳技术模式进行推广。保障农田安全消纳畜禽粪便，稳定土壤环境质量，消减畜禽粪便环境负效应，提高农产品质量，增加种植业效益。项目执行期间，在滨海新区（大港）、武清、宁河、西青共建立农田消纳畜禽粪便技术示范基地18个，累计推广面积达133.33万亩，涉及作物有玉米、小麦、番茄、黄瓜、冬枣、菠菜、芹菜；新增总产量54836吨，新增利润12267.76万元，化肥、农药等投入减少1030.304万元，消纳畜禽粪便203.06万吨；取得发明专利1项，实用新型专利2项。

（天津市农业环境保护管理监测站）

【设施花卉高效节水施肥与环境调控技术研究】 由天津市水利科学研究院刘春来、朱士权、王剑波等完成，获2016年度天津市科技进步三等奖。针对花卉生产存在的技术难题，开发研制适合盆栽花卉的新型灌水器和营养液灌溉施肥自动化系统，提出设施花卉水肥高效利用灌溉制度和温室膜外喷淋降温新技术，通过集成技术在示范区的应用，取得良好的经济和社会效果。该项目研究内容：①专用于盆栽花卉的新型灌水器研制。②设施花卉营养液配制与灌溉自动化控制技术研究。③设施花卉水肥高效利用灌溉制度研究。④温室膜外喷淋降温调控新技术研究。⑤建设示范工程，为设施花卉现代化管理提供样板。项目成果实用性和可推广性强，具有节水、节肥、省工、降耗的特点，可大幅度降低劳动强度，提高设施花卉的成品率和销售价格。通过示范区应用表明，与实施前相比，节水51.25%，节肥36.67%，省工80.9%，节能39.4%。项目执行期间，在宁河北水源地保护区农业生态园、西青区张家窝镇设施农业园区推广应用，面积6.67公顷，年增收节支280.15万元；2015年，在天津滨海国际花卉科技园区推广面积14公顷，年增收节支405.83万元。

（天津市水利科学研究院）

【新型高效滴灌灌水器及过滤器研制与应用】 由大禹节水（天津）有限公司王冲、张学双、宗金三等完成，获2016年度天津市科技进步三等奖。① 创建适用于微压灌溉系统的首部系统过滤器，解决微压滴灌系统首部过滤器压力较高的技术难题。以网式过滤器结构为主攻方向，结合微压滴灌系统的运营模式及管网布置方式，研制出注塑手摇吸式网式过滤器一件，使其能够运用于微压滴灌系统。② 设计开发的双面齿形高消能滴头，设有正反环齿形长流道和窄缝虑窗，既保证良好的紊流效果，又提高滴头水力性能，解决滴头进水口堵塞和消能效果差等问题；形成双面齿形高消能内镶片式滴灌管（带）的原料配方、制造工艺，研制出具有双面对称结构的灌水器，并应用到内镶片式滴灌管（带）的生产加工中。双面齿形结构滴头，彻底解决内镶片式滴灌管（带）生产加工中因反片、倒片所引起的生产线故障，提高产品产出合格率，优化生产线结构。③ 通过对注塑用原材料性能分析研究，并结合薄壁内镶式滴灌带配方及实际加工工艺，集成创新，研制出使用寿命长、轻量化、低成本且性能优良，能批量化生产，适合薄壁滴灌带用灌水器。在借鉴国内外滴灌灌水器专利技术基础上，结合实验检验结果和测试不断优化设计，达到预期轻量化、低成本、高水利性能及长使用寿命的设计目标。

（大禹节水（天津）有限公司）

【大宗及特色蔬菜绿色低温保鲜技术集成及应用】 由天津商业大学、国家农产品保鲜工程技术研究中心（天津）、天津市黑马工贸有限公司刘斌、阎瑞香、关文强、张哲、张娜等完成，获2016年度天津市科技进步三等奖。① 以植物组织和模拟多孔介质为对象研究多孔结构的传热传质及其耦合作用，为防止大宗蔬菜贮藏过程中水分损失提供理论基础。② 研究小温差送风条件下冷库内的温度场、速度场的流场分布，分析影响流场的因素；明确融霜过程对库温波动的影响规律；筛选出冷藏运输效果显著的纳米蓄冷材料，并确定不同蔬菜冷藏运输过程的最佳条件。③研究蔬菜不同部位的冰点及冰点贮藏效果，提出以大宗蔬菜蒜薹为代表的根部冰点贮藏理论；研发出一种护绿、防腐的多元液体保鲜剂；研发出微孔保鲜膜，具有较好的透湿性、氧气和二氧化碳渗透系数。④构建以产地冷库温度调控为核心，多功能保鲜膜的湿度、气体调控和绿色保鲜剂防腐为保障，联控温度、湿度、气体和防腐4大要素，创新"防冷害控温+MA+绿色保鲜剂"的大宗蔬菜产地保鲜技术体系。项目特点：①将低温物理保鲜技术和生物保鲜技术结合，形成大宗蔬菜的低温长期贮运模式，解决贮运过程中腐烂率高、能耗高等保鲜难题。②技术集成度高。低温贮运模式包括多种适合蔬菜产地的保鲜技术，如小温差送风、电极融霜、冰点贮藏等。可以减少贮藏蔬菜腐烂率5%以上，适于中国北方都市圈大宗蔬菜储备中应用，投资回收期小于1年。项目执行期间，示范推广到天津、山东、宁夏等多个省市区，累计应用示范量6万吨，实现直接经济效益2117.5万元；获得授权国家发明专利3项，实用新型专利5项，发表论文10篇。

（天津商业大学）

【果蔬精准温控（冰温）绿色保鲜工艺和装备研发与应用】 由国家农产品保鲜工程技术研究中心（天津）、天津商业大学、中国科学院植物研究所李江阔、陈绍慧、田世平、张鹏、鲁晓翔等完成，获2016年度天津市科技进步三等奖。研制出具有自主知识产权的小型精准温控保鲜装备，库内温度波动≤±0.3℃，不同部位温差≤0.5℃，与传统保鲜技术相比，延长果蔬保鲜期1倍以上；建立10种果蔬精准温控保鲜新工艺，首次提出"果蔬低温驯化期、精准温控保鲜期、阶段升温复醒出库后货架品质维持期"的"三期"全程温度智能化精准控制的保鲜新模式，使果蔬损耗率由25%~30%降到10%以下；建立5种果蔬精准温控与生理调控联用、4种果蔬精准温控与MA气调联用、4种果蔬精准温控与生物保鲜联用的复合保鲜新工艺，实现果蔬的长距离贮运、异地调运，提高果蔬附加值50%~100%。项目执行期间，累计流通和保鲜果蔬1.21万吨，实现销售收入1.91亿元，新增效益6437万元，其中天津地区3年累计流通和保鲜果蔬3854吨，销售收入5174.89万元，新增效益1573.40万元；获直接经济效益1405.01万元；授权专利5项，其中发明专利3项，计算机软件著作权3项，发表论文32篇，培养博士后1人、硕士12人。

（国家农产品保鲜工程技术研究中心（天津））

【高效绿色木霉、芽孢杆菌多功能微生态菌剂的中试及示范】 由天津市植物保护研究所、天津市汉邦植物保护剂有限责任公司王勇、赵国强、王万立、杨秀荣承担的天津市科委科技支撑项目，2016年4月通过专家鉴定。通过完善营养物质、控制发酵条件，改进木霉菌和枯草芽孢杆菌规模发酵技术，开发枯草芽孢杆菌和木霉菌（深绿木霉、绿色木霉）原粉的规模发酵工艺各1套，枯草芽孢杆菌含量 $>10^{11}$ 个/g，木霉菌原粉孢子含量 $>5\times10^{8}$ 个/g；集成创新出以深绿木霉、绿色木霉和枯草芽孢杆菌为活性成分的木霉·芽孢杆菌菌剂、生物有机肥和复合微生物菌肥；建立土壤中可培养微生物菌群的测定方法（平皿计数法）和土壤中主要土传植物病原真菌的测定方法（选择性培养法），可有效监测土壤中微生物菌群和病原真菌的动态水平，检出率≥100cfu/mL。项目执行期间，示范推广8.5万亩，综合防效80%以上，平均增产15.2%，亩增收节支1650元。

（刘晓琳）

【以农业副产物为基质生防枯草芽孢杆菌B579固相发酵技术研究】 天津市农科院院长基金项目，由孙冰冰、田涛、李伟等完成，2016年6月通过结题验收。通过培养基与培养条件优化，研制出枯草芽孢杆菌B579固相发酵技术最优工艺1套，固相发酵基质菇渣与麦麸比例为11：9，接种量为6%，发酵温度为32℃~37℃，发酵湿度为60%，pH值为7.6，发酵周期72h；采用枯草芽孢杆菌B579固相发酵技术工艺，发酵产物中活菌数达到 1.93×10^{11} cfu/g，相比液相发酵提高15倍，生产成本下降37.5%。

（刘晓琳）

卫生健康科技

概　况

【天津市卫生计生委概况】　2016年，天津市卫生计生委以临床需求为导向，制定《天津市“十三五”医学重点学科建设规划》，集中力量重点突破，建立较完善的科技研发支撑体系，扩大国际科技合作与人员交流平台，初步建立卫生科技应用研发评价体系。组织完成天津市“临床医学研究中心”认定工作，中国医学科学院血液病医院、天津医科大学总医院、天津市肿瘤医院、天津市第一中心医院、天津市南开医院、天津市中医药大学附属第一医院、武警后勤学院附属医院等七家单位被天津市科委、天津市教委、天津市卫生计生委认定为天津市市首批“临床医学研究中心”。组织完成2016年度市科委自然科学基金项目遴选及推荐工作，组织申报天津市应用基础及前沿技术研究计划（重点）项目17项，天津市应用基础及前沿技术研究计划（一般）项目14项。天津市应用基础及前沿技术研究计划（青年基金）项目38项。2016年，获得市科委立项14项，完成课题验收203项。“影响白内障手术后视觉质量因素的综合分析和临床应用”等8个项目获2016年度天津市科技进步奖，其中由天津市第一中心医院杜洪印、喻文立、翁亦齐等承担完成“肝移植围术期远隔脏器损伤防治策略的建立与应用”等5项成果获2016年度天津市科学技术进步二等奖；由天津市胸科医院、天津市心血管病学研究所丛洪良、李曦铭、胡越成等承担完成的“心血管疾病患者的血尿酸调控方案”等3项成果获2016年度天津市科学技术进步三等奖。

（刘　群）

【天津医科大学科技概况】　2016年，天津医科大学获得纵向科研项目276项，科研经费超过9489万元。国家自然科学基金立项158项，直接经费6476.32万元。据2016年8月公布的数据显示，学校在国家自然科学基金立项数TOP100单位中位列第47位，在国家自然科学基金委员会医学科学部立项数TOP20高校中位列第18位。其中，“针对高负荷肿瘤的个体化医疗研究”获国际（地区）合作研究项目；“雪旺细胞外泌体调控proBDNF修复脊髓损伤的研究”和“前胰岛素原低效跨膜转位和蛋白稳态失衡在胰岛beta细胞衰竭和糖尿病中的作用”获重点国际合作研究项目；“缺血性脑损伤对免疫系统的影响：器官特异性因素和作用机制”和“炎性因子激活NF-κB/STAT3通过表观遗传修饰调控肿瘤细胞恶性行为及前转移微环境形成的机制研究”获重大研究计划集成项目；肿瘤医院李兵辉教授获优秀青年科学基金项目。获得科技部国家重点研发计划项目及课题4项，科研经费928.25万元，其中“肿瘤干细胞命运决定中表观遗传调控机制的研究”获得国家重点研发计划青年科学家项目。获得省部级科研项目共计95项，资助经费1056.8万元。第二医院牛远杰教授入选国家“万人计划”科技创新领军人才；肿瘤医院宋丰举副研究员等6人、总医院施福东教授负责的临床神经免疫创新团队等2个团队入选第三批天津市创新人才推进计划。基础医学院尚永丰院士主持完成的“乳腺癌发生发展的表观遗传机制”获得2016年度国家自然科学奖二等奖，实现学校国家自然科学奖零的突破。肿瘤医院付丽教授从106名提名人中脱颖而出，作为7名获奖科学家之一，获得2016年度何梁何利基金科学与技术进步奖医学医药奖。全年获得省部级科技成果奖励9项，其中“胰腺癌精准诊疗体系建立的临床与基础研究”“乳腺浸润性微乳头状癌的系列研究及应用”“炎症反应、凝血功能评价系统在冠心病外科治疗中的建立与应用”等3项成果获得天津市科技进步一等奖，“国人碘安全摄入水平研究”获得教育部高等学校科研优秀成果奖（科学技术）二等奖。医科大学发表SCI收录论文的数量、质量再创新高，*Nature*，*Nature Genetics*，*Cancer Cell*，*Nature Neuroscience* 等国际一流学术期刊上发表学校科研人员的研究成果。2016年，以天津医科大学为作者单位发表SCI收录论文1431篇，影响因子大于5的达到244篇，较2015年增长86.3%。全年举办“校长论坛”13场，邀请美国托马斯杰弗森大学终身教授、杰出青年科学基金获得者马新亮博士等专家学者，为全校师生作学术报告。学校药理学与毒理学学科进入ESI全球学科排名前1%。全年签订横向科技合同13项，经费总计149.85万元。选派14名科技特派员为天津市科技型中小企业提供技术改造、技术开发等服务。全年申请专利26件，其中国家发明专利23件。全年授权专利16件。（赵学铭）

【天津中医药大学科技概况】 2016年，天津中医药大学共申请各级各类课题514项，新增纵向课题89项，其中包括新增国家级课题53项、新增省部级、局级课题36项；新增科研经费总计7004.73万元，其中含纵向科研经费5793.45万元，横向科研经费1211.28万元；新增到账科研经费总计8090.80万元，其中含纵向科研到账经费6623.21万元，横向科研到账经费1467.59万元。2016年，共获得科研成果22项，其中国际领先水平4项，国际先进水平2项，国内领先水平9项；获得各级各类科技奖项13项；申请专利37项，授权专利36项，获得软件著作权1项。2016年，发表SCI收录论文总计222篇。Web of Science JCR分区第一单位1区论文共计34篇，单篇最高影响因子为7.145，平均影响因子2.36。发表EI收录论文44篇；SSCI收录论文总计9篇；发表3篇CPCI收录论文；发表中文学术论文总计2356篇。2016年，天津中医药大学与天津药物研究院有限公司等30余家单位建立良好的合作关系，共签订39项校企联合科研课题，总经费1211.28元。选派16位中青年科研专家作为科技特派员入驻科技型中小企业，与企业保持长期稳定的合作。2016年天津中医药大学科技成果转化中心开展多项成果转化活动。中医学等5个学科参评教育部第四轮学科评估。“中医药防治心血管疾病研究”创新团队获得教育部滚动支持，6支天津市创新团队通过验收。2016年5月“基于体内过程中药药效物质基础研究创新团队”入选2015年科技部创新人才推进计划重点领域创新团队。2016年9月获得天津市青年科技优秀人才一项。（魏　巍）

【天津市疾病预防控制中心科技简况】 2016年，天津市疾病预防控制中心（以下称中心）获得各级科技基金项目11项。其中，国家转基因重大专项“十三五”合作课题1项；天津市科技战略研究计划项目1项；天津市科学技术普及活动2项；天津市卫计委攻关项目2项；中心科技计划项目5项，获批科研经费约339万元。年内中心主持的1项国家自然科学基金面上项目完成研究计划全部内容，通过结题验收。完成各级科技基金项目结题验收和自选课题申报科技成果的审查与评审29项，其中8项局级课题通过市卫计委结题验收并进行科技成果登记；1项国家自然基金、2项中心储备和1项自选课题通过科技成果认定，1项专利、4项地方标准进行科技成果登记；6项局级、3项中心储备课题通过市卫计委结题验收和科技成果认定待进行科技成果登记；3项中心储备课题通过学委会专家结题验收。2016年，获得天津市市场和质量监督管理委员会批准发布实施的地方标准2项、另有2项修订计划项目通过天津市质量技术监督局组织的专家审评，待发布实施；12项被天津市市场和质量监督管理委员会批准为2017年修订计划立项项目。2016年，获得国家知识产权局授权专利8项，受理职务发明专利1项、实用新型专利8项。中心获得天津市科技进步二等奖1项，连续11年荣获省部级科学技术奖；发表论文、综述共计166篇，与2015年同期相比增加37.2%。发表在SCI收录期刊论文8篇，发表外文专业期刊论文2篇，发表科技核心期刊论文136篇，综述16篇，其中SCI发表论文占发表总数的4.9%；在中华类期刊上发表论文14篇，占发表总数的8.6%；发表在影响因子大于1的期刊上的学术论文31篇，占发表总数的19.1%，其中最高影响因子达到5.57。2016年，中心进一步加大对科技创新的扶持力度，投入100余万元作为科技发展基金，对29位成绩突出的学术骨干进行科技进步奖励。

（李　芮）

【现代中药产业技术研究院】 天津市现代中药产业技术研究院2015年成立，2016年承担天津市科技重大专项与工程计划互联网跨界融合创新示范工程——互联网先进中药制药示范工程，与山东潍坊精鹰医疗器械有限公司签订框架合作协议。建立基于分时段PLS模型的过程质量预测新方法；继续推进基于近红外的泡沫定量检测和基于适配体的微生物快速检测方法；详细研究换热网络优化技术在中药浓缩过程中的应用实施；部分完成中药制造物联网设计和设备采购以及部分示范线设备招标工作；成功举办第4期中成药二次开发技术与大品种培育高研班。2016年，《中药现代化二十年(1996—2015)》出版，该书由校长张伯礼院士任主编。系统回顾中国中药现代化20年走过的发展历程，梳理和总结中药现代化研究取得的成果、经验，展望未来发展的战略方向和重点任务。

（魏　巍）

【天津中医药大学科技成果转化工作】 天津市科技成果转化中心（简称中心）是《天津市“高校科技创新工程”实施意见》重要建设内容，依托天津中医药大学、天津中医药科技开发公司建设。中心在天津中医药大学及天津中医药科技开发公司的工作条件及研究成果的基础上，借助现有资源，发挥基础科研及教育资源优势，并结合多年来摸索的科技成果转化的模式和方法开展工作，促进创新创业与科技成果转化专业人才的培养建设校企协同创新高地，重点将适合产业化的关键技术进行推广应用，促进研究成果的产业化、市场化，降低成果转化风险、提升成果转化效率；起到示范作用，并实现以点带面，提高师生的创业及为企业提供服务的积极性，带动区域中医药领域整体发展。2016年11月，中心主办天津中医药大学科技成果展洽会。（魏　巍）

学术活动

【天津中医药大学举办第一届循证中医药学国际论坛】 2016年6月3日～5日，由天津中医药大学与中国循证医学中心/中国Cochrane中心、中华中医药学会、中意中医药联合实验室主办,校循证医学中心、中华中医药学会临床药理专业委员会和内科分会青年委员会、天津市中西医结合学会循证医学专业委员会承办的“第一届循证中医药学国际论坛”在津举行。论坛以“中医药·优势与证据”为主题，校长张伯礼院士，四川大学华西医学院李幼平教授担任大会主席。意大利国立卫生研究院中意中医药联合实验室协调员Alice Josephine Fauci女士出席开幕式并致辞。来自英国、意大利、韩国、日本、新加坡等多个国家和中国香港等地区从事循证医学、中医药研究的专家学者和企业代表200余人参加。大会秘书长、校中医药研究院副院长、循证医学中心主任张俊华主持开幕式。四川大学华西医学院李幼平教授、意大利国际卫生研究院Francesca MennitiIppolito教授、香港浸会大学卞兆祥教授、韩国东方医学研究院Myeong Soo Lee教授、英国牛津大学YuLing Ma教授等本领域专家做主题学术汇报，专家回答与会代表提出的问题，交流积极踊跃。论坛举办循证医学与系统评价培训班，来自全国各地的80多位学员参加培训。

（魏　巍）

【天津中医药大学承办2016年国家人社部高级研修项目“中成药二次开发技术与大品种培育”研修班（第四期）】 2016年11月13日，由国家人力资源和社会保障部、天津市人力资源和社会保障局、天津市科学技术协会主办，天津中医药大学中药制药工程学院、天津市现代中药产业技术研究院、天津现代中药协同创新中心、天津中医药大学科技成果转化中心承办的2016年国家人社部高级研修项目“中成药二次开发技术与大品种培育”研修班（第四期）在天津启动。培训内容包括中药质量标准化技术研究，中药制药过程质量控制技术与标准化研究，基于网络药理学的中成药大品种培育方法及实践，中药大品种二次开发的安全性关注，中药配方颗粒质量标准研究，基于DNA条形码技术的中药材质量控制技术等。

（魏　巍）

【天津中医药大学承办2016全国冠心病中医临床研究联盟第六届学术研讨会】 2016年12月31日，

由冠心病中医临床研究联盟、天津市中医药学会心血管病专业委员会主办，天津中医药大学第一附属医院、冠心病国家中医临床研究基地、教育部“中医药防治心血管疾病研究”创新团队承办“2016全国冠心病中医临床研究联盟第六届学术研讨会”在天津举办。研讨会汇聚来自全国各地772位从事冠心病医、学、产、研多领域专家学者共同研讨中医药防治冠心病的理论、技术、方法和策略，分享联盟协作的研究成果。冠心病中医临床研究联盟自成立以来已连续6年举办学术研讨会，联盟成员单位充分发挥协作精神，共同完成数个大型临床研究。在会上，由天津中医药大学第一附属医院承担、联盟单位共同参与的“冠心病中医病因及证候流行病学调查研究”和“芪参益气滴丸治疗冠心病心力衰竭的临床评价研究”进行结果发布。大会设置自主原创专题，邀请30余位国内知名专家、学者，围绕冠心病、心力衰竭、心脏康复、心脏重症等领域的中西医结合原创研究及诊治进展等方面问题，通过专题演讲形式进行学术交流。（魏　巍）

【乳腺癌防治教育部重点实验室五年评估】 2016年，依托于天津医科大学肿瘤医院的乳腺癌防治教育部重点实验室完成由教育部科技发展中心开展的生命领域重点实验室评估工作，教育部重点实验室是国家科技创新体系的重要组成部分，定期评估是实验室管理的重要环节。为加强实验室管理，提升实验室创新能力和水平，根据《教育部重点实验室建设与管理办法》和《教育部重点实验室评估规则（2015年修订）》的要求，教育部重点实验室每年评估1~2个领域，按照数理地学、生命、信息、材料工程、化学的顺序轮流进行，每个实验室的评估周期为5年。参加该生命领域评估的重点实验室共有156个。“乳腺癌防治教育部重点实验室”自批准建设以来，从基础与转化研究、人才培养、学术交流等方面，加强实验室建设和发展，旨在建设高水平的乳腺癌防治研究基地。实验室紧密围绕乳腺癌的流行病学、早期诊断、发生、转移机制及综合治疗等方面的关键科学问题，开展基础与临床密切结合、多学科广泛交叉的研究，为乳腺癌防治提供新技术和新方法，推进乳腺癌个体化诊疗进程，最终提高乳腺癌的整体防治水平。2016年7月~12月该实验室经过初评、现场考察和综合评议3个阶段，以良好的成绩顺利通过此次教育部重点实验室评估。（李　青）

【“肿瘤学”获批天津医科大学“十三五”一流学科建设项目支持】 2016年9月天津医科大学发布关于开展“十三五”综合投资学科建设项目申报工作的通知，天津医科大学肿瘤医院为了更好地规划医院学科整体建设，冲击一流学科，经院领导讨论决定将“十二五”的“肿瘤学科”“流行病学科”“生物治疗学科”整合形成“十三五”的“肿瘤学科”。拟建设六个研究方向（恶性肿瘤个体化治疗研究、常见恶性肿瘤三级防治综合队列研究、肿瘤及其异质性的分子机制研究、恶性肿瘤治疗新靶点及新药研究、肿瘤免疫治疗新技术探索、个体化精准肿瘤外科的临床应用及转化研究）。经学科负责人向专家组汇报后成功获得天津医科大学一流学科引领计划资助，该项目资助期为五年，每年500万元经费支持，合计2500万元。（李　青）

【天津第一届国际视网膜论坛暨临床病例讨论会】 2016年10月29日天津第一届国际视网膜论坛暨临床病例讨论会在天津医科大学眼科医院召开。会议邀请新加坡、美国、加拿大、荷兰、澳大利亚等国际知名专家、国内眼科知名专家十余名以及80余名医务工作者参加。会议以视网膜疾病为主题，全英文交流形式，分为专题演讲、疑难病例讨论两个部分。会议介绍视网膜疾病的最新发现成果及治疗攻略、为疑难病例的诊疗提供思路与方法。旨为年轻的眼科同行搭建英文交流的平台，通过这样的锻炼使其逐步走向更广阔的国际舞台。（杜　静）

【中国超声医学工程学会第十届全国眼科超声医学学术会议】 第十届全国眼科超声医学学术会议于2016年10月14日~15日在天津医科大学眼科医院召开。会议由中国超声医学工程学会主办、天津医科大学眼科医院承办。全国数十位知名专家以及近200名眼科、超声界同仁到会。开幕式由大会执行主席、天津医科大学眼科医院副院长孙丰源教授主持。中国超声医学工程学会前会长段宗文教授、副会长贾建文教授，天津医科大学党委书记姚智教授，中国超声医学工程学会天津超分会主委焦彤教授分别致辞。中国超声医学工程学会前会长段宗文教授为“中国超声医学眼科超声先驱奖”获得者——宋国祥教授、胡士敏教授颁发奖牌。宋国祥教授是中国眼眶病和眼科超声的创始人，担任中国超声医学工程学会眼科专业委员会首任主任委员。胡士敏教授曾任眼科专委会的第2、3届主委。与会40多位专家学者进行发言，大家共同探讨眼科及眼科超声的最新进展，达到相互学习与借鉴，促进合作与发展的目的。同时，中国超声医学工程学会眼科专业委员会换届，产生第六届眼科超声专业委员会的委员、常务委员、副主任委员和主任委员。

（杜　静）

【天津市医学会遗传咨询分会成立大会暨第一次学会报告会】 2016年12月17日，由天津市医学会主办，天津医科大学承办，天津医科大学遗传学系和研究生院协办的天津市医学会遗传咨询分会成立大会暨第一次学会报告会在天津开幕。来自大学、科研院所、临床医院、妇幼保健机构的专家、学者、医生和教师等300余人参加会议。天津市科协主席、著名结构生物学家饶子和院士等领导、专家出席大会开幕式。大会特邀贺林院士等12位专家做学术报告。遗传咨询是一个综合性、交叉性的学科领域，该领域对于人口健康和民族发展极为重要。通过遗传咨询能够对人类健康特别是那些能够预防但是治疗上缺乏有效措施的疾病提前做出诊断。遗传咨询分会的成立搭建3个平台：一是学术交流的平台，使不同学科背景、不同领域专家、学者相互交流、碰撞，促进学科的交叉融合，共同促进遗传学科的发展；二是医患沟通的平台，遗传咨询是一个直接与病人打交道的行业，为病人提供遗传风险评估和指导，同时将先进的技术以易懂的宣传方式传播给大众，为普通大众遇到的遗传问题提供建议和相关解决方案，提高先进医疗技术的转化和临床应用；三是人才培养的平台，遗传咨询对从业人员的专业性和业务的综合素质具有较高的要求，学会通过专业培训、学术交流的形式为从业人员进一步把握国际前沿、提高业务能力、做出一流工作打下坚实的基础。

（戚　红）

【第一届中加国际免疫相关疾病研讨会暨2016年天津市免疫学会、天津市生命科学学会联合体年会召开】 2016年10月10日，第一届中加国际免疫相关疾病研讨会暨2016年天津市免疫学会、天津市生命科学学会联合体年会在天津召开。会议由天津市免疫学会、天津市生命科学学会联合体年会主办，天津医科大学免疫学系、加拿大曼尼托巴大学免疫学系承办。大会特邀南开大学生科院国家重点实验室主任李鲁远教授等11位专家围绕免疫相关疾病为主题做学术报告。来自全市高校、科研院所、临床医院的中青年专家以及从事免疫学及相关学科的基础及临床工作者、研究生200多人参加会议。免疫学是当今生命科学领域发展最快的前沿学科之一，现代免疫学的基础理论和实验技术已经渗透到生物医学研究的各个领域。免疫学基础理论在免疫应答过程中的信号转导、基因调控等方面取得的突破，为研究肿瘤、感染性疾病、自身免疫病、移植、免疫缺陷病的机制和相关疾病的诊断、治疗和预防提供新思路、新方法。该项研究，加拿大曼尼托巴大学免疫学系在华裔免疫学家杨熙教授的带领下在多个方向取得重要成果，2015年与天津中医药大学联合创建“细胞微环境与疾病国际科技合作基地”。各位专家学者从不同角度深入探讨免疫相关疾病中的热点问题，旨在加强天津市免疫学研究的发展及与临床各学科之间的沟通。

（戚　红）

【2016多不饱和脂肪酸代谢与疾病国际研讨会召开】 2016多不饱和脂肪酸代谢与疾病国际研讨会于2016年10月21日~23日在天津召开。多不饱和脂肪酸代谢复杂，涉及疾病种类繁多，其研究涵括从传统分子及细胞生物学，动物模型研究到现代前沿的各种组学、药理学等学科的交叉。近年来，许多研究表明PUFAs代谢产物如前列腺素、白三烯等存在激素样的效应，它们不仅调控

糖脂代谢、胰腺内外分泌，而且在血管功能稳态维持及肿瘤的发生发展中也发挥重要作用。为了把握多不饱和脂肪酸代谢研究的最新进展，为加强国内外同行之间的学术交流与合作，进一步提升国际竞争力，举办多不饱和脂肪酸代谢与疾病研究国际研讨会。研讨会邀请多位国内及国际相关领域一流专家学者，通过与会者报告、墙报展示等形式，组织基础研究、营养学和医疗系统的代表，就多不饱和脂肪酸代谢与疾病进行广泛交流，为开展国际国内合作奠定基础。会议在"脂质代谢与疾病""细胞色素P450与表氧化物水解酶代谢产物""环氧酶与脂氧酶代谢产物""脂质代谢与脂质组学""前列腺素类代谢产物""omega-3多不饱和脂肪酸代谢"等热点研究领域进行研讨并展示前沿成果。（戚　红）

基础医学研究

【急进高原救援群体性高原反应机制及防治研究】 由中国人民武装警察部队后勤学院附属医院、青海省高原医学科学研究院、中国航天科工集团第二研究院六九九厂、烟台宏远氧业有限公司侯世科、樊毫军、范斌、吴天一、刘世明、白松等完成，获2016年度天津市科技进步一等奖。

①急性高原病防治基础与临床研究：阐明急进高原救援群体性高原反应发病机制是高原低压、低氧和急进高原救援体力消耗大、过度劳累、精神压力而导致机体耗氧量迅速增加,加速缺氧代偿失调，导致急性高原反应发病率（86%）明显高于普通人群（39.5%），随海拔高度、急进速度增加，急性高原反应发病率相应增加。实验证实，急性低压、低氧可对肺、脑以及消化、血液、免疫系统等产生损伤。蕨麻正丁醇提取物通过抗氧自由基与脂质过氧化作用保护脑细胞，较其他药物效果好，增压可重塑机体活动的生理环境，有效提高PaO_2、SaO_2，降低血浆VEGF浓度，保护肺脏和心肌组织，预防急性高原病的发生，是最有效的防治方法，为系列增压装备研发奠定基础。② 急进高原救援群体性高原反应救治技术平台研究：在研制高原增压帐篷、高原增压舱基础上，通过原始创新设计和集成创新技术，研发集增压增氧、空气指标智能监测、医疗急救等技术于一体的高原救护车。测试表明，该技术平台机动性能强、增压稳定可控、安全可靠，为群体急性高原反应防治提供新的技术保障。③ 急进高原救援群体性高原反应救治技术标准和应用效果研究：研究发现中国汉族男性青年VEGF基因中存在预测急性高原病易感人群的等位基因，可作为急进高原救援队员筛选指标；提出基于增压平台的急进高原救援群体性高原反应救治技术标准。应用表明，可有效提高SaO_2，减慢HR，改善睡眠质量，综合疗效更佳。

该成果已推广至高原医疗保障、高原交通抢险、高原矿藏开发、高原航天试验基地等单位。

（中国人民武装警察部队后勤学院附属医院）

【肿瘤靶向多肽纳米纤维作为疏水性抗肿瘤药物载体的研究】 国家自然科学基金青年项目，由中国医学科学院放射医学研究所杨翠红、刘庆芬、闫玉军等完成，获得2016年度天津市科技进步二等奖。围绕"纳米纤维明显提高体内肿瘤组织选择性""D构型非天然氨基酸提高自组装多肽体内稳定性"的方向，设计一组肿瘤靶向多肽分子，并将D构型非天然氨基酸引入到多肽序列中以降低体内蛋白酶的识别和降解作用，从而达到提高多肽体内稳定性的效果。该组分子在体外可以自组装形成纳米纤维，结合多肽纤维荧光标记技术和放射性同位素碘［125］标记技术分别研究多肽纳米纤维的体内外稳定性和分布代谢以及肿瘤组织选择性。以10-羟基喜树碱和姜黄素为模式药物在细胞水平和动物水平上对多肽纳米纤维的抑瘤效果进行系统研究。首次在体内证明D构型氨基酸的引入能明显提高多肽纤维的体内稳定性，作为载体包载抗肿瘤药物后，发挥更好的抑瘤效果；开发具有良好体内稳定性以及高效肿瘤组织选择性和靶向性的自组装多肽分子，为新型高效抗肿瘤药物载体的设计提供新的思路和方法。项目执行期间，发表第一作者论文5篇，通讯作者论文3篇，其他论文6篇，会议论文3篇；申请成果登记2项；申请专利一项。（杨翠红）

【糖尿病并发心血管疾病新型疗法的基础与应用研究】 由南开大学、昆明医科大学第二附属医院、天津市人民医院赵强、柯亭羽、齐新、王连永、孔德领等完成，获2016年度天津市科技进步二等奖。① 建立人工血管的制备新技术，通过血管材料的结构调控和表面功能化修饰，构建具有良好的血液相容性和诱导内皮快速形成功能的人工血管，成功解决血管植入后“细胞化”困难的瓶颈问题，改善血管组织再生重构。②应用干细胞移植并结合新型生物材料技术治疗缺血性疾病，包括新型干细胞的应用、细胞移植载体、干细胞微环境调控和分子影像技术等，开展干细胞治疗心肌缺血、肾缺血、脑缺血、下肢缺血等动物实验研究，并开展脐血间充质干细胞治疗Ⅰ型糖尿病的临床应用。③运用多种血流动力学压力参数与风险评估结合，对糖尿病人合并心血管疾病进行危险分层，指导临床按照不同危险度分别进行危险因素干预，包括冠脉介入及强化药物等治疗，进一步优化糖尿病合并心血管疾病的诊疗方案，有效地改善患者的预后。新型心血管材料的制备技术在第四军医大学西京医院、上海儿童医学中心等单位得到应用，3D打印技术和组织交联固定工艺成功应用于小儿先心手术，上海交通大学第九人民医院肾内科将干细胞应用于脓毒症的治疗；糖尿病并发心血管疾病的风险评估方法在天津市人民医院、天津市第四中心医院等多家单位稳定应用，在糖尿病合并心血管疾病的血管病变评估方面发挥重要作用。（南开大学）

【中国居民碘膳食参考摄入量的基础研究与应用】 由天津医科大学张万起、沈钧、谭龙等完成，获2016年度天津市科技进步二等奖。研究包括4部分。第一部分历时8年，分两期实验，完成国内首个成人补碘RCT研究，确定成人碘摄入安全上限值为600μg/d。第二、三部分历时3年，通过大型流行病学调查，发现儿童尿碘浓度在300μg/L时甲状腺体积出现轻度增大，大于600μg/L是亚临床甲减危险因素，孕妇尿碘浓度大于250μg/L其发生亚临床甲状腺功能减退危险性增加。第四部分历时3年，依照循证营养学方法和理论，补充标准中未含有的平均需要量，对其他标准进行相应调整，该研究成果将全国成人碘UL值从1000μg/d下调至600μg/d。

项目执行期间，发表文章24篇，其中SCI 3篇（均为SCI一区），5年影响因子累计18.457，其中对成人的研究结果发表在学科顶级杂志*AJCN*（5yIF=7.196），被美国*NIH*，*Medline Plus, Health news, WHO ICCIDD News Letter*，中国营养学会和路透社等多家专业机构和主流媒体转载报道；对儿童和孕妇的研究结果在*JN*（5y IF=4.445）和*JCEM*（5y IF=6.568）杂志上发表，被*WHO ICCIDD*、*NIH*、欧洲甲状腺协会、西班牙*Soriguer*、荷兰*Peeters*引用；新修订的DRIs标准为指导中国居民碘营养提供重要参考；培养博士生6名、硕士生19名、本科生35名。（天津医科大学）

【多倍体肿瘤巨细胞在肿瘤发生发展过程中的作用及其机制】 由天津市人民医院张诗武、张锡朋、王华庆等完成，获2016年度天津市科技进步三等奖。利用氯化钴和紫杉醇在体外分离纯化多倍体肿瘤巨细胞（Polyploid Giant Cancer Cells, PGCCs）。PGCCs具有肿瘤干细胞特性。当PGCCs从严重缺氧的打击中恢复后，采用出芽等方式产生子代细胞和红细胞，这些红细胞内的血红蛋白为胚胎性血红蛋白，该蛋白与氧气结合能力强，满足肿瘤细胞在缺氧微环境下存活的需要。PGCCs出芽产生的子代肿瘤细胞发生上皮间充质转换（EMT），肿瘤细胞侵袭和转移能力增强，动物实验证实这些子代肿瘤细胞形成的移植瘤发生明显的肉瘤样改变；证实PGCCs通过出芽等不对称分裂产生子代细胞和胚胎性血红蛋白构成的红细胞，单个PGCC在动物体内成瘤，PGCCs产生的子代细胞侵袭转移能力增强，肿瘤间质中是否出现单个PGCC是预测肿瘤淋巴结转移一个主要指标。首次在体内外证实PGCCs产生由胚胎性血红蛋白构成的红细胞，提出c-Myc是肿瘤细胞产生红细胞的关键调控蛋白。PGCCs被诱导成良性的脂肪、骨和软骨组织为肿瘤的诱导分化治疗提供实验依据。此外，肿瘤间质中是否出现单个PGCCs及其出芽产生的子代细胞，预测肿瘤是否出现淋巴结和/或远处转移，肿瘤细胞产生由胚胎性血红蛋白构成的红细胞，为抗肿瘤治疗开辟新的思路。该研究所建立的技术方法和相关研究结论，在天津市及国内其他省市28家医疗单位得到应用。（刘　群）

【少年儿童骨髓衰竭疾病诊疗标准体系的建立】 由中国医学科学院血液病医院（血液学研究所）竺晓凡、郑以州、张凤奎等完成，获2016年度天津市科技进步三等奖。通过回顾性及前瞻性临床试验，建立并规范国内儿童骨髓衰竭性疾病的诊疗体系；建立儿童骨髓衰竭性疾病的预后新指标；研究中国儿童先天性骨髓衰竭性疾病的主要致病基因，探索其发病机制。该项目特点：新诊疗体系的建立，是新技术与旧诊疗体系的结合，对疾病的诊断和预后具有指导意义，充分体现研究成果的先进性；对先天性骨髓衰竭性疾病发病机制的基础研究，填补国内该领域的空白；通过分析目前国内外儿童骨髓衰竭性疾病的诊断及治疗特点，结合基本国情制定的诊疗方案，更易临床推广；建立培训平台，研究成果得以共享，平衡医疗资源。项目执行期间，主要完成人在全国儿科血液学会议上多次详解儿童骨髓衰竭性疾病的诊疗常规，并针对非重型再生障碍性贫血的治疗选择及临床预后提出与国外不同的观点，建立符合中国患者特征的治疗方法，发表相关论文多篇，执笔“儿童获得性再生障碍性贫血诊疗建议”并在《中华儿科杂志》发表；重型再生障碍性贫血的治疗方案选择上获得初步结果，发表相关论文1篇，治疗方案已在多家单位试用；相关内容在儿童血液学继续教育学习班上多次宣讲，学员来自全国各地。

（中国医学科学院血液病医院［血液学研究所］）

【结直肠癌发展过程中细胞间隙连接通讯功能研究】 天津市卫生计生委科技基金项目，由天津市人民医院王弋嘉、赵振营、杨晓云等承担完成，2016年7月通过天津市卫生计生委组织的专家结题验收。应用结肠癌细胞系深入探讨连接蛋白（Connexin43，Cx43）的表达对化疗药物细胞毒性的影响。结果显示，通过转染的方法，能够显著提高各个癌细胞系中Cx43的表达，并且增强细胞膜的表达。Cx43的表达能够增强GJIC的功能，并且能够促进顺铂、奥沙利铂和紫杉醇在结肠癌细胞系中的毒性作用。其中，Cx43表达能够促进顺铂和奥沙利铂处理细胞中的活性氧水平，从而增加细胞毒性；Cx43表达能够促进紫杉醇聚合微管蛋白和阻断有丝分裂的效果，从而增加细胞毒性；高浓度的奥沙利铂和紫杉醇对GJIC功能会有抑制作用，从而反作用于药物的细胞毒性。研究发现Cx43的表达水平以及细胞间隙连接通讯的功能，能作为指导化疗用药方案的主要指标。通过检测患者标本的Cx 43表达情况，用于指导临床用药。

（刘　群）

【器官移植相关脑损伤及异丙酚脑保护机理研究】 天津市卫生计生委重点攻关项目，由天津市第一中心医院喻文立、杜洪印、翁亦齐等承担完成，2016年7月通过天津市卫生计生委组织的专家结题验收。通过建立自体原位肝脏移植动物（大鼠）模型，模拟人肝移植手术病理过程，采用酶联免疫吸附分析法（ELISA）测定肿瘤坏死因子-α（TNF-α）、白细胞介素-6（IL-6）、酸性结合蛋白（S100β）和神经元特异性烯醇化酶（NSE）浓度；取海马组织，测定丙二醛（MDA）含量和超氧化物歧化酶（SOD）活性，硝酸还原酶法检测NO的浓度，采用逆转录-聚合酶链反应（RT-PCR）测定iNOS、JAK2、STAT3 mRNA表达水平，采用蛋白免疫印记法（Western blot）检测p-JAK2、p-STAT3的蛋白表达水平，光镜下观察海马组织病理学改变，采用TUNEL荧光标记法检测海马组织的凋亡细胞。探讨丙泊酚和乌司他丁对肝移植脑损伤的保护作用。结果显示，自体原位肝脏移植术后，可导致大鼠海马组织缺血再灌注损伤，炎症反应、氧化应激和细胞凋亡可能参与其损伤。自体原位肝脏移植术可以激活JAK/STAT信号通路，丙泊酚可降低肝移植大鼠海马组织中S100B和NSE的浓度、p-JAK2、p-STAT3的蛋白表达水平，丙泊酚后处理通过抑制JAK/STAT信号通路，减轻大鼠自体原位肝脏移植术致海马组织损伤的影响。研究发现，乌司他丁可降低脑损伤标志物的浓度和减轻炎症反应的程度。临床研究证实，乌司他丁对小儿肝移植术后脑损伤具有一定的保护作用。（刘　群）

【白藜芦醇通过作用STAT5途径治疗CML的实验研究】 慢性粒细胞白血病（Chronic Myeloid Leukemia，CML）是一种危害性较大的造血干细胞恶性克隆增殖性疾病。研究发现白藜芦醇（Resveratrol，RES）具有多种生物活性，可抑制多种肿瘤细胞的增殖及诱导肿瘤细胞凋亡，具有较高的药用价值。天津市第一中心医院隋涛、赵明峰、李青等应用不同浓度RES处理K562和KU812细胞，利用siRNA技术分别抑制SHP-1和SHP-2的表达后，观察白藜芦醇对STAT5信号途径下游蛋白分子表达的影响，探讨白藜芦醇对CML细胞STAT5分子表达的影响及作用机制。结果显示，K562和KU812细胞经RES处理后，STAT5磷酸化水平显著降低，并且具有剂量依赖性，RES诱导的慢性粒细胞白血病细胞STAT5磷酸化降低与STAT5上游激酶JAK1、JAK2、Src活性抑制有关，并且酪氨酸磷酸酶特异性抑制剂Pervanadate可阻断RES诱导的慢性粒细胞白血病细胞STAT5磷酸化抑制；研究发现，RES处理细胞后，蛋白酪氨酸磷酸酶SHP1和SHP-2在mRNA和蛋白水平均表达增加，并表现为剂量依赖性，抑制SHP-1和SHP-2的表达后，可逆转RES诱导的STAT5磷酸化抑制，提示蛋白酪氨酸酶参与了RES诱导的慢性粒细胞白血病STAT5磷酸化的抑制过程。该研究为应用白藜芦醇治疗CML奠定理论基础。2016年4月，该研究通过天津市卫生计生委组织的专家结题验收。（刘　群）

【人脂肪间充质干细胞表观遗传学改变及其应用研究】 天津市第一中心医院、天津医科大学、协和干细胞基因工程有限公司王玉亮、沈中阳、李光等通过采集不同年龄段人腹部皮下脂肪组织，经过消化及传代培养获得脂肪间充质干细胞（Adipo-desmohemoblast Stem Cells，ADSCs），探讨自体ADSCs移植对肾缺血再灌注损伤（Ischemia Reperfusion Injury，IRI）的保护作用。结果显示，建立人ADSCs制备的关键技术（细胞培养条件、细胞冻存关键技术）；ADSCs表面标志物，诱导向成脂细胞、成骨细胞、成胰岛样细胞及成心肌样细胞分化，证明所分离的细胞是间充质干细胞；年龄因素影响ADSCs的生物学特性，婴幼儿供体来源ADSCs在体外增殖、迁移能力较强；三组细胞长期传代均显示正常人染色体核型，未见染色体缺失、断裂、异位等畸变；三组细胞均检测到端粒酶活性；裸鼠成瘤实验中未见肿瘤形成；自体ADSCs移植可改善IRI早期的肾功能，减轻肾小管上皮细胞的损伤，抑制细胞凋亡，促进肾缺血再灌注损伤后肾功能的恢复。2016年4月，该研究通过天津市卫生计生委组织的专家科技成果认定。

（刘　群）

【羧甲基壳聚糖载纳米银纳米粒水凝胶制备及抗感染研究】 天津市医药科学研究所承担的天津市卫生计生委科技基金项目，由史梦柔、李光远、郑夺等承担完成，2016年7月通过天津市卫生计生委组织的专家评审，并进行成果登记。课题组以羧甲基壳聚糖为药用载体,纳米银为模型药物,三聚磷酸钠为离子交联剂，采用离子交联法制备载药纳米粒。再将载药纳米粒加入羧甲基壳聚糖/戊二醛凝胶发生体系中，制备包裹载药纳米粒的水凝胶，考察其性质，体外释放、生物安全性、体外和体内抗感染作用，制得载药水凝胶同时具有纳米粒和水凝胶的优势。结果证明该给药系统有一定的缓释功能和pH敏感性，提高生物利用度，降低毒性，有应用前景，在剂型选择方面有一定的新颖性和实用性，对纳米银为代表的新一代的天然抗菌药物局部给药提供解决方案。

（史梦柔）

【槐定碱衍生物作为新型TOPO分子靶向性抑制剂的研究】 天津市医药科学研究所承担的天津市卫计委科技基金项目，由李冬冬、赵秀梅、张娜等承担完成，2016年10月通过天津市卫计委组织的专家评审，以槐定碱为原料，通过合理设计，首次将高活性磷酰氮芥基团引入到分子靶向性槐定碱结构中，设计合成15个新颖结构的槐定碱衍生物；借助计算机辅助药物设计中的分子对接技术，研究化合物与DNA-Topo I的相互作用位点；借助琼脂糖凝胶实验证实它们对酶的抑制作用；采用MTT法开展细胞水平抗肿瘤活性评价，所选肿瘤细胞株包括SMMC-7721、LOVO、MCF-7、K562、S180、H22和正常细胞株L929。筛选出体外活性高的化合物，开展体内疗效评价，有明显的抗肝癌活性；采用流式细胞实验初步探讨化合物抗肿瘤机制。通过开展分子、细胞和动物水平药理学研究及与靶点相关的机制研究，为开发槐定碱-氮芥衍生物作为候选抗肿瘤药物的临床前研究提供更多的依据和支持，具有良好的市场研发前景。项目执行期间，申请国家发明专利1项，发表SCI论文2篇，核心期刊2篇。

（李冬冬）

【雷帕霉素洗脱支架对血管内皮的作用及钙拮抗剂的干预】 天津市医药科学研究所承担的天津市卫计委科技基金项目，由袁玲、聂卫、高萍等承担完成，2016年7月通过天津市卫计委组织的专家评审。通过动物实验造模结合体外细胞实验研究雷帕霉素对内皮细胞形态和功能的影响，基本确定支架涂层药物雷帕霉素能引起血管内皮细胞损伤，并可能是雷帕霉素洗脱引起再内皮化延迟，继而诱导迟发型血栓形成的主要因素。并以雷帕霉素洗脱支架安评实验中发现的雷帕霉素影响细胞钙平衡为出发点，探讨雷帕霉素损害内皮的作用机制。而钙拮抗剂阿折地平通过发挥抗氧化和血管保护作用能有效干预雷帕霉素诱导的内皮细胞损伤。

（袁　玲）

【（P）RR介导MAPK信号通路对心肾综合征联动作用及益气温阳、活血利水治则机制研究】 国家自然科学基金青年基金项目，由天津市医药科学研究所王蕾、郝迪、李旭等承担完成，2016年3月结题。科研人员旨在证实肾素原受体（PRR）是心肾共损的联动因子的基础上，进一步求证以参附强心丸为代表的益气温阳、活血利水是通过PRR介导MAPK信号通路的非AngII依赖途径抑制心肾共损的作用机制。证实参附强心丸在PRR环节上的两个结论：①参附强心丸通过抑制心室肌和肾脏组织PRR mRNA表达，抑制MAPK信号通路p-ERK1/2，p-P38，p-JNK蛋白表达，改善心肾组织细胞凋亡，从而对心肾起到保护作用。②PRR在心脏、肾脏、下丘脑均有表达，相比较在肾脏表达更强。PRR免疫荧光表达于肾远端集合管细胞，AQP2与PRR染色于不同的细胞类型，而AQP2与PRR在下丘脑染色位置相同。该项目与临床所用ACEI和ARB不同，PRR的作用特点是非AngII依赖的，即不存在AngII对肾小球灌注压和跨膜压的负反馈导致的副作用，实验证实参附强心丸可通过抑制PRR起到保护心肾的作用，为临床提供用药依据；关于PRR与AQP2的表达实验为今后的研究提出启示，即PRR与AQP2在下丘脑的共表达对阳虚水泛机制研究是较有意义的研究靶点。

（王　蕾）

【骨髓间充质干细胞对小肠移植的保护作用及其机制研究】 国家自然科学基金项目，由天津市第一中心医院宋红丽、郑卫萍、刘涛等承担完成，2016年3月通过验收。骨髓间充质干细胞（Bone Marrow Mesenchymal Stem Cells，BMSCs）可对移植免疫发挥主要的调节作用，但单纯BMSCs存在活性偏低问题，为解决这一难题，科研人员选择血红素加氧酶-1（HO-1）及起趋化作用的受体（CXCR3）通过基因修饰的方法将其通过腺病毒同时转染到BMSCs中，从而增加BM SCs中CXCR3和HO-1的过表达，探讨输注自体Adv-（CXCR3+HO-1）/MSCs增强BMSCs、Adv-HO-1/MSCs和Adv-CXCR3/MSCs对移植小肠的保护作用。研究发现Adv-（CXCR3+HO-1）/MSCs具有直接抑制T淋巴细胞活化作用，并通过减少炎症因子的释放抑制免疫应答；Adv-CXCR3+HO-1/MSCs可以通过自分泌及诱导T调节细胞产生并分泌免疫抑制因子下调免疫反应；输注自体Adv-（CXCR3+HO-1）/MSCs增强BMSCs、Adv-HO-1/MSCs和Adv-CXCR3/MSCs对移植小肠的保护；同时Adv-（CXCR3+HO-1）/MSCs能减轻排斥反应进而实现减少受体的免疫排斥反应的发生。该研究为保护移植小肠、减轻排斥反应、延长移植小肠长期存活以及Adv-（CXCR3+HO-1）/MSCs诱导小肠移植后的免疫耐受奠定实验基础。

（刘　群）

【HBV特异性免疫效应细胞预防肝移植术后乙肝复发的研究】 国家自然科学基金项目，由天津市第一中心医院、中国人民解放军第三〇二医院沈中阳、孙丽莹、张纪元等承担完成，2016年3月通过验收。乙肝患者如果肝移植术后不进行有效地抗乙型肝炎病毒（Hepatitis B Virus, HBV）治疗，乙肝复发的风险为80%，而3年存活率仅为

44%。课题组通过转HBV基因小鼠实验验证IEC体内、外抗HBV的作用，明确预防乙肝复发的机制，为临床应用奠定基础。在动物实验基础之上，采取患者自身外周血单核细胞进行相应处理（HBcAg及HBsAg处理），得到活化的树突状细胞（Dendritic Cells，DC）与自体淋巴细胞共培养后获得特异性IEC，实现体外对HBV特异性的杀伤及对HBV的抑制作用，包括HBVcccDNA。通过检测免疫细胞表型、HBV基因序列和相关细胞因子的变化探讨其相应的机制，为临床应用奠定基础，从而为建立新的乙肝肝移植术后预防HBV复发的方案提供理论依据。该研究进一步揭示HBV感染患者体内免疫微环境对DC的作用下，DC成熟受到限制，而解除抑制后的DC可以恢复其激活T细胞的功能，并分泌大量IL-12诱导Th亚群向Th1方向极化；在DC诱导下的免疫反应中起主要作用的淋巴细胞是Tc细胞；在肝移植前加强患者抗病毒治疗，提高DC对HBsAg和HBcAg抗原肽的递呈能力，诱导Th1、Tc1应答，恢复患者针对HBV的主动免疫力有重要意义。

（刘　群）

【自体间充质干细胞移植减轻移植肝排斥反应机制的研究】　天津市自然科学基金项目，由天津市第一中心医院沈中阳、宋红丽、董冲等承担完成，2015年12月通过验收。通过系统、全面地研究并分析输注受体骨髓间充质干细胞（Bone Marrow Mesenchymal Stem Cells，BMSCs），BMSCs在移植肝中定植情况及对移植肝急性排斥反应的影响，探讨BM MSCs对移植肝及机体免疫功能的调节机制，为解决临床肝移植过程中可能出现移植肝排斥反应的发生奠定基础。体外研究证明，BMSCs有促进细胞增殖、改善缺血再灌注损伤，通过抑制淋巴细胞活性和调节细胞因子分泌水平达到抑制免疫功能作用；自体BMSCs输注后，可在移植肝中定植，可以引起移植肝局部的细胞修复并减轻其排斥反应发生；BMSCs输注后可替代修复供体肝脏中被破坏的细胞，有利于维持肝脏正常组织结构和生理功能，最终延长移植物存活。

（刘　群）

【mTOR信号通路在痛相关海马突触可塑性中的作用】　国家自然科学基金项目，由天津市第一中心医院、首都医科大学吕丹、杜洪印、喻文立等承担完成，2016年3月通过验收。哺乳动物雷帕霉素靶蛋白（Mammalian Target Of Rapamycin，mTOR）是PI3K/Akt通路的下游分子，可接受生长因子、营养、能量等多种信号，是细胞生长和增殖的关键调节分子，许多肿瘤中存在有编码mTOR信号通路相关蛋白的基因突变，这些蛋白的异常表达可引起mTOR通路的过度激活。mTOR依赖的局部蛋白合成在慢性痛所致外周伤害性感受器的敏化及脊髓背角神经元可塑性中起关键作用，但在痛相关海马突触可塑性中的作用尚待阐明。通过研究mTOR信号通路在正常大鼠海马结构中的表达与分布，及海马mTOR信号通路相关分子蛋白在大鼠持续性痛产生和维持过程中的表达变化，观察海马mTOR信号通路介导大鼠痛相关行为学改变。研究发现，mTOR及磷酸化mTOR主要分布于海马结构齿状回（DG）区的颗粒细胞中以及CA1区椎体细胞中；在外周持续性痛刺激条件下海马组织中mTOR信号通路被激活并具有时程性，并且该通路的激活与外周伤害性信息的传入密切相关；mTOR信号通路的激活在外周持续性痛导致内嗅区—海马结构突触联系和功能发生时间和空间的可塑性改变中起重要作用，提示mTOR信号通路参与外周持续性痛刺激，从而诱发的大鼠痛行为的改变。该研究从理论上揭示mTOR信号通路在痛相关海马突触可塑性的作用，为慢性疼痛的基因治疗提供新靶点。

（刘　群）

【RNAi沉默EphA2基因对肝癌细胞生长抑制的研究】　天津市第三中心医院刘辉、张森、王凤梅等收集临床肝癌患者的手术切除标本，分别检测肝癌组织和癌旁组织中EphA2蛋白、EMT相关蛋白(E-cadherin、Vimentin)及Wnt/ β-catenin通路蛋白(GSK-3β、P-GSK-3β、β-catenin、c-myc)的表达情况。利用RNAi技术沉默肝癌细胞中EphA2的表达，观察其对EMT相关标志物表达的影响，阐述EphA2异常表达在肝癌发生及恶性进展中的作用，探讨其调控Wnt/β-catenin信号通路影响肝癌细胞EMT的分子机制。结果显示，与正常肝细胞比较，两种肝癌细胞中EphA2蛋白的表达水平均显著升高，且EphA2蛋白的异常高表达，可促进肝细胞的恶性生长，抑制肝细胞的生理凋亡，提示EphA2蛋白的过表达在肝癌的发生、发展中具有主要作用。与阴性对照细胞株相比，两种肝癌细胞株中Vimentin、β-catenin、GSK-3β、P-GSK-3β表达均显著升高，提示EMT参与肝癌细胞的形成；利用RNA干扰技术建立EphA2基因沉默表达的不同肝癌细胞株，发现与两种肝癌细胞株相比，其相应的EphA2基因沉默细胞株的增殖活性显著降低，细胞凋亡率显著升高，迁移和侵袭能力显著下降，并且EMT相关蛋白Vimentin、β-catenin、GSK-3β、P-GSK-3β的表达水平均显著下降，提示EphA2高表达对肝癌细胞发生及恶性进展的促进作用，可能与调控Wnt/β-catenin信号通路的激活，从而影响肝癌细胞EMT的发生有关。2016年10月，该研究通过天津市卫计委组织的专家结题验收。（刘　群）

【Ad-VEGFs和Ad-TIMPs对大鼠血管再狭窄和心肌损伤治疗作用】 天津市卫生计生委重点攻关项目，由天津市胸科医院、天津市心血管病研究所毛用敏、宋衍秋、赵莉莉等承担完成，2016年4月通过天津市卫生计生委组织的专家结题验收。研究人员采用基因治疗的方法，用不同浓度的Hcy刺激脐静脉内皮细胞造成细胞损伤，再用携带VEGF165的重组腺病毒进行干预，48h后收集细胞提取RNA，采用Real-time PCR方法检测与氧化应激、细胞凋亡、炎症反应相关细胞因子mRNA表达，Western blot方法测定相关因子蛋白表达水平；制备大鼠心肌梗死模型，在梗死部位周边区注射携带VEGF165和TIMP-1的重组腺病毒，28天后处死动物，采集心肌组织提取RNA，用Real-time PCR方法测定与氧化应激、细胞凋亡、炎症反应相关细胞因子mRNA表达，免疫组化法测定相应因子蛋白表达，探讨VEGF165修复内皮损伤及VEGF165和TIMP-1修复心肌损伤的效果和可能机制。结果显示，Ad-hVEGF165可使被Hcy刺激的脐静脉内皮细胞中凋亡因子、炎性因子、金属蛋白酶表达水平降低，抗凋亡因子、抗氧化因子及VEGF传导通路中相关因子表达升高；大鼠心肌梗死周边区域注射Ad-hVEGF165或Ad-hTIMP-1治疗28天后，心肌组织中凋亡因子Bad、Bax、Caspase3；炎性因子IL-6、MCP-1；黏附分子ICAM、VE-cadherin-1、Fibronectin；金属蛋白酶MMP-2、MMP-9 mRNA表达低于未给予治疗的对照组，抗氧化因子eNOS、DDAH-2 mRNA表达水平高于对照组，外源性VEGF165和TIMP-1在基因治疗中发挥预期的治疗效果。Ad-hVEGF165和Ad-hTIMP-1同时注射于大鼠心梗区域，上述细胞因子的变化幅度大于单独使用VEGF165组和单独使用TIMP-1组。病理结果显示联合治疗组心肌损伤程度、纤维化程度、炎性反应和血管密度在三个治疗组中为最佳。研究发现，外源性VEGF165和TIMP-1具有抗氧化和抗凋亡作用，对内皮细胞和损伤心肌具有保护和治疗作用，VEGF165和TIMP-1联合使用其协同作用可以改善心肌血液供应和心脏功能，发挥更好的疗效。该研究为今后临床心血管病采用基因治疗提供理论依据。

（刘　群）

【BODIPY类新型光敏剂的合成与构效研究】 中国医学科学院生物医学工程研究所陆丽等承担完成的国家自然科学基金青年科学基金项目，2016年2月结题。通过对BODIPY（氟化硼络合二吡咯甲川类荧光染料Boron dipyrromethene，简称BODIPY）化合物的结构改造修饰以及构效关系的研究，优化BODIPY药物的光谱特性和光疗效果，筛选得到结构单一、光学稳定、高效低毒的BODIPY类光敏剂，这类光敏剂不仅用于光动力治疗，还可用于在体成像的光动力诊断，将光动力治疗与诊断相结合，更有利于患者的治疗。在研究过程中合成新型BODIPY化合物将近一百个。首先，对所有合成的新型BODIPY化合物进行结构鉴定、光物理性质和化学性质研究，该化合物都具有良好的光学性质和成为光敏剂的潜力。其次，对其中48个化合物进行细胞实验，其中半乳糖和葡萄糖修饰的碘代BODIPY化合物疗效显著。对这两个化合物进行动物实验，均对肿瘤有抑制作用，尤其是对小鼠肝癌，可达到90%以上。通过荧光活体成像可观察到光敏药物主要集中在肿瘤，肝和肾脏组织也有所聚集，解剖实验也获得证明。其科学意义在于，荧光可视性光敏剂，通过选择性分布于肿瘤组织，使用光纤可视点和荧光成像监测系统原位探测BODIPY光敏剂激发后发出的荧光以检测皮肤和内腔器官表面分化异常的细胞，达到诊断肿瘤的目的，同时，借助激光提供的能量对肿瘤进行物理杀伤。荧光可视性的光敏剂对于PDT治疗方案的确定和调整是非常有益的，当光敏剂对恶性肿瘤和正常细胞具有差异选择性，在PDT治疗时光敏剂就成为成像制导工具，这将对于PDT的研究和临床应用具有重大意义。

（段炳柱）

【一种新型线-梳型聚合物分子刷制备及用途研究】 中国医学科学院生物医学工程研究所张明明等承担完成的国家自然科学基金青年科学基金项目，2016年2月结题。采用原子转移自由基聚合法（ATRP）合成多种结构规整、组成明确的环糊精聚合物(CDP)，包括星型、线型及线-梳型，并利用CDP链上相邻的CD间的协同作用，包合多种客体分子，开展自组装、药物/基因载体研究：①以PEG-Br为大分子引发剂，使用ATRP法同时引发甲基丙烯酸酯多取代环糊精单体及甲基丙烯酸二甲基氨基乙酯（DMAEMA）的聚合得到核交联的星型聚合物。其可与芘及聚乳酸两种客体分子自组装形成纳米粒子，且形态尺寸可控。阿霉素可包载于星型聚合物中形成稳定的纳米粒子，药物体外释放具有pH值响应性，对肿瘤细胞HeLa和HepG2均有较高的体外细胞毒性，与游离药物相比，其对接种HeLa细胞的BALB/c雌性裸鼠具有更高的体内抑瘤效果。②改进以往环糊精单体制备方法，在温和的反应条件下，合成一种新的甲基丙烯酸酯单取代环糊精单体，以ATRP法制备侧链悬垂CD单元的二嵌段共聚物PEG-b-PCD。其可以与多种客体分子通过主-客体相互作用形成自组装体，且形态尺寸可控。③将上述PEG-b-PCD与2-溴异丁基酰溴反应制得ATRP引发剂，引发DMAEMA的聚合得到线-梳型阳离子聚合物刷，其可以有效复合pDNA，具有比单独星型聚合物或PEI25K更高的转染效率和更低的细胞毒性；可以同时包封DOX并复合pDNA，实现协同递送，产生增强的细胞毒性。④使用ATRP法，制备以CD为核，PDMAEMA-b-PSBMA为臂的星型聚合物，聚合物显示PSBMA嵌段独有的UCST行为，PDMAEMA中间嵌段对于UCST及聚集行为存在较大影响，其独特的星型结构还可以使UCST耐受更高的盐浓度溶液，有效降低对蛋白的吸附并无明显的细胞毒性。

（段炳柱）

【小口径人工血管研究中内皮干细胞捕捉的生物学和病理学评价】 中国医学科学院生物医学工程研究所孔德领等承担完成的国家自然科学基金面上项目，2016年2月结题。在人工血管结构设计与制备工艺方面，分别采用静电纺丝、冷冻干燥、电喷致孔、熔融纺丝等方法制备聚己内酯PCL、丝素蛋白人工血管，并对血管的纤维和孔径结构进行优化；在人工血管活性修饰方面建立多种先进的方法，分别将生长因子、多肽、NO供体、抗体等修饰到血管材料中，控制活性物质的梯度分布和释放，保持其生物活性；采用大鼠腹主动脉和兔颈动脉开展大量的体内移植实验，考察结构和活性修饰对人工血管再生的影响。开展人工血管在2型糖尿病大鼠体内的实验，初步开展羊颈动脉移植实验。项目执行期间，发表13篇SCI收录论文；申请的5项发明专利有2项获得授权；培养博士生5名、硕士生7名、博士后1名。

（段炳柱）

【碳纳米管的免疫效应及分子机制研究】 中国医学科学院生物医学工程研究所刘兰霞等承担完成的国家自然科学基金青年科学基金项目，2016年2月结题。对不同直径、长度、修饰的碳纳米管（CNT）在统一的研究条件下对免疫系统的影响开展探索研究，将选定的21种CNT分成7组，每组有3种CNT，它们有相同的直径、长度，但是有不同的修饰，包括(P-CNT)、(CNT-OH)、(CNT-COOH)。体外实验是将人外周血单个核细胞PBMCs与21种CNT浓度分别以25、50、100、200μg/ml的浓度混合培养，然后分别在12h，24h、48h、72h时，通过检测LDH的漏出率观察细胞膜的破坏程度；通过检测细胞内ROS的含量观察孵育后的细胞内的氧化压力；通过检测培养上清液中细胞因子的浓度观察免疫炎症情况。体内动物实验中，利用非暴露式气管滴注法向每只小鼠肺内注入40μl，浓度为0.5mg/ml或5mg/ml的碳纳米管溶液。然后通过ELISA方法测定实验动物第1、3、7天的血清中的非特异性免疫细胞因子、第7天左肺泡灌洗液和右肺组织匀浆上清液中的氧化、纤维化及炎症因子SOD、MDA，HYP、TGF-β、PDGF及IL-1β、TNF-α、IL-6，以观察各碳纳米管引起炎症反应的变化及变化规律。结果表明，碳纳米管的类型、直径、长度及修饰对体内外的免疫安全性均有影响，不同的碳纳米管引起免疫反应情况及变化趋势也不完全相同，并且同一碳纳米管对在体内外的影响不一致。碳纳米管的类型（单壁或多壁）、直径、长度、及化学修饰均是安全性评价的重要参数。另外，项目组还进行TAT/壳聚糖修饰MWNTs作为siRNA递送载体的体内外研究，结果显示利用具有强穿膜效应的TAT多肽对低分子量壳聚糖进行修饰后，将其作为多壁碳纳米管的分散剂，可以显著提高碳纳米管的分散性及细胞摄入率，降低碳纳米管的细胞毒性。体内实验证实该功能化的碳纳米管主要聚集于肿瘤部位及肝脏，最终通过泌尿系统排出体外，该项目对于将碳纳米管作为基因载体的研究具有重要意义。（段炳柱）

【分级模拟胶原特征结构的胶原模拟多肽及其对间充质干细胞分化调控的作用】 中国医学科学院生物医学工程研究所刘玲蓉等承担完成的国家自然科学基金面上项目，2016年2月结题。基于对胶原的各级结构及组装特点的分析，依据胶原的一级结构中氨基酸序列特点设计合成能够模拟胶原特征结构的胶原模拟多肽（CMP），以结构-细胞的相互作用为切入点，对基于CMP的胶原特征结构对间充质干细胞的分化调控作用机制进行研究。①首先通过对胶原热变性过程的研究，了解胶原在二步热相变过程中构象变化和各分级结构的稳定性。②设计合成包含可形成类胶原三螺旋结构重复序列和整合素识别序列GFOGER的系列CMP，研究CMP三螺旋结构的热变性过程和复性过程及其热稳定性，并利用含赖氨酰氧化酶作用位点CMP通过赖氨酰氧化酶交联作用获得CMP纤维。③研究CMP对生物材料表面细胞黏附作用的影响，CMP的三螺旋结构对细胞黏附有促进作用，GFOGER序列对细胞伪足生成及应力纤维形成有支持作用，二者具有协同作用，可作为表面修饰基团促进α2β1整合素介导的细胞黏附。④利用含半胱氨酸的CMP和多臂PEG构建CMP-PEG杂化水凝胶，对其结构和性能进行表征。⑤利用CMP-PEG杂化水凝胶体系，进行骨髓间充质干细胞3D细胞培养，探讨3D培养环境及外源生长因子对骨髓间充质干细胞诱导分化的影响。同时，为了解模拟胶原的水凝胶体系下的生物矿化过程和水凝胶体系用于蛋白药物局部释放，项目组还利用该杂化水凝胶系统进行生物矿化和药物释放载体的研究，获得一种新型羟基磷灰石结晶材料。（段炳柱）

【微创机械刺激联合“可视化”载药水凝胶血管新生治疗糖尿病大鼠下肢缺血】 中国医学科学院生物医学工程研究所吕丰等承担完成的国家自然科学基金青年科学基金项目，2016年2月结题。对于不适合常规外科手术治疗的下肢缺血疾病患者，特别是糖尿病患者，寻找新的治疗方法是下肢缺血临床治疗急需解决的课题，血管新生治疗法作为严重下肢缺血性疾病治疗的新方法受到广泛的关注。课题组综合使用微创技术、影像技术、缓释系统、生长因子治疗等方法，利用微创机械刺激法和结合缓控释水凝胶载药系统进行血管新生治疗下肢缺血性疾病的研究。采用“可视化”卟啉PEG水凝胶为药物载体，缓慢释放生长因子进行血管新生治疗，以卟啉为骨架结构设计的生物材料具有较好的生物安全性和荧光“可视化”性能。利用卟啉分子的功能基团，与PEG的双端基交联形成网络结构，通过分子设计方法设计制备不同结构的“可视化”卟啉PEG水凝胶。通过优化制备工艺实现生长因子有效释放，“可视化”水凝胶有效控制生长因子进行血管新生治疗。“可视化”影像技术实时监测缓释系统，包括水凝胶材料的定位与降解、药物的释放与跟踪等。通过两种治疗方法的有机结合，实现新生若干微细血管，诱导侧支循环形成，改善下肢缺血症状，该复合血管新生治疗技术能有效地应用到下肢缺血疾病的治疗。（段炳柱）

【光动力血液净化法对血液系统肿瘤的杀伤效应及免疫机制的研究】 中国医学科学院生物医学工程研究所阴慧娟等承担完成的国家自然科学基金青年科学基金项目，2016年2月结题。光动力疗法（PDT）是一种新的有效的肿瘤治疗方法,在体表肿瘤和腔道肿瘤等方面被广泛研究和应用。但由于PDT的基本元素激光穿透深度及照射范围的限制，该项技术在血液系统肿瘤领域几乎未涉足。课题组针对血液系统肿瘤病变细胞遍及循环系统的特点，提出循环光动力(sPDT)这一新的治疗手段，通过建立体外循环进行光动力治疗的方法，以白血病为目的适应症进行疗效和机制的研究：建立大鼠急性粒细胞白血病模型；通过GFP基因转染的方法定量研究白血病发生发展的不同阶段sPDT疗法的安全性和有效性；通过ELISA方法研究多种免疫相关的细胞因子在sPDT治疗前后的变化，同时以白血病细胞为模型通过Western-blot和real-timePCR等方法研究sPDT灭活肿瘤细胞的时间轴的分子凋亡机制。试验结果是：sPDT延长中早期白血病大鼠寿命2天，晚期大鼠约6天；骨髓中白血病细胞比例从61.6%下降到56.5%；晚期sPDT处理后血清中IL-1β,IL-10,TNF-α和IFN-γ表达水平明显下降。机制研究发现2-24h是sPDT杀伤白血病细胞的凋亡窗，凋亡期与PDT剂量相关，小剂量时凋亡发生时间短，而大剂量时则可持续至PDT后6到12h。PCRARRAY检查发现PDT后6h有15个凋亡相关基因表达水平变化超过2倍，其中TNF和FASLG分别达到3.47和4.42倍。PDT作用后活化的caspases蛋白表达明显上调，caspase-7,9和PARP峰值出现在PDT后4h~12h。

（段炳柱）

【内源性大麻素信号传导系统在胰岛中的抗炎功效研究】 是中国医学科学院生物医学工程研究所李宸、张菊、高珊等完成的天津市自然科学基金绿色通道项目，2016年6月结题。针对内源性大麻素信号传导系统(ECS)中的CB2受体，探究其在糖尿病中发挥的作用。由于该受体在多种组织器官中具有抗炎、抗凋亡属性，科研人员就此开展研究，评估其在胰岛中的作用与相关机制，探究其潜在的抗炎症功效对胰岛细胞功能、胰岛形态以及胰岛细胞增殖是否有积极影响。项目组建立Ⅱ型糖尿病小鼠模型，单独使用CB2受体配体对该受体在糖尿病中的作用开展研究工作，并对生物材料在活体中的实际应用进行评估。研究结果表明：接受CB2受体配体治疗的糖尿病小鼠在接受治疗2周后对葡萄糖敏感度就有显著上调;腹部脂肪堆积程度与对照组小鼠相比也有明显改善。前期研究结果证明内源性大麻素信号传导系统在糖尿病和癌症中的作用，该项目研究结果证明CB2受体在提高机体糖敏感以及消脂方面具有潜在功效。项目执行期间，研究成果发表于SCI收录期刊*Pharmacology & Therapeutics*及*BioMed Reserch International*；研究过程中发现多重靶向材料可更有效的递送抗癌药物，并开发研制可同时递送多种抗癌药物的“隔离小室”，可有效避免药物递送过程中药物间的相互干扰，提高体内药物递送效率，该研究发表于*Journal of Controlled Release*及*Colloids Surf B Biointerfaces*；针对材料递送细胞展开应用研究，旨在为胰岛移植技术寻找更好的辅助材料及手段，该研究发表于*Cell Physiology & Biochemistry*。 （段炳柱）

【程序性释放基因药物冠脉支架的制备及抗再狭窄机理研究】 是中国医学科学院生物医学工程研究所杨菁、俞玫、武莉等完成的天津市自然科学基金重点项目，2016年3月结题。课题组围绕心血管疾病治疗中亟待解决的血管再狭窄问题，针对当前冠脉支架抑制平滑肌增殖的同时过渡抑制内皮愈合，以及皮定向诱导不明确等缺陷，提出可程序性释放基因药物冠脉涂层支架的构想。该支架通过纳米技术以及超声喷涂技术在生产流水线上制备而成并用于猪血管再狭窄的防治。细胞实验证实该支架先是释放基因并表达蛋白，此后缓慢长效释放抗增殖药物紫杉醇，抑制细胞的增殖，是一种新型分步释放的基因药物冠脉支架。动物试验证明支架体内植入安全可靠，猪体内植入该冠脉支架，快速促进损伤部位血管内皮的完整愈合，此后通过长效的抑制平滑肌增殖的作用，使得病灶部位管腔丢失率仅为23.3%，优于市场占有率极高的国外药物洗脱冠脉支架48%的管腔丢失率,实现有效抑制血管再狭窄发生的目的，是一种较理想的抗支架内再狭窄和支架内血栓的有效途径。该研究获得发明专利授权。该程序性释放冠脉支架研究初期尝试在生产流水线上制备，工艺可靠，应用前景广阔。项目研究成果提供一种具有临床可实施性的血管再狭窄治疗的新途径，并取得相应的自主知识产权，为该系统进一步用于临床提供实验依据。 （段炳柱）

【非酒精性脂肪肝危险因素与血脂体脂关系研究】 非酒精性脂肪性肝病（Nonalcoholic Fatty Liver Disease，NAFLD）是指除酒精外和其他明确的损肝因素所致的，以弥漫性肝细胞大泡性脂肪变为主要特征的临床病理综合征。天津市第一中心医院、天津市中医药研究院、天津医科大学张莉、焦振山、殷君妹等采用以健康体检人群为基础的横断面研究和病例对照研究方法，随机抽取NAFLD患者进行病例对照研究，以了解天津市健康体检人群NAFLD的患病及其分布特征，探讨其与血脂含量及腹内脂肪面积、腹壁脂肪体积等体脂含量测量指标的关系，分析NAFLD的影响因素，为综合干预NAFLD提供理论依据。结果显示，天津市健康体检样本人群NAFLD患病率高于全国平均水平，不同年龄NAFLD患病分布情况存在性别差异，多数患者合并其他慢性病或处于异常健康状态。提示NAFLD发生受膳食结构、生活方式、体脂分布等多种因素的影响。研究发现，腹内脂肪面积是NAFLD发生的独立危险因素，且腹内脏脂肪面积比BMI更易增加NAFLD发病风险。2016年1月，该研究通过天津市卫生计生委组织的专家结题验收。 （刘　群）

【亲环素A对心肺复苏后心肌损伤作用的实验研究】 心脏骤停（Caridac Arrest，CA）和心肺复苏（Cardiopunlmonary Pesuscitation，CPR）是急救医学领域常见的急危重症及抢救措施。天津市第一中心医院王峪、沈鹏、王卫利等通过建立大鼠CA模型，以心肌缺血再灌注损伤的炎症反应机制为基础，从亲环素A（CyPA）与配体（CD147）这一新的角度，分析CRP后大鼠心肌缺血/再灌注过程中心肌CyPA、CD147的分泌、转录和表达，以心肌组织的MPO活性、MMP-2、MMP-9表达、中性粒细胞浸润为炎症反应标志。探讨环孢素A、抗CD147抗体在CPR后心肌缺血再灌注损伤（Myocardial Iischemic Reperfusion Injury，MIRI）过程中的心肌保护作用。结果显示，CA大鼠CPR后血清及心肌组织通过CyPA/CD147表达上调，调节心肌组织的MPO活性、MMP-2及MMP-9表达，轻微中性粒细胞浸润，是CPR后MIRI的炎症反应标志物。提示血清CyPA、CD147含量的测定可作为CPR后MIRI的炎症反应评价指标。2016年4月，该研究通过天津市卫生计生委组织的专家结题验收。 （刘　群）

【微循环紊乱在DCD肝移植中对供肝功能损伤影响】 天津市卫生计生委重点攻关项目，由天津市第一中心医院邓永林、史源、张雅敏等承担完成，2016年1月通过天津市卫生计生委组织的专家结题验收。通过建立低血压脑死亡动物（猪）模型，验证NMP对于心脏死亡供肝（Donors After Cardiac Death，DCD）的体外修复作用，探讨NMP对减轻DCD供肝缺血再灌注损伤作用机制。结果显示，脑死亡后低血压状态对供肝损害机制，涉及肝脏低灌注导致肠源性内毒素释放、TNF-a、IL-16及P-Selectin升高、介导的炎症反应；ET-1升高及NO降低导致的微循环紊乱；HIF-1α受抑制造成低氧损害加重；NMP保存可明显减轻猪DCD供肝的缺血再灌注损伤，在体外对DCD供肝进行修复，改善猪肝移植的预后。经过40分钟热缺血的DCD供肝，分别由NMP和UW液保存6h后行肝移植术，术后5天存活率分别为100%和0，术中检测血清ALT、AST、LDH、乳酸等生化指标，NMP组明显低于UW液组，肝脏常规病理及超微病理检查提示NMP组供肝细胞损伤程度明显轻于UW液组。 （刘　群）

【大肠肿瘤与肠道菌群关系的研究】 大肠癌为我国多发的恶性肿瘤之一，发病率在恶性肿瘤中占第4位。近年的研究发现，肠道内细菌感染与大肠肿瘤的发生密切相关。天津市人民医院付文政、张春泽、马东旺等通过提取大肠癌患者、大肠腺瘤患者、健康人粪便DNA，采用荧光定量PCR对DNA指纹图谱进行测序，比较三组肠道菌群结构的差异；采用HS-GC/MS检测分析大肠癌患者与健康人两组粪便短链脂肪酸变化，通过对结直肠癌、腺瘤及健康人肠道内细菌谱及其代谢产物进行研究，找出细菌谱变化及其代谢产物与大肠肿瘤发病的相关性，探索肠道内菌群变化与结直肠癌的发病关系，为大肠癌的防治提供新思路。结果显示，人体肠道内拟杆菌属、丁酸盐产生菌及链球菌等条件致病菌的结构失衡，与大肠肿瘤发生密切相关；丁酸盐产生菌，如罗氏菌属、直肠真杆菌属与结直肠癌患者粪便代谢产物之间具有较强或适度的相关性。对于这类人群应进行针对性的肠道菌群结构优化，减轻菌群变化对宿主的影响。通过多元统计分析，确定乙酸、丙酸，尤其是丁酸可作为诊断结直肠癌诊断的潜在Marker，从而为大肠癌的临床诊断提供参考依据。2016年4月，该研究通过天津市卫生计生委组织的专家结题验收。（刘　群）

【七氟醚和丙泊酚对大鼠Aβ蛋白单体聚合的影响】　术后认知功能障碍（Postoperative Cognitive Dysfunction，POCD）是麻醉手术后常见的中枢神经系统并发症之一，可引发老年患者术后认知障碍。天津市人民医院耿立成、崔艳苓、杨红梅等采用Morris水迷宫实验方法，将6月龄SAM鼠随机分为丙泊酚组、七氟烷组及对照组，分别麻醉维持120分钟。在麻醉前3天及麻醉后1、2、4周相同时间点对小鼠进行Morris水迷宫实验，测试其认知功能；小鼠脑组织病理切片测定其Aβ蛋白的阳性率，探讨七氟烷和丙泊酚对SAM鼠空间学习和记忆功能及大脑皮层、海马Aβ内沉积的影响。结果显示，七氟烷组麻醉后引起小鼠学习曲线右移，学习速度下降；各组小鼠麻醉后2周认知功能未受到影响或已基本恢复。海马组织Aβ阳性表达率,与对照组比较，七氟烷组降低，丙泊酚组和静吸复合组增加。提示单纯吸入2%七氟烷维持麻醉，可引起小鼠短期认知功能障碍，麻醉手术后脑内Aβ的表达增加与手术的伤害性刺激直接相关，麻醉药具有协同作用。术后认知障碍的发生与脑内Aβ蛋白的沉积无直接相关性。该研究为老年患者手术后认知功能障碍的患者制定临床麻醉用药方案提供实验依据。该研究2016年4月通过天津市卫生计生委组织的专家结题验收。（刘　群）

【FK506对继发性脑损伤反式作用元件信号转导的影响】　创伤性脑损伤是神经外科的常见、多发疾病，死亡率和致残率高。天津市环湖医院武俏丽、李庆国、黄慧玲等通过建立大鼠体内外颅脑创伤模型，应用行为学评分、ELISA、流式细胞术及PCR、Western Blot、免疫荧光技术观察大鼠脑损伤后不同时间点NFATc1的信号转导通路改变及其影响。应用免疫抑制剂FK506后对NFATc1信号转导通路关键蛋白的调节、相关炎症因子的表达及细胞凋亡程度及创伤后脑水肿改善和神经功能修复的影响。探讨NFATc1信号通路与TBI的关系及应用FK506的神经保护机制，为颅脑创伤的治疗提供理论参考。结果显示，FK506能够减轻中度创伤性脑损伤的脑水肿情况，双向调节细胞凋亡，维持神经细胞的保护作用，通过调节CaN/NFAT，降低炎症反应，改善伤后神经功能修复状况。2016年7月，该研究通过天津市卫生计生委组织的专家结题验收。（刘　群）

【逆向合成指导的芳香化酶抑制剂全新药物设计和高通量虚拟筛选】　天津科技大学张秀利主持完成的国家自然科学基金项目，2016年12月结题。芳香化酶为内分泌治疗乳腺癌药物的理想靶点之一，科研人员通过计算机软件依据逆向合成原理对已报道具有较高活性的芳香化酶抑制剂及药效团方法虚拟筛选出的潜在活性化合物结构进行拆分，得到芳香化酶抑制剂共性结构小分子碎片库，并对这些碎片重新组合得到新的可合成化合物分子库，以提高芳香化酶抑制活性分子命中的概率，碎片拼接过程中充分考虑存在相应合成反应，生成的这些新化合物可合成性较高，尽可能地避免计算机辅助药物设计所得化合物的难合成问题。对已报道的芳香化酶抑制剂进行聚类分析，选择不同代表性结构和性质差异显著的化合物做训练集，建立一种基于不同结构化合物2D-3D物理化学性质的复合芳香化酶抑制剂QSAR模型。设计并合成五种骨架结构的新化合物，并测定其芳香化酶抑制活性，分析它们的构效关系，其中6个新三唑类化合物的芳香化酶抑制剂的活性的IC50值小于20nm，异色酮类化合物的分子骨架在以往芳香化酶抑制剂的研究中从未报道，是全新骨架。该项目采用分子动力学模拟研究芳香化酶氧化底物的过程中与细胞色素P450还原酶之间的相互作用及电子传递过程，利用量子化学计算对一些药物合成反应机理进行探讨。成功实现酵母菌胞外异源活性表达人芳香化酶，为采用异源表达人芳香化酶进行芳香化酶抑制剂活性测试奠定基础。（李丽娜）

【Stat3抑制myocardin诱导心肌肥厚的机制研究】 是天津科技大学张同存主持完成的国家自然科学基金项目，2016年12月结题。蛋白质转录因子间相互作用为机体提供更精细的转录调节，但也使转录调控更为复杂。Myocardin是血清反应因子（SRF）强力辅助转录因子，可激活心肌肥厚基因转录，诱发心肌肥厚。信号转导和激活因子3（Stat3）也可促发心肌肥厚。但二者共同作用时，Stat3却抑制Myocardin对心肌肥厚基因的激活。科研人员进一步在转基因整体动物水平上，证明其相互作用，并利用各种细胞分子生物学手段，阐明Stat3抑制Myocardin介导的心肌肥厚机制。包括Stat3与Myocardin蛋白-蛋白相互作用，降低其与SRF结合；抑制Myocardin表达并使其磷酸化降低其活性；激活miR-133转录和表达，加强miR-133对SRF反馈抑制等。最终，在分子—细胞—整体水平上，证明Stat3抑制Myocardin触发的心肌肥厚最新分子机制。（李丽娜）

【胰蛋白酶抑制剂BBI通过RIP3激活线粒体途径诱导肿瘤细胞凋亡的机制研究】 天津科技大学龙民慧主持完成的国家自然科学基金项目，2016年12月结题。丝氨酸蛋白酶在生物体内参与许多的生理过程，如消化，凝血，纤溶，免疫反应，细胞周期进程和细胞凋亡。某些丝氨酸蛋白酶功能或活性异常与癌症、血管生成、类风湿性关节炎，神经退行性疾病、心血管等疾病密切相关。植物丝氨酸蛋白酶抑制剂在人类多种的疾病防治中，包括癌症、神经退行性疾病、心血管疾病、肌肉萎缩和炎症占据重要地位。丝氨酸蛋白酶抑制剂Bowman Birk（BBI）在临床上可有效抑制前列腺增生症、口腔白斑、溃疡性结肠炎和结肠癌。绿豆BBI是该课题研制的丝氨酸蛋白酶抑制剂，前期研究发现：该蛋白能特异性的诱发肿瘤细胞凋亡和抑制肿瘤生长。因此，科研人员在前期的基础上研究绿豆BBI诱导肿瘤细胞凋亡的机制，旨在找到BBI抗肿瘤药物靶点和治疗肿瘤机理。研究发现BBI能抑制多种肿瘤细胞增殖和诱导凋亡，并激活RIP3表达，敲低RIP3表达可有效抵抗BBI诱发的肿瘤细胞死亡。BBI通过激活RIP3来诱发肿瘤细胞死亡，并在小鼠实体瘤上得以验证。（李丽娜）

【宫颈癌相关高危型HPVE6/E7病毒癌基因转录调控机制】 天津科技大学何红鹏主持完成的天津市应用基础及前沿技术研究计划项目，2016年9月完成。主要研究结果：①证实同样具有HAT活性的转录辅助因子Tip60和p300在HPV18 E6E7基因表达调控中国分别发挥抑制和促进转录的作用。②分析Tip60和p300对HPV18启动子上组蛋白修饰的影响，结果发现对组蛋白H3和H4的总的乙酰化，二者的影响是近似的，即同为促进组蛋白的乙酰化。③利用特异性、ChIP级的组蛋白抗体系列，如抗H3K9ac，抗H4K16ac等，进行ChIP研究发现Tip60抑制HPV启动子上H3K9乙酰化而p300则促进H3K9乙酰化。提示Tip60和p300通过对组蛋白乙酰化的不同影响，对HPV18基因表达分别产生抑制和促进的效果。④检测HDAC抑制剂SAHA对宫颈癌细胞生长的影响，结果发现SAHA处理引起HeLa细胞增殖下降，促进细胞衰老，抑制细胞迁移，但对细胞凋亡则没有显著影响。⑤分析SAHA对HPV18基因表达的影响，发现SAHA抑制HeLa细胞中HPV18E6E7基因转录，其分子机制可能与SAHA虽然在总体水平导致H3K9乙酰化上升，但在HPV18启动子上，SAHA抑制H3K9乙酰化。以上研究结果为应用SAHA或其类似物治疗宫颈癌奠定理论基础。⑥检测染色组重塑复合物EP400对HPV18基因的影响，发现EP400在HeLa细胞中抑制HPV18基因的表达，对其机制进行研究发现EP400使HPV18启动子上核小体密度增大，染色质结构趋向致密，从而抑制基因的转录。（李丽娜）

【β-内酰胺酶自杀基因系统的构建及其合并放疗治疗肿瘤的研究】 由中国医学科学院放射医学研

究所王浩、周晓靓、施培基等承担，2016年12月完成。自杀基因疗法是肿瘤的生物治疗手段之一，通过抗肿瘤药的定点释放，提高治疗效果，多项研究证明该疗法与放疗联用可发挥良好的协同作用。科研人员应用肿瘤特异性启动子调控腺病毒转染β-内酰胺酶基因，与前药构建自杀基因系统，并与放疗联用治疗肿瘤。发现该系统对体内外肿瘤模型都有一定的治疗作用，与放疗联合应用可以提高抑瘤率，表明二者具有一定的协同作用。β-内酰胺酶的底物可以拼合多种抗肿瘤药物作为该系统的前药，其意义在于可以针对不同的肿瘤类型，选择该肿瘤的首选药物与β-内酰胺环拼合，制作有针对性的前药，进一步提高肿瘤治疗的特异性和疗效。该课题作为初步研究，奠定β-内酰胺酶自杀基因系统与放疗联合，作为一种有潜力的"放射基因疗法"应用于肿瘤治疗的实验基础。项目执行期间，发表论文10篇，其中SCI5篇，核心期刊3篇；申请发明专利一项。

（王　浩）

【应用细菌纤维素膜构建组织工程角膜基质的实验研究】　由天津医科大学眼科医院张琛等承担的国家自然科学基金青年项目，2016年结题。角膜病是主要的致盲性眼病之一。穿透性角膜移植术是主要的治疗方法，但目前存在角膜植片供体不足，术后移植排斥等问题。角膜基质组织工程学研究中，角膜基质构建材料是限制其发展的重要因素。细菌纤维素（BC）是一种新型天然纳米生物材料，具有较好的生物相容性及体内降解可控性，重要的是它有极好的透明性，膜的厚度及孔径可控，并且其有较强的韧性，成为其作为角膜基质组织替代物极大的优势。科研人员通过体外在细菌纤维素膜上培养兔角膜上皮细胞及角膜基质细胞，发现上皮细胞及基质细胞生长良好，存活率接近100%，细胞在纤维素膜上的生长呈规律极性排列，扫描电镜及透视电镜均证实，角膜上皮细胞及基质细胞在细菌纤维素膜上生长状态活跃，细胞排列成有规律的极性排列，可见明显的细胞叶状突起，丝状伪足，细胞与细菌纤维素膜连接紧密，细胞器结构丰富，并可见分裂相细胞。

（杜　静）

【干细胞在眼部疾病中的应用】　由天津医科大学眼科医院李筱荣、张晓敏、赵少贞等完成，获2016年度天津市科技进步二等奖以及2016年度中华医学科技奖三等奖。针对多种致盲性眼部疾病传统治疗方法不理想的现状，提出干细胞治疗眼部疾病的新思路。在多项国家和天津市的科技项目支持下，首次将间充质干细胞用于治疗缺血/再灌注引起的视网膜损伤。治疗结果显示，间充质干细胞通过神经保护作用，有效的促进损伤视网膜的修复，研究发现，间充质干细胞不仅可以改善眼内微环境，为视网膜细胞的修复提供适宜的环境条件，还可以分泌多种神经保护因子，促进神经节细胞的修复。间充质干细胞有通过多种调节机制发挥免疫调节功能，对于眼部免疫性疾病（自身免疫性葡萄膜炎等）展示良好的治疗效果。此外，在诱导多功能干细胞和角膜缘干细胞组织工程方面也做初步探究。重点完成干细胞治疗眼部疾病的机制研究和功能验证，并证实干细胞巨大的临床潜在应用价值，推动相关基础研究和临床应用的发展和进步。项目执行期间，发表20余篇代表性论文，SCI他引引用总计182次，其中单篇引用最高为51次。项目的研究成果和方法被国内多家单位采用，如福建医科大学附属医院和吉林大学白求恩第二医院等。项目组成员曾多次在美国眼科学年会、世界眼科大会，亚太眼科大会，全国眼科大会等国内外会议上介绍该项目的研究进展。

（杜　静）

【胰腺癌精准诊疗体系建立的临床与基础研究】
由天津医科大学肿瘤医院郝继辉联合南开大学、国家纳米科学研究中心共同完成，获得2016年度天津市科技进步一等奖。率先应用血浆miRNA表达谱、肿瘤标志物联合循环肿瘤细胞(Circulating Tumor Cell, CTC)开展无创性胰腺癌早诊与鉴别诊断。通过3D影像分析平台实现胰腺癌术前精准分期，在传统病理学基础上提出包含分子诊断与肿瘤生物学行为评估的精准化胰腺癌诊断模式；改良胰腺癌术前评估模式和手术方式，倡导精准胰腺外科的理念，提高R0切除率。率先结合基因检测结果给予精准化疗，并应用CTC检测开展辅助治疗疗效评估；从胰腺癌生物学特征和临床实际问题出发，开展系列基础与转化研究，揭示Fascin等参与胰腺癌分化转移的分子机制，筛选与胰腺癌预后相关的多个分子靶标，开展胰腺癌新型联合化疗和纳米靶向治疗的研究，取得良好效果。项目执行期间，受到杰出青年基金、国家自然科学基金、教育部新世纪人才项目、天津市抗癌重大专项等资助；累计发表科学论文57篇，其中在*Advanced Functional Materials, Cancer Research, Biomaterials, J Pathol, Clin Chem*等肿瘤领域权威期刊上发表SCI论文40篇，其中IF>5分文章17篇，单篇最高影响因子11.8分，累计影响因子185分，正面他引频次374次；研究成果获得国家发明专利2项；相关研究成果在国内外多个学术会议进行汇报交流，获得国际同行高度评价，部分研究成果被写入中国2014版《胰腺癌诊治指南》。该研究成果在哈尔滨医科大学第一附属医院，大连医科大学第一附属医院，河北医科大学第四医院，第二军医大学附属长海医院、天津医科大学总医院等三甲医院推广应用，共治疗患者2300余例。

（李　青）

【shRNA转染沉默喉鳞癌Hep2细胞CXCR4的表达调控侵袭转移的实验研究】　由天津医科大学第二医院耳鼻喉科牛俊涛等完成，2016年通过天津医科大学组织专家评审。科研人员以喉鳞状细胞癌细胞系——Hep2细胞作为研究对象，在国内喉癌研究中首次应用shRNA转染技术，成功抑制实验组CXCR4的表达，并在此基础上对与喉鳞癌侵袭转移相关的指标——CXCL12、MMP9，TIMP2、VEGF以及核转录因子IκB, MAPK,NF-κB等进行全面、详细的实验研究，实验结果完全符合实验预期；该研究针对CXCR4的表达靶向性进行较为详细的体外细胞研究，通过观察细胞侵袭迁移能力的改变，全面验证了CXCR4对喉鳞癌细胞转移的影响，并证实NF-κB参与细胞信号通路的传导。

（李劲鹏）

【Lrg调节系统对表皮葡萄球菌生物被膜的调控及药物干预的研究】　由天津医科大学第二医院肾内科王荔等完成，2016年通过天津医科大学组织专家评审。科研人员以表葡菌临床株为研究对象，对表葡菌生物被膜形成能力及其相关基因进行检测，完善实验室筛查方法，为制定正确有效的治疗方案奠定基础。分别检测表葡菌生物被膜基质中2种主要成分胞外多糖和eDNA及其调控基因，明确生物被膜形成的物质基础，探索生物被膜调控的分子机制，为新药开发或探索新的治疗方案提供理论基础。探索对表葡菌生物被膜相关感染的药物联合治疗方案，发现临床常用非抗生素类药物可增强万古霉素对生物被膜的杀菌作用，开拓其抗生物被膜的应用新领域，为解决生物被膜相关感染的难题提供新思路，具有重要临床意义。

（李劲鹏）

【上皮—间质转化（EMT）过程中细胞重编程的机制】　天津医科大学基础医学院尚永丰等承担的国家自然科学基金重大研究计划项目，2016年12月结题。科研人员通过高通量的RNAi Library筛选，RNA-Seq及ChIP-Seq等实验方法，基于生物信息学的贝叶斯因果分析模型寻找上皮细胞转化为间质细胞的细胞重编程过程中的关键通路与关键调控因子，以及其启动与维持EMT的分子机制，特别是表观遗传学机制。肿瘤转移是肿瘤病人最常见的死亡原因。上皮-间质转化（EMT）过程在肿瘤转移的初始阶段是非常重要和必不可少的。科研人员在表观遗传调控肿瘤EMT机制的方面取得以下成果：第一，FOXK2通过募集转录抑制复合物抑制乳腺癌发生发展，该成果2016年在*Cancer Cell*发表；第二，GATA3和ZEB2之间的负反馈调节失常促进乳腺癌转移的机制，这一研究成果在2015年的*Cancer Cell*上发表；第三，SCFJFK降解生长抑制因子ING4促进乳腺癌的发生和发展，该研究成果在2015年的*Genes & Development*上发表。

（戚　红）

【不同流体剪切力对血管内皮细胞损伤与保护的机制研究】　天津医科大学基础医学院朱毅等承担的国家自然科学基金重点项目，2016年12月结题。动脉粥样硬化斑块局灶性分布的临床特征，提示不同血流动力学对于作为感受器的血管内皮细胞作用不同。为揭示血流动力调控的分子机制，课题组进行3方面研究①血流动力学因素对于内皮细胞关键蛋白分子CaMKKβ，Hippo-YAP信号通路等的调控作用，以及在动脉粥样硬化中的作用。②借助蛋白组学筛选，研究血流动力学因素对于关键蛋白（如integrin a5）的细胞膜脂筏转位情况调控，以及在动脉粥样硬化中的作用。③借助脂质代谢组学平台，研究血流动力学因素对于多不饱和脂肪酸代谢的调控，以及多不饱和脂肪酸代谢关键调控酶的作用。系统揭示在血流动力学作用下，受到调控的关键信号通路以及关键分子的变化，研究其在血管重塑疾病尤其是动脉粥样硬化疾病中的作用以及具体分子机制。项目执行期间，发表基金标注论文16篇（其中，*Nature*一篇，*PNAS*两篇），成果在自然科学综合性杂志*Nature*发表，该杂志配发述评；申请国家发明专利3项（获批1项）；培养博士研究生13名，博士后4名；建立完整的多不饱和脂肪酸代谢小分子的代谢组学平台，并开发一整套检测、分析系统，在支持课题组相关课题进展的同时，与多单位开展广泛合作。（戚　红）

【巨噬细胞mTORC1与动脉粥样硬化】　天津医科大学基础医学院艾玎等承担的国家自然科学基金优秀青年计划项目，2016年12月结题。II型糖尿病作为动脉粥样硬化独立危险因子，在其发生发展中起到重要作用。胰岛素抵抗是II型糖尿病的主要特征，虽然胰岛素抵抗情况下PI3K/Akt信号减弱，但是mTORC1的活性却显著增加。尽管许多研究提示mTORC1与动脉粥样硬化有直接关联，但是这些研究都局限于全身给药或基因敲除，对于巨噬细胞中mTORC1在动脉粥样硬化的研究尚属空白。科研人员通过研究mTORC1对巨噬细胞的激活，进而引起炎症因子特别是MCP-1的产生和更多巨噬细胞向血管内皮的迁移和黏附，揭示mTORC1在动脉粥样硬化早期病理机制中的作用。将建立巨噬细胞特异性mTORC1激活和抑制的动脉粥样硬化模型小鼠，观察其斑块及斑块区域炎症反应情况，并在细胞水平研究单核细胞mTORC1对于巨噬细胞的激活及激活的巨噬细胞mTORC1对炎症反应的影响和机制。该项研究不仅加深对动脉粥样硬化病理生理机制的理解，对发展新的干预和治疗手段也具有重要意义。（戚　红）

【表观遗传转录调控与肿瘤发生与转移】　天津医科大学基础医学院王艳等承担的国家自然科学基金优秀青年计划项目，2016年12月结题。科研人员利用分子生物学、细胞生物学及表观遗传学等研究方法，鉴定一系列在上皮间质转化（EMT）及肿瘤转移表观遗传调控网络中处于关键调控位置的调控因子，包括维持上皮稳态的GATA3，MTA3，SIX3，与促进上皮向间质形态转化的CUL4B，ZEB2，MTA1，PHF1，OGT等，建立和完善表观遗传学研究的新的技术体系，揭示其调控EMT过程和肿瘤细胞增殖转移的表观遗传分子机制。揭示维持上皮稳态的转录因子GATA3、SIX3通过招募转录抑制复合体LSD1/G9A/NuRD(MTA3)复合体抑制ZEB2, PHF1等维持上皮稳态，抑制肿瘤发生与转移的分子机制；ZEB2招募G9A/NuRD(MTA1)复合体，PHF1协同CRL4B/PRMT5复合体促进EMT及肿瘤转移的反馈机制；发现CRL4B/SUV39H1/DNMT3A复合体通过协同调控组蛋白泛素化，甲基化及DNA的甲基化而促进宫颈癌发生发展与转移的分子机理。该成果针对转移型恶性肿瘤尤其是乳腺癌与宫颈癌提供新的有效治疗靶点，为恶性肿瘤预警、诊断、治疗和药物筛选提供新思路、新途径和新靶标。

（戚　红）

【染色质高级结构调控基因活性的机制研究】　天津医科大学基础医学院刘喆等承担的国家自然科学基金重大研究计划集成项目，2016年12月结题。人类基因组中超过60%的基因具有多个启动子，其中很多基因的不同启动子编码的蛋白不同，对细胞的功能起着相反的作用，并且与疾病相关，细胞如何调控不同启动子的活性目前还不清楚。SHC1基因含有两个启动子，分别编码p66和p52，p66促进细胞凋亡，而p52促进细胞增殖，两个蛋白在内皮细胞中同时表达。利用SHC1模型，课题组发现内皮细胞中p66和p52分别在不同的等位基因表达，这种表达模式能够很好的避免上游启动子的转录对下游启动子产生影响。进一步的机制研究发现，不同启动子之间的相互作用是决定这种表达模式的关键因素，启动子间相互作用仅发生于一个等位基因，这种相互作用将上游启动子置于一个小的环状结构中，不利于RNA聚合酶的结合或者转录的延伸，因此抑制了上游启动子的活性，释放下游启动子，使得转录由下游启动子进行。该成果提出基因转录调控的新机制，并证实染色质高级结构在调控基因转录中的重要作用。（戚　红）

【减弱的胰岛素信号在AD神经退行性变的作用和相关的治疗研究】 天津医科大学基础医学院邓艳秋等承担的国家自然科学基金面上项目，2016年12月结题。胰岛素信号和葡萄糖代谢的减弱与阿尔茨海默病（AD）学习记忆减退和神经细胞的退行性变密切相关。改善胰岛素信号提高脑内糖代谢是AD药物研发的重要靶点，引起广泛关注。课题组采用散发和三重转基因AD模型，通过高脂高糖饮食和脑内注射STZ改变胰岛素信号，诱导Ⅱ型糖尿病，探讨胰岛素信号的失调和脑内糖代谢的减弱在AD神经纤维退行性变的作用及其机制，并应用胰岛素增敏剂等药物改善脑内糖代谢和胰岛素信号研究对学习记忆和神经退行性的影响和机制。科研人员从细胞和动物水平的研究发现：减弱的胰岛素信号通过下调PI3K和MAPK途径和脑内的糖代谢，影响tau和神经丝蛋白的过度磷酸化和聚集，引起神经细胞的退行性变和学习记忆的减退；而胰岛素增敏剂等糖尿病治疗药物通过改善胰岛素信号，调节tau蛋白的磷酸化，改善AD的神经退行性变和学习记忆。另外，通过LncRNA高通量数据分析胰岛素信号改变后非编码RNA(Long non-coding RNA, lncRNA)和mRNA的变化，为深入研究AD发病机制和治疗提供参考。

（戚　红）

【BAG-1M上调BACE1表达的分子机制及其在阿尔茨海默病发生中作用的研究】 天津医科大学基础医学院洪伟等承担的国家自然科学基金面上项目，2016年12月结题。阿尔茨海默病（AD）严重危害健康，已成为中国今后重点防治疾病之一。课题组首先在细胞水平和分子水平上阐明AD患者大脑中过表达的BAG-1M在AD发生中的作用及机制，即BAG-1M作为共激活因子与促进BACE1基因表达的转录因子NF-κB相互作用并定位在BACE1基因启动子NF-κB的反应原件上，共激活BACE1基因表达。同时BACE1轻度上调APP基因表达，BACE1蛋白量上升后进一步促进APP的水解产生过多的C99并最终导致Aβ生成增多。研究发现在AD模型鼠得到进一步验证，即在AD模型鼠的海马中过表达BAG-1M后，脑组织中BACE1表达上调，C99和Aβ生成增多，淀粉样斑块增多，小鼠的记忆力和认知功能明显下降。揭示BAG-1M在AD发生中的作用机理及信号通路，表明BAG-1M过表达能够引起AD的发生，为AD的早期诊断和治疗提供靶标。研究过程中结合文献报道AD患者脑组织中ciRS-7下调，从而拓展研究ciRS-7对APP和BACE1的作用，发现ciRS-7不调控APP和BACE1的基因转录，但是促进APP和BACE1的蛋白酶体和溶酶体途径的降解，而这个过程是通过抑制NF-κB的翻译及诱导胞浆定位而释放对UCHL1的表达抑制而完成的，阐明ciRS-7是一个具有神经保护作用的非编码RNA及AD发生及治疗的靶标。（戚　红）

【组蛋白去甲基化酶KDM5B在DNA损伤修复和维持基因组稳定性中的作用】 天津医科大学基础医学院石磊等承担的国家自然科学基金面上项目，2016年12月结题。基因组稳定性对于维持正常组织发育和预防癌症等疾病至关重要。多年研究表明，基因组信息包裹在染色质中，染色质环境在DNA损伤应答方面扮演了重要角色。然而，关于表观遗传机制如何调控DNA损伤应答，至今还并不十分清楚。课题组经研究表明，组蛋白去甲基化酶KDM5B在人体细胞DNA双链断裂应答过程的多个方面都扮演重要角色。发现在经过电离辐射（ironizing radiation）或者核酸内切酶处理后，KDM5B会依赖于其自身的多聚核糖化和组蛋白变异体的识别在DNA损伤位点附近募集，通过其去甲基化酶活性改变损伤区域的染色质结构和状态，进而招募非同源末端连接和同源重组的必要因子Ku70和BRCA1，达到调节DNA双链损伤修复的目的。进一步研究发现，KDM5B缺失会阻滞DNA修复的正常进程，使细胞处于对损伤刺激的敏感化状态；同时其缺失会阻碍自发性DNA损伤的修复，激活p53信号通路并抑制细胞周期的进程。研究成果指出，KDM5B是调控DNA损伤应答的一个至关重要的蛋白，而且也是维持基因组稳定性的一个必要的守护者和关键调控因子，该研究有助于解析维持遗传保真性的表观遗传作用，对认识基因组不稳定性相关疾病如癌症等具有重要的意义。项目执行期间，关于该研究的论文 在多种国际著名综合性科学杂志上发表。

（戚　红）

【LKB1通过抑制脂肪细胞分化和生成参与机体能量平衡调节的分子机制】 天津医科大学基础医学院田德润等承担的国家自然科学基金面上项目，2016年12月结题。科研人员旨在明确LKB1抑制脂肪细胞分化和脂肪生成的机制，为肥胖的治疗提供有效的靶点。课题组利用细胞转染技术实现LKB1基因在3T3-L1细胞内的过表达和沉默，初步明确LKB1可以通过AMPK/mTOR信号通路最终抑制脂肪细胞分化的功能。继而利用腺相关病毒作为载体实现大鼠中枢内LKB1基因的过表达，通过体重、体脂肪含量等指标的检测，明确LKB1通过中枢黑皮素系统对外周脂肪生成的抑制作用，并探讨LKB1促进脂肪棕色化的作用。该研究探索LKB1与自噬之间的关系，发现LKB1可以通过促进自噬，最终脂肪的生成和分化，而自噬也参与leptin在中枢内的作用。课题组同时结合功能磁共振的技术对能量调节的中枢奖赏环路展开研究，发现新的脑中枢参与摄食和能量的调控，为临床肥胖的防治提供新的靶点和理论依据。

（戚　红）

【组蛋白翻译后修饰及其结合蛋白系统鉴定新方法的研究】 天津医科大学基础医学院张锴等承担的国家自然科学基金面上项目，2016年12月结题。组蛋白翻译后修饰及其结合蛋白参与DNA复制、修复和转录等重要的调控，对细胞分化、组织发育具有极为重要的影响，与肿瘤等重大疾病的发生、发展密切联系，具有肿瘤标志物和药物作用靶标等重要的生物学意义。然而由于组蛋白修饰种类繁多、修饰位点复杂，且随着生理过程发生动态变化，因此组蛋白修饰及其结合蛋白的鉴定需要高灵敏、系统、准确的分析手段。主要取得如下研究结果：①联合稳定同位素标记、赖氨酸残基化学衍生、组蛋白分离和质谱分析，以及蛋白修饰专门软件，建立组蛋白修饰的系统鉴定和定量分析新方法，并应用于生物医学。鉴定高、低侵袭性食管癌细胞组蛋白修饰图谱，发现与侵袭性相关的组蛋白异常修饰H4K79me2，并得到临床样本验证；鉴定胚胎干细胞分化为神经前体细胞组蛋白修饰图谱，包括赖氨酸丁酰化、琥珀酰化等新修饰，并发现多个修饰组合形式的变化规律；鉴定新型抗肿瘤试剂largazole-7对组蛋白修饰各修饰位点的调控规律。②构建药物小分子探针，鉴定组蛋白去乙酰化酶抑制剂SAHA未见报道的多个作用底物蛋白，并探讨其中ENO1的作用方式。③建立赖氨酸乙酰化大规模分析的新方法，在大肠杆菌中发现大量未见报道的修饰位点，拓展乙酰化修饰的数量。④发展基于质谱鉴定和生物信息学分析解析蛋白修饰的新方法，并发现两种色氨酸新修饰形式和多个未见报道的羟基化修饰位点。⑤构建基于DNA自组装和亲和光交联的新型探针，建立组蛋白修饰结合蛋白分析新方法，研究肿瘤细胞组蛋白H3K4三甲基化修饰介导的结合蛋白复合物，发现多个未见报道具有特征结构域的作用蛋白。项目针对组蛋白修饰、结合蛋白等建立的分析新方法，在食管癌等研究中展现灵敏、精确的分析效果，在生物医学中具有良好的应用前景。

（戚　红）

临床医学研究

【肝移植围术期远隔脏器损伤防治策略的建立与应用】 由天津市第一中心医院杜洪印、喻文立、翁亦齐等完成，获2016年度天津市科技进步二等奖。课题组从肝移植围术期炎症因子、通路蛋白mTOR及NO表达的变化为研究切入点，探讨肝移植围术期远隔脏器损伤的发病机制，总结围术期不同时期应用针对不同分子机制的有效治疗方案，为临床推广提供理论及实践依据。通过建立大鼠肝脏冷IRI的模型，将雷帕霉素用于大鼠手术前阶段，对血清炎性因子、肺脏氧化损伤标志物、iNOS mRNA及相关蛋白等指标的检测，观察雷帕霉素术前给药对大鼠肝脏冷缺血再灌注后的肺损伤保护作用；采用流式细胞仪测定肝移植患者外周血单核细胞TLR4的表达；采用ELISA法测定血清中炎性细胞因子及内毒素的变化，观察三者在围术期的变化趋势。结果显示，肝移植围术期远隔脏器损伤可能的机制是：①肝移植围术期门静脉阻断导致肠道瘀血，内毒素大量入血和肝脏缺血再灌注损伤共同引发全身炎性反应和氧化应激，是诱发远隔器官损伤的主要诱因。②内毒素与外周血单核细胞Toll样受体4结合，能够引起炎性因子大量释放，加重器官炎性损伤。③肝移植围术期mTOR受体激活，炎性因子生成增多，iNOS活性增强，诱导大量NO生成，导致组织器官损伤。④肝脏缺血再灌注过程引起氧自由基大量释放，产生氧化应激损伤，引起细胞凋亡，导致多器官损伤。在此基础上，课题组结合大量动物实验及临床研究数据，初步明确全身炎症反应和氧化应激在肝移植远隔脏器损伤中的主要作用，总结出一套涵盖心、肺、肾多个主要脏器系统治疗方案。该成果在第四军医大学西京医院、山东省千佛山医院、北京朝阳医院、中山大学附属第三医院、中国人民武装警察部队总医院等5家移植中心推广应用。项目执行期间，发表相关论文21篇，其中SCI 5篇，累计影响因子达13，他引量累计30次；中华16篇；培养硕士15名。

（刘　群）

【脑卒中多学科联动防治模式及关键技术研发集成】　由天津市环湖医院王金环、佟小光、张佩兰等完成，获2016年度天津市科技进步二等奖。科研人员通过对卒中临床关键技术进行研发和集成创新。建立以缺血性卒中院内45分钟内静脉溶栓的绿色通道为核心的脑卒中早期救治解决方案；建立所有脑卒中患者接受脑血流重建的神经外科医师评估、康复科医师24小时内自动介入患者的治疗模式；建立脑静脉窦血栓患者分级个体化治疗优化方案；建立缺血性卒中一站式多模态影像评估方案；研发应用颈动脉内膜剥脱术的新型颈部Y型切口新术式、后循环缺血枕动脉—椎动脉搭桥新术式；研发建立卒中单元数据库，建立的卒中临床随访及研究平台并与国家数据库平台对接；建立以天津市环湖医院为中心的覆盖全国数十家医院的立体化卒中防控网络；从医院层面制定适合三甲医院脑卒中救治的多学科联动防治模式，实现脑卒中防控综合解决方案。该研究在缺血性卒中静脉溶栓绿色通道建立、缺血性脑卒中一站式多模态评估方案等关键技术形成集成创新，研发应用适合中国人特点的具有较好安全性和有效性的脑动脉狭窄血流重建手术方法，建立脑静脉窦血栓个体化治疗优化方案，形成中国专家共识；建立缺血性脑卒中早期康复介入方案，实现“以人为本”理念的在卒中病种上的回归，从而推动全国脑卒中筛查与防治基地医院的建设，提高全国卒中诊疗技术水平，促进脑卒中高危人群筛查与干预工作开展。项目执行期间，为全国215家三甲医院培训1126名学科骨干，从整体上提升国内卒中防治水平。

（刘　群）

【免疫耐受治疗颅脑创伤的机制和应用研究】　由天津市环湖医院闫华、刘暌、张洪伟等完成，获2016年度天津市科技进步二等奖。患者脑损伤后大量脑抗原产生并进入脑脊液，通过渗漏能力增强的脑脊液回流途径大量入血，为减少脑抗原渗漏入血刺激免疫系统产生针对自体脑抗原的免疫攻击，科研人员引入免疫耐受理论，开展动物和患者口服自身脑组织抗原或异种脑组织抗原治疗，赋予脑脊液引流新的作用机制。在国内率先开展免疫抑制、免疫耐受治疗颅脑创伤，通过动物和患者抗脑抗体检测，证实颅脑创伤致血脑屏障破坏引起脑抗原暴露，机体产生大量抗脑抗体；抗脑抗体动物脑组织注射已证实抗脑抗体存在脑损伤作用；免疫抑制剂、亚低温减少抗脑抗体和脑损伤等。研究显示，除口服脑抗原以外，胸腺和肝脏2个免疫耐受建立器官给予脑抗原注射，也能产生针对脑抗原的免疫耐受，进一步验证引入免疫耐受治疗脑创伤的可行性。口服脑抗原+脑脊液引流脑抗原治疗颅脑创伤的“开源节流”创新模式。该成果在天津环湖医院、人民医院、医大二院临床推广应用，取得良好效果。

（刘　群）

【影响白内障手术后视觉质量因素的综合分析和临床应用】　由天津市眼科医院汤欣、宋慧、苑晓勇等完成，获2016年度天津市科技进步二等奖。白内障是影响深远的全球性可逆性致盲眼病，科研人员针对影响白内障手术术后视觉质量的多种非手术因素进行综合研究：①中国北方白内障患者人群的角膜像差分布特征，该像差的存在直接影响术后视觉质量，对其进行相应的补偿是提高视觉质量的重要手段之一。②多种高端人工晶状体植入后视觉质量及相关因素分析，直接体现高端人工晶状体的功能是否能够真正实现，在多大程度上实现。③多种人工晶状体光学性质分析，作为光学材料，人工晶状体的固有光学性质也会影响术后视觉质量。④不同人工晶状体植入术后后发性白内障的情况，后发障直接影响术后远期视觉质量。项目执行期间，在全国各地进行各类学术讲座近百场，举办全国继续教育学习班，学习人次近千人；完成学术论文24篇，国内核心期刊20篇，SCI收录4篇；参加国际学术会议10次；举办全国性白内障培训班15期，120名国内外白内障手术医师参加；培养博士研究生5名，硕士研究生8名。 （天津市眼科医院）

【心血管疾病患者的血尿酸调控方案】 高尿酸血症是高血压的独立危险因素之一。血尿酸升高可诱发血管内皮细胞功能障碍，导致高血压，高血压病和高尿酸又是加重患者心血管疾病的主要因素。天津市胸科医院，天津市心血管病研究所丛洪良、李曦铭、李作成等对入住该院的高血压和或冠心病504例患者，将其随机分为药物干预组和非药物干预组，干预组给予阿托伐他汀和普罗布考联合治疗；非干预组按医嘱或患者意愿分为单药治疗和两药不用组。记录患者住院期间服药前，服药3天后的血尿酸、肝功、肾功等生化指标等情况；分别在出院后1、6、12个月检测患者的血尿酸、肾功、肝功等指标，同时记录期间的不良事件，随访1年后，进行资料统计分析，评价用药安全性、疗效和临床预后影响。结果显示，联合药物干预组与非联合药物干预组患者的血BUN均明显降低，差异有统计学意义（$p<0.05$）；联合药物干预组服药3天后、1月后、6月后、1年后Scr、eGFR有所变化；与入院时比较，联合药物干预组服药3天后、1月后SUA明显下降，差异有统计学意义（$p<0.05$），而非联合药物干预组有所下降，但差异无统计学意义（$p>0.05$）；1月后非联合药物干预组血尿酸明显升高，差异有统计学意义（$p<0.05$）。两组患者随访1年期间主要心血管事件的发生比较，差异有统计学意义（Breslow，$p<0.05$）。研究表明，血尿酸水平升高是冠心病或高血压患者心源性及全因死亡事件的独立危险因素。他汀类药物通过调节血脂，改善肾小球硬化，减少中性粒细胞和巨噬细胞的增殖，上调内皮细胞一氧化氮合酶活性，对肾功能有保护作用，进而在不改变肾内血流量的情况下改善肾功能，抑制炎症反应，并增加尿酸排泄，降低血尿酸；普罗布考清除氧自由基，对抗氧化应激反应，改善内皮功能，对造影剂肾病改善有一定作用，介入治疗前应用普罗布考能够减少造影剂肾病的发生；强化联合阿托伐他汀和普罗布考治疗可降低心血管疾病患者血尿酸水平，同时可降低心血管疾病患者主要不良心血管事件的发生。该研究获2016年度天津市科技进步三等奖。

（刘　群）

【补肾活血法组方制剂对阿霉素肾病的治疗作用及机制】 由天津市公安医院完成，获2016年度天津市科技进步三等奖。科研人员通过临床研究及体内外实验研究，证实补肾活血法组方制剂对阿霉素肾病肾小球硬化具有保护作用，能改善足细胞的功能状态，减轻足细胞损伤，并初步探讨其作用机制，为肾小球硬化临床药物治疗寻找可靠的组方剂提供理论依据，为补肾活血法的进一步临床推广提供科学依据。

（天津市公安局科技信息化处）

【桡侧入路的应用解剖学研究及其临床应用】 天津市第一中心医院孙玉福、王炳祺、万东东等根据治疗桡骨远端背侧不稳定性骨折时，应用常规手术入路（掌侧、背侧或掌背侧联合入路）存在显露不充分，软组织干扰大等缺点，设计桡侧手术入路治疗桡骨远端背侧不稳定性骨折。并采用桡侧入路术式，治疗桡骨远端背侧不稳定性骨折21例。术后骨折一期愈合（平均7.5周），术后经专业康复师指导功能训练。术后6个月、1年与2年拍摄标准位X线片，并测量桡骨茎突高度、掌倾角、尺偏角及关节面平整度，同期复查腕关节活动度及握力情况。按Gartland-Werley腕关节评分标准，对该术式进行可行性和有效性评估。术后患者平均随访13.5个月，临床疗效满意。2016年7月，该研究通过天津市卫生计生委组织的专家科技成果认定。（刘　群）

【唐氏综合征筛查的可信度与相关因素研究】 唐氏综合征（Down´s syndrome，DS），又名21三体综合征，是一种常见染色体疾病。天津市第一中心医院王得玲、孙雪丽、刘荣等对2005年1月至2007年12月，在该院进行产前诊断中心就诊或指定基层医院送诊的1201例孕妇和1225例孕中期筛查的孕妇，采用时间分辨免疫荧光法检测唐氏综合征筛查孕妇的血清学指标水平包括，妊娠相关血浆蛋白A（PAPP-A）、游离人绒毛膜促性腺激素β亚基（Free-βhCG）、甲胎蛋白（AFP）、游离雌三醇（μE3）等；超声测量胎儿颈部半透明组织厚度（Nuchal Translucency，NT）并进行统计学分析，探讨DS筛查效果的相关影响因素，为构建适宜的DS综合预防干预模式提供循证依据。结果显示，行孕早期联合筛查的1201例孕妇，筛查高风险率3.41%(41/1201)，假阳性率3.00%(36/1201)，检出率100%(5/5)；行孕中期三联筛查的1225例孕妇，筛查高风险率5.71%(70/1225)，假阳性率5.14%(63/1225)，检出率66.67%(6/9)；孕早期行联合筛查孕妇中假阳性率为3.00%(36/1201)，PAPP-A、Free-βhCG和NT MoM值中位数分别为1.09、0.96和1.16 MoM；孕中期行三联筛查孕妇中假阳性率为5.14%(63/1225)，AFP、Free-βhCG和μE3 MoM值中位数分别为0.90、0.96和1.01 MoM。提示孕早期联合筛查与孕中期三联筛查对降低DS患儿的出生数量具有重要的临床意义。2016年1月该研究通过天津市卫生计生委组织的专家结题验收。（刘　群）

【阿托伐他汀群体药动学及生理药动学模型研究】 阿托伐他汀被广泛应用于治疗高脂血症、冠心病、慢性阻塞性肺疾病等疾病，但其不良反应较多。天津市第一中心医院、天津市南开医院朱立勤、刘家宝、王春革等结合药物的理化性质和体外酶促动力学等参数，建立阿托伐他汀在健康人群中的生理药动学模型，预测阿托伐他汀在健康人群、老年人群和儿童人群中的各个组织分布特点；同时运用非线性混合效应模型，建立阿托伐他汀在健康人群中的群体药动学模型，探讨阿托伐他汀在健康人群中的药动学特性，并采用Bootstrap和直观预测检验（VPC）法对模型进行验证和评价。结果显示，阿托伐他汀在14个组织均有分布，其中青年人群在血液、皮肤、肺中分布较高，在脂肪和脑中分布最低；在儿童体内，其在血液、皮肤、肺中分布较高，在脑中分布最低；在老年体内，其在血液、皮肤、肺中分布较高，在肌肉中分布最低；提示年龄可影响阿托伐他汀在体内的分布，儿童和老年人应用阿托伐他汀时，存在较高的发生不良反应的风险，应根据生理生化指标调整剂量，避免不良反应的发生。阿托伐他汀在健康人群的群体药动学模型经验证，证实该模型稳定可靠，最终得到的群体药动学参数，其表观清除率CL/F和表观分布容积V/F的群体典型值分别为255 Loh-1和3180 L。该研究为临床开展阿托伐他汀药动学研究，实现个体化给药，对减少该药物不良反应发生具有积极意义。2016年1月，该研究通过天津市卫生计生委组织的专家科技成果认定。（刘　群）

【反义miR-92a对人结肠癌细胞化疗药敏性的影响】 天津市第一中心医院谭志军、夏萍、姜伟等采用荧光定量PCR方法，检测75例结肠癌组织中miR-92a的表达，同时，检测结肠癌细胞HT-29、SW-480、HCT-8中miR-92a的表达，探讨反义miR-92a寡核苷酸调控Bim蛋白诱导人结肠癌细胞凋亡的机制。结果显示，结肠癌组织中miR-92a的表达较癌旁组织明显增高；HT-29细胞转染miR-92a inhibitor并经奥沙利铂作用后，细胞增殖能力低于相应时间点的空白组细胞、脂质体组细胞及阴性对照组细胞；抑制miR-92a表达后，细胞72h凋亡率高于对照组细胞；转染后细胞Bim蛋白表达量明显升高，差异具有统计学意义（$P<0.05$）。该研究初步阐明反义miR-92a寡核苷酸改善结肠癌细胞奥沙利铂耐药的相关分子机制。提示miR-92a表达与结肠癌患者无病生存时间、总生存时间相关，可作为结肠癌患者的预后指标。该研究为进一步研究结肠癌细胞凋亡调控和化疗

增敏提供理论依据。2016年4月，该研究通过天津市卫生计生委组织的专家结题验收。

（刘　群）

【CIPN的高风险人群筛选及预防给药方案评价】化疗所致周围神经病（Chemotherapy-induced Peripheral Neuropathy，CIPN）是仅次于血液毒性临床上常见的不良反应。CIPN成为限制化疗药物剂量、影响疗效，甚至不能耐受而被迫终止治疗的主要因素。天津市第一中心医院魏晓晨、朱立勤、王春革等针对CIPN这一主要临床问题，选择接受化疗的肿瘤患者，评估一般特征、检测生化指标、观察化疗药物使用情况及CIPN的发生情况，利用回归模型筛选出CIPN的高危因素；按照国际Cochrane协作网提供的国际公认的方法，对预防CIPN给药方案进行系统评价。结果显示，肿瘤患者的年龄、糖尿病病史、化疗药物累积剂量及肝功能损害程度是CIPN的独立影响因素。通过循证医学的方法，为临床肿瘤患者提出预防奥沙利铂CIPN、紫杉醇CIPN、长春新碱CIPN和顺铂CIPN的具体给药方案。该研究为肿瘤患者的化疗药物的选择提供参考。2016年7月，该研究通过天津市卫生计生委组织的专家结题验收。

（刘　群）

【利福平在肺结核患者中的群体药动学模型研究】　利福平作为一线抗结核药，在临床治疗结核病中应用广泛。天津市第一中心医院、天津市海河医院朱立勤、黄淑萍、荆颖等通过监测肺结核患者口服利福平不同时间点的血药浓度，于服药前以及服药后12小时内采集患者的血样，采用HPLC法测定患者的血药浓度，以非线性混合模型法建立群体药动学模型；考察患者的性别、年龄、体重、肝肾功能等因素对该药群体药动学模型的影响；采用Bootstrap及VPC方法进行模型验证和评价。结果显示，利福平在肺结核人群中药动学群体参数：CL/F 4.02 L·h-1，V/F 57.8L。患者的性别、年龄等因素在该人群中对利福平药动学无显著影响。该研究为临床合理用药提供参考依据。2016年1月，该研究通过天津市卫生计生委组织的专家科技成果认定。（刘　群）

【普伐他汀在健康受试者中生理和群体药动学研究】　普伐他汀被临床广泛应用于高脂血症的治疗，其降脂作用强，耐受性好，具有临床多效性。天津市第一中心医院、天津市第四医院朱立勤、王慧、蒋文涛等结合药物理化性质参数和体外酶促动力学等参数，建立不同剂量普伐他汀（10mg、20mg和40mg）健康人群体内生理药动学（PBPK）模型。观察普伐他汀在健康人群中的各个组织（心、肺、脑、肝和肾等）分布特点；同时应用非线性混合效应模型，建立普伐他汀在健康人群中的群体药动学模型，观察普伐他汀在健康人群中的药动学特性，并应用Bootstrap法检验（VPC）对模型进行验证和评价，为临床制定个体化的给药方案提供理论参考。结果显示，普伐他汀PBPK模型表明，普伐他汀在肺和心脏分布较多，脑和肌肉分布较少；三个剂量组的分布趋势相同，含量呈剂量依赖性上升；普伐他汀PPK模型表明，普伐他汀在健康人群中的CL/F、V/F、Ka群体典型值分别为252L/h、305 L、5.49h-1。该研究为临床监测普伐他汀药物不良反应提供理论依据，2016年1月，通过天津市卫生计生委组织的专家科技成果认定。（刘　群）

【老年急性髓系白血病综合治疗方案的建立及应用】　为天津市卫生计生委重点攻关项目，由天津市第一中心医院、天津医科大学总医院赵明峰、李玉明、邵宗鸿等承担完成，2016年7月通过天津市卫生计生委组织的专家结题验收。研究人员通过建立老年急性髓系白血病（Acute Myeloid Leukemia，AML）综合治疗方案，确定分层治疗策略，选择包括新药（地西他滨）在内的减低剂量化疗方案诱导缓解。探讨巩固治疗加用免疫治疗增强抗白血病作用，观察对提高老年AML治疗疗效。结果显示，CAG、CAG联合DAC，IA方案诱导缓解，不同诱导缓解方案临床疗效相当，完全缓解率、总有效率、早期死亡率，均$P>0.05$，差异无统计学意义；在高危组患者，CAG＋DAC方案组有效率为45.5%，IA组为22.2%，CAG组为22.2%，CAG+DAC方案有明显优势；利用实时定量PCR结合多参数流式监测MRD，能更早的预测复发，MRD阳性患者，采用

卫生健康科技

强化的巩固治疗方案，MRD转阴率60%（12/20），总体的复发率31.1%（19/61），较以前老年AML治疗疗效的统计数据复发率43.3%低，多参数早期监测MRD水平，给予强化治疗，有益于延长缓解期，减少复发；巩固治疗联合DC+CAK免疫治疗，IL-2、IL-12、TNF-α和IFN-γ水平提高，提示收获细胞分泌多种细胞因子，增加抗白血病效应，更有助于清除MRD，使患者获得更长时间的疾病缓解期；初治AML患者诱导化疗后血小板增多是提示病情良好预后的独立因素，其有助于对患者的个体化治疗，指导缓解后的治疗方案选择，更好的评估预后，从而使患者的总生存期和无病生存期得到改善；采用综合治疗方案的老年AML患者OS延长。研究表明，老年AML治疗包括新药在内的减低剂量化疗和免疫治疗等方法更能耐受，并根据MRD水平，血小板数目制定个体化适合老年AML的综合治疗方案，能使大部分老年AML患者得到积极治疗，提高老年AML治疗的疗效。项目执行期间，培养硕士研究生3名，博士研究生1名；发表中华期刊论文3篇，SCI收录论文5篇。（刘　群）

【GPC3预测肝移植术后肿瘤复发及转染DC抗肝癌研究】 天津市第一中心医院王玉亮、沈中阳、滕大洪等通过检测肝癌肝移植患者的肝癌组织、癌旁组织GPC3 mRNA表达水平，构建GPC3真核表达质粒，转染人外周血DC细胞，探讨DC-GPC3-CIK细胞特异性及杀伤肝癌细胞的生物学效应及机制。结果显示，癌组织GPC3 mRNA表达水平明显高于癌旁及正常肝组织，GPC3 mRNA表达与肿瘤血管侵犯显著相关；Cox比例风险回归模型分析显示，GPC3 mRNA高表达是肿瘤复发的独立危险因素；DC-GPC3细胞与CIK细胞共培养后，其细胞免疫表型及肝癌细胞杀伤活性与单独CIK细胞相比显著增高。研究证实，该共培养的免疫效应细胞，能增强针对GPC3高表达肝癌细胞的特异性肿瘤杀伤效应，有助于进一步提高肝移植治疗肝癌的疗效。该研究为个体化肝癌的生物治疗提供一种新模式。2016年4月，该研究通过天津市卫生计生委组织的专家结题验收。

（刘　群）

【冠脉造影与FFR对老年冠心病患者PCI的影响】 冠心病经皮冠状动脉介入术（Percutaneous Coronary Intervention，PCI）治疗已广泛应用于临床，现阶段主要依据冠脉造影判定冠脉的狭窄程度来决定是否行PCI治疗，而冠脉造影只能从解剖学角度反映冠脉病变，并不能全面反应冠脉血流动力学情况及心肌血液供应情况。天津市第一中心医院荣玉栋、郭莹、邵林静等选取经冠脉造影结果证实冠状动脉狭窄超过70%的≥80岁高龄老年冠心病患者40例，随机分为对照组和实验组，对照组22例患者43处病变按常规行PCI术，置入药物涂层支架；实验组18例患者39处病变均行血流储备分数（Fractional Flow Resen，FFR）测定，FFR≤0.75的病变处行PCI治疗并且置入药物涂层支架。比较2组患者置入支架数量、手术时间、造影剂的使用剂量及随访12个月心绞痛及主要心脏不良事件的发生率。探讨冠脉造影与结合冠脉造影的结果及FFR数值，用于指导高龄老年冠心病患者的PCI治疗。结果显示，试验组术中置入支架数量、造影剂的使用剂量均少于对照组，经12个月随访两组心绞痛及主要心血管不良事件发生率，差异无统计学意义（$P>0.05$）。研究证实，冠脉造影和FFR联合指导高龄老年冠心病患者PCI治疗，可以减少术中支架置入的数量，减少造影剂的使用剂量，而并不增加患者12个月主要心血管不良事件发生，对高龄老年冠心病患者PCI治疗有较好地临床指导作用。2016年1月，该研究通过天津市卫生计生委组织的专家结题验收。

（刘　群）

【小儿肝移植术后血管并发症介入治疗的远期疗效】 肝脏移植已经成为儿童终末期肝脏疾病的最终治疗手段，由于儿童的解剖特点，常会导致移植术后血管和胆道并发症发病率较高，严重影响儿童肝移植的成功。天津市第一中心医院高海军、陈光、王浩等通过对小儿肝移植术后血管并发症介入治疗方法的适应症、技术要点，疗效和并发症进行总结和分析，建立小儿肝移植术后并发症介入治疗的临床路径，为提高小儿肝移植术后并发症的治疗效果提供理论依据。提出对小儿肝移植术后肝动脉血栓形成治疗，应采用超早期肝动脉血栓形成应行手术治疗；早期或迟发型肝动脉血栓，可以进行介入治疗；对小儿肝移植术后门静脉狭窄/闭塞治疗，应首选球囊扩张治疗，对于门静脉狭窄部位球囊扩张无效、血管撕裂、门静脉成角、迂曲或门静脉血栓等应予以内支架治疗；对小儿肝移植术后流出道梗阻可首选球囊扩张治疗，对于早发型肝静脉合并下腔静脉狭窄者肝静脉内可行内支架治疗，而腔静脉狭窄行PTA治疗，球囊扩张后反复复发的肝静脉回流受阻患者应植入支架。该研究对提高小儿肝移植术后并发症的治疗效果具有指导意义，2016年8月通过天津市卫生计生委组织的专家科技成果认定。

（刘　群）

【宫内生长受限胎儿的肾脏发育研究】 天津市卫生计生委重点攻关项目，由天津市中心妇产科医院王妍平、刘继晓、张志坤等承担完成，2016年4月通过天津市卫生计生委组织的专家结题验收。研究人员利用超声诊断技术，对宫内生长受限（Fetal Growth Restriction，FGR）胎儿的肾脏发育情况进行评价，探讨影响肾脏正常发育的可能机制，为早期监测高危儿童，降低高血压及肾脏疾病的风险提供新思路。研究结果显示，FGR组胎儿肾脏重量、体积及肾单位数量较对照组明显减少，差异有显著性。缺口末端标记法显示FGR组肾脏组织凋亡增加；促进凋亡蛋白Bax表达增加，抑制凋亡蛋白Bcl-2表达显著降低。FGR组肾脏肾素mRNA及蛋白表达降低，差异有显著性；血管紧张素原的mRNA及蛋白表达与肾素表达相一致，在FGR组明显低于正常对照组，差异有显著性；两组胎儿的各项生长指标比较，FGR组胎儿的双顶径、腹围及股骨长均小于非FGR组，差异有统计学意义。FGR组胎儿的肾脏长度及总肾脏体积较非FGR组降低，差异有显著性（$P < 0.01$）。该研究为临床上对宫内生长受限胎儿的重点监护和随访提供理论依据。

（刘　群）

【HPV E6/E7 mRNA联合检测对宫颈癌早期筛查的临床价值】 天津市中心妇产科医院李剑、曲芃芃、邱晓媛等应用分子生物学技术检测FH物质和荧光定量杂交捕获技术HPV E6/E7mRNA检测进行定量测定。探讨该技术应用于大样本宫颈癌高危人群筛查的效果。结果显示，FH检测和HPV E6/E7mRNA检测显示对照组阳性率低于各级别病变组（$P<0.05$），FH检测的高级别组和宫颈浸润癌组的阳性率高于低级别组；高危型HPV E6/E7 mRNA检测的拷贝数随着病变级别的加重而明显增高，高级别组及宫颈浸润癌组患者中，高危型HPV E6/E7 mRNA检测拷贝数>10000的患者比例明显增多；HPV DNA检测的阳性率和拷贝数对照组均低于各级别病变组。提示HPV E6/E7 mRNA检测可用于对HPV持续感染宫颈病变进展潜能的监测，而HPV E6/E7 mRNA和FH联合检测，为准确排查高危人群，对宫颈癌的早发现、早治疗提供可能。该研究2016年4月，通过天津市卫生计生委组织的专家科技成果认定。　（刘　群）

【延迟脐带结扎对足月儿及早产儿母儿结局的影响】 天津市中心妇产科医院邢雅娜、陈叙、吕艳等自2013年12月至2014年6月对667例经阴道分娩新生儿实施延迟脐带结扎，其中足月儿584例，早产儿83例，探讨延迟脐带结扎对新生儿生后1min～10min经皮血氧饱和度（SpO_2）及心率（HR）、第三产程时间和出血量，生后24h内新生儿血常规、生后72h新生儿经皮胆红素水平、并发症及治疗情况、生后6个月Hb的影响。结果显示，延迟脐带结扎可提高足月儿和早产儿出生后1天的血红蛋白水平，提高早产儿出生后1min、5min和10min的Apgar评分，稳定早产儿出生后的生理过渡，且不增加其胆红素水平及光疗水平及光疗比率，对母亲第三产程时间和出血量无影响，提示延迟脐带结扎60s～90s可能是更为合理的脐带结扎时间。该研究为制定的第三产程处理常规，规范脐带结扎时间提供理论依据，2016年4月，通过天津市卫生计生委组织的专家科技成果认定。　（刘　群）

【血清HE4水平在原发输卵管癌中的诊断和预后价值】 人附睾蛋白4（Human Epididymis Gene Product 4，HE4）是一种新的卵巢癌肿瘤标志物。天津市中心妇产科医院米东、张月香、王承缙等通过对原发输卵管癌（Primary Fallopian Tube Carcinoma，PFTC）患者血清学检测，比较HE4与CA125对PFTC的诊断效果，探讨血清HE4水平在PFTC中的诊断价值，为临床诊断和监测PFTC复发提供参考依据。结果显示，PFTC患者的血清HE4和CA125浓度明显高于盆腔良性肿瘤患者，无论在早期或晚期，HE4与CA125相比较在PFTC诊断中的特异性较高，但敏感性较低，HE4和CA125相结合的诊断敏感性和特异性更高。而在PFTC早期阶段，HE4的敏感性为35.7%，HE4与CA125相结合敏感性可以达到71.4%。提示血清HE4与PFTC的进展、组织学和手术治疗效果相关。而HE4与CA125相结合能更好预测PFTC复发，该研究结果可为临床诊断PFTC以及疗效评估提供实验依据。该研究2016年7月，通过天津市卫生计生委组织的专家科技成果认定。

（刘　群）

【羊水Ⅲ度胎粪污染新生儿应用抗菌药物预防感染的研究】　羊水胎粪污染是胎儿把胎粪排入到羊水中，造成的羊水浑浊现象，患儿是否应用抗菌药物预防感染多年来一直存在争议。天津市中心妇产科医院杨华良、田秀英、邢丽等以2014年6月至2015年11月在院出生的305例羊水Ⅲ度胎粪污染高危因素新生儿为研究对象，采用前瞻性的随机对照研究方法，观察新生儿羊水胎粪污染的感染率和临床结局，探讨制定新的Ⅲ度粪染新生儿预防应用抗菌药物标准的合理性。结果显示，羊水Ⅲ度胎粪污染新生儿可根据72 h时血清C反应蛋白（C-Reactive Protein，CRP）值，并结合患儿的临床表现决定是否应用抗菌药物进行抗感染治疗，对病情较轻的可选用广谱青霉素类药物，对较重的可选用三代头孢类抗菌药物。应用抗菌药物抗感染治疗后，定期复查CRP等感染指标，决定抗感染疗程。从而降低新生儿抗菌药物使用率，减少耐药菌产生。2016年10月，该研究通过天津市卫生计生委组织的专家结题验收。

（刘　群）

【人卵巢高级别浆液性腺癌肿瘤干细胞标志物筛选】　天津市中心妇产科医院、南开大学、天津医科大学附属肿瘤医院陈凌、朱正茂、谷峰等运用qRT-PCR及免疫组化等方法从生物学行为及功能入手，对现有肿瘤干细胞标志物（CD133、CD44、CD24、CD117、EpCAM、ALDH）及部分正常干细胞标志物在同一批临床病理标本的表达情况进行横向及纵向的比较和分析，筛选与预后相关的指标。结果显示，CD117在卵巢高级别浆液性癌中的表达显著高于低级别浆液性癌和浆液性交界性肿瘤，而且CD117的表达与突变型P53的表达、复发及预后差显著相关。提示CD117可以作为卵巢高级别浆液性癌更为特异的肿瘤干细胞标志物，对于探讨该蛋白在靶向治疗及预后评估方面具有重要意义。2016年10月，该研究通过天津市卫生计生委组织的专家结题验收。

（刘　群）

【乙型肝炎病毒相关肝癌及其高危人群的分子预警模型研究】　天津市卫生计生委重点攻关项目，由天津市天津市第三中心医院高英堂、杜智、侯庆虎等承担完成，2016年1月通过天津市卫生计生委组织的专家结题验收。课题组通过对肝癌及其高危人群进行基因/蛋白表达谱、甲基化谱、microRNA和HBV DNA等分子标志物的分析，利用实时荧光定量PCR分析34基因在肝癌等组织中的表达，确定GPC3等18个基因在各组之间存在明显的差异表达；优化GPC3等8个基因建立分子诊断指数（MDI）显示其明显优于单个基因诊断；采用IHC和WB等技术验证GPC3、BIRC7、GP73和SCCA1在慢乙肝组织、癌旁肝组织、不典型增生组织及肝癌等组织中的表达水平呈逐渐增高趋势，对肝细胞癌有更显著的敏感性及特异性；采用ELISA分析，发现血清HGF在肝癌患者中明显升高，且与患者预后相关；血清GPC3检测肝癌的敏感性和特异性较低；血浆BIRC7蛋白在各肝病组的表达量明显高于正常组，但肝病组之间无统计学差异；肝病患者中血清GP73水平明显升高，可以用于区分肝病患者与健康人群，但单独检测不适于诊断肝癌。利用MSP法分析12个肿瘤抑制基因的甲基化状态，筛选出APC等5个肝癌甲基化特异性抑癌基因组成甲基化谱，可作为辅助诊断的备选标志物；利用两种含有88和84个人类癌相关miRNAPCR芯片，确定18个差异表达的组织或血清miRNA；定量PCR分析miR-183在肝癌组高表达，且与患者TNM分期和是否伴有肝硬化相关。所建立的特异性优于现有方法的HBV cccDNA实时荧光定量PCR体系，可用于评估患者预后。

（刘　群）

【CETP基因TaqⅠB位点多态性与他汀药物疗效关系】 天津市胸科医院、天津市心血管病研究所何乐、刘玉洁、毛用敏等以2012年7月～2014年4月在该院住院并行冠状动脉粥样硬化性心脏病（Coronary Atherosclerotic Heart Disease，CHD）检查的840例患者为研究对象，通过采集临床资料、临床化验检查结合冠状动脉造影检查的结果评价患者冠状动脉粥样硬化的程度及血脂水平。采用多聚酶链反应-限制性内切酶片段长度多态性(PCR-RFLP)分析方法，观察患者CETP基因中TaqIB等位基因频率分布情况；通过对接受他汀药物治疗患者进行3个月随访，观察不同CETP TaqIB基因型个体在用药前后各项血脂水平变化率，探讨患者血脂代谢异常和瑞舒伐他汀降脂效果的影响。结果显示，CETP基因中TaqIB基因多态性地区分布与目前研究一致，未发现其在冠心病人群中的特异性分布。CETP TaqIB基因多态性并不是CHD发病的独立危险因素，但与冠状动脉病变程度存在相关性。CETP的TaqIB基因多态性与患者血脂代谢紊乱有一定关系，基因型B1B1及等位基因B1与高胆固醇血症有着密切的关系，且在男性及CHD患者中显著。通过对接受瑞舒伐他汀治疗患者的观察，不同CETP TaqIB基因型个体在用药前后各项血脂水平变化率的差别无显著差异，证实不同CETP TaqIB基因型患者对瑞舒伐他汀的降脂疗效无明显影响。该研究从药物基因组学角度，为调脂药物的个体化治疗提供基础研究的依据，2016年10月通过天津市卫生计生委组织的专家结题验收。（刘　群）

【血Lp-PLA2与冠心病的发生及预后的关系及抗氧化治疗研究】 脂蛋白相关磷脂酶A2（Lp-PLA2）是具有血管特异性的炎症标志物，有助于预测冠心病的发病风险及预后评估。天津市胸科医院、天津市心血管病研究所杨丽、刘寅、刘婷等选择行冠脉造影术（Coronaryangiography，CAG）的患者450例，将入选患者分为非冠心病（Non-CHD）组和冠状动脉粥样硬化性心脏病（Coronary Atherosclerotic Heart Disease，CHD）组。采用ELISA法测定患者血Lp-PLA2水平，分析各组间Lp-PLA2的差异，探讨Lp-PLA2与冠心病的发病及预后的关系。结果显示，CHD组Lp-PLA2浓度高于Non-CHD组。Logistic多因素回归分析得出Lp-PLA2、LP(a)、BNP、男性是冠心病发生的危险因素；冠心病SAP、UAP、AMI三亚组人群Lp-PLA2浓度无明显差异；Lp-PLA2与冠脉Gensini积分、TC、TG、LDL、VLDL、Apo-B、TBIL、CRP呈正相关，Lp-PLA2与BMI、BNP、FIB、HBA1C、HDL、LP(a)无明显相关性；Cox多因素回归分析，得出Gensini积分、LP(a)是MACE发生的危险因素，Lp-PLA2与MACE发生无明显相关性；CHD合并T2DM患者Lp-PLA2水平与冠脉病变程度的相关性；他汀治疗组及联合治疗组治疗后TC、TG、LDL-C、Lp-PLA2较治疗前均降低，他汀治疗组治疗后HDL-C升高，联合治疗组治疗后HDL-C下降；联合治疗组较他汀治疗组治疗后TC、LDL-C、Lp-PLA2降低，但TG差异无统计学意义。2016年7月，该研究通过天津市卫生计生委组织的专家结题验收。

（刘　群）

【基于磁声耦合效应的组织内声振动的发生与传播机制研究】 中国医学科学院生物医学工程研究所刘志朋等承担完成的国家自然科学基金面上项目，2016年2月结题。通过研究真实条件下生物组织内声振动源发生和传播机制，得到真实反映组织内部电导率信息的检测与重建方法，从而实现目标成像体整体的电导率成像。研究内容：①建立人体组织声学、电学特性模型，通过仿真手段研究声源发生机制，揭示磁激励下洛伦兹力声振动源的发生机制。②仿真研究不同激励条件下的磁声能量转化关系，探讨提高声能量转化率的激励源特征。③用不同方法分析声信号与声源关系，揭示声振动源在生物体内的传播机制，建立

磁声成像实验研究平台

由声压重建声源的算法。④根据仿真结果优化激励源以及同频率的超声波检测系统，解决声信号检测的电磁干扰问题，建立磁声成像研究的实验平台。⑤制备不同特性参数的仿体模型，开展仿体实验和离体动物组织实验研究，评估声压仿真、电导率图像重建算法。取得成果：①开展磁声耦合成像频域方法研究，用低频（5kHz，10kHz和15kHz）正弦连续波激励，麦克风拾音器拾取声信号，通过锁相放大后，检测声信号幅值和相位，提取频域信息实现对声源进行重建。②开展对电导率及声速不均匀介质声源传播与重建方法研究，考虑到组织体内声速分布不均匀性提出对声速补偿的算法，提高声源重建的精确性。③通过探讨电导率变化界面成像与内部成像的声信号条件，对注入电流实验中出现的不同条件仿体声信号特征进行深入研究。④实验装置改进：利用多路选择器，抑制激励脉冲引发电磁干扰，提高检测声信号的信噪比至80dB，对应的声压检测幅值达到10Pa～6Pa以下，提高检测精度。项目执行期间，申请发明专利18项，获授权发明专利8项，发表SCI论文4篇，国际学术会议论文3篇，国内期刊论文12篇，培养硕士研究生6人、博士研究生2人 。（段炳柱）

【磁声耦合成像微弱声信号的频域检测与处理方法研究】 中国医学科学院生物医学工程研究所张顺起等承担完成的天津市自然科学基金青年项目，2016年3月结题。课题组对磁声耦合信号频域处理方法和锁相放大微弱信号检测合成像方法进行研究。①基于洛仑兹力的磁声耦合组织内部声源发生传播机制，研究频域磁声耦合成像信号求解方法，建立组织电特性模型，对真实组织的声源分布和声信号特性进行分析。②设计频域磁声偶合成像实验系统，为频域磁声耦合成像的实验验证以及将来医学临床应用打下基础。③基于锁相方法检测的频域检测方法， 建立电导率生物组织模型，进行组织模型祖坟与特性参数研究，进行不同电特性分布的组织模型仿体实验测量，为验证磁声耦合成像理论模型、仿真结果以及为介质内部成像的深入研究提供测量数据和实验依据。④利用有限元仿真和实验验证的手段，对微弱磁声信号频域检测处理方法进行研究，实现频域测量的电导率图像重建。课题组提出微弱磁声信号频域处理方法，通过对磁声信号频域成分分析和频率采样，避免噪声混入，改善滤波效果，提高磁声成像的抗噪声性能，信噪比可提高25dB以上，有利于提高信号和重建图像的信噪比。利用锁相放大方法进行微弱磁声信号检测和成像，提高微弱磁声信号的检测精度、磁声成像电导率成像分辨率，降低激励源设计要求和实现难度。该研究成果可为解决介质内部电导率成像问题提供科学依据，促进磁声成像方法在肿瘤临床诊断上的早日应用。（段炳柱）

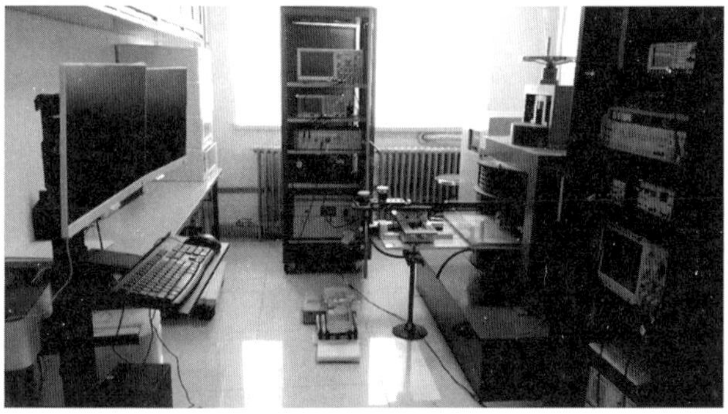

磁声扫描测量系统照片

【WT1特异性CD8+ T细胞在乳腺癌免疫治疗中的应用】 天津市卫生计生委重点攻关项目，由天津市第四中心医院、天津市第三中心医院王新超、庞华、高英堂等承担完成，2016年1月通过天津市卫生计生委组织的专家结题验收。研究人员采用流式分析仪检测健康志愿者和乳腺癌患者外周血中WT1特异性CD8+T细胞的浓度，通过WT1/MHC连锁状多聚体磁珠分选WT1特异性

CD8+ T细胞并进行培养，细胞毒性实验检测WT1特异性CD8+T细胞的功能，探讨外周血中提取的WT1特异性CD8+T细胞用于乳腺癌诊断的价值。结果显示，在20例HLA-A2血清阳性健康志愿者的外周血中，有12例健康志愿者的外周血中WT1特异性CD8+ T细胞的浓度大于0.5%，其中4例大于1%；在20例乳腺癌患者外周血中，WT1特异性CD8+ T细胞的浓度介于0.07%~1.51%之间，两者间没有显著差异。WT1/MHC连锁状多聚体磁珠分选后，其浓度明显增加至80%左右。WT1特异性CD8+T细胞的细胞表型为CD45RA+CCR7的效应细胞；CFSE/PI试验显示其可特异性杀伤WT1多肽负载的乳腺癌细胞株。研究发现，健康志愿者和乳腺癌患者外周血中均可检出WT1特异性CD8+ T细胞，但二者外周血中WT1特异性CD8+ T细胞的浓度没有显著性差异；健康志愿者外周血中可检测到WT1特异性CD8+ T细胞，该细胞可能对乳腺癌细胞具有特异性杀伤作用，提示WT1特异性CD8+ T细胞用于乳腺癌过继性免疫治疗的可能性。

（刘　群）

【双能CT在诊断肺栓塞和评估临床疗效中的应用】　CT肺动脉造影（CT Pulmonary Angiography，CTPA）是诊断肺栓塞（Pulmonary Embolism，PE）的重要方法；双能量CT（Dual Energy CT，DECT）肺灌注成像在采集肺栓塞解剖信息的同时，也能显示肺血流动力学状态实现功能成像。天津市胸科医院张洪、顾隽珩、马延贺等回顾性收集2010年8月至2012年1月的疑似PE住院患者，根据扫描方式不同分为两组：接受DECT检查的80例；接受常规CTPA检查的210例。采用测量信号噪声比（SNR）和对比度噪声比（CNR）客观评价两组的图像质量；记录、计算两组受检者的辐射剂量；评估DECT肺灌注图像，分析灌注缺损的表现、引起灌注缺损的原因及其特征。探讨DECT肺灌注成像诊断PE的准确性以及利用灌注缺损评分评价PE严重程度的可行性。结果显示，DECT在双能扫描模式下肺灌注成像所得的图像质量与常规CTPA的图像质量没有差别，能够满足临床诊断需要，同时没有增加受检者的辐射剂量；由PE引起的灌注缺损多呈片状或楔形灌注缺损。因此认识非PE引起的灌注缺损的影像特征有助于提高DECT肺灌注成像诊断PE的准确性；DECT肺灌注成像诊断PE的敏感度性、特异性、阳性预测值、阴性预测值及准确度分别为98.2%、88.24%、81.69%、98.92%、98%。灌注缺损评分与RV/LV与CTPA PE指数评分均有极好的一致性。DECT肺灌注成像诊断PE有较高的准确性。提示利用双能CT肺动脉灌注图像诊断肺动脉栓塞具有很好的一致性；利用灌注图像诊断肺动脉栓塞有较高的准确性。该研究2016年1月，通过天津市卫生计生委组织的专家结题验收。（刘　群）

【重度开放骨折、感染骨折及创伤后畸形的临床研究】　天津市卫生计生委重点攻关项目，由天津市天津医院、天津医科大学舒衡生、马宝通、石博文等承担完成，2016年1月通过天津市卫生计生委组织的专家结题验收。课题组历时5年，采用传统及改进的Ilizarov外固定技术（Taylor三维空间支架），结合先进的皮神经营养学管岛状皮瓣转移术治疗四肢重度开放骨折，感染骨折及矫正创伤后肢体畸形，获得满意的临床效果。研究证实，应用Ilizarov环形支架和Taylor支架微创治疗四肢重度开放性骨折，透视下采取部分或完全闭合复位，充分保护骨折端的血运，尽可能早期手术对骨折固定，可以显著提高骨折的愈合率，降低并发症；采用皮神经营养血管皮瓣转移术与Ilizarov技术，再结合皮瓣的延迟技术，可以大大提高皮瓣的成活率，缩短此类疑难病例治疗的周期；采用Taylor空间支架矫正四肢创伤后畸形，达到矫形精确、手术创伤小的效果。临床采用Ilizarov与皮神经营养血管皮瓣转移术结合技术，能更有效地治疗四肢重度开放骨折和感染骨折不愈合伴皮肤软组织缺损，明显降低截肢率、感染率和致残率，最大程度地恢复患肢功能。

（刘　群）

【微创技术治疗严重软组织损伤跟骨骨折临床研究】　跟骨骨折常合并严重的皮肤软组织损伤，传统切开复位内固定手术可能出现切口感染、不愈合、甚至内植物外露和骨感染等。天津市天津医院曾宪铁、舒衡生、马宝通等针对这一临床难题，采用微创技术结合Ilizarov支架一期手术复位治疗跟骨骨折，并与传统切开复位技术治疗方法相比较，比较两种手术方法，治疗严重软组织损伤的跟骨骨折的临床效果。研究结果表明，微创结合Ilizarov支架技术符合生物学治疗骨折的理念，可降低骨及软组织感染率；撬拨复位结合Ilizarov技术能够使骨折得到解剖或近解剖复位，得到与切开复位相似的结果，Ilizarov支架能起到良好地支撑固定作用；Ilizarov支架的撑开作用，适当牵开距下关节间隙，使关节内形成负压，有利于保护复位后的距下关节，刺激关节软骨进行修复，减少或延缓创伤性关节炎的发生；微创结合Ilizarov支架技术，克服以往外固定限制关节活动的缺点，使踝关节能主动伸屈活动，防止关节挛缩。采用微创技术结合Ilizarov支架一期手术复位治疗跟骨骨折，可以减少入路创伤，固定相对可靠，相对早期固定，降低伤口感染皮肤坏死等并发症的发生，达到早期功能康复的目的。2016年7月，该研究通过天津市卫生计生委组织的专家结题验收。（刘 群）

【脑脊液循环肿瘤细胞检测在肺癌脑膜转移诊断中的应用】 肺癌脑膜转移的发生率约为5%，肺癌脑膜转移患者预后极差，未接受治疗的患者中位生存期仅为4周～6周。天津市环湖医院马春华、姜镕、武俏丽等通过腰椎穿刺方式分别获取16例确诊的肺癌脑膜转移患者和8例脑部非肿瘤疾病患者的脑脊液7.5ml，应用TM-iFISH技术进行富集并计数脑脊液中循环肿瘤细胞，确定其诊断肺癌脑膜转移的敏感性、特异性、有效性、阳性预测值及阴性预测值，为确立TM-iFISH技术富集并计数脑脊液循环肿瘤细胞用于肺癌脑膜转移的辅助诊断提供参考依据。结果显示，肺癌脑膜转移患者的循环肿瘤细胞数目明显高于脑部非肿瘤疾病组，差异具有统计学意义（$P<0.01$）。根据受试者工作曲线（ROC曲线）确定满足正确诊断指数（Youden指数）最大值的临界点为脑脊液循环肿瘤细胞检测阳性的判定标准，循环肿瘤细胞为1个/7.5 mL脑脊液时曲线下面积（AUC）为0.875，AUC 95%CI为0.705～1.000，诊断的敏感性为75%，特异性为100%，有效性为83.3%，阳性预测值为100.0%，阴性预测值为66.7%。提示TM-iFISH技术检测脑脊液中循环肿瘤细胞，对于肺癌脑膜转移的诊断具有一定的临床意义。2016年4月，该研究通过天津市卫生计生委组织的专家结题验收。（刘 群）

【血府逐瘀丸及血府逐瘀胶囊的评价研究】 由天津市药品检验所周军主持完成的天津市食品药品监督管理局科技项目，2016年10月通过天津市市场和质量监督管委会验收。血府逐瘀丸和血府逐瘀胶囊都是国家基本药物，对治疗高血压、妇科等多种疾病有明显的疗效，为临床常用的中成药。科研人员根据处方及生产工艺对药品设计14项探索性检验方法：显微鉴别、薄层色谱鉴别、非法添加化工染料检查、HPLC法测定羟基红花黄色素A和苦杏仁苷等8种成分的含量、HPLC特征图谱、有害元素-铬的测定、农药残留量测定、黄曲霉毒素限度的测定、二氧化硫残留量的测定、药品加速稳定性检测、2011年药品稳定性考察、药品包装材料的检测、药品近红外测定和大蜜丸样品锥入度测定；采用上述方法对血府逐瘀系列3种剂型药品（大蜜丸、小蜜丸、胶囊）的有效性、安全性进行全面考察和检测。检测的样品涉及9家生产企业、10个批准文号，共106批次样品。检测结果显示部分样品存在严重的质量问题，主要表现在以下3个方面：①生产企业对原药材把关不严，使用发霉变质药材及含量不合格药材等问题。②生产企业在投料中存在以次充好、偷工减料等问题。③生产企业生产工艺存在一定问题。通过评价研究，能够使血府逐瘀系列药品的质量评价更加深入、全面、客观、科学，可以更加有效控制产品质量，确保人民用药安全、有效。（傅晓晖）

【眼氨肽注射液质量标准研究工作】 由天津市药品检验研究院白海娇主持完成，2016年10月通过天津市市场监管委验收。在对眼氨肽注射液生产工艺调研的基础上，设计一系列研究方案，探索脏器提取药物—眼氨肽注射液的物质基础、全面提高质量控制水平。建立一系列检验方法，包括：肽图研究、PCR技术探索动物种属鉴别、多肽含量检测、渗透压的分布检测、高分子量物质检测、单核苷酸的种类和含量、过敏反应、眼刺激反应、体外细胞毒性试验，容器安全性检测等，其中，多项研究方法和理念为首次提出。经对全国20个省市自治区抽取的52批样品进行研究和检测，得到丰富数据。同时，按照原现行标准进行检验，将检验结果进行比较和分析。首次提出采用指纹图谱分析的方法研究多肽药物的肽图谱，比对结果表明：各企业产品的批间一致性较好，企业间肽图谱有一定的差异；对于高分子物质含量超标的产品，采用酶解的方案，探索高分子物质的性质和工艺改进方案；提出建立水解与游离氨基酸比的方法来表征注射液中所含有的多肽类物质。根据研究结果全面提高质量标准，与现行标准比较，新标准在注射液的 安全性、有效性方面有大幅提升。按照原有标准检验，不合格路为3.8%；按拟定标准对样品检测后，不合格率上升为53.8%，不合格项目主要集中在渗透压摩尔浓度、高分子量物质、水解与游离氨基酸总量比等，表明该品的整体质量水平欠佳，且工艺水平和质量标准亟待提高。该项目在提取类生化药品的质量研究方面进行有益的探索，为此类药品的研究提供参考，该项目获得国家食品药品监督管理局药品评价性抽验报告优秀奖。（傅晓晖）

【天津市中药配方颗粒质量标准研究】 由天津市药品检验研究院王杰主持完成的天津市科技支撑计划项目，2016年10月结题。课题组对现有市场上6家企业生产的3239批次中药配方颗粒样品进行检测，对380个中药配方颗粒的来源、性状、薄层鉴别、浸出物及含量测定进行研究。建立303个中药配方颗粒的质量标准，收录于《天津市中药配方颗粒质量标准》（暂行）1～6册中，并成为天津市地方法规用于市场监管；申报专利两项；提取、制备茯苓酸和白术内酯Ⅲ两个对照品。在浸出物和含量测定的研究中，以每相当于10克饮片配方颗粒含浸出物的量和每相当于1克饮片配方颗粒含指标性成分的量为限度，为配方颗粒质量标准限度不统一的问题提供解决方案。该项目可以有效保证天津辖区内中药配方颗粒的质量，为兄弟省市及国家相关部门中药配方颗粒的监管工作提供借鉴。

（傅晓晖）

【Menin调控mRNA转运与内分泌腺体肿瘤发生的作用机制研究】 天津科技大学李因传主持完成的国家自然科学基金项目，2016年12月结题。科研人员使用RNAi干扰MEN1后比较其对代谢、细胞周期和PKA信号通路等的影响。结果显示非内分泌细胞和内分泌细胞在MEN1表达降低后，细胞周期、代谢、PKA信号通路的表达变化相似，而且较强的干扰之后，均出现细胞周期阻滞和凋亡的现象，低强度敲低MEN1后均出现细胞生长加快的现象，但是在insulin和forskolin等刺激2种来源的MEN1敲低细胞后，内分泌细胞和非内分泌细胞间并未出现明显差别，说明MEN1对内分泌和非内分泌源的细胞的作用机制类似；由此推测MEN1突变后对不同细胞的影响差异可能与细胞所处的激素环境有关，进一步的实验结果显示，MEN1过表达后对CRTC1（增强PKA信号）具有增小抑大的作用，低水平的过表达CRTC1后，MEN1增强CRTC1的表达，高水平表达CRTC1，MEN1反而增强对其表达水平的抑制和对creb1 S133磷酸化水平的抑制，减弱CRTC1对含有cre元件启动子的启动增强作用；MEN1和CRTC1的共同作用能够改变PKAcpT198入核，改变其核质比分布；改变NUP62等核孔复合物成分和THOC5等核输出成分的胞质和胞核比例，MEN1倾向于增加NUP62和THOC5在细胞核中的分布，CRTC1倾向于降低这些成分在细胞核中的分布，二者共同过表达后倾向于大大增加在胞质和胞核中的分布；在Cre_ERT2-tamoxifen介导的MEN1条件性敲除小鼠实验中也显示，tamoxifen处理后的纯合小鼠中的黑色素细胞增生，黑色素沉着增加。该结果首次证实MEN1与外部环境中的激素之间的调控关系，防止PKA信号激素变化波动给细胞带来的过大的代谢波动，可能是MEN1在一些内分泌腺体中的关键作用；首次证明MEN1在调控核输出和输入环节中的作用，增进对其功能和所引发肿瘤的分子机制的认识。

（李丽娜）

【四角蛤蜊糖胺聚糖抗凝血分子机理研究】 天津科技大学崔青曼等承担的天津市应用基础及前沿技术研究计划项目，2016年1月完成。目前临床上治疗血栓性疾病的抗凝血药物主要有肝素钠、低分子肝素钠、华法林、水蛭素等，大约占到抗

卫生健康科技

血栓药物市场份额的三分之一，临床应用有几个明显的缺点：肝素钠的主要不良反应是易引起自发性出血，表现为各种黏膜出血、关节腔积血和伤口出血等，而肝素诱导的血小板减少症是一种药物诱导的血小板减少症，是肝素治疗中的一种严重并发症；华法林出血的风险较高，尤其是老年人，脑出血的频率较高，需要长期监测凝血功能，并在医生的指导下随时调整用药的剂量；水蛭素在使用过程中血清半衰期太短，难以发挥抗栓效果。科研人员针对目前治疗血栓疾病的抗凝血药物存在明显缺陷的现状，瞄准市场对新型抗血栓药物的需求，从四角蛤蜊软体部中提取纯化糖胺聚糖，在对四角蛤蜊糖胺聚糖进行前期研究，证实其具有很强的抗凝血功能和较强的抗血小板聚集作用的基础上，采用多种先进技术手段，以血液中凝血和抗凝血系统为突破口，围绕着糖胺聚糖抗凝血酶活性对肝素辅因子Ⅱ的依赖关系、糖胺聚糖对蛋白C系统和凝血酶激活因子的作用、糖胺聚糖诱导血管内皮细胞凝血途径相关因子基因的表达、糖胺聚糖对血小板的聚集作用等关键科学技术问题开展攻关研究，揭示糖胺聚糖的抗凝血分子机理，为该糖胺聚糖的进一步利用提供理论依据和技术支持，为四角蛤蜊的高值化开发利用奠定科学基础。

（李丽娜）

【乳腺浸润性微乳头状癌的系列研究及应用】 由天津医科大学肿瘤医院付丽课题组完成，获2016年度天津市科技进步一等奖。乳腺癌发病占女性恶性肿瘤的首位，癌转移是导致患者死亡的最主要原因，对“乳腺癌高转移亚型”的精准病理诊断是临床实现“量体裁衣”个体化治疗、提高患者生存率的前提和关键。浸润性微乳头状癌（Invasive micropapillary carcinoma, IMPC）是一种转移率极高的肿瘤亚型，可发生在身体各个器官。课题组主攻发生在乳腺的IMPC，明确提出IMPC的病理诊断标准，准确揭示IMPC的不良预后，强化病理医生对IMPC的诊断意识和临床强化治疗决策的选择；发现IMPC鉴别诊断及预后预测标志物，为精确的个体化治疗方案选择提供依据；明确提出IMPC的黏液亚型，使其得到精准病理诊断和个体化治疗。项目执行期间，成果在该领域权威期刊*Mod Pathol*等发表论文31篇（SCI收录12篇），被WHO分类主编等国内外同行在*J Clin Oncol*、*Oncogene*等期刊他引345次，其中3篇被*WHO Classification of Tumours of the Breast*收录引用，5篇被写入国际乳腺经典著作*Rosen's Breast Pathology*，10篇成为美国病理专科医师培训内容；被美、英等15个国家应用到乳腺及肺、胆囊等17个器官及动物IMPC的诊断；该项目被国内同行称为“天津肿瘤医院标准”，写入卫计委首部《乳腺癌诊疗规范》及《乳腺肿瘤病理学》等4部乳腺专著；培养1300余名专业人才。该成果为病理学科的发展和推进乳腺癌精准诊疗进程做出贡献，显著降低患者的复发和死亡率，减低患者的身心和经济负担，节省国家开支，提高乳腺癌患者的生存率和生活质量，社会效益显著。

（李　青）

【恶性淋巴瘤血栓风险评分模型的建立和临床应用】 由天津医科大学肿瘤医院刘鹏飞等完成，获2016年度天津市科技进步奖三等奖。科研人员分析天津市肿瘤医院2000年至2009年间收治的共4126例恶性淋巴瘤（ML）患者的临床资料，探究和总结淋巴瘤患者发生静脉血栓栓塞的临床特点；筛选ML相关VTE的危险因素，确定高水平D-二聚体是恶性淋巴瘤的独立预后指标，开发出一种能够检测D-二聚体含量的试剂盒；通过生物信息学分析，确定ML相关VTE的大量易感基因，构建并临床验证适合中国人群的ML相关VTE预测模型软件系统，并且推广到国内16家医院进行临床应用；首次采用利伐沙班作为抗凝药物对预测高风险患者进行预防性治疗，针对天津医科大学肿瘤医院联合其他15家医院累计收治的1943名患者，得到临床完全缓解率为20.59%，总缓解率为58.82%，临床获益率高达76.47%，效果显著。和西方VTE评估模型单纯人工评分的模式比较，该项目构建的模型软件系统只需将患者的相应信息输入，即可通过软件自动打分并标记不同颜色，最后在PCA图里进行定位呈现。同时该项目开发的检测D-二聚体含量的试剂盒能够联合检测D-二聚体和纤维蛋白原的含量，使得诊断效果更加准确，具有广泛的应用前景。利伐沙班作为直接Xa因子抑制剂，不需要抗凝血酶III就能发挥其抗凝活性，且对凝血酶原复合物中的Xa因子无效，可作为传统抗凝剂的替代抗凝药。

（李　青）

【老年人高血压相关脑卒中系列个体化防治体系的建立】 该课题由天津医科大学第二医院王林等完成，获2016年度天津市科技进步三等奖。科研人员连续5年对近50万余份门诊高血压处方的调查分析，发现不符合指南的联合用药仍存在一定的比例，而利尿剂的应用较少，有待提高。结合气象因素分析显示门诊处方量与月温差呈现非线性关系，冬季心脑血管病的发病和病死率较高，提示应结合气象因素的变化对老年人进行血压管理，预防脑卒中的发生。研究发现正常健康老人同型半胱氨酸（Hcy）水平随着年龄的增长而增高，高血压、脑卒中、心肌梗死患者Hcy水平增高更为显著，与高血压协调促进心室重构。应用叶酸、维生素B_{12}及普罗布考干预治疗可以使Hcy水平降低，有助于控制血压，预防脑卒中的发生和复发，该治疗方案更适合中国人高同型半胱氨酸血症的控制。项目执行期间，共发表核心期刊42篇，其中SCI收录7篇，主编著作2部，参编著作5部；在中山大学附属第一医院、第四军医大学西京医院、浙江大学医学院附属第一医院、中国医科大学附属第一医院等国内十余家大医院和天津市社区医院中得到推广应用。

（李劭鹏）

【天津城乡儿童哮喘流行趋势及致病因素的研究】 由天津医科大学第二医院儿科刘长山等承担完成，2016年通过天津天津市卫计委组织专家验收。科研人员采用整群抽样的调查方法，对天津城区、城郊（宁河）及大港油田0~14岁的儿童进行流行病学调查。结果显示：天津市城区儿童哮喘患病率为2.78%，2年现患率为2.14%，较10年前明显增加；呼吸道感染为哮喘发作的主要诱因；吸入性糖皮质激素使用率较10年前明显提高；城郊及油田地区儿童哮喘患病率分别为2. 02%和3.64%；三地区均为男童高于女童；大部分哮喘患儿3岁前发病；咳嗽、喘鸣是哮喘患儿发作时最常见的临床表现。该项目揭示近10余年来的天津市城区儿童哮喘流行病学趋势及危险因素。首次获得天津油田地区及宁河县的儿童哮喘流行病学资料，比较分析天津市不同地区儿童哮喘流行病学特点的异同。通过对流行病学调查及资料分析比较，提高人们对儿童哮喘的认识，提升天津市儿童哮喘的防治水平。

（李劭鹏）

【富氢水对糖尿病神经病变的保护作用研究】 由天津医科大学第二医院李波等承担完成，2016年通过天津卫计委组织专家验收。科研人员完成富氢液对于糖尿病神经病变的实验动物模型保护性的研究以及组织标本的收集，从抗凋亡、抗氧化应激、抗炎角度证明富氢液对于糖尿病神经病变的保护作用。通过观察大鼠行为学的变化（机械痛阈、温度痛阈）、检测神经传导速度的变化、测定坐骨神经细胞中氧化应激反应中酶学（SOD、GSH、CAT、MDA）指标以及相关抗氧化信号通路相关蛋白［核转录因子 E2 相关因子 2/血红素氧合酶-1 (Nrf2/HO-1)］;炎症信号通路TLR4/NF-κB中炎症因子TNF-α、IL-6水平变化与相关蛋白Toll样受体-4、NF-κB蛋白变化的分析，以及坐骨神经细胞凋亡情况观察。证明富氢液可通过抗氧化应激反应、抗炎症反应、抗凋亡的作用，有效的减轻高糖诱导的神经损伤，缓解神经痛，并初步的探讨富氢液对与糖尿病神经病变的可能保护机制。

（李劭鹏）

【膀胱癌术后灌注治疗新方案的应用研究】 天津市科技支撑计划项目，由天津医科大学第二医院韩瑞发等承担完成，2016年通过天津科委验收，科研人员应用化学致癌物BBN诱导建立动物模膀胱癌原位模型平台，同时，确立姜黄素与BCG、姜黄素与表柔比星、槲皮素与去甲斑蝥素联合灌注治疗膀胱癌的作用机制；完成应用GMP生产的重组BCG用于预防与治疗浅表膀胱癌实验研究；对其有效性、安全性以及作用机理进行科学评价。该项目的完成提升对膀胱肿瘤基础及应用研究的认识，提高学科平台的建设，特别是在成果转化方面有显著提高。FVB小鼠膀胱癌原位模型的建立可广泛地应用于膀胱癌灌注相关科学研究，为膀胱癌灌注药物的抗肿瘤机制，生物安全性、药代动力学，毒副作用以及抗肿瘤效果的深入研究提供研究平台。姜黄素与BCG/化疗药物联合灌注的应用研究与新的优化灌注方案；重组BCG的应用研究与实践为膀胱灌注预防与治疗浅表性膀胱癌提供新的生物免疫治疗手段。

（李劭鹏）

【系统评价及改善患者心肺功能在降低胸外科围术期并发症中的作用】 由天津医科大学总医院李新、吕朋、张鹏等共同完成，获2016年度天津市科技进步三等奖。通过改良术前心肺功能的评价方法，改善围术期肺保护的策略，在降低术后心肺并发症发生率方面起到了积极的作用。该项目建立左室舒张功能进行性减退的动物模型并可用超声进行评价。肺血管通透性变化是肺功能不全的发病机制之一，氨溴索可改善之；左室舒张功能不全分级诊断有利于预测术后心肺并发症，3级对胸外科手术的影响较明显。CPET联合6MWT能全面反映心肺功能，适用于评估手术适应征及预测手术并发症；术前常规及术后早期大剂量应用氨溴索，可有效改善肺功能，降低术后肺部并发症发生率。该项目系统评价患者的心肺功能，有助于预测患者术后并发症发生的风险，特别是可发现潜在心肺功能不全的患者。在给予相应的改善干预措施后，有效减低胸外科患者围术期常见并发症的发生率，减轻并发症的严重程度，从而节省住院费用，缩短住院时间，产生了较好的社会效益和经济效益。项目执行期间，发表论文12篇，获得实用新型专利1项，培养博士、硕士研究生各2名；研究成果在国内12家医院推广应用，主要研究人员被邀参加相关会议进行成果推广介绍，并作为专家组成员，参加《胸外科围手术期气道管理专家共识》的制定。（刘　平）

【炎症反应、凝血功能评价系统在冠心病外科治疗中的建立与应用】 由天津医科大学总医院、天津市胸科医院魏民新、王赞鑫、李培军等完成，获2016年度天津市科技进步一等奖。课题组历时15年，致力于针对中国人群冠脉搭桥围术期风险评估和个体化治疗评价系统建立和应用，建立以IL-6、IL-8、IL-10，D-二聚体，血小板聚集率等反映冠脉搭桥术后炎症反应、凝血、血小板功能的综合评价系统，保障手术安全。该项目具有以下特点：①首次将D-二聚体、血小板聚集率和尿11-DH-TXB2在冠脉搭桥术后应用，作为评估凝血和血小板功能指标，精准指导医生建立围术期个体化药物治疗方案；②率先综合分析多个炎症因子在冠脉搭桥术后改变，应用IL-6、IL-8、IL-10变化结合基因背景分析，了解患者围术期炎症反应程度，指导临床制定具有个体针对性的治疗方案；③基于以上指标，首次建立冠脉搭桥术后个体化抗凝、抗血小板治疗方案评价系统。项目执行期间，培养硕士生31名，博士生3名，青年骨干3名；发表论文41篇，其中SCI论文22篇，累计影响因子51.72，中华系列文章9篇，共计他引204次；登记天津市科技成果5项；研究结果被2015年美国AHA冠脉搭桥术后二级预防指南引用，推荐冠脉搭桥术后使用双联抗血小板治疗作为二级预防方案，在亚洲胸心血管外科年会、北欧胸心血管外科年会、中华医学会胸心血管外科年会发言，获得国内外同行一致认可。该项目在全国11家大型综合医院心脏中心得到推广应用，超过5000名患者从中获益，社会效益显著。

（刘　平）

疾病预防

【高氟高碘联合致损伤的分子机制及应用研究】 由天津市疾病预防控制中心刘洪亮、曾强、侯常春等完成，获2016年度天津市科技进步二等奖。天津是传统的高氟区，如何科学补碘和确保农村饮水安全是公共卫生领域亟须解决的问题。研究人员采用毒理学与流行病学相结合的方法，以甲状腺为靶标，从体外、体内和人群3个层面研究高氟高碘联合对甲状腺损伤的分子机制并寻找早期生物学标志，为地方性氟中毒和水源性高碘对健康危害的早期预防控制提供重要的理论依据。研究人员在体外和体内实验的双重论证下，首次发现高氟高碘联合可以诱导甲状腺细胞凋亡，凋亡过程与细胞因子C/EBP同源蛋白（C/EBP homologous protein，CHOP）相关；发现高氟高碘联合可诱导人和大鼠甲状腺细胞发生内质网应激，且与应激标志物葡萄糖调节蛋白78（glucose-regulated protein 78，GRP78）相关；发现高氟高碘联合诱导的甲状腺损伤与未折叠蛋白反应（unfolded protein response，UPR）通路有关，肌醇需要酶1（inositol-requiring enzyme 1，IRE1）途径参与该过程；首次使用析因设计方法研究高氟高碘联合作用于甲状腺时两元素间的相互关系，发现其呈拮抗效应。研究人员还发现血液中氧化应激指标含量变化结合尿氟、尿碘暴露水平可以作为高氟高碘联合暴露的早期生物学标志。该项目提出的环境毒物致靶器官内质网应激分子机制的理论，为华中科技大学劳动卫生与环境卫生学国家重点学科从事持久性有机污染物（Persistent Organic Pollutants，POPs）毒性研究提供新的研究思路，并获批国家自然科学基金项目。该项目创新的联合毒物研究方法在华中科技大学农药毒理评价研究中心进行农药联合毒性评价中得到有效应用；在天津市存在高氟高碘区域的静海、大港等疾控机构实际工作中得到推广应用，加快和巩固“农村饮水安全工程”和“科学补碘”的公共卫生策略实施。（李　芮）

【氯乙烯职业健康风险评价技术研究与应用】　由天津渤海化工集团有限责任公司劳动卫生研究所、南开大学黄德寅、刘茂、张倩、李敏嫣等完成，获2016年度天津市科技进步三等奖。建立氯乙烯职业健康风险评价方法，主要内容包括：①氯乙烯职业暴露综合评估技术研究。职业暴露评价程序；平均日暴露量的评价；暴露规律计算机模拟分析；内暴露量的模拟分析。②氯乙烯剂量反应关系评价模型的建立，进行氯乙烯非致癌效应和致癌效应的综合剂量-反应评价方法研究。氯乙烯的PBPK模型研究；基于外暴露与内暴露的氯乙烯剂量反应关系建模；氯乙烯致癌与非致癌剂量-反应模型的比较研究；采用国内典型行业职业流行病学资料进行模型参数的拟合。③氯乙烯职业健康风险评价方法研究。氯乙烯职业健康风险评价程序与内容；非致癌效应的慢性健康危害评价；终身暴露的致癌效应评价与风险表征。④典型案例研究。选择典型案例，进行氯乙烯作业场所的职业暴露调查；确定氯乙烯工艺过程的职业危害因素及产生环节，进行工作场所职业病危害因素浓度的检测及职业病防护设施性能的检测；运用职业暴露综合评估技术进行职业暴露分析；运用氯乙烯职业健康风险分析技术进行风险分析，提出风险管理对策。该项目注重风险分析理论，注重定量分析技术及多学科交叉手段，注重研究成果的科学性及先进性，强调实用性和可操作性，突出健康风险理论在化学致癌物职业暴露健康风险分析的应用，实现职业暴露评估技术与健康风险管理相结合的集成创新。

（天津渤海化工集团有限责任公司劳动卫生研究所）

【天津市粉尘作业工人慢性呼吸系统疾病预防控制及综合示范】　由天津渤海化工集团有限责任公司劳动卫生研究所自主开发，2016年10月27日通过天津市高新技术成果转化中心鉴定。研究基于风险分析的高危粉尘作业职业病预防控制技术：高危粉尘的职业暴露风险评价技术、高危粉尘职业暴露综合评估技术、基于生产性粉尘登记管理软件的高危粉尘管理体系、基于风险分析的高危粉尘作业风险管理模式的建立，实现生产性粉尘职业病预防控制技术开发与集成创新；提出高危粉尘职业暴露综合评估技术，探索基于蛋白质组学的人体内粉尘生物标志物监测暴露评估方法，克里格空间插值的粉尘作业场所职业暴露空间分析方法、基于FLUENT软件计算机模拟的粉尘作业微环境通风模式比较、粉尘进入人体呼吸道及肺泡的沉积量的模拟估算等。研究成果应用于高危粉尘职业暴露评估及风险分析、尘肺病的预测预警等工作，可以用于企业的粉尘危害日常风险管理、尘肺病高危人群管理，对国内高危粉尘职业暴露评估与风险评价、尘肺病的风险管理与控制有重要意义。研究成果在粉尘危害高风险企业和行业中得到应用，社会及经济效益显著。

（王志东　殷伊琳）

【大气颗粒物与花粉联合致敏作用机制研究】　为天津市卫生计生委科技基金重点资助项目，由天津市疾病预防控制中心王春花、张静姝、管彤等完成，2016年4月通过天津市卫生计生委组织的专家结题验收。在全球气候变暖的背景下，天然污染物（如花粉、霉菌等）和人为污染物（如可吸入颗粒物、NOx、SO_2等）的交互作用会对人类健康产生多层面和长期的深远影响。花粉过敏症在全球范围内均是常见病和多发病，并且在过去几十年内的患病率均呈现上升趋势。国内关于花粉过敏症的调查研究有限，而天津经济快速发展所带来的环境压力与生态城市建设使花粉过敏症问题更加突出。科研人员抓住该热点问题，针对目前中国大气复合污染现状，结合中国特有的人为污染物与自然污染物水平均相对较高的情况，研究天津地区人为污染物与自然污染物中花粉和颗粒物对机体的损伤情况。研究人员采用体外细胞试验及整体动物试验相结合的方法，发现免疫指标Ig-E、IL-4， GSH-PX/SOD/MDA氧化损伤指标均较花粉或颗粒物单独染毒造成的损伤严重，且抗氧化剂可以降低氧化损伤，揭示氧化损伤是大气颗粒物和致敏花粉在过敏症发生过程中的相互作用机制之一。证实大气颗粒物的毒性损伤与致敏花粉二者共同作用，加重过敏症的发生。该研究成果对于降低天津地区花粉过敏症发病率提供理论支持，降低大气中颗粒物的浓度可以有效降低花粉过敏症的发病率，同时，摄入抗氧化食物或药物可成为对抗花粉过敏症的有效方式。此外，对于天津生态城市建设过程中，铲除常见致敏花粉如豚草、梯牧草等有利于降低花粉过敏症的发生。

（李　芮）

【地理信息系统在饮用水安全保障方面的应用研究】　由天津市疾病预防控制中心符刚、侯常春、霍飞等完成，2016年4月通过天津市卫生计生委组织的专家科技成果认定。研究人员采用SaTScan软件进行水质时空扫描统计，分析水质超标的时空聚集性；结合ArcGIS与美国环保署（Environmental Protection Agency, EPA）的健康风险评价模型对饮用水健康风险进行评价和可视化表达，探索风险因子的来源及分布；利用ArcGIS对全球定位系统（Global Positioning System, GPS）定位的饮用水监测点进行聚集性分析、缓冲区分析和叠置分析，评价监测点位聚焦性和代表性；以GIS为工具，将环境卫生的属性信息和空间信息紧密联系在一起，充分发掘属性信息的空间分布特征，并进一步探索其空间规律成因；以空间信息为纽带，采用GIS软件探索各种属性信息图层的相关关系，进一步发现不同方面信息间的分布规律和关联，同时借助GIS的可视化表达能力直观地展示分析的结果；以空间信息为核心，通过不断深入地应用地理信息系统，不断扩大其应用的领域范围，逐步完善系统的推广和应用。研究人员采用空间插值分析方法绘制出全市的水氟浓度分布图，掌握水氟空间分布特征。通过水氟和尿氟检测，工程、氟中毒病情和居民饮水情况调查对天津市改水降氟的效果进行评价，向卫生行政部门上报《关于上报天津市农村改水防治饮水型氟中毒效果调研报告的函》。研究人员将地理信息系统应用于饮用水安全保障的众多方面和环节，为该领域的研究提供新思路、新方法与新途径。

（李　芮）

【人偏肺病毒多表位抗原构建及其引起的免疫应答】　天津市卫生计生委科技基金资助项目，由天津市疾病预防控制中心李晓燕、孔梅、郭丽茹等完成，2016年4月通过天津市卫生计生委组织的专家结题验收。近年来，由新现呼吸道病毒引起的呼吸道传染病不断发生暴发流行。人偏肺病毒(Human metapneumovirus, hMPV) 属于副黏病毒科肺病毒亚科偏肺病毒属，是新现的一种呼吸道病毒，其可引起人类急性呼吸道感染，在儿童、老年人、免疫缺陷患者及有基础疾病的人群可引起严重下呼吸道感染，甚至导致死亡。目前尚缺乏抗人偏肺病毒的有效药物和疫苗。科研人员在预测人偏肺病毒B细胞和T细胞表位，构建多表位抗原（MEA），并在原核系统表达，评价其免疫功能及不同佐剂免疫效果方面开展研究。课题组通过运用生物信息学技术对人偏肺病毒的B细胞表位和T细胞表位进行预测、串联，并在原核表达系统表达获得多表位抗原。该多表位抗原免疫小鼠后，可激活体液免疫和细胞免疫。研究发现不同佐剂中CpG ODN与铝镁佐剂联合使用的免疫效果最好。该研究成果对于人偏肺病毒表位疫苗研究具有重要的理论意义和实用价值，预测表位串联构建的多表位抗原，可用于血清抗体检测方法的建立及血清hMPV抗体流行病学调查等研究。

（李　芮）

【蔬菜中几种常见残留农药联合作用的免疫毒性研究】 天津市卫生计生委科技基金资助项目，由天津市疾病预防控制中心张静姝、刘英华、姜淑卿等完成，2016年4月通过天津市卫生计生委组织的专家结题验收，近年来，苏丹红、瘦肉精、三聚氰胺等频发的食品安全事件，使国内不断加大对食品安全的监管力度。每年不断扩大范围的食品安全风险监测显示，农药残留仍是中国食品安全中最大的问题。目前，国内仅针对单一种类的农药制订标准，并未涉及多种农药联合作用的安全性标准，相关的研究报道及文献缺乏。针对这一问题，研究人员对有机磷类农药毒死蜱、马拉硫磷和拟除虫菊酯类农药氯氰菊酯、氯氟氰菊酯单一或联合作用后对Balb/c小鼠的影响进行研究，分别采用酶联免疫、流式细胞术、基因芯片、小鼠脾淋巴细胞转化试验和半数溶血值测定等方法检测这四种农药单一或联合作用对Balb/c小鼠的免疫功能的多项指标的影响；同时应用基因芯片技术检测4种农药联合作用对实验动物胸腺组织基因表达情况的影响。探讨该农药单一或联合作用对小鼠体液、细胞免疫、非特异性免疫等方面的影响和作用机制，研究结果表明4种农药单一和联合作用对小鼠T淋巴细胞亚群、NK细胞活性及IgG浓度均可产生不同程度的影响，并且相同浓度的农药联合作用后，引起的免疫毒性效应高于任何单一农药的免疫毒性。该结果可为多种农药残留的安全性评价及制定相关农药混合物的残留标准提供实验依据。（李　芮）

【天津市高危人群HIV-1感染早期筛查及新发感染研究】 天津市卫生计生委科技基金（卫生行业攻关）项目，由天津市疾病预防控制中心王栩冬、夏建晖、王欣等完成，2016年1月通过天津市卫生计生委组织的专家结题验收。艾滋病是世界最为关注的公共卫生问题，探索有效方法，控制艾滋病流行是艾滋病综合防治的重点。中国现行的HIV-1抗体检测策略无法高效检测出窗口期感染者。由于人体自暴露于HIV-1到检测抗体阳性需要一定的时间，即存在诊断的窗口期，而处于窗口期的感染者血液中病毒载量值极高，具有很强的传染性，极易引起二代传播。研究结果显示HIV-1抗原和核酸检测能够有效发现窗口期感染者，实现HIV-1早期感染诊断，从而更有效的给予感染者早期干预和治疗。该研究旨在探索适合的HIV-1早期感染检测策略组合，利用现有的高危人群HIV-1抗体筛查检测体系，采用集合核酸检测方法进行HIV-1急性期感染筛查，建立高危人群HIV-1早期感染检测策略，提高现行检测策略针对窗口期检测的敏感性；同时比较集合核酸检测、P31条带法与BED检测3种方法估算的新发感染率，相对准确、连续的获得艾滋病高危人群的新发感染数据和新发感染情况变化趋势；该课题建立天津市高危人群实验室HIV-1早期感染检测体系，提高现行检测策略的敏感性，为尽早发现天津市艾滋病感染者提供科学手段；科研人员探索新的检测HIV-1新发感染的实验室方法，为科学评估艾滋病流行趋势提供更多可选择的方法。该研究成果适用于在天津市高危人群HIV筛查策略中，尤其针对男性同性性行为（Men who have sex with men，MSM）人群，将4代试剂作为MSM人群筛查的首选试剂策略，同时提出对MSM人群HIV监测应增加集合核酸检测方法的应用和及时随访，以实现早期发现和治疗干预。

（李　芮）

【天津市男男性行为人群HIV-1感染情况随访队列研究】 天津市卫生计生委科技基金项目，由天津市疾病预防控制中心于茂河、王欣、周宁等完成，2016年1月通过天津市卫生计生委组织的专家结题验收。男男性行为人群（Men who have sex with men，MSM）是艾滋病传播的重要人群，而近年中国MSM人群HIV感染状况日趋严重，连续多年艾滋病感染人数、感染率持续增高。中国2010年～2013年的哨点监测结果显示，MSM人群HIV感染率上升趋势明显，来自浴池的MSM情况尤其严重。目前针对浴池型MSM的相关调查多为横断面调查，均显示HIV感染率明显高于其他类型MSM，而国内针对浴池型MSM建立的队列研究评估新发感染的报道较少，科研人员2011年开始在天津市某同性恋浴池开展针对浴池型MSM的队列研究。结果显示，天津市同性恋浴池MSM人群中年龄较低、艾滋病知识知晓率低、多性伴、梅毒感染为该人群HIV新发感染的危险因素，应针对危险因素加强针对浴池型MSM人群HIV新发感染的监测和干预。天津市不同高危人群的HIV感染有着不同的特征，应当在防控工作中区别对待，有针对地加以预防和控制。适用于各区疾控机构开展针对固定场所的男男性行为人群的干预和检测，如在同性恋浴池、同性恋酒吧等男男性行为人群聚集场所的艾滋病干预和检测，对于艾滋病高危人群干预工作具有较好推广价值。该研究通过流行病学队列研究分析天津市浴池男男性行为人群艾滋病新发感染状况及影响因素，获得了天津市浴池型男男性行为人群的艾滋病新发感染数据，监测天津市男男性行为人群艾滋病相关行为的特征和变化趋势，为正确判断天津市MSM人群艾滋病疫情流行情况，探索降低新发感染率针对性干预措施提供科学数据和技术支撑，具有一定前瞻性。同时结合国家实验检测新方法，在天津市HIV感染者人群中进行单基因组扩增法检测新发感染者，提高现行检测策略的敏感性。

（李　芮）

【医务人员携带致病菌耐药与消毒剂抗药基因相关性研究】　天津市卫生计生委科技基金项目，由天津市疾病预防控制中心费春楠、刘贺、宁培勇等完成，2016年1月通过天津市卫生计生委组织的专家结题验收。现代医学技术进步的同时，各种侵入性检查和操作随之增多，导致医院感染问题日益突出。医院感染已成为危害医疗安全极为重要的原因，给现代医学提出巨大挑战。医务人员自身携带病原菌，已成为导致医院感染的主要媒介之一。鼻前庭是致病微生物的天然储菌库，医务工作者鼻前庭携带的多耐药致病菌可能来源于环境，也可对环境造成污染，是一个双向作用的过程。因此监测鼻前庭携带致病菌的耐药性，有较为重要的意义，同时消毒剂在医院感染控制中的作用极其重要，为预防和控制医院感染提供有效手段。课题组通过8年时间，对医务人员携带致病菌耐药与消毒剂抗药基因相关性开展研究,针对医务人员自然携带致病菌，进行耐药性测定、消毒剂抗性测定和qac基因检测，对医务人员携带致病菌情况进行多方面的评估，建立针对多种革兰氏阴性菌和金黄色葡萄球菌的分子流行病分析方法,摸清天津市二、三级医院重点科室医务人员鼻前庭的带菌状况，并将细菌的检出状况与各类影响因素进行对比分析；针对医务人员鼻前庭中携带的各种致病菌，结合其检出率、药敏试验结果以及消毒剂抗药性和qac基因检出情况进行分析,发现细菌抗生素耐药性和消毒剂抗药性存在负关联。根据研究结果，在全国范围内首次制定医务人员鼻前庭卫生规范，形成“致病菌分离—抗菌药物耐药性监测—消毒剂抗药性监测—医务人员鼻前庭带菌控制”的一整套针对医务人员鼻前庭带菌情况的全面干预与控制措施，该研究为各级各类医院采取针对性措施，尤其在临床使用消毒剂选择、医务人员日常鼻前庭卫生行为规范等方面提供数据支持。

（李　芮）

【食品添加剂对羟基苯甲酸酯的人体暴露途径及药代动力学】　天津市卫生计生委科技基金资助项目，由天津市疾病预防控制中心吴颖虹、马永民、张维等完成，2016年4月通过天津市卫生计生委组织的专家结题验收。对羟基苯甲酸酯（Parabens），又名尼泊金酯，是一类由对羟基苯甲酸所形成的酯。科研人员在采集不同人群的尿液样本的基础上，检测人尿中Parabens物质的浓度和分布，评估Parabens在人群中的暴露水平。研究发现，城市女性成人尿液中Parabens的存在浓度显著高于城市男性和儿童，城市居民的Parabens尿液浓度高于农村居民。国内人群尿液中Parabens浓度水平显著低于美国和欧洲人的报导浓度。研究人员在检测尿液中几种典型生理指标的基础上，发现Parabens暴露水平与儿童尿液促卵泡激素的潜在关联。该课题建立依据Parabens母体化合物和代谢物尿液浓度进行暴露剂量评估的内暴露评估模型，并采用该模型评估不同人群的Parabens日暴露量，结果表明，不同人群对Parabens日暴露量的几何平均值在0.5mg/d~5 mg/d范围内。研究人员还发现Parabens的羟基化产物在人尿中的存在，并报道羟基–Parabens与其母体化合物的浓度关联，在此基础上，提出Parabens的羟基化产物可以作为Parabens人体样本监测的一类新的标志物。同时研究人员还对人体样本中的双酚A/F二缩甘油醚类物质、植物雌激素类物质，以及双酚A和三氯生等环境酚类物质的检测方法进行拓展研究，开发灵敏可靠的前处理和液质检测方法，并初步分析国内人群样本中上述物质的存在水平。（李　芮）

【天津市蔬菜中稀土元素的污染状况及其食用风险评估研究】 天津市卫生计生委科技基金项目，由天津市疾病预防控制中心商博东、张明月、吴颖虹等完成，2016年4月通过天津市卫生计生委组织的专家结题验收，研究人员通过改进样品前处理方法，引入八级杆碰撞反应池去除测定干扰，建立起完善的ICP-MS测定蔬菜中16种稀土元素的检测方法，具有灵敏快速、精密准确等优点。通过对样品的检测分析发现，天津地区蔬菜中稀土元素的平均含量为109.69μg/kg，表明该研究中选取的蔬菜中稀土含量低于国内蔬菜中稀土元素平均含量337μg/kg的水平。研究人员以单因子污染指数法对污染状况进行评价，确定蔬菜的污染程度，通过对稀土元素膳食暴露量评估的结果显示，在普通消费模式（P_{50}）和高消费模式（P_{90}、$P_{97.5}$、P_{99}）下，稀土的暴露量均在估计日允许摄入量以下，只是随消费量的增加，稀土元素的膳食暴露量有所增加，但仍远低于估计日的允许摄入量，表明在天津地区居民膳食稀土元素暴露水平很低，稀土元素的健康风险较低；对天津地区蔬菜稀土污染关注水平及最大安全摄入量的风险评估结果显示，以每类蔬菜稀土污染平均值、全部蔬菜稀土污染平均值分别与不同消费水平的关注水平（LOC）比较后，每类蔬菜稀土污染、全部蔬菜稀土污染的平均值均明显低于不同消费水平的LOC值，说明天津地区大部分人群长期摄入稀土污染的蔬菜类食品对健康造成的危害风险较小。对天津市蔬菜稀土元素最大安全摄入量的单位评估结果显示，即使通过稀土高污染水平（P_{99}）计算出的成人最大安全摄入量也都远高于其平均膳食消费量，因此在天津地区即使长期大量摄入蔬菜对健康造成的风险也很小，可以放心食用。该研究结果为政府部门加强对蔬菜产品从农田到餐桌的全环节质量控制提供科学依据。

（李　芮）

【基于阻断Wnt/β-catenin信号转导途径阻抑矽肺纤维化的实验研究】 是国家自然科学基金项目，由天津市疾病预防控制中心王欣、杨雪莹、刘静等完成，2014年12月通过国家基金委的结题验收。2016年4月经天津市卫生计生委专家科技成果认定。在中国，尘肺是危害工人健康最严重的一类职业病。研究人员采用RNA干扰技术，成功构建小鼠β-catenin shRNA 表达的慢病毒载体Lv-shβ-catenin；通过体外细胞实验，证明重组慢病毒Lv-shβ-catenin能够有效阻断二氧化硅诱导的MLE-12细胞和MH-S细胞中β-catenin蛋白的表达，并且通过realtime PCR和Western blot检测结果证实，重组慢病毒Lv-shβ-catenin能够抑制二氧化硅诱导后的MLE-12细胞中MMP2和MMP9 mRNA和蛋白的表达。研究人员采用1mg二氧化硅复制小鼠矽肺纤维化模型，在肺内注入重组慢病毒Lv-shβ-catenin。通过病理实验、羟脯氨酸检测以及免疫组化等实验方法，观察染尘后7天、28天和56天重组慢病毒Lv-shβ-catenin对小鼠实验性矽肺纤维化的阻抑作用。实验结果表明，重组慢病毒Lv-shβ-catenin可通过干扰β-catenin表达来阻抑MMP2和MMP9蛋白的表达，从而抑制细胞外基质沉积，减轻其肺组织纤维化程度，对早期肺纤维化形成过程中小鼠的肺脏具有一定的保护作用，从而也证明β-catenin在矽肺纤维化发生发展过程中具有重要的作用。科研人员还创新性的以Wnt/β-catenin信号转导途径为切入点，研究干扰β-catenin基因表达在矽肺纤维化发生发展过程中的分子机制，并在小鼠矽肺模型中观察其阻抑矽肺纤维化的作用，为探索阻抑矽肺纤维化的分子靶点方面的研究奠定实验基础。

（李　芮）

【天津市手足口病非EV71非CV-A16肠道病毒的基因分型研究】 由天津市疾病预防控制中心苏旭、李力、杨东靖等完成，2016年7月通过天津市卫生计生委组织的专家科技成果认定。科研人员以天津市非EV71非CV-A16肠道病毒的阳性标本为研究对象，对分离病毒进行VP1全基因测序分型鉴定，探明天津市优势流行型别；建立柯萨奇A组5个型别的简并引物结合SYBR Green Ⅰ分型鉴定方法，采用该方法对365份手足口病肠道病毒非EV71非CV-A16阳性标本进行验证，其结果表明该方法具有很好的应用前景。该研究阐明的天津市手足口病病原体的型别特征，为掌握天津地区手足口病非EV71和非CV-A16病原体的型别特征及流行规律，提供技术和数据支持，同时也为加强和完善天津市手足口病预防控制措施奠定基础。该方法具有灵敏、特异和便于操作的特点，已初步具备开发商品化检测试剂盒的基础和条件，市场前景广阔。课题组对天津市各区县疾控中心的病原微生物检验人员进行培训，并配备相应试剂，该分型鉴定方法得到迅速应用推广。

（李　芮）

【天津市蚊媒因素与蚊媒传染病传播流行风险研究】　由天津市疾病预防控制中心吴彤宇、秦娜、王伟等完成。科研人员通过对2009年~2014年蚊媒因素指标的调查，全面了解天津市主要病媒生物的分布特征，根据调查收集的病媒生物密度、病原携带、发病等相关资料，采用模型方法对天津市主要病媒生物传播的传染病流行风险进行评估。在国内首次采用德尔菲法对病媒生物防治能力评估指标体系进行探索，建立起相应的评估指标，并对全市防治能力进行评估，找出防治中的能力不足，提出相应的措施与建议。研究结果显示：天津市蚊媒主要传播疾病登革热、疟疾及乙脑，主要鼠传疾病鼠疫与肾综合征出血热，蜱传疾病暴发流行风险为低风险水平，但部分地区乙型脑炎与肾综合征出血热为高风险水平，登革热有发生流行的可能。通过该评估指标体系对病媒生物控制能力进行评估后认为，天津市对病媒生物控制重视程度不足，缺乏系统的防治组织体系，大众自身防治知识与技能较低。该研究基本掌天津市蚊媒密度、种类构成、季节消长、分布、蚊媒传染病流行性乙型脑炎及登革热蚊媒病原体携带情况，通过分析蚊媒传染病流行风险，形成蚊媒因素本底资料。科研人员从捕获的淡色库蚊中分离出流行性乙型脑炎病毒，并结合蚊媒传染病监测报告对蚊媒传染病流行风险进行评估，填补该类研究空白。该研究结果已被采纳，应用于天津市蚊媒防治技术指导《天津市灭蚊技术方案》中。该课题2016年7月通过天津市卫生计生委组织的专家科技成果认定。

（李　芮）

【结核分枝杆菌北京基因型进化及其与耐药结核病传播关系研究】　国家自然科学基金面上项目，由天津市疾病预防控制中心谢彤、王撷秀、赵德福等完成，2016年4月通过国家自然科学基金委员会结题验收。研究人员对2012年1月至2015年3月分离的菌株采用比例法开展药敏分析。通过对MTB菌株基因组中差异片段（Regions of difference, RD）RD207和RD105片段缺失分析鉴定北京基因型。北京基因型菌株在进化过程中出现的古代株与现代株通过基因组NTF区的IS6110插入序列的存在情况进行判定。分析RD181，RD150和RD142在基因组中的存在情况，揭示菌株在进化过程中出现的大片段多态性。测序分析菌株基因组中10个同义单核苷酸多态性位点，分析北京基因型所产生的序列型（Sequence type，ST）。将各个亚型与耐药结果进行统计学分析，揭示北京基因型各个亚型与耐药结核病的关系。研究结果表明，在所有研究的菌株中，北京基因型MTB占92.4%。北京基因型菌株中古代株为15.3%，现代株为84.7%。RD多态性分析结果显示RD142在本研究的分析菌株中无多态性，所有MTB基因组中均存在RD142。RD181缺失同时RD150完整的的北京基因型进化分支为分析菌株的95.7%。北京基因型古代株和RD181缺失菌株的耐异烟肼、耐利福平和MDR的比例显著高于北京基因型现代株和RD181缺失的菌株（$p<0.01$）。ST10和ST22是天津地区的主要流行的北京基因型亚型，两者占分析菌株的1.8%。研究结论为：北京基因型MTB在天津地区广泛流行，而其中又以现代北京基因型为主。北京基因型早期进化的菌株与耐药结核病的传播具有显著的相关性，可能是导致MDR-TB流行的主要因素，同时还提示在天津地区，菌株产生耐药

并不是导致北京基因型广泛流行的主要因素。

（李　芮）

【口腔综合治疗台水路回吸检测器】　天津市疾病预防控制中心资助项目，由天津市疾病预防控制中心纪学悦完成获得国家知识产权局专利授权。2016年1月获得专利成果转化和经济效益，并取得科技成果登记证书。口腔综合治疗台水路（Dental Unit Waterlines ，DUWLs）是一套复杂的相互连接的细孔管道，向所有与之相连的DCU器械、口杯注水口和碗型冲洗出口供水。国外有报道DUWLs出水细菌浓度高达106CFU/mL。中国疾病预防控制中心2007年~ 2009年对全国30所医院口腔科用水质量监测结果显示，口腔科手机喷水污染菌落总数可达105CFU/mL-106CFU/mL，并在多所医院检出铜绿假单胞菌等致病菌和条件致病菌。其主要原因是DCU防回吸阀门失效造成的。研究人员紧密结合预防医学与临床口腔诊疗医院感染控制的需求，研发出口腔综合治疗台水路回吸检测装置，该检测器，能够有效分离口腔综合治疗台牙科手机管线中的水、气，通过保留的水流指示口腔综合治疗台水路回吸的长度，从而计算出回吸量，为判断口腔综合治疗台防回吸阀是否有效、是否需要维修更换提供依据。现场研究测试结果显示，运行该装置消毒程序后，按照美国口腔综合治疗台水路菌落总数标准，实验组合格率可达到100%，证实其消毒措施的有效性，可降低医院感染的发生。同时通过现场流行病学调查，掌握了天津市口腔综合治疗台配置及消毒现状，经过临床实际应用和效果评价，该检测装置以其智能提示、无损安装、简便、快速、易于推广的特点，解决了常规检测方法的不便，为现场监测提供技术支持。

（李　芮）

【结核分枝杆菌异烟肼利福平耐药基因快速检测研究】　天津市卫生计生委科技基金项目，由天津市滨海新区塘沽结核病防治所，天津市海河医院，天津市疾病预防控制中心赵艳馨、穆成、李丽、尹林峰、王静宜等共同完成，2016年4月通过天津市卫生计生委组织的专家结题验收。传统的结核菌药敏试验耗时2~3个月，生物危害性高，限制其临床的应用。科研人员以天津市滨海新区结核病防治所就诊入选55份涂片阳性患者的痰标本为研究对象，分别用GenoType MTBDRplus方法和传统比例法进行对比，检测结核分枝杆菌对异烟肼和利福平的耐药性。经对同一份痰标本直接进行GenoType MTBDRplus方法检测和用改良罗氏培养比例法进行药物敏感性实验的结果进行对比，结果表明，以比例法结果为判断标准，显示GenoType MTBDRpuls 方法检测结核分枝杆菌利福平耐药的敏感度为75%，特异度为97.9%，对两种方法进行一致性Kappa检验，K=0.729（P<0.01）。异烟肼耐药的敏感度为85.71%，特异度为97.78%，对两种方法进行一致性Kappa检验，K= 0.835（P<0.01）。提示两种方法具有较高的一致性。GenoTypMTBDRpuls方法检测结核分枝杆菌异烟肼和利福平的耐药性，为临床早期诊断耐药结核病提供快速检测依据，利于临床早期合理治疗。通过PCR方法检测结核病耐药相关的基因，与传统方法进行比较显示，该方法操作简单，安全性好，24小时内可获得药敏结果，实现结核分枝杆菌耐药的快速诊断，具有重要的临床诊断价值。

（李　芮）

中医中药研究

【从老年性痴呆探讨“肾生髓，脑为髓之海”理论的研究】　由天津中医药大学、上海中医药大学张玉莲、周震、顾耘、郭家奎等完成，获2016年度天津市科技进步三等奖。科研人员以老年性痴呆为切入点，以肾精与NSCs的相关性为枢纽，首次从“证候学调查—临床试验—实验研究”角度对“肾生髓，脑为髓之海”理论进行多层次系统性研究，同时采用现代生物学方法对中医“肾藏精”理论的科学内涵进行深入阐释，为中医基础理论的现代规范研究提供借鉴。①通过中医证候学调查证实肾虚证与老年性痴呆的关系。② 通过RCT临床试验研究明确“从肾论治”老年性痴呆的诊治规律及效应机制。③通过基础实验研究发现：“肾精”的生物学基础在脑内部分体现为神经干细胞（NSCs），补肾中药激活脑内NSCs，促进其增殖并向神经元方向分化的作用，与中医“肾

（精）生（脑）髓”理论的科学内涵相吻合；补肾中药通过影响NEI网络及NSCs的微环境，进而调控NSCs生物学行为的作用，部分体现肾精“化生”脑髓的动态过程，初步揭示“肾生髓”的科学内涵；补肾中药抑制神经元凋亡、激活沉默突触进而改善学习记忆的作用与“脑髓充盈以成脑神之用”具有一致性，初步揭示“脑为髓之海”的科学内涵。④构建并证实“肾脑相关”理论：脑的结构与生理功能正常有赖于肾精的旺盛与滋养，肾精的异常可导致脑的结构与功能异常，肾精在“肾脑相关”理论中处于核心地位。肾（精）是脑的物质基础，脑是肾（精）外在功能的体现与延伸。该研究成果在天津中医药大学第二附属医院、天津市环湖医院、天津市南开医院、天津市公安医院、天津市红桥中医院等多家医院推广应用。（天津中医药大学）

【现代化中药安全性评价和关键技术研究体系的建立与应用】 由天津药物研究院新药评价有限公司、天津药物研究院有限公司胡雷、刘艳菊、申秀萍、张宗鹏等完成，获2016年度天津市科技进步三等奖。建立临床前安全性评价用供试品质量控制体系：对不同剂型的中药供试品进行规范化管理，严格控制毒理学研究用样品的质量，确保试验结果的准确可靠。现代化中药及其制剂毒性评价体系：针对中药常见的不良反应，建立心脏毒性评价体系、肝毒性评价体系、肾毒性评价体系、制剂安全性评价体系、行为学毒性评价体系，并对中药的毒性成分在血浆和毒性靶器官内的暴露情况进行追踪。研究项目管理体系：建立GLP管理体系和AAALAC管理体系，通过规范化管理在保证动物福利的同时提高了实验数据质量，避免数据的偶发变动，保证原始数据的准确性。该项目特点：①对小鼠自主活动的评价应用先进的全自动视频追踪分析技术，丰富自主活动的检测指标，为更加全面、深入研究药物神经毒性做出突出贡献。②建立早期心脏毒性预测模型在细胞和分子水平上揭示五味毒乌心脏毒性的作用机制。③建立的VAP模型犬，能直接检测清醒犬大动脉的血压，提高数据的准确性，首次用于柚皮素心脏安全性的评价，填补国内外研究的空白。④建立早期肝脏毒性预测模型和体内肝毒性评价体系，丰富肝毒性评价方法。⑤肾毒性评价体系中检测指标全面、客观，实现指标定量或半定量。⑥制剂安全性评价体系适用于多种剂型中药的安全性评价。项目执行期间，所建立的评价体系，为全国部分科研院所、大专院校和国内知名的制药企业等多家机构进行百余个中药的临床前评价，其中10余个中药已经上市，20余个中药已经获得临床批件；发表相关论文、会议摘要近20篇，非公开发表研究报告百余篇。

（天津药物研究院新药评价有限公司）

【基于单病例随机、目标成就评量的治证候类中药临床疗效评价体系】 由天津中医药大学第二附属医院黄宇虹、孙兰军、李艳芬等完成，获2016年度天津市科技进步三等奖。科研人员针对治疗脾肾两虚证的参芪鹿茸口服液和治疗肝肾两虚证的六味地黄软胶囊开展3个临床研究，论证单病例随机对照、目标成就评量体系适用于治证候类中药临床疗效评价。①确定多个目标成就，采用安慰剂平行对照设计，共纳入80名受试者，疗程为4周，评价治证候类中药参芪鹿茸口服液的临床疗效，论证优选目标成就为此类研究的设计要点。②采用单病例随机设计，以症状自评表为目标成就，以安慰剂为对照，共纳入50名受试者，进行3轮，6周期临床观察，评价六味地黄丸治疗肝肾两虚证的个体化疗效，指导患者合理使用，并将试验结论外推，客观评价治疗肝肾两虚证型六味地黄丸临床疗效。③药物疗效是体内复杂生物信息的表达和反映，基于建模和模拟法（M & S）预测药物疗效理论，纳入10名服用六味地黄丸后不同疗效患者（来源于研究二），采集血样进行代谢组学研究，比较不同疗效人群代谢指纹图谱差异，证明单病例随机对照+目标成就评量体系用于治证候类中药临床疗效评价的科学性。项目执行期间，用于福建三爱药业有限公司上市品种参芪鹿茸口服液地标升国标的临床研究中，2013年升为国家标准上市品种；被天津天士力控股集团有限公司研究院、北京岐黄药品临床研究中心，江苏

择性效果的影响规律；系统分析絮凝剂官能团性质、媒介分子及中药提取液的溶液化学特性对中药提取液选择性絮凝的强化作用；研究絮凝工艺条件、絮凝反应器的结构形式和特征参数对中药提取液中杂质的选择性絮凝效果及影响规律，采用CFD数值模拟的方法对圆形絮凝反应器的结构进行三维数值模拟，得出圆形反应器结构对反应器内流场分布、湍动能分布以及能量耗散率的影响情况；建立选择性絮凝动力学方程、絮团的生长机理和特性以及相关的影响因素，提出用于中药提取液选择性絮凝除杂的原则方法。项目执行期间，发表SCI论文5篇，中文核心期刊论文5篇，获得授权发明专利一项，培养硕士研究生6名，博士研究生2名。（李丽娜）

【中药产品质量安全检测技术】 由天津市农业质量标准与检测技术研究所张玉婷，陈秋生，李娜等承担完成，获2016年度天津市科技进步奖三等奖。项目组综合中国药典以及欧美、日、韩等国内外监控指标，攻克因中药基体复杂而导致的痕量目标物共提取困难，同步检测能力低等技术难点，制定出中药产品中302种农药和13种元素的检测技术体系。包括248种、110种农药UPLC-MS/MS法，105种农药ASE-GCMS法，55种除草剂、磺酰脲和苯甲酰脲类等系列检测方法，填补中药中30种残留农药的检测方法空白；利用ICP-MS技术同步测定铅、砷、汞、铁、锰等13种元素方法；首次利用仿生提取技术建立中药制剂中砷、汞形态分析技术；获得发明专利3项；形成先进、准确、系统、完善的中药产品质量检测技术体系。该成果填补国内在中药产品质量检测技术方面的空白，突破国际贸易技术壁垒，满足产品检测需要，符合国际上中药质量标准的要求。该成果在质检机构和多家中药企业应用，有效保证中药原料及产品的质量安全，提高产品竞争力，助推中药国际化和中药产业发展；通过技术应用推广与辐射带动，获得较大社会效益；应用于企业技术服务，产品销售及创汇等，取得社会经济效益1.4亿元。（张玉婷）

城建与交通科技

概　况

【2016年城市建设科技工作概况】　2016年，天津市工程建设领域积极促进技术进步，紧抓建筑能效提升，加速建筑产业现代化进程，推动建设领域转型升级，天津市建设科技和工程建设标准化工作取得明显成效。①编制完成《天津市建设科技十三五发展规划》，为下个五年建设科技工作奠定了基础。②下达建设系统科学技术发展计划39项，完成科研课题成果鉴定和验收34项。其中“软土地区预应力桩抗震性能研究”“半柔性路面材料配合比设计、路用性能及施工技术研究”等研究成果已纳入国家及地方规范和标准；“固化轻质土在道路工程中的应用研究”“FRP组合梁桥设计与快速施工关键技术研究”等技术获得了国家授权专利。③组织完成天津市建设系统2016年度华夏建设科学技术奖励项目申报和核查工作，推荐了15项华夏科学技术奖励项目。获住房城乡建设部华夏奖12项，其中一等奖1项，二等奖4项，三等奖7项。获天津市科技进步奖18项，其中一等奖3项，二等奖5项，三等奖10项。④加快促进建设领域科技成果转化，制定出台《天津市建设领域推广应用新技术实施细则》，建成推广新技术项目库，共纳入172项技术。评选确定15项建设领域推广新技术，21项新技术应用示范工程和市级工法64项。⑤严格建设领域科技专家遴选，规范专家管理。制定并发布了《天津市建设领域科技专家和科技专家库管理办法》，明确科技专家申报条件、权利义务和工作内容，对专家入库、出库、专家选用以及评审行为进行规范。2016年，工程建设地方标准化工作稳步推进。批准颁布《天津市海绵城市建设技术导则》《天津市综合管廊工程技术规范》和《天津市雨水径流量计算标准》等11项工程建设地方标准。修订《天津市钢结构住宅设计规程》《天津市二次供水工程技术标准》等10项标准。组织开展工程建设强制性地方标准整合精简工作，对天津市现行37项工程建设强制性地方标准的310条强制性条文进行评估，形成了天津市工程建设强制性地方标准整合精简结论汇总表和强制性条文汇编，其中强制性条文保留54条、修订6条、废止250条。开展了工程建设标准监督检查工作，积极组织新颁标准的宣贯工作。下达《天津市被动式超低能耗居住建筑技术导则》《装配式模块建筑应用技术规程》《天津市集中供热住宅计量供热设计规程》等天津市建设系统工程建设地方标准编制计划20项。

（市建委节能科技处）

【城建集团科技创新工作简况】　2016年，天津城建集团科技工作取得多方面成果。①31项课题列入年度科技发展计划，涵盖道路、桥梁、排水、地铁盾构、设计、养护改造、环保、循环经济、软课题研究等多个领域，具有科技含量高、研究价值大等特点。②组织14项优秀科研项目申报建委建设系统科学技术发展计划，其中“双曲面FRP桥梁封护系统设计施工成套技术研究”等4项课题获批列入建设系统科学技术发展计划。③共有22项各级别科研课题通过鉴定、验收，其中3项为建委、科委研究课题，涉及地铁深基坑、盾构施工技术、隧道排水系统、慢性系统、新型桥梁泄水孔施工技术、ERS铺装技术、建筑工程施工等。④《一种建筑物移位姿态简易监测方法》《一种建筑物旋转平移装置和施工方法》2项技术获得发明专利授权，《一种用于中小钢桥桥面施工的沥青拌合设备》等10项技术获得实用新型专利授权。⑤科技创新成果获奖，“波形腹板组合箱梁研究”课题获得中国施工企业协会科学技术成果二等奖，“海河吉兆桥”等3项工程获全国行业优秀设计奖，“津沽一线”等3项工程获天津市优秀设计奖，“文庆道”等4项工程的可行性研究报告或项目建议书获得市优秀工程咨询成果奖。⑥在编地方标准6项，国家标准1项，天津城建集团主编的首部国家标准《城镇污水处理厂工程质量验收规范》完成建设部审查，《天津市市政工程绿色施工评价标准》《天津市道路工程施工及验收规程》《天津市排水工程施工及验收规程》《天津市污水处理厂工程施工及验收规程》《市政公路钢桥施工及验收技术规范》完成征求意见稿。⑦评出《钢带增强聚乙烯波纹管施工方法》等集团级工程建设工法10项，《旧桥加宽中静力组合拆除技术施工工法》等获得天津市市级工程建设施工工法3项，蓟汕高速公路工程第四标段工程被评为2015年度天津市新技术应用示范工程。⑧对原有的《天津城建集团施工组织设计编制管理规定》文件进行重新修订，使施工组织设计的管理程序和手段得到完善，全年共编制天津地铁4号线南段工程土建施工第7合同段、外环线提升改造工程以及内江城市过境高速公路工程等78项，施工组织设计审批率达到100%，全年共编制专项施工方案148项，专项施工方案会审率达到100%，同时开展施工技术管理大检查，对各下属公司施工技术管理情况及项目执行情况进行监督检查，确保工程建设任务的完成。　　（刘　岩）

【天津住宅集团科技工作简况】　2016年，天津住宅集团全面推动装配式建筑，发展建筑产业化战略。围绕集团总体发展规划，在建筑产业化、装配式建筑、绿色生态社区、砂加气制品的生产和应用、新型节能门窗、建筑节能检测和四新技术应用等方面加大科技研发力度，取得了丰硕的成果：获批国家级科研项目2项、市级科研课题3项、地方标准5项、市级施工工法6项、市新技术应用示范工程2项、国家级绿色施工项目3项、住建部建筑产业化示范项目2项；主持参与制订国家级标准1项、行业标准3项、地方标准12项，其中4项地方标准完成报批稿、3项发布实施；申报专利45项，其中发明专利20项；申报市级绿色建材评价机构，砂加气砌块获批天津市二星级绿色建材；申报天津市建设领域新技术专家库，其中32人入选首批专家库专家；获得科研费用税金减免、各级科研经费共计203.95万元，年度科技活动总投入28089.17万元，占主营业务收入1.85%。　　（李迎迎）

【天津电网简况】　天津电网是华北电网的重要组成部分，位于华北电网东部。通过锡林郭勒盟—北京东—天津南—山东2回1000kV交流线路及蒙西—晋北—北京西—天津南2回1000kV交流线路与冀北电网相联。通过北郊—安定、盘山—通州2回500kV交流线路与北京电网相联，通过吴庄—霸州双回、静海—黄骅双回共计4回500kV交流线路与河北南网相联，通过安各庄—芦台双回500kV交流线路与冀北电网相联。2016年，天津电网共有1000kV变电站1座，1000kV主变2台，变电容量6000MVA。共有1000kV线路8条，线路长度578.65千米。500kV变电站7座，500kV主变16台，变电容量15120MVA。500kV线路21条，天津维护段长度822.016千米。220kV变电站71座，220kV主变163台，容量29376MVA。220kV线路231条，线路长度3177.969千米。110kV变电站150座，110kV主变310台，容量15237.5MVA。110kV线路336条，线路长度3920.333千米。35kV变电站267座，35kV主变589台，容量10687.9MVA。35kV线路1314条，线路长度8385.007千米。　　（王　媛）

【中交第一航务工程勘察设计院有限公司科技工作简况】　2016年，中交第一航务工程勘察设计院有限公司（以下简称一航院）以“坚持改革创新，加快结构调整，全面提质增效，开启建成世界一流企业新征程”为指导，科技创新持续深入。一航院入选中国《建筑时报》和美国《工程新闻纪录》（简称ENR）合作举办的2016“中国工程建设企业60强”称号，列52位；入围“2016年最具效益工程设计企业”十强，排名第2位；入选“中国交建第二届文明单位”。2016年，技术开发项目新立项40项，生产性科研项目新立项56项。主编国家标准规范1项；行业标准规范5项；地方标准规范1项。2016年，申请专利4项，授权专利7项，其中发明3项，实用新型4项，公司拥有有效专利92项，其中发明28项，实用新型64项；拥有软件著作权7项。2016年，公司共获得省部级以上奖项26项，其中国家级奖项8项，科学技术奖5项，工程技术奖21项。“辐射沙洲海域离岸岛式LNG接卸港建设关键技术研究”获2016年度中国水运建设行业协会科学技术二等奖；唐山港京唐港区20万吨级航道工程、营口港鲅鱼圈港区30万吨级矿石码头工程和毛里塔尼亚友谊港4#、5#泊位建设工程获2016年度国家优质工程奖。

（韩瑞洁）

【中交天津航道局有限公司科技工作简况】 2016年中交天津航道局有限公司（以下简称“天航局”）持续深化科技创新体系建设，已拥有7家国家高新技术企业，1家国家级和4家省级企业技术中心;公司获得天津市科技小巨人企业称号；连续8年获得中国施工企业管理协会科学技术先进企业荣誉称号。天航局科技创新工作以重大工程和环保业务为核心，以整船装备及关键疏浚机具研发、挖掘与输送机理试验研究及疏浚土质、施工工艺、环保核心技术等为重点，全年实施科研项目133项，完成科研项目33项。组织申报中国交建科研项目4项、国家公共安全重点专项子课题--疏浚工程水上施工安全防护技术研究1项。新承担国家标准《反铲挖泥船疏浚监控系统》编制计划1项；交通运输部《远海疏浚与吹填施工指南》行业规范1项。公司主编和参编的《挖泥船术语》等4项国际标准已进入ISO成员国CD阶段。完成省部级以上成果鉴定8项，其中5项成果总体水平达到国际先进。荣获中国交建及省部级技术进步奖10项次。授权国家专利64项。

（张亚楠）

市政工程

【环渤海盐碱地区海绵城市建设关键技术集成与综合示范】 由天津大学、天津大学建筑设计规划研究总院联合完成，主要完成人：曹磊、洪再生、杨冬冬、王焱等，获2016年度天津市科技进步二等奖。项目采用理论分析、数值仿真、试验研究与原型观测相结合的方法，提出环渤海盐碱地区海绵城市建设关键技术体系。主要创新成果：①首创基于人工与自然水循环系统耦合目标的综合水量调控、流速调节、水质净化、景观营造的海绵城市建构方法。构建针对不同频率降雨的人工与自然水循环耦合系统模型；提出复杂场地情况下人工与自然水循环系统耦合、空间布局与时间过程叠加的海绵城市雨洪调控格局构建方法；研发基于水循环效率和水质净化目标的景观生态技术；以上述为基础，形成多目标雨洪调控措施及系统景观营建技术。②提出基于数值模拟仿真的生态化雨洪调控措施优化技术。提出指示指标储水因子，建立生态化雨洪调控措施适宜性评价模型；提出以水力要素数值模拟为基础的生态化雨洪调控系统优化方法；为海绵城市建设提供不同雨洪调控措施的效能比较平台，以及构造/系统的定量化优化方法。③提出环渤海盐碱地区不用用地类型降盐和雨洪调控功能复合的景观优化途径。提出以植物为目标对象的盐碱地区湿地生态修复地形——水系营造方法；形成环渤海盐碱地区降盐控流的景观优化途径。该项研究成果应用于七里海国家级自然保护区生态修复工程、天津大学新校区景观工程、白洋淀科技新城水景观规划等20多项建设工程中，优化工程设计，节约水资源，改善水环境，社会、经济效益和生态效益显著。

（天津大学）

【复杂地质条件下小断面特长隧道综合配套施工技术】 由中国铁建大桥工程局集团有限公司、中铁建大桥工程局集团第四工程有限公司钟玉刚、王军保、韩兆军、周学胜等完成，获2016年度天津市科技进步二等奖。项目以天平铁路六盘山隧道为工程背景，针对复杂小断面特长隧道综合配套施工工艺进行研究。主要内容有：①小断面特长隧道施工筹划及施工存在问题的分析。对隧道施工中可能存在的施工技术难题及可能遇到的影响工期因素进行综合分析，结合施工技术和施工水平，提出隧道施工筹划，并就存在的关键技术问题进行总结。②小断面特长隧道机械化施工关键技术。研究从开挖方式、开挖顺序、开挖机具选择和配套等方面入手，通过优化施工工艺、合理机具配置来实现最大的施工效率。在满足施工安全前提下，尽可能实现高效、快速施工。③穿越富水洞段小断面特长隧道的综合施工技术。通过现场实际和对既有工程的总结，对复杂富水区的隧道防排水的施工工艺进行研究，以期提出经济、合理、可行的穿越含水层隧道施工地下水的处置技术，促进国内隧道安全施工及隧道建设的可持续发展。④小断面特长隧道不良地质段施工应对技术研究。该项目通过先进的施工工艺、合理的支护结构，并在施工中采取适宜的衬砌措施及必要的防护措施，在满足施工安全的前提下，尽可能实现高效、快速施工。⑤小断面特长隧道信息化施工技术。做好施工安全预测、预报和信息化施工是保证隧道施工安全的必要和有效措施，可以及时采取措施避免工程事故的发生。该项目在六盘山隧道施工工艺、塔吉克斯坦乔尔马扎克隧道、合福铁路大力寺等隧道中的应用，对隧道施工起到推动作用和示范作用。

（中国铁建大桥工程局集团有限公司）

【复杂环境下空间交叉与平面分岔隧道施工控制技术】 由中国铁建大桥工程局集团有限公司、大连理工大学、中川铁路有限公司、兰州交通大学李斌、王峥峥、宋伟俊、王忠双、孟庆宏、马殷军等完成，获2016年度天津市科技进步二等奖。该项目研究的主要内容：①空间交叉隧道施工控制技术研究。②平面分岔隧道施工控制技术研究。③多系统集成的隧道施工风险管理平台开发。其技术特点：①提出约束隧道掌子面松弛变形的预加固核心土三台阶临时仰拱技术。②采用爆破振动测试技术，结合三维爆破振动数值模拟，确定了平面分岔隧道允许爆破振速和隧道安全监测范围。③开发了集施工监控量测、超前地质预报、三维模拟仿真以及风险评估等多系统集成的隧道施工风险管理平台，实现了信息化施工与动态风险预警评估管理。该项目研究成果保证了复杂环境下空间交叉与平面分岔隧道的安全快速施工，达到了质量优良、节能降耗的目的，创造了显著的经济效益，为复杂空间交叉与平面分岔隧道的设计、施工积累了经验。

（中国铁建大桥工程局集团有限公司）

【超深大软土基坑群动态形变效应研究】 由天津市市政工程设计研究院、清华大学、天津市地下铁道集团有限公司张启斌、徐文杰、谭儒蛟、于玉贞、郑磊等完成，获2016年度天津市科技进步三等奖。以天津市文化中心交通枢纽基坑工程为主要依托，就超深大软土基坑群的关键技术难题开展复杂应力状态下天津软土的力学特性研究；复杂基坑变形监测数据的实时动态预测及数字化基坑系统研究；基于复杂基坑施工动态过程的环境岩土体参数反演研究；复杂基坑群施工过程中的多场、多体耦合过程研究。该项目的技术特点是：①综合采用室内力学试验、微观结构、细观力学数值试验分析等方法，系统研究复杂应力状态下天津软土的力学特性、蠕变特性及蠕变机制，有效保证后续计算分析的可靠性。②实现基坑变形监测数据的实时动态预测分析。③提出并研发了适用于复杂基坑施工信息化管理的数字化基坑系统，并应用于天津文化广场基坑工程信息化管理、分析及查询，确保基坑工程的数字化和智慧化管理。④综合运用非线性反演理论方法及三维有限元数值计算技术，实现工程区环境岩土体参数反演，将其应用于依托工程复杂基坑群精细化建模及施工动态仿真分析，实现了复杂基坑群施工过程中的多场、多体耦合过程分析，揭示了超深大软土基坑群动态形变效应。该研究成果指导并应用于天津文化中心综合交通枢纽工程、天津地铁5、6号线工程、天津地铁4、7、10号线，取得显著的经济效益和社会效益，具有极高的应用和推广价值。

（天津市市政工程设计研究院）

【基于广义协调元理论的新型组合桥梁结构抗震性能研究】 由天津城建大学、中铁十八局集团有限公司、天津大学李自林、李长辉、丁宏毅、薛江、陈国胜等完成，获2016年度天津市科技进步三等奖。该项目以大型复杂桥梁结构体系设计理论与应用为背景，开展“基于广义协调元理论的新型组合桥梁结构抗震性能研究”。提出一种新型组合桥梁结构；用广义协调元理论进行抗震性能的理论研究和试验研究；提出新型组合桥梁结构设计理论与应用的5项关键技术。采用原始创新（获得了3项授权的国家发明专利）、集成创新（采用拟静力试验研究得到节点的抗震性能、通过广义协调元理论研究得到桥梁结构动力特性、应用数值模拟方法得到腹杆与顶底板连接件抗剪性能等）、引进消化再创新（获得了3项授权的国家实用新型专利）。解决了项目提出的新型组合桥梁结构在设计理论和应用方面的关键技术难题，填补了国内外该领域的多项空白。该研究成果应用于西溪河特大桥、云桂铁路南盘江特大桥、天津港海河大桥、富水河特大桥等百余座桥梁中，取得了显著的经济、社会和环境效益。

（天津城建大学）

【基于客货分离的道路交通设计关键技术研究及工程应用】 由天津市市政工程设计研究院、天津市津南区规划设计所、天津大学白子建、马红伟、柯水平、闫欣欣、李洪亮等完成，获2016年度天津市科技进步三等奖。该项目针对客货分离道路规划、设计和管理所存在的关键问题，从影响客货分离道路实施的因素入手，分析各种条件对其影响程度，以道路服务水平作为社会效益指标，以投资收益比作为经济指标，建立客货分离道路预判方法体系；在深入细致研究客车和货车交通特征、驾驶员行为、车辆属性等内容基础上，综合应用系统工程、仿真技术、道路工程、认知行为、智能体等技术，提出客货分离道路平纵横线形、交叉口、交通标志设置等关键技术优化方法，形成客货分离道路交通设计成套技术；为保障客货分离道路施工期间顺利通行，将三维仿真模拟技术应用于客货分离道路施工交通组织方案研究，通过模拟再现施工现场、采集仿真数据，评价施工交通组织方案的优劣。该项目充分考虑国内道路交通特征和客货分离实施的现实要求，提出一种基于客货分离的道路交通实施条件预判和方案评价技术，通过构建交通宏微观模型，为客货分离道路的规划方案提供技术支撑。该研究成果应用于京哈高速公路绥沈段改造工程、天津滨海新区西外环高速公路工程等项目中，在降低客货冲突，减少占地规模，缩减投资规模，提高通行效率等方面具有良好的效果。

（天津市市政工程设计研究院）

【30吨轴重重载混凝土岔枕生产工艺技术研究】 由中国铁建大桥工程局集团有限公司、中铁株洲桥梁有限公司、湖南工业大学刘红桃、宋伟俊、朱娜、叶伯清、李源等完成，获2016年度天津市科技进步三等奖。该项目依托山西中南部铁路通道工程建设关键技术研究，进行30吨轴重重载混凝土岔枕研发试制工作。其主要内容有：①30吨轴重道岔用混凝土岔枕技术条件中的各技术参数，设计合理的混凝土配合比，优化工艺参数和流程，配备先进的试验、检验仪器，应用合理可靠的检测方法，使生产的产品满足图纸和技术条件中规定的参数。②重载混凝土岔枕生产工艺技术，主要研究生产用原材料，各工序生产工艺控制要点和操作方法，产品的试验检测方法和评定重载岔枕生产工装模型研究。③通过设计结构合理的2联整体式钢模型，从降低成本角度优化模型配置方案，进行模型多项组合；针对岔枕的预埋铁座形式，设计合理可靠的重载混凝土岔枕预埋铁座安装盒和定位方式。重载混凝土岔枕试生产合格后，分别在中铁宝桥、北京特冶、中铁山桥和铁建重工进行厂内试铺，并通过由中国铁路总公司科技管理部和运输局组织的约20家单位参加的试制试铺评审，经过上道使用，运行效果良好。

（中国铁建大桥工程局集团有限公司）

【黄土地层浅埋暗挖大断面隧道施工力学行为研究】 由中铁第六勘察设计院集团有限公司、中铁隧道勘测设计院有限公司、西安市地下铁道有限责任公司全荷敏、康佐、来弘鹏、张达栋、张佳等完成，获2016年度天津市科技进步三等奖。该项目以西安地铁三号线咸宁路—长乐公园区间为工程依托，通过现场实测手段，得出浅埋暗挖大断面黄土地铁隧道采用“CRD”工法施工时的荷载作用特征，揭示初期支护与二次衬砌的作用性状与机理，明确该工法施工时的空间力学与变形特征，得出4个导洞开挖对隧道支护体系的相互影响程度与范围，给出各导洞施作的科学顺序与掌子面的合理间距；通过数值分析手段，得出浅埋暗挖大断面黄土地铁隧道采用“CRD”工法施工时的荷载特征，揭示了支撑体系各部分的受荷特征；构建三维数值分析模型，得出浅埋暗挖大断面黄土地铁隧道采用“CRD”工法施工时的变形和力学行为，揭示了该工法施工时的空间力学与变形机理，给出施工的合理步序。该项研究成果应用于西安地铁3号线胡家庙—石家街区间、石家街车站；西安地铁4号线李家村—和平门区间、大唐芙蓉园—大雁塔区间、金滹沱—雁南四路区间；西安地铁临潼线、5号线、6号线等大断面浅埋暗挖区间隧道，整个施工过程未发生安全事故和环境风险事件，保证了施工质量，提高了初期支护及二次衬砌的安全储备，加快了工期。

（中铁第六勘察设计院集团有限公司）

【大跨度针形独塔钢斜拉桥施工关键技术研究】 由中铁十八局集团有限公司、中铁十八局集团第五工程有限公司李文广、程志强、罗金山、蔡宁等完成，获2016年度天津市科技进步三等奖。该项目依托上海惠平路蕰藻浜大桥工程，根据向主跨侧倾斜、垂直高度111米、与主墩铰接、厚钢板异种材料组成的格构式曲线钢桥塔结构特点，开展倾斜钢桥塔斜拉桥施工方法与应用研究，提出适合于斜拉桥倾斜钢桥塔的施工方法和安全保障措施；针对钢桥塔板件厚、材料种类多、焊接残余应力大的特点，通过大量试验得到大型复杂钢结构加工制作工艺和方法。项目特点：①技术难度大。环境影响因素复杂，厚度达到150毫米钢板与不同材质钢材的焊接方案及工艺控制是技术难点。②创新程度高。针对跨河道斜拉桥倾斜钢桥塔的施工难题，创新性提出卧拼逆向竖转钢桥塔施工方法；提出用远红外热辐射来减少结构焊接残余应力的方法，在桥梁工程领域属于首创；得到100毫米～150毫米厚度钢板间对接焊缝、低碳钢与铸钢间焊接方法和工艺，确保钢桥塔的焊接质量，为国内钢结构加工制作积累基础性资料。③科学价值大。该项目关键技术获工法1项、申报发明专利1项、授权实用新型专利3项。研究成果提高了大型复杂钢结构的加工制作技术水平。④发展前景广阔。该成果为钢桥塔斜拉桥提供了一种新的施工方法和有价值的技术参考，该项目研究成果成功应用于上海市惠平路蕰藻浜大桥工程，取得经济效益2415万元，该项目研究成果在有钢桥塔的斜拉桥和悬索桥建造及大型复杂钢结构加工制作中具有广阔的推广应用前景，特别适用于单侧场地受限的带桥塔桥梁的施工。

（中铁十八局集团有限公司）

【路面层间控制指标与处治技术研究】 由天津市交通科学研究院、长安大学、石家庄市众诚公路机械化养护有限公司周卫峰、李彦伟、王选仓、范焕持、任保国等完成，获2016年度天津市科技进步三等奖。该项目结合依托工程，对国内沥青路面层间处治技术及应用状况进行详细调查；通过大量的力学计算分析，全面系统研究了半刚性基层沥青路面和桥面铺装层间工作状态，并分别进行单因素工况分级和多因素综合工况分级；通过室内外试验及试验路工程，深入研究各类因素对不同层间材料处治效果的影响，进行透层、封层、防水黏结层及黏层材料性能分级，提出适用于不同工况下的层间处治技术，并提出不同层间处治技术的施工质量控制指标。研究成果的应用可明显减少路面破坏，路面破损率减少约40%以上；减少路面过早出现各类病害，延长路面大中修周期，经济而有效地改善了当地的交通状况和公路使用质量；保证了路面的整体性，改善了层间受力状况，可有效延长路面使用寿命3年～5年，具有广阔的应用前景。

（天津市交通科学研究院）

【天津市路桥技术咨询检测服务平台建设】 天津市科技创新体系及平台建设计划，由天津市路桥技术工程中心承担，依托天津市市政工程研究院于2015年9月完成，2016年3月通过天津市科学技术评价中心验收。天津市路桥技术咨询检测服务平台，开展行业关键共性技术和加强低碳、节能环保技术的研发，向科技型中小企业转化10项科技成果；开展协同创新，加强行业前瞻性技术的研究、开发力度，完成8项联合开发项目，促进市政公路行业的科技进步；搭建并完善公共技术服务平台，为行业内企业提供高端设备、技术咨询和技术服务，并打造创新人才培育基地。

（王雪姣）

【基于生态城市建设的隧道多元通风关键技术及工程示范】 由天津市市政工程设计研究院、天津大学李建兴、凌继红、邢金城、李晨等完成，于2016年8月通过天津市高新技术成果转化中心鉴定。课题以生态城市建设中的指标节能环保为目标，采用理论计算、模型试验和数值模拟相结合的方式，对隧道多元通风模式的机理进行深入研究，为节能环保通风模式在隧道中的应用提供理论基础。数值模拟计算中，改变将运动车辆多点动力简化为隧道入口单点动力的交通风计算方法，建立符合实际的周期性交通风模型；搭建能够同时模拟交通风、射流风机和自然通风口特性的模型试验台。课题的主要成果如下：①在数值仿真计算中，建立符合实际交通风特点的周期性交通风计算模型，利用模型试验和理论计算验证该方法的准确性。②模型试验和数值仿真计算均表明：隧道顶部开设的自然通风口活塞效应明显，随着车辆的运动，呈现周期性变化。③根据模型试验的数据分析得出：受交通通风力的影响，自然通风井的风速呈现周期性变化，其周期长短受到车间距的影响。④数值仿真计算表明：在不同车速及阻塞比工况下，沿隧道入口至出口的车流方向，壁面压力呈周期性整体上升趋势，且正压时间权重及正压均值皆呈总体增大趋势。⑤自然通风口的形式和风井截面形状对自然通风口的排风效果具有一定的影响。⑥对自然通风井底部导流板的角度、长度和位置进行优化。⑦对自然通风井集中布置在隧道前部、中部和后部的对比进行计算。⑧在验证数值模拟方法准确性的基础上，通过数值模拟方法对双洞隧道二次污染、洞外污染物的分布规律进行研究。研究成果应用于中央大道海河隧道东线的通风工程。与常规竖井机械通风相比，优化后的通风方案每千米长的隧道年节省运行费用68万元。

（李　晨）

【编制《给水排水管道水下沉管工程施工及验收规程》】　由天津市管道工程集团有限公司主编，陈宝强、刘秉武、潘中奇等完成，于2016年9月通过专家评审。《给水排水管道水下沉管工程施工及验收规程》明确给水排水管道水下沉管工程施工前的准备、钢管组对、焊接、补口及检验、水下沟槽开挖及管基处理、钢制管道水面浮运法施工、钢制管道铺管船法施工、钢制管道底拖法施工、预制钢筋混凝土管沉管施工、稳管与沟槽回填、工程质量验收等内容。其中提出钢制管道水面浮运法施工、钢制管道铺管船法施工、钢制管道底拖法施工的相关计算公式，对天津市给水排水管道水下沉管工程中的安全作业具有较强的指导意义。该《规程》条文与相关标准协调一致，可操作性强。《给水排水管道水下沉管工程施工及验收规程》拟于2017年3月1日发布实施。

（潘中奇）

【高速公路扩建既有桥梁安全性评估及整体性能研究】　由天津市交通科学研究院王甫友、孙运国、常翔宇等完成，2016年3月通过成果转化中心鉴定。该课题以唐津高速公路扩建桥梁加宽工程为依托，以既有桥梁和加宽后的桥梁为研究对象，对其整体性能进行研究。主要成果如下：①构建高速公路扩建既有桥梁安全性评估的流程。②通过对唐津高速公路车流量的调查与统计分析，建立基于实测的公路桥梁车辆荷载统计模型，应用于桥梁的安全性评估。③推导既有桥梁运营过程中的可靠指标和状态指标，特别研究装配式桥梁上部结构横向联系病害对桥梁上部结构体系时变可靠度的影响，预估既有桥梁的使用寿命。④针对既有装配式空心板桥和T梁桥的加宽工程，研究加宽部分新建梁体刚度的合理范围。⑤针对扩建的高速公路典型桥梁，通过建立3D有限元模型，基于动力性能研究加宽部分新建桥梁墩柱尺寸选择的合理范围，为类似工程提供参考。项目针对高速公路桥梁扩建的特点，首次构建基于桥梁技术状况评定、结构可靠度分析、荷载试验的“三级”评估体系，将定性、定量、荷载试验的方法有机结合，确保既有桥梁安全性评估的准确性、可靠性；在现行规范的基础上，提出铰缝评价指标，考虑横向联系衰减时变曲线，对装配式梁桥上部结构可靠度进行研究，并考虑铰缝的评价指标，开发梁式桥技术状况评价软件，使评估工作量大大减少；通过理论研究，创新性的提出装配式简支梁桥新旧梁体刚度比在0.8～1.2之间，新旧桥墩尺寸相近时，扩建后桥梁的整体性能更佳。研究成果应用于唐津高速公路天津段全线桥梁安全性评估中，设计单位能够充分掌握既有桥梁的现状以及存在的问题，充分利用既有结构，节省建设成本；对存在安全隐患的结构进行更新或者加固，确保扩建后桥梁的可靠性。

（王甫友）

【半柔性路面材料设计及施工技术研究】 由天津市交通科学研究院魏如喜、王伟、黄会明等于2016年3月完成，通过专家鉴定。该课题从半柔性路面材料的材料组成结构和强度形成机理入手，优化设计大孔隙基体沥青混合料配合比和高渗透低收缩水泥胶浆配方，系统研究基体沥青混合料孔结构和空隙、水泥胶浆灌浆量、水泥胶浆强度等因素对半柔性路面材料的路用性能的影响，推荐半柔性路面材料的结构设计参数，提出较为完整的半柔性路面材料施工工艺。在研究过程中创造性地提出一种能够考虑不同工程的矿料性质差异，并且能够按照不同功能需要，调整设计空隙率基于体积填充理论的大孔隙基体沥青混合料级配设计方法；采用能够直接体现沥青胶结料黏结性质和抵抗温度应力能力的黏结力指标作为确定沥青用量的依据，结合沥青裹覆试验和析漏试验，提出一种基于黏结力指标的大孔隙基体沥青混合料沥青用量确定新方法；采用正交试验设计方法优选出高渗透低收缩水泥胶浆配方：水胶比0.4、砂胶比0.2、膨胀剂掺量10%、矿粉掺量15%、粉煤灰掺量15%。该项目成果在天津南港工业区港虹路的建设中推广使用，效果显著。课题的开展及成果应用对完善天津地区的路面结构组合形式、提高路面的使用品质、提高重交通荷载作用下的路面耐久性作用显著，可降低20%沥青混合料的生产和使用，对节能环保和可持续发展意义重大。

（王　伟）

【京秦高速公路迁安支线工程】 由铁道第三勘察设计院集团有限公司负责设计，齐志芹、袁英爽、张伟康等完成，获2016年“海河杯”天津市优秀勘察设计（市政公用工程）一等奖。京秦高速公路迁安支线工程主线全长35.6千米，采用双向六车道和四车道高速公路标准，设计速度100千米/小时，路基宽度33.5米和26米，沿线共设互通式立交4处，大桥949米2座，中桥196米3座，分离式立交2091米8座，通道44座，天桥8处，服务区1处、主线收费站1处，匝道收费站3处，管理处1处、养护工区1处。该项目技术创新点为：①重视环保选线，保护耕地、铁矿资源和河流等自然资源。线设计遵循“随弯就势、融入自然、标准灵活、合理优化、保护环境”的原则。在路线方案布设中尽可能降低路基填筑和开挖高度，减少人工构造物，少砍树、少占耕地，同时注意绕避村庄，保护铁矿资源和河流等自然资源。②立交形式多样化，成为沿线的重要景观。根据交通量，结合地形地貌及地质情况，沙河驿互通（对角象限双环式+A型单喇叭的复合式枢纽互通形式）、平杨互通（双喇叭B型）、钢城互通（对称双环式）、祺光互通（T型+单喇叭A型），4个互通形式多样，不仅为区域交通上下高速的重要出口，也成为公路沿线的主要景点。③加强以堤代路段路基防护，保证大堤巡防路的畅通。沿滦河大堤段加强以堤代路的防护设计，主要采用浆砌片石、土工格室护坡和格宾石笼护角等。在确保满足高速公路的需要外还考虑合理的大堤巡防要求，设计在大堤段阻断交通处设置通道，通道采用框架结构，并在滦河侧洞口设置闸门，防止滦河正常泄洪时洪水倒灌。④排、渗相结合，解决平原地区的排水。迁安地区地质多粉细砂，边沟两侧采用浆砌片石，沟底采用干砌片石，利用排、渗相结合措施，有效解决平原地区排水困难的问题。⑤转体T构设计，确保铁路运营安全。⑥灵活设计，重视安全，重视环保，减少噪音，服务区人性化设计。⑦钢波纹管涵洞单独研究，保证工程安全。

（罗法水）

【天津滨海国际机场扩建配套交通中心工程建筑设计】 由铁道第三勘察设计院集团有限公司负责设计，杨贵生、黄桂兴、冯世杰等完成，获2016年“海河杯”天津市优秀勘察设计（市政公用工程）一等奖。天津滨海国际机场交通中心工程包括城际铁路机场线机场站、地铁2号线机场站、规划C2线机场站、规划Z2线机场站、换乘通道、地下停车场、集散大厅、T1连接通道，主体为地下两层建筑，地下1层为站厅层和公共换乘区，地下2层为站台层。地面设2个交通岛供乘客进出，设24个疏散口和6组风亭满足消防疏散要求，总建筑面积约为11万平方米。该项目技术创新点为：

①光天窗的设计。公共区中间的核心区域设计了大型采光天窗，将自然光引入地下，为旅客营造地下与地上，室内与室外渗透交融的感觉。在东西两端的地下停车场分别设采光通风天窗，天窗不仅可以采光，给地下停车场带来良好的空间效果，还可以通风，是地下停车场很好的节能措施。②商业长廊。创造性地采用“候车与购物相结合”的设计。东西向换乘通道长达369米，除设置自动步道，在东西两侧通道的一侧设置了商业长廊，既丰富空间效果，也为乘客在通道内行走减少单调感，有助于缓解旅客的疲劳和紧张，同时为交通中心拥有者提供可观的商业与就业机会。③地下空间的充分利用。考虑到公共区的面积较大，净高要求较高，地下1层的净高设计为8.8米；其他区域净空要求较小，在东西两端分别设置了2层地下停车场，增加了停车面积和数量，既方便乘客，又可控制建筑的规模，减少地下空间的开挖面积和开挖深度。

（苏燕舞）

【低碳环保道路路面设计与施工技术研究】 由天津市交通科学研究院刘淑艳、王伟、刘好等完成，于2016年1月通过天津市市政公路管理局验收。在研究过程中选取低碳路面结构设计方法、低碳路面建造技术、低碳路面综合评价方法三方面内容为着力点，以“耐久的结构、环保的材料、低碳的工艺、提升的质量”为指导思想开展研究。结合天津地区实际情况，对低碳技术进行分析总结，探索合理的低碳路面的结构组合，深入研究低碳路面的结构设计指标和设计方法，提出低碳耐久的典型路面结构形式，为低碳路面在天津地区的推广应用提供技术支撑。该项目总结提炼实践过程中初步成型的低碳路面建造技术，将新材料的施工工艺和质量控制措施具体化、标准化，形成成套技术，以利推广应用。探索低碳路面的综合评价方法，重点研究低碳材料层能耗与碳排放量计算方法，对低碳路面的节能减排效果进行定量评价，形成基于“力学性能”“经济性”“能耗水平”3个维度的综合评价模型。该课题的实施充分发挥科技创新在低碳公路建设中的基础性和先导性作用，推广使用“资源节约、循环利用、控制排放”的新技术，提高对低碳公路建设的支撑力。（王　伟）

【中小混凝土桥梁动态监测与安全评估技术研究】 由天津市交通科学研究院齐怀展、何立忠、邓鸣等完成，于2016年3月通过天津市成果转化中心鉴定。该课题主要研究内容为：①实现中小型混凝土桥梁动态监测的实时在线可视监测；根据中小型混凝土桥梁的损伤形态与机理的研究现状，对材料退化和混凝土裂缝两大主因损伤形态及机理进行详尽介绍，为桥梁动态监测系统监测项目的确定和监测点位、数量的优化明确方向。针对中小型混凝土桥梁动态监测技术的研究现状，从系统设计原则、传感器选型、监测项目优化、传感器数量优化、测点布置及优化、数据传输等方面进行详尽的介绍。基于桥梁监测的目的，综合成本效益分析，确定整个系统构成。结合工程实例，应用物联网通信技术，实现监测系统的网络化、可视化。②研究中小型混凝土桥梁安全评估指标的确定原则和影响因素，并在国内首次提出量化标准；在选取指标时具可操作性、代表性、敏感性、层次性原则，提出把挠度、裂缝宽度、结构应力作为主要指标，并提出量化分析的标准。③创新性的采用小波变换方法，分离出温度与荷载作用下的结构响应，提高数据的科学性和可靠性。通过对信号进行小波分解，得到小波分解系数，再通过改变分解得到的各层高频系数进行信号的小波重构达到目的，分离温度与运营荷载作用下的结构应变，并以实际工程为依托分析其挠度、裂缝宽度、应变数据的统计分析规律。该项技术可以实时掌握桥梁安全现状，适时适度进行桥梁维修，可节约桥梁维护费用。课题研究成果对桥梁安全和技术状况评定以及桥梁维修加固设计具有一定指导意义。

（齐怀展）

【塑料套管桩处理滨海新区软土地基研究与应用】 由天津市市政工程设计研究院、河海大学、天津滨海新区投资控股有限公司联合完成，主要完成人为贺海、李文深、张占领、李志伟、许永明等，2016年4月通过天津市建委组织的专家鉴定。该项目取得如下创新成果：①解决塑料套管桩在成桩过程中的工艺缺陷，重点研究施工工艺改进措施，减低断桩率，提高成桩质量，加快施工进度。②针对滨海新区软土特性，首次采用双桩复合地基的试验方法，观测套管桩复合地基的变形及承载特性，研究套管桩复合地基的变形机理。根据试桩计算结果，总结适合滨海新区土质特点的塑料套管桩设计参数，为塑料套管桩在滨海新区的推广应用积累经验。塑料套管桩具有耐腐蚀性强、处理深度较灵活等特点，在天津滨海新区路基工程中具有广泛的应用前景。

（贺　海）

【后张预应力板梁抗弯加固方法应用研究】 由天津市交通科学研究院王飞、边轩等完成，2016年1月通过天津市交通运输委员会验收。该项目为桥梁纵桥向加固和施工提供一种更为科学合理的新理论和新方法，提高了桥梁加固的经济性和合理性，更好地满足交通量的需要，并可对其他形式梁体加固设计和施工的改进提供重要参考。主要成果如下：①给出分层布置钢丝绳的体外预应力加固方式。该方式布置方便、工艺简单，造价低，不中断交通，可有效避免应力集中，结合喷射砂浆封层，防腐的同时外观整洁。②研究以弹性模量衰减程度为损伤指标时，该指标与张拉控制应力间基本呈现线性关系的特点，并建立了二者之间的函数关系式，可供类似加固工程参考。③采用体外预应力钢丝绳加固，提出应以锚固端截面混凝土顶缘是否出现拉应力或是否达到拉应力限值为依据，建立确定最大张拉力数值的函数表达式，工程指导价值明显。④通过理论分析及荷载试验，采用预应力钢丝绳加固对于增加梁体截面刚度、减小跨中挠度及纵筋既有应力、抑制裂缝开展都是十分有效的。加固后，板梁截面承载能力得到了明显提高，增大了其安全系数。⑤证实普通混凝土板梁采取体外预应力加固后，受力状态发生改变，梁体的受力状态、破坏机理与后张法预应力混凝土板梁相似。

（王　飞）

【PTC管桩加固高速公路深厚软土地基的技术研究与仿真分析】 由天津市市政工程设计研究院、天津滨海新区高速公路投资发展有限公司、天津大学苑红凯、王新岐、张德利、闫澍旺、段晓沛等完成，于2016年5月通过天津市交通运输委员会组织的专家鉴定。该课题依托多项实际工程，通过现场试验、数值模拟仿真和室内试验、现场监测等多种手段，对PTC管桩复合地基进行系统研究，完善沉降计算方法，提出相关参数的取值范围和PTC管桩复合地基优化设计方案。①课题从PTC管桩的承载特性和沉降变形两方面入手，系统研究桩的承载特性和变形特性；为论证研究成果的可靠性，采用数值分析、室内试验、现场试验多手段相互验证分析；针对天津滨海地区吹填土地质，着重分析负摩擦力对桩变形的影响。②课题首次根据PTC管桩在不同软土地基中侧摩阻力和端阻力，以及桩土的荷载分担比的试验检测和数值分析，提出用持力层土体的塑性指数将PTC管桩界定为“悬浮式”或“嵌入式”摩擦桩；针对滨海地区欠固结土，首次提出考虑负摩擦力作用的高速公路PTC管桩复合地基设计方法。③解决天津滨海软土地区PTC管桩复合地基沉降计算问题，提出适用于该地区的复合地基沉降计算方法和相关参数取值范围。④对现有PTC管桩复合地基设计方法进行优化，确定适用于天津软土地区高速公路复合地基中的碎石垫层、桩帽尺寸、桩间距等优化尺寸；将研究成果应用于实际工程，通过现场监测数据对研究成果进行修正。采用该课题研究成果进行管桩软土地基处理设计，使方案更为合理，工程成本大幅低少，单平方米工程造价降低约20%以上。⑤该课题在实际依托工程建立多个数据采集点，监测周期长达2年之久，收集数据可靠，并根据数值分析和室内试验需要，进行实际工程选取试验段和室内试验研究。该课题研究成果在西外环高速公路（津汉公路—海景大道）、津港高速公路（西外环—临港工业区）和唐津高速公路（津塘公路—荣乌高速）扩建工程等多条高速公路中得到广泛应用，取得良好的工程效果。（苑红凯）

【横向体外预应力对预应力板梁加固的应用研究】 由天津市交通科学研究院张永宾、刘力搏、王星等完成，于2016年1月通过天津市交通运输委员会验收。该课题依托天津市津保高速铰缝开裂的津同跨线桥，采用桥梁有限元计算模型

城建与交通科技

结合现场试验的方法，对横向体外预应力作用机理及施加原则进行研究。主要研究成果如下：①横向预应力的作用机理根据铰缝的状态可分为两个阶段：在铰缝未开裂阶段，横向预应力可平衡部分外荷载横向弯矩，使铰缝下缘混凝土处于受压状态，延缓铰缝开裂，荷载产生的剪力仍由铰缝本身承担，该阶段也可看做预养护阶段；铰缝已开裂阶段，铰缝抗剪能力很大程度上取决于铰缝混凝土与梁体混凝土间的摩阻力和黏结力，而混凝土间的摩阻力=横向水平分力×摩阻系数，施加体外横向预应力可以增大混凝土间的摩阻力，提高开裂铰缝的抗剪能力。②施加横向预应力后使各梁的挠度及支座反力重新分配，桥梁的整体性得到加强，横向体外预应力对边梁的影响较大，且铰缝位置越高，边梁下挠越明显，支座反力增加越大，以津同跨线桥为背景，5根150kN横向预应力布置工况下，铰缝位置每提高8.3%（提升高度/梁高），津同跨线桥梁高90厘米，即铰缝位置每提高7.5厘米，边梁支反力增加3kN。③横向预应力对桥梁的加固效果从跨中到两端递减，在桥跨1/4范围内较为有效；横向预应力大小及布置的确定原则为：不超过横向张拉材料抗拉强度设计值的75%；横向预应力引起边梁铰缝顶部拉应力小于0.5ft（ft为铰缝混凝土的抗拉强度设计值）；设计活载下保证跨中铰缝底部受压；确保边梁锚固区域不破坏。④桥梁整体性的加强与横向体外预应力的大小及数量均存在正相关关系，以最大受力梁体的挠度为标准，施加横向体外预应力后最大受力梁体的挠度降低幅度为9.5%～10.2%，以横向分布系数为标准，最大受力梁体的横向分布降低幅度为5.5%～8.5%。横向预应力对梁体纵向挠度有较大影响，且随着距横向预应力施加位置距离的增加，影响效应呈递减趋势。

（张永宾）

【LED路灯在道路照明设计中的应用分析研究】 由天津市交通科学研究院、天津市海顺交通工程有限公司王丽荣、吴晓倩、王旭等完成，于2016年3月通过天津市交通运输委员会组织的专家验收。该课题对LED路灯和高压钠灯路灯的技术参数、应用条件和节能效果进行对比研究。首先按功率由小到大的次序，对市场上的LED路灯产品进行调研，选取技术相对较成熟的、质量较好的LED路灯作为比对目标。其次对在用选定LED产品的城市道路进行考察，对其路面照度、均匀度等设计参数进行现场测试；并在实验室对LED路灯的技术参数（主要是光通量）进行验证。在实验室使用DIALux软件对考察的道路，用高压钠灯进行照度模拟，与LED路灯的技术参数进行分析比较，得到2种电光源功率、光通量、照度等设计指标的比对。DIALux可以统和各种照明灯具，做精准的照明计算，具有虚拟实境的功能，使整个空间设计案都能以3D立体图的方式在电脑中完美地呈现，所有的照明数据也都以图表化的方式清楚地列出。对LED路灯和高压钠灯的技术参数和经济性做分析比较，得出其各自的适用条件和节能效果。从环境方面考虑，LED灯具发光效率高，不含汞、钠有害元素，不会对环境造成污染，是更符合绿色照明的产品，具有良好的社会效应。但其投资成本和运行成本总和高于高压钠灯。LED光源在道路照明应用中由于大功率光强衰减比较快，不适合在主干路等路段应用，只适宜在城市支路的低杆照明使用，如小区内部道路使用LED路灯可以大大缩小维护量，且由于其显色性高，能为小区营造出更舒适的视觉环境。

（王丽荣）

【上承式空间曲面连拱桥施工工艺研究】 由天津城建集团有限公司的吴立波、刘福宏、苏涛等完成，2016年10月通过天津市建委鉴定。课题依托北京通州区北关大道跨北运河桥工程。该工程为上承式空间曲面连拱桥，桥梁寓意为“千荷泻露”，主桥采用五跨梁拱组合方案，其钢拱肋双向倾斜并且空间扭转，上承式钢箱拱附带三层步道类似荷花的造型，桥梁全长394.16米。课题针对桥梁特点，对双向倾斜拱脚施工、双曲面钢拱肋加工、主桥钢结构安装、外侧人行步道预制及安装、空间拱肋和人行步道定位、STC组合桥面施工工艺、超大异型空心墩柱施工等多项技术进行深入的研究，解决上承式空间曲面连拱桥在施工中的关键技术难题，运用有限元理论建立三维数值模型对施工过程中各工况、各部位进行了数值模拟，并进行精确的空间定位，科学地指导施工过程，实现空间曲面连拱桥施工工艺的新突破。研究成果对上承式钢结构城市景观桥梁工程建设具有指导意义。通过深入研究上承式空间曲面连拱桥施工工艺，保障了工程质量和工期，并保证了河道安全度汛，达到技术上先进、工期上节省、工艺上合理、数据上准确、成本上节约，共计节约成本约450万元。（刘　岩）

建筑工程

【考虑桩土效应的结构抗震分析相关方法及工程应用】　由天津大学、天津市市政工程设计研究院联合完成，主要完成人为姜忻良、姜南、高海、王菲等，获2016年度天津市科技进步三等奖。在国家自然科学基金项目支持下，经过产学研攻关与工程实践，创建了混合动态子结构的模态综合系列方法，形成一整套考虑桩土—结构相互作用抗震设计与分析的新方法与关键技术。主要创新成果如下：①提出线性—非线性混合的约束模态综合法。开发扩充传统动态子结构方法的计算领域，解决求解结构存在局部塑性区域的系统动力问题，实现求解土—结构相互作用的非线性动力问题新方法，推动了相关学科的发展。②提出适用于非线性土—结构相互作用的分枝模态与约束模态的混合法及混合二步分析法。开发能与ANSYS软件结合的程序，解决了将上部结构和地基土“分开”进行计算就能模拟土—结构相互作用影响的途径，实现了该方法能直接应用于土—结构相互作用抗震计算与分析。③提出用场地土卓越周期相似比来设计模型土的方法。数值模拟计算中建立将桩土区域简化为桩土复合体模型，解决以往模型土与场地土相似比不易确定的难题，实现了试验与数值模拟的统一性。该成果在咸阳路污水处理厂升级改造工程、曹妃甸临港商务区、山东省乳山市污水处理厂等20多项工程中得到应用，对国内考虑桩土效应的结构抗震分析有显著推动作用。

（天津大学）

【华北地区办公建筑绿色化改造技术研究与工程示范】　由天津市保护风貌建筑办公室、天津大学、天津市历史风貌建筑整理有限责任公司完成，主要完成人为路红、张顾、刘丛红、傅建华、刘刚等，获2016年度天津市科技进步三等奖。该课题针对华北地区既有办公建筑的室内环境绿色化改造、绿色化改造节能节水、设备系统提升改造等3项关键技术进行研究，旨在解决既有办公建筑绿色化改造中的共性技术问题，将绿色化改造的各项技术应用于示范工程中。天津大学生命科学学院办公楼改造和天津大学建筑学院办公楼改造项目，综合运用了该课题的多种绿色化改造技术。整个设计施工过程，包括改造前测试、改造方案设计与优化、与用户沟通、绿色施工、运行测试等，充分体现可持续的绿色化改造思想。2项示范工程分别得到绿色建筑标识二星和一星认证，获2015年教育部优秀勘察设计二等奖和天津市海河杯建筑节能专项二等奖。课题组还针对既有办公建筑改造的实际需求，即对功能、造价、形象、节能、节水、节材、环境质量等多目标的需求，提出基于多目标协同的既有办公建筑改造技术流程；研发出建筑生命周期碳排放核算模型软件；参编《天津市公共建筑节能设计标准》；发表多篇学术论文；培养多名骨干研究人才及硕士博士研究生。该成果为推动国内既有办公建筑绿色化改造提供了技术支撑，强化了设计专业在建筑绿色化改造中的重要作用，提出的系统化绿色建筑改造流程具有创新性。

（天津市保护风貌建筑办公室）

【南开大学新校区图书馆及综合业务楼东楼、西楼工程设计】　由天津市建筑设计院设计，获2016年度天津市“海河杯”优秀勘察设计奖建筑工程一等奖。工程位于新校区的校前核心区，由图书馆，东、西业务楼3个单体呈品字形排列组成，图书馆建筑面积46500平方米，高度47.4米，为校园制高点。该项目打破形式限制，改变原主楼的原苏联式建筑风格，用中式建筑逻辑诠释原建筑拟表达的精神内涵。建筑以首层书库和大台阶为基座，2至5层阅览空间为主体，体现独一无二的标志性。建筑主要出入口设置于2层，通过1层大台阶和基座连接，台阶下的1层部分主要布置荷载较大的密集书库等。入口大厅是2层的核心空间，东西两侧设有电子阅览以及内部办公等功能区域。3至5层是图书馆主要的阅览空间，采用大空间结构，为空间提供使用弹性。6层及其夹层布置特藏与善本书库，利用7层悬挑形成深远的檐下空间，为6层提供稳定的物理光环境。在3至5层的阅览空间中，计算最为合理的建筑进深尺寸，使人们无论在阅览室的哪个角落都能享受到均匀、舒适的自然光照。同时，引入共享空间屋顶采光窗，巧妙将直射光变成了漫射光，避免眩光出现。根据太阳入射角，7层的论文阅览大厅设计了斜坡屋顶，将阳光更高效导入室内，充分利用有限空间，创造丰富的室内外交流场所。

（天津市建筑设计院）

【天津人民广播电台工程设计】 由天津市建筑设计院设计，获2016年度天津市“海河杯”优秀勘察设计奖建筑工程一等奖。工程位于和平区卫津路，共64720.9平方米。整个院区的规划设计，以129米高的天宇酒店为整个地块中心，新建50米和100米2栋点式高层位于其东西轴线的南北两侧，形成主次分明的构图关系，3栋高层沿卫津路一侧保持相同尺度，造型相呼应，强化群体感。3栋高层建筑的裙房形成面对卫津路打开的“U”形空间，在城市干道旁打造出一处绿色空间。面对工艺要求极高的专业型建筑，该设计仅把工艺设计作为整个建筑整体设计的一个组成部分，在充分考虑先进的广播多媒体生产流程、满足使用需求的前提下，遵循广播事业发展规律，进行科学合理的分区，使各分区的组织清晰明确、流程通畅。由工艺设计院保证设备设施的先进齐备，实现体量与需求相适宜。人性化设计是天津数字广播大厦设计中的一大亮点，对节目制播人员和运行设备所处环境温度不同进行充分考虑，将对环境温度有特殊要求的设备独立置于设备间，避免广电建筑中人机共处一室导致的恶劣工作条件。设计采用共享中庭和特殊玻璃隔断的做法，形成宽敞、明亮、通透、互动的空间形态，在7~9层打造出完全不同于既往的直播区。

（天津市建筑设计院）

【天津建科建筑节能环境检测有限公司绿色建材测评中心】 天津建科绿色建材测评中心于2016年2月获得天津市建委批准，2016年4月通过住建部绿色建材评价标识管理办公室备案，成为天津市首批绿色建筑材料测评机构之一，专门从事绿色建筑材料的测评、咨询及研究工作。2016年，该中心绿色建材测评工作逐步开展，完成4个厂家3个大类共计5个产品的绿色建材测评工作，测评范围覆盖混凝土、门窗、保温材料，有2个厂家的3个产品获得绿色建材评价标识证书。在开展标识评价的同时，中心积极开展绿色建材咨询和宣传推广工作，全年共接待天津北疆环保建材有限公司、中节能国环新型材料有限公司等10余家绿色建材测评咨询，制作宣传资料推广绿色建材评价标识，加大在公司移动客户端宣传。依据相关文件和准则要求，中心加强自身能力建设，逐步完善绿色建材评价标识测评体系。加强评价人员培训，结合实际测评工作需求，提升测评人员评价水平；逐步建立机构内部标识评价制度，建立健全测评体系，提升测评工作质量。通过不断加强自身建设，在测评工作中不断积累经验，测评水平逐步提高，为天津市绿色建材评价标识的推广起到了很好的促进作用。

（马　彪　郭　磊）

【银川市市民大厅及规划展示馆工程设计】 由天津市建筑设计院设计，获2016年度天津市“海河杯”优秀勘察设计奖建筑工程一等奖。该工程是区域性地标建筑，建筑与周边环境水系紧密结合，延续和发展了银川的地域文化特点，体现“现代”“新颖”“人文”特征。主要功能包括12个审批厅、市民大讲堂、银行、信息发布厅、多功能厅、规划展示馆、应急指挥中心、档案库、员工食堂、地下室4万平方米的停车场等。市民大厅建设规模64000平方米，规划展示馆建设规模24016平方米。左侧为4层，中间设夹层，右侧为3层，中间以景观连廊连接，将市民审批、规划展示、应急指挥等多种功能集合在一组建筑内，即满足各功能需要又要最大限度减小互相干扰。建筑风格庄重而富变化，雄健而又不失雅致，外观的流线造型，即解决了与平行四边形地界的冲突又使建筑体型舒展饱满，从各个角度欣赏均可达到完美的视觉体验。对设备机组进行美化和修饰，使建筑第五立面也同样赏心悦目。景观方案采用现代感强的空间处理手法，适当地融入地域特色元素，力求达到文化传统与时代精神相统一，为市民提供更好的休憩、交流、娱乐空间。设计通过协调公共空间，充分利用银川特有的湿地文化及用地周边的水系等景观资源，体现生态节能的社会理念，营造优美协调的外部景观环境，创造开阔的室外广场和展示空间。

（天津市建筑设计院）

【锦程嘉苑住宅小区工程设计】 由天津市建筑设计院设计，获2016年度天津市“海河杯”优秀勘察设计奖建筑工程一等奖。该工程坐落于天津市西青区津涞公路以南，城市配套完善，建筑面积4.87万平方米。项目强化规划意识和管理意识以及规划结构序列，以组团街坊小区构成住宅小区，强化各住宅组群的归属性、识别性，创造一个安全舒适、生活方便、社会凝聚性强的空间，使居民便于生活和交往，满足人们生理、心理上的基本要求，实现现代化与艺术化相统一的花园住宅小区。小区内道路布置为环形与鱼骨式相结合，通过一侧下沉，形成台地，道路平坡结合，形成便利的入户条件及良好的空间景观。住户车辆直接进入各家地下车库，最大限度减少组团地面车流量，且在出入口车流集中或道路交汇处适当放大成为小型广场以形成交通节点。社区中的步行道灵活便捷，连接各个组团和中心景观绿地。围绕会所与开放水体形成社区的核心景观意向，通过水脉贯穿整个中心社区，与社区绿化开放空间共同构成别具特色的生态网络体系。结合高差形成丰富的地景，在外观设计造型元素中渗透了英伦风格。立面有突出的壁柱做为装饰，入口处均有拱廊加以突出，栏杆有宝瓶和铁艺2种，窗间墙部分装饰竖向条格。通过坡顶、红墙、露台、铁艺、石材等具有异国小镇及田园情调展现生活场景，配合小径、院落、花池景观设计营造一种温馨宜人的生活氛围。

（天津市建筑设计院）

【建筑工程废弃物综合利用技术在绿色施工中的应用】 由天津市建筑科学研究院有限公司、天津市伍得装饰用品有限公司承担，王毅、任小伟、纪慧宇、陈旭等完成，2016年3月通过天津市城乡建设委员会鉴定，获2016年度“巨石杯”全国建材行业技术开发类二等奖、2016年天津市建材行业协会技术革新奖二等奖。该课题以建筑工程钻孔灌注桩泥浆分离技术为基础，采用发泡水泥技术，将分离砂土作为原材料研究开发植生基材，制备的植生基材具有轻质、吸水、保水、低碱等特性，能够满足植物的生长，具有废物利用与景观绿植统一的效果。研究中利用植生基材构筑多种生态绿植景观墙，基材性能稳定、植物生长效果良好，在天津市及其他省市多处得到应用。可以作为海绵城市建设的新型轻质绿植建材，进一步推广应用。根据对泥浆分离机理和技术的进一步研究，开发出的绿色环保型扬尘抑制剂，使用简便快捷，能够有效抑制扬尘，在多处施工现场应用，工程使用价值较高。

（张鸿毓　刘冬冬）

【绿色反应黏高分子水中黏接剂的研究与应用】 由天津市建筑科学研究院有限公司、天津宁平化学有限公司承担，纪慧宇、王毅、姚宏亮、张超洞等完成，2016年4月通过天津市城乡建设委员会鉴定，获2016年度“巨石杯”全国建材行业技术开发类三等奖、2016年天津市建材行业协会技术革新奖二等奖。该课题针对地下工程及基础设施建设中经常发生的渗漏水现象，研究一种既能在干燥及潮湿环境下使用，又能在水中使用的堵漏、加固、补强黏结材料。该技术采用环氧高分子树脂做黏结剂的主要成分，克服树脂水溶性差、遇水不固化的缺点，研制出复合型活性溶剂和酮亚胺化固化剂，既降低黏度，又能与水有较好亲和力，使改性环氧树脂黏结剂能在水和潮湿基面中固结，具有高强度、高黏结性、高扩散性，凝结时间短等优点。该胶黏剂既可黏结又可灌浆，可以解决细小裂缝黏结要求。对该材料进行挥发性有机物（VOC）、苯、甲苯+二甲苯、游离甲醛的检测，试验结果符合国家标准。研究成果在天津市及其他省市多处工程及施工现场试用，应用效果良好，具有推广价值和应用前景。

（张鸿毓　刘冬冬）

【建筑遗产测绘关键技术研究与示范】 由天津大

学完成，主要完成人为王其亨、王蔚、吴葱等，获2016年度高等学校科学研究优秀成果奖科技进步二等奖。在国家自然科学基金等项目支持下，率先将传统测绘提升到数字化测绘新高度。取得如下创新成果：①创建测绘采集与成果表达技术综合应用体系。实现多源数据采集技术集成创新，形成新旧技术融合应用的基本思想，优化并提出采集工作流程，使效率和数据覆盖率提高数百到上千倍，实现数据完整覆盖；建立精度评价和质量控制体系，改变传统手工测绘技术粗放、质量难以评价的面貌。构建多元化成果表达体系：实现全面数字化制图，逐步形成全序列测绘成果表达形式。提出表意与表象模型概念，解决不同保护环节多样化需求，厘清长期争议的成果评价分类定性问题。②构建建筑遗产测绘规范化体系。提出并厘清建筑遗产测绘广度和精度概念，建立分级标准，确立测绘各环节的规范化流程和标准化技术指标，提出保护工程跟踪记录规范化方法。编制三维激光扫描、摄影测量等技术操作指南，出版东亚首部《古建筑测绘》教材，创编野外测绘标准化记录手册，编制《文物建筑测绘技术规程》(行业标准待颁行)，改变了建筑遗产测绘无规范化体系的落后面貌。③构建"高校—遗产地—保护机构"为平台，教学、研究和社会实践相结合的推广与示范模式。该研究成果适用性强，在国内外近100处建筑遗产得到应用，有效提升建筑遗产测绘专业性、科学性、严谨性。

（天津大学）

【绿色档案馆评价标准及运营管理研究】 天津市档案局组织推荐的市档案科研项目，由中新天津生态城图书档案馆及天津生态城绿色建筑研究院有限公司共同承担，主要完成人有齐丽娜、戚建强等，2016年9月获国家档案局优秀科技成果三等奖。围绕图书馆、档案馆类建筑的自身特点及未来发展趋势，制定一套适用于绿色图书馆、档案馆的评价标准及运营导则:《绿色图书档案馆评价标准》和《绿色图书档案馆运营管理导则》，填补了国内适用于图书馆、档案馆的绿色建筑标准和运营管理方面科研成果的空白。中新天津生态城图书档案馆项目，总用地面积34923.6平方米，按照三星级绿色图书档案馆设计，从整体环境规划和单体建筑设计两个方面体现环保和节能的特点。采用高效围护结构，降低项目冷热需求，同时采用地源热泵作为项目冬季热源，减少一次能源消耗。项目采用屋顶绿化、垂直绿化等技术，场地绿化率达33.6%。项目合理规划水资源利用，采用节水器具，尽量减少总体用水量的需求，室外绿化灌溉及道路浇洒充分利用非传统水源，利用率达39%，采用太阳能热水系统供应日常热水需求，太阳能保证率达80%。项目采用灵活隔断、土建装修一体化设计、使用高强度材料等技术，可节约建筑材料资源。为实现最优设计，项目采用能耗模拟、风环境模拟、采光模拟、场地噪声模拟等技术，最大限度地优化室内通风效果、室内采光效果，通过被动技术降低建筑能耗，充分利用自然资源，减少能源浪费。该成果形成了一套可实行、可复制、可推广的绿色图书馆、档案馆建设与发展的模式。

（窦　静）

【天津市装饰装修住宅室内污染检测调查及改善研究】 该课题为河南省建筑科学研究院有限公司承担的2013年住房城乡建设部科学技术项目之天津课题组项目，由天津市建筑材料科学研究院、天津市建筑材料产品质量监督检测中心共同完成，2016年3月结题，主要完成人有李赵相、王冬梅、王喜元、刘凤东等。课题在有一系列质量保证措施的条件下，首先通过对天津市新建、新装修的民用住宅建筑装饰装修工程中室内环境污染物样本进行调查取样和检测，研究分析天津市住宅中环境污染物的污染特性和住宅各功能房间中污染物的污染特性；其次通过选择家居装饰装修材料（包括人造板、实木板、壁纸、布艺等）、门窗封闭时间、人员主观感觉、气象条件、自然通风治理、活动式家具、室内换气次数等影响因素，研究其对室内环境污染的影响，确定影响室内环境污染物的主次影响因素，并作出对其各影响因素适宜的控制选择方式；通过采用简便取样检测仪器进行比对测试及应用其进行室内环境污染物的连续监测分析，进一步研究封闭时间、室内换气次数等对污染物的释放、排除、积累等的影响机理及特性。课题实施后所提出的改善国内室内环境污染的对策措施及建议可作为政府管理部门编制中国经济和社会发展计划的依据之一；所提出的影响室内环境污染的因素条件、控制室内污染的装饰装修设计技术参数、材料选用限制及通风换气方法等可为国内室内环境污染控制相关标准制订、修订及标准体系的完善提出建议。课题成果用于《民用建筑工程室内环境污染控制标准（2013版）》GB 50325-2010的修订、中国工程建设协会标准《民用建筑绿色装修设计材料选用规程》及《环境空气中苯及TVOC检测方法标准》的制定工作。（李赵相　李桂燕）

【地下空间开发中资源节约建筑技术的研究与示范】 由天津市建筑科学研究院有限公司、天津市建筑设计院和天津二建建筑工程有限公司承担，杜冰、郑秀娟、张大煦、冉隆林、俞欣等完成，2016年6月通过天津市高新技术成果转化中心鉴定。该技术主要应用于地下行车道、人行道、车库、商用房以及地下人防等功能性地下结构物的开发和利用。课题对钻孔灌注桩、地下连续墙的抗浮、抗折和受拉构件的抗裂等预应力锚固技术进行了研究。创新点如下：①采用高强预应力钢绞线全部或部分替代地下结构中的普通钢筋并施加预拉应力技术，创新之处在于采用盲端自锚锁具的后张工法。②导孔底端联通，通过后注浆工法，有效实现地下现浇混凝土预应力钢绞线张拉后的有黏结技术。③形成完整的地下后张预应力有黏结技术的设计、工艺、施工技术体系。采用预应力技术的地下结构，提高了地下结构的耐久性，提高了结构的抗水平力及抗裂性能。同时，在抗拔灌注桩的实际应用中，可达到桩身节约钢材用量69.6%、单桩综合造价节约39%的实际效果。该技术可使地连墙与抗浮桩等抗折和受拉构件的裂缝等级由三级提高到无裂缝，既节约资源又提高建筑寿命。该课题对《缓黏结预应力混凝土结构施工技术规程》DB/T29-190进行修编。（张鸿毓　刘冬冬）

【深基坑远程实时监测及监督管理系统的研究与应用】 由天津市建筑科学研究院有限公司、天津城建大学和天津市万泽电子系统控制有限公司承担，王毅、王国伟、鲍磊、曲卫晶、刘秋萍等完成，2016年11月通过天津市城乡建设委员会鉴定。课题利用系统控制理论和技术方法，将多种单项技术集合在一个体系下，建立一个区域上的基坑远程实时动态监测数据采集、传输、处理、存储、发布、监督和管理一体化的智能系统。整个系统由各类监测传感器、控制器、监测服务器、管理服务器、工作站、无线移动远程终端和通信网络组成，设备可根据实际情况安置在基坑监测点上，由通信网络连接起来，各类数据都汇集到监控服务器上进行存储、处理和发布，现场用户通过无线网络实时使用监测数据和分析结果。各个基坑的原始监测数据通过网络实时地发送到数据中心，并存储到数据库中，实现自动化归档。中心的各类软件对数据进行处理，并且将结果通过网络发布，用户可以通过授权随时根据具体需要获得各类历史和实时统计分析报图表，实现对建筑基坑的实时监测和管理。该系统实现“安全监测→快速反馈→施工控制→在线管理”的有效循环，克服了人工监测耗时长、效率低、受现场条件影响大、监测数据可靠度低等弊端，具有一定推广价值。（张鸿毓　刘冬冬）

【建筑幕墙现场局部气密性能检测技术与探测装置】 由天津市建筑科学研究院有限公司承担，栗涛、潘锦超、张帆等完成，2016年11月通过天津市城乡建设委员会鉴定。该课题从设备、方法、适应性等方面对即有建筑现场气密性能检测进行技术研究，开发出全新的移动式气密检测设备，达到轻便化、精度高的现场检测要求。项目引用烟雾发生器与红外成像机作为气密探测设备，对建筑整体气密性能检测和探测的研究，可以有效地对建筑整体进行气密性能检测，对其节能保温性能进行评估，并且通过对建筑整体气密薄弱环节探测，可以直观地定位引起空气渗透的位置，促进建筑整体尤其是已有建筑的节能保温性能。（张鸿毓　刘冬冬）

【建筑产业集团模式促进产业化技术新发展】 2016年，天津住宅集团以绿色供应链管理理念为指导，开始建筑产业集团发展模式探索。该课题通过社会化资源整合、绿色供应链管理模式创新，引入卓越绩效评价，打造以科技为先导、以开发为龙头、以新型建筑工业化发展为特色，率先推动I-EPC模式的大型建筑产业集团，以实现产业链的有效衔接，为消费者提供完整、配套、合理、绿色、节能的工业化建筑的整体解决方案。并以此为契机，参与国家住建部科研课题“住宅产业现代化全产业链整合相关政策研究”，重点推动建筑产业集团的建设。2016年1月，住建部在向国务院提交的装配式建筑系列问题专题研究报告中，建议发展以天津住宅集团为代表的建筑产业现代化大型产业集团模式。该研究成果被录入住房和城乡建设部住宅产业化促进中心编著的专业论著《装配式建筑系列专题：大力推广装配式建筑必读》，该书于2016年5月出版发行。2016年10月，天津被住建部批准确立为国家装配式建筑产业基地。为进一步扩大示范工程建设，2016年，全面启动双青新家园1号地、4号地、5号地、市纪委配建附属用房示范工程建设，总建筑面积达60余万平方米。同时将双青新家园20号地、1号地打造成天津市装配式建筑观摩示范项目。双青20号地凭借先进的装配技术入选国家住建部编撰的《全国装配式经典案例集》，1号地项目首次使用EPS模块现浇混凝土保温一体化技术，进一步完善了施工工艺。2016年11月4日，双青新家园20号地荣悦园8号楼完成主体封顶，预制装配率达65.7%，标志着天津市装配式建筑技术的发展跻身国内领先水平，确立了住宅集团在全国建筑产业化发展的领军地位。

（李迎迎　李　娟）

【基于历史街区保护与更新的风光热环境优化研究】　由天津住宅科学研究院有限公司、天津市历史风貌建筑整理有限责任公司承担，2016年12月完成，主要完成人为汪磊磊、范萌等。天津市历史街区低矮建筑多、建筑进深大、建筑间距小等特点会影响到新建建筑室内外布局，进而对建筑风、光、热等物理环境设计形成约束。该研究以先农商旅区二期新建工程为例，对历史街区的风光热环境进行分析研究，总结历史街区更新工作在绿色被动式设计中的具体特点和解决方案，在保留历史街区建筑风格的基础上，尽量通过被动式设计方法实现良好的通风和采光。先农二期项目包括燕安里、燕翼里和河北路3号3栋建筑，为新建建筑，整体风格与周边历史街区建筑保持协调。通过模拟结果主要选择冬季日照强烈区域作为室外活动主要空间，同时对夏季日照强烈区域种植落叶乔木，形成夏季遮阴，扩大室外活动场地自然环境舒适范围。根据场地内全年太阳能辐射分布，结合植物生长习性，种植喜阳或耐荫植物树种，发挥绿化种植最大的生态价值。通过日照采光模拟分析，明确建筑西向采用固定水平外遮阳形式更为适宜，在相同窗面积下，采用较小高宽比的外窗，有利于取得最大的采光系数和舒适度。利用CFD软件对历史风貌街区室外风环境进行分析得出，增加场地西南向和南向的通风开口廊道，能够改善区域内的自然通风。房间自然通风模拟表明，外窗设计时应注意通风对流，通过增加外窗开启面积，房间自然通风效果明显改善。外窗设计时应综合考虑房间门的位置来设置外窗开启部位，使之达到通风覆盖面广、阻力小、通风流畅的效果。通过对建筑屋顶太阳能集热设备对地面行人的视线影响进行分析，先农二期建筑屋顶上可以30°角度布置太阳能集热设备，能够起到兼顾历史街区建筑风格与可再生能源经济利用的目的。在被动式设计优化的基础上，进一步实施绿色建筑整体技术方案，项目获得绿色建筑一星级设计标识，表明历史街区新建建筑能够在外界约束条件下，通过低成本的被动式技术实现绿色建筑目标。

（汪磊磊　范　萌）

【天津市棚户区改造定向安置房和苑西区一期工程】　和苑西区（一期）工程项目是天津市首个棚户区改造安置房项目，由天津住宅建设发展有限公司华诚开发部于2016年6月完成。该项目主要是解决红桥区西于庄棚户区改造特殊群体的住房安置问题，也是加快西站副中心项目开发建设的国家重点工程。项目坐落于天津市西青区外环线内，总规划用地面积50.7万平方米，总建筑面积82万平方米，其中住宅58万平方米，配套公建7.9万平方米，停车楼13.5万平方米，地下建筑面积2.6万平方米。项目建成后可为中低收入群众提供近9000套住宅，满足近3万人居住。其中一室户（47平方米～58平方米）2445套，占29%；二室户（62平方米～85平方米）5185套，占61%；三室户（98平方米）850套，占10%。绿化率达到40%。在建设过程中采用样板引路的方法，使工程质量得到有效控制。为切实将该项目建成低碳绿色示范项目，大量采用低碳、绿色、环保、节能的新型材料，特别是楼体外墙使用了由天津住宅集团自主研发的新型墙体材料——砂加气块。该材料作为墙体填充物具有以下特点：①一次砌筑完成即可达到三部节能标准，省去原始外墙外保温的二次施工，并可以达到提高节能65%的效果。②由于砂加气块质量较轻，降低了整体楼座的重量，在设计上可以减少钢筋的使用，从而降低了工程造价。③砂加气块具有较好的隔音、阻燃、防潮功能；④砂加气块施工为干作业，可以大大缩短施工周期。（王　鹏）

【荣悦园8号楼全装配式建筑施工工艺优化研究】 由天津住宅集团建设工程总承包有限公司于2016年12月完成，主要完成人为冯云、刁晓翔、徐明等。双青新家园20号地（荣悦园）项目是天津住宅集团运用预制装配式工艺建造的保障性住房项目，其中8号楼为全装配式，标准层平均装配率为75.4%，预制部位包括外墙、内墙、楼板、梁、楼梯、空调板等，涵盖所有预制构件种类。针对8号楼的全装配结构，主要从预制墙板吊装顺序、叠合板内水电管线安装、预制墙板拼缝处保温材料填充等几方面进行了施工工艺优化。①预制墙板吊装顺序的优化。8号楼工程建筑面积大，墙板数量多，造型复杂，阴阳角众多。施工中对吊装顺序进行了改进，以8号楼长向的两个阳角处为分割点，将每层分成两个施工段，每个施工段内对称吊装，将误差分散在各个施工段内，避免造成累计误差过大，墙板接缝过大或者过小的情况。②叠合板内水电管线安装的优化。在8号楼前4层的叠合板施工中，预制板吊装完成后，在其上现浇层中敷设水电管线，对于线管集中部位，会出现线管安装后标高过高，导致叠合板现浇层厚度加厚的情况，同时过于密集的水电管线布置，会使局部混凝土过少，影响结构安全。为了解决该问题，自5层开始为叠合板设置现浇带，将较为密集的水电管线设置于现浇带内，既保证了结构安全，也确保了叠合板厚度符合设计要求。③预制墙板拼缝处保温材料填充优化。在装配式剪力墙结构的施工中，墙板拼缝部位的保温层后填充材料应为A级不燃的保温材料。在多次尝试后，确定将要安装的岩棉后填塞材料，根据安装尺寸切割成条形，并用素水泥浆涂刷，待水泥浆固化后，使岩棉条成为了硬质材料，具有一定的硬度便于后塞填施工。同时，素水泥浆也将岩棉层与外界隔离，避免了在节点钢筋焊接时，焊渣对保温层的影响。在墙板交接阳角处，将后填塞岩棉条设置为垂直放置的两条，并调整压口方向，使岩棉板的接口与墙板外页板的接口不能贯通，提高接缝处的防渗漏性能。（扈　超）

【双青新家园20号地项目技术创新】 由天津华富置业有限公司吕鹤鸣、刘桂武、王麒钧等于2016年12月完成。该项目是在双青新家园20号地开发建设的天津首个装配式试点住宅小区。其使用的预制构件包括：桁架钢筋混凝土楼板、梁、钢筋混凝土内墙板、钢筋混凝土夹心保温外墙板、楼梯、空调板。水平构件数达18360块，竖向构件数达936块。该工程技术创新点为：①使用预制保温外墙板，外保温和主体施工同时完成，在墙体安装过程中，制作定位钢筋，保证墙体安装准确。项目自主研发座浆料，利用分仓座浆法进行墙体稳固施工，座浆料具有速凝、高强的特点，结合钢性垫片，保证了墙体安装后的稳定性。依靠4根斜撑调节长度进行墙体垂直度与位移调整。在座浆料强度达到标准后，由住宅研究院专业注浆人员进行墙体注浆施工，确保墙体注浆孔内注浆料饱满，同时预留试件进行钢筋拉拔实验检。②使用叠合楼板，叠合楼板是由预制板和现浇钢筋混凝土层叠合而成的装配整体式楼板，预制板既是楼板结构的组成部分之一，又是现浇钢筋混凝土叠合层的永久性模板，在现浇叠合层内敷设水平设备管线。叠合楼板整体性好，刚度大，可节省模板，而且板的上下表面平整，便于饰面层装修，适用于对整体刚度要求较高的高层建筑和大开间建筑。该构件易于实现建筑生产工业化、设计标准化、安装机械化。该工程应用了高精度自动测量控制技术，放线测量全部使用高精度测量仪器，增加了测量的精度和速度。以建筑工程项目的各项相关信息数据作为模型的基础，进行建筑模型的建立，通过数字信息仿真模拟建筑物所具有的真实信息。覆盖建筑设计、施工全过程的BIM应用指南，具有极强的可操作性和可复制性，有利于促进建筑设计施工一体化发展模式。

（王麒钧）

【基于建筑产业化发展战略的节能减排绿色管理】 由天津住宅集团于2016年12月完成。该集团不断发展节能减排新技术，实现绿色开发与设计、工厂化清洁生产、装配化绿色施工、绿色运营与管理，依靠技术创新，促进节能减排。开展装配式建筑及绿色建筑示范项目建设，进行装配式建筑技术研究，按照建筑产业化方式建造。探索被动房、余能房等超低能耗、零能耗等绿色建筑的建设，建成天津市首个被动节能建筑示范工程天津市新材料推广中心办公楼，实现建筑节能80%。2016年，集团创新性提出并形成住宅集团独具特色的标准，使之贯穿于全产业链，从全产业链各个环节节点出发，建立从设计、生产、施工到运维的具体指标体系，使节能减排工作贯穿于企业活动的各个领域及各个环节，实现一体化的绿色管理模式。针对每个产业链节点制定系列绿色管理制度，涵盖从规划设计到现场施工、从原料采购到工厂生产、从运营维护到拆除回收的全产业链环节，使节能减排、绿色管理工作有章可循、有据可依。凭借科学的管理体系及先进的专业技术，“基于建筑产业化发展战略的节能减排绿色管理”创新成果获天津市第二十三届企业管理现代化创新成果二等奖。（李 娟）

【《装配整体式混凝土结构工程施工与质量验收规程》】 由天津市建设工程质量安全监督管理总队、天津住宅建设发展集团有限公司主编，天津住宅科学研究院有限公司、天津住宅集团建设工程总承包有限公司、天津工业化建筑有限公司、天津市房屋鉴定建筑设计院、天津市建工集团（控股）有限公司、中国建筑第六工程局有限公司、江苏中南建筑产业集团有限责任公司参编完成，主要参编人员有郝恩海、康庄、张文龄、王平、张书航、李军华、冯云、王忠河、廖超英等。该《规程》于2016年8月17日通过天津市建委评审，批准为天津市地方工程建设标准，是天津市通过的首个装配式建筑地方标准。编制组进行了广泛的调查研究，并充分考虑装配整体式混凝土结构发展的现状与特点，总结了全市和国内外装配整体式工程实践经验，参考了国内外先进的技术标准，并结合天津市地域特色，经反复征求意见编制成该《规程》。《规程》规范了装配整体式混凝土结构工程的施工工艺；提出了施工首段和分段验收要求；细化了钢筋套筒灌浆及浆锚搭接连接的施工验收流程及相关标准；制订了具有针对性、可行性的质量验收记录表，可操作性强。该《规程》的编制，为天津市装配整体式混凝土结构工程的施工和验收提供了依据，具有针对性、实用性和可操作性，有利于完善施工工艺和提高工程质量。（李 娟）

【《天津市装配式剪力墙结构设计标准》】 由天津大学建筑设计研究院、天津市房屋鉴定建筑设计院主编，天津住宅集团、天津大学建筑工程学院、天津市建筑设计院、天津市港航工程有限公司、天津市建工集团（控股）有限公司等公司参编完成，主要参编人员为张锡治、汤芃、丁永君、丁文智、于敬海、王小莉、王大伟、王亚雯等。该《标准》于2016年8月24日通过天津市建委评审，批准为天津市地方工程建设标准。其主要技术内容为：总则、术语和符号、基本规定、材料、建筑设计、结构设计基本规定、连接与预制构件设计、高层装配整体式混凝土剪力墙结构设计、多层装配整体式混凝土剪力墙结构设计等。其内容完整，章节合理，层次清楚，条文明确。该《标准》的发布实施对规范天津市装配式结构的设计、对构件生产加工、施工安装起到指导作用。（李 娟）

【《装配式建筑预制混凝土构件质量与检验标准》】 由天津工业化建筑有限公司主编，天津住宅集团建设工程总承包有限公司、天津住宅科学研究院有限公司、天津房屋鉴定建筑设计院共同编制完成，主要参编人员有康庄、张文龄、王忠河、张书航、冯云、汤芃等。该《标准》于2016年11月16日通过市建委评审，批准为天津市地方工程建设《标准》。该《标准》分6章，主要内容是：总则、术语、基本规定、材料、预制构件制作、预制构件质量检验，规范了天津市装配式建筑预制混凝土构件的制作管理及质量检验。编制组进行了广泛的调查研究，并充分考虑了近年来装配式建筑发展的现状与特点，装配式建筑预制混凝土构件的生产及应用情况，结合天津市地域特色，经反复征求意见编制成该《标准》。它的编制，为天津市装配式建筑预制混凝土构件的生产和检验提供了依据，具有针对性、实用性和可操作性，有利于完善生产工艺和提高构件质量。

（李 娟 李迎迎）

【《天津市民用建筑空调系统节能运行技术规程》DB/T 29-239-2016】 2016年，为规范空调系统的节能运行管理，天津市建筑设计院、天津城建大学会同有关单位编制完成《天津市民用建筑空调系统节能运行技术规程》。该《规程》明确了空调系统节能的基本原则、主要技术手段和评价标准，为天津市空调系统节能的管理，提供了技术指导。《规程》的主要技术内容包括：总则、术语、基本规定、冷热源装置、空调末端、空调水系统、空调风系统、运行管理要求。

（天津市建筑设计院）

【《天津市绿色建筑设备评价技术导则》】 2016年，天津市建筑设计院会同有关单位编制完成《天津市绿色建筑设备评价技术导则》。该导则的评价标准为国内首个针对建筑设备的绿色建筑设备评价标准，主要考察设备在其全生命期内对能源资源的消耗、对环境的影响和使用的安全与便利，将绿色建筑设备划分为一星级、二星级、三星级。技术导则的主要内容包括总则、术语、基本规定、制造、包装、贮存、运输与安装及使用性能、循环利用。 （天津市建筑设计院）

【《天津市钢结构住宅设计规程》DB/T29-57-2016】 2016年，天津市建筑设计院会同有关单位共同编制完成《天津市钢结构住宅设计规程》。该《规程》修订的主要技术内容是：①根据《民用建筑绿色设计规范》补充和修改外围护墙有关物理力学等指标、补充说明典型的墙板构造，补充建筑热工与节能设计、采光、通风和照明设计及声学设计。②补充高强结构用钢板及焊接性能要求。③补充混合结构框架体系和钢板混凝土剪力墙体系。④修改和补充结构平面和立面规则性有关规定。⑤调整结构抗震计算的阻尼比系数。⑥补充各类钢结构的节点设计。⑦修改矩形钢管混凝土柱的设计公式。⑧补充一字形、L形、T形和十字形组合柱的设计。⑨补充屈曲约束支撑的设计。 （天津市建筑设计院）

【《公共建筑节能设计施工图编制深度图样》津16J18】 2016年，天津市建筑设计院编制完成《公共建筑节能设计施工图编制深度图样》。该图集是07版图集基础上，总结节能施工图设计和审查经验，依据天津市公共建筑节能设计标准和相关规范编制而成。图集以某单体工程为例，采取图文形式表达了天津市公共建筑节能工程设计有关的各专业设计做法、表达深度、节能计算等内容。该图集用于建设相关部门、管理机构和有关技术人员在工程建设中参照使用。图集中有关公共建筑技术规定和指标，可以满足节能需求。图集的出台对提高国内城镇建设质量和水平发挥重要作用。 （天津市建筑设计院）

【《居住建筑节能设计施工图编制深度图样》津16J19】 2016年，天津市建筑设计院编制完成《居住建筑节能设计施工图编制深度图样》津16J19。该图集是07版图集基础上，总结近几年节能施工图设计和审查经验，依据天津市现行居住建筑节能设计标准和相关规范编制而成。图集以某单体工程为例，采取图文形式表达了天津市居住建筑节能工程设计有关的各专业设计做法、表达深度、节能计算等内容。该图集用于建设相关部门、管理机构和有关技术人员在工程建设中参照使用。图集中有关居住建筑技术规定和指标，可以保证现阶段和未来一段时间内满足节能需求。图集的出台将对提高全国城镇建设质量和水平发挥更加重要的作用。

（天津市建筑设计院）

【新型复合墙板】 2016年1月6日，天津市建筑设计院“一种新型复合墙板”获批实用新型专利。该实用新型专利公开了一种新型的复合墙板，包括主体钢龙骨构架，主体钢龙骨构架包括框架和中间龙骨，中间龙骨内塞满有由隔汽膜包裹的岩棉板；竖向龙骨的外翼缘处设有厚度为20毫米~25毫米的隔热龙骨，隔热龙骨的宽度与竖向龙骨的翼缘的宽度相同，中间龙骨与隔热龙骨的厚度之和与框架的厚度相同；框架的两侧分别设有一层水泥纤维板；上、下边框架梁C型檩条上设有预埋件，上边框架梁C型檩条上还设有吊钩；水泥纤维板、隔热龙骨、中间龙骨之间均采用自攻螺丝固定。该复合墙板重量轻，保温隔热效果好，防火性能高，可在框架结构等外围护墙中广泛采用。（天津市建筑设计院）

【双向限位功能的H型钢梁双向滑动支座节点】 2016年3月16日，天津市建筑设计院成“一种具有双向限位功能的H型钢梁双向滑动支座节点”获批实用新型专利。该专利包括钢柱、钢牛腿和H型钢梁，钢牛腿的一端水平贯穿钢柱，H型钢梁端头的下侧通过螺栓能够滑动调节地设置在所述钢牛腿另一端的端面，解决了滑动支座节点造价高、需专业安装及小规模使用采购难的问题。其滑动支座节点做法简捷、传力明确、施工单位可根据图纸自行加工及安装，适用于各种规模的钢结构工程。水泥纤维板、隔热龙骨、中间龙骨之间均采用自攻螺丝固定。

（天津市建筑设计院）

【带运维管理平台图形用户界面的电脑】 2016年8月10日，天津市建筑设计院“带运维管理平台图形用户界面的电脑”获批外观设计专利。其内容包括：①该外观设计产品的名称：带运维管理平台图形用户界面的电脑。②该外观设计产品的用途：用于运行程序。③该外观设计产品的设计要点：在于电脑屏幕显示的运维管理平台图形用户界面内容。④最能表明该外观设计要点的图片或照片：主视图。⑤界面用途：产品的图形用户界面为实现对绿色建筑内多个子系统信息的集成和综合管理。（天津市建筑设计院）

【带能源管理平台图形用户界面的电脑】 2016年8月10日，天津市建筑设计院“带能源管理平台图形用户界面的电脑”获批外观设计专利。其内容包括：①该外观设计产品的名称：带能源管理平台图形用户界面的电脑。②该外观设计产品的用途：用于运行程序。③该外观设计产品的设计要点：在于电脑屏幕显示的能源管理平台图形用户界面内容。④最能表明本外观设计设计要点的图片或照片：主视图。⑤界面用途：产品的图形用户界面为实现对绿色建筑能源消耗的信息采集、分析、展现和管理，可以提高建筑物综合能源管理水平，降低建筑整体能耗，提高建筑经济效益和管理水平。（天津市建筑设计院）

【内置格构式钢骨的巨型钢管混凝土】 2016年12月7日，天津市建筑设计院“一种内置格构式钢骨的巨型钢骨混凝土柱”获批实用新型专利。内容包括钢筋混凝土柱，钢筋混凝土柱内纵向嵌入有格构式钢骨，格构式钢骨通过焊接在外侧面上的多数个栓钉与钢筋混凝土柱牢固结合在一起。内置格构式钢骨的巨型钢骨混凝土柱解决了钢骨混凝土柱造价高、施工难度大的问题，巨型钢骨混凝土柱做法简捷、施工方便，适用于各种规模的高层结构。（天津市建筑设计院）

【加速度传感器防水装置】 2016年12月7日，天津市建筑设计院“一种加速度传感器防水装置”获批实用新型专利。该装置包括：盒体和盖在盒体上的盒盖构成的防水盒，防水盒内置有加速度传感器，连接在加速度传感器上的数据线贯穿形成在盒盖上的过线孔，伸出到防水盒的外部，防水盒内与加速度传感器之间的空间内填充有防水胶体。该实用新型的加速度传感器防水装置，解决了防水加速度传感器费用高以及小规模使用采购难的问题。加速度传感器防水做法简捷、操作方便、使用者可根据图纸自行制作完成，防水效果好。该产品适用于各种水下结构的测试。

（天津市建筑设计院）

【钢筋混凝土梁与矩形钢管混凝土柱的连接节点结构】 2016年12月7日，天津市建筑设计院“一种钢筋混凝土梁与矩形钢管混凝土柱的连接节点结构”获批实用新型专利。该实用新型包括：矩形钢管混凝土柱，与矩形钢管混凝土柱连接的混凝土梁，混凝土梁内配置有钢筋，矩形钢管混凝土柱对应混凝土梁的位置设置有半穿心钢牛腿，混凝土梁端部绕矩形钢管混凝土柱设置有混凝土环梁，混凝土环梁内配置有钢筋，混凝土环梁采用菱形布置。其连接节点结构做法简捷、传力明确，降低环梁内钢筋加工难度，提高建筑使用空间的简洁度，降低梁柱节点处施工技术的难度要求，减少钢管柱内的焊接量和加工困难程度，保证矩形钢管柱内的混凝土浇筑质量，施工质量得到保证。该产品适用于各种规模的钢 混凝土混合结构工程。 （天津市建筑设计院）

【重型万向球铰支座】 2016年12月28日，天津市建筑设计院“一种重型万向球铰支座”获批实用新型专利。其结构包括上球法兰板和带有法兰的下球壳，上球法兰板的底面设置带有连接颈的上球，下球壳的上部设置有冒球壳，上球的球面与下球壳、下冒球壳的内表面契合安装并形成转动副，下球壳的法兰底部中心处设置有抗剪件，上球法兰板上圆周均布用于连接上部钢构件的螺栓，下球壳法兰上圆周均布用于连接基础混凝土构件的安装锚栓。其优点是：承载能力大，抗震能力好，转动角度大，可快速安装，外形精巧、美观，不仅是结构受力构件，而且能使传统的结构构件作为建筑装饰构件，从而体现出使用现有技术的支座无法体现的设计效果。

（天津市建筑设计院）

【高性能真空绝热外墙保温模板一体化组合墙板】 2016年12月28日，天津市建筑设计院“一种高性能真空绝热外墙保温模板一体化组合墙板”获批实用新型专利。一体化组合墙板包括设置在钢筋混凝土剪力墙外侧的复合外墙板，复合外墙板包括内外侧固定板和中间保温层，中间保温层由嵌装的真空绝热板和浇筑形成的加劲肋构成，中间保温层的厚度为20毫米~25毫米，加劲肋上间隔布置有预留锚栓孔和预留对拉螺栓孔，上下相邻的两个加劲肋上的预留锚栓孔和预留对拉螺栓孔交错布置，复合外墙板采用锚栓与剪力墙钢筋笼锚固与主体结构达到同寿命周期。该产品符合节能要求，不但保温效果好，而且厚度薄、重量轻，只有一般岩棉板或聚苯板厚度的1/4~1/2。该专利技术可在现浇剪力墙结构中广泛采用，达到节能与结构施工一体化。

（天津市建筑设计院）

公用事业

【燃气管道泄漏故障诊断技术研究与应用】 由天津城建大学、津燃华润燃气有限公司、天津大地燃气技术设备有限公司玉建军、李军、魏璠、严铭卿、韩洁等完成，获2016年度天津市科技进步三等奖。该项目结合SCADA系统，以模式识别技术为原理，利用降维模式识别的理论对燃气管网的故障进行诊断，并利用管道模拟软件对天津市南半环高压管网进行了实例验证。①介绍燃气管道在模式识别中特征矢量的提取和特征空间建立的方法和原则。②提出对模式识别方法进行改进的降低特征向量维度的研究方法。即先分析管网水力工况，总结管网分区的规律，通过对每个分区进行检测，降低特征向量的维度。③理论模拟，分析泄漏点位置、泄漏量大小、集中负荷点位置、集中负荷点负荷量大小、气源点位置、管网的结果形式等因素对管网节点压力的影响。④结合对管网水力工况的分析，提出比值法的模式识别方法，并进行泄漏检测模拟，用fisher线性判别法进行验证。⑤从管网不稳定流动的运动方程、连续性方程和状态方程出发，推导了燃气管网流动的2个相似性准则：严第一准则和严第二准则。搭建燃气泄漏检测实验平台，通过实验模拟，对所选用的泄漏检测模型和程序进行验证和修正。⑥以天津市陕北永清门站——汪庄子门站线高压管道为对象，选取管段中间王庆坨分输站作为假想的实验泄漏点，对该泄漏检测方法在实际中的应用进行验证。项目针对传统模式识别方法向量维度高、识别代价大、系统造价高等问题，从缩小管网故障诊断范围和精确定位泄漏点2个出发点进行探究，提出利用模式识别的方法从定位事故管道编号入手，确定事故管道后再进行对泄漏点定位的方法。天津大地燃气有限公司在役燃气管道对该软件系统进行了应用。

（天津城建大学）

【天津地区乡土植物蔷薇应用开发研究】 由天津市园林绿化研究所承担，周小蕾、刘亮梅、戴松香等完成，2016年5月20日通过天津市建委组织的结题验收。项目完成天津地区乡土植物蔷薇的品种调查，归纳整理出18个品种（含变种）；在调研基础上，引进15个蔷薇品种，建立蔷薇植物品种圃。应用层次分析法（AHP）建立天津地区蔷薇观赏性应用评价体系，提出蔷薇的栽培养护技术要点，提出蔷薇的优良配植模式和药用开发价值。

（赵万苓）

【恩施至来凤高速公路、湖北恩施至重庆黔江高速公路（宣恩至咸丰段）设计】 由铁道第三勘察设计院集团有限公司负责设计，龚纬、李南秋、张伟康等完成，获2016年“海河杯”天津市优秀勘察设计（市政公用工程）一等奖。恩来高速全长86.005千米，总投资78.7亿元；恩黔高速全长70.649千米，总投资61.6亿元。均采用双向四车道高速公路标准，设计速度80千米/小时，路基宽度24.5米。该项目技术创新点为：①生态环保选线，保护自然环境。选线时基于“近城不进城”的理念，避开村庄城镇，减少拆迁；坚持“环保优先”以“少伤多保”的原则减少人为痕迹，减少对原始风貌地影响，保留住和尚崖等自然景观。②顺应地形，立交形式多样化。宣恩枢纽半直连T型互通和晓关B型单喇叭互通方案，互通形式不同，顺应地形，减少工程量。③地质选线、绕避不良地质、避免次生地质灾害。④注重以人为本，减少社会风险。通道、分离式立交适度提高标准；路面结构采用柔性路面结构，减少路面与车轮间摩擦产生的噪音；同时设置了防噪声屏障，避免行车噪声对居民产生干扰。⑤路基支挡创新设计。恩来、恩黔高速软土路堤采用了土工袋加筋挡土墙（墙面植草）进行支挡，是在高速公路中首次使用的新型支挡型式。⑥根据地域、地形特点，创新采用标准化全寿命周期设计桥梁结构的新理念。在恩来、恩黔高速全项目主线常规桥设计中首次只采用2种T梁标准孔径组合，有效解决了山区结构物标准化管理流程，获得山区高速公路项目标准化建设的经验。

（苏燕舞）

【京津冀三地园林界开展科技合作】 2016年4月，天津市园林绿化研究所与北京市园林科学研究院、河北省风景园林与自然遗产管理中心在北京签署京津冀古树名木保护研究合作框架协议，古树名木保护研究中心同时揭牌。研究中心旨在保护与复壮衰弱古树，发挥三地在古树保护方面的成功经验，建立三地联动沟通机制，实现技术信息共享，提升三地古树保护水平。研究中心成立京津冀古树名木专家委员会，编制京津冀重点古树名木保护规划，制订古树名木保护有关工程建设规划，开展古树养护、复壮技术培训及树龄树种鉴定，建设京津冀古树信息库及门户网站，培养古树保护技术骨干。2016年12月，天津市园林绿化研究所与北京市园林科学研究院、石家庄市植物园、唐山园林科学研究所发起成立京津冀园林科技创新战略联盟，签署合作框架协议，合作开展北京市科委“京津冀低耗型绿地模式建设关键技术研究与示范”研究项目。

（赵万苓）

国土资源与房屋管理

【天津市保障性住房共有产权制度研究】 由天津市房地产业协会、天津市国土资源与房屋管理局住房保障处、天津城建大学共同完成，2016年1月通过天津市国土资源和房屋管理局组织的专家验收。项目基于合理目标定位下构建共有产权住房制度总体框架，深入分析国内外推进共有产权住房的经验，结合天津市现状，提出天津市保障性共有产权住房的战略构想、策略机制的研究实施路径和对策。分别从政府新建共有产权住房、公租房“先租后售”与政府引导下企业参与层面，设计共有产权住房运作的实施细则，并创新思路，构建可持续共有产权住房金融制度，鼓励发行各类债券，鼓励社保基金、保险资金等参与，完善监管机制，落实准入退出，建立健全住房保障综合信息平台。研究报告形成的天津市推进保障性共有产权住房的理论依据、战略构想等相关成果，对于指导天津市住房保障工作具有一定的现实意义。（天津市国土房管局科教处）

【天津滨海新区地质环境承载力预警机制研究】 由天津市地质调查研究院、河北工业大学共同完成，2016年8月通过天津市国土资源和房屋管理局组织的专家验收。项目对天津滨海新区自然地理条件、区域地质环境背景、地质环境条件、主要地质环境问题等进行全面系统整理分析研究，为滨海新区地质环境承载力预警机制研究奠定基础。根据天津市滨海新区规划，结合天津市滨海新区城镇建设规划及产业结构布局，构建天津滨海新区地质环境承载力指标体系，建立不同地质环境承载力评价研究方法。开展天津市滨海新区地质环境承载力预警机制研究，包括预警系统及预警过程。其中，预警系统包括信息处理子系统、动态预测子系统、准则子系统和对策子系统4个组成部分。地质环境承载力预警系统的运行过程包括明确警义、寻找警源、分析警兆和预报警度4个阶段。研究成果对地质环境承载力预警系统建设具有一定的指导意义，为滨海新区重大工程建设、工业规划布局等提供地质环境安全性保障。

（天津市国土房管局科教处）

【地下空间登记系统的开发与利用研究】 由天津市滨海新区规划和国土资源管理局、天津市测绘院共同完成，2016年6月通过天津市国土资源和房屋管理局组织的专家验收。项目通过对天津市滨海新区的地下空间管理现状进行调研，初步制定地下空间测绘技术方案，设计地下空间产权体界址点的编码方案及原则。从技术角度出发，学习和借鉴国内外现行地下空间管理经验，探索一套地下空间界址界定、界址信息采集、地下空间产权体描述和表达、地下空间产权登记发证的技术路线。开发地下空间登记的相关原型系统，设计地下空间出证方案，制作地下空间产权证书。从分析地下空间产权体发证流程入手，就如何测绘、存储、表达地下三维空间及对地下空间登记发证进行研究，实现地下三维空间的登记发证工作要求，具有实用性。

（天津市国土房管局科教处）

【天津市土地规划与城乡规划协同管理技术方法研究】 由天津市国土资源和房屋管理研究中心完成，2016年7月通过天津市国土资源和房屋管理局组织的专家验收。项目研究立足现行规划管理体制、决策机制，针对规划管理实践需要，探讨“两规”协同管理的技术方法。通过对“两规”管理流程进行梳理，并结合天津市实际情况对流程进行改造，同时提出“两规”协同管理的必要条件，针对改造后“两规”协同管理流程，设计“两规”协同管理平台建设方案，提出通过整合基础数据、统一管控边界和指标、衔接审批流程，以及共享“两规”各层次规划成果，形成“两规”深度融合共享衔接的技术方法。对于实现土地规划与城市规划从编制到落地的全程深度融合，促进土地资源有效配置和行政效能提升，贯彻落实天津市“三规合一”的战略部署具有指导意义。（天津市国土房管局科教处）

【天津市住房保障“十三五”规划问题研究】 由天津市国土资源和房屋管理局住房保障处、南开大学合作完成，2016年3月通过天津市国土资源和房屋管理局组织的专家验收。对天津市“十二五”期间住房保障政策实施情况和“十三五”期间住房保障目标展开研究，基于公平与效率理论、住房保障理论、住房梯度消费等理论，分析天津市中低收入家庭住房现状和住房保障措施实施过程中存在的问题，总结并借鉴部分发达国家和国内住房保障政策和运行机制成功地区的经验，为完善天津市住房保障规划体系提供有益的实践经验，提出完善天津市中低收入家庭住房保障政策的措施建议。项目研究形成包括规划的指导思想、原则、总体目标、发展思路、适用范围和期限、建立健全住房保障长效管理服务机制的工作目标、资金需求、实现“十三五”规划的政策措施等内容的天津市住房保障“十三五”规划

（草案），对于天津市住房保障政策实施具有重要意义。（天津市国土房管局科教处）

【天津市不动产登记预约服务系统】 由天津市不动产登记中心、天津简仪科技有限公司共同完成，2016年9月通过天津市国土资源和房屋管理局组织的专家验收。项目采用面向服务的技术架构，综合利用WEB、微信端、数据服务和大型数据库等技术，建立一套技术先进、功能齐全、简单实用的登记预约系统及信息化、标准化、智能化、全天候的网络服务平台。采用模拟现实法，通过需求侧分析，模拟用户办件，通过互联网技术解决用户办件中需要解决的问题，以实现不动产登记预约服务系统达到现实办件的效果。通过归纳演绎、类比推理、抽象概括、分析综合等科学四维方法，分析“不动产登记预约服务系统”中的控制模块和逻辑模块的关系，完成数据库组织架构和存储模块开发。在数据处理上采用数据加密技术，同时服务器选用阿里云服务器，配备360网站监控软件，并将系统管理权限分级处理，以提高系统的安全性。建立功能齐全的后台管理系统、管理人员及人员权限，并针对各区的差异问题，实行各区县后台独立管理。依托天津市房地产登记工作实际，开创“互联网+不动产登记”的新模式。（天津市国土房管局科教处）

【天津市保障性住房项目管理信息化建设方案研究】 由天津市国土资源和房屋管理局住房保障处完成，2016年8月通过天津市国土资源和房屋管理局组织的专家验收。通过研究天津市保障性住房建设管理现状以及保障性住房项目综合管理信息化系统建设情况，在深入调查住房保障项目情况后，总结申请家庭住房保障类型、住房、收入、配售、配租、住房动态核查以及保障性住房供地、建设、分配、后期管理等工作流程设置特点。深入分析保障性住房实施信息化管理的具体模式、节点、流程，采用理论研究与实证分析相结合、定性和定量相结合、实际工作和系统管理相结合的方法，建立保障性住房管理综合评价体系，实现覆盖所有保障房类型，保障房供地、建设、分配、后期管理整个流程，形成“人房对接”的保障性住房信息化管理一揽子解决方案。研究将GIS平台技术应用于保障性住房项目信息化管理，将理论分析运用于实践，对政府部门保障性住房项目管理具有参考价值。

（天津市国土房管局科教处）

【采用移动信息技术实施维修资金管理的应用研究】 由天津市房屋维修资金管理中心完成，2016年5月通过天津市国土资源和房屋管理局组织的专家验收。项目采用移动互联网技术，研制开发维修资金管理移动APP系统，实现维修资金移动管理。该系统为管理中心工作人员、区县房管局物业办人员、物业服务企业操作员提供维修资金使用业务的申报、受理、审批、从业人员业务交互、信息查询及数据统计分析等业务服务平台，实现维修资金管理移动办公。针对业主提供查询功能，保障业主知情权、监督权，提高业主维修资金管理参与度。开通手机表决功能，缓解签字确认难。系统在原有维修资金HTTP ACTION接口不变情况下，增加基于HTTP JSON的APP的接口，实现APP与PC办理实时同步。通过将维修资金管理系统的部分操作移植到手机上完成，有效缩短维修资金申请、审核业务的完成时间。区县房管局物业办工作人员现场查勘时，可以直接拍照上传维修前后照片，填写备案内容，当场审核通过。物业服务企业可以及时知道维修方案进展情况，开始进行下一步操作，提高工作效率和工作质量。（天津市国土房管局科教处）

【天津市房地产大数据分析系统研究】 由天津市房地产业协会、天津社会科学院经济社会预测研究所共同完成，2016年11月通过天津市国土资源和房屋管理局组织的专家验收。天津市房地产大数据分析系统包含天津房地产属性管理大数据模块、天津房地产政务管理大数据模块、天津房地产地理信息大数据和天津房地产大数据统计分析模块等4大模块，房地产交易与权属登记管理系统、房地产档案管理系统、商品房网上备案系统、房屋登记簿管理系统、测绘与成果发布系统、存量房网上备案系统、从业主体管理系统、项目管理系统、统计分析与信息发布系统等9个系统。研究准确把握天津市房地产业信息化建设现状，将分散系统进行整合和优化，设计符合天津市实际的房地产大数据分析系统，充分利用并发挥数据作用，强化信息查询和大数据分析的功能。项目研究从建设服务型政府，发挥大数据应用分析功效的高度，以及激发行业组织加强自身发展、自身管理、资源整合的角度展开，有助于政府研究信息化建设，提高工作效率。

（天津市国土房管局科教处）

【段祺瑞旧居修缮中的绿色建筑适用技术研究】 由天津历史风貌建筑整理有限责任公司、天津大学建筑学院共同完成，2016年12月通过天津市国土资源和房屋管理局组织的专家验收。根据历史保护建筑的区位、周边业态、交通及产业的需求，探讨历史建筑再获生机的设计策略与方法，采用动态保护与功能活化相结合，通过文化功能、社会功能、商业功能、景观功能的复合，提高公众参与的程度等，使其复苏、获得新的活力，实现历史建筑可持续发展。归纳历史建筑保护与更新中应用绿色建筑技术的原则，进一步分别对节能技术、节水技术、节材技术、节地技术以及改善环境舒适性技术在历史建筑保护与更新中的应用策略进行研究。对上述技术在段祺瑞旧居保护与更新中的常用策略进行总结。结合修缮的内容，探讨绿色建筑技术在历史建筑保护与更新中应用的方法和手段，重点对建筑中的技术集成和方案进行优化设计，为绿色改造设计提供具有实际参考价值的研究成果。

（天津市国土房管局科教处）

【天津市“多规合一”的途径及机制研究】 由天津市国土资源和房屋管理局规划处、天津工业大学土地利用工程研究中心共同完成，2016年10月通过天津市国土资源和房屋管理局组织的专家验收。项目以“多规合一”理论、“多规”性质和作用以及编制体系特点和法律依据为基础，重点分析“多规合一”中“多规”的地位和作用。分析国内“多规合一”各试点研究进展和借鉴其相关经验，对天津市“多规合一”实践过程中面临着的技术标准不统一、空间布局差异、编制差异以及管理机制不协调等现状进行分析，通过以天津市静海区为案例，研究“多规合一”在天津市实现的可能性并从统一技术标准、三线划定、协调“多规”编制方法和管理机制上提出对策。研究改善传统的多头管理、交叉管理、灰色管理环境，对于进一步推进行政管理体制改革与制度创新，转变政府职能、创新政府管理方式、深化政府机构改革等都具有重要意义。

（天津市国土房管局科教处）

【天津市房地产企业网络服务系统研究】 由天津市房地产学会完成，2016年1月通过天津市国土资源和房屋管理局组织的专家验收。项目结合天津改革实践区优势，以行业角度为向，以区域特点为据，以服务理念为本，以创新区域性房地产服务网络为核心，加强为房地产企业服务工作的实际需求，通过对房地产行业现状、问题等深入了解，对建立天津市房地产行业网络服务平台进行深入调研，提出高效可行的网络服务平台构架，旨在建立天津市房地产企业网络服务网站，为相关网络信息储存和未来企业在该网络服务系统上建立销售采购平台打下基础，同时融合网络地理信息系统，以实现天津市房地产企业网络服务系统的智慧化、可视化、全数据化并达到实时监测的水平。在天津市房地产企业网络服务系统深入研究基础上，融合房地产采购平台的网络规划研究和房地产大数据的网络平台规划研究，进一步完善天津市房地产企业网络服务系统的建设，为天津市房地产企业网络服务系统建设提出政策建议。 （天津市国土房管局科教处）

【天津市历史风貌建筑管理信息系统】 由天津市保护风貌建筑办公室、天津市房地产经济技术信息中心共同完成，2016年8月通过天津市国土资源和房屋管理局组织的专家验收。该系统通过档案管理技术、地理信息（GIS）和虚拟现实技术，对风貌建筑信息进行高效管理。在天津市三维城市的基础上，构建历史风貌建筑三维模型，达到立体、直观、真实展示的效果，实现历史风貌建筑场景的真实再现。系统具有矢量地图管理、2D空间分析、3D场景展示、图形编辑、视图浏览、图层管理、基础信息管理、基本信息查询、基础数据图表统计、电子地图、航拍影像图基本操作、用户管理、部门管理、角色管理、权限管理、基础数据管理、日志管理、日志查询等功能，实现对历史风貌建筑的基础图形信息、影像数据、人文建筑数据、维修记录数据等基础信息的查询、统计、输出等功能，为历史风貌建筑管理工作提供平台，解决风貌建筑信息不全、位置不明确、浏览查阅过程烦琐等问题。

（天津市国土房管局科教处）

【天津市高标准基本农田建设规范研究】 由天津市国土资源和房屋管理局土地资源处、北京舜土规划顾问有限公司共同完成，2016年9月通过天津市国土资源和房屋管理局组织的专家验收。项目通过对国家及天津市高标准基本农田建设相关标准、规范实施情况调研，总结天津市高标准基本农田建设的现实问题。在广泛对比分析的基础上，明确影响天津市高标准基本农田建设的关键点。借鉴外省市基本农田建设成功经验，依据国家及天津市相关标准，结合天津市高标准基本农田建设工作实际及自然地理条件、经济发展水平、土地资源禀赋等因素，运用科学合理的技术方法，确定高标准基本农田建设部分技术指标和管理要求，编写《天津市高标准基本农田建设技术导则》，为天津市各整治工程类型区的高标准基本农田建设项目立项、规划设计、施工等方面提供政策依据，确保天津市高标准基本农田建设的质量和效益，促进天津市高标准基本农田的建设和管理。 （天津市国土房管局科教处）

【天津市高标准农田建设绩效评价研究】 由天津开垦征地事务中心、天津工业大学共同完成，2016年4月通过天津市国土资源和房屋管理局组织的专家验收。项目在分析高标准农田的内涵和特点的基础上，界定高标准农田绩效评价的内涵、原则及理论基础。采用综合指数模型对天津市蓟县高标准农田建设绩效进行评价。在指标的选取过程中，参考《高标准农田建设评价规范（试行）》，将绩效评价分为建设成效分析和建设工作效率评价2个部分。从经济、社会、生态三方面选取评价指标，建立高标准农田建设成效评价的指标体系，从工程建设质量情况、建设任务完成情况、管理规范情况三方面选取评价指标，建立高标准农田建设工作效率评价的指标体系，各个指标在评价体系中的作用通过层次分析法确定其权重。通过2012年天津市蓟县完成的7个高标准农田建设项目进行实证分析并对高标准农田建设评价成果进行分析，以高标准农田建设项目效益为核心，采用定性与定量相结合的评价方法，在国家对高标准基本农田绩效研究取得一定成果的基础上，对天津高标准农田整理项目绩效评价管理制度以及技术标准进行研究，制定统一规范的绩效评价工作体系及标准，以规范指导有关项目的实施。 （天津市国土房管局科教处）

【天津市集体土地使用权及地上房屋确权登记发证存在问题及对策研究】 由天津市国土资源和房屋管理局权籍处、静海区国土资源分局共同完成，2016年6月通过天津市国土资源和房屋管理局组织的专家验收。该项目全面回顾集体土地所有权、使用权以及登记管理的历史演变过程，明晰集体土地使用权及地上房屋登记的内涵。探讨集体土地使用权及其地上房屋确权登记现状、存在的主要问题及产生问题的原因，解决集体土地所有权人无异议但主体不合法、用地手续或规划建设手续缺失的集体土地房地产确权登记问题，为土地制度改革、集体土地使用权流转奠定基础，同时结合天津市的实际情况因地制宜地提出有关政策建议。在该项研究立法建议基础上，天津市人民政府下发《天津市人民政府关于印发〈天津市农村集体土地使用权及其地上房屋确权登记发证若干规定〉的通知》，在提出技术方法基础上，天津市国土房管局制定下发《天津市农村集体土地使用权及其地上房屋调查及确权登记发证工作实施细则》，用于指导天津市集体土地使用权及地上房屋登记工作实践。该项目研究为全面启动和规范集体土地使用权登记提供政策保障。

（天津市国土房管局科教处）

【天津市蓟县盘山地区矿泉水污染风险评价研究】 由天津市国土资源和房屋管理局地矿处、天津市地质矿产测试中心共同完成，2016年6月通过天津市国土资源和房屋管理局组织的专家验收。项目针对研究区实际情况，在充分收集整理国内外有关资料基础上，改进DRASTIC模型，建立了适用于该区的地下水脆弱性评价体系，利用层次分析法和模糊隶属度模型，对地下水脆弱性指标进行分级，基于ARCGIS平台空间分析功能，综合地下水固有脆弱性分区与区域污染源危害分区，对研究区地下水污染风险进行评价和分区，研究区地下水进行脆弱性分区。通过对研究区矿泉水水质分析，确定研究区特征污染物，判识区域污染源类型、性质和空间分布特征，结合区域特征污染物的迁移范围和特征，研究该区矿泉水在时间和空间分布上的污染风险，为矿泉水源保护和管理提供技术支持，也为政府监督管理山区矿泉水提供科学的决策依据。

（天津市国土房管局科教处）

【天津城市土地招商信息发布平台】 由天津土地交易中心完成，2016年9月通过天津市国土资源和房屋管理局组织的专家验收。项目研究基于百度地图API，利用互联网地图及影像漫游技术，展示天津土地交易中心发布的供地与政策法规相关信息，实现城市土地招商和出让信息的实时动态发布。开发企业通过平台浏览、查阅，可及时获取招商地块、公告地块的现场整理影像与周边交通、医疗、教育、商业等配套情况及房地产市场数据信息，并及时获取出让公告、出让文件、地块图形数据等投资决策参考信息。同时，土地招商信息发布方可通过平台设计的综合数据管理分析功能，及时了解和掌握客户投资意向和关注地块，并及时收集和分析潜在土地竞买信息，实现供需双方的及时意向沟通，最终达到信息获取与互补式交互的双向反馈。该系统在土地市场管理和土地出让招商工作中具有创新性，具备很好的土地招商应用价值。

（天津市国土房管局科教处）

【天津港以南海域全新世以来沉积记录研究】 由天津华北地质勘查局，天津市海洋地质勘查中心共同完成，2016年8月通过天津市国土资源和房屋管理局组织的专家验收。项目研究借助最新勘测的海底水深数据、浅地层剖面数据、侧扫声呐、底质类型数据，采用遥感、测年、化学分析、矿物鉴定、微古鉴定等方法对天津港以南海域的沉积环境记录进行分析，制作天津市海域海底地貌图，研究天津港以南海域地形地貌特征，为科研工作与工程建设提供最新的实测数据与依据。根据钻孔资料与实测浅剖数据分析研究区海域海底浅地层物质组成、层序与地质结构，结合沉积记录的研究，开展天津港以南海域地层地质结构的综合分析评价，得出以下相关结论：①从研究区海域钻孔的综合研究和地层对比分析可以看出，在全新世连续沉积地层中，DC-2岩芯底部可以划分到第Ⅱ海相层。②根据对研究区浅地层地震剖面的反射结构、波组特征和上超、下超、顶超、削蚀、缺失等地层反射终止方式的分析和研究，对浅地层地震剖面的地层层序或准层序组反射界面进行划分，自上而下依次为：T0、T1、T2、T3、T4、T5共6个反射界面。③研究区海域表层沉积物主要来源于蓟运河、海河等渤海湾西部的入海河流，通过对比，滦河对研究区底质沉积物基本没有贡献，黄河对研究区海域表层沉积物的影响变的越来越小。在水动力较强的沿岸海域，元素的含量普遍都较低，而在较封闭的区域或开阔的海域，由于水动力条件相对较弱，微量元素的含量也相对较高。河流入海口的两侧也往往是微量元素的高值区，显示出陆域环境对海域沉积物元素富集的影响。④该次调查海域所测结果与前人研究对比，沉积速率呈减弱趋势，基本可以按照天津港为界限，天津港南部海域沉积速率小于1.0厘米/a，天津港附近沉积速率大于1.0厘米/a。初步划分3个亚区，即远离岸线的低沉积速率（0.1厘米/a）盐沼区；靠近海岸的高沉积速率（0.35厘米/a）盐沼区和开放潮坪高速沉积区（1厘米/a～3厘米/a）。

（天津市国土房管局科教处）

【天津市突发性地质灾害机理分析及实时监测系统研究】 由天津市地质调查研究院完成，2016年5月通过天津市国土资源和房屋管理局组织的专家验收。项目研究采用综合归纳分析方法，对地质灾害特征与形成机理进行全面、系统研究。结合天津市地质灾害调查项目的实施，详细了解蓟县突发性地质灾害发育的地质背景（自然地理环境、地形地貌、地层岩性、地质构造、水文地质等），并根据蓟县地质灾害室内资料整理统计，总结蓟县突发性地质灾害现状、类型、发育特征及其分布规律，分析突发性地质灾害形成条件及影响因素。通过研究典型突发性地质灾害点的形成机理，为地质环境管理及监测部门筛选隐患点、灾害治理方案的编制提供借鉴。建立稳定性评价模型，利用人工监测数据对比分析典型滑坡体自动化监测的可靠性，对推广地质灾害的自动化信息化监测起到很好的试验及推动作用。

（天津市国土房管局科教处）

【天津市土地储备决策及其支持系统分析设计】 由天津市土地整理中心、天津城建大学共同完成，2016年4月通过天津市国土资源和房屋管理局组织的专家验收。通过系统梳理十几年来全国土地储备制度变迁的发展历程，借鉴国外土地储备制度理论与典型国家和地区实践经验，在全面系统分析新一轮深化改革对土地制度以及土地储备制度变革的驱动机理基础上，从制度设计、体系构建、决策绩效、评价机制、公众参与、储备范围、储备规模与周期、供应结构及时序等方面深入剖析土地储备决策体制机制转变的关键点，研判土地储备决策的改革方向，探索天津市土地储备制度体制机制创新实践。战略决策层面，将“反规划”、精明增长、低碳城市等城市规划思想引入土地储备决策，结合全面深化改革的政策背景，从宏观层面构建土地储备决策体系，以期提供一系列能够稳定而规范地实现政府管理职能和相关利益的新制度。策略决策层面，建立基于不同发展目标下的土地储备决策模式，针对不同时序、不同阶段土地储备决策的重点和依据不同，分别从近期、中期、长期储备的角度提出土地储备决策的政府收益最大化模型、多目标决策模型、空地和建设用地存量库模型，为天津市土地整理储备决策提供理论科学依据。操作层面，在深入调研分析天津市土地整理储备配置流程和配置方法的基础上，提出不同目标下的土地储备配置方法，给出天津市土地储备决策优化的对策建议，促进天津市土地储备工作向精细化管理和过程管理转化，实现市场、城市和资源的有效运行与合理利用。（天津市国土房管局科教处）

【天津市五大道保护利用试验区建筑保护利用模式研究】 由天津市历史风貌建筑整理有限责任公司、天津大学建筑学院共同完成，2016年1月通过天津市国土资源和房屋管理局组织的专家验收。在对国内外历史街区建筑保护利用理论研究和相关经验借鉴基础上，归纳总结出历史街区建筑保护观念、内容发展演变。通过对天津市“五大道”历史建筑保护利用现状回顾与科学评价，全面掌握“五大道”历史文化街区建筑保护利用现状相关信息。以基础理论研究为理论支撑，以“五大道”建筑保护利用现状为依据，提出“五大道”建筑现阶段保护利用所遇到的问题，引出“五大道”保护利用试验区设立的初衷，探索涉及建筑保护利用的意识、本体、技术等各个层面，简称为“PPIS”试验区建筑保护利用新模式。以新模式为指导对“五大道”试验区建筑保护与更新和再利用现状做出科学评价，采取保证历史风貌建筑得以整体保护的同时，能够适应时代发展，承担相应的现代城市职能，平衡保护与再利用的关系，提高保护效率，提升街区的综合活力，使历史悠久、保护价值巨大、类似“五大道”的历史街区及其建筑能够长久生存并不断发展，富有旺盛的生命力。

（天津市国土房管局科教处）

【新型城镇化进程中天津农村土地整治发展模式研究】 由天津市国土资源和房屋管理局土地资源处、天津易众房地产咨询有限责任公司共同完成，2016年11月通过天津市国土资源和房屋管理局组织的专家验收。该项目在对新型城镇化的内涵及其与传统城镇化的区别进行研究的基础上，综合考虑农村土地整治发展趋势和新型城镇化的关系，提出新型城镇化对农村土地整治新要求，利用模糊综合评价法建立新型城镇化背景下天津市农村土地整治项目效果评价模型，并开展效果评价。根据评价结果和天津市农村土地整治的实际情况，借鉴国内外先进经验，提出新型城镇化进程中适合天津市农村土地整治项目的新型发展模式，包括“示范型”基本农田整治模式、“全面管控型”土地开发整理模式、“污染防控型”土地复垦模式、“村田并进型”土地整治模式、“城郊型”土地整治模式5种土地整治模式，节约集约利用土地，解决城镇化用地需求，缓解用地矛盾，有力推动新型城镇化进程，促进天津市美丽乡村建设。（天津市国土房管局科教处）

【天津市保障房摇号系统】 由天津市国土资源和房屋管理局，天津市博盈科技发展股份有限公司共同完成，2016年9月通过天津市国土资源和房屋管理局组织的专家验收。该系统采用C/S模式，将不同保障房项目中的资格申请、摇号与最终的合同签署资格相关联，统一纳入保障房管理系统的监督体系，防止开发商的暗箱操作。为体现保障房工作的公开、公正、公平原则，采用网络直播和推送技术，将摇号信息、摇号结果推送到申请人的保障房App上，并结合摇号现场情况，在保障房App上直播摇号现场视频，即使摇号人不在摇号现场，也能够在第一时间看到摇号过程和入围结果，同时为保护摇号者隐私，对摇号人身份隐私处理，对身份信息进行最大化遮掩。摇号管理系统的使用使房屋配售环节透明、合理，同时又能有效彰显政府的权威，降低舆论影响，杜绝传统选房存在的弊端，为房屋分配过程提供高效、公正的信息化管理手段，实现各类保障性住房（如廉租住房、公共租赁房、经济适用房）针对入围家庭进行动态摇号选房过程的信息化管理。

（天津市国土房管局科教处）

水　务

【景观水体功能恢复与水质改善技术开发及工程应用】 由天津市市政工程设计研究院、天津市水利科学研究院、天津大学、天津艾杰环保技术工程有限公司、南开大学王秀朵、赵乐军、董立新、张大群、孙井梅、刘学功、季民等完成，获2016年度国家技术发明二等奖。该项目针对北方缺水城市水资源短缺、水环境恶化和水生态系统退化的局面，重点开展了四个方面的创新性研究：①研发多组分复合流人工湿地、人工湿地管网曝气、人工湿地冰盖保温、喷泉曝气等新型装置，形成适合北方地区景观水体水质改善及长期保持的多级复合流人工湿地异位修复技术。②通过微生物复合菌剂、加强型锁磷剂、新型一体化投药装置的研制，形成景观水体微生物—化学—水生植物复合强化净化与藻类过度生长控制技术。③依据系统优化、统计分析、计算流体力学等理论方法，研发以城市大型缓流景观水体流态优化的评价指标和数学模型，形成以景观水体流态模型构建、运行调控、生态塘及人工湿地等物理–生物生态相结合的旁路修复集成技术。④对天津市雨水径流污染特性进行系统研究，提出基于“浓度控制”的初期雨水径流污染的源头控制、输送、调蓄、处理的联合运转模式。研究成果在外环河、津河、卫津河、梅江生态园水环境改善等3项示范工程中得到应用，其中2项示范工程出水主要水质指标达到地表水IV类标准，1项出水主要水质指标达到地表水V类标准。

（天津市市政工程设计研究院）

【高盐高浓度难降解有机废水资源化技术的开发与应用】 由天津理工大学、深圳市瑞升华科技股份有限公司、易科力（天津）环保科技发展有限公司李梅彤、张小江、袁文蛟、秦松岩、张柯等完成，获2016年度天津市科技进步二等奖。该项目主要围绕化工行业自身特点和规律，优化集成精细化工、冶金、节能环保、海水淡化、无机盐等行业先进技术和工程经验，实现工业废水资源化技术的产业化应用，创新废水处置方式，实现化工等高污染产业的可持续性发展。项目创建了高效的高温氧化体系，无需加入任何催化剂或化学助剂便可同步完成废水中液、固相分离、有机物和无机物组分分离；创建高效的高温还原体系，在高温绝氧条件下，利用碳粉和有机物还原性将硫酸钠转化为价值更高的资源化产品硫化钠，有机物释放大量热值，大大降低系统能耗；创建高效MVR（机械式蒸汽再压缩蒸发）体系和具有特殊结构的高温氧化沸腾体系，利用自清洁MVR系统和特殊文丘里结构的高温沸腾氧化系统协调解决有机废水浓缩黏壁，并通过控制氧化时间保证产品品质，提高系统的热循环效率和稳定性。项目瞄准国际先进水平，经过研究开发和在工业生产中的实际应用，展示出良好的通用性和普适性，有着很大的应用和推广价值。

（天津理工大学）

【引滦水量水质多级耦合优化调控关键技术研究】 由天津市引滦工程管理处、天津市水利科学研究院李继明、王志高、刘尚为、周志华等完成，获2016年度天津市科技进步三等奖。针对天津城市供水安全形势严峻、输水损失大能耗高、调度管理缺乏先进手段等问题，研发引滦输水水量水质多级耦合优化调控关键技术：①分析上游水资源演变特性、水库径流丰枯变化规律及补偿特征，建立多水库联合供水优化调度模型，提出生态优化调度方案，并进行实时优化调度。②在保障供水安全前提下，建立输水调度仿真和梯级泵站群优化调度模型，实现输水建筑物运行工况最佳、梯级泵站能耗最小、输水损耗最低、水资源利用率和水质保证率最高等目标。③挖掘引滦长期监测数据，进行时间和空间多尺度水量平衡及输水损失控制性研究，提出水量水质分段管理技术。④利用计算机技术、网络技术、自控技术、数据挖掘技术，开发引滦入津输水优化调度系统，提高工程管理水平。项目成果已在引滦工程得到应用，保障了城市供水水量水质安全，降低了输水成本，提高了工程管理水平。该项研究技术方法和成果可在大型引供水工程水源配置、输水调度、输水日常运行管理和输水信息化建设等方面推广应用，并可为水资源规划、水利工程建设、经济发展规划等方面提供服务和支撑，应用领域广，技术辐射能力强，指导和借鉴意义重大。

（天津市引滦工程管理处）

【城市绿地节水灌溉综合技术集成与示范】 天津市水务局科研项目，由天津市水利科学研究院杨万龙主持完成，于2016年7月通过市水务局验收。项目主要研究河水过滤技术、典型草坪和灌木的灌溉制度。针对河水、湖水的无机物、有机物含量较高的情况，喷灌、微灌系统采用砂石过滤器或砂石过滤器+网式过滤器的过滤型式，对灌溉水质进行过滤。提出砂石过滤器选型计算方法、关键技术参数和堵塞处理措施，为过滤器的选型设计提供技术依据。实现对喷灌、微喷、滴灌等多种高效节水灌溉技术集成应用。对整个灌溉系统采用自动化控制，通过系统设定自动控制灌溉时间、灌溉水量，实现“无人值守”的自动灌溉。提出典型草坪和绿篱的节水灌溉制度，与工程节水相结合，达到综合节水的目标。该项目建设4处绿地节水灌溉示范工程，总规模30万平方米，水源包括河水、湖水、自来水、中水4种不同水源；过滤方式有砂石过滤器、砂石过滤器+网式过滤器、网式过滤器3种过滤形式；灌溉控制方式有自动化灌溉控制和手动控制2种控制模式；喷头选择地埋升降式喷头、微喷头，根据不同绿地的种植结构和地形条件，合理确定喷头的组合形式。项目提出了城市绿地“灌溉+水景”相结合的设计新理念，为全市绿地灌溉提供技术支撑和引领示范作用。

（于　谧）

【天津水务基础数据库及应用平台关键技术研究】 天津市水务局科研项目，由天津市水利科学研究院杨慧主持完成，于2016年7月通过市水务局验收。项目以全国水利普查天津成果为基础，在调查取得的海量数据基础上，针对水利面临的问题，进行专项技术汇总分析。项目对全市河流、水库、水闸、泵站等近2000万个基础指标数据进行规范化整合处理，建成全市第一套全面、完整、最具权威性的水务基础数据库，为水务信息化建设和发展提供了强有力的支撑。对全市40多万个水工建筑物从行政区划、流域水系、水资源分区、应用领域等不同维度进行关联处理，实现对象属性信息与空间信息的映射和在空间上的分类分级。通过叠加基础地图、遥感影像、3D实影，建成全市第一幅水务基础数据电子地图。项目研发的水务基础数据应用平台具有数据查询、统计分析、位置定位、路径规划、关联关系查询等功能，支持基础数据动态更新及与其他系统的数据交换。应用服务系统包括桌面版和移动版，操作简单，使用方便，改变了传统工作模式，提高了工作效率。项目采用大数据处理、遥感影像、地理信息、全球定位、3D实景、移动通讯、卫星导航、计算机等多种技术，通过多学科、跨专业、多技术的有机结合与优化，在满足功能需求的基础上，应用平台建设实现了高新技术融合与集成创新。项目成果已被天津市地理国情普查、城市管理监控系统建设、水务业务管理平台、水资源监控能力建设、灾害调查等多个项目采用，并且为全市多项规划提供了翔实的数据支撑。项目成果具有广泛的应用前景。

（于　谧）

【微动力生物生态技术在村镇生活污水处理中的推广应用】　水利部科技推广计划项目，2016年8月通过水利部科技推广中心验收。项目对示范村生活污水的排水量及主要污染物浓度进行长期监测，分析农村生活污水水质水量的日变化规律和季节变化规律。根据示范村生活污水的水质特征和排放规律，采用微动力生物生态污水处理技术，开展生活污水处理工程的工艺及实施方案设计，并建成4处农村生活污水处理推广示范工程，水处理能力达到350立方米/d。将固定化微生物技术与高效优势菌有机结合，多孔生物填料替代传统的污泥回流，有效减少了污水处理过程中的微生物流失，降低了污水处理的能耗和运行成本。微动力生物生态处理技术综合利用物理作用、微生物作用及湿地生态措施处理生活污水，不仅具有水处理效果好、投资低、能耗小、运行费用低、管理维护方便等优势，而且地表可建成景观优美的生态公园，改变了污水处理厂“脏、乱、臭”的不良印象，开创了污水处理工程就是景观工程的新模式。项目取得多项技术创新，为全国村镇生活污水处理提供高效、经济、适用的技术，引领该领域技术发展的新趋势，为农村生活污水处理提供新思路。（于　谧）

【集成稳流痕量灌溉滴箭组开发与研制】　天津市水利科学研究院完成，2016年1月通过验收。项目研发一种新型小流量滴箭组产品。该产品箭形结构设计同时起到滴头和插箭的作用，体积小强度高，解决产品在应用中的功能实用性、满足设计的基本结构和产品成型及装配的必要条件，保证箭体与发丝管的连接可靠。分水器中集成了稳流器和16个出水口，在0.05MPa～0.35MPa工作范围内流量偏差小于5%，达到A类产品标准要求。项目研发的表面迷宫式双流道滴箭，实现稳定的小流量出流，适应景观植物灌溉要求，新型材质1毫米发丝管具有耐压高、抗拉能力和耐候性强等特点。该产品与普通滴箭产品相比，在不失抗阻塞性的前提下，流量做的更小、更均匀；安装和使用方便，大大减小工作量。开发研制具有自主知识产权的“稳流集束式滴箭组”，解决国内立体花坛节水灌溉的关键技术问题。产品具有节水、节省人力、施工方便、隐蔽性强、缩短培育期、延长花期、提高花卉品质等优点，为推动国内节水灌溉的发展提供技术支撑。

（于　谧）

【非开挖地下输水管道修复系统引进、研究与开发应用】　水利部“948”计划项目，由天津市水利科学研究院完成，2016年7月通过水利部“948”项目管理办公室验收。非开挖地下输水管道修复系统是天津市水利科学研究院引进加拿大LINK-PIPE公司先进的管道修复系统，主要由管道内窥检测仪（CCTV）、管道修复器及不锈钢发泡筒组成。通过引进该系统，掌握系统各组成部件的功能，了解各组件的工作原理，熟悉掌握整个系统的使用方法，并在消化吸收的基础上，对该系统管道修复器及不锈钢发泡筒进行国产化的研究开发，将自主研发的管道修复器及不锈钢发泡筒在地下输水管道修复中应用。引进非开挖地下输水管道修复装备，实现了无需人工进入管道，不必开挖管道，无需占用道路、阻塞交通、破坏绿地，给施工带来极大的便利，既提高劳动效率，又保证维修人员的生命安全，具有较高的经济和社会价值。（于　谧）

【微过滤机水处理系统的引进、研究与应用】　水利部“948”计划项目，2016年7月通过验收。项目引进德国贝尔芬格—帕萨旺公司微过滤机水处理系统，在原有动力驳船的基础上，按照微过滤机水处理系统的要求对船体进行改造和开发，研制出微过滤机蓝藻打捞船。蓝藻打捞船使用物理方法有效去除藻类，能够满足在河道、水库等区域移动作业的要求，可以去除水藻、净化水质，预防水藻的大面积爆发。微过滤机蓝藻打捞船是船舶工程和机械工程相互结合的工程产品，其关键设备包括船体和微过滤机水处理系统。该系统具有先进的精细筛网结构和自洁网技术，去除效率高、水处理能力大。由于该系统在水中具有良好的移动性，既可以用于全市水库、河道的水质净化，提升城市水环境，又可以应对突发水污染事件的紧急治理。（于 谧）

【环保型绿色植被混凝土技术在农村水利生态环境中的推广示范】 中央财政农业技术推广与服务补助项目，由天津市水利科学研究院齐伟主持完成，2016年7月通过市财政局和市水务局验收。通过采用无砂大孔混凝土工艺，将混凝土孔隙率控制在30%以上，满足植被根系生长的需求。同时，通过低碱水泥和粉煤灰的使用，将混凝土孔隙表面的pH值降低到8.0以下；通过添加保水剂和缓释肥料，满足植物保水和养分的要求；通过添加有机增强剂提高砌块的强度，满足植被生长的要求。项目通过试验优化了环保型绿色植被混凝土水泥、石子、外加剂、填充材料等参数，采用一次成型技术，改进了环保型绿色植被混凝土的生产工艺，提高了生产效率，降低生产成本。环保型绿色植被混凝土可广泛应用于景观河道、湖泊、水库、行洪河道的护坡工程、高速公路隔离带及边坡防护、小区道路绿化及停车场绿化等水利、市政建筑工程中，具有砌筑锚固力强、防水冲刷作用强、固坡效果显著、绿化、美化环境、修复生态的功能。同时其造价较低，生产工艺简单，施工方便，具有较强的技术优势。

（于 谧）

【井灌区IC卡农业灌溉智能控制系统】 市水务局科研项目，由天津市水利科学研究院王剑波主持完成，2016年7月通过市水务局验收。项目研制出1套井灌区IC卡农业灌溉智能管理控制系统。系统由上位机、下位机、非接触IC卡组成。开发系统的应用控制软件，形成功能齐全、性能可靠、管理方便的样机产品。上位机主要负责梯级水价设置、IC卡发售、充值、退费和用户信息维护；下位机是整个系统的核心控制部分，包括水资源控制器、控制柜和脉冲水表，实现刷卡启泵取水消费、用户卡识别、用户用水信息储存等功能。水资源控制器和脉冲水表均安装在控制柜中，柜体直接安装在井口处，露天放置，不需要井房。产品实现了用水自动计量、定量灌溉和先收费后用水的管理模式，提高了农业用水管理水平及工作效率，具有较强的实用性和推广价值。

（于 谧）

【农用灌溉插入式流量计的研发】 市水务局科研项目，由天津市水利科学研究院田家宾主持完成，2016年3月通过市水务局验收。项目以模拟实际农业灌溉现场管道为背景，分别从插入式电磁流量计的传感器流场分析与计算、传感器设计以及转换器设计等方面进行研究。课题采用CFD技术对插入式电磁流量计传感器的物理模型进行建模，研究传感器与电极周围的流场情况和传感器的绕流情况及其表面形成的边界层，为选择最佳传感器的模型设计方案提供依据和建议；针对农业机井控制计量系统使用小口径管道的特点，对插入式流量计的传感器进行重新设计，在尽量提高精度的前提下，改变传感器的结构，传感器外形结构采用水滴形介质结构，以减小传感器插入管道内部占用的截面积；转换器设计支持485串行通讯、脉冲输出，采用仪表放大器作为信号放大转换的核心电路，转换器协议支持同机井控制计量系统通讯。农用灌溉插入式流量计的研发，解决了国产插入式流量计无法在小口径管道上使用的瓶颈，为国内用户提供了一种新的产品，同时农用灌溉插入式流量计还具有安装维护方便、价格低廉、技术先进等特点。

（于 谧）

【农业灌溉智能化计量控制系统应用示范】 天津市财政局农业科技推广示范项目，由天津市水利科学研究院王剑波主持完成，2016年7月通过市水务局验收。项目通过安装农业智能化计量控制设备，实现用水的自动计量和收费管理、地下水变化的动态监测、定额定量灌溉，通过经济杠杆的调节作用，提高节水管理成效，为全市地下水计量灌溉起到示范带动作用。示范区实施计量节水灌溉技术后，节水效果显著，灌溉时，只需打开出水口，使用IC卡启动水泵即可进行灌溉。井灌区农业用水计量管理系统的研制和推广应用，为全市井灌区地下水灌溉管理提供良好的示范样板作用，使项目区农业灌溉用水管理上升到一个新的水平。　　　　　　　　　（于　谧）

【农业节水灌溉工程微润灌溉技术示范推广】　为天津市农业科技成果转化资金项目，由天津市水利科学研究院郝志香主持完成，2016年7月通过市水务局验收。微润灌溉是一种新型地下微续节水灌溉关键技术，是用微量的水以缓慢渗透方式连续向土壤给水，使土壤保持湿润的一种新型地下灌溉方式。将半透膜技术原理引入灌溉领域，用半透膜的透水原理拟合生物半透膜的吸水过程，创造了除浇灌、喷灌、滴灌等间歇式灌溉方式之外的一种新的节水的灌溉方式，首次实现对作物的全生命期进行连续灌溉，并解决了沙化土地灌溉水分大量渗漏损失和根区不能存留有效水分两大难题。系统不含动力设备，结构简单，运行的驱动能量为水位能和土壤势能，使系统和运行成本大大降低，替代滴灌、渗灌、喷灌技术用于农业生产，不仅使正常的农业灌溉节省运行费用，同时也方便偏远荒漠地区的使用，从而为发展节水农业和生态恢复治理提供一种新的技术手段。

（于　谧）

【渠灌区综合节水灌溉新技术推广应用】　中央财政农业项目，由天津市水利科学研究院李娟主持完成，2016年7月通过验收。项目集成大口径塑料管道输水技术、新型玻璃钢给水栓、竖井式潜水泵站、农业灌溉用水计量控制系统、田间灌水技术等多项节水技术，提出渠灌区灌溉计量的2种工程模式，第一种适用于200亩以下灌溉单元，用水计量到户，为“潜水泵泵站+IC卡计量控制柜（配套电磁流量计）+大口径管道输水”模式。第二种适用于200亩以上灌溉单元，用水计量到泵站，为“混流泵泵站+计算机计量控制管理系统（配套超声波流量计）”模式。通过集成示范，实现工程节水、管理节水和田间节水的综合节水目标。项目进行玻璃钢给水栓、计量控制管理系统的田间应用考核以及田间综合节水灌溉技术应用效果监测，开展灌溉水利用系数和灌溉制度试验。通过试验，对渠灌区综合节水灌溉新技术示范工程的节水效果作出评价，并提供与之相适宜的田间节水灌溉措施。该项新技术的推广应用，有利于缓解农业水资源短缺，改善水利基础设施条件，提高灌溉管理水平。

（于　谧）

【新型渗灌管的研制及其性能研究】　市水务局科研项目，由天津市水利科学研究院焦丽娜主持完成，2016年1月通过验收。项目主要从4个方面研究新型渗灌管的研制及应用：①渗灌管配方研究：选用不同塑料、不同程度的橡胶粉及多种助剂，研究出不同性能的渗灌管系列配方。②渗灌管工艺路线研究：研究不同工艺路线对制品质量、劳动强度、制品成本的影响，确定现阶段可行的工艺线。③渗灌管工艺条件研究：研究各工序的温度、速度、压力、时间等工艺条件，优化出现阶段实用的工艺条件。④性能测定：成型的渗灌管性能测试主要包括微孔的分布及孔径的扫描电镜观察、渗水量随时间的变化、渗水量随压力的变化、渗水量沿管长度方向的变化、间隔渗灌时的渗水量变化以及拉伸和压扁力学性能的测试。新型渗灌管利用废旧轮胎加工成橡胶粉为主要原料，生产过程无有毒有害气体及水污染。橡塑渗灌管的研制和开发成功既是废旧橡胶有效利用的典范，又是对农、林业节水灌溉的新贡献，实现“资源再生”“节水工程”与“环保工程”的有机统一。　　　　　　　　　（于　谧）

【天津城市水源地水质脆弱性研究】　市水务局科研项目，由天津市水利科学研究院董立新主持完成，于2012年6月启动，2016年5月通过市水务局验收。项目在天津城市水源地水量、水质、污染状况调查的基础上，通过水质变化规律分析、入库污染特征分析、水源地威胁识别、水源地水质脆弱性评价指标体系构建、脆弱性评价方案与流程确定、脆弱性指数计算等手段，对天津市城市水源地进行了水质脆弱性评价。项目分析了水源地水质变化规律，提出主要的水质影响因子，对水源地污染源进行分析。通过对水源地系统各种可能影响因素的分析识别，以水源地水质的主要威胁因子为基础构建威胁树，并选取其中的关键因子，形成四级的天津城市水源地水质脆弱性评价指标体系。项目通过对各种方法的研究比较，确定基于加权求和的综合指数法作为天津市城市水源地系统水质脆弱性评价方法，建立脆弱性评价的基本流程。该项目可为天津市水源地水质安全保障提供技术指导，为水源地保护管理部门提供决策依据。（于　谧）

【天津市海水淡化产业政策研究】 市水务局科研项目，由天津市水利科学研究院韩旭主持完成，2016年5月通过市水务局验收。项目对天津市淡化水产业情况进行调研，主要内容包括：淡化水厂现状及未来规划情况、滨海新区淡化水供水管网情况和淡化水供水管网情况、沿海地区社会经济发展现状和规划发展情况、供水企业和用水户需求情况等。按照《海水淡化产业发展“十二五”规划》，在沿海缺水地区，结合电力、冶金、石油和化工等行业的企业新建和扩建项目建设海水淡化工程的思路，结合天津市引滦、引江及淡化海水多水源供水条件，研究不同时期全市海水淡化水的需求量和需水格局。项目结合天津多水源供水的实际情况，构建海水淡化水的水价模型；通过该模型确定出海水淡化水合理采购价格；预测多水源条件下城市供水水价未来的变化趋势。结合研究得出的不同受水区域的需水量以及淡化水的制水、供水成本，研究未来不同时期发展海水淡化水的适宜规模，并分别确定工业用户和民用用户的海水淡化水用量。项目根据天津产业布局现状及规划，通过上述模型优化海水淡化水给各区域供水的成本，进而确定建设海水淡化水厂适宜的空间布局、产量和供水范围。

（于　谧）

【天津水利科技管理与成果推广平台研究】 市水务局科研项目，由天津市水利科学研究院夏中华主持完成，2016年7月通过验收。建立天津市科技管理工作的网上管理协作平台，实现天津市水务系统科研项目的立项申报、合同管理、中期管理、验收管理等业务过程的流程化操作；建立天津市水利科技成果推广平台，提供信息发布、成果展示推广、供需信息交流的功能，为广大科技管理人员、科研工作者和应用人员互相进行网络交流和沟通，搭建可以利用的工具和桥梁；项目建立天津水利科技成果信息和项目管理数据库，实现天津水利科技成果推广信息的统一管理，提供科技成果和推广信息统一发布、交流、检索、查询平台；建立项目管理的流程化和文档管理，可以对科技项目进行全程动态、统一的管理，便于多种角色的协同工作，提高效率。项目采用.Net框架、MS SQL Server数据库系统和Web技术开发的适合多用户在线沟通和交流网络服务系统，架构合理、技术先进、运行稳定、操作简便，满足实际工作的需要。利用业务管理平台，实现各相关部门协同办公，提高业务处理效率，利用统一的信息门户，为用户提供跨时空、便捷的事务办理渠道。（于　谧）

【漳河上游降水径流形成及演变规律研究】 水利公益性行业科研专项经费项目，由水利部海河水利委员会漳河上游管理局水文水环境中心主承担，河北工程大学、河海大学协作完成，2016年7月通过水利部国际合作与科技司验收。项目分析流域下垫面的变化，定量分析径流变化的归因，揭示漳河上游降水径流演变规律及时空变异特征；探究典型区域地下水补、径、排关系，分析雨洪资源对地下水补给的可行性；评估漳河上游现状水资源量，构建水资源配置模型，提出不同情景的流域水资源配置方案。项目研究成果在海河流域漳河上游年度水量调度中得到应用，为漳河上游水资源配置与管理提供了技术支撑。

（杨　婷）

【海河流域骨干入海尾闾数字河流模型技术研究】 水利公益性行业科研专项经费项目，由河海大学主承担，南京水利科学研究院、水利部海河水利委员会科技咨询中心、水利部海河水利委员会水利信息网络中心协作完成，2016年11月通过水利部国际合作与科技司验收。项目开展地面沉降条件下数字地形模型构建管理和洪水、潮汐、闸坝调控共同作用影响研究，构建多因素作用下水沙耦合模型；进行多尺度水沙模型中桥梁对河道行洪的累积影响模拟技术研究与计算；研究揭示入海尾闾河道地面沉降后的行洪能力、泥沙冲淤变化规律以及涉河建筑物洪水影响程度；建立适合海河流域骨干入海尾闾水沙特性的水沙耦合模型；开发基于WebService水沙数学模型调用接口，扩大成果应用范围。项目开发的数字河流平台在海河流域永定河泛区、文安洼、贾口洼等主要蓄滞洪区预报方案、漳卫南运河洪水风险图编制中得到应用，具有较好的推广应用价值。

（杨　婷）

【VOC和水中油监测系统】　水利部“948”项目，由海河流域水环境监测中心完成，2016年7月通过水利部验收。项目引进英国的Modern Water公司Multisensor 1200 VOC和水中油监测仪1台，在密云水库入库控制断面古北口建成VOC和水中油在线监测系统1套，提高密云水库VOC和水中油动态监测与预警能力。项目完成引进系统的消化吸收，编译设备使用手册，开展VOC和水中油监测系统性能测试及监测参数指标相关研究，实现与已建在线水质监测系统的整合，为系统掌握密云水库VOC和水中油来源范围提供可靠依据。项目在古北口建成水质在线监测示范点，为已建成自动监测站扩展参数及新建自动监测站参数选择提供借鉴。（杨　婷）

【高效固化微生物综合治理河道污水技术的示范与推广】　水利部科技推广计划项目，由水利部海河水利委员会漳卫南运河管理局水文处完成，2016年8月通过水利部国际合作与科技司验收。项目在漳卫南运河四女寺枢纽附近河道进行高效固化微生物技术推广应用，综合应用Bpa-1017微生物净水剂、Bacto-Zyme 1011生物复合酶，水下森林、Aefi-303纳污生态浮岛以及人工曝气等技术，处理河道污水302.64万立方米，处理后的水质指标氨氮≤1.5毫克/升，总磷≤0.3毫克/升，高锰酸盐指数≤10毫克/升，符合地表水Ⅳ类标准，降低污水处理成本达20%以上。项目形成一套适合漳卫南运河流域特点的生物——生态修复治理技术，为海河流域水资源保护和水生态修复提供示范和借鉴。

（杨　婷）

【饮用水源保护生态修复成套关键技术合作研究】　国家国际科技合作专项项目，由海河流域水环境监测中心、天津大学、天津市水利科学研究院、河北省水利科学研究院、天津农学院和法国水资源国际办公室、塞纳河环境研究跨学科项目组、艾斯卡内特公司合作完成，2016年7月通过科技部验收。该项目是落实中法海河流域水资源综合管理项目合作的重要行动。项目引进并合作研究生物监测预警技术、开发外源污染氮磷营养盐控制技术、探索蓝藻暴发应急处置技术、构建水源地生态系统修复技术，整合形成治理—修复—预警—应急处置四位一体的饮用水源保护成套关键技术，提升海河流域饮用水源保护和生态修复水平。项目研究成果在天津市于桥水库、中国水利水电科学研究院水环境研究所、上海市海洋环境监测预报中心、水利部中国科学院水工程生态研究所得到应用，对其开展蓝藻暴发预测、生物监测与评价、水生态修复、蓝藻处置和水资源保护与管理工作具有借鉴和参考价值。

（杨　婷）

电　力

【方舱式移动储能系统提升风电场调控技术研究及工程示范】　由天津拓鑫储能设备科技有限公司、中国电力科学研究院、天津力神电池股份有限公司、国网冀北电力有限公司承德供电公司李建林、程伟、侯小贺、谢志佳、游峰、程岗等完成，获2016年度天津市科技进步二等奖。该项目以甘肃酒泉干河口地区某48M风电场为依托，以方舱式移动电池储能系统及超级电容储能系统储能为对象，系统研究储能在风电场中的应用模式、接入方案、配置原则和控制策略，并进行工程示范。项目以功率型储能为载体，提出兼顾双馈风电机组暂态支撑能力及抑制机端电压快速波动的控制机理；提出具有自均衡能力的双DC/DC模块级联结构，开发了用于双馈机组变流器直流母线的超级电容储能系统；开发了长寿命、抗腐蚀、抗盐雾、高载荷的移动储能系统用玻璃钢方舱，实现了通风阻沙零功耗；提出集成功率型和能量型储能系统多时间尺度应用模式和控制策略，建立风储一体化调度管理平台。研制的超级电容系统具备自均衡能力，电压控制误差小于2%，应用后机组可在0.75倍额定电压下持续运行5秒；开发的电池储能系统效率达到95.1%、出力误差小于1%、充放电转换时间小于91毫秒、总谐波畸变率小于3%；储能与风电集成系统的出力波动率降低为3%每分钟、6%每10分钟，功率响应时间小于120秒，同时具备频率响应能力；40英尺非金属方舱设计载荷达到了55吨，舱内外通风率达到52%，阻沙率大于99%，环境适应性温度—41℃~50℃。该项目研究成果已推广应用于国内相关公司的产品研发和工程建设中。

（天津拓鑫储能设备科技有限公司）

【国网天津市电力公司】 国网天津市电力公司（简称国网天津电力）隶属国家电网公司，负责天津电网规划、建设和运营，致力于为经济社会发展提供安全、经济、清洁、高效的电力能源供应。2016年，完成夏季达沃斯论坛等107项重大活动保电工作，首次进入全运会国家大型活动保障核心指挥机构。电网经受1392万千瓦历史最高负荷考验，全年没有发生7级及以上安全事件；连续11年实施“天津电力心连心工程”；依托“互联网+”技术，推广“掌上电力”等线上服务渠道，打造全国首家以电为中心的“绿色复合型能源网”；完成62个小城镇（中心村）电网改造和武清1万户“煤改电”配套电网建设，电采暖供热面积达到170万平方米；加快布局公用充换电设施建设，基本建成区域内5公里充电服务网络；“多表合一”建设纳入《天津市“十三五”能源发展规划》；完成40个保障房项目电力配套建设以及海河口泵站、3个全运会场馆等市重点项目送电；积极履行社会责任，蝉联6届城市民生贡献奖，为天津经济社会发展和美丽天津建设作出贡献。

（王　媛）

【绿色发展，实现节能环保】 2016年，神华国能集团有限公司天津大港发电厂绿色发展，扎实做好全范围、全时段超低排放工作，全年实现环保安全“零事件”。完成大港油田等单位2016~2017年度供热任务，累计供热量479万吉焦。完成3、4号机组供热改造，成功对大港城区规模供热，4台机组全面实现热电联产，总供热能力达到2059万平方米（3549吉焦/小时）。高品质完成3、4号机组通流改造，顺利完成脱硫事故浆液箱改造，全力推进脱硫废水零排放与煤场封闭项目，进一步深化绿色发展成果。在中国节能协会主办的“电力、热力行业节能环保双百强评价”活动中，被授予第一届“电力行业节能环保百强企业”荣誉称号。

（李　轩）

【天津华电福源公司】 天津华电福源公司（以下简称“福源公司”）主要满足武清开发区、商务区及部分城区对采暖、电力、集中制冷、工业蒸汽及生活热水的需求，项目配套建设冷、热管网，最大供热能力为205MW，最大供热面积540万平方米。2016年，福源公司围绕效益关键点进行创新创效，助推创新成果向生产力转化。“多维度岗位AB角管理机制的创新实践”课题获集团公司管理创新三等奖，“燃机发电企业技能人才培养模式的创新与实践”获全国电力企业国家级管理创新论文大赛三等奖，“缩短PG9171E型燃机进气滤芯结露时间”“降低危险气体检测系统故障次数”2项QC成果分获全国水电质协二、三等奖，“燃机便拆式初滤装置”获华电集团第五届青年创新创效铜奖，“降低危险气体检测系统故障次数”获华电国际第三届青年创新创效铜奖。

（姜钧严）

港　口

【面向多级智能闸口的集装箱协同作业关键技术及其智能装备】 由天津五洲国际集装箱码头有限公司杨志新、张弼、褚双英等人完成，获2016年中国港口协会科学技术二等奖、2016年度天津港集团科技进步一等奖。该项目设计多级闸口协同作业调配工艺模式及其集装箱港口协同作业综合管理系统，开发前置闸口自助设备、集装箱业务预约自助设备、自动化轨道吊、多级闸口无线传输、手机3G终端、集装箱箱型识别与验残等智能作业装备及其系统，并提出基于物联网的集装箱协同作业体系架构，形成系统接口中间件、集卡自动诱导、轨道吊智能作业、一体化管控等集装箱码头智能作业的关键技术，实现信息技术、智能技术与港口作业的深度融合与集成，有效提高了港内作业效率，降低了港内外交通拥堵。

（冯绍峰）

【堆高机航运作业智能管控系统】 由天津港欧亚国际集装箱码头有限公司宋天威、张玉柱、李峰等人完成，获2016年中国港口协会科学技术三等奖、2016年度天津港集团科技进步二等奖。为了使物流业务设备资源与码头业务设备资源统一利用，优化码头与物流设备使用模式，急需采用转场速度快、效率高、灵活且资源消耗相对较少的堆高机设备参与码头航运装卸。堆高机航运作业智能管控系统的上线，在生产繁忙时段可大大缓解机械紧张的情况，提高收提箱的作业效率，减少外拖车待时资源消耗和费用及等候时间，进而减少外拖车的资源消耗，提高对外服务的同时减少污染排放。该系统的上线，即满足航运流机单独作业又可实现机械混合作业要求，填补了天津港码头装卸生产指令对堆高机作业控制的空白，可满足公司装卸生产作业模式向多元化发展的需要。

（冯绍峰）

【轻型门座式起重机的设计与应用】 由天津金岸重工有限公司李晓、刘峰、郭凯丰等人完成，获2016年中国港口协会科学技术三等奖、2016年度天津港集团科技进步二等奖。该项目研制的30吨-35米/60吨-25米单臂架门座式起重机是在较高的基础上，通过先进的计算方法、设计方法、制造手段和工艺手段，研制的性能更好的新型港口机械，特别适于中国的国情，具有投资少、见效快、回报率高、用途广、适应性强等优点，可广泛应用于各类港口的通用码头上。不仅可以提高国内轻型化港口装卸机械的设计与制造水平、满足国内用户的需求，还可以更多地占领世界市场，有利于促进国内港机工业的健康发展，具有良好的市场发展前景和推广应用价值。

（冯绍峰）

【天津港设施维护管理智能化综合平台开发与应用研究】 由天津港（集团）有限公司、交通运输部天津水运工程科学研究所张建国、张天华、陈艳萍、李强等人完成，获2016年中国港口协会科学技术三等奖、2016年度天津港集团科技进步二等奖。该项目根据天津港港口设施分布及设施维护管理的特点，以天津港设施管理服务公司及其下属8个业务部门的设施维护管理工作为业务流程，综合运用数据库技术、地理信息技术构建现代化的港口设施维护管理平台。平台建设设施综合台账管理、秋检管理、动态管理、地理信息系统、视频监控管理等功能。平台在交通运输部《港口设施维护管理规定》和《港口设施维护技术规范》的基础上设计开发建设。项目成果包括：①编制《天津港设施维护管理总体数据规划》，数据规划成果可以用来指导天津港设施维护信息化智能化建设和全港设施数据资源开发。②建立统一完整的天津港设施维护管理数据库，为天津港设施维护技术档案管理、设施维护秋检数据管理、设施维护动态数据管理、设施地理信息系统管理提供数据支撑。③开发完成天津港设施维护管理智能化综合平台，提升天津港设施管理信息化、智能化水平，提高设施维护效率和精准性，为港口正常生产经营活动提供保障。

（冯绍峰）

【场桥低滑触线自动转场技术开发与应用】 由天津港联盟国际集装箱码头有限公司付强、刘杰强、曲明等人完成，获2016年中国港口协会科学技术三等奖、2016年度天津港集团科技进步二等奖。该项目是RTG（轮胎式集装箱龙门起重机）的“油改电”改造工程。天津港联盟国际码头ERTG使用的低架滑触线供电系统，采用wampfler固定式取电小车，人工拔插方式进行电源转换，该转场方式存在如下缺点：①占用大量人力资源。②电源转换作业时间长，作业效率较低。③存在安全隐患。④雷暴、雨雪天气不能插拔电操作。⑤等待插拔电期间场桥耗费大量资源造成浪费和空气污染。为弥补手动转场方式存在的缺陷，该项目进行了场桥自动转场的改造。完成全部的33台场桥和48块作业场地的改造，改造后的RTG进出场地完全通过司机在司机室进行取断电操作，无需其他人员辅助，并且可以全天候运行。电源转换效率提高，压缩场桥转场时间，进一步降低成本，减少空气污染。

（冯绍峰）

【应用红外光谱研究港机发动机油衰变的特性规律】 由天津港第五港埠有限公司张凤强、张文渤、安志家等人完成，获2016年度天津港集团科技进步二等奖。项目应用红外光谱油品分析技术能快速准确地定性、定量分析润滑油在用油中的氧化物、硝化物、添加剂降解产物以及其他污染物，进而实现对润滑油在使用过程中衰变情况的快速、准确、全面监测。发动机是港口机械的心脏，发动机润滑油保证了发动机的平稳工作，合理更换发动机油是延长发动机寿命的关键。通过使用红外光谱可了解发动机油氧化、硝化、积炭、燃油稀释及油品中添加剂的消耗等各项指标的变化情况，在发动机油使用衰变中找寻出各项指标正常的衰变范围，通过大量的数据积累制定出指标的界线值，指导发动机油的更换，达到延长发动机寿命的目的，为设备维保提供可靠的理论依据。针对港机发动机润滑油的衰变规律进行研究具有十分重要的意义。

（冯绍峰）

【干散货装卸作业码头智慧型运营模式建设】 由天津港焦炭码头有限公司刘志江、李洪建、王晨等人完成，获2016年度天津港集团科技进步二等奖。该项目以信息前沿技术为突破口，攻关自动过磅、智能卡口、3D轨迹、数据无线回传、生产系统和办公系统整合、环保作业模块以及企业自有系统的整和，实现出入口无人值守，无需停车领取纸质行车凭据，节约资源，促进环保，从而加快装卸车辆在港区闸口的通行速度，同时提高工作效率，增加港口吞吐量。实现无人管理、自动重量采集，规范操作流程，提高生产效率和管理水平。该项目在焦炭码头试运行取得了良好的效果。主要有如下几点：①降低成本，减少不必要操作人员，减少作业机械等待分配时间，减少业务处理时间。②提高作业效率，提高码头吞吐量，提高费效比。③运行可视，以轨迹追踪、图形化管理实时监控业务运行状态。④安全控制，以预警机制实现货场安全、操作安全和人员安全。⑤客户满意，提高服务效率，减少客户等待时间，提供高水平的客户服务。⑥增加效益，以简约的方式去赢取更大的利润，大幅度提高公司效益，年综合效益在232万元以上。

（冯绍峰）

【场桥电瓶转场系统】 由天津港联盟国际集装箱码头有限公司付强、刘杰强、曲明等人完成，获2016年度天津港集团科技进步三等奖。该项目是集装箱码头节能减排的重要组成部分，“油改电”后的场桥在转场或过街时仍然需要柴油发电机组作为工作动力源。在作业过程中，一方面，RTG各机构频繁启、制动，柴油机需要在载荷频繁突变的工况下工作，柴油发电机不仅排出大量的废气污染环境，其噪声对周围环境也产生极大的影响；另一方面，专业化集装箱码头工作极其繁忙，RTG消耗大量的燃油，在燃油价格不断走高的形势下，能源消耗使得码头运营成本大大增加。改造后的场桥能够实现低能耗、环保的转过场作业。转场时，该系统使用电池作为动力源，向轮胎吊大车及整机辅助设备提供动力；作业和空闲时（市电状态）对电池组进行充电。项目实施后降低了生产成本，并且彻底消除发动机组的噪声，实现“零排放”，改善了员工的工作环境，同时可以减少转场过街时间，提高操作效率。

（冯绍峰）

【分布式光伏发电系统的研究及其在港口的应用】 由天津港联盟国际集装箱码头有限公司付强、李勋、安国利等人完成，获2016年度天津港集团科技进步三等奖。该项目总投资约73.5万元，占地面积约360平方米。由160块多晶光伏组件组成，单块功率为250瓦，总装机容量40千瓦。光伏电池板所发电能经2台20千瓦三相光伏逆变器调压整流后，通过交流配电柜接入总配电箱向用电设施供电。监控系统采用信息化技术进行基础信息的采集，对分析供电设备的标准化管理提供支持。该光伏发电系统与传统的火电厂相比其节煤、节能环保效益非常可观。分布式光伏发电系统的运行与建设绿色低碳港口的形势相符合，是运用自然能源在码头能源管理中的一项新突破，且天津港土地资源丰富，地理位置优越，自然日照条件充足，非常适合光伏发电系统的建设使用，前景广阔，具有较强的推广价值。

（冯绍峰）

航道与水运

【大型石油化工码头重特大事故风险识别理论与方法研究】 由交通运输部天津水运工程科学研究所 戴明新、白景峰、洪宁宁等完成，获2016年度天津市科技进步三等奖。该项目对大型石油化工码头（以下简称“石化码头”）重特大事故风险识别理论和方法进行研究，提出适用于大型石化码头重特大事故风险辨识的方法体系。基于层次分析法开展综合安全评价，选取具有代表性、可比性的风险评价指标，构建风险评价指标体系，为石化码头总体安全性评价提供方法。研究成果为大型石化码头的事故风险辨识和防范提供技术支撑，指导大型石化码头安全生产管理工作。主要研究内容如下：①在对不同石化码头作业流程调研和国内外重特大事故原因、特点和影响研究基础上，开展石化码头重特大事故风险源识别方法研究，建立石化码头重特大事故风险体系模型。②对油气储运行业和石化码头重特大事故频率进行分析，对泄漏、扩散及火灾爆炸等事故原因进行分析，研究事故发生概率预测方法和重要数据，建立适用于国内大型石化码头重特大事故概率的预测方法，并对事故后果进行研究。③构建层次评估指标体系，确立评分标准，为石化码头系统安全评估提供依据。④对石化码头应急救援的特点、基本任务、监管、组织机构、应急响应模式、应急预案编制框架、应急能力评估方法开展研究。提出石化码头重特大事故的处置要点和应急措施，为石化码头安全和事故风险管理提供参考。该项目研究成果已在营口港鲅鱼圈港区A港池1、2号泊位成品油及液体化工品码头项目中进行示范应用，取得良好效果。

（交通运输部天津水运工程科学研究所）

【海岸与河口潮流泥沙模拟技术规程】 由交通运输部天津水运工程科学研究所、水利部交通运输部国家能源局南京水利科学研究院、中交天津港湾工程研究院有限公司杨华、李孟国、徐群、陈国平、李华国完成，获2016年度天津市科技进步三等奖。交通运输部1998年发布、1999年实施的《海岸与河口潮流泥沙模拟技术规程》（JTJ/T233-98）和2010年发布实施的修订版《海岸与河口潮流泥沙模拟技术规程》（JTS/T 231-2-2010）（简称《规程》）由交通运输部天津水运工程科学研究所主持制定、修订而成，其作为国家行业标准，对海岸河口潮流泥沙模拟工作起到了很好的指导和规范作用。《规程》（JTS/T 231-2-2010）包括总则、术语、基本规定、潮流定床物理模型试验、潮流泥沙物理模型试验、波浪潮流泥沙物理模型试验、波浪沿岸输沙物理模型试验、平面二维潮流泥沙数值模拟、三维潮流泥沙数值模拟、平面二维波浪潮流泥沙数值模拟、波浪沿岸输沙数值模拟等章节。《规程》（JTS/T 231-2-2010）对《规程》（JTJ/T 233-98）进行修订、补充和完善，删除其中的河口入海船闸模型试验等章节，增加了波浪潮流泥沙物理模型试验和波浪潮流泥沙数值模拟2个章节，共有8项（套）模拟技术。《规程》（JTS/T 231-2-2010）制定了拥有自主知识产权的海岸河口潮流泥沙成套模拟技术和方法，体系完整，内容全面，可操作性强，填补了国内水运工程相关标准的空白。《规程》在天津港、上海洋山港等大型港口规划建设及其他各种海岸河口工程的潮流泥沙模拟中得到应用，经济和社会效益十分显著。

（交通运输部天津水运工程科学研究所）

【辐射沙洲海域离岸岛式LNG接卸港建设关键技术研究】 由中交第一航务工程勘察设计院有限公司、南京水利科学研究院、中石油江苏液化天然气有限公司、中交第二航务工程局有限公司和交通运输部天津水运工程科学研究所共同完成，刘红宇、季则舟、杨长义、陆培东、刘进生、赵冬梅、马铁轮等为主要完成人，于2016年8月通过中国水运建设行业协会鉴定，获2016年度中国水运建设行业协会科学技术奖二等奖。该项目依托工程实际，针对中国苏北辐射沙洲海域海洋动力强、滩槽演变复杂等建港难题，通过现场实测、理论研究、数值模拟和物理模型试验等手段，研究辐射沙洲南部海域演变规律、建港条件、港口平面布置及港口水工建筑物设计等关键技术。该项研究的主要创新成果为：①通过“水道—沙洲”稳定性的系统研究，揭示辐射沙洲海域滩槽演变特征和趋势，论证烂沙洋北水道深槽利用的可靠性和西太阳沙洲的稳定性，得出在该辐射沙洲海域能够建设大型海港的宏观结论。②开展动力泥沙环境和滩槽演变趋势研究，提出与自然环境相适应的港口布置原则和形式，突破建港禁区，成功在南通辐射沙洲海域建设大型LNG接卸港。③揭示风暴潮作用下辐射沙洲泥沙运动规律及对人工岛稳定性影响，提出人工岛和码头平立护结合、预留备冲深度及适时后防护的水工结构防冲刷体系设计，保障工程的安全稳定。④利用海域潮差资源，构建乘潮航道与应急内锚地组合的LNG码头水上通道模式，保障LNG接卸港的安全运行。⑤实践在离岸大潮差、恶劣海况条件下浅水沙洲上建设人工岛，形成辐射沙洲成岛施工特色技术。该成果应用于南通港洋口港区总体规划、江苏LNG项目接收站码头和航道建设，经济和社会效益显著，在类似辐射沙洲海域具有较好的推广应用前景。（韩瑞洁）

【高桩梁板结构码头等级提升改造关键技术开发研究】 由中交第一航务工程勘察设计院有限公司和天津港（集团）有限公司共同完成，刘晔、朱子平、王轩、张建国等为主要完成人，于2016年8月通过中国水运建设行业协会鉴定。该项目针对老旧高桩码头结构技术改造，提升靠泊等级的工程实际，开展码头前沿局部补桩加大型护舷技术、新建非独立靠船墩或加钢板桩技术、新增独立靠船墩技术、原位新建码头前桩台技术等关键技术研究，形成老旧高桩码头结构等级提升系列改造方案和设计方法。该项研究主要创新成果为：①通过现场静载试验及结构计算分析，提出老、旧码头结构承载力的控制标准，对老、旧码头按规范核算出的结构承载力作为改造后码头结构的内力控制标准。②研发出新建非独立靠船墩加板桩技术，通过在原连片式高桩码头前沿新建刚性连接靠船墩和打设水下低位钢板桩2个独立的结构，分别解决改造后大型船舶的靠泊和改造浚深后的整体稳定。③研发出新增独立靠船墩技术，新增结构承担全部靠泊船舶的作用力，原有结构只承担码头面工艺荷载，减弱对原有结构的作用力。④提出局部补桩加大型护舷的改造技术，通过在高桩码头结构段中间排架外挂可移动式大型护舷，利用其变形吸能特性，解决老码头前沿的浚深难题，保证码头结构的整体稳定，适应大小船型的靠泊。该成果应用于天津港15个项目31个泊位高桩码头结构等级提升技术改造工程，效果良好，经济和社会效益显著，推广应用前景广阔。（韩瑞洁）

【营口港鲅鱼圈港区30万吨级矿石码头工程】 由中交第一航务工程勘察设计院有限公司设计，祝世华、刘晔、赵晓岚等为主要完成人，获2016年度国家优质工程奖、全国工程建设项目优秀设计成果三等奖。该项目是营口港鲅鱼圈港区第一个30万吨级码头工程，为港区大型码头工程的开发提供良好的建设经验。该工程码头呈“一”字形，布置在一港池的南部，一港池建成多个泊位，码头及水域布置都较狭窄，码头建成后与东侧建20万吨级矿石码头衔接布置，共同作业，要求对码头岸线及水域进行合理的布置。该工程工艺系统包括码头卸船机系统和皮带机系统两部分，接卸的矿石可直取接入鞍本钢铁集团的皮带机系统，为其钢铁项目服务，也可接入20万吨级矿石码头工程的堆场系统，装车疏港。该工程充分利用既有码头、引桥、皮带机、转接机房。由于该工程码头需要与东侧20万吨级矿石泊位相接，且距离工程码头前沿线85米是防波堤，码头在结构选型及结构设计中充分考虑对相邻工程的影响，选用钢管桩桩基方案，码头上部结构为预制安装混凝土梁板结构，既保证工程安全又考虑与相邻工程的衔接，同时节省工程造价。该项目的建设投产有利于缓解营口港矿石运量迅速扩大和大型散货船舶密集到港的问题，进一步增强营口港接卸大型散货船舶的能力。

（韩瑞洁）

【唐山港京唐港区20万吨级航道工程】 由中交第一航务工程勘察设计院有限公司设计完成，季则舟、朱吉全、刘锦石等为主要完成人，获2016年度国家优质工程奖、全国工程建设项目优秀设计成果一等奖。该项目首次在粉沙质海岸建设20万吨级深水航道，开创在粉沙质海岸建设高等级航道的先河。通过采取现场观测、理论分析、数学和物理模型试验等多种手段，确定京唐港区海岸为细沙粉沙质海岸，并界定该海岸主要特征指标；揭示京唐港区海岸在风暴潮作用下存在复合沿岸输沙，其纵向及沿堤形成的强泥沙输移带以及附近浅滩泥沙二次起动输移是航道骤淤的主要原因；在沿海港口首次模拟较长水文年系列条件，揭示波浪潮流共同作用下细沙粉沙质海岸多年岸滩演变规律及其对航道骤淤的影响；提出细沙粉沙质海岸，在复合沿岸输沙条件下的航道防淤减淤措施和防波挡沙堤布置原则：①防波挡沙堤长度除应超过波浪破碎带以外，还应考虑细沙粉沙质海岸可能存在的复合沿岸输沙影响。②防波挡沙堤长度应结合泥沙淤积强度、通航标准、岸滩底质含泥量、工程投资等综合确定。③防波挡沙堤应采取出水堤与潜堤相结合方式，近岸段采用出水堤。④潜堤标高以阻挡底部高浓度泥沙、有效减低沿堤流和口门横流为准则。该项目创新性地提出适合于细沙粉沙质海岸的深水航道尺度确定方法。根据粉沙质海岸的泥沙运动特征，确定骤淤因素的通航标准，根据航道不同航段范围内的横流大小、回淤强度的差别，不同航段取不同参数进行计算，经济合理地确定航道主尺度，既保证船舶在风暴潮骤淤情况下的通航安全，又节约工程投资。（韩瑞洁）

【青岛前湾招商局国际集装箱码头工程（1#～3#泊位）】 由中交第一航务工程勘察设计院有限公司设计，祝世华、杨丽民、蔡波等为主要完成人，获2016年度全国工程建设项目优秀设计成果二等奖。该项目建设3个10万吨级集装箱泊位，泊位长度1210米，年通过能力为201万TEU。青岛前湾招商局国际集装箱码头工程为青岛前湾港区南侧岸线的起步工程，码头岸线为折线，陆域纵深小且狭长，根据条件，结合车流组织形式，对码头出入口进行合理布置，码头岸线的布置充分考虑濉湾河泄洪的需求。该工程装卸工艺采用“集装箱装卸桥进行装卸船作业、集装箱拖挂车进行水平运输作业、轨道式集装箱龙门起重机进行堆场区的集装箱拆码垛及装卸车作业、集装箱正面吊进行辅助作业”的装卸工艺模式，可提高堆箱能力，实现自动化，操作时更简单容易，更环保，作业成本（含维护成本）更低。堆场作业采用“不带外伸型轨道式集装箱龙门起重机”的形式，提高堆场的利用率，而且整机结构设计更为紧凑轻巧，节约成本，可防止走行机构的跑偏啃轨。码头结构采用沉箱结构，考虑码头合理的分段长度和沉箱的长宽比例，同时考虑施工预制能力， 确定沉箱尺寸。对沉箱内填料，分别计算填石和填砂对沉箱配筋的影响，结果填砂比填石配筋量小于10%，考虑当地砂源丰富且造价低，沉箱内采用填砂方式。根据工程区域地质特点和工程特点，后轨道梁基础采用回填地基处理方案，简化施工工序，加快施工进度。陆域形成根据陆域特点，采取分区处理的方式，采用回填法、冲填法、陆域回填法等多种方法，节约成本，加快施工进度。（韩瑞洁）

【超大型耙吸挖泥船研制及工程应用】 由中交天津航道局有限公司、中国船舶工业集团公司第七O八研究所、广州文冲船厂有限责任公司、中交天津港航勘察设计研究院有限公司、清华大学、天津大学、河海大学、江苏科技大学、石家庄强大泵业集团有限责任公司组织实施，顾明、田俊峰、王健、费龙、李晞、仲伟东、倪福生、李瑞祥、杨文等完成，2016年7月通过中国水运建设行业协会组织的鉴定，获2016年度中国水运建设行业协会科学技术特等奖。针对超大型耙吸挖泥船的总体性能、线型优化、结构安全、动力装置及系统配置、疏浚系统及设备配置等核心技术展开研究，采取理论研究、大比例尺模型试验、实船验证等多种研究方法，研制出亚洲第一艘超大型耙吸挖泥船“通程”轮（挖深85米、舱容18374立方米）和第二艘舱容最大的耙吸挖泥船“通途”轮（挖深90米、舱容20467立方米），填补了国内在超大型耙吸挖泥船设计建造和拥有量方面的空白，攻克了低功耗超大型耙吸挖泥船船型设计、高效大型泥泵设计制造、耙臂泵和舱内泵协同作业、系列化耙头设计制造、精确与高效疏浚集成控制系统等核心技术与关键装备。该成果创新点为：①首次研制适应于海上复杂作业环境的超大型耙吸挖泥船；提出大舱容小功率主机配置方案，采用“一拖二”动力模式、疏浚设备全电力驱动方式和能效管理系统，实现低能耗疏浚作业；应用高扬程大功率舱内泥泵和耙臂泵组合技术，解决高效和低能耗装舱的技术难题，在国内首次实现90米超大挖深；研发高效精确疏浚集成控制系统，提高疏浚作业自动化水平。②采用理论计算和物理模型试验相结合的方法，开发挖掘黏土、密实砂、硬质土、珊瑚礁等系列耙头，并形成耙头设计企业标准，实现超大型耙吸挖泥船系列化耙头的国产化。③针对超大型高效泥泵设计与制造难题，建立大比尺泥泵及管路输送实验平台，在国内首次进行模型泵泥砂试验，形成了高效泥泵的设计方法，研制出国内首台超大型耙吸挖泥船高效泥泵。④首创潮位实时推算、能效管理和自主疏浚分析技术，并集成水下三维土质剖面显示和疏浚控制系统，形成具有自主知识产权的精确与高效疏浚集成控制系统。该成果建造的耙吸挖泥船先后服务于国内多个重大港口航道工程，解决了天津港航道下层硬质粉土、盘锦港硬质黏土等疏浚工程中常规耙吸挖泥船挖掘与装舱效率低的技术难题。

（张亚楠）

【“机/船一体化”大型反铲挖泥船关键技术研究】 由中交天津港航勘察设计研究院有限公司、中交天津航道局有限公司组织实施，顾明、李瑞祥、王立强、罗刚等完成，2016年4月通过中国水运建设行业协会组织的鉴定，获2016年度中国交建科学技术进步奖一等奖。建立整套分析、计算与设计方法，掌握了“机/船一体化”大型反铲挖泥船在设计、建造和使用方面的关键技术，并对“津泰”轮实施改造。该成果创新点为：①建立“机/船一体化”大型反铲挖泥船各种工况下的力学、动力学模型，提出疏浚施工反铲机力学分析方法、反铲船稳定性核算方法、提船定位系统力学分析方法，采用系统设计方法优化了反铲机、船体、提船定位系统等设计，形成“机/船一体化大型反铲挖泥船设计关键技术”。②提出“单桩失效后船舶不倾覆”的设计理念，通过船体加宽、压载舱优化配置、设计钢丝绳尾端减载卷筒、钢桩结构优化、液压应急系统等措施，解决了提船钢丝绳断缆及造成船舶倾覆的安全风险问题。③提出“机/船一体化”大型反铲挖泥船液压系统设计方案，开发反铲船专用液压动力分配系统，采用了油路蓄能器、比例阀斜坡降零等技术，解决反铲船冲击载荷大，易造成液压系统油压流量不稳定、管路频繁爆管等问题。④研制“机/船一体化”大型反铲挖泥船疏浚监控系统，将水下三维土质模型及潮位实时推算技术嵌入反铲挖泥船疏浚轨迹与剖面显示系统，实现铲斗精确定位控制；研制反铲船船体一键自动升降系统、提船钢丝绳拉力监测装置；开发故障智能诊断系统。⑤针对“机/船一体化”大型反铲挖泥船的特点，编制了安全操作规格和操作手册。该成果已应用于潍坊港中港区航道工程、厦门海沧项目、南沙三期疏浚吹填项目工程。

（张亚楠）

【《疏浚与吹填工程施工规范》（JTS 207-2012）】 由中交天津航道局有限公司、中交天津港航勘察设计研究院有限公司、天津海事局、交通运输部天津水运工程科学研究院等单位组织实施，郭文伟、李素江、冯立新、裴文斌、万军、高耿明等完成，获2016年度中国水运建设行业协会科学技术奖三等奖。该成果是疏浚与吹填工程施工与设计单位多年生产实践的经验总结，是国内交通运输行业强制性标准，是港口航道疏浚与吹填施工的纲领性标准，体现了其通用性、普遍性和系统性。该成果创新点为：①将现代化的测量仪器、设备及技术手段应用于测量与勘察中，提高挖泥的精确性和有效性，减少废方，提高施工与工程质量。②对原《疏浚岩土分类标准》（JTJ/T320-96）中的土质分类标准进行重新划分。③改变挖泥船超深、超宽划分标准。④规定吹填区围埝施工方法及指标。⑤增加施工过程中环境保护的内容，提出疏浚与吹填工程中的环境保护措施。⑥将计算机、通信技术、互联网技术应用于施工现场的管理。⑦对挖泥船的分级标准重新进行规定，不同船型、不同级别船舶的适应范围也按新的划分标准制定。⑧增加施工中技术

参数测定的内容，加强施工中技术参数的测定和分析。（张亚楠）

【《水运工程测量规范》（JTS131-2012）】 由中交天津航道局有限公司、中国水运建设行业协会、中交上海航道局有限公司、中交广州航道局有限公司、中交天津港航勘察设计研究院有限公司、交通运输部天津水运工程科学研究院等单位组织实施，柳惠青、周泉生、李进军、周传琦、林风、刘念君、彭旭更、温令平等完成，获2016年度中国水运建设行业协会科学技术奖三等奖。该成果对《水运工程测量规范》（JTJ203-2001）版进行修订，重点增加了RTK测量、GNSS测高、多波束测深、水位推算等新技术、新设备应用方面的技术规定，是国内交通运输行业水运工程建设领域的强制性标准，是水运工程规划、设计、施工、验收、运营等全生命周期所应用的基础性标准，具有通用性、普遍性和系统性。该成果创新点为：①首次提出并论证“RTK三维水深测量”术语。②通过陆地RTK动态定位精度实验和水上RTK三维水深测量实验，验证RTK定位理论研究成果的可靠性，把RTK三维水深测量技术规定进行统一，并纳入行业标准，填补了国内水运工程测量规范的空白。③增补“RTK水位观测”“基于余水位订正的水位推算方法”“RTK三维水深测量”“多波束测深”“海洋磁力探测” 等新技术、新仪器应用方面的技术规定，统一了技术标准。该成果已广泛应用于全国的水运工程测量中。（张亚楠）

【有机污染土热解处置装备及施工工艺研究】 由中交天航环保工程有限公司、中交天津航道局有限公司、天津市疏浚工程技术企业重点实验室组织实施，胡保安、王琦、张城、王苗苗、杨彦超等完成，2016年4月通过中国水运建设行业协会组织的鉴定，获2016年度中国水运协会科技进步三等奖。该成果以武清环保项目为依托开展有机污染土热解处理试验，确定最佳工艺参数，对工程采用的热解装备进行工艺路线设计，研发新的配套设备，将有机污染土热解处理设备与尾气处理设备相互衔接匹配，获得有机污染土热解处置装备及施工工艺。参照《危险废物鉴别标准浸出毒性鉴别（GB 5085.3—2007）》规定的浸出毒性标准，证实处理后的土全部达到了设计规定的处理标准，热解处理后的污染土鉴别为非危险废弃物，可直接进行回填继续利用。（张亚楠）

【浅海吹填区木桩盖板结构荷载分级过渡保护海底管线施工工艺研究】 由中交天航港湾建设工程有限公司、天津大学、天津临港工业区开发有限责任公司组织实施，唐研、孙立强、宋俊强、谢卫东、胡军等完成，2016年5月通过中国水运建设行业协会组织的鉴定，获2016年度天津市科技进步三等奖、2015年施工企业管理协会科学技术二等奖。依托理论研究与现场试验结合，应用弹性地基梁理论和有限元模型分析等理论方法，对突变均布荷载作用下承载物体受力情况进行研究，总结形成一整套浅海吹填区木桩盖板结构荷载分级过渡保护海底管线施工工艺研究成果。该成果针对吹填对海底管线形成突变荷载的破坏类型，采用荷载分级过渡保护原理，设计荷载分级过渡的保护模型，采用弹性地基梁的“短梁初端参数法”对渤西管线的应力进行分析计算，并建立有限元模型计算验证，证明荷载分级过渡模型的合理性，进而设计施工工艺流程，设计具体分项施工方案，实现对海底天然气管线的有效保护。（张亚楠）

【抓斗挖泥船配整平器联合施工工艺研究】 由中交天津航道局有限公司上海分公司组织实施，佟振波、时广志、吴树奎等完成，2015年6月通过中国水运建设行业协会组织的鉴定，获2016年中国节能协会科技进步三等奖。通过理论分析与现场实际试验相结合的方式，提出解决航道末端泥层薄、开挖面积大、土质软硬不均、抓斗船效率低下等工艺，利用抓斗挖泥船与整平器联合进行施工，针对不同土质采用不同排斗法，在抓斗挖泥船船施工期间，利用停歇期间使用整平器根据铲高填低的原理，通过拖曳船的前进产生拖曳力，将欠挖部分削填至超深区域，削峰填谷，对抓斗挖泥船施工过的区域进行整平。该成果已应用于连云港10万吨级航道工程。

（张亚楠）

轨道交通

【KF6220轨道交通牵引变电所辅助监控系统】 由天津凯发电气股份有限公司、中铁第四勘察设计院集团有限公司王传启、黄维、张浩、张华志完成，获2016年度天津市科技进步三等奖。该系统在统一的软件平台上实现变电所内全部的辅助监视和控制功能，包括图像监视、安全防护、消防监控、门禁监控、照明控制、动力环境监控、防误操作、视频自动巡检、SF6泄露监测、光纤电缆测温等自动化功能，实现信息的统一采集、分布式传输、集成数据分析、一体化报警平台和可裁剪性应用，解决了既有分立自动化实现模式的“信息孤岛”的问题。该系统采用基于组件的C/S+B/S混合模式的体系架构，既能保证自动化系统的实时性和安全性，又具备完善的扩展性和数据一致性，便于实现远方调度的复视功能。灵活的可组态智能联动控制功能，通过工程组态，可实现现场设备操作联动视频、综自系统告警联动、消防联动等等，并可以根据变电所现场需要，完成自动的闭环控制和告警功能。采用IEC61850国际标准协议，实现现场传感器及其他自动化系统的“即插即用”功能。开放式体系架构实现多种自动化子系统的无缝连接。该系统已应用于郑徐客专、杭长线萧山段、北京地铁机场线、东莞市城市轨道交通R2线、北京地铁16号线及北京首都机场线等多条线路。

（天津凯发电气股份有限公司）

【天津市轨道线网李明庄车辆检修基地综合技术研究】 由铁道第三勘察设计院集团有限公司王玉敏、黄桂兴、薄海青等完成，获2016年度天津市科技进步二等奖。该项目对车辆检修基地进行综合研究，在国内外首次解决了车辆检修资源共享中接触网、接触轨2种车型兼容修的技术难题。依据天津轨道线网图，建立数学模型分析计算，研发出负责线网内4条线车辆厂架修的李明庄车辆基地，节约线网建设投资约10个亿。同步研发了多项环保节能型高新技术装备；创造2列位整列同步智能型起落车高效检修工艺，摒弃国内外车辆厂架修单元架车的传统模式，采用高速指令及浮点数运算，实现多种工作模式（单辆、3辆、6辆车）同步控制，实现整列智能型架车技术，检修效率大大提高，节省成本1600万元/年。创新国内外建筑单体最少的车辆检修基地，首次将建筑物集成为4个模块、7个单体，核减建筑单体13个，同时解决了建筑集成后通风、采光、消防等技术难题，节省建筑覆盖面积10880平方米，节约土地资源。该项目首次实现整列库内镟轮技术创新，提高了镟轮质量。研发洗车、淋雨一体化的“地铁车辆自动洗车设备”专利产品，解决了牵引小车作为动力时引起轨道开裂的难题。信号系统无线覆盖，车辆实时与地面通讯，自动完成在线性能测试、软件更新，保证安全运营。

（苏燕舞）

【天津地下直径线大直径盾构隧道建造关键技术研究与应用】 由铁道第三勘察设计院集团有限公司张继清、唐伟、索晓明等完成，获2016年度天津市科技进步二等奖。依托天津西站至天津站地下直径线Φ11.97米泥水盾构隧道工程，针对首次在天津地层中采用外径为12米大直径泥水平衡盾构工法建造隧道的客观条件，以及天津地下直径线工程面临的诸多技术难题，首次提出新建时速80千米～200千米各速度目标值对应的单洞双线铁路盾构隧道建筑内轮廓标准，研发大直径盾构通用（万能）楔形管片结构设计和单洞双线隧道安全疏散及救援技术，开发单洞双线盾构隧道曲线地段轴线控制设计计算方法，首次提出小半径曲线地段（R-600米圆曲线上）大直径盾构接收技术，提出单洞双线盾构隧道工后调线调坡技术，创建了城市铁路大直径盾构隧道建造模式，形成大直径盾构隧道系统设计技术；研究创建城市复杂周边环境下大直径盾构微扰动主动控制技术（包括泥水盾构隧道施工工艺参数控制指标）；提出基于隧道施工对周边环境的影响预测、施工期周边环境现状评估及允许的变形控制标准制定、风险及变形控制措施及量化动态调整、自动化实时远程无线监测的城市复杂周边环境下大直径泥水盾构隧道施工期环境风险及施工变形的精准控制技术；研究形成富水软土地层中超浅埋大直径泥水盾构掘进施工安全控制的工艺参数，研究提出大直径盾构下穿海河洞内措施及关键技术；研究提出海河河底采用注浆改良地层+换填混凝土“板凳”的安全防护工程方案，形成了海河河底安全防护工程设计及施工关键技术；研究形成大直径盾构下穿海河的变形标准及海河河底自动化实时远程监测技术；研究提出穿越海河段隧道运营期间隧道保护要求（安全保护区范围、保护标志、海河内作业要求、规划要求、运营期变形控制要求等）。成果全部转化应用到天津地下直径线工程中，并推广应用至京沈客专望京隧道、京津城际延伸线解放路隧道等工程。

（苏燕舞）

【接触网智能预配平台研究与开发】 由铁道第三勘察设计院集团有限公司罗健、崔校玉、蒋先国等完成，获2016年度天津市科技进步三等奖。接触网智能预配平台，为高速铁路接触网设计、施工和运营维护提供有效技术支撑。通过该平台实现工程精细化设计，建立系统参数模拟分析系统，实现腕臂、吊弦、吊索等预配数据精确计算，研发吊弦自动化加工设备，实现吊弦装置自动化预配加工，全面提高设计、施工、运营维护质量。该平台为国内外独创，既保证施工精度，又提高效率。其研究内容包括：计算仿真子平台研究、测量子平台研究和加工子平台研究。其中计算仿真子平台包括数据精确计算系统、参数仿真优化系统和逐杆精确装配系统；测量子平台包括测量仪器选用、测量方法和内容研究，以及测量数据处理系统；加工子平台包括腕臂加工系统和吊弦加工系统。通过测量子平台、计算仿真子平台和加工子平台的配合、衔接实现接触网预配测量、计算与加工一体化，保证接触网预配全过程数据和信息的正确性、完整性及一致性，积累的大量工程建设信息能够为高铁建设管理的信息化提供条件。通过平台化的功能设置减少预配过程中人工的参与，可以提高预配加工质量、减少安全隐患。使用自动化生产代替手工操作符合高铁发展的规律，具有良好的市场前景。接触网智能预配平台是理论模型计算与实际工程实践相结合的典型，为进一步深入研究接触网理论提供工具。接触网智能预配平台已经广泛应用于北京至石家庄、石家庄至郑州、盘锦至营口、土耳其安卡拉至伊斯坦布尔、大同至西安、长沙至昆明、哈尔滨至齐齐哈尔、青岛至蓉城、南京至安庆、天津至保定、天津至滨海、成都至重庆等高铁项目，取得了显著的社会和经济效益。

（李京涛）

【大同至西安铁路客运专线工程地质勘查】 由铁道第三勘察设计院集团有限公司负责设计，陈则连、付新平、辛民高等完成，获2016年“海河杯”天津市优秀勘察设计（工程勘察）一等奖。大西铁路客运专线是国家《中长期铁路网规划》的重要组成部分，途经山西、陕西2省9市，线路全长859千米，穿越黄土高原，跨越黄河，桥梁隧道占77%，施工难度大，工程造价高。铁路等级为新建双线高速铁路，全线采用无砟轨道，工后沉降要求高。建成后可实现大同至西安铁路通道客货分线运输，大幅提高通道运输能力和质量，促进地方区域经济可持续发展，是铁总和山西省的重点工程项目。该项目技术创新点为：①大西客专是国内第一条穿越地裂缝发育区的高速铁路工程，围绕地裂缝勘察评价开展系统研究，首次提出地裂缝危险性分级标准、地裂缝上下盘的变形影响范围的判定方法及合理的避让范围；首次通过大型物理模拟试验模拟地裂缝活动对铁路结构设施的变形及破坏特征，揭示其致灾机理，并对各种高铁工程结构类型穿越地裂缝工况进行数值模拟计算；首次提出针对穿越地裂缝区域的高速铁路工程对策，成功应用于大西客专工程中。②首次采用天然同位素（D\T\18O）实验法，准确判定岩溶地下水连通关系，对测区进行汇水单元分区，并开展区域水文地质专项勘察，查明工程区的水文地质特征，为地质选线、环境影响评价及工程设计提科学依据。③创新采用区域地质横断面选线方法，在平面和高程上绕避越岭段复杂不良地质，规避了工程风险。

（罗法水）

【轨道交通高水平力高耐久性球形钢支座开发】 由天津市市政工程设计研究院、天津滨海新区轨道交通投资发展有限公司、天津泰达城市轨道投资发展有限公司、株洲时代新材料科技有限公司冯克岩、刘旭锴、罗昊冲、史庆春、袁有为、邓锦平等完成，2016年8月通过鉴定。开发出满足延性抗震设计要求及与桥梁结构同寿命的耐久性高水平承载力支座，国内并无类似研究和产品，课题的理论研究成果和研发的支座产品均具有自主创新技术。该项目取得如下成果：①对国内不同地区城市轨道交通标准桥型进行系统性抗震分析，基本掌握国内轨道交通延性抗震体系桥梁的支座纵横向水平力需求，总结出相应的精细化设计方法。②所研发的高水平力高耐久性球形钢支座最大水平承载能力可达竖向承载力的100%以上，是满足抗震要求较高地区的延性抗震体系桥梁设计的必需产品。③研发的高水平力高耐久性支座不但具有超高水平承载能力，而且增加了抗拔构造措施，其采用的新型耐磨材料和全新防腐体系，能满足与桥梁同寿命的耐久性要求。该课题研发的高水平力高耐久性球形钢支座以及相应的精细化设计方法可在7度及以上烈度地区、Ⅱ类及以上场地土类型地区的各种延性抗震体系桥梁工程中进行推广应用。项目研究成果已在轨道交通桥梁以及高速公路桥梁工程中得到应用。

（罗昊冲）

【天津土层冷冻法施工的管路优化布置及冷能传输调控技术研究与应用】 天津市建委科学技术重点研究计划，由天津市地下铁道集团有限公司、河北工业大学、天津城建大学共同承担完成，2016年4月通过天津市城乡建设委员会组织的专家鉴定。项目通过测试地铁5、6号线冷冻部位主要土层的热物性、力学试验，获得不同温度下天津冻结土层的参数特点及其分布范围。进一步基于模型槽、原位实验，对冻结对象、盐水系统、冻结器布置形式进行调整，获得不同影响因素下的冻结温度场演变特性。结合实验结果及理论模拟分析，针对设计、施工要求，给出天津地区主要土层的冻结关键参数及冷能输送的优化方案。在天津首次系统完成从“基础物性测试→模型箱、原位试验→理论模拟分析→现场监测→成果验证”的一套相对完整的应用研究。提出天津地区典型土层的预测交圈时间和积极冻结时间参考值，给出并验证了天津地区3种典型土层冻结差异进行系统量化分析。从设计、施工角度出发，给出相对完善的、有针对性的优化方案。研究成果已在地铁5、6号线部分在建联络通道中应用实施，有效缩短了冻结工期，具有显著的社会、经济效益，且推广前景广阔。

（唐　扬）

现代服务业科技

概况

【电子信息产业简况】 2016年，天津市电子信息产业全行业实现销售收入3526亿元，同比下降2.2 %，占全市工业比重12.7%。其中，软件和信息服务业实现销售收入1200亿元，同比增长19%；电子信息制造业实现主营业务收入2326亿元，同比下降10.5%。①聚集效应逐步显现。滨海新区和西青区两区电子信息制造业产值占全行业总产值的90%以上，是全市集成电路、通信、新型元器件、计算机等产业的主要聚集区。拥有开发区电子信息、高新区软件园2家国家新型工业化产业示范基地。②一批关键技术和重点产品实现突破。全市电子信息行业共有松正电动、天津光电、七一二等国家级技术中心6家，展讯通信、恒银金融等市级技术中心66家。企业创新能力不断提升，中科曙光全球首款亿级并发云服务器系统、飞腾自主设计的首款64核通用处理器、展讯28nm多核智能手机芯片、华海清科12英寸“干进干出”铜制程抛光机、中芯国际世界上单体规模最大的8英寸集成电路生产线、飞思卡尔虚拟测试、三维封装等一大批具有国际水平的关键技术和产品实现突破。③形成一批龙头骨干企业。投资5000万以上的在建新项目有41项，总投资超过350亿元。2016年，电子信息制造业产值近千亿集团有中环集团1家，产值过百亿企业有三星通信、三星电子、鸿富锦等6家，产值过50亿企业有天广消防、飞思卡尔、三星LED等13家，产值过20亿企业有摩比斯、天地伟业、汉柏科技等28家，产值过10亿企业有罗姆半导体、环欧半导体、富士通等50家。④培育一批产业融合发展的新产品和新业态。九安医疗iHealth智能云血压计及其他可穿戴设备，邦盛医疗产销量位居国内前三位的数字影像设备，恒银金融的自助发卡机、多媒体服务终端、移动金融终端等金融智能产品，易华录智能交通产品，宜科所智能制造成套解决方案等，上述跨行业的工业电子、汽车电子、医疗电子、能源电子、金融电子等新业态的培育和发展，可成为电子信息制造业发展的新动能。

（吕炳娜）

【天津检验检疫科技工作简况】 2016年，天津检验检疫科技工作围绕服务地方经济社会又好又快发展的大局，立足京津冀协同发展和天津自贸园区建设的实际，实施“科技兴检”战略，完善科技创新体系，深化科技管理机制改革，增强科技创新能力，为引领检验检疫事业科学发展提供有效途径和方法，科技工作在服务天津地区经济建设、保障天津口岸防控安全、促进滨海新区开发开放方面发挥积极作用。2016年，共完成科技部质检公益项目2项，国家质量技术监督检验检疫总局（以下简称“国家质检总局”）科技计划项目17项，天津市科技支撑项目1项，天津检验检疫局科技计划项目89项。作为主持单位获省部级二等奖1项、三等奖1项，获滨海新区科技进步奖二等奖1项、三等奖2项。

2016年5月，天津检验检疫局按照天津市科技周组委会的活动部署，通过举办“十二五”科技成果展览、科技大讲堂、实验室对外开放、科普进社区进校园等活动，多角度、全方位地开展科技周宣传活动，营造浓厚的科技周氛围，活动组织人员共计120余人，参与人员达到4000余人。

2016年9月，为配合全国“质量月”活动，天津检验检疫局向社会公众开放检验检测实验室，所属农、兽药残留实验室、理化实验室、微生物实验室、转基因实验室、化学品分类评估实验室、自行车检测实验室7个与公众生活息息相关的实验室分别接待社区、地方企业、大学院所等单位共计800余人，促进社会各界对质检工作的理解和支持，提升消费者的质量意识和安全意识。

2016年10月，天津检验检疫局与天津市政府签署“合作建设泰达公共检测服务平台”框架协议。双方整合区域内检验检测资源，以国家级重点实验室为龙头，做大做强检验检测机构，积极主导先进标准制订，推动泰达公共检测服务平台建设与运营；在检测技术创新研究、质量标准制定、实验室认证认可等方面给予地方扶持，吸引更多检验检测机构进驻；以检测带动区域服务贸易发展和产业经济发展，以检测技术服务推动企业转型升级，促进区域经济发展。

2016年12月，天津检验检疫局动植物与食品检测中心（以下简称“动植食中心”）接受中国合格评定国家认可委员会（CNAS）组织的实验室资质认定、复评审及扩项评审。经过评审组现场试验、提问、抽查检验记录，动植食中心的11个实验室扩增了1423个检测项目，该中心全部认可项目达到3095项。

（天津出入境检验检疫局）

【天津市公安科研工作简况】 2016年，天津市公安局申报的“公民出国境证件远程自助办证系统”等7个科研项目被列为公安部科技计划项目，获科研资助经费41万元，公安部立项数量以及资助额度均创历史新高；消防局承担的“消防大数据分析指挥与决策平台建设与示范”项目被列为天津市科技重大专项与工程项目，获科研资助经费100万元；市公安局组织完成局内科研项目立项45项，资助科研经费185.9万元；组织完成21项科研项目验收、鉴定工作，其中2项达到国际先进水平，8项达到国内领先水平，3项达到国内先进水平；完成公安科技成果登记16项，市公安局连续9年获得“天津市科技成果管理工作先进单位”称号。在天津市科技进步奖评选中，市公安局指挥部的“基于实名制的移动智能公安民生在线服务平台”以及公安医院的“补肾活血法组方制剂对阿霉素肾病的治疗作用及机制”项目获得天津市科技进步三等奖；在公安部组织的改革创新大赛评比中，天津市公安局获优秀组织奖，“惠民利警114挪车服务”等3个成果获得大赛银奖、“图侦多功能时间换算软件”等2个成果获得大赛铜奖、“情报信息共享应用平台”获得大赛优秀奖；在市公安局举办的科技成果奖评选中，共有14个成果获奖，其中一等奖2项、二等奖3项、三等奖9项，获奖人数达80余人。

（天津市公安局科技信息化处）

【公安交通管理科技工作简况】 2016年天津市公安交通管理局（以下简称“交管局”）加快智能交通系统建设。为充分发挥交管局指挥中心信息发布、调度指挥、应急处置等作用，实施建设“天津市公安交通指挥调度系统”项目。该系统支持三级扁平化指挥调度模式和三级网格化处警勤务机制，实现三级可视、两级监控、一级指挥，在日常指挥、重大活动、特勤指挥等各个层面，实现完整的交通指挥信息化管理体系；继续推进中心城区交通信号区域协调控制系统建设。在一期、二期共计700个路口建设规模的基础上，完成三期400个路口及四期122个路口的建设工作，使天津市交通信号控制系统控制规模达到1222个路口，实现将中心城区所有灯控路口纳入系统控制范畴；完成天津市快速路上80处微波检测器和56块LED交通诱导屏的提升改造工作，实现对快速路车辆行驶速度和流量等信息的实时采集，并通过交通诱导显示屏实时发布交通出行信息；开展交管局公安网络改造工作，建成交管局指挥中心、直属队为全网核心万兆互联，19个支队级单位双运营商路由千兆或百兆上联，62个大队级单位百兆上联的公安三级网，彻底排除原网络中的安全隐患，使全局的公安网网络环境得到极大改善；完成电子监控类建设项目，包括50套违法停车、中心城区70套补点电子警察、环城四区160套电子警察、高速公路91套缉查布控系统等4个项目。在建电子监控类项目建设工作已接近尾声，其中100套违法停车电子警察、400套断面扩充电子警察、长深高速电子监控项目均建设完成并投入使用。2016年，交管局承担部局级、局级科研计划项目4项；完成3项科技成果验收工作，其中2项达到国内领先水平；3项科技成果分获天津市公安局科技成果奖一、三等奖；成功举办交管局第30届科技活动周。

（天津市公安交管局科研所）

【气象科技简况】 2016年，天津市气象局获得局外项目立项支持13项，其中牵头承担10项（2项国家级，7项省部级，1项市厅局级），参与合作3项（1项国家级，2项市厅局级），争取科研资金共291.4万元。2项成果分别获得2016年度天津市科技进步二等奖、三等奖，分别是“天津雾霾天气立体观测与预报预警关键技术研究及应用”和“日光温室气象监测与灾害预警综合技术应用研究及推广”；2个项目获得国家自然基金面上项目支持，分别是“低空急流对海岸带大雾影响的实验与模拟研究”“天津城市热岛对海风（锋）触发局地雷暴强度和结构的影响研究”，项目经费137万元，同时获得天津市地方标准制定修订项目2项；市气象局1名优秀科研人员被评为“第三批天津市青年科技优秀人才”。进一步完善科技管理体制机制，制定《天津市气象科技创新体系建设实施方案（2017~2020年）》和《天津市气象局“十三五”加强气候变化工作实施方案》，修订《天津市气象局气象科技奖励办法》。

（李　磊）

【防震减灾科技工作简况】　2016年，天津市地震局新建、改建台站（点）33个，更新专业仪器设备29套，累计建成各类地震监测站点200余个，台点密度位居全国前列。全年维修维护台站仪器286次，确保台网平稳可靠运行。测震、强震动、前兆、GNSS台网观测数据连续率均达到98%以上。在年度全国地震监测预报观测资料评比中，获得14项前三名的优异成绩。天津市“三网一员”队伍规模达到5889人，宏观观测站点97个。严格落实年度震情会商意见，制定年度震情监视和短临跟踪工作方案。地震部门和各区严格落实异常零报告制度，深入现场核实异常12次，形成异常核实报告13份。坚持震情会商制度，召开各级各类会商76次，科学研判震情趋势发展。联合唐山、廊坊、沧州、秦皇岛、承德开展6城市区域震情联防会商，积极开展浅层地温、热红外等地震预测新技术研发。完成天津夏季达沃斯论坛、全国“两会”等特殊时段的震情保障任务。按照中国地震动参数区划图（GB18306-2015）下发相关工作通知，推动全市各行业、各区严格落实区划图强制要求。国土房管、建设、规划、地震等部门强化抗震设防监督管理，对8项、48万平方米超限高层建筑开展抗震设防专项审查；对全市62个民居建筑、公共建筑和市政工程，以及25个审查机构、49个设计单位、12个勘察单位，开展抗震设防质量检查，确保全市新建、改建工程达到抗震设防要求。开展蓟运河和昌平—丰南断裂探测工程，持续推动震害防御基础探测。组织市抗震救灾指挥部33家成员单位，开展地震应急桌面演练。推进京津冀联合防震减灾能力建设，举办京津冀应急联动第二次联席会议。地震部门与和平区联合开展市、区两级应急指挥平台互联互通试点建设。严格落实《京津冀协同发展防震减灾专项规划》，启动实施京津冀台网更新改造工程。全面完成西藏日喀则活动断层项目任务，通过中国地震局和西藏自治区人民政府验收。2016年，天津市地震局承担各级各类科研课题46项，新立项国家自然科学基金青年项目1项，获得中国地震局防震减灾科技成果二等奖1项，取得软件著作权5个，出版学术专著1部。

（吴　肖）

信息技术服务

【天津市软件和信息服务业发展】　天津市软件和信息技术服务业在全市经济社会发展和信息化建设的驱动下，保持了良好的发展势头，产业规模稳步提升，信息基础设施逐步完善，前沿技术攻关取得突破，企业实力快速增强，聚集效应日益明显，优惠政策落实到位。2016年，天津市互联网城域出口带宽达到4680G，全市光纤覆盖率100%，光纤入户覆盖能力达到680万户，城镇和农村统一实现100M的宽带接入能力，成为国内第一个全光网城市，提前5年实现“宽带中国”的建设目标。建成4G基站近1.5万个，市区、县城、乡镇、校园、AAA以上景区实现连续覆盖，行政村4G覆盖率达到95%；在高校、酒店、商场、机场及火车站等热点地区建设了无线局域网(WLAN)，开通AP共11万个。信息化发展指数位居全国第四位。网络基础设施的快速建设，对天津市以互联网为基础的信息技术服务业态提供了有效支持。天津市软件和信息服务业形成了具有鲜明特色的发展领域。通过搭建首个安全可控软硬件适配平台，打造了以飞腾CPU、麒麟操作系统、南大通用数据库等为代表的完整的安全可控产业链条。形成了以中芯国际、飞思卡尔、展讯、唯捷创芯等企业为代表的IC设计、检测、制造的产业链。构建了以五八同城、赶集网、百姓网等为支撑的分类信息网站聚集区。汇聚了超算中心、曙光、今日头条、奇虎360、腾讯等大数据应用龙头企业。推进了以凯发电气、一重电气、长荣印刷等为代表的工业控制软件和智能制造软件项目示范工程建设。截至2016年，全市软件和信息技术服务业企业超1000家，从业人员超过10万人，系统集成获证企业达到了153家。业务收入超过10亿元的企业达到25家，超过亿元的企业达到159家，过亿元企业收入占全市的90.5%，大企业对产业的带动效用进一步显现。2016年，天津市编制了《天津市信息服务业发展实施方案（2017~2020）》，明确了产业发展目标、主要任务和发展重点，会同税务部门，根据国家对软件企业所得税优惠政策出台了地方配套政策。年内，天津市共有59家企业享受所得税减免税合计2.4亿元，切实减轻了企业负担，促进了产业的发展。

（天津市软件行业协会）

【滨海新区软件和信息服务业发展】 2016年，滨海新区软件和信息服务业企业综合竞争力迅速提升。在基础软件领域、云计算服务领域、集成电路领域等分别形成产业优势集群，产业规模占全市的75%。滨海新区借力京津冀协同发展，吸引北京优秀企业，提速产业发展速度。2016年，《天津市滨海新区软件和信息服务业发展行动计划（2017~2020）》正式印发。年内已建成滨海高新区软件园、开发区服务外包园、国家动漫产业综合示范园等聚集区。其中，滨海高新区列入国家新型工业化示范基地（软件和信息服务业），产业规模达到435亿元。2016年，滨海高新区出台了《滨海高新区关于促进天津滨海互联网产业园加快发展的若干政策（试行）》，首期设立30亿元专项基金，支持产业园设施建设及项目发展，已有多家园区落地企业享受到该项政策。同时，滨海高新区加快推进天津滨海互联网产业园规划建设，明确了“一核心一片区”的空间布局。即以塘沽海洋科技园现有80万平方米的现有楼宇和金海湖边1.5平方公里空地为核心，以区域内京津塘高速和津滨高速之间的13平方公里作为互联网产业园拓展区、延伸区，建设基于数据、互联、智能的智慧社区。产业园还确定要依托五大平台打造全球互联网创新创业优选地。即“超算平台”，促进以飞腾CPU、麒麟操作系统为核心的自主可控信息系统，支撑产业成果转化和产业聚集；“国家健康医疗大数据平台”，依托完成选址规划的中加国际儿童医院、中英生物医药基地，积极构建健康医疗与信息安全领域新体系，融入国家健康医疗大数据总体发展布局；“国家军民科技协同创新平台”，依托军民融合创新研究院资源，使地区在军民协同创新上走在全国前列；“智慧城市平台”与紫光集团建设新一代电信基础设施和互联网智慧园区；“津云技术平台”优先整合新区医疗、水电等政务平台上的信息，助力智慧城市建设。软件业在天津经济技术开发区也已形成聚集，国内外领军企业纷纷落户。天津开发区作为现代制造和研发转化基地和国家新型工业化产业示范基地（电子信息），共设有36家工程技术研究中心，42家企业技术中心，57家跨国公司研发中心及91家博士后工作站和实践基地。另外，天津开发区作为滨海新区核心区，建设了一批科技服务载体平台，包括天津国家集成电路高新技术产业化基地、滨海新区云计算产业基地、滨海新区物联网产业基地、滨海新区物联网产业基地和创业投资平台等，全方位、立体的为投资人和创业者搭建创业、投资、技术转让、人力资源交流的综合平台。

（天津市软件行业协会）

【面向物联网社区的智慧文化服务平台】 由天津市天房科技发展股份有限公司、天津理工大学王怀彬、张永、张虎、冯文霞等完成，获2016年度天津市科技进步二等奖。通过集成多种信息采集与交换技术、嵌入式系统技术等，构建面向融合网络的数据中心及应用服务平台，通过该平台向社区业主提供智能化的文化信息服务，实现社区的智慧化文化传播、文化交流及文化互动。该平台依靠三网融合下的宽带多网架构，以集合多种数据资源建设统一数据中心为基础，以文化宣传推广门户为系统应用的统一接入途径，通过集成社区文化管理、社区智慧文化服务及决策支持服务为用户提供全方位、多层次的增值服务模式。服务平台采用云计算技术，实现海量数据资源的快速计算及应用的能力，保证业务使用达到云应用的效果；平台采取三层插件式结构设计，实现业务的快速生成及灵活接入；平台使用数据缓存技术，建立两级数据管理机制，降低数据库成本和提高系统的可扩展性。该平台已在天津市多家物业企业推广应用并取得了较好的应用效果，大大提高了物业服务企业的社区文化服务能力和水平，开辟便捷的视讯、文化、政策等信息的发布和交互渠道，为和谐社区建设提供信息支撑。

（天津市天房科技发展股份有限公司）

【天津市智慧城市建设】 2016年，《天津市智慧城市建设“十三五”规划》获市政府正式批复，提出天津市“十三五”时期智慧城市建设的指导思想、建设目标、主要任务。牢固树立创新、协调、绿色、开放、共享的发展理念，统筹物质、信息和智力资源，以宽带天津建设为基础，以创新驱动为导向，以信息化与城市发展深度融合为主线，全面实施“互联网+”行动，加快推进城市管理智能化、惠民服务便捷化、产业体系高端化、网络安全长效化，提高信息化应用水平。①加快建设智慧政务，实现城市智能管理运行。整合政务信息资源，深入推进电子政务一体化建设，加快互联网与政府公共服务体系的深度融合，构建面向公众的一体化在线公共服务体系。加快城市基础设施智能感知体系建设，引导公众积极参与网络化社会管理服务，提升城市精细化管理水平。②深入推进信息惠民，创造大众智能新生活。整合公共信息服务资源，深入推进智慧社保、智慧医疗、智慧教育等建设，构建完备的公共信息服务体系。加快发展基于互联网的健康、养老等新兴服务，不断满足城乡居民日益增长的个性化、多样化需求。③发展信息经济，推动产业智能转型。发展云计算、大数据、智能终端等新一代信息技术产业，着力推动信息技术与制造业深度融合，提升制造业数字化、网络化、智能化水平。充分发挥互联网的创新驱动作用，积极培育“互联网+”新业态。④提升信息基础设施，全面建成宽带天津。组织推进新一代信息基础设施建设，建设光纤城市、无线城市，促进“三网融合”应用发展。完善无线传感网、行业云及大数据平台等功能性信息基础设施，引导行业信息化应用向云计算平台迁移，优化数据中心布局，打造区域数据信息枢纽。⑤完善信息安全体系，构筑信息防护屏障。提升信息安全基础设施整体水平，加快形成与宽带网络发展相适应的信息安全保障能力。加强网络空间监管力度，营造健康和谐的网络环境，确保基础网络、核心技术、关键硬件整体安全可控。（何　萌）

【电子政务】 2016年，天津市积极推动电子政务顶层建设。①建成覆盖市区两级的电子政务万兆骨干光网，满足各政务部门大数据量、高带宽业务的接入需求；搭建政务外网安全接入平台，拓展接入方式，利用公众网络解决政务网络“最后一公里”缺口，实现应用系统纵向到底、横向到边；搭建政务云基本架构，计算能力达6400核CPU，存储容量1P，可提供虚拟主机1200台，形成全市政务系统中首个大规模采用云方式提供计算和存储资源的政务云平台；初步建成全市首个统一的专业化、规范化灾难备份系统，提供存储容量1P，满足全市100个三级等保单位数据级备份、10个重要业务系统应用级备份需求；先行启动人口库和空间地理库建设，形成全市1400万条人口基础信息、4T空间地理信息的共享。②互联网+工程不断推进。安全生产监管一张网接入全市所有危化企业视频信号，实现24小时动态管理。联网审计实现817家单位的在线审计。远程电子申报纳税网络平台通过互联网征收的户数占总纳税户数的80%以上。搭建天津国际贸易单一窗口平台，实现互联网+免费报关和港口服务功能。完成全市统一的社区公共卫生服务系统部署，推动全市256家社区卫生服务中心和乡镇卫生院基础数据集中迁移至市级数据中心。居民健康档案系统实现建档率80%以上，电子病历覆盖全部三甲医院。预约挂号可通过网络、手机、数字电视、服务终端等多种方式实现；在全国率先实现医保网、医院内网和银行网的“三网互通”实时结算。③开通全市所有行政许可事项的网上申报功能，2016年共通过互联网办理行政许可事项近2万件。推进投资项目、企业登记注册等重点事项网上办理功能，实现基于互联网的投资项目一站式办理。④整合构建便民服务专线平台“8890”推行“一个号码管服务”，通过电话、短信、网站、微博、微信等方式实现全年24小时快速响应受理群众服务需求。⑤教育信息化成效显著，“三通两平台”全面建成，初步实现教育城域网全覆盖，有效支撑全市优质教育资源共建共享。⑥文化资源共享工程全面推进，公共电子阅览室建设全面启动，建成各级网点5022个，覆盖全市域。

（王　岩）

【信息基础设施】 2016年，天津市互联网出口带宽已达6355G，光纤入户能力达到835万户，光纤宽带用户达到260万户；无线网络建设成效显著，已建成4G基站2.5万个，全市城镇区域得到全面覆盖；完成以“i-Tianjin”为标识的无线局域网建设的顶层设计，在天津大礼堂、市行政许可大厅、医科大学口腔医院、市规划展览馆、胜利宾馆、乐天百货以及天津机场等地共建设场景253个，AP热点达到22442个。三网融合双向业务深入推进，截至2016年年底全市IPTV用户达到135万户，广电企业有线电视网络接入互联网的用户达到41万户。（牛海梅）

【信息化和工业化融合】 2016年，天津市加快推进工业化和信息化深度融合，推动云计算、大数据、工业电子商务等新一代信息技术在制造业重点领域和关键环节的深度应用，提升企业信息化条件下的创新研发、生产制造、经营管理能力，培育新产品、新模式、新业态，激发制造业转型升级新动能。全市工业两化融合水平持续提升，重点企业数字化研发设计工具普及率达63.7%，关键工序数控化率达49.2%，智能制造就绪率达11.8%，全市重点企业已进入从数字化逐步向集成互联、智能协同方向发展阶段。①制定并印发天津市《关于加快云计算和大数据发展的实施意见》和《天津市加快推进制造业与互联网融合发展实施方案》以及《关于进一步推进工业化和信息化深度融合创新工作的通知》，引导全市加快信息通信技术向制造业各领域渗透。②两化融合纳入全市万企转型升级子路径，共有187家企业完成转型升级工作。近700家企业参加两化融合发展现状自评估、自诊断、自对标，14家单位列入2016年国家级两化融合试点企业，国家两化融合管理体系贯标试点单位累计达到40家，市级试点单位20家，国家两化融合管理体系咨询服务推荐机构达到9家。③国家发改委等三部委正式批复京津冀大数据跨区域综合试验区建设，会同北京、河北工信部门等成功举办大数据综合试验区建设启动仪式，推广了一批大数据应用成果和合作项目。“天津滨海工业云公共服务平台及应用推广”项目获批工信部工业转型升级资金支持，“滨海工业云”云服务功能进一步拓展，为中石油、华大基因天津公司等3000余家企业、政府、科研机构提供服务。持续推进“沃企通”云平台、“易企云”平台、工业大数据服务平台等平台建设。④联交所、渤商网、天物大宗商城等工业电子商务平台为企业提供信息、交易、物流和金融等服务，规模和交易量持续增长。推动深化大型企业集团电商应用，引导中小企业电商普及，提高供应链与电子商务、现代物流协同水平。大批传统企业如应大服装、桂发祥、海鸥手表等借助第三方平台拓展销售渠道。6家重点工业电商平台上线参与国家工业电子商务运行统计监测分析，协同推进全市工业电子商务发展。（李　媛）

【信息安全】 2016年，全市信息安全工作围绕国家和全市的总体要求，重点保障基础信息网络和重要信息系统安全，切实加强工业控制系统安全管理，不断提高信息安全保障能力，促进信息安全产业发展。①在全市部署开展2016年重点领域信息安全检查工作，为期4个多月，检查了区政府、市属委办局、重点国有企业共计75家的77个信息系统，远程和现场检查相结合，检查各系统安全防护措施的有效性及系统防篡改、防病毒、抗DDOS、防攻击、防泄密的相关能力，对发现问题及时向被检查单位提出整改建议。②天津市信息安全测评中心为应对网络攻击频发态势，搭建了全市政府网站信息安全监控平台，对全市政府网站的安全状态进行实时监测，包括脆弱性、内容安全、可用性及网站信息等。根据相关规定，加强了重点领域移动应用的安全管理，开展了移动应用程序的安全检测。③贯彻下发《工业控制系统信息安全防护指南》，对全市工业控制系统应用企业以及从事系统规划、设计、建设、运维评估的企事业单位做好安全防护工作提出要求，指导各区做好行政区域工业企业工控安全防护工作。

（董　津）

【天津国家信息安全产业基地】　天津国家信息安全产业基地是国家信息安全工程技术研究中心、天津市科学技术委员会和天津市西青区人民政府共同支持建设的天津市重大产业项目。基地规划建设四大功能区：研发区、产业区、培训教育区和配套服务区，总投资100亿元。2016年已建成近30万平方米。基地依托国家信息安全工程技术研究中心，以信息安全产业为核心，以国家新一代信息技术云计算、物联网、移动互联、现代电子五大产业为应用方向构成基地产业集群布局。基地入驻企业近90家，其中近30家被认定为天津市科技型中小企业，先后承担国家项目2项，天津市重大工业项目2项、天津市自主创新产业化重大项目3项及国家各类项目40多项，吸引国家政策支持2000多万元。基地围绕新一代电子信息产业，在信息安全、物联网、云计算、智慧城市建设等领域构建研发创新、产业创新、产业金融创新、产业服务创新平台，整合优质资源，实现研发、产业、金融、服务四链融合；依托国家自主创新示范区，构建全民创业万众创新的载体，建设成为承接京津冀一体化发展的产业发展高端业态区。

（周双荣）

【信息化促进京津冀协同发展】　2016年，天津市建成水环境质量监测体系，加强区域一体化的水环境监测网络建设，开展京津冀跨界河流水质监测，完成跨界河流断面优化布设，实现入境断面监测全覆盖并开展监测；建立监测数据信息交流共享机制，组织引滦入津沿线水质加密监测，针对水质异常情况，及时上报并与河北省有关部门及时共享；加强区域饮用水源地监测预警，建设南水北调天津干线水质自动监测系统，提升饮用水监测及预警能力。在京津冀交通一体化工作中，京津冀交通一卡通互联互通工程已覆盖全市119条公交线路1500余辆公交车；建设高速公路收费站ETC，2016年年底实现ETC用户达到50万户，高速公路主线收费站ETC覆盖率达到100%和匝道收费站ETC覆盖率提高到95%以上。

（王　岩）

【国家计算机病毒应急处理中心】　2016年，国家计算机病毒应急处理中心相继承担了20国集团峰会、世界互联网大会、达沃斯论坛等国家活动的网上安保工作以及全国政府网站安全大检查等专项工作。2016年4月病毒中心天信电子数据司法鉴定中心通过了国家认证认可监督管理委员会行业评审组的现场监督评审，获得国家实验室认可证书，是全市网安系统首个获得国家资质的电子数据司法鉴定实验室。同年9月，病毒中心在天津成功举办“2016首届国际反病毒大会”，10余个国家和地区网络安全知名企业的反病毒组织、机构代表、专家、学者以及政府部门负责人等390余人参加了大会。病毒中心承担的“下一代互联网信息安全专项标准研制”项目和国家标准制定专项“信息安全技术高级可持续威胁（APT）安全监测产品安全技术要求和测试评价方法”项目通过验收。

（张韫菁）

【中国移动天津公司】　2016年，中国移动天津公司以4G发展为中心，4G客户规模发展取得可喜成绩，全年4G客户净增209.4万户，规模提升至496.3万户。存量市场得到进一步稳固，流量经营能力大幅提升，集客增收水平稳步提高，家客营销实现规模突破，信息服务领域得到拓展，客户服务保障更加有的放矢，提速降费力度进一步加大，实名制措施更加科学完善，新增客户实名制达到100%，不良信息得到有效治理，营业厅和电子渠道的线上线下协同发展得到有效拓展。同时，网络综合能力得到显著增强，全年共计开通4G基站3000多个，全网4G基站累计达到约11000个，网络建设竞争能力更加突显，全面打造4G金牌网络取得成效，地铁主要线路基本实现4G信号覆盖，圆满完成达沃斯论坛保障任务，得到主管部门的充分肯定和高度评价。同时，多项科技创新成果引领企业高速发展，获得2016年天津市科技进步奖，中国移动天津公司被集团公司评为科技创新工作先进集体。（汪雅堃）

【中国联通天津公司】 2016年，天津联通公司主营业务收入实现66.8亿元，利润实现8.5亿元，用户规模突破1000万户。重点发展大流量和创新类产品，4G网络用户累计到达243.5万户。构建以宽带极速体验搭载高清/4K为主体的视频产品体系，宽带用户累计达到204.4万户。积极践行“互联网+”行动计划，推进“智慧天津”建设，在全市医疗、教育、政务、金融和商贸制造等行业签约实施重大通信和信息化应用项目122个，拉动创新业务收入5.98亿元。建设开通4G基站3400个，4G室分1592个，加快VOLTE和载波聚合等新技术引入，实现天津区域4G网络连续覆盖。为落实“网络强国”战略，实施7次宽带普及提速，新建FTTH端口18.7万个，10G EPON口1.1万个，形成千兆接入能力。优化了服务体系，提升触点感知，细化投诉分类，实施源头处理。落实50项重点工作，实施集团客户尊享服务计划，显著提升服务感知。（霍　欣）

【中国电信天津分公司】 2016年，中国电信天津分公司抢抓4G和光宽业务窗口期，保持政企市场优势、发力公众市场，推动中国电信集团公司率先与市政府签订了“十三五”智慧城市战略合作协议，与政务、金融、教育等领域跨界合作不断走向纵深，全业务收入累计完成22.29亿元，同比增长7.5%，收入市场份额达到13.66%，较2015年底提升0.37个百分点；移动用户净增24.9万户，移动过网用户份额首次跨越10%，宽带用户（含合作）净增14.4万户，物联网新增10.5万户。网络规模进一步壮大，4G基站建成6000余个，室分达1500余套，实现深度覆盖；FTTH覆盖用户数达到150万户，光宽用户净增17.3万户；IPTV新增满足20万用户接入需求的平台能力。以用户感知为中心，网络端到端运营能力和服务体系持续完善，移动网客户感知优良率保持全国前10，宽带装机时长由44小时缩短至39小时，互联网服务量同比提升31.1%，本地消协满意度调查中，宽带同业第一，移动业务同业第二。渠道销售能力稳步提升，有效实体渠道数量达到1272家，移动用户净增同比翻10倍，终端销量同比提升58%。初步建成用户体验为核心的数据门户，数据应用对存量维系、流量经营、3转4、划小承包等重点工作的支撑能力大幅加强。（白　哲）

【天津铁塔】 2016年，天津铁塔坚持创新与管理并重，提升专业化建设能力，深入推进全市网络发展和投资规划，致力于提升全市移动通信网络覆盖能力，全年共承接运营商移动基站建设需求5405个，累计投入10.11亿元，新建铁塔2257座，年度满足3家运营商需求5449个，年度需求满足率98%；室分项目共交付起租需求78个。天津铁塔坚持规划引领，持续优化资源配置，有效避免重复建设，塔均租户数1.61，较2015年提高14%，约少建铁塔4000个，节约土地占用约300亩。天津铁塔“钢管桩”及“山区支撑杆塔及基础”2项创新成果荣获国家级实用新型专利。公司坚持探索技术创新，努力破解发展难题，积极尝试环境友好型，灵活小型化的基站建设模式，从站址资源的获取、建设隐蔽性、一杆多用等多个角度出发，探索路灯杆、监控杆、风能美化罩等多种建设方式，储备小型化、灵活方式的基站建设资源，为后续满足运营商需求做好准备。此外，积极推进梯次利用动力电池的削峰填谷应用试验和钢管桩基础的应用，取得初步成果。采用统一建设方式承建公网覆盖的地铁6号线一期工程南翠屏站至南孙庄站实现贯通运营，快速满足3家运营企业9个制式的语音和数据业务需求，与地铁同步施工同步完工，实现天津地铁首次运营商全系统信号覆盖，通过对大型项目的建设管理，实现多方共赢。（孙羽裳）

【基于大数据云计算的客流统计分析预警系统】 由天津联通、天津市旅游局王颖、舒一展、赵立民、刘宇辰等于2016年2月完成，获中国联通系统第一届优秀行业解决方案比赛二等奖。基于大数据云计算的客流统计分析预警系统实现自动预警、及时管控，从而保障景区的正常运转和游客的安全。以基站围栏技术和位置信息LBS技术为基础，通过定时监测基站连接的用户信息，可获取统计区域的用户号码、连接时间、用户归属地等信息。通过平台数据分析和过滤，即可获得景区实时客流数据、客源地分布，智能测算客流走势，并通过短信方式及时地进行游客疏导预警。

（吴海燕）

【天新型IP移动网络时间同步及回传网络地面定时传送技术研究及应用】 由中国联通网络技术研究院、天津联通张贺、张亚鹏、张英华、苑海峰等完成，获中国联通集团2016年科技进步一等奖。该项目研究、部署联通同步状态机制，完成转移函数、网络误差模型等创新研究，完善联通对于入网设备性能验证测试内容及方式，并且为超高精度时间同步网络部署奠定理论依据。在标准方面，中国联通为业界首次提出PRTC设备位置保持功能要求，并且制作数据模型，提出PRTC保持转跟踪性能要求，包括相关各参数的要求等。在企标方面，完成《中国联通高精度时间同步设备测试规范》，为联通入网高精度时间同步设备验证测试提供技术依据，同时对逐步稳健的北斗系统技术及其应用和相关产业发展进行调研，提出联通网络中相关设备的技术要求。

（吴海燕）

【天津联通启用信息化需求工作量评估系统】 为进一步提高信息化支撑需求的精细化管理水平，保证需求开发工作量估算的合理性和准确性，实现全域需求“全程透明、可管可控”，2016年3月中国联合通信有限公司天津分公司（以下简称“天津联通”）在原有需求流程的基础上开发上线信息化需求工作量评估系统。评估流程上线后，需求负责人可根据需求内容匹配系统中的项目，系统自动关联合作伙伴信息，并由系统随机选择4位评估专家和需求负责人组成5人专家组，将评估请求发至每位专家进行在线评估。系统根据可配置的规则对5位专家的评估结果进行计算，得出该需求对应的评估工时、修正工时和结算工时。截至2016年12月31日，使用工作量电子评估流程的需求达4000多条，涉及B域、M域、D域等20余个项目，评估效率和评估精准度得到大幅提高，对有效控制成本起到良好的效果。

（朱澍媛）

【天津联通实现信息化高端存储的异构在线迁移】 2016年，天津联通信息化事业部发挥技术优势，通过操作系统的文件卷复制技术和数据库的ASM技术，自主平稳完成IOM和经分2个高端磁盘阵列、共计80TB数据向异构的HDS磁盘阵列的在线数据迁移，未对业务造成影响。该技术摒弃传统的磁盘阵列数据底层复制技术，成功绕开旧磁盘阵列厂家配合的问题，提高了磁盘的吞吐率，存储性能提高65%。 （陈　静）

【数据库性能自动预警与优化系统】 2016年3月，天津联通研发完成数据库性能自动预警与优化系统，实现SQL语句的实时自动优化，解决SQL语句引起的性能问题。截至2016年12月，自动优化SQL语句1000余条，全年未发生数据库系统重大性能问题。该系统获2016年天津联通科技进步一等奖、中国联通集团优秀奖，在国资委主办的“2016中央企业熠星创新创意大赛”活动中通过初选进入复赛。 （陈　静）

【天津联通信息系统向云计算平台迁移】 2016年，天津联通信息化事业部搭建4套VMware虚拟化云计算池，并自主将助销系统、网格化营销短信服务器、宽带维系接口、机房监控、IOM网元激活接口、ADSL话单、计费详单、4A堡垒机等24个业务系统涉及28台服务器迁移至云计算池，有效缓解老旧设备量大、部署时间长、故障率高等诸多问题，实现根据业务系统运行情况动态调整系统资源的功能，为实现快速部署系统奠定基础。

（陈　静）

【天津联通完成自主研发公网出口防火墙负载分担部署】 2016年2月，为实现公网出口业务稳定运行，进一步提升客户感知，天津联通推进提升网络出口防火墙系统运行效率的技术创新实践，自主研发完成公网出口双台防火墙负载分担部署，实现系统故障无缝自动切换、公网业务不间断运行的目标，并实现负载分担模式的ipsec-vpn功能。相比传统的传统主备模式，负载分担模式实现双台设备同时处理流量，彻底解决由于硬件或链路故障引发的网络中断。该项目实施后，公网出口防火墙CPU使用率下降70%，切换速度从5秒提升至0.5秒，数据流量的转发效率提高50%，未发生系统故障及性能问题。

（陈　静）

【天津联通研发上线“沃受理”业务支撑系统】 2016年，天津联通信息化事业部研发上线“沃受理”系统，大力提升营业厅客户感知。“沃受理”系统实现互联网引导式界面和操作流程，机器人采集预订单后，自动代填完成订单提交，简化操作步骤，提高标准化服务；利用前后台分离的方式，实现前台营业留单，中台完成甩单录入，有效缩短客户临柜时长；将多个核心业务受理系统，通过页面集成的方式，实现一点登陆，提高业务办理的便捷性；通过能力开放平台（AOP），以套包的形式打包进行资费套餐的销售，简化的页面操作。上线后，业务受理量占比超过50%，平均受理时长缩短50%，客户临柜时长控制在5分钟以内。

（毛艳茹）

质量技术监督

【中药中农药多残留和重金属检测关键技术研发与应用】 由天津市农业质量标准与检测技术研究所张玉婷、陈秋生、李娜等完成，获2016年度天津市科技进步三等奖。该项目综合中药主要贸易国欧、美、日、韩的标准监控指标与中国药典，结合中药种植过程用药情况与产地污染评价，攻克因中药基体复杂导致痕量目标物共提取难、同步检测能力低等技术难点。①创建中药中302种农药多残留检测技术体系，指标覆盖国际标准要求，实现了248种、110种、105种、60种多系列农药多目标同步检测，填补多种不同类别农药多目标同步检测技术领域空白。②攻克复杂基质中痕量目标物共萃取关键技术难题，有效去除中药样品酸、酚、苷、脂等干扰，经LC-MSMS优化分析，实现248种农药多目标同步检测，比中国药典同类方法增加93种农药，比已有文献技术增加129种。③构建同步在线静态萃取双重净化技术，结合GC-MS技术，实现非极性、热稳定的105种农药多目标同步检测。④采用密闭微波消解+碰撞池技术，实现13种元素同步精准定量；独创仿生提取结合LC-ICP-MS测定中药制剂中可溶性砷、汞检测技术，解决了抗干扰弱，操作烦琐问题。其技术特点：①248、105种农药高通量检测，实现痕量目标物共萃取，方法检测限0.0002毫克/千克～0.08毫克/千克，比中药药典提高3.2倍～5倍，满足国际限量标准要求。②同步在线静态萃取双重净化结合GC-MS技术，使样品提取净化一步完成，比中国药典提高检测效率56.3%，减少有机试剂用量44.4%，填补30种农药检测空白。③仿生提取结合LC-ICP-MS检测可溶性砷、汞技术，模拟人体胃肠环境进行提取，提取方法优于文献和中药药典常规技术，真实反映体内砷汞存在形态，方法检测限0.05μg/kg～0.1μg/kg，超出限量标准5倍～10倍。该项目成果已在全国检测公司、出入境、大学及药企应用。

（天津市农业质量标准与检测技术研究所）

【建材及释放的化学污染物检测系统改造应用】 由天津市建筑材料科学研究院承担，李赵相、白锡庆、赵磊等完成，获2016年度全国建材行业技术革新三等奖。针对建材及释放的化学污染物检测时多个检测系统单元气路工程存在相互干扰影响，气路二级减压压力下稳定性差，气路布设繁琐、复杂，以及检测过程中，气相色谱仪与其配套热解析仪和色谱采集处理软件三者之间操作不便，而且各标准对热解析的要求不同，影响检测准确性和工作效率等问题，开发出多种气路工程调节控制装置应用于检测系统气路工程。该项目的创新性：①为简化气路工程布设，避免气源状况对气路工程的影响，保证气路二级减压压力下的稳定性，确保各个检测系统单元之间相互独立运行，在气相色谱检测气路工程系统中研发制作、安装气路分流调节控制装置、气路控制装置、气路观察控制装置等。②将气相色谱仪器、色谱图谱采集处理软件、热解析仪器各自线路板上的起始、开始采集、解吸进样命令电子触点之间以电线优化焊接，实现样品经热解析仪解吸进样注入色谱仪时会自动触发气相色谱运行和色谱图谱采集处理软件工作，简化检测人员的人工操作过程，提高工作效率和检测数据的准确性。③在气相色谱进样前设制手动六通阀装置，使气相色谱与其配备的不同类型热解析仪器之间根据需要可手动转换，避免检测工作中对前处理设备的反复安装更换；整套检测系统的技术创新改进，也大大简化日常气路漏气安全检查的频次和工作中的质量控制操作频次，以及日常气源气体和质量控制标准物质及化学试剂的消耗量。天津市建筑材料产品质量监督检测中心应用该成果，年节约气源气体、质量控制标准物质及化学试剂等消耗费用达5万元，该项目获实用新型专利1项。

（李赵相）

【壳聚糖支载型食用色素的设计合成及其功能性研究】 由天津市产品质量监督检测技术研究院崔进于2016年4月完成。基于天然多糖-壳聚糖生物相容性好、安全性高，同时具有抗菌、免疫功能调节、人体不易降解吸收等独特性能，选择壳聚糖及其衍生物作为载体，以常规使用的日落黄、诱惑红、柠檬黄、苋菜红、橙黄Ⅱ等常规偶氮类食用合成色素分子作为发色体，对其化学改性，在分子上引入活性基团，再与壳聚糖、羧甲基壳聚糖等生物相容性好、安全性高的天然生物大分子进行化学结合，通过“载体”和“发色体”的合理分子组装，构建4个系列20余种新型壳聚糖支载型大分子食用色素。该类色素是一类既具有发色体染色性质，又保留天然载体安全性能，同时能缓解或阻断偶氮基还原断裂的新型天然载体枝载型食用色素。该项目通过综合分析手段研究新型色素分子结构与染色性能、生理性能的关系及其调控规律，筛选色泽饱满无毒的目标物，为新型绿色食用色素创制提供理论依据和先导化合物。

（傅晓晖）

【紧急切断阀综合校验装置的研发】 由天津市特种设备监督检验技术研究院黄小宇负责，于2016年4月完成，获南开区科技进步一等奖。紧急切断阀是以压力为动力源，当液化气发生泄漏时，能感知压降速率，通过联动装置驱动球阀及时准确地关闭，是液化气体罐车、火车罐车、球罐、贮罐等移动式压力容器的重要安全设施，其灵敏度可靠与否可直接影响到设备的安全运行。该项目主要研究紧急切断阀的检测技术和设备，实现快速完成对紧急切断阀安全性能检测。其核心技术如下：①采用气液双相介质组成的循环系统，有效模拟设备临界工作环境。②采用紧急切断阀立式放置的装载台，并通过特定的连接件对不同规格的紧急切断阀进行校验。③采用可编程逻辑控制器PLC、压力传感器、流量传感器以及数据采集模块AD完成试验数据的采集、传输和处理，通过显示器将参数及结果实时显示，并采用数显及曲线图表反映数据变化量，显示直观。④设置专门的联动操作机构，可根据实际需求对紧急切断阀进行自动或手动校验。设备加入电气化控制，实现检验检测全过程自动化；试验介质循环利用，节约资源，降低了成本；控制台加入触摸显示屏和流程图显示，检验过程更加方便直观；设备加入数字传感器、检验报告自动生成并记录，保证了检验过程的客观性。该项目研究成果可提高紧急切断阀的检验效率，已应用于市内紧急切断阀的实际检测工作中，并在沧州市特种设备监督检验所、衡水市特种设备监督检验所应用推广。

（傅晓晖）

【中药注射剂类过敏反应试验方法的研究】 由天津市药品检验研究院高建波主持完成，是天津市市场和质量监督管理委员会课题，于2016年10月验收结题。通过对ICR小鼠、SD大鼠、BN大鼠、白化豚鼠静脉注射氯化钠注射液（阴性对照）和中药注射剂后的症状反应特点，确定了白化豚鼠是适合类过敏反应检测的最佳动物。通过对注射中药注射剂后白化豚鼠双耳伊文思兰及血清组胺、类胰蛋白酶、C3a、β-氨基己糖苷酶、IgE的含量的检测，确定组胺、类胰蛋白酶、C3a可作为中药注射剂类过敏反应检测的生物指标，而双耳伊文思兰含量（耳廓血管通透性试验）适合于部分注射中药注射剂类过敏反应的检测。通过该项目研究，初步建立了中药注射剂临床前类过敏反应的检测方法，有助于完善中药注射剂的质量控制标准，更合理的控制中药注射剂的安全性。

（傅晓晖）

【《海水浊度测量仪校准规范》发布实施】 由国家海洋标准计量中心牵头编制的国家计量技术规范JJG 1571-2016《海水浊度测量仪校准规范》于2016年6月27日发布，2016年9月27日实施。《海水浊度测量仪校准规范》是国内海洋计量技术法规体系的第一部校准规范，规定了海水浊度测量仪校准的环境条件、校准项目和校准方法。该《规范》制定了统一海水浊度测量仪的校准方法，为海水浊度测量仪使用的准确有效性和稳定性提供了技术保证，为保证海洋监测、观测数据的准确可靠提供了强有力的技术支撑。该技术规范的应用使海洋计量校准和检测能力得到提升，使海洋计量技术机构更好地为海洋强国建设提供计量服务保障。

（王爱军）

【水静压力相关装置3项专利申请通过】 2016年，国家海洋标准计量中心围绕海洋特色检测装置开展试验分析设备建设申请并通过3项专利，分别为“计量式水静压力试验系统”“水下耐压微变形测量装置”“水静压力试验系统准线性排箫式卸压装置”。其中，“计量式水静压力试验系统”为发明专利，“水下耐压微变形测量装置”和“水静压力试验系统准线性排箫式卸压装置”为实用新型专利。“计量式水静压力试验系统”可实时检验试验样品的耐压情况，及时获得加压试验舱内试验样品的变形、破裂、吸水等信息，简化了水静压力试验过程，提高了试验效率；“水下耐压微变形测量装置”可实时获取不同水压现场海洋仪器壳体的微变形数据，为海洋水下测量仪器设备壳体设计提供更实际的试验数据，使计算的设备壳体允许变形量和现场水下试验得到相互印证，促进深海水下测量仪器设备的研发；“水静压力试验系统准线性排箫式卸压装置”可实现水静压力试验准线性排箫式自动卸压控制，解决了精确自动化检测卸压过程不可控的问题，提高了水压试验的应用效率和分析能力，并为提高海洋仪器的研发速度和工作性能提供了保障。

（刘　宁）

【《JG761-2016电极式盐度计检定规程》发布实施】 为完善盐度测量仪器的检定方法，确保盐度量值传递的有效性和准确性，国家海洋标准计量中心牵头起草《JG761-2016电极式盐度计检定规程》，该《规程》被列入《质检总局关于下达2014年国家计量技术法规制修订计划的通知》（国质检量函〔2014〕79号）计划，并于2016年12月正式发布实施。该《规程》结合对仪器实际使用情况的调研及经验积累，充分考虑仪器的工作原理、使用环境、任务需求，同时兼顾方法的科学性，权威性和实用性原则。

（康　莹）

【计量检测公益服务】 2016年度国家海洋标准计量中心计量检测业务再创新高，样品收检1599台次，比2015年度增长27%；发放标准海水4975瓶，比2015年度增长20%。送检客户遍布沿海省市及内陆地区，并逐年扩充，送检需求逐年增加。2016年国家海洋局局属单位样品收检894台次，占总送检量的56%；其他单位和个人705台次，占总送检量的44%，其中地方科研院所、海监环保等单位510台次，地质调查勘察、部队、大学、企业等195台次。2016年中心仪器计量检测主要为业务项目、科研任务中仪器日常性检测和企业仪器研制中测试、出厂检定等。

（刘　冉）

【计量检测业务7年数据统计】 2016年，国家海洋标准计量中心完成了计量检测业务的大数据统计。统计数据自2010年该中心首次进行样品送检年度统计始至2016年年底，共连续7年。统计数据资料包括计量检测业务送检样品、仪器、客户、检测数量、检测费用等。统计分析出样品送检增长量、检测趋势、客户需求、海洋仪器的使用频次、应用范围等。统计数据见证了海洋计量检测业务的发展，反映了实验室工作的动态。7年间计量检测业务量连年剧增，由2010年的729台次一路攀升到2016年的1599台次，水文、气象、环境试验、膜产品等检测量均有大幅度增长。

（刘　冉）

【海洋标准化计量“十三五规划”发布实施】 《全国海洋标准化“十三五”发展规划》和《全国海洋计量“十三五”发展规划》由国家海洋标准计量中心牵头组织、全国海洋系统、标准化计量领域各有关单位及几十位专家参与编制，《全国海洋标准化“十三五”发展规划》于2016年9月由国家海洋局和国家标准化管理委员会联合发布实施，《全国海洋计量“十三五”发展规划》于2016年10月由国家海洋局和国家质量监督检验检疫总局联合发布实施。两部《规划》着眼于国家战略、海洋需要和工作基础及国家发展形势和要求，与国民经济社会发展“十三五”规划、国家标准化、计量发展规划和国家海洋局“十三五”发展与改革规划等政策衔接，把握海洋标准化、计量工作的阶段性特征，充分考虑国际国内发展形势需求和海洋标准化、计量薄弱环节，分别明确了“十三五”期间的海洋标准化、计量工作指导思想、主要任务、发展目标。《规划》的研究编制是落实国家大力发展标准化计量事业的具体举措，是发挥海洋标准化计量在建设海洋强国中基础和保障作用的重要途径，是科学布局海洋标准化计量工作、夯实海洋质量基础的必然要求。两部《规划》的发布得到各有关单位的高度重视，实施顺利，效果良好。（周　瑾）

【“全球变化与海气相互作用”专项质量控制与监督管理】 2016年，国家海洋标准计量中心完成“全球变化与海气相互作用”专项质量控制与监督管理工作。组织检查组开展专项全年综合调查航次的航前检查，并委派质量监督员对全年航次进行随船质量监督。5月～9月，组建专家组对专项任务实施过程中的质量管理情况进行评估，共评估75项任务，出具75份专项任务质量评估报告。全年在上海、青岛、厦门、广州等地举办专项技术规程补充培训，并对国家海洋局东海分局等5家单位的综合调查人员进行培训。

（王延凤）

检验检疫技术

【天津口岸危险化学品风险防控技术的研究及应用】 国家质量技术监督检验检疫总局（以下简称“质检总局”）科技计划项目，由天津出入境检验检疫局工业产品安全技术中心李晶、周磊，赵琢等于2014年完成，获2016年度天津市科技进步二等奖。项目在口岸化学危险品的风险分析的基础上，建立危险货物及其包装的分类规范，针对国内危险货物分类鉴定技术不足，重点研究针对易燃易爆危险货物的危险特性分类鉴别技术，同时基于UPLC-Q-Tof/MS代谢组学技术，以大鼠的DBP和BEHP毒物代谢为研究对象，研究并建立代谢物的指纹图谱以及尿液样本和血液样本的快速、高通量检测方法。该项目研究成果应用到天津口岸的18家检验检疫机构、天津交通运输委员会港口管理处、天津港股份有限公司及多家天津市和河北省的化工企业，提升了口岸安全管理水平，加速通关效率30%以上，并帮助200余家化工产品企业开展进出口业务，同时对220余家单位人员进行了培训。

（天津出入境检验检疫局）

【进出境果蔬重大病虫害快速检测及处理技术研究与应用】 国家质检总局科技计划项目，由天津出入境检验检疫局动植物与食品检测中心王金成、康芬芬、刘鹏等于2015年完成，获2016年度天津市科技进步三等奖。项目围绕天津口岸进出境水果和蔬菜中的危险性有害生物，建立一套口岸快速检测体系，并研究提出相应的检疫处理技术指标，形成一套较为完善的果蔬危险性有害生物检疫鉴定及处理技术体系。项目基于形态学及分子生物学，建立一大批有害生物的快速鉴定方法，明确新菠萝灰粉蚧、扶桑绵粉蚧、双条拂粉蚧等常见水果害虫的辐照检疫处理技术指标，系统评估来自8个国家近20种水果的辐照安全性，提出各种水果的辐照处理安全剂量。

（天津出入境检验检疫局）

【传染病快速检测体系的建立及关键技术的研究与应用】 国家质检总局科技计划项目，由天津出入境检验检疫局国际旅行卫生保健中心祁军、关淳、詹曦菁等于2013年完成，获2016年度天津滨海新区科技进步二等奖。项目立足于国内各类口岸卫生检疫实际，开展集成创新和对比分析，研

现代服务业科技

发出包含微量核酸收集方法、非创伤性抗体检测技术、核酸免疫层析试纸条检测技术、交叉引物核酸恒温扩增技术（CPA）及抗实验室扩增物污染技术、核酸扩增试剂玻璃化干燥技术等6项传染病快速检测核心技术，形成口岸传染病现场快速检测体系。该体系涵盖从样本处理、核酸扩增物检测到结果判读全套的交叉引物等温扩增核酸检测技术平台，填补分子生物学非仪器现场检测领域空白；在对口腔黏膜渗出液抗体含量进行全面评估基础上，研发出包括口腔黏膜渗出液采集器、抗体洗脱缓冲液、多种口腔黏膜渗出液胶体金检测试纸条及相应光学程序在内的成套非创伤样本采集检测技术平台。该项目获得授权发明专利7项，制定行业标准9项，发表论文10篇，出版专著一部。部分核酸恒温检测试剂盒、核酸提取装置应用于部分口岸检疫、医院CDC等部门。

（天津出入境检验检疫局）

【硅钢片磁性能影响因素分析和鉴别技术研究】 天津市自然科学基金项目，由天津出入境检验检疫局化矿金属材料检测中心傅志强、魏红兵、姚久红等于2012年完成，获2016年度天津滨海新区科技进步三等奖。项目从硅钢片磁性能检测入手，研究内容主要为4个部分：①磁性能测量影响因素分析部分：通过大量数据分析硅钢片磁性能实际测量中的影响因素，对温度、剪切力、剪切角度等进行系统分析，提高测量精度，降低检验的不确定度。②硅钢片晶粒取向性鉴别技术部分：通过对冷轧取向和无取向硅钢片的外观、规格厚度、金相组织、力学性能、工艺性能、磁性能等对照研究，得出严谨、简便易行的鉴别方法，并制订行业标准5项，为仲裁方法提供技术保证。③进口技术性措施研究部分：通过对国内外的产品及性能的比对，开展进口硅钢片的技术性贸易措施研究。④便携式硅钢片取向性鉴别仪研制。该项研究成果转化为实用新型的鉴别装置，从根本上解决硅钢片取向性鉴别的技术难题，为海关、商检、商会、企事业单位提供鉴别依据，在海关、中国检验认证集团天津公司、天津口岸检测开发服务公司、浦项制铁公司得到应用，取得显著的社会效益。该项目获得专利4项。

（天津出入境检验检疫局）

【食品中有害物质新型检测技术研究与应用】 国家质检总局科技计划项目，由天津出入境检验检疫局动植物与食品检测中心赵良娟、马兴、宓捷波等于2015年年底完成，获2016年度天津滨海新区科技进步三等奖。项目针对口岸食品安全事件中影响较大的致病菌、农兽药残留、重金属等食品中有害物质的前处理胶检验检测问题，以7种致病菌和近48种食品有害物质为目标，解决传统检验检疫过程复杂、效率低下、检测目标单一、试验周期长等缺点，研究开发针对食品有害物质的高效、快速的检测技术。经过创新改进的食品有害物质检测的快速预处理技术；食品中多种致病菌快速检测技术；快速高效的多残留检测技术；食品中元素及其形态分析核心技术。项目共获得授权专利9项，受理发明专利7项，发表学术论文27篇，科技著作1部；制定国家标准1项，行业标准3项。 （天津出入境检验检疫局）

【PCR试纸条技术在食品动植物源性成分检测中的应用研究】 国家质检总局科技计划项目，由天津出入境检验检疫局动植物与食品检测中心赵良娟、李宗梦、郑文杰等完成，于2016年6月通过质检总局科技司组织的验收。项目在国内外首次应用PCR试纸条技术对食品中牛、羊、猪、鹿、驴、骆驼、鸭、鹅、玉米、大豆、草莓、葡萄等食品中动植物源成分核酸进行扩增，应用试纸条检测技术对扩增结果加以检测。建立的PCR试纸条筛选检测方法，用于食品中动植物源成分的快速筛选。通过体系优化建立的检测方法可成功从食品样品中快速检测动植物源性样品，其特异性强、灵敏度高、操作简便、快速、环保，检测时间短（2小时内报告结果），适用于基层实验室食品中动植物源性成分的快速检测，为避免假冒伪劣食品的出现，打击违法行为提供技术支撑。项目发表论文2篇。 （天津出入境检验检疫局）

【锂离子电池循环性能失效机理及加速循环性能测试研究】 国家质检总局科技计划项目，由天津出入境检验检疫局工业产品安全技术中心李晶、于智睿、李翔等完成，于2016年7月通过质检总局科技司组织的验收。该项目主要开展的研究为：①锂离子电池循环容量衰减机理研究：研究锂离子电池循环容量衰减的影响因素，正负极材料的容量损失、活性锂离子的容量损失以及隔膜带来的损失，得出影响锂离子电池循环容量衰减的主要来源及影响因素，为锂离子电池循环寿命快速检测方法的建立奠定良好的技术基础。②锂离子电池循环寿命快速检测方法研究：通过锂离子电池循环容量衰减机理研究，高温可以加速锂离子电池副反应发生的速度，从而加速循环容量衰减；而增大充放电倍率则相当于增大锂离子电池极化，从而导致正负极材料容量的快速损失。项目采用高温及大倍率为主要加速因子，研究其对电池循环寿命的影响规律，采用曲线拟合的方法提出高温及大倍率快速循环检测方法。该项目在核心期刊发表论文1篇，获发明专利授权1项，实用新型专利授权1项。

（天津出入境检验检疫局）

【中小型电动机能效性能检测关键技术研究及设备的研制】 国家质检总局科技计划项目，由天津出入境检验检疫局工业产品安全技术中心贾晓川、于智睿、李晶等完成，于2016年7月通过质检总局科技司组织的验收。该项目针对电机性能检测系统存在的不足，研究一种新型能量回馈式异步电机测试系统。该系统与传统的电机测试系统相比，仍采用双电机同轴对拖的主电路结构型式，但被测电机采用绕线式的异步电动机，利用绕线式电动机可四象限运行的功率控制特点，可在仅采用一套变频器为2台电机供电的运行条件下，实现被测电机和陪测电机运行状态的转换，完成电机性能测试，既减少系统的成本，也降低系统的控制难度。

（天津出入境检验检疫局）

【重金属元素测试仪的研制及应用】 国家质检总局科技计划项目，由天津出入境检验检疫局动植物与食品检测中心肖亚兵、张海滨、崔颖等完成，于2016年3月通过质检总局科技司组织的验收。针对重金属元素测试存在的难题，研制出16位精度的重金属测试仪器，制作相应的碳纤维及铂丝微电极，编写一套基于LabVIEW开发平台的重金属分析测试系统软件，并完成各项仪器性能及重金属的测试。重金属测试仪器的应用，能提高食品和矿产品中重金属元素的检测能力，对含有重金属元素的物质实施科学有效地监管，提高出入境管理工作的效率和质量，确保国家经济和生态环境的安全。该项目成果还可以应用于检测大气、土壤和水体中重金属污染物质现状以及在区域内的分布和来源，最大限度地了解其污染源头并加以控制和治理。

（天津出入境检验检疫局）

【采用活性炭纤维回收再利用溴甲烷关键技术研究】 国家质检总局科技计划项目，由天津出入境检验检疫局动植物与食品检测中心张瑞峰、程瑜等完成，于2016年6月通过质检总局科技司组织的验收。通过研究活性炭纤维的孔结构及表面特性对其吸附溴甲烷性能的影响，确定适用于吸附溴甲烷的活性炭纤维的孔结构尺度及表面结构；通过研究溴甲烷浓度和流速等因素对活性炭纤维吸附溴甲烷性能的影响，确定活性炭纤维吸附回收性溴甲烷的最佳吸附操作工艺条件；研究溴甲烷的真空加热解吸方法及操作工艺参数，确定适宜的溴甲烷解吸方案及操作工艺参数。该项目对解决熏蒸处理后溴甲烷回收技术问题取得成果，在口岸熏蒸处理后，溴甲烷回收再利用的技术研究方面具有一定的实用性。该项目发表论文3篇，获授权发明专利1项，获授权实用新型专利3项，制定国家标准1项。

（天津出入境检验检疫局）

【应用邻位连接技术高效检测食品中过敏原蛋白方法的研究】 国家质检总局科技计划项目，由天津出入境检验检疫局动植物与食品检测中心张霞、王淞、高琳等完成，于2016年9月通过质检总局科技司组织的验收。对传统的邻位连接技术进行改进，将过敏原蛋白的检测转化为核酸的检测，在灵敏度、特异性检测范围等指标上优于传统的蛋白质检测技术，如ELISA等。项目建立2种PLA检测技术方法，即磁颗粒结合邻位连接技术检测方法和微孔板结合邻位连接技术检测方法；建立花生、榛果、大豆过敏原临位连接技术检测方法，检测灵敏度均为0.01毫克/千克。

（天津出入境检验检疫局）

【基于大数据挖掘和风险差异性分析的进口食品分类监管方法研究】 国家质检总局科技计划项目，由天津出入境检验检疫局兰影、王美、付文新等完成，于2016年7月通过质检总局科技司组织的验收。该项目选取进口肉类为重点敏感商品的代表，以检验检疫业务系统积累的海量数据为依托，在现场查验系统、数字实验室、全流程监控系统中的进口肉类相关数据关联共享的基础上，选择决策树和方差分析等数据挖掘模型，实现检验检疫风险监管潜在规则的数据挖掘。项目遵从“以商品为核心，以贸易国别和生产企业为两翼”的监管理念，利用方差分析，对不同国家、企业的进口肉类的检验检疫流程时限进行差异性分析，通过计算相关检验统计量作出关于风险差异性的显著性概率判断，进一步建立进口肉类检验检疫结果和决策树模型，挖掘影响进口肉类的风险要素，结合检验检疫监管需要解读梳理模型结果，提出符合监管工作实际的合理建议。

（天津出入境检验检疫局）

【基于GEXP技术构建奶牛多种疫病病原分子实时检测技术平台】 国家质检总局科技计划项目，由天津出入境检验检疫局动植物与食品检测中心王乃福、吴冬雪、黄晨等完成，于2016年6月通过质检总局科技司组织的验收。该项目在检验检疫系统内首次建立针对口蹄疫病毒（FMDV）、牛病毒性腹泻病毒（BVDV）、蓝舌病毒（BTV）和赤羽病毒（AKAV）4种奶牛疾病病原的GEXP检测技术，可同时检测上述4种奶牛病毒。与传统检测方法相比，该方法特异性强，灵敏度可达到100copies/μL，将其应用于奶牛多种常见传染病的检测工作中，可实现在单个反应体系中同时灵敏、快速、高通量检测多种奶牛疫病的混合感染，为国内奶牛疫病监测、预警及防止外来重要动物疫病传入提供技术支撑。

（天津出入境检验检疫局）

【进境红酒质量分析与准入制度比较研究】 国家质检总局科技计划项目，由天津出入境检验检疫局动植物与食品检测中心毕玉国、郑文杰、宓捷波等完成，于2016年6月通过质检总局科技司组织的验收。该项目以进境红酒为研究对象，一方面从监管制度入手，研究比较各主要红酒生产国的监管制度和准入法规，为改进完善国内监管和准入模式提供有益的借鉴；另一方面从技术入手，利用液相色谱和高分辨质谱建立还原糖和有机酚酸（或多酚）的检测方法，探讨利用统计组学技术区分产区、实现溯源的可行性，以口岸红酒的还原糖和有机酚酸为检测对象，利用液相色谱和高分辨质谱建立葡萄酒中2种还原糖和13种有机酚酸的检测方法，并对天津口岸来自11个国家和地区的54批次葡萄酒进行检测，初步运用数学统计进行产地区分。

（天津出入境检验检疫局）

【进出口化学品光谱模式识别技术研究】 国家质检总局科技计划项目，由天津出入境检验检疫局工业产品安全技术中心于艳军、胡新功、韩伟等完成，于2016年6月通过质检总局科技司组织的验收。针对天津口岸化学品进出口现场检验监管符合性核查需求现状，建立用于进出口有机化学品核查的光谱模式的识别模型5个，分别为塑化剂与相似酯类化学品的分类识别模型（识别准确率：100%）、含苯环与不含苯环化学品的分类识别模型（识别准确率：99.01%）、含C=C与不含C=C化学品的分类识别模型（识别准确率：97.03%）、5类化学品的分类识别（识别准确率：99.01%）和对101种化合物的具体识别模型（识别准确率：96.04%）。

（天津出入境检验检疫局）

【《危险化学品名录》品名与HS编码对应关系研究】 天津检验检疫局科技计划项目，由天津出入境检验检疫局工业产品安全技术中心李学洋、杨永超等完成，于2016年4月通过天津检验检疫局组织验收。通过研究《危险化学品名录》与HS编码的对应关系，在《危险化学品名录》（2002版）的基础上建立覆盖3833种危险化学品的常用名、通用名、商品名、英文名、英文别名、危险化学品名录中对应的CAS号与UN号数据表及其HS编码归类；通过筛查天津口岸进口的危险化学品数据，整理出天津口岸涉及的进口危险化学品涉及的HS编码，补充《检验检疫商品目录》外进口危险品的HS编码数据，为检验检疫部门判断危险化学品适用政策提供直接依据；系统分析进口危险化学品在报检、检验、监管等方面存在的问题，并提出相应的建议；将《危险化学品目录》（2015版）与《危险化学品名录》（2002版）进行对比分析，列举其在检验监管中应用所遇到的问题，并提出相应的对策。

（天津出入境检验检疫局）

【天津空港口岸电子核放系统】 是天津检验检疫局科技计划项目，由天津机场检验检疫局张洪卫、武爱民等完成，于2016年4月通过验收。该项目研制出天津空港口岸电子核放系统，通过该系统统一采集入境飞机的舱单信息、入境货物物流信息、入境货物申报和检验检疫信息，进行信息、数据与指令的交换和共享，实现入境货物分拨、放行、核销的电子化，进一步完善检验检疫业务流程结构，实现入境货物数据流闭环管理。项目通过强化空港口岸货物运输各相关单位间业务协调，进一步提升检验检疫执法能力，实现7×24小时通关，降低企业运行成本，对助推贸易便利化具有一定的经济和社会效益。

（天津出入境检验检疫局）

【进境水生动物隔离检疫场电子化监管系统】 天津检验检疫局科技计划项目，由天津宝坻检验检疫局卢学东、刘坤等完成，于2016年4月通过天津检验检疫局验收。该项目以隔离场检疫监管工作流程为功能逻辑，开发完成一套管理软件，重点解决进境隔离场监管过程中遇到的实际问题。该系统依照《进境水生动物隔离检疫场检验检疫监管手册》的监管项目进行整体规划，建立从检疫许可、进境申报、隔离位置动态、疫病监控、死亡记录、防疫消毒、疫病诊治、消毒用品、养殖投入品管理、预警信息与统计分析的全过程“无纸化”监督管理模式，由原来的10个纸质监管报表简化为1个电子化监管系统，由静态时段监管升级为动态实时监管。该系统可使施检单位实时掌握隔离场的相关数据，整合监管节点，提高监管效能，积累进境水生动物鉴别资料；企业可以统筹许可证使用、隔离缸周转、消毒用药、鱼病诊治、水质监测、饲料养殖等业务管理环节，优化工作流程，减轻工作量，降低统计报表误差。

（天津出入境检验检疫局）

【一次性纸尿裤皮肤局部毒性的风险评估研究】 天津检验检疫局科技计划项目，由天津出入境检验检疫局工业产品安全技术中心赵琢、柳明、王华等完成，于2016年7月通过天津检验检疫局验收。针对一次性纸尿裤使用过程中可能出现的皮肤局部毒性，包括残留化学品的皮肤刺激和变态反应、透气和渗透性能、使用过程微生物繁殖情况等，进行相关测试研究，建立一种一次性纸尿裤皮肤局部毒性风险评估方法，检测不同品牌和型号纸尿裤中丙烯酸、荧光增白剂VBL和环氧乙烷等化学物质的残留量，并测试其皮肤刺激性和皮肤变态反应；对市售常见2个纸尿裤品牌10个型号样品的透气性、渗透性进行测定；对不同使用阶段纸尿裤的微生物指标进行检测，为进一步制订一次性纸尿裤生产和检测标准提供研究基础，规范相关企业行为。

（天津出入境检验检疫局）

【进出口食用活动物中大环内酯类药物检测方法的建立】 天津检验检疫局科技计划项目，由天津出入境检验检疫局动植食中心黄晨、陈小金、刘洋等完成，于2016年4月通过天津检验检疫局验收。该项目建立了进出口食用活动物中大环内酯类药物残留的检测方法。检测范围包括牛血清、牛尿、猪血清、猪尿、羊血清、羊尿、鸡血清中红霉素、螺旋霉素、泰乐菌素、林可霉素、吉他霉素、克林霉素、替米考星、竹桃霉素等大环内酯类药物残留。（天津出入境检验检疫局）

【奶粉质量安全检测体系研究】 天津检验检疫局科技计划项目，由天津出入境检验检疫局动植食中心娄婷婷、郑文杰、赵孔祥等完成，于2016年4月通过天津检验检疫局验收。该项目利用液相色谱三重四极杆质谱研究奶粉中多种水溶性维生素、脂溶性维生素等营养元素的同时检测、电感耦合等离子体质谱完成对奶粉中多种矿物质元素的同时检测、气相色谱三重四极杆质谱研究奶粉中多种有毒污染物的检测方法，液相色谱高分辨质谱研究激素多残留的检测，实现多种化合物的同时检测。该项目建立了高效、高通量营养物质检测方法，弥补国内检测标准实际使用中的漏洞；建立有机污染物高效检测方法；进行农兽药残留高通量筛查检测技术研究，可对乳品中有害物质进行高通量筛查。

（天津出入境检验检疫局）

【儿童玩具中短链氯化石蜡（SCCPs）快速检测技术研究】 天津检验检疫局科技计划项目，由天津出入境检验检疫局工业产品安全技术中心于智睿、李晶、丁宇等完成，于2016年7月通过天津检验检疫局验收。该项目研究建立手机壳、电子玩具中短链氯化石蜡前处理技术，研究GC-ECD法和GC-MS/MS法定量测定短链氯化石蜡，获得特定儿童接触用品中潜在风险的实验数据。项目研究建立的方法满足相关环保标准和法规的要求，满足手机壳、电子玩具中短链氯化石蜡的含量测定要求。该方法操作简便，使用的试剂和仪器在普通实验室均较常见，成本低，具有科学性、先进性、普遍适用性和可操作性的特点，适于作为手机壳、电子玩具中短链氯化石蜡检测国家标准。（天津出入境检验检疫局）

【猪肉及产品中猪戊型肝炎病毒荧光PCR检测方法研究】 天津检验检疫局科技计划项目，由天津出入境检验检疫局动植物与食品检测中心陈小金、董志珍、王建华等完成，于2016年7月通过天津检验检疫局组织的验收。通过对GenBank数据库登陆的基因3型猪戊型肝炎病毒（SHEV）代表毒株序列进行生物信息学分析，选定ORF3基因的部分序列为目的基因，运用软件设计特异性引物和探针，扩增获得目的片段，并构建重组载体pUC19-ORF3，该重组质粒梯度稀释获得标准品，初步建立检测基因3型猪戊型肝炎病毒的实时荧光定量PCR方法，并对建立的检测方法进行特异性敏感性和重复性验证。结果表明，标准品浓度在108 copies/μL-102 copies/μL范围内线性关系良好，相关系数为0.996。特异性试验结果显示，其他几种常见猪病病原体（猪流行性腹泻病毒、猪轮状病毒、猪传染性胃肠炎病毒、猪瘟病毒和猪繁殖与呼吸综合征病毒）未见明显扩增曲线。敏感性试验证实该方法的最低检测下限为10 copies/μL。重复性试验表明该方法对3个标准品检测结果的批内和批间变异系数低于2%。用该方法对收集的59份进境猪肉样品进行检测，同时用普通RT-PCR方法UI这些样品进行符合性验证，结果均为阴性。该研究所建立的检测方法适用于进境猪肉及相关制品中基因3型戊型肝炎的监控监测，同时可用于基因3型HEV的早期诊断盒分子流行病学调查。

（天津出入境检验检疫局）

【婴幼儿配方奶粉中多种维生素的液相色谱串联质谱法检测技术研究】 天津检验检疫局科技计划项目，由天津出入境检验检疫局动植物与食品检测中心赵孔祥、杨爽等完成，于2016年4月通过天津检验检疫局验收。该项目对婴幼儿配方奶粉中10种水溶性维生素的样品前处理技术与检测技术进行研究，建立准确、快速的“同位素稀释—液相色谱—串联质谱法测定婴幼儿配方奶粉中的10种水溶性维生素”检测方法。10种水溶性维生素最小检出浓度（LOQ）为0.05毫克/千克～0.1毫克/千克，3个不同水平的添加回收率为82.6%～108.1%；相对标准偏差（RSD）为0.5%～6.5%，标准参考物测定结果均在定值范围内。对婴幼儿配方奶粉中5种脂溶性维生素的样品前处理技术与检测技术进行研究，建立“同位素稀释—液相色谱—串联质谱法测定婴幼儿配方奶粉中的5种脂溶性维生素”检测方法，5种脂溶性维生素最小检出浓度（LOQ）为0.005毫克／千克～0.1毫克/千克，3个不同水平的添加回收率为83.8%～113.7%；相对标准偏差（RSD）为1.2%～7.2%，标准参考物测定结果均在定值范围内。

（天津出入境检验检疫局）

【生物恐怖因子-炭疽快速检测技术的研究】 天津检验检疫局科技计划项目，由天津出入境检验检疫局国际旅行保健中心詹曦菁、李智慧等完成，于2016年4月通过天津检验检疫局验收。该项目基于LAMP技术的原理，设计特异性炭疽杆菌引物探针，并将上游内部引物（FIP）和下游内部引物（BIP）分别用异硫氰酸荧光素和生物素进行标记，对靶序列进行扩增，用20株炭疽杆菌菌株和15种其他菌株进行特异性验证。同时，改进样本处理方法，直接对样本悬浊液进行热裂解处理，将核酸释放于上清液中，提高核酸收集效率，缩短检测时间、提升检测的灵敏度。在核酸扩增产物检测上，分别利用电泳检测和胶体金免疫层析进行比较，对检测灵敏度进行比较、优化。项目采用等温扩增技术，无需特殊设备仪器和实验条件，结果判读方便、快捷，适合现场检测的要求，在口岸生物反恐工作中具有良好的应用前景。（天津出入境检验检疫局）

公共安全

【基于实名制的移动智能公安民生在线服务平台】 由天津市公安局指挥部组织设计开发，获2016年度天津市科技进步三等奖。该项目引入组合式实名制体系技术、多点智能推送技术、基于互联网服务大数据分析等技术，实现公安业务在线申请、审批业务受理、审批事项的调度分发、各处室内部审理，为群众提供一站式服务，广大群众足不出户即可在线了解各种公安业务的办理流程，进行违章查询和缴费、举报违法犯罪线索、对民警的日常工作进行监督与评价，实现了让群众“少走马路、多走网路”的工作目标。

（天津市公安局科技信息化处）

【惠民利警114挪车服务】 该项目由天津市公安局指挥部提出，获2016年度公安部改革创新大赛银奖。该平台设在114信息导航中心，实行24小时服务，市民遇有挪车请求可直接拨打114，通话时只需告知（天津本地）对方机动车号牌，话务员即可从数据库中提取待挪机动车车主联系方式，联系车主挪车。该平台机动车车主信息由公安机关统一管理，主叫方与被叫方均互相处于匿名状态，在保障车主隐私的情况下大大提高了便民服务效率。（天津市公安局科技信息化处）

【采集网吧开户20秒视频数据系统】 该项目由天津市公安局静海分局研发，获2016年度公安部改革创新大赛铜奖。该项目在原有网吧视频监控系统与现有实名登记计费的基础上进行创新，实现了网吧上网人员开户20秒视频数据采集功能，并通过建立视频库和上网人员真实身份轨迹库，可随时查看上网人员图像信息，既有效规范了网吧日常管理，也为公安机关打击违法犯罪提供了支撑。（天津市公安局科技信息化处）

【图侦多功能时间换算软件】 该项目由天津市滨海新区公安局塘沽分局提出，获2016年度公安部改革创新大赛铜奖。该项目针对视频监控系统中时间与北京时间存在误差问题，设计误差计算模块和时间互换模块，通过利用视频时间回推北京时间以及北京时间回推视频时间两种方法，实现快速计算视频监控中犯罪嫌疑人活动实际时间、活动轨迹，为进一步打击犯罪嫌疑人提供了技术保障。

（天津市公安局科技信息化处）

【三维多角色网上灭火救援仿真训练系统】 该项目由天津市公安局消防局研发，获2016年天津市公安局科技成果一等奖。该系统通过对各类灾害数值和人员行为数值的模拟，在虚拟空间仿真火灾发生、发展过程以及人们在灾害环境中可能做出的各种反应，通过平台演练，最大限度仿真实际灾害条件，开展灭火救援应急演练。该系统可以使消防部队在全天候，对本辖区以及非本辖区单位进行场景熟悉演练，实现灭火救援培训目的和特定预案对象的熟悉掌握，为开展灭火救援工作提供支撑保障。

（天津市公安局科技信息化处）

【公安科技周活动】 2016年5月，天津市公安局以“创新引领 共享发展”为主题，举办“天津市公安局第30届科技活动周”，组织开展示范活动、培训讲座、服务咨询和科技成果下基层4大系列共30项重点活动和100余项基层活动。期间，全市累计参与民警及社会各界群众达60万人次，达到了科普宣传的预期效果。

（天津市公安局科技信息化处）

【公安信息化建设工作】 2016年，天津市公安局按照公安部、局党委提出的工作目标和总体要求，主动顺应信息化时代要求，确立整体、互通、共享理念，不断增强信息化工作系统性、整体性、协同性。结合天津市公安工作面临的形势与任务，以提升信息化对警务实战和维护公共安全支撑能力为目标，强力推进基础设施、信息资源、综合应用、指挥通信、安全保障5大体系信息化建设，在维护稳定、打击犯罪、治安防控、服务群众和公安队伍管理等方面发挥了重要作用。以“两能手、一案例”活动为抓手，推进全警基础信息采集应用工作步入常态化模式，全年共评选出采集能手12名、应用能手12名、典型案例12个。完成大数据警综平台主要功能的升级和开发，挂接231类数据资源，多渠道推动数据资源整合共享，实现整合资源600亿条，提供全警应用。年内，市公安局与12家单位签署了信息交换共享协议，共整合62亿余条社会数据。

（天津市公安局科技信息化处）

【公安部天津消防研究所科技获奖】 由公安部天津消防研究所倪照鹏等完成，获2016年度公安部科学技术二等奖。该《规范》共分为12章和3个附录，主要内容有：生产和储存的火灾危险性分类、高层建筑的分类要求，厂房、仓库、住宅建筑和公共建筑等工业与民用建筑的建筑耐火等级分级及其建筑构件的耐火极限、平面布置、防火分区、防火分隔、建筑防火构造、防火间距和消防设施设置的基本要求，工业建筑防爆的基本措施与要求；工业与民用建筑的疏散距离、疏散宽度、疏散楼梯设置形式、应急照明和疏散指示标志以及安全出口和疏散门设置的基本要求；甲、乙、丙类液体、气体储罐（区）和可燃材料堆场的防火间距、成组布置和储量的基本要求；木结构建筑和城市交通隧道工程防火设计的基本要求；满足灭火救援要求设置的救援场地、消防车道、消防电梯等设施的基本要求；建筑供暖、通风、空气调节和电气等方面的防火要求以及消防用电设备的电源与配电线路等基本要求。该规范的发布实施对于提升建筑物抗御火灾的能力，从源头上消除火灾隐患，预防和减少火灾事故具有十分重要的意义。

【化学工业园区火灾防治技术研究】 由公安部天津消防研究所刘晅亚等完成，获2016年度公安部科学技术二等奖。该项目创造性地提出了基于保护层分析的化工园区定量风险分析与消防安全综合评价方法，以及基于事故场景的大型罐区火灾风险评估与消防系统有效性定量评价技术。编制形成了行业标准《石油化工园区消防安全规划要求》《大型浮顶油罐区火灾风险防范指南》和《化学工业园区火灾场景及灭火救援预案》等6项标准规范政策文件，开发了基于火灾风险预测预警的园区风险管理与应急辅助决策系统，研发了罐区智能消防联动控制系统、高效抗溶性水成膜泡沫灭火剂和抗溶性泡沫缓冲罩、煤粉仓安全保护装置等产品与装置。项目组在上述科研成果的基础上开展了10多项应用示范工程，进行3项大型实战演练应用，并在多个大型石油化工园区、罐区得到了广泛应用，在化工园区消防安全规划、消防安全管理、事故应急处置，以及国家及行业标准、政策文件的制修订等方面发挥了重要的科技支撑与引领作用，对提高化工园区火灾防范和消防管理水平、提高园区火灾风险整体防御水平和能力发挥了重要作用。

【智能温控降温背心的应用研究】 由公安部天津消防研究所田亮等完成，获2016年度公安部消防局成果推广一等奖。项目利用液冷冷却工作原理，结合消防员单兵移动作战及个人防护装备特点研发而成，是国内首次研制开发的一整套智能温控个人防护降温装备。产品设计充分考虑人机功效学原理，采用航空人体热舒适指标，创新采用了智能温度控制系统，有效提升了现代消防装备的技术含量。该产品已在江苏、天津、辽宁、湖北等10多个省市总队开展产品试点应用工作，最大限度地保障消防员的生命安全和身体健康，提升了消防员抗险救灾时的作战能力，填补了国内消防员温控降温产品研究领域的空白。

【超细粉体灭火剂用于早期火灾扑救技术研究】 由公安部天津消防研究所陈涛等完成，获2016年度公安部消防局科学技术二等奖。项目提出基于超细粉体灭火剂和直接探火管灭火模式的新型早期火灾扑救技术体系；研制系列新型探火管式超细粉体灭火装置；研制适宜粒径的专用超细粉体灭火剂产品；确立新型超细粉体灭火装置设计参数；确立新型超细粉体灭火装置对典型火灾灭火应用参数。该项目为典型场所火灾防控提供性能先进消防装备，切实提升相关行业火灾防控水平，有效提升了国内灭火技术领域的创新能力。

【火管自动灭火装置工程应用技术的研究】　由公安部天津消防研究所刘连喜等完成，获2016年度中国消防协会科学技术创新奖二等奖。项目确定探火管灭火装置的工程应用方式，通过试验获取气体、干粉两类探火管灭火装置的性能参数，确定两类探火管灭火装置的工程应用范围和应用极限参数及探火管灭火装置工程设计计算方法。项目研究推动了探火管灭火装置的工程应用，转变了部分场所工程设计理念，如对原来较大封闭空间的消防保护改变为直接对大空间内特定小空间的保护，减少了灭火剂用量和工程造价，不会对人员造成任何伤害。探火管灭火装置减少了温室气体的排放，对保护环境、保证经济的可持续发展具有重要的意义。该研究成果已为中国工程建设协会标准CECS345：2013《探火管灭火装置技术规程》和行业标准GA1167-2014《探火管式灭火装置》的制定提供了基础参数和试验依据，加大了灭火装置在工程应用领域的推广和应用，为保障人民生命和财产安全提供了可靠的保障。

【易燃易爆危险品道路运输事故定量预警分级技术及方法】　由公安部天津消防研究所任常兴等完成，获2016年度中国消防协会科学技术创新奖二等奖。项目基于易燃易爆危险品道路运输事故风险分析，从危险品特性、事故应急区域、可能死亡人数、影响区人员风险等方面，提出危险品道路运输事故定量预警分级方法，建立火灾危险性分级方法和危险性权重等级模型，制定影响半径的危险品道路运输火灾事故现场应急区域和人员疏散范围的确定方法。提出易燃易爆危险品道路运输可能导致的死亡人员总数、个人风险和社会风险，定量判定危险品运输事故预警分级模式及方法，以死亡半径区内可能导致的死亡人数与预警级别相对应，以事故后果影响区内暴露人员的社会风险区与国内危险化学品事故预警级别分级相对应。该项目研究成果有助于优化道路沿线消防资源调度，提高危险品道路运输事故火灾扑救和应急救援的能力，可供危险品道路运输物流企业单位、道路运输部门和消防应急救援处置人员使用。　　（薛　涛）

气　象

【天津地区雾霾低能见度天气特征与预警技术研究】　天津市科技计划项目，由天津市气象科学研究所承担，韩素芹主持，获2016年度天津市科技进步二等奖。该项目综合利用立体观测、天气学分析和数值模拟等手段，研究雾霾天气发生发展的天气背景、边界层结构和大气污染特征、大气消光特性，以及气溶胶辐射效应对大气边界层的影响机制，阐明雾霾天气的成因和机理。①针对典型雾霾低能见度天气进行综合立体观测试验，获得天津市雾霾天气过程精细化的边界层结构特征。分析雾霾天气成因。建立雾霾天气发生、维持和消散的过程的边界层预报指标，形成雾霾天气客观预报方法。②基于颗粒物化学组分、密度、复折射指数和吸湿因子等物理参量及Mie散射理论，建立天津地区垂直方向上不同高度的气溶胶消光系数库。集成大气辐射传输模式，建立气溶胶辐射效应与边界层相互作用的边界层模式，揭示雾霾天气气溶胶的辐射效应对边界层结构的反馈作用。③改进数值模式下垫面和预报背景场信息，加入能见度和颗粒物、湿度之间的非线性参数化方案。建立适合天津地区气象化学双向耦合的雾霾天气数值预报模式，有效提高雾霾天气的预报时效和准确率。④建立集观测分析、数值模式预报、天气学诊断、雾霾天气预报预警与评估于一体的综合业务系统，应用于天津地区雾霾天气的预报预警服务及决策评估。⑤雾霾天气预报预警模式系统及技术产品广泛服务于市政府及港口、交通、民航、环保等部门，为环境气象预报、重污染预警及APEC、“9・3”阅兵、绿博会等重大活动空气质量保障提供科学支撑，社会效益和环境效益显著。　　（韩素芹）

【日光温室气象监测与灾害预警综合技术应用研究及推广】　由天津市气候中心、中国农业科学院农业环境与可持续发展研究所黎贞发、刘淑梅、王铁、李春等完成，获2016年度天津市科技进步三等奖。项目针对低温寡照、暴雪、大风等气象灾害影响日光温室安全高效生产问题，在日光温室小气候环境综合监测、温室小气候精细化模拟与预报、日光温室气象灾害预警服务等3个技术层面开展研究与应用示范，构建日光温室气象灾害实时监测与业务服务技术体系。①研发适合国内北方日光温室小气候环境的自动监测设备并实现产业化，建立基于物联网技术的温室环境监测区域组网技术模式，实现气象灾害实时监测。②构建新的日光温室气象条件预报预警模型及基于神经网络的温室环境模拟模型，提高日光温室的气象预报精度。③开发市县一体化的日光温室气象实时监测与灾害预警综合业务服务系统，建立基于手机、显示屏、网站等多种智能终端发布技术的日光温室气象服务体系。该项目创新性强，应用性突出，成果丰富。该项目成果已在全市125个种植大户和48个设施农业园区及合作社中应用，并推广到13个省市应用，创建了3个全国设施农业气象服务示范县。（天津市气候中心）

【天津地面历史气象资料的均一性研究—平均风速】 天津市气象局科研项目，由天津市气象信息中心承担，司鹏主持，于2016年4月通过天津市气象局验收。该项目基于中国地面基础数据产品，利用国内外较为前沿的资料均一性分析方法（RHtestsV4、SNHT），结合天津台站元数据信息，系统完整地剔除了迁站、仪器变更、观测时次变更、自动站替换人工观测等因素在气候时间序列中造成的突变影响，将均一性分析结果在元数据中进行了补充，最终得到天津地区近60年均一化历史平均风速数据集（1951年～2015年），以及更新完善后的均一化气温和降水数据产品。该成果弥补了数据均一性研究空白，满足业务应用和科研领域对可靠数据的迫切需求。该成果已在天津市气象信息中心数据服务工作中使用，并在天津市津南区气象局等部分单位的科研及业务工作中试应用。（司　鹏）

【大气化学模式预报产品评估和订正技术研究】 天津市气象局课题，由天津市气象科学研究所承担，蔡子颖主持，于2016年4月通过天津市气象局验收。该项目使用中尺度大气化学模式WRF/chem，开展2015年全年模拟。在模拟中假定4种边界层方案，分别为YSU、MYJ、MYN3和BL方案，在气溶胶化学机制上使用MADE/RADM和MOSAIC/CBMZ，评估涉及平均状态、有无降水、不同湿度段、不同边界层高度和不同风速段，在评估的基础上，根据一定算法，形成动态权重系数，在环境气象综合业务平台上提供天津地区96小时集成订正的空气质量6要素预报产品，从而进一步提供天津空气质量预报的支撑能力。

（蔡子颖）

【天津现代农业气象数据库的设计与建设】 天津市气象局项目，由天津市气候中心承担，郭晶主持，于2016年4月通过天津市气象局的验收。主要研究内容：①设计天津本地特色的现代农业气象数据库架构。具体架构参考CAgMSS（国家农业气象业务系统）通用农业气象数据库结构，同时需结合天津本地农业种植特点。②收集、整理基础气象观测资料、历史农气报表、农业气候资料、历史灾情等资料，经信息化及质量控制后录入数据库。该项目实现信息的标准化存储、管理和应用，提高信息利用效率，为各类基于基础气象和农业气象观测资料的农业气象业务服务系统的开发应用做好数据支撑，同时为未来CAgMSS（国家农业气象业务系统）的推广应用奠定基础。

（郭　晶）

【TJ-WRF数值模式综合检验评估系统升级完善】 天津市气象局科研项目，由天津市气象科研所承担，王雪莲主持，于2016年4月通过天津市气象局的验收。该项目确定数值模式预报的不同要素的检验方法、解决不同观测资料的收集和格式处理、不同要素插值方法建立、不同检验因子计算程序编写等技术问题，建立TJ-WRF模式预报检验评估系统，实现对模式降水预报、地面要素预报和形势场预报效果的实时检验评估。模式检验可以给出模式实时预报的误差情况，给模式使用者提供有效地参考，同时通过误差统计分析得到模式的误差特征，从而用于模式预报订正和产品释用研究。该项目通过对数值预报产品进行检验评估，分析中尺度数值模式在天气形势预报和要素预报中的表现和问题，为改善数值模式预报系统、开展模式产品释用奠定基础。

（王雪莲）

【海河流域汛期短周期旱涝急转的中期预报技术研究】 天津市气象局项目，由天津市气象台承担，汪靖主持，于2016年4月通过天津市气象局验收。该项目统计分析海河流域汛期短周期旱涝急转事件，挑选显著旱涝急转（旱转涝和涝转旱）天气个例；研究高低空各层天气系统以及动、热力条件的逐旬调整演变致使海河流域汛期短周期旱涝急转过程中水汽条件迅速改变的物理机制，确定中期预报中所需关注的导致旱涝急转发生的关键影响系统和因子；从旬天气调整演变角度建立海河流域汛期短周期旱涝急转的中期预报概念模型，凝炼中期预报着眼点。该项目的特点和创新在于首次将中期天气的有关分析与预报方法应用到海河流域汛期旱涝急转的预报，海河流域各省市其他气象台尚未深入开展与之相关的系统研究。该项研究提升了海河流域汛期短周期旱涝急转的中期预报能力，丰富了其他灾害性天气的中期预报技术。该研究成果可向海河委员会和海河流域其他各省推广，具有广泛的应用前景。

（汪　靖）

【不同灌溉方式对日光温室小气候的影响】 天津市气象局区县专项项目，由天津市宁河区气象局承担，张春同主持，2016年4月通过天津市气象局验收。该项目通过对日光温室内膜下滴灌技术气象要素分析，对滴灌技术提高地温、降低空气湿度的效应进行分析，并与作物生理生态指标相结合，证明温室滴灌技术的增温降湿效果，为技术推广提供理论依据。该项目关于温室内不同灌溉条件下温湿变化特征的研究，可整体了解温室内对气象要素变化特征，对灌溉条件、时间提出合理化建议。

（张春同）

【日光温室蔬菜种植气象灾害风险评估与管理】 中国气象局气候变化专项项目，由天津市气候中心承担，柳芳主持，于2016年7月通过国家气候中心的验收。该项目通过对天津主要温室黄瓜种植区的实地调查及参考温室黄瓜生长栽培资料，采用保证率的算法，建立典型温室栽培的黄瓜生育期温室外低温冷害致灾指标；采用自然灾害风险理论，构建包含灾害强度风险、灾害损失风险、综合灾害风险的风险评估模型，对天津日光温室低温冷害和大风灾害风险进行评估与区划，构建低温冷害天气指数保险产品；提出基于热量指标的温室气候学分类方法，根据温室内热量资源多寡对天津市日光温室进行分类，并确定对应的茬口搭配；初步构建基于冠层叶片温度和空气相对湿度的黄瓜霜霉病预警模型，模型准确率达到80%以上。

（柳　芳）

【天津市气象台综合业务网升级完善】 天津市气象局项目，由天津市气象台承担，汪靖主持，于2016年1月通过天津市气象局验收。该项目以内网的形式聚合显示、监控气象台各业务科室所有预报和服务产品，完善观测资料显示，使其更贴合天气预报和业务管理的需求；完善综合业务网业务管理功能模块：公告栏建设与管理、值班人员的安排与管理、请假与调班管理、培训安排与管理、会议安排与管理、值班统计及预报员预报质量的显示、查询与实时检验等；完善气象台和业务人员介绍的功能模块，完善气象业务网址链接及气象知识、规章制度和业务规范等；新增“技术研发模块”。升级完善后的业务网方便台领导和业务管理及预报人员查看气象台所有业务科室的预报服务产品、实况观测资料和业务管理信息，提升气象台行政和业务管理效率，具备高度弹性功能，可随时增减有关功能模块，具有较好地应用和推广前景。

（汪　靖）

【强对流天气预报技术支撑产品开发】 天津市气象局项目，由天津市气象台承担，王颖主持，于2016年1月通过天津市气象局组织的专家验收。该项目根据构造加密探空研发和制作CAPE、PW和WSH0-3的逐时产品，并显示在“天津市气象台综合业务显示平台”上。将典型局地性强对流天气分成降水类和风雹类，并分析强对流参数的指示性，提炼阈值和提前量。项目所用技术方法成熟，项目成果以图片和区县形式添加到业务平台上，为产品应用提供便利。强对流产品的应用为短临灾害性天气的预报预警落区提供技术支持，有助于提高灾害性天气的预报准确率，具有社会效益和经济效益。（王　颖）

【现代农业气象试验叶面积速测系统的开发应用】 天津市气象局项目，由天津市气候中心承担，宫志宏主持，于2016年4月通过天津市气象局验收。该项目应用作物叶片RGB三基色组成规律和计算机数字图像解析技术，建立一套完整的作物叶面积解析算法，针对试验室离体多叶片同时测量和田间地头原位叶片实时测量进行设计，在叶面积测量精确度与坐标纸法同等的基础上，将原有农业气象试验工作效率进一步提升，并且基于Windows和Android两个版本进行开发，摒弃常规硬件部分的花销，可通过计算叶片像素点的分部比例计算叶片面积的大小，实现叶片快速测量并电子化。该项目关键技术主要包括数字图像解析技术原理研究、测定方法设计，与常规精度较高的几种测量方法对比以确定该研究成果测量精度，以及基于Windows和Android版叶面积数字照片解析软件开发。其研究成果可作为一种新的叶面积解析算法、工具集成于各类农业相关软件及硬件设备中，使叶面积采集的粒度更加细密，各类作物模型模拟能够进一步精细化。

（宫志宏）

【双套站缺测和异常数据处理方法的研究】 天津市气象局项目，由天津市气象探测中心承担，李文博主持，于2016年4月通过天津市气象局验收。该项目利用双套站同要素2个传感器之间的线性关系，研究双套站数据缺测的处理方法，补充缺测数据误差在最大允许误差范围之内。利用双套站与周边区域站之间空间一致性的规律，参考气象资料质量检验中水平空间四方位划分方法和空间回归检验方法，完成对双套站异常数据处理方法的研究，运用该方法得到的判断结果具有较高的正确性，根据该方法编写的相应数据处理程序，可提高计算速度，增强其实用性。

（李文博）

【基于激光雨滴谱仪的不同类型降水雨滴谱特征分析】 天津市气象局代管科研项目，由天津市人工影响天气办公室承担，宋薇主持，于2016年4月通过天津市气象局组织的验收。该项目基于已引入的激光雨滴谱仪探测资料，针对天津地区降水天气雨滴谱特征开展分析及研究。相关工作对于理解自然降水的变化及其内在机制、人工增雨云水条件评估以及作业效果的检验具有一定的意义。项目研究内容为：①雨滴谱仪数据解算及准确性验证。针对雨滴谱仪原始探测数据，基于Shell语言完成数据解算程序的开发，该程序可以方便地实现雨滴谱仪原始探测数据的解算及异常数据的剔除，以便进行后期数据分析工作，同时有助于数据样本有用参数的输出及存档，提高该类新型探测设备数据的利用率。鉴于条件有限，无法实现在同一地点进行多种雨滴谱采集方法的对比分析，因此将雨滴谱资料获取的降雨量与雨量站的观测结果加以对比，检验雨滴谱资料的有效性及准确性。②降水过程雨滴特征参量及雨滴谱特征研究 。选取2014年～2015年天津地区22次降水过程，对包括均方根直径、平均直径、数浓度、含水量在内的7类雨滴特征参量进行统计；同时选取3次不同类型降水过程，对雨滴谱特征差异进行分析。③基于M-P分布及Gamma分布的雨滴谱分布函数拟合。通过对3次不同类型的降水过程进行雨滴谱分布函数拟合，发现因Gamma分布引入形状因子μ，较M-P分布能更好地反映实际雨滴谱曲线的弯曲特性。（宋　薇）

【EC集合预报在海河流域降水预报中的释用及检验】 天津市气象局项目，由天津市气象台承担，徐姝主持，于2016年2月通过天津市气象局验收。该项目利用2012年～2014年汛期的集合预报数据，对集合预报各种统计量在海河流域降水预报中的性能进行评估；在检验评分基础上，对集合预报进行释用，获得适用于海河流域的融合产品；在2015年汛期提供0～24小时内6小时分辨率，2天～7天24小时分辨率的海河流域站点降水量融合产品。汛后将集合预报融合产品与实况进行对比检验，结果表明，融合产品的总体预报效果较好，可提高定量降水预报水平。

（徐　姝）

【天津市北辰地区低能见度事件与影响要素的关系分析】 天津市气象局区县专项项目，由天津市北辰区气象局承担，王文昊主持，于2016年4月通过天津市气象局验收。该项目利用1985年～2014年北辰区气象观测数据，描述出北辰区低能见度变化趋势及其天数的月季变化，得北辰区低能见度多发易发月份；利用2014年北辰区能见度分钟观测数据，描绘北辰区能见度时间分布图，同时与滨海新区能见度时间分布图进行对比，找出差异；分析北辰区低能见度天气与相对湿度、地面风场、3小时变压等地面气象要素及层结变化之间的关系，得出相关性，相对湿度和层结变化是影响能见度的主要原因，同时总结出不同相对湿度条件下，能见度出现的概率。完成北辰区低能见度天气的变化特征统计分析，形成能见度时空分布图，直观反映能见度分布变化特征；总结不同相对湿度条件下，不同级别低能见度事件发生的概率；通过分析气象条件与能见度的关系建立北辰区能见度预报模型。该预报模型对北辰区的能见度预报具有一定的指导性，丰富了当地气象服务内容，能见度预报模型计算系统为北辰区能见度预报提供了技术支撑。

（王文昊）

【滨海新区与渤海湾夏季降水的逐时变化特征及异同点分析】 天津市气象局项目，由天津市滨海新区气象局承担，单晓琳主持，于2016年4月通过天津市气象局组织的专家验收。该项目利用天津市塘沽地面气象观测站与渤海A平台气象观测站逐小时降水资料，通过统计分析方法，得到天津沿岸与渤海湾夏季降水的降水量、降水频次的日变化特征，以及两地不同持续性降水事件降水量的日变化特征及其长期变化趋势；对天津沿岸与渤海湾夏季降水日变化特征的异同进行比较并初步探讨了可能的原因。该成果为天气预报人员掌握两地降水演变规律、理解两地降水形成机理提供帮助。同时，掌握天津沿岸与渤海湾夏季降水日变化规律及产生该现象的原因，对改进区域天气、气候数值模式、提高预报员的天气预报水平具有积极的作用。

（单晓琳）

【基于SWAN的黄渤海海浪数值预报模式的改进】 天津市气象局项目，由天津市气象科学研究所承担，林毅主持，于2015年3月完成，2016年1月25日通过天津市气象局验收。该项目完成了将SWAN海浪模式移植到“天河一号”超算平台并行运行，开展了扩大海区、风场强迫、白浪破碎、浪流耦合等数值试验，改进了模式的运行环境、物理参数化方案、初始场和强迫场，同时增加了西北太平洋海浪预报产品。项目成果实现了业务化，为黄渤海海浪预警预报及海事安全提供了技术支撑。

（林　毅）

【黄渤海海域风场时空特征分析】 天津市气象局区县专项项目，由天津市滨海新区气象局（原天津市滨海新区汉沽气象局）承担，王彩霞主持，于2016年4月通过 天津市气象局验收。该项目基于美国NCEP的30年（1981年～2010年）10米风场再分析数据，通过EOF分解、小波谱分析和大风统计方法，分析黄渤海海域的风场时空特征。结合天气系统分析，建立黄渤海海上大风预报的概念模型，用于指导黄渤海渔船安全作业，并为预报员预报海上大风提供气候背景参考。分析结果表明，黄渤海海域的风场空间分布以西北风和东北风居多，时间分布西北风具有准1年的显著周期，东北风具有准半年的显著周期；黄渤海海域的大风天数没有呈现逐年增多的趋势，大风天数的逐月分布中以5、6、7月最少，而构成大风的风向以西北大风最多，东北大风次之，西南大风最少。

（王彩霞）

【非典型环流背景下区域性暴雨的潜势分析和雷达特征】 天津市气象局项目，由天津市气象台承担，孙建元主持，于2016年4月通过天津市气象局验收。该项目统计天津主汛期暴雨的气候特征，分类讨论2014年天津多场对流性区域暴雨过程，按照站点灾情，综合讨论不同区域出现混合型强降水、纯粹短时强降水、雷暴大风3种强对流天气的中尺度环境条件，从潜势分析和雷达特征角度，提炼出有预报指示意义的强对流参数和图像特征，为强降水类型和降水量级预报提供参量，补充短时暴雨的预报方法。研究发现，利用

850千帕以上北京探空资料与天津地面逐时自动站观测资料构成天津加密探空，可以在强对流潜势预报的基础上识别即将发生的强对流天气类型。雷达产品满足以下条件可能产生短时强降水或者短时暴雨：组合反射率达到42dBz及其以上且持续6个体扫以上；回波顶高ET达到9千米以上且持续5到6个体扫以上；垂直累积液态水VIL达到16千克/平方米以上且持续3到4个体扫以上。对流单体的合并时VIL产品、ET产品值表现为跃增，一旦出现ET和VIL陡降，则意味着随后会出现局地强降水。该项目中相关研究指标和技术方法在短临预报中进行使用，对流性暴雨的环境参数和雷达产品参数以图片和阈值列表的形式纳入到短临预报业务平台，有利于提高暴雨预报准确率，具备一定的实用价值。（孙建元）

【天津地区飞机人工增雨（探测）飞行方案设计】 天津市气象局科研项目，由天津市人工影响天气办公室承担，刘晴主持，于2016年4月通过天津市气象局验收。该项目设计开发“天津地区飞机增雨飞行方案设计系统”，是“天津市人工影响天气综合业务平台”子系统。统计归纳天津地区2013年、2014年44次飞机外场试验，结合北部作业区2次典型飞行实例，探讨实际作业方案设计中的问题，设计出天津北部作业区兼顾探测和作业飞行方案，并进行可行性分析，同时将该方案设定为固定方案整合于系统中，应用该系统中固定方案（“天津北部作业区兼顾探测和作业飞行方案”），在作业前一天即可制定出飞行方案报告（显示预设航线图，飞行拐点经纬度，垂直盘旋上升探测区、水平蛇形播撒作业区、水平回穿探测区的位置和高度，催化剂用量信息等），为外场业务人员提供指导，有利于提高天津市飞机增雨作业科学水平。（刘　晴）

【集合预报在北上台风路径预报中的应用】 天津市气象局科研项目，由天津市气象台承担，史得道主持，于2016年4月通过天津市气象局验收。该项目利用欧洲中心台风集合预报数据开发北上台风集合预报产品，包括台风路径集合平均、离散度、路径预报概率，强度集合平均、离散度，最大风速、最小气压以及地面大风集合平均、大风概率预报产品，当有台风生成时，每天2次定时生成产品，以图片形式展示。根据台风路径集合预报数据，选取与台风实况距离最近的N个成员进行算术平均，建立北上台风路径集合预报的实时订正方法，当有台风北上时，可每天6小时一次定时生成台风路径集合预报实时订正产品，以图片和MICAPS数据格式展示。该项目的研究成果可直接应用于天津市气象台北上台风预报业务中，开发的台风路径和强度的集合预报产品以及台风路径集合预报实时订正产品，可为北上台风路径和强度的预报提供参考，一定程度提高北上台风预报水平。（史得道）

【城镇化发展对天津市静海气象要素变化的影响研究】 天津市气象局区县专项项目，由天津市静海区气象局承担，李兴阳主持，于2016年4月通过天津市气象局验收。该项目根据天津市静海县1986年以后的统计数据以及气象站1959年以后的气象数据，采用趋势分析、滑动平均和M-K突变检验等方法，研究静海城镇化进程以及气象要素的变化规律；采用相关分析研究静海城镇化进程指标与气象要素之间的关系。研究结果表明：静海的城镇化进程在21世纪后进入快速发展时期；静海县近55年的气候变化显示出了较明显的“热岛”“干岛”“暗岛”效应以及风速的下降。相关性研究表明，除了“暗岛”效应以外，其他气候要素的变化与静海的城镇化发展之间没有明显的关系，说明城镇化与城市化对气象要素的影响是有一定差异的。（李兴阳）

【复杂下垫面对低层气象要素影响的数值模拟研究】 天津市气象局项目，由天津市气象科学研究所承担，李英华主持，于2016年4月通过天津市气象局的验收。项目针对模式中影响陆面—大气相互作用的关键性数据—下垫面分类，仍采用的是20世纪90年代初，卫星遥感地理信息资料为基础形成的30s等经纬间距陆面信息数据集，已不能真实反映现阶段模拟区域的下垫面状况，直接影响近地层气象要素预报偏差的问题，通过深入分析WRF中下垫面信息的调入方式，利用反映实况的MODIS高分辨率的下垫面信息数据替换USGS下垫面信息，并进行了长时间（3个月）的数值对比试验，检验了2组数值试验方案对地面湿度、气压、温度、10米风的预报能力。该课题为模式中是否使用精细下垫面数据提供依据，有望提高对10米风场和2米温度的预报能力，并为TJ-WRF中尺度预报模式系统的开发和改进提供技术参考。

（李英华）

【以117大厦为样本的超高层建筑物雷电灾害风险评估技术研究】 天津市气象局项目，由天津市防雷中心承担，刘洋主持，于2016年4月通过天津市气象局验收。该项目以天津新地标建筑——117大厦为样本，研究超高层建筑物的雷电灾害风险评的分区及特性因子的确定方法，进行科学合理的雷电灾害风险评估，总结出一套适用于超高层建筑物的雷电防护装置设计基本原则，使计算得到的超高层建筑物雷电灾害风险值更加精确，提高报告的科技含量。遴选出的设计原则中对超高层建筑物具有普遍适用性，能够指导超高层建筑物的雷电防护设计，因地制宜、经济合理，为科学制定超高层雷电防护方案提供参考依据。

（刘　洋）

【天津城市雾边界层湍流统计特征分析】 天津市气象局项目，由天津市气象科学研究所承担，黄鹤主持，于2016年4月通过天津市气象局验收。该项目对2005年～2014年期间天津雾过程及同期温度露点差和地温露点差进行统计分析，提出相对于温度露点差小于3度的预报参考指标，利用地温露点差小于3度作为预报参考指标，可将预报准确率提高35.5%；利用项目组研发的超声资料在线快速处理软件，对典型晴天和雾天过程中的湍流动能、感热、潜热通量、湍流切应力、湍流稳定度和水汽密度等边界层湍流特征量进行计算分析，初步确定湍流动能（TKE）和水汽密度可作为雾预报的参考指标，并定量给出参考指标的阈值，构建雾预报的边界层微观变动概念模型。该项目的成果可为雾的预报业务提供一定的参考依据，其研究思路和方法也可推广到重污染过程的预报预警业务中。（黄　鹤）

【医院雷电灾害风险评估技术方法的研究】 天津市气象局托管项目，由天津市防雷中心承担，宋喃喃主持，于2016年1月通过天津市气象局验收。该项目通过研究总结一套适于医院的雷电灾害风险评估的技术方法，编制医院雷电灾害风险评估技术方法参考手册。该手册包含前言、雷电灾害风险评估工作流程、雷电灾害风险评估注意事项及结束语4部分内容。该手册阐述对医院（特殊行业）的建筑物进行风险评估时，风险分区的划定依据及特殊因子取值的确定方法。该项研究分析使雷电灾害评估结果更精确、更接近实际值。

（宋喃喃）

【石化行业防雷检测相关危险源整理及应对手册编制】 天津市气象局托管项目，由天津市防雷中心承担，和宝杰主持，于2016年1月通过天津市气象局验收。研究制定《石化行业防雷检测相关危险源名录》和《石化行业防雷检测相关危险源应对指导手册》。其中，《石化行业防雷检测相关危险源名录》收集整理石化行业40余种常见生产装置、场所的主要危险品分布情况及40余种主要危险品的相关信息，包括：理化性状、燃烧爆炸状态、爆炸极限范围、毒害性分类、毒害性程度、毒害表现等。检测人员可依据实际检测内容提前得知相关危险源信息，做好防范工作。《石化行业防雷检测相关危险源应对指导手册》制定石化行业防雷检测安全管理方法。包括：安全管理基本原则；安全防护用品使用方法；检测前准备，安全应急预案；应急处理流程及常规急救方法；事故紧急疏散方案；各危险品相关防护用品，急救方法。检测人员可在检测前依据实际内容制定相关检测方案及安全预案，并做好应急处理准备。（和宝杰）

【风廓线雷达在降水预报中的应用】 天津市气象局区县专项，由天津市东丽区气象局承担，史珺主持，于2016年2月通过天津市气象局验收。研究得出天津地区的暴雨影响系统可分为低槽低涡型、冷涡型和低槽切变型3种。利用风廓线雷达资料分析获得3个地区不同月份的水平风速和垂直速度随高度的变化特征。结合典型天气个例和地面气象观测资料，对风廓线雷达资料在降水临近预报中的作用进行分析，探讨降水发生、维持和消亡期间风廓线雷达资料的变化特征，4米/秒的垂直速度是不同地区降水出现和结束的阈值，不同地区与降水强度有关大气折射率结构常数阈值各不相同，在未来的研究中需要对具体地点进行详细分析。可为风廓线雷达应用于降雨天气监测、预警和预报提供参考。（史　珺）

【防雷装置设计技术评价及业务规范】 天津市气象局托管项目，由天津市防雷中心承担，周倩主持，于2016年1月通过天津市气象局验收。该项目依据规范原则性规定，结合雷电学、电工学、电磁学原理，解析、纠正防雷设计技术评价中常见错误并提出正确方法；依据规范、图集、雷电灾害风险评估结论，确定不同类型对象的技术适用条件及相应技术评价要点；编辑与防雷设计技术评价相关的建筑、电气知识；规范核查记录、评价流程、补正意见、技术评价意见书标准及科学表述形式，成果可为天津地区防雷装置设计评价工作提供有效的技术指导和操作指导，对提高天津地区防雷装置设计评价的技术能力、质量和效益具有指导作用。（周　倩）

【海河流域暴雨的气候特征及变化趋势研究】 天津市气象局项目，由天津市气候中心承担，杨德江主持，于2016年4月通过天津市气象局验收。该项目应用多种统计分析方法，对海河流域暴雨的历史变化趋势、时空分布特征进行研究，给出海河流域夏季暴雨的主要气候背景分析结论及至灾暴雨的统计分析结果；给出不同气候背景下相关的海洋和大气环流的异常特征及其对海河流域夏季暴雨不同的可能影响机制，项目分析报告已加入海河流域气候预测服务系统的气候背景模块，对该预测服务平台的气候背景内容进行了重要的补充，为开展海河流域汛期预报服务工作提供历史背景依据，为进一步开展海河流域汛期预报服务和暴雨研究打下基础。

（杨德江）

【石油化工装置的雷电灾害风险评估】 天津市气象局托管项目，由天津市防雷中心承担，银峰主持，于2016年1月通过天津市气象局验收。研究编制《石油化工装置雷电灾害风险评估技术指导手册》，包括前言、石油化工装置雷电灾害风险评估依据、石油化工场所的雷电灾害风险评估流程、雷电灾害风险评估工作流程、石油化工装置的雷电灾害风险评估技术方法及附录5部分内容，详细阐述适用于石化装置的雷电灾害风险评估模型，对石油化工装置涉及的雷电灾害风险分量和风险因子的取值方法进行细致的规定，使评估方法更有针对性，评估结果更加准确。

（银　峰）

【天津市设计暴雨强度和雨型研究】 天津市气象局项目，由天津市气候中心承担，杨艳娟主持，于2016年4月28日通过天津市气象局验收。该项目的研究依照《城市暴雨强度公式编制和设计暴雨雨型确定技术导则》进行。利用天津市13站1980年～2014年5、10、15、20、30、45、60、90、120、150、180、240、360、540、720、1440min最大降水量数据，采用年最大值法编制完成天津市13站暴雨强度公式；利用5、10、15、20、30、45、60、90、120、150、180min降水量数据，完成4站设计暴雨雨型，并完成相关图表绘制，编制成《天津市设计暴雨强度和雨型手册》，内容包括暴雨强度查算表、暴雨强度曲线图、降雨量曲线图、短历时暴雨过程降雨强度查算表、短历时暴雨雨型图等。设计暴雨强度是城市雨水排水系统设计流量的基础，而设计暴雨雨型则是城市暴雨径流控制设施设计的基础，该项研究为城市雨水排水系统规划、设计和管理提供科学的理论依据和技术保障，进一步推动应用气候服务。

（杨艳娟）

【集合预报在黄渤海海浪预报业务中的应用初探】 天津市气象局项目，由天津市气象台承担，王亚男主持，于2016年4月通过天津市气象局验收。该项目利用欧洲集合天气预报系统和SWAN海浪模式构建集合海浪预报系统，使用欧洲集合预报10米风场51个成员驱动SWAN海浪模式，利用前一个预报时次的12小时海浪场作为模式的初始海浪场，进行3个月的冷空气海浪场集合预报试验，并进行误差分析。通过误差分析，进行改进方法试验，使用AWS风场观测数据计算平均偏差，优选欧洲10米风场51个预报成员驱动SWAN海浪模式，对2013年12月至2014年2月的冷空气过程和2014年12月开展集合海浪预报试验，确定优选成员个数为14个，并对预报试验结果进行检验分析，实现集合海浪预报模式和预报产品输出的自动化。对比实况发现，该项目提供集合海浪预报产品与实况变化趋势比较接近，对海洋预报服务工作有一定的意义。

（王亚男）

【东北冷涡对海河流域初夏降水异常的影响研究】 天津市气象局科研项目，由天津市气候中心承担，何丽烨主持，于2016年4月通过天津市气象局验收。该项目在分析初夏东北冷涡活动和海河流域降水特征的基础上，研究初夏东北冷涡活动和海河流域降水存在的显著相关关系，并揭示初夏东北冷涡活动影响海河流域降水异常的可能机制，形成东北冷涡对海河流域初夏降水较为完整的影响和机制分析，为海河流域尤其是海河下游地区初夏降水趋势和空间分布预测提供参考依据。（何丽烨）

【引发渤海大风的入海气旋机制分析】 天津市气象局科研项目，由天津市气象台承担，朱男男主持，于2016年4月通过天津市气象局验收。该项目通过对2010年～2014年引发渤海大风的入海气旋进行统计分析，为预报气旋入海导致的黄渤海大风总结环境背景，为预报员更好地判断气旋形成的海上大风提供依据，分析温度平流、涡度平流、锋生函数、高低空急流、位势涡度、Q矢量等物理量在气旋快速发展中的作用，对气旋入海后形成的海上大风的原因做深入的分析，揭示了气旋入海快速发展的物理动力学和热力学原因。完成气旋入海形成海上大风概念模型，对气旋入海形成大风的概念模型应用到海洋精细化预报平台，供预报员调用。该项目完成2篇核心文章，分别是《一次引发黄渤海大风的爆发性气旋过程的诊断分析》和《一次引发渤海风暴潮的江淮气旋北上过程诊断分析》。

（朱男男）

防灾减灾

【地震事件基本情况】 2016年1月～12月，天津地区共发生1.0级以上地震9次，2.0级以上地震1次（5月1日天津北辰2.8级地震）。2016年天津的地震活动空间分布不集中，其中宁河和汉沽各2次，其余分散在蓟州、武清、北辰、西青和静海区。2016年天津地区地震频次与强度都与2015年相当。从首都圈范围看，2016年全年共发生1.0级以上地震196次，其中4.0级以上地震2次（6月23日河北尚义4.0级地震、9月10日河北唐山4.1级地震），3.0级以上地震4次（3月14日河北丰南3.1级地震、3月18日河北崇礼3.1级地震、8月27日河北唐山3.1级地震、10月29日辽宁喀左3.7级地震），2.0～2.9级地震35次。地震活动主要分布在唐山老震区、文霸地区和北京西北地区。首都圈地区地震频次和强度都与2015年相当。与天津紧邻的唐山老震区，2016年地震活动水平高于2015年，8月21日出现唐山开平地震序列活动，但地震活动状态总体平稳。（刘双庆）

【地震灾害应急遥感评估关键技术】 由中国地震局地震预测研究所牵头，联合天津市地震局、江苏省地震局等多家单位，在科技部国际合作项目、科技支撑项目、国家高分重大专项、中国地震局汶川、玉树等地震现场科考项目等国家和省部级科研项目的支持下完成，取得重要科学技术成果和显著社会效益，项目成果获得中国地震局2016年度防震减灾科技成果奖二等奖，中国地震局地震预测研究所获2016年度防震减灾科技成果奖一等奖。通过该项目建立遥感震害快速显示、应急粗提取、应急提取、详细提取4种工作模式，满足不同阶段应急工作需求；发展面向对象震害识别方法、基于$\chi2$统计检验的震害图像增强算法、震害遥感图像组合增强方法、区域寻优变化检测法等多种新的震害图像增强方法，改进图像配准的SIFT方法等，提出新的图像分类精度R值检验法，探索基于Mean-Shift区域分割和SVM支持向量机的震害自动提取方法等；首次提出遥感震害定量化评估思路和方法，开展汶川、玉树等地震建筑物震害遥感提取和地震现场震害遥感比对科学考察，建立国内部分地区的遥感震害定量评估模型，提出地震烈度遥感评估方法，《地震烈度遥感评估规范（试行）》作为地震烈度评定参考方法之一颁布实施；自主研发地震应急震害遥感分析处理系统（获软件著作权），初步建立震害应急遥感评估系统架构、数据库标准、系统运行与服务模式等，构建实用化的震害遥感提取与信息服务专业软件技术平台；编制出版《汶川地震建筑物震害遥感解译图集》，以及各次地震应急遥感成果图集等；发表SCI论文1篇，EI论文12篇，CNKI检索论文32篇。该项目成果在汶川、玉树、海地、芦山、岷县—漳县、鲁甸等10多次地震应急中得到实际应用，主要应用于地震应急救援指挥、现场灾害调查与损失评估等工作中，为汶川、芦山等地震烈度评估提供重要参考。

（邱　虎）

【日喀则市活动断层探测和地震危险性评价】 该项目由西藏自治区和中国地震局共同投资，由西藏自治区地震局负责管理，天津市地震灾害防御中心承担，于2016年9月通过中国地震局震害防御司和西藏自治区人民政府有关部门组织的评审验收。该项目历时4年，先后开展断层遥感影像解译、重力和航磁资料解译、大地电磁测深、深地震反射探测、浅层人工地震探测、野外地震地质考察、1∶5万地质地貌填图、活动断层槽探、断层综合定位及活动性鉴定等专题工作，完成日喀则市断裂地震危险性评价、地震危害性评价，建立日喀则市活动断层数据库。该项目的完成，为日喀则市土地规划利用、产业布局及重大工程选址提供基础资料与技术依据，有利于推动日喀则市经济社会的可持续发展。

（杨绪连）

【天津前兆台网数据跟踪分析质量监控与产出应用研究】 中国地震局2015年～2016年度地震科技星火计划攻关项目。该项目以地震前兆台网数据跟踪分析工作为主线，开展质量监控、事件统计和产品产出等方法研究，研制地震前兆台网数据跟踪分析质量监控与产出应用软件，实现前兆数据跟踪分析工作质量监控与评估，震中周围不明原因事件的扫描、绘图和图集产出，以及统计报表、空间图件、分析图集等产品产出。该软件2015年10月获计算机软件著作权1项，2016年8月通过天津市软件评测中心验收测试，在35个省、自治区、直辖市地震局和直属单位推广应用，为各级节点开展前兆数据跟踪分析工作提供技术支撑。通过使用该软件，有助于加强分析质量监控，逐级审核反馈问题，进一步完善分析产品，给预测预报与科学研究提供参考，促进监测预报紧密结合。

（王建国）

【组织开展市抗震救灾指挥部地震应急桌面演练】 2016年6月22日，天津市地震局牵头组织开展市抗震救灾指挥部地震应急桌面演练。市抗震救灾指挥部33家成员单位处级联络员参加演练，市应急办相关处室负责人、全市16个区县地震办公室负责人应邀观摩演练活动。演练模拟天津市某地发生一次破坏性地震事件，按照市地震应急预案，市抗震救灾指挥部启动Ⅰ级响应后，指挥部各工作组围绕地震应急开展相关处置工作。演练结合各单位职责任务将参演人员编入抢救抢险及医疗救护组、基础设施抢修组、治安消防防化组、群众生活保障组、信息收集发布宣传组5个工作组，并利用在线应急桌面演练平台，分组设置地震发生后造成房屋损毁、人员伤亡、生命线工程损坏等25个应急处置事件。参演人员围绕地震灾害应急响应与处置，积极开展应对讨论，模拟采取应急处置措施并及时向指挥部提交应急处置建议。该演练使大家进一步掌握地震应急处置流程，熟悉《天津市地震应急预案》，强化指挥部的决策、指挥和协调能力，提高应对突发地震灾害事件的能力和水平。

（杨　亮）

【地震安全示范社区建设】 2016年，天津市地震局组织各区建设国家级地震安全示范社区3个、市级示范社区8个：经中国地震局验收认定，滨海新区碧海龙都社区、和平区大都会社区、武清区蒲瑞馨园社区被授予国家级地震安全示范社区称号；滨海新区和盛苑社区、和平区犀地社区、和平区大都会社区、西青区英伦名苑社区、滨海新区润泽园社区、西青区盛祥园社区、武清区蒲瑞馨园西区、蓟州区曲院风荷社区经过验收被认定为市级地震安全示范社区。2016年新建的8个市级示范社区涉及家庭20291个、居民46743人，各社区成立防震减灾志愿者队伍8支571人，建立地震应急避难场所105000平方米。各社区完善防震减灾工作制度，储备应急物资，开展地震应急疏散演练，通过地震安全示范社区创建强化“安全社区”建设。（韩瑞通）

【地面沉降对滨海地区防洪能力影响及对策研究】 水利部公益性行业科研专项经费项目，由天津市水利科学研究院承担，水利部海河水利委员会科技咨询中心、天津大学协作完成，2016年7月通过水利部国际合作与科技司验收。项目对天津地区地面沉降演化特征及变化规律进行分析技术，揭示防洪工程沉降时空分布特征，以沉降速率为评价因子划分沉降等级。建立地面沉降模拟模型，预测不同地下水压采和经济建设方案下的地面沉降趋势，提出地面沉降对水工建筑物防洪效应影响综合分析评估方法，运用该方法进行了地面沉降对区域行洪、泄洪、蓄洪、滞洪能力、水流流态、结构安全等多方面影响分析与评价。项目首次提出基于地下水开采和地面荷载双因子的地面沉降分区变化趋势预测方法，结合地下水压采方案和社会经济增长方案，预测不同区域地面沉降趋势。研究并建立起耦合水利工程、河网、蓄滞洪区及洪水演进为一体的滨海地区水动力仿真模拟模型，开发了大清河尾闾洪水调度分析系统，依托模型系统评估地面沉降对区域整体防洪能力影响，为新形势下防洪形势评价提供依据和技术支持。项目首次运用模糊层次综合评价法和自然间断点分级法研发了地面沉降引发的洪灾风险与损失评估技术，建立危险度评价指标体系，评价地面沉降灾害危险性分级分布情况，提高了地面沉降对防洪危害评价的准确性。该项研究成果已在天津市防汛调度、预案制定、规划编制、水利工程建设等领域得到推广应用，经济社会效益显著。（于　谧　杨　婷）

【贯彻执行新一代地震动参数区划图】 国家强制性标准GB18306-2015《中国地震动参数区划图》于2015年5月15日经国家质量监督检验检疫总局和国家标准化管理委员会发布，于2016年6月1日正式实施。为全面贯彻执行新一代《中国地震动参数区划图》，2016年5月27日，天津市地震局就新一代区划图的主要内容、重要意义、修订原因、对天津市的影响变化以及宣传贯彻执行的重要举措等召开新闻发布会。新一代《中国地震动参数区划图》给出中国地震动参数区划图技术要素和使用规定，包括中国地震动峰值加速度区划图和中国地震动反应谱特征周期区划图、地震动峰值加速度调整系数表和基本地震动反应谱特征周期表、场地地震动峰值加速度和基本地震动加速度反应谱特征周期表及其适用范围、地震动参数确定方法等。该区划图的实施将全面提高天津市的抗震设防要求，特别是针对学校、医院等人员密集场所的建设工程，将按照《天津市防震减灾条例》的具体要求，在当地房屋建筑抗震设防要求的基础上至少提高一档进行抗震设防。为确保新一代区划图作为强制性标准实施到位，使各相关行业严格执行区划图标准，天津市地震局联合市建委针对建筑设计、勘察、施工图审查机构组织宣传贯彻培训，并联合印发《市建委市地震局关于贯彻执行〈中国地震动参数区划图〉(GB18306-2015)的通知》，严格抗震设防监管，要求自该通知下发之日起，建设项目的立项，均应执行该通知的规定。（王　萍　郭　靖）

【地震信息网络评比与监控系统升级】 2016年，天津市地震局开发完成地震信息网络评比系统，开发功能30余项，实现网络系统运行管理、信息数据收集整理等工作，编制12份全国地震信息网络运行月报，收集各类信息条目6000项。该评比系统应用于全国地震信息网络运行质量管理工作，建立一级单位用户44个，二级用户100余个。在全国信息网络评比系统的基础上，对各区域中心、直属单位部署运行监控平台，实现网络运行监控信息的近地采集，提高监控系统准确性，实现采集系统冗余工作模式。完成地震系统30家Nagios监控系统部署、全国评比系统Nagios监控系统的升级以及广东第二信道Nagios监控系统建设；在应对xor.ddos木马病毒事件中，建立了行业网核心网络流量实时监控图。

（李　刚）

【基于MVC的web与Android双终端地震台站管理系统】 该项目为2016年度中国地震局监测、预测、科研三结合课题项目。为提高地震台站管理工作效率，完善台站档案资料记录更新，该项目采用android和web相结合的技术设计地震台站管理系统，系统支持bs、cs两种方式，用户可在浏览器直接访问系统地址，也可以通过安卓手机客户端App进行访问，使运维人员在台站管理工作中可以方便的进行查询、记录等操作，保证台站状态的按时反馈、故障台站的快速维修、台站档案的实时更新。该项目提供出一套能够在Android移动平台和电脑客户端运行的台站管理系统，实现用户浏览器和安卓手机客户端同步管理台站日常工作，为提高台网运维工作效率提供技术支撑平台。 （柳艳丽）

【频率域非线性拟合修正地磁数据的研究】 该项目是2016年度中国地震局监测、预测、科研三结合课题项目，该项目利用天津地区3台GM4磁通门磁力仪的多年秒采样数据，分析地磁场数据受天津轨道交通干扰的影响并对数据进行拟合修正。以数据频率域分析为基础，使用加窗平均周期图法，计算分析功率谱特征并总结其普适性与分段演化过程，进行非线性拟合计算，对高于拟合曲线的散点进行删除或回补，并作逆傅里叶变换，通过欧式平方距和相关系数等参数比较不同方法的修正效果，给出最优参数模型。该项目基本可以达到较为有效地去除地磁数据干扰的目的，从而提高天津地磁观测的数据质量，为预报工作提供地磁秒数据干扰的基础认知。

（张明东）

【渤海湾造陆工程对海河流域主要河口防洪影响】 该项目是水利部公益性行业科研专项经费项目，由南京水利科学研究院承担，水利部海河水利委员会海河下游管理局水文水资源管理中心协作完成，2016年11月通过水利部国际合作与科技司验收。项目阐明主要河口闸下通道的潮汐水流与泥沙运动基本特性，分析主要河口泥沙冲淤发展趋势及其对行洪的影响，明确影响主要河口闸下通道防洪与综合利用开发的关键技术因素，提出防洪工程与港口建设等综合利用的有效方式，提出渤海湾造陆工程与河口泄洪排涝的应急预案。项目研究成果应用于海河流域独流减河口治导线调整及固化，海河口、永定新河口治导线固化和延伸，以及主要河口区两岸综合利用开发和河口治理管理，取得良好的社会效益和经济效益。

（杨　婷）

广播电视

【开展广播电视系统技术能手竞赛活动】 2016年，天津市文化广播影视局（以下简称“文广局”）组织全市广播电视调幅广播、调频，电视广播和卫星传输3个专业的技术能手竞赛活动，全市广电系统各单位对40余名技术骨干进行理论和实际技能的培训考核，共选拔出3名优秀选手参加全国广播电视技术能手竞赛。天津广播电视台传输发射部王雅楠获全国广播电视（调幅广播）技术能手竞赛一等奖，天津广播电视台传输发射部赵永珺获全国广播电视（调频和电视广播）技术能手竞赛一等奖，天津广播电视台传输发射部熊志强获全国广播电视（卫星传输）技术能手三等奖，并被授予2016年全国广播电视技术能手称号。

（天津市文化广播影视局科技处）

【建筑文化遗产保护传承信息技术文化部重点实验室建设】 由天津市文广局推荐申报的天津大学“建筑文化遗产保护传承信息技术文化部重点实验室”于2016年11月获国家文化部批准，入选第二批文化部重点实验室。该实验室由天津大学建筑学院牵头，联合天津大学软件学院、计算机学院、王学仲艺术研究院等研究机构共同组建。该实验室根据第二批文化部重点实验室建议研究方向，是围绕文化行业的科技需求、促进文化科技的深度融合、凝聚和培养优秀文化科技人才、开展学术交流的重要载体。实验室利用空地一体化信息采集技术、地理信息系统建构、空间分析及环境分析技术、文化遗产价值评估技术以及文化遗产传承与可视化技术，致力于做好文物建筑、历史传统建筑与园林保护规划、设计、修复等咨询研究工作。

（天津市文化广播影视局科技处）

【《大过新年》动画系列连续剧应用新技术提高传统杨柳青木版年画影响力】 《大过新年》动画系列连续剧为文化部科技创新项目，由天津杨柳青画社承担完成，于2016年7月21日通过验收。该剧目以天津本地特色文化——天津杨柳青木版年画传统艺术为切入点，通过ToonBoom二维手绘无纸动画软件、Adobe Premiere Pro CC等技术手段，深挖年画中的文化内涵，将年画中的民俗与动画人物整合，剧情编排合理，人物形象生动有趣，符合杨柳青木版年画的风格。剧本设置展示多个民俗点，既弘扬传统文化，又蕴含教育意义，具有时代特色。《大过新年》动画系列连续剧以中国原创、中国制造影响受众，适宜人群扩展为全部年龄段，老少皆宜。该项目成果对于普及民俗文化、宣传天津杨柳青木版年画艺术品牌具有重要意义。

（天津市文化广播影视局科技处）

【影视频道、都市频道、少儿频道高标清同播系统建设】 该项目于2016年2月启动，由天津电视台电视播出部承担建设任务。该项目先后对影视频道、都市频道和少儿频道高标清同播系统进行改造，播出系统增加了播出二级存储及播出服务器，增加了万兆核心交换机和备播系统服务器，有效提高了网络效率、技审效率和迁移效率。影视频道改造实现了高标清同播，改善了备播到播出的素材技审和迁移的效率，为天津地面电视频道全面高清化播出奠定了基础。少儿频道改造以现有备份频道为基础，通过部分设备的添加与改造，低成本实现利益最大化。都市频道改造中，技术人员合理分配备播存储空间，重新划分频道播出分控位置，将原文艺频道（标清）迁至原少儿频道（标清）分控播出位置，将都市频道迁至文艺频道的分控播出的位置；增加高清视分和下变换板卡，实现了零成本对切换台的高清升级。

（天津广播电视台电视播出部）

【卫视标清频道采用标清16∶9下变换方式播出】 天津广播电视台电视技术系统针对卫视频道高清节目下变换策略进行分析、讨论、研究。通过技术论证、搭建的演示环境演示及主观评价播出效果等方式，调整卫视频道高清节目在标清频道播出时采用的下变换策略，由原来的切边和信箱的下变换模式，调整为标清16∶9的下变换模式。电视技术管理部组织台内不同专业、不同岗位的专业人员，对不同的下变换方式的收视效果，进行主观评价。采用标清16∶9模式下变换，相较切边和信箱模式，最终显示画面具备内容不丢失、无字幕位置限制、无遮幅等优点。天津广播电视台电视播出部对备播、播出系统做细致分析，于2016年3月29日进行系统参数的调整和部分线路的切改，卫视标清频道采用高清信号挤压下变换方式，画面比例正常，图像清晰，拉动收视效果明显。高清节目的标清16:9的方式得到认可和推广，全台的标清节目均使用该方式进行下变换，电视网络部于2016年2月至4月承担AVID网标清16∶9下变换功能改进工作。针对主楼和后期AVID网不支持该方式送播的问题，利用转码服务器板卡自带功能实现高清下变换方式，实现高质量编码变换，满足播出要求。改造后，高清节目直接通过转码服务器转码下变换，通过主干平台自动化流程直接送到备播，提高效率的同时，也减轻备播上载压力。该项目提升标清频道的收视效果，提高观众的收视体验，零成本完成所有制播网络的挤压方式下变换设置，为全台所有频道高清节目实现标清16∶9方式播出提供技术保障。

（天津广播电视台技术管理部　电视播出部　电视网络部）

【2016年夏季达沃斯信号传输项目】 该项目由天津广播电视台传输部刘竹鹏、曹勇、胡文豹完成，于2016年5月启动，6月完成。传输部在明确各个直播、录播工作地点的需求后，对需求信号进行归类总结，确定会展中心2楼联通机房、TJTV（天津广播电视台）工作间和台内传输机房3个光纤汇聚点，台内的传输机房和馆内的传输车2

个信号调度中心。传输部首次尝试使用2个信号调度中心，第一次使用前景虚拟节目制作新技术，为节目部门提供更优质的服务。

（天津广播电视台传输部）

【传输部收录系统改建】 该项目于2016年4月启动，11月结束，由天津广播电视台传输部张文莉、胡文豹、曹勇负责完成。该项目对素材网络发布平台和IP收录系统进行改造：①素材网络发布平台的构建。建立统一的网络发布平台，有效地解决素材共享问题，编辑记者可以在任何有网络的地方实时查看全台集中收录系统的资源，选择自己需要的共享素材进行下载，可选择错开主干高峰期下载资源，减轻主干的压力，方便编辑记者的工作。②IP收录系统的构建。充分利用卫星接收机的IP输出功能，节省SDI设备和IP转换设备。采用摆渡服务器摆渡素材入库的方式解决静态文件直接使用的难题，同时完成病毒查杀。采用多种方式控制成本，该系统灵活度、可扩展性较高。项目创新点：①廉价的IP收录解决SDI收录系统资源不足的问题。②多元化的收录方式可以降低主干的压力，在整个传输层面是对主干传输系统的补充。

（天津广播电视台传输部）

【2016年夏季达沃斯特别节目设计制作】 该项目于2016年5月～6月启动，由天津广播电视台贾卓、李娟娟、马腾飞负责完成，获2016年度电视节目技术质量（金帆奖）演播室图形设计类二等奖。该项目针对新闻部《2016年夏季达沃斯论坛》特别节目，采用傲威虚拟演播室系统，以“第四次工业革命——转型的力量”为主题，虚拟场景的设计方案运用简洁复杂的线条变化，结合空间错落有致的透明体，环立在舞台四周，色彩上运用各种变化和深浅不一的“国际蓝”，营造出高端化的现代质感，整个空间协调统一，与夏季达沃斯创新化国际化的气质相吻合。透明体上分别出现第四次工业革命的概念及代表logo，同时在制作上赋予虚拟制作软件特有的玻璃流光材质，在运动镜头和摇臂运用中充分体现光影的交错变化，提升场景的层次与立体感。另外，在该虚拟背景的新闻节目中加入虚拟植入效果，将各种三维虚拟前景效果植入演播现场，把现场立体化呈现给观众，实现艺术与技术完美结合。

（天津广播电视台电视制作部）

【体育赛事实现立体声播出】 2016年1月启动，12月底结束，由天津电视台制作部音响科完成。伴随科技水平的不断提升，电视体育赛事转播方法发生极大变化，同时观看者对观看比赛时听觉需求增高。加强对体育赛事转播立体声的制作水平，可以为观众带去更好的听觉感受，更好地还原比赛现场的声音信息，使观众身临其境、感同身受。以2016赛季中国足球超级联赛为例，音频系统主要由传声器、接线盒、调音控制台、音频中央处理器、矩阵分配系统、监听系统及与视频信号共用的传输系统组成。首先，在声音信号的采集方面，采用立体声拾音制式——时间差拾音法拾取比赛现场的观众效果以及赛场上的声音实况。拾取到的一对立体声声音信号在调音台上进行信号的处理与分配，其中包括声像定位、声道分配等工作，之后通过数字嵌入系统进入录机，再通过传输系统送至播出端，从而实现比赛现场实况的立体声播出。该项目在拾音手法上采用立体声拾音制式，更好地还原现场声音的空间感、层次感，观众可以明确地听到声相的定位。在必要的位置补设点话筒，以便拾取比赛过程中的细节声音，主话筒与点话筒以合适的比例结合，使拾取到的声音信息更丰满，大大增加观众在观看时的临场感与参与感，提高了节目的可看性。

（天津广播电视台电视制作部）

【天津广播电视台猴年春节联欢晚会录制】 《春满华枝——天津广播电视台猴年春节联欢晚会》录制工作由天津广播电视台电视制作部于2016年1月18日至2月6日完成，获2016年度电视节目技术质量奖（金帆奖）高清节目录制技术二等奖。该台“春晚”录制自项目伊始，非线、高端科配合导演组完成片头的设计制作、背景大屏幕制作、预热宣传片制作、外拍小片包装合成等工作。中心科根据导演要求，架设11个高清讯道机位，应用各种类型摄像机拍摄，采用先进的晚会镜头设计理念。所有摄像机经过彩色矩阵校正，实现色彩统一。同时，调整摄像机深层参数，使画面更加清晰，有层次。通过多路单挂模式，方便导播实时切换，确保素材丰富。在声音设计上，音响科采取立体声录制和制作，并且对整体音频工作做出较大改善，将扩声调音台和录音调音台并联，使2个系统之间互为主备，确保录制安全性。对所有音源信号进行分类，并使用立体声制式处理音源信号。该“春晚”在舞美灯光设计上，应用多种灯具，结合LED大屏幕背景，充分突出天津城市气息和文化特色。在舞台中央加装2个圆形桁架并加装效果灯，使整个舞台灯光更有立体感，气势恢宏。灯光控制系统采用Ma控台为核心，半网络灯光控制，增强系统的操控性和稳定性。电视台制作部在“春晚”录制中对灯光舞美设计、声音录制、讯道镜头设计以及摄像机技术调整都做出创新，取得良好效果。

（天津广播电视台电视制作部）

【天津广播电视台10号演播室视频系统高清化改造】 2016年10月启动，12月结束，由天津广播电视台电视制作部中心科负责完成，电视台制作部郝学术牵头，相关技术部门协作，上官祖荫、蔡小薇等具体实施。该项目是电视台计划外项目，属于台内广电技术改造和创新类别。该技术改造对旧设备进行升级再利用，降低新设备的采购开支，技术人员详细分析原有设备情况，对切换台进行版本升级，对通话系统、多画面监看系统、Tally系统重新设计使用。技术管理部统筹协调6套高清摄像机，3台高清监视，基本满足高清系统的设备要求。台内视音频工程师用2周时间，独立完成系统搭建、系统调试，以及播出测试。高清视频系统建设完成后投入使用，为都市频道《食全食美》和《美食新气象》2档节目搭建较好的制作平台，为节目创收做出贡献。该项目也是电视台制作部自主创新和“低成本走转改”的具体表现，为电视台技术革新、提高资源利用率、节省人力和资金投入成本做出探索和尝试。

（天津广播电视台电视制作部）

【“天河二号”在节目制作中的应用】 由天津广播电视台电视制作部夏建刚、刘严负责，于2016年1月投入应用。“天河二号”是由国防科学技术大学研制的超级计算机系统，以峰值计算速度每秒5.49亿亿次、持续计算速度每秒3.39亿亿次双精度浮点运算的高性能，成为全球最快超级计算机，在电视节目制作中可提高视频渲染速度。该项目借助外部设备，通过网络连接帮助台内完成节目制作，所有使用MAYA制作的复杂三维效果，均使用“天河”生成渲染，节约3～4倍的渲染时间，大幅度提高了工作效率，节约了自身设备成本。

（天津广播电视台电视制作部）

【影视剧整备网项目建设】 于2016年1月启动，5月结束，由天津广播电视台电视网络部建设完成。该项目整合完善全台影视剧相关的制作、审看、送播、媒资交互业务。项目投入使用后，具备每天30集电视剧的数据导入、制作及相应缩编、下集预告的制作能力。该项目具有以下特点：①提升效率。项目建成后，由原来磁带1∶1上载时间缩减到1/7时长的移动硬盘数据导入时间；数据一次导入，后续缩编、预告制作均不需重复磁带上载。有效降低导入时间，提高制作效率。②节约成本。采用移动硬盘作为购剧介质后，复制转录费降到原来的1/7，每年节省该项费用150余万元，减少影视频道高清改造录像机购买费用200万元。由于卫视缩编剧不再需要人工上下载，审看环节由2道减少为1道，可降低频道的人力成本。③提升图像质量。由于取消磁带多次上下载环节，减少了编解码图像质量损失；硬盘存储高清剧文件码率高于高清磁带记录码率，画面制作质量大幅度提升。测试选用最优的服务器下变换方案，使台内各频道高清、标清电视剧图像质量均明显提高。工作流程优化后，上下载时间降为原来的1/3，同时避免了磁带上载过程可能的故障。一块移动硬盘可记录原来45盘高清磁带内容，有效降低磁带库存储压力。

（天津广播电视台电视网络部）

【少儿频道高清化改造】 于2016年4月启动，7月结束，由天津广播电视台电视网络部建设完成。项目改造内容包括：①非编网及非编存储扩容。通过对原有国际频道非编网及存储进行适度扩容，和少儿频道原有制作区实现文件网络交互，实现外购数据导入、打包生成播出格式、网络送播、媒资下载等网络化制播流程。②更新1台网闸。对台内安全交互区的网闸进行更新，与之前的网闸并行工作，以提高文件迁移速度。③新增2台高清审看站点。为解决高清审片需求增加的矛盾，新增加的站点与原有设备共同完成媒资素材节目的审看工作。④办公网虚拟化平台运算和存储容量的适度扩容。架设专用FTP（文件传输协议）服务器传送通道，并预留存储空间，解决少儿高清化后，少儿节目制作平台实现文件化网络送播、下载媒资素材等全台网业务流程，并实现快速的文件交互。项目建成投入使用可满足少儿频道高清节目的制编技术需求，为突出频道特色、提升频道的核心竞争力提供了技术保障。

（天津广播电视台电视网络部）

【国际频道新闻网升级改造】 于2015年12月启动，2016年3月结束，由天津广播电视台电视网络部建设完成。项目升级改造内容包括：①在原有的旧机器上更新部分硬件，操作系统升级为windows2008 server和win7，既节省成本又达到升级的效果。②更换新存储，存储空间增加，文件系统重做，数据库表空间升级为3.0系统，增加2台文件导入服务器。③软件由大洋2.0系统升级为大洋3.0系统，增加水晶包装功能，对与主干互联的接口进行更新重调，增加16：9高清审片功能。该项目改造后，流程进一步优化，整个编辑制作送播过程全部在本网使用，效率显著提升，每期25分钟的栏目制作时间至少节省2个小时，减少人力和时间成本。新增的水晶包装工作站可制作高级字幕模板，供“HELLO天津”栏目使用。更新后的系统得到了频道的充分认可，使编辑有更多的精力投入到栏目新元素的创新中，丰富栏目的多样性，为进一步提升国际频道的影响力提供技术保障。 （天津广播电视台电视网络部）

【移动客户端助力新闻频道】 该项目于2016年1月启动，6月结束，由天津广播电视台电视网络部建设完成。根据天津广播电视台电视新闻素材的采集需求，通过与传媒大学、索贝公司通力合作，订制移动客户端“迅媒无限”和“万家phone采”2个软件平台，将传统的新闻采集过程通过一个智能终端实现。通过移动客户端将台外拍摄的视频、照片等素材直接上传到台内新闻非编网，大大提高了素材传输效率。“万家phone采”和“迅媒无限”2个软件是基于一个开发平台，前者是用于热心观众将所拍摄的视频和照片发到软件平台，由台内相关人员审核后发到新闻非编网，通过观众视角搜集到更多鲜活的素材信息，让普通民众都能参与到电视节目选材行列中来；后者是台内职工在应急状况下可通过移动客户端将素材传到台内新闻非编网里，编辑人员可直接进行素材剪辑。充分利用移动智能终端自身的文字、图片和图像的编辑处理功能，新闻素材通过移动终端传送至台内后，可以直接进入现有的新闻非编网进行素材的再加工，有效缩短了素材的前期处理时间，确保了新闻素材的时效性。为解决由于手机系统型号不同，存在非编系统不能完全兼容手机新闻素材的问题，网络部借鉴之前为解决新闻网络素材转码效率低，创新制定网络素材导入方案的设计思路，对手机新闻采集系统流程进行重新规划设计，将外来素材统一转码成在线非编系统所支持的格式，支持多线程工作，实现自动入库。网络素材导入方案采用以挖掘软件功能为特点的改造技术方案，通过自动扫描、转码和入库软件，提高网络素材转码效率，优化原有的素材采集流程，外来网络素材省略解码、再编码的过程，经过对比测试，提升了系统的稳定性，画面质量得到极大的改善。

（天津广播电视台电视网络部）

【主楼AVID网络升级改造】 于2016年11月启动，由天津广播电视台电视网络部建设完成。为满足都市生活频道2017年1月1日高清节目的顺利开播和公共、科教频道的高清化需求，技术人员对主楼Avid网进行扩容改造。扩容改造内容包括：①新增2座Avid ISIS7500盘阵，对原有盘阵软件、核心服务器以及各站点ISIS软件版本进行升级。②增加2台HP DL380G9服务器作为高清Adapter（适配器）和NTM（媒体传输管理服务器），同时原有标清NTM相关服务器和高转标NTM相关服务器的加密狗全部升级。③为网内全部非编站点增加内存至32G，提高站点的运算速度和处理能力。④对公共频道2台Airspeed5000播出服务器进行高清升级，使之能够播放、回采高清节目。⑤为Interplay（工作流隐形服务器）增加2个客户端License（授权），解决之前客户端License不全的问题。采用为非编站点增加2块4T硬盘，本地编辑、网络送播的过渡方式，解决高清节目开播前，Avid盘阵尚未到货而原有盘阵空间不能满足高清节目制作需求的问题。为保障主楼Avid网不受外来病毒的侵扰，利用mVSG USB安全隔离器和P2驱动器的功能特点，保障外来素材的安全性，实现移动设备快速安全的向非编网内导入素材。（天津广播电视台电视网络部）

【基于大数据分析的天津广播音视频网站优化改造】 该项目由天津广播电视台广播网络部石家瑞、王琪、佟鹏等负责，项目开发完成后，2016年进行数据完善和统计分析。该项目利用流媒体日志大数据分析的结果，结合算法对流媒体服务器功能进行重新整合。根据各频道收听量的数据，将发布点均匀分配到各流媒体发布服务器，保证各服务器的负载均衡，避免由于发布点负载过大造成的局部网络拥堵。改造创新点：①运用Hadoop分布式系统架构，将一亿多条流媒体服务器日志源数据文件分割成形式，使用Map接口函数处理数据，使用Reduce接口函数统计出用户需要的数据，并输出到文件，统计出各频道在互联网上的收听量。②根据日志分析得到的各频道各时刻收听量，项目使用贪心算法分配各频道发布点在服务器上的分布，解决服务器因局部负载过高，造成无法收听的问题。③借鉴最小二乘法的数学思想，利用Matlab中的Polyfit（x，y，n）函数，对离散数据点进行曲线拟合，将离散的数据点拟合成平滑的曲线，为频道调整节目提供数据参考。（天津广播电视台广播网络部）

【传输发射部、播出监测部等部门完成多项升级改造】 天津广播电视台杨柳青机房于2016年6月完成值班室屏幕墙改造，解决编码复用系统搬迁后，监视画面短缺、结构不合理的隐患；扩充卫视自台监测系统，增加独立的基带信号监视环节，实现对卫视信源和下行接收信号的监视。播出监测部经过前期多方论证和具体设备的技术实验，充分使用旧设备，完成天津本地电视节目监测记录时长延长改造项目，满足广告部和天津卫视频道的需求，有效提升服务全台的能力。网络信息部按照电视台办公室和国家新闻出版广电总局的要求，对全国广电政务专网网络设备升级改造。技术部门安排具有涉密资质人员与台办机要室和市文化广播影视局办公室协调设备的接收、配置、调试和更换等诸项工作，调派技术人员制定周密技术方案，圆满完成网络系统设备升级改造。

（天津广播电视台技术管理部）

【推进技改技革工作】 2016年，天津广播电视台传输发射部各播出机房开展技术创新研发，催生一批有水平、有实用价值的技术革新项目。杨柳青机房完成中波天线拉绳静电泄放试验项目，针对收集的大数据，完成“视频信息采集系统”研发，达到实时监看静电泄放状态，有助于分析静电泄放对播出系统的影响；完成“中波自台代播三频共塔网络”研发，实现天线大修期间不停播。天塔机房完成“哈里斯发射机数据远程查询”，实现发射机报警实时推送、监控，提高快速处置能力；完成“备品备件二维码查询管理系统”，实现科学化文件资料查询管理。四号塘沽机房完成“应急预案模拟演练系统完善”“各类中波发射天线特点和性能对比”等技改技革项目。通过技改技革工作，不仅提高技术系统安全播出保障能力，也积累广泛的研发、创新经验，有效发挥人员、设备的潜能，在各部门间形成良好的比学先进、钻研业务的技术氛围。

（天津广播电视台技术管理部）

【新闻中心变电站高压设备改造】 2016年2月，天津广播电视台动力保障部完成新闻中心变电站高压设备更新改造，该项目是技术部门独立策划、组织、实施的，是规模、难度、风险大的电力系统改造项目，其涉及面广，施工流程复杂，由不同专业交叉进行，施工过程环环相扣，没有出现安全责任事故和技术事故。

（天津广播电视台技术管理部）

【网络通信系统搬迁项目机房建设】 2016年年初，天津广播电视台网络信息部与广播大厦指挥部紧密配合，按步骤实施网络机房搬迁。已经完成机房配电系统安装、弱电管网建设、大厦综合布线等基础设施建设，机房基础建设已基本完成，根据广播大厦启用进度，完成机房的搬迁工作。同时，配合卫津路院区改造，完成院区弱电管网支线路由建设及线路切改；彩电楼、报社楼、综合楼电话网络切改；电线杆架空线缆入地等工程。

（天津广播电视台技术管理部）

【全台办公系统“一张网”建设】 按照全台“一张网”的管理要求，2016年，天津广播电视台网络信息部与电视网络部、广播网络部、北方网网络部通力合作，在物理层联通的基础上，部署安全网关和路由配置，实现办公系统互访和全台信息发布系统同步访问。卫津路院区和梅江院区局域网用户已实现随时访问机关办公系统、电视办公系统、广播办公系统、北方网办公系统和技术办公系统。（天津广播电视台技术管理部）

【天津广电业务运营支撑系统（OSS）】 天津广播电视网络有限公司广电业务运营支撑系统（OSS）于2014年5月启动，由李良浩、徐宏涛、贾振等于2015年11月参与完成。该系统在天津广电网络18个分公司相继投入使用，同时对各分公司使用人员进行了系统的培训。2016年1月已累计录入系统中的EOC（基于有线同轴电缆使用的以太网协议接入技术）局端设备64212台，ONU（光传输）设备63464台，OLT（光线路终端）设备309台，骨干网络设备158台。通过OSS的应用，公司的设备资源可进行统一管理，对设备开局配置进行自动下发，将客户信息和设备资源关联，集中监控设备告警和设备性能，支持业务开通激活、业务故障快速定位，并提供全面统计分析报表。利用该平台实现业务全自动化开通，达到提高故障处理效率、降低故障发生率，显著提高劳动生产率，可节约网络运维、人工成本。

（天津广播电视网络有限公司）

【天津广电融合网络平台建设】 该项目于2016年6月启动，12月正式投入使用，由天津广播电视网络有限公司运维中心王磊、张庆满等人完成。项目根据天津广电网络骨干网（视频承载网、个人宽带网、VPN——虚拟专用网络平台、MSTP——基于同步数字传输系统的多业务传输平台、OTN——光传输网络平台等）的情况，结合相关部门的发展计划和业务需求，制定合理可行的扩容改造方案。项目主要设计思想：①核心层面：继承原有网络结构，融合全业务高效承载，实现业务逻辑隔离传输，明确各业务平台结构。②汇聚层面：区分/识别/汇聚多业务类型，优化多业务承载能力，复用多业务承载带宽，定向/重定向多业务流传输。③接入层面：统一接入设备，公用接入资源，优化接入结构，明确业务类型。改造后的融合网络平台作为天津广电网络重要数据平台，不仅承载之前的VPN（虚拟专用网络）业务，还可承载以机顶盒为载体的业务、OTT（通过互联网向用户提供相应服务的方式）业务及网络管理，为业务发展打下坚实的基础。

（天津广播电视网络有限公司）

【蘑菇UI系统】 蘑菇UI（蘑菇云——自命名机顶盒用户界面系统项目）由天津广播电视网络有限公司技术中心2016年1月实施，12月完成，该项目主要参与人员为辛鹏、刘洋、郭伟鹏。为进一步提升用户体验，满足用户日益增长的智能化需求，天津广电网络建设了OTT（通过互联网向用户提供相应服务的方式）和智能机顶盒上的Portal（门户）管理系统。蘑菇UI系统，作为智能Portal系统，由三大部分组成，分别是MOUI_MS（蘑菇UI管理系统）、MOUI_SERVICE（蘑菇UI服务）、MOUI_Client（蘑菇UI客户端）。蘑菇UI管理系统能够管理Portal上的LOGO（标识）、跑马灯、栏目、应用等数据，并发布给终端进行展示，同时还能根据终端设备设置的更新周期，定时向前端（服务端）请求新的数据，如图片、文字、栏目等，并在终端展示。蘑菇UI门户系统继承原网终端设备的接入，并满足新开发的智能电视操作系统用户的接入需求；可同时满足数百万用户的接入，并且具有灵活的扩展性，在资源不足时能进行快速扩展；可向不同区域的用户呈现不同的页面效果，并能定期进行内容的自动更换和管理。在后台管理方面，为保障系统的安全性，增加审核权和操作权分离的功能。蘑菇UI系统重新整理需求，提供更为强大的前端和终端功能，扩展原有Portal系统的性能，提高用户对电视的依赖性，拓展数字电视的终端价值。

（天津广播电视网络有限公司）

【智能应用商店】 该项目由天津广播电视网络有限公司技术中心于2016年1月启动，12月底完成，项目主要参与人员有刘洋、王晓茹、李天麒。智能应用商店是一个跨屏、开放的电视应用开发和推广平台，是面向用户的电视应用聚合、交易和服务平台。智能应用商店区别于传统增值业务平台，更趋向于开放的互联网业务，承担着理顺产业链各中间环节，通过聚合电视应用，提供多类型终端实时应用下载服务，为用户提供端到端的质量服务保障。应用商店包括服务器端和客户端两部分的开发，服务器端是客户端和服务器端交互的接口，提供统一的接口给客户端调用。项目按照一系列接口规范、安全标准等，最终实现应用商店后台、服务端以及客户端三方面相对独立的管理。通过应用商店管理后台，管理员可维护方案管理、应用管理、栏目管理、证书管理、系统管理等。应用商店服务器端作为一个服务提供给应用商店客户端，为其定制不同版本或者UI风格。应用商店客户端是智能终端用户安装、下载、运行管理应用的门户，可在智能终端上展现已上架的应用，支持终端用户购买应用、下载、安装和使用。为了适应广电机顶盒未统一的中间件平台，应用商店架构是一个管理后台、多个客户端，可支持不同厂商的中间件版本。智能终端具有严密的安全管控，自下而上分为物理存储安全、系统基础安全服务、系统安全体系、应用安全体系4个层次。各安全层次中，上层安全以下层安全为基础，下层安全为上层安全提供保障。

（天津广播电视网络有限公司）

【天津广电网络互动EPG系统】 该项目于2016年1月启动，由天津广播电视网络有限公司技术中心完成。项目主要参与人员为辛鹏、张鹏、闫旭。互动EPG以解决用户快速查找优质内容体验为出发点，利用更加先进的机顶盒智能平台，基于大数据技术，提供更多的贴近用户实际需求的产品和服务，并结合移动互联网技术，进一步提高用户业务使用体验，提高用户的ARPU（一个消费群体消费总额除以消费总人数的）值。互动EPG系统一期设计目标是把所有直播频道、回放业务融合在一个页面中。二期将直播频道、回看、点播、增值业务和应用等所有业务融合到一个页面，用户在不访问冗长层级菜单情况下，可由一个页面打开直播和所有业务。在用户的访问方式上，淡化直播、点播、网页、Android、增值业务的区别，简化用户找到业务并打开的复杂度。各业务将被分配唯一的逻辑频道号，用户遥控器输入逻辑频道号对应的数字键后，终端将打开该逻辑频道号对应的业务。该方案重点实现如何对逻辑频道号进行管理分配和下发逻辑频道号列表给终端。互动EPG系统同时是基于电视直播业务的一种广告业务形式，其将广告入口混入到原始的频道列表中，由运营商统一编排后下发给终端展示，终端用户可根据频道关联的内容直接展示或者进入；选择原始频道依然可进入直播频道观看。互动EPG支持混排到直播频道中，用户能够快速找到自己需要的影片进行观看。运营商通过混排系统进行最新大片的营销，既满足用户的观影需求，也提升ARPU值和用户黏性。

（天津广播电视网络有限公司）

【天津网络广播电视台私有云系统】 该项目由天津网络广播电视台完成，陶磊、许强、周昊等人参与建设。项目自2016年6月起至2016年末逐步完成云数据接口调研、接口规范拟定、实例测试应用等工作。项目通过建设一套高度定制化私有云，形成对天津网络广播电视台数据中心各类资源智能化、自动化、科学化、实时化的管控机制。根据虚拟化API、网络API及认证API等研究，结合新媒体行业特点制定以OpenStack为核心的API接口规范，通过将各类云服务的API接口与云管理平台对接，实现依照计算量实时增减计算节点，体现出云计算快速部署的技术优势。系统建设完成后，围绕私有云系统集成云转码服务、Wiseman云监控系统等相关业务，使天津网络广播电视台基础设施向高虚拟、高效率、低消耗发展。天津网络广播电视台符合新媒体业务运行特点的云服务平台，创新API接口规范的制定，编转码、EPG、编辑制作等行业专属性明显，为天津广电行业整体向IP化发展提供可靠的参考和案例，推动天津广电行业互联网技术发展，为全市人民带来更高层次的广播电视服务。

（天津网络广播电视台）

【天津网络广播电视台实时数据分析系统】 该项目由天津网络广播电视台负责完成，郭文圣、李威等人参与建设。项目自2014年12月起至2015年5月份完成一期功能上线，获2015年度天津市广播电视电影科技进步一等奖，2015年6月至2016年末完成UI全面更新、历史数据回放后台优化、数据传输架构集群化等二期工作。该系统通过采集天津网络广播电视平台用户对机顶盒的操作数据，对全平台的直播、回看、点播、专区、用户数据进行快速分析，整理为实时数据，向天津广播电视台等制作方提供收视支持数据，保证各方面的运营和决策管理得到及时的反馈和调整。项目根据自身行业特点设计了包括实时数据传输、数据接口WEB服务化、移动终端访问等多项极具创造性的关键技术。通过使用实时数据系统，为广播电视行业发展提供理论数据基础，提高了节目质量，优化了编排水平，使广电行业更好地服务于全市市民的精神文化生活。

（天津网络广播电视台）

科技创新创业

概　况

【大众创新创业概况】　2016年9月国务院督查组将天津市大众创业万众创新（以下简称“双创”）工作作为反馈意见中全市的“亮点”，在2016年10月的全市集中督查中，推进“双创”工作被列为典型。①发展众创空间取得新实效。召开全市现场推动会，制定出台众创空间（区县部分）绩效考评指标体系，评审认定新一批市级33个众创空间。查摆梳理众创空间运营模式、专业化建设等共性问题和工作短板。强化宣传服务和培训指导，搭建全市双创综合服务平台，绘制众创空间三维实景电子地图，举办“双创”主题培训活动10余场次，受训人员超过600人。全市众创空间达到139个。②推进全市“双创”开创新局面。开展贯彻落实国务院“双创”政策情况督查，完成2期督查任务。落实市政府文件要求，支持5家钢铁企业创新创业，开展政策宣讲、服务对接10余次，推动建成5个钢铁领域专业化众创空间。2016年，创新创业大赛、科技创新券工作取得新进展。①众创赛成效显著。参赛项目2000项，共产生获奖项目131个（企业组73个、团队组58个）。举办各类公益讲堂、投资路演、创业论坛、创业训练营等活动1770余次，各类创新创业赛事128场。②创新券实现突破。2016年3月，天津市科委联合市财政局启动实施科技创新券线上注册、申领和兑现工作，为173家科技型企业兑现科技创新券，兑现资金615.9万元，涉及合同金额1846.4万元，科技创新券资金产生的杠杆效应达到3倍多。吸纳226家高校重点实验室、科研院所和企业工程中心等机构参与企业创新服务，为企业提供科技创新券服务产品1152项。

（曹建华　吴　星）

【共建共享创新创业生态系统简况】　2016年，京冀地区包括36氪、创客飞马、启迪之星等众创空间，海量大数据、启迪之星等孵化器在内的20多个科技服务机构到天津发展。“京津冀众创联盟”作为京津冀地区首个跨区域众创联盟组织，聚集3地57家双创机构和企业，以“政府引导、市场化运作、优选服务”为机制，以开放、共享为原则，打破区域资源要素壁垒，为3地的创新创业者提供专业服务，实现京津冀地区的创新要素、金融资本和人力资源的开放共享。年内，在天津举办大咖公开课、专业讲师培训、融资路演等多种形式的活动课程20余场。天津市与北京市、河北省联合建立“京津冀地区科学仪器技术服务平台”，36支仪器设备专业服务队、北京市550个国家级、市级重点实验室、工程中心145亿元的仪器设备为天津市科技型企业提供服务。滨海高新技术产业开发区在京津冀地区推出“创新创业通票”制度，由政府向第三方机构购买服务，免费提供给广大的创业者和科技型企业，为京津冀地区的企业提供初创服务包、高企服务包、知识产权服务包、分析测试服务包和新三板挂牌服务包。吸引300家来自北京、河北等地的服务机构通过平台运营，为京津冀企业和服务机构兑现政策资金1.59亿元，支持包括今日头条、奇思科技等北京企业在内的多家初创企业实现爆发式增长。

（权枢兆基　张雪颖）

【科技与金融结合工作简况】　2016年，天津市科委按照“放大财政资金效能，支持引导社会资本聚集，助推科技型企业发展”的总体思路，完善各项科技金融配套政策、创新科技金融服务产品、丰富科技金融服务手段，提高服务能力和水平，形成股权、债权和补贴相结合的多层次科技金融支持体系，有力推动了天津市科技型企业发展。制定和完善科技金融各项支持政策。加强与市财政局、市金融局等部门的协调沟通，出台《天津市科技型企业政策性担保资金管理暂行办法》《天津市创新创业大赛打包贷款补贴实施细则的通知》《关于修订科技型企业股份制改造补贴资金管理办法的通知》等7项促进科技金融发展的政策措施。创新和丰富各类科技金融产品与服务。①组建引导基金理事会，规范引导基金出资程序。成立天津市第一届引导基金理事会。②参股设立一批天使和创业投资引导基金子基金，财政资金放大4.5倍。完成7支天使基金、7支创投基金和2支科技部科技成果转化基金的参股设立，参股总额6.68亿元、总规模30亿元。③组织开展产业并购基金和政策性担保基金相关工作。与市财政局联合发布《天津市科技型企业政策性担保资金管理暂行办法》，通过设立再担保机构、为担保机构增资等方式，提高担保机构的担保能力，缓解科技型企业“融资难、融资贵”的问题。④推动天使直投项目、种子基金设立、打包贷款和周转金贴息等工作。对52项申报天使投资引导基金的直投项目开展调查，完成项目路演。共参股43家众创空间种子引导基金，参股3870万元。推出面向初创期科技企业的打包贷款产品，2016年共投入补贴资金285万元，帮助57家创新创业大赛获奖企业解决无抵押无担保的信用贷款4640万元。面向科技企业设立周转金贴息贴保产品，对723家企业投入贴息贴保资金19057万元。⑤推动科技型企业股份制改造及挂牌上市，提升科技企业规模与实力。与市财政局修订《科技型企业股份制改造补贴资金管理办法》。共推动248家科技型企业完成股份制改造，212家科技企业完成上市挂牌，其中主板3家、新三板72家、天交所28家、OTC109家。做大支撑服务体系，搞好对接服务。①推动全市22家科技金融对接服务平台开展各类对接服务。共举办各类培训、对接等活动1500余场，服务企业1万多家。完成对科技金融对接服务平台的考核工作，重新制定《天津市科技金融对接服务平台认定及考核补贴办法》。②参与推动银行机构投贷联动试点有关工作。配合市金融局制定《关于促进投贷联动试点业务发展的意见（征求意见稿）》。与市金融局、国家开发银行天津分行、国开金融签订投贷联动合作协议；与银行业金融机构建立科技型中小企业名单对接机制。③开展“金桥之友”特色活动。举办22期“金桥之友”科技金融大讲堂，5期科技金融融资对接活动，活动人数约1450人次。④鼓励和引导金融机构完善科技金融服务机构和产品。30多家银行建立专营机构，4家银行成立科技支行。另有70多家投资、担保等机构开展面向科技型企业的专项业务。专营机构发布面向科技型企业科技金融产品164项，科技型企业贷款余额2408.28亿元。⑤举办第十届中国企业国际融资洽谈会——科技国际融资洽谈会，以“创新、创意、创业”为中心，举办科技金融论坛、创新创业项目路演、众创空间展览展示、众创空间优秀初创项目路演、新三板综合项目专场路演、科技金融服务平台开放服务日等一系列活动。35个优秀项目进行路演，融资需求总额4.12亿元，70余家金融机构、天使投资人等进行现场对接，现场初步达成融资意向超过3.27亿元。（单迎春）

【科技型中小企业简况】 2016年，全市新增科技型企业1.47万家，完成全年任务的147%，累计达到8.8万家；规模过亿元的科技型企业新增456家，完成全年任务的152%，累计达到3902家；国家高企有效总量达到3265家；推动完成科技企业股份制改造239家，完成全年任务的159%；科技企业新三板挂牌72家，完成全年任务的120%。2016年，规模过亿元的科技型企业实现主营业务收入17921.18亿元，同比增长6.1%；利润总额1364.46亿元，增长8.3%；税金总额562.9亿元，增长4.8%。规模过亿元的工业科技型企业实现总产值15270.26亿元，增长9.5%，占工业总产值的51.9%。科技型企业成为全市GDP实现9%增长的主要拉动力量之一。组织600名科技型企业家在市内开展创新发展学习考察活动，100名科技型企业家赴南京和武汉进行考察学习，召开3次联席会议以及3场“区县互看互学”等活动，提出建设百家领军企业产学研用创新联盟，用5年时间建设100个以行业领军企业为主导、“领军企业+高校院所创新团队+科技型企业”的领军企业联盟，形成高端装备、新一代信息技术等10个超千亿的创新型产业集群。组织开展企业与干部“一对一”帮扶工作。加强政策宣传和培训，配合市委组织部，先后召开干部帮扶工作动员会视频会议、协调会、区县组织部门帮扶台账系统使用培训会，同时建设干部帮扶专题网站，开发干部帮扶微信平台。

（吕景礼）

众创空间建设与服务

【M3创空间打造新型创业模式】 M3创空间是为创业团队提供创新创业服务、整合创业资源要素的创业服务机构。围绕搭建“创新技术培育平台、创业活力激发平台、大众创业孵化平台、万众创新服务平台”的功能定位，聚焦“互联网与新媒体、智能硬件、环境节能、文化创意、传统产业”5大产业，计划每年孵化创业公司20家，转化创新产品50项，辅导创业团队或个人800人/年。M3创空间除提供物理创业空间和基础设施以外，还提供包括金融、培训辅导、招聘、运营、政策申请、法律顾问乃至住宿等一系列服务，通过打造"孵化+平台+导师+资金+活动"的创业孵化体系，联合创投机构、天使投资人、创业导师、技术导师，整合天津市成熟企业以及高校的资源，提供了一系列特色服务支持，共同帮助初创企业成长。M3创空间已获得国家级众创空间、天津市级众创空间的荣誉称号。

（路　阳　宋甲甲）

【实施科技创新 推动区域经济全面发展 】 2016年，天津市和平区科技工作以创新驱动发展、建设众创空间为支撑，完善区域创新体系，着力构建创新型经济新格局。2016年，该区出台了《和平区科技发展资金管理暂行办法》《和平区众创空间认定管理办法》《和平区发展众创空间补助资金管理办法》等扶持创新发展的政策文件，全面优化创新创业环境。在全市率先提出并实施科技企业贷款贴息政策、市级高新奖励政策、鼓励私企创办众创空间等举措，为创新驱动发展提供有力的政策保障。该区在开展大众创业、万众创新活动中，鼓励社会资源申办或创办科技载体。“睿先锋”众创空间作为全市第一家民营企业创办的众创空间和第二批申报市级专业众创空间的“中投首科”众创空间，均由运营主体利用自有场地创办。2016年，该区为做好自创区和平园的建设工作，完成了和平园统计监测数据的填报工作，为指导自创区和平园建设提供了数据支撑。

（和平区科学技术委员会）

【天钢成立创新创业中心—融智众创空间】 天津钢铁集团有限公司于2016年5月25日成立创新创业中心—天津融智众创空间，10月10日通过天津科学技术评价中心认定评审。融智众创空间旨在加快推进钢铁企业产能化解、为职工营造二次创业就业的氛围及平台，更多的安置转岗职工，用科技创新力量服务钢铁主业，分担主业压力，提升钢铁主业的核心竞争力，实现新的可持续发展。2016年，天津融智众创空间已与41个创业团队签署了孵化入驻协议，其中27个团队由天钢集团内部员工组建，预计带动就业人数1000人。团队从事研究与开发的项目涵盖冶金制造、互联网技术、教育咨询等行业，12个团队转化成企业。在创业项目中既有围绕冶金产业的“不锈钢复合板”和“钢渣透水砖”等项目，又有移动互联网行业的“互联网+实验室”“优+U”“网络在线教育”“汽车移动数据采集”等项目，同时还有一批以“新能源汽车”为代表的职工自主创业项目。“互联网+实验室”和“钢渣透水砖”项目获天津市创新创业大赛第三名。 （张　慈）

【海鸥集团组建创客团队】 2016年，天津海鸥表业集团向产品创新转化，以技术中心研发人员为基础，整合部分生产和销售人员组建“海鸥模块化手表创客团队”和“海鸥智能表创客团队”。“海鸥模块化手表创客团队”主要目标是快速培育和制造满足市场新需求的产品，通过细致分析市场需求，依靠设计、工艺和制造团队的通力合作实现手表零部件的模块化，将各零部件模块进行排列组合并形成满足消费者个性化定制需求的产品，为海鸥手表产品的柔性制造打基础。“海鸥智能表创客团队”主要通过制表经验和技术积累，引入互联网时代各种信息化新技术、新工艺、新功能，拓展海鸥手表在计时之外的定位、健康监测、通讯交流等新功能，赋予海鸥品牌新的时代特色，开拓“海鸥”在智能穿戴产品领域的新市场。海鸥集团的2个创客团队充分把握经济新常态环境下创新创业特点和需求，整合利用企业各项关键技术和创新资源，突破原有组织结构、管理层级、运行机制等模式，采用更加灵活的激励机制，激发创新人员的创新创业积极性，提高企业产品创新和技术创新的效率和效益，进而打造具有海鸥表业自身特色的创新创业平台。通过“双创”，海鸥表业不断探索新技术、新工艺、新功能在传统机械手表中的应用，加快智能化产品与智能化生产技术的研发与应用，进一步提高海鸥集团的综合竞争力。（杜 懿）

【TjAb众创空间】 TjAb众创空间是依托天津国际生物医药联合研究院平台优势、人才优势、专业优势建设的天津市首家生物医药类专业众创空间。2016年，TjAb众创空间更加明确吸引创客团队的类型，及时调整仪器设备配套情况和创业导师队伍，更为注重与国内外专业服务机构特别是与香港科技园和香港特区政府投资推广署开展紧密合作。取得了以下主要成效：①完善公共仪器设备配套，服务入驻企业和团队。年内新增和调整实验仪器设备30套，使入驻的生物医药创业团队及企业可免费使用公共实验室基本仪器设备总数达130余套，全年为创业团队及初创企业提供专业领域的研发测试、检验检测及商事服务达2000余次。②调整增强创业导师队伍，发挥导师专业辅导作用，举办优质创业服务活动。按照现有创客团队项目研发类型和发展阶段，调整了16人的创业导师队伍和12人的运营管理及技术服务团队，为创业者提供免费工位和日常辅导服务。组织开展企业运营、技术开发、产业衔接等一系列创业辅导，“一对一”辅导和沙龙活动总计500余次。③联合资深合作机构，提供全方位创新创业服务。与国内26家大型企业、知名科研机构、科技园区、大学建立合作关系，共同开展研发服务、投融资服务和知识产权服务等专业服务，整合上下游产业无缝对接资源，为创业者提供优质的全要素资源环境和广泛的交流合作机会。与香港科技园公司、香港特区政府投资推广署合作，搭建互动式创新创业平台，为津港两地青年创业家提供全方位支援与服务，2016年双方举办交流合作活动、工作会议、项目对接和宣讲会10余次。截至2016年年底，TjAb众创空间共吸引入驻创业团队65个，初创企业27家，初创企业注册总资本达5163万元，创业项目涵盖了药品及疫苗产品、保健食品、诊断试剂盒、医疗器械、外包服务、“互联网+医疗”等多个领域。“艾堪科技”和“灏灵赛奥”2家入驻企业获第五届中国创新创业大赛生物医药行业总决赛优秀奖，展示了天津市生物医药行业科技企业的创新实力。众创空间在帮助创业者快速成长的同时，自身也在不断发展，获得了国家和天津市诸多荣誉。年内，众创空间通过科技部审核备案，成为国家级众创空间和分子医学国家专业化众创空间，在全国17个国家专业化众创空间中占有一席之地。在科技部火炬中心与香港科技园举办的“内地与香港众创空间合作工作会议”上，作为内地合作机构获得“内地与香港合作众创空间”授牌。

（TjAb众创空间）

【打造互联网＋智慧健康专业化众创空间】 九安智慧健康众创空间（以下简称“九安众创”）由天津九安医疗电子股份有限公司（以下简称“九安医疗”）建设并运营。九安众创是集健康医疗产品研发和新型商业模式于一体的专业化孵化平台、移动互联网物联网创客乐园和智慧与健康高度融合的众创空间，与九安医疗所在产业紧密结合，促成领域内合作，促进产业创新发展。2016年，九安众创帮助入驻企业及团队共计完成48款产品累计128项性能测试，帮助申请产品欧美及国内认证25项、专利9项，每月组织至少1次交流活动；与天津大学精仪学院签订协议，成立大学生创业基地，将老师承担的课题引入九安众创孵化，优秀的毕业生可以在该基地创业。众创空间入驻的创业团队及初创企业数量从最初的22个增加到30个。成功孵化了iHealth、Bloomsky、iSmartalarm等多家创业公司，形成了一批较为成熟的创业产品和商业模式。iHealth已经与国外多个医疗服务机构以及私人医生进行对接，提供数据采集工具及健康管理服务整体方案；与天津医科大学代谢病医院加强合作，提供共同照护门诊服务，打造以专家为核心、以赋能为目标的糖尿病共同照护团队。Bloomsky2016年与新西兰气象局达成协议，为新西兰气象局主要客户提供硬件、数据服务以及数据销售等业务，共同推出精准天气服务。BloomSky在Kickstarter（一个专为具有创意方案的企业筹资的众筹网站平台）发布新产品SKY2/STORM，在38天内实现销售额68万美元，新增用户3000多个。BloomSky的产品已经覆盖29个国家和地区，并以4000万美元完成第二轮估值融资。iSmartalarm主要生产安防产品，从团队组建、最初的产品设计、功能实现，到国内外的商标、专利布局、各类标准法规的符合，再到通过各种测试、样机的生产制作，九安众创的服务团队都付出了很大努力。2016年该产品在美国实现销售额近1000万美元，销量跃居美国同类产品前三位。iSmartalarm推出的小方摄像机创小米众筹最高纪录，10天内销售10万台。

（九安智慧健康众创空间）

【天津光电众创工场】 天津光电众创工场（简称：众创工场）由天津光电通信技术有限公司投资建设，认定面积4300平方米。“众创工场”搭建了具有特色的创新创业平台，建立“工程师变商人”的机制。截至2016年年底已签订创业服务协议创客130名，初创企业5家，创新创业团队37家。“众创工场”重点培育和引进电子信息产业相关的信息安全、新一代通信技术、汽车电子、软件服务、医疗电子、移动互联、电子商务、特殊通信、新能源、智慧城市、智能硬件等领域的创业项目、创业企业，为创业者、创业项目、创业企业提供创业培训、产品制造服务、人力资源服务、创业沙龙和项目对接、创业辅导等日常服务，以及“新一代信息技术”公共研发服务平台服务、种子资金和股权投资基金、委托产品制造服务等特色服务。“众创工场”先后引进了先进的研究开发仪器设备近千万元，完善“新一代信息技术”中的信息安全关键技术研发平台、光网络高速互联关键技术研发平台和无线通信关键技术研发平台，为入驻创业企业、创业团队和创业者提供公共研发服务平台。“众创工场”为入驻创业企业、创业团队和创业者提供约1000平方米的产品试制车间、1200平方米的产品检测实验室和2000万元的产品检测设备，同时制定了创业导师管理制度，创业导师团队为每一名创业者提供一对一、多对一创业导师服务。“众创工场”已建立成熟的培训体系，组建了一支由内部企业管理人员、外部管理咨询公司专家、高校专家组成的培训团队，与国内知名的高校和创业服务机构建立了长期的创新创业合作关系，每年举办服务于中青年科技人才和大学生的创业培训20场次以上。“众创工场”依靠光电集团的生产制造能力为创业企业提供敏捷的制造服务，依靠光电集团人力资源部为创业企业、创业团队、创业者提供人才招聘、社保办理、人才和职称评定等一系列免费服务。根据创业者、创业团队的不同需求，“众创工场”有针对性举办创业沙龙，帮助创业者了解市场需求、前沿技术、发展方向，为其答疑解惑，促进创业项目快速研发、创业企业高速成长。

（张天晶）

【抓特色服务 助推企业发展】 天津科创医药中间体技术生产力促进有限公司（以下简称“科创”）是市级示范生产力促进中心，拥有“专家顾问团+专业服务人员”构成的专业服务团队，满足企业不同成长阶段的需求，为企业提供“一站式”全方位的个性化服务；同时，拥有一批在有机化学、药物化学等领域的专业合成工艺工程师，在复杂生物活性分子的中试生产、检验检测方面有自己独特的优势。科创公司作为天津市生产力促进中心技术转移服务队队长单位，带领服务队各成员单位立足企业需求，发挥区域性、行业性、专业性中心优势，信息互通、资源共享，深入开展技术咨询、推广、开发、导入等科技对接活动。区域性中心将辐射区域内企业进行上下游匹配，帮助企业在产品结构和技术革新方面找到解决方向；行业性和专业性中心在专业技术领域发挥横向资源优势，将国内及全市的龙头企业与中小企业对接，促进中小企业技术改善和能力提升；将高校资源与科技型企业进行对接，将企业需求与科研成果进行匹配，促进产学研结合。2016年，技术转移服务队共开展服务1119项，其中技术咨询752次，技术推广29项，技术开发18项，技术导入7项，培训人员439人次。科创成功促成天津博宇钢管有限公司与北京中科宇杰节电设备有限公司的合作，两家公司合作产品用于螺杆式空压机的智能空压机节电系统，帮助天津博宇钢管有限公司提高空压机节电系统研发水平和研发成功率，形成了一套可推广的技术方案。科创公司致力于提供中间体合成、试制及检测服务，拥有气质联用仪（GC-MS）、液质联用仪（LC-MS）、气相色谱仪（GC）、高压液相色谱仪（HPLC）等多台先进仪器，搭建了生物医药领域逐次放大合成工艺技术创新服务平台，为企业解决关键技术、工艺开发难题提供专业、准确的检验检测服务。科创以市场为向导，质量为保证，全年累计提供检验检测服务880次，检测样品2400次，开机总机时3280小时，服务金额240万元。

（天津科创医药中间体技术生产力促进有限公司）

国家自主创新示范区建设

【坚持创新驱动 全面推进国家自主创新示范区建设】 2016年，天津滨海高新技术产业开发区围绕国务院批复要求，以“建设具有国际竞争力的产业创新中心”为总目标，全面推进国家自主创新示范区各项工作进展。①加快推广全国首创的创通票制度。创通票制度通过“互联网+政府服务”模式，再造政府资源配置流程。已开发出国家高企、知识产权、新三板挂牌等10个服务包，基本覆盖企业创新创业全流程。②聚焦战略定位，系统构建产业创新生态。大力发展战略性新兴产业集群，打造新能源汽车、新一代信息技术两大千亿产业集群。对接《中国制造2025》，申建新能源汽车动力电池创新中心，与中电科集团对接，研究十八所、力神电池资源整合，完成《创新中心组建方案》编制。加快国能汽车、恒天新能源汽车等重点项目建设，并着力引进了万帮动力电池梯级利用等产业链整合能力强的重大产业化项目，产业生态体系初步形成。③激发市场活力，加速创新要素集聚。出台《加快创新创业载体建设的48条政策》，打造“预孵化—孵化—加速—产业化”的“新四级孵化体系”，形成专业平台型、综合服务型、投资促进型和创业辅导型等4类发展新模式。2016年高新区孵化载体面积达到230万平方米，已建众创空间28家。④构建“一区五园”联动发展体系，推动“一区五园”特色发展、错位发展、互补发展。华苑科技园结合规划升级，以总部研发、科技金融、TMT、现代服务业的功能定位，实现产城融合发展；塘沽海洋科技园突出信息安全和海洋产业特色，积极申报国家海洋经济示范区；南开科技园发挥科教资源优势，全方位推进“南开创新创业十字街区”项目；北辰科技园优先发展智能制造业，天士力制药集团的“现代中药智能制造项目”成为全市唯一一家获批工信部“2016年智能制造试点示范”企业；武清科技园启动创新驱动发展战略研究，完成生物医药产业集群发展顶层设计，制定了生物医药产业圈建设方案。

（滨海高新区）

【聚焦六大产业布局 全面推进“双创示范基地”建设】 2016年，作为天津国家自主创新示范区中心商务区分园，立足自身在区域位置、功能定位、产业集聚等方面的独特优势，组织编制了《天津滨海新区国家自主创新示范区中心商务区科技园发展规划》，确立了中心商务区建设自创区“开放创新综合改革试验基地、跨区域合作创新重要引擎、科技与产业融合创新增长极、科技服务业聚集区”的战略定位。①中心商务区在“于家堡双创示范基地”举办了一系列创新创业赛事和特色主题活动，推进了多个龙头项目的储备和落地，聚集了一批品牌知名度高、成长性好、创新性强的优质企业。截至2016年12月，于家堡双创示范基地累计新增双创企业超过4200家，投入运营的各类众创空间达到11家，众创空间已累计注册企业290家，入驻办公企业超过120家，办公人数达到千余人。②2016年，中心商务区出台了促进创业创新发展的10条政策，市人才工作领导小组印发《支持“双创特区”加快集聚人才率先建成人才改革试验区的九项措施》、市公安局出台《天津市公安局关于服务双创特区建设发展落实就业即落户政策的实施意见》，市台盟出台《完善“双创特区”模式助推两岸青年人才创业》等政策举措，从人才、技术、资金等方面全面保障企业创新创业发展的各个阶段。③通过对新技术、新模式、新服务、新业态的应用创新，双创企业在“四新经济”领域崭露头角，呈现出跨界融合、轻质经营、快速成长等特点。双创企业重点面向服务消费升级，聚焦于新技术的原创与应用两段，着力发展具有轻质化、易于商业化和产业化特点的技术产品，在云技术、大数据、VR/AR技术、智能硬件、5G通讯等领域涌现出一批新技术产品及应用。演进倒逼、发展新模式，双创企业聚焦垂直业务领域，充分发挥自主创新潜力和优势，在供给侧改革、共享经济等领域运用推广新模式，通过模式创新，促进企业间的互动与发展。双创企业依托天津自贸区政策和制度创新，借助互联网、大数据、云计算等新技术推广，以及信用保障体系的不断完善，聚焦促进境内外2个市场资金、商品、技术的深度融合对接，创新发展跨境服务新形态。依托京津冀地区产业资源与基础，双创企业积极探索互联网与节能环保、普惠金融、电子商务、职业教育、智慧城市等重点领域的深度融合，形成一系列互联网+产业融合发展的新业态。（示范区中心商务区分园）

【激发自主创新动力 加快建设创新主体聚集区】 2016年，天津国家自主创新示范区中新生态城分园充分发挥中新合作优势，与新加坡国家发展部共同发起的中新绿色建筑科技合作已经开展4期项目的研发。与新加坡裕廊集团、纬壹科技园开展对接，推动新加坡创新企业和项目到生态城落户。结合区域发展规划与天津示范区分园产业发展规划，强化文化创意、互联网+高科技产业发展，布局创新载体、大院大所和科技金融体系，着力建设主导产业的全链条创新生态。清华启迪之星累计孵化企业达150余家，共同设立天使基金，初步建成科技与文化融合的创新孵化基地。引进海量大数据重度孵化器，培育大数据高端应用人才和项目，打造大数据产业的“数据+平台+行业应用+人才培育+创业孵化”的全产业链模式。清华电子院正在孵化的成果转化项目已达70余项，注册企业7家，注册基金公司2家，引进专业科研人员50余名，与日本、美国等国家和中国香港地区的创新资源建立了合作创新机制，建设电子检验检测实验室、大数据机房、超净车等高端实验平台。为承接国家科技成果转化引导基金子基金，与科技部、天津市科委设立引导金，吸纳民营资本，设立了总规模2.86亿元的国家级成果转化引导基金。积极推动清华电子院设立总规模达2.41亿元的清研创业投资基金。2016年，组织开展创业推广活动76场、累计参加3500余人，涉及启迪之星创业行、高维创业岛魔客节、创业沙龙、商业路演培训等系列活动。组织企业培训15次，涉及政策普及解析、高企认定培训、股改上市等培训，并且针对不同需求企业，开展针对性政策指导服务累计2000余次，覆盖企业500余家。（示范区中新生态城分园）

高等院校科技创新

【面向前沿 面向需求 砥砺前行】 2016年，南开大学坚持面向世界学术前沿和国家战略需求的科研方针，抓大项目、好项目，建大团队、大平台，立足基础科学研究，将国际前沿的基础研究和国家需求的应用研究紧密结合，集成在科研人员体量较小的研究型高校，使其开花结果。①南开大学实施“创新引领”计划，增强服务国家需求和开拓学术前沿的能力。学校在优势学科建设的基础上，使用自有资金支持校内外交叉学科研究，充分利用药物化学生物学国家重点实验室、生态文明研究院、大数据研究院等跨学科平台，支持光学、材料学、医学等新的跨学科平台建设。在交叉学科的前沿领域发掘科研问题，巩固和发展基础研究优势；在交叉学科的需求方向寻觅产业问题，完善产学研协同战略布局。②2016年，南开大学获批国家创新人才培养示范基地1个，高等学校学科创新引智基地（“111计划”）1个，科技部国家国际科技合作基地2个，天津市国际科技合作基地9个，天津市重点实验室1个。该校智能机器人与智能系统创新团队和大气颗粒物污染防治创新团队入选天津市创新人才推进计划重点领域创新团队，功能晶态材料团队和干细胞与再生医学团队签订天津市特殊人才发展支持计划高层次创新创业团队培养计划，功能高分子材料团队通过教育部创新团队结题验收并获得滚动支持。新增长江学者特聘教授2人，长江学者青年学者4人，国家自然科学基金杰出青年基金获得者4人，国家自然科学基金优秀青年基金获得者5人，“万人计划”领军人才1人，天津市创新人才推进计划中青年科技创新领军人才8人、青年科技优秀人才6人。科技平台和人才团队的建设，为科技发展和成果产出提供良好的人才支持。③南开大学及时应对国家科技发展战略的变革，结合自身科技发展规划和实际情况，深化以质量和创新为导向科研评价激励改革，努力建立以原始创新为导向的基础研究评价、以服务产业转型升级为导向的应用开发研究评价、以服务国家改革开放和治理体系现代化为导向的智库成果评价等多样化评价体系和机制。完善各类科研项目、科研经费管理制度，充分做好“放管服”，为科研人员提供便利的同时切实保障科研人员利益。

（南开大学）

【抢抓机遇 敢想敢干 构建科技工作“大格局”】 2016年，天津大学加大科技体制机制的改革和创新力度，注重战略谋划布局和科研组织工作，践行创新驱动发展战略，加强源头创新和集成创新能力，在多个领域进行从基础研究到关键技术攻关再到产业示范应用的链条式布局，自主创新能力和服务社会能力得到了显著跃升。①根据学校学科特点和优势，加强国家重点研发计划的组织论证。2016年，学校获批国家重点研发计划项目16项，全国高校排名第8位，其中国拨经费1000万元以上项目14项，全国高校排名第4位。②学校发挥校内航空航天领域相关技术优势，寻求校外强强合作伙伴关系，共同推动国内航空航天事业发展；加强军事海洋及海洋环境领域布局规划，王树新教授团队自主研发的“海燕”水下滑翔机，可搭载专业仪器，在海洋观测和探测领域大显身手。③在大数据、海洋、航空航天、智慧城市等领域布局筹建一批国家级科研基地；建成一套基地培育遴选机制，在科研基地经费、空间、政策等方面予以明确支持，完善科研基地配套支撑体系；搭建有利于实验室发展的平台，激发实验室发展的活力。④学校以“需求调研—技术评估—合作方式设计—跟踪服务”为技术转移模式，培养一支优秀的经纪人队伍，教师和目标企业开展“一对一”全程服务，实现科技与经济的无缝对接。深入地方、企业，挖掘区域技术需求2000余项，梳理整合了化工、材料、节能环保、先进制造、生物医药等10余个领域的220项共性关键技术；为600余家企业解决技术难题，促进企业的升级转型；通过技术许可、技术转让、技术投资以及专利转化等模式推动86项技术成果服务社会；面向全国布局，已在温州、长沙、南通、东营、昆明等地建立了26个技术转移分中心，推动了近百项技术成果落地。⑤2016年，天津大学作为第一完成单位获国家科学技术发明二等奖2项，作为参与单位获得国家科技进步二等奖2项；4项成果获高等学校科学研究优秀成果奖，其中2项一等奖，1项青年科学奖；24项成果获天津市科学技术进步奖，15项为第一完成单位，其中9项一等奖。同时，提高有效专利技术的利用效率，推动创新资源向学科建设和国家产业需求的关键技术领域聚集。

（天津大学）

【抓基础 促应用 推动科技创新取得新突破】 2016年天津工业大学科技创新工作取得显著成效。①修订了《天津工业大学技术合同管理办法》，规范了科研类横向合同管理及签订各类科研合同的审核与存档、科技合同登记等。截至2016年12月14日，共登记合同222项。获批军品配套科研项目3项，军工质量体系的年审工作顺利完成。②制作了学校及各学院科技成果汇编，“天津工业大学科技成果转移与转化服务中心”建设全面完成。2016年，天津工业大学精武产业技术研究院、津南产业技术研究院、庆云产业技术研究院等3家在建技术产业研究院实现了项目入驻，其中精武产业技术研究院完成第三期项目入驻路演，前期入驻项目完成年中与年底考核，已注册企业30余家，获天津市西青区科委认定众创空间。主动与地方政府和企业对接，与山东省平原县政府、山东省临邑县政府、青海省黄南州政府签订了科技、人才等合作协议；组织相关教师参加校企对接、成果展示及科技服务20余次，组织参加天津、山东、河北、河南、青海等地方政府召开的成果交易及产学研对接会；向江苏省派遣科技镇长2名；参加津台高等教育高峰论坛。③参加京津冀协同创新联盟，协调3校（北京工业大学、河北工业大学、天津工业大学）联盟工作，开展20余次学术、成果转化及调研活动。

（天津工业大学）

【加强科技创新体系建设 推进产学研合作和成果转化】 2016年，天津理工大学形成并实施《纵向科研经费管理办法》、《科技成果转化奖励项目实施细则（试行）》等新的管理办法，规范了科技管理，释放了学科、团队和教师的科研活力。①该校2016年获天津市科技奖6项、其中科技进步一等奖2项。科技部重点研发计划项目立项4项，获批国家级项目51项，天津市科技重大专项18项，市教委科技成果转化奖励项目1项，完成产学研合作项目400多项，横向经费5000余万元。该校与各经济功能区签署战略合作协议并建设成果转化基地，选择以行业龙头企业为突破口，结合天津市科技成果转化中心（理工大学）建设，推介学校优势学科资源和科研成果，推动该校与中汽工程、中电18所、海天量子、泰富重工、友发集团、渤海钢铁等行业领军企业开展产学研合作和成果转化工作。该校聚集资源，做好科研平台建设工作。新增天津市《中国重大工程技术“走出去”投资模式与管控》智库平台；推动校内各市级重点实验室、工程中心、社科基地等平台扩大开放与共享，按照年度工作计划组织天津市重点实验室学术委员会年度会议；谋划“十三五”教育部新增重点实验室的建设工作；开展并支持《理工讲堂》、社科年会、科研沙龙等各类学术交流活动，营造浓厚的学术氛围。

（天津理工大学）

【天津城建大学科技创新工作】 2016年，天津城建大学与天津象鸟科技有限公司、沃天科技（天津）有限公司、天津转知汇网络技术有限公司、天津企兴知识产权有限公司、允能众创空间（天津）有限公司、天津股权交易所等6家机构签订科技成果转移转化战略合作框架协议。组织2批共25名教师参加技术经纪人培训认证。举办“全国青少年绿色科普教育巡回课堂——走进绿色建筑”科普报告会。10项科研成果被列入《天津市建设领域科技成果推广项目储备库》。组织完成2016年度天津市高等学校科技成果转化奖励项目申报工作。与南京建工集团基础工程公司签约“深基坑桩—土联合处理技术”科技成果转化基地。参与组建成立天津绿色供应链协会，52名专家为天津市2016年高校科技特派员，获批16项2015年天津市技术创新引导优秀科技特派员项目，组织25名科技特派员参加2016年全国“双创”活动周北京会场主题展活动。与天津宝坻塑料制品工业区管理委员会签署战略合作框架协议。

【天津中德应用技术大学科技工作】 2016年，天津中德应用技术大学以应用型科研为导向，围绕“加强科研能力建设、提升科研成果质量、提高科研管理服务水平”的工作目标，开展科研管理工作。制定修订《天津中德应用技术大学学术委员会章程》《第一届学术委员会组建方案》《天津中德应用技术大学学术道德规范及学术不端行为处理办法（试行）》《天津中德应用技术大学科研管理办法（修订）》等科研管理制度；新增天津市艺术科学规划项目、天津市科委科技发展战略研究计划项目等多项省部级科研项目申报渠道；立项各级纵向科研项目35项（包括：国家级2项、省部级28项、局级5项），立项校级科研项目37项，立项横向科研项目31项；申请专利及软件著作权144项，获专利及软件著作权授权94项（包括：发明专利2项，实用新型专利67项，外观设计专利6项，计算机软件著作权19项）；公开发表论文328篇，其中核心期刊以上级别38篇；新增天津市科委认定的企业科技特派员82人次，汤晓华、李颖、郑宁、冯冬4人被评为优秀企业科技特派员。（天津中德应用技术大学）

科技小巨人企业

【第六中药厂获小巨人企业达标奖】 天津中新药业集团股份有限公司第六中药厂在“天津市北辰区2016年度小巨人企业达标奖”评选中排名前10名，获奖金10万元。该厂曾在2012年被评为优秀科技小巨人企业，2013年，被认定为“天津市科技小巨人重点培育企业”，于2014年获批天津市科技小巨人领军企业培育重大项目，获得天津市财政拨款300万元，北辰区财政拨款100万元。该厂自加入天津市科技小巨人成长计划，企业始终把科技创新工作摆在重要位置，在新产品研发、中药大品种技术改造、品牌创新和知识产权建设等方面不断有新的突破，取得新的成果，相继得到政府部门的多次嘉奖。（王金磊）

【坚持科技创新 打造“中国建造+国际标准”的品牌形象】 博迈科海洋工程股份有限公司服务领域涉及海洋油气开发、矿业开采、天然气液化三大行业，主要产品有海洋平台生活楼模块、电气模块、上部油气处理模块等数十种。该公司专注国际市场，服务客户均为海外国际知名油气开发公司、矿业开采公司、海洋工程项目总承包公司。公司立足于自主研发，完成世界各个国家不同标准的生活楼平台、电器模块的研制，掌握核心自主知识产权。2016年，该公司与高校开展产学研合作，与天津大学的合作，提升了公司的设计施工水平，促进了天津大学机械学科海洋工程装备实验室的发展与建设，并构建产学研交流创新平台，设立“博迈科天津大学机械学科海洋工程装备实验室建设基金”，建立“博迈科天津大学奖助学金”，用以资助相关专业的优秀学生。该公司持续开展科技创新，提升企业核心竞争力，创新驱动发展取得明显成效。①建立技术共享平台，形成规模效应。公司用于科技研发的人力、物力、财力占比逐年增加，在科技创新带来收效的同时，借鉴和学习业内领先科技的专利技术，积极寻求合作共赢的办法。通过行业分类，建立行业技术共享平台，将分散在各企业的技术进行梳理汇集，减少各企业重复进行技术研发的费用和时间，搭建联盟对讲平台，实现资源共享，推动海工装备行业的技术发展。②模块化是技术变迁和产业组织变革的重要趋势，以“模块”为基础的制造生产模式促进了部分产品的“垂直解体”和“一体化”进程。博迈科公司突破传统生产模式局限，重构企业设计生产新模式，成效显著。模块化重构使企业产品得以快速延展。通过模块化设计，企业新增海上人工岛、陆地油田、液化天然气、矿业及炼化工厂等业务。将单一的定制产品转化为可拆解、可复制的模块，更好更快地响应市场需求，大大提升企业核心竞争力。③敢于创新，加大智能制造技术在行业中的应用。全系列产品生产和模块化设计对博迈科公司加工制造提出更高要求。公司引进了数控生产线，基本实现各类管件和异型钢板的全自动加工生产，提高工作效率和产品质量的同时，缩短了周期，降低了成本。

（博迈科海洋工程股份有限公司）

【坚持创新引领 大气污染治理取得新进展】 2016年，航天环境工程有限公司坚持自主创新，深化公司内部改革，促进转型调整，通过加强战略合作，努力开拓市场，坚持科技创新，支持大项目好项目。①对专项项目的支持。工业烟气超净排放治理装备研制及创新平台建设项目：完成烟气超低排放技术工艺包编制和吸收塔优化改造设计方案、通用烟气净化实验平台初步方案、中试工程详细设计和施工。国防科工局“催化裂化装置气动脱硫除尘装备研制”项目：通过了项目档案验收及综合验收，已结项。国防科工局“大型烧结机烟气气动脱硫装备研制”项目：完成项目全部研制内容和经费支出计划。天津市海洋局“船舶柴油机尿素选择性催化还原控制氮氧化物排放”项目：形成了船用柴油机SCR脱硝系统技术方案。②坚持自主立项项目支持。气动高效除尘、除雾器研发项目：完成了气旋高效除尘除雾器方案研发、图纸设计、装置建设、实验测试和产品试制。产品已在科林项目实际应用，除尘除雾效果良好，达到同类产品性能指标。PM2.5家用除尘净化器研发项目：完成了样机设计、制作、实验测试和结果分析。电厂燃煤锅炉气动脱硫塔净除尘率研究项目：完成大唐临汾电厂二期超低排放改造工程气动脱硫塔进出口烟气浓度及各组分含量测试和数据分析，形成测试报告和脱硫塔净除尘率分析总结报告。其他研发项目：开展了电厂间接式空冷塔优化、临河脱硫项目流场模拟、鹤岗脱硝项目SCR系统流场模拟、高盐水处理、煤化工浓盐废水处理工艺、中小型污水处理工艺、钛石膏固废处理技术等技术调研、研发工作，完成模拟报告2项、技术方案1项、调研报告4项。③组织专项项目申报。2016年全年申请中央企业国有资本经营预算、航天科技集团、十一院专项资金项目3项，其中报集团的“气旋高效除尘除雾器研发”项目获得立项。④.2016年公司（含北京子公司）共申请专利52项（其中发明26项）。获得授权专利10项（其中发明5项）。⑤公司作为理事长单位，牵头完成“天津市大气污染防治产业技术创新联盟”筹备、认定，联盟成为天津市首批认定的30家领军企业产学研用创新联盟之一。申报并通过“天津市科技领军企业”认定，完成天津市市级企业技术中心年度考评。

（航天环境工程有限公司）

【创新带动发展 借助资本市场再创佳绩】 天津市凯莱英公司是一家技术领先的国际医药服务外包企业，主要致力于为临床新药提供工艺研发及制备，为已上市专利药提供持续工艺优化并运用于规模化生产。该公司开发了国际领先的颠覆性绿色制药技术，成功运用到抗肿瘤、抗病毒、抗感染、心血管、糖尿病等多个重大疾病领域药物中。2016年，凯莱英医药集团被认定为天津市首批科技领军企业，组建了领军企业创新联盟，凯莱英坚持“科技、资本、人才”策略，以创新驱动企业发展，各项工作取得重要进展。①坚持科技创新，实现技术的成果化和产业化。该公司致力于技术的自主研发，建立了“企业技术中心”“绿色制药技术国家地方联合工程实验室”等2个国家级技术创新平台，建立了“天津市药物绿色合成技术企业重点实验室”“绿色制药天津市工程实验室”“天津市原料药开发生产技术工程中心”等3个市级创新平台。公司坚持将每年收入的7%~8%投入到新技术研发中，开发出一系列绿色制药技术与杀手锏产品，拥有国内授权专利51项，美国授权专利2项。组建天津市首批领军企业创新联盟，天津开发区科技示范企业产业技术联盟，“绿色制药技术创新团队”入选天津市创新人才推进计划。②与世界最前沿研究机构合作，与国内外高校进行紧密地产学研合作。公司先后联合全美排名第六的化学研究机构Scripps研究所及该所的诺贝尔化学奖得主K. Barry Sharpless博士等多位全球顶尖专家共建国际联合实验室，共同研发世界前沿技术。2016年3月和4月，新技术研发论文分别在自然科学领域最权威的三大学术期刊之《自然》（Nature）和化学领域重要学术期刊《欧洲化学》获得发表。2016年9月，受邀加入ACS GCI美国化学学会绿色化学研究所制药圆桌会议，成为全球范围内受邀的2家CMO企业之一。③通过吸引国内外优秀人才加盟，打造企业核心竞争力。公司采取中西合璧的人才组合方式，从国内外吸纳、引进拥有多年丰富制药经验的权威专家、高技术人才作为企业带头人及管理者，使其在企业竞争力不断提升中起到至关重要的作用。

（凯莱英医药集团（天津）股份有限公司）

【坚持科技创新 助推企业转型升级】 天津创世生态景观建设股份有限公司具有城市园林绿化壹级资质、景观设计甲级资质，2012年11月在深圳交易所完成新三版挂牌。公司被列入天津市领军企业培育计划，认定为高新技术企业。2016年，该公司提高自主创新能力，创新商业模式，发展为集生态景观工程设计、施工、养护、苗木研发推广、行业综合服务平台投资运营为一体的多维度产业体系生态景观公司。①公司成立了“天津市乡土树种培育技术工程中心”，致力于引领行业的自主创新成果，开展盐碱地绿化、海绵城市、苗木花卉新品研发与养护技术、绿化废弃物处理等20多项自主研发课题，共申请专利45项。公司联合天津大学，建立“快速高效耐盐碱植物分析鉴定技术平台”，服务京津冀地区，为抗盐碱植物的品种鉴定找寻准确、简便的方法，作为盐碱地绿色植物种植的指导意见。②公司具备苗木种植、景观工程设计、施工、养护一体化的产业链。结合在园林施工关键技术、质量标准、参考定额等方面积累的经验，开发具有行业特色的“园林+互联网”模式实用新型软件，达到实时、快速、准确地监控与管理项目，并应用SAAS模式向行业内中小企业推广，成为行业的数据中心、管理中心。③公司着力开发生态农业、文化创意等商业模式，创建了绿谷智慧文创科技创客孵化园、青年乌托邦文创休闲体验旅游园区和好梦林水互联网公社休闲体验式旅游园区，开发了文创集市、世界最大苗木二维码迷宫、四季花海、生态牧场、休闲农庄、乡村会议酒店、传统民艺大街以及围绕游客的亲子手工DIY、无人机、马术、足球、极限运动、荒野求生、房车露营基地、汽车影院、未来科技展馆等一系列文化创业产业。④公司发挥技术、研发和工程优势，集合河北省的市场与土地资源，在河北定州建立现代科技花卉苗木产业聚集区，园区占地500亩，划分了植物新品种研发推广中心等功能区，使园区成为京津冀对接的桥头堡与农业产业化协同、孵化、创新基地。公司先后与中国林业科学研究院、北京林业大学、天津大学、南开大学、河北农业大学、河北省林业科学研究员等10多个单位建立合作关系。与北京林业大学合作，开发了基于“互联网+”的智慧苗圃生产、管理“云”平台；与河北省林科院合作，建设了大花萱草新品种选育基地；联合河北农业大学，建立了协同创新中心，形成了“多元、融合、动态、持续”的系统创新模式与机制。

（天津创世生态景观建设股份有限公司）

产业创新联盟建设

【国家兽用化学药品产业技术创新战略联盟】 国家兽用化学药品产业技术创新战略联盟（SUVP）（以下简称“兽药联盟”），由天津瑞普生物技术股份有限公司牵头，整合全国知名高校、研究所和兽用化药优势企业组建而成。2016年，兽药联盟积极谋求变革和创新发展。①2016年联盟针对兽药残留与耐药性、新型兽药制剂、饲用抗生素替代技术等9个行业的重大关键技术，开展产学研合作12项，筹集创新资金1800万元。由天津瑞普生物技术股份有限公司牵头，联合天津生机集团股份有限公司、天津市中升挑战生物科技有限公司共同开发申报国家三类新兽药，获得专利授权6项、新兽药证书9项。联盟组织成员单位联合承担国家重点研发计划专项，已有华南农业大学牵头承担的“畜禽重要病原耐药性检测与控制技术研究”项目顺利启动，获得国家财政资助4550万元。②联盟牵头成立集研发、评价、创新创业于一体的产业联合研究院，与中国农业大学、华南农业大学、南京农业大学等14个联盟内高校院所形成产学研协同战略合作关系。该院拥有面积10000平方米的实验室、7200平方米的动物房、10000平方米的孵化器、6000万元的检测设备。联盟还建立农牧产业领域第一家专业型孵化器“智创谷”，为创新创业提供资金、场地、人才培养、共性技术、中试试验、临床前评价等全方位配套服务。通过创新平台，联盟内成员开展产学研合作，解决了猪血蛋白深加工、高通量筛选、定向合成、苦味遮蔽、先导物发掘等一大批行业关键共性技术；开发出牛O型口蹄疫灭活疫苗、猪O型口蹄疫组织培养毒二乙烯亚胺（BEI）灭活矿物油佐剂疫苗、泰拉菌素、奶牛乳房灌注液等一大批重大创新产品。③联盟引入市场机制，将资本与创新有机结合，确立了资金投入、创新贡献在成果知识产权和收益中分配方案，使企业、科研机构参与创新的积极性得到极大地提高。通过机制创新，使联盟成员单位创新资源集成为跨越空间的统一体系，各成员单位的利益得到有效保障。联盟建立了从基础研究到应用研究，临床与安全性评价到中试和产业化的产业技术创新链。联盟内合作项目新兽药注册周期比联盟外项目平均缩短30%以上，新兽药注册成功率提高50%以上。④2016年度，联盟邀请了著名跨国企业硕腾、勃林格殷格翰等的研发技术总监和FDA、欧盟等行业专家，组织了2次专业研讨会和1次产业发展大会，共同探讨兽药辅料的研究开发方向、兽用辅料如何在兽药制剂中更好地应用、抗生素合理使用等相关内容，实现辅料研发工艺与国际接轨，为兽药制剂领域的技术创新打下坚实的基础。

（国家兽用化学药品产业技术创新战略联盟）

【中国通用设备安全节能创新战略联盟】 2016年11月，天津市海天量子科技发展有限公司成立“中国通用设备安全节能创新战略联盟”（以下简称“联盟”）。2016年该联盟建设及发展情况：①联盟拥有31家成员单位，其中思科、通用等外资企业5家，南大通用、特变电工等内资企业14家，天津大学、物联网研究院等科研机构6家，相关行业协会6家。联盟设置了秘书处和常务理事会，秘书处专门组织相关人员对国内外联盟章程进行深入研究，学习有关文件精神和兄弟联盟经验，通过专题讨论、座谈与调研等方式，收集整理相关建议，并邀请业内法律专家对章程进行规范性审查，最终形成较为完善的联盟章程。②2016年CHEC中国酒店工程管理专业委员会成立大会在北京举行，联盟即组织意向成员参加，通过集体亮相扩大影响力，并帮助企业寻找商机。加强联盟企业间的产业链合作。通过自媒体平台，将联盟动态、科研创新、产业信息、专家观点等相关资料、数据进行整理、归纳，定期发布，使上级主管部门和联盟各成员单位能够及时准确地了解联盟动态。③促进产学研合作，是联盟成立的重要使命之一。产学研合作是技术创新、人才培养的最佳途径，能够促进企业和高校优势互补，实现"双赢"。联盟积极与企业和高校进行对接，收集整理企业和高校双方各自的需求，对行业关键共性技术进行探讨，以形成共识，形成技术突破。

（中国通用设备安全节能创新战略联盟）

【天津市水环境产业技术创新联盟】 天津膜天膜科技股份有限公司加快天津市水环境产业"产、学、研、用"相结合的技术创新体系建设，2016年6月成立以膜技术为产业核心竞争力的水环境产业技术创新联盟。①联盟以国家重点产业——环保产业和区域支柱产业——天津市水环境产业的技术创新需求为导向，成员包括大型水务集团、专业设计单位、高等学校以及研究院所等区域内优势单位，形成了以创新型企业为主体，围绕产业技术创新链，实现了企业、大学和科研机构等在战略层面的有效结合，围绕京津冀乃至全国的河道尤其是黑臭水体治理、海绵城市建设、智慧水务、污水厂提标改造、工业园区污水治理、安全饮用水、美丽乡村建设及海水淡化等相关的水环境市场需求，联合研发相关产品及设备，攻克产业化生产难题，攻关相关技术工艺路线，建立典型示范工程，推广、抢占市场。在发展壮大联盟成员的同时，更好地服务区域经济发展。②发挥联盟成员各自优势，加强资源对接，共同开拓市场。津膜科技与联盟成员创业环保签署《战略合作框架协议》，强化技术对接和共同开发，津膜科技拥有自主知识产权的3项核心膜技术在创业环保承建的北辰自来水项目、津沽再生水项目、陈塘庄再生水项目等水处理项目中得到应用。③依托创新联盟重要平台基础，以膜技术为核心，围绕水环境产业，形成规模化应用，特别是在印染废水再生回用领域已累计形成20万吨/天应用规模，每年实现超过2000万吨印染废水再生回用，并建成国内首个印染废水零排放项目，实现了国产水环境产业技术水平的提升。相关专利技术分别获得第十八届中国专利优秀奖与2015年～2016年度天津市专利金奖。④2016年成功与联盟成员中科院生态环境研究中心曲久辉院士合作，共建院士专家工作站，以水环境产业市场需求为导向，以产业化和工程应用为目标，搭建资源整合、聚拢人才的智力平台，面向水环境改善、水生态建设、水资源利用构建全方位、可持续、集成优秀技术方案，进一步加强协同创新，为联盟发展引智助力。

（天津市水环境产业技术创新联盟）

【天津市药用辅料产业技术创新联盟】 药用辅料产业技术创新联盟成立于2016年，重点围绕辅料产业发展的核心技术，建立药用辅料应用技术交流平台，通过组织学术研讨会与联盟成员共同探讨国内外药用辅料行业发展等现状，带动天津市药用辅料的产业升级。联盟由天津红日药业股份有限公司牵头成立，成员单位包括天津市汉康医药生物制药技术有限公司、天津华津制药有限公司、天津太平洋制药有限公司等龙头企业，也包含天津金世制药有限公司、天津梅花生物科技有限公司、天津合美医药科技有限公司等10家天津市科技型企业。天津红日药业股份有限公司是一家跨现代中药制剂、中药配方颗粒、化学合成药、生物技术药、医疗器械、互联网医疗等诸多领域的高科技医药健康产业集团，是国家重点高新技术企业、全国首批、天津首家创业板上市企业。2016年获批国家企业技术中心、国家级两化融合管理体系贯标试点企业、国家技术创新示范企业、天津市企业重点实验室、天津市质量奖等30余项资质荣誉，6个品种取得临床批件。集团主营产品血必净注射液基础物质的研究分为一系列项目持续展开。集团拥有下辖公司32家，2016年新增投资并购6家公司，利用资本的驱动布局大健康相关多元化产业，医疗服务聚集行业资源线上线下联动、辅料领域形成产业集群、肝素实现价值链打通，先后并购湖州展望、控股万泰医药等3家药用辅料企业。集团充分发挥药用辅料产业技术创新联盟理事长单位和“中国医药市场协会药用辅料技术推广专业委员会”（CPEC）主席的作用，先后组织参与3次CPEC会议讨论药用辅料电子商务、药用辅料研发备案及关联审评等技术问题，并与国家药监局相关部门沟通；协办“2016杭州中国辅料节”，组织药企和同行共同探讨中国药用辅料的发展路径；参加企业研讨会和关于辅料交流会，为解决辅料产业技术创新的关键问题奠定基础。集团在中国化学制药工业协会、中国医药商业协会等共同主办的“2016中国化学制药行业年度峰会暨中国化学制药工业协会八届六次理事（扩大）会议”中，荣获“2016中国化学制药行业药用辅料优秀企业品牌”，产品“湖菱”牌微晶纤维素荣获“2016中国化学制药行业优秀产品品牌”。

（天津市药用辅料产业技术创新联盟）

科技载体与平台建设

【科技创新创业载体建设】 2016年，天津市科委重点加强创新创业载体建设。科技企业孵化器作为培育科技型中小企业的重要载体和工具，满足科技型中小企业初创期、成长期、壮大期等不同发展阶段需求，在提供专业化服务同时，降低创业者的风险和创业成本，提高创业成功率。截至2016年，全市建设科技企业孵化器158家，其中国家级孵化器39家。形成行政代理、技术服务、管理咨询、创业辅导、投融资、物业管理6大基本服务功能，专业技术孵化器45家，涉及先进制造、电子信息、生物医药、化工、创意设计、电子商务等11个行业和技术领域。2016年，在研项目共计15项，其中新增项目4项，结转项目11项。新增项目总经费1600万元，其中市财政经费400万元，单位自筹1200万元。新增项目共有32人次参与实施，其中中级职称7人次；博士6人次，硕士18人次，学士4人次。新增项目共有4家企业参与实施。2016年，该类项目发表论文5篇，其中国内发表5篇。申请专利465件，其中发明专利57件；授权专利387件，其中发明专利24件。培养研究生15人，其中硕士15人。晋升职称6人，其中副高级2人，中级4人。

（市科委创新体系建设与管理处）

【创新平台专项】 2016年，天津市创新平台专项在研项目共计338项，其中新增项目94项，结转项目244项。新增项目总经费49671万元，其中市财政经费9735万元，单位自筹39136万元，银行贷款800万元。新增项目共有1224人次参与实施，其中正高级职称158人次，副高级职称244人次，中级职称401人次；博士295人次，硕士461人次，学士408人次。新增项目共有68家单位参与实施。其中高等院校7家，事业单位11家，企业50家。

2016年，天津市为提升孵化器管理服务能力，组织开展孵化器认定培训讲座2次，创业孵化大讲堂5期。在加强孵化器队伍建设中，认定市级孵化器5家，资格级孵化器25家。对绩效考核成绩优秀的4家孵化器给予立项支持。6家市级孵化器获批国家级孵化器称号，全市国家级孵化器总数已达36家。围绕京津冀协调创新，完善天津市工程中心布局，发挥了工程中心产业联盟对行业引领带动辐射作用。2016年度新建32家市级工程中心，对45家市级工程中心进行验收绩效考核，验收考核优秀的有17家。

2016年创新平台专项建设领域取得的主要成果

表6

类别	发表论文（篇）	国内发表	国外发表	三大系统收录	申请专利（件）	发明专利	授权专利（件）	发明专利
在研项目	2 615	1 952	663	408	1 399	643	783	309
结题项目	347	300	31	47	514	99	409	34
合计	2 962	2 252	694	455	1 913	742	1 192	343

2016年创新平台专项建设领域取得的主要成效

表7　　　　单位：人次

类别	培养研究生			晋升职称			
		博士	硕士		正高级	副高级	中级
在研项目	1 100	238	862	305	35	117	153
结题项目	47	10	37	85	5	25	55
合计	1 147	248	899	390	40	142	208

（市科委创新体系建设与管理处）

【科技条件平台建设】　2016年，天津市科委围绕科技条件平台建设，在科技文献、大型仪器管理、实验动物管理、创新方法推动等4个方面开展工作，并取得进展。科技文献共享服务平台完成升级改造，以科技型企业为主要服务对象，以情报服务和区县平台搭建为主要手段，与京津冀地区服务机构开展广泛合作，采取互联网+传统服务推广方式。科技文献共享服务平台访问总量310万人次，相比上年增长10%，文献下载量190万篇，文献平台注册用户1.5万个，其中科技型企业用户9000余个，开展大型培训23场。全面贯彻落实国务院70号文《关于国家重大科研基础设施和大型科研仪器向社会开放的意见》，市科委与市财政局联合修订并出台《天津市大型科学仪器开放共享实施细则》，共有781台（套）50万元以上大型科学仪器（占全市50万元以上大型仪器总量的45%）面向社会和科技型企业开放共享（包括中央驻津院所、大学和科研机构等81家资源服务单位），全年服务科技企业1588家；样品检测9万余个，服务金额3000余万元；举办大型仪器及实验室专业人才培训30余次。截至2016年底，全市有效期实验动物许可证43个，其中生产许可证7个，使用许可证36个，首次发放普通环境兔、豚鼠、犬实验生产许可证，获实验动物许可的实验动物设施面积达到5500平方米。完成2016年实验动物从业人员专业技术培训、考核和5年教育培训、考核工作，全市经考核合格取得实验动物从业人员岗位证书人数累计1150余人。建设11个创新方法推广应用服务工作站，建成创新方法公共服务平台，建设5家创新方法区域示范企业，组织举办创新方法高级应用培训班，培训技术创新方法和管理创新方法高级应用人才80余人，培训30位三级创新工程师，总计解决企业技术难题40余项，申请专利60余项，其中发明专利50余项。组织举办第二届天津市大学生创新方法应用大赛，组织参加“首届全国企业创新方法大赛”，开展面向企业一线工程师的普及推广培训，编印创新方法科普宣传册《生活中的发明原理》。

（张晓红）

【重点实验室建设】　2016年度新增天津市企业重点实验室11个，新增天津市筹建企业重点实验室21个。截至2016年，天津市建设各类重点实验室345个，其中国家重点实验室7个，省部共建国家重点实验室1个，企业国家重点实验室4个，科技部省部共建国家重点实验室培育基地1个，国家部委级重点实验室48个，依托于高校和科研机构的市级重点实验室107个，认定市级企业重点实验室111个，筹建市级企业重点实验室66个，形成了较为完善的重点实验室体系，构成了全市自主创新体系的关键组成部分和原始创新成果的重要源头。

新增天津市企业重点实验室

表8

序号	实验室名称	依托单位
1	天津市水运工程测绘技术企业重点实验室	天津水运工程勘察设计院
2	天津市热轧大型钢装备及工艺企业重点实验室	天津市中重科技工程有限公司
3	天津市医用检测微流控芯片企业重点实验室	天津微纳芯科技有限公司
4	天津市果蔬质量安全监控企业重点实验室	天津市傲绿农副产品集团股份有限公司

续表8

序号	实验室名称	依托单位
5	天津市污泥处理及资源化技术企业重点实验室	天津市裕川置业集团有限公司
6	天津市特种有机光电功能材料企业重点实验室	天津孚信达光电科技有限公司
7	天津市抗肿瘤放射性药物企业重点实验室	天津赛德生物制药有限公司
8	天津市医用高分子输注器械与材料企业重点实验室	天津哈娜好医材有限公司
9	天津市血液灌流技术企业重点实验室	天津市紫波高科技有限公司
10	天津市超高性能混凝土制备技术企业重点实验室	天津市泽宝水泥制品有限公司
11	天津市食用菌液体菌种企业重点实验室	天津宝地农业科技发展有限公司

（市科委基础研究处）

【工程中心建设】 天津市在工程技术中心建设中，充分发挥其在共性技术开发、创新人才培养、对外开放合作、创新资源共享等方面的技术创新主体领军作用。截至2016年，全市建设工程中心255家，其中国家级工程中心36家，市级工程技术中心219家，覆盖全市16个区县。工程技术中心依托天津优势产业和学科领域进行建设，技术领域覆盖先进装备制造、资源与环境、生物技术与现代医药、现代农业、航空航天等11个产业领域，其中涉及先进装备制造、循环经济与节能环保、生物技术与现代医药的中心数量占到了全市中心总量的62%；工程技术中心建设主体主要包括高等院校、科研院所和科技型企业三类，其中依托科技型企业建设的中心在“十二五”期间增长迅速，整体规模达到138家，占到所有中心总数的63%。

2016年，工程技术中心在研项目共计60项，其中新增项目17项，结转项目43项。新增项目总经费6920万元，其中市财政经费1700万元，单位自筹5220万元。新增项目共有237人次参与实施，其中正高级职称48人次，副高级职称65人次，中级职称79人次；博士92人次，硕士88人次，学士53人次。新增项目共有17家单位参与实施，其中高等学校5家，企业5家，事业单位7家。

2016年工程中心建设领域取得的主要成果

表9

类别	发表论文（篇）	国内发表	国外发表	三大系统收录	申请专利（件）	发明专利	授权专利（件）	发明专利
在研项目	279	185	94	111	126	79	70	42
结题项目	303	284	16	12	26	19	18	6
合计	582	469	110	123	152	98	88	48

2016年工程中心建设领域取得的主要成效

表10　　单位：人次

类别	培养研究生	博士	硕士	晋升职称	正高级	副高级	中级
在研项目	332	50	282	73	7	33	33
结题项目	22	3	19	75	5	22	48
合计	354	53	301	148	12	55	81

【第二十三批天津市企业技术中心名单】

第二十三批天津市企业技术中心名单

表11

序号	企业名称	主管单位	行业
1	中国机房设施工程有限公司	中环电子	电子信息
2	天津新艺电子有限公司	中环电子	电子信息
3	天津市敬业精细化工有限公司	渤化集团	石油化工
4	天津港信息技术发展有限公司	天津港	电子信息
5	中铁十八局集团第五工程有限公司	十八局	建筑
6	天津市长芦盐业总公司	长芦盐业	新材料
7	天津泰达绿化集团有限公司	滨海新区开发区	农业
8	天津浩元精细化工股份有限公司	滨海新区开发区	石油化工
9	五八同城信息技术有限公司	滨海新区开发区	现代服务业
10	天津南侨食品有限公司	滨海新区开发区	轻工
11	天津市华恒包装材料有限公司	滨海新区开发区	轻工
12	未来电视有限公司	滨海新区保税区	现代服务业
13	力神动力电池系统有限公司	滨海新区高新区	新能源
14	天津滨河创新科技有限公司	滨海新区高新区	电子信息
15	乐道互动(天津)科技有限公司	滨海新区高新区	软件
16	天津市天友建筑设计股份有限公司	滨海新区高新区	现代服务业
17	中铁城建集团第三工程有限公司	滨海新区高新区	建筑
18	天津合纵电力设备有限公司	滨海新区高新区	机械装备
19	天津赞普科技股份有限公司	滨海新区高新区	电子信息
20	天津悦泰石化科技有限公司	滨海新区高新区	石油化工
21	中交一航局第一工程有限公司	滨海新区	建筑
22	中交天航滨海环保浚航工程有限公司	滨海新区	建筑
23	中交天航港湾建设工程有限公司	滨海新区	建筑
24	中交天航环保工程有限公司	滨海新区	建筑
25	天津市市政工程设计研究院	和平区	现代服务业
26	中国汽车工业工程有限公司	南开区	现代服务业
27	天津市迅尔仪表科技有限公司	南开区	电子信息
28	天津市商久盛源科技股份有限公司	南开区	电子信息
29	天津七所精密机电技术有限公司	红桥区	电子信息
30	天津平高智能电气有限公司	东丽区	机械装备
31	百顺松涛(天津)动力电池科技发展有限公司	东丽区	新能源
32	天津市中升挑战生物科技有限公司	西青区	生物医药
33	天津市百得纸业有限公司	西青区	轻工
34	宜科(天津)电子有限公司	西青区	电子信息
35	天津市新丽华色材有限责任公司	西青区	石油化工
36	天津市康婷生物工程有限公司	西青区	生物医药
37	天津市百成油田采油设备制造有限公司	西青区	机械装备
38	中铁三局集团天津建设工程有限公司	津南区	建筑
39	天津市达鑫精密机械设备有限公司	津南区	机械装备
40	天津市天塑科技集团有限公司四维宝诺包装分公司	北辰区	轻工
41	泰伦特生物工程股份有限公司	北辰区	新材料
42	天津市南洋胡氏家具制造有限公司	北辰区	轻工
43	天津市百瑞泰管业股份有限公司	北辰区	建材

续表11

序号	企业名称	主管单位	行业
44	天津中车风电叶片工程有限公司	北辰区	新能源
45	天津华建天恒传动有限公司	宝坻区	机械装备
46	天津市卡尔斯阀门有限公司	宝坻区	机械装备
47	天津钢研海德科技有限公司	武清区	现代冶金
48	大禹节水(天津)有限公司	武清区	环保
49	天津中和胶业股份有限公司	武清区	石油化工
50	竹林伟业科技发展(天津)股份有限公司	武清区	轻工
51	天津东方兴泰工业科技股份有限公司	武清区	汽车
52	天津华新盈聚酯材料科技有限公司	宁河区	新材料
53	天津三和果蔬有限公司	宁河区	轻工
54	天津飞鸽车业发展有限公司	静海区	轻工

【生产力促进中心建设】 2016年，天津市整合优势资源，组建高企认定与专利、检验检测、技术转移、股改上市与融资、品牌设计与策划5支科技服务队，立足企业需求，分类指导，进企业、入园区，开展各类科技对接活动50余场，充分发挥科技服务作用，助推科技型企业发展。截至2016年，全市生产力促进中心达170家，遍布全市16个区县。其中国家级生产力促进中心6家，市级示范生产力促进中心79家，两级示范中心占总量的50%。生产力促进中心根据天津市主导优势产业发展与区域特色经济确立组建方向，其中专业性中心47家，行业性中心37家，区域性中心86家。2016年，在研项目共计40项，其中新增项目9项，结转项目31项。新增项目总经费3600万元，其中市财政经费900万元，单位自筹2700万元；新增项目共有119人次参与实施，其中正高级职称3人次，副高级职称11人次，中级职称35人次；博士6人次，硕士28人次，学士71人次。新增项目共有9家企业参与实施。2016年，该类项目发表论文7篇，其中国内发表7篇；申请专利9件，其中发明专利8件；授权专利4件，其中发明专利4件。培养研究生14人，其中博士1人，硕士13人；晋升职称16人，其中正高级1人，副高级6人，中级9人。

（市科委创新体系建设与管理处）

【构建高水平的国家级国际技术转移中心】 2016年，天津市对外科学技术交流中心（以下简称“交流中心”）对内在承接政府外事职能延伸的同时，深入全市科技型企业开展服务工作，形成了政企之间沟通的纽带；对外发挥自身渠道优势和团队优势，从打造专业化、国际化的科技创新合作平台入手，为天津市科技型企业开展国际科技合作广开渠道，广聚资源。①参与制定天津市《关于深入开展国际科技合作的意见》《天津市科技型企业“走出去”战略实施方案》《天津市推进“一带一路”建设科技创新合作专项规划》《关于支持科技企业设立海外研发机构的管理办法》《天津市科技型企业并购工作实施意见》等一系列文件，完善天津市国际科技创新合作的政策支撑体系。交流中心作为具体依托实施部门，承接了市科委与科技部国际合作司在津共建“科技外交官国际技术转移服务平台”的工作。该平台为全市科技型企业搭建起与驻47个国家70个驻外机构144名科技外交官交流对接的渠道，提供国际先进技术推介、项目信息评估、供需对接、市场调研等多形式全链条国际技术转移服务。②交流中心与10余个兄弟省市建立了信息交流渠道，实现了京津冀三地国际科技合作工作联动，放大聚集国际合作资源影响力，达成了“信息互通、政策互知、资源共用”的长效合作机制。促成天津市国际科技合作协会与中关村“一带一路”产业促进会签署合作备忘录。交流中心拓展了与美国、德国、瑞士、芬兰、加拿大、澳大利亚、新西兰、以色列、俄罗斯、斯洛文尼亚等20个国家和中国香港地区的40余个信息沟通和产业对接渠道，搜集整理海外高科技项目、待并购企业概况、国际政策与投资环境等信息300余项。另外，交流中心引导跨国创新主体间开展合作交流，策划举办了

10余场国际交流对接活动，累计吸引180余个外方机构访问天津市，推动科技型企业与国外相关机构达成200余项合作意向，签署42项合作协议或合作备忘录；实施了“德国工业4.0培训”“以色列创新科技与投资培训”“对接海外隐形冠军业务培训”“海外并购训练营”“技术经理人培训”等培训活动，帮助科技型企业培养了一批具有国际视野，掌握多层次技术，素质优良的专业化国际科技创新合作人才队伍。③推动一批拥有自主优势技术和产品的科技型企业向“一带一路”沿线国家输出优势项目；梳理了一批全球隐形冠军企业名单，面向全市对外合作意向强烈的科技型企业进行集中发布和推介，编制了科技型企业并购全流程服务指南；设立海外研发中心，开展服务对接活动；吸引聚集海外创新机构，全年共有22家海外机构与天津市签署落户或合作协议。

（天津市对外科学技术交流中心）

【渤轻集团新增市级技术中心】 2016年，渤海轻工投资集团所属企业进一步完善创新体系建设，制定科技发展规划和目标，逐步建立科技投入机制、竞争激励机制和产学研合作机制，不断加大研发投入，打造出技术水平高、实践经验丰富的创新人才队伍，推动研发平台建设和科技成果转化，提升企业创新能力和水平，加快实现转型升级。飞鸽车业公司、天塑四维宝诺公司、浩元精细化工3家企业重视科技创新工作，不断加强科技创新平台建设与产学研合作，依托企业的技术骨干加速科技成果的转化，使企业竞争力得到提升，开发出一批具有自主知识产权的新产品，投放市场后取得良好的经济效益和社会效益。3家单位于2016年9月被市工信委等4部门认定为天津市企业技术中心。 （杜　懿）

【国家工业结晶工程技术研究中心】 依托天津大学组建国家工业结晶工程技术研究中心（以下简称“结晶工程中心”），是工业结晶领域全国唯一一家国家级研究中心。结晶工程中心定位于功能晶体产品结晶科学研究与技术工程化开发，服务于中国企业创新驱动转型升级、促进中国从低端粗品制造大国向高端功能精品制造强国的转变。结晶工程中心累计获得国家级科技奖励6项，省部级及行业协会科技一等奖16项。2016年，结晶工程中心在基地建设、人才培养、国际交流、技术开发及成果转化等方面成绩显著。①结晶工程中心先后投资3000余万元新建1400平方米工业结晶实验室，添置2000余万元仪器，提升工程中心研发和产业化能力及技术服务水平。结晶工程中心与企业建成了多个产学研科研合作基地，如与渤海集团汉沽盐场就制盐及盐化工、精细化工的结晶工程领域建立了“天津大学—汉沽盐场联合研发中心暨院士工作站”；与华北制药集团就抗生素结晶建立了“天津大学—华北制药医药结晶工程技术联合实验室”。②结晶工程中心4人次入选教育部长江学者和国家杰出青年基金支持计划，5人晋升教授，从国外引进了4位中青年拔尖人才，2人获得侯德榜化工科技青年奖，1人获天津市青年科技奖。该中心牵头组建了教育部“清洁生产与产品高值化”创新团队和天津市“化工过程强化”131创新团队。2016年，“结晶工程中心”团队荣获中国石油和化学工业联合会创新团队奖。③面对行业发展中有关工业结晶领域关键共性难题，结晶工程中心与企业合作开展研发工作，为行业技术开发和产业化发展提供原动力：开发了“高端医药产品精制结晶技术”，获美国、印度、欧洲发明专利各1项、中国授权发明专利7项，成果获国家科技进步二等奖；开发了头孢曲松钠等15个头孢类药物品种的“医药产品晶体形态优化与绿色耦合结晶技术”，2016年获天津市专利金奖；联合天津药物研究院和深圳信立泰药业开展了全球药物市场份额第二的心血管疾病药物硫酸氢氯吡格雷产学研协同攻关，同时，自主开发I晶型硫酸氢氯吡格雷球形结晶技术及其粉末直压工艺。2016年获天津市科技进步一等奖；以洗油和蒽油为原料，开发了提纯精制芴的冷却溶析结晶新方法和生产大颗粒粗蒽的结晶技术，获2项中国发明专利，并在2016年实现产业化。④2016年，结晶工程中心开展国际合作与交流，团队学术带头人王静康院士主编的“Frontiers of Chemical Science and Engineering”入选SCI和EI收录期刊；在天津大学主办了“2016晶体工程与药物创新关键技术国际研讨会”；建立的中外2个基地国际科技创新人才培养模式，获批科技部结晶科学与工程国际联合研究中心。

（国家工业结晶工程技术研究中心）

【天津市新能源汽车驱动技术工程中心】 天津市新能源汽车驱动技术工程中心依托天津市松正电动汽车技术股份有限公司，致力于提供新能源汽车动力系统的研发及技术产业化推广工作，为行业关键技术的升级提供解决方案。该中心累计申请专利930项，授权601项；获得天津市科技进步一等奖、二等奖、国家专利优秀奖、天津市专利金奖等荣誉。①该工程中心建有研发综合实验楼一栋，建筑面积8167平方米，共投资3000余万元，拥有各类实验设备150余台套，设备原值5000余万元，可对整车及配件进行200余种测试项目。依托松正电动汽车技术股份有限公司对相关技术成果产业化，形成完整的新能源汽车驱动技术研发体系。中心有1人被评为天津市优秀科技工作者，1人被列入“万人计划”。同时引进日籍专家1名，负责中心的精益管理工作。②工程中心完成国家科技支撑计划“纯电驱动动力系统关键部件集成研究与应用开发”，解决了纯电驱动动力系统的热管理和电磁兼容的关键问题，开发了整车主控制器、电机驱动系统、动力电池系统等关键技术，并在纯电驱动客车上得以应用；完成天津市科技支撑计划“新能源客车电动助力转向系统研究与开发”，开发出了新能源客车用电动助力转向，代替原有的液压助力转向。解决了新能源客车在纯电驱动以及怠速停机等发动机停止工作的状态下，整车无法实现转向助力的技术难题。③构建“产、学、研”行业合作发展纽带，与中国汽车技术研究中心情报所、试验所、标准所开展合作，进行整车检测、标准讨论等；与中国汽车工程研究院签订了战略合作协议，在重大项目研发、市场开拓等方面进行深入合作；与清华大学汽车研究所、同济大学汽车工程系、天津大学内燃机国家重点实验室共同组成了技术创新体系。同时，工程中心开展对天津市新能源零部件行业内中小型企业、公司提供设计开发、产品测试、技术支持等服务，与行业内企业展开技术交流。通过技术支持与培训，解决天津天松汽车空调有限公司新能源汽车电机风扇、空调等产品开发难题；通过利用中心的试验设备对天津市金米特电子有限公司的产品进行性能测试，帮助其解决技术问题、提高产品性能。

（天津市新能源汽车驱动技术工程中心）

【天津安正路生产力促进股份有限公司】 天津安正路生产力促进股份有限公司（以下简称“安正路”）是天津市专业性市级示范生产力促进中心。2016年，安正路扎实推进工作开展：①2016年1月29日成功挂牌新三板，成为天津市科技服务第一股，全国生产力促进中心第一股，助推公司“平台引领+金融助力+产业支持+市场推动”四位一体的“创业4.0”模式进一步纵深发展。2016年末，安正路完成了近千万元的定向增发募资，吸纳了乐博资本、龙翌资本、金慧丰投资等一线投资机构成为公司股东，累计服务创业项目超过2000家，帮助创业企业实现融资或并购金额超过20亿元，直接投资企业超过50家，投资企业累计市值超过50亿元。②安正路依托首批国家级众创空间津南区创客工场，举办“津京创业加速营”“321青年创业支持计划”等品牌活动，博诺科技、呼噜科技、传为科技等创客工场孵化企业，均已成长为相关领域的佼佼者，国内外屡获大奖。截至2016年，注册在创客工场的创业企业共计创造产值5000余万元，申请专利近百项，带动当地就业300余人。③在“企业服务超市”的业务基础上，推出专注于解决风险投资基金投后全新服务产品“投后宝”，已研发出包括管理、治理、助力三大板块，涵盖财务管理、人力资源、法律顾问、设计开发、生产智造、融资加速、知识产权七大领域的系统化解决方案，并与易一天使、五岳元航、乐高基金等知名投资机构达成了合作协议，服务科技金融的发展。④安正路为帮助创业企业快速对接资源、打开市场，打造线上线下相结合的市场加速服务平台“创客之家”。线上，拥有京东众筹、威腾网、云筹网、创客星球等销售平台的绿色通道；线下，天津滨海国际机场T2航站楼旗舰店和意大利风情街体验店已经开业，打通了创业者“在哪创业—如何创业—实现销售”中最后、也是最关键的一环。

（天津安正路生产力促进股份有限公司）

【京津冀城市轨道交通联合技术中心】 2016年，京津冀城市轨道交通联合技术中心成立。该技术中心由北京市轨道交通建设管理有限公司、天津轨道交通集团有限公司、石家庄市轨道交通有限责任公司3家组成。以“共享资源、共进发展”为宗旨，积极发挥各方优势，聚焦京津冀轨道交通建设运营的迫切需求，合力开展技术攻关，推动3地轨道交通领域研发应用与集成创新，促进复合型人才的培养和高水平成果的产出与应用，形成具有区域特征的解决轨道交通行业重点领域关键技术、共性技术和前沿技术的共同体，不断提升轨道交通行业的可持续发展能力。

（唐　扬）

【天津华海清科CMP团队】 2013年，清华大学与天津市出资成立了天津华海清科机电科技有限公司（以下简称“华海清科”），致力于集成电路制造的关键设备之一——化学机械抛光（CMP）设备的国产化与产业化。华海清科成立3年时间完成了其他集成电路设备公司8年～10年走过的路程，飞速发展获得了业界广泛的高度认可。①公司组建了一支专业背景涵盖机械、电子、自动化、材料、化学，包括高校教师、业内精英及海归人才在内的复合型研究团队。在专业人才竞争激烈的大环境下，推行“三项措施并举”的用人、留人机制与工作方法：人才引进工作与人才培养工作并举；事业留人与提高员工收入并举；感情留人与业绩考核并举。强化人才队伍建设，促进企业可持续发展，已经成为国内领先、在国际上占有一定地位的高水平创新团队。②2015年，公司获批国家科技重大02专项“28-14nm抛光设备及工艺、配套材料产业化”。2016年华海清科骨干团队根据专项的要求，研制出了具有国际竞争力的新一代12英寸CMP设备Universal-300 Plus，在产出效率和抛光关键参数均匀性指标上优于国际竞争对手。中芯国际在该设备上进行试样，其工艺结果完全符合要求。该设备作为国家02专项的杰出成就之一参加了“十二五”国家科技创新成就展。创新给公司产品带来了核心竞争力，大大加速了企业发展。③集成电路对质量要求非常高，精度都在ppm百万分之一的数量级上。华海清科作为设备厂商，要求团队必须在流程体系上确保质量活动融入市场、研发、供应链和售后服务等各业务领域，实现全流程端到端贯通，同时实现指标数据的可收集、可分析和可应用。团队瞄准业界最佳水准，运用系统、过程的管理方法，立足于实际，科学决策，优化资源配置，严格控制日常工作中的每一道程序、每一个环节，精益求精，建造出高质量的工作成绩，实现公司与客户共赢。（天津华海清科CMP团队）

【天津理工大学新能源材料与低碳技术研究院】 天津理工大学新能源材料与低碳技术研究院建成了天津市先进多孔功能材料重点实验室、天津理工大学电镜中心和大型仪器设备测试表征中心。电镜中心有全球最新型号Themis G2聚光镜球差校正透射电镜、TALOS F200高分辨场发射透射电镜、Helios聚焦离子束-电子束双束设备、LaB6透射电镜、Verios扫描电镜、离子减薄仪、原位样品杆等结构表征设备。2016年，研究院人才培养取得新进展：拥有国家自然科学基金杰出青年基金获得者、科技部中青年科技创新领军人才、国家青年千人、天津市青年千人等科研人员共34人，其中教授、副教授16人。2016年共申请承担国家自然科学基金、天津市等各类科研项目29项，获得资助金额700余万元。在ADVANCED MATERIALS等国际顶尖学术期刊上发表论文20余篇，累计影响因子147.05。获Springer出版公司邀请出版专著一部，申请发明专利12项。参加世界及中国化学会年会等国内外学术会议20余人次。2016年，研究院共接待阿德莱德大学（澳大利亚）、北达克达州立大学（美国）、德州农工大学（美国）、南卡罗来纳大学（美国）、南洋理工大学（新加坡）、AIST（日本）、亚利桑那大学（美国）等国内外30余位国际专家学者进行学术交流与讲座。同时，研究院接待了交通运输部天津水运工程科学研究院、教育部科技司等国内专家、学者交流互访近10次，并就天津市先进多孔功能材料重点实验室等方面进行了合作交流。2016年6月，顺利承接了夏季达沃斯论坛天津理工站的部分接待工作，共接待中外专家学者40余人次。10月14日～16日，成功承办了由国家自然科学基金委主办的首届“纳米多孔金属材料战略研讨会（2016）”，接待了国内该领域专家学者180余人。

（天津理工大学新能源材料与低碳技术研究院）

【天津市能源材料化学重点实验室】 2016年，天津市能源材料化学重点实验室在可呼吸Na-CO_2电池、高性能钠离子电池、柔性锂硫电池、超级电容器关键材料与器件等方面取得了突出的研究成果。①2016年新增国家重大（重点）研究计划项目4项，国家杰出青年科学基金1项、国家优秀青年科学基金2项、国家自然科学基金13项、国家青年千人计划5项、天津市自然基金4项、横向课题7项，合同总经费近4千万元。在Chem. Soc. Rev.等SCI期刊发表论文241篇。申请中国发明专利30项，获授权19项。获天津市自然科学一等奖1项。②在保证重点实验室科研和人才培养工作的前提下，实行对外开放和有偿服务，提高实验室的社会效益和经济效益。实验室为国家2011计划天津化学化工协同创新中心“新能源光电转换与储能科技”平台提供测试服务。同时，实验室相关仪器为天津大学等兄弟院校的客座研究人员开放。③实验室与中泰化学就联合技术开发、共建校企技术研发中心、联合实验室和人才培养等进行合作，开展新型新材料、新产品、新技术的开发；与天津力神电池股份有限公司合作，应用高分辨透射电子显微镜和全自动比表面分析仪等仪器，探寻锂离子电池电极材料结构与性能的关系，促进多孔微纳电极结构与高性能锂离子电池的研发；以实验室生物质绿色低碳技术为依托，在天津筹建“生物航油产业园”等。④开展学术交流。邀请英国格拉斯哥大学Duncan Gregory教授等到访，实验室骨干成员出访美国、德国、澳大利亚等国家进行学术交流21人次，受邀在国内外学术会议做邀请报告30次。举办新能源材料国际联合研究中心学术研讨会、南开大学国际人才论坛（化学）等学术会议。以该实验室为依托，获批新能源材料化学天津市国际科技合作基地；同时新能源材料化学国际合作联合实验室通过教育部论证。⑤实验室主任陈军教授任中国化学会电化学委员会主任，入选英国皇家化学会会士；袁忠勇教授入选英国皇家化学会会士，获天津市自然科学三等奖；赵斌教授获国家杰出青年科学基金资助；程方益入选教育部首届青年长江学者，天津市中青年科技创新领军人才；师唯教授、焦丽芳副教授获国家优秀青年科学基金资助；牛志强教授入选国家“青年千人”；李福军教授入选天津市“青年千人”。实验室引进国家青年千人5人。实验室培养的研究生刘永畅获中国青少年科技创新奖。

（天津市能源材料化学重点实验室）

【机械工业内燃机高原适应性重点实验室】 2016年8月11日，由军事交通学院申报的“内燃机高原适应性实验室”获中国机械工业联合会批准建设，列入第六批机械工业重点实验室建设计划。该重点实验室是军队获批建设的第一个机械工业重点实验室，也是全国内燃机高原环境适应性领域唯一的行业重点实验室。对提升军用动力装备的高原适应性，促进战术车辆全疆域机动作战和保障能力提升，推动国防工业技术和机械工业产业技术进步具有积极促进作用。同时，也标志着军事交通学院打造联合投送特色品牌，促进科技军民融合创新发展取得新的成果。该实验室将围绕试验功能完善、关键技术研发及应用等方面进行建设，形成集理论创新、技术攻关、试验评价、人才培养于一体的开放式平台。

（叶　鹏）

【省部共建分离膜与膜过程国家重点实验室】 2016年，《省部共建分离膜与膜过程国家重点实验室建设与运行实施方案（2016–2020年）》通过论证。该实验室在基地建设、人才引培、对外交流、管理机制等方面开展了系列工作。①实验室获批“科技部分离膜科学与技术国际联合研究中心”，同时获批建设天津市分离膜科学与技术国际联合研究中心。实验室组织申报2016年科技部分离膜领域创新人才示范基地，并完成答辩。②实验室2016年组织引进国家“千人计划”1名（同时引进团队成员3名），天津市青年“千人计划”2名，天津市“千人计划”（讲座）2人，增加天津市“131”创新型人才团队1支。同时，引进青年教师2人，1人获得国家自然科学基金青年项目，1人在国际SCI期刊发表高水平学术论文（影响因子大于20）。在加强引进的同时，培养中国纺织学术大奖1人、天津市青年拔尖人才1人、全国纺织青年科技创新领军人才1人、天津市“131”创新型人才培养工程第一层次2人、2016年天津市专利金奖获得者1人。③年内组织举办了大型学术会议6次，组织国内外知名学者作学术报告34次，国际课程（讲座）3次、组织小型专题会议8次，美国、新加坡、澳大利亚等国的膜领域专家到实验室交流，形成系列合作意向；实验室参加国际学术会议23人次，国内膜相关学术会议430余人次。④实验室新出台《研究生学术成果奖励制度》《研究生国际学术交流激励计划》《优秀青年教师出国研修计划》《博士后管理补充条例》等，打造良好学术环境。实验室成员年内发表SCI一区文章38篇，SCI二区文章44篇；申请10项国际专利；实验室所在的化学和工程学科首次进入ESI全球1%。同时，实验室人员获得国家重点研发计划2项，国家自然基金委重点项目1项，膜方向相关国家自然科学基金13项。实验室注重产学研用结合，年内横向课题立项经费大于20万元的项目65项；100万元～200万元项目3项；200万元以上项目3项，军工项目2项。实验室人员主持国家推荐性标准制定计划项目2项，参与该计划项目12项；参与工信部化工行标制定计划1项。⑤2016年继续设置开放课题15项，进一步加强国内外的开放合作。

（省部共建分离膜与膜过程国家重点实验室）

科技金融创新发展

【积极构建多层次资本综合服务平台】 天津科技金融中心以推动企业挂牌数量，提高企业融资质量，提升企业视野为主要目标；整合拟（已）挂牌新三板企业、投资机构，银行、第三方金融、金融中介服务、政府等相关部门资源；运用自建四大平台十二大系统促进氛围集聚、项目集聚、资本集聚、服务能力集聚，通过各类科技金融服务手段，打造自有资本、三板加速服务能力，助推企业挂牌、上市，融资，并购和渠道资源共享；该中心已经集聚企业800余家，各类金融、投资、中介服务机构等200余家。2016年，中心共举办大小活动80余场，共计参与公司1000多家，金融机构300多家，有10000多人次参加。①举办新三板路演18场。举办“大健康专场路演”“物流行业专场路演”“互联网专场路演”“综合行业路演”、券商专场等。最具影响力的一次路演共有全国各地的投资机构106家，新三板创新层外地企业4家，200多人员参与，也是天津首次规模最大的三板企业路演活动。②开展“百企行动”。新三板同盟会为研究企业发展中存在的问题，了解企业真实需求，开展了百家优质企业走访行动。截止于2016年12月，共走访企业137家。③举办各类培训会议共50场。有市值管理、并购重组等形式多样的培训交流活动，普及资本运作的先进理念，传递解读金融市场和经济运行的趋势信号。④与南开大学金融学院合作设立南开大学青年金融家训练营，是中国首个董秘方向的金融学专业硕士班，获得天津广大董秘的一致认可。⑤建立新三板加速器（NTC）。NTC加速器是天津科技金融建立的，集物理与虚拟空间为一体，围绕大健康、新能源、TMT、大文化产业、电子商务开展全方位资本综合服务。已为“微特博”“尚领国际”和“逸群大件”3个优质项目启动服务。⑥建设天津OTC高新区运营中心。致力于帮助保荐机构了解备案用途及创通票政策，已完成保荐机构备案工作20余家；推动创通票OTC服务包的制定及宣传，策划了高新区OTC创通票申请&使用发布会系列活动。⑦举办大型论坛“大势天津·纵横新三板”论坛、“赞普之夏·达沃斯论坛新领军者对话新三板企业论坛峰会”“新三板并购趋势论坛”“新三板企业成长与资本经营主题论坛”“聚焦新三板·共享新机遇”以及核心专题论坛“国际高端制造论坛的产融板块”“中国大健康投资趋势论坛”“中国餐饮消费大数据发布会”“打破资本市场寒冰——低成本创新与NBP交易节”“城市高端智能家居产业联盟”等10场论坛。

（天津科技金融中心）

【服务科技企业 打造科技金融的强有力支撑】

2016年，科融集团围绕天津市科技金融的总体布局和科技型企业的投融资需求，重点开展了以下工作：①科融集团作为投融资平台，承接了政府周转金、无息周转金和风险补偿金等。为保证政策实施的连续性，集团认真梳理各种工具和支持企业的特点，加强对项目企业的后期服务和管理，使政府资金用在刀刃上，帮助企业解决燃眉之急。截至2016年11月底，全年为近500家科技型企业贷款贴息、近100家科技企业补贴担保费，贴补资金超过1亿元；为7家科技企业提供无息周转金借款；与东丽区、高新区2个区县开展首批风险补偿金项目合作试点，与东丽区及天津银行签署了相关协议，并支持了一批企业，带动银行贷款1亿元以上。②科融集团作为市级引导基金的受托管理机构，为引导基金的申请、机构的尽职调查及对子基金的后期管理规范建立了管理流程和操作指引，确保引导基金发挥撬动社会资本、间接支持科技型企业的作用。2016年上半年，科融集团通过公开招标的方式，确定了引导基金的托管银行，有8家银行入围，为引导基金的托管工作奠定基础。到2016年年底，创业投资引导基金正式签约参股子基金7家，其中引导基金出资4亿元，撬动区县配资及社会资本11亿元；参股44家众创空间的种子资金，完成29家众创空间的0.3亿元出资，撬动了0.6亿元的社会资本进入众创空间成为种子资金。2016年，科融集团出资1.2亿元，共同设立10亿元的京津冀协同创新科技成果转化创业投资基金，推进京津冀科技金融协同创新和产业化调整升级；另外，出资0.8亿元配套支持设立国家科技部科技成果转化引导基金创业投资子基金。③天津科融担保公司是科融集团的全资子公司，注册资本1亿元，2013年正式运营，已与几十家银行建立了担保业务关系。科融担保公司作为政府的融资担保机构，在内部建立了独立的第三方风险控制机制，外部建立了与投资等其他金融工具的联动机制，以减低担保风险。为担保企业释放信用，使轻资产企业同样可以获得银行的贷款支持。截至2016年11月底，科融担保累计实现担保额4.6亿元。④科融集团在东丽区、武清区、高新区和南开区分别成立了全资子公司，结合不同区域的经济行业特点，综合利用金融工具，在企业发展的不同阶段通过委托放款、抵押增信、股权投资等多种形式帮助企业解决融资问题。配合区域政府，带动招商，吸引具有发展前景的科技型企业落户天津，为天津市科技型企业增添了优质项目。2016年度，区域子公司通过债转股、股权投资等形式投资科技型企业累计金额1.11亿元。截至2016年年底，累计支持中小企业融资共计3.08亿元。2016年10月，与武清区政府签署了受托管理武清区创业投资引导基金的协议，标志着科融集团专项资金的专业能力得到了区县政府的认可。

（天津科技融资控股集团有限公司）

【建设科技金融特色机构 助力企业创新发展】

2016年，天津银行以科技与金融结合为切入点，全力支持科技型企业发展壮大。前11个月，该行累计向592户天津地区科技型企业发放贷款188.16亿元，同时，通过表外业务、渠道投资类等其他方式，累计投放资金76.52亿元。截至11月末，该行天津地区科技型企业贷款客户466户，余额209.42亿元，较年初增加11.53亿元、增幅5.83%，其中，规模过亿元科技型企业贷款客户225户，余额141.50亿元，较年初增加16.09亿元、增幅12.83%。2016年，该行主要工作如下：①按照该行确定的标准，天津地区8家支行成为首批重点培育的科技金融特色支行。针对科技金融特色，支行制定了差异化考核机制，适当弱化对存款规模、利润的要求和权重，重点考核特色支行科技型企业贷款增速，打造专业化、差异化、特色化科技金融新亮点，助力科创企业的稳健成长。②引导分支机构加大科技金融投入，推动科技金融业务加快发展，加大政策倾斜力度，对成功拓展规模过亿元科技型企业、市级高新技术企业、上市、挂牌企业等四类重点目标客户，实现授信业务落地的分支机构，制定了专项奖励方案。前三季度，全行累计新获“四类重点”客户175户，其中，新授信客户125户，涉及金额84.06亿元。③持续开展“科技型企业名单制服务”。该行推出了“挂牌营销”考核机制，对全行各级机构负责人实施挂牌督办，采取专人专户、一企一策的方式，对名单内企业逐一进行实地走访、现场对接，不仅关注企业在融资、股改、挂牌及上市等方面的金融服务需求，更对接负责帮扶的领导干部，把营销工作与相关领导干部的帮扶工作结合在一起，提高服务企业的精准度和针对性。④针对科技型及拟上市企业推出了“金火炬”及“金航线”两大融资专案，囊括20余款特色产品，契合科创企业的发展特点及成长周期，满足企业在种子期、初创期、成长期及成熟期的融资需求。该行与多家股权投资机构深入合作，以“投连贷”产品给予其投资的企业以信用贷款支持，已为4家企业提供准授信2000万元，实际放款900万元。⑤按照中国银监会、科技部、中国人民银行三部委印发《关于支持银行业金融机构加大创新力度开展科创企业投贷联动试点的指导意见》，作为10家试点银行之一，该行制定了以“形成‘三个联动’、创立‘四个池子’、实现‘四项隔离’、强化‘五专机制’”为主要特色的试点方案，对投贷联动科技金融专营机构建立了单独的、针对性的信用风险评价体系和“三查”制度，加强银政合作、银投合作和银企合作。科技金融专营机构改造已完成，并先期启动业务。

（天津银行）

【创新投贷联动业务模式 为科技企业服务】 2016年，浦发银行总行科技金融服务中心（天津）围绕资本市场开展投贷联动业务，着眼于高价值、高成长型科技企业，创新“债权+股权”科技金融业务模式，打造可持续发展的科技金融生态系统。2016年工作进展情况：①立足于深化浦发银行科技金融专营机制，总、分行将科技金融服务中心（天津）以事业部的形式进行运营，其明确的定位于“聚焦成长、聚焦创新、聚焦专业”。聚焦成长：加强对初创、成长、壮大等不同发展阶段科技型企业金融需求的关注，为每一阶段的企业量身定制不同的解决方案。聚焦创新：实施创新驱动发展战略，鼓励中心全员围绕科技金融市场及科技型企业不断变化的需求，探索并实践新的机制、新的产品、新的模式。聚焦专业：前端业务营销部按照行业分别设立生物医药、新材料与环保、医疗器械与装备制造业、股权基金与电子信息等4个专业行业营销团队，负责客户对接服务工作；中后端综合管理部实行审查审批派驻制，内嵌企划及创新支持功能。沟通有效、设计合理的组织架构是分行开展科技金融业务的主要优势之一。②2016年，中心充分发挥创新产品先行先试机制，围绕高新技术企业、领军企业、股改上市企业、拥有自主知识产权企业、创新创业企业等科技型企业及其多样化的融资需求，量身定制专属金融服务产品。年内，中心开发了“高企天使贷”“双创天使贷”“雏鹰计划”方案、“科技型企业风险补偿机制信用贷款”等4个科技型企业专属创新产品。③结合科技型企业轻资产、重科技的特点，科技金融服务中心不仅在传统贷款领域积极创新，同时不断探索股债结合的业务模式，帮助科技型企业拓宽融资渠道。中心可向科技型企业提供“股权基金投资+我行融资”“我行融资+认股选择权”“同股同权”等不同投贷联动及直投服务模式。④通过加强顶层设计，创新投贷联动机制、商业模式和投决机制，科技金融服务中心已累计为4205户科技型企业提供各类金融服务，向318户科技型企业提供了41亿元信贷支持。其中，以“投贷联动”方式支持科技型企业23家，支持金额5.72亿元。同时，中心发挥科技金融引领效应，带动天津分行共向6359户科技型企业提供各类金融服务。

（浦发银行总行科技金融服务中心（天津））

科技队伍与人才

概　况

【科技人才发展概况】　2016年，天津市科委落实《天津市2016年人才工作要点》，大力实施人才强市战略，推进科技人才队伍建设取，综合科技进步水平连续保持全国第三。科技人力资源总量、研究与试验发展（R&D）人员和R&D经费占GDP比重都保持持续增长。高层次领军人才队伍壮大，拥有17名中国科学院院士、20名中国工程院院士，90位国家杰出青年科学基金获得者、6个国家自然科学基金资助的优秀创新群体，161人入选国家“千人计划”，入选国家“万人计划”科技创新领军人才18人、科技创业领军人才20人，入选科技部创新推进计划中青年科技创新领军人才31人、重点领域创新团队7个、科技创新创业人才33人，国家创新人才培养基地4家，入选人才发展特殊支持计划高层次创新型科技领军人才20人、杰出民营企业家10位、高层次创新创业团队40个，入选创新人才推进计划366人，入选“新型企业家培养工程”584人，入选“千人计划”711人。国际三大检索系统收录科技论文21988篇，高水平论文数量增长20%以上，一批成果在Nature、Science、Chemical Reviews等国际高端刊物发表。获国家科技奖励12项。国家认定的高新技术企业为3265家、科技“小巨人”企业为3900多家、科技型企业达8.8万家，全市从事科技活动人员26万人。2016年，向科技部推荐61名科技人才、团队和3个创新人才培养示范基地；向国家“万人计划”推荐65名科技创新创业人才。遴选产生125名科技创新创业人才及团队入选天津市第三批创新人才推进计划；遴选产生153名新型企业家培养对象入选第五批“新型企业家培养工程”；推荐6名海外高层次人才入选第十二批天津市“千人计划”。拥有国家重点实验室12家，省部级重点实验室49家，（国家）科技企业孵化器156家，（国家）工程中心255家，（国家）生产力促进中心176家，市(企业)重点实验室218家。各类科技计划项目1202项，汇集科技人员近1.5万人次。承担国家基金项目1007项，国家重点研发计划22个专项中35个项目。新增新型企业家150名，累计达584名。全年组织新型企业家大讲堂、专题培训、考察学习、投融资集训营、高级研修班等各类活动100多场次，参与培训企业家近万人次。建立以市区二级科委为引导的服务体系，区级培养落实国家及天津科技政策，组织企业家参加“2016中国科技创业人才投融资集训营（京津冀专场）”“对话达沃斯 创新与变革”为主题的高端论坛活动等。

（董　怡）

【公有制经济单位自然科学专业技术人员情况】　2016年，天津市公有制经济单位自然科学专业技术人员共计224258人。其中，天津市单位165061人，驻津单位59197人。

2016年天津市公有制经济单位自然科学专业技术人员情况统计表

表12　　　　单位：人

项目	编号	总数			本市单位			驻津单位		
		小计	高级	中级	小计	高级	中级	小计	高级	中级
甲	乙	1	2	3	4	5	6	9	10	11
总计	1	224 258	44 552	76 074	165 061	32 883	59 003	59 197	11 669	17 071
其中：1.高级职务	2	44 552	44 552		32 883	32 883		11 669	11 669	
正高级职务	3	7 514	7 514		5 315	5 315		2 199	2 199	
2.中级职务	4	76 074		76 074	59 003		59 003	17 071		17 071
工程技术人员	5	114 946	19 975	32 313	64 838	11 752	18 629	50 108	8 223	13 684
农业技术人员	6	3 172	622	1 044	3 114	610	1 023	58	12	21

续表12　　单位：人

项目	编号	总数			本市单位			驻津单位		
		小计	高级	中级	小计	高级	中级	小计	高级	中级
科学研究人员	7	5 307	2 026	2 385	3 350	1 114	1 607	1 957	912	778
卫生技术人员	8	64 175	8 379	22 741	60 732	8 063	21 397	3 443	316	1 344
教学人员	9	36 658	13 550	17 591	33 027	11 344	16 347	3 631	2 206	1 244

（柴生培）

【科研机构科技活动人员情况】　截至2016年年底，天津市263个科研机构从业人员总量达41361人，其中科技活动人员30015人，占从业人员的72.6%。

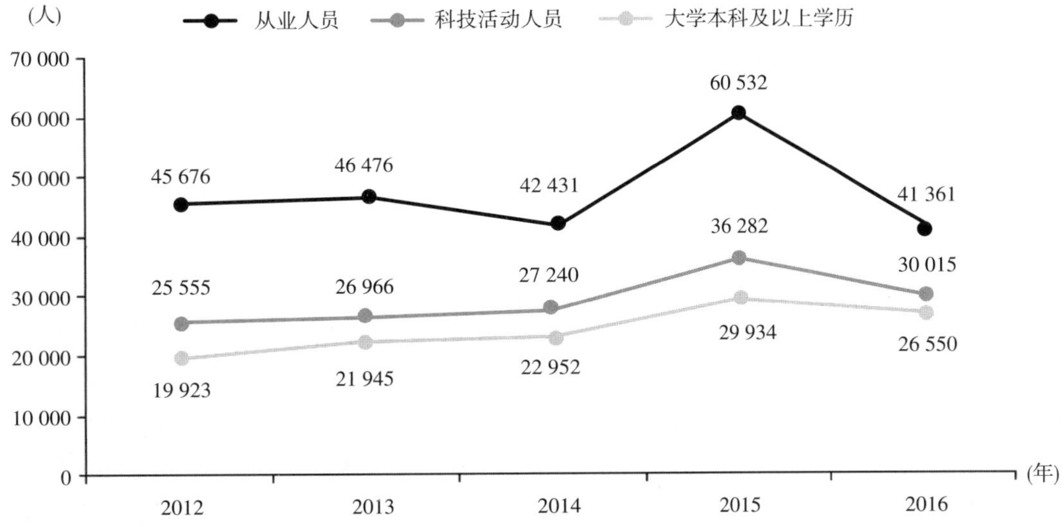

图1　天津市科学研究与技术开发机构人员情况（2012年~2016年）

（张　弛）

科技队伍建设

【“131”创新型人才培养工程】　2016年，天津市开展2016年度“131”创新型人才培养工程第一层次人选选拔工作，确定第一层次建议人选100人。开展2016年“131”创新型人才团队选拔工作，确定2016年度“131”创新型人才团队26个。指导各部委办局、各区开展“131”第二、三层次人选增补备案工作。开展“131”创新型人才培养工程第一层次人选（团队）培养（建设）工作。采取“量身定制”的方法，一人一策，为2015年度109名“131”第一层次人选制定人选培养计划，签订资助协议，申请划拨资助经费。组织2015年度24个“131”创新型人才团队依托单位及团队负责人填报“一队一策”的团队建设任务书，落实好团队培养计划，申请划拨团队建设经费。在天津外国语大学建立天津市“131”创新型人才培养工程外语培训基地，全市“131”创新型人才培养工程各层次人选及团队成员共有126人参加培训。在清华大学举办2期“131”第一层次人选创新意识高级研修班，100余人参加研修。选派7名“131”人选赴清华大学、北京大学做访问学者进行专业研修。开展“131”创新型人才培养工程第一层次人选考核评估工作。开展对2013年度“131”第一层次人选的考核工作，对人选及所在单位落实培养计划及资助经费使用等情况进行考核评估。开发“天津市‘131’创新型人才培养工程第一层次人员考核系统”，采取个人自评、单位审核、主管部门汇总相结合的方式，通过网络平台开展对“131”第一层次人选的评估工作。做好“131”人选的管理服务工作。会同各区、系统、单位做好“131”第一层次人选（团队）资助经费等拨款工作。开展2012年度“131”创新型人才风采录的征集和编制工作，做好2011年度“131”创新型人才风采录发放工作。做好“131”第一层次人选和“131”创新型人才团队证书印制发放工作。（天津市人力社保局）

【专家管理与服务】 2016年，天津市确定2015年度天津市有突出贡献专家建议人选80人，5月26日，以津政办发文件印发《天津市人民政府办公厅关于授予郝书宁等80名同志天津市有突出贡献专家称号的通知》。做好2016年天津市享受政府特殊津贴人员选拔工作。确定天津市2016年享受政府特殊津贴推荐人选报人力社保部审批。12月30日，人力社保部印发通知，87人批准享受政府特殊津贴。按照人力社保部通知要求，选派天津市市3名百千万人才工程国家级人选参加在中国浦东干部学院、井冈山干部学院、延安干部学院举办的国情研修班。2016年天津市3项重点示范项目纳入全国重点资助项目，获得36万元的项目资助经费。印发《市人力社保局关于开展2016年度天津市专家服务基层行动的通知》，推动落实2016年度我市专家服务基层行动，全年共组织310名院士、专家参加服务活动，帮助基层解决实际问题730余项，对接需求450项，带培专业技术骨干5000余人。依托国家级专家服务基地组织天津市农科院等专家一行9人赴宁夏吴忠地区，就畜牧养殖生产、果树栽培、农业设施管理等方面开展对口服务。根据申报材料认定天津药物研究院有限公司等7家单位为市级专家服务基地。引导国家级及市级专家服务基地开展基地建设工作，促进专家服务基层活动长效发展。充分利用市级专家服务基地平台，实现技术对接，解决技术难题。举办天津市第一医院市级专家服务基地建成仪式，聘请来自中科院心理研究所、天津中医一附院等单位9名专家服务基地建设，就康复等专业学科进行科研合作和师徒带教。东丽区依托华明高新区专家服务基地，与南开大学、中国科学院微生物研究所等单位开展专家服务对接活动14项，其中，与南开大学关乃佳教授团队合作的稀土改性催化剂的制备及催化剂的成型技术正在开展扩试研究工作，已申报国家发明专利。依托北辰经济开发区和天津塑力线缆集团有限公司2个专家服务基地，带动智力资源向基层流动。组织专家赴海南参加专家休假活动，组织好专家慰问工作。会同市人才综合服务中心等部门，按时完成在津两院院士生活津贴、政府特殊津贴人员津贴、自然科学领域授衔专家津贴等拨款工作。在天津日报人力社保专刊专题宣传国家百千万人才工程实施情况。做好市突贡专家铭牌及证书制作工作。完善高层次人才信息库，加强专家动态管理和联系服务，充分发挥天津市各类专家资源，为“千企万人”评审、东丽区高层次领军人才、部分区“131”二三层次人选增补评审等提供专家智力支持。

（天津市人力社保局）

【专业技术人员和管理人员继续教育】 2016年，举办“新能源产业助推绿色经济发展”等6期国家级高级研修项目，获国家专项资助经费114余万元。全国31个省区市的548名从事新能源、信息技术、装备制造等专业研究的高层次专业技术人才参加研修。按照《天津市经济社会发展重点领域人才培养工程实施意见》的要求，组织实施“BIM技术在绿色建筑全生命周期中的应用”等19期市级高级研修项目。指导市级继续教育基地开设《企业转型与服务产品塑造》《盾构隧道施工质量安全风险控制》等60余门急需紧缺和岗位培训课程，培训急需紧缺和骨干专业技术人才1.1万余人。按照《天津市专业技术人员继续教育基地建设管理办法》要求，认定21家市级继续教育基地，基地数量达41家。按照《国家级专业技术人员继续教育基地管理办法》和《天津市专业技术人员继续教育基地建设管理办法》等文件要求，2016年专门对国家和市级继续教育基地近两年建设培训情况进行检查评估，邀请天津市从事继续教育培训工作且具有丰富理论和实践经验的专家组成专家组召开建设检查评估评审会。按照《专业技术人才知识更新工程国家级继续教育基地补助经费管理办法》（财行〔2014〕6号）要求，与市财政局联合对南开大学和天津市工信委教育中心2家国家级继续教育基地专项补助经费使用情况进行监督。《专业技术人员创新创业能力建设》设定为“必修课”，全市专业技术人员免费在“天津市专业技术人员继续教育网”上参加学习，同时制定4大类32门课程的公需课程“选修课”指导目录，开发设计200余门公需课程“选修课”远程培训课件，单位自行组织专业技术人员开展培训完成公需课程学时。结合全球经济发展和世界科技前沿热点问题，邀请国家行政学院专家学者，开设2期人才大讲堂活动，全市700余名高层次专业技术人员和管理人员从中受益。丰富远程培训平台功能。加大“天津市专业技术人员继续教育网站”功能的开发完善，设计200余门公需课程和100余门专业课程课件，开发手机App，在线培训人数超过18万人。组织天津市相关行业高层次专业技术人员和部分委办局、区人力社保局和市级继续教育基地相关负责同志参加京冀举办的“构建的数据思维的隐患排查治理体系”“京津冀协同发展背景下的继续教育管理者能力提升”等6期国家级高级研修项目。签署《京津冀三省市专业技术人员继续教育合作协议》，今后三省市将在公需课程内容、继续教育证书互认、国家级高级研修项目、京津冀继续教育平台建设等多方面开展合作，推进京津冀继续教育工作深度融合。

（天津市人力社保局）

【职称评定】 2016年，天津市共有0.69万人取得高级职称，1.22万人取得中级职称，2.6万人取得初级职称；按照国家部署，推行专业技术人员资格考试和职业水平评价制度改革，共组织考试31种，累计报考17.2万人次。推进天津市职称制度改革：①拓展职称评价范围，先后将民用航空飞行技术系列、工程技术知识产权专业、工程技术自行车电动车专业纳入职称评审范围，印发相应的评审标准。②完善职称系列级别，经市人民政府批准，首次开展中等专业学校和技工学校正高级讲师（正高级实习指导教师）的职称评审试点工作，畅通中等职业院校教师职业发展通道。③全面推进天津市中小学教师职称制度改革工作，8.5万人完成新旧系列过渡,建立19个高、中级评审委员会，完成改革后的首次评审工作。④建立基层专业技术人员职称评价体系，实行“定向评价、定向使用”，引导和鼓励专业技术人员扎根基层服务基层。根据行业发展需要，确定工程技术基层土建专业、卫生技术基层卫生专业作为首批试点，印发相关评审标准。⑤扩大“专业技术职务以聘代评”实施范围，天津市科学学所作为试点，开展专业技术职务自主评聘，落实单位用人自主权。⑥完善职称评审公示制度，实行推荐结果、评审结果双公开，确保公开、公平、公正。

（天津市人力社保局）

【博士后管理与服务】 2016年，天津市人力社保局会同中国博士后科学基金会举办“2016年天津博士后人才与项目引荐会”，组织天津市设站单位参加2016京津冀博士后人才招收洽谈会、天津市2016年北大清华专场招聘会等活动，2016年共招收341名博士后研究人员。9月24日～25日，会同全国博士后管委会办公室、中国博士后科学基金会联合主办“第5届全国博士后金融专业论坛”。该论坛由南开大学承办，以“金融创新与服务实体经济”为主题，来自北京大学、清华大学等33所著名高校的120名博士后和博士后导师应邀参加论坛。中信证券全球首席经济学家彭文生和美国科罗拉多大学丹佛分校金融系主任杨坚教授分别以“金融周期的结构影响”和“中国企业高负债率的再思考”做专题学术报告。经全国博士后管委会办公室批准，曙光信息产业股份有限公司等19家单位获批设立博士后科研工作站。天津市博士后科研工作站（含分站）数量达到227个。会同市中小企业局、市财政局择优向10家建立博士后科研工作站的民营企业予以设站资助。遴选创世生态景观建设公司等10家企业，建立博士后创新实践基地。实施天津市优秀博士后国际化培养计划，选派30名优秀博士后前往发达国家和地区著名大学、顶尖科研机构，进行为期3个月的培训考察或开展合作研究。实施天津市企业博士后创新项目择优资助计划，评选32个项目予以重点资助。组织推荐博士后申报中国博士后科学基金，110名博士后获资助。

（天津市人力社保局）

【天津药物研究院获评2016年天津市“131”创新型人才团队】 天津药物研究院“代谢和内分泌团队”获评2016年度天津市“131”创新型人才团队，是天津市唯一一个入选的专注于小分子化学创新药物研发的团队。该团队由赵桂龙领衔，经过近十年的研发积累，在糖尿病和痛风等代谢和内分泌领域形成完善的、搭配合理的创新药研发管线，拥有正式员工10名（其中博士4人）、学生5名，配备完善的药物化学和药理学研发力量。赵桂龙获2016年度天津市五一劳动奖章。由该团队主要负责的化学1.1类新药“泰格列净（tianagliflozin）”于2016年3月获临床批件，与企业达成合作，开展I期临床相关工作。该品种是新型钠-葡萄糖共转运体2（sodium-dependent glucosecotransporter 2，SGLT2）抑制剂，适应症为2型糖尿病，具有安全性好、药效强等特点，是已上市和在研品种中对靶标作用最强的SGLT2抑制剂，其对人SGLT2抑制的IC50=0.67nM。

（安　超）

优秀科技人才简介

【在天津的中国科学院院士】　截至2016年，在天津的中国科学院院士共有16人，名单如下：

申泮文　男，1916年出生，南开大学教授，无机化学家，1980年当选为中国科学院化学部院士。

余国琮　男，1922年出生，天津大学教授，化学工程专家，1991年当选为中国科学院化学部院士。

周　恒　男，1929年出生，天津大学教授，流体力学家，1993年当选为中国科学院数学理学部院士。

刘广均　男，1929年出生，核工业理化工程研究院高级工程师，同位素分离专家，1991年当选为中国科学院技术科学部学部委员。

彭一刚　男，1932年出生，天津大学教授，建筑专家，1995年当选为中国科学院技术科学部院士。

张春霆　男，1936年出生，天津大学教授，生物信息学家，1995年当选为中国科学院生命科学和医学部院士。

宋礼成　男，1937年出生，南开大学教授，有机化学家，2007年当选为中国科学院化学部院士。

葛墨林　男，1938年出生，南开大学教授，理论物理学家，2003年当选为中国科学院数学理学部院士。

姚建铨　男，1939年出生，天津大学教授，激光与光电子科学家，1997年当选为中国科学院信息技术科学部院士。

程津培　男，1948年出生，南开大学教授，有机化学家，2001年当选为中国科学院化学部院士。

龙以明　男，1948年出生，南开大学教授，数学家，2007年当选为中国科学院院数学理学部院士。

饶子和　男，1950年出生，南开大学教授，分子生物物理与结构生物学家，2003年当选为中国科学院生命科学和医学部院士。

周其林　男，1957年出生，南开大学教授，有机化学家，2009年当选为中国科学院化学部院士。

陈永川　男，1964年出生，南开大学教授，数学家，2011年当选为中国科学院数学理学部院士。

尚永丰　男，1964年出生，天津医科大学教授，医学分子生物学家，2009年当选为中国科学院生命科学和医学部院士。

张伟平　男，1964年出生，南开大学教授，数学家，2007年当选为中国科学院数学理学部院士。

【在天津的中国工程院院士】　截至2016年，在天津的中国工程院院士共有20人，名单如下：

吴咸中　男，1925年出生，天津医科大学教授，中西医结合专家，1996年当选为中国工程院医药卫生学部院士。

曹楚生 男，1926年出生，天津大学教授，水工结构专家，1999年当选为中国工程院土木、水利与建筑学部院士。

钱皋韵 男，1927年出生，核燃料工程、同位素分离专家，1994年当选为中国工程院能源与矿业学部院士。

侯 锋 男，1928年出生，天津市农业科学院研究员，蔬菜育种专家，1999年当选为中国工程院农业学部院士。

陈予恕 男，1931年出生，天津大学教授，工程非线性振动专家，2005年当选为中国工程院机械与运载学部院士。

李正名 男，1931年出生，南开大学教授，有机化学及农药化学专家，1995年当选为中国工程院化工、冶金与材料学部院士。

李猷嘉 男，1932年出生，中国市政工程华北设计研究院顾问总工，燃气供应专家，2001年当选为中国工程院土木、水利与建筑学部院士。

叶声华 男，1934年出生，天津大学教授，测试计量技术及仪器专家，2003年当选为中国工程院信息与电子学部院士。

汪顺亭 男，1935年出生，惯性技术与导航设备专家，1995年当选为中国工程院机械与运载学部院士。

谢世楞 男，1935年出生，天津大学教授，港口和海岸工程专家，1999年当选为中国工程院土木、水利与建筑学部院士。

余贻鑫 男，1936年出生，天津大学教授，电力系统分析、规划与仿真专家，2005年当选为中国工程院能源与矿业学部院士。

邹 竞 女，1936年出生，天津大学教授，感光材料专家，1994年当选为中国工程院化工、冶金与材料学部院士。

石学敏 男，1938年出生，天津中医学院教授，中医、针灸学专家，1999年当选为中国工程院医药卫生学部院士。

王静康 女，1938年出生，天津大学教授，工业结晶科学与技术专家，1999年当选为中国工程院化工、冶金与材料学部院士。

陈念念 男，1941年出生，核工业理化工程研究院研究员，核材料与核燃料专家，2005年当选为中国工程院能源与矿业学部院士。

苏万华 男，1941年出生，天津大学教授，内燃机动力工程专家，2011年当选为中国工程院能源与矿业学部院士。

刘昌孝 男，1942年出生，药代动力学专家，2003年当选为中国工程院医药卫生学部院士。

郝希山 男，1945年出生，天津医科大学教授，肿瘤治疗学专家，2003年当选为中国工程院医药卫生学部院士。

张伯礼 男，1948年出生，天津中医药大学教授，中医内科专家，2005年当选为中国工程院医药卫生学部院士。

钟登华 男，1963年出生，天津大学教授，水利水电工程专家，2009年当选为中国工程院土木、水利与建筑学部院士。

【天津中医药大学张伯礼获天津市科技重大成就奖】 天津中医药大学张伯礼获2015年度天津市科技重大成就奖。张伯礼是国家重点学科中医内科学科带头人，2005年当选为中国工程院院士。担任天津中医药大学校长、中国中医科学院院长。国家“重大新药创制”重大专项技术副总师，科技部“中药现代化产业基地建设”专家组长，第一、二届国务院医改咨询专家委员会委员，第十届国家药典委员会执委兼中医专业委员会主任委员，教育部高等学校中医学教学指导委员会主任委员，世界中医药学会联合会教育指导委员会主任委员，中华中医药学会副会长、中国中西医结合学会副会长。获澳门科技大学和香港浸会大学荣誉博士。担任20余种国内外期刊的主编或编委。从事中医药科研、教学和管理工作40余年，在推动中医诊断客观化、中医药防治重大疾病，创新中药研制、中药大品种培育、中医药国际化等方面有突出贡献。研究工作引领中医药行业发展方向。相关技术成果辐射全国，产生巨大经济效益和社会效益。承担省部级以上科研项目40余项，共包括国家科技进步一等奖在内的国家级科技奖励7项，获省部级科技进步一、二等奖10余项，授权专利20余项，发表论文500余篇，主编专著20余部，培养毕业博硕士研究生200余名，3名获得全国优博论文，2篇提名奖。

（魏　巍）

【刘昌孝院士获天津滨海新区突出成就奖】　天津药物研究院研究员，中国工程院刘昌孝院士获得天津滨海新区突出成就奖。刘昌孝是中国药代动力学学科开拓者和学科带头人之一，1965年毕业于北京医学院，现任天津药物研究院名誉院长，天津药物研究院有限公司首席科学家，国家药典委员会执行委员。1992年获国务院特殊津贴，2003年当选中国工程院院士。2005年当选全国劳模、2013年获得国际药物代谢研究会ISSX特别贡献奖等荣誉。在该领域研究史上创下5个第一：建立第一个药代动力学实验室，第一次将药代动力学研究用于新药评价，出版第一本药代动力学专著，创建第一个部级药代动力学重点实验室和创建第一个药代动力学国家重点实验室。提出基于临床治疗学和药理学的现代中药发展思路，为中药新药研发奠定了基础；倡导应用代谢组学开展复杂系统的中药作用机制研究；根据中医理论，提出以“君药”为主线的研究思路和复方中药药代标志物的研究。建立中药物质基础—药代—药效的三维研究模式；率先提出中药质量标志物的新概念，为中药生产过程质量控制和溯源性提出新理论和模式。近30年承担并参与国家和部省重大研究项目如国家“863”“973”计划等50余项，主持完成近150个新药的药代动力学研究。授权发明专利18项。获省部、国家和国际科技成果奖励50余项次。在国内外发表论文400多篇，在国内外出版中英文版专著30余本。

（徐　芳）

【首批天津市杰出人才拟当选人选简要情况】　根据《天津市实施杰出人才培养计划暂行办法》，2016年，天津市评选出首批杰出人才共20人。

自然科学基础研究（含应用性基础研究）

表13

序号	姓 名	年龄	工作单位
1	卜显和	52	南开大学
2	王 磊	54	南开大学
3	孙笑涛	54	天津大学
4	张 宁	46	天津医科大学
5	陈 军	49	南开大学
6	陈永胜	53	南开大学
7	周启星	53	南开大学

工程科学技术及工程管理领域

表14

序号	姓 名	年龄	工作单位
1	王成山	54	天津大学
2	王树新	50	天津大学
3	冯世庆	49	天津医科大学总医院
4	孙树礼	55	铁道第三勘察设计院集团有限公司
5	李忠献	55	天津大学
6	李鑫钢	55	天津大学
7	陈冠益	46	天津大学
8	练继建	51	天津大学
9	郗继贵	46	天津大学
10	侯世科	50	武警后勤学院附属医院
11	夏长亮	48	天津工业大学
12	程 涛	53	中国医学科学院血液病医院（血液学研究所）
13	程博闻	53	天津工业大学

（天津市杰出人才评选工作办公室）

科学研究与技术开发机构

【简况】 2016年，天津市区及区以上独立科学研究与技术开发机构（不包括国防所）共有263家纳入科技统计调查范围，其中自然科学研究与开发机构43家（市属34家，驻津9家），转制研究与开发机构76家（市属57家，驻津19家），社会人文类研究机构4家，信息和文献类机构9家，区属机构28家，其他类机构103家。从业人员41361人，其中科技活动人员30015人；R&D人员折合全时工作量11901人年；科技活动收入为202.89亿元，其中政府资金40.38亿元；科技活动支出114.87亿元，其中R&D经费内部支出43.09亿元。

（张　弛）

【自然科学研究与技术开发机构】 2016年，天津市有43家自然科学研究与开发机构（市属34家，驻津9家）纳入统计范围。从业人员5056人，其中从事科技活动人员4413人。

2016年天津市自然科学研究与技术开发机构情况

表15

	机构数(个)	从业人员(人)	从事科技活动人员	经费收入总额(万元)	科技活动收入	经费支出总额(万元)	科技活动支出	课题数(项)	课题投入人员(人年)	课题经费内部支出(万元)
合计	43	5056	4 413	276 896	257 904	224 874	204 408	1 528	2 846.0	121 309
一、按隶属关系分										
市属单位	34	2 867	2433	111 839	100 514	99 283	88 084	629	1 255.7	38 302
中央各部驻津单位	9	2 189	1 980	165 057	157 391	125 591	116 324	899	1 590.3	83 007
二、按机构服务国民经济行业分										26 669
农、林、牧、渔业	14	659	564	28 391	26 669	23 380	21 031	298	387.9	12 316
制造业	4	1 268	1 124	65 204	62 423	42 281	39 073	336	896.2	23 876
建筑业	2	209	153	13 682	13 116	11 538	10 606	25	95.6	2 302
科学研究和技术服务业	12	1 625	1 471	118 531	110 560	101 296	93 732	631	921.5	62 134
水利、环境和公共设施管理业	5	415	359	26 047	24 241	23 538	21 622	69	257.7	13 350
卫生和社会工作	5	710	584	24 208	20 084	21 829	17 533	167	266.1	6 520
公共管理、社会保障和社会组织	1	170	158	1 013	811	1 013	811	2	21.0	811

说明：表1-8中，部分数据的合计数和相对数由于四舍五入取舍不同而产生的计算误差，均未做机械调整

（张　弛）

【转制科学研究与技术开发机构】 2016年，天津市有76家转制科学研究与技术开发机构（市属57家，驻津19家）纳入统计范围。从业人员13196人，其中从事科技活动人员8617人。

2016年天津市转制科学研究与技术开发机构情况

表16

	机构数（个）	从业人员（人）	从事科技活动人员	经费收入总额（万元）	科技活动收入	经费支出总额（万元）	科技活动支出	课题数（项）	课题投入人员（人年）	课题经费内部支出（万元）
合计	76	13 196	8 617	963 711	554 382	738 328	413 901	1 481	3 813.1	132 029
一、按隶属关系分										
市属单位	57	3 280	2 006	107 769	50 979	90 408	42 380	281	946.9	16 778
中央各部驻津单位	19	9 916	6 611	855 942	503 404	647 921	371 522	1 200	2 866.2	115 251
二、按机构服务国民经济行业分										
农、林、牧、渔业	2	78	44	773	468	1 346	700	12	36.0	520
采矿业	2	357	225	23 533	8 530	19 558	7 298	60	162.5	3 577
制造业	50	4 319	2 590	351 662	288 491	233 699	98 042	430	1 363.9	45 768
电力、热力、燃气及水生产和供应业	2	178	97	2 057	733	1 677	1 218	16	75.5	738
建筑业	2	439	340	12 480	10 993	11 133	8 574	51	162.2	2 084
交通运输、仓储和邮政业	2	89	28	8 536	6 244	2 853	949	19	16.8	922
信息传输、软件和信息技术服务业	2	172	110	7 523	1 984	6 012	1500	17	107.4	1 377
科学研究和技术服务业	12	6 096	4 701	437 108	224 264	345 500	282 267	769	1 722.5	70 998
卫生和社会工作	2	1 468	482	120 038	12 675	116 550	13 353	107	166.3	6 045

（张　弛）

【科学技术信息和文献机构】 2016年，天津市有9家科技信息和文献类机构纳入统计范围，从业人员651人，其中从事科技活动人员619人。

2016年天津市科学技术信息和文献机构情况

表17

	机构数（个）	从业人员（人）	从事科技活动人员	经费收入总额（万元）	科技活动收入	经费支出总额（万元）	科技经费内部支出	课题数（项）	课题投入人员（人年）	课题经费内部支出（万元）
合计	9	651	619	31690	30 464	29 151	25 159	82	440.7	12 295
一、按隶属关系分										
市属单位	8	276	244	11 484	10 519	11 193	9 997	49	92.7	1 798
中央各部驻津单位	1	375	375	20 206	19 944	17 958	15 161	33	348.0	10 497
二、按机构服务国民经济行业分										
制造业	3	46	35	755	212	620	268	2	15.0	126

续表17

	机构数（个）	从业人员（人）	从事科技活动人员	经费收入总额（万元）	科技活动收入	经费支出总额（万元）	科技经费内部支出	课题数（项）	课题投入人员（人年）	课题经费内部支出（万元）
信息传输、软件和信息技术服务业	1	9	4	76	76	126	110	1	2.0	10
科学研究和技术服务业	4	539	527	28 302	27 788	25 980	22 862	77	383.7	11 286
文化、体育和娱乐业	1	57	53	2 557	2 388	2 425	1 919	2	40.0	873

（张　弛）

【社会人文科学研究与技术开发机构】　2016年，天津市有4家社会人文科学研究与技术开发机构纳入统计范围，从业人员397人，其中从事科技活动人员354人。

2016年天津市社会人文科学研究与技术开发机构情况

表18

	机构数（个）	从业人员（人）	从事科技活动人员	经费收入总额（万元）	科技活动收入	经费支出总额（万元）	科技经费内部支出	课题数（项）	课题投入人员（人年）	课题经费内部支出（万元）
合计	4	397	354	13 056	12 105	12 146	10 483	139	263.2	4 299
一、按隶属关系分										
市属单位	4	397	354	13 056	12 105	12 146	10 483	139	263.2	4 299
中央各部驻津单位	0	0	0	0	0	0	0	0.0	0.0	0
二、按机构服务国民经济行业分										
科学研究和技术服务业	3	366	325	12 616	11 665	11 787	10 214	139	263.2	4 299
文化、体育和娱乐业	1	31	29	440	440	359	269	0	0.0	0

（张　弛）

【区属研究与开发机构】　2016年，天津市有28家区属研究与开发机构纳入统计范围，从业人员578人，其中从事科技活动人员514人。

2016年天津市区属研究与开发机构情况

表19

项目	机构数（个）	从业人员（人）	从事科技活动人员	经费收入总额（万元）	科技活动收入	经费支出总额（万元）	科技经费内部支出	课题数（项）	课题投入人员（人年）	课题经费内部支出（万元）
合计	28	578	514	10 741	9 753	9 940	8 583	17	39.9	758
按机构服务国民经济行业分										
农、林、牧、渔业	16	358	312	5 441	4 640	5 815	4 628	15	32.5	686
科学研究和技术服务业	12	220	202	5 301	5 113	4 125	3 955	2	7.4	72

（张　弛）

科技队伍与人才

【其他机构】 2016年，天津市有103家其他机构纳入统计范围，从业人员21483人，其中从事科技活动人员15498人。

2016年天津市研究与试验发展活动类机构情况

表20

	机构数（个）	从业人员（人）	从事科技活动人员	经费收入总额（万元）	科技活动收入	经费支出总额（万元）	科技经费内部支出	课题数（项）	课题投入人员（人年）	课题经费内部支出（万元）
合计	103	21 483	15 498	2064 580	1 164 254	1 699 002	486 118	1 078	5 935.4	134 858
一、按隶属关系分										
市属单位	85	8 134	6 207	384 692	275 970	309 954	211 017	520	2 703.3	65 786
中央各部驻津单位	18	13 349	9 291	1 679 888	888 284	1 389 048	275 101	558	3 232.1	69 072
二、按机构服务国民经济行业分										
农、林、牧、渔业	7	261	147	10 045	7423	7 680	5 047	70	108.2	3 108
采矿业	2	764	726	25 116	22 163	24 357	12 925	20	338.0	4 129
制造业	25	2 640	1 645	367 127	50 712	311 708	31 201	115	1 062.5	18 752
建筑业	3	851	630	54 661	46 991	40 238	33 034	55	173.0	8 156
交通运输、仓储和邮政业	1	5 357	3 207	603 316	383 751	480 894	67 707	221	1 465.0	19 304
信息传输、软件和信息技术服务业	6	449	346	16 556	11 170	10 058	9 702	31	196.7	5 347
金融业	1	7	7	10 647	10 647	529	529	0	0.0	0
租赁和商务服务业	1	38	28	477	429	238	131	7	9.5	122
科学研究和技术服务业	49	9 626	7 650	878 667	555 535	742 903	287 572	509	2 257.2	60 292
水利、环境和公共设施管理业	5	1 424	1 094	89 777	75 363	77 031	37 825	46	312.3	15 495
卫生和社会工作	2	64	16	8 127	6	3 295	376	4	13.0	153
公共管理、社会保障和社会组织	1	2	2	65	65	72	72	0	0.0	0

（张　弛）

【科研机构科技活动收入情况】 2016年，天津市科研机构科技活动收入达202.89亿元，其中政府资金40.38亿元，企业资金151.67亿元，分别占总量的19.9%和74.8%。

2012年~2016年天津市科学研究与技术开发机构科技活动收入按来源分布情况

表21　　单位：亿元

	2012年	2013年	2014年	2015年	2016年
科技活动收入	115.69	119.41	136.13	290.22	202.89
政府资金	29.83	36.27	32.70	34.69	40.38
企业资金	80.60	77.70	93.84	243.48	151.67
国外资金	0.08	0.07	0.15	0.50	0.05
其他资金	5.18	5.37	9.44	11.55	10.79

（张　弛）

【科研机构承担课题情况】 2016年，科研机构共承担各类课题4325项，课题经费内部支出40.55亿元，其中R&D课题为32.42亿元，占全部课题的80.0%；课题投入人员折合全时工作量为13338.3人年，其中R&D人员为10850.0人年，占全部人员的81.3%。人均课题经费30.40万元/人年，比2015年略有上升。从课题来源看，有五成以上的课题经费来自中央和地方政府部门，其中来自中央政府部门的课题经费为13.53亿元，占33.4%；来自地方政府部门的课题经费为8.10亿元，占20.0%；企业委托课题经费为6.21亿元，占15.3%，自选课题经费为11.37亿元，占28.0%；其他课题（含国际合作课题）1.34亿元，占3.3%。

2016年天津市科学研究与技术开发机构承担课题情况

表22

	课题数		课题经费内部支出	
	项	%	亿元	%
合计	4325	100	40.55	100
国家科技项目	1167	27.0	13.53	33.4
地方科技项目	1024	23.7	8.10	20.0
企业委托项目	756	17.5	6.21	15.3
自选科技项目	1137	26.3	11.37	28.0
国际合作项目	14	0.3	0.25	0.6
其他科技项目	227	5.2	1.09	2.7

（张　弛）

【科研机构专利情况】 2016年，天津市科研机构专利申请1751件，其中发明专利1016件，占专利申请量的58.0%；获专利授权1041件，其中发明专利459件，占专利授权量的44.1%。2016年，四项指标均有所下降主要由于国家科技统计调查制度调整，个别属于专利大户的科研机构未纳入科技系统统计调查范围。

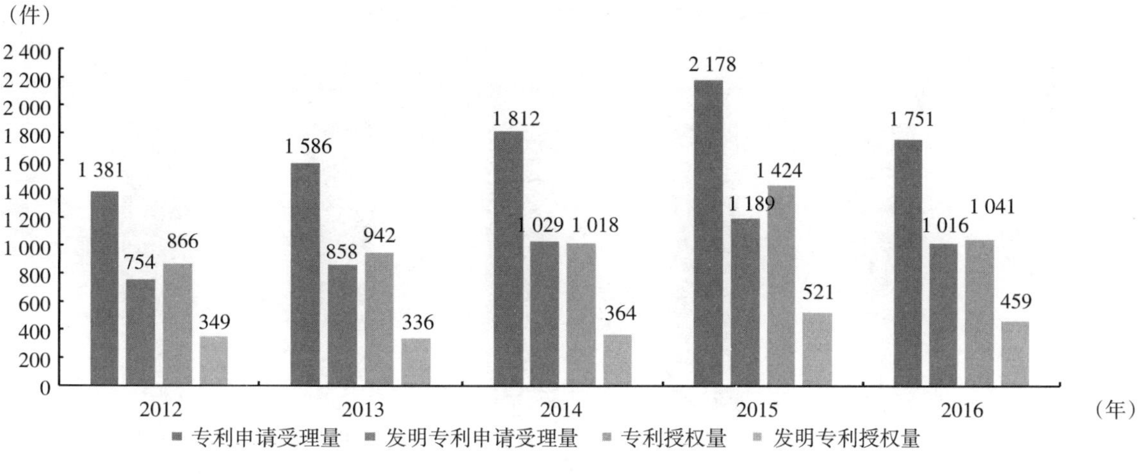

图2　2012年～2016年天津市科学研究与技术开发机构专利情况

（张　弛）

【科研机构R&D活动情况】 2016年，天津市科研机构R&D人员折合全时工作量11901人年，因2016年个别机构R&D人员折合全时当量等指标统计口径发生变化，将其下属的独立法人单位的相应人员去掉，故比2015年下降36.5%。R&D经费内部支出为43.09亿元，比2015年下降32.8%，主要由于国家统计调查制度调整，个别R&D大户不再纳入科技统计所致。

科技队伍与人才

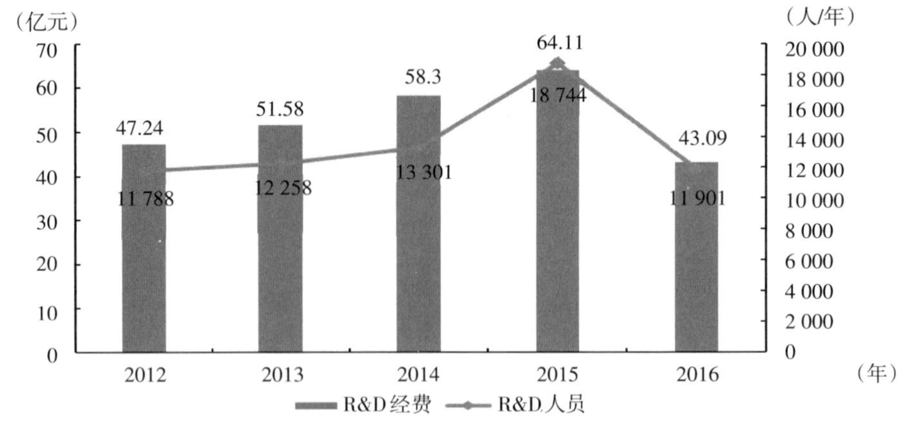

图3　2012年～2016年天津市科学研究与技术开发机构R&D活动人员和经费情况

2016年，天津市科研机构R&D经费中政府资金为23.42亿元，占54.3%；企业资金为16.20亿元，占37.6%；其他资金3.47亿元，占8.1%。R&D活动由基础研究、应用研究和试验发展三部分构成。2016年天津市科研机构中基础研究经费支出3.75亿元，占8.7%；应用研究经费为9.78亿元,占22.7%；试验发展经费为29.56亿元，占68.6%。

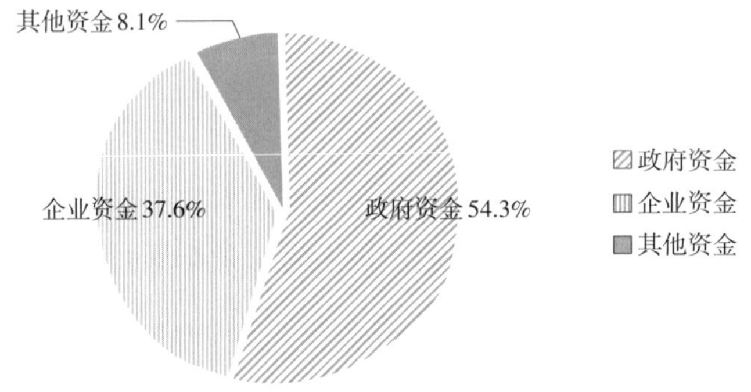

图4　2016年天津市科学研究与技术开发机构R&D经费按来源分布

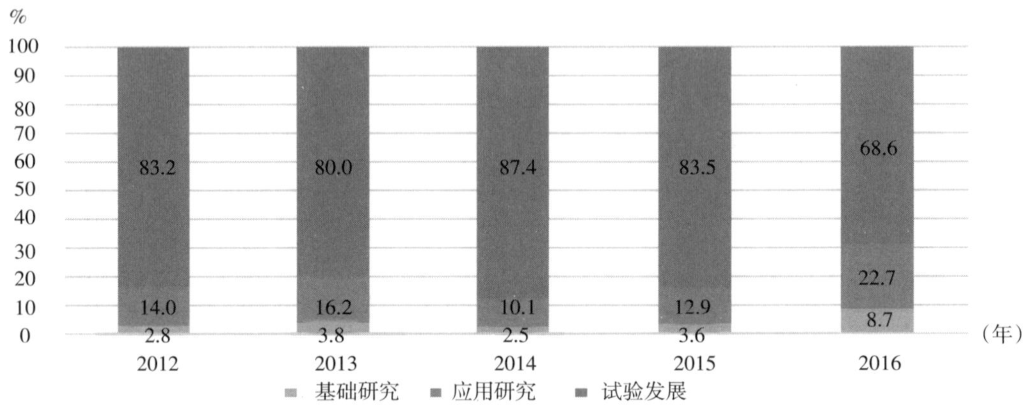

图5　2012年～2016年天津市科学研究与技术开发机构R&D经费按活动类型分布

从R&D活动的学科分布看，2016年，科研机构R&D活动人员和经费大部分集中在工程科学与技术领域，其次为自然科学、医药科学和农业科学领域，社会人文科学领域投入最少。

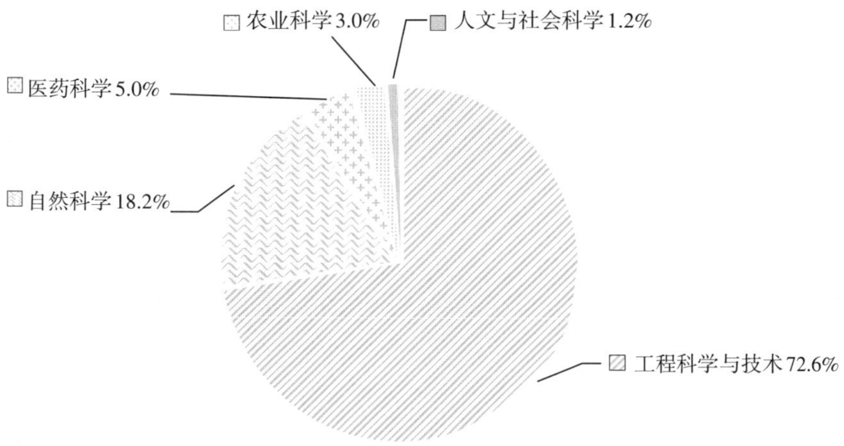

图6　2016年天津市科学研究与技术开发机构R&D经费按学科分布

（张　弛）

学术会议

【天津市疾病预防控制中心与韩国仁川保健环境研究院开展学术交流】　2016年5月17日～18日韩国仁川市保健环境研究院对天津市疾病预防控制中心（以下简称市疾控中心）进行访问，双方签署《关于保健研究领域学术交流协议书》。通过签署学术交流协议，可以互相借鉴新现传染病相关控制策略，持续推进相互有益的信息交流，对加强双方研究人员技术实力，抗击传染病流行。召开“天津市疾控中心—仁川保健环境研究院疾病预防控制学术交流会”。会议针对中东呼吸综合征（MERS）防控、传染病和传染病媒介监测系统建设等传染病防控热点话题作学术报告，并开展交流研讨。5月18日，中韩双方专业技术人员开展交流座谈，双方就病媒生物监测、卫生资源管理、常见病原微生物检测方法、医院感染控制、疾病监测与报告等进行交流与探讨，赴天津市滨海新区塘沽疾病预防控制中心和滨海新区塘沽街解放路社区卫生服务中心进行参观访问。中韩双方学者在交流中分享传染病防控的相关管理模式和研究成果，开阔双方专业人员的学术眼界。

（李　芮）

【第12届国际数学化学科学院年会暨2016年数学化学国际学术会议】　2016年7月4日～8日，“The 12th Meeting of the International Academy of Mathematical Chemistry & the International Conference on Mathematical Chemistry（第12届国际数学化学科学院年会暨2016年数学化学国际学术会议）”在南开大学组合数学中心举行。该会议首次在亚洲举行，来自中国、美国、法国、英国、加拿大、日本、韩国、斯洛文尼亚、克罗地亚、塞尔维亚、伊朗等国的高校及研究机构的140余位专家学者参加此次会议。会议为期5天，安排国际数学化学科学院例行会议、公务讨论与决策，商讨学科发展、学术交流等事宜。会议共安排8个大会报告，45个邀请报告。“国际数学化学科学院”成立于2005年，旨在推动数学，特别是离散数学，应用于分子现象研究的发展。有108位从事数学与化学、物理、生物、医药以及环境科学等交叉学科研究的各国科学家当选该院院士，包括6位诺贝尔奖得主、1位沃尔夫奖得主。南开大学组合数学中心李学良2011年当选为该院院士，于2014年当选为该院副主席，这是中国数学家首次当选该组织领导职务。李学良和他的团队在数学化学领域的研究工作在Springer等国外出版社出版《Graph Energy》等3部专著，多篇论文为ISI Web of Knowledge（SCIE引文索引数据库）高被引论文。

（任晓艳）

【首届科研院所与优秀企业研究院长高端交流会】　2016年7月16日，由中国中药协会中药产品开发与培育专业委员会主办，南开大学药学院，天津市分子药物研究重点实验室，以及天津市药学会中药与天然药专业委员会共同承办的“首届科研院所与优秀企业研究院院长高端交流会”，在南开大学举办。会议研讨中药现代化的历程以及中药新药研发的策略与展望，介绍国内药物临床试验数据核查形式、程序及相关要求。就创新中药的开发与上市品种的二次开发交流经验与案例。围绕新的药品政策下的中药研发和临床工作等的实际问题进行交流和谈论。

（刘亚君）

【2016首届国际反病毒大会】 2016年9月22日，“2016首届国际反病毒大会”在天津大礼堂召开。大会由中央网信办、公安部、工信部、国家外国专家局、天津市政府指导，天津市公安局、天津市外国专家局主办，国家计算机病毒应急处理中心、国家网络与信息安全信息通报中心承办，二十五家国内外网络安全产品生产厂商参与活动。以“安全、共维、创新、共享”为主题，结合当前信息网络安全和反病毒领域的热点、难点，针对当前突出的网络安全问题和产业发展新趋势，邀请中国工程院、亚洲反病毒研究者协会、国际刑警组织数字犯罪中心、中国香港警务处、国际反恶意软件测试标准联盟等单位的国内外知名院士、专家、学者、负责人作技术报告。围绕反病毒技术、云安全、移动App治理、APT攻击、网络威胁治理等信息网络安全前沿技术和热点问题进行研讨。（张 超）

【中韩智能无线通信研讨会】 2016年10月21日～22日，“中韩智能无线通信研讨会”在重庆邮电大学举办，由天津师范大学组织筹备，与重庆邮电大学合作筹办。中韩两方学者进行关于智能无线通信领域的学术报告，在智能无线通信领域中的智能天线、超宽带通信、无线定位、目标检测、5G网络、大数据处理、信道编码、医疗通信、不确定理论等方面进行交流。吸引国内外80余名通信领域的学者和专业人士参加，其中英国皇家科学院院士Tariq S Durrani全程参与会议，国内学者分别来自清华大学、电子科技大学、北京邮电大学、哈尔滨工业大学、天津大学、上海交通大学、北京航空航天大学、天津师范大学、军械工程学院、内蒙古大学、黑龙江大学、解放军理工大学等院校。研讨会对相关在研课题起到促进作用，在未来智能电网工作环境、通信协议、网络性能改进等方面提供启发，对研究工作的开展具有重要的推动作用。

（天津师范大学）

【军事交通学院“动力装备高原环境适应性创新团队”被评为“十二五”机械工业优秀创新团队】 2016年11月8日～9日，中国机械工业联合会在北京组织召开全国机械工业科技大会。对获得“十二五”中国机械工业先进科技工作者和优秀创新团队等获奖单位和个人进行表彰。军事交通学院“动力装备高原环境适应性创新团队”获“十二五”机械工业优秀创新团队，团队带头人、军用车辆系刘瑞林参加颁奖仪式。“动力装备高原环境适应性创新团队”由军用车辆系刘瑞林领衔，该团队承担国家自然科学基金、武器装备预先研究、武器装备演示验证、军队重点科研项目以及军民融合项目40余项，科研经费3100余万元。在动力装备高原性能提升技术、动力装备高原环境模拟试验技术、动力装备高原试验与评价技术、高压共轨技术、无人机高空适应性评价技术、含氧燃料高原适应性技术和车辆动力发展论证等领域开展持续研究，多项关键技术取得突破，获国家发明专利13项、实用新型专利20项，计算机软件著作权2项；获天津市科学技术进步一等奖1项、二等奖1项，中国机械工业科学技术二等奖4项、三等奖1项，军队科技进步三等奖5项；出版专著1部；制定国家和行业标准2项、国军标1项。（叶 鹏）

科技管理与服务

概　况

【科技工作概况】　2016年，天津市落实国家创新驱动发展和京津冀协同发展战略，大力实施科技小巨人发展战略，完成各项任务指标。科技型中小企业和科技小巨人企业分别达到8.8万家和3900家；高新技术企业3265家；获国家科技奖励12项；技术合同交易额突破600亿元；R&D占GDP比重3.1%；综合科技进步水平指数突破80%，达81.43%，是全国三个超过80%的地区之一，连续14年位居全国第三，其中科技进步环境指数跃居全国第一，高新技术产业化指数继续领跑全国。新能源汽车推广应用成效显著，全市新增新能源汽车上牌2.46万辆，累计达3.85万辆；当年新上牌车辆折合标准车3.7万辆，超过国家“3万辆标准车”奖补门槛。创新能力稳步提升，全市22个专项的38个项目获国家重点研发计划8.19亿元经费支持，列全国各省市第7位，1007个项目获国家自然基金项目立项。智能制造、新材料等12个重大专项与工程支持立项190项，支持金额1.43亿元。新增21个企业重点实验室、23个工程中心、12个科技企业孵化器、10个生产力促进中心，总数分别达到177个、255个、158个和170个。新增市级“千人计划”人才177人，累计711人；新增“创新人才推进计划”人才125人，累计366人；新遴选“新型企业家”153人，累计入选737人。新增国家“千人计划”人才21人，累计161人；新增科技部“创新推进计划”人才18人，累计71人；新增国家杰出青年科学基金获得者5人，累计80人；新增1家国家创新人才培养基地，累计4家。全市众创空间总数139家，近90%的众创空间设立种子基金，超过50%的众创空间经科技部备案，其中TjAb众创空间成为首批17个国家专业化众创空间之一。天津市创新创业大赛参赛项目近2000项，46家企业和13个团队参加全国总决赛。

科技与金融加快结合，全年支持248家科技型企业完成股份制改造，累计达到504家；推动212家科技型企业上市挂牌，其中上市3家、新三板挂牌72家；参股设立天使、创业投资等子基金16支，参股资金6.68亿元，基金总规模30亿元。

（吴　婧）

科技计划

【简况】　2016年科技计划工作围绕京津冀区域协同创新发展，高水平建设国家自主创新示范区，打造创新生态系统；推动科技型企业规模扩展、质量提升；深入推进科技金融创新，健全科技企业融资服务体系；围绕营造创新创业环境，提升科技创新体系能级，完善市场化科技服务体系；抢抓“一带一路”发展机遇，加强对外开放与合作创新；加强应用基础研究，为未来培养科技人才和创新成果；强化市场导向和需求导向，组织实施一批科技重大专项与工程及支撑重点项目，推动国际产业创新中心建设。

（一）加快构建京津冀协同创新共同体。出台《天津市贯彻落实〈京津冀协同发展科技创新专项规划〉的实施方案》，有效落实市政府与中科院签署的“十三五”《全面科技合作协议》；持续推动与中科院等国家院所战略合作，新引进清华大学天津电子信息研究院等20家国家级院所和国内高水平研发分支机构；共享首都知名高校院所科技资源，东丽区、西青区、武清区与北京理工大学、北京交通大学开展科技合作，分别在京津两地举办2016年京津冀技术成果交流对接会；组织实施京津协同创新项目56项，促进首都高校院所科技成果通过天津市科技型企业转化落地；举办第三届京津冀协同创新共同体高峰论坛，推动京津滨海科技成果转化基地建设和北京新技术新产品新服务展示中心建设；国家唯一一个跨省区市的全面创新改革试验区滨海—中关村科技园落户北塘。

（二）高水平建设国家自主创新示范区。制定《［天津国家自主创新示范区条例（草案）］立法起草工作方案》，加快推进示范区立法进程；推动示范区核心区加快发展“5+1”主导产业集群，依托中电科第十八研究所、力神电池等行业龙头企业，编制完成《国家新能源汽车动力电池创新中心建设方案》；推动示范区各分园主导产业加快发展，实现错位、互补、特色发展，河东分园以中国能源建设集团科技有限公司、天津电力建设有限公司等落户为契机加快建设电力产业园，东丽分园与汽研中心合作打造汽车科创园项目，津南分园加快建设以清华大学集成电路抛光机为龙头的海河高端装备研发基地，北辰分园与河北工业大学组建高端装备产业平台和贵重仪器设备共享平台；部署高新区创新创业通票向示范区各分园推广，启动实施“高企服务包”；建立示范区各分园高新技术企业培育备选库，入库企业460余家。

（三）进一步提升科技型企业创新主体地位。全力推进科技型企业发展行动计划，不断增强全市科技型企业的总体数量和群体质量，有效发挥1350名干部一对一帮扶“点睛”作用，全年新增科技型企业1.47万家，总量达到8.8万家；新增科技小巨人企业456家，总量达到3900家；新认定市级国家高新技术企业1500家，新认定国家级高新技术企业1075家，新增957家，总量达到3265家。新认定和支持“杀手锏”产品121项，“杀手锏”总数达到309项。新认定市级重点新产品181项，总数达到584项。支持产学研用创新联盟建设，研究制定《打造百家领军企业产学研用创新联盟实施方案》和《天津市打造百家领军企业产学研用创新联盟实施细则》，全年在电子信息、科技服务业、新材料、高端装备、生物医药、节能环保等领域新认定组建30家领军企业创新联盟；起草《关于支持科技型企业裂变，促进小创企业发展的实施意见（试行）》，召开专题工作推动会；编制《天津市推进“一带一路”建设科技创新合作专项规划》，在全国率先设立“一带一路”国际科技合作示范项目专项，支持20余家科技型企业与沿线国家开展科技合作，认定首批23家海外研发中心或技术推广中心，推动40余家科技型企业开展海外并购工作；不断提升企业技术创新能力，全年组织实施领军企业培育重大项目32项（累计达到150项），认定科技领军企业20家，支持科技领军企业品牌培育13项。

（四）大力推进大众创业万众创新。以建设众创空间为抓手，持续增强科技创新对“双创”的引领带动作用，全市众创空间达到139个，其中69个经科技部审核同意备案。滨海新区TjAb众创空间获批分子医学国家专业化众创空间，是首批17个国家专业化众创空间之一；众创空间入驻创业团队超过4000个，注册初创企业2300多家，依托众创空间累计组织开展投资路演、创业论坛等活动1700余次、创新创业赛事120余场；2016年天津市创新创业大赛参赛项目近2000项，46家企业和13个团队参加全国行业总决赛，其中12家企业和7个创业团队获得全国决赛优秀奖；组织科普“大咖秀”、科普讲解大赛等重大科普活动，87家科普基地组织重点活动125场，全市科普讲座、展览、竞赛达到6.3万场，公众参与量达到1094万人次。

（五）加快提升科技自主创新能力。印发《天津市杰出青年科学基金管理办法》，每年由市财政安排专项资金3000万元，遴选资助30人；安排1.4亿元，组织实施互联网跨界融合、智能制造、新材料、新药创制、种业、京津冀钢铁行业节能减排、院市合作生态环境治理等12个科技重大专项与工程，对190个项目予以立项支持；全市22个专项38个项目获得国家重点研发计划8.19亿元经费支持，1007个项目获得国家自然基金项目立项，5人获得国家杰出青年基金；强化科技自主创新，在三维石墨烯体相材料制备、脑机交互、水下航行器等基础领域实现新突破，开发出的新一代火箭贮箱壁板高效数控铣削加工、高响应复杂曲面七轴长臂喷涂机器人、主动反射面液压促进器等一批重大创新成果，为长征系列火箭、FAST望远镜（中国天眼）、“天宫二号”等国家重大技术突破作出积极贡献。

（六）持续构筑科技创新平台。加大创新机构和载体建设，全市共有企业重点实验室177家，科技企业孵化器158家（其中国家级孵化器36家），工程中心232家（其中国家级36家）市级

196家，生产力促进中心170家（其中国家级6家）市级示范79家；依托天津大学建立纳米颗粒与纳米系统产业研究中心以及机构理论和装备设计产业研究中心，依托南开大学建立碳材料产业研究中心，依托中国民航大学建立大飞机适航审定产业研究中心，依托天津工业大学建立先进纺织复合材料产业研究中心。

（七）不断深化科技体制机制改革。贯彻落实中办国办印发《关于实行以增加知识价值为导向分配政策的若干意见》，深入摸查全市高校、科研院所、国有企业的政策落实与建议情况，推动科技体制机制改革；深化财政科技资金使用和管理改革，制定《天津市财政科研项目资金管理办法》；深化科技计划管理改革，初步完成《天津市科技计划管理办法》修订工作；深化科技成果处置权、收益权改革，基本完成《天津市促进科技成果转化条例》修订；天津市成为全国科技管理信息系统互联互通试点之一，与国家科技管理信息系统互联互通项目数量达7800项，在库专家互联互通2146人，项目成果互联互通403项。

（八）加强高水平科技人才队伍建设。实施天津市“千人计划”、特殊人才支持计划、创新人才推进计划、“千企万人计划”、新型企业家培养工程等引才育才计划，“千人计划”入选累计达711人，首批人才发展特殊支持计划入选10个民营科技杰出企业家、20名科技领军人才、40个创新创业团队，创新人才推进计划入选累计达366人，新型企业家培养工程入选累计达584人；启动天津市杰出人才培养计划，设立天津市杰出青年科学基金；对接国家“千人计划”、“万人计划”、创新人才推进计划，国家“千人计划”入选人才累计达161人，国家科技部创新推进计划创新创业人才累计达71人，国家杰出青年科学基金获得者累计达80位，国家创新人才培养基地累计达4家，获得“科技人才创新创业辅导基地”称号1家。

（九）完善多层次全链条科技金融服务体系。出台《天津市科技型企业政策性担保资金管理暂行办法》《天津市科技企业产业并购引导基金管理暂行办法》《天津市天使投资引导基金管理暂行办法》《天津市创业投资引导基金管理暂行办法》等政策；积极发挥财政资金杠杆作用，通过引导社会资本和优秀投资人来津设立投资基金、推动科技型企业股份制改造和挂牌上市、启动投资到联动试点工作等措施，推动科技型企业创新发展；全年推动科技企业股份制改造239家，科技企业挂牌184家（其中主板上市3家，新三板挂牌60家、OTC挂牌98家、天交所挂牌23家）；参股设立天使投资基金7支、创业投资基金7支，参股资金4.68亿元、撬动社会资本12.63亿元。

【项目安排】 2016年，全市执行各类科技计划项目共8500项，其中，新增项目2667项，结转项目5833项。当年项目完成研究，结题验收共1348项。2016年天津市科技计划新增项目总经费为483897万元，其中市财政经费125572万元，单位自筹资金333910万元，银行贷款24415万元。从项目经费投看，财政资金对科研经费投入的引导带动作用明显。2016年，新增科技计划项目共有1359家单位（指项目主承担单位，下同）参与研发，其中高等学校21家，企业1291家，研究机构、医院等事业单位43家，其他单位4家。项目安排以企业为主、产学研结合。企业承担项目共1741项，占全部项目的65.3%；获得市财政经费91165万元，占全部市财政经费的72.6%。新增项目负责人中，国家千人计划5人次，国家杰出青年基金获得者7人，教育部长江学者特聘教授1人，享受国务院政府特殊津贴专家21人次，国家部委人才计划人选5人次，教育部新世纪人才工程人选13人次，中国青年科技奖获得者1人，天津市“131”人才工程第一、二层次人选38人次，省市“千人计划”11人，其他人才计划105人次。

2016年天津市科技计划项目执行情况按计划类别分布

表23　　单位：项

	自然科学基金	重点研究计划	科技重大专项与工程	技术创新引导专项	创新平台专项	科技发展战略研究计划	其他计划	合计
在研项目	1 947	1 296	376	4 181	338	338	24	8 500
新增	442	149	190	1 678	94	114	–	2 667
结转	1 505	1 147	186	2 503	244	244	24	5 833
结题项目	406	283	0	528	46	83	2	1 348

2016年天津市科技计划新增项目经费投入按计划类别分布

表24　　单位：万元

	自然科学基金	重点研发计划	科技重大专项与工程	技术创新引导专项	创新平台专项	科技发展战略研究计划	总计
总经费	5 096	62 381	137 250	228 718	49 671	781	4 838 978
市财政经费	3 915	3 695	4 251	103 238	9 735	738	125 572

2016年天津市科技计划新增项目研究人员按技术职称分布

表25　　单位：人次

	总人数	正高级	副高级	中级
自然科学基金	3 002	329	431	671
重点研发计划	1 915	258	356	651
科技重大专项与工程	2 593	326	479	797
技术创新引导专项	9 042	893	2 034	3 358
创新平台专项	1 224	158	244	401
科技发展战略研究计划	920	136	256	344
合计	18 696	2 100	3 800	6 222

2016年天津市科技计划新增项目研究人员按学位分布

表26　　单位：人次

	博士	硕士	学士
自然科学基金	1 033	533	496
重点研发计划	486	582	747
科技重大专项与工程	475	749	1 104
技术创新引导专项	708	2 400	5 016
创新平台专项	295	461	408
科技发展战略研究计划	246	491	152
合计	3 243	5 216	7 923

2016年天津市科技计划项目发表论文情况

表27　　单位：篇

	发表论文				三系统收录			
		国内发表	国外发表	会议宣读		SCI收录	EI收录	ISTP收录
在研项目	8 050	4 618	3 432	802	3 901	2 668	1 040	193
结题项目	3 985	1 936	1 746	291	1 216	814	375	28
合计	12 035	6 554	5 187	1 093	5 117	3 482	1 415	221

2016年天津市科技计划项目申请授权专利情况

表28　　单位：项

类别	申请专利	发明专利	实用新型	国外申请	授权专利	发明专利	实用新型	国外授权
在研项目	5 570	3 248	1 968	28	3 458	1 069	2 047	11
结题项目	3 429	1 682	1 645	41	1 874	480	1 336	9
合计	8 999	4 930	3 613	69	5 331	1 549	3 383	20

2016年天津市科技计划项目制定标准与获奖情况

表29　　单位：项

	制定标准	国际标准	国家标准	行业标准	地方标准	企业标准	成果获奖	国家级	省部级
在研项目	396	5	43	57	39	252	310	18	213
结题项目	—	—	—	—	—	—	76	7	31
合计	396	5	43	57	39	252	386	25	244

2016年 天津市科技计划项目取得经济效益情况

表30　　单位：篇

类别	培养研究生	博士	硕士	晋升职称	正高级	副高级	中级
在研项目	7 097	1 454	5 643	2 778	366	961	1 451
结题项目	2 128	472	1 656	625	109	267	249
合计	9 225	1 926	7 299	3 403	475	1 228	1 700

2016年天津市科技计划项目取得经济效益情况

表31

	主营业务收入(万元)	新增利润(万元)	出口创汇(万美元)
在研项目	5 852 170	386 206	139 820
结题项目	1 253 573	140 068	10 980
合计	7 105 743	526 274	150 800

（市科委发展计划处　办公室）

【自然科学基金】　2016年天津市自然科学基金围绕天津市经济社会发展需求，开展基础性、前瞻性的科学问题和前沿技术研究，加强高层次创新人才培养，提高原始创新能力，在相关领域取得一批高水平的原创性成果，吸引和凝聚大批优秀科技人才，造就多支具有影响力的研究团队，为战略性新兴产业发展提供科技支撑。2016年共执行天津市自然科学基金项目1947项，当年新增442项，其中重点项目99项，一般项目149项青年基金项目151项，绿色通道项目38项，京津冀合作专项项目5项；结转项目1505项。新增项目市财政经费投入3915万元，其中重点项目资助1584万元，一般项目资助1192万元，青年基金项目755万元，绿色通道项目304万元，京津冀合作专项项目80万元。参与新增项目研究共3002人次，其中重点项目787人次，一般项目1048人次，青年基金项目894人次，绿色通道项目229人次，京津冀合作专项项目44人次。参与自然科学基金项目研究的人员按技术职称统计，其中高级职称769人次，中级职称671人次；按学位统计，博士1033人次，硕士533人次；吸引留学回国人员436人。

2016年天津市自然科学基金在研项目共1947项，整体执行进度较好，按计划正常执行率为95%。当年结题406项，其中，重点项目109项，一般项目201项，青年基金项目96项。

一批天津市自然基金项目获得国家后续支持。2016年，天津市获得国家自然科学基金项目1007项，获批直接经费47298万元。获得国家杰出青年基金项目5项，优秀青年基金项目13项，创新研究群体项目1项，国家重点研发计划中纳米科技等领域项目3项。在天津市自然科学基金项目的资助下，获得一批高水平的原创性成果。

2016年新增自然科学基金项目负责人情况

表32　　单位：人次

类别	人员数	正高级	副高级	中级	初级	博士	硕士	归国人员
重点项目	104	71	25	8	0	96	6	65
一般项目	187	45	98	43	1	176	10	113
青年项目	151	26	117	7	1	137	14	56
合计	442	142	240	58	2	409	30	234

2016年新增自然科学基金项目负责人按年龄分布

表33　　单位：人次

类别	35岁以下	36~45岁之间	46~55岁之间	56岁以上
重点项目	14	49	37	2
一般项目	58	111	17	1
青年项目	151	0	0	0
合计	223	160	56	3

2016年新增自然科学基金项目研究人员情况

表34　　单位：人次

类别	人员数	正高级	副高级	中级	初级	博士	硕士	归国人员
重点项目	831	117	111	122	26	250	133	116
一般项目	1 277	139	212	291	80	447	251	219
青年项目	894	73	108	258	55	336	149	101
合计	3 002	329	431	671	161	1 033	533	436

2016年新增自然科学基金项目研究人员按年龄分布

表35　　单位：人次

类别	35岁以下	36~45岁之间	46~55岁之间	56岁以上
重点项目	543	105	55	15
一般项目	1078	228	81	28
青年项目	833	140	56	28
合计	2454	473	192	71

2016年自然科学基金项目取得的主要成果

表36

类别	发表论文（篇）				申请专利（件）		授权专利（件）	
		国内发表	国外发表	三大系统收录		发明专利		发明专利
在研项目	3 254	1 262	1 992	2 545	816	690	428	281
结题项目	2 733	1 049	1 450	892	847	686	403	282
合计	5 987	2 311	3 442	3 437	1 663	1 376	831	563

2016年自然科学基金项目培养人才情况

表37 单位：人次

类别	培养研究生	博士	硕士	晋升职称	正高级	副高级	中级
在研项目	3 030	599	2 431	630	98	307	225
结题项目	1 464	348	1 116	187	55	92	40
合计	4 494	947	3 547	817	153	399	265

（叶鹏　市科委基础研究处）

【重点研发计划】　为进一步落实国家创新驱动发展和协同创新发展战略，加快构建京津冀协同创新共同体，高水平建设国家自主创新示范区，对接“一带一路”国家战略，做好与自贸区的联动发展，重点研发计划项目面向国家和全市经济社会发展的重大科技需求，坚持自主创新，攻克一批核心技术和关键技术，加强技术集成应用和产业化示范，重点解决关键技术问题，形成一批市场竞争力强或具有良好市场前景的新产品、取得一定的经济效益或形成良好的示范效应，把天津打造成先进制造研发基地，具有国际影响力产业创新中心。2016年，在研项目共计1296项，其中新增项目149项，结转项目1147项，新增项目总经费62381万元，其中市财政经费3695万元，单位自筹57536万元，银行贷款1150万元。新增项目共有1915人次参与实施，其中正高级职称258人次，副高级职称356人次，中级职称581人次博士486人次，硕士582人次；留学归国人员136人次。新增项目共有141家单位参与实施，其中高等学校21家，企业97家，事业单位19家，其他单位4家。

2016年重点研发计划发表论文情况

表38 单位：篇

类别	发表论文	国内发表	国外发表	会议宣读	三系统收录	SCI收录	EI收录	ISTP收录
在研项目	1 316	768	548	141	696	433	222	41
结题项目	1 150	643	452	67	502	360	128	14
合计	2 466	1 411	1 000	208	1 198	793	350	55

2016年重点研发计划申请授权专利情况

表39 单位：项

类别	申请专利	发明专利	实用新型	国外申请	已授权专利	发明专利	实用新型	国外授权
在研项目	821	561	241	14	475	148	317	4
结题项目	1 123	647	414	24	586	216	343	6
合计	1 944	1 208	655	38	1 061	364	660	10

2016年重点研发计划制定标准与获奖情况

表40 单位：项

	制定标准	国际标准	国家标准	行业标准	地方标准	企业标准	成果获奖	国家级	省部级
在研项目	86	0	10	13	17	46	53	3	39
结题项目	–	–	–	–	–	–	50	9	38
合计	86	0	10	13	17	46	103	12	67

2016年重点研发计划培养人才情况

表41 单位：篇

类别	培养研究生			晋升职称			
		博士	硕士		正高级	副高级	中级
在研项目	1 433	349	1 084	613	98	224	291
结题项目	1 024	170	484	254	55	116	83
合计	2 457	519	1 568	867	153	340	374

2016年重点研发计划取得的主要经济效益

表42

	主营业务收入(万元)	新增利税(万元)	出口创汇(万美元)
在研项目	4 756 607	283 616	5 214
结题项目	411 220	81 570	3 628
合计	5 167 827	365 186	8 842

（市科委发展计划处）

【京津冀协同创新项目】 为推动京津冀协同发展，积极完善科技协同，创新顶层设计，全力推进市政府与中科院“十三五”《全面科技合作协议》，落实院市合作项目，加快推动中关村优势科技资源与天津企业、园区对接，加强高端人才跨区域培养和交流。形成三地科技全面对接、优势互补、协同创新的良好局面。

2016年，在研项目共计89项，其中新增项目56项，结转项目33项。新增项目总经费32607万元，其中市财政经费5275万元，单位自筹27332万元。新增项目共有653人次参与实施，其中正高级职称83人次，副高级职称119火次，中级职称212人次博士205人次，硕士197人次，学士216人次。新增项目共有56家单位参与实施，其中高等学校8家，企业44家，事业单位4家。实施项目包括：“用于航空产业双动板式充液成形数控装备及工艺的开发”“集成发动机尾气处理系统产业化项目”项目“虹膜人脸一体化身份识别产品研制”“HVM减压自动生产线”“视频浓缩与检索”“LED封装材料应用开发研究”。

2016年京津冀协同创新项目取得的主要成果

表43

类别	发表论文（篇）	国内发表	国外发表	三大系统收录	申请专利（件）	发明专利	授权专利（件）	发明专利
在研项目	25	13	12	13	32	18	12	2
结题项目	5	1	4	0	14	9	5	2
合计	30	14	16	13	46	27	17	4

2016年京津冀协同创新项目取得的主要成效

表44 单位：人次

类别	培养研究生			晋升职称			
		博士	硕士		正高级	副高级	中级
在研项目	27	9	18	16	1	7	8
结题项目	12	5	5	6	0	2	4
合计	39	14	23	22	1	9	12

（市科委成果市场处）

【国际科技合作项目】 为提升天津各类科技创新创业平台国际化水平，构筑国际高端研发资源聚集高地，推进“一带一路”科技创新合作，为科技型中小企业发展提供有力支撑，促进产业优化升级。充分发挥高端创新主体在相关产业、技术领域与沿线国家深化合作的引领和示范作用，引导全市各类机构利用自身技术、资本与人才优势，有效对接、聚集和利用沿线国家科技创新资源，加快核心技术突破和产品创新，加速先进适用技术、产品、品牌、管理、标准等输出，推进企业能力和规模升级。

2016年，在研项目121项，其中新增项目23项，科技型企业建立海外研发机构新增项目8项，“一带一路”国际科技合作示范项目新增项目15项；结转项目98项。新增项目总经费共18263万元，其中市财政经费1800万元，单位自筹15013万元，银行贷款1450万元。科技型企业建立海外研发机构新增项目总经费9449万元，其中市财政经费720万元，单位自筹7929万元，银行贷款800万元。“一带一路”国际科技合作示范项目新增项目总经费8814万元，其中市财政经费1080万元，单位自筹7084万元，银行贷款650万元。新增项目共有228人次参与实施，其中正高级职称16人次，副高级职称41人次，中级职称76人次；博士26人次，硕士67人次；科技型企业建立海外研发机构新增项目共有75人次参与实施，其中正高级职称9人次，副高级职称9人次，中级职称19人次；博士9人次，硕士22人次。“一带一路”国际科技合作示范项目新增项目共有153人次参与实施，其中正高级职称7人次，副高级职称32人次，中级职称57人次；博士17人次，硕士45人次。新增项目共有23家企业参与实施。实施项目包括：

“中日合作水稻品质食味提升技术研究”“海外生物医药产业、园区、政策发展趋势和特点及高端人才、项目引进策略的研究”“基于移动知的助老康复机器人技术开发及集成应用研究”“光生宽调谐微波信号产生机制及应用研究”“天津一德国智能微网产业技术创新合作”“胃旁路术治疗2型糖尿病的临床应用与机制研究”。

2016年国际科技合作项目取得的主要成果

表45

类别	发表论文（篇）	国内发表	国外发表	三大系统收录	申请专利（件）	发明专利	授权专利（件）	发明专利
在研项目	113	56	57	87	46	34	28	12
结题项目	56	9	47	51	59	35	17	4
合计	169	65	104	138	105	69	45	16

2016年国际科技合作项目取得的主要成效

表46

单位：人次

类别	培养研究生	博士	硕士	晋升职称	正高级	副高级	中级
在研项目	125	26	99	37	6	10	21
结题项目	34	19	15	2	1	0	1
合计	159	45	114	39	7	10	22

（市科委国际合作处）

【科技重大专项与工程】 重大科技项目是体现国家战略目标、集成科技资源、实现重点领域跨越发展的重要抓手。根据《“十三五”国家科技创新规划》的重大战略部署，围绕天津经济社会发展重大需求、关键瓶颈问题和城市可持续发展总体要求，坚持“有所为，有所不为”的原则，加强重点领域的系统部署，精心组织实施一批科技重大专项与工程，促进优势产业的快速发展和传统产业的改造提升，加快科技成果的产业化和生态宜居城市的建设，全力解决重大公益性民生问题。

2016年，组织实施安全天津、科技惠民与可持续发展实验区建设，互联网跨界融合，京津冀钢铁行业节能减排，科技服务业科技重大专项，慢性疾病防治，农村科技帮扶，新材料，新药创制，院市合作生态环境治理，智能制造，中高端医疗器械，种业12个科技重大专项与工程，对190个项目予以立项支持。新增项目总经费137250万元，其中市财政经费4251万元，单位自筹124634万元，银行贷款8365万元。新增项目共有2593人次参与实施，其中正高级职称326人次，副高级职称479人次，中级职称797人次：博士475人次，硕士749人次，学士1104人次。新增项目共有107家单位参与实施，其中高等学校7家，企业88家，事业单位10家，其他类2家。

2016年度该计划发表论文256篇，其中，国内发表136篇，国外发表120篇，被国际三大检索系统收录119篇。申请专利205件，其中发明专利112件，实用新型82件；授权专利105件，其中发明专利17件，实用新型85件。培养研究生464人，其中博士80人，硕士384人。2016年度该计划实现主营业务收入139263万元，净利润20115万元，上缴税金7597万元，出口创汇1565万美元。

（市科委发展计划处）

【技术创新引导专项】 技术创新引导专项主要包括创新型企业培育、补贴奖励、科技金融三类，旨在通过后补助、奖励、创投引导等多种方式充分发挥财政资金的杠杆作用，运用市场机制引导和支持技术创新活动，促进科技成果转移转化和资本化、产业化，发挥市场在资源配置中的决定性作用。2016年，市科委安排市财政预算资金10.6亿元，支持科技领军企业重大创新项目和品牌培育、“杀手锏”产品、重点新产品、领军企业产学研用创新联盟、“一带一路”国际合作示范项目、创业大赛奖励、企业创新券、大型仪器开放共享服务平台补贴、科技特派员奖励、国家高企奖励、政策性担保资金、产业并购引导基金、创业投资引导基金、天使投资引导基金等。2016年在研项目共计4181项，其中新增项目1678项，结转项目2503项。新增项目总经费228718万元，其中市财政经费103238万元，单位自筹111380万元，银行贷款14100万元。新增项目共有9042人次参与实施，其中正高级职称893人次，副高级职称2034人次，中级职称3358人次；博士700人次，硕士2400人次，学士5016人次。新增项目共有775家企业参与实施。

2016年技术创新引导专项发表论文情况

表47 单位：篇

类别	发表论文	国内发表	国外发表	会议宣读	三系统收录	SCI收录	EI收录	ISTP收录
在研项目	316	266	50	26	49	36	10	3
结题项目	167	134	32	12	0	0	0	0
合计	483	400	82	38	49	36	10	3

2016年技术创新引导专项申请授权专利情况

表48 单位：项

类别	申请专利	发明专利	实用新型	国外申请	已授权专利	发明专利	实用新型	国外授权
在研项目	2 309	1 266	1 005	9	1 661	309	1 267	1
结题项目	1 455	514	920	11	782	73	684	3
合计	3 764	1 780	1 925	20	2 443	382	1 951	4

2016年技术创新引导专项制定标准与获奖情况

表49　　单位：项

	制定标准	国际标准	国家标准	行业标准	地方标准	企业标准	成果获奖	国家级	省部级
在研项目	235	3	26	34	2	170	80	3	48
结题项目	–	–	–	–	–	–	1	1	0
合计	235	3	26	34	2	170	81	4	48

2016年技术创新引导专项培养人才情况

表50　　单位：篇

类别	培养研究生	博士	硕士	晋升职称	正高级	副高级	中级
在研项目	767	118	649	861	84	208	569
结题项目	194	29	165	195	21	81	93
合计	961	147	814	1 056	105	289	662

2016年技术创新引导专项取得的主要经济效益

表51

	主营业务收入	新增利润	出口创汇
在研项目	3 757 373	679 368	72 547
结题项目	778 238	50 448	7 264
合计	4 535 611	729 816	79 811

（市科委发展计划处）

【科技型中小企业技术创新资金项目】 为深入实施科技型企业发展行动计划，组织实施科技型中小企业技术创新资金项目，旨在不断推进科技型企业持续、健康、快速发展，持续推动传统中小企业转型升级，引导和带动社会资本及其他创新资源助力科技型企业创新创业发展，使越来越多的中小企业转型升级为创新性强、成长性高的科技型企业和科技小巨人企业。2016年，科技型中小企业技术创新资金项目在研项目共2096项，共有493项完成研究，验收结题。

2016年科技型中小企业技术创新资金项目取得的主要成果

表52

类别	发表论文（篇）	国内发表	国外发表	三大系统收录	申请专利（件）	发明专利	授权专利（件）	发明专利
在研项目	95	66	29	26	614	237	658	77
结题项目	150	119	30	0	1437	501	780	71
合计	245	185	59	26	2051	738	1438	148

2016年科技型中小企业技术创新资金项目取得的主要成效

表53　　单位：人次

类别	培养研究生	博士	硕士	晋升职称	正高级	副高级	中级
在研项目	422	77	345	429	55	104	270
结题项目	186	28	158	178	20	74	84
合计	608	105	503	607	75	178	354

（市科委发展计划处）

【领军企业培育重大项目】 为进一步提升科技小巨人企业的创新发展能力，培育一批科技领军企业，每年遴选一批创新能力强、成长速度快的科技小巨人企业，组织实施天津市科技领军企业培育重大项目，在提升创新能力、产业化水平、市场开拓能力、企业运营能力、融资能力以及升级为国家级高新技术等方面给予“一企一策”的综合性支持，培育一批科技领军企业。

2016年，在研项目共计151项，其中新增项目32项，结转项目119项。新增项目总经费57300.5万元，其中市财政经费4137.5万元，单位自筹52663万元，银行贷款500万元。新增项目共有431人次参与实施，其中正高级职称48人次，副高级职称107人次，中级职称143人次；博士48人次，硕士125人次，学士223人次；留学回国人员8人。项目负责人入选天津市131人才工程第一、二层次共5人，入选市级其他人才计划9人。新增项目共有32家企业参与实施。

2016年，该领域发表论文121篇，其中国内发表107篇，国外发表14篇，被国际三大检索系统收录17篇。申请专利1152件，其中发明专利735件，实用新型380件；授权专利540件，其中发明专利167件，实用新型248件。培养研究生212人，其中博士23人，硕士189人。晋升职称245人，其中正高级17人，副高级56人，中级172人。2016年度该领域实现主营业务收入1501253万元，净利润226621万元，上缴税金102544万元，出口创汇28325万美元。

（市科委发展计划处）

【“杀手锏”产品研发项目】 为进一步提升科技小巨人企业的创新发展能力，鼓励企业开发培育一批“人无我有，人有我优，人优我特”的“杀手锏”产品，组织实施杀“杀手锏”产品研发项目，引导企业加大研发投入强度，掌握产品的关键核心技术，完善科研项目管理制度和创新发展战略与规划，开发出技术水平高、市场潜力大、竞争力强的优质产品。2016年，在研项目共计196项，其中新增项目59项，结转项目137项。新增项目总经费47640万元，其中市财政经费2950万元，单位自筹42090万元，银行贷款2600万元。新增项目共有663人次参与实施，其中正高级职称50人次，副高级职称118人次，中级职称252人次；博士29人次，硕士137人次，学士340人次。新增项目共有59家企业参与实施。

2016年度该领域发表论文57篇，其中国内发表56篇，国外发表1篇。申请专利624件，其中发明专利241件，实用新型343件；授权专利448件，其中发明专利60件，实用新型344件。培养研究生101人，其中博士15人，硕士86人。晋升职称152人，其中正高级7人，副高级35人，中级110人二实现主营业务收入1393513万元，净利润126745万元，上缴税金88797万元，出口创汇26063万美元。

（市科委发展计划处）

科技成果管理与奖励

【简况】 2016年度天津市共有12项科技成果荣获国家科学技术奖励。其中技术发明奖3项，科技进步奖9项，涉及装备制造、生物制药、环境保护等多个领域。2016年，共获天津市科学技术奖189项。其中自然科学奖4项，技术发明奖8项，科技进步奖177项。2016年，已登记科技成果2622项。其中基础理论成果192项，应用技术成果2390项，软科学成果40项。

天津市获2016年度国家科学技术奖项目

表54

序号	项目名称	获奖人和获奖单位	奖种及等级
1	混合驱动水下航行器关键技术与应用	王树新　王延辉　张宏伟　刘玉红　孙秀军　吴芝亮 天津大学	技术发明奖二等奖
2	混合式光纤传感技术及其在工程安全监测领域中的应用	刘铁根　江俊峰　刘　琨　孟凡勇　张红霞　张以谟 天津大学、北京品傲光电科技有限公司	技术发明奖二等奖

续表54

序号	项目名称	获奖人和获奖单位	奖种及等级
3	配电网高可靠性供电关键技术及工程应用	王成山 沈浩东 于建成 盛万兴 刘海涛 胡列翔 蒋 菱 赵仰东 刘 洪 王旭东 国网天津市电力公司、……、天津大学,天津天大求实电力新技术股份有限公司	科技进步奖二等奖
4	大型高效水煤浆气化过程关键技术创新及应用	王辅臣 张鸣林 于广锁 祝庆瑞 刘海峰 郭宝贵 李伟锋 韩 梅 代正华 路文学 ……、中国天辰工程有限公司、……	科技进步奖二等奖
5	电弧炉炼钢复合吹炼技术的研究应用	朱 荣 刘润藻 李 林 王广连 温德松 冯小明 陈 列 孙群保 董 凯 陈三芽 ……、天津钢管集团股份有限公司、…	科技进步奖二等奖
6	材料海洋环境腐蚀评价与防护技术体系创新及重大工程应用	李晓刚 韩 冰 李志刚 吴俊升 杨朝晖 程学群 肖 葵 刘福国 王 玮 张 波 ……、海洋石油工程股份有限公司、……	科技进步奖二等奖
7	250MW级整体煤气化联合循环发电关键技术及工程应用	许世森 苏文斌 胡建民 毛 巍 任永强 刘振华 赵 平 徐 越 张 旭 高景辉 ……、华能(天津)煤气化发电有限公司、……	科技进步奖二等奖
8	国产陆地卫星定量遥感关键技术及应用	顾行发 徐 文 方洪宾 李 虎 陈仲新 闵祥军 赵少华 甘甫平 柳钦火 王智勇 ……、中科遥感科技集团有限公司	科技进步奖二等奖
9	长距离输水工程水力控制理论与关键技术	刘之平 练继建 杨开林 谢向荣 黄跃飞 汪易森 陈文学 王长德 马 超 郭新蕾 ……、天津大学、……	科技进步奖二等奖
10	跨江越海大断面暗挖隧道修建关键技术与应用	洪开荣 贺维国 卓 越 谭忠盛 蒋树屏 孙振川 彭立敏 王明年 邹 翀 刘招伟 ……、中铁隧道勘测设计院有限公司、……	科技进步奖二等奖
11	恶性血液肿瘤关键诊疗技术的创新和推广应用	吴德沛 薛永权 陈苏宁 肖志坚 陈子兴 仇惠英 唐晓文 韩 悦 徐 杨 阮长耿 ……、中国医学科学院血液病医院(血液学研究所)、……	科技进步奖二等奖
12	化学药物晶型关键技术体系的建立与应用	杜冠华 吕 扬 张 丽 于 飞 李明华 汤立达 刘 伟 高肇林 杨世颖 龚宁波 ……、天津药物研究院药业有限责任公司、……	科技进步奖二等奖

科技管理与服务

天津市获2016年度科学技术奖项目

自然科学一等奖

表55

序号	奖励编号	项目名称	获奖单位	获奖人
1	2016ZR-1-001	微纳结构与电化学能源器件	南开大学	陈　军　程方益　陶占良　张天然　韩晓鹏　马　华　朱智强　梁衍亮　张小龙　梁　静
2	2016ZR-1-002	石墨烯的绿色合成及其多相催化应用	天津大学	范晓彬　张凤宝　张国亮　李　阳　彭文朝　吉俊懿　齐俊杰　赵青山
3	2016ZR-1-003	超快激光与物质相互作用机制、调控及应用研究	南开大学、中国科学院上海光学精密机械研究所	刘伟伟　翟宏琛　程　亚　徐圣奇　王晓雷　孙晓东　张逸竹　赵佳宇　储　蔚

自然科学二等奖

（空缺）

自然科学三等奖

表56

序号	奖励编号	项目名称	获奖单位	获奖人
1	2016ZR-3-004	复杂受限系统的分析、控制与应用	天津大学	左志强　王一晶

技术发明一等奖

表57

序号	奖励编号	项目名称	获奖单位	获奖人
1	2016FM-1-001	人工神经康复机器人系统及其关键技术	天津大学、大天医学工程（天津）有限公司、天津市人民医院	明　东　陈　龙　杜金刚　綦宏志　许敏鹏　何　峰　周　鹏　王春方　刘　爽　杨佳佳　赵　欣　张力新
2	2016FM-1-002	事件识别光电信息融合感知关键技术	天津大学、天津天地伟业数码科技有限公司	刘铁根　刘　琨　戴　林　江俊峰　王　健　丁振扬　桑　梅　张红霞　边　伟　余梓飞　薛　超　杨清永
3	2016FM-1-003	重型柴油机欧VI关键技术及产业化	天津大学、广西玉柴机器股份有限公司	尧命发　郑尊清　沈　捷　林铁坚　刘海峰　蔡小红　王　浒　王　辉　陶泽民　覃　文　叶双超
4	2016FM-1-004	基于深度计算的舒适立体显示技术与应用	天津大学、郑州中原显示技术有限公司、宁波维真显示科技有限公司	侯春萍　雷建军　杨敬钰　李素梅　李　超　沈丽丽　侯永宏　周　圆　岳焕景　顾开宇　王晓燕　王宝亮

技术发明二等奖

表58

序号	奖励编号	项目名称	获奖单位	获奖人
1	2016FM-2-005	浅覆不均匀地层大直径盾构水下隧道关键技术及应用	中铁隧道勘测设计院有限公司、中南大学、长沙市城投基础设施建设项目管理有限公司	贺维国　张先锋　于　勇　阳军生　傅琼阁　王树英　魏玉省　梁　禹
2	2016FM-2-006	三维真彩色喷绘机器人	南开大学	刘景泰　陈新伟　孙　雷　许　林　王鸿鹏

技术发明三等奖

表59

序号	奖励编号	项目名称	获奖单位	获奖人
1	2016FM-3-007	高温高密度油基钻井液技术研究	中国石油集团渤海钻探工程有限公司泥浆技术服务分公司、中国石油大学(华东)	王伟忠　黄达全　赵　冲　郭剑梅　卢福伟
2	2016FM-3-008	油水井安全高效封堵工艺技术研究与应用	中国石油大港油田采油工艺研究院	葛红江　雷齐玲　程　静　马先平　杨卫华

科学技术进步一等奖

表60

序号	奖励编号	项目名称	获奖单位	获奖人
1	2016JB-1-001	生物降解药物涂层冠脉支架系统开发及产业化	赛诺医疗科学技术有限公司	孙箭华、李天竹、康小然、蔡文彬、吴祥芬
2	2016JB-1-002	智能配用电系统多能源高效利用技术研究及工程应用	国网天津市电力公司、天津大学、国电南瑞科技股份有限公司、天津天大求实电力新技术股份有限公司、中国电力科学研究院、北京国电通网络技术有限公司	贾宏杰　庄　剑　于建成　穆云飞　蒋　菱　盛万兴　项添春　鲁　文　杨永标　李国栋　王　丹　景晓松
3	2016JB-1-003	抗血栓药物硫酸氢氯吡格雷绿色关键技术及产业化	天津大学、天津药物研究院有限公司、深圳信立泰药业股份有限公司	龚俊波　王静康　黄汉忠　叶澄海　谭端明　鲍　颖　李树军　蒋庆峰　尹秋响　杨　颖　侯宝红　田义红
4	2016JB-1-004	胰腺癌精准诊疗体系建立的临床与基础研究	天津医科大学肿瘤医院、南开大学、国家纳米科学中心	郝继辉　周　军　任　贺　聂广军　巴　一　王秀超　赵天锁　赵　潇　高　松　黄崇标　刘鹏飞
5	2016JB-1-005	高转矩密度永磁电机系统设计与控制技术及其应用	天津工业大学、浙江大学、天津大学、天津华云自控股份有限公司	夏长亮　沈建新　谷　鑫　王斯贤　潘运军　黄　进　阎　彦　耿　强　陈　炜　史婷娜　王慧敏　王志强
6	2016JB-1-006	大型桥隧快速检测损伤识别与全寿命风险控制技术及其应用	天津大学、天津市交通科学研究院、中铁十九局集团有限公司	朱劲松　余　杨　肖汝诚　余建星　孙运国　赵立财　宋金博　于　涛　高嫦娥　孙　斌　郑连生　王诗青
7	2016JB-1-007	炎症反应、凝血功能评价系统在冠心病外科治疗中的建立与应用	天津医科大学总医院、天津市胸科医院	魏民新　王赞鑫　田轶魁　李培军　付　强　李全正　任　静　门剑龙
8	2016JB-1-008	大型远洋船舶智能化综合船桥系统及设备研发与产业化	中国船舶重工集团公司第七〇七研究所、大连海事大学	于　浩　王夙歆　郑荣才　张瑞波　曹　阳　张晶晶　吴园园　毕　胜　窦玉宝　赵　娜　孟凡彬　傅天爽
9	2016JB-1-009	乙烯急冷系统大型化关键技术与应用	天津大学、中国石油化工股份有限公司镇海炼化分公司、中国石化工程建设有限公司、北洋国家精馏技术工程发展有限公司	李鑫钢　周纪军　张吕鸿　雷正香　杨　娜　邱东声　李　洪　蒋明敬　李楠楠　杨　健　张立群　陈　平
10	2016JB-1-010	智能变电站的理论、方法与工程应用	天津理工大学、天津市海天量子科技发展有限公司、天津瑞能电气有限公司	周雪松　刘　昆　马幼捷　侯立军　高志强　王鸿斌　赵　磊　董恩增　吉月辉　徐晓宁　赵　健　秦振伟
11	2016JB-1-011	海洋大直径超长管桩沉桩全过程控制技术装备及承载力评估	天津大学、天津港航工程有限公司、天津大学前沿技术研究院、中交天津港湾工程研究院有限公司	刘　润　张佩良　王建华　闫　玥　李　飒　周杨锐　丁文智　闫澍旺　陈　强　朱德华　周松望　张树德

科技管理与服务

续表60

序号	奖励编号	项目名称	获奖单位	获奖人
12	2016JB-1-012	急进高原救援群体性高原反应机制及防治研究	中国人民武装警察部队后勤学院附属医院、青海省高原医学科学研究院、中国航天科工集团第二研究院六九九厂、烟台宏远氧业有限公司	侯世科 樊毫军 范 斌 吴天一 刘世明 白 松 于宝国 丁 辉 高宏伟 孙振兴 郎柳春 赵文刚
13	2016JB-1-013	钢中温相变控制高强韧化技术及其应用	天津理工大学、天津钢管集团股份有限公司、天津市立鑫晟精细铸造有限公司	刘庆锁 孙 宇 石卫东 刘江成 薛 雷 宗卫兵 由 臣 李云涛 王 晶
14	2016JB-1-014	乳腺浸润性微乳头状癌的系列研究及应用	天津医科大学肿瘤医院	付 丽 郭晓静 刘芳芳 李 帅 陈 凌 李伟东 杨壹羚 范 宇 郎荣刚 谷 峰
15	2016JB-1-015	海水淡化浓海水制盐及制溴产业化关键技术	天津科技大学、天津长芦海晶集团有限公司、天津长芦汉沽盐场有限责任公司	唐 娜 张德强 任 杰 张 蕾 魏炳举 刘立平 项 军 李 萌 王朝乾 程鹏高 王 丹 韩 丰
16	2016JB-1-016	高水压砂层中大直径盾构隧道控沉与防水关键技术	中铁隧道勘测设计院有限公司、南京林业大学、同济大学、天津大学、南京地铁建设有限责任公司、中铁十四局集团有限公司	张 存 杨 平 郑 刚 周顺华 陈长江 黎 庆 王怀东 徐 韬 黄 波 王寿强 何文龙 唐化程

科学技术进步二等奖

表61

序号	奖励编号	项目名称	获奖单位	获奖人
1	2016JB-2-017	北方特大型城市空气质量改善关键技术研究与综合示范	天津市环境监测中心、南开大学	孙 韧 冯银厂 关玉春 高 翔 肖致美 毕晓辉 郑 涛 董海燕
2	2016JB-2-018	适用于高温高压高腐蚀环境的高合金TP-G2油管特殊扣的设计与开发	天津钢管集团股份有限公司	孙 宇 孙开明 刘金海 徐志谦 史 彬 赵 伟 闫 龙 梅 丽
3	2016JB-2-019	滨海新区高端制造数字化集成技术攻关应用	天津大学、天津汽车模具股份有限公司、北京理工大学、天津工业大学、天津市天发重型水电设备制造有限公司	郭 伟 常世平 敬石开 李效革 常 青 于鸿彬 孙 江 闫凯境
4	2016JB-2-020	景观水体功能恢复与水质改善技术开发及工程应用	天津市市政工程设计研究院、天津市水利科学研究院、天津大学、天津艾杰环保技术工程有限公司、南开大学	王秀朵 赵乐军 董立新 张大群 孙井梅 刘学功 季 民 孙力平
5	2016JB-2-021	天津市轨道线网李明庄车辆检修基地综合技术研究	铁道第三勘察设计院集团有限公司	王玉敏 黄桂兴 薄海青 马晓彤 张 莹 邢天祥 王宏民 赵 峰
6	2016JB-2-022	车辆电动助力转向控制器关键技术及工程化开发	天津工业大学、天津德科汽车部件有限公司、天津清源电动车辆有限责任公司	汪剑鸣 袁臣虎 段晓杰 王 豪 窦汝振 孙玉宽 李志杰 李秀艳
7	2016JB-2-023	作物秸秆高效炭化还田关键技术研究与应用	农业部环境保护科研监测所、天津德塔生态炭发展有限公司、商丘三利新能源有限公司	张贵龙 赵建宁 廉 菲 李 洁 赖 欣 成振华 孟庆海 轩清霞
8	2016JB-2-024	芳香抑菌双功能缓释复合材料制备关键技术及应用	天津市双马香精香料新技术有限公司、天津城建大学	冯志洁 张宝莲 赵洪宾 赵树兴 朱 森 李建红 邢素英 刘 扬
9	2016JB-2-025	天津3万方LNG全容储罐工程技术创新与应用	海洋石油工程股份有限公司	杨 云 朱闻达 杨公升 单彤文 蒋 杰 闫景鹏 张 超 章 青
10	2016JB-2-026	影响白内障手术后视觉质量因素的综合分析和临床应用	天津市眼科医院	汤 欣 宋 慧 苑晓勇 李 军 邢晓杰 魏树瑾 魏荫娟 周 臻

续表61

序号	奖励编号	项目名称	获奖单位	获奖人
11	2016JB-2-027	绿色己内酰胺工艺技术开发	中国天辰工程有限公司、天津天辰绿色能源工程技术研发有限公司、山东海力化工股份有限公司、天津振博科技有限公司	马国栋 刘新伟 李树华 赵 斌 郑 仁 李 岩 王 刚 董 强
12	2016JB-2-028	热镀Galfan钢丝的关键技术及产业化	河北工业大学、天津市工大镀锌设备有限公司	马瑞娜 范永哲 杜 安 赵树鹏 李世杰 温 鸣 武建军 曹晓明
13	2016JB-2-029	高质量微合金化钢连铸板坯生产技术研发	天津钢铁集团有限公司、连铸技术国家工程研究中心	李树庆 仇圣桃 侯 葵 徐李军 王朝阳 马立军 王永然 李炳一
14	2016JB-2-030	溶液喷射纺微纳米纤维关键制备技术及其应用研究	天津工业大学、威程(天津)科技有限公司	庄旭品 宋 俊 程博闻 康卫民 刘 亚 石 磊 夏 磊 纪秀杰
15	2016JB-2-031	大港沿海地区油气勘探开发一体化与增储建产实践	中国石油大港油田勘探开发研究院、中国石油天然气股份有限公司勘探开发研究院西北分院	袁淑琴 韩国猛 马建英 肖敦清 牟连刚 饶 敏 王昌丽 李忠梅
16	2016JB-2-032	天津口岸危险化学品风险防控技术的研究及应用	天津出入境检验检疫局工业产品安全技术中心	李 晶 周 磊 赵 琢 于智睿 丁 宇 吕 刚 孙 俐 王 娜
17	2016JB-2-033	抗白粉病近等基因系BJ在基因功能研究及育种中的应用	天津师范大学	王振英 陈 宏 刘晓颖 彭永康 范宝莉 尚云涛 陈 欧
18	2016JB-2-034	海上大型河流相稠油油田高含水期开发模式创新与实践	中海石油(中国)有限公司天津分公司	廖新武 苏彦春 赵春明 胡 勇 李廷礼 罗宪波 张运来 金宝强
19	2016JB-2-035	全贯流潜水轴流泵的开发与应用	天津甘泉集团有限公司	马恩成 邓悌康 耿少杰 陈大为 叶丽珍 马凤景
20	2016JB-2-036	重要水产病害快速诊断技术及产品的开发与应用	天津市水生动物疫病预防控制中心、天津市水产技术推广站	孙金生 徐晓丽 薛淑霞 李贺密 孙 妍 姚学良 董学旺 邵 蓬
21	2016JB-2-037	复杂岩性油田精细油藏描述方法研究与实施	中国石油大港油田勘探开发研究院、中国石油大港油田第一采油厂、中国石油大港油田第二采油厂、中国石油大港油田第三采油厂、中国石油大港油田第六采油厂	芦凤明 孟庆龙 马文华 任瑞川 黄晓娣 季 岭 付晓亮 李 静
22	2016JB-2-038	ZS-THP29-6300汽车纵梁数控生产线	天津市天锻压力机有限公司、天津工业大学	吕国盛 牛金龙 高建华 郭金宝 李亮玉 张 亮 胡 健 王天琪
23	2016JB-2-039	渤海海上油田故障井快速治理新技术集成应用	中海石油(中国)有限公司天津分公司	司念亭 龙江桥 高永华 郭雯霖 罗少锋 冯 硕 唐 兵 黄华祥
24	2016JB-2-040	免疫耐受治疗颅脑创伤的机制和应用研究	天津市环湖医院	闫 华 刘 暌 张洪伟 武俏丽 刘保龙 张国斌 薛 静 李 冰
25	2016JB-2-041	环渤海盐碱地区海绵城市建设关键技术集成与综合示范	天津大学、天津大学建筑设计规划研究总院	曹 磊 洪再生 杨冬冬 王 焱 曹 易 刘洪海 王卫红 苗展堂
26	2016JB-2-042	干细胞治疗在眼科疾病中的应用	天津医科大学眼科医院	李筱荣 张晓敏 赵少贞 孙慧敏 李文博 任新军 贾 喆 柯屹峰
27	2016JB-2-043	肝移植围术期远隔脏器损伤防治策略的建立与应用	天津市第一中心医院	杜洪印 喻文立 翁亦齐 石屹崴 盛明薇 任恒昌 徐如彬 丁 梅
28	2016JB-2-044	糖尿病并发心血管疾病新型疗法的基础与应用研究	南开大学、昆明医科大学第二附属医院、天津市人民医院	赵 强 柯亭羽 齐 新 王连永 孔德领 李 琦 贾文军 赵 玲
29	2016JB-2-045	脑卒中多学科联动防治模式及关键技术研发集成	天津市环湖医院	王金环 佟小光 张佩兰 安中平 闫 华 岳 伟 范一木 韩 彤

续表 61

序号	奖励编号	项目名称	获奖单位	获奖人
30	2016JB-2-046	天津雾霾天气立体观测与预报预警关键技术研究及应用	天津市气象科学研究所、南开大学、中环天仪(天津)气象仪器有限公司	韩素芹 张裕芬 边 海 吴建会 蔡子颖 冯银厂 姚 青 马剑哲
31	2016JB-2-047	基于智能传感器的射频识别系统研制	中国人民解放军总后勤部军事交通运输研究所、北京烽火联拓科技有限公司、中国人民解放军军事交通学院	罗五明 肖学福 谭振东 张革军 韩平阳 张扬奇 高兵权 宫春峰
32	2016JB-2-048	高盐高浓度难降解有机废水资源化技术的开发与应用	天津理工大学、深圳市瑞升华科技股份有限公司、易科力(天津)环保科技发展有限公司	李梅彤 张小江 袁文蛟 秦松岩 张 柯 孙永跃 党修湖 周 英
33	2016JB-2-049	数字化专用超声诊断探头及系统研发	天津迈达医学科技股份有限公司、中国医学科学院生物医学工程研究所、天津医科大学总医院	王延群 计建军 杨 军 张建宁 王晓春 周 盛 宋学东 李 穗
34	2016JB-2-050	燃煤电厂气力输送关键参数自动监测系统	天津大学、北京华电天仁电力控制技术有限公司、天津国电津能热电有限公司、国电电力大同发电有限责任公司	王 超 崔自强 王化祥 廖 路 杜 岩 陈 忠 李建荣 张靖宇
35	2016JB-2-051	新型环境空气质量连续监测系统	天津同阳科技发展有限公司、天津大学、天津市津南区环境保护监测站、河北工业大学、北京圣通和科技有限公司	陈文亮 魏永杰 付 强 李晨曦 张增福 樊海春 吴 军 侯艳霞
36	2016JB-2-052	IGBT用6-8英寸区熔硅单晶	天津市环欧半导体材料技术有限公司	沈浩平 王彦君 靳立辉 张雪囡 王 岩 孙晨光 徐 强 刘 铮
37	2016JB-2-053	9-羟基AD生产皮质激素类药物产业化新工艺	天津天药药业股份有限公司、天津药业研究院有限公司	卢彦昌 王福军 张 杰 王淑丽 王延年 高占元
38	2016JB-2-054	中国居民碘膳食参考摄入量的基础研究与应用	天津医科大学	张万起 沈 钧 谭 龙 桑仲娜 陈 雯 林来祥 董作亮 董 峰
39	2016JB-2-055	高氟高碘联合致损伤的分子机制及应用研究	天津市疾病预防控制中心	刘洪亮 曾 强 侯常春 赵 亮 崔玉山 王 睿 张 磊 符 刚
40	2016JB-2-056	复杂地质条件下小断面特长隧道综合配套施工技术	中国铁建大桥工程局集团有限公司、中铁建大桥工程局集团第四工程有限公司、西安建筑科技大学	钟玉刚 王军保 韩兆军 周学胜 唐小军 盖青山 胡利平 孙百锋
41	2016JB-2-057	沥青混合料低碳减排技术及评价体系研究	天津市市政工程设计研究院、长安大学	王新岐 王朝辉 葛 娟 狄升贯 曾 伟 高志伟 蒋宏伟 苑红凯
42	2016JB-2-058	电力变压器铁心磁致伸缩力与振动噪声问题研究	天津工业大学、河北工业大学、天津市特变电工变压器有限公司	杨庆新 祝丽花 闫荣格 陈 杰 李永建 张 欣 张 献 金 亮
43	2016JB-2-059	海上石油平台中控系统测试技术研究与应用	天津理工大学、中海油能源发展装备技术有限公司、中海石油(中国)有限公司天津分公司渤西作业公司	高 强 赵德权 许建军 冯 胜 曲 波 李大华 李俊芳 李学科
44	2016JB-2-060	方舱式移动储能系统提升风电场调控技术研究及工程示范	天津拓鑫储能设备科技有限公司、中国电力科学研究院、天津力神电池股份有限公司、国网冀北电力有限公司承德供电公司	李建林 程 伟 侯小贺 谢志佳 游 峰 程 岗 惠 东 施云海
45	2016JB-2-061	天津地下直径线大直径盾构隧道建造关键技术研究与应用	铁道第三勘察设计院集团有限公司	张继清 唐 伟 索晓明 王立暖 吕宝伟 张永利 程学武 陈换利

续表61

序号	奖励编号	项目名称	获奖单位	获奖人
46	2016JB-2-062	复杂环境下空间交叉与平面分岔隧道施工控制技术	中国铁建大桥工程局集团有限公司、大连理工大学、中川铁路有限公司、兰州交通大学	李　斌　王峥峥　宋伟俊　王忠双　孟庆宏　马殷军　张振琼　闫鸿浩
47	2016JB-2-063	新型海上测风塔设计与施工关键技术	天津大学前沿技术研究院、江苏道达海上风电工程科技有限公司	张浦阳　丁红岩　王海军　李爱东　黄宣旭　乐丛欢　刘永刚　徐　宝
48	2016JB-2-064	面向物联网社区的智慧文化服务平台	天津市天房科技发展股份有限公司、天津理工大学	王怀彬　张　永　张　虎　冯文霞　高　勇　杜春鹰
49	2016JB-2-065	图形化编程的嵌入式实时工业控制系统通用开发平台	天津电气科学研究院有限公司	许　希　楚子林　杨建新　牛松森　贺永鹏　厉成元　徐　莉　苏　楠
50	2016JB-2-066	插电式深度混合动力系统研发及产业化创新工程	天津市松正电动汽车技术股份有限公司	孔昭松　张　娜　刘　菁
51	2016JB-2-067	智能微电网技术多行业应用产品研发平台建设	天津天大求实电力新技术股份有限公司	张　岩　王学军　李　慧
52	2016JB-2-068	轨道交通勘察设计创新平台建设	铁道第三勘察设计院集团有限公司	朱志营　全玉山　苏燕舞
53	2016JB-2-069	高端锂离子电池材料创新工程建设	天津巴莫科技股份有限公司	吴孟涛　徐　宁　吕　菲
54	2016JB-2-070	面向汽车模具产业链集成的创新建设工程	天津汽车模具股份有限公司	常世平　王金葵　常　青
55	2016JB-2-071	杂交粳稻生物育种技术创新工程	天津天隆种业科技有限公司	杨　飞　华泽田　陈基安

科学技术进步三等奖

表62

序号	奖励编号	项目名称	获奖单位	获奖人
1	2016JB-3-072	新型高精密合金带钢的研制与应用	天津冶金集团天材科技发展有限公司	于庆莲　韩　萍　厉海艳　王文广　蔡玉丽
2	2016JB-3-073	日光温室气象监测与灾害预警综合技术应用研究及推广	天津市气候中心、中国农业科学院农业环境与可持续发展研究所	黎贞发　刘淑梅　王　铁　李　春　宫志宏
3	2016JB-3-074	优质肥羔工厂化高效繁殖生产配套技术研究	天津市畜牧兽医研究所、天津市中意畜牧科技发展有限公司	张效生　张金龙　王丽学　李　鹏　艾合麦提·吐尔逊
4	2016JB-3-075	油田开发中系列化保护油层技术研究与产业化应用	中国石油大港油田石油工程研究院、中国石油大港油田采油工艺研究院、中国石油大港油田第三采油厂	樊松林　董　军　胡成亮　廖兴松　刘福鹏
5	2016JB-3-076	天然气燃烧排放系统用环保功能材料研制与应用开发	河北工业大学、天津环洁汽车能源有限公司	薛　刚　李　钢　孟军平　段昕辉　张　红
6	2016JB-3-077	经济型低铬抗腐蚀油井管制造关键技术开发与产业化	天津钢管集团股份有限公司	孙　宇　姚　勇　丁　磊　吕传涛　高瑞全
7	2016JB-3-078	低压断路器瞬动校验与试验设备的研发与应用	河北工业大学、天津市百利电气有限公司、苏州电器科学研究院股份有限公司	杜太行　梁　燕　孙曙光　王铁镰　江春冬
8	2016JB-3-079	铁路危险化学品运输智能监控物联网系统	天津光电高斯通信工程技术股份有限公司、天津商业大学	韩建枫　俞大海　张　勇　尉　斌　单玉堂
9	2016JB-3-080	基于实名制的移动智能公安民生在线服务平台	天津市公安局	刘金波　王通海　李庆生　孙希明　冯基宇
10	2016JB-3-081	考虑桩土效应的结构抗震分析相关方法及工程应用	天津大学、天津市市政工程设计研究院	姜忻良　姜　南　高　海　王　菲　李　岳

续表62

序号	奖励编号	项目名称	获奖单位	获奖人
11	2016JB-3-082	接触网智能预配平台研究与开发	铁道第三勘察设计院集团有限公司	罗　健　崔校玉　蒋先国　白裔峰　莫继良
12	2016JB-3-083	水解氧化高效治理工业VOCs关键技术及装备的研发与示范	天津市环境保护科学研究院、天津力生制药股份有限公司、天津市联合环保工程设计有限公司	马艳宁　刘晓亮　李云鹏　张金凤　刘　哲
13	2016JB-3-084	多倍体肿瘤巨细胞在肿瘤发生发展过程中的作用及其机制	天津市人民医院	张诗武　张锡朋　王华庆　杨正多　张　丹
14	2016JB-3-085	从老年性痴呆探讨"肾生髓，脑为髓之海"理论的研究	天津中医药大学、上海中医药大学	张玉莲　周　震　顾　耘　郭家奎　张连城
15	2016JB-3-086	现代化中药安全性评价和关键技术研究体系的建立与应用	天津药物研究院新药评价有限公司、天津药物研究院有限公司	胡　雷　刘艳菊　申秀萍　张宗鹏　郭景玥
16	2016JB-3-087	系统评价及改善患者心肺功能在降低胸外科围术期并发症中的作用	天津医科大学总医院	李　新　吕　朋　张　鹏　陈　渊　王俊义
17	2016JB-3-088	中药中农药多残留和重金属检测关键技术研发与应用	天津市农业质量标准与检测技术研究所	张玉婷　陈秋生　李　娜　刘　磊　李　辉
18	2016JB-3-089	非常规饲料资源开发关键技术研究与应用	天津市畜牧兽医研究所、中国农业科学院北京畜牧兽医研究所、南开大学	范　寰　张军民　乔家运　魏东盛　李　鹏
19	2016JB-3-090	设施蔬菜园区废弃物处理技术示范	天津市农业资源与环境研究所	何宗均　梁海恬　李　峰　李　妍　徐　震
20	2016JB-3-091	CJT系列抽油机节能拖动装置研制及应用	中国石油集团渤海石油装备制造有限公司	葛利俊　赵立君　孙淑霞　于洪业　李　娜
21	2016JB-3-092	集约化农田畜禽粪便安全高效消纳技术示范与推广	天津市农业环境保护管理监测站、农业部环境保护科研监测所	程子林　韩建华　张贵龙　赵建宁　张　波　杨殿林　冯　伟　张思晨
22	2016JB-3-093	新型噻吨酮大分子光引发剂的应用与转化	天津久日新材料股份有限公司	赵国锋　张　齐　毛桂红　罗　想　徐新元
23	2016JB-3-094	LNG工程用耐低温预应力钢绞线的研制	天津冶金集团中兴盛达钢业有限公司	王文喜　毛爱菊　王鸿利　张俊东　蔺秀艳
24	2016JB-3-095	ZS-JYT27-1000+800+630×2高速复合传动压力机智能化冲压线	天津市天锻压力机有限公司、天津职业技术师范大学、天津中德应用技术大学	吕国盛　张　雷　曲周德　刘立起　王学凤
25	2016JB-3-096	燃气管道泄漏故障诊断技术研究与应用	天津城建大学、津燃华润燃气有限公司、天津大地燃气技术设备有限公司	王建军　李　军　魏　璠　严铭卿　韩　洁
26	2016JB-3-097	勘探开发研究云平台建设与应用	中国石油大港油田信息中心	陈　哲　范德军　龙　涛　马　杰　徐　庆
27	2016JB-3-098	超深大软土基坑群动态形变效应研究	天津市市政工程设计研究院、清华大学、天津市地下铁道集团有限公司	张启斌　徐文杰　谭儒蛟　于玉贞　郑　磊
28	2016JB-3-099	KF6220轨道交通牵引变电所辅助监控系统	天津凯发电气股份有限公司、中铁第四勘察设计院集团有限公司	王传启　黄　维　张　浩　张华志　卢凌云
29	2016JB-3-100	设施花卉高效节水施肥与环境调控技术研究	天津市水利科学研究院	刘春来　朱士权　王剑波　柯盛发　李　娟
30	2016JB-3-101	海上钻井平台结构状态动态评价及升级改造技术	中海油田服务股份有限公司、中国船级社海洋工程技术中心	王建军　赵景芳　王冬石　宋林松　黎剑波
31	2016JB-3-102	恶性淋巴瘤血栓风险评分模型的建立和临床应用	天津医科大学肿瘤医院、天津医科大学第二医院	刘鹏飞　张　宇　姜文华　张会来　周世勇

续表62

序号	奖励编号	项目名称	获奖单位	获奖人
32	2016JB-3-103	海洋大气腐蚀环境下的炼化装置防腐涂料技术研究及应用	中国石油集团工程技术研究院、中国石油天然气股份有限公司大港石化分公司	郭晓军　韩忠智　苗海滨　崔灿灿　任新广
33	2016JB-3-104	大型石油化工码头重特大事故风险识别理论与方法研究	交通运输部天津水运工程科学研究所	戴明新　白景峰　洪宁宁　彭士涛　张春意
34	2016JB-3-105	分布式传感器阵列同步采集与传输系统	天津中德应用技术大学	张志利　张兴会　郭　卉　高海娟　张　莹
35	2016JB-3-106	光电催化氧化技术的工程化开发与应用	中海油天津化工研究设计院有限公司	滕厚开　郑书忠　谢陈鑫　赵　慧　钱光磊
36	2016JB-3-107	基于大数据分析和自动化运维的NGBOSS系统业务监控运营平台	中国移动通信集团天津有限公司	赵东明　韩　昆　孙憬超　杨树起　方　瑞
37	2016JB-3-108	基于广义协调元理论的新型组合桥梁结构抗震性能研究	天津城建大学、中铁十八局集团有限公司、天津大学	李自林　李长辉　丁宏毅　薛　江　陈国胜
38	2016JB-3-109	基于客货分离的道路交通设计关键技术研究及工程应用	天津市市政工程设计研究院、天津市津南区规划设计所、天津大学	白子建　马红伟　柯水平　闫欣欣　李洪亮
39	2016JB-3-110	智能砌块劈裂机关键技术及成套设备研发	天津职业技术师范大学、天津市新实丰液压机械有限公司	闫利文　杨振峰　杨志涛　赵小超　薄立军
40	2016JB-3-111	花椰菜种质资源创新及新品种选育	天津科润农业科技股份有限公司	单晓政　刘莉莉　文正华　吴　峰　江汉民
41	2016JB-3-112	林下食用菌生产配套关键技术示范与应用	天津市林业果树研究所	张志军　周永斌　王孟文　李凤美　刘连强
42	2016JB-3-113	天津市养猪业细菌性传染病的监测及防控技术推广	天津农学院、天津市津南区畜牧水产业发展服务中心、天津市美农动物科技有限公司	金天明　王金萍　谷　禹　徐继鹏　史炳奎　李留安　张　伟　徐　军
43	2016JB-3-114	沿海油田分注工艺配套技术研究与应用	中国石油大港油田石油工程研究院、中国石油大港油田采油工艺研究院、中国石油大港油田滩海开发公司	张宏伟　杨天成　刘　扬　葛党科　舒　畅
44	2016JB-3-115	大宗淡水鱼新品种繁育及高效生态养殖技术研究与示范	天津市水产研究所	缴建华　张　韦　吴会民　高　勇　于建胜
45	2016JB-3-116	基于单病例随机、目标成就评量的治证候类中药临床疗效评价体系	天津中医药大学第二附属医院	黄宇虹　孙兰军　李艳芬　赵铁牛　张俊华
46	2016JB-3-117	大电流热式单相断路器	天津航空机电有限公司	王民强　郑树展　张　彬　徐　辉　周文亮
47	2016JB-3-118	津新乌鲫	天津市换新水产良种场	金万昆　朱振秀　杨建新　高永平　金会纯
48	2016JB-3-119	升清降浊解郁法防治酒精性脂肪肝的证据、策略及保护机制	天津中医药大学第一附属医院、天津市人民医院	赵远红　贾英杰　李　正　董承超　张征宇
49	2016JB-3-120	高危弃置井修井作业工艺技术研究与应用	中国石油大港油田石油工程研究院、中国石油大港油田井下作业公司	于永生　刘　贺　张康卫　高清祥　邹小萍
50	2016JB-3-121	三银节能低辐射膜玻璃	天津南玻节能玻璃有限公司	王　烁　曾小绵　王　琦　刘　双　宋　宇
51	2016JB-3-122	新型高效滴灌灌水器及过滤器研制与应用	大禹节水(天津)有限公司	王　冲　张学双　宗金三　战国隆　牛少卿
52	2016JB-3-123	基于“虚瘀毒论”的干燥综合征中医诊疗与评价体系构建	天津中医药大学第一附属医院	刘　维　薛　斌　吴沅皞　张　磊　王　熠

续表62

序号	奖励编号	项目名称	获奖单位	获奖人
53	2016JB-3-124	高温高压井封隔器分层压裂工艺研究及工具研制	中国石油集团渤海钻探工程有限公司井下技术服务分公司	张世林　王　林　张曙光　杜建平　任秋军
54	2016JB-3-125	复杂断块油田优快钻完井配套技术研究与实施	中国石油大港油田石油工程研究院、中国石油集团渤海钻探工程有限公司工程技术研究院、中国石油大学(北京)	周宝义　齐月魁　冯　强　刘天恩　赵　涛
55	2016JB-3-126	大宗及特色蔬菜绿色低温保鲜技术集成及应用	天津商业大学、国家农产品保鲜工程技术研究中心(天津)、天津市黑马工贸有限公司	刘　斌　阎瑞香　关文强　张　哲　张　娜
56	2016JB-3-127	现代中药绿色质量评价关键技术体系建立及应用	天津中医药大学、杭州师范大学	常艳旭　曹　君　王春华　何　俊　高秀梅
57	2016JB-3-128	自然工质CO_2跨临界热泵系统关键技术研究	天津城建大学、天津商业大学	杨俊兰　刘圣春　代　乾　胡　静　李　伟
58	2016JB-3-129	经长丝在棉型产品上的开发与运用	天津天纺投资控股有限公司	王　梅　孙　晶　徐长安　葛晓华　张立娟
59	2016JB-3-130	当归补血汤协同肌源性干细胞移植受体造血重建的应用研究	天津中医药大学	汪　涛　王晓玲　冯　莉　赵舒武　王丽帆
60	2016JB-3-131	进出境果蔬重大病虫害快速检测及处理技术研究与应用	天津出入境检验检疫局动植物与食品检测中心	王金成　康芬芬　刘　鹏　牛春敬　张瑞峰
61	2016JB-3-132	复杂构造薄互储层地震成像与储层预测方法研究及应用	中国石油大港油田勘探事业部、中国石油大港油田勘探开发研究院	翟桐立　曹宏涛　郭淑文　熊金良　李　冰
62	2016JB-3-133	胃癌前病变的中医辨证规律及基础研究	天津市中医药研究院附属医院	刘华一　王秀娟　王　蓉　江海涛　李桂珍
63	2016JB-3-134	氯乙烯职业健康风险评价技术研究与应用	天津渤海化工集团有限责任公司劳动卫生研究所、南开大学	黄德寅　刘　茂　张　倩　李敏嫣　薄亚莉
64	2016JB-3-135	高炉炉缸留有残留物快速开炉技术开发与应用	天津天铁冶金集团有限公司、重庆科技学院	张文东　谢文飞　万　新　刘瑞东　白雪松
65	2016JB-3-136	国产罗经鸟、声学鸟研究与应用	中海油田服务股份有限公司	曾　翔　阮福明　曹占全　吴秋云　黄德友
66	2016JB-3-137	混凝土高性能化成套技术及关键材料	天津冶建特种材料有限公司	郝挺宇　曹擎宇　吴志刚　郭　诚　侯学力
67	2016JB-3-138	引滦水量水质多级耦合优化调控关键技术研究	天津市引滦工程管理处、天津市水利科学研究院	李继明　王志高　刘尚为　周志华　顾晓蓉
68	2016JB-3-139	果蔬精准温控(冰温)绿色保鲜工艺和装备研发与应用	国家农产品保鲜工程技术研究中心(天津)、天津商业大学、中国科学院植物研究所	李江阔　陈绍慧　田世平　张　鹏　鲁晓翔
69	2016JB-3-140	混合醇醛回收精制技术的开发及应用	天津渤化永利化工股份有限公司	聂增来　庞栓林　李治水　谢智勇　李云辉
70	2016JB-3-141	基于北斗地基增强的天津市三维测绘基准体系研究与建设	天津市勘察院、星际空间(天津)科技发展有限公司	黄恩兴　王　珍　马　强　丁乐乐　杨秋莲
71	2016JB-3-142	作物气孔的抗逆机制及其在育种上的应用	天津农学院、中国农业大学	谢晓东　孙守钧　倪中福　彭惠茹　尤明山
72	2016JB-3-143	30t轴重重载混凝土岔枕生产工艺技术研究	中国铁建大桥工程局集团有限公司、中铁株洲桥梁有限公司、湖南工业大学	刘红桃　宋伟俊　朱　娜　叶伯清　李　源

续表 62

序号	奖励编号	项目名称	获奖单位	获奖人
73	2016JB-3-144	海岸与河口潮流泥沙模拟技术规程	交通运输部天津水运工程科学研究所、水利部交通运输部国家能源局南京水利科学研究院、中交天津港湾工程研究院有限公司	杨　华　李孟国　徐　群　陈国平　李华国
74	2016JB-3-145	日产5000吨熟料生产线生料辊压机终粉磨系统技术及装备开发与应用	中材装备集团有限公司、天津水泥工业设计研究院有限公司	石国平　边汉民　柴星腾　赵怡德　李洪双
75	2016JB-3-146	黄土地层浅埋暗挖大断面隧道施工力学行为研究	中铁第六勘察设计院集团有限公司、中铁隧道勘测设计院有限公司、西安市地下铁道有限责任公司	全荷敏　康　佐　来弘鹏　张达栋　张　佳
76	2016JB-3-147	基于大数据的网络安全事件审计	汉柏科技有限公司	杨连群　刘树发　温晋英　司云修　廖延安
77	2016JB-3-148	老年人高血压相关脑卒中系列个体化防治体系的建立	天津医科大学第二医院、天津市老年病学研究所	王　林　李　新　夏晓爽　岳　伟　吴存瑾
78	2016JB-3-149	华北地区办公建筑绿色化改造技术研究与工程示范	天津市保护风貌建筑办公室、天津大学、天津市历史风貌建筑整理有限责任公司	路　红　张　颀　刘丛红　傅建华　刘　刚
79	2016JB-3-150	少年儿童骨髓衰竭疾病诊疗标准体系的建立	中国医学科学院血液病医院（血液学研究所）	竺晓凡　郑以州　张凤奎　张　丽　王书春
80	2016JB-3-151	浅海吹填区木桩盖板结构荷载分级过渡保护海底管线施工工艺研究	中交天航港湾建设工程有限公司、天津大学、天津临港工业区建设开发有限责任公司	唐　研　孙立强　宋俊强　闫澍旺　谢卫东
81	2016JB-3-152	燃气调压设施加速失效测试技术及评价方法	中国市政工程华北设计研究总院有限公司	李颜强　赵自军　王　启　翟　军　严荣松
82	2016JB-3-153	心血管疾病患者的血尿酸调控方案	天津市胸科医院、天津市心血管病研究所	丛洪良　李曦铭　胡越成　张迎怡　万亮辉
83	2016JB-3-154	海水淡化后浓海水提取工业溴技术研究	天津长芦汉沽盐场有限责任公司	刘立平　任　杰　韩以群　贾国良　王朝乾
84	2016JB-3-155	CP-300自升式钻井平台设计制造技术开发与应用	中国石油集团渤海石油装备制造有限公司	樊岩松　张晓宇　高广俊　尹雪霏　赵　娜
85	2016JB-3-156	09CrCuSb耐硫酸露点腐蚀圆钢的研制与开发	天津钢铁集团有限公司	刘桂华　任茂勇　王成建　邓志勇　蔡振胜
86	2016JB-3-157	汽车内分型保险杠精密注塑模具开发及产业化	天津银宝山新科技有限公司、天津职业技术师范大学	王　权　蔡玉俊　李　杰　吴正环　舒丽丽
87	2016JB-3-158	复杂环境条件下新能源道路照明产品研发及应用	天津工大海宇半导体照明有限公司、天津工业大学	田海涛　张建新　董晨名　付贤松　王　宁
88	2016JB-3-159	信号汇聚设备SCS640	天津光电通信技术有限公司	郝书宁　张晓峰　杨晓波　张鹏泉　陈伟峰
89	2016JB-3-160	移动计算环境下嵌入式实时数据库故障恢复关键技术研究	天津理工大学	肖迎元　申　艳　张德干　王晓晔　戴　敏
90	2016JB-3-161	智能终端安全通信服务软件研发及产业化	天津光电安辰信息技术有限公司	吕前进　胡双喜　梁友仁　吴　彤　高　友
91	2016JB-3-162	高压大排量双螺杆泵加工制造关键技术及应用	天津君宇科技股份有限公司、天津职业技术师范大学	张艳君　王仲民　张　涛　李　宁　周　鹏
92	2016JB-3-163	遥感集市云服务平台开发与应用	中科遥感科技集团有限公司	黄　瑶　严新宝　张彩霞　刘　剋　卢　燕
93	2016JB-3-164	环保型无机建筑保温材料关键技术研究	天津城建大学、天津裕丰源环保科技有限公司	李军伟　刘志锋　倪文萍　李　婧　商冬颖

续表62

序号	奖励编号	项目名称	获奖单位	获奖人
94	2016JB-3-165	大跨度针形独塔钢斜拉桥施工关键技术研究	中铁十八局集团有限公司、中铁十八局集团第五工程有限公司	李文广　程志强　罗金山　蔡　宁　王守立
95	2016JB-3-166	甚高频超声皮肤影像技术的应用研究	中国医学科学院生物医学工程研究所、天津迈达医学科技股份有限公司	杨　军　宋学东　计建军　王延群　庞　超
96	2016JB-3-167	路面层间控制指标与处治技术研究	天津市交通科学研究院、长安大学、石家庄市众诚公路机械化养护有限公司	周卫峰　李彦伟　王选仓　范焕持　任保国
97	2016JB-3-168	补肾活血法组方制剂对阿霉素肾病的治疗作用及机制	天津市公安医院、天津市中医药研究院附属医院、南开大学医学院	张勉之　张大宁　谭小月　左春霞　贾胜琴
98	2016JB-3-169	大变形焊管制造关键技术研究与应用	中国石油集团渤海石油装备制造有限公司	陈小伟　付彦宏　杨玮玮　张婷婷　李国鹏
99	2016JB-3-170	垃圾焚烧飞灰熔融/烧结制备生态建材技术及应用	天津城建大学、天津壹鸣环境科技股份有限公司	刘汉桥　魏国侠　张曙光　张　蕊　朱玉雯
100	2016JB-3-171	慢性心力衰竭分期辩证论治方案及疗效评价研究	天津中医药大学第二附属医院	杜武勋　刘长玉　张少强　朱明丹　张红霞
101	2016JB-3-172	海上溢油应急能力建设创新工程	中海石油环保服务（天津）有限公司	安　伟　章　焱　宋莎莎
102	2016JB-3-173	重型机械高效技术创新体系建设	太重（天津）滨海重型机械有限公司	廉广社　赵国栋
103	2016JB-3-174	强度环境可靠性技术创新工程	天津航天瑞莱科技有限公司	邱　杰　许　洋　冯　伟
104	2016JB-3-175	基于掌握Ⅲ-Ⅴ族半导体核心技术的研发创新体系	天津三安光电有限公司	王笃祥　吴超瑜　毕京锋
105	2016JB-3-176	退化土壤绿化技术创新平台建设	天津市北方创业园林股份有限公司	赵立伟　苏亚勋　王素君
106	2016JB-3-177	高性能大规格节能结构玻璃技术创新工程建设	天津北玻玻璃工业技术有限公司	高　琦　张玉堂　全晓萍

【技术市场】 2016年，登记、统计各类技术合同13060项，成交金额为602.32亿元，与2015年相比成交金额增长11.7%。

2016年天津市技术合同登记情况

表63

	登记合同数（份数）	合同成交总金额（万元）	其中技术交易额（万元）
总计	13 060	6 023 176.00	4 356 991.10
按技术合同类别分			
技术开发	5 704	807 333.02	494 874.10
技术转让	410	643 811.61	618 202.90
技术咨询	1 368	530 658.19	382 592.02
技术服务	5 578	4 041 373.18	2 861 322.08
按合同买方类别分			
机关法人	2 438	207 2561.74	1 174 713.62
事业法人	3 148	230 671.28	209 959.82
社团法人	51	862.50	749.95
企业法人	7 319	3 714 422.35	2 967 178.51

续表63

	登记合同数 (份数)	合同成交总金额 (万元)	其中技术交易额 (万元)
自然人	18	847.53	808.22
其他组织	86	3 810.58	3 580.98
按合同卖方类别分			
机关法人	0	0.00	0.00
事业法人	6 802	601 039.05	452 346.69
社团法人	0	0.00	0.00
企业法人	6 241	5 421 813.44	3 904 362.96
自然人	17	323.50	281.45
其他组织	0	0.00	0.00
按社会经济目标分			
环境保护、生态建设及污染防治	573	360 998.34	108 174.85
能源生产、分配和合理利用	617	870 975.33	613 203.11
卫生事业发展	559	158 376.61	110 602.94
教育事业发展	664	44 626.79	40 659.90
基础设施以及城市和农村规划	1 282	387 697.78	312 542.99
社会发展和社会服务	4 969	1 730 145.11	1 078 626.97
地球和大气层的探索与利用	12	154.67	151.04
民用空间探测及开发	35	4 705.37	975.64
农林牧渔业发展	195	92 417.25	76 155.81
工商业发展	900	936 607.68	840 966.63
非定向研究	366	72 134.18	19 034.17
其他民用目标	2 809	861 461.26	682 237.98
国防	68	24 817.52	22 526.86
按技术流向分类			
本市	6 412	295 158.30	200 204.90
外地	6 648	5 728 017.70	4 156 786.20

（马东升）

软科学

【科技发展战略研究简况】 2016年，天津市在研项目338项，其中新增项目114项，结转项目224项。新增项目经费782万元，其中市财政经费738万元，单位自筹44万元。新增项目共有920人次参与实施，其中正高级职称136人次，副高级职称256人次，中级职称344人次；博士246人次，硕士491人次，学士152人次。新增项目共有114家单位参与实施，其中高校57家，企业5家，事业单位39家，政府机关5家，其他单位8家。共发表CNKI论文127篇，其中核心期刊45篇；发表《科技战略研究报告》26篇；公开媒体发表论文、专著及市委市政府内刊17篇，获市领导批示4人次。

深化科技体制机制改革，促进国家自主创新示范区与自贸区联动发展。实施“双自联动”是全面落实创新驱动发展战略，深化科技体制改革，加快建设创新创业生态系统的重要手段和途径。“天津国家自主创新示范区与中国（天津）自贸区联动发展的机制研究”项目借鉴上海等地实施“双自联动”经验，深入开展自创区和自贸区政策需求调研，提出天津特色“双自联动”的发展思路、突破重点和改革措施，并对“双自联动”影响天津市未来发展的趋势进行预测，为“十三五”期间深化科技体制改革提供借鉴。

贯彻落实重大国家战略，为全国先进制造研发基地建设提供决策支撑。2015年7月，《京津冀协同发展规划纲要》明确天津市“一基地三区”的功能定位。“我市建设全国先进制造研发基地的对策研究”项目深入调研天津市经济社会和制造业发展现状，提出天津建设先进制造研发基地的产品技术优势、创新环境优势、创新主体优势、创新政策优势、研发平台优势、产业结构优势等六大创新优势，从完善产业创新链条，打造先进制造研发新生态；加快自主创新示范区建设，打造先进制造研发基地新载体；推动科技领军企业发展，打造先进制造研发新动力；加快众创空间发展，打造先进制造研发基地新引擎；加快京津冀协同创新，聚集先进制造研发基地新资源；深化科技体制改革，释放先进制造研发基地新活力等六个角度提出天津市建设先进制造研发基地的思路和重点任务。

“走出去，引进来”，促进科技型企业转型升级和实现跨越式发展。科技型企业发展进入量质并重和转型升级的新时期。“科技型企业开展国内外兼并重组实现扩张性发展的对策研究”项目，基于问题与需求角度，全面分析科技型企业开展兼并重组的基础条件、存在风险和基本经验，形成具有天津特色的科技型企业兼并重组工作方案；提出建立与国际形势相适应的科技企业国内外兼并重组服务体系战略计划；提出推进科技型企业兼并重组的创新政策和服务保障体系。

研究《天津市促进科技成果转化条例》，推动《促进科技成果转化法（修正案）》落地。促进科技成果转移转化是实施创新驱动发展战略的重要任务，对于推进结构性改革尤其供给侧结构性改革、支撑经济转型升级和产业结构调整意义重大。“基于新的《促进科技成果转化法》实施背景下我市促进科技成果转化条例修订研究”项目借鉴学习国内外促进科技成果转移转化的经验，梳理研究《促进科技成果转化法》，分析总结天津市科技成果转化的现状与困境，起草完成《天津市促进科技成果转化条例》（修正案草案），修订草案在整体结构和内容上突破创新，对促进天津市科技成果转化，激发高校院所科技人员创新创业和企业技术创新具有较强的理论和实践指导意义。

探索企业员工内部创业，为推进大众创业万众创新提供理论依据。大众创业万众创新成为新常态下促进结构优化和转型升级的新引擎。“企业鼓励内部员工（裂解式）创新创业的机制与对策研究”项目分析研究企业员工创新创业能力培养的原理与机制，调研总结企业内部员工创新创业的成功经验及面临的问题与成因，以此提出天津市企业内部员工创新创业的对策建议。研究完成5篇学术论文，发表3篇，研究成果对于指导高校创业教育、促进产学研结合和提升企业自主创新能力具有重要意义。

2016年该类计划共有42个项目完成研究，验收结题。

2016年科技发展战略研究计划取得的主要成果

表64 **单位：人次**

类别	发表论文（篇）				申请专利（件）		授权专利（件）	
		国内发表	国外发表	三大系统收录		发明专利		发明专利
在研项目	251	221	30	56	5	4	1	0
结题项目	87	74	9	3	0	0	0	0
合计	338	295	39	59	5	4	1	0

2016年科技发展战略研究计划取得的主要成效

表65 **单位：人次**

类别	培养研究生			晋升职称			
		博士	硕士		正高级	副高级	中级
在研项目	264	58	206	69	17	32	20
结题项目	26	10	16	20	1	8	11
合计	290	68	222	89	18	40	31

（孙文杰　市科委政策法规处）

【工业4.0框架下天津市制造业转型升级的路径选择】 该课题为天津市2016年度重点调研课题，由天津市信息中心承担,于2016年12月完成。该项目对天津制造业的发展现状进行研究，深入分析在面临全球制造业市场处于新一轮深度调整期的环境下，天津制造业转型升级存在着外部市场难以依赖、消费需求增长乏力和利润空间严重挤压的多重压力和阻碍。在此基础上，借鉴工业4.0框架研究转型路径，提出天津要以信息技术和制造业深度融合为主线，以智能化、绿色化、服务化为发展方向，以培育开放、高端、创新、绿色的企业和产业集群为龙头，以构建先进制造标准为抓手，增强制造业创新能力和竞争实力，提升产业层次和质量效益，并从优化制造业结构，提升制造业效率；强化自主创新，实现技术突破；发展制造服务，加快制造业转型升级；加强标准引导，构建先进制造标准体系四个方面提出具体的发展路径。该项目研究成果对于天津主动应对新一轮科技革命和产业变革的客观需求，加快制造业转型升级步伐，实现全国先进制造研发基地发展目标提供决策参考。

（天津市信息中心）

【滨海新区中心商务区金融业发展思路研究】 该项目为天津市滨海新区中心商务区2016年度重点调研课题，由天津市信息中心承担,于2016年12月完成。随着天津自由贸易试验区方案的正式批复，中心商务区重点发展以金融创新为主的现代服务业的功能定位更加明确。该项目围绕加快实现中心商务区这一功能定位，深刻分析国内外金融业发展环境和发展趋势、形成独具特色的发展目标和思路，探索中心商务区金融业发展的可行路径。该项目提出中心商务区金融业具有整体规模进一步壮大、金融服务体系不断完善的特点，同时也指出中心商务区面临核心CBD现代服务业功能尚不明显、高端人才缺乏、金融监管呈现收紧趋势等问题。对纽约、东京、北京等国内外著名金融业CBD和国内自贸实验区的金融业发展经验进行梳理总结，对滨海新区中心商务区金融业发展进行比较分析，结合中心商务区金融业发展实际，提出发展目标和思路，从着力发展创新型金融、扩大人民币的跨境使用、大力发展要素市场、大力承接首都金融资源疏解、优化提升金融发展环境五个方面提出具体的对策建议。

（天津市信息中心）

【滨海新区中心商务区招商引资思路研究】 该项目为天津市滨海新区中心商务区2016年度重点调研课题，由天津市信息中心承担，于2016年12月完成。该项目深入分析中心商务区招商引资现状，提出在自贸区、自创区、双创特区等一系列有利因素的推动下，中心商务区经济发展势头强劲、产业聚集初具规模，但与中心商务区承担的功能定位、与国内外先进区域和周边功能区相比，还面临着金融业一家独大、龙头企业少、科技创新能力不强、招商引资政策有待进一步完善和招商引资机制有待进一步健全等突出问题。总结分析中心商务区招商引资工作面临的机遇和挑战，国际产业转移进一步加快、区域服务辐射效应日益明显和服务业持续升级为中心商务区招商引资工作提供发展机遇，但同时也面临招商引资工作对体制机制建设提出新要求、专业招商引资人才不足、区域发展面临新竞争等挑战。在比较分析印度班加罗尔、日本大阪和深圳等城市和地区招商引资经验的基础上，从着力提升投资环境、积极创新招商引资方式、明确招商引资重点、优化载体配套环境、利用好多重政策叠加优势、打造专业招商队伍和积极塑造商务区品牌优势七个方面提出中心商务区创新招商引资工作的思路和对策。 （天津市信息中心）

【天津国家自主创新示范区发展规划纲要（2015~2020年）】 由天津市科学学研究所完成。在深入梳理发展现状，充分把握外部形势的基础上，围绕天津示范区示范什么、如何示范这一问题深入思考，围绕打造具有国际竞争力的产业创新中心这一示范核心，列举五大示范重点。基于天津市现状分析、融合其他国家自主创新示范区省市先进经验、深入进行理论研究基础上，采用四维一体的系统化分析方法，从经济产业发展方向、天津产业基础与规划、天津的资源禀赋与成果以及与国内先进自主创新示范区的差异等四个维度，识别天津示范区发展战略定位，明晰天津示范区在该战略定位中的发展重点。天津示范区规划纲要编制过程充分考虑三个结合：即落实国家战略与体现天津特点相结合、遵循市场规律与发挥政府作用相结合、坚持高端引领与发挥辐射作用相结合，为天津示范区提升产业竞争力、加速聚集高端创新资源、持续优化创新创业环境、全面推进协同开放创新等方面指明发展方向和实施路径。（郭连英）

【天津国家自主创新示范区产业发展规划（2015-2020年）】 由天津滨海新区科技创新服务有限公司完成。《天津国家自主创新示范区产业发展规划》的编制，为天津国家自主创新示范区“一区二十一园”核心区和各分园的产业发展目标、发展重点、发展举措提供具有指导性和前瞻性的思路，指导各分园在未来的产业发展上能够实现错位发展、特色发展，为天津市建设全国先进制造研发基地和具有国际影响力的产业创新中心提供支撑。（郭连英）

【天津国家自主创新示范区与中国（天津）自贸区联动发展的机制研究】 由天津滨海新区科技创新服务有限公司完成。开展自创区和自贸区政策需求调研，深入了解自主创新示范区和自由贸易试验区建设的基本情况，对“双自联动”影响天津未来发展的趋势进行预测，为“十三五”期间深化科技体制机制改革提供借鉴。结合理论研究和实践推进，一方面通过梳理双自联动相关政策、经验以及天津的发展思路和需求，一方面通过辅助相关政府管理部门，起草政策并配合宣传推广，推进政策的落地和理论研究成果的应用。提出不同区域特色下“双自联动”的理论基础和联动模式，并明确天津市“双自联动”主要内容及与其他地区的差异；提出适应天津发展需求的“双自联动”主要思路和举措，实现与国家宏观战略的衔接；突出体制机制先行先试与操作性的结合，在改革思路、政策措施等方面率先实现突破，促进全市科技体制机制创新；强化战略研究与实际工作的结合，设计兼顾现实情况与长远发展的政策措施，充分体现科技政策研究的针对性。（郭连英）

【天津市建设全国先进制造研发基地的对策研究】 该项目由天津滨海新区科技创新服务有限公司完成。深入分析国内外建设先进制造研发基地的背景和目的意义，通过调研系统总结先进制造领域技术和产业的发展趋势。课题组深入调研天津市经济社会和制造业发展现状，提出天津建设先进制造研发基地的产品技术优势、创新环境优势、创新主体优势、创新政策优势、研发平台优势、产业结构优势等六大创新优势。并从完善产业创新链条，打造先进制造研发基地新生态；加快自主创新示范区建设，打造先进制造研发基地新载体；实施小巨人升级版，打造先进制造研发基地新动力；加快众创空间发展，打造先进制造研发基地新引擎；加快京津冀协同创新，聚集先进制造研发基地新资源；深化科技体制改革，释放先进制造研发基地新活力等六个角度提出建设先进制造研发基地的思路和重点任务。在具体产业发展方面，提出高端装备制造业、新一代信息技术业、新能源汽车产业、航空航天产业、化工新材料产业五个重点先进制造业的创新链条建设路径。（郭连英）

【基于自贸区制度创新和“双区联动”的国际化技术转移和跨境研发的对策研究】 由天津市科学学研究所完成。形成《基于自贸区制度创新和“双区联动”的国际化技术转移和跨境研发的对策研究》报告，对于国际技术转移的理论与研究发展现状进行系统梳理；对比分析国内外典型区域的国际技术转移和跨境研发的发展态势并总结对天津有借鉴意义的经验启示；准确把握并判断天津市国际技术转移与跨境研发工作的现状、特点与问题；研究提出构建国际技术转移开放服务平台、推动支持国际技术转移政策突破、探索自贸区内技术转移模式创新、推动国际技术转移服务网络建设、建立国际技术转移引导基金等推动天津市开展国际技术转移与跨境研发工作的重点任务。为相关部门决策提供理论依据。

（郭连英）

【天津市交通运输科技“十三五”发展规划研究】 在充分调研的基础上，系统总结分析“十二五”期间天津市交通运输行业发展现状，围绕天津市建立现代综合交通运输体系的发展需求，明确“十三五”时期交通科技的发展目标、重点任务和保障措施，内容覆盖全面、可操作性强。项目研究成果形成天津市大交通体制的第一个五年科技发展规划，即《天津市交通运输科技“十三五”发展规划》。总结提出交通科技发展规划编制的六步流程，即：现状与需求分析、技术优劣势对比分析、发展思路与规划目标、技术优选和项目组合、顶层设计和项目框架设计、保障措施，对交通科技发展具有较强的指导作用。

（郑连生）

【中国能源农业循环经济体系研究】 为2014年度国家软科学研究计划项目，课题编号：2014GXQ4D174，由天津市农村经济与区划研究所承担，2016年12月26日通过由市科委组织的专家通信验收。主要参加人员：贾凤伶、刘强、刘会想、孟海波、秦静和崔凯。在界定能源农业概念的基础上，分析能源农业发展的重大意义，同时对国内外能源农业发展现状进行梳理；围绕全国能源资源的供需现状及能源农业发展的资源基础，对全国能源农业发展的资源潜力进行预测；对全国能源农业的区域布局与发展重点进行研究，明确提出10个重点产业及6项重点工作任务；对全国能源农业的产业体系进行研究，深入剖析产业发展存在的问题及产业发展方向，构建出能源农业循环经济产业体系，并针对产业体系，对农业废弃物产业链、能源植物产业链和能源林产业链进行设计；对能源农业循环经济的科技支撑体系进行研究，按照种植业、能源林、畜牧业和农业加工业的分类方法，构建出科技支撑主要技术体系框架；对全国能源农业循环经济效益评价体系进行研究，包括经济效益评价、环境效益评价和社会效益评价；在政府、企业和农户三方主体行为博弈分析的基础上，对推进全国能源农业发展的对策建议进行探讨，构建出政策体系框架，包括8大类、23项具体政策，为全国能源农业产业健康发展提供保障。

（孙国兴）

【科技支撑天津美丽乡村建设的路径与对策研究】 为天津市科技发展战略研究项目，项目编号：14ZLZLZF00085，由天津市农村经济与区划研究所承担，主要参加人员：贾凤伶、李金田、李瑾、孙国兴、陈绍田、秦静和陈焕伟，2016年6月22日结题。分析国内外科技支撑美丽乡村建设的先进经验，提出对天津的有益启示；对美丽科技支撑美丽乡村建设的概念进行界定，并对美丽乡村建设的特征进行分析；在调研问卷的基础上，针对当前天津美丽乡村建设存在的问题，提出围绕美丽乡村建设的科技需求。围绕美丽乡村“六化”“六有”建设内容，构建天津美丽村庄建设考评目标体系，并通过评价模型进行实证分析；围绕美丽小城镇“六美”建设内容，构建天津美丽小城镇建设考评目标体系，并提出推进美丽小城镇发展的对策建议。以科技支撑美丽村庄建设的水平评价为基础，提出天津美丽乡村建设的科技支撑路径；围绕科技支撑路径，提出推进天津美丽乡村建设的科技支撑机制和对策建议。

（孙国兴）

【基于“互联网+”的京津冀农业科技协同创新发展研究】 为天津市科技发展战略研究项目，项目编号：15ZLZLZF00550，由天津市农村经济与区划研究所承担，主要参加人员：崔凯、孙国兴、郭静利、冯献、秦静和韩金博，2016年12月结题。将现有的互联网促进区域农业协同发展的相关理论、学术观点、成果等集成，针对京津冀农业协同创新的战略背景进行宏观把握，提出“互联网+”背景下京津冀农业科技协同创新的必要性，在此基础上开展京津冀农业科技发展现状及其对“互联网+”的需求调研，找出制约三地农业协同发展的关键因素，基于此提出京津冀农业协同创新对“互联网+”的战略要求。二是通过搭建协调度评价模型，测算京津冀农业科技协同度，并以2011年~2014年的实践加以佐证；搭建基于“互联网+”的京津冀农业科技协同创新体系框架，提出“互联网+农业”“互联网+服务”“互联网+数据”“互联网+流通”的京津冀农业科技协同创新发展路径，明确未来三地科技创新、产业发展等方面的合作重点及领域。根据项目研究结论，提出相应的对策措施，为三地科技部门、政府部门、科研单位、高校、企业、农业科技园区等主体开展科技攻关及项目合作提供依据，为转变京津冀农业发展方式，促进农业可持续发展提供支撑。本研究成果对完善京津冀联动发展的科技支撑理论体系，以及通过“互联网+”农业科技协同创新发展促进京津冀联动发展，具有理论现实意义和较好应用前景。（孙国兴）

【基于新型农业经营主体培育视角下推进天津农业企业持续发展战略研究】 为2014年天津郊区发展调查研究计划课题（课题编号：TJNWY2014004），由天津市农村经济与区划研究所承担，2016年7月28日通过了由天津市农委组织的专家评审。主要参加人员：宋建辉、孙国兴、贾凤伶、李慧燕、张蕾和陈鹏。在对农业企业等新型经营主体培育的现实背景与客观需求进行分析基础上，对天津农业企业发展基本情况进行实地调查分析，针对农业企业以民营为主且规模偏小，融资难融资贵问题依然突出、科技创新能力偏低、品牌化经营重视不够、企业与农户间利益连接机制不紧密、政府公共服务水平待提升等提出加快推进天津农业企业持续发展的对策措施。

（孙国兴）

【供需视角下天津市农产品科学自给的路径与对策研究】 为2014年天津郊区发展调查研究计划课题，课题编号：TJNWY2014004，由天津市农村经济与区划研究所承担，主要参加人员：郭华、孙国兴、黄学群、史佳林和陈丽娜，2016年11月29日通过市农委组织的专家评审。以天津食品的科学自给为目标，结合现有的研究基础，基于农产品生产和消费的视角定义科学自给的内涵，即实现发挥天津现代都市型农业的优势，满足城乡居民膳食结构升级的需求，保护生态环境以及保证农民增收和农业增效的目标；同时按照“提升能力保供给，优化结构促平衡，完善体系增效益，强化监管保安全”的农产品科学自给思路，综合权衡资源环境的约束、居民消费结构演变以及大流通的发展，在分析天津市农产品供给与消费情况基础上，研究天津市农产品的比较优势所在，提出不同情境下天津农产品比较优势选择，确定天津农产品科学自给的发展重点：即继续优化调整农业结构、多业态促进产销对接、引导均衡生产以调整时间分配以及建立农产品应急保障机制。

（孙国兴）

【天津宅基地置换增值收益分配研究】 该课题为2015年天津郊区发展调查研究计划课题，课题编号：TJNWY2015008，由天津市农村经济与区划研究所承担，主要参加人员：韩金博、史佳林、崔凯和陈琼，2016年11月29日通过市农委组织的专家评审。基于国内外文献梳理的基础上，对天津宅基地置换的背景进行分析，选取天津市5个示范小城镇试点进行重点分析。通过对天津、山东、四川等第一批试点进行调研，总结分析国内集体建设用地使用权流转模式，包括城中村改造模式、集体建设用地流转有形市场模式和城乡建设用地增减挂钩模式。根据博弈论，分析宅基地置换过程中利益相关者的博弈关系。分析中央政府、地方政府、开发商、村集体组织和宅基地农户之间的博弈关系。以华明镇为例，对宅基地置换增值收益分配进行分析，分别计算地方政府和宅基地农户的成本和收益。围绕界定宅基地产权、制定相关条例、强化农村集体组织主导作用、完善征地补偿制度、完善社会保障制度等方面提出保障天津宅基地流转的对策措施。

（孙国兴）

【天津市休闲农业“十三五”发展规划】 为天津市农村工作委员会2015年下达的重点研究项目，由天津市农村工作委员会产业发展处和天津市农村经济与区划研究所共同承担，主要参加人员：李永森、李瑾、郭华、史佳林、黄学群和陈丽娜等，2016年12月6日通过由天津市农委组织的专家评审。在京津冀协同发展的时代背景下，抓住一二三产业融合发展的战略机遇，按照国家有关部委关于促进休闲农业和乡村旅游发展的部署要求，贯彻落实农业部《关于大力发展休闲农业的指导意见》，整合天津休闲农业资源，构建城乡统筹的休闲农业发展格局，对提升休闲农业发展水平，促进现代都市型农业转型升级，带动农民就业增收，繁荣农村经济，实现京津冀休闲农业协同发展具有指导意义。在深入调研和借鉴成功经验的基础上，分析天津休闲农业发展中存在的重点问题，提出“十三五”时期发展总体思路、定位目标、产业体系、重点工程及保障措施。特别是规划提出的“十三五”时期天津休闲农业发展的“322”载体建设工程总体设计和发展目标，以及“三带三板块二十个聚集区”的空间布局，可操作性强，是天津市休闲农业深入落实新发展理念、服务农村产业融合和特色小镇建设的有效支撑。

（孙国兴）

【天津市新型农业经营主体优化提升的对策研究】 为天津郊区发展调查研究计划课题，课题编号：TJNWY2015010，由天津市农村经济与区划研究所承担，主要参加人员：刘会想、陈丽娜、陈琼、张蕾和陈鹏，2016年11月29日通过市农委组织的专家评审。进行新型农业经营主体的理论分析与经验借鉴研究，总结发达国家和地区的主要经验和做法，提出对天津市加快培育新型农业经营主体的有益启示。综合分析天津市新型农业经营主体的发展现状、特征与问题：规模逐步扩大、数量快速上升、带动能力增强。但重数量轻质量、规模小层次低、管理尚需规范、融合度有待提升等。对天津市新型农业经营主体优化提升的制约因素进行分析。主要有设施用地难、土地流转难、融资难、社会化服务不健全、人力资本不足、现有扶持政策覆盖面小、强度低、缺乏针对性等。明确天津市新型农业经营主体的优化提升的总体思路，各类型主体的功能定位和未来发展重点，提出推进新型农业经营主体优化提升的政策建议，即完善新型农业经营主体的政策扶持体系、加快创新完善农村金融制度和农业保险制度、深化土地制度改革创新、注重人才培训和引进、建立健全准入、监管和退出机制。

（孙国兴）

【天津市农村人居环境改善策略研究】 本课题为2014年天津市农村工作委员会调研项目，由天津市农村经济与区划研究所承担，主要参加人员：贾凤伶、秦静、姚磊、刘会想、葛慎峰、郭华和崔凯等。2016年4月6日通过天津市农村工作委员会组织的专家评审。通对国内外人居环境的研究综述，剖析国内外农村人居环境的进展情况，提出对天津有益的启示；对天津农村人居环境演变历程进行历史回顾，探讨人居环境演变的特征，对人居环境影响因素进行分析；提出天津改善农村人居环境的总体思路及目标，对适宜的人居环境改善模式进行探索，确定出改善农村人居环境的5大模式，即增强宜居型——城区带动模式、着力改居型——工业强村模式、打造安居型——农业立村模式、扮倩旅居型——旅游富村模式和保护兴居型——文化兴村模式，并对每种模式进行案例分析；提出天津改善农村人居环境的11项重点工程，即村庄危房改造工程、村庄饮水安全工程、乡村公路建设工程、村庄垃圾污水治理工程、村庄土地集约节约利用工程、村庄环境连片整治工程、村庄电气化建设工程、村庄绿化美化工程、畜牧业粪污治理工程、农作物秸秆资源化利用工程和农业面源污染治理工程；从突出规划引领、加快统筹推进、健全投入机制、强化项目带动、推进产业转型、优化建设模式、注重宣传教育等7个方面，提出改善农村人居环境的对策措施。

（孙国兴）

【天津美丽村庄可持续发展的长效机制与对策研究】 该课题为2014年天津市农村工作委员会调研项目，由天津市农村经济与区划研究所承担，主要参加人员：贾凤伶、黄学群、姚磊、史佳林、葛慎峰、张明亮和陈丽娜等。2016年4月6日通过天津市农村工作委员会组织的专家评审。在分析美丽村庄建设背景与意义的基础上，解剖美丽村庄可持续发展的内涵，并借鉴江浙沪鲁等典型地区美丽村庄建设的经验，提出对天津的启示；采取问卷调研与实地调研相结合的方式，对“十二五”期间天津美丽村庄建设情况进行调查，分析美丽村庄建设的现状、存在的问题，并对问题的成因进行分析；设计出“六化六有”模式、旧村改造模式、城市化模式、三产融合发展模式、休闲农业带动模式、都市农业发展模式、特色产业带动模式、观光+农（渔）家乐模式、古村落观光模式和文化传承模式等十种类型的模式作为天津美丽村庄建设的典范，并对每种模式进行案例分析；在物质投入、长效管护、土地流转、产业发展、创业培训及社会保障等六个方面，深入探讨推进天津美丽村庄建设可持续发展的长效机制，并提出构建组织管理系统、强化规划引领作用、拓宽治理水平、打造产业平台、加大宣传推介等六大措施，保障美丽村庄建设的可持续发展。

（孙国兴）

知识产权

【知识产权工作简况】　2016年，贯彻落实《国务院关于新形势下加快知识产权强国建设的若干意见》，积极贯彻实施京津冀协同发展战略，主动服务创新驱动发展大局，加强自由贸易试验区知识产权保护，推动自主创新示范区和高新技术企业知识产权工作，全市知识产权综合实力跃上新台阶。2016年，全市专利申请10.65万件，同比增长33.2%；专利授权3.97万件，同比增长6.4%；有效专利达到12.48万件，同比增长20.3%；每万人口发明专利拥有量达到14.7件；有专利的企业数量首次突破万家，达到10639家；全年专利权质押贷款总额达到24.9亿元，立案查处各类专利行政案件578件，知识产权综合指数位列全国第七。

（耿玉祥）

【推进知识产权强市建设】　贯彻落实《国务院关于新形势下加快知识产权强国建设的意见》，研究制定《关于加快推进知识产权强市建设的实施意见》及任务分工，以市政府办公厅文件印发实施，全市知识产权工作总计投入资金超上亿元，服务企业能力和水平进一步提高。与市科委签订《关于加强知识产权强市建设、打造科技小巨人升级版合作协议》，整体推进知识产权与科技经济主战场融合。推动滨海新区、西青区等6个区开展国家知识产权试点示范城区创建工作，西青区成为天津市首家国家知识产权示范城区，武清区知识产权局被评为“全国专利系统先进集体”。2016年，滨海新区、武清区、北辰区、南开区、西青区等5区有效专利超万件，南开区、北辰区、滨海新区、东丽区、西青区等5区万人均发明专利超全市平均水平，为知识产权强市建设奠定坚实基础。

（耿玉祥）

【天津市知识产权“十三五”规划】　在市知识产权战略领导小组领导下，市知识产权局会同市市场监管委、市版权局等知识产权相关部门，研究编制完成《天津市知识产权“十三五”规划》，提出实施知识产权创造提升行动、知识产权运用促进行动、知识产权保护升级行动、知识产权基础夯实行动、知识产权区域联动行动等五大行动，组织实施国家自主创新示范区知识产权引领工程、自由贸易试验区知识产权保护创新工程、先进制造研发基地及战略性新兴产业知识产权导航工程等十大重点工程。（耿玉祥）

【推进知识产权战略实施】　市政府办公厅印发《深入实施天津市知识产权战略行动计划（2016—2020年）》，对加强知识产权创造、运用、保护等六大方面提出25条主要任务和工作举措，深入推进知识产权战略实施。市知识产权战略协调机制作用充分显现，组织召开“2016年天津市科技和知识产权工作会议”、市知识产权战略领导小组办公室全体成员会议，部署“十三五”和2016年知识产权工作任务。“4·26”知识产权宣传周期间，组织召开市政府知识产权新闻发布会向全社会发布《2015年天津市知识产权发展状况白皮书》、《2015年天津市知识产权保护状况白皮书》，全面展示天津市知识产权发展现状和知识产权保护取得的成效。（耿玉祥）

【建立一局三地知识产权合作会商机制】　国家知识产权局、北京市、天津市、河北省签订《知识产权促进京津冀协同发展合作会商议定书》，为三地知识产权要素资源合理流动创造良好条件。北科大智能装备产业技术研究院、北科大国家大学科技园天津（磁敏）分园暨磁敏产业知识产权示范园同时落户华明高新区，中国技术交易所等30余家北京专业机构来津开展知识产权运营和服务业务。共同构建三地统一的知识产权制度环境和法规政策体系，严格京津冀一体化知识产权保护，提升创新效率和创新收益，优化区域产业布局，共同打造京津冀知识产权协同发展示范区。

（耿玉祥）

【成立京津冀知识产权发展联盟】　推动京津冀知识产权协同发展，与北京市、河北省知识产权局发起成立“京津冀知识产权发展联盟”，整合三地优质知识产权服务资源，帮助企业解决发展中遇到的知识产权问题，服务企业“走出去”参与国际竞争。组织天士力等40家企业和6家知识产权服务机构作为首批会员单位加入发展联盟。与北京市、河北省知识产权局主办“京津冀知识产权协同发展高层论坛”，营造京津冀知识产权协同发展良好环境。（耿玉祥）

【建立京津冀家居行业12330知识产权保护服务工作站】 推动京津冀知识产权维权援助中心共同成立“京津冀家居行业12330知识产权保护服务工作站”，为家居企业提供知识产权维权援助、纠纷调解、公益培训、热点问题研讨等服务。推动天津市家具行业协会建立“中国（天津）知识产权维权援助中心家具行业工作站”，举办京津冀家居企业知识产权保护沙龙，邀请知识产权专家与京津冀50余家家居卖场和家居企业开展交流研讨。（耿玉祥）

【支持自主创新示范区先行先试知识产权试点园区】 落实《天津国家自主创新示范区“一区二十一园”知识产权强区建设方案》，优选天津赛达工业园等7个园区开展专利试点园区工作，提升自创区重点园区知识产权能力，华明高新区和武清开发区被国家知识产权局确定为国家知识产权试点园区。与滨海高新区签订《共同推进自主创新示范区知识产权工作提升自主创新能力合作协议》，支持高新区建设国家知识产权示范园区；推动高新区率先开展“国家专利导航产业发展实验区”和“国家知识产权服务业集聚发展试验区”建设。支持和指导高新区与56家高端知识产权服务机构开展对接，推动区内科技企业实施《企业知识产权管理规范》，提升自创区企业知识产权综合实力。（耿玉祥）

【推动自由贸易试验区建立知识产权风险防控机制】 加快滨海新区知识产权保护服务中心建设，设置专人负责受理知识产权举报投诉，并由天津市知识产权举报投诉中心（维权援助中心）统一调度，统筹协调相关部门，形成集行政调处、法院判决、仲裁、人民调解于一体的“1+4”知识产权保护服务新机制。与天津海关、市市场监管委等部门建立自贸区知识产权联席会议制度和联络员制度，强化与法院、仲裁委等部门信息沟通共享，形成知识产权保护工作协调机制。探索自贸区内知识产权联合执法，建立执法信息共享制度，确保案件转办、反馈及时，重点情况及时通报。（耿玉祥）

【探索知识产权运营新路径】 加快推进华北知识产权运营中心建设，以天津滨海新区科技创新服务有限公司为建设平台，与4家高校和3家科研院所技术转移机构、2家行业协会、1家知识产权交易所、4家知识产权网上交易平台、11家知识产权运营服务机构，组成“1+N”共25家知识产权运营机构建设模式。“华北知识产权运营网”正式上线运营，实现“专利+技术+资本+产业”的有效融合和良性循环。创新知识产权运营模式，培育出以天津大学技术转移公司为代表的高校技术转移机构、以天士力为代表的企业集团专利投资并购、以天元生产力促进中心为代表的区域知识产权运营机构、以技高网为代表的网上专利交易平台跨区域流转等一批具有天津特色的运营模式。2016年，全市各类运营机构举办知识产权运营活动50余次，服务500多家企业；受托运营专利6000余项，科技企业专利交易618项，为企业提高竞争力和产业转型升级提供了知识产权支撑。（耿玉祥）

【培育知识产权优势企业和专利密集产品】 加强企业专利金融支持，提升市场主体知识产权实力和创新能力，服务经济结构优化和产业转型升级。推进实施《天津市企事业单位专利试点办法》，全市1720家企事业单位进入专利工作重点企业库，专利工作重点培育单位总数达到2113家。深化专利消零行动，推动企业依靠专利技术实现转型升级，2955家企事业单位实现专利申请零突破，全市有专利的企业总数达到10639家，专利企业实现营业收入15278.31亿元。开展专利密集企业和知识产权优势企业培育，培育形成30家市级知识产权优势企业、56家国家知识产权优势（示范）企业和414家专利密集企业。推动企业培育专利密集产品，优化企业产品供给，组织1356家企业围绕2150项产品（技术）开展专利布局工作，全年培育知识产权优势产品（技术）39项、专利密集产品532个。推动企业规范知识产权管理，419家企业实施《企业知识产权管理规范》国家标准，40家企业通过标准认证，提升企业知识产权管理水平。（耿玉祥）

【服务高新技术企业培育】 组织高新技术企业知识产权服务供需对接活动，帮助企业补齐专利短板。面向高新技术企业开展专利布局、专利优势培育等工作，725家高新技术企业、121家市级高新技术企业纳入专利试点工作体系。组织相关专家成立知识产权服务队，深入南玻公司、长荣公司等科技企业帮助解决知识产权具体问题。举办8期科技型企业负责人知识产权研讨班，累计为企业培训近千人次。2016年，高新技术企业取得专利授权10092件，其中发明专利授权1584件；34家国家级高新技术企业和13家市级高新技术企业实现发明专利申请零突破。

（耿玉祥）

【深化专利权质押和保险】 加强知识产权金融服务，推动武清开发区获批新一轮国家级知识产权投融资试点，全市投融资试点单位达到4家。开展企业专利运营与投融资需求调查，建立专利权质押融资需求库，举办专利权质押融资银企对接活动，全市专利权质押贷款总额达到24.9亿元，为66家企业解决融资难题。修订《天津市专利权质押贷款专利评估费补贴办法》，扩大评估费补贴覆盖面，累计发放专利权质押贷款评估费补贴62.2万元。加强专利保险试点，全市25家企业投保专利执行险，降低企业主动维权成本；推动人保财险天津分公司新增专利试点险种"境外展会专利纠纷法律费用保险"，海鸥集团参保新险种，成为全国首家参保境外展会专利纠纷法律费用保险的单位。（耿玉祥）

【加大专利行政执法力度】 组织实施"打击侵犯知识产权和制售假冒伪劣商品"专项行动，开展"4·26专项执法""闪电专项行动"等专利行政执法活动。2016年，出动专利执法人员500余人次，检查商业场所250个（次），检查商品31.3万件；全年立案查处各类专利行政案件578件。加强大型展会知识产权执法，进驻津洽会等大型展会28个（次），在展会现场设立知识产权工作站，现场处理专利纠纷30件，接待咨询服务1300余人次，发放知识产权保护宣传材料3000余份。天津专利行政执法能力考核名列全国第七名。

（耿玉祥）

【深化知识产权协作机制】 与市高级人民法院加强知识产权保护协作，开展重点案件研讨，推进知识产权行政保护与司法保护的有机衔接。联合市商务委服务企业走出去，组织编制《"走出去"企业海外知识产权保护服务手册》，帮助企业开展海外专利预警，助力企业实现过剩产能转移和抢占国际市场，提升企业参与国际竞争的能力。发挥跨区域专利行政执法协作机制作用，推进省市间专利执法协作，提高跨区域知识产权保护水平，维护专利权人合法权益。

（耿玉祥）

【提升知识产权维权援助服务能力】 加强天津知识产权维权援助中心12330服务热线和微信公众服务平台建设，受理各类有效举报、投诉、咨询4500件并及时处理，维护权利人的合法利益。推动成立京津知识产权维权援助武清联合工作站、京津冀家具行业知识产权维权援助联合工作站、知识产权维权援助自行车行业工作站和医药行业工作站，进一步完善我市知识产权维权援助工作体系。2016年，在全国76个知识产权维权援助举报投诉中心工作绩效考核中，天津位列全国第二位。

（耿玉祥）

【促进知识产权服务业发展】 发挥知识产权服务业支撑创新驱动发展作用，推进国家和天津市两级知识产权服务业集聚区建设，打造全链条知识产权服务体系。滨海高新区获批国家知识产权服务业集聚发展试验区，东丽区、西青区学府高新区开展天津市知识产权服务业集聚区建设。研究制定《天津市知识产权服务优秀机构培育工作方案（2016~2020）》，推动2家服务机构入选全国第三批知识产权服务品牌培育机构，天津市全国知识产权品牌服务机构累计达到9家。加大知识产权服务机构引进力度，中细软、中科专利等28家北京市、河北省高端服务机构来津开展知识产权业务。加强专利代理行业监管，开展专利代理专项整治，进一步规范专利代理行为。承办2016年全国专利代理人资格考试天津考点，天津考点报名参考人员创历史新高，全市新增128人取得专利代理人资格。（耿玉祥）

【加强知识产权公共服务】 建设"天津市知识产权服务网"，完善知识产权公共服务平台。发挥国家专利信息传播利用（天津）基地作用，全面推进专利信息传播利用工作。新建红桥、武清、宁河和宝坻4家专利信息工作站，专利信息工作站总数达到8家。组建近百人专利信息讲师队伍，开展专利信息大讲堂10余期，培训1000余人次。改造升级知识产权服务大厅，集合服务功能，优化服务窗口设置，方便企事业单位和群众办理知识产权业务。（耿玉祥）

【提升专利代办窗口服务水平】 优化专利代办工作流程，强化一次性告知制度，提升专利代办服务水平。开展全国首批专利费用查询试点工作，完成国家知识产权局授权各项业务工作，保持代办业务零差错。2016年，天津专利代办处共受理专利申请9.7万件，同比增长24.6%；全市电子专利申请率98.1%，基本实现专利电子申请全覆盖。（耿玉祥）

【举办发明大赛促进大众创业万众创新】 与滨海高新区管委会、市教委等部门共同举办"2016年天津市知识产权创新创业发明与设计大赛"以及高新区创新创业大赛、大学生知识产权创新创业大赛、外观设计创新创业大赛等特色初赛，吸引全市近2000个项目参赛。经初赛评审、专家评审等环节，评出60个项目分列大赛一、二、三等奖，并列入全市专利创业奖的候选项目。与滨海高新区共同举办"天津市知识产权创新创业发明与设计大赛（富国高银站）优秀项目推介会"，对优秀专利项目进行路演展示和展位推介，促进项目与企业、金融机构、专利服务机构的对接，推动专利项目实施转化。（耿玉祥）

【青少年知识产权促进行动】 与市教委、市科委、市科协举办"2016年天津市青少年小发明设计大赛"，全市400余项参赛作品获得专利授权。与市教委等部门举办中小学科技辅导员知识产权专题培训班，认定红桥区中心小学等10所学校为天津市青少年知识产权教育示范学校，全市知识产权教育示范校总数达到20所。天津市实验小学、红桥区实验小学、滨海九中和五十四中学等4所学校被国家知识产权局评定为"全国中小学知识产权教育试点学校"。（耿玉祥）

【知识产权宣传培训】 利用"4·26世界知识产权日""中国专利周""12·4"普法宣传日等契机，宣传报道全市性知识产权重点活动20余期次，推动各区县广泛开展知识产权宣传活动。2016年，全市各类媒体刊发知识产权报道1000余篇次。制定实施《2016年知识产权培训工作实施方案》，全市开展各类知识产权培训活动200余期，培训2万余人次。与市人力社保局研究建立知识产权专业职称制度，市人力社会保局印发《天津市工程技术系列知识产权专业高级工程师及工程师资格评审标准的通知》，标志着在全市企事业单位知识产权专业技术人员中正式建立了职称评审制度。（耿玉祥）

【组织开展2016年天津市专利奖申报评选】 评出2016年10项专利金奖和34项专利优秀奖。以市政府名义对2015年、2016年获奖的84项专利奖项目进行表彰。推荐专利参评第十八届中国专利奖，13项专利获得"中国专利优秀奖"、3项外观设计专利获得"中国外观设计优秀奖"。

（耿玉祥）

科学普及

【科学普及概况】 2016年，天津市科普工作着力加强顶层设计，构筑新媒体传播平台、提升科普能力建设、打造科普品牌和赛事，天津市公民科学素质达到12%，继续保持全国领先水平，位列全国第三位。科普投入不断加大，年度科普专项经费筹集额达到7011.6万元。科普专业人才队伍建设取得较快发展，科普专职人员达3034人。科普能力建设大力实施，87家市级科普基地年接待量超过840万人次，发放科普资料3496万份。科普投入稳步增长。科普专项经费筹集额达到7011.6万元，比上年度增长了371.64万元，年度人均科普专项经费4.53元，比上年度增长了0.15元。科普能力建设逐步增强。科普场馆、科普主题公园、科普活动站、专题基地等四大类型科普基地总数达到87家，国家级科普教育基地达到32家，年总接待量超过840万人次。科普图书出版发行量87.9万册，科普杂志发行量369万册。电视台播出科普（技）节目时间为7615小时；电台播出科普（技）节目时间为1274小时；全市共建科普网站158个。公民科学素质不断提升。通过面向社会组织实施品牌科普活动、编制原创科普作品、开发新媒体科普传播平台等，受益公众超过千万人次。天津市公众科学素质达标水平达到了12%，位列全国第三位。科普人才队伍逐渐壮大。科普专职人员3034人，其中中级职称以上或大学本科以上学历人员2000人，占全部科普专职人员66%。科普兼职人员34829人，注册科普志愿者44363人。科普活动蓬勃开展。全市共组织科普讲座、展览、竞赛6.3万场，各类活动年公众参与量达到1172万人次。组织举办科普讲解大赛、科普微视频大赛、科普移动新媒体大赛等大型赛事和活动。推荐选手参加全国2016年度全国科普讲解大赛，进入全国“十八强”1人，获得二等奖2项，三等奖2项，优秀奖2项。十三五发展规划完成布局。印发《天津市“十三五”时期科学技术普及发展规划》，到2020年，全市公民具备科学素质比例超过16%，继续居于全国前列；科普教育基地超过130家，形成1~2个在全国有影响力的科普产品品牌。（杨银广）

【科普活动】 住宅产业化科技馆建设完成并正式对外开放，成为对外展示住宅产业化发展成果的重要平台。2016年，接待各类参观考察学习2000余人次，在宣传与展示住宅产业化发展成果、引导工业化建筑发展方面取得显著成效。为了响应“科技活动周”的主题活动，5月19日~25日在展厅安排与居民生活息息相关的建筑节能和住宅产业化知识的交流活动。活动以“绿色建造、低碳环保”为主题，有组织地向社会各界免费开放新型节能墙体材料、装配式构件生产基地及住宅产业化科技馆，同时安排技术交流与绿色科技示范工程观摩等活动，向社会各界普及节能创新技术、弘扬绿色建造理念、推广绿色装配式建筑应用。

（李迎迎　李娟）

【农业技术帮扶】 2016年，市农委强化农业技术帮扶政策扶持。制定《技术帮扶专家工作补助办法》《天津市技术帮扶困难村绩效考核暂行办法》。印发《2016年度技术帮扶专家工作手册》。制作并发放技术帮扶“一指通”展板，方便村民与技术帮扶专家的沟通联系。依托农业部基层农技推广补助项目实施，2016年新安排70个科技帮扶项目帮助困难村发展产业。依托农民教育培训项目，选择12个困难村作为培训基地，添置桌椅、电脑、投影等培训设施设备，改善困难村农民培训条件。（刘志英）

【服务经济社会发展】 实施创新驱动助力工程，开展科技创新智库建设，做好决策咨询服务。组织实施科技创新智库建设，《关于天津参与国家“一带一路”战略并发挥重要作用的建议》等两项成果获得天津市第五届行政管理科研成果奖一、二等奖，组建天津市可持续发展智库。受中国科协委托，对海淀区双创示范基地建设进行第三方评估，参与国家全面创新改革试验第三方评估等。针对天津市提出的“关于促进产学研结合的对策”和关于加快天津“双创”经济发展等两项建议得到市领导同志的肯定批示。组织重点决策咨询项目。完成“推进大众创业万众创新”“京津冀协同创新共同体建设路径”“众创空间运营模式与瓶颈”“发展天津绿色建筑产业”等36个重点决策咨询项目结项和开题。推动生命科学学会联合体等多家学会开展12项决策咨询项目，承担3项中国科协决策咨询调研课题，位居全国前列。促进企业提升自主创新能力。创建创新驱动助力工程示范区，建成滨海新区等5个国家级、市级示范区，并组织专家，为350家企业解决技术难题700

余项。新建企业院士专家工作站16家，天津市建站总数达到115家。推荐10个院士专家工作站全部入选全国首批示范站，院士专家工作站累计承担省部级以上科研项目640个。向1027家企业无偿提供专利信息12294项，培训专利应用工程师和创新工程师1272人，组织67个创新成果参加全国创新科技成果交易会，位居全国前列。

（傅　彧）

【《科学素质纲要》实施及科普工作】 《科学素质纲要》实施及科普工作探索现代科普新形式。举办第30届天津市科技周活动、2016年全国科普日天津活动，开展市级、区县局级重点活动和基层科普活动3000余项，30余万人次参加。举办科普产品展览会，吸引1.5万余名群众参观。组织引力波、智能制造报告会，网络科普知识竞赛，公民科学素质电视大赛等活动，形成较大影响力。开展科普信息化建设。整合全市32家全国科普教育基地的资源，建设科普教育基地微网站，提供信息查阅、场馆定位、乘车导航等便捷服务。“天津公众科技网”全年点击量5万余次，“天津科普说”微信新媒体入选“科普中国”2016年首季“科普微信公众号潜力榜”。创新公民科学素质共建工作。会同有关部门推出《天津市十三五时期科学技术普及发展规划》，牵头起草了《天津市全民科学素质纲要实施方案（2016年～2020年）》；实施“基层科普行动计划”，5个区建成全国科普示范区；青少年科技教育在全国五星评比中获一等奖；天津科技馆机器人展区提升改造项目启动；天津市反邪教警示教育“赶大集”等活动成效显著，被评为全国反邪教协会工作先进单位第一名。（傅　彧）

【学术交流】 开展学术交流搭建高端前沿学术交流平台。规范完善学术活动管理流程和实施程序，制定《“天津科技工作者之家”学术活动项目管理办法（试行）》，强化学术活动的示范引导作用。以建设创新型城市和产业创新中心的重大需求和重点任务为导向，资助各学会举办42项重点学术活动，14项青年科技论坛、16项学术月活动。邀请26位两院院士为天津发展献计，16100名科技工作者受益。积极拓宽民间科技交流渠道，举办“第五届棕榈油健康与营养论坛”“英国—天津城镇化经验交流路演研讨会”等国际会议。服务京津冀协同发展，充分利用三地智力优势和学术资源，举办“众绘京津冀——2016天津秋季规划论坛”“第二届京津冀互联网气象减灾创新论坛”等多层次、多方位的学术活动，参与主办“京津冀大健康产业高端论坛”，参加第三届河北省科协年会，组织市生物医学工程学会、市色谱研究会等7个学会，就津冀两地医疗器械、新材料应用等项目洽谈对接，为津冀两地协同发展提供人才和科技支撑。（傅　彧）

【服务科技工作者】 落实“天津市杰出人才培养计划”，经85位院士函评，26位院士组评和会评，评出首批20名“天津市杰出人才”，为院士遴选奠定基础。通过天津青年科技奖、优秀科技工作者等评选，71名优秀科技人才脱颖而出。启动“天津市青年人才托举工程”，获得市人才基金900万元/年支持。开展对陈玉怼等3位老科学家学术成长采集工程，支持南开大学和天津大学“科学大师名校宣传工程”。天津市科学道德和学风建设教育活动得到中国科协的支持。服务科技工作者创新创业。组织专家赴力神电池有限公司、天士力制药集团等5家企业现场举办创新方法宣传培训活动，形成34项创新实践成果。举办科技政策解读会、大学生创新方法应用大赛、科技成果转化宣讲会等30余场次。推荐3项创新成果参加“首届全国创新方法赛决赛”，均获得二等奖。推动海外人才离岸创新创业基地建设。会同市人社局、市外专局、滨海新区政府出台天津市海外人才离岸创业基地实施方案，提出以滨海新区——中关村科技园为核心的“一核四园多机构”的功能布局。

（傅　彧）

【区县及基层科协工作】 2016年，天津市各区、县及基层科协紧紧围绕地方党委政府中心工作，以提升公民科学素质、服务科技工作者创新创业为重点，不断提升科普基础设施建设水平，制定各项政策措施，不断提高科协工作的覆盖面和受益面。各区政府根据与天津市科协签订的全民科学素质纲要共建协议，发挥各自优势，在启动全民科学素质监测、举办主题科技节、建设社区科普体验馆、实施社区科普益民计划、促进科普基础设施建设、促进企业科协组织建设、促进学术交流活动、服务科技工作者创新创业、开展决策咨询服务等方面展开合作。在此基础上，宁河县政府与市科协共同开展科普大拜年、农技专家基层行等活动，南开区政府与市科协联合举办科技创新创业博览会，武清区有关部门与市科协共同举办“送科技入户助农民增收”农业实用技术培训对接活动。各区科协结合自身实际，组织知名院士专家建言献策区域发展战略。红桥区科协与市科协联合，举办打造“科技之城”发展战略高端研讨会。静海区科协为促进区域绿色生态发展，举办“互联网+绿色生态行动”高峰论坛，组建由王静康、朱坦、包景岭等专家组成的天津市可持续发展智库，全面服务静海区节能减排、技术创新和成果转化。津南区、东丽区结合冶金产业转型升级，组织院士专家为消化过剩产能、推进产业升级提供技术咨询。北辰区根据引进科技项目的需要，依托市技术市场学会组织专家制定评审管理办法，为科技项目评估把关，发挥决策咨询作用。

学会承接人才评价、标准制定等政府转移职能。职称评定方面：在做好生物医药技术职称评审工作基础上，开展民用航空飞行技术系列任职资格评审的试点工作。标准制定方面：推动市输血协会制定《血库基本标准》等3项。目前，参与承接政府转移职能的市级学会36家，承接工作职能66项。高校、企业科协组织建设进一步加强。召开“天津市高校科协工作推动会”，整体推动高校科协组织建设。新成立市级学会2个，高校科协2个，企业科协15个，推动多所高校启动科协筹建工作，并成立天津市生命科学学会联合体，全市科协系统组织建设得到夯实拓展。

（傅　彧）

【2016年天津市全国科普教育基地工作交流会】 3月10日，2016年天津市全国科普教育基地工作交流会在天津科技工作者之家召开。会议邀请中国科普研究所副所长颜实、天津大学副教授柳洲分别作题为《以信息化为抓手推动科普工作全面提升》、《“互联网+”时代的科普信息化与公众科学》的主旨报告。部分优秀全国科普教育基地的负责人和主管单位代表分享了基地管理和组织开展科普活动的经验。市科协就加强工作交流，筹建天津市科普教育基地联盟提出倡议，对科普微网站建设、科普资源课程化工作进行相关培训。天津市各区县科协、在津全国科普教育基地和基地主管单位负责同志约100人参加了会议。会后，天津日报、今晚报、天津电视台、天津电台滨海台、北方网、技术市场报等新闻媒体采访报道。

（傅　彧）

【打造红桥“科技之城”发展战略高端研讨会】 5月14日，天津市科协主办的打造红桥“科技之城”发展战略高端研讨会召开。中国科学院院士姚建铨、市社科联原党组书记李家祥、天津市经济发展研究院书记王天伟、南开大学滨海开发研究院常务副院长周立群、天津市科学学研究院院长李春成5位专家受邀为红桥区经济社会发展建言献策。专家们指出，要将建设“科技之城”摆在红桥区发展全局中的重要地位，将其定位为全区重点发展战略和发展新标志，动员全区力量，统筹设计、整体推进；要强化顶层设计，明确发展目标，确定发展路径，抓住“十三五”期间京津冀协同发展引发的经济版图变化契机，将红桥区区位由天津市中心区边缘地带转移为京津冀轴线中心地带，按照新的区位优势和“双向拓展”的规划思路规划红桥区“科技之城”建设；要抓住产业结构调整的契机，突出重点产业方向，凝练支柱产业和重点领域，发展高技术制造业、高技术服务业，特别是要发展以3D打印为代表的新一代制造技术和信息材料技术、新一代基因功能技术和生物信息纳米融合技术。

（傅　彧）

【第30届天津市科技周主场活动暨第二届天津市科普产品展览会】 5月13日，第30届天津市科技周主场活动暨第二届天津市科普产品展览会在天津市红星职业中等专业技术学校举行。市有关部门主要负责同志和社会各界群众代表近千人参加活动。本届科技周活动主题为“创新引领、共享发展”，主场活动分为中央舞台演艺区、中科院科技创新成果展示区、青少年科技创新项目展示区、智慧生活展示区、高端主题论坛及红桥区“科技之城”系列活动六个板块，汇集中科院重大科技成果20项、无人机、3D打印、智能机器人等科技产品和创新成果。现场通过新品展览、高端论坛、咨询服务等形式，激发市民的科普兴趣和创新热情。科技周期间，全市共开展优秀科普讲解员进校园、“创我所想、新随心动”天津市青少年创新互动体验活动、防震减灾与应急救援安全演练等7项市级重点活动，各区县共开展400多项群众性科普活动，带动基层活动近2000余项。通过科普展览展示、科技下乡、座谈研讨、技术比武、科普咨询服务、开放实验室等形式吸引社会公众广泛参与，在全市营造浓厚的科技创新氛围。

（傅　彧）

【国内外首例模块建筑整体框架结构抗震试验】 5月12日，天津市钢结构学会组织天津大学建筑设计规划研究总院等7家会员单位赴天津城建大学结构试验室进行模块建筑框架结构抗震试验。试验以“山东威海市模块建筑实验楼”为工程原型，取两层模块上下叠加，进行地震往复作用试验，主要是通过测量荷载、顶点水平位移、节点处裂缝长度等指标，研究模块框架结构在小震、中震和大震作用下的强度和变形规律，验证上下模块框架柱采用预应力装配节点的性能，为在城市市区新建和改造中高层建筑的有关项目提供理论依据与技术支持。试验加载过程中，整个试验框架未出现明显变形，加载至中震程度后的测量数据显示，滞回曲线基本呈直线，模块结构处于弹性工作阶段，位移测量值均在规范规定的限值以内；加载至大震程度后的测量数据显示，模块结构进入弹塑性状态，主体结构轻微损坏，上下框架预应力连接节点基本完好。试验专家一致认为，对上下模块单元的连接节点处采用预应力连接技术，不仅可以避免现场施焊，而且兼具自恢复特性，抗震性能良好，创新性强，可以在“山东威海市模块建筑实验楼”、天津市滨海新区“中韩天津经济产业园”等项目中使用该技术。

（傅　彧）

【2016天津春季规划论坛】 5月22日，天津市城市规划学会举办2016天津春季规划论坛，来自天津城市规划设计研究院、天津大学、天津建筑学会等大专院校、科研院所、企事业单位的400余名科技工作者参加论坛活动。本季论坛以“建设海绵城市、提升生态品质”为主题，邀请北京大学建筑与景观设计学院院长俞孔坚教授、北京交通大学经济管理学院旅游管理系主任余青教授、德国戴水道资深设计总监Florian Zimmerman（傅德景）分别做题为“海绵城市和城市基础设施更新”“构建中国特色的风景道理论框架体系”“水敏设计推动宜居城市构建”的主旨报告。与会专家指出，2016年4月，天津成为第二批国家级“海绵城市”试点城市，为落实中央城市工作会议精神，普及“海绵城市”理论，推广生态宜居的城市建设理念，需要将生态安全理念、“反规划”的理念和方法等系统地应用于国土、区域和城市规划设计实践，通过建立和完善生态基础设施，解决城市防洪管理，“海绵城市”建设和城市生态修复等生态环境问题。城市规划设计应与水循环管理融为一体，综合考虑污水、供水、地表水和地下水的处理，使下渗、净化和续存的过程在地表可见，形成水敏性城市人与水景互动的景观。

（傅　彧）

【第十届天津青年科技论坛主论坛暨“互联网+绿色生态行动”高峰论坛】 6月25日，第十届天津青年科技论坛主论坛暨“互联网+绿色生态行动”高峰论坛在静海区举办。本次论坛由天津市科协、市科委、静海区政府主办，天津市可持续发展研究会承办。来自全市150余位从事可持续发展研究的科技工作者、市科协学会部有关同志参加会议。中国工程院院士、中国环科院院长孟伟 清华大学教授、循环经济产业研究中心主任温宗国，中国可持续发展研究会常务副秘书长周海林等围绕国家《“互联网+”绿色生态三年行动实施方案》的任务和需求，分别做题为《我国绿色发展面临的环境形势、挑战与策略》《互/物联网+资源循环关键技术与模式创新》《国家可持续发展政策解读》的主题报告，解析互联网与生态文明建设的内在关系，并针对天津市经济建设和产业转型升级的新形势，探讨交流互/物联网与环保产业融合发展新技术、政策发展趋势，介绍“互联网+回收”新模式，推动互联网与天津市节能环保科技型中小企业发展深度融合。该论坛有效地推动了天津市节能减排技术创新和成果转化，形成相关领域专家、管理工作者以及相关企业和企业家携手全面参与的新局面。

（傅　彧）

【第十二届海河之滨心脏病学会议】　7月7日~10日，由天津市生物医学工程学会、天津市医学会、中国心力衰竭学会、天津医科大学第二医院等多家学术团体共同主办，天津市十几家医院联合参办的第十二届海河之滨心脏病学会议在天津召开。中国工程院院士陈灏珠、张运，北京阜外心血管病医院主任医师、教授刘力生、天津医科大学总医院主任医师、教授周金台等知名专家与来自北京、上海、江苏、山东等全国多省市的320余名心血管领域专家，2000余名医学科技工作者参加会议。本次大会的主题是“基础和前沿相结合，创新和传承相结合”。全国心血管及相关领域专家学者就心血管病学及相关的呼吸、内分泌、肾脏、神经、心外科、预防医学、人文医学和康复医学进行专题讲座。大会设立心力衰竭、中西医结合、高血压及血脂、冠脉介入、心律与心电学、肺循环及结构性心脏病、血栓病、心血管慢病管理与康复、基础医学及多学科综合等多个分论坛，为与会者全面展现国际和国内心血管领域的最新成果和进展，围绕心血管相关疾病进行学术交流与探究，对推动天津市及全国心血管疾病防治事业的发展具有重要意义。

（傅　彧）

【军事与智能制造领域图象图形技术高峰论坛】　7月26日，由航天科工集团三院8357所等科研单位联合举办的“军事与智能制造领域图象图形技术高峰论坛”在天津市举办。中国工程院院士李伯虎等150余名来自我国航天科工系统、各地高校，以及天津市有关科研院所和科技型企业的专家、学者参加会议。中国工程院李伯虎院士、中国工程院赵沁平院士团队、中国工程院卢秉恒院士团队、中国国防大学林东教授分别做题为《云制造2.0》《虚拟现实技术、产业及国防应用背景》《3D打印，智创未来》《“互联网+”与新军事变革2.0》的报告。与会科研院所、相关科技型企业代表通过与院士专家的深入沟通，在智能制造等方面达成多项合作意向。　（傅　彧）

【“中国·天津土地利用与生态重建”院士专家高端论坛】　9月26日，由市科协与天津工业大学联合主办的中国·天津土地利用与生态重建院士专家高端论坛在天津工业大学举行。本次论坛由中国科学院地理所研究员、中国工程院院士孙九林主持。刘旭院士、唐华俊院士受邀作主旨报告。刘旭院士在题为“土地资源管理和国土空间格局与产业发展布局”报告中指出，推进生态文明建设，要着重围绕优化国土空间格局，按照人口资源环境相均衡，生产、生活、生态空间三类空间科学布局，经济、社会、生态效益三态有机统一的原则，控制开发强度，调整空间结构，促进生产空间集约高效、生活空间宜居适度，生态空间山清水秀，给自然留下更多修复空间，给农业留下更多良田，为子孙后代留下天蓝、地绿、水净的美好家园。唐华俊院士在题为“土地利用与遥感技术”的报告中，重点阐述土地利用学科及其发展、遥感在农业土地系统中的应用、未来发展趋势等方面的内容和所取得的成果。国土资源部科技司处长单卫东、陕西省土地工程研究院院长韩霁昌、中国土地勘测规划院研究员冯广京等出席论坛并作学术报告。来自全国各地的院士专家围绕土地生态环境整治、土地修复与集约利用等问题进行交流研讨。市科协、市科委、市国土资源局、市环保局等单位有关同志，以及来自天津市部分高校、科研院所和市级学会的200余名科技工作者参加论坛活动。　（傅　彧）

【京津冀中西医结合论坛】 10月15日~16日，由天津、北京、河北三地共同主办的京津冀中西医结合论坛在天津礼堂举行。中国工程院院士吴咸中、张伯礼、陈香美、吴以岭出席会议并分别以《中西医结合前景广阔》《中医药现代化研究进展》《中西医结合肾脏病治疗的现状与展望》和《络病研究与转化医学》为题做大会报告。来自京津冀三地从事中西医结合临床、科研、教育等工作的专家学者及代表500余人参加会议。论坛设有中药、微创骨科、护理、周围血管、心身医学、中青年科技论坛等六个分论坛，40余位学者在会上做学术报告。 （傅 彧）

【众绘京津冀——2016天津秋季规划论坛暨京津冀青年规划师论坛】 10月29日~30日，由天津市城市规划协会、天津市城市规划学会、北京城市规划学会、河北省城市规划协会共同主办的“众绘京津冀——2016天津秋季规划论坛暨京津冀青年规划师论坛”在文化中心图书馆举办。来自京津冀规划建设领域的30余位专家、20余位青年规划师，以及9家规划设计企业的技术人员围绕京津冀城市群发展战略布局、区域规划、城市设计、美丽乡村建设、历史风貌保护、新能源开发利用、产业布局规划、海绵生态城市等热点问题展开研讨。市城市规划设计研究院院长、首席规划师、天津大学建筑学院特聘教授、国务院特贴专家黄晶涛先生作论坛开篇演讲，介绍天津环城铁路绿道公园、蓟州区西井峪项目的整体设计思路与实施效果，倡议建立京津冀地区联盟，搭建设计师共享、开放平台。清华同衡规划设计研究院院长袁昕认为从业者在继承和创新中更应考虑经济、社会、环境发展需求，努力打造综合运营管理，公众参与、预警监控的规划平台，运用大数据分析，形成从预评估到多专业、多平台协同再到后评估的工作体系。中国生态城市研究院国际合作部主任戴国雯围绕京津冀协同发展下的区域生态转型、政策研究、生态城市调研评估等进行深入而系统的解读。会议期间通过“京津冀城市·规划·环境”展览，集中展示京津冀协同发展的理念，并与参观者形成互动。

（傅 彧）

【2016年天津市科学道德和学风建设宣讲报告会在天津大学举办】 12月2日，由市科协、市委教育工委和市教委联合主办的2016年天津市科学道德和学风建设宣讲报告会在天津大学举行。中国科学院院士、发展中国家科学院院士严纯华应邀作宣讲报告。严纯华院士以《立德树人，守正创新》为题，站在一系列国家战略的高度，从国内外研究生教育和高等学校“双一流”建设的视野和角度出发，对新形势下中国高等学校教育的历史使命、高水平研究生教育在创新驱动发展中的地位以及导师和研究生的学术规范和科学素养教育三个方面进行剖析，结合自身的成长经历和价值追求，循循善诱、深入浅出地阐释教师传道授业解惑和学生规矩做人、规范做事的重要意义，通过对国外某神经科学核心刊物上的两篇文献《如何选导师》和《怎么成为好导师》进行解读，鼓励导师“学高为师、身正为范”，在教学相长、一起成长的师生关系中，将大学建设成为知识高地和道德净地，使学生和导师都拥有健康的心理、科学的思维和优雅的举止。报告内容丰富精彩，发人深省，赢得了现场师生的广泛共鸣。天津市18所高校的900余名研究生聆听了报告。

（傅 彧）

【京津冀大健康产业高端论坛】 11月29日~30日，京津冀大健康产业高端论坛在保定市举行。论坛由北京市科协、天津市科协、河北省科协共同主办，保定市科协、毛竹科技孵化器承办。中国工程院院士、中日友好医院院长王辰，中国工程院院士、环境工程专家侯立安出席论坛并作主旨报告。与会院士专家考察调研保定市毛竹科技孵化器并在现场举办沙龙活动。京津冀三地的院士专家围绕京津冀协同发展视角下的大健康产业主题，就创建专科医联体的构想与实践、环境污染导致的人体健康问题及预防对策、健康中国建设新形势下的大健康产业发展机遇与挑战以及其他相关医学专业课题，进行深入研讨，为大健康产业发展建言献策。论坛为京津冀大健康产业发展搭建学术界和产业界互动交流的平台。天津市卒中学会理事长、天津医科大学总医院副院长施福东，市抗衰老学会理事长、中医一附院原副院长赵建国作大会发言。市生物医学工程学会等科技团体的8位健康领域专家参加论坛并在高端沙龙发言。

（傅　彧）

【中医、中西医结合传承创新发展天津年度论坛】　12月9日，中医、中西医结合传承创新发展·天津年度论坛在天津中医药大学第一附属医院举行。中国工程院院士、国医大师、天津中医药大学第一附属医院名誉院长石学敏，国医大师、中央文史馆馆员、天津市中医药学会会长张大宁等院士专家做学术报告。来自天津市中医、中西医结合医疗机构的300余位专家学者参加会议。石学敏院士在《“通关利窍”针刺法治疗脑干梗死吞咽障碍的临床研究》报告中指出，目前，中国每年新发生脑血管病患者约120万人，每年死于该病的患者高达80万人。吞咽障碍是脑血管疾病常见并发症，在脑卒中急性期发生率为51%到73%，可能引发吸入性肺炎、水分营养物质摄入障碍、窒息等并发症，严重影响患者生存质量，是导致中风病患者死亡的重要原因之一。采取针刺其内关、人中、三阴交、风池、完骨、翳风及咽后壁点刺等穴位，以通关利窍、滋补三阴为原则，严格规范取穴，治疗吞咽障碍临床疗效显著。国医大师张大宁在《学好经典，指导临床》报告中，详细介绍中医学四大经典——《黄帝内经》《伤寒论》《金匮要略》《神农本草经》，他认为中医“四大经典”构建了中医学理论基本框架，是中医理论的基石，历来是中医教育的核心，具有很强的理论指导性、实用性，对提高临床辩证论治综合能力、拓展临床思路、训练临床思维能力具有重要的指导意义。

（傅　彧）

科技社团活动

【“京津冀建筑产业现代化联盟”成立】　2016年1月23日，由天津住宅集团集团所属单位天津天筑建材有限公司、河北建设集团、天津大学建筑工程学院、大元建业集团、天津大学建筑设计规划研究总院共同发起的“京津冀建筑产业现代化联盟”启动仪式在保定举行。联盟以“提升科技创新、推动传统产业转型升级、凝聚产业优势力量、整合资源”为宗旨，明确目标、做好顶层设计、针对共性问题进行联合攻关，抓住“十三五”大发展的好时机，实实在在地建筑生产全产业链上发挥效用。成员单位将在信息交流、资源共享、人才培养、科技研发等相关产业领域展开合作，为京津冀协同发展、绿色建筑、节能减排、产业转型升级做出贡献，对建筑业发展起到推动作用。天津住宅集团总经理康庄表示，作为“京津冀建筑产业现代化”联盟的一员，集团将持续加大研发投入，与其他成员单位密切合作，将建筑产业化深入到投资决策、规划、生产、施工、装修等全方位全过程集成技术的研究及应用，提高结构预制化率，达到提升质量、完善性能、降低成本、缩短工期、优化环境、节约资源的目的，实现互利共赢。

（李迎迎　李　娟）

【天津市粮油学会组织承办“环渤海粮油产业转型升级与可持续发展研讨会”】　2016年11月24日～25日，天津市粮油学会具体组织承办“环渤海粮油产业转型升级与可持续发展研讨会”。此次会议由中国粮油学会、天津市科学技术协会、天津市粮油学会、中国粮油控股有限公司联合主办，天津科技大学协办。“环渤海粮油产业可持续发展研讨会”是2016年中国科协“区域和行业性学术服务交流活动”项目之一。围绕国家“创新驱动”发展需要，配合“一带一路”建设和“京津冀一体化”战略部署，旨在寻求粮油去产能调结构增效益的新方向，推动环渤海地区行业合作，助力环渤海粮油产业可持续发展，共同探讨经济新常态下粮油产业面临的挑战、转型升级的目标和实现可持续发展的方向，为环渤海粮油产业发展贡献智慧、建言献策。中国粮油学会、天津市科协、天津市粮食局、天津市粮油学会等单位的领导及全国各地粮食专家、学者、大中型企业的专家150余人出席大会。会上，中国粮油学会首席专家王瑞元做《我国粮油产业集群与可持续发展》主题报告。全国粮油行业近20余名专家、教授、学者、包括中国天津粮油批发交易市场、中粮福临门食品营销有限公司、中粮营养健康研究院加工应用中心、天津科技大学、天津农学院、九三大豆科技天津有限公司、天津聚龙嘉华投资集团有限公司、天津粮油商品交易所、中粮天科生物工程（天津）有限公司等就粮油产业在经济新常态下面临的问题和挑战、粮油高附加值产品的开发与创新、粮油加工与环境可持续发展、环渤海粮油加工综合利用及组织形式、粮油全产业链发展模式、生物技术在粮油加工中的应用、互联网+环渤海粮油产业可持续发展模式等多方面内容做主题演讲。环渤海粮油产业新产品、新技术、新成果展示会以及粮油产业集群与可持续发展主题展同期举办。

（天津市粮油学会）

【组织参加第五届棕榈油健康与营养论坛国际会议】 2016年8月10日，马来西亚第五届棕榈油健康与营养论坛国际会议在天津皇冠假日酒店召开。本次国际会议主办单位是马来西亚棕榈油总署（MPOB）和马来西亚棕榈油委员会（MPOC），协办单位是天津市营养学会。马来西亚棕榈油总署、马来西亚棕榈油委员会、中国东南大学、兰州大学、国家饲料工程技术研究中心、天津市营养学会，天津市粮油学会、天津市食品工业协会、天津聚龙集团等单位近300人参加会议。会议上，马来西亚驻华大使致欢迎辞，马来西亚种植及原产业部部长马袖强、马来西亚棕榈油总署总监阿末古斯海里丁、马来西亚棕榈油委员会主席李耀祖先后致辞。马来西亚棕榈油总署、马来西亚棕榈油委员会、中国东南大学、兰州大学、国家饲料工程技术研究中心、天津聚龙集团等单位的专家、教授、博士在会议上进行了专题演讲，包括：《马来西亚棕榈油在中国展望》《棕榈油营养研究最新进展》《全球棕榈油市场》《棕榈油在中国食品工业中的应用》等。

（天津市粮油学会）

【国家装配式建筑产业技术创新联盟成立】 2016年10月14日，由住建部主办，天津住宅集团承办的“第五届国家装配式建筑产业技术创新联盟工作会”在在中国国际展览中心（新馆）召开。天津住宅集团凭借雄厚实力和近来发展建筑产业化取得的卓越成效，当选为第三届理事长单位。会上以“整合、引导、优化，合力推动装配式建筑产业发展”为题，代表联盟做工作发展报告，提出联盟发挥重要作用的四个关键词“整合、引导、优化、交流”。并从推动标准化体系进一步完善、推动建立完备的技术体系和工法、开展多元化交流咨询推广培训活动、推动预制装配式建筑产业基地建设等四个方面提出未来联盟工作计划。联盟旨在企业之间能够在未来几年内互相交流，互相携手，共同努力，一步步实现装配式建筑的跨越式发展。（李迎迎）

【天津市职工技术协会工作简况】 2016年，天津市职工技术协会积极推动职工技术创新、开展职工技术创新成果的认定登记工作，全年共有37项职工技术创新成果得到认证，并纳入天津市科技成果库，使218名一线职工获得了天津市科委颁发的技术成果证书。发挥职工技协技能人才优势，举办制冷空调维修和焊接技术两个高技能培训班，邀请多位高级技师和技术专家讲授空调维修维护和焊接的绝技绝招，95名学员参加培训。以“快乐劳动，健康生活”“职场情绪管理”和“工匠精神和职业生活”为主题，主办两期8讲“农民工大讲堂”，共有840多名农民工现场听取讲座。同时，制作光盘2000张，发给基层单位用于农民工培训。联合相关培训机构，举办焊工、叉车、电工等工种的“双证（上岗证和技能等级证）培训班”，培训人员2310人，制作培训课件60学时。市职工技协各专业应用技术协会广泛开展技术交流活动。在百利集团举办“低灰份燃煤循环流化床技术研讨会”。与市节能协会联合举办皓欧、欧文托普供热系统水力平衡节能技术交流会。与市技术市场协会联合举办《2016天津市机器人产业创新发展青年论坛》，邀请机器人产业著名专家做专题报告。他们从不同角度论述国内外机器人产业发展现状；工业机器人在汽车制造领域的应用和天津市发展机器人产业的路线及对策。

（张贵生）

【举办首届京津冀职工职业技能大赛】 为贯彻落实中央京津冀协同发展纲要，进一步加强京津冀职工的技术交流和技术创新，京津冀三地总工会决定从2016年起举办京津冀职工职业技能大赛。首届比赛设焊工、维修电工和气象预报员等六个工种，分别于12月5日~12月17日在北京、天津和河北省唐山、保定举行。天津市职工代表队克服时间紧任务重的困难，顺利完成组队、集训、参赛和承办比赛的各项工作。在首届京津冀职工职业技能大赛全部六项比赛中，天津选手获得2个第一名；2个第二名；1个第三名的好成绩。

（张贵生）

【举办2016天津市职工职业技能大赛】 2016年天津市职工职业技能大赛包括计算机程序设计员比赛暨天津市第四届软件设计大赛、汽车维修工比赛暨首届农民工职工职业技能大赛的决赛分别于9月和10月在天津市大学软件学院和天津市东丽区职业教育中心学校举行。报名参赛的职工通过比赛了解新信息、学到新技能、掌握新诀窍，体现赛训结合、以赛带训、以赛代练的特点，职工技协举办三期赛前集中培训。培训班上，技术专家详细讲解了技术文件要求，特别对云计算、新能源汽车等前沿技术进行介绍，并通过模拟比赛，提前演练，充分调动选手的积极性和参赛热情，使参赛选手在专业伦理和实际操作水平都有了提升。在计算机程序设计员比赛中，共有44支代表队的134名选手参加市级决赛。北光科技发展（天津）有限公司代表队和该公司的郝缙分别获得团体冠军和个人第一名。在汽车维修工比赛中，共有43支代表队的130名选手参加市级决赛，其中农民工选手94名。天津渤海轻工投资集团有限公司代表队和天津职业技术师范大学的张扬分别获得团体冠军和个人第一名。大赛组委会与天津工人报新媒体中心合作，利用手机直播平台，对决赛现场进行了全程直播，提高了广大职工的参与程度和大赛影响力。

（张贵生）

【突出重点环节推进全市技术市场快速发展】 2016年，天津市技术市场协会在围绕中心服务大局上，把持续推动技术市场发展作为协会工作的重点，协会承担并完成天津市技术市场统计年度报告的调研汇总、数据分析和报告的编制及相关工作任务；及时向市科委提供详细报告，为全市确定“十三五”规划和年度技术市场发展目标提供可靠依据。在协会提交的年度报告中指出，在全市国民经济发展中科技支撑作用逐年增大，技术合同平均成交额400万元以上的大项目增多，同比增长54.50%。在协会提交的年度报告中，重点介绍北方技术交易市场、天津国际生物医药联合研究院、天大银泰科技有限公司、天津市高新技术成果转化中心等国家级技术转移机构的发展业绩。协会深入各区县和科技园区宣讲技术市场法规政策，开展技术合同认定登记业务的培训工作，全年培训600多人次。在对全国部分省市技术市场状况进行调研分析的基础上，进一步提出天津市技术市场创新发展的对策建议，推动全市技术市场快速发展。（张贵生）

【打造会企合作升级版，服务企业发展成效显著】 市技术市场协会以推动企业科技创新、转型升级为己任，整合跨界资源，充分发挥协会科技咨询专家委员会和知识产权评估专家委员会的作用，帮助重点企业、区域、行业加快技术创新发展，走出由点到面、由点到线，不断升级，相互合作，共同发展的新路子。在开展会企合作上，协会专家委员会的老专家们深入企业调研第一手情况，帮助天津市经纬电材股份有限公司建成高端绕组导线研发中心，使企业年新增产值2.4

亿元。协会专家帮助二机床、长龙宏业、兆川机电、金锚集团等7家企业，制定设备智能化升级改造实施方案，建立高效创新的平台，推动企业创新发展。仅北辰区的企业改造项目，新增销售收入近6亿元，新增利税4000多万元。专家委指导帮助邦德科技公司、塔峰制冷公司、中天联合公司等15家企业申请专利153件。协会把助推科技企业发展列为中心任务，组织小分队或专家团深入企业咨询服务，培育小巨人企业20家，帮助经纬电材、精诚机床和海林绿化3家企业建立院士专家工作站。协会部分专家被聘为市科协创新创业服务中心的专家，为落实市科协创新驱动助力工程，制定实施方案，协助创新创业服务中心举办第30届天津市科技周“智能制造，畅想未来暨天津青年科技论坛”活动。帮助100多家企业申报市、区两级知识产权应用试点企业。帮助30家企业推广安装中国科协的专利检索服务软件。

（张贵生）

【开展京津冀、区会及科技单位合作，助推区域科技发展】 开展三地科技交流和项目对接活动。协会组织部分高校企业参加津冀两地科协组织的合作交流洽谈会，与保定市科协签订合作协议，有6家企业的十几个项目达成合作意向，确定5个合作项目。2016年，协会全力开展区会合作，帮助北辰区引进一批新项目，并对北辰区引进的24个重大项目进行评审论证。协助北辰区一批企业实现智能改造升级。4月份，由协会牵线，将“大连创客空间”引进北辰区中关村可信产业园落户，为企业开展智能制造，驱动中小企业转型升级提供互联网公共服务平台。建立北辰工业智能化仿真技术微信群，策划协会专家与企业的对接交流服务活动。

（张贵生）

【结合实际，开展学术研究和交流】 2016年6月与市总工会技协和市机器人产业联盟联合举办2016天津市机器人产业创新发展青年论坛，河北工业大学机械学院院长李铁军、七〇七所高级工程师胡敏和市机器人产业联盟秘书长张春林作主旨报告。论坛刊发了南开大学光电所所长张晓丹等4名青年创新先锋的事迹。协会专家和会员紧密结合工作实际，完成《机械工业十三五发展研究报告》中的子课题——《智能电网及电工装备产业链调研报告》、《机器人产业链调研报告》和《海洋工程装备产业链调研报告》。协会专家还通过市科协向市领导和相关部门提出“关于推进我市机器人产业快速发展的建议”“关于建设海绵城市的建议”。协会专家委员会新吸收14位中青年专家，使专家委的工作得到进一步加强。协会连续获得5届国家技术市场金桥奖先进集体的奖励，连续5次获得市科协先进“学会之星”称号，并获得市级先进社团组织称号。《科技日报》《中国技术市场报》《人民网》《支部生活》等媒体对协会的工作做了报道。市委组织部、老干部局在《老干部工作通讯》上以《精心做指导，全力促发展》《科技多面手，热心传帮带》《科技铺路石》《科技达人助力转型发展》为题，对协会专家张春林、肖长俊、林汉元、李志新的事迹进行专题报道。

（张贵生）

滨海新区科技

概　况

【滨海新区科技概况】　2016年，滨海新区科技工作认真践行“创新、协调、绿色、开放、共享”发展理念，坚持以发展前沿产业为方向，以创新型企业为主体，全面落实创新驱动发展战略，在创新体系提升、扎实推动科技企业升级、创新创业、科技合作与成果转化、科技金融和科技服务等方面，为新区经济社会发展实现新跨越做出了贡献。2016年，滨海新区加强科技创新思路的谋划，研究制定《滨海新区关于加快落实创新驱动发展战略五年实施方案》，经区委二届六次全会审议通过印发，为五年新区创新驱动发展打了良好的基础。（滨海新区科学技术委员会）

【天津高新区科技工作简况】　2016年是天津滨海高新技术产业开发区（以下简称“高新区”）科技创新探索提升的一年。高新区把握京津冀协同发展、国家自主创新示范区建设、滨海新区新一轮开发开放等国家战略带来的重大机遇，坚持改革总揽、创新驱动，聚焦科技型企业发展，通过深入实施“创通票”制度、“一个体系五个突破”工作方案等创新举措，重点培育行业技术领军企业，着力加强科技创新体系建设，促使高新区经济实力、创新能力、产业聚集程度等得到全面提升。2016年，高新区新增专利申请11638件，有效专利达到19038件；新增高新技术企业286家，总量达到825家；新增科技型中小企业1693家，总量达到9287家；新增市级众创空间11家，市级以上创新型载体达到30家；市级以上研发机构达到133家；上市挂牌企业达到71家。

（蓝　华）

【经济技术开发区科技工作简况】　2016年，天津市经济技术开发区以科技创新驱动者、转型升级引领者和京津冀协同发展领军者为目标，深入落实大众创业、万众创新战略，推进众创空间建设，推动科技企业发展，加快科技成果转化，保持区域创新实力和创新活力不断提升。“泰达双创示范区”启动建设；建成电子信息、大健康、智能无人装备、节能环保4个专业化园区。创新体系继续完善，全年新增研发转化载体面积5万平方米，“自主创新示范区开发区科技园”和“滨海—中关村科技园”辐射区建设稳步推进。科技企业发展提速，新增国家级高新企业91家、市级高新企业149家；新增科技型企业809家，其中科技小巨人企业71家，增量和总量连续3年位居全市之首。创新成果不断涌现，一批创新产品和科技成果获得国家和市级重大奖项；申请专利5670件，其中发明专利申请2410件，分别比2016年增长20%。完成挂牌上市企业实现倍增，其中凯莱英、博迈科先后在深交所、上交所成功上市，商科数控、泽达易盛等10家企业在新三板挂牌，蓝晶光电等4家企业在天交所挂牌，世创科技等4家企业在天津OTC挂牌，开发区挂牌、上市企业累计达到47家，其中科技型企业达到35家。人才优势持续强化，“千人计划”领军人才达到99人。

（陈志远）

【中新生态城科技工作简况】　2016年，中新生态城（以下简称“生态城”）深入贯彻落实创新驱动发展战略，大力发展科技型企业；推进政策、机制和制度创新，激发自主创新动力；强化主导产业发展，着力建设多层级、全链条的主导产业创新生态，加快建设创新主体聚集区。年内，生态城出台《科技创新促进暂行办法》，包括科技项目资助、科技企业奖励和创新创业补贴3个部分、19条科技政策。从提升企业自主创新能力与质量、提升科技企业规划与数量、营造创新创业氛围3个方面加强对科技创新的支持力度。

（于滢芳）

滨海新区科委工作

【国家创新型试点城区建设】 2016年，滨海新区一是加快建设改革创新先行区。主动适应和把握经济发展新常态，以国家自主创新示范区为依托，突出综合配套改革实验区特色，积极参与国家深化区域发展战略的顶层设计，在行政管理、科技创新等方面梳理出一系列相应政策性新需求新建议，争取国家和天津市先行先试政策支持。深入开展自创区和自贸区联动发展研究，促进制度创新、载体合作、平台共享等多维度协同发展，提出滨海新区“双自联动”工作思路，推动具有国际影响力的区域产业创新中心建设。二是实施创新驱动发展战略。经区委二届六次全会审议通过，以区委、区政府名义印发《中共滨海新区区委 滨海新区人民政府关于加快落实创新驱动发展战略五年实施方案》，立足新区高端制造产业实际，注重发挥新区的优势，着眼于科技创新发展趋势，为新区五年实施创新驱动发展战略明确了发展目标、发展路径和重点任务。

（周凤良　孙家琦　周　明　王　妍）

【科技型中小企业】 2016年，滨海新区经认定科技型企业累计达到26798家，科技小巨人企业累计达到1354家，其中新增科技型企业4462家，新增科技小巨人企业223家。新建3家科技企业孵育载体，累计达到70家，其中国家级孵化器15家。培育聚集曙光、力神等一批行业龙头企业，在高性能计算机、核心芯片、基因科技等前沿技术领域形成123项“杀手锏”产品，占全市总数的48%。制定《中共滨海新区区委 滨海新区人民政府关于推进科技小巨人升级发展的实施意见》，明确“十三五”时期的总体目标、重点任务及政策措施，全力推进滨海新区科技小巨人升级发展。2016年全区共有512家企业通过国家高新技术企业认定，累计达到1632家，占全市总数的50%，滨海新区逐渐发展成为全市高新技术企业的重要聚集区。2016年新建众创空间15家，新认定国家级众创空间10家，市级众创空间16家，TjAb众创空间入选首批17个国家专业众创空间。新认定国家级孵化器1家，市级资格认定2家。累计建成各类众创空间48家，其中国家级19家、市级33家；各类孵化器70家，市级8家，国家级15家；生产力促进中心45家，市级22家，国家级3家。完成滨海新区—英特尔联合众创空间项目签约及揭牌仪式，入驻43个创业项目，联合众创空间获评英特尔“最具双创影响力众创空间”；倡议成立京津冀众创联盟；组织中美创客大赛天津赛区活动，带队参加中美青年创客大赛总决赛，天津2支团队分获二、三等奖；组织2016年度滨海新区“双创英雄榜”暨“十大滨海创客”“十大滨海众创空间”评选活动，完成报名组织工作；举办英特尔创新大赛天津赛区活动，4个项目晋级全国总路演；与北京大学共同举办京津冀协同发展论坛2016系列活动。

（戴宗桐　张昭遂　梁　鹏　郑运昕）

【科技计划项目】 2016年滨海新区综合科技进步能力不断提升。在超级计算机、大数据管理、生物识别技术、高端装备制造、节能环保、生物科技等诸多先进技术领域组织20项前沿技术攻关项目，项目总投资额达13亿元。开展对各功能区、街镇科技工作考核，试行对各功能区、街镇科技创新评价，科技进步统计监测结果位列全市各区县第一名。（周凤良　王　妍）

【科技创新体系】 截至2016年底，新区共拥有市级以上研发中心429家，其中重点实验室111家（国家级16家），工程中心109家（国家级17家），企业技术中心209家（国家级25家）。滨海新区科技研发平台呈现出数量增长快、水平起点高、技术领域集中、支撑引领产业发展作用突出等特点。研发中心的建成，增强了集聚辐射功能，提升了共性技术开发能力和工程化水平，为科技型中小企业发展提供有力支撑，为滨海新区更好发挥龙头作用提供新动力。2016年，新区已建立产业技术创新战略联盟30家，新区各联盟通过重大科技攻关和产业化专项攻关，促进创新要素的合理流动和优化配置，将产业创新从企业、高校、科研机构“各自为战”的状况变为“抱团”发展模式，在创新链上形成了优势互补、深度融合、协同创新、快速发展的创新局面。2016年重点建设的科技平台进展顺利，成效显著。新区与国防科大合作共建E级计算机关键技术验证系统，获得科技部“十三五”国家重点研发计划支持，作为天河一号的升级系统，同时作为未来E级高性能计算系统（天河三号）的原理样机，为E级系统的软件优化、应用开发提供基础支撑。浙江大学滨海产业技术研究院一期研发办公大楼正式投入使用，1000平方米展厅对外开放，6000平方米中试基地正式启动建设。已组建电液技术及装备、智能无损检测技术及装备等5个创新团队，在孵产业化公司10家。北大新一代信息技术研究院入驻中心商务区双创大厦，形成“燕云”软件管理平台、超高清视频转换器等一批占据国内科技创新制高点的产品。天津滨海新区军民融合创新研究院飞腾CPU、麒麟操作系统、北斗民用短消息、自主物联网项目进展顺利。中英医疗健康产业基地配套楼宇建设全部完成。2016年5月，中英基地正式揭牌运营，“便携式家用体外检测仪”“生物健康精油”等18个产业化项目公司正式落户中英基地并启动运行。中欧智能制造研究院由天津大学启动筹建工作，新区积极支持并多次专题研究，不断完善建设方案。国家合成生物技术创新中心不断完善建设方案，积极争取落户新区。

（刘朱岩　张　昂　皇甫健）

【知识产权】　2016年，滨海新区知识产权工作围绕国家知识产权试点城区和国家首批知识产权投融资试点地区建设，打造高新区国家知识产权示范园区和国家知识产权服务业发展集聚试验区，重点提高专利运用和保护。制定出台《滨海新区知识产权发展“十三五”规划》。将知识产权工作纳入滨海新区各功能区和街镇科技工作绩效考核指标中。通过国家知识产权试点验收，新区在知识产权行政管理体制机制和能力建设、文化与人才建设、企业意识和能力建设、执法维权工作、专利技术产业化等方面取得显著成效，全面推动知识产权创造、运用、保护和管理工作，完成各项指标要求，获得较高的评价。2016年，新区有效专利达到29336件，比上年提高22.4%，专利授权12113件，年申请专利达到38554件；新区新增17家企业被评为市专利试点企业（累计322家）、301家企业被评为区试点企业（累计990家），3家企业立项市级专利导航项目、8家企业立项市级专利信息平台项目，4家企业获第十八届国家专利优秀奖、2家企业获第十八届外观设计优秀奖。重点开展以下工作：①打造核心专利技术和产品。开展科技企业知识产权培育工作，落实专利“消零”行动，形成专利密集型企业和产品，提升企业核心竞争力。②开展专利导航工作。2016年，新区开展11个细分产业领域专利导航项目，培育出一批具有自主知识产权的科技型企业。③推动国家知识产权投融资试点地区建设。建设华北地区知识产权运营中心，5家金融机构推出知识产权投融资产品，举办滨海新区知识产权投融资培训班。2016年滨海新区45家企业通过专利质押，获得金融机构贷款62笔，贷款金额19.68亿元，同比增长134%，占全市质押总额的79.08%，贷款企业数量和贷款总额均位于全市首位。2016年7月，成立中国（天津）滨海新区知识产权维权援助中心，与北京、天津、河北知识产权维权援助中心协同搭建统一信息平台，构成覆盖华北地区的知识产权维权网络。在维权保护行动中，全年开展10次专利执法活动，配合市场监管局开展3次“双随机”联合执法检查活动。2016年，新区举办系列知识产权宣讲培训活动。全年共开展7场专题培训，覆盖新区200家企业，300余人次参加培训，取得良好成效。

（王明涛　王　雪）

【科技奖励】　根据《天津市滨海新区科学技术奖励办法》，2016年滨海新区奖励表彰56个项目，并授予滨海新区2016年度科学技术奖，其中，突出成就奖1项，技术发明奖8项（一等奖2项、二等奖3项、三等奖3项），科技进步奖47项（一等奖8项、二等奖12项、三等奖27项）。同时开展国家、天津市科学技术奖推荐、申报工作，获奖项目数继续保持较快增长。2016年度，滨海新区单位完成或参与完成的6个项目获得国家科学技术进步二等奖；滨海新区单位完成或参与完成的87个项目获天津市科学技术奖，占全市46.03%。其中，技术发明奖3项（一等奖1项、三等奖2项），科学技术进步奖84项（一等奖8项、二等奖32项、三等奖44项)。科技进步奖中的科技企业创新工程项目，全市授奖12项，其中新区企业获10项。

（王颖生）

【科技项目验收】 2016年滨海新区组织科技计划项目验收工作，经受理、审查、专家考核评价等程序，共验收项目64项，通过验收58项，中止结题5项，未通过验收1项。验收项目按计划类别划分，包括小巨人成长计划项目、十大战役科技支撑计划项目、平台建设项目、自主创新重大项目、医疗卫生项目、科技发展战略研究项目等，涉及电子信息、新能源新材料、先进制造、生物医药、节能环保、石化纺织、建筑交通、现代农业等专业领域。 （王颖生）

【成果转化工作】 2016年，滨海新区进一步深化与中科院的科技合作，不断强化与高校、大院大所等相关单位的合作机制，共举办各类分领域科技成果对接活动6场，落地转化102个科技项目。完成技术合同登记额186.57亿元。①组织举办“中科院宁波材料所与滨海新区科技成果对接会”“2016年滨海新区与中科院环保科技成果对接会”等综合对接活动。中科院北京分院、理化所、过程所、生态中心、自动化所、天津工生所等6家院所与新区的80余家企业进行对接，达成30余项合作意向。②组织“大院大所走进天津自创区（科技沙龙）科技成果对接会”“2016国际技术转移推介洽谈会”“2016年浙大创新团队与新区科技型企业对接会”等多项对接活动。浙江大学、深圳先进院、军民融合研究院、智能识别研究院等10余家高校、院所以及韩国、德国、美国、新西兰等8个国家的专家与新区的100余家企业进行对接，达成合作意向40余项。③天津中科智能产业技术研究院获批国家高企，建成院士工作站。该研究院有硕士以上学历科技人员80余人，申请发明专利61项，获得授权15项，软件著作权21项。研究院开发出世界精度最高的步态识别系统，研制出国内第一台远距离虹膜人脸一体化识别系统，第一款具有虹膜识别身份验证功能的智能手机，推出可靠性最高的视频探烟探火产品。孵化、引进银河水滴科技、中科博宏和中科西数等企业。④天津科技成果转化交易市场正式揭牌。市场运营公司和9家签约入驻机构启动核名、注册工作。市场全年组织参加各类技术转移对接活动20余场，为滨海新区科技型企业与海内外25个国家和地区的200余家企业和机构搭建对接合作平台，签署合作协议或备忘录20项，汇集国内外科技项目500余项。同时，由市场倡议发起成立国际技术转移联盟。 （李加军）

【科技合作交流】 2016年滨海新区多角度开展国际合作交流活动，推动领军企业国际化步伐。①与哥伦比亚大学签署备忘录，共同举办各类交流活动。②“中加水与环境安全联合研发中心”签约落户，并启动实施国际科技合作项目。举办“海绵城市与气候变化国际研讨会”等3次大型会议，启动实施“海绵城市智能决策评估平台”等4个国际合作项目。③邀请德国马格德堡市副市长莱纳·尼采等学者和企业家一行参观考察新区规划展、国家超级计算天津中心和深之蓝海洋设备有限公司；推动浙大滨海院与德国机器人工业对接合作；组织20家企业与加拿大安大略省企业家进行互联网、环境保护、装备制造等领域对接；帮扶10余家企业申报市级国际合作基地，6家企事业单位通过认定。另外，滨海新区加强与清华、浙大合作，完善产学研用合作链条。①参与清华大学天津电子信息研究院共建工作。组织召开清华天津电子院第一次理事会会议，审议通过《清华天津电子院第一次理事会成员名单》、《清华大学天津电子信息研究院理事会章程》。推动电子院完成4次项目评审，累计进入孵化池项目79个，获得社会投资3个，注册公司6个。促成清华同方、清华控股与电子院签约，组成专项投资研究院项目投资基金。②组织清华、浙大42名研究生在新区开展社会实践，共完成16项科研项目，申请专利13项，外文翻译14万字，培训各类人员400多人次。2016年滨海新区助力“京津冀协同创新发展”。京津两市共同签署《加快建设天津滨海—中关村科技园合作协议》，新区政府与中关村管委会签署《共建天津滨海—中关村科技园协议》，滨海—中关村科技园已正式挂牌启动；举办“第三届京津冀协同创新共同体高峰论坛暨滨海中关村科技园发展战略研讨会”；借助启迪之星滨海孵化基地，组织北京企业到新区考察洽谈。

（万伟东 辛 鹏 张 静 刘淑芳）

【科技金融工作】 2016年，滨海新区科技企业股改和上市挂牌工作稳步推进。①会同区金融局制定落实股改挂牌相关政策措施。经专家评审，2批77家科技企业共获得2951.9万元的财政补贴支持。②推动做好股改培训和政策宣传。面向科技企业组织8场股改宣讲和培训会，并通过科技金融服务中心深入功能区进行政策宣讲。③工作指标稳步落实。截至12月底，新增股改科技企业达到72家，新增主板上市1家、创业板上市1家、新三板挂牌39家、OTC和天交所挂牌24家，总计新增挂牌上市科技企业65家。2016年，在推动科技企业融资租赁工作中，滨海新区已通过天津市支持企业通过融资租赁加快装备改造升级服务平台审核的科技企业83家，项目93个，投资总额273.64亿元，意向融资额68.14亿元，其中3家企业获得2016年第一批天津市支持企业通过融资租赁加快装备改造升级专项资金，资金额124.44万元。滨海新区会同市科委、区财政（金融）局共同推动天堰医教、清华德仁、讯龙通讯等多家科技企业建立创业投资基金和天使投资基金，基金总资本达到7.81亿元，同时获得天津市引导基金1.71亿元参股支持。同时全力推动清华大学电子信息研究院建立清研创业投资基金，基金总额3亿元。在开展创新创业服务活动中，启动“互联网+”创业季，举办2期项目路演活动，对10余个项目进行融资推介；举办股改政策培训和科企金融对接会以及“十三五”科技金融政策研究与展望培训会；发挥金融对接服务功能，做好企业与金融服务机构的沟通和中介服务。

（王用民 单 琪 马 骉）

滨海高新技术产业开发区

【创新创业通票制度建设】 天津高新区被批复建设国家自主创新示范区后，“树形象、出经验”，开展制度创新、政府资源配置流程再造、各类创新平台建设，探索推出“创新创业通票”制度，体现“自创区”局部试验的示范价值。2016年，“创通票平台”系统、手机App、微信公众号和订阅号上线，专利包、商标包、贯标包等知识产权服务包上线，吸引北京、河北、浙江和江苏等地的服务机构超过300家。针对企业发展过程中遇到的突出服务需求，按照“成熟一项开发一项”的原则，不断推出创新服务包。已上线国家高企、专利、商标、知识产权贯标、新三板挂牌5大服务包，共发放创通票1630张，其中，国家高企创通票755张，专利创通票319张，商标创通票50张，知识产权贯标创通票506张。线上兑现创通票金额316.54万元，覆盖企业263家。借助整合各类媒体资源高强度宣传和推介创通票制度，2016年“创通票平台”访问量达20余万次，微信关注度638人次、转发量1200余次，App下载量450人次；《人民日报》《中国日报》《天津日报》、天津电视台、新华网、新浪网等40多家电视、报纸及第三方媒体报道100余次。

（蓝 华）

【科技型中小企业发展工作】 2016年，天津高新区新增科技型中小企业1693家，总量达到9287家，排名全市第一。2016年高新区加大培育力度，搭建产业生态平台，坚持开放发展，推进科技型企业培育工作在“十三五”期间做出示范。全年走访培训企业超过600次；推荐德力电子、亿鑫通科技等4家企业申报杀手锏产品，推荐天房科技等3家企业申报领军企业重大培育项目，争取财政资金超过500万元，“一企一策”服务效果显著。围绕主导产业和战略性新兴产业引进优秀科技创新项目，促进国家级大院大所的研发成果在高新区转化和产业化，发展创新型产业。2016年引进中科海润、神为科技等3家掌握核心技术、具有发展潜力的科技创新企业，中科院已有11家研究所的19个产业化项目和平台落户高新区。重点引进的北京科技大项目——合纵科技，其厂房建设已经完成，并已投产试运行。

（蓝 华）

【孵化服务体系建设】 2016年，高新区市级以上孵化器达到10家，其中国家级孵化器8家；众创空间达到28家，总面积达到4万平方米，其中国家级众创空间7家，居全市第一；各类创业团队、创客总数超过1000个，注册企业数超过380家；认定首批区级众创空间18家。以投资促进型、培训辅导型、媒体延伸型、专业服务型、创客孵化型等新型孵化器为重点，实现以“产业专业化众创空间为主、服务专业化众创空间为辅”的专业化众创空间集群发展。引导区内已建众创空间通过提供借款、收购初创成果、天使投资等资金支持方式，促进区内科技型企业良性发展。2016年高新区市、区两级众创空间运营主体设立的种子基金和引导基金规模近3亿元。持续营造创客文化氛围，宣传鼓励政策，支持众创空间持续营造自由、合作、开放、包容的“创客”文化氛围，面向社会公众，集成免费或低价的办公工位、活动室和网络平台，帮助创客申请零成本的政府扶持资金、寻找零风险的风险投资资金。创客空间的乐构“奔跑吧机器人”项目成功晋级第五届中国创新创业大赛（天津赛区）决赛。

（蓝　华）

【知识产权工作】　2016年，高新区新增企业专利申请11638件，全市占比11%；有效专利数达到19038件；400家企业实施了知识产权贯标。针对高新技术企业、科技型中小企业的专利获取需求，开展“专利清零”和“专利提升”专项工作，借助专业机构力量，促进企业获得专利1191件；围绕高新区重点企业，开展高新区专利试点备案工作，推进形成一批专利优势企业，实施“以量布局、以质取胜”的企业专利战略，增强企业自主创新能力和市场竞争能力。探索开展高新区批量企业知识产权贯标工作，促进企业建立与经营发展相协调的知识产权管理体系，使其产生具备高附加值的自主知识产权的新产品、新技术，在融资上市、投资并购等资产运作上获取更大收益。2016年召开3期高新区企业知识产权管理体系内审员培训班，覆盖企业300余家；协调国家知识产权贯标认证机构，于6月27日～7月1日在天津高新区开设专场，对知识产权服务包备案机构进行知识产权管理体系外审员培训。2016年有390家企业开展贯标，270家企业完成服务签约，药研院、赛象股份等36家企业获得认证证书。与天津市知识产权服务中心、企兴知识产权管理咨询有限公司等专业机构合作开展新能源电池产业、动力汽车产业专利信息情报分析。与市知识产权局等10部门共同发起举办“2016年天津市知识产权创新创业发明与设计大赛”。2016年12月获批建设国家知识产权服务业集聚发展区。

（蓝　华）

【科技创新体系建设】　2016年高新区企业获得市级以上科技计划项目立项175项，获得市级财政资金支持超过1.26亿元。高新技术企业认定工作持续加强，建立高企认定工作委区联动机制。2016年围绕“未来科技城”建设，聚集高端研发机构，新增市级以上研发机构12家，其中浙大研究院、中科先进院获批国际技术转移中心，全市占比50%；开展“委—区共建协同创新实验室”认定工作，采取“备案+评审认定”制，初步备选企业233家。实现全年技术合同成交总额33.99亿元，同比增长32.99%，在“全国技术合同网上登记系统”注册企业达到1029家。

（蓝　华）

【与天津OTC开展全面战略合作】　2016年11月2日，天津高新区管委会与天津滨海柜台交易市场（简称“天津OTC”）战略合作协议签约仪式及“天津OTC高新区运营中心”揭牌仪式在高新区海泰大厦举行。科技金融是高新区服务科技型企业的重要抓手和有力支撑，特别是获批国家自主创新示范区以后，高新区以金融创新作为示范引领的突破口，不断探索政府引导与市场机制相结合的融资服务创新模式。高新区与天津OTC达成战略合作，可进一步丰富高新区科技金融生态，优化创新创业环境。具体合作的创新性和意义主要包括：一是首次实现高新区与地方股权交易市场的联动，设立“场外市场天津高新区板块”，将创业企业直接导入多层次资本市场，最大化的发掘企业融资价值，形成创业资源与资本市场的良性互动；二是在政策支持方式上，采用全新的创通票机制，推动企业在天津OTC挂牌。高新区创新性地推出创通票OTC服务包，覆盖企业OTC保荐、挂牌的全部成本，并以政府信用撬动中介机构垫资服务的积极性，实现政府引导与市场机制有机结合；三是合作共建“天津OTC高新区运营中心”，以政府支持、市场运营、开放服务的模式，搭建集政策宣传、市场推广、中介评价、企业辅导、融资对接于一体的全流程服务平台，实现OTC市场服务的衔接落地。

（蓝　华）

【星企一号创新工场落成】 2016年9月8日，“星企一号创新工场落成暨天津中科先进技术产业园开园仪式”在天津滨海高新区华苑产业园举行。“星企一号创新工场”落成和天津中科先进技术产业园开园，标志着高新区在推进“双创”建设和促进高端成果产业化又迈出新的步伐，是院地合作的又一突出成果。天津高新区星企一号创新工场（以下简称“星企中心”）是高新区直属创新孵化园，由天津市高新区企业创新服务有限公司进行管理运营，于2016年8月正式竣工落成。星企中心坐落于高新区华苑科技园环外地段，总体使用面积近30000平方米，环境优美，功能齐全，设有咖啡厅、西餐厅、企业家俱乐部等多项配套设施，为园区企业及平台发展提供基础支撑。天津中科先进技术产业园依托天津先进院建设。天津先进院是天津滨海高新区与中国科学院深圳先进技术研究院共建的国有资产公司，于2015年6月17日正式注册成立，立足天津滨海高新区区位优势，汇集中国科学院科技、人才优势，开展全面的院地合作。天津先进院围绕国家自主创新示范区建设和先进制造业升级的实际需求，打造集研发、产业化、资本、人才培养、产品应用等为一体的新型产业园区，推动产业创新能力不断发展。2015年～2016年，天津先进院紧密围绕产学研资“四位一体”的发展模式，全力筹建中国科学院电动汽车研发中心（天津）、智慧计算与数字工程中心、国际技术转化中心，以及综合服务、科技金融、中科创客、企业育成等4个平台，同时吸引入驻及孵化企业16家，总注册资本超过3亿元，使用场地面积近万平方米，转让知识产权4项，转让收入百万余元，知识产权入股6项，股权价值数千万元，初步形成围绕新能源汽车、智慧计算、先进制造等战略新兴产业，互相支持，优势互补的特色产业园区。

（蓝　华）

【召开企业知识产权贯标工作启动会暨培训会】 2016年5月24日，天津高新区与天津市知识产权局联合召开“高新区企业知识产权贯标工作启动会暨培训会”。知识产权贯标工作是2013年国家知识产权局、科技部、财政部等8部委联合出台《企业知识产权管理规范》之后，在全国范围内推广实施，以指导企业建立科学、系统的知识产权管理体系，推动企业产生具备高附加值的自主知识产权的新产品、新技术，在融资上市、投资并购等资产运作上帮助企业获取更大收益。高新区在不断创新服务措施、营造发展生态的基础上，启动知识产权贯标工作，促进企业质量提升，强化企业创新管理、培育创新人才，促使创新意识有机地融入企业经营。（蓝　华）

经济技术开发区

【京津冀科技创新协同发展】 2016年，经济技术开发区整合京津冀科技资源，加速战略性新兴产业科技项目的引进和培育，全年新引进科技企业711家，注册资金总额达68.83亿元，其中来自北京、河北的中瑞蓝科电动汽车、中科纳泰生物、银河水滴科技、博雅生物育种等20余个优质项目落户，涵盖新一代信息技术、高端健康、新能源新材料、节能环保、高端制造等多个领域；与国科控股签署战略合作协议，共建中科院创新成果转化平台；共建中国医学科学院北京协和医学院泰达国际心血管研究所。（陈志远）

【科技金融】 2016年，经济技术开发区依托泰达科技发展金、“天使之翼”投资人俱乐部及风险补偿专项资金信用贷，为企业提供多种融资渠道，针对有意向挂牌、上市的重点企业，搭建专业化融资对接服务平台，推动企业进入上市程序。全年累计新增上市挂牌企业23家，超额完成全年任务；博迈科在上交所主板成功上市，凯莱英在深交所中小板成功上市，商科数控等10家企业在新三板成功挂牌，利安隆创业板IPO首发申请获得批准；累计在各类资本市场挂牌及上市企业达47家，其中科技型企业35家。（陈志远）

【创新成果】 2016年经济技术开发区新增10项市级杀手锏产品，累计达到48项，17项科技成果获得新区科学技术奖，25项科技成果获2016年度市科学技术奖；190余个项目获得市重大科技专项、科技支撑计划等市级以上科技计划项目立项；全年申请专利5670件，其中发明专利2410件，获得专利授权2580件，其中发明专利550件。康希诺公司获得2个“脑膜炎球菌结合疫苗”临床批件；膜天膜获得第十八届中国专利优秀奖；凯莱英等单位的8项专利成果获得2016年度天津市专利优秀奖。（陈志远）

【高新企业培育】 2016年，经济技术开发区通过加大政策引导力度、加强辅导培育力度、加深联系沟通，推动科技型企业稳步发展，全年新增科技型企业809家，累计达到6370家；新增规模过亿元的科技型企业71家，累计达到480家，继续位居全市第一。新增149家市级高新企业和91家国家级高新企业。（陈志远）

【培育科技示范企业】 2016年，围绕培育和打造科技示范企业主题，确定经济技术开发区首批20家科技示范企业，鼓励以科技示范企业为核心组建产业技术创新战略联盟。与渤海早报合作，陆续推出21期“泰达科技创新示范企业巡礼”系列报道，逐期展示该区重要的科技创新示范企业。推进该区193家规模亿元以上科技型企业的干部帮扶工作，助推企业加快发展。康希诺公司新型疫苗生产基地一期工程、瑞奇外科公司微创器械生产基地完成主体工程建设；七一二通信等多家重点科技型企业实现增资扩产。（陈志远）

【全力推动创新载体发展】 2016年，经济技术开发区新增5家市级企业技术中心、2家市级工程中心，国家级、市级研发机构累计达120家；新增4家市级技术先进型服务企业，累计达11家，位居全市第一。七一二通信获得国家级工业设计中心认定，凯莱英获得国家地方联合工程实验室认定，国家粳稻工程技术研究中心通过科技部验收。滨海新区信息技术创新中心和天河先进制造创新联合实验室正式揭牌运营。建成泰达双创示范区，新增3家国家级众创空间，国家级和市级众创空间累计达到8家。建设电子信息、大健康、智能无人装备、节能环保4个专业化园区，各类孵化载体总面积达到115万平方米。依托各类众创空间，全年累计举行京津冀创客嘉年华、CEO特训营、专题培训、沙龙、公开课等各类活动200余场。（陈志远）

【科技人才】 2016年，经济技术开发区4人入选国家万人计划；6名个人及2个团队入选天津市创新人才推进计划；6人入选滨海新区科技创新创业领军人才，位居各功能区第一；6家单位获得天津市院士专家工作站认定；新增天津市新型企业家培养工程入选人才8名，累计达到50名。（陈志远）

【科技体制机制不断创新】 2016年，经济技术开发区制定、颁布科技创新“十三五”规划、信息化和智慧泰达“十三五”规划，完善“1+N”科技政策体系，改进科技政策兑现审批流程，提高政策扶持的针对性和有效性。颁布实施《天津开发区推动高新技术企业认定的暂行办法》及配套实施细则；制订开发区科技示范企业认定标准，出台打造产业技术创新战略联盟扶持措施；推出国家级高新技术企业服务券，以政府购买服务的方式实现企业零成本申报。积极推进“互联网+政务服务”模式，自主开发的国家级高新技术企业服务券管理系统投入使用。发布《2016年创业鼓励计划启动资金申报指南》，打造科技型企业便捷落户、孵化培育、创业鼓励的“一条龙”服务体系。深化科技财政资金管理制度，创新性出台“泰达科技发展金”预决算制度，实现支持“大众创业、万众创新”和厉行“财政节约、精准资助”的双重目的。（陈志远）

中新生态城

【生态城创新载体建设】 2016年生态城积极推动清华大学天津电子信息研究院发展，完成对接服务工作30余项，推动开展成果转化项目16项。协助启迪之星孵化器顺利开展运营，借助启迪之星在全国的孵化器网络，初步形成“走出去、引进来”的发展模式。吸引京津冀地区企业入孵共计25家，举办各类品牌活动36场，累计推送文章50篇。

（于滢芳）

【生态城科技型企业发展】 2016年生态城新增科技型中小企业82家，累计421家；过亿元科技型企业3家，累计13家；国家高新技术企业13家，累计25家；市级高新技术企业13家，累计25家。完成股份制改造3家，新三板上市3家，完成区县级专利试点4家，推荐企业获批新区科技进步三等奖，推动企业设立院士工作站1家，推荐27家企业申报市、新区科技项目，累计申请资金1000万元。

（于滢芳）

【生态城科研项目推动】 2016年生态城完成中新绿色建筑科技合作第四期项目征集，重点支持生态规划、绿色建筑设计、绿色建筑施工、绿色建筑运营、智慧城市等领域。推动区内企业申报天津市、新区科技项目，推动“十二五”绿色建筑项目结项、“十三五”水专项项目课题申报等国家项目管理工作。（于滢芳）

【生态城科技服务】 2016年生态城举办科技认定、金融类培训22次，提供咨询服务600余次，累计为100家企业提供金融对接服务、资质认定及项目申报工作。（于滢芳）

保税区

【空港经济区企业获国家科技进步特等奖】 2016年，由中国铁路总公司牵头，空港经济区铁道第三勘察设计院集团有限公司、中铁电气化勘测设计研究院有限公司等30家公司参与建设的“京沪高速铁路工程”获国家科技进步特等奖。京沪高速铁路是国家战略性重大交通工程和重大创新工程。该工程创造了里程最长、线路标准最高、运行速度最快的世界纪录，代表中国高速铁路最高技术水平。铁道第三勘察设计院在京沪高速铁路建设中，经历近20年的科研和技术攻关，形成时速350公里的高速铁路理论体系，拥有自主知识产权的技术和标准，解决超越世界高铁持续运行速度的诸多科学难题。中铁电气化勘测设计研究院做为该项目参与单位，创新高速铁路牵引供电系统技术体系，首次建立运营时速380公里以上速度等级的接触网张力体系，研发与之配套的高速铁路牵引供电关键装备，提升高速铁路理论水平，建立具有完全独立自主知识产权的牵引供电系统设计仿真平台。该项工程获国家科技进步特等奖，凸显出空港经济区在铁路建设领域的知识产权、科研成果积累已达到较高水平。

（高　铁）

【空港南开公能众创空间召开科技成果对接会】 2016年1月27日，空港经济区南开大学创新创业基地（公能众创空间）举办第1期“科技成果转化对接会”，南开大学机器人与信息自动化研究所研发的基于无线体域网的惯性运动捕捉系统（iMocap）备受关注。该项目借助微型惯性传感器动作捕捉技术，将传感器配在人身上可实时动作捕捉，可广泛应用于电影动画制作、医疗、游戏、虚拟现实、人体工程学等领域。会上，天津太卡科技发展有限公司和天津中科智能识别产业技术研究院与其签署了战略合作意向书。南开大学创新创业基地还与南开大学、天津中科智能技术研究院及天津市其他高校和科研院所共同搭建科技成果转化对接平台，共收录科技成果转化项目100余个。（高　铁）

【空港创业中心初步形成“一中心 多平台”运行格局】 空港经济区创新创业中心成立两年中，累计吸引科技型企业700余家，北京大学创业训练营天津基地、欧美同学会海归创业学院和南开大学创新创业基地等专业孵化器在中心运营。入驻中心企业可以享受“双重孵化”服务，为创业成功提供“双保险”，初步形成“一中心多平台”的运行格局。创业中心定期举办空港创融会和空港创新创业大讲堂活动，提高创业者综合素质和资源整合能力，助推科技企业在空港落地生根、开花结果，成为中心的2项品牌活动。在“2015天津市创新创业大赛暨第四届中国创新创业大赛（天津赛区）”总结大会上，空港创新创业中心获天津市创新创业大赛优秀组织奖，并通过组织承办先进制造业行业决赛，有2个参赛获奖项目落户空港。

（高　轶）

【科技局组织食品企业与智能制造企业对接会】 2016年4月11日，保税区科技局组织区内利民调料、伊利乳业等6家大型食品企业与西子智造空间4家企业的对接会，双方行业企业在流水线自动化方面进行会谈。食品行业是保税区发展较为稳定的行业，其产品标准化程度高，且多为流水线式生产，在自动化改造方面有先天优势，在科技局日常调研过程中，多家食品企业反映了自动化改造的需求。通过对接活动，西子智造空间的多家企业展示自身的自动化改造能力，为食品企业提高生产效率，降低成本，促进企业转型升级提供智力支持。

（高　轶）

【考察空港经济区瑞普生物等企业】 2016年5月4日～5月6日，天津市组织科技小巨人企业创新发展学习考察活动，各区政府相关负责人、全市科技小巨人企业等分3批、400余人参与活动，考察了空港经济区瑞普生物等多家企业。市领导在空港经济区参观了瑞普生物总部展厅，对公司以收并购的方式跨越式发展给予高度评价，对企业加快发展宠物健康产业、采取“互联网+”模式发展动物疫病诊断服务云中心的做法给予充分肯定。

（高　轶）

【天津自贸区中美质子治疗临床培训中心在空港经济区揭牌】 2016年5月12日，天津自贸区中美质子治疗临床培训中心在空港经济区举行揭牌仪式，标志着中国首家国际化肿瘤质子治疗培训机构在空港经济区成立。天津市卫计委、滨海新区卫计委负责人及中国工程院院士、空港经济区天津太山肿瘤医院董事长郝希山、美国Provision医疗集团董事长Terry Douglass共同为该中心揭牌。天津自贸区中美质子治疗临床培训中心由空港经济区天津太山肿瘤医院、美国Provision医疗集团共同组建。质子技术是用当代最先进的放射治疗技术对肿瘤进行靶向杀伤。该中心旨在为国内外质子治疗专业人员提供国际领先的培训平台，同时研究质子相关的放射生物学效应，探索适合亚洲人的肿瘤质子治疗方案。

（高　轶）

【空港经济区组织科技型企业创新发展学习考察活动】 2016年5月26日，保税区科技局、发改局组织全区100家科技型中小企业，学习考察空港经济区3家世界500强和行业龙头外资企业、5家区内科技小巨人领军企业，先后实地考察空客A320总装厂、百超（天津）激光技术公司、卡特彼勒大型发动机及发电机组生产基地、恒银金融、瑞普生物、松正电动、特变电工和正天医疗等8家区内企业，听取企业情况介绍，深入学习了解企业在精益管理、智能制造、科技创新、上市融资、商业模式创新等方面的成功经验和做法。（高　轶）

【空港经济区举办“科技周”系列活动】 2016年，空港经济区从创新创业、知识产权和科学普及等方面开展科技周活动。5月18日，空港创业中心聘请专业讲师举办以“成长型企业如何快速提升企业价值”为题的“创业大讲堂”沙龙活动，讲师从“怎样高效创造价值”“如何洞察价值增值过程中的问题与风险”等问题入手，为初创企业传授先进的经营管理理念，帮助企业化解棘手问题。5月19日，空港科技局以“科技创新与知识产权战略”为题，邀请天津大学、中国知网等专家围绕“专利法改革方向”“专利检索分析”等内容，为区内科技企业分享相关知识。5月20日，空港科技局、企业协会、社区办面向全区企业和社区居民，组织参观科大讯飞和华大基因展览馆，普及最新语音科技成果，开办基因科技造福人类健康讲座。

（高　轶）

【空港经济区瑞普生物“美洛昔康片”获新兽药证书】 空港经济区瑞普生物自主开发、用于宠物关节炎的新产品“美洛昔康片”，通过农业部新兽药综合评审，于2016年5月获得农业部颁发的新兽药注册证书。“美洛昔康”作为全世界第一个上市的选择性II型环氧化酶（COX-2）抑制剂，对炎症疼痛具有强而持久的镇痛作用，通过阻断前列腺素的生成而发挥作用，抑制白细胞向炎症组织渗入。“美洛昔康”可缓解和治疗类风湿性关节炎、疼痛性骨关节炎及各种犬猫急慢性骨关节炎，并且对犬猫术后止痛具有很好的效果，与同类药相比，具有明显的优势，是一种新型、高效、安全的抗炎药物。（高 轶）

【威瀚电气等进入天津市新三板净利润百强】 截至2016年6月，空港经济区10家天津市新三板挂牌企业中，威瀚电气、天津彩板、汉镒资产、华鸿科技、荣进睿达、瑞灵石油、天津华宇、海润股份等8家企业进入全市前100强，其中威瀚电气以2772万元排名第21位，天津彩板、汉镒资产、华鸿科技3家企业的净利润也均在1000万元以上。

（高 轶）

【空港经济区4家企业创办人入选天津市创新人才推进计划】 2016年9月14日，在天津市科委公布“天津市创新人才推进计划入选名单”中，保税区瑞普生物董事长兼总经理李守军、南洋电缆董事长兼总经理郑灿标、瑞灵石油董事长兼CEO侯强、中源协和董事长兼总经理师鸿翔入选其中。该4位企业主要负责人，以企业作为技术创新主体，持续推进科技成果转移转化，成为优秀的创业人才和具有创新精神的企业家。

（高 轶）

【空港经济区瑞普生物公司入围“2016中国制造隐形冠军榜”】 由中国人民大学商学院、中国中小企业协会、《经理人》传媒共同主办的首届“中德制造业峰会”现场发布“2016中国制造隐形冠军榜”，全国50家优秀企业代表入围，保税区天津瑞普生物技术股份有限公司（以下简称“瑞普生物”）上榜。“隐形冠军”最早由德国管理学家赫尔曼·西蒙教授提出，特指默默专注于细分市场并占据领导地位的优秀企业群体。该榜单评选活动由《经理人》杂志主办、赫尔曼·西蒙教授提供学术指导，基于中国企业和中国市场，围绕制造行业，从市场地位、专注程度、成长能力、创新能力4个维度进行评价，经名单征集、初评、终评，最终形成“2016中国制造隐形冠军榜”。瑞普生物是国内动物保健品行业的领军企业，创业10多年，不断创新、开拓进取，从最初的单一企业成长为极具规模的动物保健产业集群，开发和生产出高质量和高附加值的产品，销售网络覆盖到全国30个省，并已陆续向埃及、约旦、巴基斯坦、菲律宾等多国进行产品注册和销售。5年中获得授权专利83件、国家“新兽药注册证书”38个、“农业转基因生物安全证书”3个。牵头组建第一个国家兽用化药联盟，使联盟内企业兽药注册周期缩短30%，取得新兽药证书18项，专利18项。

（高 轶）

【空港经济区多家企业获2016年度天津市科学技术奖】 在2016年度天津市科学技术奖励评选中，保税区企业共获奖项18个。其中铁道第三勘察设计院集团有限公司的“天津市轨道线网李明庄车辆检修基地综合技术研究”等3项、天津汽车模具股份有限公司的“滨海新区高端制造数字化集成技术攻关应用”等2项、中国铁建大桥工程局集团有限公司的“复杂地质条件下小断面特长隧道综合配套施工技术”等2项、海洋石油工程股份有限公司的“天津3万方LNG全容储罐工程技术创新与应用”、天津市特变电工变压器有限公司的“电力变压器铁心磁致伸缩力与振动噪声问题研究”、天津市松正电动汽车技术股份有限公司的“插电式深度混合动力系统研发及产业化创新工程”共10个项目获2016年度天津市科技进步二等奖；天津冶金集团天材科技发展有限公司的“新型高精密合金带钢的研制与应用”等8家企业的8个项目获2016年度天津市科技进步三等奖。

（高 轶）

【空港经济区多家企业获2016年度滨海新区科学技术奖】 在2016年度滨海新区科学技术奖评审中，保税区企业共获得奖项13个。其中科技进步奖一等奖3个、技术发明一等奖1个、科技进步奖二等奖3个、科技进步奖三等奖5个、技术发明三等奖1个。13个获奖项目涉及生物医药、新材料、汽车模具制造等，天津金发新材料有限公司的“初级聚丙烯树脂高性能多功能化关键技术开发与应用”、海洋石油工程股份有限公司的“天津3万方全容储罐工程技术创新与应用”以及天津瑞普生物技术股份有限公司的“动物疫苗微载体大规模悬浮培养技术的开发与应用”3个项目获滨海新区科技进步一等奖；中铁电气化勘探设计研究院有限公司的“高速电气化铁路高强高导接触线的研制”获滨海新区技术发明一等奖。

（高 轶）

【保税区科技局获“第八届中国技术市场金桥奖先进集体”】 2016年11月16日～18日，“科技成果转化高峰论坛暨第八届中国技术市场金桥奖颁奖大会”在北京召开，天津保税区科技发展局获中国技术市场金桥奖先进集体 。保税区通过科技沙龙、论坛、企业家训练营等多种形式，进一步优化技术市场发展环境，推动相关产业科技成果转化，取得显著成绩。2014年实现技术交易额56亿元，2015年实现技术交易额161亿元，持续保持高速增长，并在天津市30个技术市场登记机构中名列前茅。 （高 轶）

【空港经济区5项产品获2016年“杀手锏”产品认定】 空港经济区未来电视、海鸥手表、威瀚电气、华鸿科技和南洋电缆5家企业生产的5项产品获2016年天津市“杀手锏”产品认定，获认定产品数量在全市名列前茅，其中威瀚电气、华鸿科技还凭借“杀手锏”产品登陆新三板。自2012年起空港经济区陆续有23项产品获得“杀手锏”产品认定，平均每年4～5个，认定数量均居前列，体现了空港经济区企业在创新能力上的领先优势。

（高 轶）

【空港经济区3家企业专利获2016年度天津市专利金奖】 2016年，在天津市专利奖评选活动中，天津海鸥表业集团有限公司的专利“一种机械手表的万年历机构”、中铁电气化勘测设计研究院有限公司的专利“单相双极气体绝缘开关设备”、天津五洲国际集装箱码头有限公司的专利“轨道吊自动化堆场操作控制系统及集装箱自动装卸方法”等3家企业的专利获得天津市专利金奖；天津金发新材料有限公司的专利“同时具备耐划伤性和超低温韧性的聚丙烯组合物及其制法”获天津市专利优秀奖。 （高 轶）

【空港经济区东方锐镭研制成1.2万瓦激光器】 2016年12月27日，空港经济区天津东方锐镭公司联合国防科学技术大学高能激光技术团队，研制出功率达1.2万瓦的工业级光纤激光器。该产品主要应用于厚板切割和焊接，可快速切割厚度达40毫米的碳钢、30毫米的不锈钢以及15毫米的铝和铜，广泛应用于工业制造、汽车制造、航空航天等领域。高功率光纤激光器曾被国外少数几家企业垄断，锐镭公司1.2万瓦光纤激光器为国内高端重型设备制造领域的快速转型升级提供了核心源动力，尤其对天津激光智能制造产业的推动奠定基础。 （高 轶）

【“京津冀协同发展论坛2016”在天津空港经济区举行】 2016年12月11日，由天津滨海新区政府、北京大学校友会联合主办，天津滨海新区科委、天津空港经济区管委会、北京大学创业训练营承办的“京津冀协同发展论坛2016”在天津空港经济区举行，京津冀政、学、商嘉宾及600余位创业者参加论坛。论坛已连续举办3届，成为政、学、商同台探讨京津冀协同发展策略的重要思想平台。该届论坛以“大学区域合作推动产业开源创新”为主题，为现场创业者听众开设3堂创新创业公开课。与会者还听取了由著名区域经济学家杨开忠所作的《构建有机、协同的京津冀世界级城市群》、中坤集团董事长、北京大学创业训练营

理事长黄怒波所作的《创业者的义与利》主题演讲，并举办了以“工业4.0时代的产业双创”为题的高峰圆桌对话。（李一凡）

【欧美同学会举办“千人计划”专家创业特训班】 2016年3月，欧美同学会海归创业学院首期国家“千人计划”专家创业特训班结课。特训班邀请知名创业导师分别就宏观经济、营销以及战略新兴板等作深入讲解，实地考察园区瑞普生物、中科院天津工业生物技术研究所、华润雪花啤酒，并与企业负责人进行深入交流。特训班自2015年11月开班，共组织3次集中授课，海归创业学院导师、中国证监会、深圳证券交易所等方面的专业人士及中欧国际工商学院、清华大学经济管理学院、北京大学知名教授、资深投行家、明星创业企业家等先后为学员授课，从理论和实践两个方面，对海归创业企业遇到的相关问题作出权威性的解答，提出专业性的建议，给出前瞻性的规划。（李一凡）

【举办天津空港第三届创新创业大赛】 2016年9月24日，天津自贸区空港经济区第三届创新创业大赛决赛在空港创新创业中心举办，由经纬中国、创客总部、和才股权投资基金等7家专业投资机构、众创空间的专家组对入围大赛决赛的20个项目进行评审，评选出一等奖2个、二等奖3个、三等奖10个。天津自贸区空港经济区第三届创新创业大赛以“互联网+”为主题，围绕空港经济区重点支持的航空航天、装备制造、大众消费品和新一代信息技术、生物医药与健康产业领域进行。该次大赛参赛项目紧贴大赛主题，紧跟行业主流，涉及行业领域广、创意起点高、创业团队新，在数量、质量等方面均为历届大赛之最。报名项目中，新一代信息技术类项目占48.2%，高端装备制造类项目占16.3%，生物医药及医疗器械类项目占12.9%，环保新能源类项目64个占12.5%，生产性服务业及其他类项目51个，占10.1%。

（高　轶）

各区科技

和平区

【科技工作简况】 2016年，天津市和平区科技工作在和平区委、和平区政府正确领导下，全面贯彻创新驱动发展战略，主动融入京津冀协同发展总体布局中，加速科技产业的对接服务，加快国家自主创新示范区和平园及众创空间创新平台载体建设，着力构筑区域科技创新与服务体系建设，加强科学技术普及，全力推进知识产权战略的实施，使和平区科技创新实力明显提升，各项工作取得较大进步。（王　媛）

【科技型中小企业发展】 2016年，和平区新增认定科技型中小企业520家，全区累计达到3368家（年度任务为新增240家，总量达到3100家）；新增科技小巨人4家，累计达到50家（年度任务为新增2家，总量达到48家）；完成城通通信发展有限公司、广正建设项目管理咨询有限公司共2家企业的股改工作（年度股改任务2家）；完成圣目股份1家科技企业新三板上市挂牌（任务量1家）；全年完成引企93家，注册资金总额26408.30万元；技术市场交易成交额增长明显，合同成交总金额84506.96万元，同比增长31.9%。

（王　媛）

【“自创区和平园”及“众创空间”科技载体建设】 2016年，和平区建立完善统计制度，稳步推进自创区和平园建设。自创区和平园启动以来，成功引进科技型企业82家，截至2016年年底共有企业146家，园内企业结构得到进一步改善。2016年，和平区进行天津国家自主创新示范区（和平园）企业名录库建设工作，自创区企业库名录字段增加至72个；自创区企业名录库内的规模以上企业增加至56家。同时，和平区在初步建立的自创区企事业单位统计名录库的基础上，经多次与和平区统计局沟通并组织召开统计监测工作部署会，收集整理示范区企事业单位经济运行、科技创新和研发活动等统计监测数据，陆续补充70多个字段，对添加的500家企业进行详细统计，按时完成自创区和平园统计监测数据的填报工作，为指导自创区和平园建设提供数据支撑，园内企业营业性收入98.8亿元。

（王　媛）

【科技企业服务】 2016年，和平区根据和平区科技企业发展的实际情况出发，陆续出台《和平区科技发展资金管理暂行办法》《和平区众创空间认定管理办法》《和平区发展众创空间补助资金管理办法》等高含金量的政策文件，搭建自创区和平园和众创空间等科技创新载体，“软硬件”齐力加速，全面优化创新创业环境。在全市率先提出并实施科技企业贷款贴息政策、市级高新奖励政策、鼓励私企创办众创空间等举措。全年科技研究与开发经费安排892万元，其中科技小巨人奖励100万元，科技计划项目资金720万元，股份制改造资金20万元，科技企业贷款贴息项目47.65万元，为创新驱动发展提供强有力的保障。

（王　媛）

【知识产权工作】 2016年，和平区成功举办以“加强知识产权保护运用，加快建设知识产权强市”为主题的“4·26”知识产权宣传周活动。突出宣传实施知识产权战略、加强知识产权运用和保护对于创新驱动发展、大众创业、万众创新的支撑作用，为建设知识产权强市营造良好舆论氛围；按照天津市知识产权局《关于印发天津市企事业单位专利试点办法的通知》《关于组织申报第二批区级专利试点备案的通知》要求，分两批次做好和平区区级试点单位备案工作。经企业自愿申报，和平区区知识产权局推荐、审核等工作程序，报天津市知识产权局同意，共完成48家科技企业申报市区两级专利试点，其中1家企业申报市级试点，47家企业申报区级试点,是2015年的3倍；完成专利申请数2349件；完成2016年3批次专利资助工作，其中发明申请302件，实用新型申请326件，发明维持申请1件；发放专利申请资助款14.4745万元、12家企业首件零突破资助2.4万元、专利试点单位专项资金8.7万元、和平区专利试点单位奖励奖金1万元和定向资金1万元，共计26.6105万元。（王　媛）

【科普工作】　2016年，和平区成功组织以“创新引领 共享发展”为主题的“第30届科技活动周”活动，活动期间共发放有关的科普宣传资料6万多份，举办科技讲座（报告会、研讨会）188场，听众达2万人次，活动覆盖和平区所有的街道、社区、学校及企事业单位；围绕科普日主题，和平区科委设计印制《科技共享》和《健康饮食》2册科普知识画册5000册，发放到街道社区；制作科普巡回展牌2套240块，在和平区各街道和社区进行巡展，更换社区科普画廊展牌640块，太阳能科普画廊写真画面588块；在五大道街三盛里社区新建一间科普图书室，配备各类科普图书2000册，南市街福方里社区建设科普体验室；组织开展“百名专家进社区”活动126场，参加人数1万余人。为做好和平区青少年科学教育普及工作，全面支持未成年人科技教育，提高未成年人科学素质，和平区科委大力给予政策倾斜、物资经费支持以及技术指导。全年和平区98%以上的中小学生，参加科技活动周、全国科普日、科普夏（冬）令营、科技创新大赛、青少年机器人大赛、科学调查体验等活动，并取得优异成绩，和平区被评为天津市青少年科技活动先进区。2016年，和平区科普经费支出300万，人均科普经费8.6元。（王　媛）

河东区

【科技工作简况】　2016年是“十三五”的开局之年，也是河东区大发展、快发展的一年。区科委在落实好“两学一做”专题教育各项要求的同时，按照区委、区政府“全力打好四个攻坚战”的工作部署，在打造科技小巨人升级版、建设科技载体新亮点、实现科技招商新特色等工作中，解放思想，凝心聚力，创新发展，实现科技工作新突破，推动科技工作再上新台阶,较圆满地完成各项工作任务。（孟　莹）

【科技型企业发展】　2016年，河东区新增科技型中小企业430家，完成市下达任务数280家的153.6%，完成区任务数350家的122.9%，科技企业累计达到2841家；新增小巨人企业3家，完成市下达任务数2家的150%，完成区任务数3家的100%，总数达到37家。完成技术合同登记总金额18.51亿元，提前超额完成全年17.7亿元的任务。小巨人企业荣尧智慧公司在全国中小企业股权转让系统挂牌。新认定国家级高新技术企业12家，市级高新技术企业15家。（孟　莹）

【科技创新载体建设】①天津国家自主创新示范区——河东分园　天津国家自主创新示范区——河东分园的建设是2016年河东区重点工作之一。河东分园以智能电气研发与制造、电力工程技术建设为特色，中国能源建设集团二级总部——中能建科技发展有限公司在河东区完成注册，注册资金达2.8亿元。集团下属的华北电力试验研究院有限公司、电商公司在河东区正式注册，并产生税收。3个公司共注册4.3亿元，是京津冀协同发展科技招商成果中注册与效益同步实现的项目，既有经济效益，更有社会效益，目前电建公司和电力设计院地块开工建设。

智能电气创新产业园的“三中心、两基地”规划完成。该园区一期工程正在按进度推进，园区内的工程中心大楼正在装修改造。

②众创空间建设。推荐橙郡（宜棠嘉悦）众创空间参加本年度众创空间的认定。走访建成的智能电气、M3和手牵手三家众创空间，与众创空间主办方沟通运营中的问题，积极协调有关部门加以解决，努力为河东区众创空间的发展创造良好环境。

③科技园区的建设与服务。建成并开业运营面积为5000平方米的宝力智科技孵化器，该园在三季度正式开园运营，并更名为励志科技园，园

区各项工作都在正常推进中。积极走访帅超、帅越、帅达、先之和励志五个科技园区，了解园区运营情况，为园区工作提供服务。

（孟　莹）

【知识产权工作】　2016年河东区加大对发明专利申请的支持力度，万人均发明专利拥有量提升至9.9件，逐步实现专利申请从“追求数量”到“重视质量”的转变。全年河东区专利申请1916件，其中发明专利申请439件，专利授权1052件，发明专利授权181件；组织河东区天津市第五十四中学成功申报第二批全国中小学知识产权教育试点学校；组织河东区一中心小学、一〇二中学成功申报2016年度市级知识产权示范校，并获得授牌。坚持“以点带面、整体推进”的原则，按照市知识产权局要求，组织区内企事业单位申报知识产权专项资金重点资助项目，共为3家单位申报市级知识产权优势产品培育项目；申报区级专利试点单位32家，其中发明专利消零单位28家，围绕区内招商引资重点项目开展专利消零工作，对消零企业进行“一对一”托管服务，实现专利申请、专利人员、专利管理三个零突破。通过召开科技政策培训会、走访科技企业、发放宣传册、张贴宣传画报等形式，为企业提供多方面、全方位的优质服务，引导企业增强保护知识产权的意识，用好用足科技政策，提高专利申请质量，为企业创新发展营造良好环境。（孟　莹）

【科技招商与引智】　2016年河东区共完成内联引资7.695亿元，引进注册项目37个，其中2.8亿元以上1个，1亿元1个，千万元以上9个，有10余家企业正在洽谈中；走访企业30余家，共开展招商推介活动11次；组织河东区科技代表团赴深圳参加第18届高交会，赴新疆与上市公司特变电工等企业洽谈与河东区投资合作事宜,赴沈阳与新格机器人洽谈合作等招商活动。

（孟　莹）

【科普工作】　2016年，河东区在市科协的帮助指导下，紧紧围绕提高全民科学素质这一目标，认真贯彻落实《中华人民共和国科普法》和《全民科学素质行动计划纲要》精神；始终遵循“政府推动、全民参与、提升素质、促进和谐”的工作方针，充分调动广大群众开展科普工作的积极性和主动性，以点带面，强化典型辐射作用，开展一系列提升全民科学素质工作。2016年区科协充分发挥全国(市)“科普示范社区”的示范带动作用。1个社区（春华街聚安东园社区）被评为2016年国家级科普示范社区，2个社区被评为市级科普示范社区。11月，举办2017年“基层科普行动计划”项目申报培训会。分别对荣获国家级和市级科普示范社区的单位进行表彰，会议邀请市科协普及部相关负责同志为区科协及来自全区12个街道、社区的负责同志做现场指导。同时，推荐中山门街格调竹境社区、富民路街万明里社区和大王庄街丰盈里社区3个市级科普示范社区和中山门街互助西里社区、东新街曲溪西里社区以及向阳楼街阳安里社区3个国家级科普示范社区。活动的开展进一步发挥河东区科普工作的示范辐射带动作用，引导帮助更多的社区居民建立起科学、文明、健康的生产生活方式，让科普公共服务持续惠及广大基层群众。（孟　莹）

河西区

【科技工作简况】　2016年，河西区依据政策完成4家区级众创空间评审工作，指导1家众创空间通过市级众创空间认定，4家市级众创空间顺利通过市科委年度考核，并被评为国家级众创空间，推荐1家企业申报重点实验室获批准筹建，协助1家企业通过市级工程中心验收。截至2016年年底，全区共有众创空间15家，科技企业孵化器14家，重点实验室8家，工程中心10家，圆满完成科技载体平台建设任务。（黄　涛）

【高新技术企业认定】　2016年，河西区为做好高新技术企业认定工作，落实国家新出台的《高新技术企业认定管理办法》和《高新技术企业认定管理工作指引》文件精神，完成两批市级高新技术企业认定工作，24家企业通过市级高新技术企业认定；组织专家对申报国家级高新技术企业的27家企业资料进行论证，将专家论证结果征求工作小组各成员单位意见，召开工作小组会议，审议并确定首次推荐申报国家级高新技术企业名单及财政补贴资金发放金额（会议决定推荐26家市级高新技术企业首次申报国家级高新技术企业）。截至2016年12月底，全区共有国家级高新技术企业56家，市级高新技术企业9家。

（黄　涛）

【科技型中小企业发展情况】 2016年，河西区完成科技企业认定516家，累计达到3290家。规模过亿元科技型企业完成11家，累计达到64家。

2016年发放科技企业补贴，总计发放1346.8万元。2015年认定的规模过亿元科技企业6家共计105万元；2016年认定的11家除了锦丰盛泰之外共计10家360万元；总计465万元。奖励2015年22个指标责任部门，共计282.8万元；奖励2014年22个指标责任部门，奖励共计331.1万元。

（黄　涛）

【科技型企业股改上市情况】 2016年，受理2015年度科技型企业股份制改造补贴申请，全区共有15家科技型企业获得市区两级财政补贴600万元。全年共有13家科技型企业进行股改备案，其中7家企业完成股份制改造。新增9家上市挂牌科技型中小企业，其中1家在深交所中小板上市，2家在新三板挂牌，6家在OTC挂牌。自企业上市融资工程开展以来，河西区共有29家科技型企业完成股份制改造，其中16家科技型企业在各类资本市场挂牌上市（1家深交所中小板，5家新三板，3家天交所，7家OTC）　（黄　涛）

【知识产权工作】 2016年，河西区专利申请量2329件，同比增长13%；发明专利申请740件，同比增长87%；有效发明专利已达873件，同比增长21%。1家企业申报并被确立为国家知识产权优势企业。随着专利申请量、授权量的提高，专利资助额度也在提高，2016年三次专利面上资助金额已达19.9万元；对13家区级试点发放资助3.9万元；对2015年63件首发明资助12.6万元，对2016年13件首发明资助2.6万元；对2016年发明授权专利资助6.2万元；对2013年立项，2015年结项专利试点发放资助1.25万元；对2016年2家市级专利试点发放资助18万元；市定向发放资金资助43.433万元；2016年年初，对符合要求的2015年提出申请的发明、实用新型专利的代理费、授权费、发明专利4年~6年维持费发放专项补贴71.6426万元；对2015年青少年23件授权专利，给予3335元资助。全年共计发放资助179.8591万元，实现专利资助历史新突破。　（黄　涛）

【科技成果管理】 2016年河西区组织驻区科研院所申报市级科技进步奖共6项，有2项科技成果分别获得市科技进步二等奖1项、三等奖1项，组织申报评选区科技进步奖32项，其中28项获奖，颁发奖金35万元。全年办理完成科技成果登记51项，结项验收20余项，给4家企业组织科技成果鉴定12项。　（黄　涛）

【科技项目立项情况】 2016年河西区共有43家科技企业申报、中选国家和市级科技立项29项，获得资金支持1235万元，并积极配合天津市科委、区财政把科技拨款发放到位。其中杀手锏项目1个，领军小巨人企业培育计划项目2个。

（黄　涛）

【科普工作】 2016年，河西区加强社区科普宣传工作的指导和服务，实施基层科普益民计划，从人民群众关心、关注的生活，健康上下功夫，为提高居民科普意识，营造良好的环境，组织开展科普示范社区创建活动。评选20个区级科普示范社区，尖山街尚城社区和越秀路街港云里社区被评为市级科普示范社区。

企业科协组织在企业中做好科普宣传工作，在企业中建立科普长廊，开展优秀科普车间评选活动，利用企业工会、科协组织向企业进行科普宣传，组织企业参加天津市“讲理想、比贡献”活动项目，宣传节能减排，鼓励企业职工技术革新。

（黄　涛）

【科技周】 2016年，河西区深入开展科技周和全国科普日活动，五月中旬在河西区文化中心召开第30届天津市河西区科技周开幕式暨第二届天津市科普微视频大赛启动仪式。全区开展66场形式多样，内容丰富的科技周主题重点活动。利用标语、横幅、展板等方式进行科普宣传、宣传党和政府科技政策，以“培养科学的思维方法，宣传科技知识，弘扬科学精神”为目标，通过高端论坛、新技术新成果展览展示、科技服务与咨询、科普讲座、青少年科技体验以及开放科技场馆和高校、科研院所实验室等多种活动形式，吸引公众广泛参与。（黄　涛）

【青少年活动】　2016年，河西区为使青少年进一步了解科学、接触科学、探索科学、促进青少年健康成长，举办科技与教育相结合的校内外科普活动。①在全区中小学校和街道社区开展青少年科技教育活动，向区内青少年宫、学校、社区赠送3D打印机23台，系列小机床26套。②组织开展青少年科技创新大赛，在河西区北方创客中心成功承办天津市第31届青少年科技创新大赛，来自全市16个区县的代表队参加大赛，在区内300个项目中通过层层选拔21个创新项目参加市级终评答辩，36个项目参加展示，获得市级一等奖6项，二等奖20项，三等奖15项，其中5个项目代表天津市队参加在上海举办的第31届全国青少年科技创新大赛。河西科协被评为全国创新大赛“基层赛事优秀组织单位”奖。③组织全区中小学生参加天津市第3届科技创新设计竞赛，取得一等奖21名、二等奖44名、三等奖62名的好成绩。④组织部分高中学生参加暑期在天津、北京、辽宁等大学中开展的高校营活动。⑤组织学生参加航天航空科普夏令营活动，参观山西卫星发射基地。除此之外还组织开展机器人大赛、航建模大赛、英才计划等青少年科技教育活动。（黄　涛）

【科技人才】　2016年，河西区积极加强与高校、科研院所的合作，组织驻区大专院校、科技企业参加2016年天津市创新创业大赛，全区共有企业项目88项，团队项目54项参赛，通过预赛共有116个项目参加市级复赛。3家企业4个团队项目参加全国创新创业大赛，3名企业家入选天津市“新型企业家培养工程”。开展2016年天津市创新人才推进计划组织推荐工作，推荐8人参评，其中中青年科技创新领军人才2人，青年科技优秀人才1人，科技创新创业人才3人，重点领域创新团队2人。最终3名科技人才入选天津市科技创新人才推进计划，10家企业入选“千企万人计划”。（黄　涛）

南开区

【科技工作简况】　2016年，南开区坚持实施科教兴区、人才强区和知识产权战略，努力提升区域科技水平和自主创新能力，加快科技型企业发展，培育高新技术企业，构筑环天南大知识经济创新圈，不断推动全区科技进步。加大科技投入，年内区级财政科技支出1.7592亿元，占财政一般预算支出2.37%，财政科技支出增长率23.2%，财政科普经费支出387万元，科普经费支出增长率26.1%。加强自主创新示范区南开园的建设，打造特色众创空间，助推科技型企业发展和“科技小巨人企业”培育。在2016年度市科技进步监测统计中，南开区综合科技进步能力指数75.7居市区第一。高新技术产业产值95.89亿元，占工业总产值的比重45.93%，高新技术产业产值增长率达到7.2%，居全市区县第一。年内评出南开区2016年度科技进步奖18项，科学技术贡献奖5项。2016年，办理面上专利资助4批237件，资助金额25.263万元，区域专利申请量6199件，授权量2698件，有效专利拥有量11079件，居全市前列。2016年，南开区申报市级专利试点单位5家，区级专利试点单位10家，14家企业实现发明专利“零”突破。全年完成技术合同登记1241项，合同成交金额23.9819亿元（其中技术交易额23.0042亿元），较于2015年合同成交额增长8.92%。（袁根正）

【众创空间】　2016年，南开区落实《南开区促进大众创业、万众创新工作实施方案》，构建和打造南开众创空间。南开区通过天津市科委新认定“一八九五”建筑设计、中汽智能制造·机器人和天津智汇市级众创空间3家，全区市级众创空间共

5家，年内认定区级众创空间20家；制定《南开区众创空间绩效管理与备案登记制度》和《南开区众创空间绩效考评指标体系》，对已建的众创空间进行绩效管理考核，使之为广大创业者提供更好的创意、创新、创业方面的咨询、培训、展示、融资、技术对接等服务，建成企业、高校、创业者、社会资源能够实现多方交互，信息共享，资源共享，共同成就的创新创业平台。

（袁根正）

【科技型企业发展】 2016年，南开区继续加大对科技型企业的政策支持和服务力度，发挥生产力促进中心、科技金融平台等社会机构作用，加强科技型企业发展认定管理工作，建立南开区高新技术企业、科技小巨人企业培育库。年内新增认定科技型企业594家，全区技型企业4389家；新增认定科技“小巨人”企业11家，全区科技“小巨人”企业72家；新增国家级高新技术企业49家，全区149家企业被认定为“国家高新技术企业”。

（袁根正）

【科技金融】 2016年，南开区推动一批科技型企业完成股改及挂牌上市。区科委联合区科技金融对接服务平台针对区内规模过亿的科技企业、高新技术企业等重点单位进行调研、走访，了解企业发展状况，征询企业融资需求及股改上市意向，宣传市区两级关于股改及挂牌上市的奖励政策。天津市智特科技股份有限公司、天津恒立远大仪表股份有限公司等12家企业完成股份改造工作，其中8家科技企业在滨海OTC挂牌，1家科技型企业在天交所挂牌。为区内科技企业提供小额担保贷款服务，72家科技型企业获得该政策贷款，贷款总额4.8亿元。（袁根正）

【科技项目】 2016年，南开区加大科技立项支持力度，以重点项目引领，促进产业结构调整。组织企业申报各类科技项目项目，全年受理包括科技创新项目、科技服务平台项目、科技载体项目和贷款贴息等科技项目267项，通过专家评审，立项107项。其中，获得贷款贴息和科技载体项目2项，公共服务平台项目4项，科技创新项目77项，南开区科技金融对接服务平台企业贷款贴息项目22项，孵化器项目2项。

（袁根正）

【科学技术奖励】 根据《南开区科学技术奖励办法》，南开区评审出2016年度科学技术奖23项。全年，通过企事业单位申报，科技主管部门审核筛选，受理了39个项目。按照项目类别和要求，提交区科学技术奖评审委员会（专家组成）进行评审，由区科委发出公示，区政府常务会议研究决定，授予“紧急切断阀综合校验装置的研发”等3项成果科学技术进步一等奖；授予“挤塑聚苯板中再生料、无机填料的鉴别方法研究”等7项成果科学技术进步二等奖；授予“服装行业生产管理系统”等8项成果科学技术进步三等奖；授予“京杭大运河天津段保护利用研究”等5项成果科学技术贡献奖。（袁根正）

【知识产权工作】 2016年，南开区进一步贯彻实施《中华人民共和国专利法》，在“4·26”全国知识产权宣传周期间，围绕宣传主题，结合区内实际，开展知识产权宣传周系列活动。加大对专利、商标、版权等知识产权的保护和普及宣传，营造实施知识产权战略的良好社会氛围，提高南开广大公众的知识产权意识。引入新三板挂牌的专利代理机构——超凡（天津）专利代理有限公司，对接驻区科技型企业和高校、科研院所，开展知识产权政策宣讲及维权确权等专业服务。专题走访专利试点单位和科技“小巨人”企业，在企业专利创造、运用、保护和管理四个环节的有机结合上，召开企业知识产权培训会，举办专利成果转化专题座谈会，针对企业发展中遇到的问题给予具体的指导帮助，为企业解决具体困难。2016年，南开区申报市级专利试点单位5家，区级专利试点单位10家，申报专利信息传播利用、公共服务平台建设及运行维护项目3项。

（袁根正）

【专利申请】 2016年，南开区专利申请量6199件（其中发明专利3633件、实用新型专利2351件、外观设计215件），授权量2698件，有效专利拥有量11079件,其中有效发明专利5981件，占专利总有量54%。全年14家企业申请首件发明专利，实现发明专利"零突破"，并获得市知识产权局专项资金支持和区专项资金匹配扶持（每家企业3000元）；办理申请专利资助4批，共计237件，其中119件为法人单位申请，118件是个人申请，兑现专利资助金额25.2630万元。

（袁根正）

【南开区科技园】 2016年，南开区科技园协调对接天津市科委、滨海高新区，推动市级政策覆盖南开园，研究制订自创区南开园扶持政策，并形成具体实施细则。完成市级重点科技计划课题《天津国家自主创新示范区南开分园特色发展战略与高端要素整合对策研究》，为今后工作提供理论指导；做好天津市"一区二十一园"区县互看互学活动工作，市领导带队实地考察，对环天南大知识经济创新圈建设给予高度评价；建立自创区企业统计数据库和高新技术企业、科技型企业、科技"小巨人"企业及重点限上企业名库；聚焦首都资源，承接北京项目，2016年在北京召开三场"环天南大知识经济创新圈"主题招商推介会，发放宣传资料200余份，先后与微软（中国）有限公司、新华网、中科实业集团（控股）有限公司等100多家参会企业深度沟通；开展与高校院所广泛交流，主动服务对接驻区高校院所、高端人才，举办中央驻津大院大所走进环天南大知识经济创新圈科技沙龙活动，开展产学研对接和协同创新，全年有12个协同创新项目落户南开区。

（袁根正）

【十字街区建设】 2016年，南开区政府启动南开科技园十字街区建设。十字街区大学道：东端起点于南开大学内的巩瑛青年创新公社，它是目前国内面积最大、功能最完善的高校创业苗圃之一。向西建设有"大数据服务加速空间"，至津河全长一公里。白堤路交口医科院放射所内建有南开科技成果展示交易中心，目前大学道两侧科技创新载体建设已经成熟，各类创新创业要素已经由多点链接成线。十字街区科研西路：西侧从北至南分别坐落有天津市激光所、天津市创业服务中心（全国第二家国家级科技企业孵化器）、天津市制造业生产力促进中心、中电第46所和航天第8358所，全长712米。目前科研西路改造工程正在按计划有序进行，南开科技园十字街区项目将建设成为面向天津、辐射北方、具有鲜明特色的创新创业生态区。

（袁根正）

【科技创新平台】 2016年7月，位于环天南大知识经济创新圈核心区，集成果交易、展览展示和共享交流等功能于一体的南开区科技成果展示交易中心建成并正式投入使用。中心聚集各类创新创业要素，充分释放高校院所活力，推动科技创新成果在"创新创业十字街区"就地转化。科技成果展示交易中心包含"科技南开"建设和"两圈两区一中心"规划展示；南开区各类创新创业要素资源；高校院所优秀科技成果和专利项目展示；各类孵化器、众创空间项目成果展示；科技企业产品、服务和产业化项目展示。在成果交易功能上引进高校成果转化中心、中介机构和民营技术转移机构及投融资机构入驻，利用专业化技术转移机构提供科技成果交易服务。中心还设有路演厅和洽谈区，为各类创新创业要素提供共享交流空间，定期组织开展新项目路演、新产品推介、主题论坛、企业家沙龙等创新活动。

（袁根正）

【国际创新季活动】 2016年，南开区依托环天南大知识经济创新圈和创新创业十字街区资源优势与高校、院所等科技成果资源，携手韩国索托璐、英国伯明翰大学、加拿大iNETPLUS国际创业社区等国际机构，共同推进天津市国家自主创新示范区南开园建设，打造立足南开、面向全国的国际化科技成果转化平台。2016年10月25日至11月20日，南开科技园联合天津明大华中企业孵化器有限公司共同组织以科技成果转化和国际技术转移为核心的大型"国际创新季活动"。活动历时4周，举办中韩科技成果展示服务月、中韩科技成果合作洽谈会、韩国专家学者南开行、国际科技成果投资洽谈会、天津市企业家培训、清华大学校友会高端论坛、国际成果高校行等系列主题活动15场，现场参与活动超过2500人次，总计覆盖人群8000余人次。（袁根正）

【创客工坊入住运营】　2016年，创客工坊结合南开西部片区的产业升级转型需求，着力打造“孵化+金融+咖啡+高校+政府”五位一体的全新服务模式的综合服务型众创空间。通过政策聚焦，以金融服务为核心竞争力聚集资金、技术、人才、市场等创新创业要素和资源，运用“众筹—众创—众包”的理念、实现创新与创业、线上与线下、孵化与投资相结合，为创业者创业和小微创新企业成长发展提供低成本、便利化、多要素的专业化服务。创客工坊运营近一年时间，引进优质企业38家，总租赁面积1200平方米，入驻率达到90%。计划到2018年实现累计入驻创客200人，入驻创业团队50个，毕业团队20个。

（袁根正）

【民营科技经济】　2016年，民营经济税收总额50.68亿元，占全区税收总额的56.23%。全年完成民营固定资产投资总额121.69亿元，占全区总投资额的62.73%。民营企业新增就业人数3.22万人，占全区企业新增总数的61.68%。民营科技型企业3900家，占全区科技型企业总数近90%，培育民营经济规模过亿科技型企业34户，占全区规模过亿元科技型企业总数近47.2%，民营高新技术企业113户，占全区高新技术企业总数的76%。民营科技经济在推动南开区域经济增长、科技创新等方面发挥重要作用。　（袁根正）

【科普工作】　2016年，南开区举办“第30届科技活动周”和全国科普日等大型科普宣传活动。在东方嘉诚（天津）创意产业园C92组织以“创新引领 共享发展”为主题的南开科技创新节活动，通过举办高新技术成果展览展示、科普论坛讲座科技咨询、大中学生创新创业及青少年科技互动体验等群众喜闻乐见的形式，向全区广大公众宣传普及科技发展给人们带来的丰硕成果。在街道社区开展科技企业绿天使公司的垃圾分类环保进社区活动，实施“美丽天津一号工程”，推动循环经济发展，促进人们生活方式绿色化方式，更好地节约资源、保护环境、建设美丽城市天津城市。开展老年创客活动，依托夕阳红创客空间，组织师大南开附小、容点机器人国际俱乐部，搭建少年儿童和老同志科普互动平台。重视对青少年科技创新和科学知识的普及教育宣传，组织区内中小学校参加科技竞赛，并取得优异成绩。南开区再次荣获（2016年~2020年）全国科普示范城区称号。　（袁根正）

【青少年科技竞赛】　2016年，南开区科协和区教育局密切配合，以培养青少年的科学精神为重点，广泛开展中小学青少年科技发明创造活动，培养孩子喜爱科学的兴趣和勇于发明创造的热情，积极参加各类科技竞赛活动。2016年，南开区中小学在第31届全国青少年科技创新大赛中，获全市科技含量最高的学生创新项目金奖，同时还获得二等奖1项，三等奖5项，优秀创意奖1项。南开区再次被评为全国青少年科技创新大赛基层赛事优秀组织单位。在第16届天津市青少年机器人竞赛中，南开区共有373人获奖，其中一等奖112人，二等奖113人，三等奖148人，获奖成绩居全市之首。　（袁根正）

河北区

【科技工作简况】　2016年,河北区扎实推进全区科技创新工作的开展。全区新增科技型企业522家，累计认定3145家，其中规模超亿元的科技企业4家，累计达到40家；完成科技成果登记123项；实现技术合同成交额27亿元；申请专利2739件，授权专利1419件；完成股份制改造企业2家；2家科技企业成功在新三板上市挂牌；拥有市级高新技术企业20家，国家级高新技术企业40家。全年科技成果登记数和技术市场成交额指标继续排名中心城区第一位。2016年2月24日，河北区召开“促惠上”活动暨重点项目推动部署会，区委、区政府对天津百利机械装备集团有限公司中央研究院等10个河北区科技创新团队、王长军等5名科技创新突出贡献个人、李丽君等10名科技创新优秀个人、国网天津市电力公司等10个知识产权先进单位以及王玉芳等10名知识产权先进个人进行表彰。会议同时提出要在提升企业核心竞争力和加快实现转型升级上谋思路、出招法、下功夫的总体工作方针。2016年河北区出台

《中共河北区委河北区人民政府关于打造科技小巨人升级版的若干意见》《关于贯彻落实〈中共河北区委 河北区人民政府关于打造科技小巨人升级版的若干意见〉重点工作分工方案》《河北区打造科技小巨人升级版“小升高”实施方案（2016~2020年）》和《河北区打造科技小巨人升级版股改、上市挂牌、国内外并购实施方案（2016~2020年）》等配套文件。（朱文洪）

【科技型企业发展】 2016年，河北区不断推进干部帮扶科技企业工作，做好帮扶企业工作计划及落实，帮扶工作在天津市委组织部、市科委的年终考核中名列市区领先位置。通过重点培训、政策讲解等方式积极培育科技型中小企业和高新技术企业发展。2016年，河北区组织开展“新型企业家”培养工作，有3名优秀企业家申报，其中天津建筑机械厂李海山总经理被评为天津市第五批“新型企业家培养工程”入选人选，全区先后累计有23名企业负责人列入“新型企业家”培养对象。（朱文洪）

【众创空间建设工作】 2016年，河北区科委先后4次组织区内众创机构和相关部门召开“众创空间专题培训会”，邀请众创专家分别从众创空间的概念、发展背景、政策措施以及市、区级众创空间的认定要求和流程等方面，进行详细讲解。2016年1月，河北区组织召开河北区众创空间认定评审会，邀请创业孵化、投融咨询等领域的专家组成评审组。为保证评审的公开、公平、公正，特别邀请区财政局相关负责同志作为评审监督，对现场评审和会议评审两部分进行全程监督，最终银博缘创时代等4家众创空间被认定为区级众创空间。2016年，经区政府批准，河北区科委与河北区财政局联合下发《关于拨付河北区2016年第一批区级众创空间认定补助资金的通知》文件，同时建立区级众创空间绩效考核制度，加强对区级众创空间的管理和监督。按照市科委关于第3批天津市众创空间申报推荐工作要求，河北区组织区级众创机构积极申报，银博缘创时代众创空间被认定为市级众创空间。2016年12月30日“2016天津市创新创业大赛暨第五届中国创新创业大赛（天津赛区）总结大会”在河北区创+时代众创空间召开，会上对获得2016天津市创新创业大赛一、二、三等奖及优秀奖的单位、团体和个人进行颁奖；举行市级第三批众创空间授牌仪式。河北区经“创客快跑”创业集训营活动推选的4个项目入围2016天津市创新创业大赛暨第五届中国创新创业大赛(天津赛区)决赛，其中“智能消防灭火系统”项目获得电子信息领域行业赛企业组的一等奖，“纸介动画AR+LBS+SNS的服务平台”项目获得互联网和移动互联网领域行业赛的优秀奖。（朱文洪）

【科技重点项目】 2016年，河北区科委积极对接企业和市科委相关职能部门，细化工作内容，完善对企业的服务工作。加大深入企业力度，就区内重点企业的科技研发情况进行深入挖掘，与企业领导、科技管理人员、企业财务人员进行政策讲解与项目情况沟通，帮助企业梳理科技研发脉络，做好政策的研究和解读，协助企业进行项目材料整理、形式审查等相关工作，提升对企业服务的质量。全年申报市级科技项目申报25项，“互联网+全国公交便民服务平台”等7个项目获得市级立项，其中天津市通卡公用网络系统有限公司承担的“互联网+全国公交便民服务平台”项目总投资1000万元，获得100万元政府资金支持。（朱文洪）

【科技成果与奖励】 2016年河北区组织推荐天津市科技进步奖9项，铁道第三勘察设计院集团有限公司承担的“天津市轨道线网李明庄车辆检修基地综合技术研究”“轨道交通勘察设计创新平台建设”，获得天津市科技进步二等奖，铁道第三勘察设计院集团有限公司承担的“接触网智能预配平台研究与开发”获得天津市科技进步三等奖；组织博天环境科技（天津）有限公司申报天津市2016年度创新人才推进计划—中青年科技创新领军人才。河北区完成科技成果登记123项，完成任务的123%。（朱文洪）

【知识产权工作】 2016年，河北区利用“4·26”世界知识产权日、中国专利周等宣传日，邀请知识产权专家面向初创期、成长期和壮大期企业免费开展专利写作实务、专利管理规范等培训；深入企业开展专利执法与宣传；在河北区有线台《对话科技》电视栏目开设一期知识产权专题节目；通过河北区“科技创新之旅”微信公众平台实时推送专利政策和最新动态，推送144期，1070人关注；加大知识产权专项资金投入，通过开展市、区两级专利资助工作，降低企业专利创造成本，鼓励企业取得发明专利授权，以专项资金引导技术密集型企业向国家自主创新示范区河北分园聚集；培育专利优势企业，组织和指导企业申报天津市区级专利试点备案10家，通过给予专项资金支持，提高企业专利申请的积极性；在全区推进《企业知识产权管理规范》的贯彻执行，提高企业知识产权管理水平；承办天津市知识产权创新创业发明设计大赛河北分赛，天津美术学院、天津科技大学、天津城市职业学院、天津市职业大学等高校师生踊跃参赛，征集作品并申请外观设计专利400余项；组织河北区中小学参加天津市青少年小发明大赛，36项设计作品获得实用新型专利授权；培育服务科技型企业专业队伍和专利信息传播利用骨干人才，河北区2人被列入天津市第二批选聘专利信息传播利用讲师队伍，1人被列入国家级专利信息传播讲师队伍。

（朱文洪）

【科技服务工作】 2016年，河北区深入开展“促发展、惠民生、上水平”活动。科委对1428户企业进行融资需求摸底调查，走访企业883户，深入企业，为企业提供一对一政策指导，受理企业反映问题1026个，解决解答问题1026个，累计落实贷款143笔，落实贷款额19.12亿元；与市信息所联合组织“科服网”河北行活动，邀请盈科律师事务所、天津海天缘生产力促进中心有限责任公司、天津滨创生产力促进有限公司、科技信息所等单位专业讲师，为科技企业讲解“劳动合同条款设计解析”“税收优惠政策解读”“科技创新体系平台建设项目政策解析”“大数据时代企业信息服务”等方面的知识，解决企业在人事法律、税收优惠、资质认定、科技信息服务等方面的难题，推动企业进一步提升技术创新能力和核心竞争力；全年共召开政企政策对接会45场，政策宣讲活动40场，发放宣讲材料2514份；加大对企业股份制改造宣传引导力度，组织企业参加天津市科委“金桥之友”科技金融系列大讲堂活动，从财务管理、法律风险、融资洽谈等多方面帮助企业在股份制改造工作中减少成本，加快进度，全区有2家科技型企业完成股份制改造，2家科技型企业成功在新三板挂牌上市。

（朱文洪）

【科技招商与引智】 2016年，河北区全面推进科技引资引智引企工作，全年共引进科技企业221家，有5家留学生创办企业入驻河北区留学生创业园。2016年6月24日上午，博天环境科技（天津）有限公司院士专家工作站揭牌仪式在河北区科技招商展示服务中心举行，天津市科协等有关单位领导、区政府办、区科委、科协、合作交流办、园区委、人力社保局、财政局、环保局、规划分局主要负责同志参加揭幕仪式。2016年10月27日，天津幂次方科技企业管理有限公司虚拟现实（VR/AR）产业平台项目在河北区签约落地。2016，河北区利用“创客快跑”创业集训营活动收集创新创业项目，共收集创业项目72个，其中有12个获奖的优秀项目在河北区注册企业。

（朱文洪）

【科普活动】 2016年，河北区科协共组织举办科普讲座、院士、专家报告会524场，科普专题展览424次，科技知识竞赛67场，科普专题活动135场，编纂下发科普读物1.2万余份，覆盖区内所有街道、社区，受众人数8.5万余人；开展“科普大篷车进社区活动”12次，各项活动以社区居民、中小学生为重点普及对象，突出科普宣传社会化、经常化的特点，充分发挥科普大篷车设备专业、流动性强的优势，在社区、学校集中开展3D科普展牌、展板宣传、科普知识有奖竞猜等群众喜闻乐见的活动，让居民更加直观地体会科学给生活带来的改变，引导居民接受健康、科学的生活方式，提升生活品质。按照国家和天津市“基层科普行动计划”的要求，河北区科协组织推荐建昌道街三和小区等5家社区参加2016年科普示范社区的申报，建昌道街三和小区被命名为国家级科普示范社区、光复道街北岸华庭社区被命名为天津市科普示范社区，鸿顺里街鸿顺里社区、王串场街萃华里社区被命名为河北区科普示范社区，获得国家、市、区奖补资金31万元。2016年5月20日，举办河北区科普知识竞赛暨科普示范社区授牌仪式，来自区委机关工委、政府机关工委、教育局、人力社保局、宁园街和天津机辆轨道交通装备有限责任公司的6支代表队参加竞赛，部分社区居民和在校学生200余人参加活动，通过必答题、选答题、抢答题等环节，河北区人力社保局代表队获得比赛的一等奖。2016年，在“第31届全国青少年科技创新大赛”中，十四中学郝元元等老师指导学生研究的科技创新项目“黄茶叶提取液对提高玉米耐盐性效应的研究”荣获全国青少年科技创新大赛发明和研究论文创新项目三等奖；在优秀科技实践活动项目中，兴华小学取得了全国二等奖，天津二中取得全国三等奖；在少年儿童科学幻想绘画项目中，育婴里小学周政同学荣获二等奖，开江道小学林铂砚同学荣获三等奖。（朱文洪）

【区县特色工作】 2016年，河北区科委与河北区有线电视台联合在区有线台制作播出“对话科技”专题栏目，全年共制作播出6期，重点围绕创新创业政策、高新技术企业发展、科普活动等内容进行宣传和普及。2016年5月13日~18日，以“行住坐卧”为主题的“第3届天津国际设计周”在河北区成功举办，设计周期间，相继举办不同国家、内容各异的设计展览、交流论坛、设计实验班等活动20余场，各类艺术展览20余场，中国、意大利、日本、英国、德国、荷兰等国家的创意设计团队和个人参加展览。展品总数逾千件，涵盖工业设计、建筑设计、平面设计、家居设计、摄影等多个设计领域，该设计周接待中外观众4万余次，多家网络媒体，天津日报、今晚报等平面媒体，天津电视台、河北区有线电视台等进行跟踪报道。2016年4月至7月，河北区科委主办第二届“创客快跑”创业集训营暨天津市创新创业大赛河北分赛，活动以“科技创新创‘翼’非凡”为主题，通过“政府引导、平台展示、市场运作”的模式，以实战路演的方式推介创新项目；经初赛、复赛、决赛等活动共评出20项获奖项目，其中“智能消防灭火系统”项目获得一等奖；“高难度废水一站式处理专家”等2个项目获得二等奖；“纸介动画AR+LBS+SNS的服务平台”等3个项目获得三等奖；“可折叠收纳式客货两用系列休闲三轮”等14个项目获得优秀奖。

（朱文洪）

红桥区

【科技工作简况】 2016年，红桥区科委、红桥区科协全面完成各项重点工作任务。新认定科技型企业497家，总数达到2050家；新增科技小巨人企业3家，累计达到23家。技术合同认定交易额21.7亿元。科技成果登记累计完成60件；专利申请1510件；新增市级高新技术企业18家，累计达27家；新增国家级高新技术企业12家，累计达34家；完成股份制改造科技型企业3家，2家企业分别在“新三板”和天津OTC挂牌；3个市级企业工程中心获批组建，新增杀手锏产品1项，新增国家科技企业孵化器1家，市级众创空间1家，区级众创空间5家。全年完成科技招商105户，注册资本达到6.42亿元，其中注册资本5000万元以上的企业4家，1000万元以上的企业16家。红桥区在2016年度天津市科技进步统计监测中，综合科技进步能力指数61.81%，比2015年度提高9.47个百分点，迈入科技进步综合能力较高的行政区，综合排位从全市第11位上升到第10位，市内6区第4位上升到第3位。区财政科学技术支出实现5916万元，科普经费支出实现134万元，建成红桥区首个企业院士专家工作站，新增国家级科普示范社区1个、市级科普示范社区2个，区级科普示范社区3个。市级科普计划项目立项2项。

（陈云红）

【制定天津市红桥区科技之城规划】 2016年红桥区研究制定《天津市红桥区科技之城规划（2016~2020）》，明确红桥区科技之城的基本内涵、功能定位、评价体系、发展目标和阶段性重点任务。红桥区科技之城是以科技进步为城市发展的主要驱动力，以构建智慧产业为核心的新一代引领性产业体系为战略方向，以企业自主创新能力提升为重点支撑，以科技创新人才和科技创新资源汇聚为主要措施，以科技成果与社会生活深度融合为主要表现的新型城市。科技之城功能定位为天津创新创业先行区、京津冀协同创新标志区和全国科技创新典范区。红桥区先后组织举办“打造红桥区科技之城发展战略高端研讨会”“红桥科技之城践行之路”系列论坛、区政协代表专题研讨、区人大代表专题调研、红桥大讲堂科技之城宣讲等活动，扩大红桥区科技之城发展规划的影响。

（陈云红）

【天津国家自主创新示范区红桥分园建设】 2016年红桥区编制完成《国家（天津红桥）自主创新示范区发展规划纲要》，示范区红桥分园知识产权服务业集聚发展试验区获批建设。依托分园内院校、科研院所的优势学科力量和科研资源，加快建设各类创新公共服务平台。天津银兴企业孵化器通过国家级科技企业孵化器认定，天津市船舶与海洋工程导航技术工程中心等3个市级工程中心获批组建。由区生产力促进中心、小巨人领军企业和投资机构共同发起的红桥区首支天津市天使投资引导基金参股子基金天津虹桥财富天使投资有限公司子基金获批。该基金由天津汇鑫创富股权投资基金管理有限公司负责管理，总体规模3535万元，获市财政局天使投资引导基金1000万元资金支持。同时，加强分园企业管理，建立分园企业名录库，实施季度监测统计报表制度。截至2016年年底，分园内入库企业达到315家。

（陈云红）

【科技型企业发展】 2016年红桥区科技型企业发展质量不断提升，2050家科技型企业中注册资本金500万以上达到347家。在天津市科服网统计显示，全区科技型企业实现营业收入97亿元，净利润4.14亿元，上缴税金总额6.06亿元。制定《红桥区2016年实施科技型中小企业提升计划实施方案》，贯彻落实小巨人升级版干部帮扶计划，全区4名领导干部带队深入4家企业开展帮扶96次，全部按期完成年度帮扶任务，尤其在对接优势资源、加快创新升级、打造小巨人品牌、加强企业融资等方面取得显著成效，其中天津卓朗科技发展有限公司实现年度营业收入翻一番，达到8亿元。拓展帮扶领域，制定帮扶台账，规范帮扶跟踪服务，全区90名帮扶干部向对口91家科技型企业分别开展针对性帮扶，在全区营造帮扶科技型加速发展的浓厚氛围。

（陈云红）

【众创空间建设】 2016年，红桥区加快推动区级、市级众创空间建设，深入落实众创空间服务专员制度，在意库众创空间、青年众创空间、百狼众创空间3个市级众创空间内派驻服务专员，延伸政府服务职能。加强众创空间分类指导，巩固提升天津百度开发者创业中心、意库创意园、青创园、中国星合伙人预孵化基地等现有创新创业载体运营水平，引入洪泰创新空间等新型产业运营商，不断优化创新创业生态，提升创新品质，激发创业活力；对奇想众创空间等园区加强日常性帮扶指导，鼓励引导天津卓朗科技发展有限公司等小巨人企业创办专业化众创空间；为赛伯乐投资集团、猪八戒网等“互联网+”领军企业提供金融、科技、品牌、营销等多个环节的升级服务；速普创新（天津）科技发展有限公司运营的速创空间通过市科委众创空间认定，全区市级众创空间达到4家；启动红桥区众创空间认定工作，委托社会独立机构开展两批区级众创空间认定，奇想众创空间、猪八戒互联网+众创空间、赛伯乐众创空间、速创空间、天津洪泰百度创新空间等5个众创空间通过区级众创空间认定。

（陈云红）

【园区企业百家行活动】 2016年7月，红桥区科委举办“园区企业百家行”活动，开展一对一帮扶，解决企业在发展中的实际难题，实现与辖区内科技企业的“零距离”互动。企业百家行活动通过走进企业、走进高校、科研院所和科技园区“四走进”，达到推动企业提质增效和培育挖掘新的发展动能目的。为此，红桥区科委成立科技服务队，分为政策组、项目组、资源组和助力组，明确责任分工，确保实际成效。活动中，服务组先后走访河北工业大学、天津商业大学、天津理工大学、天津复印技术研究所等高校院所，并与这些高校院所的科研部门共同梳理建立“三个清单”，包括科研条件清单、科研成果清单和科研人才清单。服务组先后深入天津青年创业园、意库创意产业园、猪八戒天津园区、宝能创业中心等科技园区和载体，与园区管理运营团队开展紧密对接，形成合力服务园区企业。半年中，服务组先后服务企业达到100家，并针对企业存在的问题研究制定出《关于实施科技型企业发展提升计划的若干意见》等多项政策举措，支持企业创新发展。

（陈云红）

【科技型企业股改上市】 2016年，红桥区成立由财政局、科委、商务委、发改委等部门参加的区股改上市工作领导小组，实施《关于支持我区企业上市融资加快发展有关政策的意见》，对企业股份制改造、挂牌交易和上市发行股票都给予一定资金支持，鼓励企业实行股份制改造，支持企业利用境内外多层次资本市场实现上市和挂牌，扩大企业融资规模；建立企业上市挂牌后备资源库，15家意向科技型企业入库；天津彬源新城市建设发展股份有限公司、天津市明朗楼宇科技股份有限公司和天津金米特科技股份有限公司等3家科技型企业完成股份制改造；实行各部门联动，组织开展企业股改和上市培训，帮助企业引进金融人才，引导金融、法律、会计、评估、证券、股权投资等机构参与服务企业股份制改造和上市工作。天津泰利信碳素制品股份有限公司和天津市明朗楼宇科技股份有限公司分别在“新三板”和天津OTC挂牌。（陈云红）

【科技项目立项】 2016年，天津市嘉杰电子有限公司“全天候一体化高点监控激光变速重载云台”、津鼓风机集团有限责任公司“SDS（T）射流风机”、天津华云自控股份有限公司“中压变频器HYVERT-MV-2600/60”，经过企业自主申报、红桥区科委推荐，顺利通过专家评审、市科委主任办公会审核和社会公示等环节，确定为2016年天津市技术创新引导专项重点新产品；天津七所精密机电技术有限公司的“抗恶劣环境国产安全计算机”认定为“杀手锏产品”；天津市天鼓机械制造有限公司和中国科学院理化技术研究所共同研发的“水蒸气压缩机（MVR）关键技术研发”获得2016年天津市重点研发计划京津冀协同创新项目立项；中铁隧道勘测设计院有限公司的“复杂地质环境中隧道在高烈度下的安全研究及工程应用”、天津复印技术研究所的“办公设备买家实验室评测服务平台”等项目通过专家评审获批立项。

（陈云红）

【科技成果管理】 2016年，红桥区登记天津市科技成果60项，其中，国际领先成果2项，国际先进成果3项，国内领先成果2项；组织专家对天津市天商冰源科技发展有限公司、中铁隧道勘测设计院有限公司等5个科技成果进行成果鉴定；在天津市科技奖评选中，红桥区单位获得技术发明二等奖1项，科学技术进步奖6项，其中一等奖3项，二等奖1项，三等奖2项。

（陈云红）

【浅覆不均匀地层大直径盾构水下隧道关键技术及应用】 由中铁隧道勘测设计院有限公司完成，获2016年度天津市技术发明二等奖。科研人员从水下盾构隧道的安全始发与接收技术、安全掘进技术、最小埋深确定方法、施工信息化控制与管理等方面开展研究，以解决盾构法水下隧道面临的地质条件复杂、临水超大深基坑结构处理难、盾构始发、接收及掘进风险高等诸多困难。取得研究成果：一是发明大直径盾构水下隧道安全始发与接收成套技术。二是发明水下不均匀复合地层盾构安全掘进控制技术。三是提出一种复合地层大直径盾构隧道最小埋深确定方法及安全控制措施。四是开发一系列适用于盾构隧道施工、运营的信息化控制与管理系统。该研究获发明专利10项、实用新型专利1项、软件著作权3项、省级工法1项，发表论文30余篇。“盾构隧道合理埋深的计算方法”“同步注浆泥浆配合比及最大注浆压力的控制指标”成果被国家标准《盾构法隧道施工与验收规范》的修订所采用。研究成果中6项关键技术填补国内外空白，有力促进中国水下盾构隧道的技术进步。该成果成功应用于天津、北京等地地铁和水下大直径盾构隧道的建设，节约投资1亿多元，取得显著的社会、经济和环境效益。

（陈云红）

【高水压砂层中大直径盾构隧道控沉与防水关键技术】 中铁隧道勘测设计院有限公司承担完成，获2016年度天津市科技进步一等奖。科研人员依托国家重点建设工程南京地铁3号线工程柳洲东站至上元门站区间建设项目，重点解决地铁领域单洞双线隧道越江技术难题。取得以下创新成果：一是研究设计11.2米单洞双线越江地铁隧道断面，避免设置江中风井和联络通道，形成了大直径盾构隧道三层内部结构同步施工工法；二是发明长寿命、高水压双道密封垫，接缝防水能力由0.8MPa提高到1.2MPa，确保隧道百年防水能力；三是提出高水压砂层中大直径盾构进出洞端头水泥土与冻结法联合加固技术、水泥土改良抑制冻胀融沉新技术，冻胀融沉量从15mm以上降到5mm内；四是首创高水压砂层中大直径盾构液氮冻结盾尾刷快速更换技术（水压0.6MPa、直径10m~15m）；五是研发双刃球齿滚刀、11.2米盾构高水压下背腔式伸缩常压换刀技术，消除带压换刀风险，且换刀距离由常规的50米提升至300米，单位时间换刀次数减少5/6，单次换刀时间减少3/4，相比常规换刀缩短工期8个月，节支8400万元；六是开发砂质渣土回收利用作为同步注浆骨料技术，全断面砂层中渣土回收利用率可达70%。研究成果在南京、天津、杭州、温州等11项工程中应用，实现节支5.4745亿元。项目执行期间，取得6个发明专利和4本专著，成果纳入5项技术标准。 （陈云红）

【创新创业大赛】 2016年，红桥区共组织33家企业项目参加天津市创新创业大赛，天津锡安科技有限公司等4家企业在决赛中获奖。“3的N次方”红桥区创新创业联盟大赛暨“意库·中国星合伙人”创新创业精英训练营活动成功举办，成立“3的N次方”创新创业联盟，15所高校的创业团队报名参赛，40支创业团队成功入围复赛。南开大学的“谷得福得——舌尖上的安全”、天津城建大学的“科杰O2OAPP云端教学”、河北工业大学的“青蓝艺术教育平台”等9个项目团队获奖，并成功落户意库创意园。 （陈云红）

【企业知识产权工作】 2016年，红桥区把知识产权工作与高新技术企业认定、科技计划项目申报等工作紧密对接，企业专利申请质量大幅提升，职务专利申请1397件，占到全年专利申请总数的92.51%；专利申请零突破单位达到51家，其中发明专利申请零突破单位达到18家；强化科技型中小企业专利创造、运用、保护、管理和服务能力，夯实知识产权基础性作用，新增天津奥能科技有限公司等9家区级专利试点企业；授权专利结构明显改善，职务专利授权554件，占到授权专利数669件的82.81%。天津禾田电器有限公司的“一种螺旋剪刀”获得2016年天津市专利奖优秀奖。红桥区知识产权局全年为57家企业和10位个人的442件专利发放专利补贴资助28.49万元。

（陈云红）

【专利信息工作站】 2016年，红桥区首家专利信息工作站经市知识产权局组织专家评审获批筹建，该工作站依托天津银顺通科技发展有限公司设立，建设周期1年。工作站的主要任务是推进全区专利信息传播利用工作的开展，引导全区科技型企业主动开发利用专利信息资源，不断提高区域自主创新的能力和水平。工作站先后邀请市专利信息传播利用讲师张东浩等专家组织开展科技型企业知识产权培训活动，累计帮扶58家企业申请专利91件。 （陈云红）

【青少年知识产权工作】 2016年，红桥区青少年知识产权工作得到稳步提升，授权专利近500件。实验小学被评为天津市青少年知识产权教育示范校和全国中小学知识产权教育试点学校，获得市级和国家级项目资金13万元。红桥区中心小学、新村小学认定为2016年天津市青少年知识产权教育示范学校。在2015年度天津市青少年小发明设计大赛中，红桥区参赛项目获得了2015年度天津市青少年小发明设计大赛一等奖1名、二等奖1名、三等奖4名、优秀奖6名；复兴中学等5个单位被评为优秀组织单位；实验小学齐菁老师、新村小学李岩老师、复兴中学郑宗文老师和中心小学夏莉娟老师荣获大赛优秀辅导员。

（陈云红）

【中铁隧道勘测设计院召开院士专家工作站第一次会议】 2016年11月4日上午，中铁隧道勘测设计院院士专家工作站第一次会议暨复杂地质环境中隧道在高烈度下的安全研究及工程应用项目启动会召开。周福霖院士在讲话中谈到，院士工作站是贯彻产学研的方式，企业只有与科研院所、高校的紧密结合才能提升综合实力，同时大学的成果也只有与企业结合才能体现他的社会价值。第一次工作会议后，相关与会人员开展复杂地质环境中隧道在高烈度下的安全研究及工程应用研讨，该项目获得天津市科委重大支撑课题技术创新引导专项（基金）150万元资金支持。

（陈云红）

【科技人才工作】 2016年，红桥区加强科技人才工作的宏观管理。完善科技人才工作小组领导管理机制，围绕区人才工作绩效考核重点指标任务，明确责任分工，建立工作台账，确保各项任务的安排完成；拟定完成2011年~2016年红桥区科技人才发展报告和2017年~2021年红桥区科技人才发展规划；积极谋划高层次团队、人才的引进政策，拟定《红桥区关于支持引进国家级科研院所及海外高水平研发机构政策的实施细则》；以重点科技企业为重点，组织开展高层次人才推荐评奖活动，推荐3人申报国家级“万人计划”科技创新领军人才、科技创业领军人才，推荐2人申报天津市首批杰出人才评选，推荐10人申报天津市新型企业家培养工程，天津卓朗科技发展有限公司张作宸、天津市嘉杰电子有限公司王春宣、天津惠邦同成科技发展有限公司王莹、天津华云自控股份有限公司潘运军、天津复印技术研究所刘慧玲等7人入选；推荐6人申报天津市创新人才推进计划，上嘉（天津）文化传播有限公司尚轶、天津市圣威科技发展有限公司刘凤香、中海油天津化工研究设计院有限公司王素芳3人入选；推荐1个项目申报区级人才工程项目，获得立项资金支持；推进高校科技人才入企服务，新增6人入选天津市科技特派员。（陈云红）

【科技招商】 2016年，红桥区科委科技招商部实行联系企业、对接项目、帮助企业注册一条龙服务。启动红桥区生产力促进中心，开展为企业服务，全区生产力促进中心达5家（其中市级示范3家，市级资格认定2家）。积极开展“走出去招商”，多次赴北京高校、协会以及企业洽谈项目，重新设计科技招商手册等招商宣传资料，做好招商宣传工作。全年新引进企业105家，新增注册资金6.42亿元。稳步推进科技招商联盟建设，了解各联盟单位的招商进展情况以及困难，细化2016年联盟单位任务指标，兑现2015年招商奖励。成功引进速普创新、BIM产业园将其吸纳为招商联盟成员单位，联盟单位扩大到17家。通过对招商联盟单位提供优质服务，招商联盟单位全年引进67家企业，以商招商的优势逐渐显现。

（陈云红）

【承办天津市第30届科技周主场活动】 2016年5月13日，天津市科协、天津市委宣传部、天津市科委、红桥区委、红桥区政府主办的“第30届天津市科技周主场活动暨第二届天津市科普产品展览会”在红桥区开幕。展览会以“创新引领、共享发展”为主题，5月14日~16日，在红星职业中等专业学校举办系列活动。主场活动分为6个板块，分别是中央舞台演艺区、中科院科技创新成果展示区、青少年科技创新项目展示区、智慧生活展示区、高端主题论坛以及红桥区“科技之城”系列活动。红桥区“科技之城”系列活动，包括“红桥区科技之城发展战略高端研讨会”和“创新驱动助力红桥签约仪式”。“红桥区科技之城发展战略高端研讨会”，邀请姚建铨院士等5名专家参加，围绕城市创新发展支撑要素与红桥区情的对位思考、“科技之城”建设应把握的关键问题、科技产业定位与集聚的策略思考、如何发挥比较优势推动科技产业集聚发展、借鉴国内外先进经验推动“科技之城”建设等问题展开讨论。创新驱动助力红桥签约仪式，8家科技型企业与天津市市级学会签订合作协议。中央舞台演艺区，开展企业新品推介、产品现场发布、项目签约仪式、科学实验和优秀科普节目表演等。中科院科技创新成果展示区，展示中科院近年来的20项重大科技成果。以动画视频、多媒体互动、机电互动等形式，展现国内基础前沿、国家重大任务、服务经济社会发展等方面的最新科技成果。青少年科技创新项目展示区，集中展示天津市中小学生在青少年科技创新大赛上的创新成果、科技实践活动和科技创意项目。智慧生活展示区，以民生为主题，集中展示与百姓生活息息相关的科技创新产品，包括智能机器人、无人机、3D打印技术及产品等。高端主题论坛，包括天津智能制造高端论坛和“引力波”科普论坛，邀请中国科学院院士、有关专家围绕天津市智能制造行业的发展、引力波的实质、探测过程等问题进行讲解和答疑解惑。　（陈云红）

【基层科普项目】　2016年，红桥区科协推进中国科协和市科协的“基层科普行动计划”实施，发挥科普示范带动作用，全区共有7个街道的11个社区参与“基层科普行动计划”项目申报。经过评审，邵公庄街千禧园社区和西于庄街翠溪园社区入选2016年市级科普示范社区，共获得奖补资金10万元;红桥区咸阳北路街本溪社区入选2016年国家级科普示范社区，获得奖补资金20万元。双环村街佳园南里社区、芥园街世春里社区、和苑街梦和园社区命名为2016年“红桥区科普示范社区”。红桥区组织推荐区内企业单位申报天津市科普项目，天津创业公社众创空间有限公司京津科普交流之旅项目和天津市红桥区少年宫拓宽天文科普教育让“飞行”引领梦想起航项目获得天津市科普项目立项。　（陈云红）

东丽区

【科技工作简况】　2016年，东丽区科技工作落实创新驱动发展战略，加快实施“122”计划，加强创新成果对接工作。区域创新要素加速聚集，创新体系逐步完善，创新成果日益显现；以科技企业发展、科技招商引资和人才引进、科技金融创新等工作为重心，较好地完成各项工作任务；继续保持全国科技进步先进区、全国科普示范区、国家可持续发展实验区的荣誉。

（刘江喜）

【科技型企业发展】　2016年，东丽区通过实施科技小巨人企业成长计划、“小升高、小壮大”工程，新增科技型中小企业1020家，累计发展7085家；新增规模过亿元的科技型企业30家（小巨人），累计培育314家；新认定市级高新技术企业65家，累计110家；新认定国家级高新技术企业35家，累计139家；推动科技型企业上市挂牌9家，13家企业完成股份制改造。

（刘江喜）

【科技创新载体建设】　2016年，东丽区累计发展科技企业孵化器、众创空间载体92家，其中国家级孵化器4家、市级5家，市级众创空间5家。孵化器总量65家，注册资金总额达1.98亿元，在孵科技型中小企业1184家，就业人数约1.2万人，企业营业收入约3.87亿元、利润约4500万元、实现税收约2500万元；各种众创空间推动全区“大众创业、万众创新”氛围的形成，新建众创空间8家，累计27家，全区众创空间种子引导基金达5320万元，总面积5.33万平方米；市级以上技术工程中心14家（国家级1家），企业重点实验室20家（国家级5家）。　（刘江喜）

【科技重点项目】　2016年，东丽区企业自主创新能力显著提升。实施市级以上科技项目203项，314家亿元以上规模科技型企业中，41家企业列为国家级高新技术企业，16家企业列为天津市科技小巨人领军培育企业，9家企业被认定为天津市“千企万人”企业，累计开发市级杀手锏产品18项。全社会研发经费支出占GDP比重超过3%。紧抓国家自主创新示范区东丽分园建设契机，完成自主创新区分园年度、季度运行监测，园内引进清华大学天津高端装备研究院等29家科研机构，入驻科技型中小企业1719家、科技小巨人企业83家、高新技术企业累计51家、2016年总收入305亿元。　（刘江喜）

【科技成果与奖励】　2016年，东丽区继续开展科学技术奖励工作，有效促进科技人员创新发展的积极性，组织开展科学技术奖的评奖工作，完成科学技术奖励专家评审，共评选出东丽区科技重大贡献奖4项、科技进步奖13项、科技管理奖1项、科技促进奖10项，其中科技进步奖一等奖3项、二等奖3项、三等奖7项；组织东丽区7家企业完成市科学技术奖的申报工作，其中天津市北方创业园林股份有限公司的“退化土壤绿化技术创新平台建设”获得天津市科学技术进步三等奖；组织企业申报市各类科技计划项目70项，28个项目已立项，其中京津冀协同创新项目3项、市重点新产品10项、市杀手锏项目5项，杀手锏项目占全市通过认定数量的8%，杀手锏产品研发项目完成后实现销售收入12.4亿元、利税1.47亿元；新增专利45项，其中发明专利16项，发表论文6篇。（刘江喜）

【知识产权工作】 2016年，东丽区培育市区两级专利试点企业47家，市专利导航项目4家，华明高新区、东丽开发区成为天津市知识产权示范园区。专利综合服务平台承担省部级课题3项，开展活动40次，为2000多人次提供服务，入驻中介机构达到26家。专利申请的数量和质量明显提升，申请专利累计达到2.8万件，其中发明专利9326件，占比33.1%，有效专利达到6202件。东丽区在知识产权服务业的集聚方面形成一定规模，国家审协中心、中知厚德知识产权投资运行公司相继落户于东丽华明，20余家国家级科研院所在华明和东丽湖形成集聚。

（刘江喜）

【科技服务工作】 2016年，东丽区科技金融培育新的模式。以“市创业投资引导基金参股子基金”为引导，清华高端院、汽研中心发起设立的2支创投基金（全市首批共7家）获得市级1.3亿元创业投资引导基金的参股支持，全区创投基金总规模达到5.5亿元；东丽区参股的“天津中汽瑷睿创投基金”完成前置审查；推进落实“科信贷”政策，为9家企业提供6400万元信用贷款，新一轮贷款正在评审，“科信贷”将在东丽区全面推开，科技金融服务平台为216家科技企业融资110.6亿元；落实“促惠上”工作部署，推动科技企业升级版、千企转型升级各项工作落实；全面开展企业走访调研、帮扶培训、组织考察等活动，为企业在高新企业认定、股改、上市、专利申请维权调处等方面解决问题50项。

（刘江喜）

【科技招商与引智】 2016年，东丽区科技创新要素加速聚集。新引进中科重离子中心等20家科研机构，储备在谈项目14个，累计138家。深入推进“122”计划，落实京津冀协同发展国家战略，坚定“走科技路，吃北京饭”的转型发展之路。中科院北京分院天津产业创新园区、中科重离子中心、苏州医工所天津工研院、国家水文地质环境调查中心、地调局物勘所勘探所、哈工大天津机器人产业基地、北科大智能装备产业技术研究院、智能网联汽车产业研究院、军工装备电子信息技术研究中心、高端院能源中心等一批大院大所、创新基地和项目相继落地，涉及高端智能装备、生物医学、电子信息等多个领域。华为云存储中心、北京科技大学全面合作及磁敏产业园签约。已落地科研机构特别是大院大所运行良好，与派出机构的合作不断扩展和深入，与中航工业直升机研究所、新华网、中国科技网、微软IT学院、中关村特种机器人联盟达成合作意向。

（刘江喜）

【科普活动】 2016年，东丽区科学普及工作全面展开，建院士专家工作站2家、累计14家，柔性引进两院院士2人，累计18人，新建企业科协7家、累计26家；建立3家科普体验馆、3家科普宣传阵地，组织开展百名专家进社区活动；东丽区詹宾西里、无瑕生态园被评为“全国基层科普行动计划先进单位”，丽泽小学老师荣获“第31届全国青少年科技创新大赛辅导员科技创新项目一等奖”和“全国十佳科技辅导员”荣誉称号；组织高校、科研院所专家团队，开展科技成果、科技项目、关键技术攻关精准对接；以“双百三进”活动为抓手，形成技术、项目、科普、创新战略联盟；支持社区、学校、企业、园区建设科普体验室（馆）、科普长廊、宣传橱窗；以“互联网+科普”模式，推进“四大重点人群”科学素质行动。

（刘江喜）

【区县特色工作】 2016年，东丽区科技创新服务体系逐步完善，以“东丽湖论坛”为总抓手，“政企研金才”五位一体协同创新模式成为具有东丽特色创新驱动发展的品牌。活动常态化，影响力、号召力不断增强，效果不断显现。全年共举办论坛主题演讲和科技成果推介43场，互动讨论活动10场，对接各类项目35个，促成合作项目10个；“一中心五平台”（专利综合服务平台、科技信息服务平台、大仪器共享平台、成果转化及技术交易平台、科技金融服务平台、科技成果展示交易中心），全部投入运营，自身建设、服务功能不断完善；整合线上资源，打造“东丽科技创新服务平台”，形成研究开发等8大类专业科技服务及综合科技服务，完成咨询、发布、培训等5000余人次；在全市率先成立东丽科技成果转化促进会，形成线上与线下结合、机构与活动呼应的促进科技成果转移转化的长效机制；开展“科研机构走进百家规模科技型企业和规模企业走进科研机构”的双向对接交流活动。

（刘江喜）

西青区

【科技工作简况】 2016年，区科委大力推动落实西青区创新驱动发展战略，各主要指标在全市领先，其中科技小巨人数量继续保持全市区县第一，科技进步水平指数位列全市区县第五。全年区级财政科技投入达到9730万元。新发展科技型中小企业960家，总数达到6478家；新发展小巨人企业40家，总数达到389家。国家级高新技术企业总数达到274家。新认定市级“杀手锏”产品5个，累计达到19个；新培育天津市重点新产品12项。科技型企业新申请专利7070件，全年专利授权数5069件。21家企业实现股改。3家企业的项目获评2016年度天津市科学技术奖。2人获评天津市创新人才推进计划科技创新创业人才，12人入选天津市“新型企业家培养工程”。区知识产权局连续两年获评国家知识产权试点示范城市工作先进集体。西青区成功获批天津市首个国家知识产权示范城区。西青区与天津工业大学、中科院计算技术研究所和姚建铨院士团队合作共建3个产业技术研究院。

（杨重华）

【科技创新载体建设】 2016年，西青区积极推进自主创新示范区西青分园建设工作，中北高新区和学府高新区成功列入国家自主创新示范区，建成3个产业技术研究院、5家众创空间；引入研究团队44个、创业团队233个，创新体系初步建立。全区累计培育市级工程中心5家、市级重点实验室3家、市级众创空间4家，市区两级院士专家工作站7家、科技企业孵化器18家。凌奥创意科技企业孵化器被列入“创业苗圃—孵化器—加速器”科技创业孵化链条建设工作示范单位，天塑科技和大桥焊材获评国家级企业技术中心。宜科（天津）电子有限公司发起成立“天津市自动化及信息化技术创新战略联盟”。

（杨重华）

【科技重点项目和企业股改】 2016年，西青区通过组织各类科技项目，引导和鼓励企业加大科研投入，提高企业创新能力，带动产业集群发展。全年12家企业研发产品被认定为市级重点新产品。5家企业研发产品获评市级“杀手锏”产品。开展科技型企业国内外并购需求摸底调查，对高光世纪（天津）新能源科技股份有限公司等7家有海外并购计划的企业进行培训指导。引导企业股改上市，实现股改企业21家，累计达到50家。

（杨重华）

【科技成果与奖励】 2016年，西青区对1项获得市级科技进步奖奖励的项目兑现扶持资金20万元；3家单位获批天津市科学技术奖，其中一等奖、二等奖、三等奖各1项；19个项目获评区级科技进步奖，奖励资金59万元；登记各类科技成果160项，其中6项经鉴定达到国内领先及以上水平；技术合同登记额达到15.45亿元。

（杨重华）

【知识产权工作】 2016年，西青区经过国家知识产权试点城区、国家知识产权示范培育到通过验收，成功创建全市唯一一个国家知识产权示范城区。全区共申请专利12701件，同比增长40.9%，其中发明专利4686件，占申请总量的36.9%，同比增长10.5%；授权专利5069件，居全市区县第一（不含滨海新区）；万人均发明专利拥有量达到16.99件，较2015年增加2.69件；拥有专利的企业

数和有效专利数分别达到1148家和11732件，位居全市前列。（杨重华）

【科技招才引智】 2016年，西青区成果举办“百家院所走进天津京津冀协同与创新”系列活动西青专场，20余家国家级科研院所、高校参加交流活动，有6个合作项目现场签约；大力实施创新创业英才“113”计划，全年引进创新创业领军人才126人，创新创业领军团队35个，3名人才入选第二批国家“万人计划”领军人才，12人入选第五批天津市“新型企业家培养工程”；成功举办“圆梦·西青”“赛达杯”第3届西青区青年创新创业大赛暨天津市创新创业大赛（西青赛区），对13家企业和13个团队的共26个项目授予区级奖项，其中9家企业和12个团队的21个项目获市级奖项。

【科普工作】 2016年，西青区 精心举办“第30届西青区科技周”和社区主题科普日活动，参与科技文化卫生三下乡、“百名专家进社区”等科普宣传活动。区级科普示范学校新增5家，农村专业技术协会（合作社）新增4家，科普示范社区新增8个，科普示范基地新增3家，科普示范带头人6人，建设6处科普宣传设施。新增圣纳科技、挑战（天津）动物药业等2家“院士工作站”，推荐正达蜂业有限公司、挑战（天津）动物药业有限公司申报市级“院士专家工作站”并获批，保农利孙少忠等3个单位和个人获评市级基层科普行动计划。（杨重华）

津南区

【科技工作简况】 2016年,津南区科技工作全面贯彻落实创新驱动发展战略，着力推进自创区和众创空间建设，全面打造科技小巨人升级版和经济升级版，主动适应新常态，抢抓新机遇，全面完成各项工作，保持津南经济平稳发展。全年新增科技型企业961家，完成全年任务的106.8%，新增科技小巨人企业30家，完成全年任务的100%；安排区级科技计划项目54项，财政支持资金880万元，加快科技型中小企业发展项目34项，财政支持资金1205万元；科技型企业股改18家，完成全年任务（12家）的150%。完成专利申请5939件，其中发明专利2521件、实用新型3264件、外观设计154件；授权专利2700余件，授权发明79件，累计390件。新增高新技术企业92家，其中通过国家级认定61家。在天津市科委组织的科技进步监测考核中，津南区科技进步监测位居全市第3名，科技进步水平指数位居全市第3名。（何洪梁）

【科技型企业发展】 2016年，津南区在认定科技型中小企业过程中，通过加强培训，组织各镇及相关责任部门召开联席会议、工作推动会、制定目标责任书等形式，将任务分配到各镇、长青办事处、开发区及农业园区，明确各单位在2016年的科技型企业、科技小巨人企业的任务数量；按月分解任务，跟踪审核情况，确保完成当月认定数；严格把关上报材料，根据要求，逐一审核科技型企业、科技小巨人上报的纸件材料，提高认定通过率。帮助科技型企业利用创新券购买科技服务，促进企业发展。2016年，津南区新增科技型企业961家，其中转型企业39家，引进企业389家，新创办企业533家，新增科技小巨人企业30家。组织三批共计144家企业申报高新技术企业，92家通过市级高新技术企业认定，其中61家通过国家级认定。对2015年通过国家级和市级高新技术企业认定81家企业发放政策扶持资金，扶持资金总额达1520万元（其中市级资金710万元）。依据天津市科委下发的《市科委关于2016年第二批天津市市级高新技术企业认定备案的复函》内具体要求，为区内通过认定的123家市级高新技术企业制作并发放“天津市市级高新技术企业证书”。（何洪梁）

【科技创新载体建设】 2016年，津南区以加强自主创新示范区津南分园建设为契机，加强科技创新平台建设。围绕高端装备制造、智慧产业、生物医药和高端生产型服务业四大主导产业深化发展，加强引进项目、建设各类创新平台、引进培育高水平创新创业人才等。截止到2016年底天津自主创新示范区津南分园内拥有国家级高新技术企业81家、市级高新技术企业30家、孵化器累计5家、市级孵化器2家、众创空间5家、市级众创空间2家、创业风险投资机构2家、科技服务机构7家、大学研究院（成果转化中心）6家；天津市奥为环保生产力促进中心通过天津市市级生产力促进中心资格认定，津南区通过市级资格认定生产力促进中心达到8家；领航未来、恒创空间2家众创空间通过市级众创空间认定。2015年认定的北闸口创客工场和中日韩文化创意公社2家众创空间累计拥有创客人数246人、创业团队133个、孵化企业101家、就业人数296人。

（何洪梁）

【科技重点项目】 2016年，根据天津市科委工作安排，津南区科委对区已承担区级科技计划项目支持的企业逐一进行筛选，对重点企业进行帮扶，帮助企业完善对照项目申报要求查找不足，在科技成果查新、鉴定、专利申请、产学研结合等方面提前做好申报项目的准备，争取市级以上项目的支持。组织3家企业申报科技小巨人领军企业重点培育项目，4家企业申报杀手锏产品研发项目，4家企业申报津京冀协同创新项目，2家企业申报互联网跨界融合项目，3个项目申报自然基金项目。截至2016年年底，有1家企业立项科技小巨人领军企业重点培育项目、2家企业获得天津市杀手锏产品认定、15家企业获得天津市重点新产品认定、3家企业立项天津市第一批科技成果转化项目、1家企业立项天津市第一批科技成果转化项目、1家企业立项“一带一路”中外联合研究中心建设项目。（何洪梁）

【科技成果与奖励】 2016年，天津市双马香精香料新技术有限公司的“芳香抑菌双功能缓释复合材料制备关键技术及应用”项目和天津甘泉集团有限公司的“全贯流潜水轴流泵的开发与应用”项目获得天津市科学技术进步二等奖，天津君宇科技股份有限公司的“高压大排量双螺杆泵加工制造关键技术及应用”项目获得天津市科学技术进步三等奖；评出2016年度津南区科技进步奖奖励一等奖4项、二等奖5项、三等奖10项；指导市级项目承担单位按期进行结项并完成科技成果登记,全年登记科技成果78项。

（何洪梁）

【知识产权工作】 2016年围绕知识产权工作，津南区开展“4·26”知识产权宣传周现场宣传咨询活动，共计发放知识产权宣传材料800份；会同区发改委、工经委和人社局3部门，成立政策联合宣讲组，对企业相关政策进行集中宣讲，共召开专题培训会8次，参会人员累计达到400余人次。根据天津市知识产权局安排，组织企业申报市级、区级专利试点，分两批共申报市级试点5家，区级试点385家，组织天津市天元天乐生产力促进有限公司申报天津市知识产权专项资金专利导航项目，获得20万元资金支持；组织北闸口工业园区认定为天津市专利试点园区，并推荐其申报国家级专利试点园区；推荐天津市宝成机械制造有限公司、天津富赛克流体控制设备有限公司两家公司申报天津市专利奖，获得天津市专利优秀奖。海河科技园被天津市知识产权局确定为市级信息工作站，并为其授牌。全年完成专利申请5939件，其中发明专利2521件、实用新型3264件、外观设计154件；授权专利2700余件，授权发明79件，累计390件。（何洪梁）

【科技招商与引智】 2016年，津南区委、区政府提出“研究院+产业基地、+众创空间或孵化器、+传统产业改造升级”的3种新模式，充分发挥已引进的6个产业研究院的资源优势和服务优势，大力开展科技成果转化、产业化和招商引智工作。南开大学津南研究院，重点打造“环保及新能源产业”“生物医药产业”“新型电子及装备制造产业”3个产业集群，正式引入入驻企业35家，其中有30家通过天津市科技型中小企业认定，“万企转型”升级单位15家，区级专利试点单位9家，市级高新技术企业1家，天津市青年就业见习基地1家，实现税收70余万元。天津职业技术师范大学津南研究院以数字化机械设备、新能源、半导体电子研发等产业为主，入驻企业69家。

（何洪梁）

【科技金融工作】 2016年，津南区的科技型企业股改任务数是12家，全年完成18家科技型企业股改工作，完成股改任务数的150%，其中天津亚星世纪实业股份有限公司、天津世亚模具股份有限公司和天津君宇科技股份有限公司已经完成在新三板挂牌上市的准备工作。2016年股改企业实现销售收入共计126984万元，实现税收共计6531万元。为2015年完成股改工作的11家企业发放股改补贴资金，市、区两级各按50%进行补贴，总金额422.8万元。科技型中小企业信用贷款工作按照总体工作部署，稳步实施，为科技型企业发放信用贷款3000余万元。（何洪梁）

【科普活动】 2016年，津南区科普工作围绕天津市科普工作重点，落实《全民科学素质行动计划纲要》，实施天津市“基层科普行动计划”，提高全民科学素质，助推建设创新型城市。新增市级“基层科普行动计划”农村科普示范基地1个、农村科普带头人1个、科普示范社区2个，新增全国科普示范社区1个、农村科普带头人1名；新增区级优秀农村科普示范基地2个，优秀农村专业合作社3个。在全区开展“百名专家进社区”活动，组织科技专家、科普志愿者深入社区举办不同类型的科普讲座和咨询服务活动，开展科普活动200余场次，惠及2万余人次。面向社区居民发放科普资料、科普挂图5万余份。4月16日，津南区科协、津南区教育局在咸水沽实验小学联合举办“2016年FLL机器人工程挑战赛天津选拔赛暨津南区第二届中小学FLL机器人竞赛”，共有天津市及外省市的33支参赛队伍参赛。津南区双桥河一小代表队获得季军，津南区咸水沽第五小学代表队获得最佳团队奖。4月21日，由天津市科协、中国金属学会、津南区委区政府主办的中国金属学会助力天津冶金产业创新发展系列活动在津南区召开，中国金属学会与荣程祥泰投资控股集团有限公司签署战略合作协议，建立起互利共赢、长期稳定的合作关系。举办高端制造论坛，邀请中国金属学会专家作专题报告。5月14日，围绕“创新引领、共享发展”主题，成功举办津南区“第30届科技周”，开展近百余项活动。9月17日举办主题为“创新放飞梦想，科技引领未来”科普日系列活动，聚焦公众创新，围绕公众需求，开展多项重点活动。

（何洪梁）

北辰区

【科技工作简况】 2016年，北辰区深入贯彻落实创新驱动发展战略,以提高自主创新能力为核心，按照年初既定的各项工作目标，积极开展科技创新工作，较好的完成各项工作目标，为全市经济和社会发展提供有力科技支撑。天津市15个区县（滨海新区除外）科技进步统计监测中，北辰区综合科技进步评价指数78.61分，位列第一。为了提高科技企业创新能力，北辰区发布《关于受理2016年度小巨人企业达标奖的通知》，引导企业在研发平台建设、研发经费投入、研发成果利用和转化等方面，加大投入力度。为了支持企业融入京津冀协同发展，发布征集京津冀协同创新、商业模式创新试点、科技特派员、产学研合作4类项目。2016年区级科技计划项目财政经费支出1.82亿元，获得市级科技资金近6000万元。

（北辰区科委）

【科技型企业发展】 2016年，北辰区积极推进科技创新主体发展，一是加大科技型企业发展扶持力度，2016年，新增科技型企业1025家，总量达到6126家；科技小巨人企业新增35家，总量达到372家。二是建立高新技术企业培育库，进一步细化完善具体政策措施。全年完成市级高新技术企业认定54家，净增国家高新技术企业50家，累计达到184家。（北辰区科委）

【科技创新载体建设】 2016年，北辰区企业天津中重科技工程有限公司、天津久日化学股份有限公司、建科机械（天津）股份有限公司申报的重点实验室和工程中心通过天津市科委验收认定，累计建成市级以上企业重点实验室和工程中心分别达到10家和15家。天津灯塔涂料有限公司、天津市天发重型水电设备制造有限公司企业重点实验室批准筹建。天士力集团投资5亿元建立的医药产业技术研究院已投入使用，并被科技部授予国家级国际科技合作基地。梦得集团注册资金5000万元，成立梦得奶业研究院。“新华河工孵化器”被认定为市级孵化器、“星谷创业工场”“创E空间”通过科技部火炬中心的众创空间备案。“天使汇众创空间”“佳盼众创空间”通过市科委认定。

（北辰区科委）

【科技重点项目】 2016年，北辰区科技企业天津天士力现代中药资源有限公司的“复方丹参滴丸浸膏等五种中药产品数字化提取过程的质量标准提升研究”、天津梦得集团有限公司的“优秀奶牛良种快繁技术集成研究与良繁技术体系建立”、天士力制药集团股份有限公司的“复方丹参滴丸连续化过程控制及新工艺研究”，获得天津市科委认定为领军企业重大创新项目，全区累计达到17项。天津博威动力设备有限公司“信息化静音柴油发电机组”、天津泰伦特化学有限公司的“泰伦特牌镁合金切削液”，天津灯塔涂料有限公司“‘灯塔’牌8911在线调色阳极电泳漆”等7项“杀手锏”产品通过天津市科委认定，累计达到37项。天津天能变压器有限公司的“ZDC型多晶硅打压用单相干式变流变压器”、天津禹神节能保温材料有限公司的“模塑聚苯乙烯泡沫塑料保温板”等18项重点新产品通过天津市科委认定，累计达到57项。天士力之骄药业、第六中药厂被认定为科技领军企业培育品牌。

（北辰区科委）

【产学研合作项目】 2016年，北辰区积极推动创新联盟建设。天津梦得集团有限公司组建的天津都市型奶业技术创新联盟。天津市天发重型水电设备制造有限公司组建的天津市水力发电设备产业技术创新联盟，获批天津市科委领军企业产学研用创新联盟。（北辰区科委）

【科技成果与奖励】 2016年，北辰区共有5个项目荣获2016年天津市科学技术奖，包括科技进步二等奖2项；科技进步三等奖3项。其中，中国天辰工程有限公司的“绿色己内酰胺工艺技术开发”和天津市天锻压力机有限公司的“ZS-THP29-6300汽车纵梁数控生产线”获天津市科技进步二等奖。天津久日新材料股份有限公司的“新型噻吨酮大分子光引发剂的应用与转化”、天津市天锻压力机有限公司的“ZS-JYT27-1000+800+630×2高速复合传动压力机智能化冲压线”、中材装备集团有限公司的“日产5000吨熟料生产线生料辊压机终粉磨系统技术及装备开发与应用”获天津市科技进步三等奖。

（北辰区科委）

【知识产权工作】 2016年，北辰区企业申报市级专利试点28家，备案区级专利试点186家。2016年，专利清零142家，专利申请量7401件，授权专利量3015件，有效发明专利3036件，万人均发明专利量、有效专利数均排名全市第一。天津长荣印刷设备股份有限公司、中国天辰工程有限公司、天津天重中直科技工程有限公司、天津市银龙预应力材料股份有限公司4家企业被确定为国家级知识产权优势企业。天津市银龙预应力材料股份有限公司、天津久日新材料股份有限公司获得天津市专利金奖；天津市天锻压力机有限公司获得专利优秀奖。（北辰区科委）

【科技服务工作】 2016年，北辰区完成科技型企业股份制改造26家，累计完成49家，发放2015年度市级股改补贴280万元；科技型企业上市挂牌15家，累计完成40家；推动62家企业对接企业科技特派员67人，累计128位科技特派员入驻区内企业；以“创新引领 共享发展”为主题开展2016年北辰区科技周活动，开展各类科普活动348项，其中区级重点活动18项，举办报告会10场、影视展播12场、咨询服务26次、科普现场会10场、志愿者服务15次、培训班9次、科普集市15场、义诊咨询15次、知识竞赛16场、展览24次、文艺展演20场、科技下乡20次，散发科普资料达46种4.2万份，彩屏宣传322小时。

（北辰区科委）

【科普活动】 2016年，北辰区推荐6个项目参加天津市基层科普行动计划项目的评审。天津市北辰区双街农业科技开发有限公司被认定为全国农村科普示范基地，天津市北辰区佳荣里街人民家园社区被认定为全国科普示范社区，北辰区普东街富宜里社区被认定为市级科普示范社区，双口镇杨晨荣获市级农村科普带头人荣誉称号，共获得奖补资金48万元。在市级科学文明家庭、种养殖状元能手的评比中，刘立勋等6户荣获市级科学文明家庭称号；孙红梅等6人获市级种养殖状元、能手称号，获得奖补资金2万元。组织参加天津市第30届青少年创新大赛，共有34项作品获奖。其中有3项参加全国大赛，获得一等奖1项、三等奖2项。

（北辰区科委）

武清区

【科技型企业】 2016年，武清区新发展科技型企业1604家，累计达到7948家；新发展规模超亿元企业50家，累计达到352家；新培育国家级高新技术企业105家，累计达到282家；新培育市级高新技术企业133家；培育“杀手锏”产品6项，累计达到22项；新培育天津市重点新产品15项,累计达到41项；3家企业创建领军企业产学研用创新联盟；2家企业发展成为天津市科技领军企业。

（边晓菲　宋嘉嘉）

【科技创新载体建设】 2016年，武清区新认定市级科技企业孵化器1家，累计10家科技企业孵化器投入运营，其中，国家级科技企业孵化器4家，市级科技企业孵化器2家，获得市、区两级支持资金500万元；新增市级企业重点实验室1家，累计达到6家。全区累计13家众创空间投入运营，其中，国家级众创空间3家，市级众创空间4家，获得市、区两级众创空间支持资金1100万元。

（徐迎侠　王　娟）

【科技重点项目】 2016年，武清区9家企业获得天津市技术创新引导专项立项，支持金额1350万元；7家企业获得天津市创新平台与人才专项立项，支持金额900万元；8家企业获得天津市科技重大专项与工程计划项目立项，支持金额550万元；7家企业获得天津市重点研发计划项目立项，支持金额275万元；12家企业获得天津市重点新产品项目立项，支持金额170万元；88家企业获得武清区创新资金项目立项，支持金额1410万元。

（边晓菲　宋嘉嘉）

【产学研合作】 2016年，武清区推进京津冀协同发展，深入开展与高校院所产学研合作，承接首都外溢资源，与卓越大学联盟、北理工大学、清华大数据研究院等13家单位签约合作；武汉大学天津空间信息研究院、北理工先进材料研究院、清华大学汽车制造系统、北京科技大学新材料、中科院光电研究院光电系统、天津京津科学技术研究院等21个高校院所项目落户；与清华大学、北京大学、中纺院、铁科院等80家大院大所建立合作关系，累计引进科技成果转化项目92个；3家企业获得科研院所来津发展市级支持金额500万元，4家研究院获得高校院所区级支持资金1050万元。

（徐迎侠　李瑞光）

【知识产权工作】 2016年，武清区专利申请量达到15662件，专利授权量达到4433件，有效专利拥有量达到11987件。3项企业专利获得2016年度天津市专利奖。武清开发区相继获批天津市专利试点园区、国家专利质押融资试点园区、国家知识产权试点园区。新增国家级知识产权优势企业2家，新增市级及备案专利试点100家，新增武清区区级专利试点企业135家。以天津大学前沿技术研究院有限公司为依托单位成立武清区专利信息工作站。武清区国家知识产权试点城区建设完成并通过验收。武清区知识产权局被人力资源社会保障部、国家知识产权局联合评为“全国专利系统先进集体”。

（边晓菲　宋嘉嘉）

【科技招商引智】 2016年，武清区组织召开科技外交官走进“京津冀”科技交流对接活动、卓越大学联盟产学研合作对接会议、百名科研院所领导者创新论坛等活动与首都高校、科研院所对接。为提升区内科技服务业发展水平，高效服务于科技招商引智，新培育市级示范生产力促进中心1家，累计市级以上生产力促进中心7家，获得区级支持资金50万元。

（徐迎侠　王　娟）

【科技成果与奖励】 2016年，武清区新增37项成果登记为天津市科技成果。3项科技成果荣获2016年度天津市科学技术奖，其中，天津大学前沿技术研究院研发的“新型海上测风塔设计与施工关键技术”获得天津市科技进步二等奖，天津南玻节能玻璃有限公司研发的“三银节能低辐射膜玻璃”、大禹节水（天津）有限公司研发的“新型高效滴灌灌水器及过滤器研制与应用”获得天津市科技进步三等奖。

（边晓菲　宋嘉嘉）

【科技金融】　2016年，武清区新增47家科技型企业完成股份制改造，累计达到71家，其中17家企业于2016年获得市、区两级股改补贴，支持金额680万元。新增41家科技型企业挂牌上市，累计达到51家；制定《武清区创业投资引导基金管理暂行办法》，“十三五”期间每年设立6000万元作为引导基金，吸引社会资本投向区内创新型企业，解决初创企业的融资问题。

（边晓菲　宋嘉嘉）

宝坻区

【科技工作简介】　2016年，宝坻区完成《宝坻区“十三 五”科技工作规划》的起草和制定工作，出台宝坻区贯彻落实实施方案，制定进一步促进宝坻区科技创新的配套政策及实施细则。2016年，新增科技型企业254家，累计达到2584家；新增规模过亿元的科技型企业12家，累计达到190家；新增市级高新技术企业46家,新增国家高新技术企业33家，累计达到91家；累计完成专利申请3730件，完成专利授权1486件；2个市级企业重点实验室、1家市级企业工程技术中心通过认定，新批准筹建3家市级企业重点实验室，市级企业重点实验室达到4家，在建9家；市级工程技术中心2家。新建院士专家工作站1家。2016年，宝坻区在天津市科技进步监测中排名全市第4。

（王　敏）

【科技型企业发展】　截至2016年年底，宝坻区新增科技型中小企业254家，总数达到2584家，完成任务目标的133%；新增科技小巨人企业12家，总数达到190家，完成任务目标的150%；组织3批天津市市级高新技术企业认定，共50家企业通过认定;新增市级高新技术企业46家，新增国家级高新技术企业33家，总数达到91家，完成任务目标的195%。

（王　敏）

【科技创新载体建设】　2016年，宝坻区新建远洋、恒盛兴源、上东等3家生产力促进中心；新建振兴、星斗、科农农业、鑫凯等4家科技企业孵化器；宝新、鑫凯2家通过市级资格认定科技企业孵化器；天元海、浩宇助剂、晨辉饲料等3家批准筹建企业重点实验室，累计达到9家；新增泽宝水泥和宝地农业为市级企业重点实验室，累计达到4家；新增勇猛机械为市级工程技术中心，累计达到2家。

（王　敏）

【科技重点项目】　2016年,宝坻区以科技项目为抓手，全面提升企业创新能力，助推企业转型升级。征集天津市科技支撑重点项目21项，天津市自然科学基金项目2项，天津市“杀手锏”产品及研发项目12项，天津市科技重大专项与工程26项，天津市重点新产品项目18项，天津市农业科技成果转化项目4项，科技小巨人领军企业培育重大项目2项，科技发展战略研究计划1项，创新平台与人才专项1项，天津市创新创业大赛项目48项，天津市科普惠农项目5项，区级特派员扶贫项目7项。

（王　敏）

【科技服务工作】　2016年，宝坻区现代晨辉建立企业院士专家工作站,累计达到8家；开展院士专家宝坻行活动6次；7家企业科协被市科协命名为天津市企业科协“科技工作者之家”，累计达到18家；科技特派员工作站累计达到13家，科技特派员总数1200余人；组织入选天津市新型企业家培养工程的企业家参加相关企业管理知识培训班，与区人才办、区电视台合作，制作创新创业专题片；2016年，开展区级新型企业家培养工程，推荐5人申报第5批天津市新型企业家培养工程项目。截至2016年年底，累计培养区级新型企业家120名，其中37人入选天津市新型企业家培养工程。开通“宝坻科技”公共微信号，为科技政策宣传、企业创新动态的交流提供新的渠道。

（王　敏）

【科普活动】 2016年，宝坻区共有3个单位和2名个人参加天津市基层科普行动计划项目申报，2个单位参加全国基层科普行动计划项目申报，其中2个单位和个人获市科协表彰，2个单位获中国科协表彰；开展科技周、反邪教宣传周期间科普宣传工作，送科技进乡村、进企业、进社区、进学校，印制发放科普宣传丛书6万册，发放《反邪教知识手册》1万册、《揭穿邪教门徒会》1500册，增强广大群众抵御和防范邪教能力；组织开展天津市第3届科技创意设计竞赛活动，46名学生获得市级表彰，宝坻区科协被评为大赛优秀组织单位。举办第31届天津市青少年科技创新大赛和以“科技与文化融合，成长与快乐同行”为主题的第2届宝坻区青少年科技节。

（王　敏）

【科技成果与奖励】 2016年，经天津市晨辉饲料有限公司申请，宝坻区科委批准组织专家对其自主研发的“鹦鹉鱼体色鲜艳的膨化饲料”“黄颡鱼抗应激配合饲料”和“锦鲤鱼体色鲜艳的配合饲料”项目进行科技成果鉴定；完成宝盈电脑申报天津市科技进步奖的申报工作；全区完成技术交易额17亿元，完成任务目标的142%。

（王　敏）

【知识产权工作】 2016年，宝坻区以专利的创造和运用为主线，在扩大专利申请量、专利行政执法、专利资助、宣传和保护方面实现新突破。全年专利申请3730件，其中发明专利1423件，完成目标任务153%。专利授权1486件，其中发明专利41件；有效发明专利141件。专利试点、示范体系建设日趋完善。65家企业被确定为宝坻区专利试点企业；勇猛机械被确定为市知识产权优势产品（技术）专利试点企业、旭辉为知识产权优势企业专利试点企业，49家企业为天津市区级备案企业；科融生产力促进中心被确定为宝坻区专利信息工作站，九园新能源科技企业孵化器成功申报市专利信息传播利用、公共服务平台建设及运行维护项目；2家企业被确定为国家知识产权优势企业；108家企业实现专利“消零”；北玻玻璃和东皋膜的两项专利荣获天津市专利优秀奖，宝盈电脑的“一种镶钻机控制系统的控制方法”发明专利荣获第18届中国专利优秀奖；落实《宝坻区专利资助暂行办法》，对257家企事业单位进行专利资助，发放资金557.7万元。

（王　敏）

【天津市设施农业气象技术研发中心新型日光温室光温资源评价】 天津市区县专项项目，由天津市宝坻区气象局张昆等完成，2016年4月21日通过天津市气象局验收。针对天津地区普遍使用的二代日光温室的光照不均匀、可控性差、土地利用率低等缺点，对滑盖式日光温室进行研究。通过对比试验和温室内环境要素的分析，得到滑盖式日光温室在天津地区的温光特性及变化规律：①滑盖式日光温室内在不加温的情况下，日最高气温低于二代温室，日最低气温高于二代温室。②滑盖式日光温室内光照分布均匀，达到大型连体温室的特点，并且采光率比对照温室高出5.3%，有利于作物受光均匀、长势整齐。（张　昆）

【科技金融与产学研合作】 2016年，宝坻区发挥科技金融服务中心作用，联合南开大学宝坻创新创业基地在冠城众创空间共同组织召开以“科技金融助创业之梦远航”为主题的科技金融开放服务日活动。在全区开展产学研技术需求调查，14家企业和1家事业单位提出技术需求，初步建立企业需求成果数据库，着力攻克产业发展技术瓶颈，解决关键、共性技术。深化企业与高校、科研院所产学研合作，共计组织产学研对接活动60次，现代晨辉科技、津宝乐器、生隆纤维、天元海等20余家企业与北京航空航天大学、北京科技大学、中国农业大学、天津科技大学等20余所大学开展产学研用活动，投入1380多万元。推进科技企业股份制改造，全年有8家企业完成股改。开展知识产权质押贷款，金额400万元。6月初组织匈牙利中东欧投资协会到宝坻与8家企业进行大规模成果对接。6月17日，京津新城建管委和天津宝坻紫荆创新研究院、深圳烯旺新材料科技股份有限公司签约共同组建石墨烯应用研究中心。

（王　敏）

宁河区

【科技工作简况】 2016年宁河区全面贯彻落实市委十届九次全会精神及创新驱动发展战略工作要求，制定并颁布《宁河区创新驱动发展五年行动计划》和《宁河区推动创新驱动发展支持政策》，全区新认定科技型企业220家，累计达到1634家；培育规模超亿元的科技型企业3家，累计达到93家；组织认定市级高新技术企业26家，新增国家高新技术企业17家；完成股份制改造科技企业4家；科技企业实现挂牌上市2家；新增天津市“杀手锏”产品3个，全区累计达到10个；新增天津市重点新产品3个，累计达到8个；新增企业工程技术中心等科技载体3个，全区市级以上企业重点实验室、企业技术中心、院士工作站等科技载体累计达到27家；组织实施各类科技项目39项，其中市级以上科技项目22项，获得市级扶持资金1140万元，带动企业投入研发费用近5000万元。专利申报594件，其中发明专利和实用新型专利占97%以上，企业科技创新能力持续提升。2016年，宁河区综合科技进步能力指数达到52.92，比2015年提高21.2%，在全市提高2个位次；完成天津市科技成果登记15项；天津市换新水产良种场实施的“津新乌鲫”科技项目获得天津市科技进步三等奖；完成技术合同交易额7.1285亿元。

（宁河区科委）

【科技创新平台和创业载体】 2016年宁河区以落实国家自主创新示范区宁河分园定位为目标，把打造未来科技城创新创业中心为创新创业载体，按照“三基地、三中心、五个一”的定位，集科技企业孵化、科技研发、众创空间、科技服务、科技成果展示、应用示范等政产学研用为一体，引进中科曙光云计算中心、天津芯创意电子科技有限公司、天津云创物联创新生态平台、天合双创中心、中科遥感、天地伟业等7家重点项目和十余家科技服务机构以及部分初创期科技企业入驻。建成1500平方米开放式展厅，集中展示新能源新材料、先进制造、现代农业等领域创新成果，示范引领全区企业创新创业，打造区域创新驱动发展的“窗口”。推动众创空间建设持续开展，“陶趣缘”定位于陶艺传统文化的传承和创新，扶持陶艺创业者，激发艺术行业创新活力和创造潜能，使艺术创客的创新成果能与产业市场相对接，实现创客空间与创客共赢的商业模式，成为艺术经济的新引擎。2016年，“陶趣缘”被认定为天津市众创空间，全区市级众创空间达到3个。

（宁河区科委）

【科技招商与引智】 2016年宁河区瞄准前沿领域，通过产学研合作、成果推介、项目对接等招才引智方式，强化产学研合作，抓好科技招商，促进产业转型升级和经济提质增效。推进大院大所的引进与合作，建立天津市天祥淡水渔业产业技术研究院、智能制造产业技术研究院等研发机构，推进中科曙光、中科遥感等科技研发基地建设，促进企业与南开大学、北京化工大学、中国科学院等大学、科研院所产学研合作，引进各类科技人才，推动企业创新能力和创新水平的提高。2016年，区科委对接、引进项目51项，其中科技载体平台项目5个，院所和科研机构合作项目9个，科技型企业和创业项目18家，科技中介服务机构5家，其他生产型和注册企业14家。

（宁河区科委）

【科技帮扶企业】 2016年宁河区组织召开干部帮扶培训会和政策宣讲会，在52位帮扶干部和52家科技小巨人企业之间搭建对接帮扶的桥梁，推动创新意识强、创新水平高的企业充分享受科技政策，减轻企业创新成本。全年帮扶干部与企业对接1281次，就企业融资、科技项目实施、专利申报、科技载体建设、新产品研发等方面进行对接，协调相关部门对企业进行特色帮扶，为企业解决问题和需求520项。被帮扶科技型企业科技创新水平不断提升，10家企业实现小升高，新申报专利200余件，研发天津市重点新产品1个，研发天津杀手锏产品2个，组织实施市级以上科技项目8项，争取扶持资金620万元，带动企业投入研发费用2600余万元。 （宁河区科委）

【知识产权工作】 2016年，宁河区引进天津市企兴知识产权管理咨询有限公司和天津宁科生产力促进有限公司两家知识产权服务机构；设立宁河区专利信息工作站；申请备案4家区级专利试点企业，指导督促企业完善知识产权管理制度，合理进行专利布局；完成专利申报594件，完成全年任务的198%。（宁河区科委）

【科普活动】 2016年，宁河区开展春节科普大拜年及科普惠农服务基层行活动。组织服务近80次，举办讲座、培训37次，受益2960人次；义诊查体服务10多项次，1060人受益；科普赶集4次，解答问题146个，受益人数达3800多人次；街道、学校、村镇、企业巡回展示宣传13次，受益人数近万人次，发放各类宣传资料33380份、各类图书2600册、光盘1000张。宁河区首届科技活动周围绕“引领创新发展，共建美好家园”活动主题，开展10项重点活动。组织226名科技特派员、科普志愿者和各类专业技术人员1528人次参加服务活动，发放各类宣传资料18种近125000套、张、册、盘，制做宣传展牌、展板120多块。全区约有80%以上的群众通过看电视、听广播、学资料、观展览、赶大集等参与科技周活动。开展反邪教、农业技术培训、科普赶集、科学生活展示、商品打假、气象知识宣传、健康服务、节能环保、科学生活、警示教育等内容的科普知识展示。（宁河区科委）

静海区

【科技工作简况】 2016年，静海区科委以加快科技型中小企业发展为主线、以全面落实创新驱动发展战略为契机、以提升科技型中小企业发展的质量和效益为着力点、以强化作风建设和实施科技项目为抓手，着力提升企业自主创新能力，着力推进科技服务载体的建设和提升科技服务水平，进一步强化科技惠农、科普、地震工作，各项工作取得明显成效。2016年，全区科技型企业新增192家，累计达到2025家；亿元以上规模科技企业新增8家，累计达到258家；完成股份制改造企业11家；完成挂牌上市企业6家（其中新三板2家、OTC柜台交易4家）。新认定市级高新技术企业40家，新增国家级高新技术企业30家。引进合志、盛理、滨海科纬等3家专利代理机构，共申请专利1784项。认定市级创新型产品和重点新产品15项。组织申报节能减排重大创新项目、互联网+、智能制造等科技项目74项。新建市级生产力促进中心1个、累计达到9个，其中市级资格以上6个。新建企业工程中心1个，全区企业工程中心、重点实验室累计达到11家，其中联众焊接钢管实验室、天海汽车同步器实验室、乾丰管道防腐蚀技术工程中心等6家通过市级资格认定。

（朱珏颖）

【科技型企业发展】 2016年，静海区科技型企业新增192家，累计达到2025家；亿元以上规模科技企业新增8家，累计达到258家；完成股份制改造企业11家；完成挂牌上市企业6家（其中新三板2家、OTC柜台交易4家）。新认定市级高新技术企业40家，新增国家级高新技术企业30家。

（朱珏颖）

【科技创新载体建设】 2016年，静海区新建市级生产力促进中心1个、企业工程中心1个。全区生产力促进中心达到9个，市级资格以上6个，为企业服务的能力进一步增强。全区企业工程中心、重点实验室累计达到11家，其中联众焊接钢管实验室、天海汽车同步器实验室、乾丰管道防腐蚀技术工程中心等6家通过市级资格认定，企业的自主创新能力进一步提升。

（朱珏颖）

【产学研合作项目】 2016年，静海区深化产学研合作，引导和支持企业与大专院校、科研院所建立广泛的科技合作关系，根据企业的需求，搭建服务平台，为企业解决在共性技术和关键技术上的难题。组织企业申报京津冀协同发展产学研科技合作项目，有2个项目获得市科委批准立项。

（朱珏颖）

【自创区静海分园建设】 2016年，按照《静海区委 静海区人民政府关于加快天津国家自主创新示范区静海分园建设的实施方案》要求，结合静海分园空间规划和产业发展规划，紧紧围绕高端装备制造、健康产业等主导产业，静海区加快推进示范区分园建设，取得显著成效。分园的技术创新能力和科技服务能力得到明显提升，分园现拥有领军企业1家、亿元规模以上科技型企业6家，市级以上企业重点实验室1个、技术中心2家；众创空间1个、科技企业孵化器1个、生产力促进中心2个。（朱珏颖）

【众创空间建设】 2016年，按照《静海区关于发展众创空间推进大众创新创业实施方案》，静海区积极推进大匠工坊、虫洞两家众创空间建设运营。大匠工坊、虫洞2家市级众创空间积极开展创新创业服务工作，累计开展创新创业辅导197次，举办和组织参加创业大赛2次，入驻创业团队47个，孵化天津北慧科技有限公司等创新型科技企业25个。研发内锁紧式推刀和防卡滞同步器等技术成果25个，转化技术成果2个。申请和批准注册海底作业专用复合管、阿基米德先进技术网资源管理系统等专利、软件著作权、商标等知识产权26个。（朱珏颖）

【科技服务工作】 2016年，静海区积极营造发展环境，提升服务水平。一是建立科技企业项目库，对入库企业实行“一企一策”和定制化联系帮扶，帮助企业做大做强。二是开展“进乡镇、入企业，科技项目服务”活动，举办科技政策说明会20余次，对企业在项目申报、专利申请、高企认定、股份制改造等方面进行讲解和培训。三是加强服务载体建设，引进和新建一批高水平的科技服务机构，在科技咨询、成果转化、技术人才需求、科技金融对接等方面为企业提供服务。四是深化“新型企业家培养工程”，获批新型企业家7名，全区新型企业家累计达到30名。五是做好领导干部帮扶小巨人企业工作，全区107名领导干部深入企业走访调研，帮助企业解决发展中的问题。（朱珏颖）

【科普工作】 2016年，静海区组织开展经常性科普活动。成功举办以“创新引领 共享发展”为主题的静海区第30届科技活动周，全区城乡共开展各类活动143余项，参与活动近39万人次。组织静海区科普日、社区主题科普月活动，发放相关图书、手册1000余册，发放科普资料46种5000余份，发放纪念品410多件，受教育群众达2600余人。组织实施“基层科普行动计划”项目申报工作，经专家评审，静海区西瓜协会被评为天津市农村专业技术协会，西城街春园里社区被评为科普示范社区，世峰冬枣种植专业合作社的韩世峰被评为市级农村科普带头人。（朱珏颖）

【青少年科技活动】 2016年，静海区不断丰富青少年科技活动内容。全年组织467名青少年分别参加市青少年科技创新教育理论研讨会和“走进创客体验创新”为主题的天津市2016年青少年科学调查体验活动；做好天津市第31届青少年科技创新大赛参赛工作，共有51项作品获奖，一等奖8项、二等奖17项、三等奖26项，其中2项作品推荐参加全国比赛，并分别获国家一、二等奖。（朱珏颖）

【防震减灾工作】 2016年，静海区做好地震监测预报工作。制定《静海区2016年震情短临跟踪方案》，完成各个时段的震情监视任务。做好各阶段地震科普宣传工作，在全区范围内开展多种形式的科技下乡、防震减灾知识进社区、科技活动周等活动，积极宣传《中华人民共和国防震减灾法》等有关法律法规。发放明白纸500张，科普宣传画1000张，各类防震减灾书籍1500余册，参与群众2000多人，专家接受咨询200余人次，提高群众的防震减灾意识。高度重视地震应急工作。充分发挥各乡(镇)、街道居委会防震减灾工作“三网一员”队伍的作用，专人负责地震宏观测报点，有专门人员观测，实行每日报告和零报告制度。定期组织工作人员到各宏观测报点进行实地考察。建立起全区各乡（镇）、街道居委会测报网络，健全各项联络体系，确保地震信息报送渠道畅通无阻。（朱珏颖）

蓟州区

2016年6月，(国函〔2016〕98号《国务院关于同意天津市调整部分行政区划的批复》)，同意撤销蓟县，设立天津市蓟州区，以原蓟县的行政区域为蓟州区的行政区域)

【科技工作简况】 2016年，蓟州区坚持以加快科技型中小企业发展为主线，引领带动科技工作全面发展，促进全区科技进步水平明显提升。全年新发展科技型企业160家，总量达到1700家；新发展亿元以上企业6家，累计达到50家；培育小巨人领军企业4家，杀手锏产品7个；国家级高新技术企业新增6家，总数达到26家；争取市级以上科技项目25项，获得市级以上资金1100万元，较2015年增加10%。股份制改造企业、挂牌上市企业均完成4家，分别完成全年任务的133%和400%；全年申请专利达到724件，完成各类科技成果登记11项，获天津市科技进步奖1项，技术合同登记9项，技术交易成交额5.1亿元；中共蓟州区委、蓟州区人民政府制定出台《关于打造小巨人升级版的实施意见》《关于贯彻落实〈中共天津市委、天津市人民政府关于贯彻落实〈国家创新驱动发展战略纲要〉的实施意见〉的实施方案》，政策兑现正在逐步落实；2016年，财政科技资金投入达到1.3345亿元，较2015年增长33%，拉动社会科技投入7.1亿元；开展第31届科技周活动、“蓟州科普惠农，提高农民科学素质”“绿色出行、低碳生活”“创新引领、共享发展”及“科普旅游”等各类科教下乡、科普宣传活动。科技赶集120余次，受教育群众7.1万余人；发送科技、科普资料近13.5万份；开展科技讲座42次，参加4196人次；科技入户1080户，给农民解决实际问题280多个；举办各种实用技术培训班341期（次），培训28690人次。蓟州区在天津市科技进步监测综合评价考核中位列第14位。

（张进京）

【科技型企业发展】 2016年，蓟州区新发展科技型中小企业160家。全区科技型中小企业规模总量达到1700家，新发展小巨人企业6家，科技小巨人企业总量达到50家。组织22家拥有自主知识产权，研发管理水平与成果转化能力较高，研发队伍与研发投入突出，成长性好的企业进入市级备选库，新认定市级高新技术企业14家，新认定国家级高新技术企业7家，全区高新技术企业总数达到34家，其中国家级高新技术企业达到26家。重点培育小巨人领军企业4家，杀手锏产品7个。

（张进京　孟　伟）

【科技重点项目】 2016年，蓟州区积极组织申报市级科技项目25项，其中杀手锏产品研发3项、重点新产品4项，农村科技帮扶2项，安全天津、科技惠民项目2项，互联网跨界融合创新示范工程2项，领军企业培育重大创新项目1项，农业科技成果转化项目3项，京津冀协同创新项目5项，智能制造科技重大专项3项，争取市级扶持资金1100万元，较2015年增加18%。天津金鹏管业有限公司申报的“绿色节能型塑料管材系统产品的研发”获得市科委小巨人领军企业重大创新项目立项，争取扶持资金300万元；天津振东宏达自动化设备有限公司、天津宏泰华凯科技有限公司申报的科技重大专项与工程项目获得市科委立项，争取扶持资金100万元；“绿色节能型塑料管材系统产品的研发”项目，研发出以开发耐候、抗污染全包覆雨落水管材、PVC-U单壁螺旋消音管等实用环保型建筑雨排水管材、管件并实现产业化生产，充分体现出“绿色建材”的环保节能特性。

（张进京　孟　伟）

【科技创新载体建设】 2016年，蓟州区围绕主导产业，建设科技企业孵化器5个、样板车间35万平方米，建成各类生产力促进中心5个、大学生创新创业基地1个、科技金融对接服务平台1个；建立市级企业工程中心1个、企业重点实验室2个，引进国家级工程中心1个，建成众创空间5个。各众创空间运营情况良好，开展创业辅导105次，吸引众客257人，引进创业团队75个，孵化企业272家，带动就业425人，研发转化科技成果65项。

（张进京　孟　伟）

【科技招商与引智】 2016年，蓟州区利用京津冀协同发展的机遇，瞄准首都资源，努力盯住有研发机构、有专业技术的企业进行招商，围绕主导产业招聚企业353家，其中科技型中小企业245家，培育小巨人企业26家，培育高新技术企业17家；吸引在谈项目55项，签约项目19个，计划总投资11.8亿元；开展以企业为主体的科技创新，为分园企业培育天津市新型企业家15名，天津市创新人才推进计划1人，开展与京津冀大院大所的产学研合作10余项，成果转化20项；完成“天津博菲德科技有限公司”博士后工作站建站工作；与人力社会保障局合作，为蓟州引进各类人才42名。

（张进京）

【知识产权工作】 2016年，蓟州区以继续实施《知识产权战略纲要》，以强化知识创造、提高企业创新能力为主线，全面提升知识产权创造与保护水平。建立和完善园区和试点企业内部知识产权工作规章制度（内容涉及和涵盖知识产权的宣传教育、专利奖励、纠纷处理、专利年费的承担和专利申请费用资助等），邀请市知识产权局和服务机构专家，在园区内举办知识产权培训班共5次，参加培训600多人次，大大提高园区内企业的知识产权意识；通过帮助和引导，在园区内培育出一批知识产权优势企业。天津一阳磁性材料有限公司研制的钕铁硼系列永磁材料，在多种领域特别是现代高科技领域获得广泛应用。北京北旭电子玻璃有限公司天津分公司研制的TFT-LCD配套专用紫外正性光阻材料，不仅促进中国液晶显示器制作技术的发展，也提高中国微电子材料方面的研制和生产水平；启动专利试点企业和专利试点园区工作，2016年，全区新增区级专利试点企业5家，市级专利试点企业1家，天津专用汽车产业园为全市5个试点园区之一，园区内共有30多项专利得到有效实施，实现产值7.8亿元，利税0.8亿元；强化知识产权质押贷款工作，通过研究市级政策，帮助一阳磁材办理蓟州区第一笔专利质押贷款后，区科委积极组织银企对接，为蓟州区开发区内的北京瑞斯福科技有限公司天津分公司办理专利质押贷款2100万元，累计帮助企业办理专利权质押融资6645万元；有效开展“4·26知识产权宣传周”“双打”“专利周”等专项行动，发放宣传资料700余份，现场接受群众咨询达1200多人次。全年申请专利724件，较2015年同期增加13.5%，其中授权专利316件，专利授权率在近些年中首次突破40%；完成技术合同登记成交额5.1亿元。（张进京）

【科普活动】 2016年，蓟州区坚持政府科普工作联席会议制度，组织引导科普工作开展，协调解决工作中存在问题，形成区、镇（街）、村（社区）三级科普工作网络。加大科普经费投入，实现科普经费稳步增长，全年区财政科普经费投入达到440万元，比2015年增长12.8%；以各类科普主题活动为载体，广泛开展多层次、多形式、多内容的科学普及和传播，加强科普阵地建设，创建科普示范镇、示范村5个，科普教育基地、科普示范基地7个，科普示范社区3个，科普示范学校5所；建造科普宣传栏、宣传橱窗30个、300米，电子科普屏幕5块；加强媒体宣传，利用蓟州电台、电视台、新蓟州报、蓟州广讯网等媒体，开设“走进科技”“科技之声”“科普大篷车”等专题栏目，传播科学知识。电台、电视台播出科普节目时间超过200小时，科普宣传面覆盖全区，并辐射周边区县；科普队伍不断壮大，全区专兼职科普人员达到60名，注册科普志愿者达到50名，参与科普活动的各类专业技术人员和组织管理人员达到2000人；选择基础条件好、服务工作实、群众口碑好、带动作用强的农村专业技术协会、农村科普示范（教育）基地、农村科普带头人，进行重点培育，并组织推荐申报市级科普惠农兴村先进单位和科普带头人项目，其中1个协会、1名科普带头人获得市级表彰奖励，1个社区获得市级科普示范社区，1个社区获得国家级科普示范社区称号;青少年科学实践活动丰富多彩，构建学校、家庭、社会“三位一体”的青少年科技教育网络，开展“校园科技节”“科普进校园”“三小活动竞赛”“科技创新大赛”等科普实践活动，组织参加天津市和全国青少年科技创新大赛，获得市级大赛一等奖6项、全国大赛三等1项。

（张进京）

【产学研合作项目】 2016年，蓟州区产学研合作项目天津建良食用菌科技开发有限公司的“灵芝新品种的引进筛选以及配套栽培技术的建立”、天津挑战博德生物技术有限公司的“耐高温酸性β-甘露聚糖酶的分子改造、工程菌构建及发酵生产”、天津冶建特种材料有限公司的“轻质自密实混凝土制备技术及专用外加剂研究”，获得市科委京津冀协同创新项目立项，争取扶持资金90万元。

（孟 伟）

【科技成果与奖励】 2016年，蓟州区组织成果登记项目11项，其中1项科技成果通过科技成果鉴定；组织天津冶建特种材料有限公司“混凝土高性能化成套技术及关键材料”项目申报2016年天津市科技进步二等奖。（孟 伟）

【科技服务工作】 2016年，蓟州区科技金融对接服务平台，围绕“助小微、促创新、促创业”主题，为中小企业融资做了大量卓有成效的服务工作，引进合作金融机构、中介服务机构、政策服务部门等21家，开展政策宣讲498次，参与4528人次，印发各种宣传材料9366份，举办各类银企对接活动498次，帮助企业解决解答生产经营过程中的各类问题2428个；征集有融资需求企业766家，组织“促惠上”融资服务宣讲专场，开阔企业融资思路，提升企业融资能力，帮助121家企业与金融机构成功对接，帮助企业融资48.0492亿元。为天津菲佳自行车制造有限公司申请市级科技项目，获得贷款500万元，争取贴息60万元。帮助中节能国环新型材料有限公司、扫地王（天津）专用车辆装备有限公司、天津成强大型水泥制品有限公司等争取科技创新项目扶持资金600万元。重视企业股改上市工作，帮助8家企业完成股份制改造，4家企业挂牌上市；帮助洇溜镇、礼明庄镇、尤古庄镇、下仓镇四个对口帮扶乡镇对接银行等金融机构，为22家企业取得贷款1680.5万元，促进产业转型升级和经济提质增效。

贯彻实施《全民科学素质行动计划纲要》，全区农民素质培训场所达到80家，举办“新型职业农民培训”“专业技能培训”“实用技术培训”等各类培训500多期次，培训农民近10万人次；城镇劳动人口科学素质培训扎实推进，举办计算机应用、汽车维修、财会、餐饮服务等职业技术培训758班次，培训人员35780人；领导干部和公务员素质培训取得实效，先后举办“京蓟大讲堂”“处级领导干部专修班”“优秀青年干部培训班”等12期次，3890人次。结合文化、科技、卫生、法律“四下乡”活动和科普宣传日等活动的开展，把科学普及贯穿全年工作始终，开展各类科普讲座（培训）、科普展览、科普知识竞赛、科技下乡、志愿者服务队、科普大篷车等活动近200场次，受益群众45000余人次，发放科普读物和资料近50万份。

认真贯彻国务院办公厅《关于深入推行科技特派员制度的若干意见》，聘请专业技术人员和高校院所专家教授为科技特派员，深入农村、企业一线，开展对接服务，并建立“风险共担，利益共享”的共同体，共同创新创业，组织实施“蓝莓标准化生产示范”“设施蔬菜高效生产技术集成与应用”等3个天津市科技帮扶项目，每个项目由一名骨干科技特派员牵头组成15人的科技特派员团队，把项目实施与示范带动结合起来，创建科技特派员科普示范基地7个（每个基地都有5名以上科技特派员团队），建立210个科技示范户，共辐射带动近千户农民，推广普及新品种10个、新技术20项。（张进京　孟　伟）

【区县特色工作】　2016年，蓟州区坚持以强化生态涵养区、筑牢绿色屏障、着力净化“大水缸”、精心扮靓“后花园”为重点，大力实施古树保护、植被养护、节能减排、污水处理等生态保护工程，治理并保持山清水秀、空气宜人的生态旅游环境。全年景区接待386.7万人次，增长11.1%，实现旅游收入2亿元，增长16.7%；农家院接待405.6万人次，增长17.4%，实现旅游收入5.1亿元，增长23.1%；旅游饭店接待218.4万人次，增长11.3 %，实现旅游收入4.6亿元，增长19.4%。总计全区接待中外游客1810万人次，增长16%；旅游直接收入18.8亿元，综合收入94亿元，增长18%。2016年5月，八仙山被环保部、国家林业局等七部委联合评为“全国自然保护区管理建设先进单位”；2016年10月被天津市科协评为“天津市科普宣教先进单位”。2016年6月，“京津冀古树名木保护研究合作框架协议”签约仪式在北京市园林科学研究院举行，北京、天津、河北将建立一体化的古树信息化管理系统，3地近15.6万株古树信息将纳入系统。蓟州区林业部门在全区5千余株古树中挑选出首批有代表性的170株古树，为它们安装定位器，建立电子档案，实施动态保护。2016年实施的以生态储备林工程为重点的绿化建设，累积营造林总任务11.9万亩，其中，新造林7.1万亩，提升改造1.8万亩，封山育林3万亩。

（张进京）

2016年天津科学技术大事记

1月

1月8日 国家科学技术奖励大会在北京召开。2015年度天津市共有15项科技成果获国家科学技术奖励。其中，技术发明奖3项，科技进步奖12项，涉及装备制造、生物医药、环境保护等多个领域。其中天津大学为第一完成单位的5项成果分获国家技术发明二等奖（1项）和国家科技进步二等奖。天津大学机械学院黄田等人攻克高速并联机器人机构创新、设计控制、装备技术等难题，形成自主研发体系，在国内率先实现技术辐射与工程应用，获得国家技术发明二等奖。

是日 天津市科委举行的《天津国家自主创新示范区发展规划纲要》新闻发布会通报，2015年12月24日，经天津国家自主创新示范区部际协调小组14个成员单位会签同意，科技部正式印发《天津国家自主创新示范区发展规划纲要（2015年~2020年）》，确定天津国家自主创新示范区“一区二十一园”的发展新格局。

1月13日 天津滨海高新区召开未来科技城（北区）规划汇报会，就未来科技城的各项规划成果进行讨论。

1月14~15日 科技外交官服务京津冀国际科技创新合作活动举行。中国驻英国、日本、德国大使馆，驻欧盟使团，驻纽约、旧金山总领馆的六名科技参赞参加活动，实地考察红日药业、诺禾致源、兴天通讯等高新技术企业和武清国际企业社区。

1月26日 2016年院市合作领导小组会议在天津召开。会上对2015年院市合作工作进展与成效进行总结，提出2016年院市合作工作的思路。

是日 天津南开大学创业基地（公能众创空间）举办第一期“科技成果转化对接会”。

1月28日 天津高新区管委会和瀚海智业集团正式签约，共建滨海—中关村“瀚海117国际创新港”。滨海—中关村瀚海117国际创新港作为滨海—中关村科技园第一个示范平台，是深入贯彻京津冀一体化协同发展与创新驱动发展国家战略的具体举措。瀚海117国际创新港坐落于天津高新区内，是中国在建结构第一高楼——天津117大厦科技商圈的核心部分，计划打造“中美”“中加”“中德”三个新型国际企业创新中心，吸引集聚全球高端人才，转移孵化全球科技项目，成为科技文化领域的高端国际交流平台。

1月31日 为积极融入“一带一路”建设，由天津市人民对外友好协会牵头，天津外国语大学、天津博物馆、北方网、渤海早报共同主办，天津市社会科学界联合会、天津长城宽带等机构协办的“天津国际大讲堂”开讲。邀请巴基斯坦驻华使馆科技参赞泽米尔·阿万，介绍该国历史文化、社会发展、旅游资源以及中巴两国友好交往历程。

2月

2月3日 “2016年天津市科技和知识产权工作会议”在天津礼堂召开。会议全面总结“十二五”科技和知识产权工作，部署“十三五”和2016年重点工作。会上，各区县政府负责人向市政府递交2016年科技型中小企业目标责任书。

2月19日 科技小巨人升级版“区县互看互学”活动在天津高新区举办。

2月23日 天津市科学技术奖励大会召开。2015年度天津市共有199个项目获得科学技术奖。其中，科技重大成就奖1项、一等奖27项、二等奖63项、三等奖108项，包含自然科学、技术发明和科技进步等多个种类。中国工程院院士、天津中医药大学校长张伯礼获2015年度科技重大成就奖。科技型中小企业获奖数量连续三年占科技进步奖获奖总数的半数以上，为天津市打造小巨人企业升级版提供了强有力的技术支撑。

2月24日　天津未来科技城高端研发机构集体签约仪式在天津未来科技城举行。天津大学光电信息技术教育部重点实验室以"973"首席科学家为主导的人才团队着力建设全国领先的光纤传感技术研发高地和光纤传感技术产业示范区。

2月25日　科技部社会发展科技司召开地方座谈会，就社会发展领域科技创新工作及编制"十三五"社会发展科技创新规划有关问题进行研讨交流。来自黑龙江、吉林、辽宁、北京、天津等11个地方科技部门代表以及专家发言。规划编制工作组成员参加会议。

是日　天津市科委依托新型企业家培训基地"中科院联想学院"开展新型企业家大讲堂活动，举办首期大讲堂——"向联想学习精益管理"。

3月

3月2日　空中客车天津A330宽体机完成和交付中心开工仪式在天津滨海新区空港经济区的空客天津总装公司举行。空客天津A330完成及交付中心与空客A320系列飞机天津总装线和空客天津交付中心园区相连。该完成及交付中心所负责的工作包括飞机接收、客舱安装、飞机喷漆和飞行测试，以及飞机交付和客户接收等环节。

3月9日　中国科协认定的全国科普教育基地名单出炉，天津科技馆、天津自然博物馆等32家科普教育基地入围，其中天津泰达低碳经济促进中心、天津膜天膜科技股份有限公司等7家为首次认定。

3月15日　由天津市科委主办的2016年"金桥之友"科技金融大讲堂第三期——"对接资本市场，加快融资步伐"主题讲座举行。通过挂牌融资实操案例让企业了解场外市场融资渠道和手段，提高科技型企业对多层次资本市场的了解和认识。

3月23日　天津市科学技术委员会原副主任、天津科技志主编李树夫因病于2016年3月23日逝世，享年94岁。李树夫1922年7月生于河北省元氏县，1938年8月加入中国共产党。在职期间长期从事党的政治理论研究和科技管理工作，离休后用24年的时间从事编史修志、科技扶贫、捐资助学等事业，相继编辑出版《天津科技概况》《天津科学技术志》和《天津科技年鉴·创始卷》。他勤于学习，注重理论联系实际，对家属和身边工作人员严格要求，始终保持了共产党人的政治本色，为中国革命、为天津建设和社会发展贡献了毕生的精力。

是日　科技部公布2015年度国家级科技企业孵化器名单，确定天津恩华企业孵化器有限公司、天津新华产业科技孵化器有限公司、天津市武清区兴科百纳有限公司、天津可信科技企业孵化器有限公司、天津市银兴企业孵化器有限公司、天津辰寰星谷企业孵化器有限公司等单位为国家级科技企业孵化器。

3月24日　天津深之蓝海洋设备科技有限公司在北京发布拥有多项自主知识产权的"白鲨"系列全新水下无人机，助推中国水下机器人行业进入一个全新的发展阶段。全新一代ROV平台——"白鲨"MAX与"白鲨"MINI水下无人机，分别定位为"企业级"专业应用平台与"个人级"娱乐应用平台，可满足不同市场与场景应用需求。

3月27日　中国电子科技集团公司第四十八研究所与埃及科研技术院共建的"中埃可再生能源国家联合实验室"在埃及揭牌。"中埃可再生能源国家联合实验室"是落实国家"一带一路"发展战略的重要举措。埃及拥有强光照、高风速和丰富的生物质能蕴藏量等发展新能源的优越自然条件，通过共建高水平联合实验室，有利于提高双方在新能源领域的科研能力。

是日 第31届天津市青少年科技创新大赛颁奖典礼举行。大赛共收到创新作品1174件，评选出节水科技创新专项奖、北斗专项奖、环球自然日专项奖、绿色建筑专项奖四个专项奖。现场颁发小学生创新项目奖、中学生创新项目奖、青少年科技实践活动奖、青少年科技创意竞赛奖以及科技辅导员创新成果奖。

3月31日 院士专家工作站揭牌仪式在天津膜天膜科技股份有限公司举行。开发区科协按照以“需求为基础，项目为核心，企业为主体，实效为根本”的院士专家工作站建站原则，在具备条件的企业中不断深入推进院士专家工作站建设。

是日 天津市科委和滨海新区主办“大院大所走进天津自创区”首期活动（科技沙龙），来自天津中科先进技术研究院、清华大学天津高端装备研究院和浙大滨海产业技术研究院等单位的10余位专家现场与新区天津太重、松正电动汽车、飞旋科技、金发新材料、深之蓝等30多家小巨人企业，以及中国银行、浦发银行等金融机构进行对接，帮助企业解决实际生产研发中遇到的问题。对接技术涵盖高端装备制造、新能源、新材料、环保科技等领域。企业与科研院所、金融机构达成多项合作意向。

3月31日～4月1日 科技部办公厅召开国家科技管理信息系统与地方互联互通试点工作启动会，科技部办公厅、资管司、中信所、信息中心以及天津市、山东省、浙江省、陕西省、广东省等五个试点省市科技厅（委）所属互联互通实施单位的代表参加会议。会议就《国家科技管理信息系统与地方互联互通试点工作方案》《科技项目数据互联互通规范》《科技人员数据互联互通规范》《科技成果数据互联互通规范》《互联互通数据元代码体系》等工作部署和规范性文件进行讨论。

4月

4月12日 己烯-1共聚物聚乙烯新产品F181PU在天津石化“小乙烯”成功下线，首批150吨新产品专用料送到下游厂家试用。该产品系天津石化采用具有完全自主知识产权的“气液法流化床聚乙烯工艺成套技术”开发生产，是以己烯-1为共聚单体的线型聚乙烯树脂，具有强度高，横纵向拉伸均匀，透明性好等特点，可广泛应用于生产高强度包装膜、功能性棚膜等制品。

是日 “天津市科技成果转化交易市场启动仪式暨2016国际技术转移推介洽谈会”举行。天津市科委与德国马格德堡市市政府签署《关于深化科技创新合作的谅解备忘录》。天津科技成果转化交易市场宣告成立，美国创新咨询公司、加拿大滑铁卢地区创新联盟、中国荷兰商业精英联合会、德国技术转移公司等首批10余家国内外服务机构签署合作协议。

是日 京津冀钢铁科技协同创新与绿色发展座谈会暨京津冀钢铁行业节能减排产业技术创新联盟与河北省迁安市对接科技成果签约仪式在北京科技大学举行。

4月14日 天津中科先进技术研究院项目推介会（新能源汽车专场）举行，为合作企业的优质项目提供资本平台支持，助推研发项目迅速产业化。天津银行、浦发银行、农业银行等30多家金融机构参加。

4月15日 举办2016年第二期新型企业家大讲堂活动。以色列—天津项目推进办公室专家阿格施瓦兹先生（Aga Schwartz）主讲，天津市“新型企业家培养工程”入选人才、1350家干部帮扶科技小巨人企业负责人及对应的帮扶干部共计60余人参加。

4月15日～19日 2016中国·天津投资贸易洽谈会暨PECC国际贸易投资博览会召开。以“创新引领发展、自贸改变生活”为主题，“深化区域合作、促进经贸发展”为核心，突出京津冀协同发展、引资兴贸、结构优化、科技进步、综合服务和商品交易的实际功能，展示新成果、大项目、品牌产品和知名民俗商品。

4月20日 天津滨海新区高新区榴梿咖啡众创空间（天津）有限公司通过中国国家认证认可监督管理委员会认定，成为国内第一家按照ISO 9001管理体系标准运营众创空间。该众创空间在提供注重创业者满意的服务的同时，也为新区打造标准化众创空间品牌提供有益范本。

4月22日 巴铁科技发展有限公司与天津市河北区人民政府就合作的相关事宜签署战略合作协议。

是日 北京工商大学、天津科技大学、河北科技大学正式成立“京津冀轻工类高校协同创新联盟”，并在天津科技大学签署框架协议。这三所高校均为具有悠久历史的行业特色型学校，将围绕食品科学、生物医药等学科领域优势资源，逐步形成优势互补、特色鲜明的学科群，推动京津冀区域科技创新。

4月25日 第五届全国大学生“生态创想·绿色行动”环保大赛决赛在中新天津生态城正式开赛。黑龙江大学和哈尔滨理工大学的免跟踪太阳能聚光器项目夺冠，南开大学的绿色型煤项目获得二等奖，天津大学的TWIGS新绿概念水厂设计方案获三等奖。

4月28日 由天津市节能中心与智慧光（天津）合同能源管理有限公司共同举办的“京津冀智慧城市照明节能控制系统研讨会”召开。重点介绍“智慧城市照明节能控制系统”，以及EMC合同能源管理的运营模式。

4月29日 天津市滨海新区区委宣传部、科委共同举办科学技术奖励新闻发布会，向社会发布滨海新区2015年度科学技术奖，宣传新区优秀科技成果，营造新区良好的创新环境。滨海新区2015年度科学技术奖，共奖励科技成果62项，其中技术发明奖5项（一等奖1项，二等奖2项，三等奖2项），科技进步奖57项（一等奖10项，二等奖18项，三等奖29项）。

5月

5月20日 天津市领军企业创新联盟建设经验交流会在天津礼堂召开。天津瑞普生物技术股份有限公司做典型发言，天士力集团、天津市海天量子科技发展有限公司、天津力神电池股份有限公司、航天环境工程有限公司分别谈了对联盟建设的感想及下一步打算。

5月22日 “i创达人”天津市科技创新创业计划大赛举办。来自南开大学、天津科技大学等高校的13支队伍参赛。参赛项目涵盖了空气净化器研发、新型环保药物研发、新型农药、环境保护、科普教育等诸多方面，很多项目的应用前景广泛、具有产业化价值。

5月23日 由南开大学、加拿大水科技交流中心、滨海新区人民政府、中国国际人才交流协会四方共建的“中加水与环境安全联合研发中心”揭牌成立。来自加拿大22所大学37位水与环境方面的知名教授专家将参与中心的研发活动。重点研发海绵城市建设、污染监测防治和环境保护及修复等领域前沿技术。揭牌仪式上，“中加水与环境安全联合研发中心”还与中国城市规划设计研究院、中国国际技术转移中心、天津建工集团、加拿大CHI公司等8家机构和单位签署合作协议。

5月30日 天津市科委举办以“科技金融助创业之梦远航”为主题的科技金融开放服务日系列活动，科技部、天津市科委、中心生态城管委会共同为科技部科技成果转化引导基金创业投资子基金“天津天创盈鑫创业投资合伙企业（有限合伙）”揭牌，天津市科委、天津市金融局、天津银行签署投贷联动试点框架协议。

是日 由天津市人民政府、中华全国工商联、科学技术部、美国企业成长协会（ACG）共同举办的

"第十届中国企业国际融资洽谈会——科技国际融资洽谈会"在天津开幕。高端论坛、融资对接、路演推介、展览展示和合作交流等五大板块，就发展科技金融，破解创新创业企业融资问题进行深入交流与合作。融洽会汇聚国内外银行、创投、证券、担保、租赁等金融机构，为中小微企业融资发展搭建平台。

6月

6月7日　国家"十二五"科技创新成就展在北京展览馆展出。天津国际生物医药联合研究院TjAb众创空间作为天津市首个生物医药类的众创空间，携10余家入驻企业代表，在展会期间通过实物、展板、模型、多媒体播放等形式向观众展示生物医药领域的创新创业进展和最新成果。

6月17日　由北京市农林科学院牵头，天津市农业科学院、河北省农林科学院共同发起，联合京津冀地区农业科研院所等23家成员单位在京召开京津冀农业科技创新联盟成立大会。京津冀农业科技创新联盟作为国家农业科技创新联盟的重要组成部分，坚持创新引领、需求驱动、目标导向的原则，围绕京津冀现代农业调结构转方式和三农发展科技需求，开展协同创新与成果转化工作，提升区域现代农业科技总体水平。

6月20日　中央人才工作协调小组办公室发布公告，公示第二批国家"万人计划"领军人才人选名单，共有948人入选。天津市30名科技人才名列其中，分别是10人入选科技创新领军人才，20人入选科技创业领军人才。"万人计划"入选人才被授予"国家特殊支持人才"称号，颁发"国家高层次人才特殊支持计划入选证书"。

6月21日　国务院批复同意撤销蓟县，设立天津市蓟州区，以原蓟县的行政区域为蓟州区的行政区域。

6月24日　博天环境科技（天津）有限公司院士专家工作站举行揭牌仪式。

6月25日　由天津市委教育工委、天津市教委、天津大学主办，国家知识产权战略实施（天津大学）研究基地承办的天津市第七次高校智库论坛举行。论坛的主题是"科技创新与创新型城市建设"。2015年天津市制定出台《关于加强新型智库建设的实施意见》，明确智库建设的思路、目标、工作要求和相关支持政策。

6月26日　2016天津夏季达沃斯论坛在天津开幕。共有来自90个国家和地区的2000多位嘉宾围绕"第四次工业革命：转型的力量"展开200多场讨论，共同探索当前中国及世界经济发展中的前沿热点问题。论坛开设"塑造全球生产体系的未来""全球能源前景展望""人机之战：阿尔法围棋的重要性"等会议，涉及互联网+、云技术、转基因等前沿科技。

是日　在出席夏季达沃斯论坛期间，中共中央政治局常委、国务院总理李克强在天津考察调研，先后考察了飞鸽自行车天津胜利路体验店、天津卓朗科技、天津光电集团，了解天津中小微企业贷款风险补偿机制。

7月

7月4日　天津市知识产权局与天津市科委共同签署《关于加快知识产权强市建设，打造科技小巨人升级版合作协议》，提升科技型企业知识产权能力，共同打造科技小巨人升级版。

7月13日　天津市知识产权局7月出台《天津市"十三五"专利工作规划》。"十三五"期间，天津市专利综合实力将保持全国前列，在全国率先建成知识产权强市。到2020年，年专利申请量达到12万件，年专利授权量达到5万件，每万人口发明专利拥有量达到18件。

7月15日　中科院生物物理所蛋白质与多肽药物重点实验室与吉尔生物科技（天津）有限公司共建联合实验室揭牌仪式在天津开发区举行。与中科院共建的联合实验室项目创新性突出，首次合成具有肿瘤识别和催化显色的双功能纳米材料，首次将纳米磁颗粒特性应用于临床检测，是中科院生物物理研究所科研成果实现产业化的重点项目。

7月19日 中科院天津工业生物技术研究所与天津天保基建股份有限公司签署协议，启动建设天津市工业生物产业技术研究院。这个创新平台，将助推科技资源与产业的深度融合，以更灵活体制机制带动和引领产业发展。

7月23日 2016天津市创新创业大赛暨第五届中国创新创业大赛（天津赛区）开幕。共收到参赛项目近2000项。涵盖电子信息、互联网和移动互联、生物医药、先进制造、新材料、新能源及节能环保等六个领域，其中互联网和移动互联网领域参赛项目数量最多。

7月26日 科技部火炬中心召开2016年全国高企认定管理工作（云南）片区工作会，来自全国18个省、市、自治区科技主管部门高企认定相关工作代表参会，天津市科委介绍天津高企认定工作总体情况、政策措施及下一步计划。

是日 天津市科委制定出台《天津市推进“一带一路”建设科技创新合作专项规划》，将用3至5年时间，支持企业面向沿线国家输出推广优质技术产业项目30项；支持企业并购沿线国家拥有技术、人才等核心资源企业30家；支持企业在沿线国家建成30家海外研发机构；推动建设50家联合研究中心、技术推广中心、技术转移中心和国际科技园区等国际科技创新合作平台。

7月29日 “海绵城市与气候变化国际研讨会”在天津举行，两个国家级“海绵城市”建设试点——解放南路和中新天津生态城片区正式开工，中央财政每年将拨付6亿元专项资金给予支持。南站、新八大里等天津市规划的15块区域也正在按照“海绵城市”的理念加紧设计。

8月

8月5日 “聚焦新三板 共享新机遇”主题论坛暨天津市新三板科技金融服务中心授牌仪式在科技金融大厦举办。该中心由天津市科委和高新区管委会共建，围绕科技金融工作需求展开服务工作。

8月7日 天津武清区政府、天津市科委、北京市科学技术研究院三方战略合作签约仪式在武清商务区举行，借助优势资源，进一步加快成果转化、促进产业升级，努力打造京津冀科技创新亮点工程，实现共同发展。

8月8日 水稻品质·食味研究国际高峰论坛暨产学研合作洽谈会在天津市召开。会议由天津市科学技术委员会、天津市农业科学院和天津农学院共同主办，邀请日本、韩国相关专家以及来自52个省市的115家产学研单位约300多人共商“基于可持续发展的水稻生产和市场需求动向的水稻品质·食味提升”这一主题。

8月11日 第十二届中国（天津）国际机械工业装备博览会在天津梅江会展中心开幕。该届博览会全面展示机械装备制造业最新风向和动态，集聚国内五大激光加工设备行业，集中展示激光钣金切割行业最新的技术和相关产品。

是日 根据中科院和天津市全面科技合作协议内容要求和院市合作领导小组会议精神，天津市科委设立“生态环境治理”专项，支持院市合作项目，以科技支撑美丽天津建设。该专项包括大气污染防治、水和生态环境保护以及固废和土壤三个重点领域。

8月16日 “创启未来”2016国际青年科技创业大赛天津城市赛在天津北大科技园开幕。大赛以服务科技创新为主线，聚焦天津区域产业升级，重点关注现代农业科技、大数据和高端装备制造等。

8月24日 由科技部人才中心、天津市科委、泰达科技集团联合主办的“新常态下的科技金融发展趋势”主题讲座在泰达双创示范区举行，科技金融作为科技创新体系和金融体系的重要组成部分，近年来在国家的大力推动下，已在体系建设和制度创新等方面迈出重要一步。

8月25日 由天津市科委主办的科技和知识产权服务"自创区行"活动在西青区中北科技产业园源创空间举办。天津自主创新示范区西青分园的120余家企业和近20家京津地区的优质服务机构参会。以"政策促进创新、服务促进落实"为主题，进一步转变政府服务职能，深入贯彻落实《关于贯彻落实〈国家创新驱动发展战略纲要〉的实施意见》，为示范区"一区二十一园"提供"一篮子政策宣讲、一站式创新服务、一条龙成果对接"的科技和知识产权服务。

8月30日 京津冀产业结构调整引导基金在天津自贸区中心商务片区正式设立。基金总规模达100亿元，首期10亿元，主要以投资高端装备制造、新一代信息技术、航空航天、新材料、生物医药等天津市中长期规划领域为主，并将对接到国家发改委牵头设立的京津冀协同发展基金和京津冀产业结构调整基金。

是日 由北京大学科技开发部、北京技术市场协会、北方技术交易市场、河北省科技成果转化服务中心主办的"京津冀技术转移人才实训基地启动仪式暨2016年技术转移高级人才实训班"召开。安排学员实战分享、导师点评、专家综合评价、项目对接等实训环节，从理论到实践剖析技术转移管理与运作模式，提升技术转移从业人员思维创新和实战能力。

9月

9月8日 "星企一号创新工场落成暨天津中科先进技术产业园开园仪式"在天津高新区举行。星企中心采用集群孵化的模式，以星企中心的孵化器作为核心，建设全链条的孵化培育养成，分析不同项目的实际需求，订制个性化服务，联合各类创新型孵化载体，共同打造以星企中心为一级孵化、各共建创新型孵化载体为二级孵化、在孵企业为三级孵化、在孵企业孵化成功后对企业内部的优势项目及技术组进行裂变孵化为四级孵化的金字塔式孵化联盟。

9月8日～9日 天津市科委和西青区共同主办，邀请来自北京、河北及黑龙江、广东等省市20余家国家级科研院所、高校举行座谈会。有6项院企合作项目的签约，涉及重离子肿瘤诊断、共建环保联合实验室、量子点材料产业化、新能源汽车应用、新材料开发、打造电子商务综合平台等多个方面。天津圣纳科技有限公司与北京理工大学，合作共同优化纯电动汽车充电基础设施与整车的通信协议，为新能源汽车的协议创新做贡献。

9月13日 2016"创响中国"巡回接力天津站活动启动仪式举行。主要包括政策宣讲活动、"双创英雄榜"评选活动、基于大数据平台的创业培训活动、结合自贸区特色的跨境投融资及国际贸易与跨境电商创新沙龙、带动文化创意产业的双创创意设计大赛等。

9月22日～24日 "第一届中美肿瘤精准医学高峰论坛"在天津举行，全球肿瘤学领域专家、学者，分别就肿瘤精准医疗的政策和管理、研究平台建设、肿瘤基因组学研究、生物大数据、精准免疫治疗、肿瘤精准医疗的临床应用等多个当下全球肿瘤防治前沿热点话题进行交流探讨。会议期间举办高通量测序和生物大数据及生物信息学分析培训班。

9月26日 2016年中国—欧盟医药生物膜科学与技术研讨会举行。研究探讨膜技术在生物、医药、医疗及保健领域的技术创新、产品升级、节能减排、工艺改造、品质提升、应用安全等方面的新思路、新方法，解决制约医疗、制药、生物领域膜分离技术及其产业化进程的关键问题，进一步推动膜科学技术在医疗和健康产业中的应用与推广。会议期间，天津市医药、生物相关企业，与中国膜工业协会医药生物膜技术专业委员会专家进行了充分的技术对接，促成合作意向15项。

9月28日 2016中欧（天津）自行车电动车"走出去"高峰论坛暨合作洽谈会在天津召开。会议的主题为"新技术、新产品、新市场"，围绕政府、行业协会、企业等三个层面的合作签署一系列合作协议；静海区人民政府与瑞典自行车协会签署合作备忘录，天津市自行车电动车企业与国外高校、设计机构、企业等签约合作。天津市自行车电动车行业协同企业联盟宣告成立。

是日 北方技术交易市场在天津市科委的大力支持下，联合北京科技协作中心、河北省科技开发中心举办“2016年京津冀技术成果交流对接会（天津站）”。会议特邀行业内专家分别就京津冀协同创新与产业合作、中国智能制造前景及发展方向、京津冀节能减排领域的合作方向与前景发表主题演讲。在分论坛上，高校、企业公司的代表重点围绕先进制造、节能环保领域的应用技术开展专题研讨，专家重点推介优秀技术成果20余项。

9月28日～29日 第十三届中国制造业国际论坛在天津梅江会展中心召开，由制造业国际联盟、天津市科学技术委员会主办。论坛以“构建制造业新生态——创新、智能、价值”为主议题，五大智能制造分议题展开讨论，特设“国际先进制造技术展示及供需对接专场”，展示如何把国外先进技术转化为实际成果，用国际化视角引领中国企业提高产业竞争力，让中国企业借鉴学习。

10月

10月10日 国防科技大学与国家超级计算天津中心联合举行国家重点研发计划“高性能计算”重点专项项目启动会，标志着中国首台百亿亿次超算样机系统研制正式启动。其中包含的“E级计算机关键技术验证系统”“面向E级高性能计算机的新型高性能互连网络技术研究”“基于自主创新的石油地震勘探行业应用平台”三个子项同时启动。这三个项目涉及E级超级计算机网络互联关键技术研发、E级超级计算基础芯片和系统设计，以及大规模高性能计算典型行业应用平台构建，代表全国高性能计算生态系统中关键技术研发、系统研制和产业化应用创新的最前沿，也代表中国未来高性能计算领域技术创新与应用转化并重的发展思路。

10月12日 2016年全国双创活动周天津分会场启动活动暨国家自主创新示范区创新成果展举行。天津国家自主创新示范区创新成果展也拉开帷幕，通过实物、视频、图片、3D打印等多种形式展示天津自创区在科技创新方面的突出成果。

是日 世界首个高温熔盐槽式光热发电平台在甘肃阿克塞正式并网投入运营。该平台由天津高新区滨海光热技术研究院有限公司提供全部的技术支持，天津滨海光热发电投资有限公司提供全部的设备支持。并网成功的光热发电平台是世界首个，也是国内唯一一个已建成的采用高温熔盐槽式技术路线的光热发电项目，验证熔盐槽式光热发电技术的可行性、成熟性和先进性。

10月14日 由中国中小企业协会、中国人民大学商学院和经理人传媒共同主办的“2016中德制造业峰会”在北京召开。以“新动力、新活法、新生态”为主题，旨在搭建中德制造业产学研各领域的合作交流平台，为双方提供技术对接、投资合作、市场拓展的机会。推出“2016中国制造隐形冠军榜”，全国共有50家企业上榜，天津市两家科技型企业天津长荣印刷设备股份有限公司和天津瑞普生物技术股份有限公司入选。

10月17日～21日 交流中心与美中创新联盟在北京、天津、苏州和上海合作举办“科技外交官服务地方系列活动——2016美国生命健康创新企业对接洽谈会”。来自美国的7家生命科学与医疗健康领域创新企业带着19个技术项目寻求合作。技术项目主要有：提高肺癌确诊率的数据处理软件、开发用于治疗食管反流病的专利手术产品、独特药物成分的分析检测、微创仪器疏通胃管堵塞等创新技术。

10月18日 由天津市科委主办、天津市北方技术交易市场承办的“2016中韩国际技术转移交流洽谈会”举办。北方技术交易市场与韩国庆北科技园签署《合作谅解备忘录》。来自韩国（株）ESA、（株）BTech Korea、（株）未来浦项科技、汉城重工业、（株）世仁生物等11家韩国企业代表携带科技型项目与全市20余家企业代表进行一对一洽谈对接。

是日 2016美国医疗健康创新企业中国巡回路演暨天津合作洽谈会在津召开。由天津市科学技术委员会、科技部中国科技交流中心和美中创新联盟共同主办，美国医疗健康领域的科技企业项目负责人十余人，携带新药研发、医疗器械、医疗影像、数字医疗等高科技项目来津，进行项目路演，并与天津市医疗健康领域的科技型企业、医疗机构、投资机构、科技园区等负责人百余人进行对接洽谈。

10月19日 由天津市农机与农业工程学会、天津市滨海新区科学技术协会联合举办的天津（2016）现代智慧农业及智能化装备发展论坛在滨海新区举办。该论坛发挥学会职能，助力天津战略性新兴产业和区域创新发展，促进天津现代都市农业朝着生产智慧型、装备智能型方向发展。

10月21日 2016中国（天津滨海）国际生态城市论坛暨博览会主论坛举行。以生态城市与绿色创新为主体，着力探索新形势下生态城市建设与发展的新思路、新举措，总结分享经验、推动交流合作。坚持走生态优先发展之路，坚持用绿色技术评价发展的成果，全面落实创新、协调、绿色、开放、共享的发展理念，把创造良好的人居环境作为城市工作的中心目标。

是日 科技部高新司召开国家科技支撑计划“纯电驱动动力系统关键部件与系统集成”项目结题验收会议。该项目研发纯电驱动动力系统整车主控制器、电机驱动系统、动力电池系统、电动化总成控制系统等关键技术及电动汽车用高压大电流连接器设计技术、检测技术和连接器与电缆芯线端接技术，完成1辆纯电动样车的研制，完成插电式混合动力驱动系统关键技术的产业化。

10月23日 天津市科委启动实施“产学研用创新联盟511工程”加速构建高效的创新创业生态系统，助力有国际影响力的产业创新中心和全国先进制造研发基地的建设。天津市海天量子科技发展有限公司针对通用设备安全节能领域，积极联合行业上下游企业、高校科研机构、大型用户等相关单位，发起成立“中国通用设备安全节能创新战略联盟”，已在十个通用领域提供安全运行、节能降耗的解决方案和服务。

10月25日 由中科院天津工业生物技术研究所策划发起的首届“中国生物工业投资大会”在天津召开。大会以“创新驱动绿色发展”为主题，邀请来自全国生物工业领域的知名企业、创业先锋、产业技术专家等展示和路演创新产业项目50余个，吸引具有战略眼光的投资机构、企业家及投资人到场，了解和关注生物工业领域最新进展，进行对接洽谈。

是日 天津市科委组织长荣、建科、宝涞、赛象等17家天津市装备制造领域优秀的科技型企业，以及天津市机器人产业协会、包装印刷技术协会、工艺管理协会等3家协会到清华大学天津高端装备研究院进行对接。

10月27日 “2016中国（天津）智慧城市建设与发展高峰论坛”在天津开幕。以“创新驱动发展，数据创造价值”为主旨，共设“新型智慧城市建设路径与创新”“新产业·新城镇”“先进制造融合发展与展望”和“大数据·大未来”四个分主题。工信部信息化和软件服务业司，中国电子信息行业联合会及天津市工业和信息化委员会相关领导，国内智慧城市领域知名院士、专家学者、研究机构，智慧城市试点地区的相关部门负责人以及包括华为、浪潮、中兴软创、大唐高鸿、上海创图在内的多家国内知名企业参加。论坛规模达2000余人次。

11月

11月3日～4日 由国务院参事室指导，市政府参事室、天津港（集团）有限公司、天津财经大学共同举办的2016中国（天津）“一带一路”发展战略参事研讨会在滨海新区举行。来自天津、河北、内蒙古、江苏、浙江、福建、陕西、甘肃、新疆等九个省区市政府参事室的各领域专家学者，围绕提升国际国内枢纽功能、加强沿海城市港口建设、创新开放型经济体制机制、扩大参与国际竞争优势等课题进行研讨交流，形成了一批有见地、可操作的研讨成果。

11月8日～11日 科技部办公厅、中国科学技术信息研究所和天津市科学技术委员会在天津组织召开国家科技管理信息系统互联互通全国培训工作会暨试点工作总结会。国家科技管理信息系统互联互通工作核心定位为国家与地方各类科技管理系统之间的科研项目、科技专家与科技成果等资源的数据互通、系统互通和服务互通。先期试点开展国家与天津、陕西、山东、浙江、广东等五省市的互联互通，随后推广向全国，实现中央与地方科研管理信息系统互联互通。

11月11日～12日 第二届“百名科研院所领导者创新论坛”在天津举办。以“京津冀科技协同与创新”为主题，旨在营造实施创新驱动发展战略的良好环境，支撑供给侧结构性改革，统筹推进高效协同的国家创新体系建设；促进各类创新主体协同互动、创新要素顺畅流动高效配置，形成创新驱动的实践载体、制度安排和环境保障，同时助推京津冀科技领域协同发展，搭建国家级科研院所与天津市科技企业的产学研沟通平台。“百名科研院所领导者创新论坛”由清华大学公共管理学院、天津市科委共同主办。

11月18日 2016“智汇天津”产业技术创新高峰论坛暨国际合作洽谈会在津举办，以“开放创新、共享共赢”为主题共议发展。来自美国、加拿大、俄罗斯等9个国家和地区生命科学、节能环保、智能汽车、新一代信息技术等热点领域的高新技术企业代表、创新创业及科技园区代表、科研机构和高校代表以及技术转移服务机构代表等60余人，与百余家天津市科技型企业、科技园区、大学、科研机构和技术转移机构代表展开约200余项次的技术需求与供给对接，达成技术合作、合资建厂、技术引进、市场开拓、渠道建立等初步合作意向80余项。

11月22日 天津滨海中关村科技园正式揭牌，科技园入园项目暨北京企业投资滨海新区项目集中签约仪式同期举行，共有45个项目集中签约，总投资规模超过350亿元。

11月24日～25日 科技部创发司在天津组织召开全国科技统计年报培训会。来自全国31个省、自治区、直辖市和部分计划单列市的科技主管部门、科技统计技术支撑机构、中国科技发展战略研究院统计所、华中科技大学管理学院信息中心、国家科技统计数据中心（筹）以及国家科技统计在线调查平台开发单位的120多名代表参加会议。

11月29日 全球首款亿级并发云服务器系统在天津高新区曙光信息产业股份有限公司正式量产。云服务器是曙光公司专门面向云计算典型应用需求研发的服务器，采用全新的国产体系架构，可有效应对亿级以上的并发访问。该产品的量产标志着全球云计算基础硬件设施进入一个全新的时代，通用服务器并发从“万”级步入“亿”级。

12月

12月1日 天津市科委依托天津市新型企业家培训基地“中科院联想学院”，连续四年举办新型企业家大讲堂活动，将其打造成为天津市创业人才培训的品牌示范活动，累计举办培训20期，参加学员达到1800余人次。

12月2日 天津开发区召开科技示范企业授牌大会暨技术创新战略联盟推动会，市科委、滨海新区科委及开发区管委会共同为首批20家科技示范企业授牌。开发区科技型企业达到6364家，成为创新发展的生力军。其中，规模过亿元的科技型企业达到480家，继续位居全市第一，在各类资本市场挂牌、上市企业达到47家。

12月7日 “2016年京津冀钢铁行业节能减排示范工程”启动实施，通过整合京津冀三地资源，在空压机系统节能、加热炉节能、废酸和废水深度处理等方面实现重大突破。示范工程投入1000万元，共支持北京和河北10家企业与天津钢铁企业合作。

12月11日 京津冀协同发展论坛举行，论坛由滨海新区人民政府、北京大学校友会联合主办，来自京津冀政、学、商代表及创业者参会，以“大学区域合作推动产业开源创新”为主题，共促三地人才及创新资源共享、创新要素流动。

12月16日 天津大学“结晶科学与工程国际联合研究中心”、天津工业大学“分离膜科学与技术国际联合研究中心”、南开大学“新型光伏发电技术国际科技合作基地”、南开大学“肿瘤免疫与生物疫苗国际科技合作基地”和天津医科大学总医院“脊髓损伤国际科技合作基地”被认定为2016年度国家级国际科技合作基地，截至2016年年底，天津拥有的国家国际科技合作基地已达18家。

12月21日 由天津市科委主办，天津大学新型企业家培训基地、天津市科学学研究所承办的“新型企业家2017宏观经济前瞻高峰论坛——供给侧改革与企业家创新”在天津大学举办。200余位天津市新型企业家参加论坛，与专家共话供给侧改革与企业家创新。

12月23日 中国中药国际化取得重大突破，天士力公布其生产的心血管药物复方丹参滴丸完成美国食品和药物管理局（FDA）三期临床试验，成为全球首例完成美国FDA三期试验的复方中药制剂。

12月24日 由天津市科委主办的天津市第一届科普移动新媒体大赛决赛在天津理工大学举办。大赛以“‘掌’握科技，共享发展”为主题。自2016年7月开始征集，8月底截止，共有百余个作品报名参赛。通过初赛、复赛等程序，共有“天津预警发布”等8个App和公众号作品进入决赛。

12月29日 第三届京津冀协同创新共同体高峰论坛暨滨海中关村科技园发展战略研讨会在滨海新区举行。来自京津冀的30余家协会机构以及专家、学者、企业家等800余人到场，围绕“京津冀协同创新共同体建设”“滨海中关村科技园发展战略”“智能装备制造”“节能环保”“移动互联”“科技金融”“大数据产业创新与区域合作”等话题展开讨论，共议协同发展、创新融合之道。

是日 “2016年京津冀钢铁行业节能减排科技示范工程”合作项目签约仪式在天津滨海新区举行，来自京津冀的多家企业达成11项“节能减排”合作。

12月30日 2016天津市创新创业大赛暨第五届中国创新创业大赛（天津赛区）总结大会在河北区“创+时代”众创空间召开。这届大赛报名参赛项目近2000项，最终有131个项目获奖，59个优秀项目晋级全国总决赛，19个项目获得全国优秀奖。

是日 天津滨海互联网产业园在滨海高新区塘沽海洋科技园揭牌，20个项目签约入驻，总投资额约65.6亿元，涉及大数据分析及应用、互联网+绿色出行、海洋信息服务等多个领域。项目包括海洋装备公共检测基地、中国电力交易网、自主物联网、启迪桑德环境资源项目、中科点击大数据等。

附 录

文件辑录

中共天津市委天津市人民政府关于贯彻落实《国家创新驱动发展战略纲要》的实施意见

文号:津党发〔2016〕19号

(二〇一六年七月八日中国共产党天津市第十届委员会第九次全体会议通过)

为深入落实《国家创新驱动发展战略纲要》部署要求，加快我市创新型城市建设，推动经济社会发展向更高水平迈进，特提出如下实施意见。

一、准确把握总体要求

(一) 背景和意义

党的十八大提出实施创新驱动发展战略，强调科技创新是提高社会生产力和综合国力的战略支撑，必须摆在国家发展全局的核心位置。习近平总书记明确指出，科技是国之利器，国家赖之以强，企业赖之以赢，人民生活赖之以好。中国要强，中国人民生活要好，必须有强大科技。多年来，市委、市政府高度重视科技创新，综合科技进步水平位居全国前列。特别是党的十八大以来，坚持不懈推动创新驱动发展，自主创新能力快速提升，科技型中小企业迅速壮大，创新体系日益完备，创新发展格局基本形成。但也要看到，我市科技综合实力与世界发达地区、国内先进省市相比还有差距，重大原创科技成果较少，高水平人才特别是领军人才规模偏小，具有国际竞争力影响力的科技企业不多，全社会创新活力不足，适应创新驱动的体制机制还不完善，等等。当前天津正处在加快实现中央对天津定位、全面建成高质量小康社会的关键时期，应对新的现实和挑战，实现更长时间持续健康发展，必须坚定不移地实施创新驱动发展战略，坚决向创新要质量、要效益、要动力。

(二) 指导思想

以邓小平理论、“三个代表”重要思想、科学发展观为指导，深入贯彻习近平总书记系列重要讲话精神，按照“四个全面”战略布局要求，认真落实新发展理念，坚持走中国特色自主创新道路，把创新驱动发展作为优先战略，以科技创新为核心带动全面创新，以产业创新为重点推进优化升级，以人才建设为支撑构筑竞争优势，以体制机制创新为保障激发社会活力，着力打造经济发展新动能、产业发展新模式、创新发展新生态，不断开创全市科技创新新局面，为建设世界科技强国作出积极贡献。

(三) 基本原则

坚持科技创新与经济社会发展深度融合。紧扣世界前沿、国家战略和天津需求，围绕产业链部署创新链、资金链、人才链、服务链，进一步提升科技创新对经济社会发展的支撑和引领作用。

坚持科技创新与体制机制创新双轮驱动。统筹推进科技、经济和政府治理等三方面改革，使科技创新与制度创新相互协调、持续用力，最大限度激发创新活力。

坚持全面创新与重点突破紧密结合。加强对全面科技创新和全面创新改革的总体设计，优化总体布局，实施一批重大科技专项和工程，尽快在关键领域实现突破。

坚持人才为先与广聚资源有机统一。充分尊重创新创造价值，激发各类人才积极性和创造性，着力扩大科技对外开放，聚集全球高端创新要素。

(四) 战略目标

分三步走:

第一步，到2020年成为全国领先的创新型城市，基本建成具有国际影响力的产业创新中心。

——科技综合实力显著增强。综合科技进步水平位居全国前列，研究与试验发展经费支出占生产总值比重达到3~5%，科技进步贡献率达到

62%，每万人口发明专利拥有量达到18件。

——产业创新能力显著提高。建成30个行业带动力强、国内领先的产业技术研究院，科技型中小企业超过10万家，小巨人企业超过5000家，高新技术企业超过5000家，工业小巨人企业产值占规模以上工业产值比重达到55%，航空航天、高端装备、新能源、电子信息等主导产业进入全球价值链中高端。

——创新体系更加完善。以企业为主体、产学研用相结合的创新体系基本形成，科技基础设施体系和统一开放的公共服务平台构架基本建成。

——创新环境更加优化。形成符合创新驱动发展要求的体制机制，政策体系更加完善，创新要素配置更加合理，知识产权得到有效保护，全社会创新创业活力充分迸发。

第二步，到2030年跻身世界创新型城市行列，全面建成具有国际影响力的产业创新中心。研究与试验发展经费支出占生产总值比重达到4.0%，聚集一批具有世界水平的高端人才，拥有一批世界知名的领军企业、高等院校和科研机构，形成一批世界领先的技术和产品。

第三步，到2050年全面建成全球一流创新型城市，成为世界重要的产业创新中心。

二、深入推进重点任务

（一）推动技术创新，建设全国先进制造研发基地

1.推动产业技术实现新突破。坚持需求导向和产业化方向，攻克一批国内领先、国际领跑的前沿和关键技术。在航空航天领域，加快新型航空材料、航空电子等关键核心技术和新一代运载火箭、空间站、大飞机等龙头产品研发。在高端装备领域，重点开发新一代绿色智能轨道交通、特高压输配电等高端成套设备。在新一代信息技术领域，重点开发人工智能、高性能服务器、自主操作系统、国产数据库、网络安全等核心关键技术。在生物医药与健康领域，重点开发国内领先的抗肿瘤蛋白、基因工程胰岛素、新型疫苗和生物制剂、干细胞治疗药、高端医疗设备、中医中药等。在新能源与新能源汽车领域，突破动力电池、大规模储能等关键技术，推进光伏、风力发电等新能源装备研制及规模化应用。在节能环保领域，加强绿色化学化工、余能回收利用、废水深度处理与回用、重污染天气预警与治理等技术开发。在海洋领域，突破高技术船舶、海洋勘探开发、海洋监测及装备、海洋可再生资源利用等技术。在现代农业领域，加快发展现代种业、智慧农业、循环农业、海淡水高效养殖等。在现代服务业领域，发展金融保险服务、现代航运和物流、科技服务等技术基础设施，拓展数字消费、电子商务等新型服务业态。

2.推动产业转型升级。紧密对接《中国制造2025》，以智能制造、机器替代、自动控制为重点，大力开展科技创新和生产模式、商业模式创新，提升制造业核心竞争力。推动新兴产业新跨越，培育基于新一代信息技术的新业态、新产品，打造新兴产业高地和高技术产业集群。推动传统产业新提升，深入开展“互联网+”行动，加快企业技术改造，优化制造流程，提升装备水平，淘汰落后工艺，实施精益管理，为传统产业注入更多的创新元素、科技含量和文化因素。推动生产性服务业新突破，促进工业设计、文化创意、研发服务和相关产业融合发展，实现生产型制造向服务型制造转变。开展“百企示范、千企试点、万企行动”计划，打造一批智能工厂和数字化车间。加快中德智能制造示范区发展，建设国家一流的设计产业基地。

3.推动军民协同创新。面向航空航天、网络空间、核电装备、海洋等领域，整合军地科技资源，开展微系统、太赫兹、量子信息等关键技术研究，加强车船用发动机、石墨烯、可穿戴结构电池等一批重大项目建设，培育形成“杀手锏”产品。创建滨海新区国家军民融合创新示范区，培育一批军民融合示范企业和产品。建设航空航天科技产业城等军民融合产业聚集区，打造超算服务、卫星导航等一批研发制造基地。

（二）强化原始创新，提升源头供给能力

1.大力加强基础研究。围绕国家战略需求，依托自身优势，加强数学、化学、医学、生命科学等基础研究，攻克一批重大科学问题。把握世界科技进步大方向，加强在合成生物学、干细胞与组织修复、表层地球系统科学、深海科学等前瞻性部署，取得一批原创性重大成果。着眼当前

产业需求，集成跨学科、跨领域、跨单位的优势力量，在信息、航空航天、新能源新材料、精密仪器等领域努力取得突破。

2.积极推进世界一流大学和一流学科建设。支持南开大学与天津大学建设世界一流大学、市属高校建设高水平特色大学。聚焦优势领域，重点支持数学、化学工程与技术、仪器科学与技术、光学与光学工程、建筑学、中医中药、肿瘤学、食品与轻工纺织等领域相关学科进入世界一流行列。加强学科交叉与融合，重视支持一批非共识项目，培育新兴学科和特色学科。

（三）构筑创新平台，聚集高端资源要素

1.加大科研机构建设力度。依托高校、科研院所，建设一批国际一流的科学研究中心。大力吸引海内外顶尖实验室、研究所、高校、跨国公司来津设立全球领先的科学实验室和研发中心。重点打造绿色化学化工、合成生物学等国家实验室。建设一批国家重点实验室、工程中心、企业技术中心等国家级研发平台。组建肿瘤精准治疗、中医针灸诊疗等一批国家临床研究中心。建立大飞机适航审定、纳米颗粒与纳米系统、先进纺织复合材料、碳材料、机构理论与装备设计等一批产业研究中心。建设好未来科技城等科研机构聚集区。

2.高水平建设国家自主创新示范区。围绕“一区二十一园”产业特色和发展定位，打造一批具有国际竞争力的战略性新兴产业集群，建设创新主体集聚区、产业发展先导区、转型升级引领区、开放创新示范区。推动核心区加快发展现代信息技术、新能源与节能环保、新能源汽车、高端装备制造、海洋产业和现代服务业“5+1”的主导产业集群。示范区各分园依托自身优势，形成明确的发展定位和产业布局，实现错位发展、互补发展、特色发展。深入落实示范区先行先试政策，制定《天津国家自主创新示范区条例》，努力在产业发展、创新体系、人才引进等方面取得新突破。

3.加强创新基础设施建设。加强与中科院等合作共建，积极争取海底观测网、大型地震模拟平台等大科学设施落户天津。整合提升国家级检验检测平台，建设数字化基础设施，提升超级计算平台性能和服务能力，依托超级计算资源建设大数据中心。打造大型共用实验装置、数据资源等科技基础条件平台。加快智慧城市建设，实现互联网无线WIFI全覆盖。整合信息资源，形成大数据、云计算网络体系。

（四）发展科技企业，提高创新能力和质量效益

1.打造小巨人升级版。推动创新能力、规模和服务升级，促进科技型企业做优做强做大。实施“小壮大”工程，实行“一企一策”和定制化联系帮扶，培育形成一批千亿级总部企业和百亿级领军企业。实施“小做强”工程，支持企业开展关键核心技术研发，建立企业技术中心、工业设计中心、院士工作站等。实施“小升高”工程，组织一批产业创新重大项目，培育一批有国际影响力的“杀手锏”产品，使更多的小巨人成为高新技术企业。建立完善一站式、全方位的公共服务平台和网络，实施创新券和创通票制度，推动科技服务高效化便利化。

2.激发国有企业创新动能。对国有企业加强定向支持、重点培育，鼓励更多国有企业创建国家高新技术企业。企业科技成果转移转化所得收入，作为企业上缴利润抵扣项。对企业在科技研发、创新资源收购等方面形成的无形资产摊销费、前期尽职调查费、企业模式和业态创新转型等费用，以及创新平台建设和行业标准制定等投入，经认定的，在业绩考核中视同利润。对符合条件的国有科技型企业重要技术人员和经营管理人员实施股权激励和分红激励。

3.推动科技成果转化应用。发挥高校技术转移中心、华北知识产权运营中心作用，加快建设天津国际技术交易市场等，建立中国科学院天津技术转移中心、京津冀科技转移中心等机构。加快完善科技成果转移转化支撑服务体系，强化技术转移人才培养，壮大专业化技术经纪人队伍，努力打造具有国际影响力的科技成果转化中心。

（五）实施重大专项，推动重点领域实现关键性突破

1.面向战略性新兴产业组织重大项目。围绕大数据与信息安全、高端医疗器械、生物医药、关键材料升级换代、环保技术及装备开发、绿色

建筑、科技服务业等方面，组织实施百亿亿次超级计算系统、化学机械抛光成套设备、高端数控机床、动力电池、新药创制、无人驾驶、生物制造等一批国家和市级重大专项，攻克产业重大关键核心技术，形成一批具有自主知识产权、前瞻性的战略性技术和产品。

2.面向民生领域组织重大科技工程。围绕大气污染治理、互联网跨界融合创新、现代中药产业技术升级、新能源汽车推广应用、节能节水技术创新示范、生态资源保护与生态修复、环保材料应用、防灾减灾、食品安全与健康、社会治安防控、航运中心信息技术集成应用等，推进实施一批国家和市级重大科技工程，促进科技创新成果的集成、应用、示范、推广。

（六）鼓励创新创业，激发全社会创造活力

1.着力打造众创空间。以支持科技创业、产业创业和就业创业为核心，大力发展众创、众包、众扶、众筹，推进便捷开放的众创空间建设。支持民营企业、创投机构等社会力量投资建设或运营创客中心、创业咖啡、创新工场等新型孵化载体，提高各类科技平台向社会开放程度。支持大学生以创业带动就业，打造环天南大创新创业“十字街区”等。盘活利用闲置商业用房、空置村庄、工业厂房、企业库房等，打造一批专业化的创新创业社区和特色小镇。

2.鼓励支持科研人员创新创业。支持高校、科研院所、国有企事业单位的科技人员离岗创业，对在津转化科技成果或创办科技型中小企业的，5年内保留其原有身份、编制和职称，档案工资正常晋升。支持在职科研人员在完成本职工作的基础上，采取兼职兼薪方式创业或服务企业创新。鼓励高校院所承接横向委托项目，劳务收入最高可占项目经费的70%，有关收入不纳入绩效工资总额。

3.加快“双创特区”建设。发挥体制特、机制特、服务特优势，加快聚集境内外高端人才和创新机构，把滨海新区中心商务区建设成为全国创新创业示范区。建设海外人才离岸创业试点基地和人才改革试验区，支持发展创业苗圃、孵化器、加速器等创业服务机构。设立“双创”发展专项资金，实施“就业即落户”、创新产品政府首购、保税状态下公共资源共享等政策。建设线上线下相结合的“专家+管家”服务平台，构建政府引导、市场服务、要素齐全、安全高效的创新创业服务体系。

4.加强科学普及和创新文化建设。加强科普场馆、基础设施和信息化建设，开发一批高水平、影响力大的原创科普精品，大力开展科研诚信教育，全面提升公民科学素养。加强舆论宣传，着力培育尊重科学、鼓励创造、追求卓越的创新文化。建立科学有效的容错纠错机制，鼓励创新、宽容失败，着力提升创新的浓度、创业的热度，形成人人崇尚创新、人人勇于创新、人人皆可创新的良好氛围。

（七）培养集聚人才，筑牢科技创新根基

1.引进培育领军拔尖人才。坚持引育并重、高端引领，建设活跃度高、具有国际竞争力的创新人才高地。深入实施“千人计划”、“千企万人”支持计划、加快引进海外高端人才推进计划、“万侨创新”行动计划等，面向全球重点引进从事国际前沿科学技术研究、带动新兴学科发展的杰出科学家、研究团队和高层次创新型人才。积极推进人才发展特殊支持计划、“131”创新型人才培养工程、经济社会重点领域人才培养工程，实施博士后培养支持计划，扩大博士后建站规模。设立天津杰出青年科学基金。制定实施“杰出人才培养计划”，加大院士后备队伍培育力度，提升院士专家工作站建站规模和水平。继续深化“一张绿卡管引才”制度，实现人才服务一点采集、多点共享、全程管理、一站办理，切实为人才提供“保姆式”服务。

2.加强企业家培养。实施新型企业家培养工程，积极开展“专机”、“专列”、企业家大讲堂、高级研修班等活动，培育领袖型企业家、杰出企业家。实施企业家摇篮计划，打造一支具有创新理念、国际视野和勇于实践的青年企业家队伍。加大市场化选聘力度，建设专业化、国际化的职业经理人队伍。

3.建设高技能人才队伍。深化国家现代职业教育改革创新示范区建设，完善技术技能人才培养体制，依托海河教育园和高职院校，促进产业、行业、企业、职业和专业“五业”联动。深入实施“百万技能人才培训福利计划”，推行“一包教材管培训”，创新“互联网+职业培训包”模式，加快培养高级技师、技术工人等一批高技能人才。

（八）发展创新联盟，建设高效协同创新生态

1.完善产学研用紧密结合的创新机制。健全产学研用相结合的市场化协同创新机制，搭建技术研发、市场融资、人才交流和资源整合的创新平台。落实激励企业研发的普惠性政策，支持企业加大研发投入，建立技术研发机构，掌握核心技术，成为技术创新主体。实施领军企业创新联盟“511工程”，深化上中下游、大中小企业合作，推进企业与高校、科研院所构建产学研联合体，形成优势互补、利益共享、风险分担的合作机制，建设100个领军企业创新联盟，打造10个规模超千亿的产业集群。

2.构建社会化科技中介服务体系。大力发展研发设计、创业孵化、检验检测认证、法律咨询、知识产权服务等各类科技服务业，建设一批科技服务业聚集区。吸纳集聚海内外知名服务机构在津创设新机构或设立分支机构。培育市场化新型研发组织、研发中介和研发服务外包新业态，发挥好行业协会、商会、基金会、科技社团等作用。

（九）创新科技金融，建立多层次全链条金融服务体系

1.积极鼓励创新创业投资。发挥财政资金杠杆作用，引导海内外资本在我市建立种子基金、天使投资基金、风险投资基金、产业并购基金等，强化对创新成果在种子期、初创期的投入，引导社会资本加大投入。允许符合条件的国有创投企业建立创业投资跟投机制。积极探索国有创投基金的尽职免责政策。

2.创新科技金融服务。发展针对企业创新活动的政府性担保机构，设立政策性担保基金，建立健全担保资本金动态补充机制。推动投贷联动试点，对开展试点的金融机构给予政策支持。设立科技保险公司，支持各类保险机构开发推广科技企业贷款保证保险、贷款担保责任保险等新型产品。积极发挥融资租赁、信托、保理等在科技型企业融资中的作用。简化知识产权质押融资流程，对符合条件的科技企业可发放质押贷款。落实中小微企业贷款风险补偿政策，扩大政策覆盖面。

3.推动企业上市融资。建立科技企业上市储备机制，推动符合条件的科技企业实行股份制改造。充分利用境内外多层次资本市场，推动符合条件的企业挂牌上市。鼓励符合条件的已上市科技企业通过增发股份、定向收购等方式扩大资本规模。支持科技企业通过发行公司债券和债务融资工具融资。

三、着力完善保障机制

（一）创新政府管理，优化政府服务

1.推进“放管服”改革，促进创新便利化。进一步加大简政放权力度，为创新创业营造良好环境。在“放”上加大力度，继续减少和下放行政审批事项，深入推进“一份清单管边界”、“一颗印章管审批”，积极探索实施负面清单管理制度，推行“证照分离”、“多规合一”改革，实现商事登记便利化。在“管”上不断创新，深化“一个部门管市场”、“一个平台管信用”、“一支队伍管执法”、“一份表格管检查”，降低创新创业制度成本。在“服”上下真功夫，运用大数据、云计算，构建“互联网+政务服务”模式，打造全市统一的智慧政务服务平台，推进“一个号码管服务”，实现“让数据多跑腿、群众少跑路”，进一步提升政府服务效能和水平。

2.加大创新投入，优化资金管理。加大资金投入力度，建立健全稳定支持和竞争性支持相协调的投入机制。改革财政科技资金使用和管理方式，简化科研项目预算编制，大幅提高间接费用和人员费用比例，项目单位可根据实际情况对科研项目直接费用进行调剂使用，项目组成员劳务收入不纳入绩效工资总额，项目结余资金可按规定留归项目承担单位用于研发活动。审计等工作要更加遵循科技创新规律，让经费更好地为人的创造性活动服务。

3.完善帮扶机制，提高服务水平。加强干部帮扶，对重点企业建立固定联系帮扶机制，建立工作台账和考核体系。完善企业科技特派员制度，针对企业需求，从高校院所选派人才组成博士创新服务团和专家顾问咨询团，提供个性化帮扶服务。

（二）深化体制改革，营造良好环境

1. 深化科技成果使用、处置、收益管理改革。修订《天津市促进科技成果转化条例》，制定配套实施细则，进一步推动我市高校院所科技成果转化。支持通过奖励等方式将部分股权、知识产权等让渡给科研人员，收益分配向发明人和转移转化人员倾斜，支持国有企业依法制定科技成果收益分配具体办法，建立健全科技成果、知识产权归属和利益分享机制。完善科技计划项目成果库，开展国家科技成果转化库互联互通试点。

2. 健全市级科技管理基础制度。深化科技计划管理改革，实现科技计划项目全闭环网络化运行、信息化监管、痕迹化管理。完善科技绩效评价制度，建立统一的科技计划项目监督评估机制，完善科研信用管理，建立健全科技报告制度和创新调查制度。转变政府科技管理职能，逐步实现依托专业机构管理科研项目。

3. 加快高校院所体制改革。探索实行高校院所理事会制度，适时开展去行政化试点，扩大人员聘用、科研立项、职称评聘、薪酬分配、出入境管理、仪器设备采购等方面自主权。对从事基础研究、前沿技术研究和社会公益研究的科研单位，完善财政投入为主、引导社会参与的支持机制，扩大科研人员课题选择权，探索体现科研人员劳动价值的收入分配办法。

4. 完善创新导向的评价制度。推进高校和科研院所绩效分类评价，把技术转移和科研成果对经济社会的影响纳入评价指标，将评价结果作为财政科技经费支持的重要依据。深化市属国有企业评价机制改革，把创新作为重要考核内容。推行第三方评价，探索建立政府、社会组织、公众等多方参与的评价机制。

（三）推进开放创新，促进交流合作

1. 面向全球组织创新要素。发挥自贸试验区制度创新优势，促进创新要素自由流动，创新人才自由进出，创新服务更加便利。设立并购基金，支持我市企业通过并购或直接投资等方式在境外设立科技创新机构。鼓励参与国际重大科技合作项目，购买、转化、投资境外关键技术。设立“一带一路”国际科技合作专项，鼓励我市高科技园区与沿线国家和地区共建合作园、互设分基地。大力吸引跨国公司、国际知名实验室和研究机构在津设立研发服务、技术转移机构。

2. 深化部市、院市、市企合作。加强部市会商和院市、市企合作，争取国家重大创新平台、基础设施、重大科技项目落户天津。加强与国家科技部、教育部等交流合作，完善会商机制，加快推进国家大学创新园区建设。持续推动与中科院等国家大院大所、知名高校的战略合作，共建一批研发机构、转化平台和科技基础设施。吸引央企在津建立研发机构、产业化基地等，开展产业技术联合攻关，孵育一批具有核心竞争力的骨干企业。

3. 打造京津冀协同创新共同体。着力破除体制机制障碍，探索建立区域协同创新机制、科技资源共享机制、利益分享机制和人才合作开发流动机制。积极推进京津冀全面创新改革试验区建设，建成先进技术、创新要素、高端产业的承接地和聚集地。在重点领域共建高等院校、重点实验室、技术交易市场、孵化器等战略联盟，推动大型科研仪器设备、重大科技基础设施和科技信息资源等共享共用。与北京共建天津滨海—中关村科技园、京津中关村科技城等一批创新社区，与河北共建津冀循环经济产业示范区等，建设中国医学科学院分院、中国中医科学院分院、京津科学技术研究院等研究机构。

（四）实施知识产权战略，建设知识产权强市

1. 实行严格的知识产权保护制度。深入实施知识产权战略行动计划，充分发挥知识产权司法保护主导作用，进一步完善司法诉讼、行政执法、纠纷调解、仲裁“四位一体”的知识产权保护协调机制。加大专项执法检查力度，严厉打击侵权假冒行为。推动跨区域知识产权保护机制建设，建立知识产权海外预警机制、海外维权机制、侵权查处快速反应机制。开展《企业知识产权管理规范》贯标工程，抓好专利导航、专利技术和产品布局。加强知识产权行业自律，增强全民知识产权保护意识，强化知识产权制度对激励创新的基本保障作用。

2. 推动标准和品牌建设。实施标准化提升计划，健全技术创新、专利保护与标准化互动支撑机制，支持企业创制和采用先进技术标准，鼓励

参与国际、国家、行业标准制定。实施小巨人大品牌培育计划，加大质量监督力度，推进名品名牌名企名家创建工程。支持驰名商标、著名商标企业实施战略重组，通过境外注册商标、境外收购等方式，培育国际化品牌。到2020年，主导或参与制、修订国家标准1000项，驰名商标达到150件、著名商标达到1500件。

四、加大组织实施力度

（一）加强组织领导

成立由市委、市政府主要领导同志牵头的天津市创新驱动发展领导小组，统筹指导和协调重大政策制定、重大问题解决和重要工作推动。设立领导小组办公室，办公室设在市科委。

（二）加强分工协作

各地区和有关部门、单位要根据实施意见，深入研究制定实施方案和配套政策，各司其职、各负其责，精准发力，切实把各项任务落到实处。

（三）加强监督考核

建立和发布天津科技创新指数，综合评价我市科技创新总体发展情况。完善考核机制，将创新驱动发展政策落实情况和取得成效作为领导班子、领导干部年度考核的重要内容。

（四）加强智库建设

健全科技咨询系统，建设高水平科技智库，建立市区两级科技决策咨询制度，赋予企业家、科学家、科技人员在制定创新规划、政策、标准中更多的话语权。

全市要紧密团结在以习近平同志为总书记的党中央周围，深入贯彻落实党的十八大和十八届三中、四中、五中全会精神，按照市委、市政府的决策部署，把各方面力量凝聚到创新驱动发展上来，努力建设全球一流的创新型城市，为把我国建设成为世界科技强国、实现中华民族伟大复兴的中国梦作出更大贡献。

天津国家自主创新示范区创新生态系统建设项目实施方案

文号：津科示〔2016〕168号

签发单位：天津市科学技术委员会、天津市财政局

签发时间：2016年12月20日

为贯彻落实《中共天津市委 天津市人民政府关于加快建设天津国家自主创新示范区的若干意见》和《天津国家自主创新示范区发展规划纲要（2015—2020年）》，通过实施创新生态系统建设项目，加快天津国家自主创新示范区富有活力的创新创业环境建设，特制定本实施方案。

一、实施天津示范区创新生态系统建设项目的目的和意义

鼓励和引导示范区“一区二十一园”转变发展理念和模式，支持其完善服务功能和提升服务能力，汇集高水平创新创业服务机构和人才队伍，加快天津国家自主创新示范区形成创新要素聚集、创新文化融合的发展环境。

二、天津示范区创新生态系统建设项目支持方式

天津示范区创新生态系统建设项目的管理遵循“公开公正、聚焦重点、择优支持、科学管理”的原则，对天津示范区内符合支持方向且建设完成并取得一定成效的项目，市科委给予资金补贴，引导和鼓励示范区内园区加快创新生态系统建设。所需补贴资金从市财政支持科技型企业发展专项资金中安排。

三、天津示范区创新生态系统建设项目支持对象

主要支持在天津示范区内开展创新生态系统建设的核心区、各分园和片区（以下简称园区）及其所属开发运营机构；国内外引进的市场化运营、提供市场化服务的服务机构和社会组织。

四、天津示范区创新生态系统建设项目主要支持方向和额度

（一）“三位一体”创新型载体建设项目。鼓励和引导园区聚集创新资源，促进高校和科研院所科技成果在津转化。支持园区建设或改造持有型生产办公空间，开展与大学、科研院所的合作，建设研发平台、孵化转化体系和特色产业化基地，形成园中园、专业园或特色创新创业基地发展格局。给予园区或开发运营机构资金补贴，原则上补贴额度不超过项目建设资金的20%，最高不超过300万元。

（二）园区特色发展项目。鼓励引导园区结合功能定位、资源优势和产业基础，培育和聚集高端产业集群。对符合示范区发展定位、产业特

色鲜明，获得国家自主创新示范区部际协调小组成员单位授牌或批复的专业园和特色产业基地，给予园区100万元资金补贴。

（三）提升服务能力和水平项目。对建设集成果展示、企业服务为一体的展示服务中心，给予园区或开发运营机构资金补贴，原则上补贴额度不超过项目建设资金的30%，最高不超过100万元。支持核心区和各分园引进国内外高端市场化运行的服务机构和社会组织，为园区招商、建设、开发运营等提供高质高效服务。依据开展服务情况，给予服务机构和社会组织30万元资金补贴。

五、天津示范区创新生态系统建设项目组织方式

（一）核心区和各分园申报的创新生态系统建设项目应未得到过市科委其他各类科技计划支持。

（二）市科委每年度发布一次创新生态系统建设项目申报指南。

（三）核心区和各分园管理机构负责对本辖区内申报项目的单位进行初审和现场尽职调查，并以书面形式向市科委报送推荐意见。

（四）市科委委托专业机构受理申报材料，并组织专家对申报项目进行材料审核和现场考察，专家组依据审核和考察情况出具评审意见，评审结果报请市科委审议通过后，在市科委网站进行公示，公示时间不少于7天。

（五）申请创新生态系统建设项目的单位需提供以下资料：

1. 天津国家自主创新示范区创新生态系统建设项目申请表（见附件）

2. 证明文件（根据申报的具体情况选择提供）

（1）园区及其开发建设或运营管理机构资质证明；

（2）项目规划或建设实施方案；

（3）项目所处阶段的相关批复文件、工程验收合格报告复印件等；

（4）与大学、科研院所的合作协议；

（5）改造面积不少于最低标准的证明材料；

（6）国家相关部门授牌或批复的专业园和特色产业基地的证明材料；

（7）引进国内外高端市场化运行的服务机构和社会组织的合作协议及引进后开展相关服务、活动证明材料；

（8）市科委根据项目情况要求提交的其他材料。

六、天津示范区创新生态系统建设项目监督管理

（一）获得天津示范区创新生态系统建设项目支持的单位，补贴资金应主要用于开展创新创业环境建设及相关活动，需根据财政资金管理要求对专项资金建立内部管控机制，单独核算，专款专用，接受市科委、市财政局的监督、检查和审计，并配合开展调研、报送信息、提交资金使用效益分析报告等工作。

（二）对弄虚作假骗取天津示范区创新生态系统建设项目资金的申报单位，一经查实，市科委将追回已拨资金，并视情节轻重，追究其法律责任。

七、本实施方案由市科委、市财政局负责解释。自印发之日起施行，至2020年12月31日终止。

天津市大型科学仪器开放共享实施细则

文号：津科财〔2016〕154号

签发单位：天津市科学技术委员会、天津市财政局

签发时间：2016年12月8日

第一章 总则

第一条 为深入贯彻落实全国科技创新大会精神，市委十届九次会议精神，根据《国务院关于国家重大科研基础设施和大型科研仪器向社会开放的意见》（国发〔2014〕70号）的要求，紧密围绕市委市政府关于贯彻落实《国家创新驱动发展战略纲要》的实施意见，加强科技供给，增强科技企业科技创新能力，建立目标导向、绩效管理、开放共享的新型大型科学仪器运行机制，特制定本细则。

第二条 本细则所称大型科学仪器是指在科学研究、技术研发及其他科技活动中使用的，购置时一般市场价格为50万元人民币及以上的单台或成套科学仪器资源（含配套附件或软件），并符合《科学仪器分类标准编码》中的名称类型，包括分析仪器、物理性能测试仪器、计量仪器、电

子测量仪器、海洋仪器、地球探测仪器、大气探测仪器、天文仪器、医学科研仪器、核仪器、特种检测仪器、工艺试验仪器、大型计算机及配套设备、激光器、其他仪器等十五大类。

第三条 本市科研设施和大型科学仪器开放共享工作的载体为天津市大型科学仪器开放共享平台（以下简称共享平台）。科研设施与大型科学仪器的拥有单位称为管理单位，管理单位中由各级财政资助购置的大型科学仪器应纳入开放共享平台，根据实际情况面向社会提供共享服务，并接受平台的认定管理。

本细则涉及的管理单位包括：坐落在我市的中央和地方科研院所、高等院校、市级及以上重点实验室、工程技术中心、生产力促进中心、专业研发平台（孵化器）等。

第二章 认定

第四条 工作机构。市科委大型精密仪器管理办公室（以下简称大型仪器办公室）负责开放共享平台运行管理工作，主要包括：负责管理单位及大型科学仪器机组的认定、平台运行组织管理、平台信息发布、宣传推广等。

第五条 管理单位认定条件

（一）管理单位纳入开放共享平台的大型科学仪器主动接受平台统一组织和管理，面向社会开放并提供相应服务。

（二）需制定有本单位大型科学仪器开放共享管理制度，包括信息报送、内容审核与发布、在线服务、统计与上报、资金使用等管理措施，明确科研仪器设施与仪器开放共享的管理要求。

（三）需配备有专职人员在网上发布大型科学仪器技术和工作信息，提供在线咨询服务、受理服务申请、记录运行和服务过程、对用户评价提供反馈，并按要求报送统计报表、提供服务成效报告。

（四）能够积极参与共享平台建设，对共享平台的政策制定、管理方式、运行模式等及时沟通反馈，提出建议和意见。

第六条 共享大型科学仪器认定条件

（一）单台套仪器设备购置时一般市场价格为50万元人民币及以上，仪器资产属于本管理单位，仪器档案完备，技术资料、使用记录完整。具有特殊用途或本市区域内相对稀缺的原值不足50万元人民币的仪器，经审核论证，可给予其被认定资格。

（二）能够提供足够的对外服务机时，提供大型科学仪器的测试、分析、研发等服务，满足用户需求。

（三）仪器运行正常，故障率不高于5%，能够定期进行计量检定或校准，所提供数据准确可靠。

（四）有稳定的专业技术人员队伍，操作、管理人员应具有中级以上职称和三年以上的工作经验。

第七条 认定程序

（一）申报。管理单位在开放共享平台进行注册，填报大型科学仪器详细信息及对外服务信息，并向大型仪器办公室提交相关资质材料。

（二）认定。大型仪器办公室组织专家对申报材料进行审核，对符合条件的管理单位和大型科学仪器给予认定。

（三）大型仪器办公室与管理单位签订服务协议书，汇集管理大型科学仪器相关信息，纳入开放共享平台。

第三章 补贴

第八条 经过认定的管理单位，可享受我市大型科学仪器开放共享财政资金补贴。

第九条 享受补贴的服务范围：管理单位通过使用本单位经认定的大型科学仪器，面向本市科技型中小企业，为企业在技术研发、技术创新、产品开发、质量控制、标准制定等科技研发活动中提供并完成的科学试验、分析测试、检验检测等服务。

第十条 补贴额度

依据管理单位对外服务凭据以及大型科学仪器在服务中所占工作量的相关证明，经审核确认补贴额度，按年度给予每个服务机构不超过服务费用40%、最高50万元的市级财政资金补贴。

属国家或地方强制性检测、计量、检定、校准、评估、评价等产生的费用不在补贴范围内。

第十一条 申请补贴的服务机构需提交的相关材料

（一）共享服务补贴申请书；

（二）服务合同，包括技术服务合同、研发

合同、科研项目书、检测服务合同等；

（三）服务发票复印件；

（四）相关试验样品接收单、原始记录（备查）及实验报告；

（五）其他说明材料（单位根据实际情况自行提供）。

第十二条　审核确定。大型仪器办公室对服务机构提交的申请材料进行形式审查；市科委委托第三方机构，组织专家对申请材料进行审查核实和确认，并将结果进行公示；公示期满，如无异议，由市科委、市财政局联合下达补贴指标，办理补贴拨付手续。

第十三条　补贴资金使用与管理。大型科学仪器开放共享财政资金补贴，属于后补助性质，由被补助单位负责使用和管理。补贴资金原则上用于管理单位共享大型仪器协作共用、维修保养的相关费用，以及仪器操作、管理等相关人员的绩效奖励。管理单位要制定内部管理制度，将机组对外服务纳入绩效考核，调动机组人员积极性。

第十四条　鼓励有条件和政策基础的区、功能区积极开展本区域内大型科学仪器开放共享工作。逐步建立面向资源管理单位和科技型中小企业的双向激励机制，引导并促进企业在技术研发、技术创新、产品开发、质量控制、标准制定、人才培养等科技活动中使用共享大型科学仪器。

第四章　评价考核

第十五条　建立大型仪器开放共享评价考核管理机制，对共享平台认定的管理单位进行考核监督管理。市科委大型仪器办公室负责制定评价考核管理制度，制定考核标准并组织实施。根据考核结果，由市科委会同有关部门按规定对管理单位实行相应奖惩措施。

第十六条　主要考核指标。包括两类：

（一）服务类指标：管理单位大型科学仪器对外服务机时；服务企业数量；承担企业委托的技术研发合同数量、金额；承担各级（国家级、市级）服务类专项项目；在考核期间发生的与大型科学仪器开放共享相关的专利申请、标准制定、项目合作、论文论著、技术成果、人才培养等。

（二）管理类指标：大型仪器设备开放共享相关管理制度的制定和执行；技术条件保障及管理人员、专业人员队伍建设情况；完成国家网络管理平台和本市开放共享平台布置的各项工作；大型科学仪器的信息报送、信息更新与完善；网上在线服务统计指标；定期总结服务成效、服务方法完善与创新、提供典型案例；宣传推广开放共享平台、对平台的发展献计献策；参加共享平台各类活动等。

第十七条　评价考核采用年度考核方法，按照考核标准对仪器管理单位的各项工作进行量化考评，具体考核方法，另行制定。

第五章　附则

第十八条　为支持天津国家自主创新示范区（简称自创区）、中国（天津）自由贸易试验区（简称自贸区）发展，在双区内注册并拥有50万元以上大型科学仪器的企业或机构，可以申请加入开放共享平台，接受平台的认定管理，同时其符合条件的大型科学仪器对外服务，享受本细则规定的共享服务补贴及评估奖励政策。

第十九条　经认定的管理单位，面向本市自创区、自贸区内注册企业或机构提供的大型科学仪器共享服务，纳入共享服务补贴范围。

第二十条　对弄虚作假、骗取补贴及违反国家法律和财经纪律的管理单位，将追回财政补贴资金，并视情节轻重，追究其法律责任。

第二十一条　本细则由市科委、市财政局负责解释。

第二十二条　本细则自颁布之日起执行，有效期至2020年12月31日止。

天津市财政科研项目资金管理办法

文号：津财教〔2016〕71号

签发单位：天津市财政局、天津市科学技术委员会、天津市教育委员会

签发时间：2016年12月16日

第一章　总则

第一条　为改革和创新科研项目资金管理方式，更好激发广大科研人员积极性，根据《中共中央办公厅国务院办公厅印发＜关于进一步完善中央财政科研项目资金管理等政策的若干意见＞的通知》（中办发〔2016〕50号）、《国务院关于改

进加强中央财政科研项目和资金管理的若干意见》（国发〔2014〕11号）、《中共天津市委天津市人民政府关于贯彻落实＜国家创新驱动发展战略纲要＞实施意见》（津党发〔2016〕19号）、《天津市人民政府办公厅关于转发市财政局拟定的天津市市级财政专项资金管理暂行办法的通知》（津政办发〔2015〕63号）精神，结合我市实际情况，制定本办法。

第二条 科研项目资金是指市级财政在部门预算中安排的支持科研活动的专项资金，主要用于支持在我市注册登记的、具有独立法人资格的单位开展基础科学与前沿技术研究、科技创新支撑、科技创新引导、创新创业人才培育、创新环境建设、科技研发平台、科技服务平台、科技创业平台等科研活动，以及市委、市人民政府确定的其他科技创新工作。

第三条 项目资金使用和管理原则是：

（一）以人为本，公平公正。以调动科研人员积极性和创造性为出发点和落脚点，强化激励机制，加大激励力度，激发创新创造活力。建立完善公平竞争的项目遴选机制，择优确定和资助项目承担者。

（二）遵循规律，合理配置。按照科研活动规律和财政预算管理要求，完善管理政策，优化管理流程，改进管理方式，适应科研活动实际需要。聚焦国家战略，围绕天津科技发展规划，科学配置创新要素，保障重要科研活动的实施。

（三）放管结合，优化服务。进一步简政放权，扩大高校、科研院所管理权限，为科研人员潜心研究营造良好环境。明确项目资金使用和管理各方的权利和义务，强化项目承担单位法人责任，加强自我约束意识，完善内控机制；建立健全绩效考评和评估监管机制，加强事中事后监管，严肃查处违法违纪问题。

（四）单独核算，专款专用。项目资金应纳入单位财务统一管理，实行单独核算，据实列支，确保专款专用，不得截留、挤占和挪用。

第四条 建立项目资金信用管理机制。市科委对项目承担单位、项目责任人等在项目资金使用和管理工作中的诚信进行记录，作为项目申报、审批、管理等重要依据。

第二章 职责分工

第五条 市财政局负责专项资金设立、调整和撤销的初步审核，会同有关部门制定资金管理办法，组织预算编制，办理资金拨付，实施监督检查和重点绩效评价，以及到期或撤销专项资金的清算等。

第六条 市科委负责专项资金设立调整的前期论证、制定项目管理办法和年度申报指南，与市财政局共同制定资金管理办法，提出预算安排建议、编制资金安排使用计划，负责监督专项资金的使用，以及跟踪检查、绩效自评和信息公开等。

第七条 项目承担单位履行法人责任，负责制定科研项目资金内部管理办法和报销规定，完善内部风险防控机制，强化资金使用绩效评价，编制申报具体项目资金预算和决算报告，落实单位自筹资金及相关保障条件，按规定权限调剂支出预算。规范使用资金，及时反馈项目进度和资金使用情况，主动接受财政、审计部门以及科技主管部门的监督检查。

第三章 支持方式和支出范围

第八条 项目资金采用前补助支持方式，前补助支持方式是指项目立项后核定预算，并按照科研项目合同或任务书确定的拨款计划及项目执行进度核拨项目经费的支持方式。

第九条 项目资金的支出范围一般包括直接费用和间接费用两部分。

第十条 直接费用是指项目实施过程中发生的与之直接相关的费用，主要包括：

（一）设备费。在项目实施过程中购置或试制专用仪器设备，对现有仪器设备进行升级改造，以及租赁外单位仪器设备而发生的费用。

（二）材料费。在项目实施过程中需要消耗的各种原材料、辅助材料、低值易耗品、元器件、试剂、实验动物、部件、外购件、包装物的采购、运输、装卸、整理等费用。

（三）测试化验加工费。在项目实施过程中由于承担单位自身的技术、工艺和设备等条件的限制，通过委托或与外单位合作等方式，必须支付给外单位（包括项目承担单位内部独立经济核算单位）的检验、测试、设计、化验及加工等费用。测试化验加工费单项超过1万元（含）时，需与协作单位签订相关的合同或协议。

（四）燃料动力费。在项目实施过程中相关大型仪器设备、专用科学装置等运行发生的可以单独计量的水、电、气、燃料消耗费用等。

（五）差旅/会议/国际合作与交流费。在项目实施过程中发生的差旅/会议/国际合作与交流支出，由科研人员结合科研活动实际需要编制预算并按规定统筹安排使用，其中不超过直接费用10%的，不需要提供预算测算依据。

1. 差旅费用是指在项目研究开发过程中开展科学实验（试验）、科学考察、业务调研、学术交流等所发生的外埠（国内）差旅费、市内交通费等费用。项目承担单位根据教学、科研、管理工作实际需要制定差旅费管理办法，合理确定乘坐交通工具等级和住宿费标准。对于难以取得住宿费发票的，项目承担单位在确保真实性的前提下，据实报销城市间交通费，并按规定标准发放伙食补助费和市内交通费。

2. 会议费用是指在项目实施过程中为组织开展学术研讨、咨询论证，以及组织协调项目或课题等活动而发生的会议费用。项目承担单位按照实事求是、精简高效、厉行节约的原则，结合科研需要，确定业务性会议（如学术会议、研讨会、评审会、座谈会、答辩会等）的次数、天数、人数以及会议费开支范围、标准等。会议代表参加会议所发生的城市间交通费，原则上按差旅费管理规定由所在单位报销；因工作需要，邀请国内外专家、学者和有关人员参加会议，对确需负担的城市间交通费、国际旅费，可由主办单位在会议费等费用中报销。

3. 国际合作与交流费用。在项目实施过程中，研究人员出国及外国专家来华开展科学技术交流与合作的费用。

（六）档案/出版/文献/信息传播/知识产权事务费。在项目实施过程中，需要支付的出版费、资料及印刷费、专用软件购买费、文献检索费、通信费、专利申请及其他知识产权事务等费用。

（七）劳务费。在项目实施过程中支付给项目组成员、因科研项目需要引进的人才以及临时聘用人员的劳务性费用。主要指参与研究的研究生、博士后、访问学者以及项目聘用的研究、科研辅助等非项目承担单位在职人员的劳务费支出。

1. 劳务费开支预算应根据相关人员参与项目的全时工作时间合理编制，对于基础研究类、软科学类和软件开发类等项目，劳务费支出标准应控制在7000元/人月以内；其他类别项目，劳务费支出标准应控制在5000元/人月以内。引进人才以及临时聘用人员的支出标准在不突破该项目劳务费支出总额的前提下，由项目承担单位编制确定。

2. 项目聘用人员的社会保险补助纳入劳务费科目列支。

（八）专家咨询费。在项目实施过程中支付给临时聘请的咨询专家的费用。专家咨询费不得支付给参与项目研究及其管理相关的工作人员。专家咨询费的开支标准应当按照国家及我市有关规定执行。

（九）其他费用。在项目实施过程中发生的除上述费用之外的其他支出，应当在申请预算时单独列示，单独核定。不得编报不可预见费用。

第十一条　间接费用是指项目承担单位在组织实施项目过程中发生的无法在直接费用中列支的相关费用。主要包括项目研究发生的现有仪器设备及房屋摊销费，水、电、气、暖消耗费，有关管理费用的补助支出以及项目承担单位在职人员的相关绩效支出等。

（一）财政科研项目资金中实行公开竞争方式的研发类项目，均要设立间接费用，核定比例可以提高到不超过直接费用扣除设备购置费的一定比例：500万元以下的部分为20%，500万元至1000万元的部分为15%，1000万元以上的部分为13%。

（二）项目承担单位统筹安排间接费用，科学合理地核定间接成本和科研人员的绩效支出。绩效支出应与科研人员在项目工作中的实际贡献挂钩，不计入绩效工资总额。

项目承担单位应当建立健全间接费用的内部管理办法，将间接费用纳入单位财务统一管理，统筹安排使用。承担单位不得在核定的间接费用以外再以任何名义在项目资金中重复提取、列支相关费用。

第四章　资金管理

第十二条　项目预算包括收入预算和支出预

算，收入预算和支出预算应做到收支平衡。收入预算包括财政资金和自筹资金。自筹资金是项目承担单位为项目投入的货币资金。自筹资金的比例或规模结合科研活动特点和项目承担单位的性质，在编制和发布项目指南时明确。支出预算应当按照经费开支范围确定的支出科目和不同经费来源编列。

第十三条 项目下设课题，每个课题承担单位均须按预算编制的要求单独编制各自的课题预算，项目牵头承担单位将所有课题预算审核汇总后形成项目预算。

第十四条 市科委应每年根据工作计划和进度于8月底前发布项目申报指南。

第十五条 市科委应当完善公平竞争的项目遴选机制，通过公开择优、定向择优等方式确定项目承担单位，从受理项目申请到反馈立项结果原则上不超过120个工作日。其中，参与评审专家中一线科研人员的比例应达到75%左右。

项目立项评审过程中，应对项目（含下设课题）进行预算评估评审。预算评估评审应按照我市有关规定执行。

第十六条 项目经审核批准立项后，市科委应当将立项情况及时公布，并组织项目承担单位签订合同和任务书，明确项目预算金额和项目承担单位主体责任等事宜。

第十七条 市科委根据合同和任务书确定的拨款计划及任务实际完成进度向市财政局申请拨款，市财政局按照有关规定拨付经费。

第十八条 项目承担单位应当具备健全的财务制度，以及项目财务管理内控制度，由专职的财务人员负责项目资金的财务核算和管理工作。项目承担单位应当对不同来源的项目资金分别进行单独核算，即在单位适用的会计制度一级科目统括之下，按照本办法规定的项目支出范围设置明细科目，按开支范围与标准执行，并进行会计核算。

第十九条 科研院所、高等学校等事业单位承担项目所发生的会议费、差旅费、材料费和测试化验加工费等，按财政部门相关规定实行银行转账或“公务卡”结算；企业承担的项目，上述支出也应当采用非现金方式结算。

第二十条 项目承担单位应严格按合同和任务书规定的预算内容执行，确有必要调剂的，应按以下程序办理：

（一）项目预算总额调整、项目承担单位变更等应当报市科委批准。

（二）项目预算总额不变的，按照以下规定处理：

1.设备费预算总额调增、单台/套/件价格在50万元以上设备用途和数量发生调剂的，应当报市科委批准。因项目研究需要，其他设备费预算需要调剂的，由项目责任人根据项目研究需要提出申请，由承担单位法定代表人或其授权的相关负责人负责审批。设备费预算如有调减的，调减的经费可调剂用于直接费用中其他方面的支出。

2.直接费用中的科目预算如需调剂的，由项目责任人根据实施过程中科研活动的实际需要提出申请，由项目承担单位法定代表人或其授权的相关负责人负责审批。

（1）直接费用中材料费、测试化验加工费、燃料动力费、出版／文献／信息传播／知识产权事务费及其他费用由单位根据内部相关制度自行调剂。

（2）劳务费、专家咨询费、差旅/会议/国际合作与交流费预算不得调增，若调减根据内部相关制度调剂用于项目直接费用中其他方面的支出。

3.间接费用预算不得调剂。

第二十一条 在研项目年度结存资金由项目承担单位结转下一年度按规定继续使用。

第二十二条 项目因故终止，承担单位财务部门应及时清理账目与资产，编制财务报告及资产清单，由项目承担单位向市科委提出申请，市科委停拨经费，并组织进行清查处理。

第二十三条 项目完成后，承担单位应按规定向市科委提出验收申请，市科委根据有关规定组织项目验收工作。对财政资金资助达到一定金额或影响重大的项目，市科委应当组织专题财务验收或审计。

第二十四条 项目完成任务目标并通过验收，且承担单位信用评价好的，项目结余资金按规定留归项目承担单位使用，在2年内由项目承担单位统筹安排用于科研活动的直接支出；2年后未使用完的，按规定收回。未通过验收和整改后通过验收的项目，或承担单位信用评价差的，结余资金按原渠道收回。

第五章　监督检查

第二十五条　市财政局、市科委对项目资金使用和实施情况及时进行监督检查和绩效评价，建立健全定期报告制度，检查或评价结果作为安排以后年度项目支出预算的重要参考依据。

第二十六条　项目承担单位在项目（课题）经费使用和管理中，对发生以下违规行为的，按国家有关规定予以处理。

（一）未对项目（课题）资金进行单独核算。

（二）编报虚假预算、套取国家财政资金。

（三）截留、挤占、挪用项目资金。

（四）违反规定转拨、转移项目资金。

（五）未获市科委批准擅自变更项目承担主体。

（六）提供虚假财务会计信息，虚列支出。

（七）虚假承诺配套资金。

（八）未按规定执行和调整预算。

（九）随意调账变动支出、随意修改记账凭证、以表代账应付财务审计和检查。

（十）发生设备购置、租赁，测试、化验、加工，对外合作等事项未按规定签订相关合同或协议。

（十一）其他应当进行处理的违规行为。

第六章　附则

第二十七条　各区可参照本办法制定本级财政科研项目资金管理制度。

第二十八条　行政事业单位使用专项经费形成的固定资产属于国有资产，一般由项目承担单位使用和管理。企业使用财政资金形成的资产，按照企业会计准则等有关规定执行。

第二十九条　项目财政资金形成的大型科学仪器设备、科学数据、自然科技资源等，在保障有关参与单位合法权益的基础上，按照国家和我市有关规定开放共享，以减少重复浪费，提高资源利用效率。

第三十条　高校、科研院所等单位以市场委托方式取得的横向经费，纳入单位财务专账管理，按照委托方要求或合同约定管理使用，承接横向委托项目的有关收入不纳入绩效工资总额。

第三十一条　高校、科研院所要制定出台差旅费、会议费内部管理办法，其主管部门应对其制定的差旅费和会议费内部管理办法进行工作指导和统筹。

第三十二条　本办法自印发之日起施行，有效期五年。

天津市科技型企业政策性担保资金管理暂行办法

文号：津科金(2016)111号

签发单位：天津市科学技术委员会、天津市财政局

签发时间：2016年9月28日

第一章　总则

第一条　为构建以“政府引导、市场化运作”为主的多层次、全方位的投融资体系，缓解科技型企业“融资难、融资贵”的问题，助推科技型中小企业做大做强，按照《中共天津市委天津市人民政府关于打造科技小巨人升级版的若干意见》（津党发〔2015〕27号）有关要求，特制定本办法。

第二条　天津市科技型企业政策性担保资金（以下简称担保资金）由天津市财政预算安排，资金规模为10亿元人民币，由市财政在3至5年内拨款到位。

第三条　担保资金主要用于以下方面：

（一）对符合条件的在我市注册的融资性担保公司（以下简称担保公司）为我市科技型企业提供的贷款担保进行再担保；

（二）为符合条件的担保公司补充注册资本金。

第二章　机构设置

第四条　市科委、市财政局是担保资金的政府主管部门。

（一）市科委主要职责：

1. 会同市财政局制定担保资金相关制度办法；

2. 会同市财政局选派工作人员列席再担保补偿和担保机构注资事项的专家审核会议；

3. 办理担保资金运营相关审批手续；

4. 对担保资金运营的相关工作进行部署、检查、指导、监督和考核。

（二）市财政局主要职责：

1. 会同市科委负责担保资金的预算安排、拨付和监管；

2. 会同市科委组织对担保资金的运营效果开展绩效评价。

第五条 市科委会同市财政局建立相关决策机制，负责对担保资金的使用进行审核与监督：

（一）审议担保资金管理制度和考核办法；

（二）审议担保资金年度使用计划；

（三）选择具备条件的担保资金受托管理机构（以下简称受托机构），核定其相关管理费用，对其进行考核、评价和调整，并对受托机构提交的相关文件进行审核；

（四）选择符合条件的担保公司作为再担保机构，对其进行考核、评价和调整，并对再担保机构提交的相关文件进行审核；

（五）确定纳入再担保支持范围内的合作担保机构；

（六）审议再担保补偿事项和担保机构注资事项；

（七）审议担保资金年度运营情况和绩效考核报告；

（八）审议担保资金风险补偿核损报告；

（九）其他重大事项决策。

第六条 担保资金受托管理机构负责担保资金的管理及日常运营。受托机构的具体职责为：

（一）建立健全资金管理、内部风险控制、监察稽核与绩效考核等制度；

（二）按照担保资金年度使用计划，推进再担保开展、资本金补充等日常经营工作，受理相关申请，进行审核，并按规定将重大事件提交市科委和市财政局决策；

（三）按要求提交担保资金年度运营情况和绩效考核报告；

（四）按要求提交风险补偿核损报告；

（五）起草其他重大决策议案，并按要求提交；

（六）完成其他任务。

第三章 再担保

第七条 按照《融资性担保公司管理暂行办法》（银监会、发改委、工信部、财政部、商务部、人民银行、工商总局令〔2010〕3号）和《天津市融资性担保公司管理暂行办法》（津政发〔2010〕35号）规定的条件，选择1—2家再担保机构，以及我市范围内可接受再担保支持的合作担保机构，由再担保机构负责对合作担保机构为符合本办法规定的科技型企业提供的贷款担保进行再担保。

第八条 在符合支持范围的科技型企业担保贷款业务发生代偿时，由再担保机构向受托机构提出书面申请，受托机构在规定时间内开展尽职调查，组织专家进行审核，并按要求提交审核结果和尽职调查报告等材料。市科委会同市财政局对相关材料进行审议，形成补偿决策意见。对于决策同意补偿的业务，由担保资金按照代偿损失最高80%的比例对再担保机构进行补偿。

第九条 本办法支持的合作担保机构及再担保机构为科技型企业提供融资担保期限不超过一年。企业每年只能申请一次。对单个企业担保金额原则上不超过5000万元。鼓励合作担保机构以企业实际控制人连带责任设定、企业股权质押、专利权质押及应收账款质押等方式作为风险防范措施。

第十条 合作担保机构对扶持企业的担保收费不超过银行同期贷款基准利率的50%。

第十一条 鼓励有条件的区县参与再担保支持项目的遴选，并适当分担风险损失。

第十二条 在本办法规定的再担保支持范围内，合作担保机构提供融资担保的对象应为我市注册的科技型企业，特别是科技小巨人企业，国家级和市级高新技术企业。企业获得的贷款须用于生产经营和研发投入。

第十三条 担保资金中用于再担保业务的部分，扣除应补偿核销份额，剩余资金转入下一期并与当期新拨付担保资金构成担保资金累计可用余额。

第四章 补充注册资本金

第十四条 申请补充注册资本金的担保机构应符合以下条件：

（一）在我市范围内注册，且经监管部门核发的《融资性担保机构经营许可证》处于有效期内；

（二）治理结构完善，产权明晰，独立核算，守法经营，财务制度健全，近3年或成立以来没有违法、违规记录；

（三）经营专业化，经济效益良好或发展趋势良好，具有财务可持续性；

（四）上一年度对本市科技型企业在保余额占本担保机构全部在保余额比例达到60%（含）以上；

（五）承诺补充资本后优先支持我市范围内的科技型企业；

（六）其他所需要的条件。

第十五条　担保资金对合格担保机构参股后不作为担保机构的第一大股东。

第十六条　申请补充注册资本金的担保机构向受托机构提出申请，需提交以下文件：

（一）补充注册资本金申请；

（二）营业执照和经营许可证复印件；

（三）申请前一年资本结构、经营情况报告、财务报告、财务报表和审计报告等相关文件；

（四）注资后经营计划和市场分析报告；

（五）上报材料真实性和注资完成后续事项承诺书；

（六）其他需要提供的相关材料。

第十七条　受托机构收到申请后，对申请材料进行初审，对于不符合要求的，应及时通知申请者补充完善；对于符合要求的，应在规定时间内组织开展尽职调查，形成调查报告。

第十八条　由受托机构组织投资专家进行审核，将审核结果和尽职调查报告等材料，提交市科委和市财政局。

第十九条　市科委会同市财政局对相关材料进行审议，形成注资推荐意见。结果向社会公示，公示无异议的，经由相关部门审批后，给予注资，并向社会公告。

第二十条　受托机构按照相关法律法规规定，行使股东权利并履行股东义务。

第五章　监督管理

第二十一条　对有关再担保机构、担保机构、科技型企业在担保资金的申请、使用过程中弄虚作假、骗取或挪用担保资金的违法违规行为，依照相应法律法规处理，追回财政专项资金，并向社会公开其不良信用信息。

第二十二条　市科委、市财政局可委托第三方机构，定期评估考核担保资金受托机构履职情况以及担保资金使用绩效。对受托机构及其工作人员违反相关规定，导致担保资金出现损失的，依法依规追究受托机构和相关人员责任。

第六章　附则

第二十三条　本办法由市科委、市财政局负责解释。

第二十四条　本办法自发布之日起施行，有效期至2020年12月31日。

天津市科技金融对接服务平台认定及考核补贴办法

文号：津科金〔2016〕151号

签发单位：天津市科学技术委员会、天津市财政局

签发时间：2016年12月9日

第一章　总则

第一条　为贯彻落实《中共天津市委天津市人民政府关于贯彻落实<国家创新驱动发展战略纲要>的实施意见》（津党发〔2016〕19号）等文件要求，进一步健全科技金融对接服务体系，特制定本办法。

第二条　本办法所指科技金融对接服务平台（以下简称对接平台）是指具备一定场地、设施、专业服务人员等基础条件和服务能力，以开展科技金融对接活动为核心业务的服务载体。对接平台包括市级平台、区级（功能区）平台、专业平台三类。

第三条　市科委负责平台的认定、考核及补贴资金的核定；市财政负责补贴资金的拨付。

第二章　平台认定

第四条　区级（功能区）对接平台是区域科技金融对接服务工作的组织、管理主体，主要功能包括：

1. 组织开展本区域科技金融对接、培训等服务工作；

2. 负责本区域企业融资需求调研、分析及信息发布；

3. 与市级对接平台相关工作进行衔接。

第五条　各区级（功能区）对接平台应具备

的基本条件：

具有在本市注册的独立法人资格；专职工作人员不少于5名；用于现场对接、辅导咨询的固定场所不少于300平方米；有良好的网络和办公环境等基础设施；有获取企业需求或金融服务机构资源的稳定渠道；有稳定的工作经费保障；有健全的组织管理制度、服务流程、运行机制等。

第六条 市级、专业对接平台主要功能包括：

（一）负责组织开展本行业、本领域或特色化的科技金融对接、培训等服务工作；

（二）负责本行业、本领域企业融资需求调研、分析及信息发布；

（三）与区级（功能区）对接平台衔接，重点解决各区科技金融对接服务中的专业难题，提供个性化的定制服务。

第七条 市级、专业对接平台应具备的基本条件：

市级、专业对接平台在满足本办法第五条所述条件基础上，还应当具有专业化服务团队；在本领域中处于领先地位；具有相关服务资质。

第八条 对接平台认定采取网上集中申报、集中受理的方式。区级（功能区）对接平台由本区域科技主管部门统一提交申请材料；市级、专业对接平台由依托单位提交申请材料。

第九条 认定程序

通过科服网开展认定工作，凡符合本办法规定基本条件的对接平台均可参加认定。认定程序如下：

（一）申请。在科服网注册，登录“科服网对接平台”，填写相关信息，并提交申请材料。

（二）认定。市科委对申报材料进行审核，结合实地考察，经专家评审后，对符合条件的对接平台给予认定。

第十条 认定需要提交的材料

（一）区级（功能区）平台：认定申请表、机构法人证书或营业执照证书、服务场所租赁合同或产权证、管理制度等。

（二）市级、专业对接平台：认定申请表、机构法人证书或营业执照证书、服务场所租赁合同或产权证、专业化服务内容及成果介绍、管理制度等。

第三章 平台考核与补贴

第十一条 市科委委托第三方中介机构对市级、区级（功能区）对接平台、专业对接平台每年进行考核。考核采取现场考评方式，结合被考核主体上报的相关材料，由考核专家进行综合评议。

第十二条 区级（功能区）对接平台的考核内容主要包括：

（一）党委、政府重视程度：党委、政府召开科技金融对接会议和听取汇报情况，促进科技金融对接政策的制定与落实情况，实施科技金融目标责任制情况等。

（二）平台建设：机构设置情况、机构建设情况、经费投入情况等。

（三）工作推动：科技金融对接活动组织情况、培训辅导活动情况、组织企业发布融资需求数量、融资达成情况、推荐金融和服务机构加盟的数量等。

（四）工作创新：适合科技型企业的新型融资模式应用情况，对规模以下企业的服务模式创新情况，以及其他管理机制与工作思路的创新。

第十三条 市级、专业对接平台的考核内容主要包括：

科技金融对接活动组织情况、对接成功的融资金额和企业数量、开展科技金融创新服务情况、服务科技型企业情况、服务区级（功能区）对接平台情况等。

第十四条 市科委依据本通知要求修订《天津市科技金融对接服务平台评价指标体系》（津科金〔2014〕75号），并按照修订后的评价指标体系组织开展考核。

第十五条 考核结果分为优秀、良好、及格和不及格。市科委、市财政局对考核优秀的给予100万元资金补贴，对考核良好的给予50万元资金补贴，累计补贴额一般不高于100万元。已给予100万元补贴支持的平台，累计3次（含3次）或3次以上考核优秀的可再给予50万元奖励。补贴资金可用于对接平台的设备购置、运行经费等。

第十六条 对弄虚作假的申报单位，已获得财政补贴的，一经查实，追回财政补贴资金，并视情节轻重，追究其法律责任。

第四章　附则

第十七条　本办法由市科委、市财政局按职责分工负责解释。

第十八条　本办法自发布之日起施行，有效期至2020年12月31日。

科技型企业股份制改造补贴资金管理办法

文号：津科金〔2016〕152号

签发单位：天津市科学技术委员会、天津市财政局

签发时间：2016年12月9日

第一章　总 则

第一条　为贯彻落实《中共天津市委天津市人民政府关于贯彻落实<国家创新驱动发展战略纲要>的实施意见》（津党发〔2016〕19号）等文件要求，促进我市科技型企业进一步规范化、规模化发展，为进入公开资本市场打好基础，特制定本办法。

第二条　市科技型企业股份制改造补贴资金，专项用于支持我市科技型企业股份制改造工作。

第三条　市科委负责科技型企业股份制改造工作部署，组织各区科委、科技金融对接服务平台，积极开展科技型企业股份制改造工作。市财政局负责科技型企业股份制改造补贴资金的拨付工作。

第四条　区科技主管部门和全市科技金融对接服务平台负责组织政府有关部门及服务机构，对开展股份制改造的科技型企业进行辅导、培训，帮助解决相关问题，解答业务咨询，确定股份制改造计划。重点培训股份制改造的相关政策、业务操作流程、服务机构的选择、融资、法律与财务知识等。

第五条　本办法所称服务机构，是指在股份制改造过程中为企业提供法律、财务等咨询服务的股权投资机构、证券公司、律师事务所、会计师事务所、资产评估公司等。

第二章　申请流程

第六条　科技型企业在进行股份制改造前，须经区科委登记后向市科委委托的受理机构备案，备案文件作为资金补贴发放的基础依据。企业进行股份制改造完成时间，须经市科委复核。

第七条　科技型企业应按照股份制改造相关流程，在服务机构的辅导和服务支持下，完成股份制改造相关工作。并在所在区域的工商管理部门，办理工商注册变更手续，为企业进入上市辅导期创造条件。

第八条　科技型企业股份制改造完成后，其在股份制改造过程中所发生的资产评估费、法律顾问费、财务顾问费等部分相关费用，可以申请股份制改造补贴资金。

第九条　申请股份制改造补贴资金的企业应提交下列材料：

（一）科技型企业股份制改造费用补贴申请表（原件）；

（二）天津市科技型企业认定证书（复印件）；

（三）企业名称核准变更通知书、股份公司营业执照以及法定代表人身份证（复印件）；

（四）与服务机构签订的合作协议及付款凭证（复印件）；

（五）服务机构出具的尽职调查报告、审计报告、评估报告、法律意见书等工作文件（复印件）；

（六）股份公司章程（复印件）；

（七）企业基本情况介绍（复印件）。

所有复印件材料应加盖公章，并提供原件以备查验。

第十条　市科委组织专家对科技型企业提交的申请材料进行审核，并将通过审核的企业情况在市科委网站上进行公示。

第三章　补贴标准、申请和拨付

第十一条　科技型企业股份制改造补贴资金采取后补助方式，补贴内容包括企业股份制改造过程中发生的资产评估费、法律顾问费、财务顾问费等相关费用。对完成股份制改造的科技型企业，经公示无异议后，市科委向市财政局提供符合补贴条件的企业名单和补贴金额，市财政给予最高不超过30万元的补贴。

第十二条　区财政按市财政补贴额给予1:1比例配套补贴。

第十三条　科技型企业在完成股份制改造的30个工作日内，向受理机构提交申请补贴的材料。

第十四条 受理机构对企业申报的材料进行初审，于每季度初10个工作日内将上季度初审结果报送市科委。

第十五条 市科委对受理机构报送的材料组织专家进行评审，会同市财政局下达补贴资金计划，市财政局根据补贴资金计划通过区财政转移支付方式拨付补贴资金。

第四章 监督管理

第十六条 申请股份制改造补贴资金的科技型企业，应如实填报申请材料。对弄虚作假的，立即取消申请资格；对已发放补贴的，追回已发放补贴资金，并取消企业在今后三年内申请各项财政补贴资金的资格。对于情节严重的，追究法律责任。

第五章 附则

第十七条 本办法适用于注册地在滨海新区以外的科技型企业，注册地在滨海新区按照《滨海新区支持企业上市专项资金管理暂行办法》（津滨金〔2016〕5号）执行。

第十八条 本办法由市科委、市财政局按职责分工负责解释。

第十九条 本办法自发布之日起施行，有效期至2020年12月31日。原《科技型企业股份制改造补贴资金管理办法》（津科金〔2014〕107号）同时废止。

天津市创新创业大赛打包贷款补贴实施细则

文号：津科金〔2016〕153号

签发单位：天津市科学技术委员会、天津市财政局

签发时间：2016年12月9日

第一章 总则

第一条 为促进我市科技型企业创新发展，支持科技型企业贷款，按照《中共天津市委天津市人民政府关于贯彻落实<国家创新驱动发展战略纲要>的实施意见》（津党发〔2016〕19号）等文件精神，特制定本办法。

第二条 市科委负责打包贷款补贴政策的解读，向合作银行打包推荐符合条件的企业，组织企业进行申报、受理并审核打包贷款补贴申请资料等工作。市财政局负责打包贷款补贴资金的拨付工作。

第二章 支持范围及方式

第三条 支持范围是天津市创新创业大赛获奖的科技型企业自获奖时间起一年内取得的信用贷款。

第四条 本办法所称贷款为1年期及以上，金额不低于40万元，无抵押、无担保的信用贷款（含知识产权质押贷款）。

第五条 对纳入打包贷款补贴范围的企业，取得贷款后应及时按规定向市科委提交申请材料，经审核、公示后，市科委给予每家5万元的补贴资金。

第三章 申请流程

第六条 市科委发布受理通知，企业需在规定时间内提交申请资料。

第七条 申请打包贷款补贴的企业应向市科委提交以下资料：

（一）加盖区科技部门公章的申请表；

（二）企业与银行签订的贷款合同及放款凭证复印件；

（三）贷款合同中无法证明为信用贷款的，需提交银行出具的相关证明。

第四章 审核和拨付

第八条 市科委受理申报材料，组织审核，向贷款银行核实贷款发放的真实性，确定符合条件的贷款补贴名单并核定补贴额度。经公示无异议后，与市财政局联合下发补贴通知。

第九条 市财政局办理资金拨付事宜。

第五章 监督和管理

第十条 申请打包贷款补贴应如实填写申请表并提供相关资料。纳入打包贷款补贴范围的企业需按照贷款合同约定按期偿还本金及利息。如企业弄虚作假，一经查实，立即取消补贴申请资格。

第六章 附则

第十一条 本办法由市科委、市财政局负责解释。

第十二条 本办法自发布之日起施行，有效期至2020年12月31日

重要报道

人民日报：天津滨海高新区打造世界一流高科技园区

（滨海新区纳入国家发展战略十周年特别报道）

天津滨海高新技术产业开发区（以下简称滨海高新区）于1988年经天津市委、市政府批准建立，1991年被国务院批准为首批国家级高新技术产业开发区，核心区由华苑科技园、未来科技城南区、未来科技城北区、塘沽海洋科技园四部分组成，辖区面积近230平方公里。2014年12月，国务院正式批复同意支持滨海高新区建设国家自主创新示范区。多年来，高新区主要经济指标保持高速增长，尤其是滨海新区开发开放上升为国家战略以来，高新区实现跨越式发展，不断迈上新台阶，成为天津市创新资源最为丰富、自主知识产权拥有量最多、经济增长最具活力的重要区域。未来，滨海高新区将进一步推动产业结构优化升级，努力打造“具有国际竞争力的产业创新中心”。

科技大项目拉动经济增长

高新区始终瞄准世界产业前沿趋势，以培育产业生态为主线，以创新招商模式为抓手，通过加强平台建设，项目集聚效应不断显现，随着一批大项目好项目的落户，区域发展后劲不断增强。2015年全年实际利用外资额14亿美元，同比增幅18%；内联引资累计完成178亿元，同比增幅20%。全年完成规模以上工业总产值1572亿元，增长17.7%；完成固定资产投资450亿元，增长16%；完成一般公共预算收入75.2亿元，增长超过35%。经济增速及增量连续4年在天津排名第一，确立了在滨海新区和全市经济发展中的主力军地位，同时打造了一批具有全球、全国竞争力的创新型产业集群。

——节能与新能源汽车产业集聚效应明显。2015年6月28日，国能新能源汽车项目在滨海高新区落户，该项目依托萨博汽车技术平台，为突破长期困扰我国新能源汽车行业的技术瓶颈提供机遇。拥有全球领先全链条自主知识产权的新能源汽车整车制造企业华泰汽车已投入生产。同时，高新区还在全力打造以力神电池、波士顿电池和汇安汇电池隔膜为核心的动力电池产业链和以协鑫集团为核心的充电桩等配套设施产业链。

——新能源与节能环保产业迅猛发展。作为国内唯一的掌握光热电站各个系统最核心技术的天津滨海光热项目，将打造中国首个具有国际先进水平的太阳能光热发电研发及产业化基地，成为国内光热领域的先驱。

——新一代信息技术产业潜力巨大。高新区聚集了天津市70%的软件企业和53%的系统集成企业，形成了云计算、大数据、移动互联等优势产业链，产业年均增长率超过60%。曙光公司“星云”计算机在第三十五届全球超级计算机“TOP500”中排名全球第二，并且连续4年位居中国高性能计算机市场总份额第一。

——文化创意产业蓬勃发展。文化创意产业作为一支新生力量，在高新区异军突起、备受瞩目。落户未来科技城的欧划影业国际数字影业城项目，将打造中外合拍和合作电影、中国特效电影、全球虚拟现实和增强现实产业的核心区和策源地。国家数字内容贸易服务平台将汇集国际国内优质数字内容资源，建设国家级数字内容服务标准体系。卡梅隆·佩斯中国集团2012年在高新区成立，成为美国卡梅隆·佩斯集团在亚洲成立的唯一公司。近日，天津旗舰店在未来科技城正式落成。此外，奇虎360、北京乐动卓越公司、五八到家、今日头条等一大批互联网及文化创意企业也纷纷在高新区布局。

“十三五”期间，滨海高新区将有梯度、有重点地推进产业发展，率先发展节能与新能源汽车、新能源与节能环保产业集群，大力发展新一代信息技术、高端装备制造产业集群，特色发展海洋产业集群，重点发展现代服务业产业集群，形成具有全球竞争力和高度活力的“5+1”新型产业体系。

小巨人企业枝繁叶茂

滨海高新区自2005年推出“科技型中小企业扶持计划”、2008年推出“小巨人企业成长计划”以来，10多年的时间，这里已经成为天津市科技型中小企业的发源地和聚集地。截至今年第一季度，高新区的科技型中小企业达到8143家，数量位居天津市各区县第一，其中销售收入亿元以上的科技小巨人企业达到336家。高新区培育科技小巨人的成功经验也成为天津市的区域发展战略。2010年，天津市开始全面实施“科技小巨人成长计划”。回首高新区的发展历程，这些铺天盖地的科技型中小企业不断迸发出创新的火花，成为高新区自主创新的主体力量。截至2015年底，高新区拥有有效专利14344件，占全市比重达到13.8%。在培育和聚集科技型中小企业的道路上，高新区一直在探索，特别是获批建设天津国家自主创新示范区以后，高新区在全国率先推出“创新创业通票”制度，企业只需在网上申请，就可以享受到由zf向第三方机构购买并免费提供的初创服务、高企服务、知识产权服务、分析测试服务、新三板挂牌服务等，满足了企业多层次的创新创业需求。创通票推出半年，198家企业通过了高企认定，相当于2014年的3倍；1200家企业借助创通票申请下来8000多件专利，数量呈井喷式增长。在创通票制度下，企业受益的同时，越来越多的第三方机构集聚到这个平台上，创新创业的生态链在高新区正不断完善。此外，高新区在提升改造传统孵化器的同时，还大力发展众创空间等新型孵化器，营造新型创业服务载体集聚区。“十三五”期间，滨海高新区将全面推动科技小巨人企业跨越式发展，打造科技小巨人升级版。为此，高新区将设立“科技型中小企业发展资金”，安排20亿元人民币，支持科技型中小企业快速健康发展。实施企业“千百十”培育计划、独角兽企业培育行动计划、升级版科技小巨人培育计划等服务措施，全面启动高企培育全覆盖计划，到2020年，在滨海高新区内集聚科技型中小企业1.2万家，科技小巨人企业突破550家，国家高新技术企业超过1600家。

宜居宜业科技新城

近年来，滨海高新区牢固树立“环境也是生产力”的理念，提升改造软硬环境，把经济发展与生态文明建设和区域文化培育结合起来，大力推进循环经济发展、产程融合，提升环境配套，努力建设“美丽高新”。华苑科技园作为国家生态工业示范园区，在资源的可持续利用、土地的集约利用、绿色供应链和绿色消费等方面进行了有益的探索，为高新区的可持续发展和生态文明建设奠定了坚实的基础。目前华北地区规模最大、高度最高的智能停车楼，已在高新区落成并进入试运营，真正实现节约占地、智能停车、节能环保。同时建设了多个公园、街景小品，已成为区内亮丽的风景。特别是天津首个以由工业废弃物为原材料的雕塑公园——高新区“旧物・志”主题公园的落成，向社会宣示了高新区对生态环保的关注，对绿色发展的追寻。滨海高新区未来科技城2014年8月起在全国率先试行项目准入标准。同时，未来科技城的各项配套设施也逐步完善，来自各地的创新人才开始在这里安居乐业。塘沽海洋科技园和新河街、新北街重点区域环境整治工作取得阶段性成果，受到群众的普遍赞誉与认可，成为共享经济发展和社会进步成果的友好和谐社区。在追求经济发展的同时，滨海高新区坚持“两手抓、两手硬”，大力推进文化艺术与科技创新的融合，打造了多个知名文化品牌。2014年，滨海高新区成功引进国内影响力最大的户外音乐节品牌——“草莓”音乐节，也成为天津市首次举办的大规模户外音乐节。滨海高新区不断完善区内公共文化服务体系，致力对接文化产业，着力培育文化品牌，形成文化软实力与生产力和谐互动、事业繁荣与产业兴旺相得益彰的格局。

京津创业新家园

今年4月，位于滨海高新区未来科技城北区的京津合作示范区开工建设，力争年底前具备项目入驻条件，承接首都资源转移和大项目建设。根据此前滨海高新区与北京首都创业集团有限公司签署的《共建天津未来科技城京津合作示范区合作协议》，京津合作示范区总规划面积38.07平方公里，居住人口38万，京津优先支持教育、医疗、科研等资源向示范区集聚。在《京津冀协同发展规划纲要》中，明确提出京津合作示范区将作为首都非核心功能分散疏散的承接平台之一。在《京津冀协同发展规划纲要》中，京津两市共建的滨海—中关村科技园也是一大亮点。今年2月，由滨海高新区和中关村企业瀚海智业集团合作共建的“滨海—中关村瀚海117国际创新港”在滨海高新区揭牌，这也是滨海—中关村科技园的第一个示范平台。早在京津冀协同发展纳入重大国家战略之前，滨海高新区就在谱写京津双城记中发挥了重要作用。据统计，高新区现有的1.2万家企业中，35%以上都和北京有着各种各样的合作关系。从早期的曙光信息产业股份有限公司等中科系企业，到近几年的航天五院、华泰汽车、天地图、中节能、合纵科技等大项目，一批批北京的高端产业项目纷纷落户滨海高新区，成为高新区重要的支柱产业。去年以来，高新区共引进北京的众创空间12家，占到众创空间总数的30%以上，有力带动了大众创业、万众创新。2016年，高新区将围绕“聚焦大项目、推动大开工、实施大整合、建设大平台、推动大改革”等五大重点，确保57个重点项目开工建设，推动37个在建项目加快建设，实现总投资532亿元的38个项目竣工投产。同时，实施未来科技城北区大会战，启动京津合作示范区起步区建设，并力争年底前具备项目入驻条件，进一步承接首都资源转移。“十三五”的大幕已经拉开，滨海高新区将继续奋勇前行，围绕建设天津国家自主创新示范区这一核心任务，坚持“高端引领、集约发展、辐射带动、服务民生”，进一步推动产业结构优化升级，到2020年，地区生产总值力争实现3700亿元，工业总产值突破6000亿元，在“产业高端、排放趋零”的前提下，实现具有国际竞争力的产业创新中心的定位。

（原载《人民日报》2016年5月23日）

人民日报：调结构转方式 天津科技小巨人升级中成长

推进供给侧结构性改革，需要科技创新激发新动能。天津把培育科技型中小企业作为调结构、转方式的重要突破口，先后实施科技小巨人成长计划、打造科技小巨人升级版，从“铺天盖地”到“顶天立地”，科技小巨人企业正迅速成长为天津经济新动能。本报今起开设“调结构转方式·天津企业创新调研行”专栏，报道天津强化企业技术创新主体地位，加大政策扶持、营造创新环境、强化人才支撑等方面的成效和经验，以资借鉴。天津开发区，一家科技公司的展厅里摆放着一口独特的大鱼缸，并未完全隔离的两个区域里，一边是污水，一边是清水。把污水变成清水的，是中控纤维膜过滤技术。这项技术的研发团队是天津市科技小巨人领军企业。去年，天津市工业领域的科技小巨人企业主营业务收入、利润总额和税金总额增速，分别高于全市规模以上工业5.7个、21.9个和8个百分点，一批创新型特色产业集群正在形成。2010年，天津把培育科技型中小企业作为调结构、转方式的关键一招，启动实施“科技小巨人成长计划”，扶持一批技术水平高、发展潜力大、市场前景好的科技型中小企业成长为科技小巨人企业。天津还设立一批种子基金、创业基金、投资基金等，全力疏通资金渠道。一些区县开办“金融超市”，提升银企衔接效率。全市首家“金融超市”——北辰区科技企业金融超市汇集银行、保险等10类金融机构，及评估等5类中介服务机构，将科技型中小企业融资过程涉及的服务几乎“一网打尽”，开张百日便为企业解决融资需求逾10亿元。截至去年底，天津市科技型中小企业已由2010年的1.25万家增至7.18万家，占全市企业总数的比重提高11个百分点；科技小巨人企业从726家增至3400余家，工业领域的科技小巨人占规模以上工业企业总产值比重由16%提高到48.4%。科技小巨人的快速成长，既促进企业创新能力提升，也有力推动天津战略性新兴产业发展。科技小巨人企业研发投入达5.4%，专利申请量年均增长30%以上，专利拥有量占全市44%。全市2300家高新技术企业中，科技小巨人企业数量已占九成以上。85%的科技小巨人企业，集中在新能源、生物医药等战略性新兴产业领域。天津市政府有关负责人表示，在冶金和石油石化两大传统产业分别下降约15%和25%的情况下，去年全市生产总值仍实现9.3%的增长，表明科技小巨人正在成为天津经济发展的新动能。今年前4个月，天津全市企业平均利润水平为2.36%，而规模以上工业小巨人企业已达23.6%。去年底，天津启动“科技小巨人升级版”，未来5年推动全市工业小巨人企业产值占规模以上工业总产值比重逐步达到55%，增加值率、成长性和税收贡献率高于全市平均水平。“金融服务升级是重头戏。”市科委负责人介绍，政府将从企业发展的全过程帮助其解决融资难、融资贵问题，“十三五”期间全市每年投入财政资金50亿元，发挥支持引导作用。

（原载《人民日报》2016年6月13日 记者张麒麟）

中央媒体继续聚焦天津：融入大战略开拓大格局

中央媒体聚焦天津经济转型升级

中央媒体聚焦天津科技小巨人企业

人民日报：天津以创新热土成就人才乐土

新华社：京津冀协同发展的天津印象

新华社：天津发展楼宇经济助推经济结构转型

光明日报：天津经济转型升级融入大战略开拓大格局

经济日报：天津万企转型推进传统产业提质增效

央广网：天津转型进行时聚人才发力源头创新

新闻联播：降成本天津如何为企业“减负”

中新社：从“世界制造”到“天津制造”

2016年6月14日晚及15日，中央主要媒体继续在头版和重点新闻节目“调结构转方式·天津调研行”专栏中推出重头报道；同时，人民网、新华网、光明网等重点新闻网站和经济日报等新闻客户端在显著位置及时转载、推送。人民日报15日刊发《天津以创新热土成就人才乐土》；新华社14日播发通稿《京津冀协同发展的天津印象》，并于15日在新华每日电讯7版显著位置刊发；光明日报15日在头版显著位置刊发《融入大战略开拓大格局——天津经济转型升级的经验与启示之三》；经济日报15日在头版显著位置刊发《万企转型，推进传统产业提质增效》；中央人民广播电台“新闻和报纸摘要”节目15日播发《聚人才发力源头创新》；15日晚，中央电视台“新闻联播”节目播发《降成本政府如何为企业“减负”》，财经频道“经济信息联播”节目播发《天津创新职业技能培训助推制造业升级》；中国日报15日在头版头条位置刊发《天津依靠科技小巨人迈上新台阶》；中国新闻社14日播发通稿《天津“小巨人”登上世界大舞台》。用“开放的眼界”打开新思路、开拓大格局，天津，正在路上。中央媒体报道说，“这是一座城的巨变，也是一个国家巨变的缩影。”

国家战略叠加让天津开拓大格局

在天津，“一带一路”、京津冀协同发展、自贸试验区建设等五大国家战略叠加在此。新华社在报道中写道：有序疏解北京非首都功能、解决北京“大城市病”是推动京津冀协同发展的基本出发点，为落实这一指导思想、向建设全国先进制造研发基地迈进，天津两年多来错位发展、腾笼换鸟，逐渐形成了自己的产业优势。天津着眼打造协同创新共同体，积极承接北京优质创新资源，服务河北发展。2015年，天津引进北京、河北企业850多个，京冀两地在津投资占全市利用内资42%，天津企业到河北投资300多亿元。“历史走过百年，曾经，津门被迫开埠通商，如今，各国游客会集在五大道，天津港出发的船队通达全球180多个国家和地区的500多个港口。”光明日报在文章中指出，这不仅是天津的自贸区，更是京津冀的自贸区。目前，天津自贸试验区在京冀地区设立了10个“无水港”，实施京津冀海关通关一体化改革，口岸通关效率提升75%。自由贸易试验区建设的核心任务是制度创新，制度创新让企业落户的成本更低、机会更多。如今作为丝绸之路经济带的东部节点和海上丝绸之路的重要启运港，2015年上半年，在全国外贸出口仅增长0.9%的情况下，天津与“一带一路”沿线60多个国家的外贸出口逆势增长29%。

人才成为转型升级“源代码”

人才资源是重要的战略资源，也是企业创新的决定因素。人民日报文章指出：“天津坚持创新驱动，不仅重视经济产业结构的调整，更重视人口素质结构的提升。大力引才、强化培训，让科技创新人才引得来、留得住、用得上，这是天津经济转型升级的‘源代码’，也是由‘天津制造’向‘天津创造’转变的治本之策。”报道还列举了天津的先进经验：在全国率先实施引进人才“绿卡”制度、实施“百万技能人才培训福利计划”、首创了“职业培训包”模式、抓住“关键少数”组织企业家走出去，转变观念、拓宽思路、开阔视野。“天津厚植创新生态，加速了各种创新创业要素的集聚。国家超算天津中心、中科院天津工业生物研究所等一批科研院所以及840多家国家和市级企业重点实验室、孵化器等源源不断地把新技术转化为新动能。”中央人民广播电台记者在报道中这样描述。记者引用采访到的天津市科委相关负责人所言，“围绕生物医药、高端装备等重点产业领域，实施一批重大专项和示范工程。挖掘用好人才这一创新‘第一资源’潜力，切实发挥好科技创新引领功能，为全市创新发展做贡献。”融资成本贵和人力资本上升这“两座大山”，不断挤压企业的利润空间。中央电视台“新闻联播”节目报道了天津的经验：一方面不让企业为钱袋子犯愁，另一方面在人力成本上为企业“减负”，天津通过政策杠杆撬动起市场和社会的力量，一起为企业成本做减法，让企业转型升级轻装上阵。“放宽水养大鱼”，从金融、工商到人才培养等一系列为企业降成本的有效支持政策，加快了天津由老工业基地向先进制造研发基地转型升级的步伐，同时也激发了天津创新创业的活力。高素质的技能人才是推动技术创新和科技成果转化的重要力量，而目前从校园走出来的大学生们，直接走入企业就面临着理论和实践脱节的困扰。中央电视台“经济信息联播”节目报道了天津的做法：为了能让“百万技能人才培训福利计划”真正有实效，天津市借鉴国外经验，根据各职业工种的不同，制定针对性很强的教学内容以及检验培训效果的考核标准，天津市计划用3年时间培养120万技能人才，这将为天津制造业的转型升级起到重要的推动作用。

万企转型让传统产业提质增效

打造经济升级版，突破原有障碍，转型是必然选择。位于武清区崔黄口镇的地毯产业园通过转型升级，华丽蜕变成为天津京津电子商务产业园。经济日报在报道中举了这样一个案例，并指出天津通过引导支持企业利用网络创新商业模式和盈利模式等多种方式，推动实施万企转型升级。从2014年开始，天津开展万企转型升级行动，由政府引导，针对部分“散弱低粗污”的中小企业，“一企一策”实行转型升级。两年来，天津市累计有1.2万家企业成功转型，万元工业产值能耗两年下降15.38%。一大批中小企业脱胎换骨、华丽转身，成为支撑天津经济高质量发展的生力军。万企转型让传统产业提质增效，与此同时，科技型中小企业也成为经济发展新动能。中国日报选取天津科技型中小企业的典型案例，报道了天津培养科技“小巨人”一系列政策，增加了税收和就业岗位，也让创新成为天津经济发展的不竭动力。正如中国新闻社的报道所言，“小巨人”释放出的巨大活力，不仅改变着这座“老工业城市”的产业格局，成为经济社会发展的新引擎，也让科技小巨人登上了世界大舞台。当京津冀协同发展上升为国家战略，天津有了明确的发展定位：全国先进制造研发基地、北方国际航运核心区、金融创新运营示范区、改革开放先行区。京津冀协同发展中的产业、开放、民生领域，开始留下越来越鲜明的天津印象。

（原载《天津北方网》2016年6月16日）

新华社：京津冀协同发展的天津印象

100多年前，天津就是中国北方开放门户和工业城市，中国近代第一条自建铁路、第一所大学、第一个海关……从那时起，北京周边广大区域的发展或多或少地留下天津的印记。今天，当京津冀协同发展上升为国家战略，天津有了明确的发展定位：全国先进制造研发基地、北方国际航运核心区、金融创新运营示范区、改革开放先行区。京津冀协同发展中的产业、开放、民生领域，开始留下越来越鲜明的天津印象。

聚集高端优势产业

在天津东丽湖畔，清华大学天津高端装备研究院生根发芽，聚集了大量科研技术人才，吸引了大批高端装备制造企业落户。正是在京津冀协同发展战略背景下，2014年7月，天津方面与清华大学签署协议，联合建设了这座研究院。常务副院长何永勇介绍，截至目前，高端院已建成20个研究所、3个联合研发中心，成功孵化5个产业化公司，签订科研项目合同29项，科研合同总经费达8000余万元，是名副其实的技术转化创新平台。有序疏解北京非首都功能、解决北京“大城市病”是推动京津冀协同发展的基本出发点，为落实这一指导思想、向建设全国先进制造研发基地迈进，天津两年多来错位发展、腾笼换鸟，逐渐形成了自己的产业优势。位于武清的天津京津电子商务产业园前身是天津地毯产业园，因企业数量少、产业局限性大、产品附加值低、技术手段落后，经济和社会效益并不明显。2012年园区成功引进第一家电商企业唯品会后，逐步向电商产业园过渡，目前已拥有相关企业1112家。“北京有技术优势、人才优势，我们也有自己的优势，比如地处京津两大直辖市之间的区位交通优势、环境优势，还有综合配套优势，容易形成电商产业链，园区目前已聚集了京东商城等电商企业、凤凰新媒体等互联网企业、还有一些配套企业，2015年税收突破10亿元。”天津京津电子商务产业园管委会主任胡朝阳说。据了解，两年多来，天津未来科技城京津合作示范区、滨海中关村科技园、京津中关村科技城等进展顺利，服务配套功能和综合承载能力进一步提升，着眼打造协同创新共同体，积极承接北京优质创新资源，服务河北发展。2015年，天津引进北京、河北企业850多个，京冀两地在津投资占全市利用内资42%，天津企业到河北投资300多亿元。

打造对外开放平台

156年前，天津就是中国北方的开放门户，作为港口城市，近代以来的天津一直都是京津冀对外开放的一扇窗口。2015年4月，随着中国（天津）自由贸易试验区的挂牌运行，这扇窗口开始带动整个区域对接更高水平的国际贸易规则。作为北方唯一的自贸试验区，天津自贸区总体方案在开篇就论述了其设立的独特使命，即在“新形势下全面深化改革、扩大开放和加快推进京津冀协同发展战略”。在天津自贸试验区管委会专职副主任蒋光建看来，京津冀协同发展总体上是一个内向型的战略，主要目的是解决当前大城市的科学发展问题，而自贸试验区是一个开放型的战略，这两个战略怎么对接是他们一直致力破解的难题。北京首都农业集团有限公司是北京最大的农业国企，自贸试验区的诸多便利条件促使其在东疆布局。天津首农东疆牧业有限责任公司总经理张志清说，依托自贸区的政策，他们从东疆港进口饲料作物，目前已将产业链延伸到了北京、河北以及山东、山西、河南等地。截至目前，天津自贸区已在京冀地区设立10个无水港，实施京津冀海关区域通关一体化改革，整体通关物流成本减少近30%，实行京津冀跨区域检验检疫“通报、通检、通放”和“进口直通、出口直放”一体化模式，通关时间平均每批货物节省0.5天，每标准箱为企业节约物流成本120元，口岸快速放行率达88%，口岸通关效率提升75%。秉承打造金融创新运营示范区的定位，天津不断努力。以东疆为例，2015年7月，总部位于北京的工银金融租赁有限公司通过其注册在天津自贸试验区东疆片区的项目公司，从空客公司购买一架A320飞机，以离岸租赁业务模式交付给尼泊尔喜马拉雅航空公司，成为国内首单“两头在外”的飞机离岸租赁交易。据天津东疆保税港区管委会副主任张忠东介绍，他们40多人的租赁服务团队，2015年为东疆带来了40多亿元的税收，人均1亿元。

优化环境惠及民生

发展成果要惠及民生。在北京、天津、河北交界处的山区里，矗立了20年的“三界碑”见证了三地差异化发展带来的百姓生活水平天壤之别，也见证着这一差距在京津冀协同发展战略下逐渐改善的点点滴滴。三界碑下，天津蓟县下营镇的郭家沟，依托盘山、长城等知名景区，今年“五一”小长假，整齐干净的农家小院全部爆满。下营镇人大主席汪东悦说，过去京津冀三地交通存在许多不方便，郭家沟村的农家院服务质量也参差不齐，2013年政府和百姓共投入1亿元，进行了水电和房屋的重新修整，实行统一管理，加上三地交通也更为便捷，越来越多的北京、河北游客来此游玩，每逢长假，都得提前一个月预订农家院，“2014年人均纯收入就达到6.6万元哩！”着眼于交通先行，加快区域性铁路、公路、海空港等基础设施建设，近年来天津的一批重大交通项目取得突破性进展：建成京秦高速公路天津段，打通了一批省市间“断头路”和“瓶颈路”；成立京津冀城际铁路投资公司，京津城际延伸线建成通车，北京南站到滨海新区实现1小时通达，津保铁路建成通车，京津保核心区1小时通勤圈初步形成；津冀渤海港口投资公司投入运营，港口资源整合取得实质性进展；空港航线网络进一步完善，新增加密客货运航线航班100多条，异地候机厅达到20座，航空物流区开工建设。此外，在生态环保联防联控方面，天津也积极行动，深入开展清新空气、清水河道、清洁村庄、清洁社区、绿化美化“四清一绿”行动，PM2.5平均浓度下降27.1%，建立大气污染防治协作机制，推行重点行业整治、清洁煤代替、面源污染治理等12条措施，让百姓呼吸上更加清洁的空气。

（原载新华社2016年6月14日记者李鲲）

经济日报：创新驱动，掀开“天津制造”新篇章

天津近年来坚持创新驱动，加快调结构转方式，着力营造优质发展环境，积极培育发展新动能，使得经济结构显著优化，企业活力竞相迸发。本报今日起刊出“调结构转方式·天津企业创新调研行”专栏，从迈向全国先进制造研发基地、打造科技小巨人升级版、推进万企转型升级等角度，介绍天津促进经济提质增效、产业升级企业创新的新举措新经验。“天津制造”曾创造无数辉煌。新中国第一台电视机、第一台拖拉机、第一块手表、第一辆自行车、第一台缝纫机……诸多“第一”奠定了天津制造在中国工业史上的重要地位。如今，天津制造正在书写新的篇章。根据国家对天津“一基地三区”的新定位，天津正在借力京津冀协同发展、自由贸易试验区建设、国家自主创新示范区建设、“一带一路”建设、滨海新区开发开放——五大国家战略的叠加机遇，以创新为驱动，把天津制造推向一个新的高度——全国先进制造研发基地。

迈向高端高质高新

“像这种高压隔离开关，欧洲国家最高只能做到8米，而我们经过技术攻关，已经做到了17米。”在川铁电气（天津）集团有限公司的户外产品展示场地，川铁电气董事长梁霄告诉《经济日报》记者。川铁电气是全国高铁和城市轨道交通装备制造业中的领军者。尤其是其“拳头”产品——户内外隔离开关类系列产品，技术指标达到甚至超过国际先进水平，与ABB、西门子、施耐德等知名跨国公司产品形成强有力的抗衡。在天津，有一大批像川铁电气一样的“小巨人”科技型领军企业，它们正在制造业各细分行业默默坚守、积极创新，紧盯世界一流技术，打造着“人无我有、人有我优”的“高特专新精”产品和技术，为天津制造积蓄着新动能。建设全国先进制造研发基地的核心是创新。天津近年来多措并举促进大项目和科技“小巨人”同时发力，培育战略性新兴产业和改造提升传统产业“双发动机”同步启动，助推制造业加速迈向高端高质高新。5月初，津产大火箭——长征七号火箭从天津港启程，世界目光聚集天津滨海新区。作为地区生产总值占天津全市半壁江山、天津先进制造研发基地最重要的承载地，天津滨海新区以大项目好项目为抓手，不断推进高新技术产业化，提升自主创新能力，高端高质高新的先进制造业基地已然初步形成。2015年，航空航天、汽车、装备制造、新材料、生物医药等八大优势产业占滨海新区规模以上工业总产值比重达到87%。智能制造是制造业迈向高端高质高新的重要途径，是提升改造传统制造业的主攻方向。天津深入实施“互联网+”协同制造，推进信息化与工业化深度融合，天津制造正在转向“天津智造”。“我们开发的‘云印刷’技术，不仅真正实现了印刷+互联网的O2O业务模式，而且完成了从包装设备服务供应商向印刷行业智能工厂方案提供商的转变。”天津长荣印刷设备股份有限公司董事长李莉告诉记者，长荣股份正在全力建设国家级印刷装备产业园区，旨在用云印刷技术改造提升传统印刷业，推动行业快步实现智能制造。老牌的天津制造也在积极转型，产品创新向柔性化、智能化、个性化转变。飞鸽自行车发力“现代骑行”，把传统自行车升级为智能自行车，价格翻了10倍，一次订单超过40万辆；海鸥手表增加了北斗导航等新功能，成为智能终端，价格提高2至3倍。依托技术创新，传统产业重新焕发市场活力。作为我国重

要制造业基地，天津正在努力实现由传统要素投入驱动向创新驱动转变，制造业整体水平跃升，成为地方经济稳增长的新引擎。五大机遇叠加更是为天津制造业转型升级注入了强劲动力。未来几年，天津将从打造科技小巨人升级版、培育产业技术创新联盟、高水平建设国家自主创新示范区等方面，加快培育新动能，增强天津经济发展后劲。根据《天津市建设全国先进制造研发基地实施方案（2015～2020年）》，"十三五"期间，天津将着力培育航空、航天、集成电路、高性能服务器、海洋工程、特高压输变电、大型工程机械、高速轨道交通、高档数控机床、自动变速器等十大国内领先的高端装备，力争到2020年，全市工业总产值达到4万亿元以上；先进制造业产值占制造业的比重达到70%以上，高技术制造业产值占制造业比重达到21%以上；科技小巨人企业达到5000家，尽快形成先进制造与研发转化相结合的制造业创新体系。

构建协同创新体系

建设全国先进制造研发基地，需要有强大的自主创新和科技转化能力，需要有一大批科技创新平台作为支撑。近年来，天津加快集聚创新要素资源，突出企业创新主体地位，构建和完善先进制造业创新体系。而这个创新体系也被赋予鲜明的"天津特色"，那就是：突出发挥科技小巨人的领军作用，突出提升自主创新示范区载体功能，突出利用京津冀协同发展战略优势。今年4月，天津正式启动"百家领军企业创新联盟511工程"，即力争"用5年时间，建设100个领军企业联盟，形成10个超千亿的创新型产业集群"。据天津市科委领导介绍，创新联盟511工程以行业领军企业为主导，打造"领军企业+高校院所创新团队+科技型中小企业"的科技创新、科研转化的新模式。行业聚焦在高端装备、新一代信息技术等产业，旨在为天津'十三五'末基本建成全国先进制造研发基地、具有国际影响力的产业创新中心提供有力支撑。目前已经筛选确定了首批30家领军企业作为盟主单位，以切实推动创新联盟建设。天津红日药业股份有限公司是首批入选的领军企业之一。以自主研发的创新药品牢牢站稳市场后，红日药业目前已经步入高端医疗器械、可穿戴医用产品、互联网医疗等新领域。"坚持自主创新、坚持协同创新、建立产学研联盟，是红日药业的成长'法宝'。"红日药业总裁吴玢告诉记者，创新联盟是企业做强创新团队的主要模式，通过创新联盟，红日与清华大学、南开大学等科研院所开展合作，目前已经储备了几十个自主研发的专利新药，市场开发前景广阔。与此同时，天津充分利用京津冀协同发展战略优势，积极借力"国家智库"。比如，依托清华大学天津高端装备研究院，探索新模式和新机制，打造制造业发展新型高端创新平台。被誉为"'清津号'科技创新航母"的清华大学天津高端装备研究院落户天津市东丽区。这个研究院从2014年筹备伊始，就得到了天津市各级政府和清华大学的全力支持，成为天津与清华大学重点合作项目，并将建设成为服务京津冀区域的高端制造协同创新中心。"高端院以高端装备设计、制造和技术服务为切入点，是集协同创新、产业孵化、投融资服务为一体的综合性科技转化和产业孵化平台，目的是乘天津国家自主创新示范区之势，充分发挥研发资源的聚合效应，助力装备制造强国梦。"清华大学天津高端装备研究院常务副院长何永勇介绍说，高端院成立快两年，已经成立机器人与自动化装备技术、先进能源装备技术等19个研究所，并已成功孵化5家科技成果转化公司。不同层面的科技创新平台的广泛建立，为天津建设全国先进制造研发基地储备雄厚技术的同时，也吸引了优秀创新人才和创新团队的不断加入。这一切，都为天津制造积攒了后劲，让天津制造未来可期。

切实服务产业升级

先进制造业是天津的当家产业，要谋划好、规划好、布局好、服务好。这是天津市委、市政府对于打造先进制造研发基地建设的明确方向。为此，今年5月底天津发布《推进供给侧结构性改革加快建设全国先进制造研发基地的实施意见》，明确提出，天津将在降成本、增活力、培育发展新动能等方面进一步拿出切实有效的措施，以确保到2020年将基本形成与供给侧结构性改革要求相适应的先进制造业发展体制机制，基本建成全国先进制造研发基地。降低制造成本，减轻企业负担，是未来几年天津将着力做好的工作重点。

《实施意见》提出，到2020年，天津全市工业企业平均税费负担将降低5个百分点左右，企业社会保险和住房公积金缴费占工资总额比例阶段性下降6个百分点左右，规模以上工业企业财务费用占主营业务成本比重控制在1%以下，规模以上制造业企业管理费用占主营业务成本的比重降至3%左右，销售费用占主营业务成本的比重降至2%左右。“实现这个目标采取的措施包括全面落实‘营改增’改革任务和小微企业减税政策，引导企业向自贸试验区和自主创新示范区聚集，享受相关税收优惠政策；将支持商业银行灵活采取调整贷款期限和还款方式、变更担保等措施，降低企业贷款中间环节成本等。”杜威说。天津将继续加快制造企业设备更新改造，开展支持企业通过融资租赁方式加快设备更新和技术改造专项行动，安排30亿元财政资金，对中小企业、科技型企业和科研院所通过融资租赁购置的先进研发生产设备，经认定后给予租赁额综合费率中5个百分点的补贴，支持1000家左右企业开展技术装备改造。天津还将高水平建设自贸试验区，服务制造业发展。天津将进一步加大各项制度创新力度，探索建立对外投资合作“一站式”服务平台、“走出去”服务联盟及信息共享平台，为企业“走出去”提供全方位服务；完善国际贸易“单一窗口”和服务功能，为制造业产品出口和技术装备引进提供更大便利。此外，天津还将继续深化行政管理体制改革，协同推进简政放权、放管结合、优化服务，实行标准化审批服务升级等，以充分释放制度红利，更大力度激发企业和市场活力。借助天津市融资租赁政策获得了7000万元设备更新资金的天津奥瑞克电梯有限公司，当下正在筹备新的机器人自动生产线。“我们之所以能在10年间从生产电梯零部件转型到全系列电梯整机制造商，拥有了国际一流的研发技术团队和生产制造基地，很重要的一点是得益于天津市各级政府和相关部门对制造企业的重视和支持。”奥瑞克董事长刘永远说，在这样一个政府有为和市场有效的大环境下，企业对自身发展充满信心，对天津成为全国先进制造研发基地充满信心。

（原载《经济日报》2016年6月13日 记者许红洲 齐慧 武自然）

2016年中国十大科技进展新闻

（中国科学院、中国工程院主办，
两院院士投票评选出）

世界首颗量子科学实验卫星“墨子号”发射成功，使我国在世界上首次实现卫星和地面之间的量子通信，构建天地一体化的量子保密通信与科学实验体系，有助于我国在量子通信技术实用化水平上保持国际领先地位；

全球最大500米口径球面射电望远镜在贵州落成启用，标志我国在科学前沿实现了重大原创突破；

我国最大推力新一代运载火箭长征五号首次发射成功，标志着我国运载能力已进入国际先进行列，中国正由航天大国迈向航天强国。它也是实现未来探月工程三期、载人空间站、火星探测等国家重大科技专项和重大工程的重要基础和前提保障；

神舟十一号飞船返回舱在内蒙古中部预定区域成功着陆，执行飞行任务的航天员景海鹏、陈冬身体状况良好，天宫二号与神舟十一号载人飞行任务取得圆满成功；

领衔绘制全新人类脑图谱即脑网络组图谱，在国际学术期刊《大脑皮层》上在线发表。突破了100多年来传统脑图谱绘制的瓶颈，提出“利用脑结构和功能连接信息”的全新思路；

“千万核可扩展全球大气动力学全隐式模拟”获得国际高性能计算应用领域最高奖——“戈登贝尔奖”；

在国际上率先解析了高等植物菠菜光合作用超级复合物的高分辨率三维结构，率先破解光合作用超分子结构之谜；

我国自主研制的“海斗”号无人潜水器成功进行了一次八千米级、两次九千米级和两次万米级下潜应用，创造了我国无人潜水器的最大下潜及作业深度纪录；

利用超强超短激光成功获得“反物质”——超快正电子源，这一发现将在材料的无损探测、激光驱动正负电子对撞机、癌症诊断等领域具有重大应用；

在国际上首次揭示水的核量子效应，从全新的角度诠释了水的奥秘。实现了单个水分子内部自由度的成像和水的氢键网络构型的直接识别。

2016年世界十大科技进展新闻

（中国科学院、中国工程院主办，
两院院士投票评选出）

美国科学家宣布第一次直接探测到引力波的存在；

最精确银河系三维地图问世发现银河系面积大于预期；

新技术可让数据存储时间逼近“永恒”；

碳纳米晶体管性能首次超越硅晶体管；

3D生物打印新技术向人造器官移植迈出一大步；

科学家首次用化合物把皮肤细胞转化为心脑细胞；

科学家首次实现同处两地的“薛定谔猫”——量子双模式猫态；

科学家彻底改写细菌基因组成功减少大肠杆菌遗传密码子；

天文学家在太阳系外发现潜在宜居行星；

美火箭首次在船上软着陆充气式太空舱飞往空间站。

2016年天津市科委领导成员及机构名录

领导成员

科委党委书记、主任　　陆文龙
科委党委副书记、副主任　李宝纯（正局级）
科委党委委员、副主任　张勇勤（～2016.06）
　　　　　　　　　　　贾　堤　戴永康
　　　　　　　　　　　齐中波（～2016.12）
科委党委委员、纪检组组长　刘海芙
科委副主任　连东青（2016.02～）
科委总工　王凤云
科委副巡视员　范英姿　薛景山（2016.11～）

机构设置及处室负责人

办公室（党委办公室、科技信息动员办公室）
主　任　夏正淮（2016.06～）
　　　　齐中波（～2016.06）
副主任　阎兴华（2016.07～）
　　　　王润田（～2016.06）
　　　　仲　诚（～2016.12）　张子英
组织处（统战处）
处　长　王　海
副处长　杨　坤
干部人事处
处　长　冯德义
副处长　卞　刚（～2016.09）
宣传处
副处长　（主持工作）孙丽华（2016.07～）
　　　　宗建新（～2016.07）
　　　　刘爱林（2016.09～）
发展计划处（重大项目办公室）
处　长（主任）　金双龙
副处长（副主任）　赵莉晓
　　　　孙丽华（～2016.07）　王　锐（2016.07～）
高新技术及产业化处
处　长　刘惠忠
副处长　王贺亮　齐　鹏　王祯祥（2016.09～）
生物医药处
处　长　孙文秀
副处长　王　锐（～2016.07）
农村科技处
处　长　单光瑞（2016.06～）
　　　　夏正淮（～2016.06）
社会发展科技处
处　长　曲　杨
副处长　华　强
基础研究处
处　长　高　宁
副处长　殷亚辉
政策法规处（研究室、执法监督处）
处长（主任）　祖延辉
副处长（副主任）　王明国
创新体系建设与管理处
处　长　魏　东
副处长　胡凯（～2016.09）
体制改革处（安全保卫处）
处　长　王育忠
副处长　储智强
科技成果与技术市场处
处　长　李庆兴
副处长　姚　磊　刘　杰
合作交流处
处　长　刘建军
副处长　仲　诚（2016.12～）
条件财务处（审计处、行政审批处）
处　长　邢向东（2016.07～）
副处长　（主持工作）邢向东（～2016.07）
副处长　殷　毅
科技金融处
处　长　单光瑞（～2016.06）
副处长　王润田（主持工作）（2016.06～）
示范区建设工作处
处　长　张雪颖
副处长　阎兴华（～2016.07）
纪检组
副组长　王希公
机关党委
专职副书记　韩　颖
老干部处
处　长　高学海
副处长　陈铁明（2016.09～）
科技工会
主　席　于　扬

2016年天津滨海新区科委、各区科委领导名单

滨海新区科委主要领导名单

滨海新区科委党组书记、主任　　黄亚楼
滨海新区科委党组成员、副巡视员　曹富强
滨海新区科委党组成员、副主任　　朱希进
滨海新区科委党组成员、副主任　　阚永才（～2016.8）
滨海新区科委党组成员、副主任　　刘秀清
滨海新区科委党组成员、副主任　　崔立新

各区科委主要领导名单

和平区科委主任　徐智超（2010.01～2015.04）　郑国强（2015.04～）
河西区科委主任　蔡　宁
河东区科委主任　袁　昆
南开区科委主任　陈　岩
河北区科委主任　孙育红
红桥区科委主任　张东明（2016.1～2016.5）　刘武（2016.6～2016.8主持工作）　刘武（2016.8～）
东丽区科委主任　李　旭
西青区科委主任　高　英
津南区科委主任　王文德
北辰区科委主任　魏贺明
宝坻区科委主任　王春雷
武清区科委主任　翟　伟
宁河区科委主任　张国仲
静海区科委主任　于广泉
蓟州区科委主任　李红梅

索　引

1.本索引包括单位名称索引和人名索引；
2.本索引按各字汉语拼音音序排列；
3.索引后的数字表示内容所在的页码。

单位名称索引

索引

索引

人名索引

索引

索引

索引

索引

天津工業大學

TIANJIN POLYTECHNIC UNIVERSITY

彰显产学研结合办学特色 创新推动科技成果转化

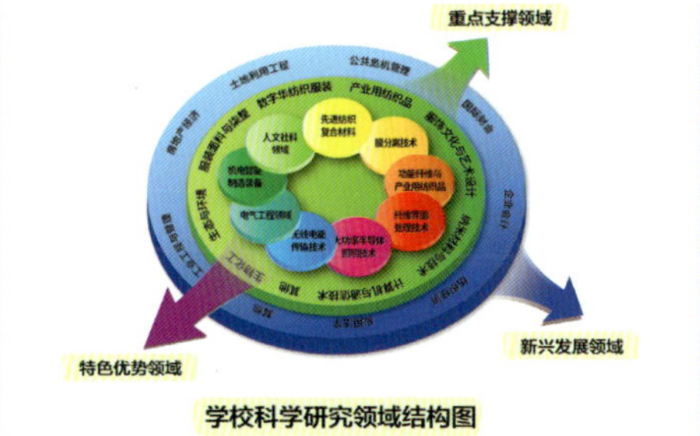

学校科学研究领域结构图

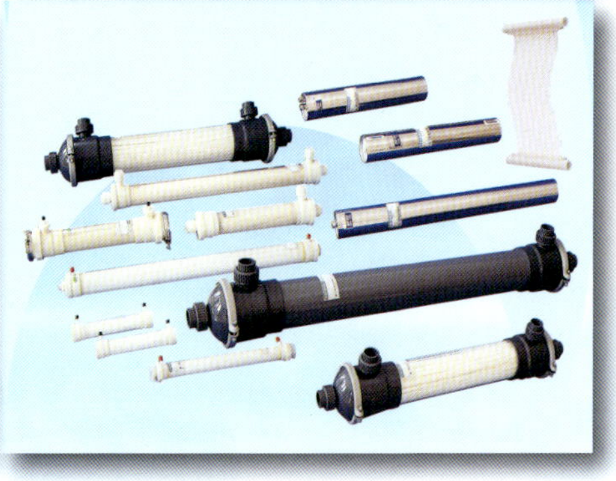

天津工业大学围绕国内区域经济社会发展和行业技术进步的需求，在实践中探索出一条“政策＋人才＋平台＋管理＋成果转化”的产学研之路，彰显了产学研办学特色。

学校拥有省部共建分离膜与膜过程国家重点实验室及国家级分离膜科学与技术国际联合研究中心。近十年累计承担与完成国家重点研发计划、国防高科技、国家科技支撑项目、“863”计划、“973”计划、国家自然科学基金、国家火炬计划和省（部）级自然科学基金、百亿工程、社会科学等科研项目上千项。标志性科研成果不断涌现，连续九年蝉联国家科技奖，累计获得国家科技奖 12 项，学校被国家知识产权局列为“国家知识产权试点单位”。学校形成了先进纺织复合材料、膜分离技术、功能纤维与产业用纺织品、纤维界面处理技术、大功率半导体照明技术、无线电能传输技术、电气工程领域电机系统智能控制、机电智能制造装备及人文社科领域智囊团、思想库等九大特色科研优势，多项科研成果应用于“神舟”系列飞船、“嫦娥奔月”工程、水处理技术、新材料开发等国家战略性新兴产业和国防高科技产业。

学校加大科技成果转化力度，相继组建了天津膜天膜科技股份有限公司、天津工大纺织助剂有限公司、天津工大海宇半导体照明有限公司等多家股份制科技企业，其中天津膜天膜科技股份有限公司 2012 年在深圳交易所创业板成功上市，形成了多个高新技术产业化基地，标志着学校科技成果转化进入了一个新的更高的发展阶段。

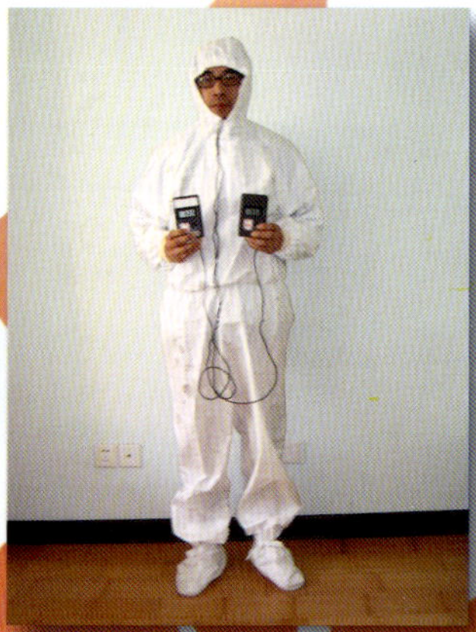

天津科技大学

Tianjin University of Science & Technology

天津科技大学位于渤海之滨、海河之畔，是中央和地方共建、天津市重点建设的以工为主，工、理、文、农、医、经、管、法、艺等学科协调发展的多科性大学。学校创建于 1958 年，前身为中央部属院校——天津轻工业学院，2002 年独立更名为天津科技大学，是国务院首批批准具有硕士学位授予权、第二批具有博士学位授予权、第一批可以接受外国留学生的高等院校。2008 年学校获得教育部本科教学工作水平评估优秀等级，2011 年被评为“全国文明单位”。

芳香族氨基酸

陈宁教授——中国轻工业联合会科学技术进步一等奖
芳香族氨基酸及衍生物关键技术研究与产业化

学校有滨海、河西、塘沽三个校区，其中滨海主校区坐落在天津滨海新区的中心地带——天津经济技术开发区。学校总占地面积 153.32 万平方米，总建筑面积 90.08 万平方米，现有本、硕、博全日制在校生 27000 余人。学校建有 2 个一级学科博士学位授权点，建有 2 个博士后科研流动站、1 个博士后科研工作站；有 13 个一级学科硕士学位授权点；6 个硕士专业学位授权点，14 个工程硕士授权领域。学校建有国家级重点学科 1 个， 省部级重点学科 10 个，天津市“重中之重”学科 3 个；有本科专业 62 个，国家特色专业 4 个，天津市品牌专业和战略性新兴产业相关专业 18 个。

学校建有食品营养与安全和药物化学国家国际科技合作基地、代谢控制发酵技术国家地方联合工程实验室和国家新农村发展研究院，食品营养与安全教育部重点实验室、工业发酵微生物教育部重点实验室和食品生物技术教育部

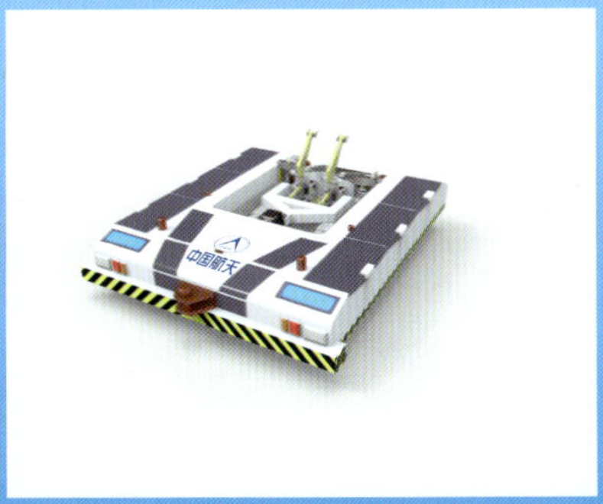

无拖杆飞机牵引救援车

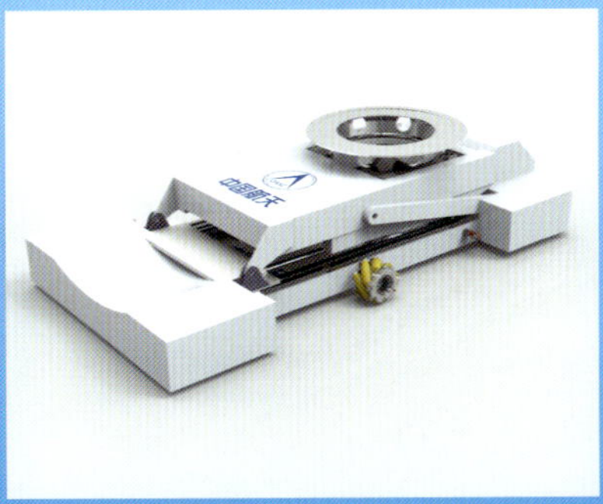

航天器总装测试用转台

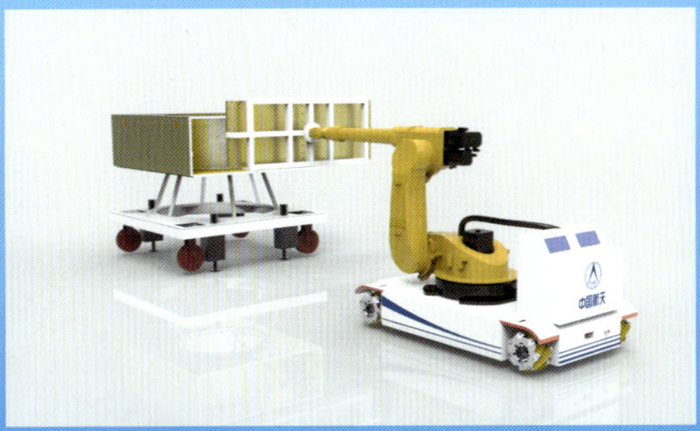

全向移动卫星装配机器人

天津航天机电设备研究所全向移动平台是指依托全向移动技术、定向指向技术搭载各类末端执行机构的智能平台。全向移动平台以全向移动试验车为底盘，实现了自动导航模块、自动避障模块、减振悬挂模块、升降模块、无线通讯模块的高度集成，可实现无人智能控制，完成货物的自动搬运、转运、起吊、顶升、调姿及装配，具有自动导航、全向移动、自动升降、位置识别、自动避障、多车组合协同控制、适应复杂路面等功能。全向移动平台能够实现在狭小空间内的全向移动及微调对接功能，也能实现在不同场地之间的转场功能，具有装配精度高、运动范围广、载荷承重大等特点。能够完成对产品的起吊、转运及准确装配，可以减少产品在搬运转运过程中的传送流程，提高转运装配效率，节省操作时间，并且还可以降低转运装配过程中人员的操作风险，大大提高了转运装配的可靠性和安全性。

全向移动平台以“智 · 行”为独立品牌进行推广，并形成了 Easy Move、Heavy Haul 和 Multiform 三个系列。形成的技术领域主要包括智能移动平台、机器人系统集成、机器视觉、数字化总装对接系统、重载搬移工程、多车协同控制和 AGV 系统。考虑到其优秀的运动能力，天津航天机电设备研究所全向移动平台在加工制造业、航空航天、轨道交通、仓储物流、军事工业、医疗、娱乐与服务等领域得到了较广泛的应用。

多车组合协同控制转运设备

起落架装配试验车

公安部天津消防研究所

公安部天津消防研究所创立于 1965 年，是公安部直属专职从事消防科技工作的驻津科研单位。历经近半世纪建设发展，天津消防研究所以其高水平科研专业技术队伍、现代化消防试验研究平台和公益型科技自主创新机制，已成为在国内处于领先地位、在国际具有较高声誉的国际化综合性消防科研机构。研究范围覆盖建筑防火技术、工程消防应用技术、工业消防技术、火灾基础科学、火灾调查技术、消防标准化、消防检测技术和消防软科学技术等消防科技前沿领域。

目前，“国家固定灭火系统和耐火构件质量监督检验中心”“国家消防工程技术研究中心”“公安部消防局天津火灾物证鉴定中心”“中国工程建设标准化协会消防系统专业委员会”“中国消防协会耐火构配件分会”“中国消防协会固定灭火系统分会”“中国消防协会火灾原因调查专业委员会”“中国消防协会学术刊物《消防科学与技术》编辑部”以及国际标准化组织 ISO/TC21/SC6 秘书处均依托天津消防研究所建立。其中，该所质检中心可检测国内全部 200 余项消防产品，是国内唯一的具备全部3C消防产品检验能力的国家级指定实验室。工程中心可从事建筑消防设施、电气消防设施、建筑物防雷设施和钢结构防火涂装等多专业消防系统检测，具备开展消防工程设计性能化技术咨询、建筑消防安全评估和消防产品认证等多项权威资质。

继往开来，与时俱进，天津消防研究所将继续坚定不移地围绕消防科研主业、服务部队需求，着眼于国家经济社会发展过程中防控火灾的新情况、新问题，立足于当前国内外消防科研领域的新技术、新热点，为国家消防科技进步、切实发挥“支撑与引领”作用，做出应有的贡献。

地址：南开区卫津南路 110 号
电话：（022）—23383507　　传真：（022）—23950119